EUROPA-FACHBUCHREIHE
für metalltechnische Berufe

Sanitär-, Heizungs- und Klimatechnik

Technische Mathematik

Bearbeitet von Lehrern an berufsbildenden Schulen und von Ingenieuren
(siehe Rückseite)

7. Auflage

VERLAG EUROPA-LEHRMITTEL · Nourney, Vollmer GmbH & Co. KG
Düsselberger Straße 23 · 42781 Haan-Gruiten

Europa-Nr.: 18111

Autoren der „Sanitär-, Heizungs- und Klimatechnik - Technische Mathematik“

Anderer, Ralf	Studienrat	Waldbronn
Blickle, Siegfried	Dipl.-Ing., Oberstudienrat	Freudenstadt
Flegel, Robert	Wissenschaftlicher Lehrer	Stuttgart
Grevenstein, Hans	Wissenschaftlicher Lehrer	Wurster Nordseeküste
Härterich, Manfred	M. A., Oberstudiendirektor	Ditzingen
Uhr, Ulrich	Dipl.-Ing., Studiendirektor	Rheinfelden

Leitung des Arbeitskreises und Lektorat:

Manfred Härterich, M. A., Oberstudiendirektor, Ditzingen

Bildbearbeitung:

Verlag Europa-Lehrmittel, Abt. Bildbearbeitung, Ostfildern

7. Auflage 2020

Druck 5

Alle Drucke derselben Auflage sind parallel einsetzbar, da sie bis auf die Korrektur von Druckfehlern identisch sind.

Bei Fragen zur Produktsicherheit wenden Sie sich bitte an produktsicherheit@europa-lehrmittel.de.

ISBN 978-3-7585-1061-8

www.europa-lehrmittel.de

Satz: rkt, 51379 Leverkusen, www.rktypo.com
Umschlag: Verlag Europa-Lehrmittel, Abt. Bildbearbeitung, Ostfildern
Umschlagfotos: stock.adobe.com: Ronstik; nikkytok; rh2010; 4th Life Photography; IRINA
Druck: Akontext s.r.o., 141 00 Prag 4 (CZ)

Einführung

Die im Verlag Europa-Lehrmittel in der 7. Auflage erschienene „Technische Mathematik Installations- und Heizungstechnik" dient der Aus- und Weiterbildung im Beruf Anlagenmechaniker/in für Sanitär-, Heizungs- und Klimatechnik.

Inhalt

Der Inhalt des Buches ist auf die einschlägigen **Bildungspläne der Bundesländer** für Berufliche Schulen und auf die **Verordnung über die Berufsausbildung** zum/zur Anlagenmechaniker/in für Sanitär-, Heizungs- und Klimatechnik des Bundesministeriums abgestimmt. Er umfasst den gesamten Lehrstoff der Berufsschul- bzw. Ausbildungsjahre sowie weitgehend der Meisterschule und der Technikerschule. Die Inhalte entsprechen den für diesen Fachbereich geltenden **technischen Regeln** und den gesetzlichen Verordnungen sowie den **fachbezogenen Vorschriften,** insbesondere den **DIN-Normen.**

Gliederung und Gestaltung

Das Mathematikbuch umfasst **dreizehn Kapitel.** In den Kapiteln eins bis zwölf ist die **Installations- und Heizungstechnik** in **zwölf Lernbereiche,** vergleichbar den Lernfeldern, sachlogisch aufgeteilt und dargestellt. Das Kapitel dreizehn enthält bereichsübergreifende Projekte. Bei der Gliederung des Buches wurde von einem **Leitprojekt** ausgegangen, das dem Inhaltsverzeichnis vorangestellt ist. Das Leitprojekt ist als Schnitt durch ein Wohngebäude dargestellt und enthält alle erforderlichen Bereiche der Installations- und Heizungstechnik. Der im jeweiligen Kapitel behandelte Teilbereich ist dem Leitprojekt entnommen. Eine entsprechende Schnittzeichnung fasst dessen Inhalt in anschaulicher Weise zusammen. Jedem Kapitel ist ein **Piktogramm** zugeordnet, das jeweils am Außenrand der Seiten angeordnet ist und auf den Inhalt der Seiten hinweist. Dadurch ist ein schnelles und müheloses Zurechtfinden im Buch gewährleistet.

Methodische Konzeption

Der methodischen Konzeption des Mathematikbuches liegt die Konzeption des Fachbuches **„Fachkunde Installations- und Heizungstechnik"** zugrunde. Dadurch ist es möglich, dass beide Bücher im Unterricht nebeneinander verwendet werden können. Das Mathematikbuch soll die mathematischen Lerninhalte der Fachkunde ergänzen und erweitern, sodass zum einen Aufgaben zum Üben und zum anderen erweiternde Inhalte für das Berufskolleg und die Fachschulen zur Verfügung stehen. Formeln und Tabellen sind farblich hervorgehoben. Viele Zeichnungen, Tabellen und Diagramme veranschaulichen den Text und ermöglichen es, handlungsorientiert zu arbeiten. In den einzelnen Lernbereichen werden Beispiele berechnet und Aufgaben zum Üben und Vertiefen zur Verfügung gestellt. Im letzten Kapitel des Buches werden themenübergreifende Projekte im Umfang der Berufsschulabschlussprüfung dargestellt.

Zielgruppen

Die „Technische Mathematik Installations- und Heizungstechnik" ist als Lernmittel für Schüler, Schülerinnen und Auszubildende in der **Berufsschule,** in der **Berufsfachschule** und im **Berufskolleg** sowie in der **betrieblichen und überbetrieblichen Ausbildung** konzipiert. Außerdem eignet es sich in der **Meisterschule, Technikerschule** und **Akademie für handwerkliche Berufe** zur Wiedergewinnung und Sicherung des Grundwissens sowie zur Vertiefung der Rohrnetzberechnungen und Anlagenauslegung. Daneben kann es in der Praxis als Informationsquelle und als Nachschlagewerk dienen.

Autoren und Verlag sind allen Benutzern der „Technischen Mathematik Installations- und Heizungstechnik" für kritische Hinweise und für Verbesserungsvorschläge dankbar.

Sommer 2020

Die Verfasser

Lernbereiche

Leitprojekt

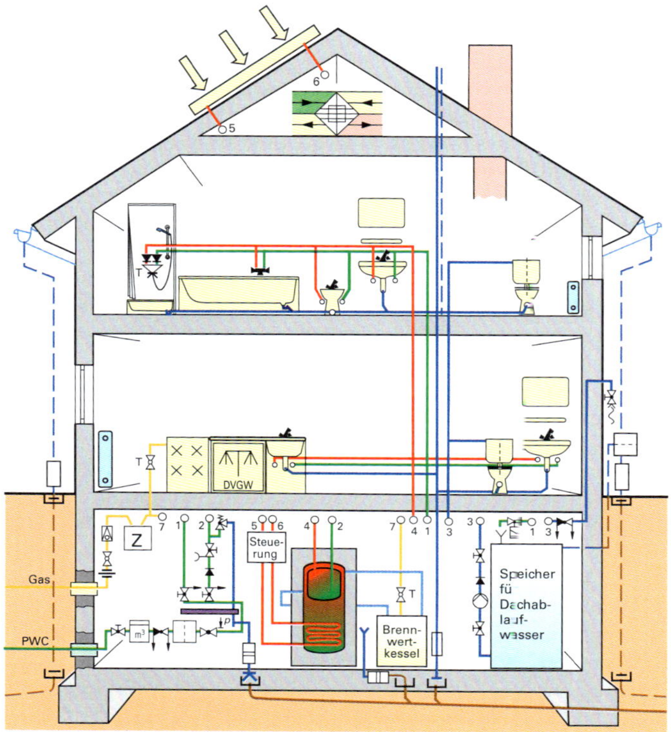

1 **Grundlagen**

2 **Rohrberechnungen**

3 **Rohrleitungsanlagen**

4 **Trinkwasser-Erwärmungs-anlagen**

5 **Entwässerungsanlagen**

6 **Ableitung von Nieder-schlagswasser**

7 **Gasanlagen**

8 **Heizungsanlagen**

9 **Abgasanlagen**

10 **Raumlufttechnische Anlagen**

11 **Elektroanschlüsse bei SHK-Anlagen**

12 **Kostenrechnung**

Inhaltsverzeichnis

9 Abgasanlagen

10 Raumlufttechnische Anlagen

Firmenverzeichnis

Die Autoren und der Verlag danken den folgenden Firmen, die sie bei der Bearbeitung der einzelnen Themen durch Beratungen, Druckschriften, Fotos und Retuschen unterstützt haben.

Allmess Schlumberger GmbH
Oldenburg

AQUA Butzke-Werke AG
Berlin

aquatherm GmbH
Attendorn

Badische Gas- und Elektrizitäts-versorgung AG
Lörrach

Bauberufsgenossenschaft
Frankfurt

Bayernwerk AG
München

Berthold Horstmann GmbH
Essen

BEULCO-Armaturen Gebr. Beul GmbH & Co. KG
Attendorn

Beuth Verlag GmbH Normenwesen
Berlin

Buderus GmbH
Wetzlar

Centra Bürkle GmbH Regelsysteme
Ostfildern

D + S Sanitärprodukte GmbH
Schriesheim

DAL – Georg Rost & Söhne GmbH
Porta Westfalica

Dallmer GmbH + Co. Sanitärtechnik
Arnsberg

Danfoss GmbH Wärme- und Kältetechnik
Heusenstamm

Dornbracht Aloys F.GmbH & Co. KG Armaturenfabrik
Iserlohn

DURAVIT AG
Hornberg

DVGW Deutscher Verein des Gas- und Wasserfaches e.V.
Bonn

E. Missel GmbH Dämmsysteme
Stuttgart

EGGEMANN GmbH
Iserlohn

Elster-Handel GmbH Mess- und Regeltechnik
Mainz-Kastel

Eternit AG
Berlin

F. W. Oventrop KG
Olsberg

Flamco FLEXCON GmbH
Genthin

fischerwerke Artur Fischer GmbH & Co. KG
Tumlingen/Waldachtal

FRIATEC AG Sanitär Division
Mannheim

Friedrich Grohe AG
Hemer

Geberit GmbH
Pfullendorf

Gebr. Kemper GmbH + Co., Metallwerke
Olpe

GEORG FISCHER + GF + Georg Fischer GmbH
Albershausen

Grünbeck Wasseraufbereitung GmbH
Hochstadt

Gütegemeinschaft Bauelemente aus Titanzink e.V.
Düsseldorf

Halberg GmbH Entwässserungssysteme
Köln

Hans Grohe GmbH & Co. KG
Schiltach

Hansa Metallwerke AG
Stuttgart

Hilti Aktiengesellschaft
Schaan

HOESCH Metall + Kunststoffwerk GmbH & Co.
Düren

Honeywell AG, Braukmann-Armaturen
Mosbach

Ideal-Standard
Bonn

Joh. Vaillant GmbH u. Co.
Remscheid

JRG Gunzenhausen GmbH Rohrsysteme
Neuburg/Donau

JUNG PUMPEN GmbH & Co.
Steinhagen

KABELWERK EUPEN AG Kunststoffrohrwerk
Eupen

KERAMAG Keramische Werke AG
Ratingen

KESSEL GmbH Entwässerungstechnik
Lenting

KEUCO GmbH & Co. KG
Hemer

LOROWERK K. H. Vahlbrauk GmbH & Co. KG
Bad Gandersheim

Lunos Lüftung GmbH & Co. Ventilatoren KG
Berlin

Metabowerke GmbH & Co.
Nürtingen

Passavant-Werke AG
Aarbergen

perma-trade Wassertechnik GmbH
Leonberg

RAUFOSS METALL GMBH
Hemer

Robert Bosch GmbH Geschäftsbereich Junkers
Wernau

Rotter GmbH & Co. KG
Berlin

RWE Energie AG
Essen

SCHARR Friedrich Scharr oHG
Stuttgart

Schock Bad GmbH
Treuchtlingen

Schubert & Salzer Ingolstadt-Armaturen GmbH
Ingolstadt

SEPPELFRICKE Systemtechnik GmbH & Co.
Gelsenkirchen

Sikla GmbH Befestigungstechnik
Schwenningen

Steinzeug GmbH
Köln

STIEBEL ELTRON GmbH & Co. KG
Holzminden

Testo GmbH & Co.
Lenzkirch

UNICOR Rohrsysteme GmbH
Hassfurt

VDI Verein deutscher Ingenieure
Düsseldorf

Viega Franz Viegener II, Sanitär- und Heizungssysteme
Attendorn

Viessmann Werke GmbH & Co.
Allendorf

Villeroy & Boch AG
Mettlach

Wavin GmbH Kunststoff-Rohrsysteme
Twist

Weishaupt GmbH Brenner und Heizsysteme
Schwendi

Wieland-Werke AG Metallwerke
Ulm

WILO GmbH
Dortmund

Zentralverband SHK
St. Augustin

1 Grundlagen

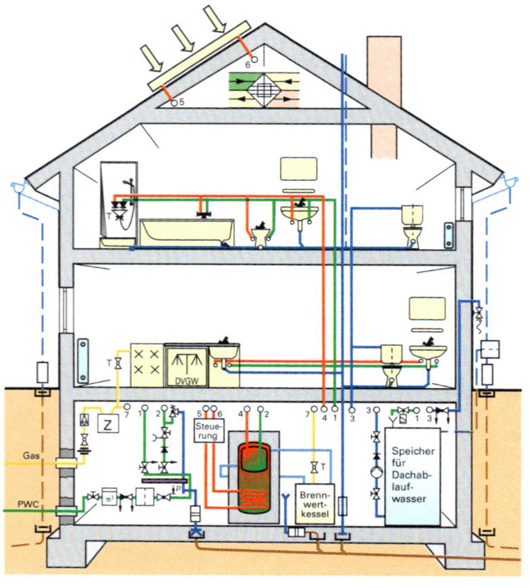

Leitprojekt

Grundlagen

1 Grundlagen

Technische Berechnungen sind erforderlich, um z. B. Abstände und Rohrlängen zu ermitteln oder Dimensionierungen durchzuführen. Eine unverzichtbare Hilfe sind hierzu Tabellenbücher und Planungsunterlagen. Diesen können Informationen entnommen werden, die Ausgangsgrößen zur Lösung der Aufgabenstellung liefern oder den Rechenweg vereinfachen.

1.1 Lösungsweg technischer Berechnungen

Die Lösung von Aufgabenstellungen in der folgenden Reihenfolge hat sich bewährt:

- **Aufgabentext analysieren**

Der Text ist langsam durchzulesen, Skizzen oder Zeichnungen sind zu erfassen. Die Fragestellung, die oft einen Lösungsweg vorgibt, ist zu berücksichtigen.

- **Rechengrößen zusammenstellen**

Der Aufgabenstellung werden die gegebenen Größen entnommen. Sie werden in Form einer Gleichung mit Formelzeichen, Zahlenwert und Einheit aufgeschrieben.

- **Formel aufschreiben**

Die Formel ist entweder bekannt oder muss in der Formelsammlung gesucht werden.

- **Formel umstellen**

Steht die gesuchte Größe auf der rechten Seite, ist die Formel umzustellen. Fehlende Größen werden durch Nebenrechnungen ermittelt und in die Formel übernommen.

- **Zahlen mit Einheiten einsetzen**

Die Buchstaben der Formel werden durch Zahlenwert und Einheit ersetzt.

- **Ergebnis ausrechnen**

Das Ergebnis besteht aus Zahlenwert und Einheit. Deshalb muss man beides ausrechnen. Zweckmäßig ist, zunächst eine Überschlagsrechnung vorzunehmen und dann die genaue Rechnung mit dem Taschenrechner durchzuführen. Berechnungen mit dem Taschenrechner sollten grundsätzlich zweimal ausgeführt werden, um Bedienungsfehler auszuschließen. Das Kürzen und Berechnen der Einheiten ist eine zusätzliche Kontrolle des Rechenwegs und ist deshalb unverzichtbar.

- **Ergebnis runden**

Das Ergebnis ist in einer sinnvollen Einheit anzugeben und zu runden. Beim Runden werden Werte unter …,5 abgerundet, Werte darüber rundet man auf.

- **Übersichtliche Darstellung**

Ein übersichtlicher Aufbau des Rechenwegs hilft Fehler zu vermeiden. Deshalb schreibt man alle Gleichheitszeichen untereinander. Bruchstriche stehen in Höhe des Gleichheitszeichens und werden mit dem Lineal gezeichnet. Ergebnisse sind z. B. durch Unterstreichen mit dem Lineal hervorzuheben.

Beispiel:

Es ist der freie Querschnitt eines Kupferrohres Cu 18 × 1 zu ermitteln **(Bild 1 und Bild 2)**.

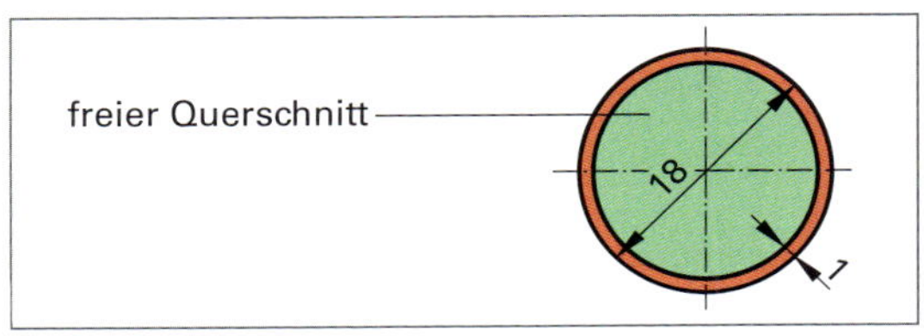

Bild 1: Querschnitt eines Kupferrohres

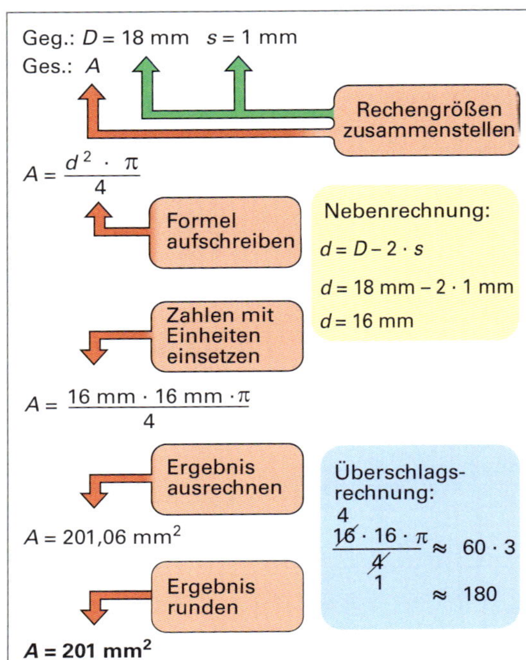

Bild 2: Lösungsweg

1.1.1 Größen, Zahlenwert und Einheit

Die Mehrzahl der technologischen Werte, die z. B. zu messen, dem Tabellenbuch zu entnehmen oder zu berechnen sind, stellen physikalische Größen dar. Diese Größen sind ein Produkt aus Zahlenwert und Einheit **(Bild 1)**.

Zur vereinfachten Darstellung der Größen werden Kurzzeichen verwendet. Zwischen Zahlenwert und Einheit wird zur Vereinfachung der Schreibweise auf das Malzeichen verzichtet. Kurzzeichen benötigt man auch zum Aufstellen von Formeln und deren Berechnung, deshalb werden sie auch als Formelzeichen bezeichnet.

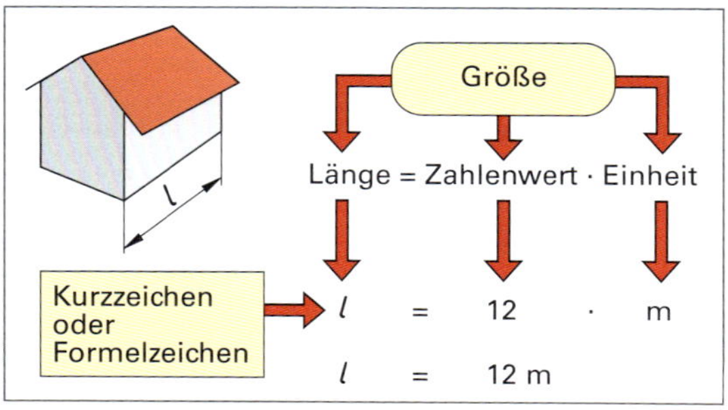

Bild 1: Grundbegriffe bei Größen

> Eine physikalische Größe ist das Produkt aus Zahlenwert und Einheit

Die Bezeichnung der Größen ist genormt und wird Tabellen entnommen **(Tabelle 1)**.

Tabelle 1: Größen, Formelzeichen und Einheiten (Auswahl)

Größe	Formelzeichen	Einheit	Einheitenzeichen
Länge	l	Meter	m
Zeit	t	Sekunden	s
Temperatur	ϑ	Grad Celsius	°C
Geschwindigkeit	v	Meter durch Sekunde	$\frac{m}{s}$
Volumenstrom	$\dot{V}$	Liter durch Sekunde	$\frac{l}{s}$
Dichte	ϱ	Kilogramm durch Kubikmeter	$\frac{kg}{m^3}$
Leistung	P	Watt	W

Zur genauen Beschreibung der Größen werden oft auch Buchstaben des griechischen Alphabets benutzt **(Tabelle 2)**.

Tabelle 2: Griechisches Alphabet

Kleinbuchstabe	Großbuchstabe	Name	Verwendung Größe
α	A	Alpha	Winkel
β	B	Beta	Winkel
γ	Γ	Gamma	Winkel
δ	Δ	Delta	Unterschied
ε	E	Epsilon	Leistungszahl
ζ	Z	Zeta	Verlustbeiwert
η	H	Eta	Wirkungsgrad
ϑ	Θ	Theta	Temperatur
ι	I	Jota	
$\varkappa$	K	Kappa	
λ	Λ	Lambda	Wärmeleitfähigkeit
μ	M	My	Rauigkeit
ν	N	Ny	
ξ	Ξ	Xi	
o	O	Omikron	
π	Π	Pi	Kreisberechnung
ϱ	P	Rho	Dichte
σ	Σ	Sigma	Summe
τ	T	Tau	
υ	Y	Ypsilon	
φ	Φ	Phi	Feuchte, Heizlast
χ	X	Chi	
ψ	Ψ	Psi	
ω	Ω	Omega	Widerstand

Die Grundeinheiten sind oft nicht anschaulich, da sie manchmal einen zu kleinen oder zu großen Zahlenwert ergeben. Aus diesem Grunde benutzt man Vorsilben für Teile oder Vielfaches der Grundeinheiten **(Tabelle 3)**.

Beispiel:

1 Zentimeter $= \frac{1}{100}$ m $=$ 1 cm

⇓ Vorsilbe ⇓ Umrechnung ⇓ Einheit

Tabelle 3: Vorsilben der Einheiten

Vorsilbe	Umrechnung	Einheitenzeichen
Mega ...	$1\,000\,000 = 10^6$	M ...
Kilo ...	$1\,000 = 10^3$	k ...
Hekto ...	$100 = 10^2$	h ...
Deka ...	$10 = 10^1$	da ...
Dezi ...	$\frac{1}{10} = 0{,}1 = 10^{-1}$	d ...
Zenti ...	$\frac{1}{100} = 0{,}01 = 10^{-2}$	c ...
Milli ...	$\frac{1}{1\,000} = 0{,}001 = 10^{-3}$	m ...
Mikro ...	$\frac{1}{1\,000\,000} = 0{,}000\,001 = 10^{-6}$	µ ...

1.1.2 Gleichungen

Mit Gleichungen werden mathematische Zusammenhänge und wissenschaftliche Gesetze dargestellt. Die Ausdrücke links und rechts vom Gleichheitszeichen sind gleich groß. Sie werden deshalb oft mit einer Waage verglichen **(Bild 1).**

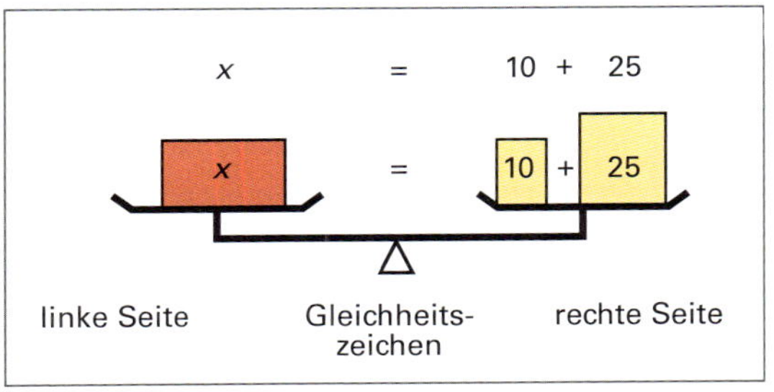

Bild 1: Waage als Symbol der Gleichung

Gleichungen dienen dazu, um aus bekannten Werten, die neuen, unbekannten Werte zu berechnen. Diese gesuchten Werte werden in Zahlengleichungen meist mit x und in Größengleichungen mit der geforderten Größe, z. B. Länge l, bezeichnet. Diese Größe steht links **(Bild 2).**

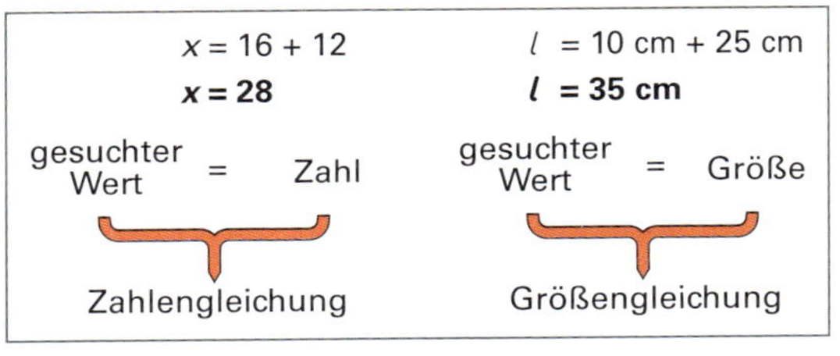

Bild 2: Arten der Gleichungen

Bei Größengleichungen werden die Einheiten stets zum Zahlenwert geschrieben. Bei den Einheiten wird wie mit einer Zahl gerechnet, sie können z. B. miteinander multipliziert oder dividiert werden. Die richtige Einheit ist die Voraussetzung für die vollständige Angabe des Ergebnisses.

Umformen von Gleichungen

Gleichungen sind oft umzuformen, damit die gesuchte Größe alleine links im Zähler steht und positiv ist. Es ist möglich, die Seiten vollständig zu tauschen oder einzelne Rechenvorgänge nach besonderen Vorschriften durchzuführen.

Ein vollständiger Seitentausch erfolgt, ohne dass Vorzeichen geändert werden müssen **(Bild 3).** Die Waage bleibt im Gleichgewicht.

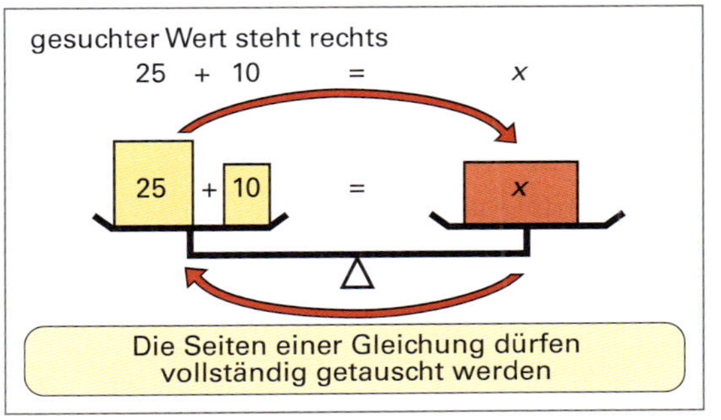

Bild 3: Vollständiger Seitentausch

Werden nur Teile der Gleichung verändert, muss dies auf beiden Seiten vorgenommen werden. Daraus ergibt sich, dass beim Seitenwechsel eines Teils der Gleichung, dessen Vorzeichen zu wechseln ist **(Bild 4).**

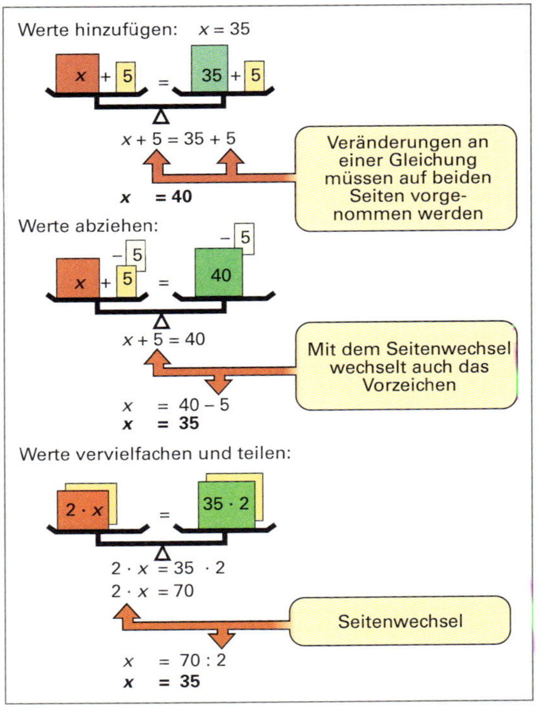

Bild 4: Umstellregeln bei Gleichungen

Umstellregeln beim Seitenwechsel:

aus **+** wird **–**		aus **·** wird **:**	
aus **–** wird **+**		aus **:** wird **·**	

Der Seitenwechsel erfolgt immer mit der gegenteiligen Rechenoperation.

Beispiele:

$5\text{ m} = l \quad \Leftrightarrow \quad l = 5\text{ m}$

⇒ Beide Seiten dürfen vertauscht werden.

$l + 1\text{ m} = 6\text{ m} \quad \Leftrightarrow \quad l = 6\text{ m} - 1\text{ m}$

⇒ aus + wird – und aus – wird +

$2 \cdot l = 10\text{ m} \quad \Leftrightarrow \quad l = 10\text{ m} : 2$

⇒ aus · wird : und aus : wird ·

Potenzen und Wurzeln in Gleichungen sind erforderlich, wenn z. B. Flächen und Längen bestimmt werden müssen **(Bild 1)**.

$l = 5\text{ m}$	$l^2 = 25\text{ m}^2$
$l^2 = 5^2 \cdot \text{m}^2$	$\sqrt{l^2} = \sqrt{25\text{ m}^2}$
$\mathbf{l^2 = 25\text{ m}^2}$	$\mathbf{l = 5\text{ m}}$

→ Auf beiden Seiten müssen dieselben Rechenschritte mit Größe und Einheit vorgenommen werden

Bild 1: Gleichungen mit Potenzen und Wurzeln

Zu beachten ist, dass bei umfangreicheren Gleichungen die Wertigkeit von Klammer-, Punkt- und Strichrechnung berücksichtigt werden muss.

Klammern in Gleichungen benötigt man, um die Reihenfolge der Rechenschritte festzulegen und Rechnungen zu vereinfachen. Beim Ausklammern werden gemeinsame Werte in der Regel als Faktor vor die Klammer geschrieben. Das dazugehörige Multiplikationszeichen vor der Klammer wird nicht geschrieben **(Bild 2)**.

$U = l + b + l + b$

→ Gleiche Größen werden zusammengefasst:

$U = 2 \cdot l + 2 \cdot b$

→ Die gemeinsamen Faktoren werden ausgeklammert:

$U = 2\,(l + b)$

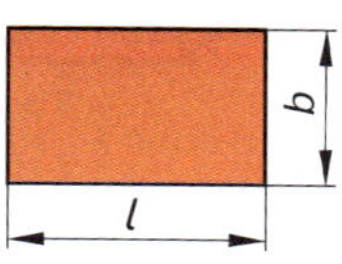

Bild 2: Klammersetzung

Der Inhalt der Klammer entspricht einer Zahl, die durch diese Klammer geschützt wird. Zum Weiterrechnen müssen Klammern oft entfernt werden.

Klammern können entfallen, wenn ihr Inhalt berechnet wird, ihr Faktor +1 ist, oder der Faktor in die Klammer multipliziert wird **(Bild 3, Bild 4 und Bild 5)**. Stört ein negatives Vorzeichen vor der Klammer, wird mit –1 multipliziert oder mit der Klammer einschließlich des Vorzeichens die Seite gewechselt. Die entsprechenden Rechenschritte sind mit besonderer Sorgfalt durchzuführen.

	ohne Rechenzeichen
$U = 2(l + b)$	geschützter Inhalt
$U = 2(3\text{ m} + 2\text{ m})$	
$U = 2 \cdot 5\text{ m}$	Klammerinhalt wird zuerst berechnet
$\mathbf{U = 10\text{ m}}$	Rechenzeichen wird geschrieben

Bild 3: Berechnen des Klammerinhalts

$U = 2\,(3\text{ m} + 2\text{ m})$	multiplizieren mit jedem Glied der Klammer
$U = 2 \cdot 3\text{ m} + 2 \cdot 2\text{ m}$	
$\mathbf{U = 10\text{ m}}$	

Bild 4: Multiplizieren in die Klammer

$10\text{ m} = 2\,(l + 2\text{ m})$	Seitenwechsel des Faktors
$\frac{10\text{ m}}{2} = 1\,(l + 2\text{ m})$	(aus · wird :)
$5\text{ m} = l + 2\text{ m}$	Klammer kann entfallen
$5\text{ m} - 2\text{ m} = l$	(aus + wird –)
$3\text{ m} = l$	
$l = 3\text{ m}$	Seitentausch

Bild 5: Entfernen eines Faktors vor der Klammer

Klammern und Brüche sind Bestandteile vieler Formeln, hierbei ist zu beachten, dass ein Bruchstrich eine Klammer ersetzt und umgekehrt **(Bild 6)**.

$D = s + d + s$	Zusammenfassung gleicher Größen
$D = 2s + d$	vollständiger Seitentausch
$2s + d = D$	Seitenwechsel von d
$2s = D - d$	
$s = (D - d) : 2$	Faktor wechselt die Seite
$s = \frac{D - d}{2}$	Klammer und Bruchstrich sind gleichwertig

Bild 6: Gleichung mit Klammern und Brüchen

b=?

Aufgaben

1 Das Ergebnis ist sinnvoll zu runden.

a) 0,8214 m + 1,01324 m

b) 14,341 cm + 20,73 cm + 3,21 cm

c) 132,12 mm – 9,361 mm – 10,54 mm

d) 9,362 m^2 – 0,4536 m^2 + 21,48 m^2

e) 18,427 kg + 5,7623 kg – 4,789 kg

f) 0,037 kg + 1,3521 kg + 0,561 kg

g) 34,61 + 7,851 – 0,951 – 234,61 + 466,341

h) 76,5 N – 4,76 N – 24,85 N + 21,22 N

2 Die Lösungen sind überschlägig zu bestimmen.

a) $49 \cdot 105 + 152 \cdot 3$

b) $1980 \cdot \pi + 460$

b) $890 \cdot \frac{3{,}14}{4} + 69 \cdot \pi$

d) $205 \cdot \frac{3{,}14}{20} + 210$

e) $\frac{3\,100}{3{,}14} + 149 \cdot \frac{3{,}14}{4}$

f) $460 \cdot 12 + \frac{102 \cdot 13}{40}$

g) $3608 : 9 + 124 \cdot 8$

h) $\frac{24 \cdot 4 + 298}{42} + 110$

3 Wozu werden folgende griechischen Buchstaben verwendet?

a) α b) γ c) Ω

d) π e) ϱ f) μ

4 Welche Bedeutung haben folgende Vorsilben?

a) M b) da c) m

d) h e) c f) k

5 Die Zahlengleichungen sind zu berechnen.

a) $x + 50 = 70$

b) $x - 12 = 48$

c) $6x - 12 = 60$

d) $4x - 42 = 58$

e) $16 - 3x = -14$

f) $4 = 2x + 6$

g) $7x + 14 = 3x + 54$

h) $x + 9 = -3x + 11$

i) $\frac{6}{x} = 0{,}5$

j) $\frac{18}{x} - 5 = 13$

k) $4{,}5 = \frac{0{,}9}{x}$

l) $2x = 3\,(x + 1)$

m) $1 = \frac{4}{(x + 2) \cdot 3}$

n) $2\,(3x - 7) = 28 - x$

6 Die Gleichungen mit Quadratzahlen, Wurzeln und Klammern sind zu lösen.

a) $x^2 = 160 - 16$

b) $5x^2 - 48 = 4x^2 + 1$

c) $x = \sqrt{38 - 13}$

d) $x = \sqrt{\frac{2670 - 420}{10}}$

e) $5x + 2\,(6 + x) - 3 = 8\,(x + 7) - 16$

f) $(x + 1) \cdot 4 - 5x + 6 = -3x + 20$

7 Die Größengleichungen sind zu lösen.

a) $U - 16$ m = 64 m – 12 m

b) A = 2 (18 m^2 + 7 m^2)

c) A = 0,64 m^2 + 3,56 m^2 + 4 (1,2 m^2 – 0,8 m^2)

d) l – 2,45 m = 4,85 m – 5 (0,26 m – 0,12 m)

e) $V = 1{,}2\text{ m} \cdot 1{,}2\text{ m} \cdot \frac{3{,}14}{4} \cdot 3{,}6\text{ m} - 2{,}2\text{ m}^3$

8 Die Formeln sind nach jedem Formelzeichen umzustellen.

a) $U = 2\,(l + b)$

b) $A = l \cdot b$

c) $A = d \cdot \pi \cdot l$

d) $A = 6a^2$

e) $V = \frac{A \cdot h}{3}$

f) $A = \frac{l_1 + l_2}{2} \cdot b$

g) $n_1 \cdot d_1 = n_2 \cdot d_2$

h) $A = d^2 \cdot \frac{\pi}{4}$

i) $A = \frac{d \cdot \pi \cdot s}{2}$

j) $V = \frac{A_1 + A_2}{2} \cdot h$

9 Für die Textaufgaben ist zuerst eine Formel zu erstellen und dann die Lösung zu berechnen.

a) Von einem Stab Kupferrohr der Dimension 12 × 1 von 5 m Länge werden mit einem Rohrabschneider nacheinander 76 cm, 137,5 cm, 36 cm und 231,5 cm abgetrennt.
Wie lang ist der Rest?

b) Ein Lieferwagen hatte ohne Einbauten eine Zulademöglichkeit von 800 kg. Die im Wagen eingebaute Werkstatteinrichtung wiegt 220 kg. Es werden eine Gewindeschneidmaschine von 51 kg, zwei Werkzeugkoffer von je 20 kg und ein Koffer mit einem Bohrhammer von 16 kg zugeladen.
Wie viel kg können noch genutzt werden?

c) Wie viel Stangen Gewinderohr zu je 6 m Länge erhält man für 100 €, wenn 1 m 2,35 € kostet?

d) Ein Lüftungskanal mit einer Luft durchströmten Fläche von 3200 cm^2 teilt sich in zwei gleich große quadratische Rohre auf.
Welche Fläche haben diese Rohre jeweils und wie groß sind die Seitenlängen?
Dabei gilt: $A_{ges} = 2 \cdot A_1$.

e) Das Gefälle einer Abwasserleitung soll sich wie 1 : 50 verhalten.
Wie groß ist, der Höhenunterschied bei einer 6 m langen Abwasserleitung?

1.1.3 Rechnen mit dem Taschenrechner

Taschenrechner sind ein unentbehrliches Hilfsmittel, um schnell Berechnungen durchführen zu können. Diese sind mit ihm zwar schnell auszuführen, doch müssen die grundlegenden Rechenregeln beachtet werden.

Beim Kauf eines Taschenrechners ist zu berücksichtigen, dass mindestens die Zahl π und die Quadratwurzel als Funktionstasten vorhanden sind, da sie z. B. bei Rohrdimensionierungen oft benötigt werden.

Weitere Funktionen sind bei technisch-wissenschaftlichen Rechnern nötig. Diese Rechner sind Hilfsmittel, um umfangreichere, wiederkehrende Rechenschritte, wie sie z. B. bei der Auswertung von Laborversuchen nötig sind, schnell durchzuführen **(Bild 1)**.

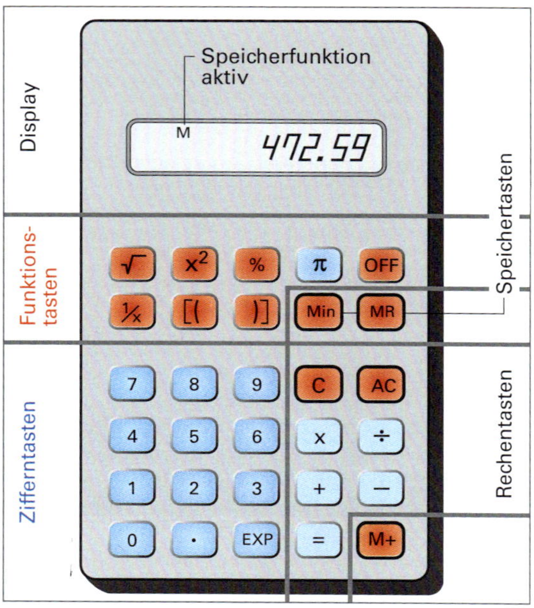

Bild 1: Technisch-wissenschaftlicher Rechner

Rechenbeispiele am einfachen Taschenrechner

Bei Taschenrechnern werden die Aufgaben eingegeben, wie man sie schreibt, von links nach rechts. Dabei ist die dem Rechner einprogrammierte Rechenlogik zu beachten. Punktrechnung geht vor Strichrechnung. Dies ist bei Aufgaben mit Klammern zu berücksichtigen. Deshalb werden Klammern zuvor in einer Nebenrechnung berechnet **(Bild 2)**.

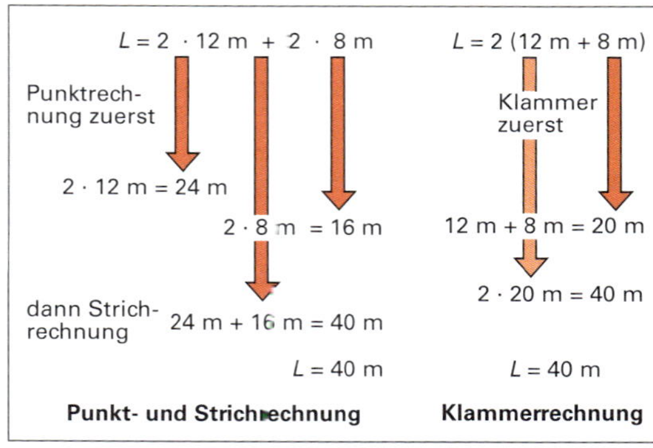

Bild 2: Rechenfolge

> Die Rechenfolge von Klammer, Punkt- und Strichrechnung ist stets zu beachten.

Taschenrechner sind unterschiedlich. Deshalb ist die einprogrammierte Rechenlogik zu prüfen und zu beachten.

Man kann Zwischenrechnungen vermeiden, wenn der Rechner Funktionstasten besitzt, wie z. B. ein technisch-wissenschaftlicher Rechner **(Bild 1)**.

Rechenbeispiele am technisch-wissenschaftlichen Rechner

Diese Rechner besitzen Zusatzfunktionen, wie z. B. Klammern und Speicher.

Beispiel:

$A = 2 \cdot 12$ m + 2 · (12 m – 4 m) Rechenfolge

2 [*] 12 [+] 2 [*] [(] 12 [−] 4 [)] = 40

Die Klammern müssen unbedingt am Rechner eingegeben werden.

Speicher vereinfachen wiederkehrende Rechenoperationen mit gleichen Zahlen. Im Display ist zu erkennen, ob im Speicher eine Zahl abgelegt ist. Die Bedienung des Speichers erfolgt meist über vier Zusatztasten **(Bild 3)**.

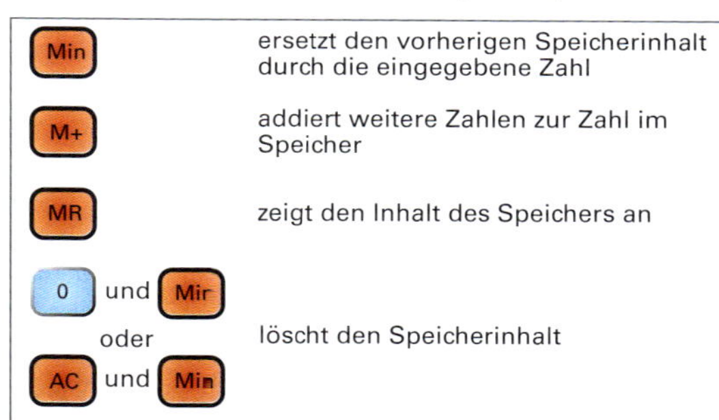

Bild 3: Speicherfunktionen eines Taschenrechners

Aufgaben: Rechnen mit dem Taschenrechner

b=?

Die Ergebnisse sind auf höchstens zwei Stellen nach dem Komma zu runden.

1 Addition und Subtraktion

a) $45{,}12 + 237{,}985 + 2{,}569 + 587{,}5$

b) $0{,}576 + 1{,}236 + 0{,}098 + 393{,}82$

c) $98{,}456 - 6{,}7823 - 0{,}458 - 21{,}7923$

d) $-0{,}45 + 6{,}734 + 0{,}0457 - 4{,}361$

e) $8{,}427\ \text{m} + 5{,}062\ \text{m} - 1{,}789\ \text{m} + 0{,}675\ \text{m}$

f) $6{,}033\ \text{kg} + 1{,}657\ \text{kg} - 0{,}561\ \text{kg} - 2{,}675\ \text{kg}$

g) $94{,}6\ \text{l} - 7{,}85\ \text{l} - 0{,}65\ \text{l} + 275{,}6\ \text{l} - 66{,}375\ \text{l}$

h) $60{,}5\ \text{N} + 14{,}75\ \text{N} - 34{,}65\ \text{N} + 51{,}28\ \text{N}$

2 Multiplikation und Division

a) $4{,}49 \cdot 78{,}05$ b) $8{,}986 \cdot 376{,}60$

c) $0{,}572 \cdot 45{,}6 \cdot 2{,}76$ d) $-756{,}2 \cdot 0{,}0221$

e) $935{,}67 : 23{,}42$ f) $0{,}0547 : 2{,}43$

g) $67{,}2 \cdot \pi$ h) $3{,}46 \cdot \pi : 7{,}2$

i) $0{,}078 : \pi \cdot 64{,}5$ j) $-7{,}89 : 2{,}21$

3 Multiplikation und Brüche

a) $\frac{4{,}67 \cdot 3{,}14}{8{,}32}$ b) $\frac{5{,}84 \cdot 2{,}67 \cdot 0{,}45}{8{,}74}$

c) $\frac{0{,}98 \cdot 5{,}69}{2{,}56 \cdot 1{,}76}$ d) $\frac{4{,}56 \cdot 0{,}43 \cdot 0{,}02}{6{,}5 \cdot 0{,}1 \cdot 0{,}21}$

e) $\frac{12}{0{,}34 \cdot 2{,}76 \cdot 0{,}75}$ f) $\frac{-43{,}6 \cdot 6{,}461}{0{,}55 \cdot 2{,}91}$

Es ist zu beachten, dass Produkte im Nenner stets als Division auszuführen sind.

4 Rechnen mit Klammern

a) $45{,}2 \cdot (76{,}45 - 21{,}5)$

b) $(87{,}3 + 0{,}754) \cdot 0{,}98$

c) $3{,}24 + 5{,}46 \cdot (72{,}12 - 52{,}21 - 0{,}93)$

d) $(7{,}21 - 0{,}36 + 5{,}63) \cdot \pi - 2{,}51 + 0{,}67$

e) $(4{,}56 + 0{,}21) \cdot 4{,}28 + 2{,}1 \cdot (7{,}98 + 1{,}23)$

f) $8{,}7 \cdot (4{,}2 - 2{,}5) - (8{,}43 + 1{,}05) \cdot 0{,}2$

g) $\pi \cdot 76{,}2 + (6{,}4 - 3{,}25) \cdot 71 - 46{,}2 \cdot \pi$

h) $(6{,}21 - 3{,}47) \cdot (0{,}87 + 6{,}79 - 2{,}37) \cdot 0{,}25$

5 Quadratzahlen und Wurzeln

a) $32{,}5^2$ b) $25^2 \cdot 0{,}785$

c) $52{,}05^2 \cdot 0{,}5 \cdot 3{,}2$ d) $(75{,}5 - 7{,}6)^2 : 4$

e) $7 \cdot 2{,}1^2$ f) $4{,}2 \cdot (6{,}05 - 2{,}16)^2$

g) $(9{,}23 - 0{,}34 + 2{,}7) \cdot 5 + 7{,}25^2$

h) $\sqrt{50} \cdot 0{,}36$ j) $8{,}9 \cdot \sqrt{92{,}6}$

j) $2{,}5 \cdot \sqrt{88{,}6 - 56{,}2}$ k) $\sqrt{\frac{365}{87}}$

l) $\sqrt{\frac{46{,}1 - 5{,}6}{21{,}4}}$ m) $\sqrt{\frac{44{,}5 + 3{,}2 \cdot \pi}{5{,}2 - 2{,}1}}$

n) $3{,}2 \cdot \sqrt{8{,}24 - 3 \cdot 0{,}61}$

6 Rechnen mit dem Speicher

a) $(7{,}21 - 1{,}4) \cdot 8 - 2{,}1 \cdot (23{,}2 - 7{,}05)$

b) $(56{,}2 - 2{,}11 + 22{,}5^2) \cdot 3{,}1 - 22{,}5^2$

c) $333 \cdot \pi + 2 \cdot (250 \cdot \pi + 333 \cdot \pi)$

d) $60 \cdot \pi - 14 + 3 \cdot (60 \cdot \pi + 21)$

e) $(120 \cdot 2{,}1 + 65 \cdot 0{,}2 + 3 \cdot \pi) : 45{,}2$

7 Gemischte Aufgaben

a) $181{,}7 \cdot \pi + 4861 - 591{,}12 + 3{,}1 \cdot 0{,}88$

b) $\frac{96 \cdot \pi}{15} - 66{,}5 + 18{,}2 \cdot \pi + 0{,}65 \cdot 3{,}2$

c) $54{,}6 - \frac{4{,}12 \cdot 3{,}14}{0{,}16 \cdot 4} + 44{,}5 \cdot 2{,}1$

d) $4{,}18 \cdot (10{,}12 - 4{,}16) + 57{,}6 \cdot \pi$

e) $16 \cdot \pi + 122 \cdot \pi + 196$

f) $\frac{125{,}2 \cdot 3{,}5 - 43{,}1}{11} + 56{,}2 \cdot 3{,}1$

g) $\sqrt{112} + 3 \cdot \sqrt{4{,}5 - 0{,}2} - 13{,}2$

h) $41{,}7 \cdot \pi + 81{,}16 \cdot \frac{55}{2{,}5} - 33{,}6 \cdot (\pi - 0{,}33)$

8 Berechnungen mit Einheiten

a) $A = 25\ \text{cm} \cdot 23\ \text{cm} + 40\ \text{cm} \cdot 65\ \text{cm}$

b) $A = 13\ \text{mm} \cdot 13\ \text{mm} \cdot \frac{\pi}{4}$

c) $A = 2 \cdot (32{,}5\ \text{cm}^2 + 65\ \text{cm}^2) - 42{,}5\ \text{cm}^2$

d) $V = 1{,}25\ \text{m} \cdot 2{,}5\ \text{m} \cdot 5\ \text{m} - 3{,}2\ \text{m}^3$

e) $F = 80{,}5\ \text{N} - 2{,}5\ \text{N} \cdot \frac{50\ \text{cm}^2 - 32\ \text{cm}^2}{20\ \text{cm}^2}$

f) $A = 8\ \text{cm}^2 + \frac{8{,}2\ \text{cm} + 2{,}4\ \text{cm}}{2} \cdot 10{,}5\ \text{cm} + 460\ \text{cm}^2$

g) $d = 4{,}6\ \text{cm} \cdot \pi + 6{,}5\ \text{cm} - 2 \cdot \frac{81{,}5\ \text{cm} - 32{,}6\ \text{cm}}{8}$

1.1.4 Schaubilder, Diagramme und Tabellen

Mit Schaubildern werden z. B. technische Werte oder Bilanzen eindeutiger und einfacher dargestellt, als es Texte und Zahlenwerte aussagen können. Sie sind übersichtlich und leicht ablesbar.

Säulen-Schaubilder verwendet man, um z. B. Inhalte oder Volumenströme anschaulich zeigen zu können. Die Darstellung wird in Aussehen und Maßstab so gewählt, dass Sachzusammenhänge gut erkennbar sind. Zahlenwerte werden angegeben **(Bild 1)**.

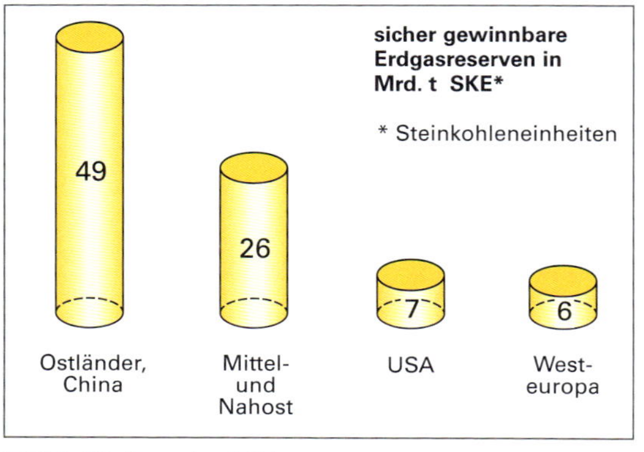

Bild 1: Säulenschaubild

Kreis-Schaubilder gibt es in Flächen- und Kuchenform, sie dienen zur Angabe von Gesamtanteilen, wie z. B. bei der Energiegewinnung oder dem Werkstoffverbrauch **(Bild 2)**.

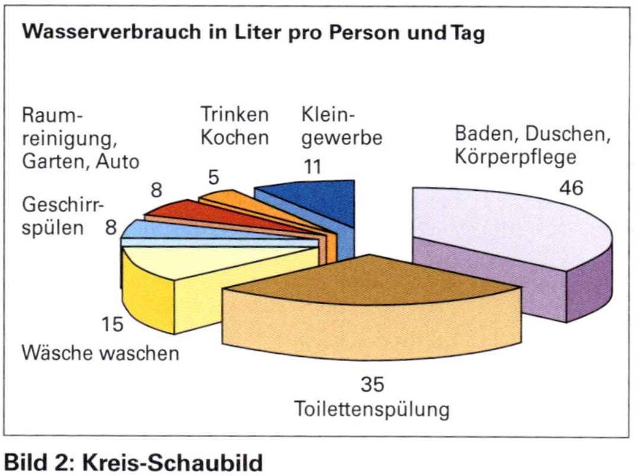

Bild 2: Kreis-Schaubild

Balkendiagramme sind Schaubilder, an ihnen können Zusammenhänge abgelesen und Werte entnommen oder auch ermittelt werden. Es

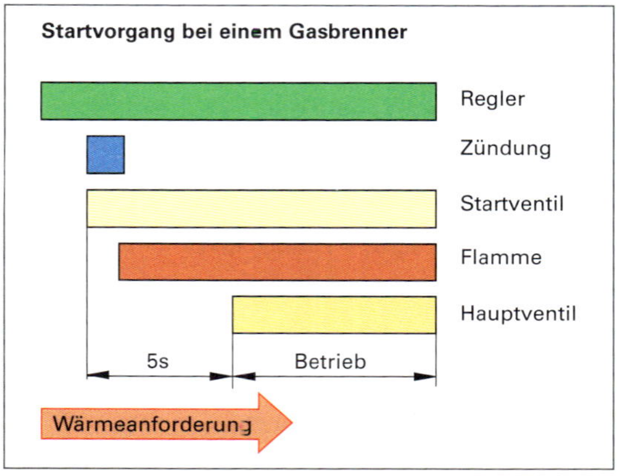

Bild 3: Balkendiagramm

werden oftmals technische Abläufe dargestellt, wie z. B. der Startvorgang eines Gasbrenners **(Bild 3)**.

Beispiel:

Für die Dichte der Werkstoffe Silber, Kupfer, Zinn, Stahl, Aluminium und Magnesium ist ein Schaubild zu erstellen. Dazu werden dem Tabellenbuch folgende Werte entnommen:

$\varrho_{Ag} = 10{,}5\ \frac{kg}{dm^3}$ $\varrho_{Cu} = 8{,}9\ \frac{kg}{dm^3}$ $\varrho_{Al} = 2{,}7\ \frac{kg}{dm^3}$

$\varrho_{Sn} = 7{,}28\ \frac{kg}{dm^3}$ $\varrho_{St} = 7{,}85\ \frac{kg}{dm^3}$ $\varrho_{Mg} = 1{,}74\ \frac{kg}{dm^3}$

Als mögliche Form des Schaubilds wird ein Säulendiagramm gewählt. Die Höhen werden maßstäblich gezeichnet. Die Reihenfolge der Metalle kann z. B. nach fallender Dichte vorgenommen werden. Weitere Details der Darstellung werden anschaulich und ansprechend angeordnet **(Bild 4)**.

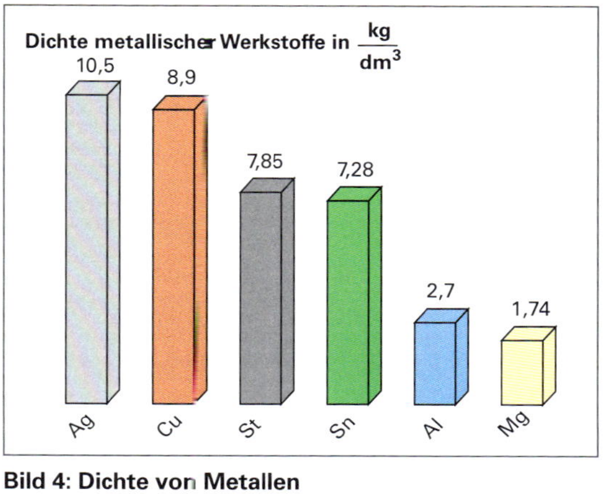

Bild 4: Dichte von Metallen

Tabellen können aus Zahlen oder Texten entstehen. Sie sind Schaubilder, an denen Zuordnungen oder Zahlenwerte direkt abgelesen werden können. Da sie oft benötigt werden, sind sie im Tabellenbuch gesammelt. Sie geben Regeln vor, vereinfachen oder erübrigen technische Berechnungen. Soll z. B. eine Trinkwasserleitung durch Löten verbunden werden, kann man der Tabelle als Vorschrift entnehmen, dass über DN 25 bei Trinkwasserinstallationen hartgelötet werden darf. Alle aufgeführten Lote sind zulässig **(Tabelle 1)**.

Umfangreichere Tabellen enthalten oft zusätzliche Informationen durch Skizzen oder Zeichnungen sowie Erläuterungen oder Fußnoten **(Tabelle 2)**.

Tabelle 1: Hartlote nach DIN EN 1044 für Kupferrohre

Hartlot	Zusammensetzung	Arbeitstemperatur in °C	Einsatzmöglichkeiten
AG 106 (L-Ag34Sn)	34 % Ag 36 % Cu 3 % Sn 27 % Zn	710	Trinkwasserrohrleitungen ab DN 32*
AG 203 (L-AG 44)	44 % AG 30 % Cu 26 % Zn	730	Heizungsrohrleitungen
AG 104 (L-AG45Sn)	45 % AG 27 % Cu 3 % Sn 25 % Zn	670	Gasrohrleitungen
CP 105 (L-Ag2P)	2 % Ag 92 % Cu 6 % P	710	
CP 203 (L-CuP6)	94 % Cu 6 % P	730	

*) Hartlöten für Kupferrohre bei Kalt- und Warmwasserinstallationen nicht mehr empfohlen.

Tabelle 2: Stahlrohre, mittelschwere Gewinderohre DIN EN 10255

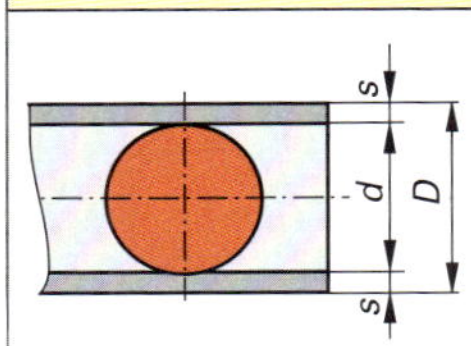

A lichter Querschnitt in cm^2
A'_0 Rohroberfläche in m^2/m
m′ Rohrmasse in kg/m
V′ Volumen in l/m
R Whitworth- Rohrgewinde

DN	R	D in mm	A'_0 in m^2/m	s in mm	d in mm	A in cm^2	V′ in l/m	m′ in kg/m
10	R 3/8	17,2	0,054	2,35	12,5	1,23	0,12	0,852
15	R 1/2	21,3	0,067	2,65	16,0	2,01	0,20	1,22
20	R 3/4	26,9	0,085	2,65	21,6	3,66	0,37	1,58
25	R1	33,7	0,106	3,25	27,2	5,81	0,58	2,44
32	R 1 1/4	42,4	0,133	3,25	35,9	10,12	1,01	3,14
40	R 1 1/2	48,3	0,152	3,25	41,81	3,72	1,37	3,61
50	R 2	60,3	0,189	3,65	53,0	22,06	2,21	5,10

b=?

Aufgaben

1 Für das Lot AG106 sind die Anteile der Legierungsbestandteile zu ermitteln und in einem Kreis-Schaubild darzustellen.

2 Die Rechnung für eine Rohrinstallation beträgt 1620 € ohne Mehrwertsteuer.
Folgende Kosten sind zu berücksichtigen: Rohre und Fittings 170 €, Rohrbefestigungen 60 €, Lohn 520 €, Gemeinkosten 600 € und der Gewinn. Die Kostenanteile sind in einem Schaubild darzustellen.

3 Wie viel Liter Wasser enthält ein Gewinderohr DIN EN 10 255-M DN 15 bei einer Länge von 6 m?

4 Welchen Außen- und Innendurchmesser hat ein Gewinderohr DIN EN 10 255-M DN 25?

5 Welche Masse haben 6 m Gewinderohr DIN EN 10 255-M der Nennweite 32?

Grafische Darstellung von Funktionen

Funktionen geben Zusammenhänge verschiedener Einflussgrößen an. Sie werden in Schaubildern dargestellt, damit die Zusammenhänge schnell abzulesen und Tendenzen erkennbar sind. Für ihre Darstellung benötigt man ein rechtwinkliges Koordinatensystem. Die Waagerechte nennt man *x*-Achse oder Abszisse, die Senkrechte *y*-Achse oder Ordinate. Bei der Mehrzahl der technischen Schaubilder wird nur die positive *x*- und *y*-Achse benutzt, d.h. die Punkte liegen im ersten Quadranten **(Bild 1)**.

Lineare Funktionen zeigen den Zusammenhang zweier Größen in Form einer Geraden. Alle Zwischenwerte können auf beiden Achsen abgelesen werden. Die Lösungsgenauigkeit hängt stets von der Qualität der Zeichnung und insbesondere vom Maßstab ab **(Bild 1, Seite 20)**.

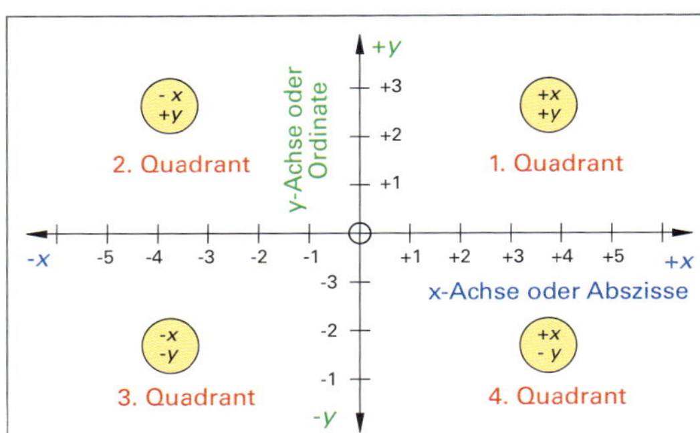

Bild 1: Koordinatensystem

b=?

Beispiel:

In einem Schaubild werden der Zusammenhang zwischen Durchmesser und Umfang eines Zylinders angegeben. Bei gegebenem Durchmesser berechnet man den Umfang ($U = d \cdot \pi$) in Form einer Wertetabelle, wählt einen sinnvollen Maßstab, trägt die Punkte ein und verbindet die Hilfspunkte **(Bild 1)**.

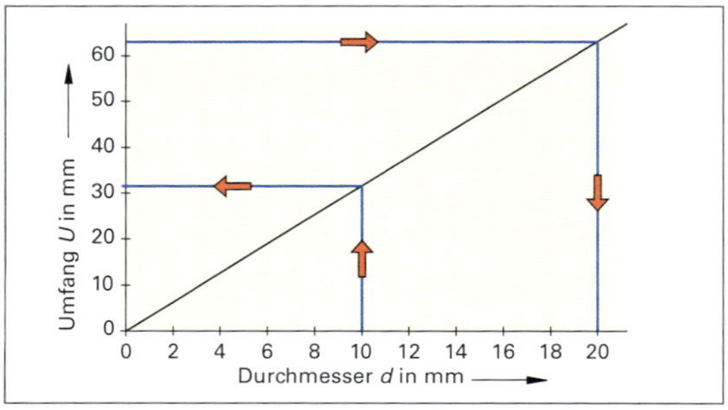

Bild 1: Lineare Funktion

Nichtlineare Funktionen ergeben beim Verbinden der Hilfspunkte eine gebogene Linie. Sie haben den besonderen Vorteil, dass man Tendenzen der Zusammenhänge der Einflussfaktoren schnell erkennen kann.

Beispiel:

In einem Schaubild wird der Zusammenhang zwischen Durchmesser und Kreisfläche dargestellt. Als Tendenz erkennt man, dass die Fläche (*y*-Achse) schneller zunimmt als der Durchmesser (*x*-Achse) **(Bild 2)**.

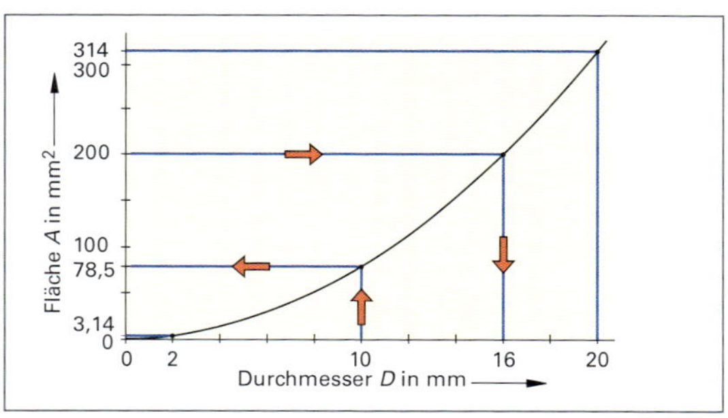

Bild 2: Nichtlineare Funktion

Aufgaben

1 Für einen 6 m langen Stab Gewinderohr DIN EN 10 255-M DN 15 soll die Masse in einem Schaubild dargestellt werden. Die erforderlichen Werte sind einer Tabelle zu entnehmen. Als Abszisse sollen 1 m ≙ 1 cm und als Ordinate 1 kg/m ≙ 1 cm gewählt werden.

2 Es ist ein Schaubild zu zeichnen, in dem die Oberfläche eines Gewinderohrs DIN EN 10 255-M DN 20 über der Rohrlänge angegeben wird.

3 Entsprechend Aufgabe 2 soll der Rohrinhalt über der Rohrlänge abgelesen werden können. Fertigen Sie ein Schaubild.

4 In einem Schaubild ist die Wärmedehnung von Stahl über der Rohrlänge aufgetragen **(Bild 3)**.

a) Ermitteln Sie die zu erwartende Dehnung eines Stahlrohres von 16 m Länge bei einer Temperaturänderung von 50 K.

b) Mit welcher Dehnung ist zu rechnen, wenn ein 12 m langes Stahlrohr Temperaturen von 20 °C bis 60 °C ausgesetzt ist?

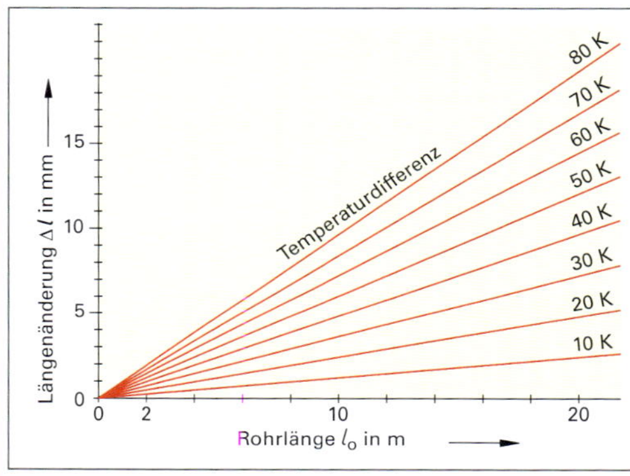

Bild 3: Wärmedehnung von Stahl

5 Zur Überwachung einer Solaranlage wurde die tägliche Einstrahlungsenergie gemessen und für jeden Monat gemittelt in einem Schaubild festgehalten **(Bild 4)**.

Lesen Sie je Monat die durchschnittliche Einstrahlungsenergie ab und bilden Sie die jährliche Gesamtsumme.

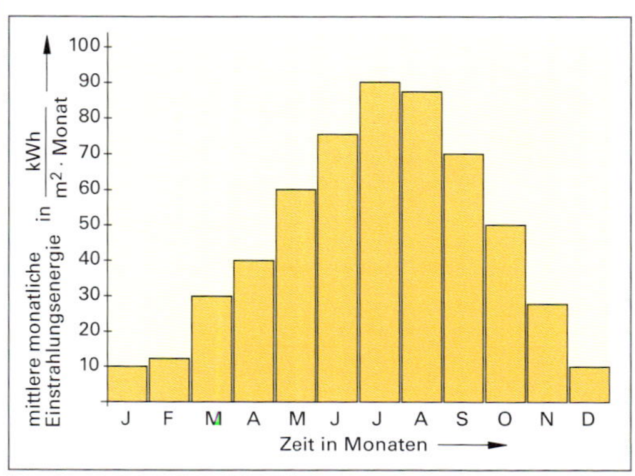

Bild 4: Strahlungswerte

1.2 Dreisatz- und Prozentrechnen

Beim Dreisatzrechnen wird in drei Sätzen aus zwei Größen eine dritte berechnet. Dabei schließt man vom bekannten Vielfachen auf eine Einheit und von dort auf die gesuchte Größe **(Bild 1)**.

Dabei unterscheidet man den

- Dreisatz mit geradem Verhältnis und den
- Dreisatz mit umgekehrtem Verhältnis.

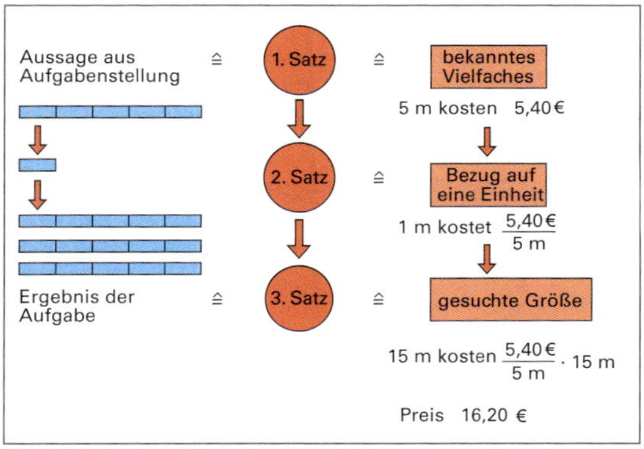

Bild 1: Dreisatzrechnen

Dreisatz mit geradem Verhältnis

Bei dem geraden Verhältnis stehen zwei abhängige Größen im gleichen Verhältnis zueinander **(Bild 2)**.

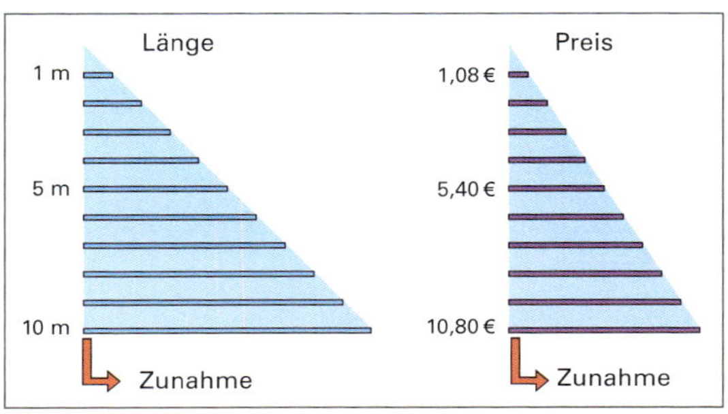

Bild 2: Gerades Verhältnis

Beispiel:

Ein Stab Rohr aus Cu 12 × 1 von 5 m Länge kostet 5,40 €. Wie viel kosten 15 m?

1. Satz:	5 m	kosten	5,40 €
2. Satz:	1 m	kostet	$\frac{5{,}40\,€}{5\text{ m}}$
3. Satz:	15 m	kosten	$\frac{5{,}40\,€ \cdot 15\text{ m}}{5\text{ m}}$
		Preis:	**16,20 €**

Dreisatz mit umgekehrtem Verhältnis

Beim umgekehrten Verhältnis nimmt eine Gruppe zu, die andere ab **(Bild 3)**.

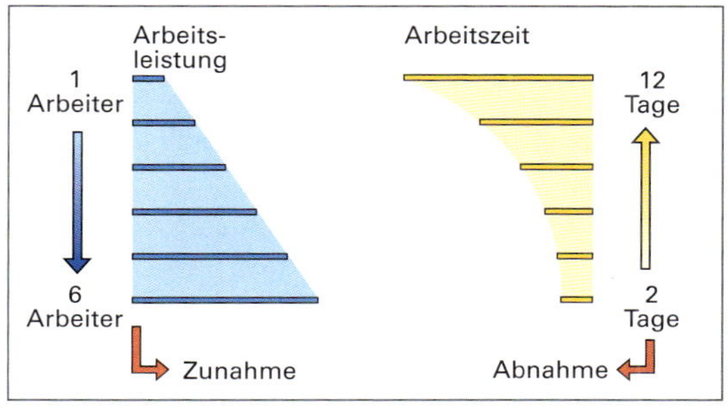

Bild 3: Dreisatz mit umgekehrtem Verhältnis

Beispiel:

Drei Arbeiter benötigen für eine Hausinstallation vier Arbeitstage. Wie lange brauchen 2 Arbeiter, wenn sie dieselbe Arbeitsleistung je Arbeiter erreichen?

1. Satz:	3 Arbeiter benötigen	4 Tage
2. Satz:	1 Arbeiter benötigt	3 · 4 Tage
3. Satz:	2 Arbeiter benötigen	$\frac{3 \cdot 4\text{ Tage}}{2}$
	Arbeitszeit:	**6 Tage**

Aufgaben

1 6 m Gewinderohr DIN EN 10255-M DN 25 haben eine Masse von 14,64 kg. Wie schwer sind 35 m?

2 Eine Blechtafel (1 m × 2 m) aus Kupfer hat die Masse von 12,46 kg. Wie schwer sind 9 m^2 bei gleicher Blechqualität?

3 Eine Rolle Kupferrohr Cu 12 × 1 von 50 m Länge hat die Masse von 15,4 kg.
Welche Masse haben 120 m?

4 Ein Heizkessel verbraucht bei einem Probebetrieb in 10 min 300 l Gas. Wie viel m^3 Gas werden am Tag verbraucht, wenn er 8 h unter Volllast in Betrieb ist?

5 Bei einem Heizöltank reicht der Inhalt bei einem Durchschnittsverbrauch von 20 l je Tag noch einen Monat. Für wie viel Tage würde er bei einem Durchschnittsverbrauch von 12 l je Tag reichen?

6 Für die Installation einer Heizungsanlage benötigen 2 Installateure 6 Tage zu je 8 Stunden. Wie lange würden 3 Arbeiter bei gleicher Arbeitsleistung dazu brauchen?

7 In einem Füllschlauch strömt Wasser mit einem Volumenstrom von 0,6 l/s. Zur Füllung der Heizung werden 10 min benötigt.
Wie lange bräuchte man, wenn der Volumenstrom auf 2 l/s erhöht würde?

Prozentrechnen

Das Prozentrechnen ist eine Form des Dreisatzrechnens, bei ihm werden anteilige Größen auf die gesamte Größe bezogen. Diese Größe stellt einhundert Prozent (100 %) dar und wird mit **G**rundwert (***g***) bezeichnet.

Der Grundwert ist meistens eine Zahl mit ihrer Einheit, z. B. 60 m² oder 180 €.

Der **P**rozentsatz (***p***) gibt die Anzahl der Teile von 100 Teilen an. Die Einheit sind Prozent, z. B. 80 % sind 80 Teile von 100 Werkstücken.

Der Prozent**w**ert (***w***) ist der Teil des Grundwertes, der mit dem Prozentsatz errechnet wird **(Bild 1)**.

Er wird wie der Grundwert als Zahl mit ihrer Einheit, z. B. 80 Teile, angegeben.

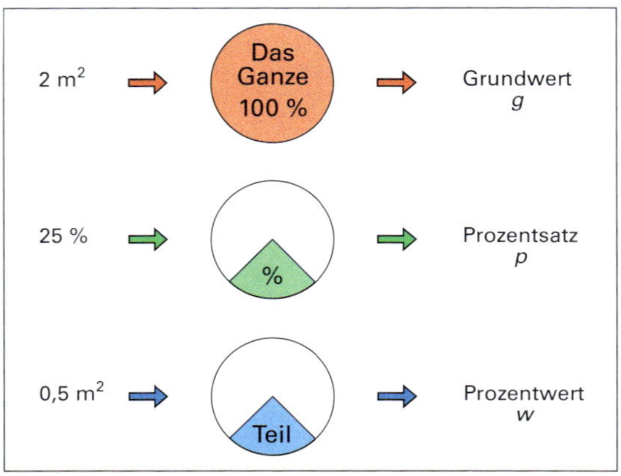

Bild 1: Prozentrechnen. Grundbegriffe

$$\text{Prozentwert} = \frac{\text{Grundwert} \cdot \text{Prozentsatz}}{100\,\%}$$

$$w = \frac{g \cdot p}{100\,\%}$$

$$g = \frac{w \cdot 100\,\%}{p} \qquad p = \frac{w \cdot 100\,\%}{g}$$

Die Formeln lassen erkennen, dass aus zwei gegebenen Größen eine dritte berechnet werden kann. Deshalb können diese Aufgabenstellungen entweder mit den Formeln oder mit der Schlussrechnung gelöst werden.

Beispiel:

Für 1 kg des Weichlotes S-Sn97Cu3 sind der Grundwert, die Bestandteile als Prozentwert und als Prozentsatz anzugeben.

Grundwert $g = 1\text{ kg}$

Prozentwert Kupfer $w = 0{,}03\text{ kg}$

Prozentsatz Kupfer $p = \dfrac{0{,}03\text{ kg} \cdot 100\,\%}{1\text{ kg}}$

$\mathbf{p = 3\,\%}$

Prozentwert Zinn $w = 0{,}97\text{ kg}$

Prozentsatz Zinn $p = \dfrac{0{,}97\text{ kg} \cdot 100\,\%}{1\text{ kg}}$

$\mathbf{p = 97\,\%}$

Beispiel für das Rechnen mit Formeln:

Eine Heizungsanlage benötigt 3000 l Heizöl in einem Jahr. Wie groß ist der jährliche Energieverlust, angegeben in Litern Heizöl, wenn der Nutzungsgrad 80 % (20 % Verlust) beträgt?

Geg.: $g = 3000\text{ l}$ $\quad p = 20\,\%$

Ges.: w

$$w = \frac{g \cdot p}{100\,\%} = \frac{3000\text{ l} \cdot 20\,\%}{100\,\%}$$

$\mathbf{w = 600\text{ l}}$ **Energieverlust**

Beispiel für die Schlussrechnung:

Geg.: $g = 3000\text{ l}$ $\quad p = 20\,\%$

Ges.: w

100 % entsprechen 3000 l

1 % entspricht $\dfrac{3000\text{ l}}{100\,\%}$

20 % entsprechen $\dfrac{3000\text{ l} \cdot 20\,\%}{100\,\%}$

Energieverlust **600 l**

Aufgaben

1 Die Rechnung für eine Reparatur beträgt 860 €. Bei Barzahlung können 2 % abgezogen werden. Wie viel € sind dies?

2 Der Rechnungsbetrag einer Badinstallation beläuft sich auf 28 420 €. Da der Kunde sofort zahlt, kann er 568,40 € Skonto abziehen. Wie viel % sind dies?

3 Der Kessel einer Gasheizung hat einen Jahresnutzungsgrad von 82 %. Die Anlage verbraucht im Jahr 2840 m³ Erdgas. Wie hoch sind die jährlichen Verluste in % und in m³?

4 Ein Kunde bezahlt von einer Handwerkerrechnung nur 6235 €, das sind 70 %. Wie hoch war der Rechnungsbetrag und wieviel hat der Kunde einbehalten?

1.3 Längen

Die Berechnung von Längen umfasst geradlinige und gebogene Linienarten **(Bild 1)**. Geradlinige Längen sind gegeben z. B. bei Abmessungen von Bauteilen und von Gebäuden, sowie bei Abständen und Teilungen. Gebogene Längen sind an runden Körpern, wie z. B. Rohren und Blechformteilen zu ermitteln.

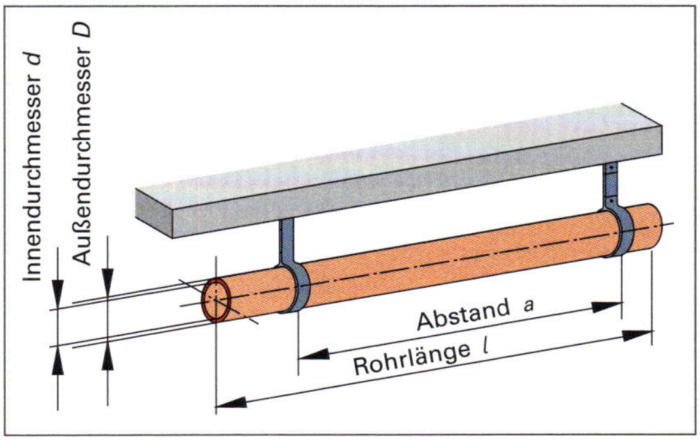

Bild 1: Längen

1.3.1 Längeneinheiten, Maßstäbe

Die Basiseinheit für die Länge ist das Meter mit dem Einheitenzeichen m. Weitere Einheiten der Länge sind Dezimeter (dm), Zentimeter (cm) und Millimeter (mm).

> Die Umrechnungszahl der Längeneinheiten von einer Einheit zur nächsten ist 10 (eine Dezimalstelle).

1 m = 10 dm = 100 cm = 1000 mm
1 dm = 10 cm = 100 mm
1 cm = 10 mm

Sehr große oder sehr kleine Längen bezeichnet man mit der Vorsilbe Kilo (1 km = 1000 m) oder Mikro $\left[1\ \mu\text{m} = \frac{1\ \text{m}}{1\,000\,000}\right]$. Diese Umrechnung ermöglicht es, Längen in anschaulichen Einheiten anzugeben.

Bei Gewinderohren werden Durchmesser und Gewindeabmessungen auch in Zoll (") angegeben.

> 1 " = 25,4 mm

Die Länge wird dabei in Teilen oder im Vielfachen von 25,4 mm angegeben.

Maßstäbe dienen zur Angabe des Verhältnisses zwischen der zeichnerischen Darstellung und der Originalgröße.

Man unterscheidet natürliche Größen, Verkleinerungen und Vergrößerungen **(Tabelle 1)**.

Die Maßstäbe sind genormt und im Schriftfeld der Zeichnungen anzugeben. M 1 : 100 bedeutet, dass die Zeichnung in $\frac{1}{100}$ der Größe des Originals angefertigt ist. In den Zeichnungen werden immer die Originalmaße eingetragen.

Tabelle 1: Maßstäbe (Auszug)

Darstellung	Bezeichnung	Beispiel
Vergrößerung	M 2 : 1	kleine Werkstücke, Einzelteile
Natürliche Größen	M 1 : 1	Werkstücke, Abwicklungen
Verkleinerung	M 1 : 500 M 1 : 100 M 1 : 50 M 1 : 20 M 1 : 10	Lageplan, Bauplan, Strangschema, Ausführungs- zeichnung

Die Länge für die Zeichnung erhält man, indem man die wirkliche Länge mit dem Maßstab multipliziert.

$$l_z = l_w \cdot M$$

l_z = Länge in der Zeichnung
l_w = wirkliche Länge
M = Maßstab

Beispiel:

Wie hoch wird in einem Strangschema die Montagehöhe eines Waschtischs über dem fertigen Fußboden gezeichnet **(Bild 2)**?

Geg.: l_w = 850 mm M 1 : 50

Ges.: l_z

$l_z = l_w \cdot M$ $\quad l_z = \frac{850\ \text{mm} \cdot 1}{50}$ $\quad$ **l_w = 17 mm**

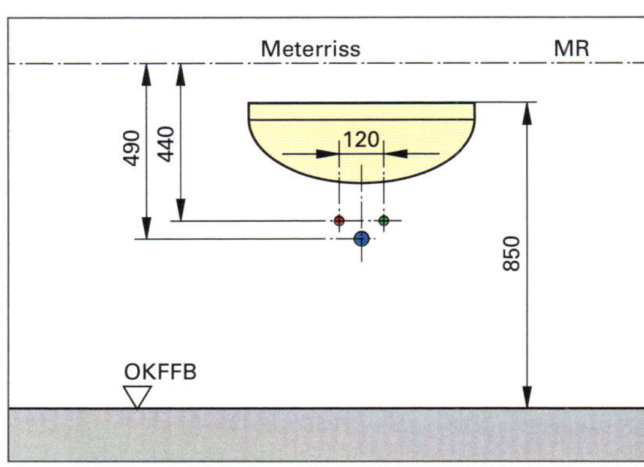

Bild 2: Waschtisch, Montagehöhen

b=?

Aufgaben

1 Die folgenden Maße sind umzuwandeln.

a) in mm:	5,4 cm	2,3 dm	1,26 m
	0,065 m	0,21 dm	0,2 cm
b) in cm:	457 mm	8,6 dm	2,35 m
	0,75 m	2,5 mm	0,06 dm
c) in dm:	3650 mm	45 cm	23,4 m
	0,04 m	67,3 mm	3,8 cm
d) in m:	675 mm	560 cm	53 dm
	4,5 cm	0,6 dm	22,6 mm

2 Das Ergebnis ist in m zu ermitteln.

a) 8,6 m + 0,7 dm + 36 cm + 88 dm + 675 mm

b) 576 cm + 4,6 dm + 980 mm + 0,76 m + 0,4 dm

c) 0,82 dm + 2,4 m + 46 cm + 6210 mm + 0,24 m

3 Die Lösung ist in einer „sinnvollen" Einheit anzugeben.

a) 0,08 m – 62 cm + 550 mm + 1,12 m – 0,02 dm

b) 44,3 m + 67,2 dm – 23,5 m – 0,8 dm + 0,8 m

c) 990 mm – 0,4 cm + 0,08 m – 0,06 dm + 1,22 m

4 Die Maße sind umzuwandeln.

a) in mm: 2" $1\,^1/_2$" 3/4" 1/2"

b) in Zoll: 17,2 mm 42,4 mm 76,1 mm 114,3 mm

5 Wie lang sind 230 mm im Maßstab 1:20 zu zeichnen?

6 Ein Bauteil ist bei M 2 :1 16 mm lang gezeichnet. Wie lang ist das Originalteil?

7 Ein Heizkessel ist 60 cm breit, 50 cm tief und 85 cm hoch. Wie groß ist er im Maßstab 1 : 50 zu zeichnen?

1.3.2 Teilungen

Teilungen müssen berechnet werden, wenn z. B. Rohrschellen in gleichem Abstand angeordnet werden sollen. Man unterscheidet dabei Teilungen mit gleichem Abstand zu Anfang oder Ende der einzuteilenden Strecke oder mit anderem Randabstand.

Zur Berechnung sind die

- Teilungslänge,
- Anzahl der Teilungspunkte,
- Abstände der Teilungspunkte und
- Randabstände erforderlich.

Teilungen mit gleichen Abständen haben einen Abstand mehr als die Anzahl der Teilungspunkte **(Bild 1)**.

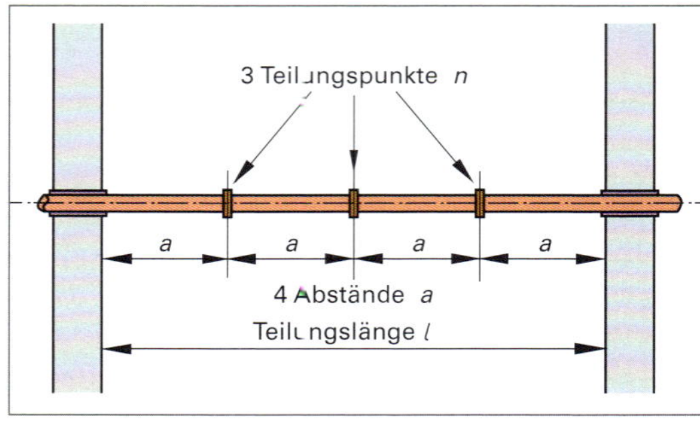

Bild 1: Teilung mit gleichen Abständen

Der Abstand wird berechnet, indem die Teilungslänge festgelegt und durch die Anzahl der Abstände geteilt wird. Deren Anzahl ist um 1 größer als die Zahl der Teilungspunkte.

$$a = \frac{l}{n+1} \qquad n = \frac{l}{a} - 1$$

a Abstand, z. B. in m, cm
l Teilungslänge, z. B. in m, cm
n Anzahl der Teilungspunkte

Bei der Rohrbefestigung sind die maximalen Abstände in Abhängigkeit von Werkstoff und Dimension in Regelwerken, z. B. DIN 1988, festgelegt. Diese Richtwerte sollten nicht überschritten werden.

Beispiel:

Eine Rohrleitung ist im Abstand von höchstens 1,30 m gleichmäßig zu befestigen. Die Leitungslänge beträgt 10,70 m. Am Anfang und Ende ist keine Befestigung anzubringen.

Wie viel Rohrschellen sind nötig und wie groß ist der tatsächliche Abstand?

Geg.: l = 10,7m $a \leq$ 1,30 m

Ges.: n, a

$$n = \frac{l}{a} - 1$$

$$n = \frac{10{,}7\ \text{m}}{1{,}3\ \text{m}} - 1 \qquad \boldsymbol{n = 7{,}23}$$

Es muss n = 8 gewählt werden, damit der maximale Abstand von 1,30 m nicht überschritten wird. Erst danach kann der tatsächliche Abstand ermittelt werden.

$$a = \frac{l}{n+1}$$

$$a = \frac{10{,}7\ \text{m}}{8+1} \qquad \boldsymbol{a = 1{,}19\ \text{m}}$$

Teilungen mit ungleichem Randabstand berechnet man, indem die Randabstände von der Gesamtlänge abgezogen werden. Damit erhält man die Teilungslänge. Die Anzahl der Abstände ist um 1 kleiner als die Zahl der Teilungspunkte **(Bild 1)**.

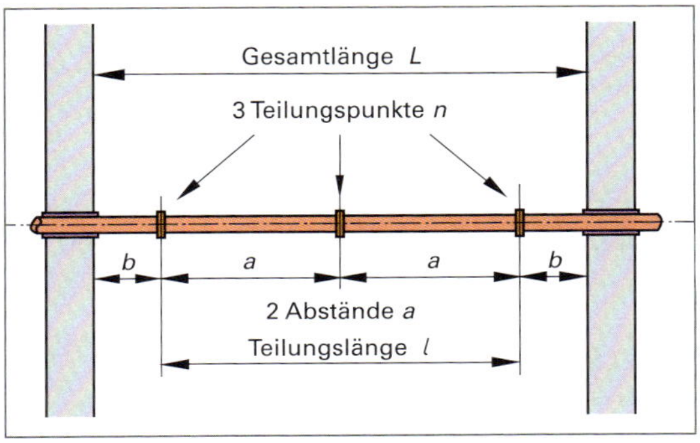

Bild 1: Gleiche Teilung mit Randabstand

$$l = L - 2 \cdot b$$

$$a = \frac{l}{n-1} \qquad n = \frac{l}{a} + 1$$

- l Teilungslänge, z. B. in m, cm
- L Gesamtlänge, z. B. in m, cm
- b Randabstand, z. B. in m, cm
- a Abstand, z. B. in m, cm
- n Anzahl der Teilungspunkte

Beispiel:

Eine Rohrleitung von 12,9 m Länge aus Cu 18 × 1 ist im Abstand von höchstens 1,5 m zu befestigen. Die erste und die letzte Befestigung ist 0,75 m vom Leitungsanfang und Leitungsende vorzusehen. Wie groß ist der tatsächliche Abstand der Rohrschellen und ihre Anzahl?

Geg.: $L = 12{,}9\ \text{m}$ $\quad a \leq 1{,}5\ \text{m}$ $\quad b = 0{,}75\ \text{m}$

Ges.: a, n

$$a = \frac{l}{n-1} \qquad l = L - 2 \cdot b$$

$$n - 1 = \frac{l}{a} \qquad l = 12{,}9\ \text{m} - 2 \cdot 0{,}75\ \text{m}$$

$$n = \frac{l}{a} + 1 \qquad l = 11{,}4\ \text{m}$$

$$n = \frac{11{,}4\ \text{m}}{1{,}5\ \text{m}} + 1$$

$$n = 8{,}6$$

Erforderliche Anzahl der Rohrschellen:
$\boldsymbol{n = 9}$

$$a = \frac{11{,}4\ \text{m}}{9 - 1}$$

Abstand: $\boldsymbol{a = 1{,}43\ \text{m}}$

Aufgaben

1 Ein Flachstahl von 680 mm Länge soll 8 Bohrungen erhalten. Randabstände und Bohrungsabstände sind gleich. In welchem Abstand sind die Bohrungen anzukörnen?

2 Ein Pultdach ist 14,50 m breit. Es sollen Rinnenhalter befestigt werden, wobei der Abstand untereinander höchstens 0,7 m und der Randabstand der äußeren Halter 0,25 m betragen soll. Wie viel Rinnenhalter sind nötig und wie groß ist der tatsächliche Abstand?

3 Die 18 Dachsparren eines Satteldachs sind 12 cm breit und haben untereinander einen Abstand von 58 cm. Die Entfernung von der Mitte der Endsparren bis zum Dachabschluss beträgt 30 cm.
a) Wie lang ist das Dach?
b) Wie viel Dachrinnenprofile zu je 5 m Länge sind zu bestellen, wenn für die Verbindung jeweils 10 mm benötigt werden?

4 Aus Cu-Rohr soll ein Rohrregister von 1,20 m Länge angefertigt werden. Die Mitte des ersten und die Mitte des letzten Rohres sind jeweils 50 mm vom Rand entfernt. Der maximale Abstand der Rohrmitten soll 12 cm betragen.
a) Wie viel Zwischenrohre sind nötig?
b) In welchem Abstand werden sie angeordnet?

5 Bei einem Geländer dürfen die lichten Abstände zwischen den 10 mm breiten Stäben höchstens 12 cm sein **(Bild 2)**.
a) Wie viel Stäbe sind nötig?
b) Wie groß ist das Maß Mitte – Mitte d. Stäbe?
c) Welchen lichten Abstand haben sie?

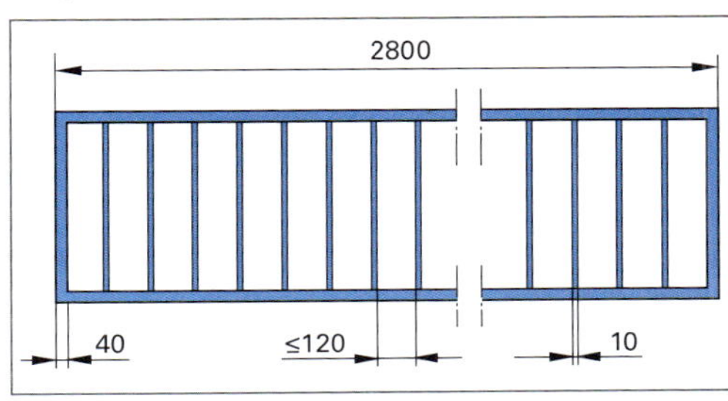

Bild 2: Geländer

6 Für ein 2,10 m hohes Regal sollen 90 cm lange Fachböden aus verzinktem Stahlblech hergestellt werden. Sie erhalten zur Versteifung Kantungen von 24 mm Höhe. Der lichte Abstand des unteren Fachbodens zum Fußboden beträgt 100 mm. Der oberste Boden endet 60 mm unter der Oberkante des Regals.
a) Zeichnen Sie das Regal im Maßstab 1 : 20.
b) Wie viel Böden sind anzufertigen, wenn der lichte Abstand der Böden mindestens 33 cm betragen soll?
c) Wie groß ist ihr tatsächlicher Abstand?

1.3.3 Gebogene und gestreckte Längen

Viele Bauteile der Haustechnik sind kreisförmig oder bestehen aus geraden Längen und aus Teilen eines Kreises. Werden sie durch Biegen hergestellt, kann die Ausgangslänge, die man auch als gestreckte Länge bezeichnet, berechnet werden **(Bilder 1 bis 3)**.

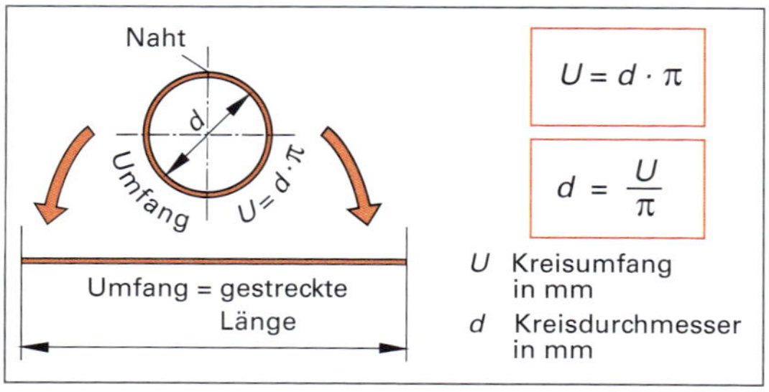

Bild 1: Kreisumfang

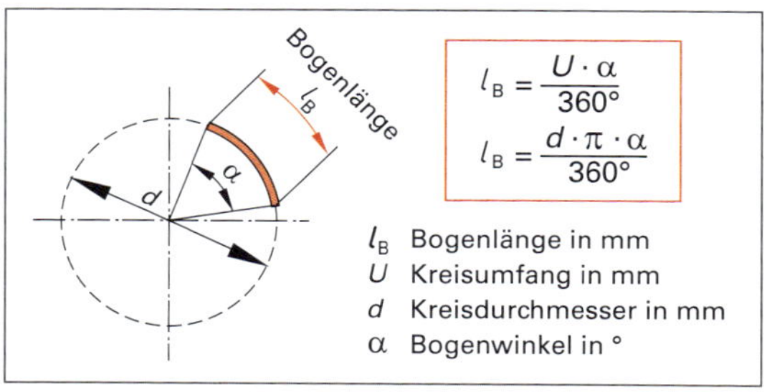

Bild 2: Bogenlänge

Beim Biegen von Werkstücken werden die außen liegenden Fasern des Werkstoffes gestreckt, die innen liegenden gestaucht. Dazwischen liegt die neutrale Faser, deren Länge sich beim Biegen nicht ändert **(Bild 3)**.

Gestreckte Längen werden berechnet, indem man die Länge der neutralen Faser ermittelt. Nur bei dünnen Werkstücken, wie z. B. größere Biegeteile aus dünnem Blech, ist es nicht nötig, die Dicke des Werkstoffs zu berücksichtigen. Abweichungen können nach Erfahrungswerten in die Rechnung einbezogen werden.

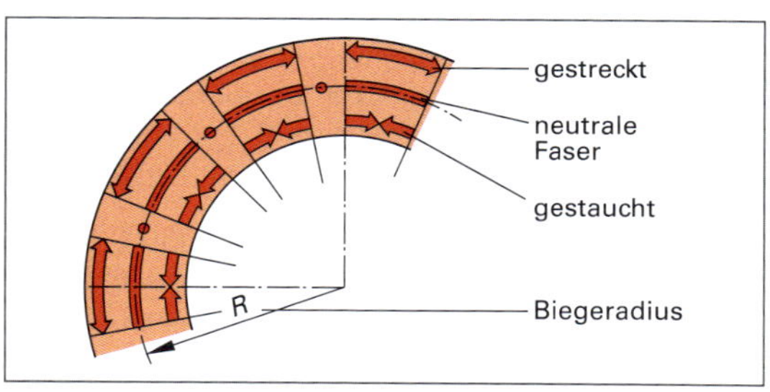

Bild 3: Neutrale Faser

Beispiel 1:

Ein dünnes Blech ist zu einem Rohr von 100 mm Durchmesser zu runden. Für die Lötnaht sind 7 mm zuzugeben. Wie breit muss der Zuschnitt sein?

Geg.: $d = 100$ mm $z = 7$ mm

Ges.: b

$b = U + z$ $b = d \cdot \pi + z$

$b = 100 \text{ mm} \cdot \pi + 7 \text{ mm}$ $\mathbf{b = 321 \text{ mm}}$

Beispiel 2:

Ein Cu-Rohr 15 × 1 ist nach Zeichnung zu biegen **(Bild 4)**. Wie lang war das Rohr vor dem Biegen?

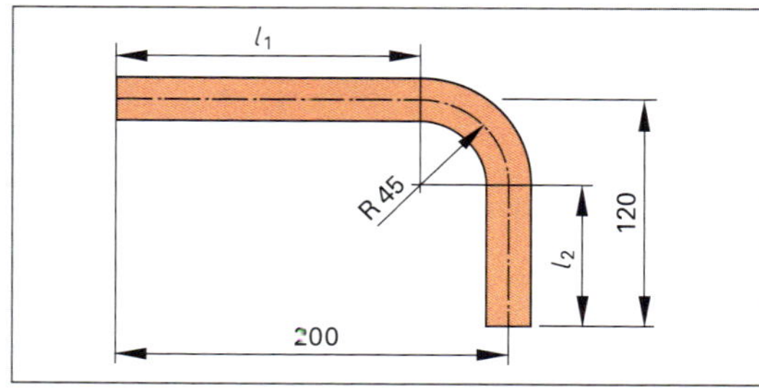

Bild 4: Rohrbogen

Geg.: $l_1 = 155$ mm $l_2 = 75$ mm $d = 155$ mm

Ges.: l_{gestr}

$l_{gestr} = l_1 + l_B + l_2$

$$l_B = \frac{d \cdot \pi \cdot \alpha}{360°}$$

$$l_B = \frac{90 \text{ mm} \cdot \pi \cdot 90°}{360°}$$

$l_B = 71$ mm

$l_{gestr} = 155 \text{ mm} + 71 \text{ mm} + 75 \text{ mm}$

$\mathbf{l_{gestr} = 301 \text{ mm}}$

Drahteinlagen werden benötigt, um Blechränder zu versteifen. Die erforderliche Blechzugabe wird nach Erfahrungswerten ermittelt. Sie hängt im Wesentlichen vom Durchmesser des Einlegedrahtes ab **(Bild 5)**.

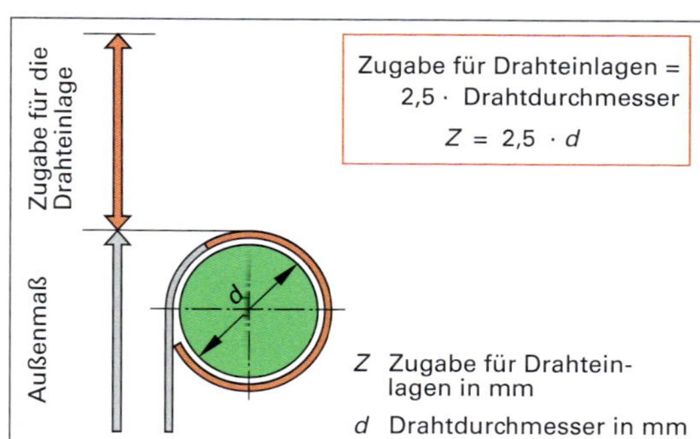

Bild 5: Drahteinlage

Die Länge des Drahtes wird ebenfalls nach Erfahrungswerten ermittelt:

$$\text{Drahtlänge} = \left(\text{Durchmesser des Blechbauteils} + \text{Drahtdicke}\right) \cdot \pi$$

$$l_D = (D + d) \cdot \pi$$

l_D Drahtlänge in mm
D Bauteildurchmesser in mm
d Drahtdicke in mm

Beispiel 3:

Ein Gefäß von 100 mm Durchmesser erhält einen liegend angefalzten Bodenfalz und eine Drahteinlage mit einem Drahtdurchmesser von 2 mm **(Bild 1).** Wie breit ist der Zuschnitt des Blechmantels und wie lang ist der Draht abzuschneiden?

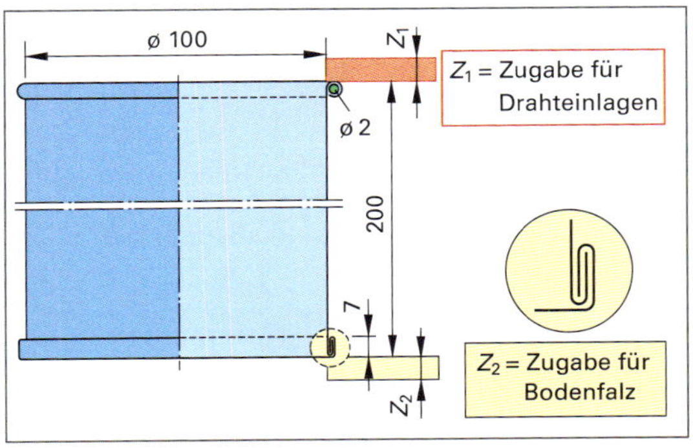

Bild 1: Bodenfalz und Drahteinlage

Geg.: D = 100 mm $\quad d$ = 2 mm $\quad f$ = 7 mm
h = 200 mm

Ges.: b, l_D

$b = h + 2{,}5 \cdot d + 1 \cdot f$

b = 200 mm + 2,5 · 2 mm + 7 mm $\quad$ **b = 212 mm**

$l_D = (D + d) \cdot \pi$

l_D = (100 mm + 2 mm) · π $\quad$ **l_D = 320 mm**

Aufgaben

1 Zum Anschluss einer Dachrinne an ein vorhandenes Fallrohr ist ein Rohrstutzen von 76 mm Durchmesser mit einer Lötnahtbreite von etwa 10 mm anzufertigen. Wie breit muss der Zuschnitt sein?

2 Die 50 mm dicke Dämmung eines Abgasrohres mit dem Durchmesser von 130 mm wird mit verzinktem Stahlblech umhüllt. Dieses wird 40 mm überlappt und mit Blechschrauben verschlossen. Wie breit ist das Blech zuzuschneiden?

3 Der Rücklauf eines Badheizkörpers wird als Fußbodenheizung ausgeführt. Wie lang muss das Cu-Rohr mindestens sein, wenn für die Anschlüsse noch 2 m Rohr dazugerechnet werden sollen **(Bild 2)**? Der Rohrabstand *a* entspricht einem Raster von 15 cm. Der Biegeradius beträgt ebenfalls 15 cm.

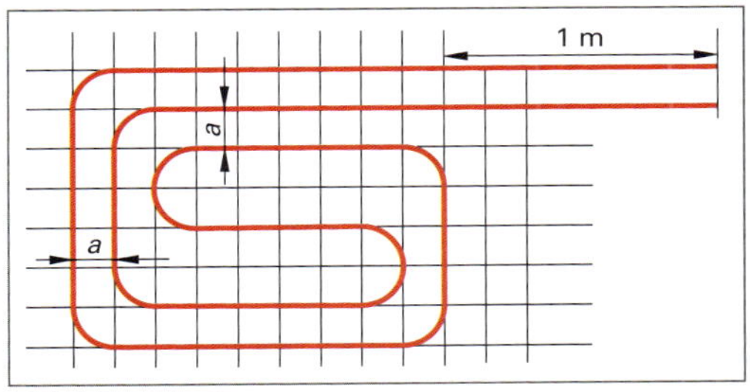

Bild 2: Fußbodenheizung

4 Eine beidseitig verputzte Wand ist 270 mm breit und erhält ein Abdeckblech mit einem Überstand von 30 mm **(Bild 3).** Wie viel Zuschnitte erhält man aus der 1 m breiten Blechtafel und wie breit ist der Abfallstreifen?

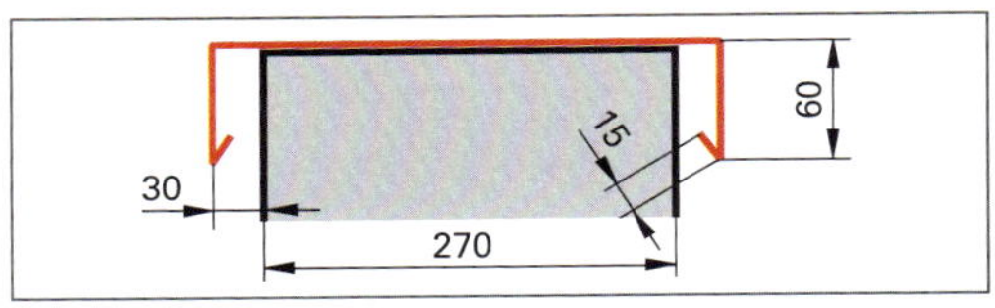

Bild 3: Mauerabdeckung

5 Es sind Wandanschlussprofile aus einer Blechtafel 1 m × 2 m zu fertigen **(Bild 4).** Wie breit ist das Profil, wenn die Tafel ohne Verschnitt aufgeteilt werden soll?

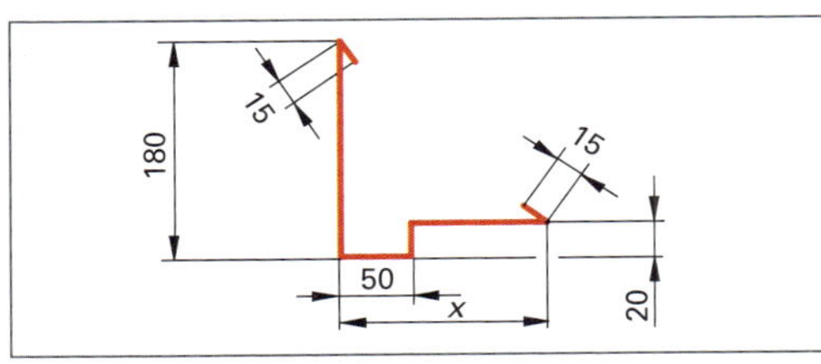

Bild 4: Wandanschlussprofil

6 Ein Gewinderohr DIN EN 10 255-M DN 15 **(Tabelle 1, Seite 19)** ist nach Maß zu biegen. Der Biegeradius beträgt das Dreifache des Außendurchmessers des Rohres **(Bild 5)**. Wie lang ist das Rohr abzuschneiden?

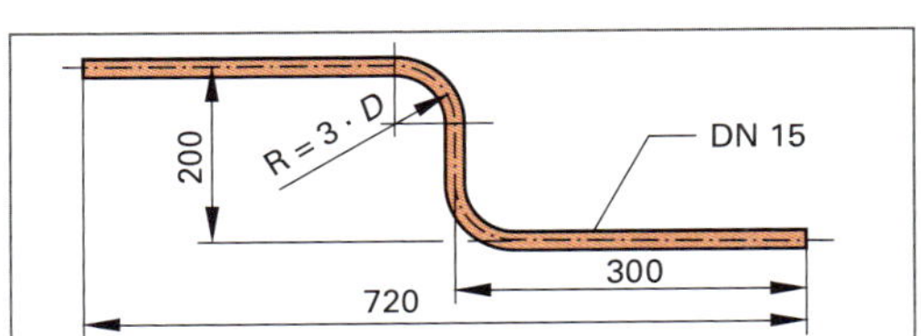

Bild 5: Rohrbiegearbeit

b=?

7 Ein Rohr mit dem Außendurchmesser von 48 mm ist mit einer Rohrschelle aus Flachstahl 30 × 3 an einem Stahlprofil zu befestigen **(Bild 1)**. Wie lang ist der Flachstahl abzuschneiden, wenn die kleinen Biegeradien vernachlässigt werden.

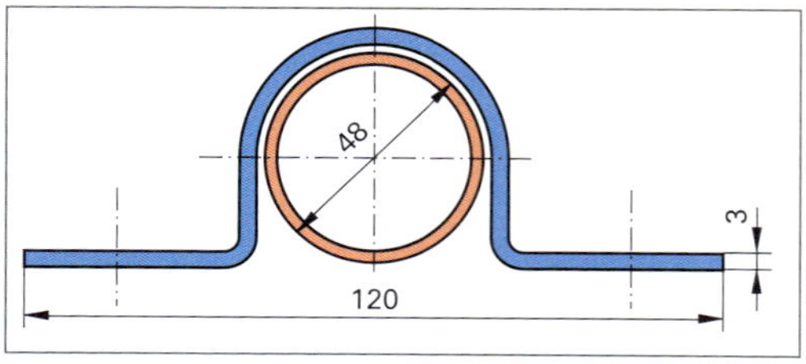

Bild 1: Rohrschelle

8 Für zylindrische Gefäße mit einem Durchmesser von 120 mm sind Einlegedrähte von 2 mm Durchmesser zu schneiden. Wie lang müssen sie sein?

1.3.4 Pythagoras

Sind bei einem rechtwinkligen Dreieck zwei Seiten bekannt, kann mit dem Lehrsatz des Pythagoras die dritte Seite berechnet werden **(Bild 2)**. Die längste Seite (c) heißt Hypotenuse, sie liegt gegenüber dem rechten Winkel. Die beiden Seiten (a, b), die den rechten Winkel einschließen, sind die Katheten.

Im rechtwinkligen Dreieck ist das Quadrat über der Hypotenuse flächengleich der Summe der Quadrate über den beiden Katheten.

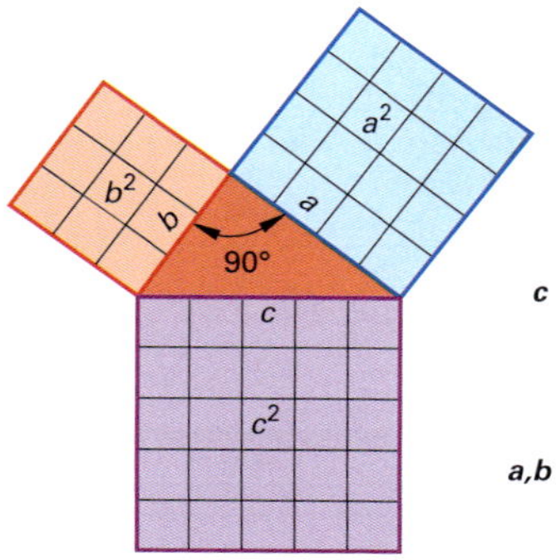

$$c^2 = a^2 + b^2$$

$$a^2 = c^2 - b^2$$
$$b^2 = c^2 - a^2$$

c **Hypotenuse,** gegenüber dem rechten Winkel

a,b **Katheten,** bilden den rechten Winkel

Bild 2: Lehrsatz des Pythagoras

Beispiel:

Wie groß ist die Sparrenlänge des Satteldachs **(Bild 3)**?

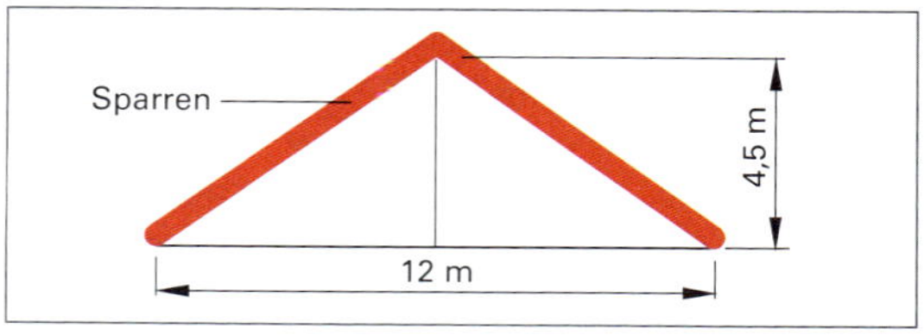

Bild 3: Satteldach

Geg.: $b = 6$ m $a = 4,5$ m

Ges.: c

$c^2 = a^2 + b^2$

$c = \sqrt{a^2 + b^2}$

$c = \sqrt{(6\text{ m})^2 + (4,5\text{ m})^2}$ $\mathbf{c = 7,5\text{ m}}$

Aufgaben

1 Ein Vordach erhält zwei Zugstreben aus Rundstahl mit angeschweißten Laschen **(Bild 4)**. Wie lang ist die Befestigung auszuführen?

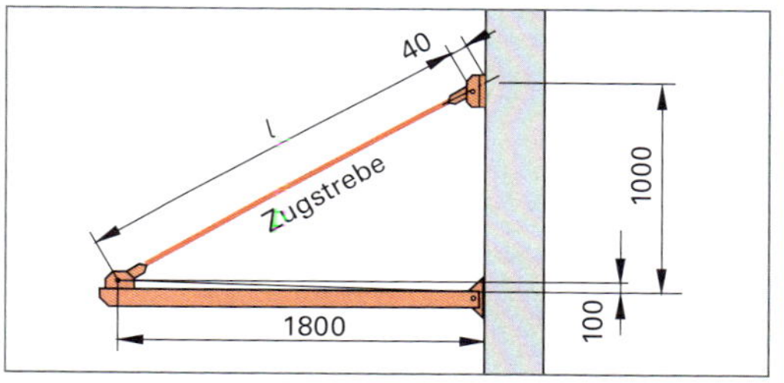

Bild 4: Vordach

2 Ein Trinkwasserrohr muss mit zwei 45°-Winkeln um 24 cm zur Mitte verzogen werden. Welche Länge (Mitte – Mitte) hat das schräg geführte Rohr?

3 Ein Rundstahl von 24 mm Durchmesser erhält eine möglichst große Schlüsselweite in Vierkantform.
Wie groß ist diese Schlüsselweite?

4 Ein Rundstahl soll mit einer Schlüsselweite von 24 mm in Form eines Sechskants versehen werden.
a) Fertigen Sie eine unmaßstäbliche Zeichnung.
b) Welchen Durchmesser muss der Rundstahl mindestens haben?

5 Ein Turmdach hat die Form einer quadratischen Pyramide. Es ist 8 m hoch, die Länge an den Traufen beträgt 5,6 m.
a) Fertigen Sie eine räumliche Darstellung.
b) Wie groß ist die Höhe der Seitenflächen?
c) Wie lang ist der Grat?

1.4 Flächen

b=?

Flächen sind zu berechnen, wenn z. B. der Blechbedarf, die Größen von Raumbegrenzungsflächen, der Querschnitt und die Oberfläche von Rohrleitungen ermittelt werden sollen. Dabei müssen Flächen mit geradlinigen und gebogenen Umfassungslinien berechnet werden **(Bild 1)**.

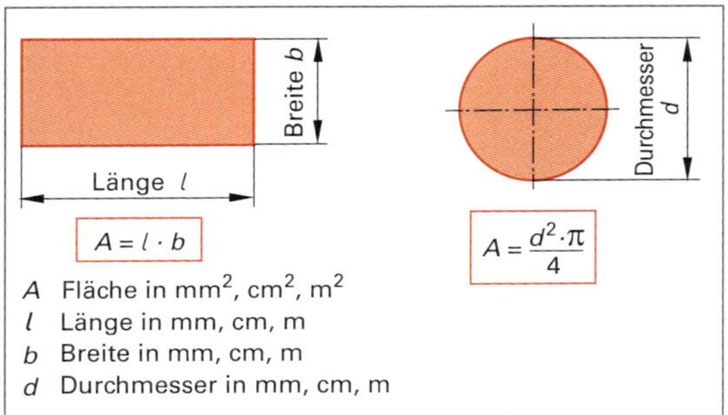

Bild 1: Flächen mit geraden oder gebogenen Linien

1.4.1 Flächeneinheiten

Die Basiseinheit zur Flächenberechnung ist der Quadratmeter mit dem Einheitenzeichen m^2. Kleinere Flächeneinheiten sind Quadratdezimeter (dm^2), Quadratzentimeter (cm^2) und Quadratmillimeter (mm^2).

Die Umrechnungszahl der Flächeneinheit von einer Einheit zur nächsten ist 100 (zwei Dezimalstellen). Die Anzahl dieser Stellen entspricht der Hochzahl.

$1\,m^2 = 100\,dm^2 = 10\,000\,cm^2 = 1\,000\,000\,mm^2$

$1\,dm^2 = 100\,cm^2 = 10\,000\,mm^2$

$1\,cm^2 = 100\,mm^2$

Weitere Flächeneinheiten sind:

1 a (Ar) = 100 m^2

1 ha (Hektar) = 100 a = 10 000 m^2

1 km^2 = 1 000 000 m^2

1.4.2 Flächen mit geraden Linien

Flächen mit geraden Linien werden als Produkt von Längen und Breiten berechnet. Beide müssen rechtwinklig aufeinander stehen. Zu diesen Flächen gehören

- das Quadrat und das Rechteck,
- die Raute und das Parallelogramm,
- das Dreieck und das Trapez.

Das **Quadrat** hat vier gleich lange Seiten, sie stehen rechtwinklig aufeinander **(Bild 2)**.

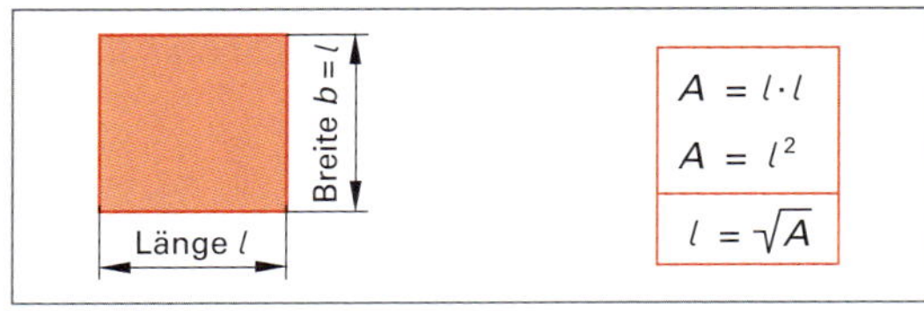

Bild 2: Quadrat

Beispiel:

Es sind Haften von 50 mm × 50 mm zu schneiden.

a) Wie groß ist die Fläche einer Hafte?

b) Wie viel m^2 Blech braucht man für 100 Haften?

Geg.: $l = 50$ mm $\quad n = 100$

Ges.: A_1, A

$A_1 = l^2 \qquad A = n \cdot A_1$

$A_1 = (5\ cm)^2 \qquad A = 100 \cdot 25\ cm^2$

$\mathbf{A_1 = 25\ cm^2} \qquad \mathbf{A = 0{,}25\ m^2}$

Das **Rechteck** hat je zwei parallele, rechtwinklig zueinander stehende Seiten. Die Länge und die Breite ist verschieden **(Bild 3)**.

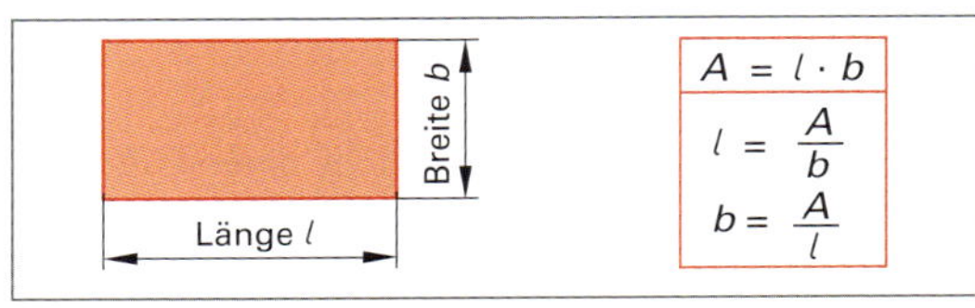

Bild 3: Rechteck

Beispiel:

Von einer Blechtafel 2 m × 1 m sind ohne Verschnitt drei gleich breite 2 m lange Streifen abzuschneiden. Wie breit ist der Zuschnitt und die Fläche eines Streifens?

Geg.: $l = 2$ m

Ges.: b, A

$b = 1\ m : 3 \qquad A = l \cdot b$

$\mathbf{b = 0{,}333\ m} \qquad A = 2\ m \cdot 0{,}333\ m \qquad \mathbf{A = 0{,}67\ m^2}$

Die **Raute** wird auch als Rhombus bezeichnet. Alle vier Seiten sind gleich lang. Die Diagonalen stehen senkrecht aufeinander und halbieren die Eckenwinkel **(Bild 4)**.

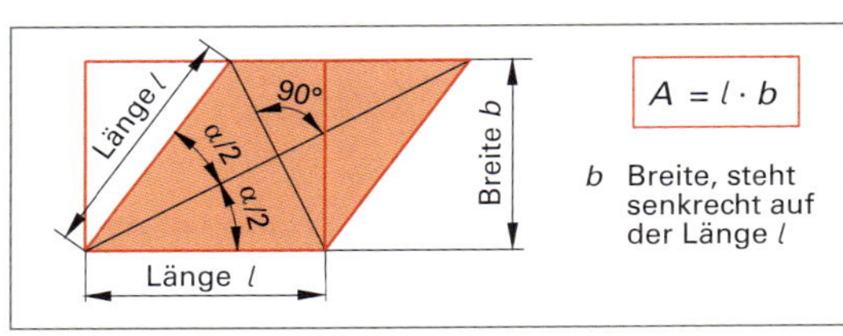

Bild 4: Raute

Beispiel:

Für eine Verkleidung sind rautenförmige Bleche herzustellen. Die Blechzuschnitte sind 50 cm lang und 33,3 cm breit. Wie viel m^2 Blech braucht man für ein Blechstück mindestens?

Geg.: $l = 40$ cm $\quad b = 33{,}3$ cm

Ges.: A

$A = l \cdot b$

$A = 0{,}4 \text{ m} \cdot 0{,}333 \text{ m}$

$\mathbf{A = 0{,}133\ m^2}$

Bei einem **Parallelogramm** sind die gegenüberliegenden Seiten parallel. Der Flächeninhalt wird als Produkt aus der Länge und der auf ihr senkrecht stehenden Breite berechnet **(Bild 1).**

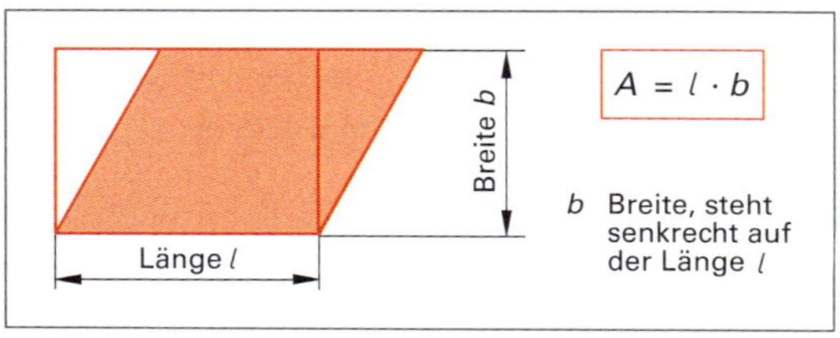

Bild 1: Parallelogramm

Beispiel:

Der Zuschnitt für das Zwischenstück eines Lüftungskanals mit dem Querschnitt von 60 cm × 60 cm hat die Form eines Parallelogramms **(Bild 2).** Aus strömungstechnischen Gründen darf sich bei der Richtungsänderung der Querschnitt nicht ändern. Wie groß ist die Fläche in m^2 der zwei Seitenteile ohne Nahtzugabe?

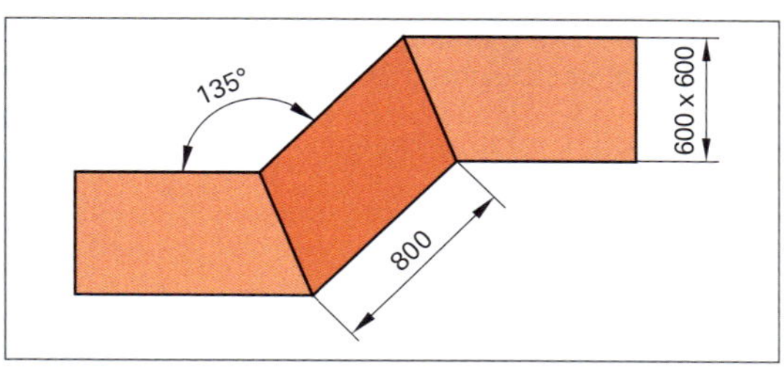

Bild 2: Lüftungskanal

Geg.: $l = 800$ mm $\quad b = 600$ mm $\quad n = 2$

Ges.: A

$A = n \cdot l \cdot b$

$A = 2 \cdot 0{,}8 \text{ m} \cdot 0{,}6 \text{ m}$

$\mathbf{A = 0{,}96 m^2}$

Das **Trapez** ist ein Viereck mit nur zwei parallelen Seiten. Seine Fläche wird wie ein Rechteck berechnet, dessen Länge die mittlere Länge l_m ist **(Bild 3).**

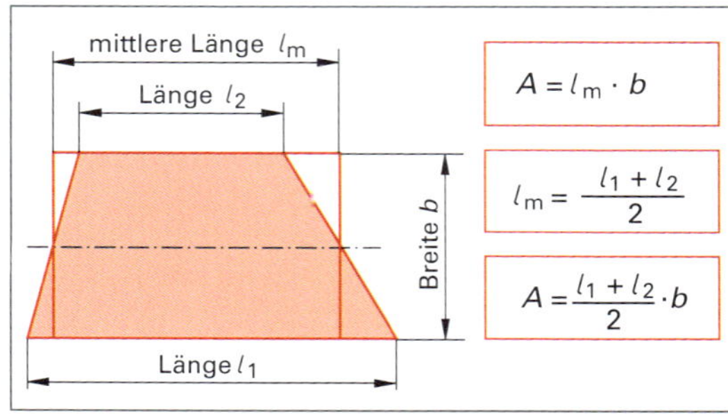

Bild 3: Trapez

Beispiel:

Zur Verkleidung eines gebogenen Dachvorsprungs werden aus einem 285 mm breiten Blechstreifen symmetrische Trapezbleche geschnitten. Die Zuschnitte sind an den parallelen Seiten 40 cm und 32 cm lang. Wie groß ist die Fläche eines Blechteils in m^2?

Geg.: $l_1 = 40$ cm $\quad l_2 = 32$ cm $\quad b = 285$ cm

Ges.: A

$A = \frac{l_1 + l_2}{2} \cdot b$

$A = \frac{0{,}4 \text{ m} + 0{,}32 \text{ m}}{2} \cdot 0{,}285 \text{ m}$

$\mathbf{A = 103\ m^2}$

Das **Dreieck** kann als Hälfte eines Vierecks mit parallelen Seiten berechnet werden. Der Flächeninhalt ergibt sich als halbes Produkt aus Länge und der darauf senkrecht stehenden Breite **(Bild 4).**

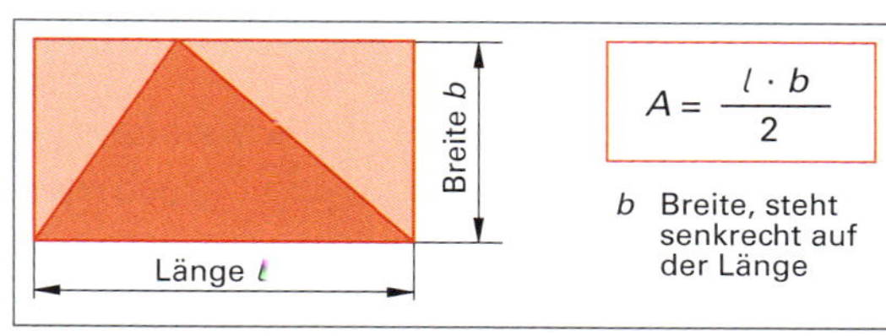

Bild 4: Dreieck

Beispiel:

Ein Giebel eines Satteldaches mit der Breite von 10,6 m und der Höhe von 3,2 m soll mit Kupferblech verkleidet werden. Wie viel m^2 Blech werden ohne Zuschlag benötigt?

Geg.: $l = 10{,}6$ m $\quad b = 3{,}2$ m

Ges.: A

$A = \frac{l \cdot b}{2}$

$A = \frac{10{,}6 \text{ m} \cdot 3{,}2 \text{ m}}{2}$ $\quad \mathbf{A = 16{,}96\ m^2}$

Aufgaben

1 Die folgenden Flächen sind umzuwandeln.

a) in mm^2	4,6 cm^2	3,1 dm^2	2,16 m^2
	0,0031 m^2	0,12 dm^2	0,24 cm^2
b) in cm^2	754 mm^2	6,7 dm^2	2,18 m^2
	0,57 m^2	2,5 mm^2	0,08 dm^2
c) in dm^2	4560 mm^2	156 cm^2	3,24 m^2
	0,05 m^2	81,2 mm^2	3,6 cm^2
d) in m^2	26 800 mm^2	1529 cm^2	54 dm^2
	47860 cm^2	0,81 dm^2	66700 mm^2

2 Die Gesamtfläche ist in m^2 zu ermitteln.

a) $6{,}4\ m^2 + 0{,}14\ dm^2 + 3600\ cm^2 + 48\,600\ mm^2$

b) $750\ dm^2 + 26\,800\ cm^2 + 56\,800\ mm^2 + 0{,}1822\ m^2$

c) $0{,}42\ dm^2 + 0{,}65\ m^2 + 38200\ mm^2 + 0{,}06\ dm^2$

3 Die Gesamtfläche ist in einer sinnvollen Einheit anzugeben.

a) $0{,}062\ m^2 + 42{,}6\ dm^2 - 3480\ cm^2 + 4800\ mm^2$

b) $2760\ dm^2 + 0{,}0328\ m^2 - 7580\ cm^2 - 0{,}48\ dm^2$

c) $0{,}06\ dm^2 - 0{,}0048\ m^2 + 760\ cm^2 + 6640\ mm^2$

4 Ein quadratischer Blumentrog ist innen 0,76 m lang und 40 cm hoch. Er soll mit Blech ausgekleidet werden.

a) Wie viel m^2 Blech benötigt man ohne Zugaben?

b) Für Verschnitt und Nähte werden zusätzlich 30 % benötigt. Wie teuer ist das Blech, wenn 1 m^2 24 € kostet?

5 Eine Transportkiste mit den Außenmaßen von 1,20 m × 0,80 m × 0,6 m wird mit verzinktem Stahlblech verkleidet.

a) Wie viel m^2 Blech benötigt man für eine Kiste ohne Zuschlag?

b) Wie viel m^2 Blech sind zu bestellen, wenn 10 Kisten verkleidet werden sollen und für Verschnitt und Nähte 18 % dazugerechnet werden?

6 Es soll der Blechbedarf für 100 Regalkästen ohne Deckel mit den Maßen 60 cm × 40 cm × 12 cm ermittelt werden. Der obere Rand wird 10 mm umgeschlagen. Die Seitennähte werden gelötet und erhalten dazu 8 mm Nahtzugabe.

a) Zeichnen Sie die Abwicklung eines Kastens im Maßstab 1 : 10.

b) Wie lang und wie breit ist der Zuschnitt?

c) Wie viel Kästen erhält man aus einer Blechtafel 1 m × 2 m?

d) Wie viel Blechtafeln dieser Größe sind zu bestellen?

7 Das Satteldach eines Wohnhauses ist 12 m lang, 10,6 m breit und 3,8 m hoch.

a) Wie groß ist die Grundfläche des Dachs?

b) Wie viel m^2 hat die Dachfläche?

8 Ein Lüftungskanal ist 80 cm breit und 60 cm hoch und 8,4 m lang. Wie viel m^2 Blech benötigt man ohne Nähte und Verschnitt?

9 Bei einer Luftheizungsanlage muss der rechteckige Rohrquerschnitt von 40 cm × 25 cm auf eine Höhe von 16 cm verringert werden. Es ist die Breite dieses Kanals zu ermitteln, wenn gefordert wird, dass dieser denselben Querschnitt besitzt.

10 Der in Vorder- und in Seitenansicht dargestellte Dunstabzug ist aus Stahlblech anzufertigen **(Bild 1)**. Wie groß ist der Blechbedarf?

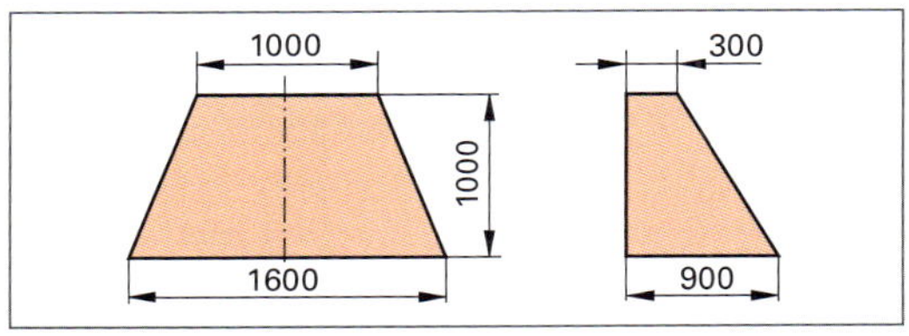

Bild 1: Dunstabzug

11 Wie groß ist der Blechbedarf für die Lagerkiste ohne Deckel, wenn der Zuschlag für Verschnitt und Nähte nicht berücksichtigt wird **(Bild 2)?**

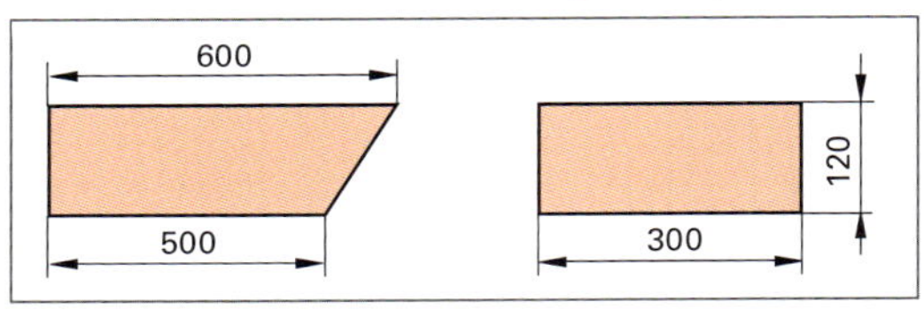

Bild 2: Lagerkiste

12 Eine Dachgaube ist allseitig mit Kupferblech zu verkleiden **(Bild 3)**. Wie viel m^2 Blech benötigt man für

a) beide Seiten,

b) die Dachfläche und

c) die Fensterseite

ohne Nahtzugabe oder Verschnitt? Fehlende Maße können zeichnerisch ermittelt werden.

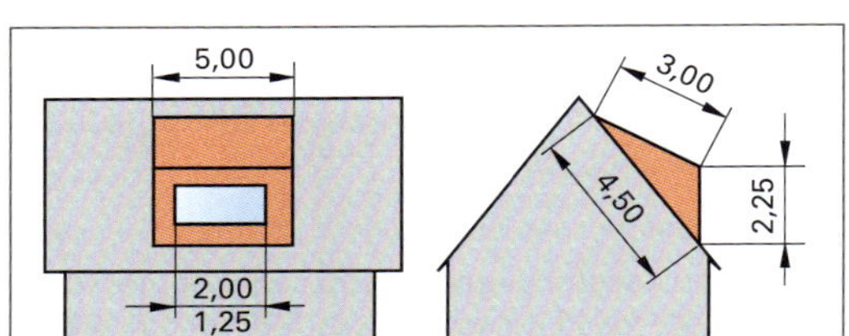

Bild 3: Dachgaube

b=?

1.4.3 Flächen mit gebogenen Linien

Flächen, die bogenförmig begrenzt sind, haben als Kanten in der Regel Linien eines Kreises oder einer Ellipse.

Diese Flächen sind

- die Kreisfläche,
- der Kreisausschnitt,
- der Kreisabschnitt,
- der Kreisring und
- die Ellipse.

Die **Kreisfläche** wird berechnet, indem man das Quadrat des Durchmessers mit π/4 multipliziert. Zur Vereinfachung kann π/4 berechnet und gerundet als 0,785 angesetzt werden.

Die Kreisfläche ist damit 0,785 mal so groß wie die Fläche des ihn umschließenden Quadrats **(Bild 1)**. Für Kopfrechnungen kann dies auch als 3/4 oder 75 % angenommen werden.

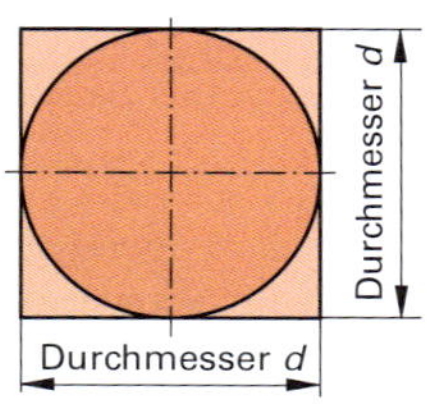

$A = d \cdot d \cdot \frac{\pi}{4}$

$A = d \cdot d \cdot 0{,}785$

$d = \sqrt{\frac{A}{0{,}785}}$

Bild 1: Kreisfläche

Beispiel:

Ein Rohr erhält einen einfach aufgefalzten Boden. Der Rohrdurchmesser beträgt 100 mm, die Falzbreite 5 mm. Wie groß ist die Fläche des kreisförmigen Bodens?

Geg.: $d_1 = 100$ mm $f = 5$ mm

Ges.: A

$A = d \cdot d \cdot 0{,}785$ $d = d_1 + 4 \cdot f$

$d = 100 \text{ mm} + 4 \cdot 5 \text{ mm}$

$d = 120$ mm

$A = 120 \text{ mm} \cdot 120 \text{ mm} \cdot 0{,}785$

$A = 11\,304 \text{ mm}^2$ $\mathbf{A = 113 \text{ cm}^2}$

Der **Kreisausschnitt** wird auch als Sektor bezeichnet. Er ergibt sich aus dem Anteil des Mittelpunktswinkels α am gesamten Mittelpunktswinkel von 360° **(Bild 2)**.

Beispiel:

Aus einem kreisförmigen Blechzuschnitt mit dem Durchmesser von 30 cm wird ein 90°-Sektor ausgeschnitten. Aus dem restlichen Zuschnitt wird eine Rohrhaube geformt. Welche Fläche hat diese?

Geg.: $d = 30$ cm $\alpha_1 = 90°$

Ges.: A

$A = d \cdot d \cdot 0{,}785 \cdot \frac{\alpha}{360°}$

$\alpha = 360° - \alpha_1$

$\alpha = 360° - 90°$

$\alpha = 270°$

$A = 30 \text{ cm} \cdot 30 \text{ cm} \cdot 0{,}785 \cdot \frac{270°}{360°}$

$A = 529{,}9 \text{ cm}^2$ $\mathbf{A = 530 \text{ cm}^2}$

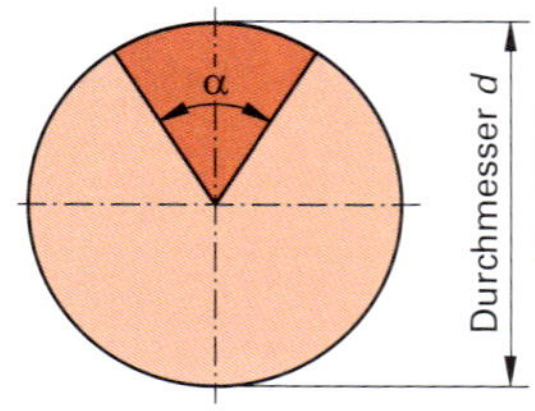

$A = d \cdot d \cdot 0{,}785 \cdot \frac{\alpha}{360°}$

α Winkel des Kreisausschnittes in °

Bild 2: Kreisausschnitt

Die Fläche des **Kreisabschnitts** oder Segments bestimmt man näherungsweise. Man benötigt dazu seine Länge l und Breite b **(Bild 3)**.

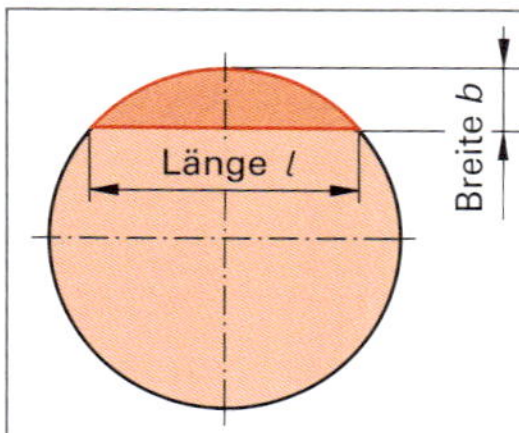

$A \approx \frac{2}{3} \cdot l \cdot b$

Bild 3: Kreisabschnitt

Beispiel:

Ein kreisförmig gebogenes Vordach wird an der Traufseite mit einem Blech in Form eines Kreisabschnitts von 1,60 m Länge und der größten Breite von 24 cm verkleidet **(Bild 4)**. Wie groß ist der Blechbedarf ohne Zuschläge für Umschläge und Befestigungsfalze?

Geg.: $l = 1{,}6$ m $b = 24 \text{ cm} = 0{,}24$ m

Ges.: A

$A \approx \frac{2}{3} \cdot l \cdot b$ $A \approx \frac{2}{3} \cdot 1{,}6 \text{ m} \cdot 0{,}24 \text{ m}$

$\mathbf{A \approx 0{,}256 \text{ m}^2}$

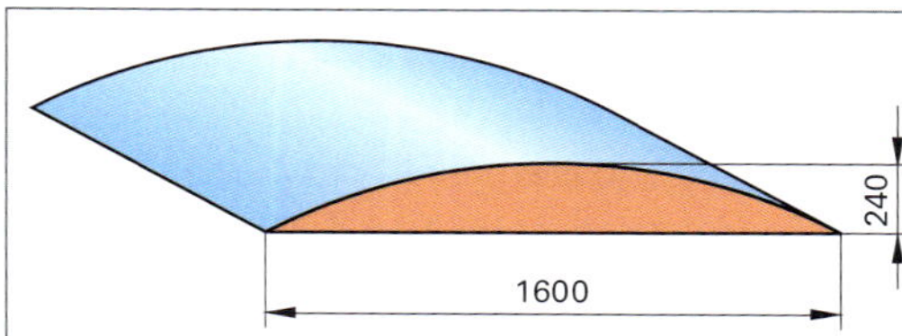

Bild 4: Vordach

Die Fläche eines **Kreisrings** ergibt sich als Differenz der beiden Kreisflächen. Der Kreisring kann auch als gestreckte Länge ermittelt werden, indem der Ring aufgeschnitten und aufgebogen wird. Als Fläche erhält man ein Rechteck mit dem mittleren Kreisumfang als gestreckte Länge **(Bild 1)**.

Beide Rechnungen sind gleichwertig.

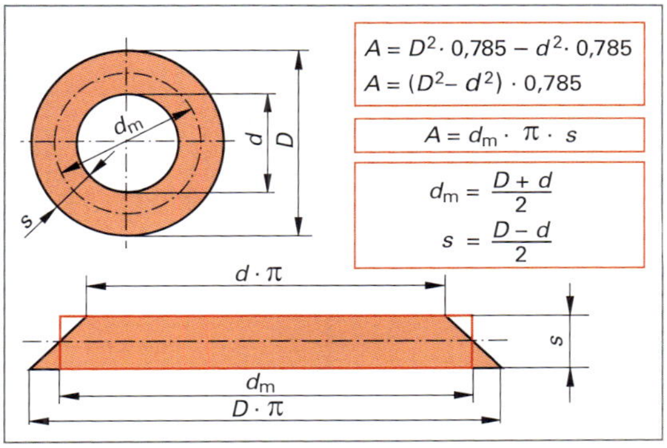

Bild 1: Kreisring

Beispiel:

Der Werkstoffquerschnitt eines Kupferrohres Cu 18 × 1 ist zu bestimmen.

Geg.: $D = 18$ mm $\quad s = 1$ mm

Ges.: A

$A = (D^2 - d^2) \cdot 0{,}785 \qquad d = D - 2 \cdot s$

$d = 18\text{ mm} - 2 \cdot 1\text{ mm}$

$d = 16\text{ mm}$

$A = (18\text{ mm} \cdot 18\text{ mm} - 16\text{ mm} \cdot 16\text{ mm}) \cdot 0{,}785$

$A = (324\text{ mm}^2 - 256\text{ mm}^2) \cdot 0{,}785$

$\boldsymbol{A = 53{,}4\text{ mm}^2}$

oder:

$A = d_m \cdot \pi \cdot s \qquad d_m = \frac{D + d}{2}$

$A = 17\text{ mm} \cdot \pi \cdot 1\text{ mm} \qquad d_m = \frac{18\text{ mm} + 16\text{ mm}}{2}$

$\boldsymbol{A = 53{,}4\text{ mm}} \qquad d_m = 17\text{ mm}$

Die Fläche eines **Kreisringausschnitts** wird durch die beiden Durchmesser D und d sowie dem Winkel α bestimmt **(Bild 2)**.

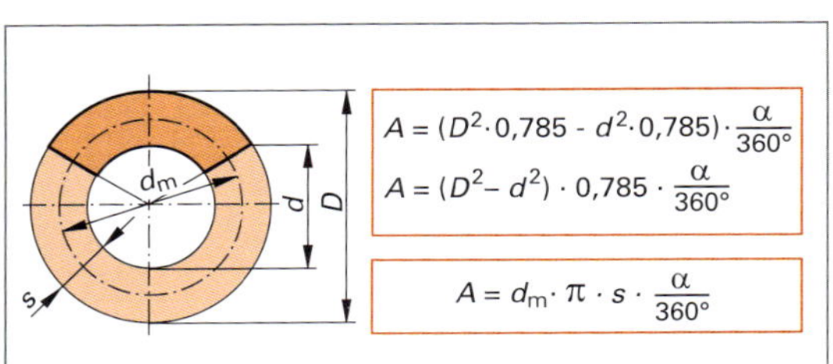

Bild 2: Kreisringausschnitt

Beispiel:

Zur Herstellung eines konzentrischen Übergangsstückes eines Lüftungskanals benötigt man einen Zuschnitt in der Form eines Kreisringabschnitts mit dem Winkel α von 150° und den Durchmessern von 600 mm und 240 mm. Wie viel cm^2 Blech werden benötigt?

Geg.: $D = 600$ mm $\quad d = 240$ mm $\quad \alpha = 150°$

Ges.: A

$A = (D^2 - d^2) \cdot 0{,}785 \cdot \frac{\alpha}{360°}$

$A = (60\text{ cm} \cdot 60\text{ cm} - 24\text{ cm} \cdot 24\text{ cm}) \cdot 0{,}785 \cdot \frac{150°}{360°}$

$A = (3600\text{ cm}^2 - 576\text{ cm}^2) \cdot 0{,}785 \cdot \frac{150°}{360°}$

$\boldsymbol{A = 889\text{ cm}^2}$

Die **Ellipse** besitzt den großen Durchmesser D und den kleinen Durchmesser d. Mit ihnen wird ähnlich wie beim Kreis die Fläche berechnet **(Bild 3)**.

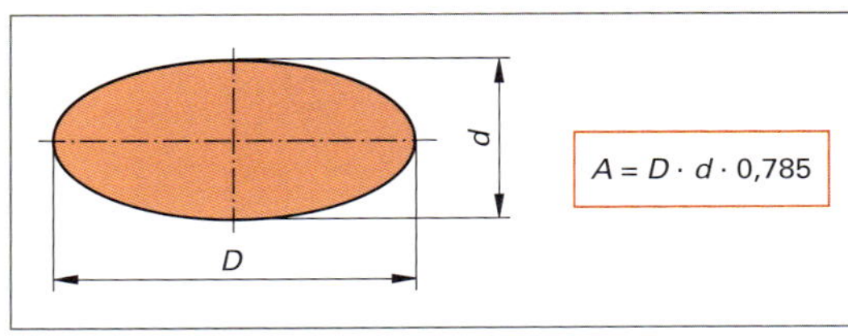

Bild 3: Ellipse

Beispiel:

Wie groß ist die elliptische Stirnfläche eines Tankauflegers, wenn sie 1,80 m breit und 1,20 m hoch ist?

Geg.: $D = 1{,}8$ m $\quad d = 1{,}2$ m

Ges.: A

$A = D \cdot d \cdot 0{,}785 \qquad A = 1{,}8\text{ m} \cdot 1{,}2\text{ m} \cdot 0{,}785$

$A = 1{,}696\text{ m}^2 \qquad \boldsymbol{A = 1{,}7\text{ m}^2}$

Aufgaben

1 Aus einer Blechtafel 2 m × 1 m sind kreisrunde Böden mit dem Durchmesser von 120 mm zu schneiden **(Bild 1, Seite 34)**.

a) Berechnen Sie die Fläche eines Bodens in cm^2.

b) Wie viel Böden erhält man aus einer Blechtafel bei einem Abstand der Ausschnitte zum Rand und untereinander von 10 mm?

c) Wie groß ist der Abfall in m^2?

d) Wie groß ist der Verschnitt bezogen auf die fertigen Werkstücke in Prozent?

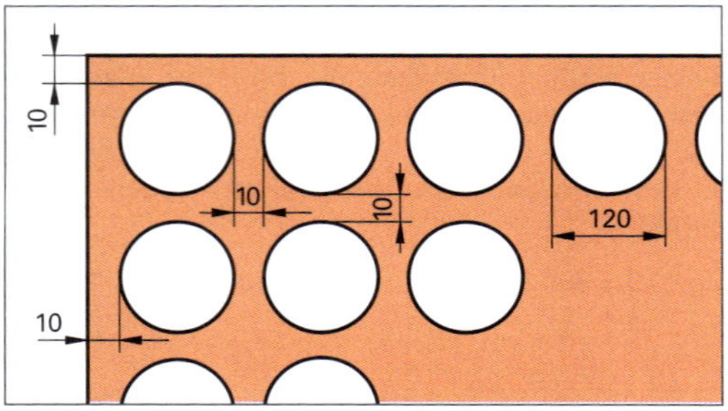

Bild 1: Blechtafel

2 Aus rostfreiem Stahlblech soll eine Schutzhaube hergestellt werden. Der Zuschnitt hat die Form eines Kreisausschnitts **(Bild 2).** Wie groß ist der Blechbedarf?

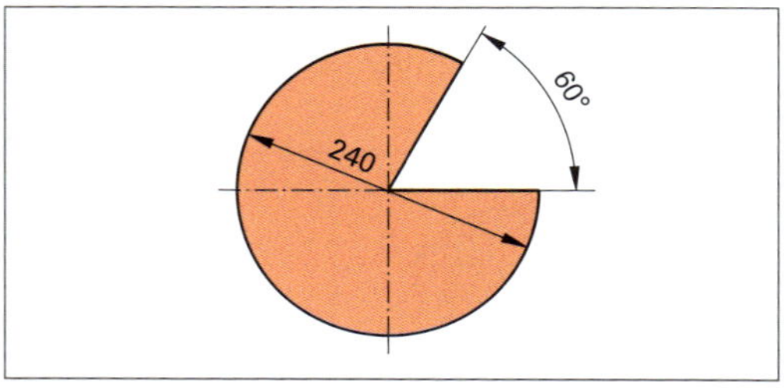

Bild 2: Schutzhaube

3 Welche Fläche in mm² hat der beim Sägen zu zerspanende Werkstoffquerschnitt eines mittelschweren Gewinderohrs DN 32?

4 Welche Fläche hat der Zuschnitt der beiden Trichterteile in dm² **(Bild 3)?**

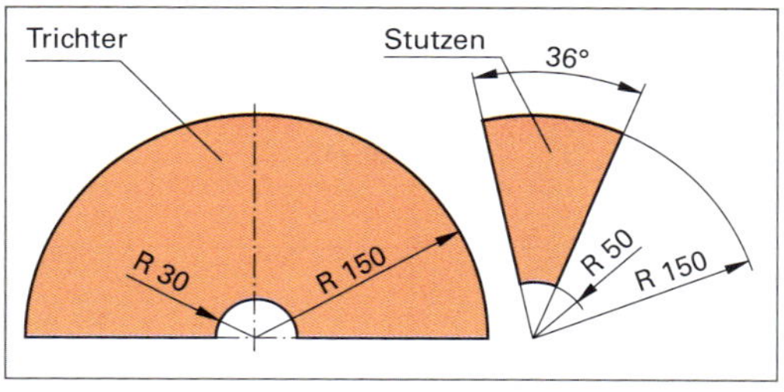

Bild 3: Trichterzuschnitt

5 Der Querschnitt eines Kupferrohrs Cu 22 × 1 wurde durch unsachgemäßes Biegen zu einer Ellipse zusammengedrückt. Die elliptische Innenfläche hat die Durchmesser 32 mm und 8 mm.

Um wieviel mm² hat sich der freie Querschnitt verringert?

1.4.4 Zusammengesetzte Flächen

Zusammengesetzte Flächen zerlegt man zur Berechnung in einfache Teilflächen, die dann ermittelt werden können.

Beispiel:

Wie groß ist die Fläche des Blechzuschnitts **(Bild 4)?**

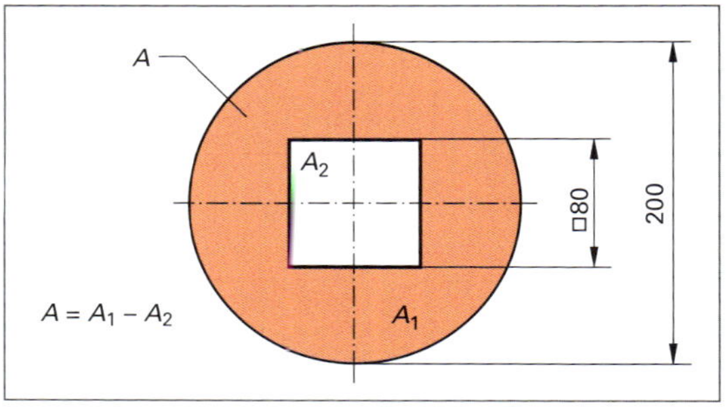

Bild 4: Blechzuschnitt

Geg.: $d = 200$ mm $l = 80$ mm

Ges.: A

$A = A_1 - A_2$

$A = d^2 \cdot 0{,}785 - l^2$

$A = 20\ \text{cm} \cdot 20\ \text{cm} \cdot 0{,}785 - 8\ \text{cm} \cdot 8\ \text{cm}$

$A = 314\ \text{cm}^2 - 64\ \text{cm}^2$

$\boldsymbol{A = 250\ \text{cm}^2}$

Aufgaben

1 Für einen Riementrieb ist eine Abdeckung anzufertigen **(Bild 5).**

a) Wie groß ist der Blechbedarf für ein Seitenteil?

b) Wie lang ist der umlaufende Blechrand zuzuschneiden (ohne Nahtzugabe)?

c) Wie groß ist die Gesamtfläche des benötigten Blechs?

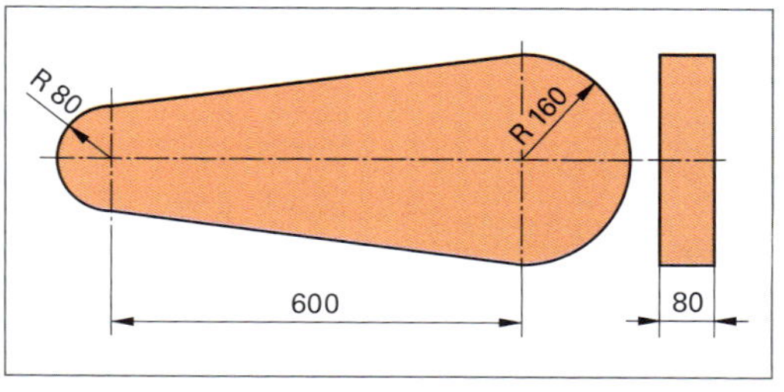

Bild 5: Abdeckung einen Riementriebs

2 Es ist der Blechbedarf für die abgebildete Abdeckhaube zu ermitteln **(Bild 1)**.

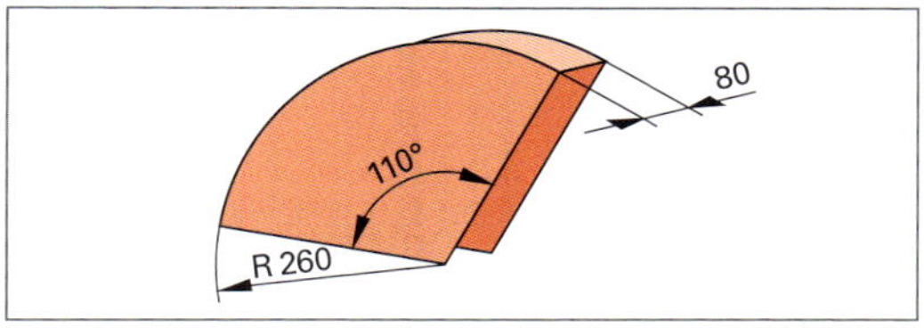

Bild 1: Abdeckhaube

3 Für einen Lüftungskanal ist ein Bogen anzufertigen. Welche Oberfläche in m^2 hat der Bogen **(Bild 2)**?

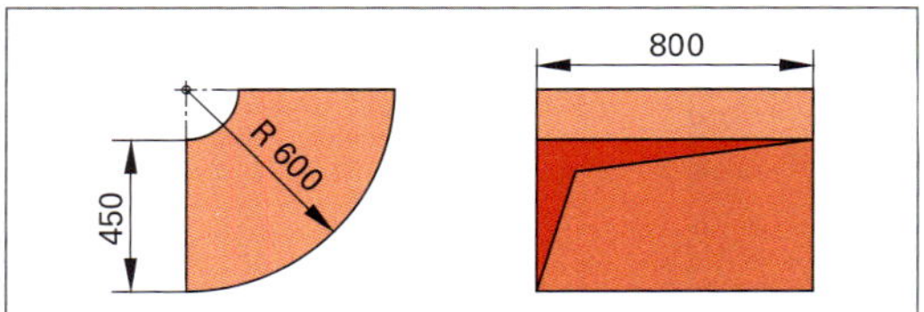

Bild 2: Lüftungskanal

4 Aus Kupferrohr mit dem Außendurchmesser von 28 mm wird ein Konvektor hergestellt. Er erhält 40 Blechlamellen **(Bild 3)**.

a) Wie groß ist die Oberfläche der Lamellen?

b) Wie lang muss der 140 mm breite Blechstreifen mindestens noch sein, wenn beim Stanzen zwischen zwei Lamellen 10 mm Abstand sein müssen?

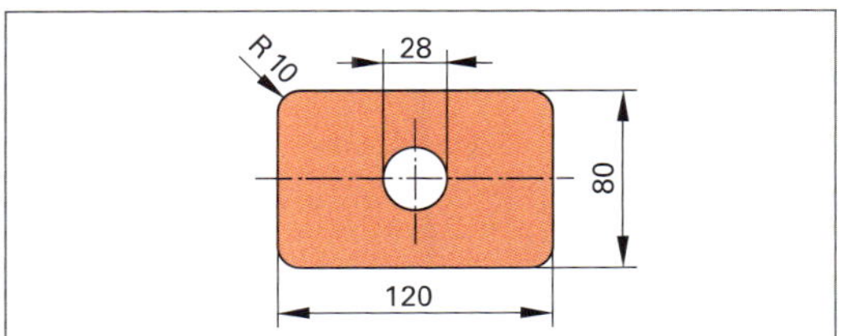

Bild 3: Blechlamelle

5 Eine Türanlage soll mit Kupferblech verkleidet werden. Wie groß ist die erforderliche Blechfläche, wenn für Umschläge zur Befestigung und für Verschnitt 15 % der Gesamtfläche zuzuschlagen sind **(Bild 4)**?

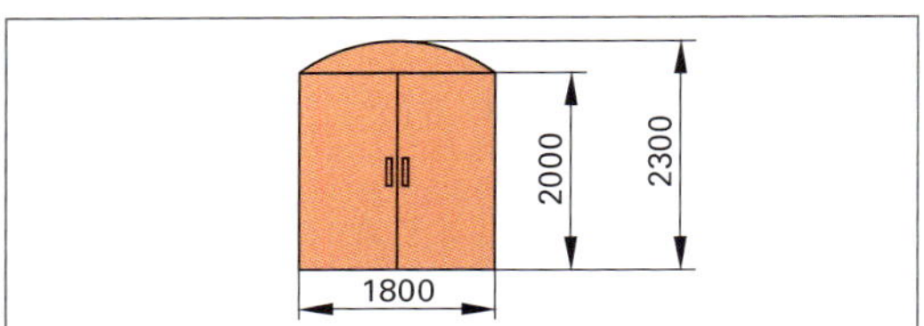

Bild 4: Türanlage

6 Ein Ausstellungsraum erhält eine Fußbodenheizung **(Bild 5)**. Welche Fläche steht für diese zur Verfügung? Die Teilfläche an der Fensterfront kann vereinfacht als Kreisabschnitt angenommen werden.

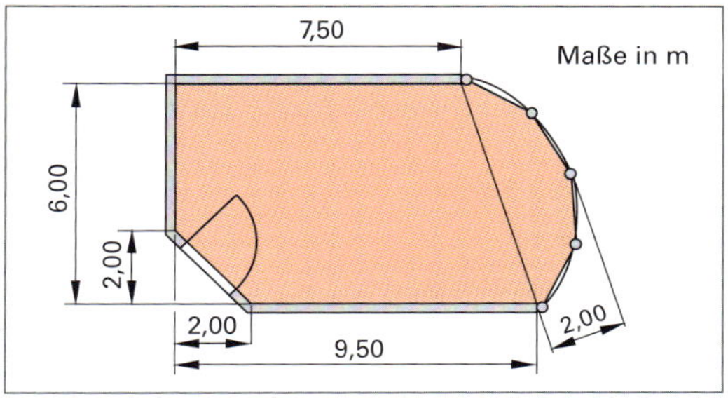

Bild 5: Ausstellungsraum

7 Aus rostfreiem Stahlblech ist eine Dunstabzugshaube herzustellen **(Bild 6)**.

a) Fertigen Sie eine Abwicklung aller Teile im Maßstab 1 : 10.

b) Wie groß ist die Oberfläche der benötigten Bleche?

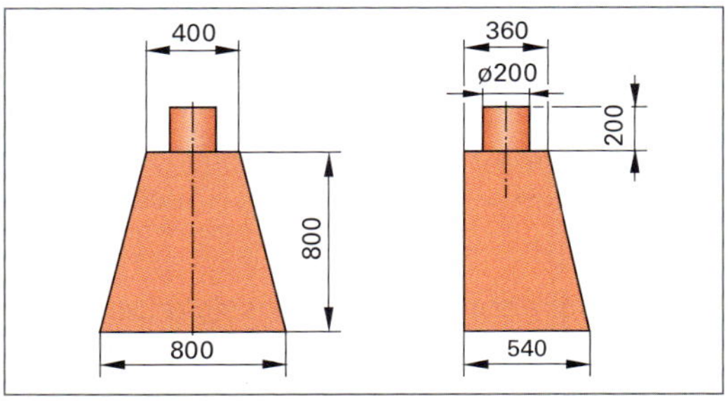

Bild 6: Dunstabzugshaube

8 Es sollen vier Rinnenkessel hergestellt werden **(Bild 7)**. Wie groß ist der Blechbedarf einschließlich 20 % Zuschlag für Wulst, Nahtzugabe und Verschnitt? Die Ausschnitte für die Rinne und den Ablauf werden dabei nicht abgezogen.

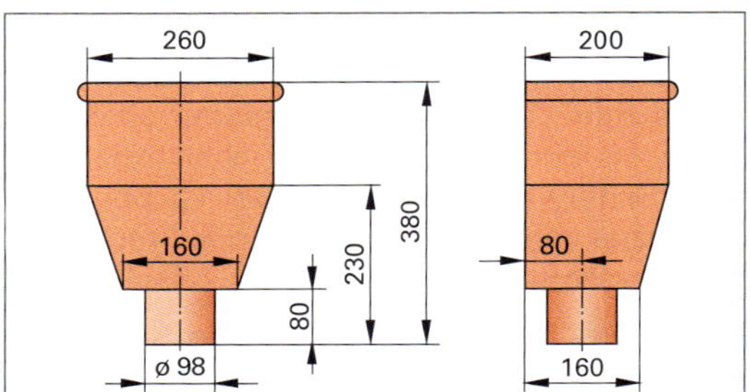

Bild 7: Rinnenkessel

1.5 Volumenberechnung

Volumenberechnungen sind nötig, um Rauminhalte von Körpern zu bestimmen. Man benötigt sie zur Berechnung z.B. der Inhalte von Behältern, Rohren und der Volumen von Gebäudeteilen.

Bei der Volumenberechnung unterscheidet man

- gleich dicke Körper,
- spitze Körper,
- abgestumpfte Körper,
- Kugeln,
- ringförmige Körper und
- zusammengesetzte Körper.

1.5.1 Volumeneinheiten

Die Basiseinheit für das Volumen ist der Kubikmeter mit dem Einheitenzeichen m^3. Weitere Einheiten sind Kubikdezimeter (dm^3), Kubikzentimeter (cm^3) und Kubikmillimeter (mm^3).

> Die Umrechnungszahl der Volumeneinheit von einer Einheit zur nächsten ist 1000.

$$1\,m^3 = 1000\,dm^3 = 1\,000\,000\,cm^3 = 1\,000\,000\,000\,mm^3$$
$$1\,dm^3 = 1\,000\,cm^3 = 1\,000\,000\,mm^3$$
$$1\,cm^3 = 1\,000\,mm^3$$

Bei Volumenangaben von Flüssigkeiten oder Gasen werden auch Liter (l) und Milliliter (ml) verwendet.

$$1\,l = 1\,dm^3 = 1000\,ml = 1000\,cm^3$$
$$1\,ml = 1\,cm^3$$

1.5.2 Gleichdicke Körper

Gleichdicke Körper haben über die gesamte Höhe denselben Querschnitt. Zu ihnen zählt man das Prisma und den Zylinder.

Prismatische Körper haben gleiche Grund- und Deckflächen, die parallel zueinander sind. Der Würfel ist ein Prisma mit gleichen quadratischen Seitenflächen. Der Quader ist ebenfalls ein Prisma mit quadratischem oder rechteckigen Querschnitt **(Bild 1)**.

Zylindrische Körper haben gleichgroße Grund- und Deckflächen in Form eines Kreises, einer Ellipse oder deren Teilfläche **(Bild 2)**. Alle Rohre sind zylindrische Körper.

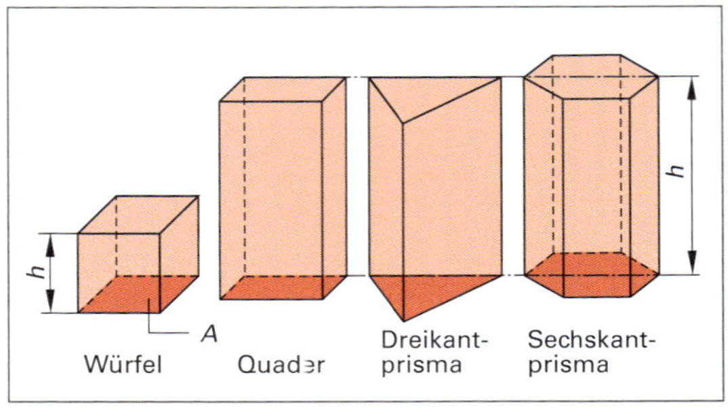

Bild 1: Prismatische Körper

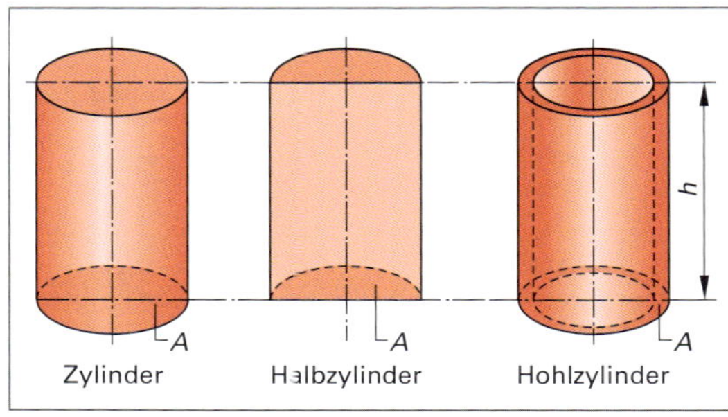

Bild 2: Zylindrische Körper

Bei der Volumenberechnung prismatischer und zylindrischer Körper ist die Grundfläche zu ermitteln und mit der darauf senkrecht stehenden Höhe zu multiplizieren.

> Volumen = Grundfläche · Höhe
>
> $V = A \cdot h$

$$A = \frac{V}{h} \qquad h = \frac{V}{A}$$

V Volumen in m^3, dm^3, cm^3, mm^3
A Fläche in m^2, dm^2, cm^2, mm^2
h Höhe in m, dm, cm, mm

Beispiel 1:

Wie groß ist der Rauminhalt eines Flachstahls Fl 30 × 3 von 6 m Länge?

Geg.: $l = 30$ mm $\quad b = 3$ mm $\quad h = 6$ m
Ges.: V

$V = A \cdot h$ $\qquad A = l \cdot b$
$V = 90\ mm^2 \cdot 6\ m$ $\qquad A = 30\ mm \cdot 3\ mm$
$V = 0{,}9\ cm^2 \cdot 600\ cm$ $\qquad A = 90\ mm^2$

$\mathbf{V = 540\ cm^3}$

Beispiel 2:

Wie groß ist der Rauminhalt von 2,5 m Abwasserrohr mit einem Innendurchmesser von 100 mm?

Geg.: $d = 100$ mm $\quad h = 2{,}5$m

Ges.: V

$V = A \cdot h$ $\qquad A = d^2 \cdot 0{,}785$

$V = 0{,}785\ \text{dm}^2 \cdot 25\ \text{dm}$ $\qquad A = 1\ \text{dm} \cdot 1\ \text{dm} \cdot 0{,}785$

$V = 19{,}63\ \text{dm}^3$ $\qquad A = 0{,}785\ \text{dm}^2$

$\boldsymbol{V = 19{,}63\ \text{l}}$

1.5.3 Spitze Körper

Spitze Körper sind die Pyramide und der Kegel. Pyramiden haben geradling begrenzte Grundflächen. Diese können z.B. ein Quadrat, Rechteck, Dreieck oder Sechseck sein **(Bild 1)**.

Kegel haben eine kreisförmige oder elliptische Grundfläche **(Bild 2)**.

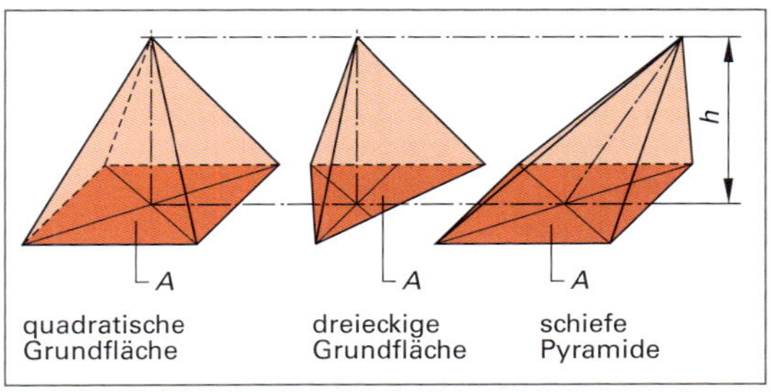

Bild 1: Pyramiden

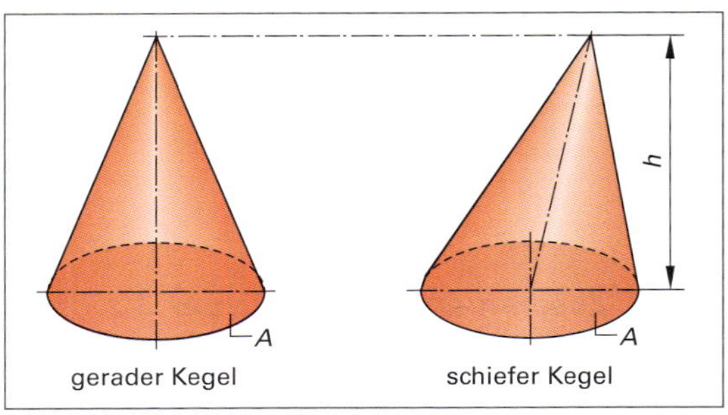

Bild 2: Kegel

Das Volumen spitzer Körper beträgt ein Drittel des Volumens gleich dicker Körper mit gleicher Grundfläche und Höhe.

$$\text{Volumen} = \frac{\text{Grundfläche} \cdot \text{Höhe}}{3}$$

$$V = \frac{A \cdot h}{3}$$

$$A = \frac{3 \cdot V}{h} \qquad h = \frac{3 \cdot V}{A}$$

Beispiel 1:

Ein Dachraum hat die Form einer quadratischen Pyramide mit 8 m Seitenlänge und der Höhe von 5,6 m. Wie groß ist der Rauminhalt?

Geg.: $l = 8$ m $\quad h = 5{,}6$ m

Ges.: V

$V = \frac{A \cdot h}{3}$ $\qquad A = l^2$

$V = \frac{64\ \text{m}^2 \cdot 5{,}6\ \text{m}}{3}$ $\qquad A = 8\ \text{m} \cdot 8\ \text{m}$

$\boldsymbol{V = 119{,}5\ \text{m}^3}$ $\qquad A = 64\ \text{m}^2$

Beispiel 2:

Ein kegelförmiger Messbecher hat einen Durchmesser von 150 mm und ist 260 mm hoch. Wie viel Liter kann er maximal fassen?

Geg.: $d = 150$ mm $\quad h = 260$ mm

Ges.: V

$V = \frac{A \cdot h}{3}$ $\qquad A = d^2 \cdot 0{,}785$

$V = \frac{1{,}77\ \text{dm}^2 \cdot 2{,}6\ \text{dm}}{3}$ $\qquad A = 1{,}5\ \text{dm} \cdot 1{,}5\ \text{dm} \cdot 0{,}785$

$V = 1{,}53\ \text{dm}^3$ $\qquad A = 1{,}77\ \text{dm}^2$

$\boldsymbol{V = 1{,}53\ \text{l}}$

1.5.4 Abgestumpfte Körper

Abgestumpfte Körper sind Körper, denen die Spitze parallel zur Grundfläche abgetrennt wurde **(Bild 3)**. Abgestumpfte Körper sind z.B. Eimer, Trichter und Übergangskörper.

Das Volumen kann man berechnen, indem das Volumen des kompletten Körpers ermittelt und davon das Volumen der Spitze abgezogen wird.

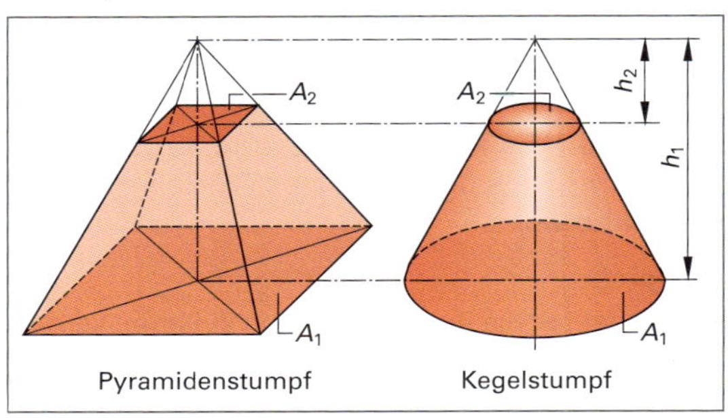

Bild 3: Abgestumpfte Körper

Beispiel:

Für eine Schalung sind Blechtrichter anzufertigen **(Bild 1, Seite 38)**. Wie groß ist das Fassungsvermögen eines Trichters in dm^3?

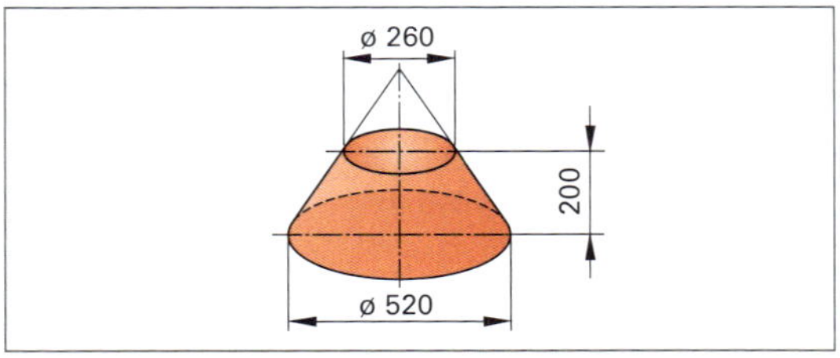

Bild 1: Schalungstrichter

Geg.: $D = 520$ mm $h_1 = 400$ mm
$h_2 = 200$ mm $d = 260$ mm

Ges.: V

$V = V_1 - V_2$ $V = 28\,302\ \text{cm}^3 - 3538\ \text{cm}^3$

$V = 24\,764\ \text{cm}^3$ $\boldsymbol{V = 24{,}8\ \text{dm}^3}$

$V_1 = \dfrac{A_1 \cdot h_1}{3}$ $V_1 = \dfrac{52\ \text{cm} \cdot 52\ \text{cm} \cdot 0{,}785 \cdot 40\ \text{cm}}{3}$

$V_1 = 28\,302\ \text{cm}^2$

$V_2 = \dfrac{A_2 \cdot h_2}{3}$ $V_2 = \dfrac{26\ \text{cm} \cdot 26\ \text{cm} \cdot 0{,}785 \cdot 20\ \text{cm}}{3}$

$V_2 = 3538\ \text{cm}^2$

1.5.5 Kugeln

Kugeln sind Körper, bei denen jeder Punkt der Oberfläche denselben Abstand zum Mittelpunkt hat **(Bild 2)**.

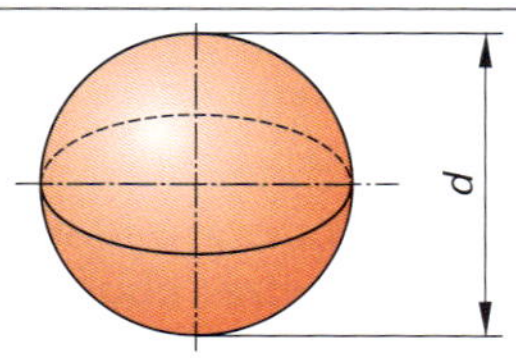

$$V = d^3 \cdot \frac{\pi}{6}$$

$$d = \sqrt[3]{\frac{V \cdot 6}{\pi}}$$

Bild 2: Kugel

Für Näherungrechnungen kann man $\frac{\pi}{6}$ mit 0,5 annehmen. Es ist ausreichend genau, das Kugelvolumen als die Hälfte des Würfelvolumens anzunehmen.

Beispiel:

Ein Würfel hat die Kantenlänge von 200 mm. Vergleichen Sie dessen Volumen mit dem einer Kugel mit dem Durchmesser von 200 mm.

Geg.: $l = 200$ mm $d = 200$ mm

Ges.: V_1, V_2

$V_1 = l^3$ $V_2 = d^3 \cdot \dfrac{\pi}{6}$

$V_1 = 2\ \text{dm} \cdot 2\ \text{dm} \cdot 2\ \text{dm}$ $V_2 = 2\ \text{dm} \cdot 2\ \text{dm}\ 2\ \text{dm} \cdot \dfrac{\pi}{6}$

$\boldsymbol{V_1 = 8\ \text{dm}^3}$ $\boldsymbol{V_2 = 4{,}19\ \text{dm}^3}$

1.5.6 Ringförmige Körper

Ringförmige Körper entstehen, wenn eine Fläche sich um eine Achse dreht **(Bild 3)**. Das Volumen berechnet man, indem der Flächeninhalt mit der gestreckten Länge des Körpers multipliziert wird.

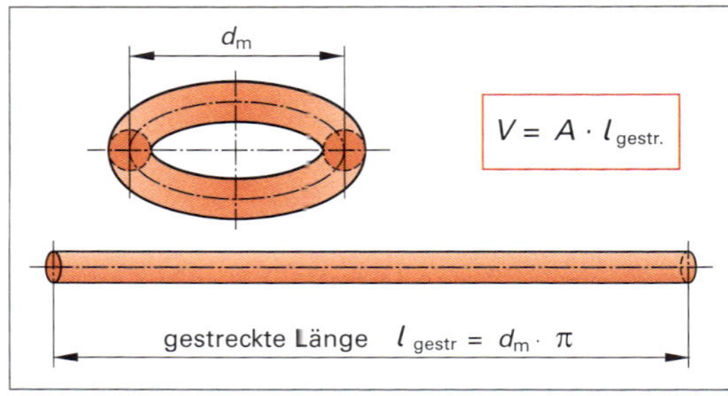

Bild 3: Ringförmiger Körper

Beispiel:

Aus einem Quadratstahl von 10 mm Seitenlänge wird ein Ring mit dem Außendurchmesser von 120 mm gebogen. Wie viel cm³ Stahl werden benötigt?

Geg.: $l = 10$ mm $D = 120$ mm

Ges.: V

$V = A \cdot l_{\text{gestr}}$ $A = l^2$
$V = 1\ \text{cm}^2 \cdot 34{,}6\ \text{cm}$ $A = 1\ \text{cm} \cdot 1\ \text{cm}$
$\boldsymbol{V = 34{,}6\ \text{cm}^3}$ $A = 1\ \text{cm}^2$

$l_{\text{gestr}} = d_m \cdot \pi$

$d_m = D - 2 \cdot \dfrac{l}{2}$

$d_m = 12\ \text{cm} - 2 \cdot \dfrac{1\ \text{cm}}{2}$

$d_m = 11\ \text{cm}$

$l_{\text{gestr}} = 11\ \text{cm} \cdot \pi$

$l_{\text{gestr}} = 34{,}6\ \text{cm}$

1.5.7 Zusammengesetzte Körper

Zusammengesetzte Körper bestehen aus Körpern verschiedener Art. Man berechnet sie, indem man das Volumen der einzelnen Körper ermittelt **(Bild 4)**

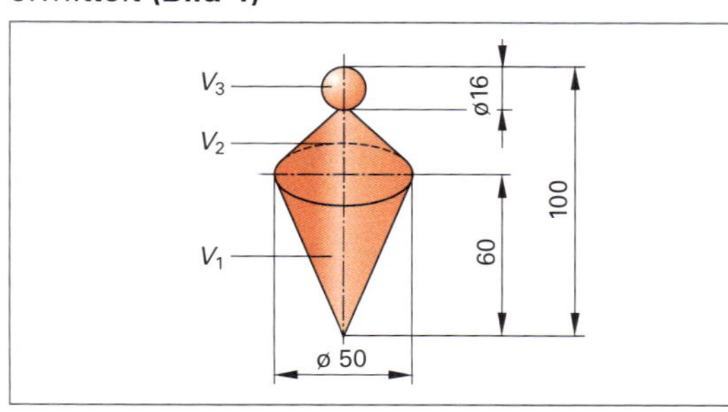

Bild 4: Zusammengesetzter Körper

Beispiel:

Das Volumen eines Senklots ist zu berechnen **(Bild 4, Seite 38)**. Das Volumen V_2 kann als Kegel angenommen werden.

Geg.: $D = 50$ mm $\quad d = 16$ mm $\quad h_1 = 60$ mm

Ges.: V

$V = V_1 + V_2 + V_3$
$V = 39{,}25\ \text{cm}^3 + 15{,}7\ \text{cm}^3 + 2{,}14\ \text{cm}^3$
$\boldsymbol{V = 57{,}1\ \text{cm}^3}$

$$V_1 = \frac{A_1 \cdot h_1}{3}$$

$$V_1 = \frac{5\ \text{cm} \cdot 5\ \text{cm} \cdot 0{,}785 \cdot 6\ \text{cm}}{3} \qquad V_1 = 39{,}25\ \text{cm}^3$$

$$V_2 = \frac{A_2 \cdot h_2}{3} \qquad h_2 = 100\ \text{mm} - 60\ \text{mm} - 16\ \text{mm}$$
$$h_2 = 24\ \text{mm}$$

$$V_2 = \frac{5\ \text{cm} \cdot 5\ \text{cm} \cdot 0{,}785 \cdot 2{,}4\ \text{cm}}{3} \qquad V_2 = 15{,}7\ \text{cm}^3$$

$$V_3 = \frac{d^3 \cdot \pi}{6}$$

$$V_3 = 1{,}6\ \text{cm} \cdot 1{,}6\ \text{cm} \cdot 1{,}6\ \text{cm} \cdot \frac{\pi}{6} \qquad V_3 = 2{,}14\ \text{cm}^3$$

Aufgaben

1 Die folgenden Volumina sind umzuwandeln.

a) in mm^3	34,2 cm^3	0,12 dm^3	0,0004 m^3
b) in cm^3	8720 mm^3	0,047 dm^3	0,0056 m^3
c) in dm^3	52,6 m^3	9612 cm^3	14 800 mm^3
d) in m^3	16 dm^3	49 200 cm^3	547 000 mm^3

2 Das Gesamtvolumen ist in Liter zu ermitteln.
a) 360 cm^3 + 0,42 dm^3 + 0,022 m^3
b) 0,048 m^3 + 36 dm^3 + 68 400 cm^3
c) 3920 dm^3 + 0,476 m^3 + 1 260 000 mm^3
d) 0,035 m^3 + 82 400 cm^3 + 324 000 mm^3

3 Das Gesamtvolumen ist in einer sinnvollen Einheit anzugeben.
a) 2,56 dm^3 + 56 400 cm^3 + 0,040 dm^3
b) 0,44 m^3 – 32,60 dm^3 + 244 000 cm^3
c) 560 cm^3 + 0,0056 dm^3 + 0,000 02 m^3
d) 2,4 cm^3 + 580 mm^3 – 0,000 05 dm^3

4 Ein Spülkasten hat die Form eines Quaders, er ist 40 cm lang, 12 cm breit. Die Wasserfüllung ist 19 cm hoch.
a) Welches Wasservolumen enthält er?
b) Wie hoch ist er gefüllt, wenn er 6 Liter Wasser enthält?

5 Ein Öllagerraum enthält einen rechteckigen Heizöltank mit den Maßen l = 3,2 m, b = 1,8 m und h = 1,8 m. Die Grundfläche des Lagerraums beträgt 12 m^2. Wie hoch müsste der Raum als Auffangwanne ausgeführt werden, wenn man annimmt, dass der Tank im Störungsfall zu 95 % gefüllt sein könnte?

6 Ein Dachraum erhält eine Lüftungsanlage. Zu ihrer Dimensionierung ist das Volumen des zu lüftenden Raumes zu bestimmen **(Bild 1)**.

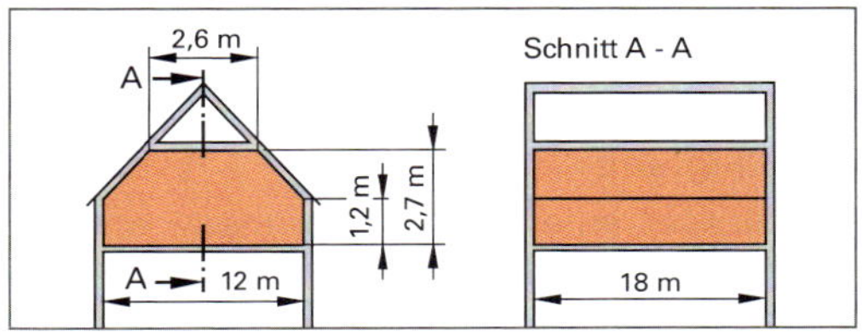

Bild 1: Dachraum

7 Aus rostfreiem Stahlblech ist eine Wanne zu fertigen **(Bild 2)**.
a) Wie groß ist ihr Volumen?
b) Welche Blechfläche in m^2 braucht man?

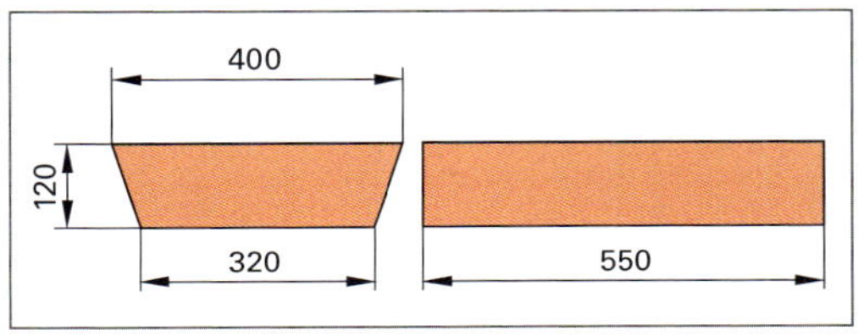

Bild 2: Wanne

8 Welchen Rauminhalt hat das abgebildete Walmdach **(Bild 3)**.

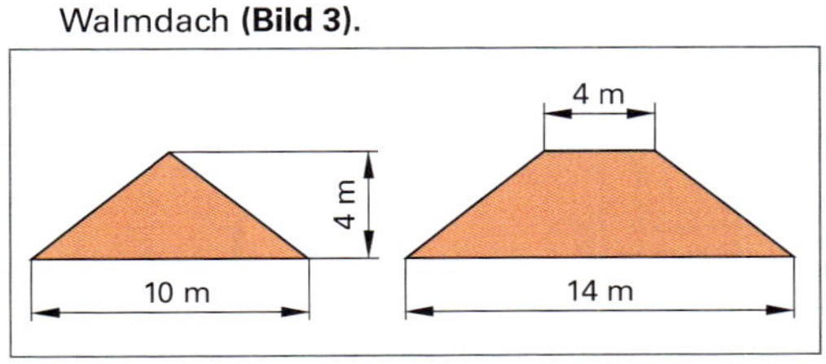

Bild 3: Walmdach

9 Ein runder Turm erhält ein kegelförmiges Dach mit einem Durchmesser an der Traufe von 6 m und der Höhe von 8 m.
a) Wie groß ist das Volumen des Dachraumes?
b) Wie groß ist der Umfang an der Traufe?

10 Aus verzinktem Stahlblech ist ein Schütt-Trichter in der Form eines quadratischen Pyramidenstumpfs herzustellen **(Bild 4)**.
a) Welches Volumen in Litern fasst er?
b) Wie groß ist der Blechbedarf ohne Boden?

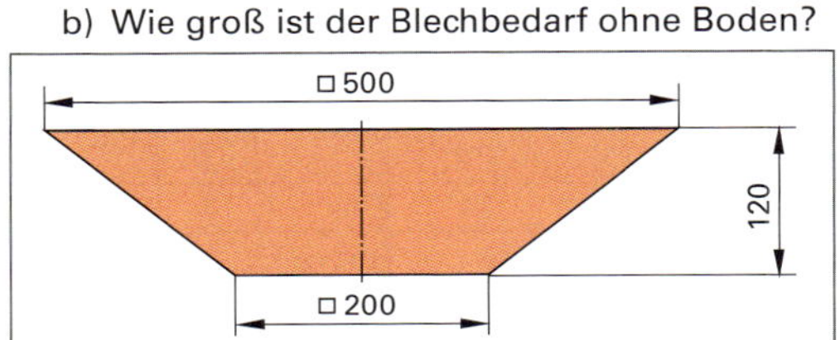

Bild 4: Schütt-Trichter

1.6 Masse und Dichte

Jeder Körper hat eine bestimmte Stoffmenge, diese nennt man Masse. Sie hat das Formelzeichen m und die Einheit Kilogramm (kg). Weitere Einheiten sind Tonne (t), Gramm (g) und Milligramm (mg).

Die Masse einer Volumeneinheit wird als Dichte ϱ eines Körpers bezeichnet. Wasser hat bei 4 °C die Dichte ϱ von 1 kg/dm³.

$$\text{Dichte} = \frac{\text{Masse}}{\text{Volumen}} \qquad \varrho = \frac{m}{V}$$

$$m = V \cdot \varrho \qquad V = \frac{m}{\varrho}$$

m Masse in g, kg, t
V Volumen in cm³, dm³, m³
ϱ Dichte in g/cm³, kg/dm³, t/m³

$$1\,\frac{\text{g}}{\text{cm}^3} = 1\,\frac{\text{kg}}{\text{dm}^3} = 1\,\frac{\text{t}}{\text{m}^3}$$

Die Masse eines Körpers ermittelt man durch Wägen, durch Berechnen oder mit Hilfe von Tabellen. Beim Wägen wird die Masse eines Stoffes mit der genormten Masse von Wägestücken verglichen **(Bild 1)**.

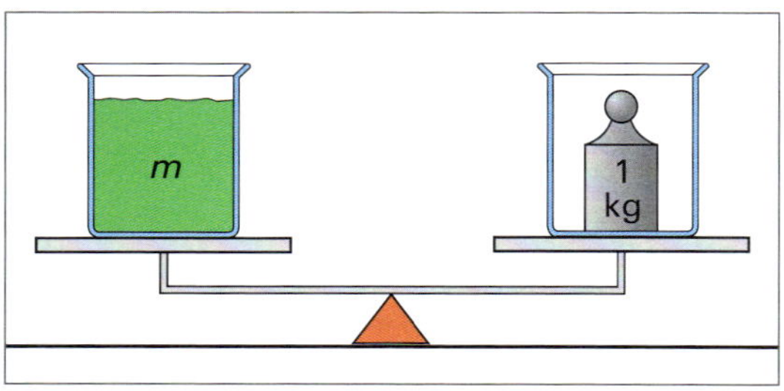

Bild 1: Waage

Zur Berechnung der Masse eines Stoffes benötigt man sein Volumen und seine Dichte. Die Dichte kann Tabellenwerten entnommen werden **(Tabelle 1)**.

Tabelle 1: Dichte

Stoff	ϱ in $\frac{\text{kg}}{\text{dm}^3}$	Stoff	ϱ in $\frac{\text{kg}}{\text{dm}^3}$
Blei	11,34	Zink	7,14
Grauguss	7,2	Heizöl EL	0,84
Kupfer	8,9	Wasser (4 °C)	1,0
Stahl	7,85	Eis (0 °C)	0,92
Zinn	7,28	PE-HD	0,92

Beispiel:

Welche Masse hat eine Tafel Kupferblech 0,7 mm der Größe 2 m × 1 m?

Geg.: $l = 2$ m $b = 1$ m $h = 0{,}7$ mm

Ges.: m

$m = V \cdot \varrho$
$m = 1{,}4\ \text{dm}^3 \cdot 8{,}9\ \text{kg/dm}^3$
$\boldsymbol{m = 12{,}46\ \text{kg}}$

$V = l \cdot b \cdot h$
$V = 20\ \text{dm} \cdot 10\ \text{dm} \cdot 0{,}007\ \text{dm}$
$V = 1{,}4\ \text{dm}^3$

Die Masse von Blechen der Dicke s in mm wird als flächenbezogene Masse in kg/m² angegeben **(Tabelle 2)**.

Tabelle 2: Masse der Bleche in kg/m²

Dicke mm	Stahl $\varrho_{St} = 7{,}85\ \frac{\text{kg}}{\text{dm}^3}$	Titanzink $\varrho_{Znbd} = 7{,}2\ \frac{\text{kg}}{\text{dm}^3}$	Kupfer $\varrho_{Cu} = 8{,}9\ \frac{\text{kg}}{\text{dm}^3}$	Aluminium $\varrho_{Al} = 2{,}7\ \frac{\text{kg}}{\text{dm}^3}$	Blei $\varrho_{Pb} = 11{,}34\ \frac{\text{kg}}{\text{dm}^3}$
0,5	3,93	3,6	4,45	1,35	5,67
0,6	4,71	4,32	5,34	1,62	6,80
0,7	5,5	5,04	6,23	1,89	7,94
0,8	6,28	5,76	7,12	2,16	9,07
0,9	7,07	6,48	8,01	2,43	10,21
1,0	7,85	7,2	8,9	2,7	11,34

Tabellen für Profile und Rohre enthalten in der Regel die Masse je Meter Länge **(Tabelle 3)**. Damit kann die Masse einer bestimmten Länge der Halbzeuge berechnet werden.

Tabelle 3: Masse je Meter Profillänge

Halbzeug	m' in kg/m
[100	10,4
L 30 × 20 × 3	1,09
Rund 10	0,605
Cu 28 × 1,5	1,11
Mittelschweres Gewinderohr DN 32	3,14
Geschweißtes Stahlrohr DN 80	6,15
SML–Abflussrohr DN 50	4,3
PE-HD-Rohr 56 × 3	0,47

Beispiel:

Welche Masse haben 12 Stäbe mittelschweres Gewinderohr DN 32 bei einer Lieferlänge von 6 m?

Geg.: $n = 12$ $l = 6$ m $m' = 3{,}14$ kg/dm³ aus Tabelle 3

Ges.: m

$m = n \cdot l \cdot m'$
$m = 12 \cdot 6\ \text{m} \cdot 3{,}14\ \text{kg/m}$ $\boldsymbol{m = 226{,}08\ \text{kg}}$

Aufgaben

1 Wandeln Sie um:

a) in kg:	1,62 t	4 250 g	845 200 mg
b) in g:	0,724 kg	0,0004 t	5 860 mg
c) in mg:	0,004 kg	38g	0,0072 g
d) in t:	266 kg	718 000 g	0,5 kg

2 Die Gesamtmasse ist in einer sinnvollen Einheit anzugeben.
a) 4,56 kg + 0,0072 t + 39 600 g
b) 0,024 kg + 76 900 mg + 126 g
c) 7920 kg + 3,72 t + 0,16 t
d) 890 g + 0,0007 t + 0,26 kg

3 Eine Stahlblechtafel 2 m × 1 m ist 0,6 mm dick. Wie groß ist ihre Masse?

4 Ein Stab Rundstahl mit dem Durchmesser von 20 mm ist 6 m lang. Welche Masse besitzt er?

5 Ein zylindrischer Tank für Heizöl EL hat einen Durchmesser von 1,6 m und ist 3,20 m lang.
a) Wie groß ist sein Rauminhalt?
b) Welches Ölvolumen enthält er, wenn er zu 85 % gefüllt ist?
c) Welche Masse hat das Heizöl?

6 Welche Masse hat ein PE-HD-Rohr mit dem Außendurchmesser von 110 mm und 4,3 mm Wanddicke, wenn seine Lieferlänge 5 m beträgt?

7 a) Welche Masse hat 1 m Abflussrohr aus Grauguss bei einem Außendurchmesser von 110 mm und 3,5 mm Wanddicke?
b) Wie viel Prozent ist seine Masse größer als die eines PE-HD-Rohres bei gleicher Nennweite?

8 Mit Hilfe von Tabellen ist die Masse eines Rohres der jeweils üblichen Lieferlängen zu ermitteln von:
a) Mittelschwerem Gewinderohr DN 32,
b) Kupferrohr 28 × 1,5,
c) SML-Rohr DN 50 und
d) PE-HD-Rohr DN 50.

9 Ein Schütt-Trichter für Zement hat die Form eines Kegelstumpfs mit zylindrischem Stutzen **(Bild 1)**. Wie viel kg Zement kann er aufnehmen (ϱ = 1,25 kg/dm³).

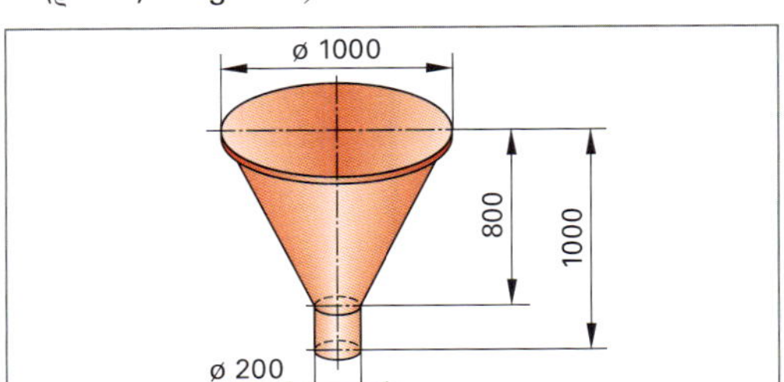

Bild 1: Schütt-Trichter für Zement

1.7 Kraft und Gewichtskraft

Kräfte sind die Ursache für die Bewegungsänderung von Massen, der Veränderung ihrer Lage und für Formveränderungen. Kräfte erkennt man an ihren Wirkungen, wie z.B. dem Anheben eines Heizkessels und seinen Transport in das Gebäude oder der Formveränderung beim Schmieden. Die Gewichtskraft ist eine Kraft, die z.B. die Masse der Erde als Anziehungskraft auf eine andere Masse ausübt (Massenanziehung). Das Formelzeichen der Kraft ist F und seine Einheit das Newton (N).

1 N ist die Kraft, die einem Körper mit der Masse m = 1 kg die Beschleunigung von 1 m/s² erteilt.

$$1\,\frac{\text{kg}\cdot\text{m}}{\text{s}^2} = 1\,\text{N}$$

Weitere Einheiten sind Dekanewton (daN), Kilonewton (kN) und Meganewton (MN).

1 MN = 1 000 kN = 1 000 000 N
1 MN = 1 kN = 1 000 N
1 daN = 10 N

Die Gewichtskraft wird mit F_G bezeichnet und aus der Masse m des Körpers und der Fallbeschleunigung g berechnet **(Bild 2)**.

Die Fallbeschleunigung g hängt vom Ort ab und wurde mit g = 9,81 m/s² festgelegt. Dabei ist es ausreichend genau, mit g = 10 m/s² zu rechnen.

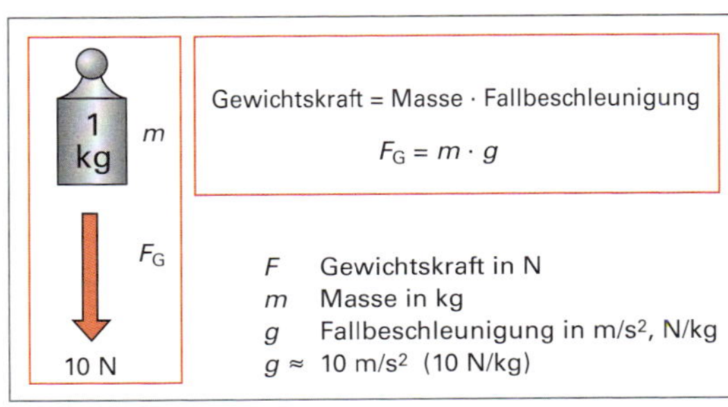

Bild 2: Gewichtskraft

Beispiel:

Ein Blech hat die Masse von 14 kg. Wie groß ist seine Gewichtskraft?

Geg.: m = 14 kg

Ges.: F_G

$F_G = m \cdot g$

F_G = 14 kg · 10 m/s²

F_G = 140 kg · m/s²

$\boldsymbol{F_G}$ **= 140 N**

b=?

Aufgaben

1 Wandeln Sie um:

a) in N:	0,41 kN	0,00031 MN	24 daN
b) in kN:	18,20 N	0,0089 MN	7 610 daN
c) in MN:	79 200 N	369 kN	48 800 daN
d) in daN:	0,2 N	1,6 kN	0,0007 MN

2 Welche Gewichtskraft hat ein 6 m langes mittelschweres Gewinderohr DN 32?

3 Welche Zugkraft übt eine waagerechte Rohrleitung aus SML-Rohr DN 50 bei einem Rohrschellenabstand von 1,5 m auf eine Rohraufhängung aus?

1.8 Hebel und Drehmoment

Hebel dienen zum Bewegen von Lasten, zur Kraftübersetzung und Änderung der Kraftrichtung. Die Hebelwirkung nutzt man z.B. bei Brechstangen, Zangen, Scheren und Schraubenschlüsseln.

Das **Drehmoment** ist das Produkt aus Kraft mal Hebelarm. Die Kraft muss dabei senkrecht auf dem Hebelarm stehen **(Bild 1)**. Das Formelzeichen für das Drehmoment ist M, seine Einheit N·m.

Drehmoment = Kraft × Hebelarm

$$M = F \cdot l$$

M Drehmoment in N·m
F Kraft in N
l Hebelarm in m

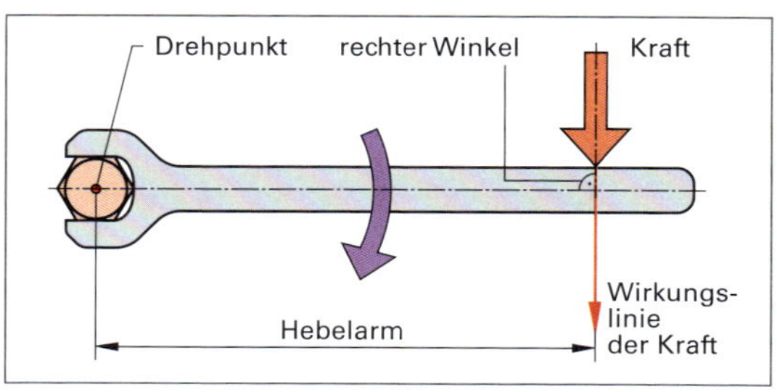

Bild 1: Drehmoment

Beispiel:

Eine Schraube wird bei einem Hebelarm von 240 mm mit der Kraft von 200 N angezogen. Wie groß ist das Drehmoment?

Geg.: $F = 200$ N $l = 240$ mm

Ges.: M

$M = F \cdot l$

$M = 200\text{ N} \cdot 0{,}24\text{ m}$ $\mathbf{M = 48\text{ N·m}}$

Bei den Hebeln unterscheidet man das Last- und das Kraftdrehmoment. Je nach Anordnung des Drehpunkts gibt es einseitige und zweiseitige Hebel **(Bild 2)**. Es ist zu beachten, dass Hebelarm und Kraftrichtung senkrecht zueinander stehen oder auf eine wirksame Hebellänge umgerechnet werden müssen.

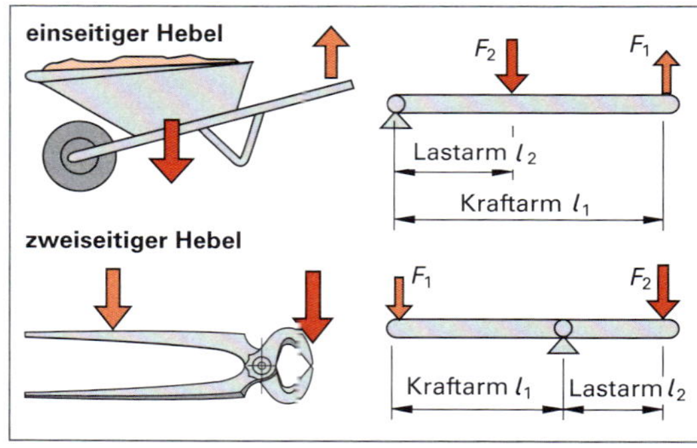

Bild 2: Einseitiger und zweiseitiger Hebel

An einem Hebel herrscht Gleichgewicht, wenn sich die Wirkungen der Drehmomente aufheben **(Bild 3)**

$$F_1 \cdot l_1 = F_2 \cdot l_2$$

F_1 Kraft in N
F_2 Last in N
l_1 Kraftarm in m
l_2 Lastarm in m

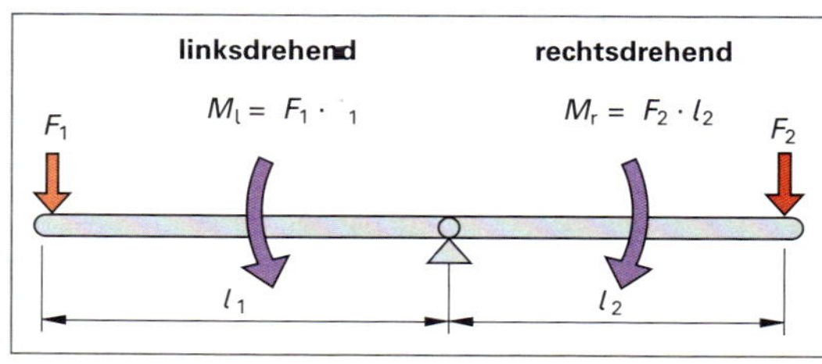

Bild 3: Hebelgesetz

Beispiel:

Beim Schneiden mit einer Blechschere beträgt die Kraft der Hand 150 N bei einem Kraftarm von 180 mm. Welche Schneidkraft hat die Blechschere 20 mm und 40 mm vom Drehpunkt entfernt?

Geg.: $F_1 = 150$ N $l_2 = 20$ mm
$l_1 = 180$ mm $l_3 = 40$ mm

Ges.: F_2, F_3

$F_1 \cdot l_1 = F_2 \cdot l_2$

$F_2 = \dfrac{F_1 \cdot l_1}{l_2}$ $F_3 = \dfrac{F_1 \cdot l_1}{l_3}$

$F_2 = \dfrac{150\text{ N} \cdot 180\text{ mm}}{20\text{ mm}}$ $F_3 = \dfrac{150\text{ N} \cdot 180\text{ mm}}{40\text{ mm}}$

$\mathbf{F_2 = 1350\text{ N}}$ $\mathbf{F_3 = 675\text{ N}}$

Aufgaben

1 Welches Drehmoment erzeugt eine Rohrzange bei einer Kraft von 300 N und einer Hebellänge von 420 mm?

2 Ein Drehmomentschlüssel begrenzt das aufgebrachte Drehmoment auf 120 N·m. Welche Kraft wird bei der Hebellänge von 400 mm aufgebracht?

3 Die Schneiden einer Zange sind 25 mm vom Drehpunkt entfernt. Welche Schneidkraft kann die Zange erzeugen, wenn eine Hand mit 140 N ihre Schenkel in der mittleren Entfernung von 160 mm vom Drehpunkt zusammendrückt?

4 Wie groß ist die Schneidkraft der Tafelschere am Anfang und am Ende ihrer Schnittlänge, wenn sie mit einer Kraft von 300 N betätigt wird **(Bild 1)**?

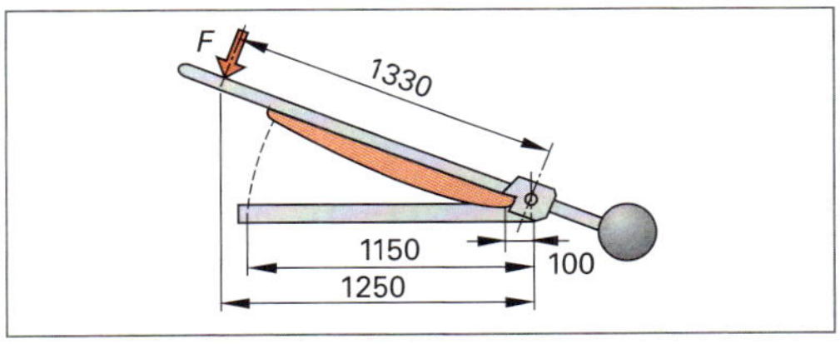

Bild 1: Tafelschere

5 Ein Heizkessel hat eine Masse von 126 kg. Welche Kraft erfordert er an den Griffen des Sackkarrens, um den Kessel im Gleichgewicht zu halten **(Bild 2)**?

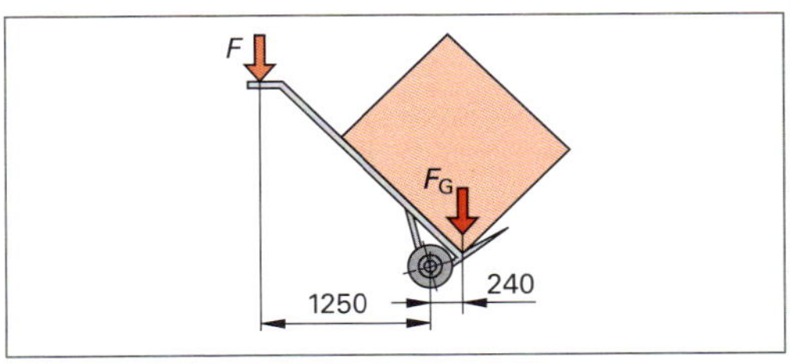

Bild 2: Sackkarren

6 Mit einer Seilwinde ist eine Masse von 320 kg anzuheben **(Bild 3)**.
a) Wie groß ist das Drehmoment an der Seiltrommel?
b) Wie groß ist die erforderliche Handkraft?

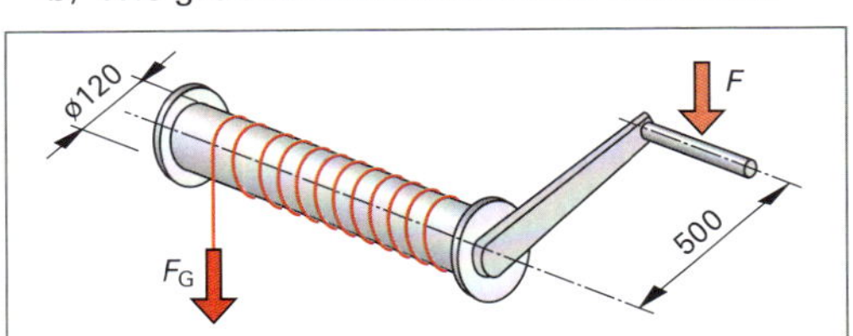

Bild 3: Seilwinde

1.9 Geradlinige und kreisförmige Bewegung

b=?

Bewegungen können geradlinig oder kreisförmig, die Geschwindigkeiten gleichförmig oder ungleichförmig sein.

Bei gleichförmigen, **geradlinigen Bewegungen** werden in gleichen Zeitabschnitten gleiche Entfernungen zurückgelegt. Der Quotient aus Weg und Zeit ist die Geschwindigkeit **(Bild 4)**.

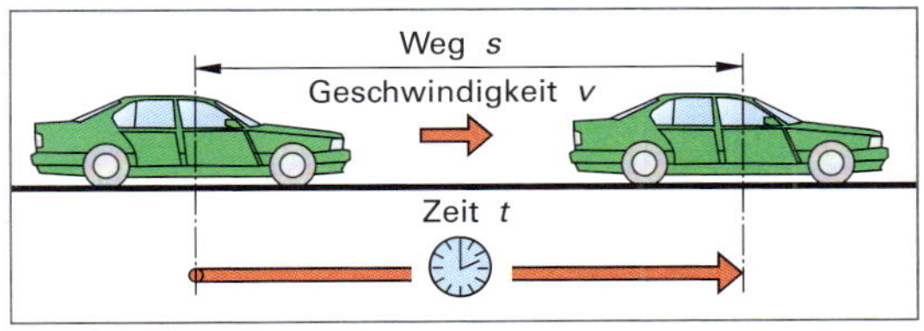

Bild 4: Geradlinige Bewegung

$$\text{Geschwindigkeit} = \frac{\text{Weg}}{\text{Zeit}}$$

$$v = \frac{s}{t}$$

$$s = v \cdot t$$

$$t = \frac{s}{v}$$

v Geschwindigkeit in m/s, m/min, km/h
s Weg in m, km
t Zeit in s, min, h

Beispiel:

Welche Geschwindigkeit hat Wasser, das in acht Sekunden 4 m zurücklegt?

Geg.: $s = 4$ m $t = 8$ s

Ges.: v

$v = \frac{s}{t}$ $v = \frac{4\ \text{m}}{8\ \text{s}}$ $\boldsymbol{v = 0{,}5\ \text{m/s}}$

Bei **kreisförmigen Bewegungen** benötigen alle Punkte des sich drehenden Teils die gleiche Zeit für eine Umdrehung. Die größte Geschwindigkeit ist die Umfangsgeschwindigkeit.

Bei einer Umdrehung legt ein Umfangspunkt den Weg $s = d \cdot \pi$ zurück.

Bei z Umdrehungen sind dies $s = d \cdot \pi \cdot z$

Die Umfangsgeschwindigkeit ist $v = \frac{d \cdot \pi \cdot z}{t}$

Die Anzahl der Umdrehungen z in der Zeiteinheit t nennt man Drehzahl n, ihre Einheit ist 1/s oder 1/min. $n = \frac{z}{t}$

Damit berechnet sich die Umfangsgeschwindigkeit zu $v = d \cdot \pi \cdot n$

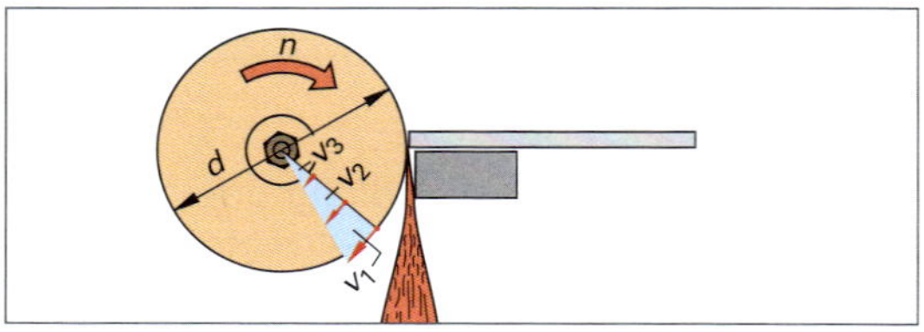

Bild 1: Kreisförmige Bewegung

Umfangsgeschwindigkeit = Umfang · Drehzahl

$$v = d \cdot \pi \cdot n$$

v Umfangsgeschwindigkeit in m/s
d Durchmesser in m
n Drehzahl in 1/s

Beispiel:

Eine Schleifscheibe hat einen Durchmesser von 180 mm und eine Drehzahl von 2850 1/min. Wie groß ist ihre Umfangsgeschwindigkeit?

Geg.: $d = 180$ mm $n = 2\,850$ 1/min
Ges.: v

$v = d \cdot \pi \cdot n$ $v = 0{,}18 \text{ m} \cdot \pi \cdot 2\,850 \text{ 1/min}$

$v = 1612$ m/60s

$\mathbf{v = 1612}$ **m/min** $\mathbf{v = 26{,}9}$ **m/s**

Die Angabe der Einheiten ist beim Schleifen in m/s und beim Drehen, Fräsen und Bohren in m/min üblich. Diese Umfangsgeschwindigkeit, mit der die Spanabnahme erfolgt, wird als Schnittgeschwindigkeit (v_c) bezeichnet. Der Zusammenhang zwischen Drehzahl, Schnittgeschwindigkeit und Durchmesser wird, um Rechnungen bei der Arbeit an der Maschine zu ersparen, in Schaubildern dargestellt **(Bild 2)**.

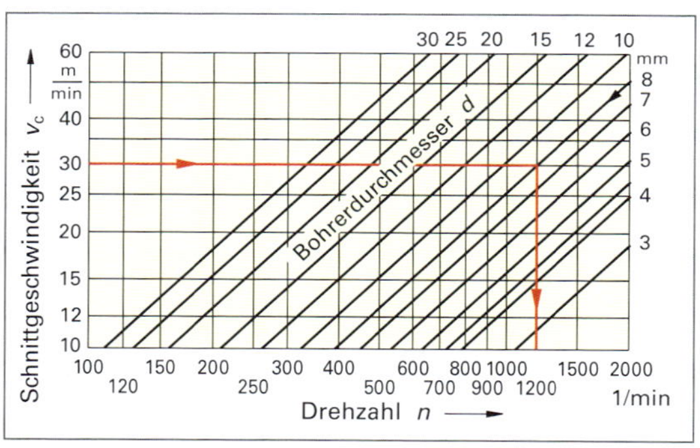

Bild 2: Drehzahldiagramm

Beispiel:

Welche Drehzahl ist an einer Bohrmaschine einzustellen, wenn mit der Schnittgeschwindigkeit von 30 m/min und einem Bohrer mit dem Durchmesser von 8 mm gebohrt werden soll?

Geg.: $v_c = 30$ m/min $d = 8$ mm
Ges.: n

a) mit Formel: $v = d \cdot \pi \cdot n$ $n = \frac{v}{d \cdot \pi}$

$n = \frac{30 \text{ m/min}}{0{,}008 \text{ m} \cdot \pi}$ $\mathbf{n = 1194}$ **1/min**

b) aus dem Schaubild $\mathbf{n \approx 1200}$ **1/min**

Aufgaben

1 Die Geschwindigkeiten sind umzuwandeln:
a) in m/s: 4,6 m/min 60 cm/min 80,5 m/min
b) in m/min: 2 m/s 0,09 m/s 7,6 cm/s
c) in km/h: 30 m/s 1,40 m/min 0,8 m/s

2 Ein Werkstück durchläuft auf einem Förderband einen Weg von 14 m in 40 Sekunden. Welche Geschwindigkeit hat das Förderband in m/s und m/min?

3 Ein Schweißer hat eine 1,6 m lange Kehlnaht mit einer durchschnittlichen Schweißgeschwindigkeit von 0,12 m/min anzufertigen. Wie lang braucht er, wenn er für das Einspannen neuer Elektroden zusätzlich 4 Minuten benötigt?

4 Die Strömungsgeschwindigkeit in einem Trinkwasserrohr beträgt 2 m/s. Wie lang braucht das Wasser, um einen Weg von 14,5 m zurückzulegen?

5 Eine Aluminium-Legierung soll mit einer Schnittgeschwindigkeit von 50 m/min mit einem Bohrer von 6 mm Durchmesser gebohrt werden. Welche Drehzahl sollte an der Bohrmaschine eingestellt werden?

6 Trennscheiben für Stahl haben eine maximal zulässige Umfangsgeschwindigkeit von 80 m/s.
Bis zu welcher Drehzahl dürfen sie bei einem Durchmesser von
a) 115 mm und
b) 180 mm betrieben werden?

7 Mit Hilfe des Diagramms zum Einstellen der Bohrerdrehzahl sollen für verschiedene Bohrerdurchmesser und vorgegebener Schnittgeschwindigkeiten die Drehzahlen ermittelt werden **(Bild 2)**.
a) $v_c = 25$ m/min $d_1 = 10$ mm $d_2 = 18$ mm
b) $v_c = 16$ m/min $d_3 = 8$ mm $d_4 = 12$ mm
c) $v_c = 19$ m/min $d_5 = 5$ mm $d_6 = 20$ mm

1.10 Mechanische Arbeit, Leistung und Wirkungsgrad

Beim Bewegen eines Körpers mit der Kraft F auf einem Weg s wird **mechanische Arbeit** verrichtet. Die mechanische Arbeit (W) ist das Produkt aus Kraft (F) und Weg (s).

Arbeit = Kraft × Weg

$$W = F \cdot s$$

$$F = \frac{W}{s} \qquad s = \frac{W}{F}$$

W mechanische Arbeit in N·m, J
F Kraft in N s Weg in m

Die Einheit der mechanischen Arbeit sind N·m oder Joule (J). Energieformen wie z.B. elektrische Energie oder Wärmeenergie werden in Joule (J) oder in Wattsekunden (Ws) angegeben.

$$1\ \text{N·m} = 1\ \text{J} = 1\ \text{W·s}$$

Weitere Einheiten sind Megajoule (MJ) und Kilojoule (kJ).

1 MJ = 1 000 kJ = 1 000 000 J
1 kJ = 1 000 J

Beispiel:

Ein Arbeiter mit 85 kg trägt ein Gussrohr DN 100 mit der Masse von 25,2 kg einen Weg von 10 m nach oben. Welche Arbeit wird insgesamt verrichtet?

Geg.: $m_1 = 25{,}2$ kg $m_2 = 85$ kg $s = 10$ m

Ges.: W

$W = F \cdot s$	$F = (m_1 + m_2) \cdot g$
$W = 1102\ \text{N} \cdot 10\ \text{m}$	$F = (25{,}2\ \text{kg} + 85\ \text{kg}) \cdot 10\ \text{m/s}^2$
$W = 11020\ \text{N·m}$	$F = 1102\ \text{N}$
$\mathbf{W = 11\,020\ J}$	$\mathbf{W = 11\,020\ Ws}$

Die **mechanische Leistung** berücksichtigt die Zeit, in der eine Arbeit verrichtet wird. Sie wird berechnet, indem die verrichtete Arbeit durch die Zeit geteilt wird.

$$\text{Leistung} = \frac{\text{Arbeit}}{\text{Zeit}}$$

$$P = \frac{W}{t} \quad \text{oder} \quad P = \frac{F \cdot s}{t}$$

$$F = \frac{P \cdot t}{s} \qquad s = \frac{P \cdot t}{F} \qquad t = \frac{F \cdot s}{P}$$

P mechanische Leistung in Watt (W)
W mechanische Arbeit in N·m, J
t Zeit in s, h F Kraft in N s Weg in m

Die Einheit der Leistung ist das Watt (W). Ein Watt entspricht einem Joule je Sekunde (J/s) oder einem Newtonmeter je Sekunde (N·m/s).

$$1\ \frac{\text{N·m}}{\text{s}} = 1\ \frac{\text{J}}{\text{s}} = 1\ \text{W}$$

Weitere Einheiten sind Megawatt (MW) und Kilowatt (kW).

1 MW = 1 000 kW = 1 000 000 W
1 kW = 1 000 W

Beispiel:

Welche Leistung verrichtet ein Aufzug, der in 20 Sekunden eine Masse von 300 kg 6 m nach oben befördert?

Geg.: $m = 300$ kg $s = 6$ m $t = 20$ s

Ges.: P

$P = \frac{F \cdot s}{t}$	$F = m \cdot g$
$P = \frac{3000\ \text{N} \cdot 6\ \text{m}}{20\ \text{s}}$	$F = 300\ \text{kg} \cdot 10\ \text{m/s}^2$
$P = 900\ \frac{\text{N·m}}{\text{s}}$	$F = 3\,000\ \text{N}$
$P = 900\ \frac{\text{J}}{\text{s}}$	$\mathbf{P = 900\ W}$

In jeder Maschine wird Arbeit oder Leistung für Reibung und ungenutzte Wärme benötigt. Die abgegebene Leistung (P_{ab}) ist stets kleiner als die zugeführte Leistung (P_{zu}) **(Bild 1)**.

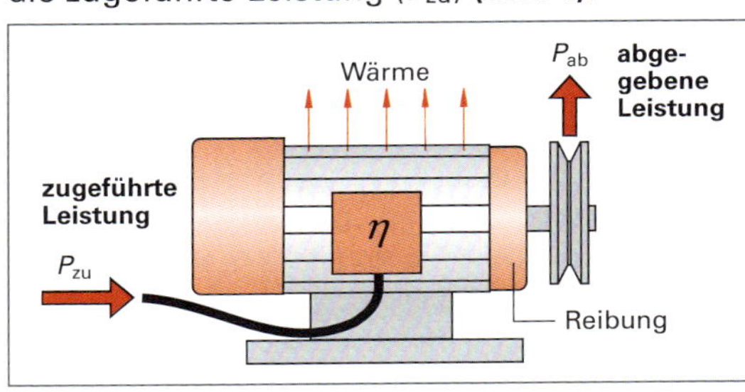

Bild 1: Zugeführte und abgegebene Leistung

Der **Wirkungsgrad** (η) ist das Verhältnis von abgegebener zu zugeführter Leistung. Er wird mit („eta") bezeichnet.

$$\text{Wirkungsgrad} = \frac{\text{abgegebene Leistung}}{\text{zugeführte Leistung}}$$

$$\eta = \frac{P_{ab}}{P_{zu}}$$

$$P_{ab} = \eta \cdot P_{zu} \qquad P_{zu} = \frac{P_{ab}}{\eta}$$

Beispiel:

Ein elektrischer Wassererwärmer hat eine Anschlussleistung von 2 kW und eine Leistungsabgabe von 1,9 kW. Wie groß ist sein Wirkungsgrad?

Geg.: P_{zu} = 2 kW; P_{ab} = 1,9 kW

Ges.: η

$\eta = \frac{P_{ab}}{P_{zu}}$ $\qquad \eta = \frac{1{,}9 \text{ kW}}{2{,}0 \text{ kW}}$

$\boldsymbol{\eta = 0{,}95}$ $\qquad \boldsymbol{\eta = 95\ \%}$

> Der Wirkungsgrad hat keine Einheit, er wird als Dezimalzahl oder in Prozent angegeben.

Das Flussdiagramm veranschaulicht Leistungen und Verluste **(Bild 1)**.

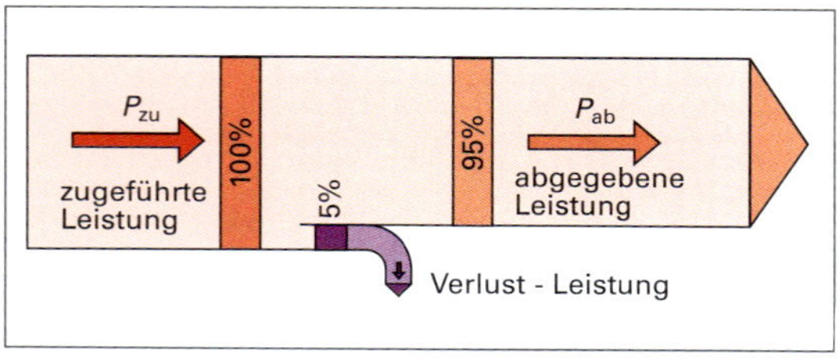

Bild 1: Flussdiagramm

Bei mehreren Wirkungsgraden eines Aggregats wird der Gesamtwirkungsgrad η_{ges} als Produkt der Einzelwirkungsgrade berechnet.

$$\eta_{ges} = \eta_1 \cdot \eta_2 \cdot \eta_3 \cdot \ldots$$

Beispiel:

Ein Elektromotor treibt eine Pumpe an **(Bild 2)**.

a) Welchen Wirkungsgrad hat der Elektromotor, wenn er eine Leistung von 4,5 kW aufnimmt und an der Welle 4 kW abgibt?

b) Wie groß ist der Wirkungsgrad der Pumpe, die eine Leistungsabgabe von 3 kW hat?

c) Wie groß ist der Gesamtwirkungsgrad?

Geg.: $P_{zu,1}$ = 4,5 kW $\qquad P_{ab,1}$ = 4 kW
$P_{ab,2}$ = 3 kW

Ges.: η_1, η_2, η_{ges}

a) $\eta_1 = \frac{P_{ab,1}}{P_{zu,1}}$ $\qquad \eta_1 = \frac{4 \text{ kW}}{4{,}5 \text{ kW}}$ $\qquad \boldsymbol{\eta_1 = 0{,}89}$

b) $\eta_2 = \frac{P_{ab,2}}{P_{zu,2}}$ $\qquad \eta_2 = \frac{3 \text{ kW}}{4 \text{ kW}}$ $\qquad \boldsymbol{\eta_2 = 0{,}75}$

c) $\eta_3 = \frac{P_{ab,2}}{P_{zu,1}}$ $\qquad \eta_{ges} = \frac{3 \text{ kW}}{4{,}5 \text{ kW}}$ $\qquad \boldsymbol{\eta_{ges} = 0{,}67}$

oder

$\eta_{ges} = \eta_1 \cdot \eta_2$ $\qquad \eta_{ges} = 0{,}89 \cdot 0{,}75 \Rightarrow$ $\boldsymbol{\eta_{ges} = 0{,}67}$

> Die Verluste von Anlagenteilen dürfen nicht addiert sondern müssen als Gesamtwirkungsgrad ermittelt werden.

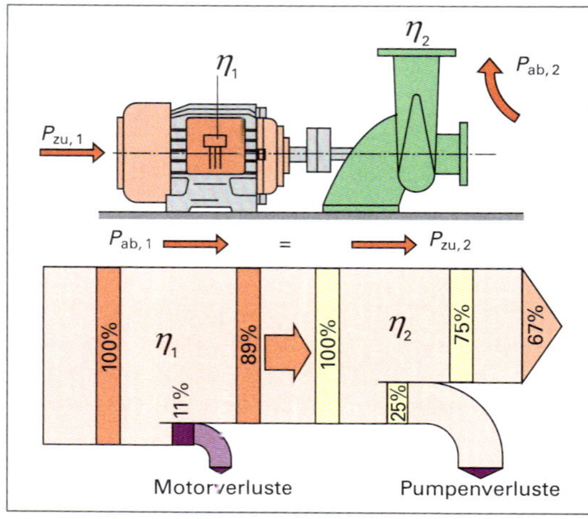

Bild 2: Pumpenanlage

Aufgaben

1 Ein Monteur trägt einen Heizkörper mit der Masse von 42 kg 12 m hoch. Welche Arbeit verrichtet er?

2 Eine Baustelle befindet sich in 14 m Höhe im Dachgeschoss eines Neubaus.

a) Welche Arbeit wird an einem Werkzeugkasten mit der Masse von 22 kg beim Hochtragen verrichtet, wenn durch das Anheben ein Kraftweg von 1,2 m noch dazukommt?

b) Ein Arbeiter verschiebt den Kasten auf dem Fußboden 2 m weit und benötigt dazu eine Kraft von 120 N. Welche Arbeit verrichtet er?

3 Mit einer Betonpumpe werden 10 m³ Beton mit der Dichte ϱ = 2,4 kg/dm³ auf eine Höhe von 8 m gefördert. Welche Arbeit wird verrichtet?

4 Welche Leistung ist nötig, um mit einem Kran 4,8 t Stahl in 4 Minuten auf 12 m Höhe zu befördern?

5 Welche Leistung erbringt ein Arbeiter, der mit einem Seil einen Heizkörper mit der Masse von 36 kg in 20 Sekunden auf 9 m Höhe hebt?

6 Wie lange benötigt ein Seilzug mit der Leistungsabgabe von 500 W eine Masse von 240 kg 18 m hochzuziehen?

7 Welchen Wirkungsgrad hat eine Pumpe, deren Leistungsaufnahme 1,15 kW und Leistungsabgabe 700 W beträgt?

1.11 Aufgaben

1 In einem Säulendiagramm ist der durchschnittliche jährliche Heizölverbrauch von Mehrfamilienhäusern je m² Wohnfläche angegeben **(Bild 1)**.

a) Wie viel Liter Heizöl wurden dabei für ein 6-Familienhaus mit einer Wohnfläche von 644 m² für Heizung und Trinkwasser-Erwärmung benötigt?

b) Wie viel davon sind für die Trinkwasser-Erwärmung erforderlich?

c) Eine Modernisierungsmaßnahme bei einem Gebäude mit 4 Wohnungen und 380 m² Wohnfläche soll eine Energieeinsparung von 20 % erbringen. Wie viel Liter Heizöl würden dabei gespart?

d) Die Hälfte des Heizölbedarfs für die Trinkwasser-Erwärmung eines 12-Familienhauses mit einer Wohnfläche von 980 m² soll durch eine Solaranlage gedeckt werden. Wie groß ist die Einsparung in Liter Heizöl und in € bei einem Heizölpreis von 0,25 €/L?

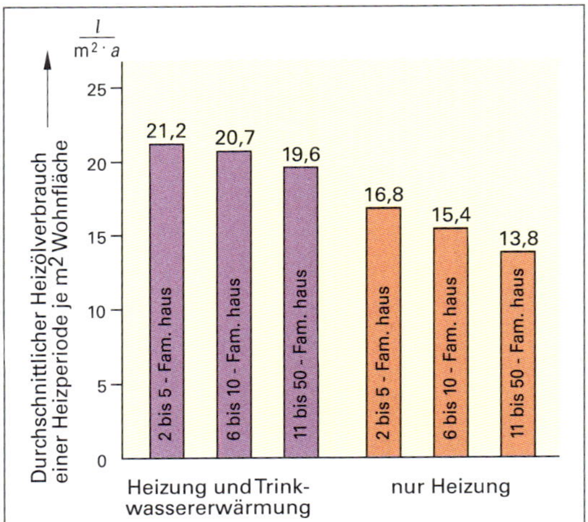

Bild 1: Heizölverbrauch einer Heizperiode

2 Eine Ortgangverwahrung soll aus Kupferblech hergestellt werden **(Bild 2)**. Es stehen Coils von 285 mm und 333 mm Breite zur Verfügung. Mit welcher Blechrolle sind diese Verwahrungen zu fertigen?

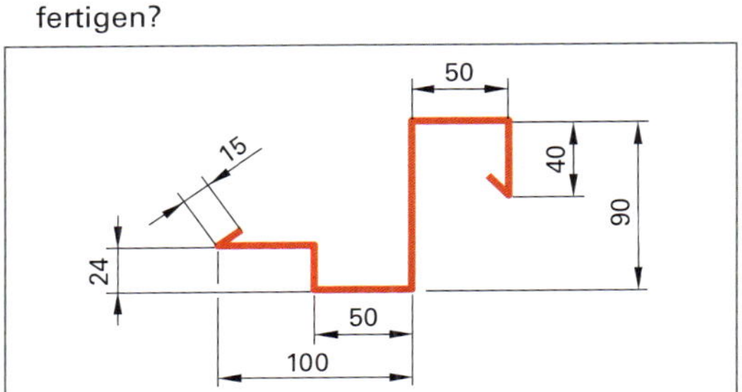

Bild 2: Ortgangverwahrung

3 Für das Wohnzimmer mit der Grundfläche von 4,38 m × 5 m einer Dachgeschosswohnung sollen die Raumumschließungsflächen ermittelt werden **(Bild 3)**.

Wie groß sind:

a) die Fläche des Fensters und der Fenstertüre,

b) die Giebelfläche dieses Raums ohne die Fenster

c) die Dachfläche und

d) die Fläche der Decke, die an den Dachraum grenzt?

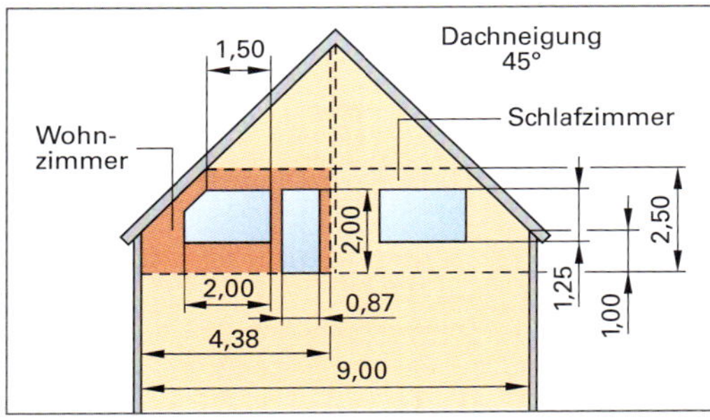

Bild 3: Dachgeschosswohnung

4 Eine Schwimmerkugel mit dem Durchmesser von 120 mm ist halb eingetaucht. Wie viel dm³ Wasser verdrängt sie?

5 Aus Rundstahl mit 10 mm Durchmesser wird ein Ring gefertigt. Sein Innendurchmesser soll 80 mm betragen.

a) Wie lang ist der Rundstahl vor dem Biegen?

b) Wie groß ist sein Volumen?

c) Welche Masse hat er?

6 Es sind Gewinderohre DN 20 DIN EN 10 255-M zu verlegen. Für ein Reststück wird jedoch ein Rohr DN 15 verwendet.

a) Um wie viel mm unterscheiden sich die Innendurchmesser?

b) Wie viel mm und wie viel % ist der Umfang kleiner?

c) Wie groß ist der Massenunterschied bei jeweils 4 m Rohrlänge?

7 Rohrleitungen und Armaturen dürfen, um Schallschutzauflagen zu erfüllen, nur an Wänden mit einer Masse von mindestens 220 kg/m² befestigt werden.

a) Erfüllt eine 175 mm dicke Wand aus Hochlochziegeln mit einer Dichte von 800 kg/m³ diese Anforderungen?

b) Wie groß wäre die Mindestdicke einer Wand aus Stahlbeton mit der Dichte von 2100 kg/m³, um die Schallschutzauflagen zu erfüllen?

8 Eine Palette enthält 50 Tafeln Kupferblech 2 m × 1 m der Blechdicke 0,7 mm. Welche Masse hat dieser Blechstapel?

2 Rohrberechnungen

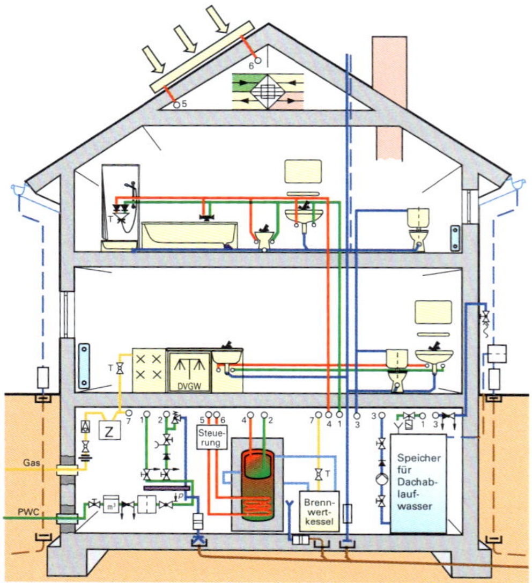

Leitprojekt

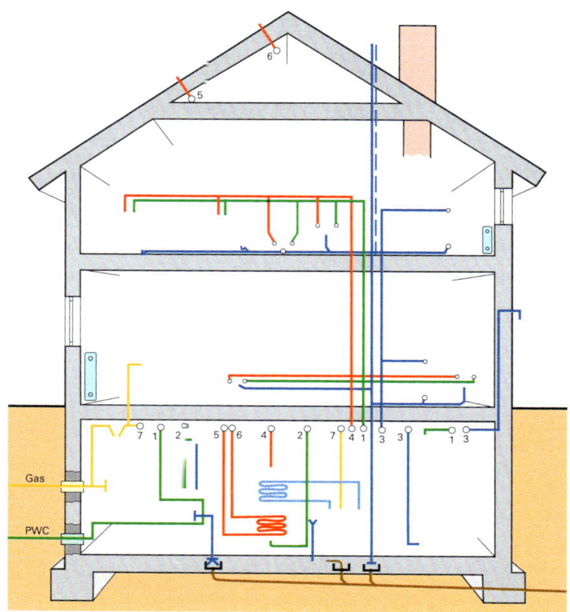

Rohrberechnungen

2 Rohrberechnungen

Bei den Berechnungen an Rohren wird von den Rohrabmessungen und dem Rohrwerkstoff ausgegangen. Zu berechnen sind

- die fehlenden Rohrabmessungen,
- der freie Querschnitt und die Querschnittsänderungen,
- die Rohroberflächen (innen und außen),
- die Rohrmasse,
- der Rohrinhalt und
- die Längen- und Volumenänderung.

2.1 Rohrabmessungen

Zur Angabe der Rohrabmessungen sind mehrere Systeme üblich:

- **Nennweite DN** (**D**iameter **N**ominal) ist eine Kenngröße für aufeinander abgestimmte Rohre, Verbindungselemente und Armaturen. Sie wird bei der Dimensionierung von Rohrnetzen für alle Rohrarten und Verwendungszwecke eingesetzt. Dabei entspricht die DN etwa dem Innendurchmesser (in Millimetern) des Rohres. Die alte Abkürzung NW (**N**enn**w**eite) ist durch DN abgelöst worden **(Bild 1)**.
- **Außendurchmesser** × **Wanddicke** ist eine gängige Bezeichnung für Rohre, weil der Außendurchmesser eines Rohres auch im eingebauten Zustand jederzeit zu messen ist. In der Praxis lässt man die Wanddicke häufig unkorrekterweise weg und dadurch kommt es zu Verwechslungen. Zum Beispiel entspricht bei Abwasserrohren aus PE-HD (DIN EN 1519) DN 40 der Angabe **50** × 3 und DN **50** der Angabe 56 × 3.
- Die Maßangabe in **Zoll** wird in der Praxis nur noch für mittelschwere und schwere Gewinderohre und deren Whitworth-Rohrgewinde angewendet.

Für die Berechnungen an genormten Rohren verwendet man vorteilhaft Tabellen **(Tabelle 1)**. Ansonsten gilt:

Innendurchm. = Außendurchm. – 2 · Wandd.

$$d = D - 2 \cdot s$$

d Innendurchmesser in mm
D Außendurchmesser in mm, s Wanddicke in mm

$$D = d + 2 \cdot s \qquad s = \frac{D - d}{2}$$

Diese Formeln können sinngemäß auch für Wärmedämmungen von Rohren verwendet werden.

Tabelle 1: Technische Angaben für Rohre

Nennweite DN	Außendurchmesser D in mm	Innendurchmesser d in mm	Wanddicke s in mm	freier Querschnitt A in cm^2	Inhalt des Rohres V' in dm^3/m	Masse des Rohres m' in kg/m
Mittelschwere Gewinderohre nach DIN EN 10 255						
10	17,2	12,5	2,35	1,23	0,12	0,85
15	21,3	16,0	2,65	2,01	0,20	1,22
20	26,9	21,6	2,65	3,66	0,37	1,58
25	33,7	27,2	3,25	5,81	0,58	2,44
32	42,4	35,9	3,25	10,12	1,01	3,14
40	48,3	41,8	3,25	13,72	1,37	3,61
Kupferrohre nach DIN EN 1057						
8	10	8	1	0,50	0,05	0,252
10	12	10	1	0,79	0,079	0,308
12	15	13	1	1,33	0,133	0,391
15	18	16	1	2,01	0,201	0,475
20	22	20	1	3,14	0,314	0,587
25	28	25	1,5	4,91	0,491	1,110
32	35	32	1,5	8,04	0,804	1,410
Rohre aus vernetztem Polyethylen PE-X nach DIN 16893, Reihe 1						
10	16	12,4	1,8	1,21	0,121	0,083
15	20	16,2	1,9	2,06	0,206	0,111
20	25	20,4	2,3	3,27	0,327	0,169
25	32	26,2	2,9	5,39	0,539	0,268
32	40	32,6	3,7	8,35	0,835	0,425
40	50	40,8	4,6	13,07	1,307	0,659
Druckrohre aus PE-HD nach DIN EN 12 201						
15	20	16,2	1,9	2,01	0,201	0,11
20	25	20,4	2,3	3,27	0,33	0,17
25	32	26,0	3,0	5,31	0,53	0,28
32	40	32,6	3,7	8,34	0,83	0,43
40	50	40,8	4,6	13,07	1,31	0,66

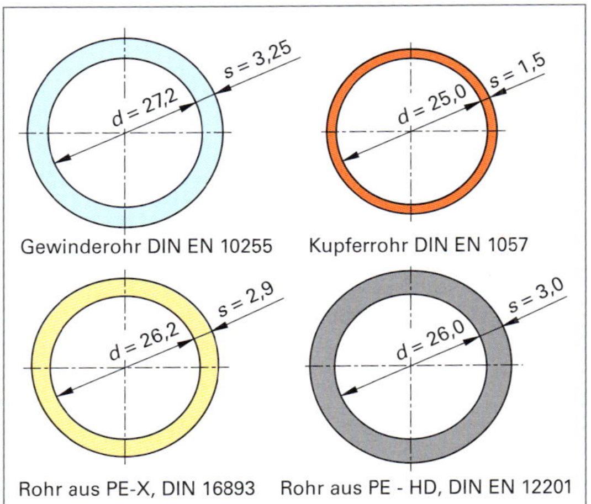

Bild 1: Rohre mit vergleichbarer Nennweite DN 25

Beispiel:

Wie groß ist der Innendurchmesser eines Abwasserrohres aus PVC-U nach DIN EN 1401, dessen Außendurchmesser 125 mm und dessen Wanddicke 3 mm beträgt?

Geg.: $D = 125$ mm $s = 3$ mm
Ges.: d

$d = D - 2 \cdot s$ $d = 125 \text{ mm} - 2 \cdot 3 \text{ mm}$

$\boldsymbol{d = 119}$ **mm**

Nach der Energieeinsparverordnung sind warmgehende Leitungen (für Heizung und erwärmtes Trinkwasser) zu dämmen. Bezogen auf eine Wärmeleitfähigkeit von 0,035 W/(m · K) des Dämmmaterials werden Mindestdicken der Dämmung verlangt **(Tabelle 1).**

Tabelle 1: Mindestdicken der Dämmung nach EnEV

d_i	bis 22	> 22 bis 35	> 35 bis 100	über 100
Mindestdicken der Dämmung in mm	20	30	= DN	100

Aufgaben

1 Welchen Innendurchmesser hat ein Rohr zur Trinkwasserversorgung aus PE-LD nach DIN 8072, Reihe 3, PN 10, dessen Außendurchmesser 63 mm und dessen Wanddicke 10,5 mm beträgt?

2 Wie groß ist die Wanddicke eines Steinzeugrohres DN 125, wenn der Außendurchmesser mit 159 mm und der Innendurchmesser mit 127 mm angegeben wird?

3 Welchen Innendurchmesser hat ein Kupferrohr 108 × 2,5?

4 Ein geschweißtes Stahlrohr nach DIN EN 10 220 hat in DN 40 einen Außendurchmesser von 44,5 mm. Wie groß ist der Außendurchmesser einer Dämmung nach EnEV?

5 Für ein gedämmtes Warmwasserrohr aus mittelschwerem Gewinderohr DN 32 wird der äußere Durchmesser der Dämmung mit 118 mm gemessen. Welche Dicke hat die Dämmung?

6 Für welche Nennweite bei Kupferrohren ist eine Dämmhülse vorgesehen, deren Dämmschichtdicke 26 mm und deren Außendurchmesser 70 mm beträgt?

2.2 Freier Querschnitt

Der freie Querschnitt (lichte Querschnitt) ist die Kreisfläche, die von Rohrwandungen umschlossen wird. Sein Durchmesser ist der Innendurchmesser des Rohres. Sind die genauen Abmessungen eines Rohres nicht bekannt, kann näherungsweise mit DN in Millimetern als Innendurchmesser gerechnet werden.

Der freie Rohrquerschnitt wird benötigt, um weitergehende Berechnungen

- zum Rohrinhalt,
- zum Volumenstrom und zur Rohrdimensionierung sowie
- zum Druck und zur Druckkraft

zu ermöglichen.

$$\text{freier Querschnitt} = \frac{\text{Innendurchm.} \cdot \text{Innendurchm.} \cdot \pi}{4}$$

$$A = \frac{d \cdot d \cdot \pi}{4}$$

$$d = \sqrt{\frac{4 \cdot A}{\pi}}$$

A freier Querschnitt in mm²
d Innendurchmesser in mm

Beispiel:

Wie groß ist der freie Querschnitt eines mittelschweren Gewinderohres DN 20 nach DIN EN 10 255?

Geg.: d = 21,6 mm (aus Tabelle 1, Seite 1)
Ges.: A

$A = \frac{d \cdot d \cdot \pi}{4}$ $A = \frac{21{,}6 \text{ mm} \cdot 21{,}6 \text{ mm} \cdot 3{,}14}{4}$

$\boldsymbol{A = 366}$ **mm²**

Aufgaben

1 Wie groß ist der freie Querschnitt bei Rohren DN 25 folgender Rohrarten im Vergleich?
a) mittelschwere Gewinderohre nach DIN EN 10 255
b) Kupferrohre nach DIN EN 1057
c) Druckrohre aus PE-HD nach DIN EN 12 201, Reihe 5

2 Wie groß ist der freie Querschnitt eines Luftkanales mit 400 mm Durchmesser?

3 Der freie Querschnitt eines Rohres soll mindestens 5 cm² betragen.
Welche DN muss bei einem Rohr aus
a) PE-X nach DIN 16893, Reihe 1
b) Kupfer nach DIN EN 1057
mindestens gewählt werden?

2.3 Querschnittsverminderung

Eine Querschnittsverminderung kann entstehen, wenn z. B. beim Trennen mit einem Rohrabschneider der Scheidgrat nicht entfernt wird **(Bild 1)**.

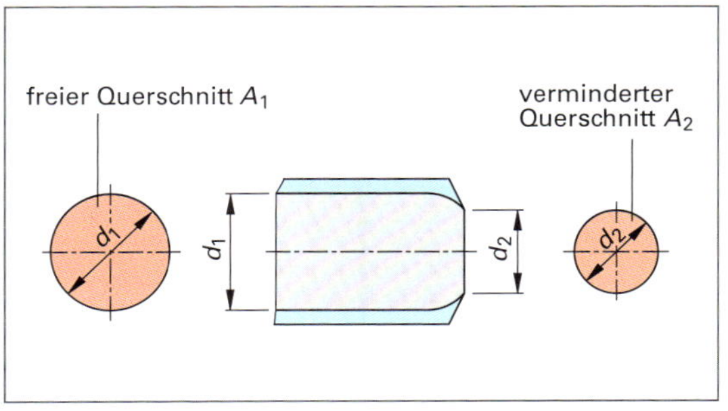

Bild 1: Querschnittsverminderung

$$\text{Querschnittsverminderung} = \text{freier Querschnitt} - \text{verminderter Querschnitt}$$

$$A_V = A_1 - A_2$$

$$A_1 = A_V + A_2 \qquad A_2 = A_1 - A_V$$

A_V Querschnittsverminderung in mm²
A_1 freier Querschnitt in mm²
A_2 verminderter Querschnitt in mm²

Beispiel:

Wie groß ist die Querschnittsverminderung in mm² für ein Kupferrohr 18 × 1, wenn ein Schneidgrat von 1,5 mm nicht entfernt wird?

Geg.: $D_1 = 18$ mm $s_1 = 1$ mm
$d_1 = D_2$ $s_2 = 1{,}5$ mm

Ges.: $\boldsymbol{A_v}$

$d_1 = D_1 - 2 \cdot s_1$ $d_1 = 18\text{ mm} - 2 \cdot 1\text{ mm}$

$d_1 = 16$ mm

$d_2 = D_2 - 2 \cdot s_2$ $d_2 = 16\text{ mm} - 2 \cdot 1{,}5\text{ mm}$

$d_2 = 13$ mm

$$A_1 = \frac{d_1 \cdot d_1 \cdot \pi}{4} \qquad A_1 = \frac{16\text{ mm} \cdot 16\text{ mm} \cdot 3{,}14}{4}$$

$A_1 = 201\text{ mm}^2$

$$A_2 = \frac{d_2 \cdot d_2 \cdot \pi}{4} \qquad A_1 = \frac{13\text{ mm} \cdot 13\text{ mm} \cdot 3{,}14}{4}$$

$A_2 = 133\text{ mm}^2$

$A_V = A_1 - A_2$ $A_V = 201\text{ mm}^2 - 133\text{ mm}^2$

$\boldsymbol{A_V = 68\text{ mm}^2}$

Querschnittsverminderungen ergeben sich auch, wenn Rohre reduziert werden, sich Kalk in Rohren ablagert, beim Biegen Verformungen der Kreisfläche entstehen oder sich Falten bilden.

Soll der neue Querschnitt einen Teil oder ein Vielfaches eines gegebenen Querschnittes betragen, kann man die Prozentrechnung oder einen Faktor verwenden.

$$\text{neuer Querschnitt} = \frac{\text{alter Querschnitt} \cdot \text{Prozentsatz}}{100\ \%}$$

$$A_{neu} = \frac{A_{alt} \cdot p}{100\%} \quad \text{oder} \quad A_{neu} = f \cdot A_{alt}$$

$$A_{alt} = \frac{A_{neu} \cdot 100\%}{p} \quad \text{oder} \quad A_{alt} = \frac{A_{neu}}{f}$$

$$p = \frac{A_{neu} \cdot 100\%}{A_{alt}} \quad \text{oder} \quad f = \frac{A_{neu}}{A_{alt}}$$

A_{neu} zu berechnender Querschnitt in mm²
A_{alt} gegebener Querschnitt in mm²
p Prozentsatz des neuen Querschnittes in %
f Faktor (gesuchter Bruchteil oder gesuchtes Vielfaches des alten Querschnittes)

Beispiel:

Ein Sicherheitsventil DN 25 benötigt einen Tropfwasseranschluss mit doppeltem Querschnitt des Sicherheitsventileinganges. Welche DN ist bei verzinktem mittelschwerem Gewinderohr (DIN EN 10 255) zu wählen?

Geg.: $d_{alt} = 25$ mm $f = 2$

Ges.: A_{neu}

$$A_{alt} = \frac{d^2 \cdot \pi}{4} \qquad A_{alt} = \frac{(25\text{ mm})^2 \cdot 3{,}14}{4}$$

$A_{alt} = 490{,}6\text{ mm}^2$

$A_{neu} = f \cdot A_{alt}$ $A_{neu} = 2 \cdot 490{,}6\text{ mm}^2$

$A_{neu} = 981\text{ mm}^2$

$$d_{neu} = \sqrt{\frac{4 \cdot A_{neu}}{\pi}} \qquad d_{neu} = \sqrt{\frac{4 \cdot 981{,}\text{mm}^2}{3{,}14}}$$

$d_{neu} = 35{,}4$ mm **gewählt: DN 32**

Bei den meisten anderen Rohren müsste DN 40 gewählt werden (Vergleiche Tabelle 1, Seite 49).

Aufgaben

1 Wie viel Prozent des ursprünglichen freien Querschnittes gehen verloren, wenn bei einem Kupferrohr 18 × 1 der 1 mm breite Schneidgrat nicht entfernt wird?

2 Welche Querschnittsverminderung tritt auf, wenn eine Leitung aus nichtrostendem Stahl von 28 × 1,2 auf 18 × 1 reduziert wird?

3 Welche Querschnittsverminderung in Prozent erzeugt eine 3 mm dicke Kalkschicht in einem mittelschweren Gewinderohr DN 20?

4 Welche Nennweite hat ein Abwasserrohr, das mindestens 45% des freien Querschnitts eines Rohres DN 100 hat?

5 Welche Nennweite muss gewählt werden, wenn der freie Querschnitt mindestens doppelt so groß sein soll, wie bei einem Kupferrohr 22 × 1?

2.4 Rohroberflächen

Die Rohrmantelfläche ist ein Rechteck, das durch Abwickeln der äußeren Oberfläche des Rohres entsteht **(Bild 1)**. Wickelt man die innere Oberfläche ab, erhält man die mit dem durchströmenden Medium in Berührung kommende Fläche (benetzte Fläche).

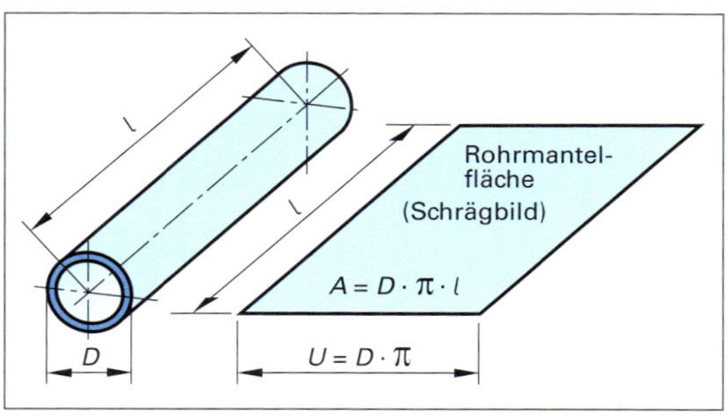

Bild 1: Rohrmantelfläche

Rohrmantelfläche = Außendurchmesser · π · Rohrlänge

$$A_M = D \cdot \pi \cdot l$$

A_M Rohrmantelfläche in cm^2
D Außendurchmesser in cm
l Rohrlänge in cm

Beispiel:

Wie groß ist die Mantelfläche eines 5 m langen Kupferrohres 18 × 1?

Geg.: $D = 1{,}8$ cm $\quad l = 500$ cm

Ges.: A_M

$A_M = D \cdot \pi \cdot l \qquad A_M = 1{,}8\ \text{cm} \cdot 3{,}14 \cdot 500\ \text{cm}$

$\mathbf{A_M = 2\,826\ cm^2}$

Aufgaben

1 Wie groß ist die Mantelfläche eines 12 m langen Kupferrohres 28 × 1,5?

2 Eine 65 m lange Gasleitung aus mittelschwerem Gewinderohr DIN EN 10 255 DN 32 soll gelb gestrichen werden. Wie viel m^2 Rohr sind zu streichen?

3 Wie viel m^2 Fläche müssen bei einem 5 m langen, mittelschweren Gewinderohr DIN EN 10 255 der Dimension DN 25 verzinkt werden?

4 Bei der Dichtheitsprüfung von Grundleitungen richtet sich die zulässige Wasserzugabe nach der benetzten Fläche. Wie groß ist die benetzte Fläche einer 42 m langen Grundleitung DN 125 aus Steinzeug? (Innendurchmesser d = 126 mm)

5 Ein Rohrwärmetauscher besteht aus einem 15 m langen Edelstahlrohr 32 × 1,3. Wie groß ist die äußere Tauscherfläche in m^2?

6 Im Untergeschoss wurde ein 7 m langes Teilstück einer Warmwasserleitung DN 25 aus Kupfer (DIN EN 1057) nicht gedämmt. Wie groß ist Oberfläche dieses „Heizkörpers"?

2.5 Rohrmasse

Die Rohrmasse muss man kennen, um auftretende Belastungen der Rohrbefestigung zu berechnen.

Die Massenberechnung kann vereinfacht werden, wenn die Masse je Meter Rohrlänge durch Tabellenwerte gegeben ist **(Bild 2)**.

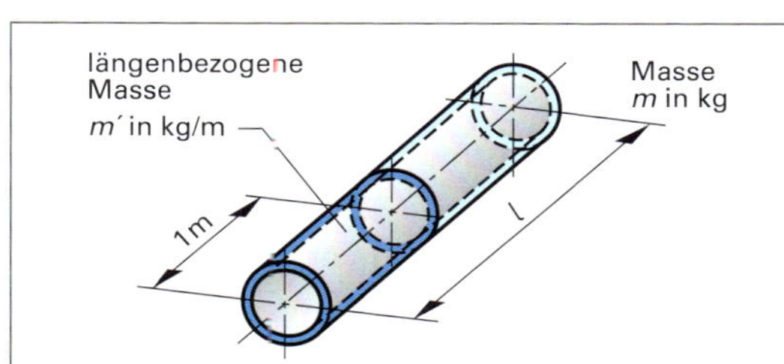

Bild 2: Rohrmasse

Rohrmasse	=	gestreckte Rohrlänge	·	längenbezogene Masse
m	=	l	·	m'
l	=	$\frac{m}{m'}$		

m Rohrmasse in kg
l gestreckte Rohrlänge in m
m' längenbezogene Masse in kg/m, (Tabellenwert, vgl. Tabelle 1, Seite 49 oder Herstellerunterlagen)

Beispiel:

Ein Gewinderohr nach DIN EN 10 255 mit der Nennweite DN 40 ist 6 m lang. Welche Masse hat das ungefüllte Rohr?

Geg.: $l = 6$ m, $m' = 3{,}61$ kg/m (aus Tabelle 1, Seite 49)

Ges.: m

$m = l \cdot m'$ $m = 6\text{ m} \cdot 3{,}61\text{ kg/m}$

$\mathbf{m = 21{,}7\ kg}$

Aufgaben

1 Welche Masse hat ein 6 m langes mittelschweres Gewinderohr nach DIN EN 10 255 der Nennweite DN 40?

2 Welche Masse hat ein Ring mit 25 m Kupferrohr nach DIN EN 1057 der Nennweite DN 20?

3 Welche Masse hat ein Ring mit 50 m Kupferrohr nach DIN EN 1057 der Dimension 15 × 1?

4 Der Abstand der Rohrbefestigungen bei hartem Kupferrohr DN 32 soll 2,75 m betragen. Welche Masse hat jede Rohrbefestigung durch das ungefüllte und ungedämmte Rohr zu tragen?

5 Die zulässige Dachlast eines Transporters ist mit 100 kg angegeben. Das Gewicht des Dachträgers beträgt 18 kg. Wie viel Meter Rohr der Dimension DN 25 dürfen geladen werden, wenn
a) mittelschwere Gewinderohre DIN EN 10 255,
b) Kupferrohre nach DIN EN 1057 oder
c) Druckrohre aus PE-HD nach DIN 8074 transportiert werden sollen?

6 SML-Abwasserrohre bestehen aus Grauguss mit einer Dichte von 7,15 kg/dm³. Welche Masse haben jeweils 3 m lange Rohre mit folgenden Abmessungen:
a) $D = 83$ mm, $s = 3{,}5$ mm (DN 80)
b) $D = 110$ mm, $d = 103$ mm (DN 100)
c) $d = 127$ mm, $s = 4$ mm (DN 125)

2.6 Rohrinhalt

Der Rohrinhalt muss ermittelt werden, wenn
- Leitungen gefüllt, durchflossen oder entleert werden,
- das Gewicht einer gefüllten Leitung zu ermitteln ist,
- die Volumenänderung des Rohrinhaltes bei Erwärmung oder Abkühlung benötigt wird und
- die im Medium gespeicherte Wärmemenge ermittelt werden soll.

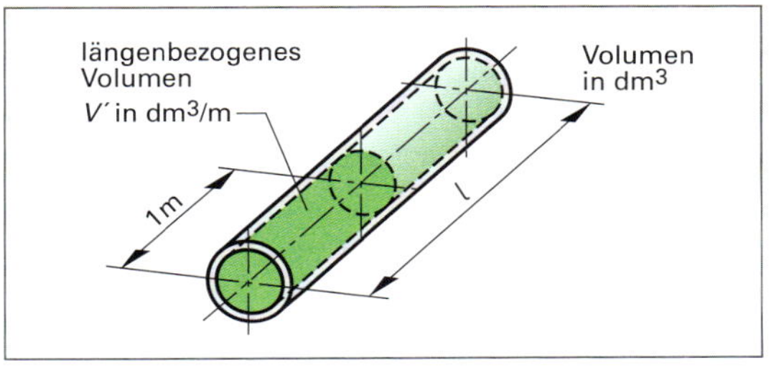

Bild 1: Rohrinhalt

Rohrinhalt	=	gestreckte Rohrlänge	·	längenbezogenes Volumen
V	=	l	·	V'
l	=	$\frac{V}{V'}$		

V Rohrinhalt in dm³ oder l
l gestreckte Rohrlänge in m
V' längenbezogenes Volumen in dm³/m oder l/m (Tabellenwert, vgl. Tabelle 1, Seite 49)

Beispiel:

Wie viel Liter Wasser enthält eine 12 m hohe Steigleitung aus Kupferrohr 28 × 1,5?

Geg.: $D = 28$mm $s = 1{,}5$ mm $l = 12$m

Ges.: V

$V' = 0{,}491$ dm³/m (aus Tabelle 1, Seite 49)

$V = V' \cdot l$ $V = 0{,}491\text{ dm}^3\text{/m} \cdot 12\text{ m}$

$V = 5{,}89\text{ dm}^3$ $\mathbf{V = 5{,}89\ l}$

Ist das längenbezogene Volumen nicht in Tabellen gegeben, kann man das Volumen einer Leitung auch aus deren Rohrabmessungen berechnen. Für das obige Beispiel ergibt sich folgender Rechenweg:

Geg: $D = 28$ mm $s = 1{,}5$ mm $l = 12$ m

Ges.: V

$d = D - 2 \cdot s$ $d = 28\text{ mm} - 2 \cdot 1{,}5\text{ mm}$

$d = 25$ mm

$A = \frac{d \cdot d \cdot \pi}{4}$ $\quad A = \frac{25\ \text{mm} \cdot 25\ \text{mm} \cdot 3{,}14}{4}$

$A = 490{,}6\ \text{mm}^2$

$V = A \cdot l$ $\quad V = 490{,}6\ \text{mm}^2 \cdot 12\,000\ \text{mm}$

$V = 5\,887\,500\ \text{mm}^3$ $\quad \boldsymbol{V = 5{,}89\ l}$

Aufgaben

1 Eine 9 m lange Gartenleitung DN 20 aus mittelschwerem Gewinderohr nach DIN EN 10 255 wird im Herbst entleert. Wie viel Liter Wasser fließen aus?

2 Für die Trinkwasseranlage eines Zweifamilienhauses sind Rohre aus vernetztem Polyethylen nach DIN 16893, Reihe 1 verwendet worden. Verlegt wurden insgesamt 3 m Rohr in DN 25, 5 m Rohr in DN 20, 16 m in DN 15 und 9 m in DN 10. Wie viel Liter Wasser enthält die Anlage?

3 Am Ende einer 27 m langen, nassen Feuerlöschleitung DN 65 ist ein Klosett und ein Handwaschbecken angeschlossen, deren täglicher Wasserbedarf 45 l beträgt. Wie viel Tage benötigt das Wasser zum Durchfließen der Feuerlöschleitung?

4 Zwischen dem zentralen Trinkwassererwärmer und einer Badewanne im zweiten Obergeschoss eines Mehrfamilienhauses sind 8 m Kupferrohr 22 × 1 und 2,7 m Kupferrohr 18 × 1 verlegt. (Es ist keine Zirkulation eingebaut und es wurde längere Zeit kein warmes Wasser gezapft). Wie viel Liter abgekühltes Wasser fließen zu Beginn der Wannenfüllung aus?

5 Welche Masse hat ein Meter einer wassergefüllten Leitung DN 40, wenn als Rohr
a) mittelschweres Gewinderohr DIN EN 10 255
b) PE-X-Rohr nach DIN 16893, Reihe 1 verwendet wird?

6 Zur Beseitigung einer Verstopfung muss der Deckel der Reinigungsöffnung einer Fallleitung abgenommen werden. Wieviel Liter Abwasser treten dabei aus, wenn sich das Wasser bis zur Badewanne im darüber liegenden Stockwerk angestaut hat? **(Bild 1)**

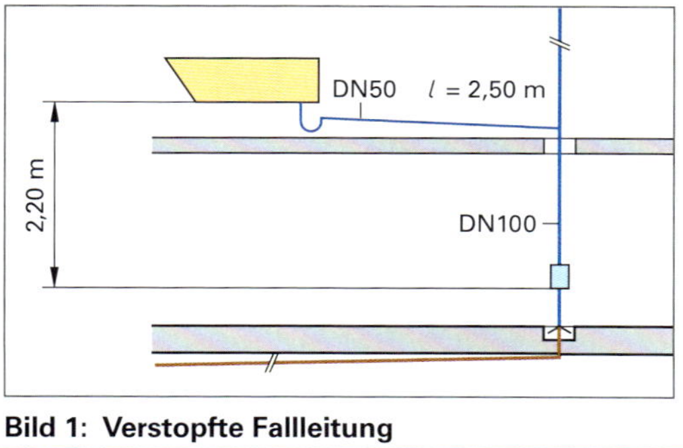

Bild 1: Verstopfte Fallleitung

7 Abwassersammelleitungen aus Grauguss (SML) werden in Abständen von zwei Metern an der Decke befestigt. Welche Masse muss von jeder Befestigung getragen werden, wenn eine Leitung DN 125 verstopft ist? (SML DN 125: m′ = 11,8 kg/m, d = 127 mm)

8 Bei einer Solaranlage wird Wärmeträgerflüssigkeit in den Solarkreislauf eingefüllt. Zu füllen sind 4 Kollektoren mit je 1,2 l Inhalt, der 15 l fassende Wärmetauscher im Speicher, das Membranausdehnungsgefäß mit 1,5 l Wasservorlage und 18 m Rohrleitung aus Kupferrohren 22 × 1. Wie viel Liter Wärmeträgerflüssigkeit werden benötigt?

2.7 Längen- und Volumenänderung

Werkstoffe dehnen sich bei Erwärmung aus und ziehen sich bei Abkühlung zusammen. Diese Längenänderung erfolgt in alle Raumrichtungen, sodass auch der Durchmesser von Rohren und der Rauminhalt von Behältern temperaturabhängig sind. Die Größe der Änderung hängt ab

- von den Abmessungen des Bauteiles,
- vom Werkstoff, berücksichtigt durch den Längenausdehnungskoeffizient α und
- von der Temperaturänderung $\Delta\vartheta$
(vgl. Abschnitt 4.1, Seite 103)

2.7.1 Längenänderung

Die temperaturbedingte Längenänderung von Bauteilen muss berücksichtigt werden, da bei Unterdrückung der Wärmedehnung so hohe Kräfte auftreten können, dass das Bauteil zerstört wird.

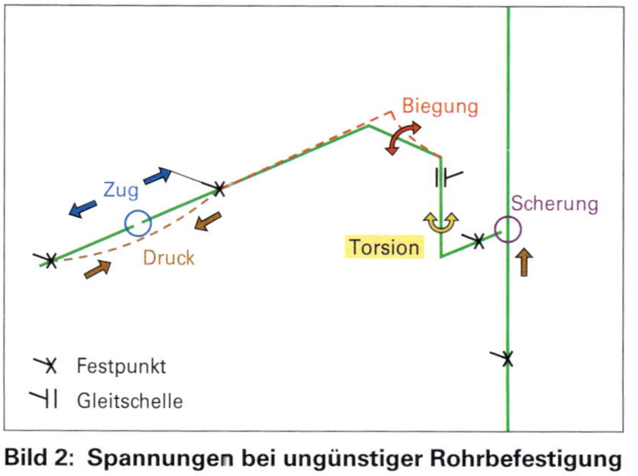

Bild 2: Spannungen bei ungünstiger Rohrbefestigung

Werden zum Beispiel Rohre befestigt, ohne die Dehnung zu berücksichtigen, kann es

- zu Ausknickungen durch Druckspannungen,
- zu Undichtheiten an Verbindungen oder
- zur Ermüdung und zum Bruch des Werkstoffes durch Zug-, Biege-, Scher- oder Torsionsspannungen kommen **(Bild 2, Seite 54)**.

Jeder Werkstoff reagiert auf Änderungen der Temperatur verschieden. Der in Versuchen ermittelte **Längenausdehnungskoeffizient** α gibt an, um wieviel Millimeter sich ein ein Meter langer Stab eines bestimmten Werkstoffes verlängert, wenn die Temperatur um ein Kelvin erhöht wird. Bei Abkühlung verkürzt sich der Stab um die selbe Länge **(Tabelle 1)**.

Außerdem ist die Längenausdehnung um so größer, je größer

- die **Anfangslänge** l_1 und
- die **Temperaturänderung** $\Delta\vartheta$ (vgl. Abschn. 4.1) ist.

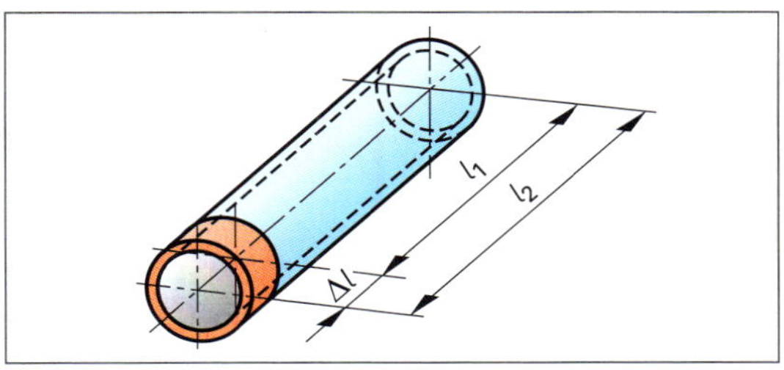

Bild 1: Längenänderung

Längenänderung = Anfangslänge · Längenausdehnungkoeffizient · Temperaturänderung

$$\Delta l = l_1 \cdot \alpha \cdot \Delta\vartheta$$

$$l_1 = \frac{\Delta l}{\alpha \cdot \Delta\vartheta} \qquad \Delta\vartheta = \frac{\Delta l}{\alpha \cdot l_1}$$

Δl Längenänderung in mm, m
l_1 Anfangslänge in m
α Längenausdehnungskoeffizient $\frac{mm}{m \cdot K}$, $\frac{1}{K}$
$\Delta\vartheta$ Temperaturänderung in K
l_2 Endlänge in m

$$l_2 = l_1 + \Delta l \qquad l_1 = l_2 - \Delta l \qquad \Delta l = l_2 - l_1$$

Für den Längenausdehnungskoeffizienten gibt es verschiedene Einheiten. Die Anfangslänge wird in Metern eingesetzt. Bei der Einheit 1/K ergibt sich die Längenänderung ebenfalls in Metern. Da diese meist im Bereich weniger Millimeter liegt, ist das Ergebnis in Metern unanschaulich.

Tabelle 1: Längenausdehungskoeffizienten α

Werkstoff	in $\frac{1}{K}$	in $\frac{mm}{m \cdot K}$	in $\frac{cm}{10\ m \cdot 100\ K}$
unlegierter Stahl	0,000 0115	0,0115	1,15
Rostfreier Stahl	0,000 0110	0,0110	1,10
Grauguss	0,000 0105	0,0105	1,05
Kupfer	0,000 0165	0,0165	1,65
Titanzink	0,000 0220	0,022	2,2
Aluminium	0,000 0238	0,0238	2,38
Verbundrohr PE-X/Al/PE-HD	0,000 026	0,026	2,6
Blei	0,000 029	0,029	2,9
PVC-C	0,000 07	0,07	7,0
PVC	0,000 08	0,08	8,0
PE-LD	0,000 15	0,15	15,0
PP	0,000 17	0,17	17,0
PE-HD	0,000 20	0,20	20,0

Im Freien angebrachte Blechbauteile (Dachrinnen, Kehlen, Ortgangverwahrungen, ...) sind einer Temperaturänderung von 100 K ausgesetzt (– 25 °C im Winter, 75 °C im Sommer). Es bietet sich hierfür die Einheit cm/(10 m · 100 K) an (vergleiche Abschnitt 6.5).

Beispiel 1:

Um wie viel Millimeter verlängert sich ein 5 m langes Stahlrohr, wenn es sich um 40 K erwärmt?

Geg.: $l_1 = 5$ m $\qquad \Delta\vartheta = 40$ K
Ges.: Δl

$\Delta l = l_1 \cdot \alpha \cdot \Delta\vartheta$
$\Delta l = 5\ m \cdot 0{,}000\,0115 \frac{1}{K} \cdot 40\ K$
$\Delta l = 0{,}0023$ m anschaulicher: $\mathbf{\Delta l = 2{,}3\ mm}$

Verwendet man die Einheit mm/(m · K), erhält man die Längenänderung in Millimetern. Außerdem hat der Zahlenwert für α weniger Stellen.

Beispiel 2:

Um wie viel mm verlängert sich ein 5 m langes Kupferrohr, wenn es von 20 °C auf 55 °C erwärmt wird?

Geg.: $l_1 = 5$ m $\qquad \vartheta_1 = 20$ °C $\qquad \vartheta_2 = 55$ °C
Ges.: Δl

$\Delta\vartheta = \vartheta_2 - \vartheta_1 \qquad \Delta\vartheta = 55\ °C - 20\ °C$
$\Delta\vartheta = 35$ K

$\Delta l = l_1 \cdot \alpha \cdot \Delta\vartheta$
$\Delta l = 5\ m \cdot 0{,}0165 \frac{mm}{m \cdot K} \cdot 35\ K$
$\mathbf{\Delta l = 2{,}89\ mm}$

Beschichtete Werkstoffe und **Verbundwerkstoffe** wie zum Beispiel verzinktes bzw. kunststoffbeschichtetes Stahlblech oder mehrschichtiges Metallverbundrohr aus PE-X/Aluminium/PE-HD dehnen sich etwa so, wie der schwerer verformbare Werkstoff dies alleine tun würde. Der leichter verformbare Werkstoff macht dessen Längenänderung mit **(Tabelle 1, Seite 55)**.

2.7.2 Dehnungsausgleich

Bei der Berechnung von Längenänderungen dürfen nur gerade verlegte Rohrstücke und Bauteile betrachtet werden. Die Längenänderung von z.B. durch Bogen verbundenen Rohrlängen addiert sich nicht. Jedes Rohrstück erfordert eine eigene Dehnungsmöglichkeit. Dafür eignen sich besonders Biegeschenkel und Kompensatoren **(Bild 1)**.

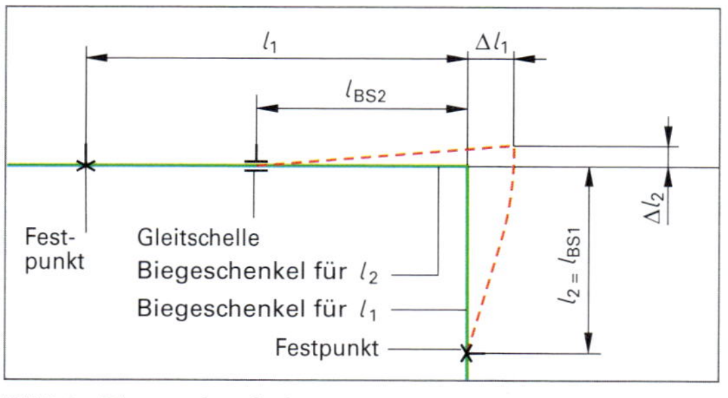

Bild 1: Biegeschenkel

Biegeschenkel sind bei 90°-Richtungsänderungen am besten geeignet, um kleine Längenänderungen auszugleichen. Welche Biegeschenkellänge erforderlich ist, hängt ab von

- der Größe der Längenänderung,
- der Nennweite und
- dem Werkstoff des Rohres.

Tabelle 1: Biegeschenkellänge l_{BS} für Kupferrohre nach DIN EN 1057 (Herstellerangaben)

Nennweite DN	bei Längenänderung Δl in mm: 5	10	15	20	Befestigungsabstände *a* in mm
10	475	670	820	950	1000
12	530	750	920	1060	1100
15	580	820	1000	1160	1300
20	640	910	1110	1280	1300
25	725	1025	1250	1450	1500
32	810	1145	1400	1620	1600

Die Rohrhersteller geben in den Verlegerichtlinien Tabellen oder Diagramme zur Bestimmung der erforderlichen Biegeschenkellänge an **(Tabelle 1** oder **Bild 2)**.

Beispiel 1:

Wie groß muss der Biegeschenkel für ein 13 m langes Kupferrohr DN 20 nach DIN EN 1057 sein, wenn die Temperatur zwischen 15 °C und 85 °C schwanken kann?

Geg.: $l_1 = 13$ m $\vartheta_1 = 15$ °C $\vartheta_2 = 85$ °C

$\alpha = 0{,}0165 \frac{\text{mm}}{\text{m} \cdot \text{K}}$ (aus Tabelle 1, Seite 55)

Ges.: Δl und die Biegeschenkllänge l_{BS1}

$\Delta\vartheta = \vartheta_2 - \vartheta_1$ $\Delta\vartheta = 85\ °C - 15\ °C$

$\Delta\vartheta = 70$ K

$\Delta l = l_1 \cdot \alpha \cdot \Delta\vartheta$

$\Delta l = 13\ \text{m} \cdot 0{,}0165 \frac{\text{mm}}{\text{m} \cdot \text{K}} \cdot 70\ \text{K}$

$\Delta l = 15$ mm

l_{BS1} = 1110 mm (nach Tabelle 1)

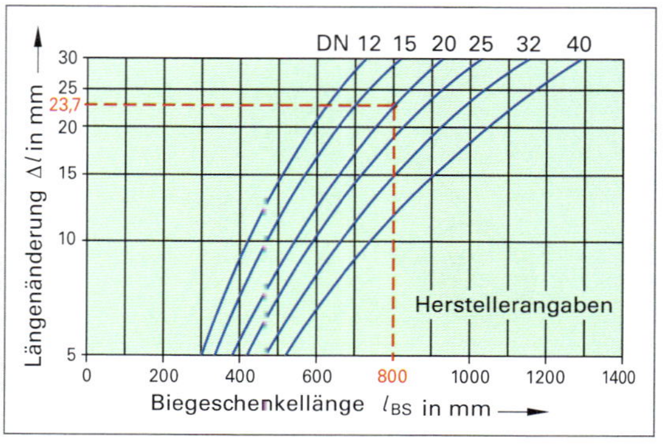

Bild 2: Biegeschenkellänge von Metallverbundrohren

Beispiel 2:

Wie groß muss der Biegeschenkel für ein 13 m langes Metallverbundrohr DN 20 sein, wenn die Temperatur zwischen 15 °C und 85 °C schwanken kann?

Geg.: $l_1 = 13$ m $\vartheta_1 = 15$ °C $\vartheta_2 = 85$ °C

$\alpha = 0{,}026 \frac{\text{mm}}{\text{m} \cdot \text{K}}$ (aus Tabelle 1, Seite 55)

Ges.: Δl und die Biegeschenkellänge l_{BS1}

$\Delta\vartheta = \vartheta_2 - \vartheta_1$ $\Delta\vartheta = 85\ °C - 15\ °C$

$\Delta\vartheta = 70$ K

$\Delta l = l_1 \cdot \alpha \cdot \Delta\vartheta$

$\Delta l = 13\ \text{m} \cdot 0{,}026 \frac{\text{mm}}{\text{m} \cdot \text{K}} \cdot 70\ \text{K}$

$\Delta l = 23{,}7$ mm

l_{BS1} = 800 mm (nach Bild 1)

Ist die erforderliche Biegeschenkellänge größer als der zulässige Befestigungsabstand, wird für den ersten Befestigungspunkt nach der Richtungsänderung eine Pendelschelle verwendet.

Bei Richtungsänderungen müssen häufig für beide Rohrstücke Biegeschenkel vorgesehen werden **(Bild 1, Seite 56)**. Ist die Summe der Biegeschenkellängen größer als der vorgeschriebene Befestigungsabstand, wird die erste Rohrscheile der längeren Teilstrecke als Pendelschelle ausgeführt.

Beispiel 3:

Die zwei Teilstrecken TS 1 und TS 2 einer Warmwasserleitung aus Kupferrohren DN 15 sind durch einen Bogen verbunden **(Bild 1)**. Die Temperatur der Leitung schwankt zwischen 10 °C und 80 °C. Wie groß sind die erforderlichen Biegeschenkellängen und welche Befestigungsabstände ergeben sich?

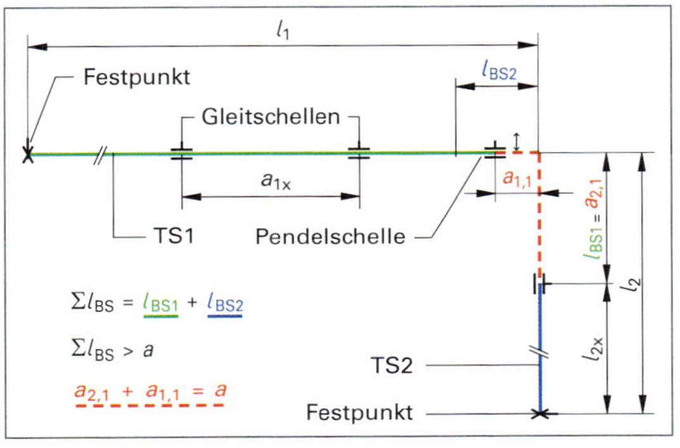

Bild 1: Rohr- und Biegeschenkellängen sowie Befestigungsabstände

Geg.: TS 1: $l_1 = 13$ m   TS 2: $l_2 = 4{,}3$ m

$\alpha = 0{,}0165 \dfrac{\text{mm}}{\text{m} \cdot \text{K}}$ (aus Tabelle 1, Seite 55)

$\vartheta_1 = 10$ °C $\vartheta_2 = 80$ °C

$a = 1{,}3$ m (aus Tabelle 1, Seite 56)

Ges.: l_{BS1}, l_{BS2}, a_1, a_2

$\Delta\vartheta = \vartheta_2 - \vartheta_1$ $\Delta\vartheta = 80\text{ °C} - 10\text{ °C}$

$\Delta\vartheta = 70$ K

$\Delta l_1 = l_1 \cdot \alpha \cdot \Delta\vartheta$

$\Delta l_1 = 13\text{ m} \cdot 0{,}0165 \dfrac{\text{mm}}{\text{m} \cdot \text{K}} \cdot 70\text{ K}$

$\Delta l_1 = 15{,}0$ mm

$l_{BS1} = 1000$ mm (nach Tabelle 1, Seite 56)

$\Delta l_2 = l_2 \cdot \alpha \cdot \Delta\vartheta$

$\Delta l_2 = 4{,}3\text{ m} \cdot 0{,}0165 \dfrac{\text{mm}}{\text{m} \cdot \text{K}} \cdot 70\text{ K}$

$\Delta l_1 = 5{,}0$ mm

$l_{BS1} = 580$ mm (nach Tabelle 1, Seite 56)

Summe der Biegeschenkellängen:

$\Sigma l_{BS1} = l_{BS1} + l_{BS2}$ $\Sigma l_{BS} = 1{,}0\text{ m} + 0{,}58\text{ m}$

$\Sigma l_{BS} = 1{,}58$ m $\Sigma l_{BS} > a$ $1{,}58\text{ m} > 1{,}3\text{ m}$

Die Biegeschenkel sind zusammen länger als der zulässige Befestigungsabstand. Bei Teilstrecke 1 (TS 1) wird vor dem Bogen eine Pendelschelle gesetzt. Die Befestigungsabstände betragen

für TS 1: $a_{1x} = a$ $a_{1x} = 1{,}3$ m

für TS 2: Abstand vom Bogen bis zur 1. Schelle:

$a_{2,1} = l_{BS1}$ $a_{2,1} = 1{,}0$ m

Länge für die restlichen Schellen $l_{2,x}$:

$l_{2,x} = l_2 - l_{BS1}$ $l_{2,x} = 4{,}3\text{ m} - 1{,}0\text{ m}$

$l_{2,x} = 3{,}3$ m

Anzahl der restlichen Schellen $n_{2,x}$:

$n_{2,x} = \dfrac{l_{2,x}}{a}$ $n_{2,x} = \dfrac{3{,}3\text{ m}}{1{,}3\text{ m}}$ $n_{2,x} = 2{,}54$

Gewählt: $n_{2,x} = 3$

Abstand der restlichen Schellen $a_{2,x}$:

$a_{2,x} = \dfrac{l_{2,x}}{n_{2,x}}$ $a_{2,x} = \dfrac{3{,}3\text{ m}}{3}$ $a_{2,x} = 1{,}1$ m

für TS 1: Der Abstand $a_{1,1}$ vom Bogen bis zur Pendelschelle darf zusammen mit dem Biegeschenkel l_{BS1} den zulässigen Befestigungsabstand a nicht überschreiten.

$a_{1,1} = a - a_{2,1}$ $a_{1,1} = 1{,}3\text{ m} - 1\text{ m}$

$a_{1,1} = 0{,}3$ m

Die Mindest-Biegeschenkellänge kann auch mit folgender Formel berechnet werden:

$$l_{BS} = C \cdot \sqrt{D \cdot \Delta l}$$

l_{BS} Länge des Biegeschenkels in mm

D Außendurchmesser des Rohres in mm

Δl Längenänderung des Rohres in mm

C werkstoffabhängige Konstante

Tabelle 1: Werkstoffabhängige Konstante *C* zur Berechnung der Biegeschenkellänge (Herstellerangaben)

Werkstoff	C	Werkstoff	C
Stahl	70	Metallverbundrohr	33
Kupfer	61	PP-R	30
rostfreier Stahl	45	PE-HD	26
PE-X	36	PB	10

Beispiel 4:

Wie groß muss der Biegeschenkel für ein 13 m langes verzinktes, mittelschweres Stahlrohr DN 20 nach DIN EN 10 255 sein, wenn die Temperatur zwischen 15 °C und 60 °C schwanken kann?

Geg.: $l_1 = 13$ m $\quad \vartheta_1 = 15$ °C $\quad \vartheta_2 = 60$ °C

$D = 26{,}9$ mm (nach Tabelle 1, Seite 49)

$C = 70$ (nach Tabelle 1)

$\alpha = 0{,}0115 \frac{\text{mm}}{\text{m} \cdot \text{K}}$ (nach Tabelle1, Seite 55)

Ges.: Δl, $\quad l_{BS}$

$\Delta\vartheta = \vartheta_2 - \vartheta_1 \qquad \Delta\vartheta = 60\text{ °C} - 15\text{ °C}$

$\Delta\vartheta = 45$ K

$\Delta l = l_1 \cdot \alpha \cdot \Delta\vartheta$

$\Delta l = 13 \text{ m} \cdot 0{,}0115 \frac{\text{mm}}{\text{m} \cdot \text{K}} \cdot 45 \text{ K}$

$\Delta l = 6{,}7$ mm

$l_{BS} = C \cdot \sqrt{D \cdot \Delta l}$

$l_{BS} = 70 \cdot \sqrt{26{,}9 \text{ mm} \cdot 6{,}7 \text{ mm}}$

$\mathbf{l_{BS} = 940}$ **mm**

Die Längendehnung bei Bogen mit weniger als 90°, bei Abzweigen und bei großen Rohrlängen lassen sich häufig nicht mit Biegeschenkeln ausgleichen. In diesen Fällen werden Dehnungsbogen oder Axial-Kompensatoren eingebaut **(Bild 1)**.

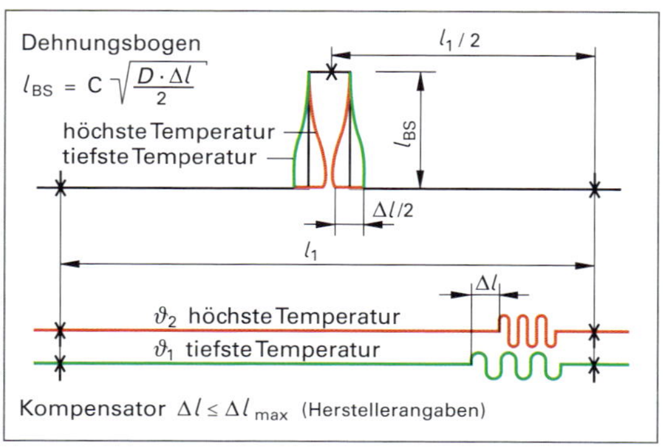

Bild 1: Dehnungsbogen und Kompensator

Dehnungsbogen erzeugen einen zusätzlichen Festpunkt und halbieren dadurch die sich dehnende Rohrlänge. Sie werden ansonsten wie Biegeschenkel berechnet. Bei Kompensatoren wird die maximal mögliche Dehnungsaufnahme vom Hersteller angegeben.

Aufgaben

1 Die Kupferrohre einer Warmwasserleitung erwärmen sich von 18 °C auf 60 °C. Welche Längenänderung ergibt sich bei geraden Rohrstücken von 3,5 m, 5 m und 9 m Länge?

2 Welche Längenänderung ergibt sich bei den Rohrstücken aus Aufgabe 1 für folgende Rohrwerkstoffe?
a) verzinkter Stahl
b) Metallverbundrohre (PE-X/Al/PE-HD)
c) PVC-C?

3 Ein 8 m langes Stahlrohr eines Heizungsvorlaufes wurde bei 25 °C montiert. Wie lang ist es bei 85 °C Vorlauftemperatur?

4 Ein Axial-Kompensator hat laut Herstellerangaben eine Dehnungsaufnahme von 24 mm. Wie lang darf der Rohrabschnitt zwischen zwei Festpunkten sein bei 70 K Temperaturdifferenz wenn Rohre aus
a) verzinktem Stahl
b) Metallverbundwerkstoff (PE-X/Al/PE-HD)
c) Kupfer verwendet werden?

5 Die Wärmedehnung einer 14 m langen Rohrleitung aus PP mit einem Außendurchmesser von 25 mm soll durch einen Dehnungsbogen ausgeglichen werden. Die Temperaturdifferenz beträgt 45 K. Wie lang wären die Biegeschenkel des Dehnungsbogens?

6 Wie lang ist der notwendige Biegeschenkel bei einem 7 m langem Kupferrohr DN 25 einer Solaranlage, wenn es Temperaturen zwischen 0 °C und 150 °C annimmt?

7 Welche Biegeschenkellängen ergeben sich bei einer Kellerverteilung aus Metallverbundrohren. Es ist mit einer Temperaturdifferenz von 60 K zu rechnen **(Bild 2)**.

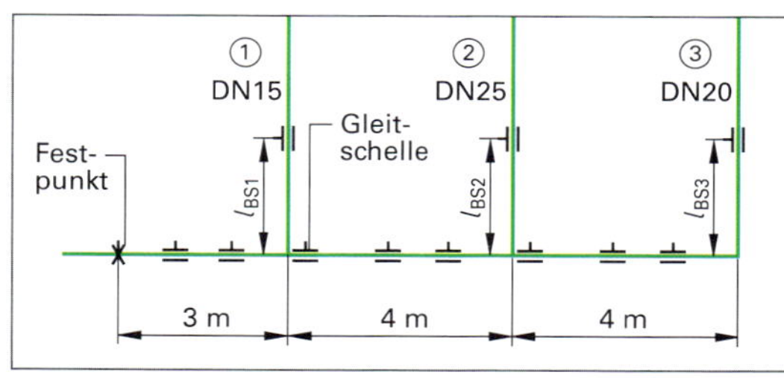

Bild 2: Kellerverteilung

2.7.3 Volumenänderung

Die temperaturbedingte Volumenänderung von Rohren und Behältern gibt dem Inhalt bei Erwärmung mehr Raum. Da sich Flüssigkeiten und Gase jedoch stärker ausdehnen als feste Stoffe, steigt der Druck in Rohren und Behältern bei Erwärmung an. Das Verhalten der Gase wird durch die Gasgesetze (Abschnitt 7.1, Seite 189) beschrieben. Flüssigkeiten und feste Stoffe ändern ihr Volumen bei Druckerhöhung kaum. Ihre Volumenänderung wird mit dem Volumenausdehnungskoeffizienten γ in gleicher Weise wie die Längenänderung berechnet. Der Volumenausdehnungskoeffzient ist etwa dreimal so groß wie der Längenausdehnungskoeffzient. Die Form des Körpers spielt bei der Berechnung der Volumenänderung keine Rolle.

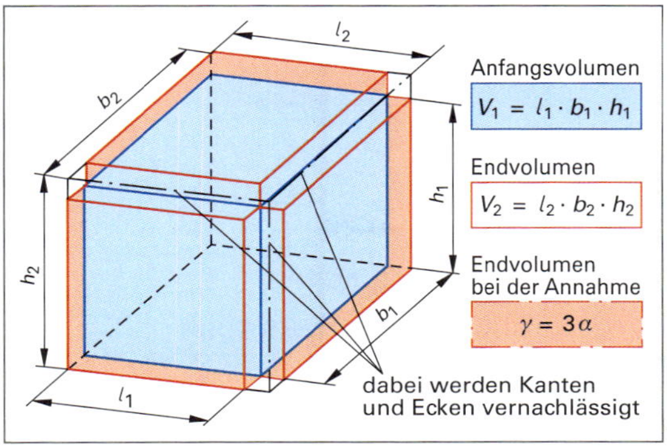

Bild 1: Volumenänderung

Volumenänderung	=	Anfangsvolumen	·	Volumenausdehnungkoeffizient	·	Temperaturänderung
ΔV	=	V_1	·	γ	·	$\Delta\vartheta$

$V_2 = V_1 + \Delta V$ für feste Stoffe gilt: $\gamma \approx 3 \cdot \alpha$

ΔV Volumenänderung in dm^3
γ Volumenausdehnungskoeffizient in 1/K
α Längenausdehnungskoeffizient in 1/K
V_1 Anfangsvolumen in dm^3
$\Delta\vartheta$ Temperaturänderung in K
V_1 Endvolumen in dm^3

Beispiel:

Um wie viel Liter nimmt der Rauminhalt eines 380-Liter-Speichers mit einem Behälter aus emailiertem Stahl zu, wenn dieser um 50 K erwärmt wird?

Geg.: $V_1 = 380$ l $\quad \Delta\vartheta = 50$ K $\quad \alpha = 0{,}000\,0115 \frac{1}{K}$

Ges.: γ, ΔV

$\gamma \approx 3 \cdot \alpha \quad \gamma \approx 3 \cdot 0{,}000\,0115 \frac{1}{K}$

$\gamma \approx 0{,}000\,0345 \frac{1}{K}$

$\Delta V = \gamma \cdot V_1 \cdot \Delta\vartheta$

$\Delta V = 380\ dm^3 \cdot 0{,}000\,0345 \frac{1}{K} \cdot 50\ K$

$\mathbf{\Delta V = 0{,}858\ dm^3}$

Tabelle 1: Volumenausdehnungskoeffizienten γ von Flüssigkeiten bei p_{abs} = 1 bar und ϑ = 20 °C		
Stoff	γ in $\frac{1}{K}$	γ in $\frac{dm^3}{m^3 \cdot K}$
Ethylalkohol	0,001 09	1,09
Frigen R 22	0,002 02	2,02
Glycerin	0,000 50	0,50
Heizöl EL	0,000 70	0,70

Flüssigkeiten dehnen sich etwa hundertmal mehr aus als Metalle und zehnmal mehr als Kunststoffe.

Die Anomalie des Wassers erlaubt es nicht, diese Formel anzuwenden. Bei Wasser wird das Volumen bei einer bestimmten Temperatur deshalb über das spezifische Volumen berechnet (siehe Abschn. 4.5, Seite 120).

Beispiel:

Ein 600-Liter-Stahltank ist mit 550 Liter Heizöl EL gefüllt. Um wie viel Liter nimmt der Luftraum über dem Öl ab, wenn die Temperatur um 20 K steigt?

Geg.: $V_1 = 600\ dm^3 \quad \Delta\vartheta = 20\ K \quad \alpha = 0{,}000\,0115 \frac{1}{K}$

$V_{Öl1} = 550\ dm^3 \quad \gamma_{Öl} = 0{,}000\,70 \frac{1}{K}$

Ges.: ΔV, $\Delta V_{ÖL}$, ΔV_{Luft}

$\Delta V = V_1 \cdot 3 \cdot \alpha \cdot \Delta\vartheta$

$\Delta V = 600\ dm^3 \cdot 3 \cdot 0{,}000\,0115 \frac{1}{K} \cdot 20\ K$

$\Delta V = 0{,}54\ dm^3$

$\Delta V_{ÖL} = V_{Öl1} \cdot \gamma \cdot \Delta\vartheta$

$\Delta V_{ÖL} = 550\ dm^3 \cdot 0{,}000\,70 \frac{1}{K} \cdot 20\ K$

$\Delta V_{ÖL} = 7{,}7\ dm^3$

$\Delta V_{Luft} = \Delta V_{ÖL} - \Delta V$

$\Delta V_{Luft} = 7{,}7\ dm^3 - 0{,}54\ dm^3$

$\mathbf{\Delta V_{Luft} = 7{,}16\ dm^3}$

Aufgaben

1 Um wie viel Liter nimmt das Volumen eines 80-Liter-Speichers mit einem Behälter aus PE-HD zu, wenn dieser um 65 K erwärmt wird?

2 Ein mit Ethylalkohol gefüllter Wärmefühler aus Kupfer hat ein Volumen von 3 cm^3. Welches Volumen wird im Stellzylinder zusätzlich benötigt, wenn die Temperatur von 20 °C auf 85 °C steigt?

3 Ein Öltank aus Stahl hat bei 10 °C ein Fassungsvermögen von 5 100 Liter. Er ist zu 98 % mit Heizöl EL befüllt.

a) Welchen Rauminhalt hat der Tank bei einer Temperarur von 25 °C?

b) Welches Volumen nimmt das Heizöl bei einer Temperatur von 25 °C ein?

c) Zu wie viel Prozent ist der Tank bei einer Temperatur von 25 °C mit Heizöl EL befüllt?

d) Welche Werte ergeben sich in Teilaufgabe a) bis c), wenn der Tank aus PE-HD besteht?

3 Rohrleitungsanlagen

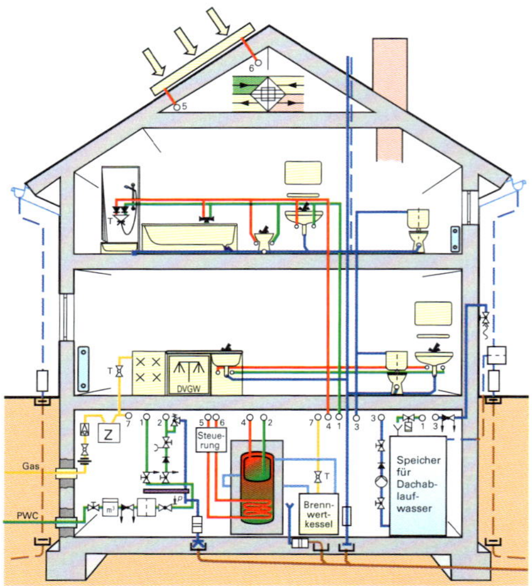

Leitprojekt

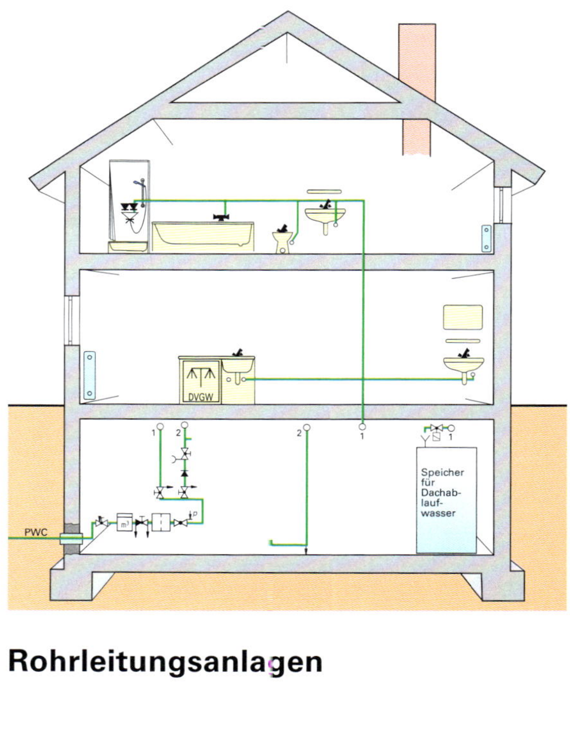

Rohrleitungsanlagen

3 Rohrleitungsanlagen

Es werden

- der Druck in Flüssigkeiten,
- die Strömung in Rohrleitungen,
- Pumpenberechnungen und
- die Rohrdimensionierung betrachtet.

3.1 Druck in Flüssigkeiten

Der Druck in der Sanitär- und Heizungstechnik ist eine wichtige Größe für die Strömung in Rohrleitungen und die Funktion der Armaturen und den Sanitärgegenständen. Es werden die Druckeinheiten, der hydrostatische Druck, und der Auftrieb betrachtet.

3.1.1 Druckeinheiten

Der Druck ist eine abgeleitete Größe der Kraft. Die Kraft hat die gesetzliche Maßeinheit Newton (N). Ein Newton ist die Kraft, die einem Körper der Masse 1 kg die Beschleunigung 1 m/s^2 erteilt. Wirkt die Kraft von 1 N auf eine Fläche von 1 m^2, so lastet auf der Fläche ein Druck von **1 N/m^2 = 1 Pascal (Pa) (Bild 1).**

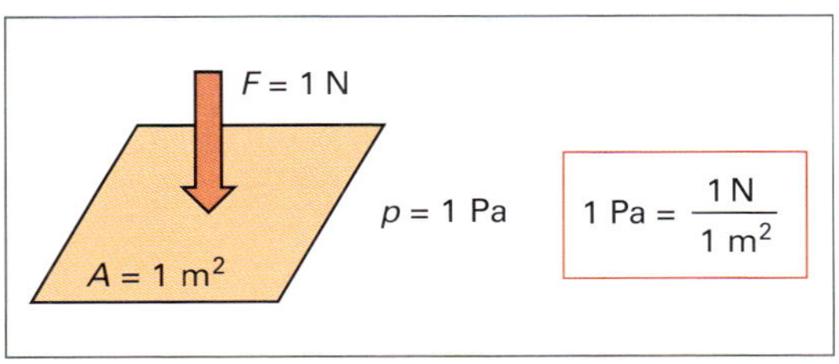

Bild 1: Grundeinheiten

$$\text{Druck} = \frac{\text{Kraft}}{\text{Fläche}} \qquad p = \frac{F}{A}$$

$$F = p \cdot A \qquad A = \frac{F}{p}$$

p Druck in N/cm^2, bar, Pa, hPa
F Kraft in N, kN
A Fläche in cm^2, dm^2, m^2

Pascal ist die gesetzliche Einheit für Drücke. Dies ist eine sehr kleine Maßeinheit. Um für die Praxis eine günstigere Maßeinheit zu haben, wurde die Einheit **Bar (bar)** eingeführt.

1 bar = 100 000 Pa	1 Pa = 0,01 mbar
1 bar = 10 N /cm^2	1 mbar = 100 Pa
1 bar = 1000 mbar	1 mbar = 1 hPa

Beispiel 1:

Bei der Druckprobe einer Rohrleitungsanlage drückt der Kolben der Prüfpumpe mit dem Querschnitt von 5 cm^2 und einer Kraft von 750 N auf das Wasser. Wie groß ist der Prüfdruck?

Geg.: $A = 5\ \text{cm}^2$, $F = 750\ \text{N}$

Ges.: p

$$p = \frac{F}{A} \qquad p = \frac{750\ \text{N}}{5\ \text{cm}^2} \qquad p = 150\ \frac{\text{N}}{\text{cm}^2} \qquad \mathbf{p = 15\ bar}$$

Bei Drücken in Flüssigkeiten, wie z. B. in Wasserleitungen und Pumpen, wird meist der Überdruck oder der Unterdruck gegenüber dem natürlichen Luftdruck angegeben. Der Luftdruck wirkt in Meereshöhe mit etwa 1 bar und nimmt mit zunehmender Höhe über dem Meeresspiegel ab. Für die Praxis ist es genügend genau mit dem Luftdruck von 1 bar zu rechnen.

Um den absoluten Druck zu erhalten, muss man zum Luftdruck den Überdruck hinzurechnen **(Bild 2).**

Der negative Überdruck wird in der Praxis häufig als Unterdruck bezeichnet.

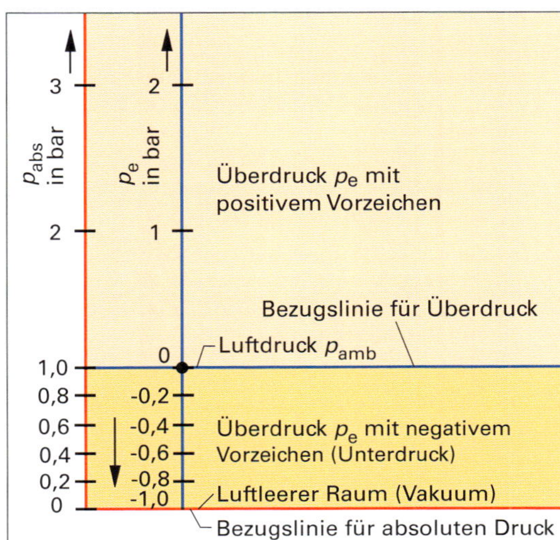

Bild 2: Druckbereiche

$$\text{Überdruck} = \text{absoluter Druck} - \text{Luftdruck}$$
$$p_e = p_{abs} - p_{amb}$$

Beispiel 2:

Eine Umwälzpumpe hat einen Förderdruck von 3 bar.

a) Wie groß ist der Überdruck in N/cm², Pa, mbar?

b) Wie groß ist der absolute Druck?

Lösung:

a) 3 bar = **30 N/cm² = 300 000 Pa = 3000 mbar**

b) $p_{abs} = p_e + p_{amb}$ $\qquad$ p_{abs} = 3 bar + 1 bar

p_{abs} = 4 bar

Beispiel 3:

Eine Vakuumpumpe erzeugt 0,6 bar Unterdruck.
Wie groß ist der absolute Druck?

Geg.: p_e = - 0,6 bar, $\qquad$ p_{amb} = 1 bar

Ges.: p_{abs}

$p_{abs} = p_e + p_{amb}$ $\qquad$ p_{abs} = – 0,6 bar + 1 bar

p_{abs} = 0,4 bar

Aufgaben

1 Rechnen Sie um.
a) 1,2 bar in mbar, N/cm², Pa
b) 45 N/cm² in Pa, bar, mbar
c) p_e = 2,5 bar in p_{abs}
d) p_e = – 40 mbar in p_{abs}
e) p_{abs} = 350 000 Pa in p_e

2 An einem Sicherheitsventil (SV) drückt die Feder mit 100 N auf den Ventilteller. Das SV hat einen Öffnungsdurchmesser von 15 mm. Bei welchem Überdruck in bar, N/cm², Pa öffnet es?

3 Der hydraulische Antrieb eines Regelventils arbeitet mit 12 bar bei 8000 mm² Kolbenfläche. Wie groß ist die Ventilstellkraft in N?

4 Eine Versorgungsleitung DN 600 aus geschweißtem Stahlblech wird mit Flanschen verschlossen und mit 23 bar Wasserdruck abgepresst.
a) Welche Druckkraft lastet auf jedem Flansch?
b) Mit welcher Kraft wird jede der 12 Schrauben je Flansch auf Zug belastet?

5 Ein zylindrischer Speicher mit 400 mm Innendurchmesser wird mit Wasser mit 25 bar Überdruck abgepresst. Wie groß ist die Druckkraft auf den Behälterboden?

6 Der Druckkolben einer hydraulischen Presse hat 60 mm Durchmesser, der Presskolben 500 mm. Wie groß ist die Presskraft, wenn auf den Druckkolben 200 N drücken **(Bild 1)**?

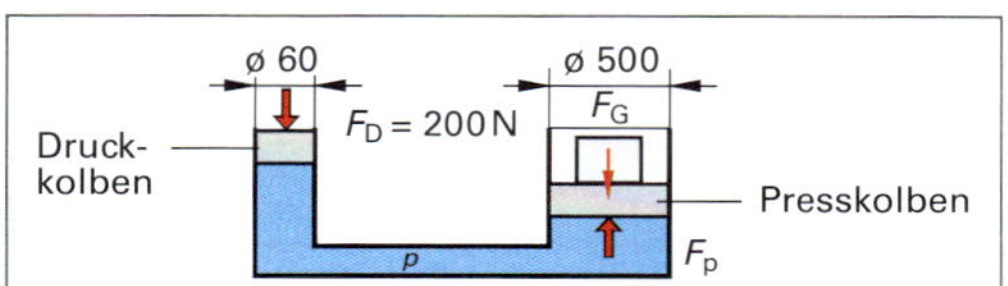

Bild 1: Hydraulische Presse

3.1.2 Hydrostatischer Druck

Als **hydrostatischer Druck** wird der Druck bezeichnet, der durch die Gewichtskraft einer Flüssigkeitssäule verursacht wird.

Durch Einsetzen der Gewichtskraft $F = m \cdot g$ der Flüssigkeitssäule in die Druckgleichung $p = F/A$ erhält man den Zusammenhang für den hydrostatischen Druck.

$$p = \frac{F}{A} \qquad p = \frac{m \cdot g}{A} \qquad p = \frac{A \cdot h \cdot \varrho \cdot g}{A}$$

$$p = h \cdot \varrho \cdot g$$

Hydrostat. Druck	= Höhe · Dichte ·	Erdbeschleunigung
p	$= h \cdot \varrho \cdot$	g

$$h = \frac{p}{\varrho \cdot g}$$

g = 9,81 m/s² ≈ 10 m/s²

g = 10 N/kg

p hydrostatischer Druck in bar, mbar
h senkrechte Flüssigkeitshöhe in m, dm, cm
ϱ Dichte der Flüssigkeit in kg/dm³, g/cm³
g Erdbeschleinigung in m/s², N/kg

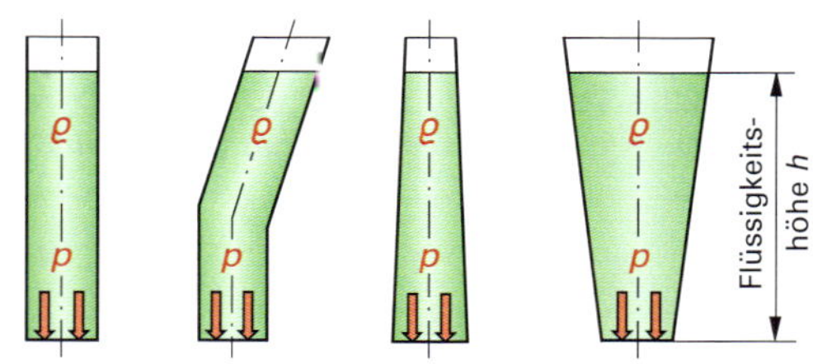

Unabhängig vom Flüssigkeitsinhalt ist der Druck p auf den Boden bei gleicher Höhe und gleicher Dichte der Flüssigkeit gleich groß (Hydrostatisches Paradoxon)

Bild 2: Hydrostatischer Druck

Der hydrostatische Druck ist unabhängig von der Gefäßform. Dies bezeichnet man als hydrostatisches Paradoxon **(Bild 2).**

Beispiel 1:

Ein Behälter ist mit Heizöl mit der Dichte von ϱ = 0,85 kg/dm³ 1,5 m hoch gefüllt. Wie groß ist der Druck auf den Boden?

Geg.: ϱ = 0,85 kg/dm³ $\qquad$ h = 15 dm

Ges.: p

$p = h \cdot \varrho \cdot g$ $\qquad$ p = 15 dm · 0,85 kg/dm³ · 10 N/kg

p = 127,5 N/dm² $\qquad$ p = 1,3 N/cm² $\qquad$ **p = 0,13 bar**

Beispiel 2:

Wie groß ist der Bodendruck einer 10 m hohen Wassersäule?

Geg.: $h = 10$ m, $\varrho = 1000$ kg/m³, $g = 10$ N/kg

Ges.: p

$p = h \cdot \varrho \cdot g$

$p = 10 \text{ m} \cdot 1000 \text{ kg/m}^3 \cdot 10 \text{ N/kg}$

$p = 100\,000 \text{ N/m}^2$ $p = 100\,000 \text{ Pa}$

$\boldsymbol{p = 1}$ **bar**

Eine Wassersäule von 10 m Höhe erzeugt einen Druck von 1 bar, 1 cm Höhe erzeugt einen Druck von 1 mbar.

Aufgaben

1 Eine städtische Versorgungsleitung DN 200 liegt 48 m unterhalb des höchsten Wasserstandes eines Wasserturmes. Welcher höchste Überdruck herrscht in der Leitung und welche Kraft wirkt auf den Blindflansch, der das Ende der Leitung abschließt?

2 Der Flüssigkeitsspiegel eines Wasserhochbehälters liegt 72 m über Bodenhöhe. Wie groß ist der Druck an einer Zapfstelle, die 25 m über dem Boden liegt?

3 Am Boden eines Benzinbehälters herrscht ein Druck von 0,28 bar. Wie hoch ist die Füllhöhe im Behälter, wenn das Benzin eine Dichte von 700 kg/m³ hat?

4 Ein senkrechtes Rohr mit einem Innendurchmesser von 125 mm ist unten mit einem Blindflansch verschlossen. Welche Kraft wirkt auf den Flansch, wenn das 14 m lange Rohr ganz mit Wasser gefüllt ist?

5 Eine Fallleitung DN 100 ist am unteren Ende mit einem Deckel verschlossen. In diese Leitung fließen 94,25 l Wasser.
a) Wie groß ist der Druck auf den Deckel?
b) Welche Kraft wirkt auf den Deckel?

6 Wie hoch könnte eine Pumpe Wasser fördern, wenn sie Heizöl mit einer Dichte von 850 kg/m³ 6,8 m hoch drückt?

7 Über der Wasseroberfläche eines Behälters mit 650 mm Durchmesser und einer Wasserhöhe von 980 mm befindet sich ein Luftpolster mit einem Überdruck von 3 bar.
a) Wie groß ist der Bodendruck?
b) Welche Druckkraft wirkt auf den Behälterboden?

8 Ein Heizölbehälter mit den Innenmaßen 2 m × 3 m × 1,8 m ist mit Heizöl mit der Dichte von 840 kg/m³ 1,6 m hoch gefüllt.
a) Wie viel Liter Heizöl enthält der Behälter?
b) Wie schwer ist das Heizöl
c) Wie groß ist der Druck auf den Boden?
d) Welche Kraft wirkt auf den Behälterboden?

3.1.3 Auftrieb in Flüssigkeiten

Anlagen, wie z. B. Spülkasten, Regenwasseranlagen, Abscheider, Leckwarnanlagen, Wassermangelsicherungen und Entlüfter, werden mit Schwimmerventilen bzw. Schwimmerschaltern betrieben. Diese funktionieren durch den Auftrieb. Die Auftriebskraft F_A wirkt der Gewichtskraft F_G des Körpers entgegen. Der Körper verliert scheinbar an Gewicht. Der scheinbare Gewichtsverlust entspricht der Gewichtskraft der verdrängten Flüssigkeit **(Bild 1 und Bild 2)**.

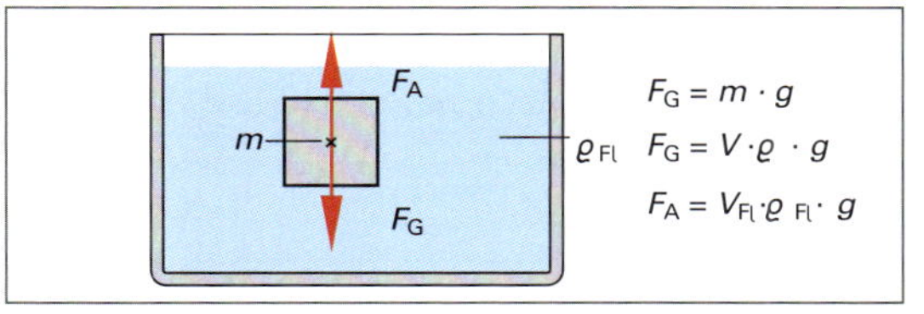

Bild 1: Ermittlung der Gewichtskraft

Auftriebskraft = Gewichtskraft der verdrängten Flüssigkeit

$F_A = F_G$ $F_A = V_{Fl} \cdot \varrho_{Fl} \cdot g$

F_A Auftriebskraft in N, kN
F_G Gewichtskraft des Körpers in N
m Masse des Körpers in kg
g Erdbeschleunigung in N/kg, m/s²
V_{Fl} Volumen der verdrängten Flüssigkeit in dm³
ϱ_{Fl} Dichte der verdrängten Flüssigkeit in kg/dm³

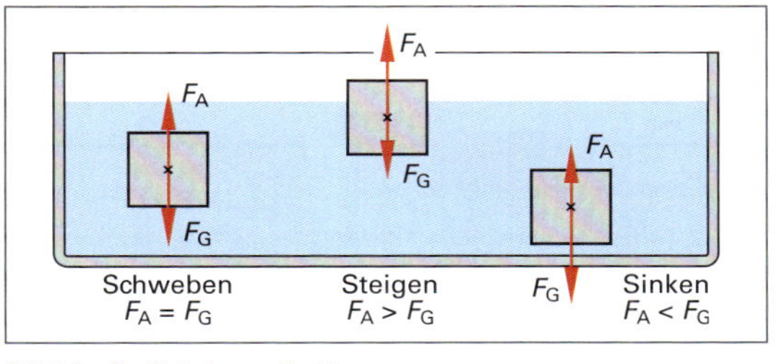

Bild 2: Auftriebsverhalten

Beispiel 1:

Ein Körper mit einem Volumen von 28 dm³ wird ganz in Wasser eingetaucht. Wie groß ist die Auftriebskraft?

Geg.: $V_{Fl} = 28$ dm³ $\varrho_{Fl} = 1$ kg/dm³ $g = 10$ N/kg

Ges.: F_A

$F_A = V_{Fl} \cdot \varrho_{Fl} \cdot g$ $F_A = 28 \text{ dm}^3 \cdot 1 \text{ kg/dm}^3 \cdot 10 \text{ N/kg}$

$\boldsymbol{F_A = 280}$ **N**

Beispiel 2:

Ein Schwimmer ist ganz in Wasser eingetaucht **(Bild 1)**. Wie groß ist die Auftriebskraft?

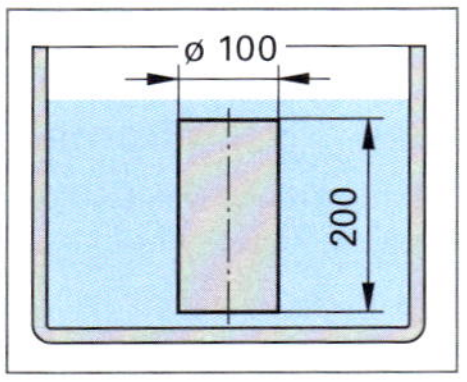

Bild 1: Schwimmer

Geg.: Wasser,
$d = 100$ mm,
$h = 200$ mm

Ges.: F_A

$F_A = V_{Fl} \cdot \varrho_{Fl} \cdot g$

$F_A = 1{,}57\ dm^3 \cdot 1\ kg/dm^3 \cdot 10\ N/kg$ **$F_A = 15{,}7$ N**

$V = A \cdot h \quad V = d \cdot d \cdot 0{,}785 \cdot h$

$V = 1\ dm \cdot 1\ dm \cdot 0{,}785 \cdot 2\ dm$

$V = 1{,}57\ dm^3$

Aufgaben

1 Das Volumen einer Schwimmerkugel mit 100 mm Durchmesser ist zu 2/3 in Wasser eingetaucht. Wie groß ist die Auftriebskraft und die Masse der Kugel?

2 In einem Leichtflüssigkeitsabscheider schwimmt Heizöl auf dem Wasser. Eine Schwimmerkugel mit 10 cm Durchmesser soll verhindern, dass Heizöl in das Kanalnetz gelangt.

a) Wie groß ist die Auftriebskraft der Kugel im Heizöl mit einer Dichte von 0,85 kg/dm³ und im Wasser mit einer Dichte von 1 kg/dm³?

b) Zwischen welchen Werten muss die Masse der Schwimmereinrichtung liegen, damit sie ihre Aufgabe erfüllt **(Bild 2)**?

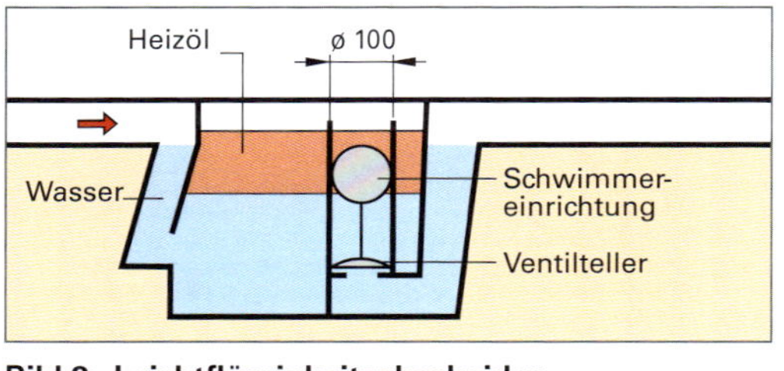

Bild 2: Leichtflüssigkeitsabscheider

3 Ein Heizölbehälter unterhalb der Rückstauebene hat ein Volumen von 8000 l und ein Leergewicht von 1650 kg. Der Behälter wird bei einem Gewitterregen völlig vom Grundwasser umspült.

a) Welche Auftriebskraft entsteht am Behälter?

b) Welche Kraft muss die Verankerung am leeren Behälter aufnehmen, um ein Aufschwimmen zu verhindern?

3.2 Strömung in Rohrleitungen

Die Strömung in Rohrleitungen ist abhängig vom Volumenstrom, der Fließgeschwindigkeit, der Nennweite und den Druckverlusten.

3.2.1 Volumenstrom, Fließgeschwindigkeit, Nennweite

Volumenstrom und Nennweite

Als Volumenstrom $\dot{V}$ wird das Volumen V einer Flüssigkeit bezeichnet, das in einer bestimmten Zeit t durch eine Rohrleitung hindurch fließt. Dabei hat die Flüssigkeit im Rohrquerschnitt A die Fließgeschwindigkeit v **(Bild 3)**.

$$\text{Volumenstrom} = \frac{\text{Volumen}}{\text{Zeit}} \qquad \dot{V} = \frac{V}{t} \qquad V = \dot{V} \cdot t \qquad t = \frac{V}{\dot{V}}$$

$$\text{Fließgeschwindigkeit} = \frac{\text{Weg}}{\text{Zeit}} \qquad v = \frac{s}{t} \qquad s = v \cdot t \qquad t = \frac{s}{v}$$

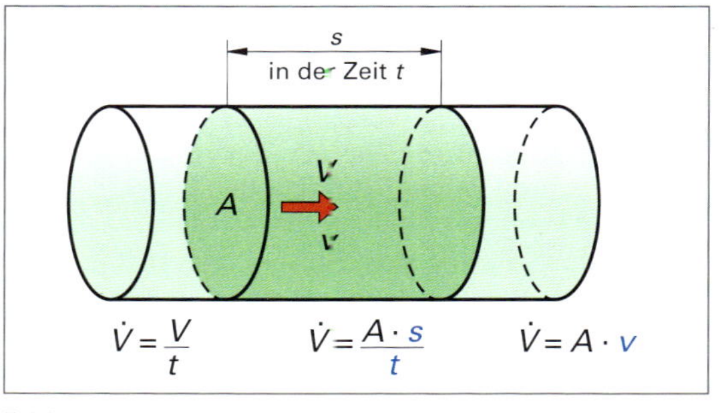

Bild 3: Volumenstrom

$$\text{Volumenstrom} = \text{Rohrquerschnitt} \cdot \text{Fließgeschwindigkeit}$$

$$\dot{V} = A \cdot v$$

$$A = \frac{\dot{V}}{v} \qquad v = \frac{\dot{V}}{A}$$

$\dot{V}$ Volumenstrom in dm^3/s, m^3/h
V Volumen in dm^3, m^3
t Zeit in s, h
v Fließgeschwindigkeit in m/s
s Weg in m
A Rohrquerschnitt in dm^2

Aus diesen Zusammenhängen können näherungsweise die Rohrleitungen dimensioniert werden. Vernachlässigt sind dabei die Druckverluste in den Rohrleitungen, Armaturen, Formstücken und Apparaten.

$$\dot{V} = A \cdot v \qquad A = \frac{\dot{V}}{v} \qquad A = d^2 \cdot 0{,}785$$

$$d = \sqrt{\frac{A}{0{,}785}} \qquad d = \sqrt{\frac{\dot{V}}{v \cdot 0{,}785}}$$

$$\text{Rohrdurchmesser} = \sqrt{\frac{\text{Volumenstrom}}{\text{Fließgeschw.} \cdot 0{,}785}}$$

$$d = \sqrt{\frac{\dot{V}}{v \cdot 0{,}785}}$$

Beispiel 1:

Wie groß ist der Volumenstrom in einem Kupferrohr 18 × 1, wenn die Fließschwindigkeit 2,8 m/s beträgt?

Geg.: $d_a = 18$ mm, $d_i = 16$ mm
$v = 2{,}8$ m/s $= 28$ dm/s

Ges.: $\dot{V}$

$\dot{V} = A \cdot v$ $\quad \dot{V} = 0{,}02\ dm^2 \cdot 28$ dm/s

$\boldsymbol{\dot{V} = 0{,}56\ dm^3/s}$

$A = d_i^2 \cdot 0{,}785$ $\quad A = 0{,}16$ dm $\cdot\ 0{,}16$ dm $\cdot\ 0{,}785$
$A = 0{,}02\ dm^2$

Beispiel 2:

Eine Fabrik benötigt stündlich 8 m^3 Wasser. Welche Nennweite muss die Leitung näherungsweise haben, wenn die Fließgeschwindigkeit im Mittel nicht mehr als 1,8 m/s betragen soll?

Geg.: $\dot{V} = 8\ m^3/h$ $\quad \dot{V} = 2{,}2\ dm^3/s$
$v = 1{,}8$ m/s $\quad v = 18$ dm/s

Ges.: DN

$$d = \sqrt{\frac{\dot{V}}{v \cdot 0{,}785}} \qquad d = \sqrt{\frac{2{,}2\ dm^3/s}{18\ dm/s \cdot 0{,}785}}$$

d = 0,39 dm **Gewählt: DN 40**

Der Volumenstrom in einer Rohrleitung bleibt auch bei unterschiedlichen Nennweiten gleich groß. Dadurch ergeben sich nach dem Kontinuitätsgesetz bei unterschiedlichen Rohrquerschnitten und gleichbleibendem Volumenstrom unterschiedliche Fließgeschwindigkeiten **(Bild 1)**. Die Fließgeschwindigkeit wird umso größer, je kleiner der Rohrquerschnitt wird und umgekehrt.

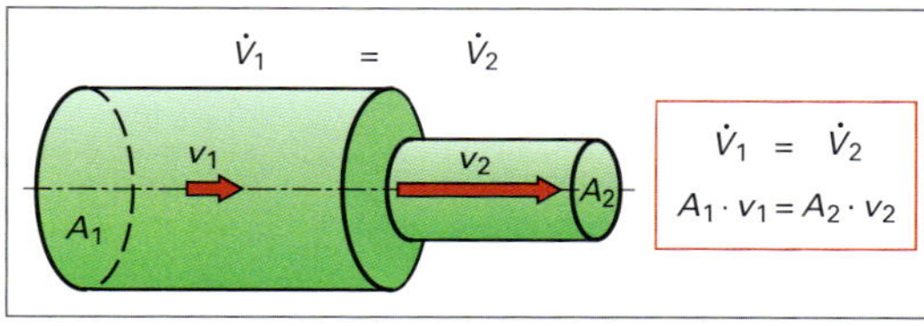

Bild 1: Kontinuitätsgesetz

$A_1 = \frac{A_2 \cdot v_2}{v_1}$	$v_1 = \frac{A_2 \cdot v_2}{A_1}$
$A_2 = \frac{A_1 \cdot v_1}{v_2}$	$v_2 = \frac{A_1 \cdot v_1}{A_2}$

Beispiel 3:

Durch ein Kupferrohr 35 × 1,5 fließt Wasser mit einer Geschwindigkeit von 0,6 m/s. Welche Geschwindigkeit wird bei einer Reduzierung auf 18 × 1 auftreten?

Geg: $d_a = 35$ mm $\quad d_i = 32$ mm
$d_a = 18$ mm $\quad d_i = 16$ mm
$v_1 = 0{,}6$ m/s $\quad v_1 = 60$ cm/s

Ges.: v_2

$$v_2 = \frac{A_1 \cdot v_1}{A_2} \qquad v_2 = \frac{8{,}04\ cm^2 \cdot 60\ cm/s}{2{,}01\ cm^2}$$

$v_2 = 240$ cm/s $\quad$ $\boldsymbol{v_2 = 2{,}4\ m/s}$

$A_1 = d_i^2 \cdot 0{,}785$ $\quad A_1 = 3{,}2$ cm $\cdot\ 3{,}2$ cm $\cdot\ 0{,}785$
$A_1 = 8{,}04\ cm^2$

$A_2 = d_i^2 \cdot 0{,}785$ $\quad A_2 = 1{,}6$ cm $\cdot\ 1{,}6$ cm $\cdot\ 0{,}785$
$A_2 = 2{,}01\ cm^2$

Eine Halbierung der Nennweite bewirkt eine Vervierfachung der Fließgeschwindigkeit.

Volumenstrom und Fließdruck

Der Volumenstrom in Entnahmearmaturen ist von Fließdrücken abhängig **(Bild 1, Seite 66)**.

$\frac{p_1}{p_2} = \left(\frac{\dot{V}_1}{\dot{V}_2}\right)^2$	$\dot{V}_2 = \dot{V}_1 \cdot \sqrt{\frac{p_2}{p_1}}$

p_1 Fließdruck 1 in bar
p_2 Fließdruck 2 in bar
$\dot{V}_1$ Volumenstrom 1 in l/min (Durchfluss)
$\dot{V}_2$ Volumenstrom 2 in l/min (Durchfluss)

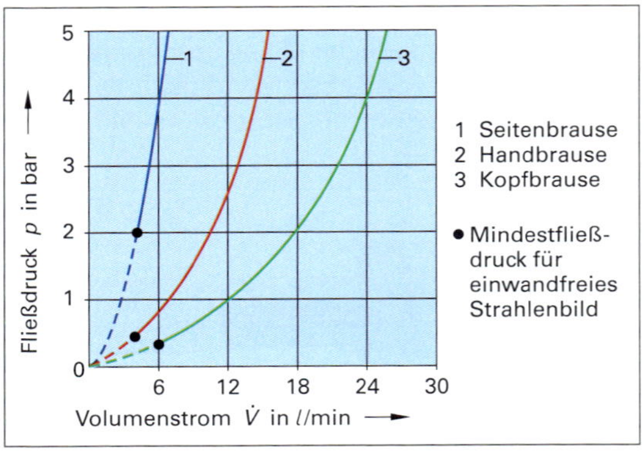

Bild 1: Armaturendurchfluss

Beispiel 4:

Eine Dusch-Thermostatbatterie DN 15 hat einen Volumenstrom von 21 l/min bei einem Fließdruck von 3 bar. Wie groß ist der Volumenstrom bei einem Fließdruck von 2 bar?

Geg.: $p_1 = 3$ bar $\quad p_2 = 2$ bar $\quad \dot{V}_1 = 21$ l/min

Ges.: $\dot{V}_2$

$$\dot{V}_2 = \dot{V}_1 \cdot \sqrt{\frac{p_2}{p_1}} \qquad \dot{V}_2 = 21\ \text{l/min} \cdot \sqrt{\frac{2\ \text{bar}}{3\ \text{bar}}}$$

$\mathbf{\dot{V}_2 = 17{,}5}$ **l/min**

Beispiel 5:

Ein Wasserbehälter mit einem Volumen von 80 l wird über eine Wasserleitung in 4 min gefüllt. Der Fließdruck in der Armatur beträgt 1 bar. Welcher Volumenstrom stellt sich bei einem Fließdruck von 4 bar ein?

Geg.: $V = 80$ l $\quad t = 4$ min $\quad p_1 = 1$ bar $\quad p_2 = 4$ bar

Ges.: $\dot{V}_2$

$$\dot{V}_2 = \dot{V}_1 \cdot \sqrt{\frac{p_2}{p_1}} \qquad \dot{V}_2 = 20\ \text{l/min} \cdot \sqrt{\frac{4\ \text{bar}}{1\ \text{bar}}}$$

$\mathbf{\dot{V}_2 = 40}$ **l/min**

$$\dot{V}_1 = \frac{V}{t} \qquad \dot{V}_1 = \frac{80\ \text{l}}{4\ \text{min}} \qquad \dot{V}_1 = 20\ \frac{\text{l}}{\text{min}}$$

Ein vervierfachter Fließdruck führt zur Verdoppelung des Volumenstromes.

Aufgaben

1 Welches Wasservolumen fließt durch eine Leitung DN 50 in einer Minute, wenn die Fließgeschwindigkeit 1,5 m/s beträgt?

2 An einem Auslaufventil DN 15 fließen in 20 Sekunden 12,5 l Wasser aus. Wie groß ist die Fließgeschwindigkeit?

3 Die Saugleitung einer Pumpe soll für einen Volumenstrom von 3000 l/h ausgelegt werden. Welche Nennweite muss sie haben, wenn die Fließgeschwindigkeit 1,1 m/s betragen soll?

4 Ein Kupferrohr 15 × 1 liefert einer Badewannenarmatur 15 l/min Warmwasser zu. Wie groß ist die Fließgeschwindigkeit?

5 Für eine Metzgerei werden in 2 Stunden 1400 l Wasser benötigt. Welche Nennweite ist nötig bei einer Fließgeschwindigkeit von 2 m/s?

6 Wie lange dauert das Füllen einer Heizungsanlage mit einem Volumen von 650 l bei einer Fließgeschwindigkeit von 2 m/s im Füllschlauch 25 × 2?

7 Wie groß ist die Fließgeschwindigkeit in einem Heizkörperanschluss DN 10, wenn je Stunde 95 l Heizungswasser durchströmen?

8 Der Kesselanschluss einer Pumpenheizung hat DN 40 (DIN 2448). Welche Wassermenge wird stündlich umgewälzt bei einer Fließgeschwindigkeit von 0,8 m/s?

9 Durch eine Heizungsleitung werden stündlich 7,2 m^3 Wasser mit einer Fließgeschwindigkeit von 1 m/s gefördert. Welche Nennweite hat das Heizungsrohr?

10 Ein Heizölbehälter hat eine Länge von 4 m und eine Breite von 2,5 m. Nach welcher Zeit hat der Ölstand eine Höhe von 1 m bei einer Füllleitung DN 50 und einer Fließgeschwindigkeit von 1,5 m/s?

11 Ein 12 m langes Kupferrohr 12 × 1 führt als Stichleitung zu einem Waschtisch. Welches Wasservolumen enthält das Rohr? Wie lange dauert es, bis das stagnierende Wasser ausgeflossen ist, wenn die Fließgeschwindigkeit 1,2 m/s beträgt?

12 Durch fehlerhaftes Biegen hat sich der Querschnitt eines Kupferrohres 18 × 1 an der Biegestelle um 20% verringert. Welche Fließgeschwindigkeit nimmt das Wasser an der Biegestelle an, wenn sie vorher 2,5 m/s betrug?

13 Ein druckloser Trinkwassererwärmer ist mit einem Verbundrohr 13 × 2 an das Trinkwassernetz angeschlossen. Die Fließgeschwindigkeit beträgt 2 m/s. Wie groß ist die Fließgeschwindigkeit, wenn der Durchmesser der Drosseleinrichtung 3 mm beträgt?

14 Nach der Reduzierung eines PE-X-Rohres von 40 × 3,7 auf 32 × 2,9 beträgt die Fließgeschwindigkeit 1,5 m/s. Wie groß war sie vorher?

15 Eine Unterputz-Thermostatbatterie DN 15 hat bei 38 °C und 3 bar Fließdruck einen Volumenstrom von 22 l/min. Wie groß ist bei gleicher Temperatur der Volumenstrom, wenn der Fließdruck auf 4 bar ansteigt?

16 Eine Waschtisch-Einlochbatterie DN 15 hat bei 3 bar Fließdruck einen Volumenstrom von 13 l/min. Wie groß ist der Fließdruck, wenn der Volumenstrom 5 l/min beträgt?

3.2.2 Druckarten in Rohrleitungen

In Rohrleitungen wird der statische Druck, der Ruhedruck, der Fließdruck und der dynamische Druck unterschieden.

Der **statische Druck p_{st}** in Rohrleitungen ist der Überdruck eines Mediums, wie z. B. bei Wasser und Gas, der auf die Rohrwandung wirkt. Es werden der Ruhedruck und der Fließdruck unterschieden.

Der **Ruhedruck** ist der statische Überdruck einer ruhenden Flüssigkeit oder eines Gases **(Bild 1)**.

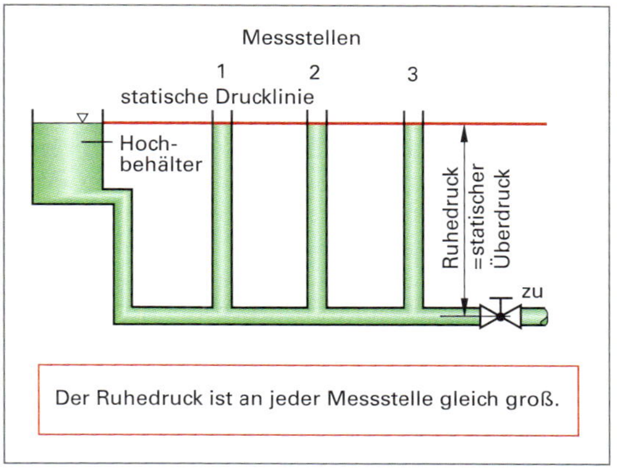

Bild 1: Ruhedruck

Bei Trinkwasseranlagen wird der Ruhedruck bestimmt durch die Höhenlage des Hochbehälters oder den Einschaltdruck der Druckerhöhungsanlage. Alle Zapfstellen in gleicher Höhenlage haben den gleichen Ruhedruck. Die Größe des Ruhedruckes ist abhängig vom senkrechten Höhenunterschied zwischen dem Wasserspiegel im Hochbehälter und der Zapfstelle oder vom niedrigsten Druck in der Druckerhöhungsanlage.

Der **Fließdruck** ist der statische Überdruck einer fließenden Flüssigkeit oder eines strömenden Gases. Ist der Volumenstrom in der Leitung überall gleich groß, so ist der Fließdruck an den Messstellen unterschiedlich **(Bild 2)**.

An allen Entnahmestellen einer Wasserversorgungsanlage muss ein ausreichender Mindestfließdruck vorhanden sein **(Tabelle 1)**.

Apparate, wie z. B. Trinkwassererwärmer, Druckspüler, Spülkästen, Thermostatventile und Waschmaschinen, erfüllen ihre Aufgabe nur bei ausreichendem Mindestfließdruck.

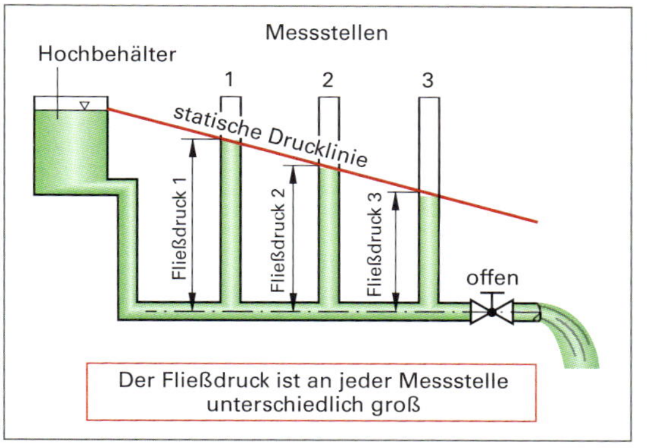

Bild 2: Fließdruck

Tabelle 1: Mindestfließdrücke für Entnahmestellen

Entnahmestellen	Nennweite DN	Mindestfließdruck
Auslaufventil ohne Luftsprudler	15 bis 25	0,5 bar
Auslaufventil mit Luftsprudler	10 bis 15	1,0 bar
Auslaufventil mit Schlauchverbindung	15 bis 25	1,5 bar
Mischbatterien	15 bis 20	1,0 bar
Druckspüler	15 bis 20	1,2 bar
Druckspüler	25	0,4 bar
Druckspüler für Urinal	15	1,0 bar
Spülkasten	15	0,5 bar
Duschköpfe	15	1,0 bar
Geschirrspül- und Waschmaschinen	15	0,5 bar

Der **dynamische Druck p_{dyn}** versetzt die Flüssigkeit oder das Gas in Bewegung. Er hängt ab

- von der Dichte ϱ des strömenden Medium und
- dem Quadrat der Fließgeschwindigkeit v.

$$\text{Dynamischer Druck} = \frac{\text{Dichte} \cdot \text{Fließgeschw.}^2}{2}$$

$$p_{dyn} = \frac{\varrho \cdot v^2}{2}$$

$$v = \sqrt{\frac{2 \cdot p_{dyn}}{\varrho}}$$

p_{dyn} dynamischer Druck in mbar, Pa
ϱ Dichte in kg/dm³, kg/m³
v Fließgeschwindigkeit in m/s

Mit dem Staurohr wird die Summe aus dem Fließdruck und dem dynamischen Druck gemessen **(Bild 1)**.

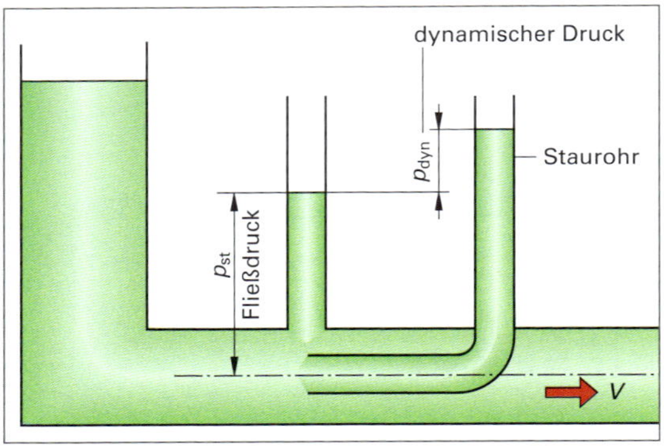

Bild 1: Dynamischer Druck

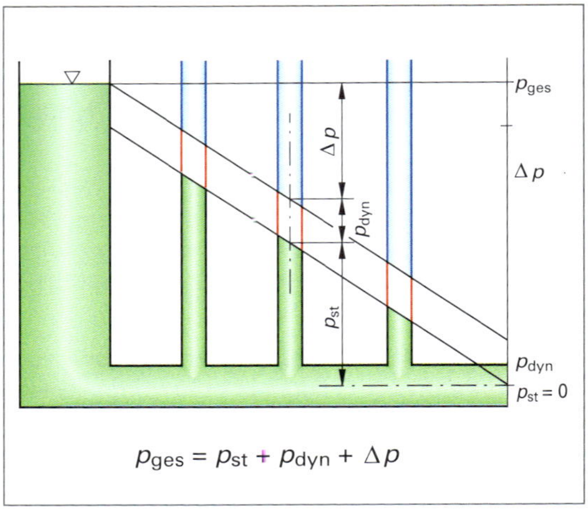

Bild 2: Gesamtdruck

Beispiel:

In einer Rohrleitung strömt Heizungswasser mit einer Dichte von 983,3 kg/m³ und einer Fließgeschwindigkeit von 1,4 m/s. Wie groß ist der dynamische Druck?

Geg.: $\varrho = 983{,}3\,\frac{kg}{m^3}$ $\qquad v = 1{,}4\,\frac{m}{s}$

Ges.: p_{dyn}

$p_{dyn} = \frac{\varrho \cdot v^2}{2}$ $\qquad p_{dyn} = \frac{983{,}3\ kg/m^3 \cdot (1{,}4\ m/s)^2}{2}$

$p_{dyn} = 964\,\frac{N}{m^2}$ $\qquad$ **p_{dyn} = 964 Pa**

Der **Gesamtdruck p_{ges}** ist die Summe aus dem statischen Druck, dem dynamischen Druck und den Druckverlusten. Er ist innerhalb einer Anlage an jeder Stelle gleich groß **(Bild 2)**.

Gesamtdruck =	statischer Druck + dynamischer Druck + Druckverluste
p_{ges}	$= p_{st} + p_{dyn} + \Delta p$

p_{ges} Gesamtdruck in bar, mbar, Pa
p_{st} statischer Druck in bar, mbar, Pa
p_{dyn} dynamischer Druck in bar, mbar, Pa
Δp Druckverluste in mbar, Pa

3.2.3 Druckverluste in Rohrleitungen

Druckverluste Δp entstehen in Rohrleitungen durch die Reibung des Mediums an den Rohrwänden und durch die Reibung zwischen den Molekülen des strömenden Mediums.

Es werden die Druckverluste **in geraden Rohrstücken Δp_R** und in **Einzelwiderständen *Z*** unterschieden. Einzelwiderstände sind alle Druckverluste, die nicht durch gerade Rohrstücke verursacht werden, wie z. B. Armaturen, Apparate, Rohrverengungen und Richtungsänderungen.

Druckverluste in geraden Rohrstrecken Δp_R sind abhängig von

- der Fließgeschwindigkeit,
- der Rauhigkeit der Rohrwand,
- dem Rohrdurchmesser,
- der Art und Temperatur des Mediums und
- der Rohrlänge

Alle Größen, außer der Rohrleitungslänge, werden im **Rohrreibungsdruckgefälle *R*** zusammengefasst. Das Rohrreibungsdruckgefälle wird auch als **R-Wert** bezeichnet.

Der R-Wert gibt den Druckverlust je Meter Rohrleitungslänge für gerade Rohrstrecken an. Er wird in Abhängigkeit vom Spitzenvolumenstrom oder Massenstrom und der Fließgeschwindigkeit aus Tabellen oder Diagrammen entnommen **(Tabelle 1 und Tabelle 2, Seite 69)**.

$\Delta p_R = l \cdot R$	$R = \frac{\Delta p_R}{l}$

Δp_R Druckverlust in mbar, Pa
l Länge der Rohrstrecke in m
R Rohrreibungsdruckgefälle (R-Wert) in mbar/m, Pa/m

Tabelle 1: Rohrreibungsdruckgefälle bei mittelschwerem Gewinderohr DIN EN 10 255

Nennweiten DN	10	15	20	25	32
Außen-∅ in mm	17,2	21,3	26,9	33,7	42,4
Wanddicke in mm	2,35	2,65	2,65	3,25	3,25
Druckgefälle *R* in mbar/m	Wassermassenstrom $\dot{m}$ in kg/h Fließgeschwindigkeit *v* in m/s				
0,30	57,2 0,13	111 0,16	252 0,20	476 0,24	1000 0,28
0,40	67,1 0,16	131 0,19	298 0,24	553 0,28	1170 0,34
0,45	71,6 0,17	140 0,20	319 0,24	592 0,30	1250 0,36
0,50	76,0 0,18	149 0,22	335 0,26	624 0,30	1320 0,38
0,60	84,6 0,20	164 0,24	372 0,30	689 0,34	1460 0,42
0,70	91,4 0,22	179 0,26	404 0,32	749 0,36	1590 0,44
0,80	98,7 0,24	192 0,28	432 0,34	810 0,40	1700 0,48
0,90	105 0,24	205 0,30	461 0,36	863 0,42	1820 0,50
1,00	111 0,26	218 0,32	489 0,38	913 0,44	1920 0,55
1,20	123 0,28	240 0,34	541 0,42	1007 0,50	2110 0,60
1,40	133 0,32	260 0,38	588 0,46	1086 0,55	2290 0,65
1,60	142 0,34	280 0,40	631 0,50	1167 0,60	2450 0,70

Tabelle 2: Rohrreibungsverluste bei Kupferrohr (DIN EN 1057)

d×*s*	DN 10 12 × 1		DN 12 15 × 1		DN 15 18 × 1		DN 20 22 × 1		DN 25 28 × 1	
$\dot{V}$ in $\frac{l}{s}$	*R* in $\frac{mbar}{m}$	*v* in $\frac{m}{s}$	*R* in $\frac{mbar}{m}$	*v* in $\frac{m}{s}$	*R* in $\frac{mbar}{m}$	*v* in $\frac{m}{s}$	*R* in $\frac{mbar}{m}$	*v* in $\frac{m}{s}$	*R* in $\frac{mbar}{m}$	*v* in $\frac{m}{s}$
0,05	7,7	0,6	2,2	0,4	0,8	0,2	0,3	0,1	0,1	0,1
0,07	13,7	0,9	4,0	0,5	1,5	0,3	0,5	0,2	0,2	0,1
0,10	25,4	1,3	7,3	0,8	2,7	0,5	1,0	0,3	0,3	0,2
0,20	85,5	2,5	24,5	1,5	9,1	1,0	3,2	0,6	1,1	0,4
0,30	175,2	3,8	49,9	2,3	18,5	1,5	6,4	1,0	2,2	0,6
0,40	292,5	5,1	83,1	3,0	30,8	2,0	10,6	1,3	3,7	0,8
0,50			123,6	3,8	45,7	2,5	15,7	1,6	5,4	1,0
0,60			171,1	4,5	63,2	3,0	21,7	1,9	7,5	1,2
0,80					105,6	4,0	36,2	2,5	12,4	1,6
1,00					157,4	5,0	53,9	3,2	18,5	2,0
1,20							74,7	3,8	25,6	2,4
1,40							98,4	4,5	33,7	2,9
1,60							125,1	5,1	42,8	3,3
1,80									52,8	3,7
2,00									63,9	4,1
2,20									75,8	4,5
2,40									88,7	4,9

Beispiel 1:

Wie groß ist der Druckverlust in einem 5 m langen Kupferrohr DN 20 bei einem Spitzenvolumenstrom von 0,8 l/s? Welche Fließgeschwindigkeit stellt sich ein?

Geg.: $\dot{V}_S = 0{,}8$ l/s $l = 5$ m

Ges.: Δp_R, v

$R = 36{,}2$ mbar/m (aus Tabelle 2)

$\Delta p_R = l \cdot R$ $\Delta p_R = 5\ \text{m} \cdot 36{,}2\ \text{mbar/m}$

$\boldsymbol{\Delta p_R = 181}$ **m bar**

$\boldsymbol{v = 2{,}5}$ **m/s** (aus Tabelle 2)

Beispiel 2:

Wie groß ist das Rohrreibungsdruckgefälle und die Nennweite für eine Rohrleitung aus Gewinderohr DIN 2440, wenn je Stunde 450 kg Heizungswasser durchströmen sollen und die Fließgeschwindigkeit nicht größer als 0,4 m/s sein soll?

Geg.: $\dot{m} = 450$ kg/h, $v < 0{,}4$ m/s

Ges.: *R*, *DN*

$\boldsymbol{R = 0{,}90}$ **mbar/m,** **DN 20** (aus Tabelle 1)
bei $\dot{m} = 461$ kg/h und $v = 0{,}36$ m/s

Bei Zwischenwerten wird der ungünstigere Wert verwendet.

Einzelwiderstände *Z*

Druckverluste aus Einzelwiderständen werden aus Herstellerangaben entnommen oder über den Widerstandsbeiwert ζ (Zeta) berechnet **(Tabelle 3 und Tabelle 1, Seite 70).**

Tabelle 3: ζ-Werte von Einzelwiderständen

Armatur		Symbol	Widerstandsbeiwert ζ
Absperrventil Geradsitz	DN 10/15 DN 20/25 DN 32/40	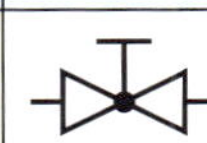	10,0 7,0 5,0
Absperrventil Schrägsitz	DN 10/15 DN 20/25 DN 32/40	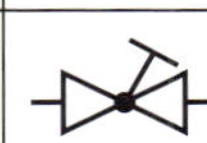	3,5 3,0 2,5
Absperrschieber	DN 10/15 DN 20/25 DN 32/40	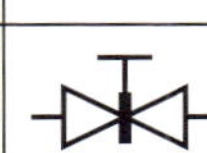	1,0 0,5 0,3
Rückschlagklappe	DN 10/15 DN 20/25 DN 32/40		7,5 7,0 6,6
Schmutzfänger	DN 10/15 DN 20/25 DN 32/40		6,0 5,0 4,0
Heizkörperventil Durchgang	DN 10/15 DN 20/25	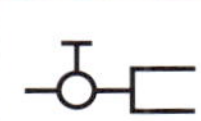	8,5 6,0
Heizkörperventil Eckform	DN 10/15 DN 20/25	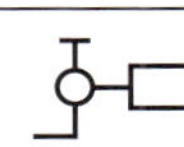	4,0 2,0

Tabelle 1: ζ-Werte für Anlagenteile		
Einzelwiderstand	Symbol	ζ
Heizkessel	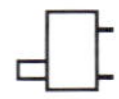	2,5
Heizkörper		2,5
T-Stück 90 ° Durchgang		0,5
T-Stück 90 ° Abzweig		1,5
T-Stück 90 ° Gegenlauf	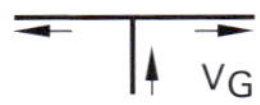	1,5
T-Stück 90 ° Stromvereinigung	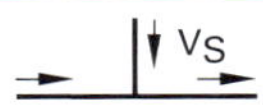	1,0
Bogen 90 °		0,5
Winkel 90 °		0,7
Überbogen		1,0
Etagenbogen		0,5

$$Z = \Sigma\zeta \cdot \frac{\varrho \cdot v^2}{2}$$

Z Druckverlust der Einzelwiderstände in mbar, Pa
$\Sigma\zeta$ Summe der Widerstandsbeiwerte ohne Dimension
ϱ Dichte des Mediums in kg/m³
v Fließgeschwindigkeit in m/s

Beispiel:

Welcher Druckverlust entsteht durch Einzelwiderstände in einer Kaltwasserleitung bei einer Dichte von 999,7 kg/m³ und in einer Heizungsleitung in einem Industriebetrieb bei einer Dichte von 972 kg/m³ jeweils bei einer Fließgeschwindigkeit von 2 m/s und einer Summe der Widerstandsbeiwerte von 26?

Geg.: ϱ_{TW} = 999,7 kg/m³ $\quad \varrho_{Hz}$ = 972 kg/m³
v = 2 m/s $\quad \Sigma\zeta$ = 26

Ges.: Z_{TW}, Z_{Hz}

$$Z_{TW} = \Sigma\zeta \cdot \frac{\varrho \cdot v^2}{2} \qquad Z_{TW} = 26 \cdot \frac{999{,}7\ \text{kg/m}^3 \cdot 4\ \text{m}^2/\text{s}^2}{2}$$

$\mathbf{Z_{TW}}$ **= 51 984 Pa** $\qquad \mathbf{Z_{TW}}$ **= 520 mbar**

$$Z_{Hz} = \Sigma\zeta \cdot \frac{\varrho \cdot v^2}{2} \qquad Z_{Hz} = 26 \cdot \frac{972\ \text{kg/m}^3 \cdot 4\ \text{m}^2/\text{s}^2}{2}$$

$\mathbf{Z_{Hz}}$ **= 50 544 Pa** $\qquad \mathbf{Z_{Hz}}$ **= 505 mbar**

$$1\ \text{N} = \frac{1\ \text{kg} \cdot \text{m}}{\text{s}^2} \qquad 1\ \text{Pa} = \frac{1\ \text{N}}{\text{m}^2}$$

Für die einfachere Berechnung wird der Druckverlust Z_1 für $\zeta = 1$ in Abhängigkeit von der Fließgeschwindigkeit und der Dichte in Tabellen zusammengefasst **(Tabelle 2 und Tabelle 1, Seite 71)**

$$Z = \Sigma\zeta \cdot Z_1$$

Z Druckverlust der Einzelwiderstände in mbar, Pa
$\Sigma\zeta$ Summe der Widerstandsbeiwerte
Z_1 Druckverlust für $\zeta = 1$ in mbar, Pa

Tabelle 2: Druckverluste Z_1 bei Kaltwasser von 10 °C und ϱ = 999,7 kg/m³

rechnerische Fließgeschwindigkeit v m/s	Druckverlust Z_1 für $\zeta = 1$ mbar	rechnerische Fließgeschwindigkeit v m/s	Druckverlust Z_1 für $\zeta = 1$ mbar
0,1	0,1	2,6	33,8
0,2	0,2	2,7	36,5
0,3	0,5	2,8	39,2
0,4	0,8	2,9	42,1
0,5	1,3	3,0	45
0,6	1,8	3,1	48
0,7	2,5	3,2	51
0,8	3,2	3,3	55
0,9	4,1	3,4	58
1,0	5,0	3,5	61
1,1	6,1	3,6	65
1,2	7,2	3,7	68
1,3	8,5	3,8	72
1,4	9,8	3,9	76
1,5	11,3	4,0	80
1,6	12,8	4,1	84
1,7	14,5	4,2	88
1,8	16,2	4,3	92
1,9	18,1	4,4	97
2,0	20,0	4,5	101
2,1	22,1	4,6	106
2,2	24,2	4,7	110
2,3	26,5	4,8	115
2,4	28,8	4,9	120
2,5	31,3	5,0	125

Druckverluste aus Rohrreibung ändern sich im Betriebstemperaturbereich. Deshalb wird in der gesamten Hausinstallation mit der Bezugstemperatur von 10 °C bei Kaltwasser und von 60° bei Warmwasser gerechnet.

Tabelle 1: Druckverluste Z_1 bei Warmwasser von 80 °C und ϱ = 972 kg/m³

v in m/s	Z_1 in mbar	v in m/s	Z_1 in mbar
0,10	0,05	0,46	1,03
0,11	0,06	0,48	1,12
0,12	0,07	0,50	1,22
0,13	0,08	0,55	1,47
0,14	0,10	0,60	1,75
0,15	0,11	0,65	2,05
0,16	0,12	0,70	2,38
0,17	0,14	0,75	2,73
0,18	0,16	0,80	3,11
0,19	0,18	0,85	3,51
0,20	0,19	0,90	3,94
0,22	0,24	0,95	4,39
0,24	0,28	1,0	4,86
0,26	0,33	1,1	5,88
0,28	0,38	1,2	7,00
0,30	0,44	1,3	8,21
0,32	0,50	1,4	9,53
0,34	0,56	1,5	10,94
0,36	0,63	1,6	12,44
0,38	0,70	1,7	14,05
0,40	0,78	1,8	15,75
0,42	0,86	1,9	17,54
0,44	0,94	2,0	19,44

Beispiel:

Wie groß sind die Druckverluste der Einzelwiderstände in der Rohrstrecke DN 20, wenn je Stunde 541 kg Heizungswasser von 80 °C durchströmen **(Bild 1)**?

Geg.:

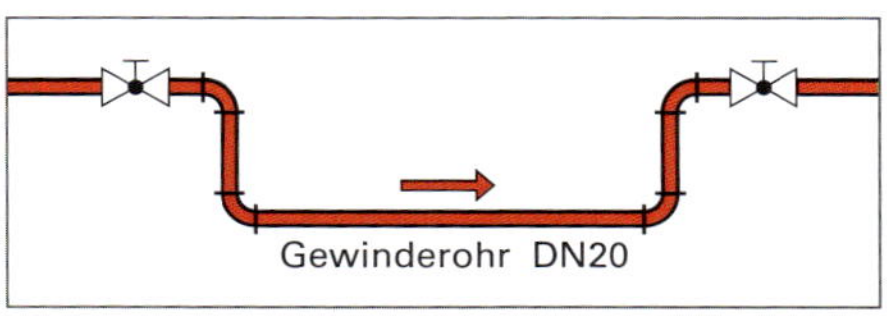

Bild 1: Rohrstrecke
DN 20, $\dot{m}$ = 541 kg/h, ϑ = 80°C

Ges: Z

v = 0,42 m/s, ζ-Werte, Z_1 = 0,86 mbar
(aus Tabelle 1, Seite 69 und Tabelle 1)

Summe der Widerstandsbeiwerte:
(aus Tabelle 3, Seite 69 und Tabelle 1, Seite 70)

Einzelwiderstand	Anzahl	ζ	$\Sigma\zeta$
Bogen	4	0,5	2,0
Absperrventil	2	7,0	14,0
Summe			16,0

$Z = \Sigma\zeta \cdot Z_1$

Z = 16 · 0,86 mbar

$\boldsymbol{Z}$ **= 13,76 mbar**

Der **Gesamtdruckverlust $\boldsymbol{\Delta p}$** in einer Teilstrecke ergibt sich aus den Druckverlusten in der geraden Rohrstrecke und den Einzelwiderständen.

$$\Delta p = l \cdot R + Z$$

Δp Gesamtdruckverlust in der Teilstrecke in mbar, Pa
l Rohrlänge der Teilstrecke in m
R Rohrreibungsdruckgefälle in mbar/m, Pa/m
Z Druckverlust durch Einzelwiderstände in mbar, Pa

Unter einer **Teilstrecke** versteht man eine Rohrstrecke, in der sich der Volumenstrom bzw. der Massenstrom, der Werkstoff und die Nennweite nicht ändert. Sie beginnt immer mit dem Abzweig.

Teilstrecken haben stets gleichen Werkstoff, Nennweite und Massenstrom.

Beispiel:

Wie groß sind die Druckverluste in den Teilstrecken 1 bis 3 der Heizungsrohre aus mittelschwerem Gewinderohr DIN 2440 **(Bild 2)?**

Geg.:

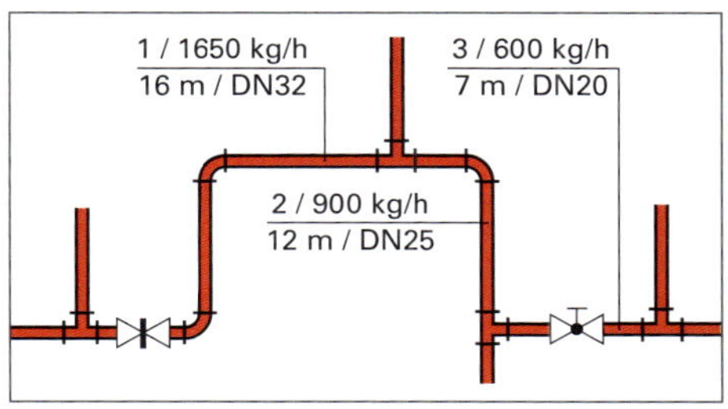

Bild 2: Rohrstrecke

Ges.: Δp

Zusammenstellung der ζ-Werte:

Teilstrecke	Einzelwiderstand	Anzahl	ζ	$\Sigma\zeta$
1	T-Stück Durchgang	1	0,5	0,5
	Absperrschieber	1	0,3	0,3
	Bogen	2	0,5	1,0
	Summe			1,8
2	T-Stück Durchgang	1	0,5	0,5
	Bogen	1	0,5	0,5
	Summe			1,0
3	T-Stück Abzweig	1	1,5	1,5
	Absperrventil G	1	7,0	7,0
	Summe			8,5

Druckverluste:

Teilstrecke	1	2	3	Σ
$\dot{m}$ in kg/h	1650	900	600	
l in m	16	12	7	
DN	32	25	20	
v in m/s	0,48	0,44	0,5	
R in mbar/m	0,8	1,0	1,6	
$l \cdot R$ in mbar	12,8	12	11,2	36
$\Sigma\zeta$	1,8	1,0	8,5	
Z_1 in mbar	1,12	0,94	1,22	
Z in mbar	2,02	0,94	10,37	13,33

v_1 R aus Tabelle 1, Seite 69

Z_1 aus Tabelle 1, Seite 71

$\Delta p = \Sigma(l \cdot R + Z)$ $\Delta p = 36\ \text{mbar} + 13{,}33\ \text{mbar}$

$\boldsymbol{\Delta p = 49{,}33\ \textbf{mbar}}$

Aufgaben

1 In einer Trinkwasserleitung wird der Ruhedruck mit 4,5 bar und der Fließdruck mit 2 bar gemessen. Wodurch kommt der Druckunterschied zustande?

2 In einem Verbundrohr wird der Gesamtdruck mit 4 bar gemessen. Der Fließdruck beträgt 1,9 bar und die Druckverluste 2 bar. Wie groß ist der dynamische Druck?

3 Welche Größen, die den Druckverlust beeinflussen, sind im R-Wert berücksichtigt?

4 Berechnen Sie jeweils den Druckverlust in einer 10 m langen Kupfer-Rohrleitung DN 25 und DN 15 bei einem Durchfluss von 0,8 l/s. Wie groß sind die Fließgeschwindigkeiten?

5 Vergleichen Sie den Druckverlust in einer 20 m langen Rohrleitung DN 20 aus mittelschwerem Gewinderohr und aus Kupfer bei einem Massenstrom von 489 kg/h.

6 Wie groß ist der dynamische Druck in einer Kaltwasser-Rohrleitung bei einer Fließgeschwindigkeit von 1 m/s und von 5 m/s?

7 In einer Rohrleitung sind als Einzelwiderstände eingebaut: 10 Bogen 90°, 6 T-Stücke als Abzweig, 4 Rückschlagklappen DN 20, 3 Schrägsitzventile DN 20 und 2 Geradsitzventile DN 15.
a) Wie groß ist der gesamte Widerstandsbeiwert?
b) Wie groß ist der Druckverlust durch die Einzelwiderstände bei einer Fließgeschwindigkeit von 2 m/s?

8 In einer Heizungs-Rohrleitung fließt Warmwasser mit einer Dichte von 978 kg/m³ und einer Fließgeschwindigkeit von 0,8 m/s. Wie groß ist der Gesamtdruck bei einem Fließdruck von 0,8 bar und einem Druckverlust von 650 Pa?

9 Für die 18 m lange und gerade Teilstrecke einer Warmwasserheizung aus Kupferrohr DN 20 steht ein gesamter Druckverlust von 390 mbar zur Verfügung. Wie groß sind R-Wert, Massenstrom und Fließgeschwindigkeit?

10 In die Teilstrecke einer Warmwasserheizung aus mittelschwerem Gewinderohr DN 32 sind 2 Absperrschieber und eine Rückschlagklappe eingebaut. Wie groß ist jeweils der Druckverlust aus den Einzelwiderständen bei einem Massenstrom von 1170 kg/h und von 1920 kg/h?

3.3 Pumpenberechnungen

Pumpen werden ausgewählt nach dem notwendigem **Förderstrom $\dot{V}_P$** und dem **Förderdruck Δp_P,** auch als Förderhöhe H bezeichnet. Dabei sind die Druckverluste in den Rohrleitungen und Armaturen zu berücksichtigen.

3.3.1 Förderstrom und Förderdruck

Unter dem Förderstrom $\dot{V}_P$ der Pumpe versteht man den Volumenstrom $\dot{V}$, den die Pumpe liefert. Für Kolbenpumpen gilt **(Bild 1):**

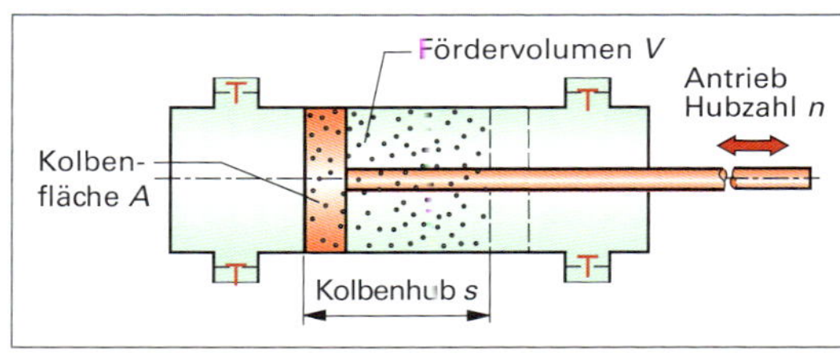

Bild 1: Fördervolumen bei Kolbenpumpen

Fördervolumen = Kolbenfläche · Kolbenhub

$$V = A \cdot s$$

V Fördervolumen in dm³
A Kolbenfläche in dm²
s Kolbenhub in dm

Förderstrom = Fördervolumen · Hubzahl

$$\dot{V}_P = V \cdot n$$

$\dot{V}_P$ Förderstrom in l/min
V Fördervolumen in dm³
n Hubzahl in l/min

Bei doppelt wirkenden Kolbenpumpen wird je Hubzahl das Fördervolumen zweimal erzeugt.

Beispiel:

Wie groß ist der Förderstrom einer doppelt wirkenden Kolbenpumpe bei einem Zylinderdurchmesser von 50 mm, einem Kolbenhub von 150 mm und einer Hubzahl von 50 1/min?

Geg.: doppelt wirkende Kolbenpumpe

$d = 50\text{ mm}, \quad s = 150\text{ mm}, \quad n = 50\ \frac{1}{\text{min}}$

Ges.: $\dot{V}_P$

$\dot{V}_P = V \cdot n$

$\dot{V}_P = 0{,}59\text{ dm}^3 \cdot 50\ \frac{1}{\text{min}}$

$\dot{V}_P = 29{,}5\ \frac{\text{dm}^3}{\text{min}}$

$\mathbf{\dot{V}_P = 29{,}5\ l/min}$

$V = 2 \cdot A \cdot s$

$V = 2 \cdot d^2 \cdot 0{,}785 \cdot s$

$V = 2 \cdot 5\text{ cm} \cdot 5\text{ cm} \cdot 0{,}785 \cdot 15\text{ cm}$

$V = 588{,}75\text{ cm}^3$

$V = 0{,}59\text{ dm}^3$

Bei Kreiselpumpen ist der Förderstrom von der Konstruktion der Pumpe abhängig. Er wird durch Versuche ermittelt und in einer Pumpenkennlinie dargestellt in Abhängigkeit des Förderdruckes **(Bild 1)**.

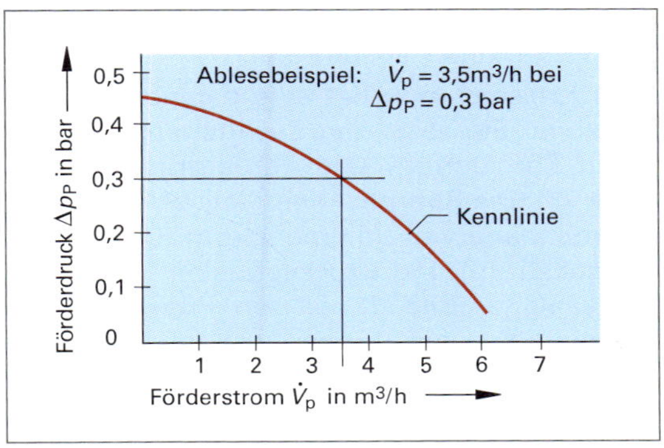

Bild 1: Kreiselpumpen-Kennlinie

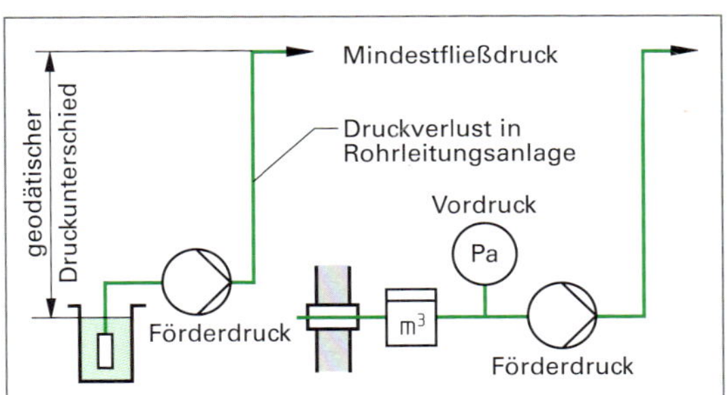

Bild 2: Pumpen-Förderdruck

Der **Förderdruck Δp_P** einer Pumpe wird ermittelt aus

- dem geodätischen Höhenunterschied Δh_{geo}, umgerechnet in den entsprechenden geodätischen Druckunterschied Δp_{geo},
- dem Druckverlust Δp in der Rohrleitungsanlage,
- dem Mindestfließdruck p_{min} von Armaturen und Apparaten **(Tabelle 1 Seite 67 und Bild 2)** und
- einem Vordruck p_V bei Druckerhöhungsanlagen.

Förderdruck = geodätischer Druckunterschied
+ Druckverlust in der Rohrleitungsanlage
+ Mindestfließdruck
– Vordruck der Pumpe

$$\Delta p_P = \Delta p_{geo} + (\Delta p_R + Z) + p_{min} - p_V$$

In der Praxis wird der Förderdruck auch als Gesamtförderhöhe H angegeben. Diese erhält man, wenn die Druckverluste in der Rohrleitungsanlage und der Mindestfließdruck als Höhe einer Wassersäule umgerechnet und zu dem geodätische Höhenunterschied addiert werden.

Bei Umwälz- und Zirkulationspumpen entspricht der Förderdruck dem Druckverlust in der Rohrleitungsanlage. Der Druckverlust für die Überwindung der geodätischen Höhe wird nicht berücksichtigt, da es sich um ein geschlossenes System handelt.

Beispiel 1:

Welcher Förderdruck ist erforderlich, wenn Wasser aus 3,5 m Tiefe angesaugt und 28 m hoch gedrückt wird? Die Druckverluste in der Rohrleitungsanlage betragen 1,4 bar und der Mindestfließdruck an der Entnahmestelle beträgt 1,5 bar.

Geg.: $\Delta h_{geo} = 31{,}5\text{ m}$, $\Delta p_{geo} = 3{,}15\text{ bar}$

$\Delta p_R + Z = 1{,}4\text{ bar}$, $p_{min} = 1{,}5\text{ bar}$

Ges.: Δp_P

$\Delta p_P = \Delta p_{geo} + (\Delta p_R + Z) + p_{min}$

$\Delta p_P = 3{,}15\text{ bar} + 1{,}4\text{ bar} + 1{,}5\text{ bar}$

$\mathbf{\Delta p_P = 6{,}05\ bar}$

Beispiel 2:

Der Druckverlust in einer geschlossenen Warmwasserheizungsanlage beträgt für Rohrreibung 350 mbar und für Einzelwiderstände 300 mbar. Welchen Förderdruck benötigt die Umwälzpumpe?

Geg.: Δp_R 350 mbar $Z = 300\text{ mbar}$

Ges.: Δp_P

$\Delta p_P = \Delta p_R + Z$ $\quad \Delta p_P = 350\text{ mbar} + 300\text{ mbar}$

$\mathbf{\Delta p_P = 650\ mbar}$

3.3.2 Pumpenleistung

Die Pumpenleistung P_{ab} ist die Leistung, die an das Wasser abgegeben wird. Sie ist das Produkt aus dem Förderstrom und dem Förderdruck und wird in der Einheit **Watt (W)** oder **Kilowatt (kW)** angegeben. Die in der Pumpenanlage auftretenden Leistungsverluste in der Pumpe und im Elektromotor werden durch den Wirkungsgrad η (Eta) berücksichtigt. Der Wirkungsgrad η der Pumpenanlage wird bestimmt durch das Produkt aus dem Wirkungsgrad der Pumpe η_p und dem Wirkungsgrad des Elektromotors η_M. Die zugeführte elektrische Leistung P_{zu} errechnet sich aus dem Quotient der abgegebenen Pumpenleistung an das Wasser und dem Wirkungsgrad.

abgegebene Pumpenleistung = Förderstrom · Förderdruck

$$P_{ab} = \dot{V}_p \cdot \Delta p_P$$

$$\dot{V}_p = \frac{P_{ab}}{\Delta p_P} \qquad \Delta p_P = \frac{P_{ab}}{\dot{V}_p}$$

1 W = 1 Nm/s   1 kW = 1000 W

$$\text{Wirkungsgrad} = \frac{\text{abgegebene Pumpenleistung}}{\text{Anschlusswert des Motors}}$$

$$\eta = \frac{P_{ab}}{P_{zu}}$$

$$\text{Gesamtwirkungsgrad } \eta = \eta_p \cdot \eta_M$$

$$P_{zu} = \frac{P_{ab}}{\eta} \qquad P_{zu} = \frac{\dot{V}_p \cdot \Delta p_P}{\eta}$$

P_{ab} abgegebene Pumpenleistung in W, kW
$\dot{V}_p$ Förderstrom in m³/h, cm³/s
Δp_P Förderdruck in bar, mbar, Pa
P_{zu} Anschlusswert des Motors in W, kW
η Wirkungsgrad als Dezimalzahl
η_P Wirkungsgrad der Pumpe als Dezimalzahl
η_M Wirkungsgrad des Motors als Dezimalzahl

Beispiel 1:

Welche Pumpenleistung hat eine Pumpe, die 7,2 m³ Wasser je Stunde mit einem Förderdruck von 4,6 bar fördert?

Geg.: $\dot{V}_p = 7{,}2\ \text{m}^3/\text{h}$ $\dot{V}_p = 2000\ \text{cm}^3/\text{s}$
$\Delta p_P = 4{,}6\ \text{bar}$ $\Delta p_P = 46\ \text{N/cm}^2$

Ges.: P_{ab}

$P_{ab} = \dot{V}_p \cdot \Delta p_P$ $P_{ab} = 2000\ \text{cm}^3/\text{s} \cdot 46\ \text{N/cm}^2$
$P_{ab} = 92\,000\ \text{Ncm/s}$ $P_{ab} = 920\ \text{Nm/s}$
$\mathbf{P_{ab} = 0{,}92\ kW}$

Beispiel 2:

Welche elektrische Leistung in kW muss der Pumpenmotor aufnehmen, wenn die Pumpe bei einem Förderdruck von 2,5 bar 25 m³ Wasser je Stunde fördert, der Pumpenwirkungsgrad 60% und der Motorwirkungsgrad 85% betragen?

Geg.: $\Delta p_P = 2{,}5\ \text{bar}$ $\Delta p_P = 2500\ \text{N/dm}^2$
$\dot{V}_p = 25\ \text{m}^3/\text{h}$ $\dot{V}_p = 6{,}94\ \text{dm}^3/\text{s}$
$\eta_P = 0{,}6$ $\eta_M = 0{,}85$

Ges.: P_{zu}

$$P_{zu} = \frac{\dot{V}_p \cdot \Delta p_P}{\eta} \qquad P_{zu} = \frac{6{,}94\ \text{dm}^3/\text{s} \cdot 2500\ \text{N/dm}^2}{0{,}51}$$

$P_{zu} = 3402\ \text{Nm/s}$ $\mathbf{P_{zu} = 3{,}4\ kW}$

$\eta = \eta_P \cdot \eta_M$ $\eta = 0{,}6 \cdot 0{,}85$ $\eta = 0{,}51$

3.3.3 Pumpenauswahl

Pumpen werden nach dem Förderstrom und dem Förderdruck ausgewählt.

Jede Kreiselpumpe hat eine eigene Pumpenkennlinie. Sie zeigt den Zusammenhang zwischen Förderstrom und Förderdruck **(Bild 1, Seite 73)**. Die Rohrnetz-Kennlinie zeigt den Zusammenhang von Volumenstrom (Durchfluss, Massenstrom) und Druckverlusten in der Leitungsanlage **(Bild 1)**. Ist ein Punkt auf der Kennlinie bekannt, können weitere Punkte berechnet werden.

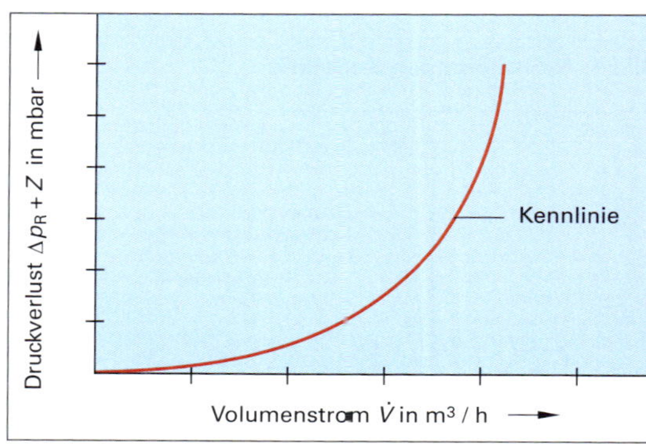

Bild 1: Rohrnetz-Kennlinie

$$\frac{\text{Druckverlust 1}}{\text{Druckverlust 2}} = \left(\frac{\text{Volumenstrom 1}}{\text{Volumenstrom 2}}\right)^2$$

$$\frac{\Delta p_1}{\Delta p_2} = \left(\frac{\dot{V}_1}{\dot{V}_2}\right)^2$$

$\Delta p_2 = \Delta p_1 \cdot \left(\frac{\dot{V}_2}{\dot{V}_1}\right)^2$	$\dot{V}_2 = \dot{V}_1 \cdot \sqrt{\frac{\Delta p_2}{\Delta p_1}}$

Δp_1 Druckverlust 1 in mbar, Pa
Δp_2 Druckverlust 2 in mbar, Pa
$\dot{V}_1$ Volumenstrom 1 in m³/h, l/s
$\dot{V}_2$ Volumenstrom 2 in m³/h, l/s

Beispiel:

Berechnen und zeichnen Sie die Rohrnetz-Kennlinie bis zu einem Volumenstrom von 7 m³/h, wenn bei einem Volumenstrom von 3 m³/h der Druckverlust der Anlage 150 mbar beträgt.

Geg.: $\Delta p_1 = 150$ mbar, $\dot{V}_1 = 3$ m³/h
$\dot{V}_2 = 0$ bis 7 m³/h

Ges.: Δp_2, Rohrnetz-Kennlinie (Bild 1)

$$\Delta p_2 = \Delta p_1 \cdot \left(\frac{\dot{V}_2}{\dot{V}_1}\right)^2 \qquad \Delta p_2 = 150 \text{ mbar} \cdot \left(\frac{1 \text{ m}^3/\text{h}}{3 \text{ m}^3/\text{h}}\right)^2$$

$\mathbf{\Delta p_2 = 16{,}7}$ **mbar**

Die anderen Werte sind entsprechend zu berechnen.

$\dot{V}_2$ in m³/h	0	1	2	3
Δp_1 in mbar	0	16,7	66,7	150

$\dot{V}_2$ in m³/h	4	5	6	7
Δp_1 in mbar	266,7	416,7	600	816,7

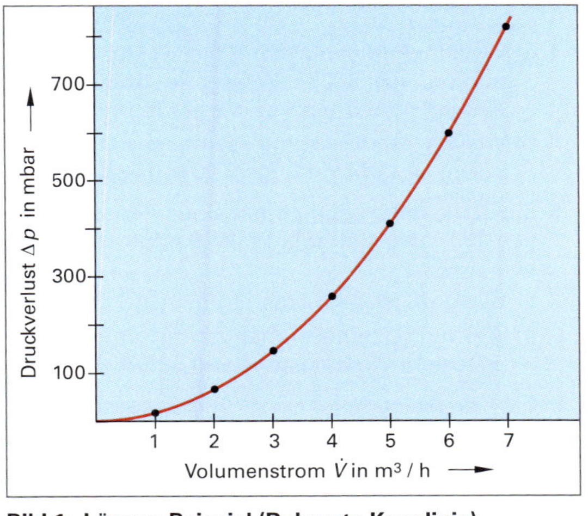

Bild 1: Lösung Beispiel (Rohrnetz-Kennlinie)

Werden die Pumpenkennlinie und die Rohrnetz-Kennlinie in einem Diagramm zusammengefasst entsteht das Pumpen-Diagramm **(Bild 2)**. Der Betriebspunkt der Pumpe ist der Schnittpunkt der beiden Kennlinien. Verändert sich der Volumenstrom in der Anlage, bewirkt dies eine Verschiebung des Betriebspunktes auf der Pumpenkennlinie.

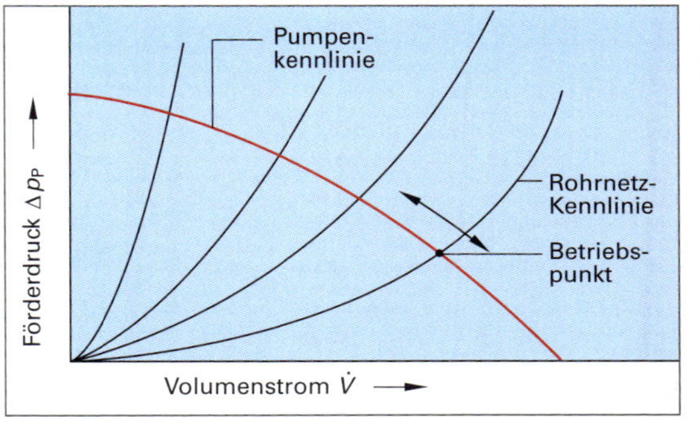

Bild 2: Pumpen-Diagramm

Werden in eine Anlage zwei oder mehr Pumpen eingebaut, so ergibt sich bei gleichzeitigem Lauf aller Pumpen eine gemeinsame Pumpenkennlinie. Der Schnittpunkt mit der Rohrnetz-Kennlinie ergibt den Betriebspunkt der Pumpen.

Bei **Parallelschaltung** der Pumpen ergibt sich die gemeinsame Pumpenkennlinie durch die Addition der Förderströme bei konstantem Förderdruck **(Bild 3)**.

Bei **Reihenschaltung** der Pumpen erhält man die Pumpenkennlinie durch die Addition der Förderdrücke bei konstantem Förderstrom **(Bild 1, Seite 76)**.

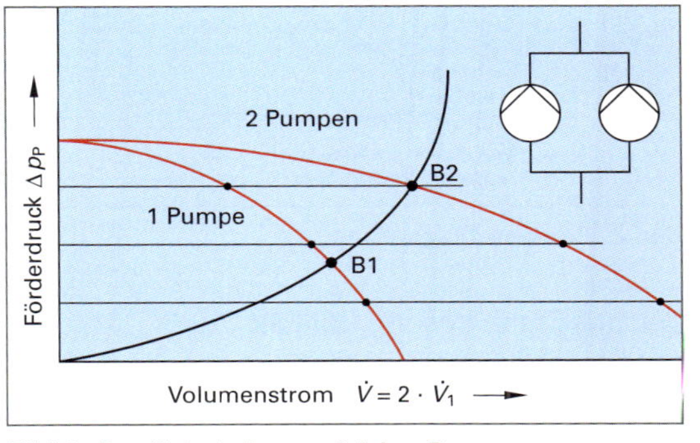

Bild 3: Parallelschaltung gleicher Pumpen

Die gemeinsame Pumpenkennlinie von zwei Pumpen ergibt sich bei Parallelschaltung durch die Addition der Förderströme bei konstantem Förderdruck.

Bei Reihenschaltung durch die Addition der Förderdrücke bei konstantem Förderstrom.

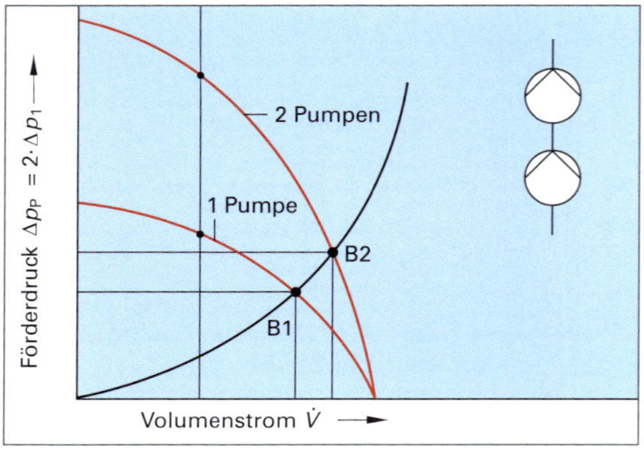

Bild 1: Reihenschaltung gleicher Pumpen

Beispiel:

In einem Versuchsstand werden 2 Pumpen mit unterschiedlichen Kennlinien eingebaut **(Bild 2)**. Ermitteln Sie die Betriebspunkte der Pumpen

a) bei Einzellauf jeder Pumpe,

b) bei Reihenschaltung der Pumpen und

c) bei Parallelschaltung der Pumpen.

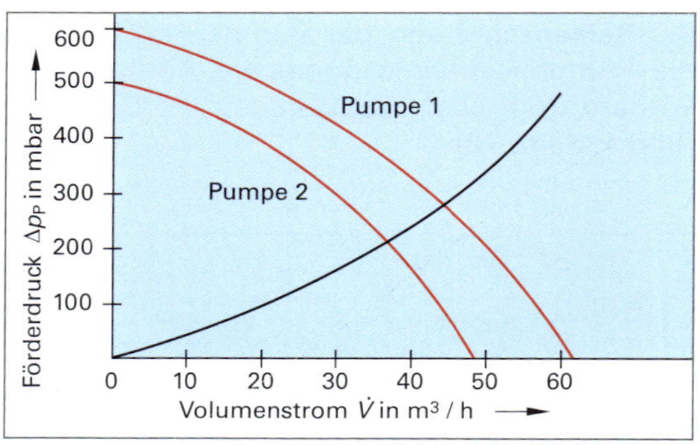

Bild 2: Pumpen-Diagramme

Zeichnerische Lösung **(Bild 3)**:

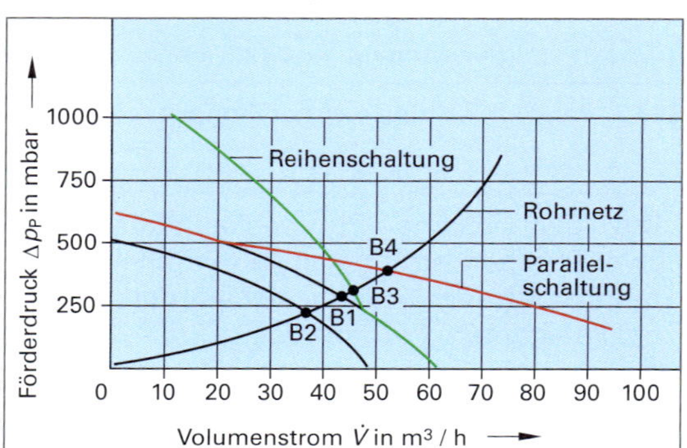

Bild 3: Lösung zur Versuchsanlage

Aufgaben

1 Eine doppelt wirkende Kolbenpumpe hat ein Fördervolumen von 0,7 dm³ je Kolbenhub.

a) Wie groß ist der Förderstrom bei einer Hubzahl von 24 je Minute?

b) Welche Leistung muss der Antriebsmotor haben, um das Wasser 40 m hoch zu pumpen, wenn die Kolbenpumpenanlage einen Gesamtwirkungsgrad von 65% hat?

2 Welcher Förderdruck ist für eine Kreiselpumpe erforderlich, wenn der Vordruck 1,8 bar, die geodätische Druckhöhe 15 m, der Druckverlust in der Rohrleitungsanlage 1,7 bar und der Mindestfließdruck 1,5 bar betragen?

3 Eine Kreiselpumpe soll einen Förderstrom von 3 m³/h und einen Förderdruck von 3,5 bar haben. Wählen Sie aus Bild 4 die geeignete Pumpe aus.

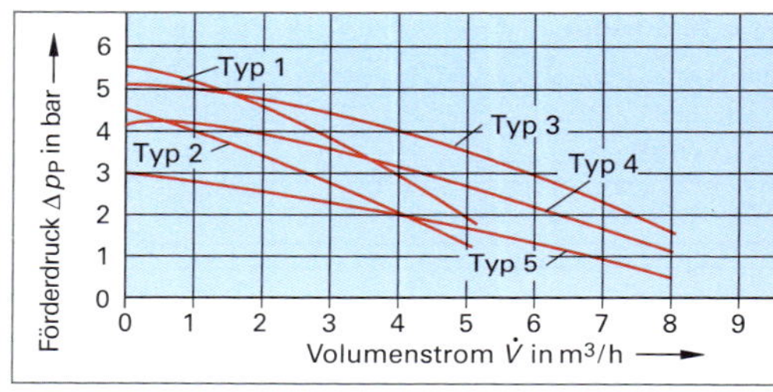

Bild 4: Pumpenkennlinien

4 a) Welche Pumpenleistung hat eine Kreiselpumpe, die 5800 l Wasser je Stunde bei einem Förderdruck von 4,2 bar fördert?

b) Welche Motorleistung ist dabei nötig, bei einem Gesamtwirkungsgrad von 68%?

5 Eine Zirkulationspumpe hat einen Förderdruck von 150 mbar und gibt 20 W Pumpenleistung ab.

a) Wie groß ist der Förderstrom in l/h?

b) Welche Leistungsaufnahme hat der Motor bei einem Wirkungsgrad von 82%?

6 Die Kreiselpumpe einer Regenwasser-Nutzungsanlage hat einen Anschlusswert von 840 W und einen Förderstrom von 5 m³/h.

a) Welchen Förderdruck erreicht die Pumpe bei einem Gesamtwirkungsgrad von 73 %?

b) Wie groß kann die senkrechte Rohrleitungslänge sein, wenn der Mindestfließdruck 1,5 bar und der Druckverlust in der Rohrleitungsanlage 0,8 bar betragen?

7 Die technischen Daten einer Wasserversorgungsanlage lauten: Förderstrom max. 8 m³/h, Förderdruck max. 11 bar, Motorleistung 4 kW. Wie groß ist der Wirkungsgrad der Anlage?

8 Auf dem Typenschild einer Abwasser-Tauchmotorpumpe steht: Leistungsaufnahme 2,9 kW, Gesamtwirkungsgrad 68%, Förderdruck 10 bar. Welcher Förderstrom wird erreicht?

9 Eine Heizungs-Umwälzpumpe hat eine Leistungsaufnahme von 95 W, einen Gesamtwirkungsgrad von 50% und einen Förderstrom von 3,3 m³/h. Wie groß dürfen die Druckverluste in der Heizungsanlage sein?

10 Eine 3-stufige Umwälzpumpe hat folgendes Pumpen-Diagramm **(Bild 1)**:

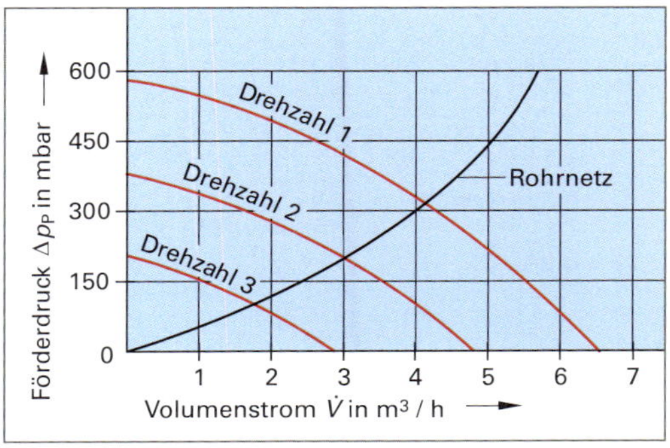

Bild 1: Pumpen-Diagramm

a) Wie groß sind die jeweiligen Förderdrücke bei einem Förderstrom von 2,5 m³/h?

b) Welche Betriebspunkte stellen sich bei den Drehzahlen 1 bis 3 ein?

11 Eine elektronisch geregelte Umwälzpumpe hat folgendes Pumpen-Diagramm **(Bild 2)**.

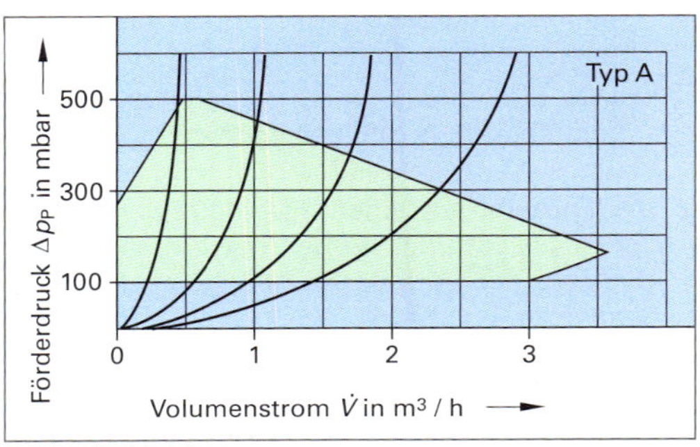

Bild 2: Pumpen-Diagramm

a) In welchem Bereich werden die Förderdrücke geregelt?

b) Überprüfen Sie, ob die Pumpe für eine Heizungsanlage mit einer Gesamtförderhöhe von 3,5 m und einem Förderstrom von 0,4 l/s geeignet ist.

3.3.4 Druckerhöhungsanlagen DEA

Eine Druckerhöhungsanlage besteht aus mindestens zwei Kreiselpumpen, die wechselweise in Betrieb sind. Sie sind in der Regel unmittelbar in die Trinkwasseranlage eingebaut. Durch das Ein- und Ausschalten der Pumpen werden Druckschwankungen erzeugt, die die Trinkwasseranlage beeinträchtigen können. Dies kann verhindert werden durch den zusätzlichen Einbau von Druckbehältern vor und/ oder nach den Pumpen **(Bild 3)**.

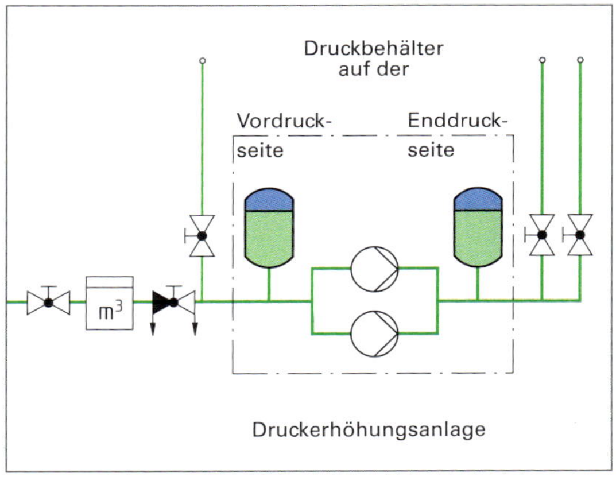

Bild 3: Druckerhöhungsanlage

Für die Aufstellung von Druckerhöhungsanlagen ist zu beachten, dass der Vordruck mind. 0,5 bar beträgt und der Enddruck 10 bar nicht überschreitet.

Auf der **Vordruckseite** ist kein Druckbehälter notwendig, wenn sichergestellt ist, dass beim Anlaufen der Pumpen der Mindestversorgungsdruck nicht mehr als 50% unterschritten wird und mindestens 1 bar beträgt. Beim Abschalten der Pumpen darf der Druckanstieg nicht mehr als 1 bar über dem zulässigen Betriebsnenndruck der Anschlussleitung liegen.

Auf der **Enddruckseite** ist kein Druckbehälter notwendig, wenn die Pumpen druck- oder durchflussabhängig gesteuert werden, ohne dass sie störende Druckstöße erzeugen und die Temperatur des Wassers am Ausgang der Pumpen 25 °C nicht überschreitet.

Die **Größe des Behälters auf der Vordruckseite** der Pumpen wird bestimmt über den Förderstrom.

Für drucklose Behälter gilt:

$$V_B = 0{,}03\ \text{h} \cdot \dot{V}_{Pmax}$$

V_B	Nutzvolumen des Behälters in m^3
0,03 h	Zeitfaktor in h
$\dot{V}_{Pmax}$	maximaler Förderstrom der Pumpe in m^3/h

Für Druckbehälter gilt:

Förderstrom $\dot{V}_{Pmax}$ in m^3/h	≤ 7	$> 7 \leq 15$	> 15
Gesamtvolumen V des Druckbehälters in l	300	500	750

Die **Größe des Druckbehälter auf der Enddruckseite** der Pumpen ist abhängig vom Förderstrom, den Schaltdrücken und der Schaltfrequenz.

$$V_E = 0{,}33 \cdot \dot{V}_{Pmax} \cdot \frac{p_{Aabs}}{\Delta p_{(A-E)} \cdot s}$$

$\Delta p_{(A\text{-}E)} = < 2{,}5$ bar
s < 20 1/h

V_E	Behältergesamtvolumen in m^3 auf der Enddruckseite
$\dot{V}_{Pmax}$	maximaler Förderstrom der Pumpen in m^3/h
p_{Aabs}	absoluter Ausschaltdruck in bar
$\Delta p_{(A\text{-}E)}$	Differenz zwischen Ausschaltdruck und Einschaltdruck in bar
s	Schaltfrequenz der Pumpen in 1/h
0,33	Umrechnungsfaktor

Das Nutzvolumen des Druckbehälters ist zusätzlich vom Vorpressdruck abhängig.

Bei Membrandruckbehältern soll der Vorpressdruck 0,2 bar bis 0,5 bar unter dem Einschaltdruck liegen.

$$V_N = V_E \cdot p_{Vabs} \cdot \frac{\Delta p_{(A-E)}}{p_{Aabs} \cdot p_{Eabs}}$$

V_N	Nutzvolumen in m^3
V_E	Behältergesamtvolumen in m^3
p_{Vabs}	absoluter Vorpressdruck in mbar
$\Delta p_{(A\text{-}E)}$	Differenz zwischen Ausschaltdruck und Einschaltdruck in bar
p_{Aabs}	absoluter Ausschaltdruck in bar
p_{Eabs}	absoluter Einschaltdruck in bar

Beispiel:

Eine DEA hat einen Förderstrom von 8 m^3/h, einen Ausschaltdruck von 9 bar, einen Einschaltdruck von 7 bar und eine Schaltfrequenz von 15 Schaltungen je Stunde?

a) Wie groß muss der Druckbehälter auf der Enddruckseite mindestens sein?

b) Wie groß ist das Nutzvolumen des Druckbehälters bei einem Vorpressdruck von 6.7 bar?

Geg.: $\dot{V}_{Pmax} = 8\ m^3/h$ $\quad s = 15$ 1/h
$p_A = 9$ bar $\quad p_{Aabs} = 10$ bar
$p_E = 7$ bar $\quad p_{Eabs} = 8$ bar
$p_V = 6{,}7$ bar $\quad p_{Vabs} = 7{,}7$ bar

Ges.: a) V_E b) V_N

a) $V_E = 0{,}33 \cdot \dot{V}_{Pmax} \cdot \dfrac{p_{Aabs}}{\Delta p_{(A-E)} \cdot s}$

$V_E = 0{,}33 \cdot 8\ m^3/h \cdot \dfrac{10\ \text{bar}}{2\ \text{bar} \cdot 15\ 1/h}$

$\mathbf{V_E = 0{,}88\ m^3}$

b) $V_N = V_E \cdot p_{Vabs} \cdot \dfrac{\Delta p_{(A-E)}}{p_{Aabs} \cdot p_{Eabs}}$

$V_N = 0{,}88\ m^3 \cdot 7{,}7\ \text{bar} \cdot \dfrac{2\ \text{bar}}{10\ \text{bar} \cdot 8\ \text{bar}}$

$\mathbf{V_N = 0{,}169\ m^3}$

$\mathbf{V_N = 169\ l}$

Aufgaben

1 Eine DEA hat ein Förderstrom von 14 m^3/h.

a) Wie groß muss ein druckloser Behälter auf der Vordruckseite der Pumpen bei mittelbarem Anschluss werden?

b) Wie groß muss ein Druckbehälter bei unmittelbarem Anschluss werden?

2 Der Förderstrom einer DEA beträgt 40 m^3/h, der Ausschaltdruck 15 bar, der Einschaltdruck 13,5 bar, der Vorpressdruck 13,2 bar und die Schaltfrequenz 12 1/h.

a) Wie groß muss der Druckbehälter auf der Enddruckseite der Pumpen werden?

b) Wie groß ist das Nutzvolumen des Druckbehälters?

3 Ein Membrandruckbehälter vom Typ 120 D hat einen maximalen Nutzinhalt von 80 l.

Wie viel Liter Wasser kann der MDB aufnehmen, bei einem Einschaltdruck von 4 bar, einem Ausschaltdruck von 6,5 bar und einem Vorpressdruck von 3,5 bar?

3.4 Rohrdimensionierung

Durch die Ermittlung der Rohrleitungsdurchmesser nach DIN 1988-300 und DIN EN 806-3 sollen folgende Ziele erreicht werden:

- Eine einwandfreie Funktion der Trinkwasserversorgung mit wirtschaftlichen Leitungsdurchmessern sicherstellen.
- Durch einen geringen Wasserinhalt der Leitungsanlage, die trinkwasserhygienischen Bedingungen zu verbessern.
- Das Korrosionsrisiko in metallenen Rohrleitungssystemen zu reduzieren.
- Durch eine sinnvolle Druckverteilung im System die Voraussetzungen für einen optimalen Schallschutz nach DIN 4109 zu schaffen.

Für die Ermittlung der Rohrleitungsdurchmesser sind notwendig

- ein **Berechnungsplan,**
- die **Berechnungsdurchflüsse** der Entnahmearmaturen,
- die **Summendurchflüsse** der Teilstrecken,
- der **Spitzendurchfluss** unter Berücksichtigung der Art der Nutzung des Gebäudes,
- das **verfügbare Rohrreibungsdruckgefälle** und
- die Auswahl der Rohrdurchmesser unter Berücksichtigung des Werkstoffes und der Fließgeschwindigkeit.

Werden die Druckverluste der Rohrleitung und der Einzelwiderstände pauschal durch die Belastungswerte erfasst, spricht man vom vereinfachten Berechnungsgang, werden sie einzeln erfasst, spricht man vom differenzierten Berechnungsgang **(Bild 1)**.

3.4.1 Berechnungs- und Spitzendurchfluss

Für die Ermittlung des Berechnungs- und Spitzendurchflusses ist ein Berechnungsplan notwendig. Dieser enthält

- die Rohrleitungen,
- die Zapfstellen und
- die eingebauten Apparate.

Die Rohrleitungen werden in Fließrichtung, beginnend am Anschlusspunkt, an die Leitung des Wasserversorgungsunternehmens, in Teilstrecken (TS) eingeteilt. Eine neue Teilstrecke beginnt immer dann, wenn sich die Rohrart, der Volumenstrom oder die Nennweite ändert.

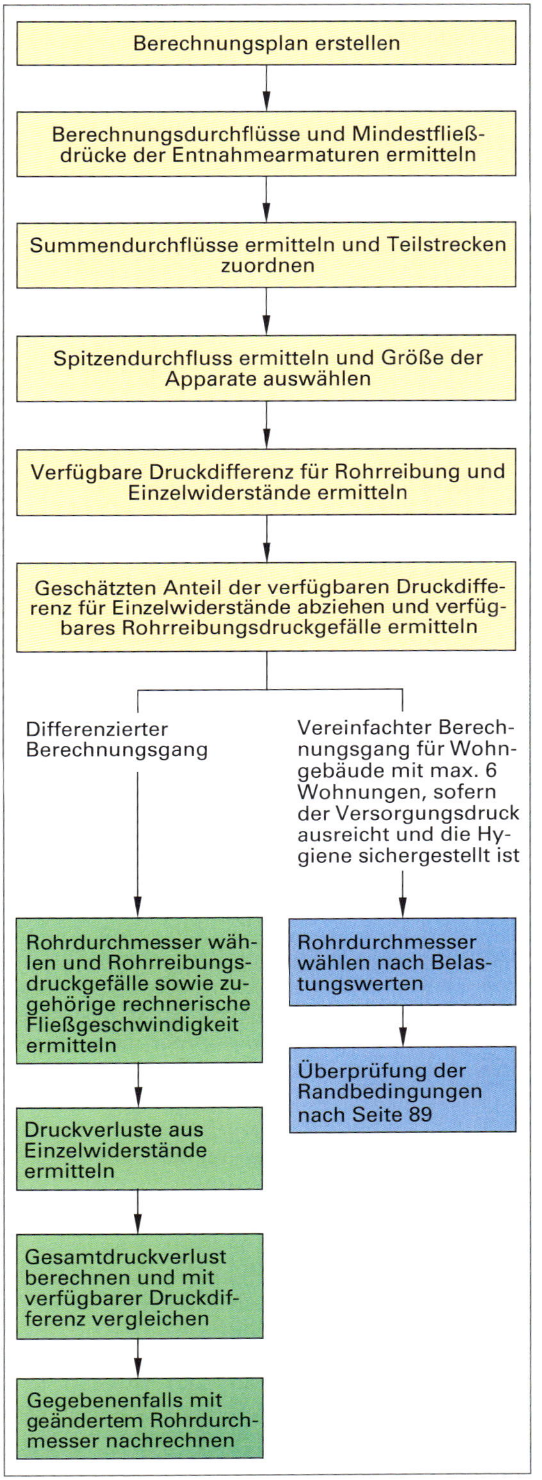

Bild 1: Vereinfachter und differenzierter Berechnungsgang

Eine Teilstrecke beginnt in Fließrichtung gesehen mit dem Formstück und endet mit dem geraden Rohr.

Entgegen der Fließrichtung sind von der entferntesten Entnahmestelle beginnend, die Berechnungsdurchflüsse zu addieren und die so erhaltenen Summendurchflüsse den entsprechenden Teilstrecken zuzuordnen. An der Abzweigstelle der Kaltwasserleitung zum Trinkwassererwärmer addieren sich die Summendurchflüsse der Kalt- und Warmwasserseite, wie z. B. TS2 = TS3 + TS7 + TS9. Auf eine Bezugslinie werden für die jeweilige Teilstrecke

- die Nummer der Teilstrecke,
- der Summendurchfluss $\Sigma \dot{V}_R$,
- die Länge der Teilstrecke und
- die Rohrleitungsdimension eingetragen **(Bild 1)**.

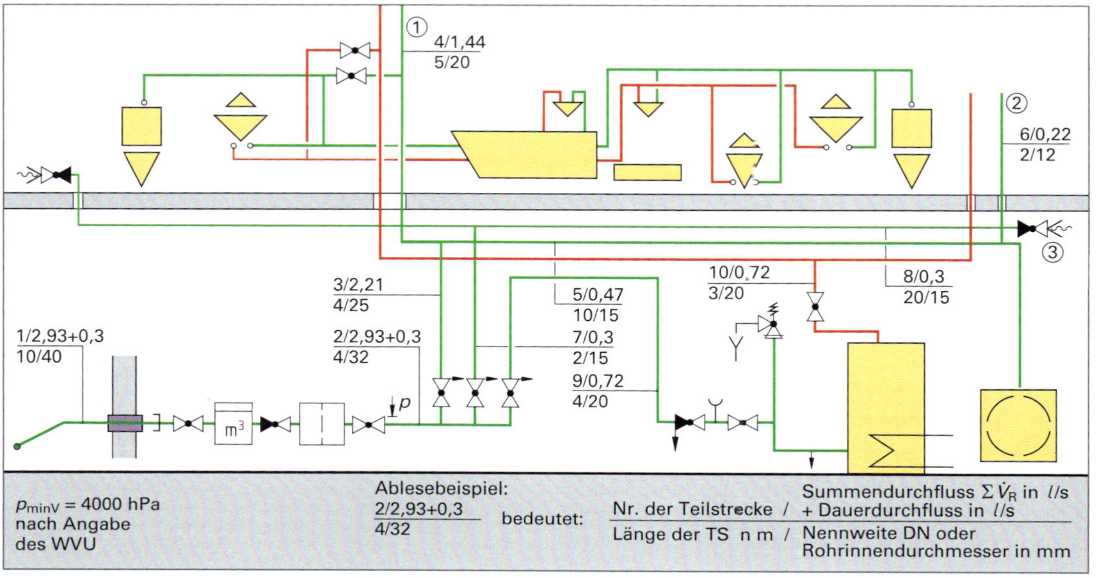

Bild 1: Berechnungsplan

Für die Auswahl des Rohrdurchmessers in einer Teilstrecke muss zum einen der Volumenstrom und zum anderen der Druckverlust bekannt sein. Der benötigte Volumenstrom in einer Anlage ist abhängig von den eingebauten Entnahmearmaturen und von der Art der Nutzung der Anlage. Es werden

- der Berechnungsdurchfluss $\dot{V}_R$
- der Summendurchfluss $\Sigma \dot{V}_R$ und
- der Spitzendurchfluss $\dot{V}_S$ unterschieden.

Der **Berechnungsdurchfluss $\dot{V}_R$** ist ein angenommener Durchfluss durch die Entnahmearmatur für den Berechnungsgang. Er muss so groß sein, dass die Funktion der Armatur gewährleistet ist. Der für die Funktion notwendige Fließdruck unmittelbar vor der Entnahmearmatur oder dem Apparat wird als **Mindestfließdruck p_{minFl}** bezeichnet. Der Berechnungsdurchfluss und der Mindestfließdruck von Entnahmearmaturen werden aus Herstellerunterlagen oder als Richtwerte aus der DIN 1988 entnommen **(Tabelle 1, Seite 81)**.

Der **Summendurchfluss $\Sigma \dot{V}_R$** ist die Summe der Berechnungsdurchflüsse in den einzelnen Teilstrecken.

Der **Spitzendurchfluss $\dot{V}_S$** ist der maßgebende Durchfluss für die Bestimmung der Nennweiten. Er berücksichtigt, dass in einer Trinkwasseranlage nicht alle Entnahmestellen gleichzeitig genutzt werden. Für die Gleichzeitigkeit der Trinkwassernutzung werden die Anlagen in Wohngebäude, Verwaltungsgebäude, Hotelbetriebe, Krankenhäuser, Schulen, Pflegeheime u.a. unterschieden **Tabelle 1, Seite 82.** Für andere Gebäudenutzung muss die Gleichzeitigkeit der Wasserentnahme mit dem Betreiber der Anlage abgestimmt werden.

Für die Ermittlung des Spitzendurchflusses muss zusätzlich berücksichtigt werden:

- In einer Nutzungseinheit (NE) in einem Wohngebäude oder vergleichbarer Nutzung in anderen Gebäudetypen wie z. B. in Hotelbetrieben werden nur die Berechnungsdurchflüsse einer Badewanne, eines Waschtisches und eines WC berücksichtigt.
  Weitere Sanitärgegenstände innerhalb der Nutzungseinheit wie ein zweites Waschbecken, eine Duschwanne, ein Sitzwaschbecken, ein Urinal oder Zapfventile in Vorräumen von Toilettenanlagen bleiben unberücksichtigt.

> Eine Nutzungseinheit ist ein Raum mit Entnahmestellen im Wohngebäude wie z. B. Bad, Küche, Hausarbeitsraum oder auch Nichtwohngebäude mit wohnungsähnlicher Nutzung wie z. B. Hotelbad, Altenheim, Krankenhaus, u. a. Die Nutzung ist dadurch charakterisiert, dass maximal zwei Entnahmestellen gleichzeitig geöffnet sind.

- Der Spitzendurchfluss in jeder Teilstrecke einer Nutzungseinheit wird maximal dem Summendurchfluss der beiden größten an der Teilstrecke installierten Entnahmestellen gleich gesetzt. Wird an eine Teilstrecke eine zweite Nutzungseinheit angeschlossen addieren sich die Spitzendurchflüsse der beiden Nutzungseinheiten sofern der sich damit ergebende Spitzendurchfluss kleiner ist als der nach Tabelle 1 bestimmte. Andernfalls ist der Spitzendurchfluss nach Tabelle 1, Seite 82 zu bestimmen.
- Entnahmestellen mit mehr als 15 Minuten dauernder Nutzung, wie z. B. Gartenventile und Beregnungsanlagen, sind Dauerverbraucher.Der Berechnungsdurchfluss wird beim Summendurchfluss nicht berücksichtigt sondern dem Spitzendurchfluss direkt addiert.
- Bei Reihenanlagen ist die Grundlage für die Berechnung der Summendurchfluss. Die Gleichzeitigkeit der Wasserentnahme ist mit dem Betreiber der Anlage festzulegen.

Tabelle 1: Richtwerte für Mindestfließdrücke und Berechnungsdurchflüsse gebräuchlicher Trinkwasserentnahmestellen

Mindestfließdruck[1] $p_{min\,Fl}$ hPa	Art der Trinkwasser-Entnahmestelle	Berechnungsdurchfluss bei der Entnahme von: Mischwasser $\dot{V}_R$ kalt l/s	Mischwasser $\dot{V}_R$ warm l/s	nur kaltem oder erwärmtem Trinkwasser $\dot{V}_R$ l/s
	Auslaufventile			
500	ohne Luftsprudler[2] .... DN 15	–	–	0,30
500	.... DN 20	–	–	0,50
500	.... DN 25	–	–	1,00
1000	mit Luftsprudler .... DN 10	–	–	0,15
1000	.... DN 15	–	–	0,15
1000	Duschköpfe für Reinigungsbrausen . DN 15	0,10	0,10	0,20
1200	Druckspüler .... DN 15	–	–	0,70
1200	Druckspüler .... DN 20	–	–	1,00
400	Druckspüler .... DN 25	–	–	1,00
1000	Druckspüler für Urinalbecken ..... DN 15	–	–	0,30
500	Haushaltsgeschirrspülmaschine ... DN 15	–	–	0,07
500	Haushaltswaschmaschine .... DN 15	–	–	0,15
	Mischbatterie für			
1000	Duschwannen .... DN 15	0,15	0,15	–
1000	Badewannen .... DN 15	0,15	0,15	–
1000	Küchenspülen .... DN 15	0,07	0,07	–
1000	Waschtische .... DN 15	0,07	0,07	–
1000	Sitzwaschbecken .... DN 15	0,07	0,07	–
1000	Mischbatterie .... DN 20	0,30	0,30	–
500	Spülkasten .... DN 15	–	–	0,13
1000	Elektro-Kochendwassergerät ...... DN 15	–	–	0,10[3]

1) Eckventile sind als Einzelwiderstände zu berücksichtigen.
2) Bei Auslaufventilen ohne Luftsprudler und mit Schlauchverschraubung wird der Druckverlust in der Schlauchleitung (bis 10 m Länge) und im angeschlossenen Apparat (z. B. Rasensprenger) pauschal über den Mindestfließdruck berücksichtigt. In diesem Fall erhöht sich der Mindestfließdruck um 1000 hPa auf 1500 hPa.
3) Bei voll geöffneter Drosselschraube.

Tabelle 1: Spitzendurchfluss $\dot{V}_s$ aus dem Summendurchfluss $\Sigma \dot{V}_R \geq 0{,}2$ l/s

Summendurchfluss	Wohngebäude, Betreutes Wohnen, Seniorenheim	Pflegeheim	Bettenhaus im Krankenhaus	Hotel	Schule, Verwaltungsgebäude	Summendurchfluss	Wohngebäude, Betreutes Wohnen, Seniorenheim	Pflegeheim	Bettenhaus im Krankenhaus	Hotel	Schule, Verwaltungsgebäude
ΣV_R	Spitzendurchfluss					ΣV_R	Spitzendurchfluss				
	$\dot{V}_S$	$\dot{V}_S$	$\dot{V}_S$	$\dot{V}_S$	$\dot{V}_S$		$\dot{V}_S$	$\dot{V}_S$	$\dot{V}_S$	$\dot{V}_S$	$\dot{V}_S$
l/s	l/s	l/s	l/s	l/s	l/s	l/s	l/s	l/s	l/s	l/s	l/s
0,20	0,15	0,20	0,19	0,19	0,17	1,90	0,73	0,61	0,81	0,82	0,73
0,22	0,17	0,21	0,21	0,21	0,19	2,00	0,75	0,62	0,84	0,85	0,75
0,24	0,19	0,23	0,22	0,22	0,20	2,10	0,76	0,63	0,88	0,87	0,77
0,26	0,21	0,24	0,23	0,24	0,32	2,20	0,78	0,64	0,88	0,89	0,78
0,28	0,22	0,25	0,25	0,25	0,23	2,30	0,79	0,65	0,80	0,91	0,80
0,30	0,24	0,26	0,26	0,26	0,25	2,40	0,81	0,66	0,92	0,94	0,81
0,32	0,25	0,27	0,27	0,28	0,26	2,50	0,82	0,67	0,94	0,96	0,83
0,34	0,27	0,28	0,29	0,29	0,27	2,6	5,83	0,68	0,96	0,98	0,84
0,36	0,28	0,29	0,30	0,30	0,28	2,7	0,85	0,69	0,98	1,00	0,86
0,38	0,29	0,30	0,31	0,31	0,28	2,8	0,86	0,70	1,00	1,02	0,87
0,40	0,30	0,31	0,32	0,32	0,30	2,9	0,87	0,71	1,02	1,04	0,89
0,42	0,32	0,32	0,33	0,33	0,32	3,0	0,88	0,71	1,04	1,06	0,90
0,44	0,33	0,33	0,34	0,34	0,33	3,5	0,94	0,75	1,12	1,15	0,96
0,46	0,34	0,34	0,35	0,35	0,34	4,0	0,99	0,78	1,20	1,23	1,02
0,48	0,35	0,34	0,36	0,36	0,34	4,5	1,03	0,81	1,27	1,31	1,07
0,50	0,36	0,36	0,37	0,37	0,35	5,0	1,07	0,83	1,34	1,39	1,12
0,52	0,37	0,36	0,38	0,38	0,36	5,5	1,11	0,86	1,41	1,46	1,16
0,54	0,38	0,36	0,30	0,39	0,37	6,0	1,14	0,88	1,47	1,52	1,21
0,56	0,39	0,37	0,40	0,40	0,38	6,5	1,17	0,90	1,53	1,59	1,25
0,58	0,38	0,38	0,41	0,41	0,39	7,0	1,20	0,92	1,59	1,65	1,28
0,60	0,40	0,38	0,42	0,42	0,40	7,5	1,23	0,94	1,64	1,71	1,32
0,62	0,41	0,38	0,43	0,43	0,40	8,0	1,26	0,95	1,69	1,77	1,35
0,64	0,42	0,40	0,44	0,44	0,41	8,5	1,28	0,97	1,74	1,83	1,39
0,66	0,43	0,40	0,44	0,44	0,42	9,0	1,31	0,98	1,79	1,88	1,42
0,68	0,44	0,41	0,45	0,45	0,43	10,0	1,35	1,01	1,89	1,98	1,48
0,70	0,44	0,41	0,46	0,46	0,43	11,0	1,39	1,04	1,97	2,08	1,53
0,75	0,46	0,42	0,48	0,48	0,45	12,0	1,43	1,06	2,06	2,18	1,59
0,80	0,48	0,44	0,50	0,50	0,47	13,0	1,47	1,08	2,14	2,27	1,64
0,85	0,49	0,45	0,52	0,52	0,49	14,0	1,50	1,11	2,22	2,35	1,68
0,90	0,51	0,46	0,84	0,54	0,50	15,0	1,54	1,13	2,29	2,44	1,73
0,95	0,53	0,47	0,55	0,55	0,52	16,0	1,57	1,14	2,36	2,52	1,77
1,00	0,54	0,48	0,57	0,57	0,53	17,0	1,60	1,16	2,43	2,60	1,81
1,05	0,55	0,49	0,59	0,59	0,54	18,0	1,62	1,18	2,50	2,67	1,85
1,10	0,57	0,50	0,60	0,60	0,56	19,0	1,65	1,19	2,56	2,75	1,89
1,15	0,58	0,51	0,62	0,62	0,57	20,0	1,67	1,21	2,62	2,82	1,92
1,20	0,69	0,52	0,63	0,63	0,58	21,0	1,70	1,22	2,68	2,89	1,96
1,25	0,60	0,52	0,65	0,65	0,60	22,0	1,72	1,24	2,74	2,96	1,99
1,30	0,82	0,53	0,66	0,66	0,61	23,0	1,75	1,25	2,80	3,02	2,03
1,35	0,63	0,54	0,68	0,68	0,62	24,0	1,77	1,26	2,86	3,09	2,06
1,40	0,64	0,55	0,88	0,69	0,63	25,0	1,79	1,28	2,91	3,15	2,09
1,45	0,85	0,55	0,70	0,71	0,64	26,0	1,81	1,29	2,97	3,21	2,12
1,50	0,66	0,66	0,72	0,72	0,65	27,0	1,83	1,30	3,02	3,28	2,15
1,60	0,68	0,58	0,74	0,75	0,67	28,0	1,85	1,31	3,07	3,34	2,18
1,70	0,70	0,68	0,77	0,77	0,69	29,0	1,87	1,32	3,12	3,39	2,20
1,80	0,71	0,60	0,79	0,80	0,71	30,0	1,88	1,33	3,17	3,45	2,23

Beispiel:

Bestimmen Sie für den Berechnungsplan

a) die Berechnungsdurchflüsse und die Mindestfließdrücke,

b) die Summendurchflüsse,

c) den Spitzenvolumenstrom und

d) tragen Sie die Ergebnisse in den Berechnungsplan ein **(Bild 1)**.

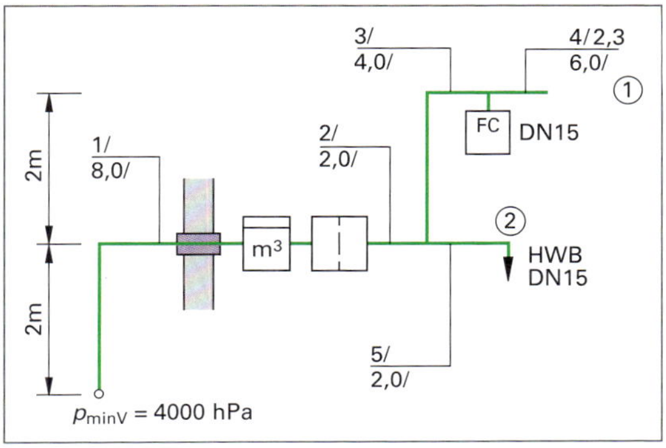

Bild 1: Berechnungsplan

Lösung:

a) Spülkasten DN 15: $\dot{V}_R = 0{,}13\ \frac{l}{s}$

$p_{minFl} = 500$ **hPa**

Auslaufventil mit Luftsprudler DN 15:

$\dot{V}_R = 0{,}15\ \frac{l}{s}$

$p_{minFl} = 1000$ **hPa** (aus Tabelle 1, Seite 81)

b) $\Sigma\dot{V}_R = 2{,}3\ \frac{l}{s} + 0{,}13\ \frac{l}{s} + 0{,}15\ \frac{l}{s}$ $\qquad \Sigma\dot{V}_R = 2{,}58\ \frac{l}{s}$

c) $\Sigma\dot{V}_R = 2{,}58\ \frac{l}{s} \rightarrow \dot{V}_S = 0{,}83\ \frac{l}{s}$ (aus Tabelle 1, Seite 82)

d) **Bild 2**

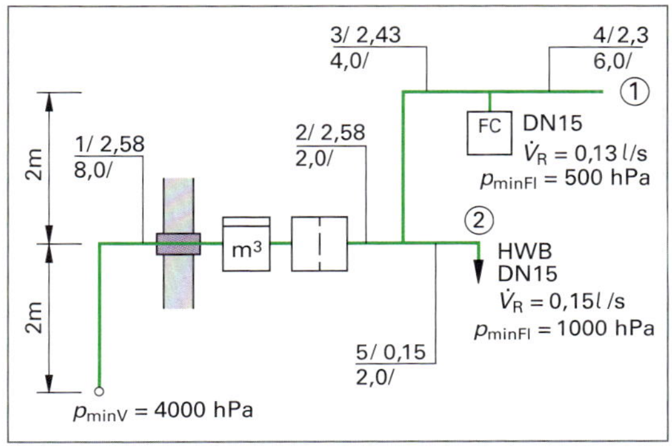

Bild 2: Berechnungsplan (Lösung)

Die Lösung kann übersichtlich mit Hilfe eines Formulars durchgeführt werden.

Ermittlung des Spitzendurchflusses über den Summendurchfluss

Bauvorhaben: *Beispiel*

Firma: *RMS* Bearbeiter: *Hä* Datum: Blatt-Nr.: *1*

Steigleitung (Strang) Nr.	Geschoss	Anzahl	Entnahmearmatur, Entnahmearmaturenkombination	Mindestfließdruck, Druckverlust $p_{min\,Fl}$ hPa	Berechnungsdurchfluss Anteil TW $\dot{V}_R$ l/s	Berechnungsdurchfluss Anteil TWW $\dot{V}_R$ l/s	Mischwasser $\Sigma\dot{V}_R$ l/s	Summendurchfluss Stockwerksleitung TW $\Sigma\dot{V}_R$ l/s	Summendurchfluss Stockwerksleitung TWW $\Sigma\dot{V}_R$ l/s	Summendurchfluss Steigleitung (Strang) TW $\Sigma\dot{V}_R$ l/s	Summendurchfluss Steigleitung (Strang) TWW $\Sigma\dot{V}_R$ l/s
1	2	3	4	5	6	7	8	9	10	11	12
1	*EG*	*1*	*Spülkasten DN 15*	*500*	*0,13*			*0,13*			
			weitere	*1000*	*2,3*			*2,3*			
2	*UG*	*1*	*Auslaufventil mit Luftsprudler DN 15*	*1000*	*0,15*			*0,15*			

Auswertung:

Summendurchfluss $\Sigma\dot{V}_R$ = *2,58 l/s*

Spitzendurchfluss aus $\Sigma\dot{V}_R$ für Wohngebäude $\dot{V}_S$ = *0,83 l/s ≙ 3 m³/h* (Tabelle 1, Seite 82)

Beispiel:

Bestimmen Sie den Spitzenvolumenstrom der Teilstrecke 1 und 2 im Stockwerksgrundriss eines Einfamilienhauses unter Berücksichtigung der Regeln für Nutzungseinheiten **(Bild 1)**.

Lösung:

Im ersten Schritt müssen die sanitären Einrichtungsgegenstände gekennzeichnet werden, die über einen Einrichtungsstandard hinausgehen.

In der Nutzungseinheit Küche ist dies keiner, im Bad ist dies der zweite Waschtisch, die Dusche und das Bidet, und im Gäste-WC ist dies das Urinal (Bild 1). Diese Entnahmestellen bleiben bei der Ermittlung des Spitzendurchflusses grundsätzlich unberücksichtigt.

Unter Berücksichtigung der Regel, dass in einer Nutzungseinheit maximal die zwei Entnahmestellen mit dem größten Berechnungsdurchfluss gleichzeitig betrieben werden können, müssen die Spitzenvolumenströme in den Teilstrecken der jeweiligen Nutzungseinheit entgegen der Fließrichtung festgelegt werden **(Tabelle 1)**.

In der Nutzungseinheit Gäste-WC ist der Spitzendurchfluss der zwei zu berücksichtigenden Entnahmestellen 0,2 l/s, da das Urinal bereits einen Berechnungsdurchfluss von 0,3 l/s hat, muss diese Teilstrecke auch für diesen Durchfluss bemessen werden.

Über die Teilstrecke TS 2 werden die Nutzungseinheiten Küche und Bad, über TS 1 werden alle drei Nutzungseinheiten versorgt.

Für die Bemessung der Teilstrecken gilt die Regel, dass der maßgebliche Spitzendurchfluss der kleinere Wert ist im Vergleich mit dem ermittelten Spitzendurchfluss nach Tabelle 1, Seite 82 und dem Spitzendurchfluss der beiden Entnahmestellen in der Nutzungseinheit.

Für die Bemessung der TS 2 ist deshalb der ermittelte Spitzendurchfluss von **0,37 l/s** und für die TS 1 von **0,49 l/s** zu verwenden (Tabelle 1).

Tabelle 1: Ermittlung der Spitzendurchflüsse in TS 1 und TS 2

Teilstrecke	Nutzungseinheit NE	Summendurchfluss $\Sigma\dot{V}_R$	2 größten $\dot{V}_R$ aus 945 2 NE $\Sigma\dot{V}_{R}$, 2 NE	größter $\dot{V}_S$ einer NE $\dot{V}_{S,}$ NE_{max}	Spitzendurchfluss $\dot{V}_S$
	Küche Bad	0,29 0,22	0,22 0,22		
TS 2		0,51	0,44	0,22	0,37
	G-WC Bad	0,20 0,13			
TS 1		0,84	Tab 1 S. 82	0,43	0,49

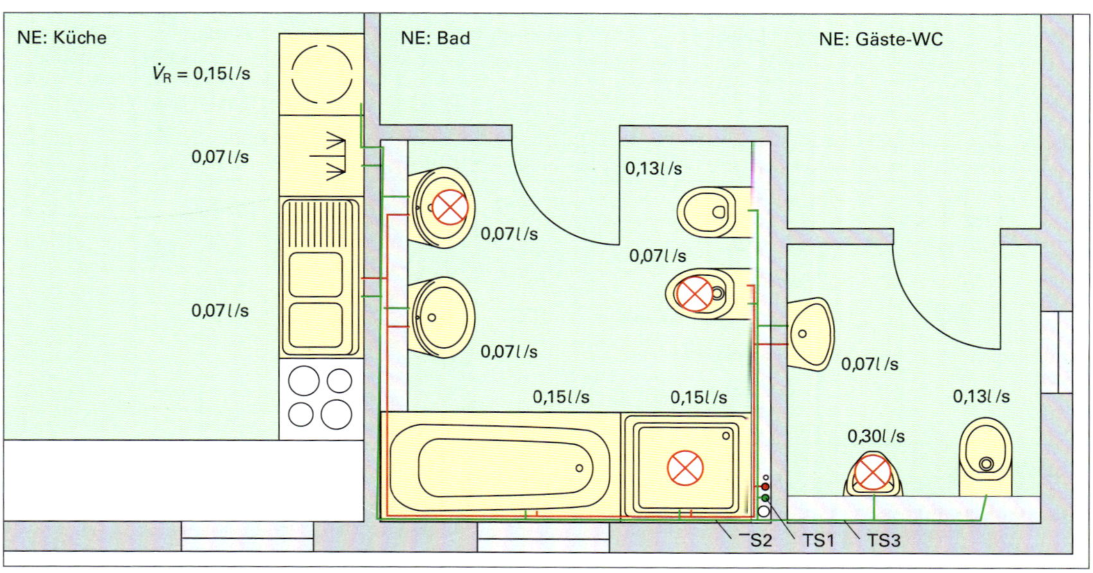

Bild 1: Stockwerksgrundriss

3.4.2 Druckverluste, Rohrreibungsdruckgefälle

Der Durchmesser einer Teilstrecke wird neben dem Spitzendurchfluss durch das verfügbare Rohrreibungsdruckgefälle bestimmt. Das verfügbare Rohrreibungsdruckgefälle R_{verf} ist der Druckverlust, der durchschnittlich je Meter gerader Rohrlänge zur Verfügung steht.

Dabei wird die Fließstrecke des Wassers (Strang) vom Anschluss an die Versorgungsleitung bis zur hydraulisch ungünstigsten Entnahmestelle betrachtet **(Bild 1)**. Dies ist häufig die entfernteste Entnahmestelle.

Der verfügbare Druckverlust Δp_{Verf} für die Rohrleitung eines Strangs wird ermittelt aus

- dem Mindestversorqungsdruck p_{minV},
- dem Druckverlust aus dem geodätischen Höhenunterschied Δp_{geo},
- dem Druckverlust der Apparate Δp_{Ap} und
- dem Mindestfließdruck $p_{min\,Fl}$ der ungünstigsten Entnahmearmatur.

$$\Delta p_{Verf} = p_{minV} - \Delta p_{geo} - \Delta p_{Ap} - p_{min\,Fl}$$

Δp_{Verf} Verfügbarer Druckverlust für Rohrreibung und Einzelwiderstände im Fließweg vom Anschluss an die Versorgungsleitung bis zur jeweiligen Entnahmestelle bzw. bis zum Stockwerksanschluss in hPa

p_{minV} Mindestvesorgungsdruck nach Angabe des Wasserversorgungsunternehmens in hPa

Δp_{geo} Geodätischer Druckverlust, durch die Höhe der Wassersäule zwischen der Anschlussleitung und der hydraulisch ungünstigsten Entnahmestelle in hPa
(10 m WS ≙ 1000 hPa)

Δp_{AP} Druckverlust der Apparate in hPa

p_{minFl} Erforderlicher Mindestfließdruck an der Anschlussstelle der hydraulisch ungünstigsten Entnahmearmatur in hPa

Für den verfügbaren Druckverlust für Rohrreibung und Einzelwiderstände gilt:

$$\Delta p = \Sigma(l \cdot R + Z)$$

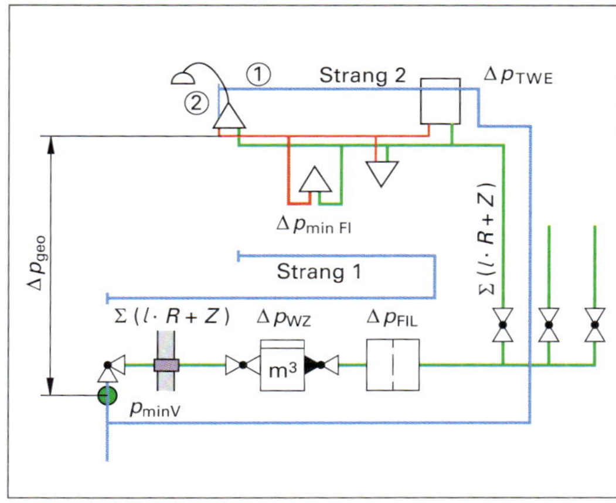

Bild 1: Druckverluste

Für Einzelwiderstände gilt:

$$Z = \Sigma\zeta \cdot \frac{\varrho \cdot v^2}{2}$$

R Rohrreibungsdruckgefälle in hPa/m
l Rohrleitungslänge in m
Z Einzelwiderstände in hPa
$\Sigma\zeta$ Summe der Widerstandsbeiwerte
v Fließgeschwindigkeit in m/s
ϱ Dichte in kg/m³

Bei Wohngebäuden ist der Erfahrungswert für Einzelwiderstände 40% bis 60% aus dem verfügbaren Druckverlust für Rohrreibung und Einzelwiderstände Δp_{verf}.

Der **Druckverlust in Apparaten** wird ermittelt aus den einzelnen Druckverlusten der eingebauten Apparate.

$$\Delta p_{Ap} = \Delta p_{WZ} + \Delta p_{FIL} + \Delta p_{EH} + \ldots + \Delta p_{TWE}$$

Diese müssen auf den errechneten Spitzendurchfluss umgerechnet werden **(Tabelle 1 und Tabelle 2, Seite 86)**.

$$\Delta p_S = \Delta p_g \cdot \frac{\dot{V}_s^2}{\dot{V}_g^2}$$

Δp_S Druckverlust bei Spitzendurchfluss in hPa
$\dot{V}_S$ Spitzendurchfluss in l/s, m³/h
Δp_g Druckverlust des Apparates bei $\dot{V}_g$ in hPa
$\dot{V}_g$ Maximaler Apparatedurchfluss in l/s, m³/h

Tabelle 1: Druckverluste in Apparaten

Apparat	Nenn-durchfluss $\dot{V}_n$ in m^3/h	Druckverlust Δp_g bei $\dot{V}_g$ in hPa
Flügelradzähler	< 15	1000
Woltmannzähler senkrecht (WS)	≥ 15	600
Woltmannzähler parallel (WP)	≥ 15	300
Feinfilter		200
Ionenaustauscher		800 bis 1200
Dosiergerät		800
Elektrodurchfluss-Wassererwärmer – thermisch geregelt – hydraulisch gesteuert		 500 1000
Elektro-, Gas-Speicher-Wassererwärmer	Nenn-volumen bis 80 l	200
Gas-Durchfluss- und Gas-Kombi-Wasserheizer		800

Tabelle 2: Auswahl von Flügelradzählern Δp_g = 1000 hPa bei $\dot{V}_{max}$

Anschlussgewinde in DN	Nenn-durchfluss $\dot{V}_n$ in m^3/h	maximaler Durchfluss $\dot{V}_{max}$ in m^3/h
G 1/2 B	0,6	1,2
G 1/2 B	1,0	2
G 3/4 B	1,5	3
G 1 B	2,5	5
G 1 1/4 B	3,5	7
G 1 1/2 B	6	12
G 2 B	10	20

Bei Wasserzählern bezieht sich der Druckverlust Δp_g auf den maximalen Durchfluss $\dot{V}_{max}$.

Tabelle 3: Auswahl von Feinfiltern Δp_g = 200 hPa bei $\dot{V}_g$
(Herstellerangaben)

Nicht rückspülbar						
$\dot{V}_g$ in m^3/h	1,6	2,0	5,0	5,8		
Nennweite DN	15	20	25	32		
Rückspülbar						
$\dot{V}_g$ in m^3/h	3,2	4,3	7,2	7,8	10	11,5
Nennweite DN	15	20	25	32	40	50

Tabelle 4: Druckverluste in Ionenaustauschern
(Herstellerangaben)

$\dot{V}_g$ in m^3/h	1,4	2,0	3,0	4,0	5,0
Anschluss DN	25	32	32	32	32
Δp_g in hPa	800	800	900	1200	1200

Um das **verfügbare Rohrreibungsdruckgefälle** zu bestimmen, muss der Anteil der Einzelwiderstände geschätzt werden. Je nach Ausführung beträgt der Anteil in Wohngebäuden 40% bis 60%.

Beim vereinfachten Berechnungsgang werden die geschätzten Einzelwiderstände nicht nachgerechnet.

Mit dem Strang des **ungünstigsten (kleinsten) verfügbaren Rohrreibungsdruckgefälles** wird mit der Auslegung der Nennweiten der Teilstrecken begonnen.

Zur übersichtlichen Darstellung erfolgt die Bestimmung des verfügbaren Rohrreibungsdruckgefälles mittels eines Formblattes.

Beispiel:

Bestimmen Sie die Druckverluste und das zur Verfügung stehende Rohrreibungsdruckgefälle für das Beispiel Bild 1, Seite 82.

Lösung:

Bestimmung der Druckverluste in Apparaten:

Wasserzähler:

Auswahl: $\dot{V}_S$ = 0,83 l/s $\dot{V}_S$ = 3,0 m^3/h

Gewählt: G 1 B $\dot{V}_n$ = 2,5 m^3/h

$\dot{V}_{max}$ = 5 m^3/h (nach Tabelle 2, Seite 84)

Δp_g = 1000 hPa bei $\dot{V}_g = \dot{V}_{max}$ = 5 m^3/h

$$\Delta p_{WZ} = \Delta p_g \cdot \frac{\dot{V}_S^2}{\dot{V}_g^2} \qquad \Delta p_{WZ} = 1000\ \text{hP} \cdot \frac{(3{,}0\ m^3/h)^2}{(5\ m^3/h)^2}$$

Δp_{WZ} = 360 hPa (in Zeile 3a eintragen)

Feinfilter: $\dot{V}_S$ = 0,83 l/s $\dot{V}_S$ = 3,0 m^3/h

Gewählt: Rückspülfilter $\dot{V}_g$ = 4,3 m^3/h
(nach Tabelle 3, Seite 84)

Δp_g = 200 hPa bei $\dot{V}_g$ = 4,3 m^3/h

$$\Delta p_{FIL} = \Delta p_g \cdot \frac{\dot{V}_S^2}{\dot{V}_g^2} \qquad \Delta p_{FIL} = 200\ \text{hPa} \cdot \frac{(3{,}0\ m^3/h)^2}{(4{,}3\ m^3/h)^2}$$

Δp_{FIL} = 97 hPa (in Zeile 3b eintragen)

Lösung mit Formular:

Berechnung des verfügbaren Rohrreibungsdruckgefälles

Nr.	Benennung	Zeichen	Einheit	Strang				
				1	2	3	4	5
1	Mindest-Versorungsdruck oder ausgangsseitiger Druck nach Druckminderer oder Druckerhöhungsanlage (DEA)	$p_{\min V}$	hPa	4000	4000			
2	Druckverlust aus geodätischem Höhenunterschied	Δp_{geo}	hPa	400	200			
3	Druckverlust in Apparaten, z. B.							
	a) Wasserzähler	Δp_{WZ}	hPa	360	360			
	b) Filter	Δp_{FIL}	hPa	97	97			
	c) weitere Apparate	Δp_{AP}	hPa					
4	Mindestfließdruck	$\Delta p_{\min Fl}$	hPa	1000	1000			
5	Summe der Druckverluste aus Nr. 2 bis Nr. 5	$\Sigma\Delta p$	hPa	1857	1657			
6	Verfügbar für Druckverlust aus Rohrreibung und Einzelwiderständen, Wert aus Nr. 1 minus Wert aus Nr. 6	p_{verf}	hPa	2143	2343			
7	Geschätzter Anteil für Einzelwiderstände bei 40%	–	hPa	857	937			
8	Verfügbar für Druckverluste aus Rohrreibung, Wert aus Nr. 7 minus Wert aus Nr. 8	–	hPa	1286	1406			
9	Leitungslänge	l_{ges}	m	20	12			
10	Verfügbares Rohrreibungsdruckgefälle, Wert aus Nr. 9 geteilt durch Wert aus Nr. 10	R_{verf}	$\frac{hPa}{m}$	64*	117			

* hydraulisch ungünstigster Strang für die Rohrdimensionierung

3.4.3 Vereinfachte Auswahl der Rohrdurchmesser nach DIN EN 806-3

Nach diesem Verfahren können die Rohrinnendurchmesser für Kalt- und Warmwasserverbrauchsleitungen in Wohngebäuden mit bis zu sechs Wohnungen bestimmt werden, sofern der Versorgungsdruck ausreicht und die Hygiene sichergestellt ist. Zirkulationsleitungen werden nach dem Kurzverfahren ausgelegt (Seite 122).

Der Rohrinnendurchmesser wird mit Hilfe von Tabellen in Abhängigkeit des Rohrwerkstoffes und der Entnahmearmaturendurchflüsse ausgedrückt als Belastungswerte (LU) ermittelt **(Tabelle 1, Seite 88)**.

> 1 Belastungswert (LU) entsprich] einem Entnahmearmaturendurchfluss $\dot{V}$ von 0,1 l/s.

Entgegen der Fließrichtung sind von der entferntesten Entnahmestelle beginnend die Belastungswerte für die einzelnen Teilstrecken zu ermitteln. Ausgehend von der Summe der Belastungswerte und dem Rohrwerkstoff wird aus Tabelle 1, Seite 88 der Rohrinnendurchmesser abgelesen und in den Berechnungsplan eingetragen. Dabei ist der größte Einzelbelastungswert und die maximal zulässige Rohrlänge zu beachten. Der Spitzendurchfluss nach **Bild 1, Seite 89** ist in den Tabellenwerten berücksichtigt.

Die Anwendung des vereinfachten Bemessungsverfahren setzt voraus, dass

- das verfügbare Rohrreibungsdruckgefälle im ungünstigsten Fließweg größer als 10 hPa/m ist,
- Entnahmearmaturen mit höchstens 1000 hPa Mindestfließdruck gewählt werden,
- keine Entnahmearmaturen als Dauerläufer (größer 15 Minuten) vorhanden sind,
- die Entnahmedurchflüsse der Entnahmearmaturen nicht größer als nach Tabelle 1, Seite 89 sind,
- die Art der Nutzung keinen höheren Spitzendurchfluss erwarten lässt, als er sich nach **Bild 1, Seite 89** ergibt und
- die Fließgeschwindigkeit in Sammelzuleitungen, Steigleitungen, Stockwerksleitungen höchstens 2,0 m/s und in Einzelzuleitungen höchstens 4,0 m/s beträgt.

Tabelle 1: Belastungswerte für die Bemessung der Rohrinnendurchmesser

Kupferrohre

Maximaler Belastungswert	LU	**1**	**2**	**3**	**3**	**4**	**6**	**10**	**20**	**50**	**165**	**430**	**1050**	**2100**
Größter Einzelwert	LU			2			4	5	8					
$d_s \times s$	mm	**12** x 1,0			**15** x 1,0			**18** x 1,0	**22** x 1,0	**28** x 1,5	**35** x 1,5	**42** x 1,5	**54** x 2	**76,1** x 2
d_i	mm	10,0			13,0			16,0	20,0	25	32	39	50	72,1
Maximale Rohrlänge	m	20	7	5	15	9	7							

Rohre aus nichtrostendem Stahl

Maximaler Belastungswert	LU	**3**	**4**	**6**	**10**	**20**	**50**	**165**	**430**	**1050**	**2100**
Größter Einzelwert	LU			4	5	8					
$d_s \times s$	mm	**15** x 1,0			**18** x 1,0	**22** x 1,2	**28** x 1,2	**35** x 1,5	**42** x 1,5	**54** x 1,5	**76,1** x 2
d_i	mm	13,0			16,0	19,6	25,6	32	39	51	72,1
Maximale Rohrlänge	m	15	9	7							

PE-X-Rohre

Maximaler Belastungswert	LU	**1**	**2**	**3**	**4**	**5**	**8**	**16**	**35**	**100**	**350**	**700**
Größter Einzelwert	LU					4	5	8				
$d_s \times s$	mm	**12** x 1,7		**16** x 2,2			**20** x 2,8	**25** x 3,5	**32** x 4,4	**40** x 5,5	**50** x 6,9	**63** x 8,6
d_i	mm	8,4		11,6			14,4	18,0	23,2	29	36,2	45,6
Maximale Rohrlänge	m	13	4	9	5	4						

PB-Rohre

Maximaler Belastungswert	LU	**1**	**2**	**3**	**3**	**4**	**6**	**13**	**25**	**55**	**180**	**500**	**1100**
Größter Einzelwert	LU			2			4	5	8				
$d_s \times s$	mm	**12** x 1,3			**16** x 1,5			**20** x 1,9	**25** x 2,3	**32** x 3	**40** x 3,7	**50** x 4,6	**63** x 5,8
d_i	mm	9,4			13,0			16,2	20,4	26	32,6	40,8	51,4
Maximale Rohrlänge	m	20	7	5	15	9	7						

PEX/AL/PE-HD bzw. PE-MD/AL/PE-HD-Rohre

Maximaler Belastungswert	LU	**3**	**4**	**5**	**6**	**10**	**20**	**55**	**180**	**540**	**1300**
Größter Einzelwert	LU			4	5	5	8				
$d_s \times s$	mm	**16** x 2,25 / **16** x 2,0			**18** x 2	**20** x 2,5	**26** x 3	**32** x 3	**40** x 3,5	**50** x 4	**63** x 4,5
d_i	mm	11,5/12,0			14	15	20	26	33	42	54
Maximale Rohrlänge	m	9	5	4							

Für Rohrsysteme, welche nicht in den Tabellen aufgeführt sind, ist jeweils die Tabelle mit dem ähnlichsten Werkstoff und in dieser Tabelle die Kolonne mit dem gleichen oder ähnlichsten Innendurchmesser zu wählen.

Tabelle 1: Belastungswerte für Entnahmestellen			
Entnahmestelle	**$\dot{V}_R$ l/s**	**$\dot{V}_{Rmin}$ l/s**	**Belastungswerte**
Waschtisch, Handwaschbecken, Bidet, Spülkasten	0,1	0,1	1
Haushalt-Küchenspüle, Waschmaschine[1)], Geschirrspülmaschine, Ausgussbecken, Duschbrausekopf	0,2	0,15	2
Urinaldruckspüler	0,3	0,15	3
Badewannenauslauf	0,4	0,3	4
Entnahmearmatur für Garten/Garage	0,5	0,4	5
Gewerbe-Küchenspüle DN 20, Badewannenauslauf	0,6	0,8	8
Druckspüler DN 20	1,5	1,0	15

1) Für Gewerbewaschmaschinen nach Angabe des Herstellers.

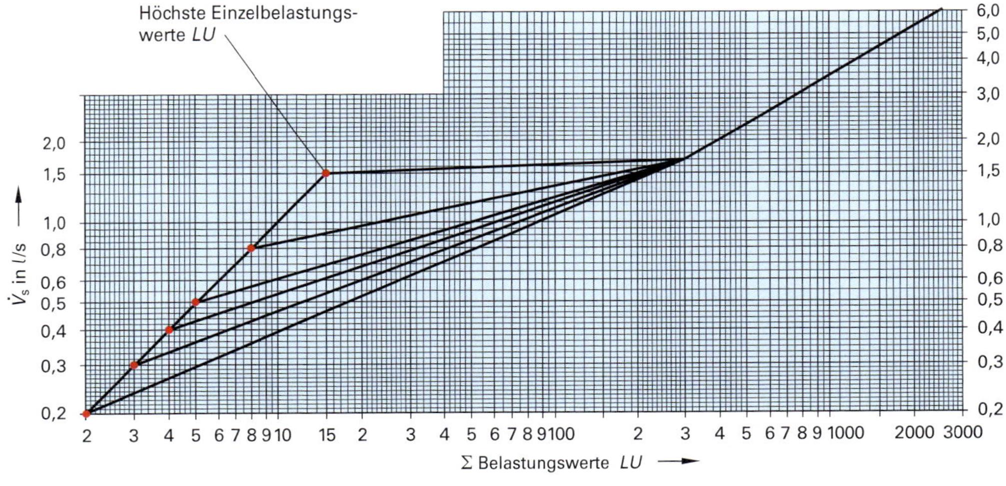

Bild 1: Spitzenvolumenstrom aus ΣLU

Beispiel:

Bestimmen Sie für ein Wohngebäude mit 3 Wohnungen die Dimensionen für die Kalt- und Warmwasserleitungen sowie für die Zirkulation nach dem vereinfachten Berechnungsverfahren **(Bild 1, Seite 90)**.

Angaben für die Bemessung:

- Entnahmearmaturen, Teilstrecken und Armaturen sind dem Berechnungsschema zu entnehmen,
- die ermittelten Werte, wie Belastungswerte und Außendurchmesser sind in das Berechnungsschema einzutragen,
- Mindestversorgungsdruck 4000 hPa,
- Mindestfließdruck an der Entnahmestelle höchstens 1000 hPa,
- zentraler Trinkwassererwärmer,
- längster Fließweg der Zirkulationsleitung kleiner 20 m,
- Länge aller in die Zirkulation eingebundenen Warmwasserleitungen kleiner 30 m,
- Belastungswerte nach Tabelle 1, Seite 88, Werkstoff der Kalt-, Warm- und Zirkulationsleitungen: Verbundrohr PEX/Al/PE-HD,
- Belastungswerte für die Bemessung der Rohrinnendurchmesser nach Tabelle 1, Seite 88.

Es ist nachzuweisen, dass das verfügbare Rohrreibungsdruckgefälle im ungünstigstem Strang größer als 10 hPa/m ist.
Der ungünstigste Strang ist Strang 1.

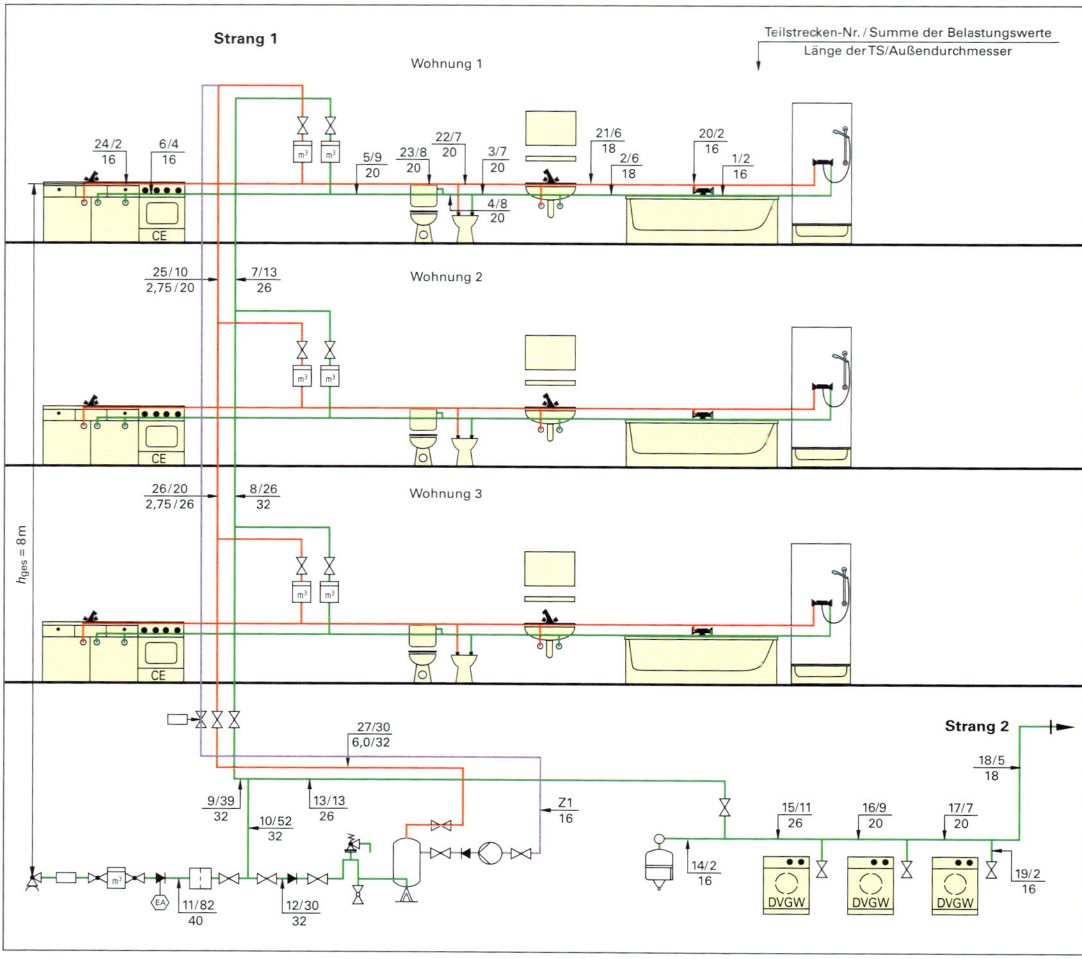

Bild 1: Berechnungsschema mit Lösung

Nachweis für den ausreichenden Mindestversorgungsdruck im vereinfachten Verfahren

	Benennung	Bezeichnung	Wert	Einheit
1	Mindest-Versorgungsdruck	p_{minV}	4000	hPa
2	Druckverlust in der Hausanschlussleitungen	Δp_{HAl}	850	hPa
3	Druckverlust im Hauswasserzähler	Δp_{WZ}		
4	Mindestdruck nach dem Hauswasserzähler	$p_{min,\,WZ}$	3150	hPa
5	Druckverlust aus geodätischem Höhenunterschied	Δp_{geo}	800	hPa
6	Druckverlust im Rückflussverhinderer	Δp_{RV}	—	hPa
	Druckverlust in Apparaten			—
	Wohnungs-Wasserzähler	Δp_{WZ}	200	hPa
	Filter	Δp_{FIL}	200	hPa
7	Enthärtungsanlage	Δp_{EH}		hPa
	Dosieranlage	Δp_{DOS}		hPa
	Trinkwassererwärmer	Δp_{TE}		hPA
	weitere Apparate	Δp_{Ap}		hPa

8	Mindestfließdruck Entnahmearmatur: Mischarmatur für Waschtisch	$p_{min\ FL}$	1000	hPa
9	Summe der Druckverluste	$\Sigma\Delta p$	2200	hPa
11	verfügbar für Druckverluste aus Rohrreibung und Einzelwiderständen	$\Sigma(l \cdot R + Z)_v$	950	hPa
12	geschätzter Anteil für Einzelwiderstände	a	40	%
13	verfügbar für Druckverlust aus Rohrreibung	Δp_R	570	hPa
14	Leitungslänge	l_{ges}	24	m
15	verfügbares Rohrreibungsdruckgefälle	R_v	23,7	hPa/m
Der Mindestversorgungsdruck ist ausreichend, wenn das verfügbare Rohrreibungsdruckgefälle $R > 10$ hPa/m ist. Ist das verfügbare Rohrreibungsdruckgefälle geringer, muss eine differenzierte Berechnung nach DIN 1988-300 durchgeführt werden.				

Ermittlung der Rohrnennweiten im vereinfachten Verfahren

Kaltwasser (PWC)						Warmwasser (PWH)				
Teilstecke	Entnahme-stelle	Belastungs-wert	Gesamt	Leitung-länge	Nennweite	Teilstecke	Belastung-swert	Gesamt	Leitung-länge	Nennweite
		LU	LU	m	DN		LU	LU	m	DN
	Wohnung 1 Dusche Badewanne Waschtisch Bidet Spülkasten Geschirrspüler Küchenspüle	 2 4 1 1 1 2 2		 3 0,5 0,5 0,5 0,5 1,0 0,5			 2 4 1 1 – – 2		 3 0,5 0,5 0,5 – – 1,5	
	Wohnung 1 gesamt		13					13		
1	Dusche	2			12	20	2			12
2	Dusche + Badewanne		6	4,5	15	21		6	4,5	15
3	D + BW + WT		7	5,5	15	22		7	5,5	15
4	D + BW + WT + Bidet		8	6,5	15	23		8	6,5	15
5	D + BW + WT + B + Spülkasten		9	7,5	15	–				–
6	Küchenspüle + Geschirrspüler		4	1,5	12	24		2	1,5	12
7	Wohnung 1 gesamt		13		20	25		10		20
8	Wohnung 1 + 2		26		25	26		20		25
9	Wohnung 1 + 2 + 3		39		25	27		30		25
10	Strang 1 + 2		52		25					
11	Gesamt + PWC + PWH		82		32	Länge aller in die Zirkulation eingebundenen Warmwasserleitungen				
12	Anschluss TWE		30		25					
13	Strang 2		13		20	27			6,00	
14	Ausguss		2	2,0	12	26			2,75	
15	3 WM + Außenzapfstelle		11		20	25			2,75	
16	2 WM + AZ		9		15	Gesamt			11,5	< 30 m
17	1 WM + AZ		7		15	längster Fließweg der Zirkulationsleitung				
18	AZ		5	8,0	15					
19	je Waschmaschine		2	0,5	12	Z1			11,5	12
						Gesamt			11,5	< 20 m
						Zirkulationsregulierventile DN 12 im Strang 1 und Strang _ Zirkulationspumpe DN 15 Förderstrom 200 l/h bei 100 hPa				

3.4.4 Differenzierte Auswahl der Rohrdurchmesser nach DIN EN 1988-300

Bei der Auswahl der Rohrdurchmesser ist zu berücksichtigen:

- Die Ermittlung beginnt entlang des hydraulisch ungünstigsten Fließweges mit dem kleinsten verfügbaren Rohrreibungsdruckgefälle als Richtwert (Formular, Seite 87).
- Der Rohrwerkstoff, der Spitzendurchfluss und das verfügbare Rohrreibungsdruckgefälle als Richtwert bestimmen die erforderliche Nennweite der Teilstrecke **(Tabelle 1, Seite 93 und Seite 94)**.
- Es ist zu untersuchen, ob die maximale rechnerische Fließgeschwindigkeit in der Teilstrecke nicht überschritten wird **(Tabelle 1)**.
- Bei Anwendung des differenzierten Berechnungsganges müssen die Einzelwiderstände über den Widerstandsbeiwert bestimmt werden.
- In jedem Fließweg soll der verfügbare Druckverlust für Rohrreibung verbraucht werden.
- Bei größeren Abweichungen ist eine Nachrechnung erforderlich.
- Die Druckverluste aus der Rohrreibung werden in der Kaltwasserinstallation mit der Bezugstemperatur von 10 °C gerechnet und in der Warmwasserinstallation mit der Bezugstemperatur von 60 °C.
- In Fließrichtung gesehen dürfen Rohrdurchmesser nicht erweitert werden.
- Die Mindestnennweite für Anschlussleitungen beträgt DN 25.

Die einzelnen Werte werden mit Hilfe eines Formulars übersichtlich zusammengefasst.

Tabelle 1: Maximale rechnerische Fließgeschwindigkeit bei Spitzendurchfluss in m/s

Leitungsabschnitt	bei Fließdauer	
	≤ 15 min	>15 min
Anschlussleitungen	2	2
Verbrauchsleitungen mit		
– druckverlustarmen Durchgangsarmaturen $\zeta < 2{,}5$	5	2
– Durchgangsarmaturen $\zeta \geq 2{,}5$	2,5	2

Durchgangsarmaturen:

$\zeta < 2{,}5$: z. B.: Kolbenschieber, Kugelhahn, Schrägsitzventile ab DN 20

$\zeta \geq 2{,}5$: z. B.: Geradsitzventile

Beispiel 1:

Ermitteln Sie die Nennweiten für das Beispiel Seite 83 und Seite 86

a) nach dem vereinfachten Berechnungsgang und
b) nach dem differenzierten Berechnungsgang.

Geg.: Berechnungsplan Bild 1, Seite 83
Formular zur Ermittlung des verfügbaren Rohrreibungsdruckgefälles, Seite 87
Tabellen Seite 94
Werkstoff: Verbundrohr/PE-X

Lösung zu a) nach Tabelle 1, Seite 88:

TS	$\dot{V}_R$	Belastungswert	Nennweite
5	HWB	1 LU	DN 12
	FC	1 LU	DN 12
4	2,3 l/s	23 LU	DN 25
3	2,43 l/s	24 LU	DN 25
2	2,58 l/s	26 LU	DN 25
1	2,58 l/s	26 LU	DN 25

Bemerkungen:

- Der hydraulisch ungünstigste Fließweg ist Strang 1.
- Die angenommene maximale rechnerische Fließgeschwindigkeit für die Anschlussleitung beträgt 2 m/s, für die Verbrauchsleitungen 5m/s, da druckverlustarme Absperrarmaturen verwendet werden.
- Der zur Verfügung stehende Druck kann nicht verbraucht werden. Eine kleinere Dimensionierung ist aber nicht möglich.

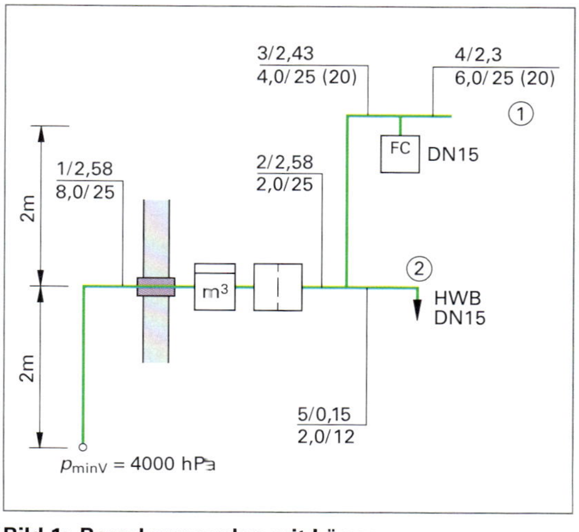

Bild 1: Berechnungsplan mit Lösung

Tabelle 1: Rohrreibungsdruckgefälle *R* aus Durchfluss, Nennweite und Fließgeschwindigkeit für Kupfer und nichtrostenden Stahl

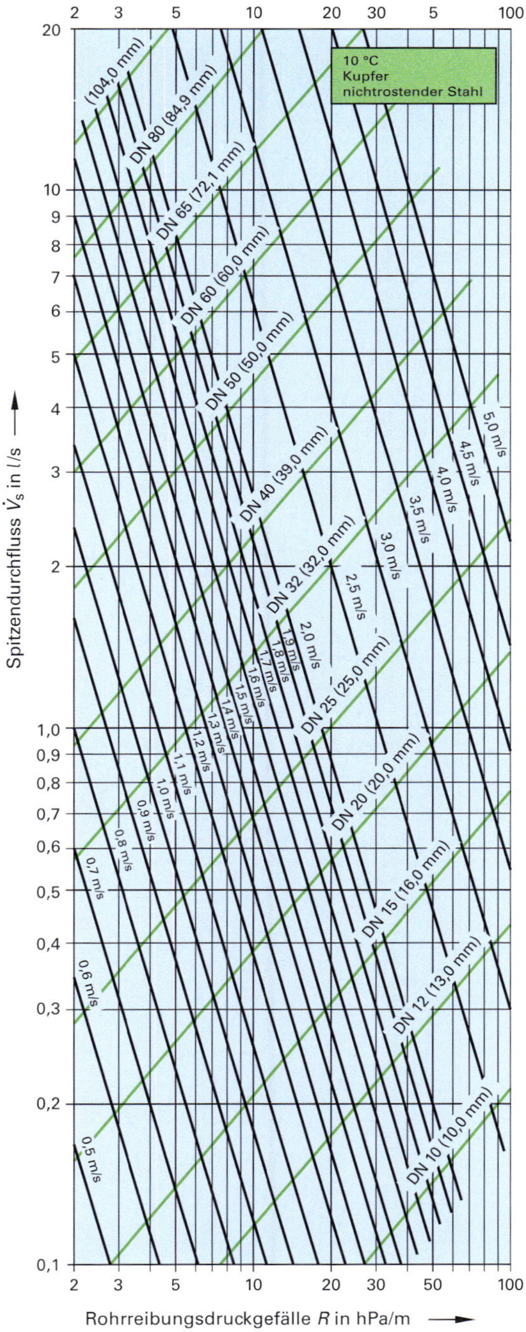

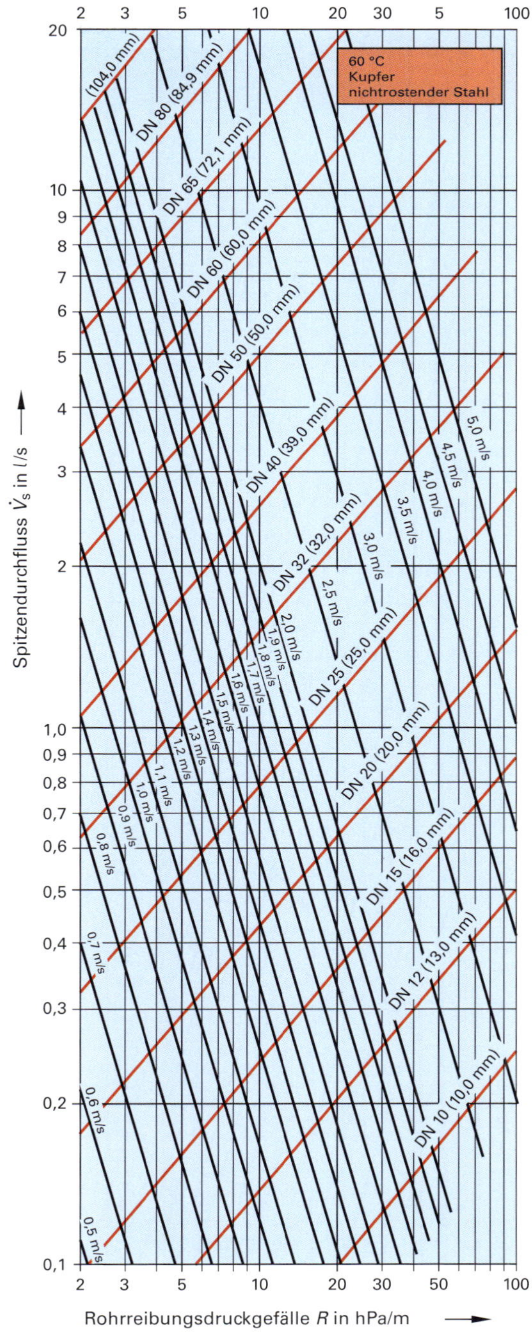

Tabelle 1: Rohrreibungsdruckgefälle *R* aus Durchfluss, Nennweite und Fließgeschwindigkeit für Mehrschichtverbund PEX

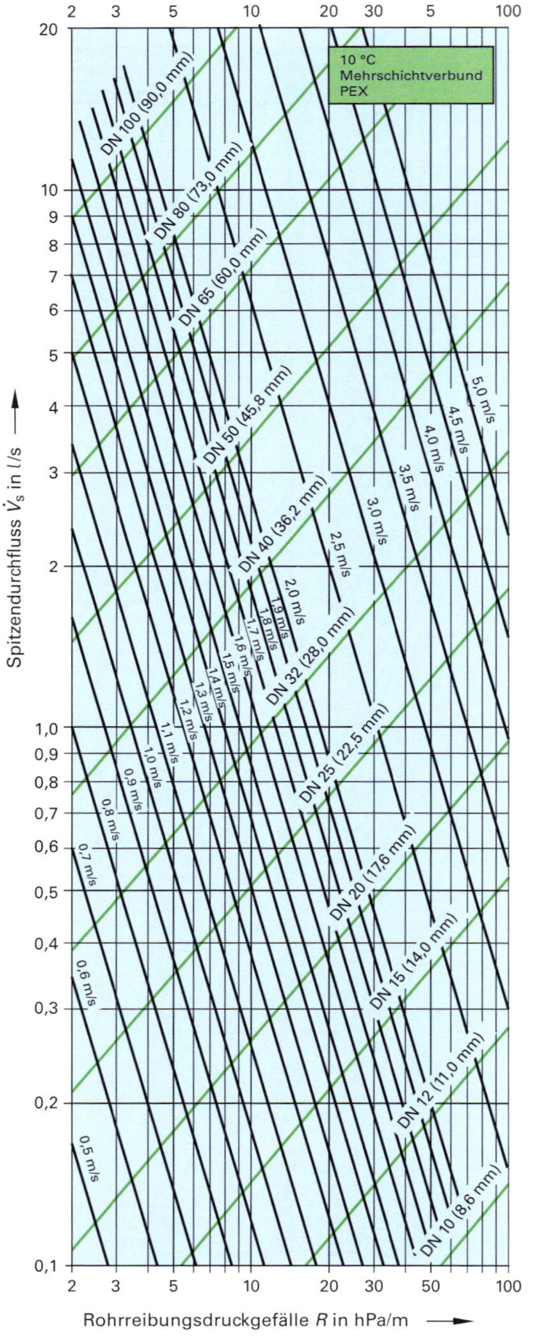

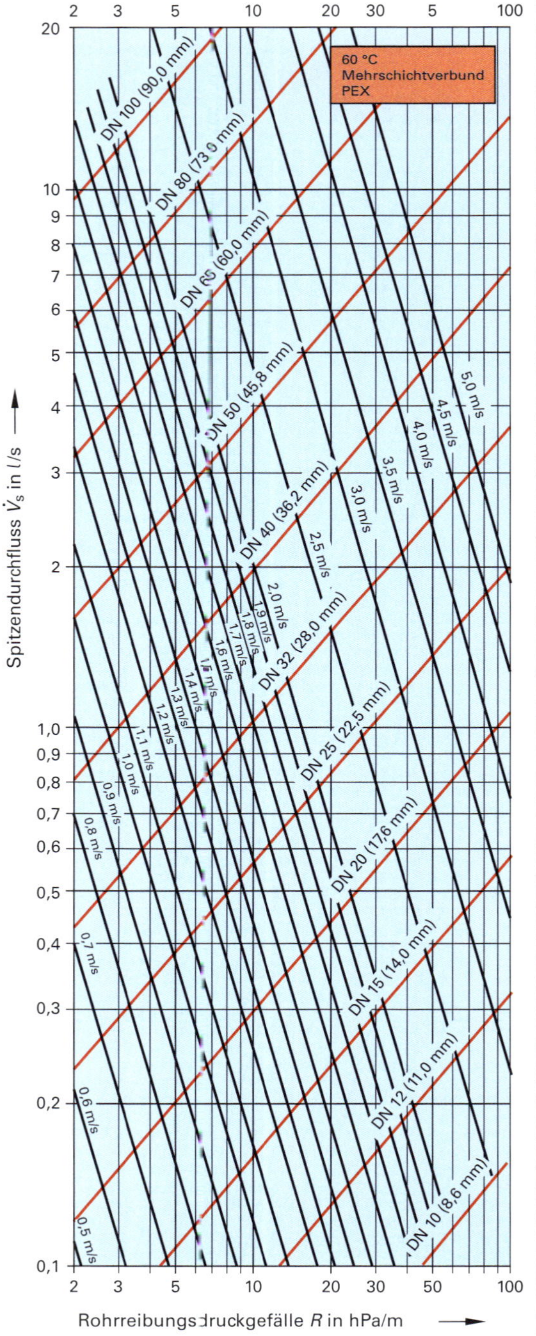

Tabelle 1: Widerstandsbeiwerte ζ von Einzelwiderständen nach DIN 1988-300

Einzelwiderstand	Symbol	Widerstands beiwert ζ
Abzweig, Stromtrennung		DN 12 2,1 DN 15 2,3 DN 20 1,2 DN 25 2,0
Abzweig, Stromvereinigung		DN 12 1,7 DN 15 1,6 DN 20 1,5 DN 25 1,5
Abzweig, Durchgang bei Stromtrennung	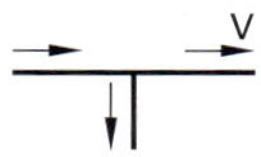	DN 12 0,9 DN 15 0,7 DN 20 0,7 DN 25 0,7
Abzweig, Gegenlauf bei Stromver-einigung		DN 12 1,9 DN 15 2,0 DN 20 2,0 DN 25 1,8
Abzweig, Gegenlauf bei Stromtrennung	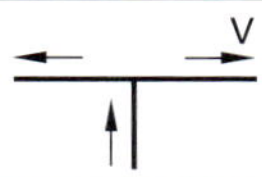	DN 12 0,0 DN 15 0,0 DN 20 0,1 DN 25 0,3
Wandscheibe		DN 12 1,4 DN 15 3,2 DN 20 5,7
Doppelwand-scheibe, Durchgang		DN 12 3,4 DN 15 3,0 DN 20 2,4
Doppelwand-scheibe, Abzweig		DN 12 1,0 DN 15 3,5 DN 20 5,6
Abzweig, Durch-gang bei Strom-vereinigung	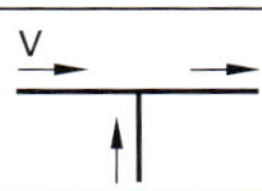	DN 12 3,3 DN 15 3,0 DN 20 2,8 DN 25 2,8
Verteileraustritt		DN 12 2,0 DN 15 2,3 DN 20 1,2 DN 25 2,0
Austritt aus Behälter, Speicher		0,5
Sammlereintritt	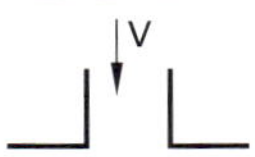	1,0
Eintritt in Behälter	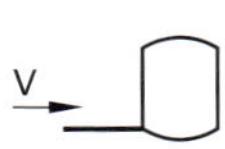	1,0
Winkel oder Bogen	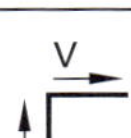	DN 12 1,7 DN 15 1,1 DN 20 1,0 DN 25 1,7
Reduzierstück		DN 12 2,1 DN 15 1,6 DN 20 1,6 DN 25 1,6

Einzelwiderstand	Symbol	Widerstands beiwert ζ
Kupplung / Muffe	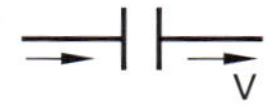	DN 12 0,7 DN 15 0,4 DN 20 0,4 DN 25 0,6
Winkel / Bogen 45°		DN 12 1,7 DN 15 1,6 DN 20 1,6 DN 25 0,4
Absperrventile Geradsitzventile DN 12 bis DN 25 Schrägsitzventile DN 12 DN 15 bis DN 32 DN 40 bis DN 50		 7,0 2,5 2,0 2,5
Absperrschieber DN 10 bis DN 15 auch Kolbenschieber DN 12 bis DN 20 DN 25 bis DN 50 Kugelhähne DN 12 bis DN 50		 1,0 0,1 0,2 0,3
Membranventile DN 15 DN 20 DN 25 DN 32 DN 40 bis DN 100		 10,0 8,5 7,0 6,0 5,0
Eckventile DN 10 DN 15 DN 20		 7,0 4,0 2,0
Rückflussverhinderer DN 15 bis DN 20 DN 25 bis DN 40 DN 50 DN 65 bis DN 100		 7,7 4,3 3,8 2,5
Durchgangsventil mit Rückflussverhinderer DN 20 DN 25 bis DN 50		 6,0 5,0
Ventilanbohrschelle DN 25 bis DN 80		5,0
Druckminderer voll göffnet		30,0

* Der Widerstandsbeiwert ζ ist jeweils dem Strom (Teilstrom) zugeordnet, dessen rechnerische Fließgeschwindigkeit im Symbol mit „V" gezeichnet ist.

Lösung zu b) mit Formular am Beisp. TS1–TS3:

Ermittlung der Widerstandsbeiwerte in den Teilstrecken:

Einzelwiderstand	DN	ζ	Anzahl der Bauteile und $\Sigma\zeta$ für die Teilstr. 1	2	3	5
Ventilanbohrschelle	25	5,0	1 / 5,0			
Winkel oder Bogen	25	1,7	2 / 1,4		2 / 1,4	3 / 2,1
Schrägsitzventil	25	2,0	1 / 2,0			
Durchgangsventil mit RV	25	5,0	1 / 5,0			
Reduzierstück	12	2,1				1 / 2,1
Abzweig-Stromtrennung	25	2,0			1 / 2,0	
Schieber (Vorabsperrung)	15	1,0			1 / 1,0	
Abzweig Durchgang	12	0,9				1 / 0,9
$\Sigma\zeta$			13,4		4,4	5,1

Die Umrechnung des Widerstandsbeiwertes der Teilstrecke in den Einzelwiderstand erfolgt nach Tabelle 2, Seite 70 in Abhängigkeit der rechnerischen Fließgeschwindigkeit und der Formel $Z = \Sigma\zeta \cdot Z_1$.

Beispiel 2:

Bestimmen Sie nach dem Berechnungsplan

a) die Berechnungsdurchflüsse, die Mindestfließdrücke der Entnahmestellen, die Summendurchflüsse und den Spitzendurchfluss.

b) das verfügbare Rohrreibungsdruckgefälle und die Auslegung der Apparate und

c) die Nennweiten der Teilstrecken nach dem vereinfachten Berechnungsgang (**Bild 1, Seite 97**)

d) Tragen Sie die Ergebnisse in den Berechnungsplan ein.

Lösung:

Die einzelnen Werte werden mit Hilfe der Tabellen ermittelt und zur Übersicht in Formulare eingetragen.

zu Lösung 2b: Druckverluste in Apparaten

1. Wasserzähler $\dot{V}_S = 0{,}94$ l/s $\dot{V}_S = 3{,}38$ m³/h

Gewählt: G 1 B (nach Tabelle 2, Seite 86)

$\Delta p_g = 1000$ hPa bei $\dot{V}_g = 5$ m³/h

$$\Delta p_{WZ} = \Delta p_g \cdot \frac{\dot{V}_S^2}{\dot{V}_g^2} \qquad \Delta p_{WZ} = 1000\ \text{hPa} \cdot \frac{(3{,}38\ \text{m}^3/\text{h})^2}{(5\ \text{m}^3/\text{h})^2}$$

$\mathbf{\Delta p_{WZ} = 457}$ **hPa**

2. Feinfilter

Gewählt: $\dot{V}_g = 5$ m³/h (nach Tabelle 3, Seite 86)

$\Delta p_g = 200$ hPa bei $\dot{V}_g = 5$ m³\h

$$\mathbf{\Delta p_{FIL}} = 200\ \text{mbar} \cdot \frac{(3{,}38\ \text{m}^3/\text{h})^2}{(5\ \text{m}^3/\text{h})^2} = \mathbf{92\ hPa}$$

Dimensionierung von Strang 1:

Bauvorhaben: *Beispiel 1* Firma: *RMS* Bearbeiter: *Hä* Datum: Blatt-Nr.: *1*

Strang Nr. *1* TW ☒ TWW ☐ Rohrart nach DIN

a) Verfügbar für Druckverluste aus Rohrreibung und Einzelwiderständen: *2143* hPa

b) Verbraucht in Teilstrecke (TS): ___ bis ___ *–* hPa

c) Verfügbar für Druckverluste aus Rohrreibungen und Einzelwiderständen in den TS: *1* bis *3* *2143* hPa

d) *60* % Anteil für Rohrreibungsverluste allein aus c) *1286* hPa

e) Leitungslänge TS *1* bis *3* = *14* m

f) Verfügbares Rohrreibungsdruckgefälle für die TS *1* bis *3* [d) geteilt durch e)] = *1286 : 14* ≈ *91,8* hPa

Aus dem Rohrplan				mit vorläufigem Rohrdurchmesser						mit geändertem Rohrdurchmesser						Differenz	
Teilstrecke TS	Rohrleitungslänge l m	Summendurchfluss $\Sigma\dot{V}_R$ l/s	Spitzendurchfluss $\dot{V}_S$ l/s	Nennweite DN	Rechnerische Fließgeschwindigkeit v m/s	Rohrreibungsdruckgefälle R hPa/m	Druckverlust aus Rohrreibung $l \cdot R$ hPa	Verlustbeiwert $\Sigma\zeta$	Druckverlust aus Einzelwiderständen Z hPa	Nennweite DN	Rechnerische Fließgeschwindigkeit v m/s	Rohrreibungsdruckgefälle R hPa/m	Druckverlust aus Rohrreibung $l \cdot R$ hPa	Verlustbeiwert $\Sigma\zeta$	Druckverlust aus Einzelwiderständen Z hPa	Druckverlust aus Rohrreibung $\Delta(l \cdot R)$ hPa	Druckverlust aus Einzelwiderständen ΔZ hPa
1	2	3	4	5	6	7	8	9	10	11	12	13	14	15	16	17	18
1	*8*	*2,58*	*0,83*	*25*	*2,0*	*21*	*168*	*13,4*	*268*								
2	*2*	*2,58*	*0,83*	*25*	*2,0*	*21*	*42*	*0*	*0*								
3	*4*	*2,43*	*0,82*	*25*	*2,0*	*21*	*84*	*4,4*	*88*	*20*	*3,5*	*52*	*208*	*4,4*	*268*	*124*	*180*

$\Sigma l =$ ___ m $\Sigma(l \cdot R + Z) =$ *294* + *356* = *650* hPa

+ Differenz *304* hPa $\Sigma =$ *304* hPa

$\Sigma l \cdot R$ = *954* hPa < *2143*

Bemerkungen zur Lösung 2c):

Hydraulisch ungünstigster Fließweg: Strang 1

Maximal rechnerische Fließgeschwindigkeiten:

Anschlussleitung: 2 m/s

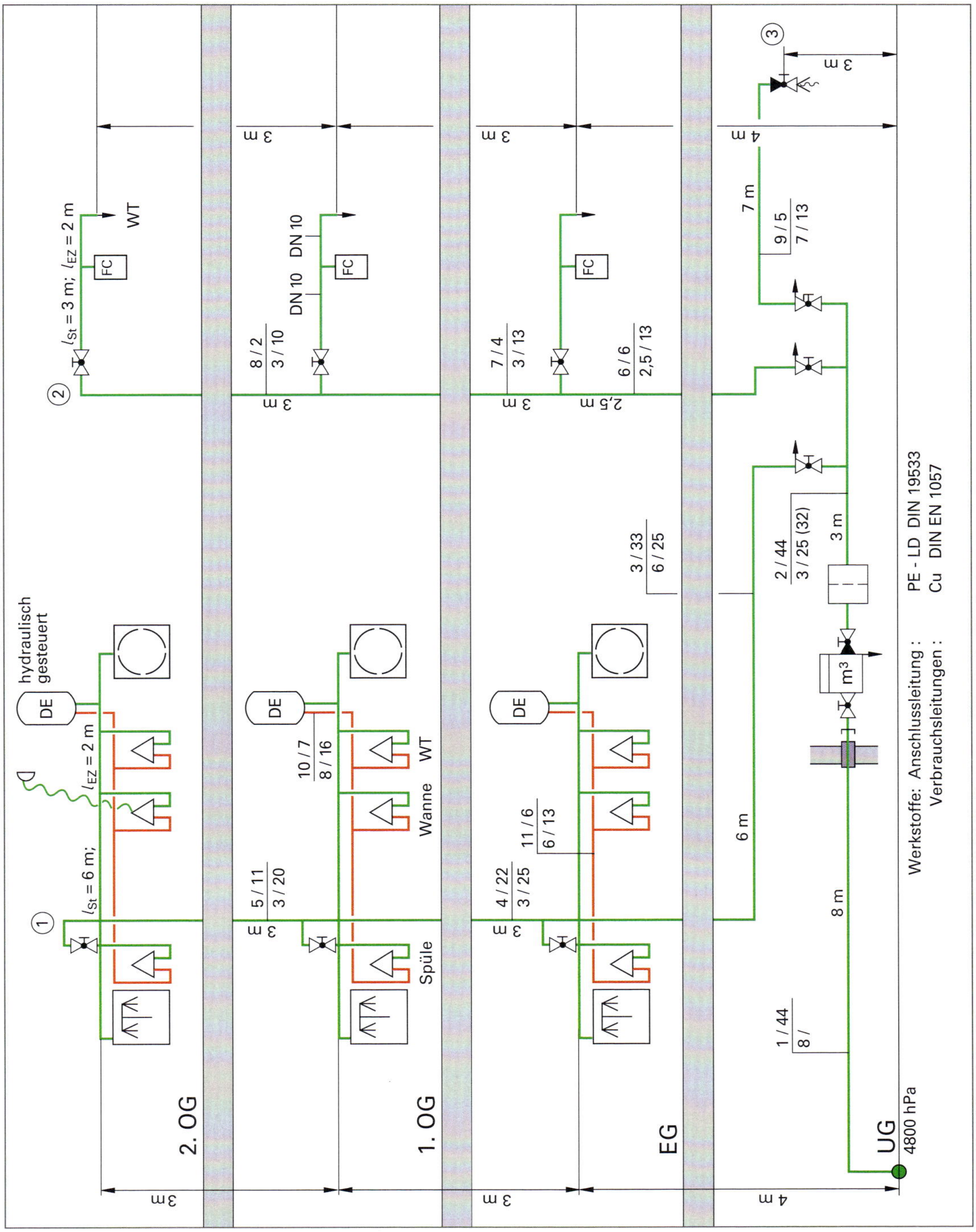

Bild 1: Berechnungsplan mit Lösung

Lösung zu 2a) mit Formular:

Ermittlung des Spitzendurchflusses über den Summendurchfluss

Bauvorhaben: *Beispiel 2a)*

Firma: *RMS* Bearbeiter: *mh* Datum: Blatt-Nr.: *1*

Steigleitung (Strang) Nr.	Geschoss	Anzahl	Entnahmearmatur, Entnahmearmaturenkombination	Mindestfließdruck, Druckverlust $p_{min\,Fl}$ hPa	Berechnungsdurchfluss Anteil TW $\dot{V}_R$ l/s	Berechnungsdurchfluss Anteil TWW $\dot{V}_R$ l/s	Mischwasser $\Sigma\dot{V}_R$ l/s	Summendurchfluss Stockwerksleitung TW $\Sigma\dot{V}_R$ l/s	Summendurchfluss Stockwerksleitung TWW $\Sigma\dot{V}_R$ l/s	Summendurchfluss Steigleitung (Strang) TW $\Sigma\dot{V}_R$ l/s	Summendurchfluss Steigleitung (Strang) TWW $\Sigma\dot{V}_R$ l/s
1	2	3	4	5	6	7	8	9	10	11	12
1	*EG*	*1*	*MB Wanne*	*1000*	*0,15*	*0,15*					
	bis	*1*	*MB WT*	*1000*	*0,07*	*0,07**					
	2. OG	*1*	*MB Spüle*	*1000*	*0,07*	*0,07**					
		1	*Geschirrspülmaschine*	*500*	*0,07*						
		1	*Waschmaschine*	*500*	*0,15*			*0,51*	*0,15*	*1,53*	*0,45*
2	*EG bis*	*1*	*Spülkasten DN 15*	*500*	*0,13*						
	2. OG	*1*	*Waschbecken*	*1000*	*0,15*			*0,28*		*0,84*	
3	*UG*	*1*	*Gartenventil DN 15*	*1000*	*0,3*					*0,3*	

Auswertung:

Summendurchfluss $\Sigma\dot{V}_R$

Trinkwasserleitung kalt (TW): *2,67 l/s*

Trinkwasserleitung warm (TWW): *0,45 l/s*

3,12 l/s

Spitzendurchfluss aus $\Sigma\dot{V}_R$: *0,94 l/s*

Dauerdurchfluss –

Gesamtspitzendurchfluss $\dot{V}_S$ = *0,94 l/s* ≙ *3,38 m³/h*

* Werte werden wegen begrenzter Heizleistung des DE im Summendurchfluss nicht berücksichtigt.

Nachweis für den ausreichenden Mindestversorgungsdruck im vereinfachten Verfahren				
	Benennung	**Bezeichnung**	**Wert**	**Einheit**
1	Mindest-Versorgungsdruck	p_{minV}	4800	hPa
2	Druckverlust in der Hausanschlussleitungen	Δp_{Hal}	850	hPa
3	Druckverlust im Hauswasserzähler	Δp_{WZ}		
4	Mindestdruck nach dem Hauswasserzähler	$p_{\text{min, WZ}}$	3950	hPa
5	Druckverlust aus geodätischem Höhenunterschied	Δp_{geo}	1000	hPa
6	Druckverlust im Rückflussverhinderer	Δp_{RV}	216	hPa
	Druckverlust in Apparaten			—
	Wohnungs-Wasserzähler	Δp_{WZ}	200	hPa
	Filter	Δp_{FIL}	92	hPa
7	Enthärtungsanlage	Δp_{EH}		hPa
	Dosieranlage	Δp_{DOS}		hPa
	Trinkwassererwärmer	Δp_{TE}	1000	hPA
	weitere Apparate	Δp_{Ap}		hPa
8	Mindestfließdruck Entnahmearmatur: Mischarmatur für Waschtisch	$p_{\text{min FL}}$	1000	hPa
9	Summe der Druckverluste	$\Sigma\Delta p$	4158	hPa
11	verfügbar für Druckverluste aus Rohrreibung und Einzelwiderständen	$\Sigma(l \cdot R + Z)_{\text{v}}$	642	hPa
12	geschätzter Anteil für Einzelwiderstände	a	40	%
13	verfügbar für Druckverlust aus Rohrreibung	Δp_{R}	385	hPa
14	Leitungslänge	l_{ges}	23	m
15	verfügbares Rohrreibungsdruckgefälle	R_{v}	16,7	hPa/m

Der Mindestversorgungsdruck ist ausreichend, wenn das verfügbare Rohrreibungsdruckgefälle $R > 10$ hPa/m ist. Ist das verfügbare Rohrreibungsdruckgefälle geringer, muss eine differenzierte Berechnung nach DIN 1988-300 durchgeführt werden.

Druckverlust für Rückflussverhinderer

Gegeben:

$\dot{V}_{\text{S}}$ = 0,94 m³/h
ζ = 30 (Tabelle 1, Seite 95)
DN = 32 (Tabelle 1, Seite 88)
v = 1,2 m/s (Tabelle 1, Seite 93)
Z_1 = 7,2 hPa (Tabelle 2, Seite 70)

Lösung:

$Z = \Sigma\zeta \cdot Z_1$
$Z = 30 \cdot 7{,}2$ hPa
$\boldsymbol{Z = 216}$ **hPa**

Nachbetrachtung:

Druckverlust bei DN 25:

v = 1,9 m/s (Tabelle 1, Seite 93)
Z_1 = 18,1 hPa (Tabelle 2, Seite 70)
$Z = \Sigma\zeta \cdot Z_1$
$Z = 30 \cdot 18{,}1$ hPa
$\boldsymbol{Z = 543}$ **hPa**

Folge:

Der Druckverlust ist zu groß.
TS 2 muss in DN 32 ausgeführt werden.

	Kaltwasser (PWC)					Warmwasser (PWH)				
Teilstecke	Entnahme-stelle	Belastungs-wert	Gesamt	Leitung-länge	Nennweite	Teilstecke	Belastung-swert	Gesamt	Leitung-länge	Nennweite
		LU	LU	m	DN		LU	LU	m	DN
	Waschmaschine Waschtisch Badewanne Spülmaschine Spüle Spülkasten Gartenventil (kein Dauerläufer)	2 1 4 2 2 1 5					 1 4 2			
2	UG		44		25					
3	EG		33		25					
4	1. OG		22		25					
5	2. OG		11		20					
6	EG WC		6		13					
7	1. OG WC		4		13					
8	2. OG WC		2		10					
9	UG Garten		5		13					
10	DE							7	8	16
11	WW							6	6	13

Aufgaben

1 In einem Zweifamilienhaus mit zentraler Warmwasserversorgung sind eingebaut
- je 2 Mischbatterien DN 15 für Waschtische, Badewannen, Duschwannen und Küchenspülen,
- 2 Auslaufventile DN 15 mit Luftsprudler,
- 2 Auslaufventile DN 15 ohne Luftsprudler und mit Schlauchverschraubung,
- 2 Spülkästen DN 15,
- 2 Haushaltswaschmaschinen DN 15 und
- 2 Haushaltsgeschirrspülmaschinen DN 15.

a) Wie groß ist der ungünstigste Mindestfließdruck?
b) Ermitteln Sie die Berechnungsdurchflüsse.
c) Ermitteln Sie den Summendurchfluss.
d) Wie groß ist der Spitzendurchfluss?

2 In einem Kaufhaus sind eingebaut
- 6 Druckspüler DN 20,
- 6 Auslaufventile DN 15 mit Luftsprudler und
- 2 Mischbatterien DN 20.

a) Wie groß ist der ungünstigste Mindestfließdruck?
b) Ermitteln Sie die Berechnungsdurchflüsse.
c) Ermitteln Sie den Summendurchfluss.
d) Wie groß ist der Spitzendurchfluss?

3 Wie groß ist der Druckverlust bei maximal zulässigem Apparatedurchfluss in einem
a) Feinfilter, b) Flügelradwasserzähler,
c) Dosiergerät, d) Gas-Kombi-Wasserheizer,
e) hydraulisch gesteuertem Elektrodurchfluss-Wassererwärmer.

4 In der Hausanschlussleitung fließt Trinkwasser mit einem Spitzenvolumenstrom von 1,8 l/s
a) Wählen Sie einen geeigneten Flügelradwasserzähler und ein geeignetes rückspülbares Feinfilter aus.
b) Wie groß ist der Druckverlust im Flügelradwasserzähler und im rückspülbaren Feinfilter bei Spitzenvolumenstrom?

5 Bestimmen Sie nach der vereinfachten Berechnungsmethode die Nennweiten der Stockwerks- und Einzelzuleitungen sowie die Stockwerksdruckverluste.
a) Für die Anlage nach **Bild 1.**
b) Für die Anlage nach **Bild 2.**

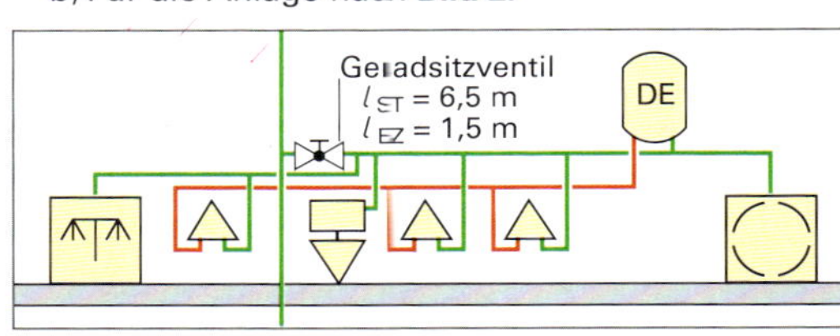

Bild 1: Stockwerk A

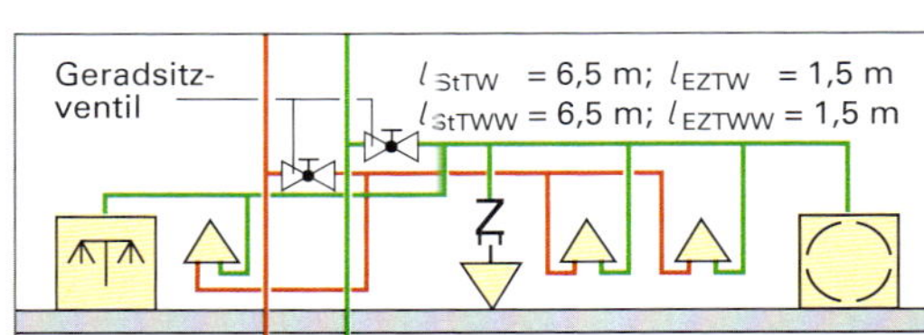

Bild 2: Stockwerk B

6 Für die Teilstrecke TS 1 in einem Wohngebäude beträgt der Fließdruck am Anfang (1) tagsüber 4,5 bar und nachts 6 bar. Die Leitungen sind aus Kupferrohren nach DIN EN 1057 ausgeführt. Die größte Einzelentnahme beträgt 0,15 l/s **(Bild 1)**.

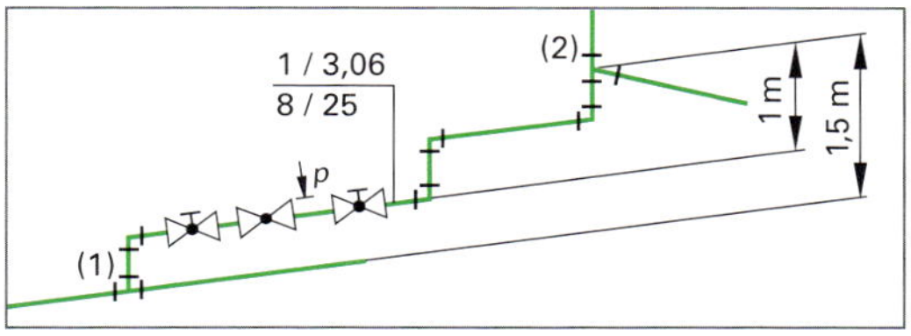

Bild 1: Rohrleitungsstrecke

a) Berechnen Sie nach dem differenzierten Verfahren den Fließdruck am Ende der Teilstrecke (2), wenn tagsüber der Druckminderer voll geöffnet ist.

b) Berechnen Sie nach dem differenzierten Verfahren den Fließdruck am Ende der Teilstrecke (2), wenn der Druckminderer nachts den eingestellten Wert von 4,8 bar hält und TS 1 ab Druckminderer 7 m lang ist.

7 Bei der zu berechnenden Reihenduschanlage ist von einer gleichzeitigen Benutzung aller acht Duschen auszugehen **(Bild 2)**. Alle Leitungen sind in Kupfer nach DIN EN 1057 auszuführen. Die zentrale Thermostatmischbatterie (ZTMB) ist fest auf 38 °C eingestellt. Für die ZTMB ist der Druckverlust von 0,3 bar bei einem Mischungsdurchfluss von 0,6 l/s bekannt. Die Dusch-Mischarmaturen haben einen Druckverlust von 300 mbar, die zeitgesteuerten Armaturen von 400 mbar und der Duschkopf erfordert einen Mindestfließdruck von 1000 mbar. Die maximalen Volumenströme betragen für die Dusch-Mischarmaturen $\dot{V}_M$ = 0,15 l/s, $\dot{V}_K$ = 0,12 l/s und für die zeitgesteuerten Armaturen $\dot{V}_M$ = 0,15 l/s. Der geodätische Höhenunterschied zwischen der ZTMB und dem Duschkopf beträgt 1 m.

a) Ermitteln Sie die Spitzendurchflüsse in den Teilstrecken 1 bis 8.

b) Ermitteln Sie die Nennweiten der TS 1 bis 8 und deren Druckverlust nach dem differenzierten Berechnungsverfahren, $v \leq$ 2,5 m/s.

c) Ermitteln Sie den Druckverlust der ZTMB beim maximalen Mischwasserbedarf.

d) Ermitteln Sie den Druckverlust zwischen dem Warmwasser-Eingang der ZTMB und dem ungünstigsten Duschkopf sowie den Mindesteingangsdruck zur ZTMB.

e) Ermitteln Sie die maximal möglichen Volumenströme in der Kalt- und Warmwasserzuleitung zur ZTMB.

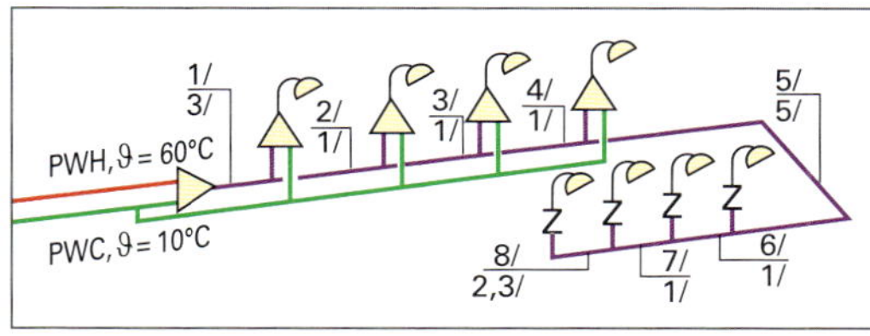

Bild 2: Reihenduschanlage

8 In einem hotelartig betriebenen Senioren- und Pflegeheim befinden sich 12 Einzimmer-Appartements, die alle mit der gleichen Nasszelle ausgestattet sind **(Bild 3)**.

Vorgaben:
- Mindestversorgungsdruck: 4,2 bar
- geschätzter Anteil für Einzelwiderstände: 50 %
- Absperrarmatur Stockwerksleitung: Kolbenschieber
- Anschlussleitung: PE-LD DIN 19533
- Verbrauchsleitungen: Kupfer DIN EN 1057

Ermitteln Sie

a) die Druckverluste in Wasserzähler und Feinfilter,

b) die Nennweiten der Stockwerksleitungen,

c) die Nennweiten der Teilstrecken 1 bis 17 nach der vereinfachten Berechnungsmethode und

d) die Nennweiten der Teilstrecken 1 bis 17 nach der differenzierten Berechnungsmethode.

e) Tragen Sie die Nennweiten im Berechnungsschema ein.

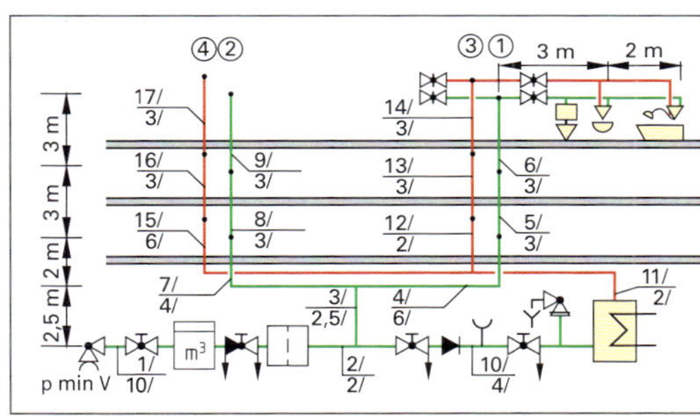

Bild 3: Berechnungsschema

4 Trinkwasser-Erwärmungsanlagen

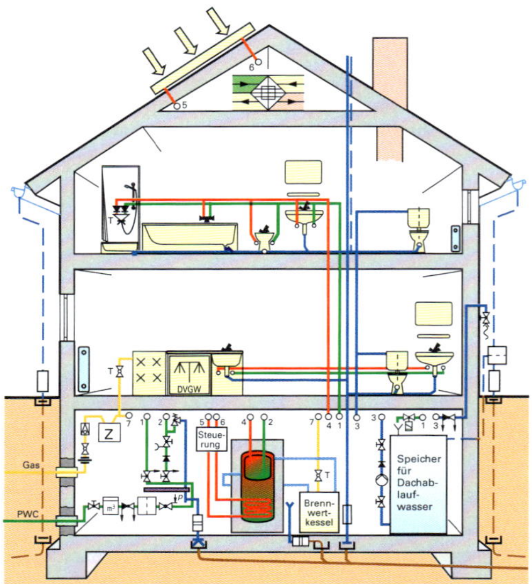

Leitprojekt

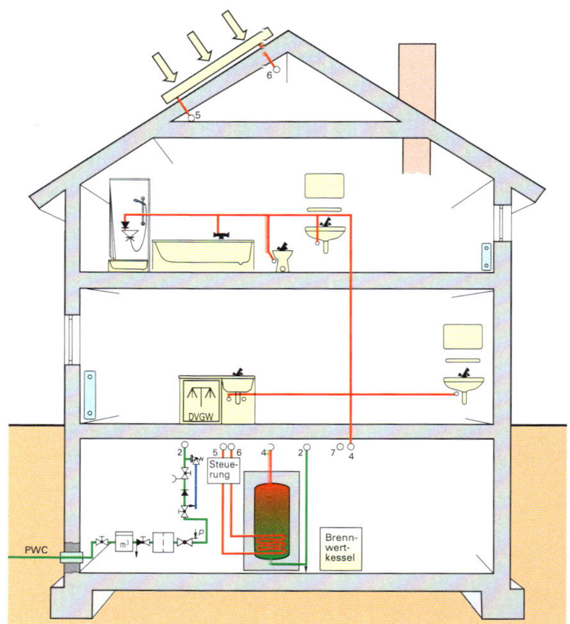

Trinkwasser-Erwärmungsanlage

4 Trinkwasser-Erwärmungsanlagen

Wird Warmwasser gezapft, sind Temperatur, verfügbares Volumen, der Volumenstrom sowie die Kosten des warmen Wassers von Interesse.

Dazu sind im Einzelnen Berechnungen zu
- der im Wasser gespeicherten Wärmemenge,
- der Mischwassertemperatur,
- der Wärmeleistung,
- dem Wirkungsgrad,
- den Kosten der Trinkwassererwärmung,
- der Ausdehnung von Wasser bei der Erwärmung,
- der Speichergröße bei zentralen Trinkwasser-Erwärmungsanlagen und
- der Auslegung von Solar- und Wärmepumpenanlagen vorzunehmen.

4.1 Temperatur

Die Temperatur beschreibt den Wärmezustand eines Stoffes. Sie wird in **Grad Celsius (°C)** gemessen. Der Nullpunkt der Celsius-Skala ist durch den Gefrierpunkt des Wassers festgelegt. Die Temperatur 100 °C entspricht dem Siedepunkt von Wasser bei normalem Luftdruck (1013 mbar). Ein Grad Celsius ist ein Hundertstel dieser Temperaturdifferenz.

Die Einheit **Kelvin (K)** wird verwendet, wenn die absolute Temperatur von Gasen angegeben werden soll und sie ist üblich bei **Temperaturdifferenzen**. Die Einheiten Kelvin und Grad Celsius haben die gleiche Skalenteilung. Sie unterscheiden sich nur durch die Lage des Nullpunktes **(Bild 1)**.

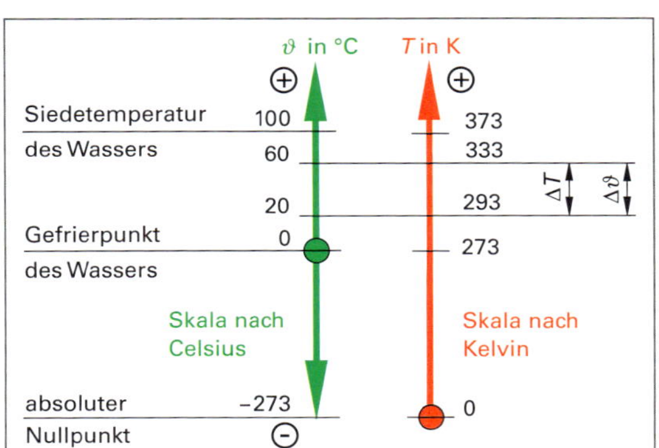

Bild 1: Temperaturskalen

Die Kelvinskala beginnt am absoluten Nullpunkt der Temperatur, der bei −273 °C liegt. Bei dieser Temperatur ist keinerlei Wärmeenergie mehr in einem Stoff enthalten (vgl. Abschnitt 4.2 Wärmemenge).

T	Temperaturen in K
ϑ	Temperaturen in °C
T_1, ϑ_1	tiefe Temperatur in K oder °C
T_2, ϑ_2	hohe Temperatur in K oder °C
ΔT, $\Delta\vartheta$	Temperaturdifferenz in K oder °C

Die Temperaturdifferenz wird immer als hohe Temperatur minus tiefe Temperatur eines Vorganges berechnet. Die Temperaturdifferenz in Grad Celsius und in Kelvin hat den gleichen Zahlenwert. Bei der Angabe von Temperaturen ist der Zahlenwert in Kelvin immer um 273 höher als der Zahlenwert in Grad Celsius.

in Kelvin	Temperatur-differenz	in Grad Celsius
$\Delta T = T_2 - T_1$	$\Delta T = \Delta\vartheta$	$\Delta\vartheta = \vartheta_2 - \vartheta_1$
Berechnen der		
	tiefen Temperatur	
$T_1 = T_2 - \Delta T$		$\vartheta_1 = \vartheta_2 - \Delta\vartheta$
	hohen Temperatur	
$T_2 = T_1 + \Delta T$		$\vartheta_2 = \vartheta_1 + \Delta\vartheta$

Umrechnung der Temperatureinheiten

$$T = (\vartheta/°C + 273)\,K \qquad \vartheta = (T/K - 273)\,°C$$

Beispiel 1:

In einem Durchfluss-Trinkwassererwärmer wird die Temperatur von 12 °C auf 38 °C erhöht.

a) Geben Sie beide Temperaturen in K an.

b) Welche Temperaturdifferenz in °C und in K ergibt sich?

Geg.: $\vartheta_1 = 12\,°C$, $\vartheta_2 = 38\,°C$

Ges.: a) T_1, T_2

b) $\Delta\vartheta$, ΔT

a) $T_1 = (\vartheta_1/°C + 273)\,K$ $\qquad$ $T_2 = (\vartheta_2/°C + 273)\,K$

$T_1 = (12\,°C/°C + 273)\,K$ $\qquad$ $T_2 = (38\,°C/°C + 273)\,K$

$\mathbf{T_1 = 285\,K}$ $\qquad$ $\mathbf{T_2 = 311\,K}$

b) $\Delta\vartheta = \vartheta_2 - \vartheta_1$ $\qquad$ $\Delta T = T_2 - T_1$

$\Delta\vartheta = 38\,°C - 12\,°C$ $\qquad$ $\Delta T = 311\,K - 285\,K$

$\mathbf{\Delta\vartheta = 26\,°C}$ $\qquad$ $\mathbf{\Delta T = 26\,K}$

Beispiel 2:

Welche Temperatur hat Badewasser, das mit 40 °C eingelassen wurde und sich danach um 5 K abgekühlt hat?

Geg.: $\vartheta_2 = 40\ °C$, $\Delta\vartheta = 5\ K$, $\Delta\vartheta = 5\ °C$

Ges.: ϑ_1

$\vartheta_1 = \vartheta_2 - \Delta\vartheta$ $\qquad \vartheta_1 = 40\ °C - 5\ °C$

$\boldsymbol{\vartheta_1 = 35\ °C}$

Aufgaben

1 Wie groß ist die Temperatur in K
a) bei 85 °C, b) bei 37 °C,
c) bei – 15 °C und d) bei – 273 °C?

2 Wie groß ist die Temperatur in °C
a) bei 293 K, b) bei 333 K,
c) bei 257 K und d) 273 K?

3 Welche Temperaturdifferenz besteht
a) zwischen 10 °C und 55 °C?
b) zwischen 283 K und 323 K?

4 Wie hoch wird die Temperatur von Wasser mit 10 °C nach der Erwärmung
a) um 45 K,
b) um 75 K?

5 Berechnen Sie die Temperaturdifferenz
a) bei Erwärmung von 20 °C auf 65 °C,
b) bei Abkühlung von 55 °C auf 27 °C,
c) bei Erwärmung von 283 K auf 333 K,
d) bei Abkühlung von 327 K auf 295 K,
e) bei Erwärmung von 285 K auf 65 °C,
f) bei Abkühlung von 55 °C auf 300 K.

6 Wie hoch war die Anfangstemperatur von jetzt 40 °C warmem Wasser vor
a) einer Erwärmung um 30 °C,

4.2 Wärmemenge

Wärme ist eine Form der **Energie** (gespeicherten Arbeit). Sie entsteht durch Umwandlung aus anderen Energieformen, wie z. B. elektrischer Energie (Tauchsieder) oder chemischer Energie (gasbeheizter Speicher) **(Bild 1)**. Die Wärme kann man sich als ungeordnete Schwingung der Atome oder Moleküle eines Stoffes vorstellen. Je höher die Temperatur eines Stoffes ist, desto stärker sind die Schwingungen seiner kleinsten Teilchen und desto mehr der ungeordneten Bewegungsenergie ist in diesem Stoff gespeichert.

Während die Temperatur die Stärke der Schwingungen im Inneren eines Stoffes beschreibt, gibt die **Wärmemenge** an, welche Arbeit notwendig war, um den Stoff in diesen Schwingungszustand zu bringen.

Die doppelte **Masse (*m*)** eines Stoffes enthält auch die doppelte Wärmeenergie (Arbeit). Bei einer Temperatur von null Kelvin sind alle Teilchen starr auf ihrem Platz. Alle Stoffe mit höherer Temperatur enthalten Wärme. Zuführen von Wärme ist erforderlich, um

- die **Temperatur** zu erhöhen (fühlbare oder sensible Wärme) oder
- den **Aggregatzustand** zu ändern (versteckte oder latente Wärme).

4.2.1 Wärmemenge bei Temperaturänderung

Die Wärmemenge bei Temperaturänderung hängt von folgenden drei Größen ab:

- der **Masse** *m*
- der **spezifischen Wärmekapazität** *c*
- der **Temperaturdifferenz** $\Delta\vartheta$

Für Wasser gilt vereinfachend:

Volumen 1 Liter ↔ 1 Kilogramm Masse

Der dadurch entstehende Fehler wegen unterschiedlichem spezifischen Volumen bei verschiedenen Temperaturen liegt in der Regel unter zwei Prozent.

Die **spezifische Wärmekapazität *c*** eines Stoffes gibt die Wärmemenge an, die notwendig ist, um 1 kg eines Stoffes um 1 K zu erwärmen.

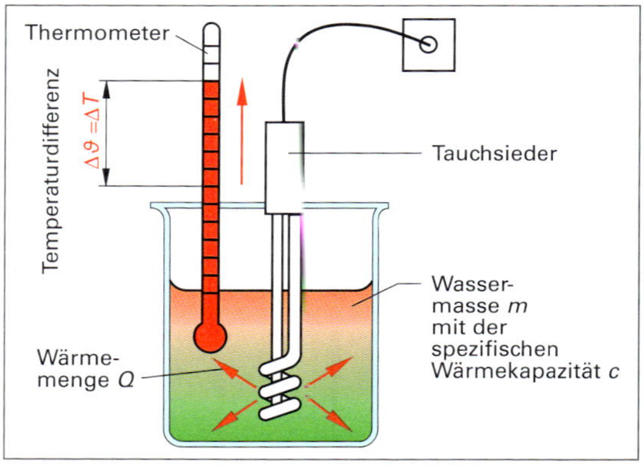

Bild 1: Wärmemenge

Für die Erwärmung von Trinkwasser ist nicht der gesamte Wärmeinhalt des Wassers interessant, sondern nur diejenige Wärmemenge, die für eine bestimmte **Temperaturerhöhung** $\Delta\vartheta$ notwendig ist. Eine doppelt so große Temperaturerhöhung erfordert auch eine doppelt so große Zufuhr an Wärmeenergie.

Wärmemenge	=	Masse	×	spezifische Wärmekapazität	×	Temperaturdifferenz
Q	=	m	·	c	·	$\Delta\vartheta$

$m = \dfrac{Q}{c \cdot \Delta\vartheta}$	$\Delta\vartheta = \dfrac{Q}{c \cdot m}$

Q Wärmemenge in kWh, Wh, Ws, J, kJ

m Masse in kg

c spezifische Wärmekapazität in $\dfrac{\text{kWh}}{\text{kg}\cdot\text{K}}$, $\dfrac{\text{Wh}}{\text{kg}\cdot\text{K}}$, $\dfrac{\text{J}}{\text{kg}\cdot\text{K}}$, $\dfrac{\text{kJ}}{\text{kg}\cdot\text{K}}$

$\Delta\vartheta$ Temperaturdifferenz in K

Tabelle 1: Spezifische Wärmekapazität *c* verschiedener Stoffe

Stoff	in $\dfrac{\text{kJ}}{\text{kg}\cdot\text{K}}$	in $\dfrac{\text{kWh}}{\text{kg}\cdot\text{K}}$	in $\dfrac{\text{Wh}}{\text{kg}\cdot\text{K}}$
Wasser	4,19	0,001 163	1,163
Eis bei 0 °C	2,05	0,000 570	0,570
Wasserdampf (c_p bei 100 °C)	2,03	0,000 565	0,565
PE-X	2,10	0,000 583	0,583
Aluminium	0,92	0,000 281	0,281
Stahl	0,46	0,000 128	0,128
Kupfer	0,39	0,000 108	0,108

Die **Einheiten** der Wärmemenge sind Joule (J) oder Wattsekunde (Ws). Beide Einheiten beschreiben sehr kleine Wärmemengen, sodass sich bei der Verwendung dieser Einheiten große Zahlenwerte ergeben. In der Praxis findet vor allem die aus der Elektrotechnik stammende **Kilowattstunde (kWh)** Verwendung, obwohl die Einheit Joule oder **Kilojoule (kJ)** für die Wärmelehre (Thermodynamik) vorgesehen ist.

1 J	=	1 Ws	=	1	Nm
1 Wh	=	3600 Ws	=	3,6	kJ
1 kWh	=	1000 kWh	=	3 600 000	Ws
	=	3600 kJ	=	3,6	MJ
1 MJ	=	0,278 kWh			

Beispiel 1:

Welche Wärmemenge in kWh, Ws und kJ muss 10 l Wasser zugeführt werden, damit dessen Temperatur um 50 K steigt?

Geg.: $\Delta\vartheta = 50\ \text{K}$, m = 10 kg,

$c = 0{,}001163\ \dfrac{\text{kWh}}{\text{kg}\cdot\text{K}}$ (aus Tabelle 1)

Ges.: Q

$Q = m \cdot c \cdot \Delta\vartheta$ $\qquad Q = 10\ \text{kg} \cdot 0{,}001163\ \dfrac{\text{kWh}}{\text{kg}\cdot\text{K}} \cdot 50\ \text{K}$

$\mathbf{Q = 0{,}5815\ kWh}$

$Q = \dfrac{0{,}5815\ \text{kWh} \cdot 3600\ \text{s}}{1\ \text{h}}$ $\qquad Q = 2093{,}4\ \text{kWs}$

$\mathbf{Q = 2093400\ Ws}$ $\qquad \mathbf{Q = 2093{,}4\ kJ}$

Die in einem Stoff enthaltene Wärmemenge kann man sich bildlich als das Volumen eines Quaders vorstellen, dessen Breite, Tiefe und Höhe den drei Faktoren der Wärmemenge entsprechen **(Bild 1)**.

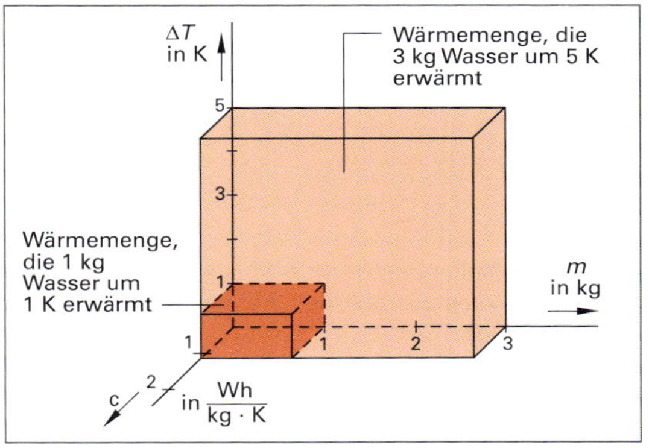

Bild 1: Darstellung der Wärmemenge als Volumen

Beispiel 2:

Wie viel Liter Wasser können mit einer Kilowattstunde von 10 °C auf 60 °C erwärmt werden?

Geg.: $Q = 1\ \text{kWh}$, $\vartheta_2 = 60\ °\text{C}$, $\vartheta_1 = 10\ °\text{C}$, $c = 0{,}001163\ \dfrac{\text{kWh}}{\text{kg}\cdot\text{K}}$

Ges.: $\Delta\vartheta$, m

$m = \dfrac{Q}{c \cdot \Delta\vartheta}$ $\qquad \Delta\vartheta = \vartheta_2 - \vartheta_1$

$m = \dfrac{1\ \text{kWh} \cdot \text{kg} \cdot \text{K}}{0{,}001163\ \text{kWh} \cdot 50\ \text{K}}$ $\qquad \Delta\vartheta = 60\ °\text{C} - 10\ °\text{C}$

$m = 17{,}2\ \text{kg}$ $\qquad \Delta\vartheta = 50\ °\text{C}$

$\mathbf{V = 17{,}2\ l}$ $\qquad \Delta\vartheta = 50\ \text{K}$

Beispiel 3:

Welche Temperatur stellt sich ein, wenn man 10 l Wasser von 10 °C die Wärmemenge 1 kWh zuführt?

Geg.: $m = 10\ \text{kg}$, $Q = 1\ \text{kWh}$, $\vartheta_1 = 10\ °\text{C}$, $c = 0{,}001163\ \dfrac{\text{kWh}}{\text{kg}\cdot\text{K}}$

Ges.: ϑ_2

$\vartheta_2 = \vartheta_1 + \Delta\vartheta$ $\qquad \Delta\vartheta = Q/(c \cdot m)$

$\vartheta_2 = 10\ °\text{C} + 86\ °\text{C}$ $\qquad \Delta\vartheta = \dfrac{1\ \text{kWh} \cdot \text{kg} \cdot \text{K}}{0{,}001163\ \text{kWh} \cdot 10\ \text{kg}}$

$\Delta\vartheta = 86\ \text{K}$

$\boldsymbol{\vartheta_2 = 96\ °C}$ $\qquad \Delta\vartheta = 86\ °\text{C}$

Aufgaben

1 Welche Wärmemenge in kWh wird benötigt, um folgende Stoffmengen zu erwärmen?

a) 30 Liter Wasser von 15 °C auf 60 °C
b) 2 kg Kupfer von 20 °C auf 60 °C
c) 13 kg Stahl von 10 °C auf 55 °C

2 Welche Wärmemenge in kWh wird benötigt, wenn Wasser für

a) ein Duschbad mit 50 l oder
b) ein Wannenbad mit 180 l
von 10 °C auf 37 °C erwärmt wird?

3 Eine Geschirrspülmaschine benötigt für einen Spülgang 1,3 kWh elektrische Energie. Wie viel Liter Wasser können damit von 10 °C auf 55 °C erwärmt werden?

4 Welche Temperatur stellt sich in einem 120-l-Vorratswassererwärmer ein, wenn 7 kWh Wärmeenergie zugeführt werden? (Kaltwassertemperatur 10 °C)

5 Wasser mit einer Temperatur von 10 °C wird 1 kWh Wärme zugeführt? Auf welche Temperatur werden

a) 10 l b) 20 l c) 30 l

Wasser erwärmt?

6 Eine Wasser-Wasser-Wärmepumpe entzieht 800 l Grundwasser eine Wärmemenge von 3,7 kWh. Um wie viel Grad Celsius wird das Grundwasser dabei abgekühlt?

7 Eine Warmwasserleitung DN 20 kühlt über Nacht von 60 °C auf 20 °C ab. Welche Wärmemenge geht verloren, wenn eine 12 m lange Leitung mit

a) mittelschweren Gewinderohren DIN EN 10 255,
b) Rohren aus PE-X, DIN 16 893, Reihe 1, ausgeführt worden ist?

4.2.2 Wärmemenge zur Änderung des Aggregatzustandes

Bei der Änderung des Aggregatzustandes

- von fest in flüssig (schmelzen) und
- von flüssig in gasförmig (verdampfen)

wird Energie in Form von Wärme zugeführt, um die Anziehung der Atome oder Moleküle untereinander zu überwinden. Bei umgekehrter Änderung des Aggregatzustandes

- von flüssig in fest (erstarren) und
- von gasförmig in flüssig (kondensieren)

wird diese Wärme wieder abgegeben (Bild 1, Seite 107).

Die Temperatur ändert sich trotz Wärmezufuhr oder Wärmeabgabe nicht. Man bezeichnet daher das Schmelzen und Erstarren als unteren Haltepunkt, das Verdampfen und Kondensieren als oberen Haltepunkt. Die jeweils erforderlichen Wärmemengen für ein Kilogramm eines Stoffes bezeichnet man als

- spezifische Schmelzwärme q_s **(Tabelle 1)** oder
- spezifische Verdampfungswärme r **(Tabelle 2).**

Beim Schmelzen und Erstarren gilt:

Wärmemenge = Masse × spezifische Schmelzwärme

$$Q = m \cdot q_s$$

Beim Verdampfen und Kondensieren gilt:

Wärmemenge = Masse × spezifische Verdampfungswärme

$$Q = m \cdot r$$

$$m = \frac{Q}{q_s} \qquad m = \frac{Q}{r}$$

Q Wärmemenge in kWh, Wh, Ws, J, kJ
m Masse in kg
q_s spezifische Schmelzwärme in $\frac{kWh}{kg}$, $\frac{Wh}{kg}$, $\frac{J}{kg}$, $\frac{kJ}{kg}$
r spezifische Verdampfungswärme in $\frac{kWh}{kg}$, $\frac{Wh}{kg}$, $\frac{J}{kg}$, $\frac{kJ}{kg}$

Tabelle 1: Schmelztemperatur ϑ und spezifische Schmelzwärme q_s

Stoff	ϑ in °C	q_s in $\frac{kWh}{kg}$	q_s in $\frac{kJ}{kg}$
Eis	0	0,092 2	332
Stahl	1400	0,056 9	205
Kupfer	1083	0,058 1	209
Woods Metall	60	0,009 3	33,5

Tabelle 2: Siedetemperatur ϑ_s und spezifische Verdampfungswärme r

Stoff	ϑ_s in °C	r in $\frac{kWh}{kg}$	r in $\frac{kJ}{kg}$
Wasser	100	0,627	2257
Zink	907	0,500	1800
Heizöl EL	80…150	0,072	260
Propan	– 42,6	0,124	448

Beispiel:

Welche Wärmemenge in kWh muss 10 l Wasser von 100 °C zugeführt werden, damit es verdampft?

Geg.: $m = 10$ kg,

$r = 0{,}627 \frac{\text{kWh}}{\text{kg}}$ (aus Tabelle 2, Seite 106)

Ges.: Q

$Q = m \cdot r$ $\qquad Q = 10 \text{ kg} \cdot 0{,}627 \frac{\text{kWh}}{\text{kg}}$

$\mathbf{Q = 6{,}27}$ **kWh**

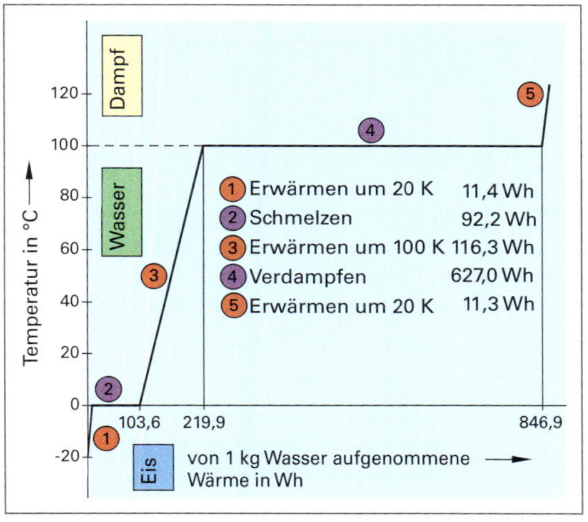

Bild 1: Wärmeinhalt von Wasser

Aufgaben

1 Welche Wärmemenge in kWh wird benötigt, um folgende Stoffmengen zu schmelzen?

a) 30 kg Eis von 0 °C

b) 2 kg Kupfer von 20 °C

2 Welche Wärmemenge in kWh wird benötigt, um 3 Liter Kondensat von 75 °C wieder in Nassdampf (100 °C) zu verwandeln?

3 Welche Wärmemenge in kWh wird benötigt, um 2 kg Propan zu verdampfen?

4 Eine 14 m lange Trinkwasserleitung aus Kupfer 35 × 1,5 ist im Freien verlegt und hat sich im Winter auf 0 °C abgekühlt.

a) Welche Wärmemenge gibt diese Leitung ab, bis der Wasserinhalt erstarrt ist?

b) Wie lange dauert das Einfrieren, wenn je Meter Rohr stündlich 3,5 Wh an die Umgebung abgegeben werden?

5 In einem Latentspeicher wird dem Wasser mit einer Temperatur von 4 °C Wärme entzogen, bis sich Eis von durchschnittlich –10 °C gebildet hat. Welchen Wasserinhalt muss der Speicher haben, damit 200 kWh entnommen werden können?

4.3 Wassermischung

Wird Wasser mit unterschiedlichen Temperaturen gemischt, lässt sich berechnen,

- welche Mischwassertemperatur sich ergibt,
- welche Wassermengen gemischt werden müssen, um eine bestimmte Temperatur zu erreichen und
- welche Volumenströme gemischt werden müssen, um eine bestimmte Temperatur zu erreichen **(Bild 2)**.

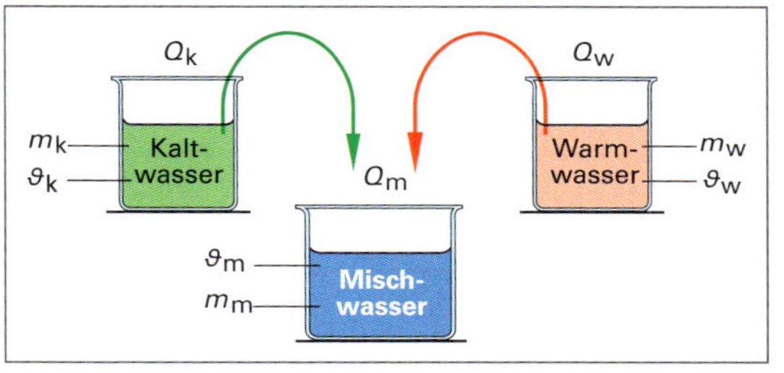

Bild 2: Bezeichnungen bei der Wassermischung

Das Mischwasser enthält nach der Mischung immer noch genau diejenige Wärmemenge, welche die beiden gemischten Wassermengen **vorher** gespeichert hatten **(Bild 3)**.

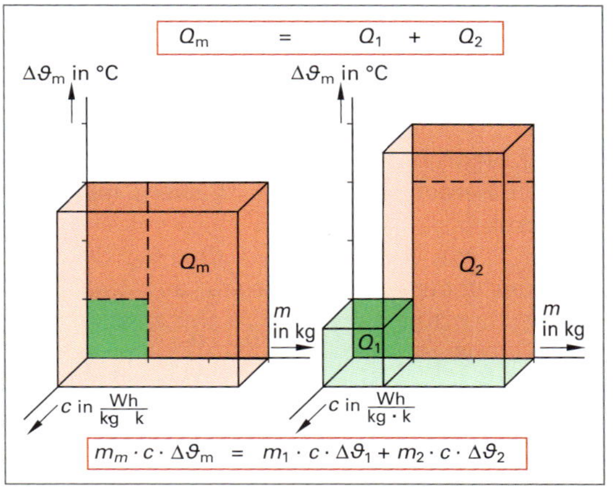

Bild 3: Wärmemengen nach und vor der Mischung

Dabei betrachtet man nur die Wärmemengen, welche die Stoffmengen von 0 °C bis zu ihrer gegenwärtigen Temperatur aufgenommen haben. Somit kann an Stelle der Temperaturdifferenz in Kelvin direkt die Temperatur in Grad Celsius zur Berechnung der Wärmemengen verwendet werden.

Weil hier immer nur Berechnungen zur **Mischung von Wasser mit Wasser** durchgeführt werden, kann die spezifische Wärmekapazität unberücksichtigt bleiben (gekürzt werden). Als Maß für die Wärmemenge kann daher bei allen Aufgaben zur Wassermischung auch nur das Produkt aus der Masse und der Temperatur verwendet werden.

Allgemein gilt bei der Mischung zweier Stoffe:

Wärmemenge im Stoffgemisch	=	Wärmemenge im Stoff 1	+	Wärmemenge im Stoff 2
Q_m	=	Q_1	+	Q_2
$m_m \cdot c_m \cdot \Delta\vartheta_m$	=	$m_1 \cdot c_1 \cdot \Delta\vartheta_1$	+	$m_2 \cdot c_2 \cdot \Delta\vartheta_2$

Für die Mischung gleicher Stoffe und Wärmeinhalte bezogen auf 0 °C gilt:

$$m_m \cdot \vartheta_m = m_k \cdot \vartheta_k + m_w \cdot \vartheta_w$$

Q Wärmemenge in kWh, Ws, J, kJ
m Masse in kg
c spezifische Wärmekapazität in $\frac{\text{kWh}}{\text{kg} \cdot \text{K}}$
ϑ Temperatur in °C

Zur besseren Unterscheidung der verschiedenen Wärmemengen, Massen und Temperaturen verwendet man folgende Indizes:

k → Kalt- (mit der kleinsten Temperatur)
m → Misch- (mit mittlerer Temperatur)
w → Warm- (mit der hohen Temperatur)

4.3.1 Berechnung von Temperaturen

Immer wenn bei der Wassermischung Temperaturen berechnet werden müssen, löst man die Formel

$$m_m \cdot \vartheta_m = m_k \cdot \vartheta_k + m_w \cdot \vartheta_w$$

nach der gesuchten Temperatur auf:

$$\vartheta_m = \frac{m_k \cdot \vartheta_k + m_w \cdot \vartheta_w}{m_m}$$

$$\vartheta_k = \frac{m_m \cdot \vartheta_m - m_w \cdot \vartheta_w}{m_k}$$

$$\vartheta_w = \frac{m_m \cdot \vartheta_m - m_k \cdot \vartheta_k}{m_w}$$

Dazu müssen zwei Massen gegeben sein. Die dritte Masse ergibt sich aus folgendem Zusammenhang:

Mischwassermasse	=	**Kalt**wassermasse	+	**Warm**wassermasse
m_m	=	m_k	+	m_w
		$m_k = m_m - m_w$		$m_w = m_m - m_k$

Beispiel:

Welche Mischwassertemperatur ergibt sich, wenn 10 Liter Wasser mit 15 °C und 20 Liter Wasser mit 60 °C gemischt werden **(Bild 3, Seite 107)**?

Geg.: $m_k = 10$ kg $\vartheta_k = 15$ °C
$m_w = 20$ kg $\vartheta_w = 60$ °C

Ges.: ϑ_m

$$\vartheta_m = \frac{m_k \cdot \vartheta_k + m_w \cdot \vartheta_w}{m_m} \qquad m_m = m_k + m_w$$

$$\vartheta_m = \frac{10\text{ kg} \cdot 15\text{ °C} + 20\text{ kg} \cdot 60\text{ °C}}{30\text{ kg}} \qquad m_m = 10\text{ kg} + 20\text{ kg}$$

$\boldsymbol{\vartheta_m = 45}$ **°C** $\boldsymbol{m_m = 30}$ **kg**

4.3.2 Berechnung von Wassermengen

Wenn bei der Wassermischung Massen (Wassermengen) berechnet werden sollen, müssen immer drei Temperaturen und eine der Massen bekannt sein. Man kann die Grundformeln

$$m_m \cdot \vartheta_m = m_k \cdot \vartheta_k + m_w \cdot \vartheta_w$$

und $$m_m = m_k + m_w$$

nach der gesuchten Masse auflösen, nachdem man die nicht an der Rechnung beteiligte Masse durch die gegebenen Massen ersetzt hat.

$$m_k = m_w \cdot \frac{(\vartheta_w - \vartheta_m)}{(\vartheta_m - \vartheta_k)} \qquad m_k = m_m \cdot \frac{(\vartheta_w - \vartheta_m)}{(\vartheta_w - \vartheta_k)}$$

$$m_w = m_k \cdot \frac{(\vartheta_m - \vartheta_k)}{(\vartheta_w - \vartheta_m)} \qquad m_w = m_m \cdot \frac{(\vartheta_m - \vartheta_k)}{(\vartheta_w - \vartheta_k)}$$

$$m_m = m_k \cdot \frac{(\vartheta_w - \vartheta_k)}{(\vartheta_w - \vartheta_m)} \qquad m_m = m_w \cdot \frac{(\vartheta_w - \vartheta_k)}{(\vartheta_m - \vartheta_k)}$$

Diese sechs Formeln sind alle möglichen Umstellungen der Grundformeln, welche benötigt werden. Es kann jede der drei Massen gegeben sein und jeweils eine der nicht bekannten Massen gesucht werden.

Eine Veranschaulichung und Merkhilfe bietet die vereinfachte Darstellung der Wärmemengen als Flächen. Für den Zusammenhang von Kalt- und Warmwassermasse gilt, dass die vom Warmwasser abgegebene Wärmemenge gleich groß ist, wie die vom Kaltwasser aufgenommene Wärmemenge.

$$m_w \cdot (\vartheta_w - \vartheta_m) = m_k \cdot (\vartheta_m - \vartheta_k)$$

(Bild 1, Seite 109). Diese Gleichung lässt sich nach der gesuchten Masse auflösen, indem man durch die mit ihr multiplizierte Temperaturdifferenz dividiert.

Den entsprechenden Zusammenhang zwischen Kalt- und Mischwassermasse stellt **Bild 2** dar. Für Warm- und Mischwassermasse gilt **Bild 3**.

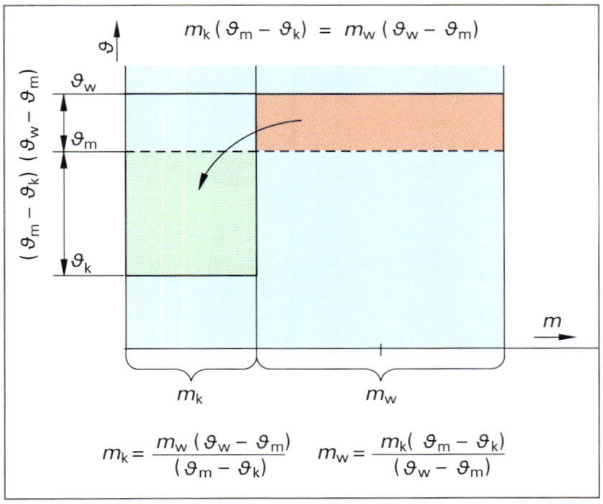

Bild 1: Kalt- und Warmwassermasse

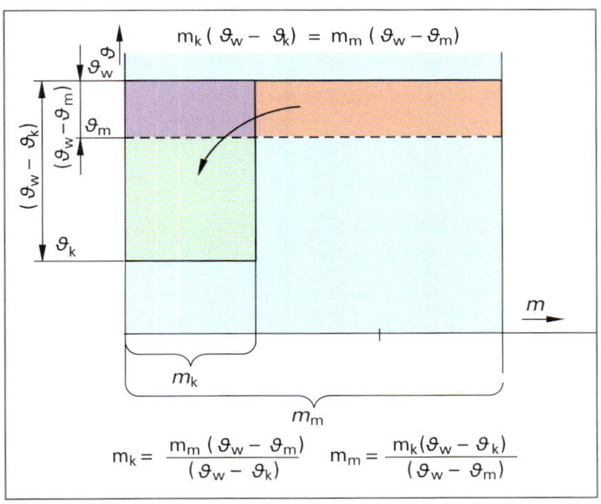

Bild 2: Kalt- und Mischwassermasse

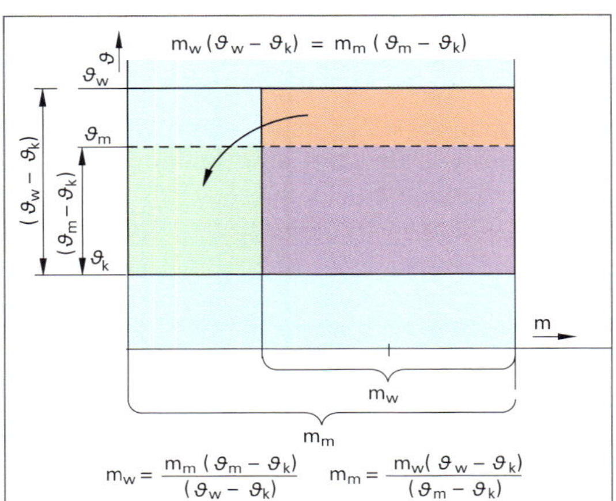

Bild 3: Warm- und Mischwassermasse

Beispiel 1:

Welche Mischwassermenge ergibt sich, wenn 10 Liter Wasser von 15 °C mit 60 °C warmem Wasser gemischt werden, sodass die Mischwassertemperatur 42 °C beträgt?

Geg.: $m_k = 10$ kg $\qquad \vartheta_k = 15$ °C
$\vartheta_m = 42$ °C $\qquad \vartheta_w = 60$ °C

Ges.: m_m

$$m_m = m_k \cdot \frac{(\vartheta_w - \vartheta_k)}{(\vartheta_w - \vartheta_m)}$$

$$m_m = 10\text{ kg} \cdot \frac{(60\text{ °C} - 15\text{ °C})}{(60\text{ °C} - 42\text{ °C})}$$

$$m_m = 25\text{ kg}$$

$\boldsymbol{V = 25}$ **l**

Das **Mischungskreuz** stellt eine weitere Möglichkeit zur Berechnung von Massen bei der Wassermischung dar. Dabei handelt es sich um ein **Rechenschema (Bild 4)**.

Zunächst werden die Verhältnisse ermittelt, in denen Warm- und Kaltwasser gemischt werden.

$$\frac{m_w}{m_k} = \frac{(\vartheta_m - \vartheta_k)}{(\vartheta_w - \vartheta_m)}$$

Danach wird mit einer Dreisatz-Rechnung aus der gegebenen Masse auf die gesuchte Masse geschlossen.

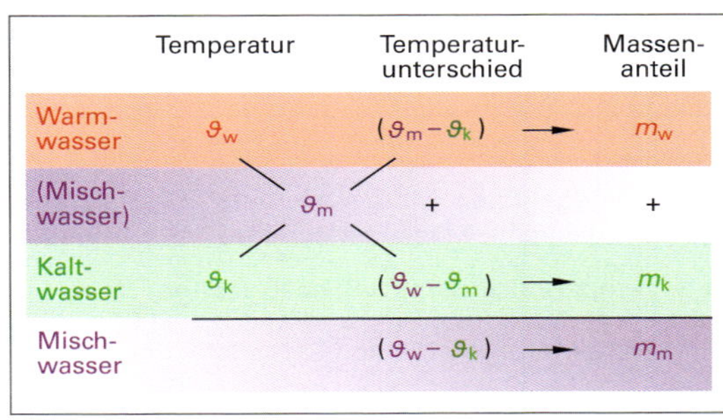

Bild 4: Mischungskreuz

Beispiel 2:

Wie viel Liter 55 °C warmes Wasser benötigt man, wenn 20 Liter Wasser mit 10 °C auf eine Mischwassertemperatur von 40 °C gebracht werden sollen?

Geg.: $m_k = 20$ kg $\qquad \vartheta_k = 10$ °C
$\vartheta_m = 40$ °C $\qquad \vartheta_w = 55$ °C

Ges.: m_w

Lösung mit dem Mischungskreuz:

Ist die Mischwassermasse weder gegeben noch gesucht, kann die untere Mischwasser-Zeile weggelassen werden.

1. Schritt:
Die gegebenen drei Temperaturen eintragen.

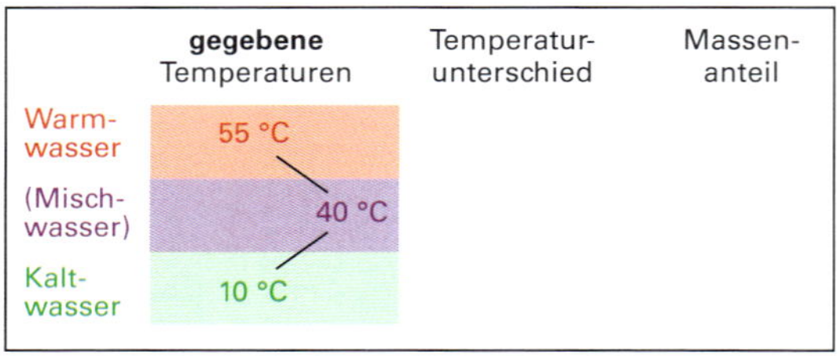

2. Schritt:
Über Kreuz die Temperaturdifferenzen eintragen.

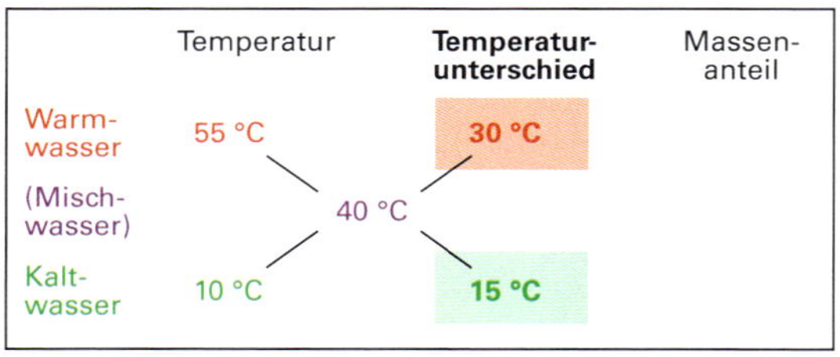

3. Schritt:
Die gegebene Masse in der Zeile der zugehörigen Temperatur eintragen.

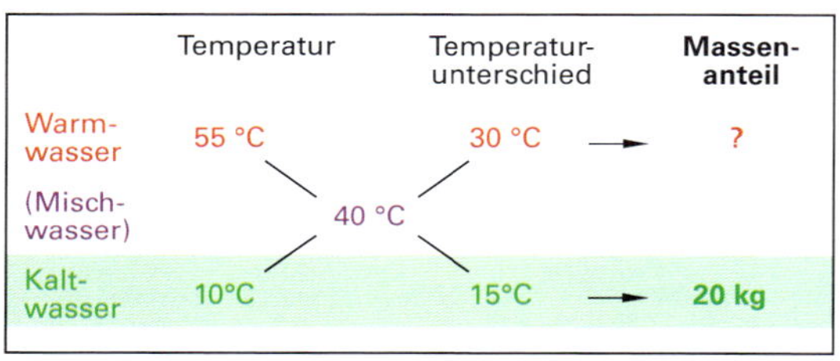

4. Schritt:
Aus der gegebenen Masse mit einer Dreisatzrechnung die gesuchte Masse berechnen.

15 °C Temperaturunterschied entsprechen 20 kg

1 °C Temperaturunterschied entspricht $\frac{20\ \text{kg}}{15\ °\text{C}}$

30 °C Temperaturunterschied entsprechen $\frac{20\ \text{kg} \cdot 30\ °\text{C}}{15\ °\text{C}}$

30 °C Temperaturunterschied entsprechen 40 kg

Ergebnis: Es werden 40 Liter warmes Wasser benötigt.

Beispiel 3:

Wie viel 55 °C warmes Wasser benötigt man, wenn für ein Duschbad 60 Liter Wasser mit 37 °C zur Verfügung stehen sollen und die Kaltwassertemperatur 15 °C beträgt?

Geg.: $m_m = 60$ kg $\quad \vartheta_k = 15$ °C
$\vartheta_m = 37$ °C $\quad \vartheta_w = 55$ °C

Ges.: m_w

Lösung mit dem Mischungskreuz:

1. bis 3. Schritt wie in Beispiel 1; zusätzlich wird im 2. Schritt der „Mischwasser-Temperaturunterschied" eingetragen.

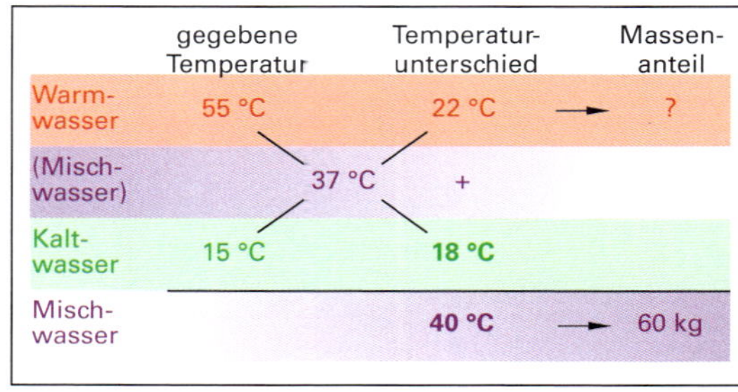

4. Schritt:
Aus der gegebenen Mischwassermasse mit einer Dreisatzrechnung die Warmwassermasse berechnen.

40 °C Temperaturunterschied entsprechen 60 kg

1 °C Temperaturunterschied entspricht $\frac{60\ \text{kg}}{40\ °\text{C}}$

22 °C Temperaturunterschied entsprechen $\frac{60\ \text{kg} \cdot 22\ °\text{C}}{60\ °\text{C}}$

22 °C Temperaturunterschied entsprechen 33 kg

Ergebnis: Es werden 33 Liter warmes Wasser benötigt.

Bei allen Formeln in diesem Abschnitt und beim Mischungskreuz **kann anstatt der Masse auch der Massenstrom** eingesetzt werden.

Aus Wärmemengen werden dadurch Wärmeströme (vgl. Abschnitt 4.4). Die Temperaturen verhalten sich beim Rechnen mit Massenströmen gleich wie beim Rechnen mit Massen. Dies wird z. B. bei Mischarmaturen verwendet.

Das Mischungskreuz kann auch „rückwärts" verwendet werden, um eine fehlende Temperatur zu berechnen. In diesem Fall sind zwei Massen und zwei Temperaturen gegeben.

Beispiel 4:

In einem Speicherwassererwärmer stehen 100 l Wasser mit 60 °C zur Verfügung. Die Kaltwassertemperatur beträgt 10 °C. Welche Temperatur haben 170 l Mischwasser, wenn der ganze Warmwasservorrat genutzt wird?

Geg.: $m_w = 100$ kg $\quad \vartheta_k = 10$ °C
$m_m = 170$ kg $\quad \vartheta_w = 60$°C

Ges.: ϑ_m

Lösung mit dem Mischungskreuz:

1. Schritt:
Die gegebenen Größen werden in das Mischungskreuz eingetragen.

	gegebene Temperatur	Temperaturunterschied	Massenanteil
Warmwasser	60 °C		100 kg
(Mischwasser)		+	
Kaltwasser	10 °C		
Mischwasser			170 kg

2. Schritt:
Aus den beiden gegebenen Temperaturen kann ein Temperaturunterschied berechnet werden. In diesem Beispiel $\vartheta_m = \vartheta_w - \vartheta_k$. Dieser wird in der zugehörigen Zeile eingetragen.

	gegebene Temperatur	Temperaturunterschied	Massenanteil
Warmwasser	60 °C		100 kg
(Mischwasser)		+	
Kaltwasser	10 °C		
Mischwasser		50 °C	170 kg

3. Schritt:
Aus dem gegebenen Temperaturunterschied mit einer Dreisatzrechnung einen der anderen Temperaturunterschiede berechnen und in der zugehörigen Zeile eintragen

170 kg Masse entsprechen 50 °C

1 kg Masse entspricht $\dfrac{50\ °C}{170\ kg}$

100 kg Masse entsprechen $\dfrac{50\ °C \cdot 100\ kg}{170\ kg} = 29{,}4\ °C$

	gegebene Temperatur	Temperaturunterschied	Massenanteil
Warmwasser	60 °C	29,4 °C	100 kg
(Mischwasser)		+	
Kaltwasser	10 °C		
Mischwasser		50 °C	170 kg

4. Schritt:
Die gesuchte Temperatur kann ausgerechnet werden:

$\vartheta_m - \vartheta_k = 29{,}4\ °C$ $\qquad$ $\vartheta_m = 29{,}4\ °C + \vartheta_k$

$\vartheta_m = 29{,}4\ °C + 10\ °C$ $\qquad$ $\boldsymbol{\vartheta_m = 39{,}4\ °C}$

Formelzusammenstellung zur Wassermischung

Grundformel für die Wärmemengen:

$$Q_m = Q_k + Q_w$$

$$m_m \cdot \vartheta_m = m_k \cdot \vartheta_k + m_w \cdot \vartheta_w$$

Grundformel für die Massen:

$$m_m = m_k + m_w$$

$$m_k = m_m - m_w \qquad m_w = m_m - m_k$$

Q Wärmemenge in kWh, Ws, J, kJ
m Masse in kg
ϑ Temperatur in °C

Bedeutung der Indizes:

k → Kalt- (mit der niedrigen Temperatur)
m → Misch- (mit der mittleren Temperatur)
w → Warm- (mit der hohen Temperatur)

Berechnung von Temperaturen:

$$\vartheta_m = \frac{m_k \cdot \vartheta_k + m_w \cdot \vartheta_w}{m_m}$$

$$\vartheta_k = \frac{m_m \cdot \vartheta_m - m_w \cdot \vartheta_w}{m_k}$$

$$\vartheta_w = \frac{m_m \cdot \vartheta_m - m_k \cdot \vartheta_k}{m_w}$$

Berechnung von Wassermassen:

Ges.: Kaltwasser

Geg.: Mischwasser	Geg.: Warmwasser
$m_k = m_m \cdot \dfrac{(\vartheta_w - \vartheta_m)}{(\vartheta_w - \vartheta_k)}$	$m_k = m_w \cdot \dfrac{(\vartheta_w - \vartheta_m)}{(\vartheta_m - \vartheta_k)}$

Ges.: Warmwasser

Geg.: Kaltwasser	Geg.: Mischwasser
$m_w = m_k \cdot \dfrac{(\vartheta_m - \vartheta_k)}{(\vartheta_w - \vartheta_m)}$	$m_w = m_m \cdot \dfrac{(\vartheta_m - \vartheta_k)}{(\vartheta_w - \vartheta_k)}$

Ges.: Mischwasser

Geg.: Kaltwasser	Geg.: Warmwasser
$m_m = m_k \cdot \dfrac{(\vartheta_w - \vartheta_k)}{(\vartheta_w - \vartheta_m)}$	$m_m = m_w \cdot \dfrac{(\vartheta_w - \vartheta_k)}{(\vartheta_m - \vartheta_k)}$

Aufgaben

1 Es werden 15 Liter kaltes Wasser mit 15 °C und 30 Liter warmes Wasser mit 60 °C gemischt.

a) Welche Mischwassermenge ergibt sich?

b) Welche Mischwassertemperatur ergibt sich?

2 Der Inhalt eines 120-Liter-Speichers ist auf 60 °C erwärmt. Wie hoch ist jeweils die Mischwassertemperatur, wenn der ganze Speicherinhalt mit folgenden Mengen kalten Wassers von 15 °C gemischt wird?

a) 30 Liter b) 60 Liter c) 90 Liter
d) 120 Liter e) 150 Liter f) 180 Liter

3 An einer Küchenspüle sollen 9 Liter 55 °C warmes Wasser zur Verfügung stehen. Auf welche Temperatur muss ein 5-Liter-Speicher eingestellt werden, wenn die Kaltwassertemperatur 15 °C beträgt?

4 Eine Wannenfüllung mit 140 Liter Wasser ist auf 28 °C abgekühlt. Welche Temperatur müssten 20 Liter zugefülltes Warmwasser haben, damit die Badewassertemperatur auf 37 °C steigt?

5 Eine Thermostat-Mischbatterie ist auf 37 °C eingestellt und mischt im Betrieb 0,04 l/s kaltes Wasser von 15 °C einem Warmwasservolumenstrom von 0,11 l/s zu. Welche Temperatur hat das Warmwasser?

6 Wie viel Liter kaltes Wasser mit 15 °C müssen zu 80 Liter Wasser mit 60 °C zugemischt werden, damit sich folgende Mischwassertemperaturen ergeben?

a) 55 °C b) 45 °C c) 37 °C

7 Wie viel Liter Wasser muss ein Speicher auf 60 °C erwärmen, damit zum Duschen 50 l Wasser mit 39 °C zur Verfügung stehen. Die Kaltwassertemperatur 12 °C beträgt?

8 Für ein Wannenbad werden 160 Liter Wasser mit 39 °C gewünscht. Wie viel Liter kaltes Wasser mit 15 °C und wie viel Liter warmes Wasser mit 58 °C müssen dafür gemischt werden?

9 Welche Mischwassermenge steht jeweils zur Verfügung, wenn 300 Liter Wasser mit 60 °C und Kaltwasser mit 15 °C gemischt werden und die Mischwassertemperatur

a) 30 °C zur Feinwäsche von Strickwaren,

b) 38 °C zum Duschen,

c) 40 °C zum Einlassen von Wannenbädern,

d) 55 °C zum Geschirrspülen betragen soll?

10 In einem Planschbecken befinden sich 200 l Wasser mit 17 °C. Wie viel Liter Wasser mit 60 °C müssen zugemischt werden, um die Temperatur auf 27 °C zu erhöhen?

11 Eine Wannenfüllung mit 140 Litern Wasser ist auf 28 °C abgekühlt.

a) Wie viel Liter Wasser sind in der Wanne, nachdem die Temperatur des Badewassers durch Zumischen von 60 °C warmem Wasser auf 37 °C erhöht worden ist?

b) Wie viel Liter des abgekühlten Wassers müssen vor dem Zumischen von Warmwasser abgelassen werden, damit genau 160 Liter in der Wanne sind, sobald die Mischwassertemperatur 37 °C erreicht hat?

12 Eine Thermostat-Mischbatterie soll 12 l/min 37 °C warmes Duschwasser mischen. Welche Volumenströme ergeben sich in der Kalt- und in der Warmwasserleitung, wenn

a) durch die ausgekühlte Warmwasserleitung ϑ_k = 22 °C und ϑ_w = 45 °C beträgt,

b) wegen stagnierendem Kaltwasser im Gebäude ϑ_k = 21 °C und ϑ_w = 58 °C beträgt und

c) nach drei Minuten Duschzeit konstante Temperaturverhältnisse mit ϑ_k = 14 °C und ϑ_w = 60 °C herrschen?

13 In einem Hallenbad werden vier Duschen mit 15 °C kaltem und auf 40 °C vorgemischtem Wasser versorgt. Der Volumenstrom je Dusche beträgt 9 l/min. Es duschen vier Personen mit den folgenden Temperaturen:

ϑ_1 = 28 °C, ϑ_2 = 37 °C, ϑ_3 = 38 °C und ϑ_4 = 40°C.

Wie groß sind die Volumenströme in den Teilstrecken 1 bis 11? **(Bild 1)**

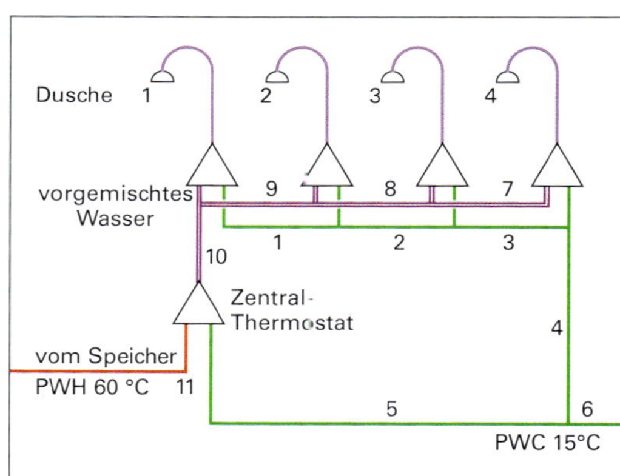

Bild 1: Duschanlage mit zentraler Vormischung

4.4 Energie und Leistung

Die Wärmemenge als Form der Energie wurde in Abschnitt 4.2 berechnet. In diesem Abschnitt wird betrachtet, wie sich

- die **Wärmeleistung** (Wärmemenge in einer bestimmten Zeit),
- die **Erwärmzeit** (Zeit für die Erwärmung des Wassers in Trinkwassererwärmern),
- der **Wirkungsgrad** (nutzbare Wärmemenge im Verhältnis zur aufgewendeten Wärmemenge) und
- die **Energiekosten** (Kosten der verschiedenen Brennstoffe und Energieträger)

berechnen lassen.

4.4.1 Wärmeleistung und Erwärmzeit

Unter **Wärmeleistung** versteht man die in einer bestimmten Zeit übertragene Wärmemenge. Diese benötigt man

- zur Auswahl von Trinkwassererwärmern,
- zur Auswahl von Wärmetauschern und
- bei der Berechnung von Wärmeverlusten an Leitungen und Speichern.

Aus der Definition der Leistung ***P*** als Arbeit ***W*** je Zeiteinheit ***t*** folgt somit:

$$P = \frac{W}{t} \quad \rightarrow \quad \dot{Q} = \frac{Q}{t}$$

$$\text{Wärmeleistung} = \frac{\text{Wärmemenge}}{\text{Zeit}}$$

$$\dot{Q} = \frac{Q}{t}$$

$$Q = \dot{Q} \cdot t \qquad\qquad t = \frac{Q}{\dot{Q}}$$

$\dot{Q}$ Wärmeleistung in kW, W, kJ/h, J/s
Q Wärmemenge in kWh, Ws, kJ, J
t Zeit in h, min, s

Beispiel:

Welche Wärmeleistung geht bei einem 5-Liter-Speicher verloren, der in 24 Stunden einen Bereitschaftsstromverbrauch von 0,31 kWh hat?

Geg.: $Q = 0{,}31$ kWh $\quad t = 24$ h
Ges.: $\dot{Q}$

$\dot{Q} = \frac{Q}{t} \quad \dot{Q} = \frac{0{,}31 \text{ kWh}}{24 \text{ h}} \quad \dot{Q} = 0{,}0129 \text{ kW} \quad \boldsymbol{\dot{Q} = 13 \text{ W}}$

Die Erwärmzeit lässt sich ermitteln, indem man die Formel für die Wärmeleistung nach der Zeit umstellt und für die Wärmemenge $Q = m \cdot c \cdot \Delta\vartheta$ einsetzt.

$$\dot{Q} = \frac{Q}{t} \quad \rightarrow \quad t = \frac{Q}{\dot{Q}} \quad \rightarrow \quad t = \frac{m \cdot c \cdot \Delta\vartheta}{\dot{Q}}$$

$$\text{Erwärmzeit: } t = \frac{m \cdot c \cdot \Delta\vartheta}{\dot{Q}}$$

Beispiel:

Wie lange benötigt ein 80-Liter-Speicher mit einer Wärmeleistung von 5,7 kW um seinen Inhalt von 15 °C auf 60 °C zu erwärmen?

Geg.: $\dot{Q} = 5{,}7$ kW $\quad \vartheta_1 = 15$ °C $\quad \vartheta_2 = 60$ °C $\quad m = 80$ kg
Ges.: $\Delta\vartheta$, t

$t = \frac{m \cdot c \cdot \Delta\vartheta}{\dot{Q}} \qquad \Delta\vartheta = \vartheta_2 - \vartheta_1$

$t = \frac{80 \text{ kg} \cdot 0{,}001163 \text{ kWh} \cdot 45 \text{ K}}{5{,}7 \text{ kW} \cdot \text{kg} \cdot \text{K}} \qquad \Delta\vartheta = 60 \text{ °C} - 15 \text{ °C}$

$t = 0{,}735$ h $\qquad \Delta\vartheta = 45$ °C

$\boldsymbol{t = 44}$ **min** $\qquad \Delta\vartheta = 45$ K

4.4.2 Wirkungsgrad

Bei Trinkwassererwärmern wird nicht die ganze zugeführte Energie auf das Wasser übertragen. Je nach Geräteart geht ein unterschiedlich großer Anteil als

- Abgasverlust oder
- Stillstandsverlust (Wärmeleitung, -strahlung)

verloren.

Der **Wirkungsgrad** η gibt das Verhältnis von der an das Wasser abgegebenen Energie zu der vom Gerät aufgenommenen Energie an **(Bild 1)**.

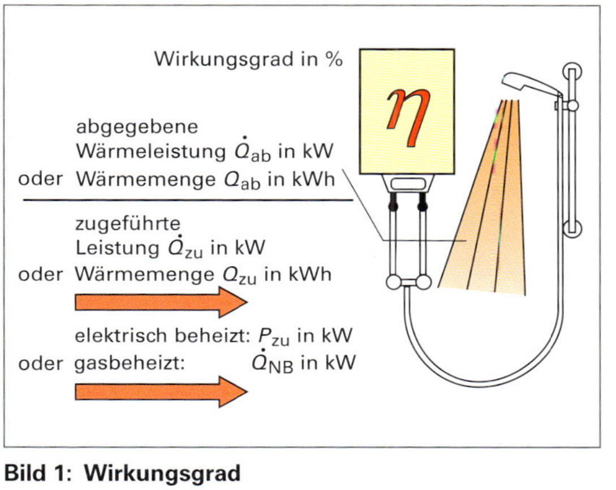

Bild 1: Wirkungsgrad

$$\text{Wirkungsgrad} = \frac{\text{an das Wasser } \textbf{ab}\text{gegebene Wärmemenge}}{\text{dem Gerät } \textbf{zu}\text{geführte Wärmemenge}}$$

$$\eta = \frac{Q_{ab}}{Q_{zu}}$$

$$Q_{ab} = Q_{zu} \cdot \eta \qquad Q_{zu} = \frac{Q_{ab}}{\eta}$$

η Wirkungsgrad ohne Einheit
Q_{ab} an das Wasser **ab**gegebene Wärmemenge in kWh, kJ
Q_{zu} dem Gerät **zu**geführte Wärmemenge in kWh, kJ

Beispiel:

Welchen Wirkungsgrad hat ein Durchfluss-Wassererwärmer, der 64 Liter Wasser von 15°C auf 40 °C erwärmt, wenn ihm 2 Kilowattstunden Energie zugeführt werden?

Geg.: $Q_{zu} = 2\ \text{kWh}$ $\quad \vartheta_1 = 15\ °\text{C}$ $\quad \vartheta_2 = 40\ °\text{C}$
$m = 64\ \text{kg}$

Ges.: $\Delta\vartheta$, Q_{ab}, η

$\Delta\vartheta = \vartheta_2 - \vartheta_1$ $\qquad \Delta\vartheta = 40\ °\text{C} - 15\ °\text{C}$

$\Delta\vartheta = 25\ °\text{C}$ $\qquad \Delta\vartheta = 25\ \text{K}$

$Q_{ab} = m \cdot c \cdot \Delta\vartheta$

$$Q_{ab} = 64\ \text{kg} \cdot 0{,}001163\ \frac{\text{kWh}}{\text{kg} \cdot \text{K}} \cdot 25\ \text{K}$$

$Q_{ab} = 1{,}8608\ \text{kWh}$

$\eta = \frac{Q_{ab}}{Q_{zu}}$ $\qquad \eta = \frac{1{,}8608\ \text{kWh}}{2\ \text{kWh}}$

$\eta = 0{,}93$ $\qquad$ $\boldsymbol{\eta = 93\,\%}$

Anstatt der Wärmemengen kann man auch die abgegebene und zugeführte Leistung einsetzen, um den Wirkungsgrad zu berechnen.

$$\text{Wirkungsgrad} = \frac{\text{an das Wasser } \textbf{ab}\text{gegebene Wärme}\textbf{leistung}}{\text{dem Gerät } \textbf{zu}\text{geführte Wärme}\textbf{leistung}}$$

$$\eta = \frac{\dot{Q}_{ab}}{\dot{Q}_{zu}}$$

$$\dot{Q}_{ab} = \dot{Q}_{zu} \cdot \eta \qquad \dot{Q}_{zu} = \frac{\dot{Q}_{ab}}{\eta}$$

η Wirkungsgrad ohne Einheit
$\dot{Q}_{ab}$ an das Wasser **ab**gegebene Wärmeleistung in kW, kJ/h
$\dot{Q}_{zu}$ dem Gerät **zu**geführte Wärmeleistung in kW, kJ/h

Beim Wirkungsgrad ist zu unterscheiden, worüber eine Aussage gemacht werden soll. Für die Wärmeleistung eines Wassererwärmers (TWE) reicht es aus, die Umwandlungs- und Übertragungsverluste im Gerät zu betrachten.

Daraus kann

- bei **Durchfluss**-TWE der **Volumenstrom** bei gegebener Temperaturerhöhung und
- bei **Speicher**-TWE die **Erwärmzeit** berechnet werden.

Aus der Formel für den Wirkungsgrad

$$\eta = \frac{\dot{Q}_{ab}}{\dot{Q}_{zu}}$$

erhält man durch Einsetzen von $\dot{Q}_{ab} = \frac{Q_{ab}}{t}$

und von $Q_{ab} = m \cdot c \cdot \Delta\vartheta$

$$\eta = \frac{m \cdot c \cdot \Delta\vartheta}{\dot{Q}_{zu} \cdot t}$$

Beim **Durchfluss-TWE** ist die Erwärmzeit gleichzeitig auch die Zapfzeit. Daher kann man die erwärmte Masse geteilt durch die Erwärmzeit als Massenstrom des gezapften Warmwassers betrachten.

$$\eta = \frac{\dot{m} \cdot c \cdot \Delta\vartheta}{\dot{Q}_{zu}}$$

$$\dot{Q}_{zu} = \frac{\dot{m} \cdot c \cdot \Delta\vartheta}{\eta} \qquad \dot{m} = \frac{\dot{Q}_{zu} \cdot \eta}{c \cdot \Delta\vartheta} \qquad \Delta\vartheta = \frac{\dot{Q}_{zu} \cdot \eta}{c \cdot \dot{m}}$$

η Wirkungsgrad ohne Einheit
$\dot{Q}_{zu}$ dem Gerät **zu**geführte Wärmeleistung (Nennbelastung $\dot{Q}_{NB}$, elektrische Anschlussleistung P_{zu}) in kW, $\frac{\text{kJ}}{\text{h}}$
$\dot{m}$ Massenstrom in $\frac{\text{kg}}{\text{s}}$, $\frac{\text{kg}}{\text{min}}$
c spezifische Wärmekapazität in $\frac{\text{kWh}}{(\text{kg} \cdot \text{K})}$, $\frac{\text{Wh}}{(\text{kg} \cdot \text{K})}$, $\frac{\text{kJ}}{(\text{kg} \cdot \text{K})}$
$\Delta\vartheta$ Temperaturerhöhung in K

Wegen des geringen Wasserinhaltes im Wärmetauscher werden im Durchfluss-TWE Stillstands- und Auskühlverluste nicht berücksichtigt. Die Wirkungsgrade betragen

bei elektrischen Durchfluss-TWE
$\eta = 98\ \%$ bis $99\ \%$,

bei gasbeheizten Durchfluss-TWE
$\eta = 81\ \%$ bis $87\ \%$.

Beispiel 1:

Welchen Volumenstrom (Massenstrom) erwärmt ein Gas-Durchfluss-TWE mit einer Wärmebelastung von 32,1 kW von 10 °C auf 60 °C? Der Wirkungsgrad beträgt 87%.

Geg.: $\dot{Q}_{NB} = 32{,}1\ \text{kW}$ $\quad \eta = 0{,}87$

$\vartheta_1 = 10\ °C$ $\quad \vartheta_1 = 60\ °C$

Ges.: $\dot{m}$

$\Delta\vartheta = \vartheta_2 - \vartheta_1$ $\quad \Delta\vartheta = 60\ °C - 10\ °C$

$\Delta\vartheta = 50\ °C$ $\quad \Delta\vartheta = 50\ K$

$\dot{m} = \dfrac{\dot{Q}_{NB} \cdot \eta}{c \cdot \Delta\vartheta}$ $\quad \dot{m} = \dfrac{32{,}1\ \text{kW} \cdot 0{,}87 \cdot \text{kg} \cdot \text{K}}{0{,}001163\ \text{kWh} \cdot 50\ \text{K}}$

$\dot{m} = \dfrac{480\ \text{kg} \cdot 1\ \text{h}}{\text{h} \cdot 60\ \text{min}}$ $\quad \dot{m} = \dfrac{8\ \text{kg}}{\text{min}}$

$\boldsymbol{\dot{V} = 8\ l/min}$

Beispiel 2:

Mit welcher Temperatur können bei einem Elektro-Durchfluss-TWE mit einer Anschlussleistung von 21 kW und 98% Wirkungsgrad 8 l/min gezapft werden, wenn die Kaltwassertemperatur 10 °C beträgt?

Geg.: $P_{zu} = 21\ \text{kW}$ $\quad \dot{m} = 8\ \dfrac{\text{kg}}{\text{min}}$ $\quad \eta = 0{,}98$

$\vartheta_1 = 10\ °C$ $\quad$ c aus Tabelle 1, Seite 3

Ges.: $\Delta\vartheta$, ϑ_2

$\Delta\vartheta = \dfrac{P_{zu} \cdot \eta}{c \cdot \dot{m}}$ $\quad \Delta\vartheta = \dfrac{21\ \text{kW} \cdot 0{,}98 \cdot \text{min} \cdot \text{kg} \cdot \text{K}}{8\ \text{kg} \cdot 0{,}001163\ \text{kWh}}$

$\Delta\vartheta = 2212\ \dfrac{\text{min} \cdot 1\ \text{h} \cdot \text{K}}{\text{h} \cdot 60\ \text{min}}$

$\Delta\vartheta = 36{,}9\ K$ $\quad \Delta\vartheta = 37\ °C$

$\vartheta_2 = \vartheta_1 + \Delta\vartheta$ $\quad \vartheta_2 = 10\ °C + 37\ °C$

$\boldsymbol{\vartheta_2 = 47\ °C}$

Berechnet man die Temperaturerhöhung für verschiedene Massenströme und stellt diese in einem Diagramm dar, wird der Nachteil des Durchflussprinzips (Temperaturschwankungen bei jeder Änderung des Massenstromes) deutlich **(Bild 1)**.

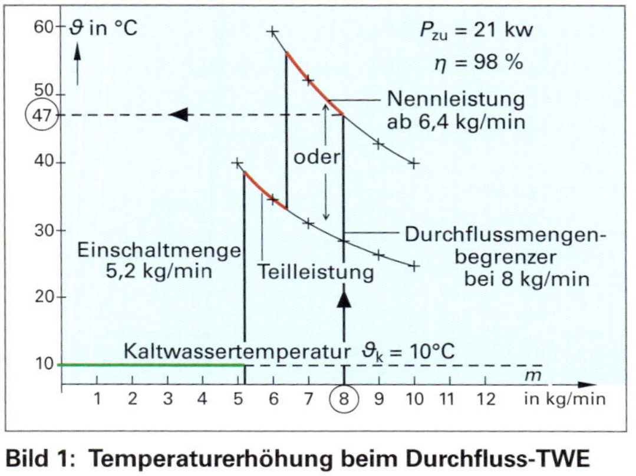

Bild 1: Temperaturerhöhung beim Durchfluss-TWE

Beim **Speicher-TWE** ist die Erwärmung und die Entnahme zeitlich getrennt. Man kann die Formel für den Wirkungsgrad verwenden, um die Zeit zum Erwärmen des Inhaltes zu berechnen.

$$\eta = \frac{m \cdot c \cdot \Delta\vartheta}{t_a \cdot \dot{Q}_{zu}} \qquad t_a = \frac{m \cdot c \cdot \Delta\vartheta}{\eta \cdot \dot{Q}_{zu}}$$

$$\dot{Q}_{zu} = \frac{m \cdot c \cdot \Delta\vartheta}{t_a \cdot \eta} \qquad m = \frac{\dot{Q}_{zu} \cdot \eta \cdot t_a}{c \cdot \Delta\vartheta}$$

$$\Delta\vartheta = \frac{\dot{Q}_{zu} \cdot \eta \cdot t_a}{c \cdot m}$$

t_a Erwärmzeit in min, h

m Warmwassermasse in kg

Stillstands- und Auskühlverluste führen bei einem Speicher-TWE zu geringeren Wirkungsgraden als bei einem Durchfluss-TWE. Sind genauere Angaben nicht vorhanden, können

für elektrische Speicher-TWE

η = 95% bis 98%,

für gasbeheizte Speicher-TWE

η = 79% bis 87%

angesetzt werden.

Beispiel 1:

Nach wie viel Minuten ist der Inhalt eines 120-Liter-Elektro-Speichers mit einem Anschlusswert von 4,5 kW und 97% Wirkungsgrad auf 60 °C erwärmt? Die Kaltwassertemperatur beträgt 14 °C.

Geg.: $\eta = 0{,}97$ $\quad P_{zu} = 4{,}5\ \text{kW}$ $\quad m = 120\ \text{kg}$

$\vartheta_1 = 14\ °C$ $\quad \vartheta_2 = 60\ °C$

Ges.: $\Delta\vartheta$, t_a

$\Delta\vartheta = \vartheta_2 - \vartheta_1$ $\quad \Delta\vartheta = 60\ °C - 14\ °C$

$\Delta\vartheta = 46\ °C$ $\quad \Delta\vartheta = 46\ K$

$t_a = \dfrac{m \cdot c \cdot \Delta\vartheta}{\eta \cdot \dot{P}_{zu}}$ $\quad t_a = \dfrac{120\ \text{kg} \cdot 0{,}001163\ \text{kWh} \cdot 46\ \text{K}}{0{,}97 \cdot \text{kg} \cdot \text{K} \cdot 4{,}5\ \text{kW}}$

$t_a = 1{,}47\ \text{h}$ $\quad \boldsymbol{t_a = 1\ h\ 28\ min}$

Beispiel 2:

Welche Anschlussleistung muss ein 80-Liter-Elektro-Speicher haben, wenn der Inhalt tagsüber in einer Stunde von 15 °C auf 60 °C erwärmt werden soll? (Wirkungsgrad 98%)

Geg.: $\eta = 0{,}98$ $\quad t_a = 1\ \text{h}$ $\quad m = 80\ \text{kg}$

$\vartheta_1 = 15\ °C$ $\quad \vartheta_2 = 60\ °C$

Ges.: $\Delta\vartheta$, P_{zu}

$\Delta\vartheta = \vartheta_2 - \vartheta_1$ $\quad \Delta\vartheta = 60\ °C - 15\ °C$

$\Delta\vartheta = 45\ °C$ $\quad \Delta\vartheta = 45\ K$

$P_{zu} = \dfrac{m \cdot c \cdot \Delta\vartheta}{t_a \cdot \eta}$ $\quad P_{zu} = \dfrac{80\ \text{kg} \cdot 0{,}001163\ \text{kWh} \cdot 45\ \text{K}}{1 \cdot \text{h} \cdot \text{kg} \cdot \text{K} \cdot 0{,}98}$

$\boldsymbol{P_{zu} = 4{,}3\ kW}$

Aufgaben

1 Welche Wärmeleistung geht verloren, wenn eine ein Meter lange Warmwasserleitung in 24 Stunden 0,168 kWh an die Umgebung abgibt?

2 Welche Wärmemenge wird einem Speicher-TWE zugeführt, wenn der Solarkreislauf drei Stunden lang 1,8 kW an ihn abgibt?

3 Wie groß ist jeweils der Wirkungsgrad für Durchfluss-TWE? Gegeben sind:

a) Wärmebelastung 22,1 kW, Wärmeleistung 19,2 kW (gasbeheizt).

b) Erwärmung von 10,7 l/min um 28 K, Nennleistung 21 kW (elektrisch).

4 Welche Anschlussleistung braucht ein elektrischer Zweikreisspeicher mit 120 Liter Inhalt und einem Wirkungsgrad von 98%, wenn die Erwärmzeit

a) bei Nachtaufheizung („1. Kreis") 6 Stunden,

b) bei Tagaufheizung („2. Kreis") eine Stunde nicht überschreiten soll?

(Die Kaltwassertemperatur beträgt 10 °C; das Wasser soll auf 60 °C erwärmt werden.)

5 Welche Warmwassertemperatur liefert ein Durchfluss-TWE mit 87% Wirkungsgrad und 21 kW Nennleistung, wenn

a) 8 l/min bei einer Kaltwassertemperatur von 14 °C oder

b) 10 l/min bei ϑ_k = 12 °C gezapft werden?

c) Welches Ergebnis liefert Bild 1, Seite 115?

6 Wie lange dauert die Füllung einer 160-l-Badewanne mit 39 °C warmem Wasser aus einem Gas-Durchfluss-TWE mit 18 kW Nennbelastung und einem Wirkungsgrad von 86%? (ϑ_k = 14 °C).

7 Für den Warmbadetag in einem Hallenbad sind 450 m^3 Wasser innerhalb von 20 h von 23 °C auf 26 °C zu erwärmen?

a) Welche Wärmeleistung muss der Wärmetauscher übertragen?

b) Welche Wärmebelastung hat der Brenner bei einem Gesamt-Wirkungsgrad von 82%?

4.4.3 Energiekosten

Die Kosten für die Energie zur Warmwasserbereitung hängen ab von

- dem Warmwasserbedarf,
- dem Energiepreis und
- dem Gesamtwirkungsgrad der Anlage.

Aus dem Warmwasserbedarf lässt sich die erforderliche Wärmemenge berechnen **(Tabelle 1)**.

genutzte Wärmemenge = Wärmemenge je Person und Tag × Personenzahl × Tage

$$Q_{gen} = Q_p \times p \times t_n$$

Q_{gen} genutzte Wärmemenge des warmen Wassers in kWh
Q_p Wärmemenge je Person und Tag in kWh,
p Personenzahl
t_n Anzahl der Tage

Tabelle 1: Warmwasserbedarf und erforderliche Wärmemenge
Richtwert pro Person und Tag

Ansprüche	$V_{45\,°C}$ in Liter mit 45 °C	$V_{60\,°C}$ in Liter mit 60 °C	Q_p in kWh bei ϑ_k = 10 °C
einfache	15 bis 30	10 bis 20	0,6 bis 1,2
gehobene	30 bis 60	20 bis 40	1,2 bis 2,4
höchste	60 bis 120	40 bis 80	2,4 bis 4,8

Für die Einzelversorgung kann der Zapfstellenbedarf aus Tabelle 1, Seite 129 verwendet werden.

Die oben durchgeführten Berechnungen vernachlässigen den Wirkungsgrad der gesamten Anlage zur Wassererwärmung. Energiekosten fallen jedoch nicht nur für die genutzte Energie Q_{gen} sondern für die dem Trinkwassererwärmer zugeführte Energie Q_{zu} an.

Zur **überschlägigen Berechnung** von Energiekosten muss ein pauschaler Gesamtwirkungsgrad der Anlage geschätzt werden.

zugeführte Wärmemenge = genutzte Wärmemenge / Gesamtwirkungsgrad

$$Q_{zu} = \frac{Q_{gen}}{\eta_{ges}}$$

Q_{zu} dem Gerät zugeführte Wärmemenge in kWh
η_{ges} geschätzter Gesamtwirkungsgrad ohne Einheit
Q_{gen} genutzte Wärmemenge in kWh

Die **Energiekosten *K*** errechnen sich aus der dem Gerät zugeführten Wärmemenge und dem Energiepreis.

Energiekosten	=	zugeführte Wärmemenge	×	Energiepreis
K	=	Q_{zu}	×	EP

K Energiekosten in € (Tabelle 1)
Q_{zu} dem Gerät zugeführte Wärmemenge in kWh
EP Energiepreis in $\frac{€}{kWh}$

Tabelle 1: Gewählte Energiepreise

Energieart	in $\frac{€}{kWh}$
Heizöl	0,09
Erdgas	0,11
Niedrigtarifstrom	0,20
Normaltarifstrom	0,28

Beispiel 1:
Welche Energiekosten für Erdgas entstehen durch ein Wannenbad mit 150 l Wasser, das von 10 °C auf 38 °C erwärmt werden muss? Der Gesamtwirkungsgrad wird auf 80% geschätzt.

Geg.: $m = 150$ kg $\quad \eta_{ges} = 0{,}8 \quad EP = 0{,}11 \frac{€}{kWh}$
$\vartheta_1 = 10$ °C $\quad \vartheta_2 = 38$ °C
Geg.: $\Delta\vartheta$, Q_{gen}, Q_{zu}, K

$\Delta\vartheta = \vartheta_2 - \vartheta_1 \quad \Delta\vartheta = 38\ °C - 10\ °C \quad \Delta\vartheta = 28\ K$

$Q_{gen} = m \cdot c \cdot \Delta\vartheta$

$$Q_{gen} = \frac{150\ kg \cdot 0{,}001163\ kWh \cdot 28\ K}{kg \cdot K}$$

$Q_{gen} = 4{,}885$ kWh

$Q_{zu} = \frac{Q_{gen}}{\eta_{ges}} \quad Q_{zu} = \frac{4{,}885\ kWh}{0{,}8} \quad Q_{zu} = 6{,}11$ kWh

$K = Q_{zu} \cdot EP \quad K = 6{,}11\ kWh \cdot 0{,}11 \frac{€}{kWh}$

$K = 0{,}67$ €

Aufgaben

1 Wie hoch sind jeweils die Energiekosten für ein Brausebad mit 40 l bzw. ein Wannenbad mit 180 l, wenn das Wasser mit Heizöl um 27 K erwärmt werden muss? Der Gesamtwirkungsgrad beträgt 45 %.

2 Wie hoch sind die Energiekosten pro Minute für das Brausebad, wenn dafür 9 l/min Wasser mit Normaltarifstrom um 29 K erwärmt werden? Der Gesamtwirkungsgrad beträgt 95 %.

3 Wie hoch sind die täglichen Energiekosten für eine Begleitheizung, die täglich während 20 Stunden mit einer Leistung von 2,1 kW betrieben wird (dies entspricht 30 m beheizter Rohrleitungslänge).

Der **Wirkungsgrad einer Anlage** kann eigentlich nicht pauschal angegeben werden. Je weniger z. B. ein Speicher genutzt wird, um so stärker fallen die Verluste durch Auskühlung und die Verteilungsverluste ins Gewicht **(Bild 1).**

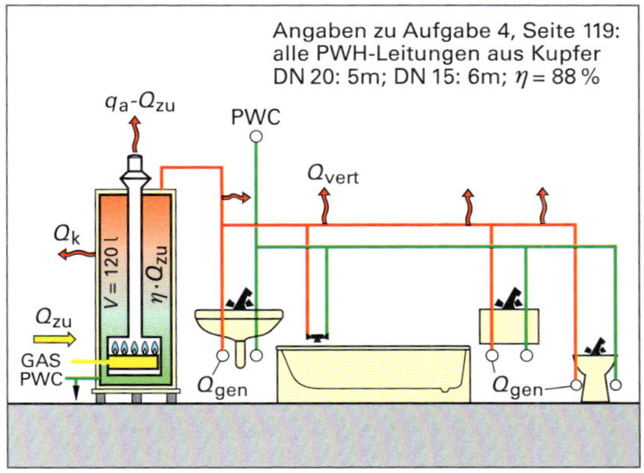

Bild 1: Verluste bei zentralen TWE-Anlagen

$$\text{zugeführte Wärmemenge} = \frac{\text{genutzte Wärmemenge} + \text{Auskühlungsverluste} + \text{Verteilungsverluste}}{\text{Wirkungsgrad}}$$

$$Q_{zu} = \frac{Q_{gen} + Q_K + Q_{Vert.}}{\eta}$$

Q_{zu} dem Gerät zugeführte Wärmemenge in kWh
η Wirkungsgrad ohne Einheit
Q_{gen} genutzte Wärmemenge in kWh
Q_K Wärmemenge durch Auskühlungsverluste in kWh
$Q_{Vert.}$ Wärmemenge durch Verteilungverluste in kWh

Die Formel vereinfacht sich für folgende Fälle:

- für elektrisch beheizte TWE gilt $\eta = 1$
- für Durchfluss-TEW gilt $Q_K = 0$
- für Direktzapfung gilt $Q_{Vert.} = 0$

Die **Auskühlverluste** sind je nach Bauart, Inhalt und Ausführung des Speichers verschieden. Sie werden vom Hersteller als **Bereitschaftsenergieverbrauch Q_K** angegeben. Diese Energie ist erforderlich, den Speicher 24 Stunden lang auf einer Temperatur von 60 °C zu halten (bei 20 °C Umgebungstemperatur). Eine Auswahl aus Herstellerunterlagen enthält die **Tabelle 1, Seite 118.**

Beispiel 2:
Ein Elektrospeicher mit 120 Liter Inhalt und geringen Auskühlverlusten wird von einem Dreipersonenhaushalt mit einfachen Ansprüchen (Obergrenze)

genutzt. Verteilungsverluste sollen vernachlässigt werden. Wie groß ist die dem Gerät monatlich zugeführte Energiemenge?

Geg.: $Q_p = 1{,}2$ kWh (aus Tabelle 1, Seite 116)
$p = 3$ $\quad t_n = 30$ d $\quad Q_{vert} = 0$ $\quad \eta = 1$
$Q_K' = 0{,}89$ kWh/d (aus Tabelle 1)

Ges.: Q_{gen}, Q_K, Q_{zu}

$Q_{gen} = Q_p \cdot p \cdot t_n \qquad Q_{gen} = 1{,}2 \text{ kWh} \cdot 3 \cdot 30$

$Q_{gen} = 108$ kWh

$Q_K = Q_K' \cdot t_n = 0{,}89 \text{ kWh/d} \cdot 30 \text{ d}$

$Q_K = 26{,}7$ kWh

$$Q_{zu} = \frac{Q_{gen} + Q_K + Q_{vert}}{\eta}$$

$$Q_{zu} = \frac{108 \text{ kWh} + 26{,}7 \text{ kWh} + 0 \text{ kWh}}{1}$$

$\mathbf{Q_{zu} = 134{,}7}$ **kWh**

Tabelle 1: Bereitschaftsenergieverbrauch von Speichern Q_K' in kWh je Tag

Inhalt in l	Bauart des Speichers Elektro-Speicher	indirekt beheizt	direkt beheizt
5	0,24 bis 0,43		
10	0,31 bis 0,35		
15	0,37 bis 0,41		
30	0,47 bis 0,5		
50	0,67 bis 0,75	0,91	
80	0,72 bis 1,1		
100 – 130	0,89 bis 1,3	1,6 bis 2,2	5,0
190 – 200	1,9	1,4 bis 2,4	6,6
300 – 320	2,2	1,9	13,1
380 – 400	2,7	2,3	14,4

Die **Verteilungsverluste** unterteilen sich in Energie zum

- Erwärmen abgekühlter Leitungen **(Tabelle 2)** $\quad Q_{Leitung}$
- Warmhalten von Leitungen **(Tabelle 3)** $\quad Q_z$

$$Q_{Vert} = Q_{Leitung} + Q_z$$

$$Q_{Leitung} = q'_{Leitung} \cdot l \cdot n_{d,\,Leitung} \qquad Q_z = \dot{q}'_z \cdot l \cdot t_z$$

$Q_{vert.}$ Verteilungsverluste in kWh
$Q_{Leitung}$ Energie zum **Erwärmen** abgekühlter Leitungen in kWh
$q'_{Leitung}$ Energie zum **Erwärmen von einem Meter** abgekühlter Leitung in Wh/m
l Länge der Leitung in m
$n_{d,Leitung}$ Anzahl der Auskühlungen je Tag
Q_z Energie zum **Warmhalten** von Zirkulationsleitungen oder fortlaufend benutzter Leitungen in kWh
$\dot{q}'_z$ Leistung zum **Warmhalten von einem Meter** von Zirkulationsleitungen oder fortlaufend benutzter Leitungen in kW/m
t_z Zirkulationsdauer in h

Tabelle 2: Energiebedarf abgekühlter Leitungen (für Kupferleitungen nach DIN EN 1057)

DN	V' in $\frac{l}{m}$	$Q_{V'}$ in $\frac{Wh}{m}$	m' in $\frac{kg}{m}$	$Q_{m'}$ in $\frac{Wh}{m}$	$q'_{Leitung}$ in $\frac{Wh}{m}$
12	0,133	6,2	0,391	1,7	7,9
15	0,201	9,4	0,475	2,1	11,5
20	0,314	14,6	0,587	2,5	17,1
25	0,491	22,4	1,110	4,8	27,2

Beispiel 3:

Eine Warmwasserleitung aus Kupfer zu einer Zapfstelle besteht aus 5 m Rohr der Dimension DN 20 und 6 m Rohr der Dimension DN 15.

Welche Auskühlverluste fallen bei täglich dreimaliger Benutzung an?

Geg.: DN 20: $l_1 = 5$ m $\quad q'_{Leitung,\,1} = 17{,}1$ Wh/m
DN 15: $l_2 = 5$ m $\quad q'_{Leitung,\,2} = 11{,}5$ Wh/m
$n_{d,\,Leitung} = 3$ $\quad (Q_z = 0)$

Ges.: $Q_{Vert.}$

$Q_{Leitung} = (q'_{Leitung,1} + l_1 + q'_{Leitung,2} + l_2) \cdot n_{d,\,Leitung}$

$Q_{Leitung} = (17{,}1 \text{ Wh/m} \cdot 5 \text{ m} + 11{,}5 \text{ Wh/m} \cdot 6 \text{ m}) \cdot 3$

$Q_{Leitung} = 463{,}5$ Wh $\qquad \mathbf{Q_{Leitung} = 0{,}46}$ **kWh**

Zirkulationsleitungen geben ständig Wärme an die Umgebung ab, die dem zirkulierenden Wasser entzogen wird. Nach Energieeinsparverordnung gedämmte Leitung haben unabhängig von der Dimension die in **Tabelle 3** angegebenen Verlustleistungen je Meter. Diese Werte können auch verwendet werden, um die Verluste fortlaufend benutzter Stichleitungen ohne Zirkulation zu ermitteln.

Tabelle 3: Verlustleistungen von Zirkulationsleitungen

Verlegeart	$\dot{q}'_z$ in $\frac{kW}{m}$
frei in ungeheizten Räumen verlegt	0,011
in Schächten oder Vormauerungen	0,007

Beispiel 4:

Welche Wärmemenge wird jährlich für den Betrieb einer Zirkulation, bestehend aus jeweils 12 m Kupferrohren nach DIN EN 1057 der Dimensionen DN 20 und DN 15 benötigt? Die Zirkulation ist täglich 16 Stunden in Betrieb. Je 4 m der beiden Rohrdimensionen sind in ungeheizten Räumen verlegt.

Geg.: $q'_{Leitung,\,DN\,20} = 17{,}1$ Wh/m (aus Tabelle 2, Seite 118)

$q'_{Leitung,\,DN\,15} = 11{,}5$ Wh/m

$n_{d,\,Leitung} = 365$ $t_Z = 16\ h \cdot 365$

$l_{DN20} = 12\ m$ $l_{DN15} = 12\ m$

Ges.: $Q_{Leitung}, Q_z, Q_{Vert.}$

DN 20: $Q_{Leitung,\,DN\,20} = q'_{Leitung,\,DN\,20} \cdot l_{DN\,20} \cdot n_{Leitung}$

$Q_{Leitung,\,DN\,20} = 17{,}1\ Wh/m \cdot 12\ m \cdot 365$

$Q_{Leitung,\,DN\,20} = 74\,898\ Wh$

DN 15: $Q_{Leitung,\,DN\,15} = q'_{Leitung,\,DN\,15} \cdot l_{DN\,15} \cdot n_{Leitung}$

$Q_{Leitung,\,DN\,15} = 11{,}5\ Wh/m \cdot 12\ m \cdot 365$

$Q_{Leitung,\,DN\,15} = 50\,370\ Wh$

$Q_{Leitung} = Q_{Leitung,\,DN\,20} + Q_{Leitung,\,DN\,15}$

$Q_{Leitung} = 74\,898\ Wh + 50\,370\ Wh$

$Q_{Leitung} = 125\,268\ Wh$ $\boldsymbol{Q_{Leitung} = 125\ kWh}$

$Q_z = \dot{q}'_1 \cdot l_1 \cdot t_z + \dot{q}'_2 \cdot l_2 \cdot t_z$

$Q_z = 0{,}007\ kW/m \cdot 2 \cdot 8\ m \cdot 16\ h \cdot 365$

$+ 0{,}011\ kW/m \cdot 2 \cdot 4\ m \cdot 16\ h \cdot 365$

$\boldsymbol{Q_z = 1168\ kWh}$

$Q_{Vert.} = Q_{Leitung} + Q_z$ $Q_{Vert.} = 125\ kWh + 1168\ kWh$

$\boldsymbol{Q_{Vert.} = 1293\ kWh}$

Beispiel 5:

Welche Kosten ergeben sich für die Wärmeverluste der Zirkulationsleitung aus Beispiel 4, wenn ein direkt beheizter Gas-Standspeicher mit einem Wirkungsgrad von 90% verwendet wird?

Geg.: $Q_{Vert.} = 1293\ kWh$ $\eta = 0{,}9$

$EP = 0{,}11$ €/kWh

Ges.: Q_{zu}, K

$$Q_{zu} = \frac{Q_{Vert.}}{\eta} \qquad Q_{zu} = \frac{1293\ kWh}{0{,}9}$$

$Q_{zu} = 1437\ kWh$

$K = Q_{zu} \cdot EP$ $K = 1437\ kWh \cdot 0{,}11$ €/kWh

***K* = 158,07 €**

Aufgaben

1 Ein direkt beheizter Gas-Standspeicher ($\eta = 88\,\%$) mit 130 Litern Inhalt wird während des 7-tägigen Winterurlaubes
   a) ausgeschaltet und bei der Rückkehr wieder von 15 °C auf 60 °C aufgeheizt,
   b) nicht ausgeschaltet.
   Welche Energiekosten fallen jeweils an?

2 Welche monatlichen Energiekosten fallen für einen Einpersonenhaushalt mit gehobenen Ansprüchen (tägl. 45 Liter mit 45 °C) an? Die Trinkwassererwärmung erfolgt
   a) mit Elektrogeräten als Direktzapfer. In der Küche ein Durchfluss-TWE, im Bad am Waschtisch ein 10-l-Speicher und für die Dusche (genutzte Wärmemenge 1,4 kWh pro Tag) ein 50-l-Zweikreis-Speicher.
   b) mit einem Gas-Durchfluss-TWE ($\eta = 90\,\%$) und zu vernachlässigenden Verteilungsverlusten.
   c) mit zentraler Trinkwassererwärmung mit einem Anlagen-Wirkungsgrad von 45%, ölbeheizt.

3 Ein schlecht gedämmter Elektro-Speicher mit 5 Litern Inhalt in einem Gäste-WC ist auf 60 °C eingestellt und wird durchschnittlich dreimal wöchentlich benutzt. Dabei werden jeweils 350 Wh Wärme entnommen.
   a) Welche wöchentlichen Auskühlverluste treten auf?
   b) Welche gesamte Wärmemenge wird wöchentlich genutzt?
   c) Wie hoch ist der Anlagenwirkungsgrad?
   d) Wie hoch sind die monatlichen Energiekosten?

4 Die Anlage in Bild 1, Seite 117 wird von einer 4-köpfigen Familie mit einem Warmwasserbedarf von 40 Litern mit 60 °C je Person und Tag genutzt. Alle Leitungen kühlen durchschnittlich viermal täglich aus. Wie hoch sind die monatlichen Energiekosten für die Trinkwassererwärmung?

5 Wie hoch wären in Aufgabe 4 die monatlichen Energiekosten, wenn ein Zweikreis-Elektro-Speicher mit
   a) 300 Liter Inhalt verwendet wird?
   b) 100 Liter Inhalt verwendet wird?

6 Wie hoch sind die monatlichen Energiekosten zur Trinkwassererwärmung für das Zweifamilienhaus **(Bild 1)?**

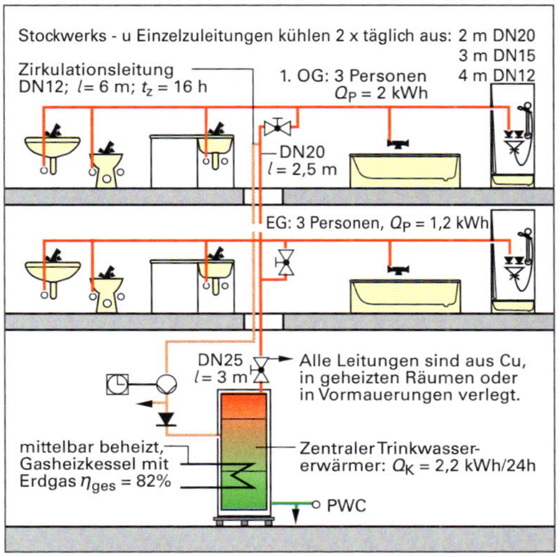

Bild 1: Trinkwassererwärmung mit Zirkulation

4.5 Volumenänderung bei Wasser

Das Volumen von Wasser verändert sich bei Erwärmung ungleichmäßig. 1 kg Wasser hat bei + 4 °C ein Volumen von 1 dm³. Sowohl bei Erwärmung über + 4°C als auch bei Abkühlung unter + 4°C nimmt das Volumen zu. Dieses Verhalten bezeichnet man als „Anomalie des Wassers". Das spezifische Volumen gibt an, welchen Raum eine bestimmte Masse eines Stoffes einnimmt. Das spezifische Volumen ist also der Kehrwert der Dichte.

$$\text{spezifisches Volumen} = \frac{\text{Volumen}}{\text{Masse}}$$

$$v = \frac{V}{m}$$

$$V = m \cdot v \qquad m = \frac{V}{v}$$

$$\varrho = \frac{1}{v} \qquad v = \frac{1}{\varrho}$$

v spezifisches Volumen in dm³/kg
V Volumen in dm³
m Masse in kg
ϱ Dichte in kg/dm³

Tabelle 1: Temperatur, Dichte und Volumen des Wassers

Temperatur ϑ in °C	spezifisches Volumen v in dm³/kg	Dichte ϱ in kg/dm³
0	1,00013	0,99987
4	1,00000	1,00000
10	1,00027	0,99973
20	1,00177	0,99823
30	1,00430	0,99572
40	1,00771	0,99235
50	1,01196	0,98818
60	1,01692	0,98336
70	1,02263	0,97787
80	1,02891	0,97190
90	1,03571	0,96552
100	1,04312	0,95866

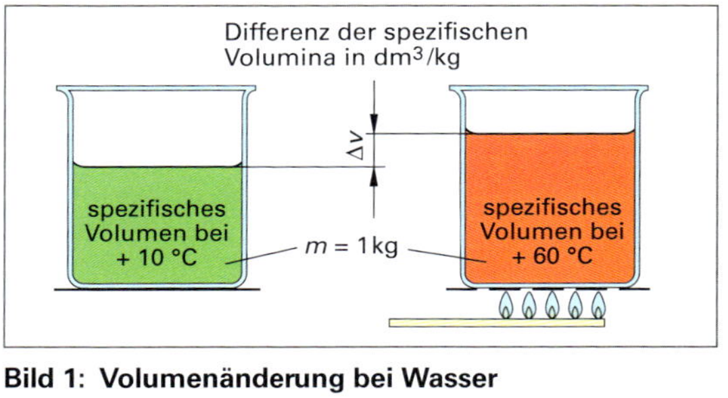

Bild 1: Volumenänderung bei Wasser

$$\text{spezifische Volumendifferenz} = \text{spezifisches Volumen bei Temperatur 2} - \text{spezifisches Volumen bei Temperatur 1}$$

$$\Delta v = v_2 - v_1$$

Δv spezifische Volumendifferenz in dm³/kg
v_2 spezifisches Volumen bei Temperatur 2 in dm³/kg
v_1 spezifisches Volumen bei Temperatur 1 in dm³/kg

$$\text{Volumenänderung} = \text{Masse} \times \text{spezifische Volumendifferenz}$$

$$\Delta V = m \cdot \Delta v$$

ΔV Volumenänderung in dm³
m Masse in kg

Beispiel 1:

Welches Volumen haben 1000 kg Wasser bei einer Temperatur von 80 °C?

Geg.: $m = 1000$ kg (aus Tabelle 1) $\quad v_{80\,°C} = 1{,}02891\ \frac{\text{dm}^3}{\text{kg}}$

Ges.: V

$V = m \cdot v \qquad V = 1000\ \text{kg} \cdot 1{,}02891\ \frac{\text{dm}^3}{\text{kg}}$

$\boldsymbol{V = 1028{,}91\ \text{dm}^3}$

Nimmt man bei Temperaturen zwischen 0 °C und 20 °C für das Volumen von einem Liter Wasser die Masse 1 kg an, ergibt sich ein Fehler von höchstens 0,177%.

Will man diesen Fehler vermeiden, kann die genaue Masse eines gegebenen Volumens mit

$$m = \frac{V}{v} \qquad \text{oder} \qquad m = \varrho \cdot V$$

berechnet werden.

Beispiel 2:

Um wie viel Liter nimmt das Volumen von 100 l Wasser mit 30 °C zu, wenn es auf 70 °C erwärmt wird?

Geg.: $V = 100$ l $\qquad V = 100\ \text{dm}^3$

$v_{70\,°C} = 1{,}02263\ \frac{\text{dm}^3}{\text{kg}} \qquad v_{30\,°C} = 1{,}00430\ \frac{\text{dm}^3}{\text{kg}}$

(aus Tabelle 1)

Ges.: m, Δv, ΔV

$m = \frac{V}{v} \qquad m = \frac{100\ \text{dm}^3 \cdot \text{kg}}{1{,}0043\ \text{dm}^3}$

m = 99,57 kg

$\Delta v = v_{70°C} - v_{30°C} \qquad \Delta v = 1{,}02263\ \frac{\text{dm}^3}{\text{kg}} - 1{,}00430\ \frac{\text{dm}^3}{\text{kg}}$

$\Delta v = 0{,}01833\ \frac{\text{dm}^3}{\text{kg}}$

$\Delta V = \text{m} \cdot \Delta v \qquad \Delta V = 99{,}57\ \text{kg} \cdot 0{,}01833\ \frac{\text{dm}^3}{\text{kg}}$

$\boldsymbol{\Delta V = 1{,}825\ \text{dm}^3}$

Bei der Erwärmung von Wasser wird immer auch der Behälter miterwärmt, in welchem sich das Wasser befindet (Kapitel 2, Seite 59). Dieser dehnt sich ebenfalls aus, nimmt dabei jedoch nur einen Teil des Ausdehnungswassers auf.

Beispiel 3:

Ein druckloser Stahl-Speicherwassererwärmer ist mit 380 l Wasser von 10 °C randvoll gefüllt. Wie viel Liter Wasser fließen aus dem Überlauf, wenn es auf 60 °C erwärmt wird?

Geg.: $V = 380$ l $\vartheta_1 = 10$ °C $\vartheta_2 = 60$ °C

$\alpha = 0{,}000\,0115$ 1/K (aus Tabelle 1, Seite 55)

$v_{10\,°C} = 1{,}00027$ dm³/kg $\varrho_{10\,°C} = 0{,}99973$ kg/dm³

$v_{60\,°C} = 1{,}01692$ dm³/kg

Ges.: Δv, m, ΔV, $\Delta V_{Behälter}$, $\Delta V_{Überlauf}$

Wasserausdehnung:

$\Delta v = v_{60\,°C} - v_{10\,°C}$
$\Delta v = 1{,}01692\ dm^3/kg - 1{,}00027\ dm^3/kg$
$\Delta v = 0{,}01665\ dm^3/kg$

$m = \varrho_{10\,°C} \cdot V$
$m = 0{,}99973\ kg/dm^3 \cdot 380\ dm^3$
$m = 379{,}9$ kg

$\Delta V = m \cdot \Delta v$
$\Delta V = 379{,}9\ kg \cdot 0{,}01665\ dm^3/kg$
$\Delta V = 6{,}325\ dm^3$

Behälterausdehnung:

$\gamma \approx 3 \cdot \alpha$ $\gamma \approx 3 \cdot 0{,}000\,0115\ \frac{1}{K}$
$\gamma \approx 0{,}000\,0345$ 1/K

$\Delta\vartheta = \vartheta_2 - \vartheta_1$ $\Delta\vartheta = 60\ °C - 10\ °C$
$\Delta\vartheta = 50$ K

$\Delta V_{Behälter} = V_1 \cdot \gamma \cdot \Delta\vartheta$
$\Delta V_{Behälter} = 380\ dm^3 \cdot 0{,}000\,0345\ 1/K \cdot 50\ K$
$\mathbf{\Delta V_{Behälter} = 0{,}656\ dm^3}$

Volumen des überlaufenden Wassers:

$\Delta V_{Überlauf} = \Delta V - \Delta V_{Behälter}$
$\Delta V_{Überlauf} = 6{,}325\ dm^3 - 0{,}656\ dm^3$
$\Delta V_{Überlauf} = 5{,}669\ dm^3$
$\mathbf{\Delta V_{Überlauf} = 5{,}67\ l}$

Aufgaben

1 Wie groß ist jeweils die Volumenänderung von 10 l Wasser, wenn dieses
   a) von 10 °C auf 30 °C,
   b) von 30 °C auf 50 °C,
   c) von 50 °C auf 70 °C,
   d) von 70 °C auf 90 °C und
   e) von 0 °C auf 4 °C erwärmt wird?

2 Wie groß ist die Volumenänderung von 30 l Wasser, wenn dieses
   a) von 10 °C auf 30 °C,
   b) von 10 °C auf 50 °C,
   c) von 10 °C auf 60 °C,
   d) von 10 °C auf 70 °C,
   e) von 10 °C auf 80 °C und
   f) von 10 °C auf 90 °C erwärmt wird?

3 Welche Masse haben 80 l Wasser bei folgenden Temperaturen?

a) 10 °C	b) 20 °C	c) 30 °C
d) 40 °C	e) 50 °C	f) 60 °C
g) 70 °C	h) 80 °C	i) 4 °C
j) 0 °C		

4 Der Inhalt eines offenen 10-l-Speichers aus Kupfer wird von 10 °C auf 60 °C erwärmt. Wie viel cm³ Wasser tropfen aus der Armatur?

5 Der Inhalt eines offenen 15-l-Speichers aus Polypropylen wird von 10 °C auf 60 °C erwärmt. Wie viel cm³ Wasser tropfen aus der Armatur?

6 Der Inhalt eines geschlossenen Speichers aus Stahl mit 300 Liter wird von 20 °C auf 60 °C erwärmt. Wie viel Liter Wasser treten aus dem Sicherheitsventil aus?

7 Wie viel Liter muss ein Membranausdehnungsgefäß aufnehmen können, damit bei der Erwärmung des Wassers von 10 °C auf 90 °C in einem 600-l-Speicher aus Stahl kein Wasser aus dem Sicherheitsventil austritt?

8 Eine Steigleitung in einem Wohngebäude mit zentraler Trinkwassererwärmung ist mit einer Begleitheizung versehen, welche die Leitung auf 60 °C erwärmt. Die Anlage ist durch Sammelsicherung gegen Rückfließen gesichert und mit Kupferrohren nach DIN EN 1057 ausgeführt. Zwischen Rückflussverhinderer und Rohrbelüfter sind 6 m Leitung DN 32, 2,8 m Leitung DN 25 und 3 m Leitung DN 20 mit Begleitheizung versehen.

Wie viel cm³ Wasser treten aus dem Sicherheitsventil der Steigleitung aus, wenn die Steigleitung auf 30 °C abkühlt und dann die Begleitheizung Rohrleitung und Wasserinhalt auf 60 °C erwärmt?

(Annahme: Während der Erwärmung wird kein Wasser an einer Armatur entnommen und es gibt kein Luftpolster unterhalb des Rohrbelüfters.)

4.6 Zirkulationsanlagen

In DIN 1988 – Teil 300 wird die Auslegung von Zirkulationsanlagen unter Berücksichtigung

- hygienischer (Auskühlung weniger als 5 K)
- wirtschaftlicher (kleine Nennweiten und geringe Pumpenleistung) und
- technischer (Einregulierung der Anlage) Gesichtspunkte beschrieben.

Das DVGW-Arbeitsblatt 553 wird weiter angewendet. Es hat die selbe Vorgehensweise wie DIN 1988 – Teil 300, ist zur Berechnung ohne Computer wegen folgender Vereinfachungen besser geeignet:

- Wärmeverluste werden unabhängig von der Nennweite je nach Umgebungstemperatur pauschal angenommen,
- Druckverluste der Warmwasserleitung werden vernachlässigt
- Einzelwiderstände der Zirkulationsleitung werden mit 30 Prozent der Rohrreibung pauschal zugeschlagen,
- Die Temperatur entfernter Stränge wird nicht durch Beimischung aus weniger ausgekühlten Strängen angehoben.

4.6.1 Kurzverfahren

Beim Kurzverfahren werden ohne weitere Berechnung

- die Zirkulationsleitungen mit mindestens 10 mm Innendurchmesser ausgeführt und
- die Zirkulationspumpe DN 15 muss mindestens
  - 200 l/h fördern und auf
  - 100 mbar ausgelegt sein.

Kleine Anlagen im Sinne des DVGW-Arbeitsblattes W 553 liegen vor, wenn folgende Grenzen nicht überschritten sind (Bild 1):

- die Länge aller Warmwasserleitungen (ohne Zirkulationsleitungen), die bei Zirkulation durchströmt werden, beträgt zusammen höchstens 30 m,
- die Länge des längsten Fließweges einer Zirkulationsleitung beträgt höchstens 20 m,
- der Druckverlust des Rückflussverhinderers nach der Zirklationspumpe beträgt höchstens 30 mbar und
- die Sicherung gegen Rückfließen erfolgt durch Einzelsicherung.
- Einbau von thermischen Zirkulationsregulierventilen in die einzelnen Steigstränge.

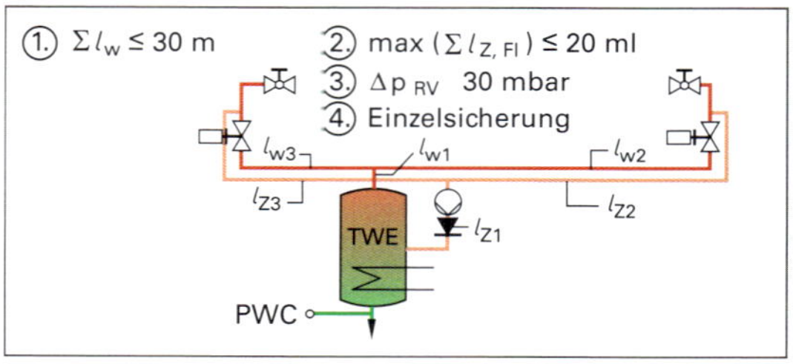

Bild 1: Bedingungen für das Kurzverfahren

Beispiel:
Kann für die Anlage in Bild 1 das Kurzverfahren verwendet werden? Die Teilstrecken haben folgende Längen:

Geg.: $l_{W,1}$ = 0,6 m $l_{W,2}$ = 5 m $l_{W,3}$ = 10 m
$l_{Z,1}$ = 1,5 m $l_{Z,2}$ = 5,4 m $l_{Z,3}$ = 9,4 m

Ges.: Σl_W, max ($\Sigma l_{Z,\,Fl}$)

$\Sigma l_W = l_{W,1} + l_{W,2} + l_{W,3}$ Σl_W = 0,6 m + 5 m + 10 m

Σl_W = 15,6 m **$\Sigma l_W \leq$ 30 m**

max ($\Sigma l_{Z,\,Fl}$) = max (($l_{Z1} + l_{Z1}$) oder ($l_{Z1} + l_{Z3}$))
max ($\Sigma l_{Z,\,Fl}$) = max ((1 5 m + 5,4 m) oder (1 5 m + 10 m))

max ($\Sigma l_{Z,\,Fl}$) = 11,5 m **max ($\Sigma l_{Z,\,Fl}$) ≤ 20 m**

Ergebnis: Das Kurzverfahren kann angewendet werden.

Aufgabe
Welche Anlage könnte nach dem Kurzverfahren ausgelegt werden **(Bild 2)**?

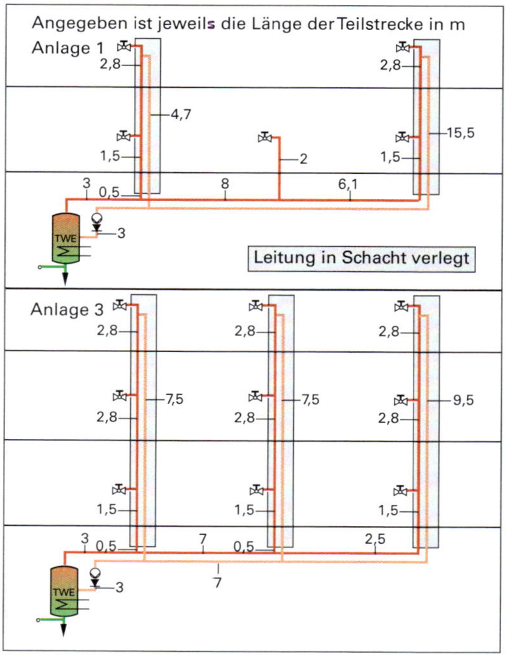

Bild 2: Zirkulationsanlagen

4.6.2 Vereinfachtes Verfahren

Die Wärmeverluste in der Trinkwasserleitung müssen durch Zirkulation ersetzt werden. Dabei darf sich das zirkulierende Wasser bis zum Wiedereintritt in den Speicher um höchstens 5 K abkühlen. Dies ist in den Anlagen mit unterer Verteilung in der Regel dann gewährleistet, wenn die Abkühlung zwischen Speicher und Anfang der Zirkulation weniger als 2 K beträgt.

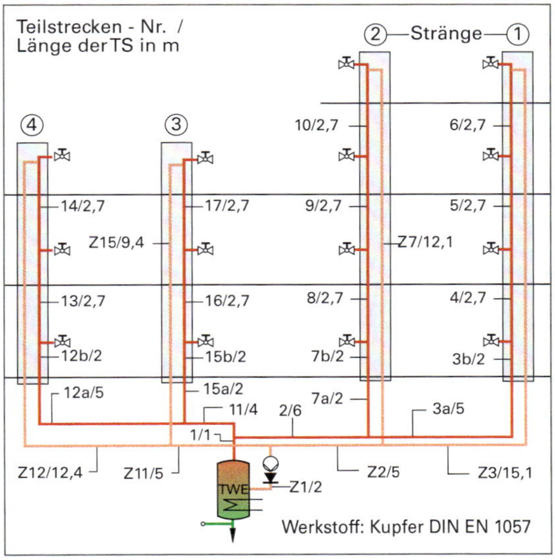

Bild 1: Beispiel zum vereinfachten Verfahren

Die erforderlichen Berechnungen werden in folgender Reihenfolge durchgeführt:

1. Berechnung der **Wärmeverluste**

↓

2. Berechnung des **Pumpenförderstromes**

↓

3. Berechnung der **Teilströme**

↓

4. **Wahl** der **Zirkulationsnennweiten**

↓

5. Berechnung des **Pumpenförderdruckes**

↓

6. **Wahl** der **Zirkulationspumpe**

↓

7. Berechnung der **Regulierventil-Voreinstellungen**

1. Schritt: **Berechnung der Wärmeverluste**

Die Teilstrecken werden bezeichnet (Spalte 1) und mit ihren Längen (Spalte 3) in das Formular zur Ermittlung der Wärmeverluste (Tabelle 1) eingetragen. In Spalte 2 wird angegeben, ob die Teilstrecke im Keller frei verlegt wird oder in einem Schacht verläuft. Die spezifischen Wärmeverluste $\dot{q}_W$ (in Spalte 4) geben den Wärmestrom an, der je Meter Warmwasserleitung an die Umgebung abgegeben wird. Pauschal wird beim vereinfachten Verfahren angenommen, dass nach Heizungsanlagenverordnung gedämmte Leitungen bei 60 °C Warmwassertemperatur unabhängig von ihrer Nennweite (gilt bis DN 100)

- 11 W/m bei Verlegung im Keller und
- 7 W/m bei Verlegung in einem Schacht

an die Umgebung abgeben. In Spalte 5 werden die Wärmeverluste der Teilstrecke eingetragen.

$$\dot{Q}_W = l \cdot \dot{q}_W$$

$\dot{Q}_W$ Wärmeverluste der Teilstrecke in W
l Länge der Teilstrecke in m
$\dot{q}_W$ spezifischer Wärmeverlust in W/m

In Spalte 6 wird die Summe der Wärmeverluste gebildet. Zwischensummen werden für diejenigen Teilstrecken gebildet, die im Zirkulationsfall den selben Volumenstrom führen.

Tabelle 1: Berechnung der Wärmeverluste (Beispiel)

1	2	3	4	5	6
Teilstrecke	Keller Schacht	Länge	Wärmestrom je Meter	Wärmestrom	Summe
TS-Nr.		l in m	$\dot{q}_W$ in W/m	$l \cdot \dot{q}_W$ in W	$\Sigma l \cdot \dot{q}_W$ in W
Verteilungsleitungen					
1	K	1	11	11	11
2	K	6	11	66	66
11	K	4	11	44	44
Stränge					
3 a	K	5	11	55	
3 b	S	2	7	14	
4	S	2,7	7	18,9	
5	S	2,7	7	18,9	$\dot{Q}_1$ =
6	S	2,7	7	18,9	125,7
7 a	K	2	11	22	
7 b	S	2	7	14	
8	S	2,7	7	18,9	
9	S	2,7	7	18,9	$\dot{Q}_2$ =
10	S	2,7	7	18,9	92,7
12 a	K	5	11	55	
12 b	S	2	7	14	
13	S	2,7	7	18,9	$\dot{Q}_4$ =
14	S	2,7	7	18,9	106,8
15 a	K	2	11	22	
15 b	S	2	7	14	
16	S	2,7	7	18,9	$\dot{Q}_3$ =
17	S	2,7	7	18,9	73,8
Wärmestrom aller Warmwasserleitungen $\Sigma\dot{Q}_W$ = 520					

2. Schritt: **Berechnung des Pumpenförderstromes**

Der Pumpenförderstrom $\dot{V}_P$ wird aus der Gesamtsumme der Wärmeströme $\Sigma\dot{Q}_W$ ermittelt.

$$\dot{V}_P = \frac{\Sigma\dot{Q}_W}{\varrho \cdot c \cdot \Delta\vartheta}$$

$\dot{V}_P$ Pumpenförderstrom in l/h
$\Sigma\dot{Q}_W$ Gesamtsumme der Wärmeströme in W
$\Delta\vartheta$ Temperaturdifferenz zwischen Speicherausgang und Zirkulationsbeginn

Es wird mit folgenden Werten gerechnet:

$c \quad = 1{,}2 \frac{\text{Wh}}{\text{kg} \cdot \text{K}}$ (gerundeter Wert)

$\Delta\vartheta \ = 2$ K (bei unterer Verteilung)

Im Beispiel ergibt sich mit: $\Sigma\dot{Q}_W = 520$ W

$$\dot{V}_P = \frac{\Sigma\dot{Q}_W}{\varrho \cdot c \cdot \Delta\vartheta} \qquad \dot{V}_P = \frac{520 \text{ W} \cdot \text{dm}^3 \cdot \text{kg} \cdot \text{K}}{1 \text{ kg} \cdot 1{,}2 \text{ Wh} \cdot 2 \text{ K}}$$

$\dot{V}_P = 217 \text{ dm}^3/\text{h}$ **$\dot{V}_P = 217$ l/h**

3. Schritt: **Berechnung der Teilströme**

Die Aufteilung des Pumpenförderstromes an Abzweigen erfolgt im Verhältnis der zu ersetzenden Wärmeströme aller Warmwasser-Teilstrecken im Durchgang zu den Wärmeströmen im Abzweig. In das Formular zur Berechnung der Teilströme werden, beginnend am Wassererwärmer, diejenigen Teilstrecken in Spalte 1 eingetragen, die zu Abzweigen führen, an welchen sich im Zirkulationsfall Volumenströme trennen **(Tabelle 1)**.

Die Wärmeströme im Abzweig $\dot{Q}_a$ und im Durchgang $\dot{Q}_d$ werden, von der entferntesten Teilstrecke beginnend, summiert und in den Spalten 2 bis 4 eingetragen **(Bild 1)**.

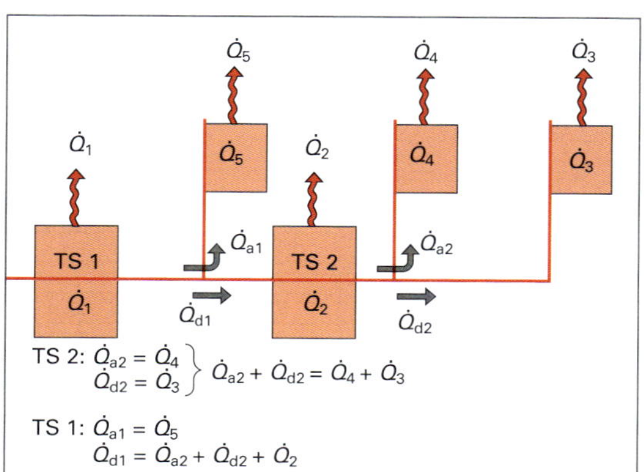

Bild 1: Summieren der Wärmeströme

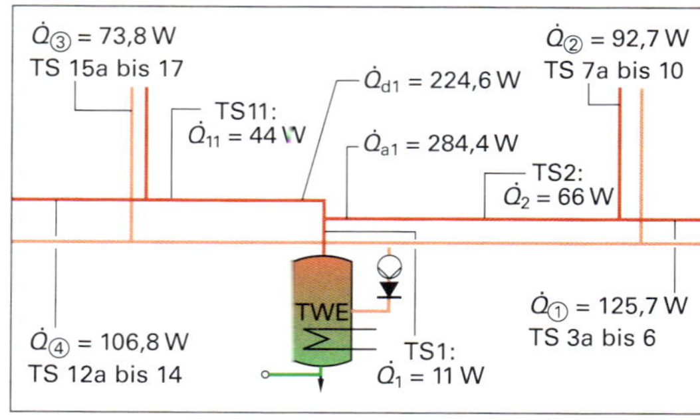

Bild 2: Wärmeströme im Beispiel

Tabelle 1: Aufteilung der Volumenströme (Beispiel)

1	2	3	4	5	6	7
	Wärmeströme			Volumenströme		
TS-Nr.	$\dot{Q}_a$ in W	$\dot{Q}_d$ in W	$\dot{Q}_a + \dot{Q}_d$ in W	$\dot{V}_a$ in $\frac{l}{h}$	$\dot{V}_d$ in $\frac{l}{h}$	$\dot{V}_a + \dot{V}_d$ in $\frac{l}{h}$
1	284,4	224,6	509,0	121,2	95,8	217,0
2	92,7	125,7	218,4	51,4	69,8	121,2
11	73,8	106,8	180,6	39,1	56,7	95,8

Im Verhältnis der Wärmeströme wir nun, beginnend am Trinkwassererwärmer, der Volumenstrom auf die Teilstrecken verteilt **(Bild 2, und Bild 1, Seite 125)**.

$$\dot{V}_a = \dot{V} \cdot \frac{\dot{Q}_a}{\dot{Q}_a + \dot{Q}_d} \qquad \dot{V}_d = \dot{V} \cdot \frac{\dot{Q}_d}{\dot{Q}_a + \dot{Q}_d}$$

$\dot{V}$ Volumenstrom in der Teilstrecke in l/h
$\dot{V}_a$ Volumenstrom der abzweigenden Teilstrecke in l/h
$\dot{V}_d$ Volumenstrom der durchgehenden Teilstrecke in l/h
$\dot{Q}_a$ Wärmeverlust der abzweigenden Warmwasserleitungen in W
$\dot{Q}_d$ Wärmeverlust der durchgehenden Warmwasserleitungen in W

Beispiel:

Wie groß ist der Volumenstrom in der von Teilstrecke 1 abzweigenden Teilstrecke?

Geg.: $\dot{V} = 217 \frac{l}{h}$ ($\dot{V}_P$ von Schritt 2)

$\dot{Q}_a = 284{,}4$ W $\quad \dot{Q}_a + \dot{Q}_d = 509$ W (Tabelle 1)

Ges.: $\dot{V}_a$

$$\dot{V}_a = \dot{V} \cdot \frac{\dot{Q}_a}{\dot{Q}_a + \dot{Q}_d} \qquad \dot{V}_a = 217 \frac{l}{h} \cdot \frac{284{,}4 \text{ W}}{509 \text{ W}}$$

$\dot{V}_a = 121{,}2$ l/h

Tabelle 1: Rohrreibungsdruckgefälle in Kupferrohren nach DIN EN 1057 bei 60 °C

	DN 10 12 × 1		DN 12 15 × 1		DN 15 18 × 1	
$\dot{V}_z$ in $\frac{l}{h}$	v_z in $\frac{m}{s}$	R in $\frac{mbar}{m}$	v_z in $\frac{m}{s}$	R in $\frac{mbar}{m}$	v_z in $\frac{m}{s}$	R in $\frac{mbar}{m}$
30	0,11	0,2				
35	0,12	0,3				
40	0,14	0,4				
45	0,16	0,5				
50	0,18	0,6	0,10	0,2		
55	0,19	0,7	0,12	0,2		
60	0,21	0,9	0,13	0,2		
65	0,23	1,0	0,14	0,3		
70	0,25	1,1	0,15	0,3		
75	0,27	1,3	0,16	0,4	0,10	0,1
80	0,28	1,4	0,17	0,4	0,11	0,2
85	0,30	1,6	0,18	0,4	0,12	0,2
90	0,32	1,7	0,19	0,5	0,12	0,2
95	0,34	1,9	0,20	0,5	0,13	0,2
100	0,35	2,1	0,21	0,6	0,14	0,2
105	0,37	2,2	0,22	0,6	0,15	0,2
110	0,39	2,4	0,23	0,7	0,15	0,3
115	0,41	2,6	0,24	0,8	0,16	0,3
120	0,42	2,8	0,25	0,8	0,17	0,3
125	0,44	3,0	0,26	0,9	0,17	0,3
130	0,46	3,2	0,27	0,9	0,18	0,4
135	0,48	3,5	0,28	1,0	0,19	0,4
140	0,50	3,7	0,29	1,1	0,19	0,4
145	0,51	3,9	0,30	1,1	0,20	0,4
150	0,53	4,2	0,31	1,2	0,21	0,4
160	0,57	4,7	0,33	1,3	0,22	0,5
170	0,60	5,2	0,36	1,5	0,23	0,6
180	0,64	5,7	0,38	1,6	0,25	0,6
190	0,67	6,3	0,40	1,8	0,26	0,7
200	0,71	6,9	0,42	2,0	0,28	0,7
210	0,74	7,5	0,44	2,2	0,29	0,8
220	0,78	8,1	0,46	2,3	0,30	0,9
230	0,81	8,8	0,48	2,5	0,32	0,9
240	0,85	9,5	0,50	2,7	0,33	1,0
250	0,88	10,2	0,52	2,9	0,35	1,1
260	0,92	10,9	0,54	3,1	0,36	1,2
270	0,95	11,7	0,57	3,3	0,37	1,2
280	0,99	12,5	0,59	3,6	0,39	1,3
290	1,03	13,3	0,61	3,8	0,40	1,4
300			0,63	4,0	0,41	1,5
320			0,67	4,5	0,44	1,7
340			0,71	5,0	0,47	1,9
360			0,75	5,5	0,50	2,1
380			0,80	6,1	0,52	2,3
400			0,84	6,7	0,55	2,5
420			0,88	7,3	0,58	2,7
440			0,92	7,9	0,61	2,9
460			0,96	8,6	0,64	3,2
480			1,00	9,2	0,66	3,4
500					0,69	3,7
540					0,75	4,2
580					0,80	4,8
620					0,86	5,4
660					0,91	6,0
700					0,97	6,7

Tabelle 2: Rohrreibungsdruckgefälle in Kupferrohren nach DIN EN 1057 bei 60 °C

	DN 20 22 × 1		DN 25 28 × 15		DN 32 35 × 1,5	
$\dot{V}_z$ in $\frac{l}{h}$	v_z in $\frac{m}{s}$	R in $\frac{mbar}{m}$	v_z in $\frac{m}{s}$	R in $\frac{mbar}{m}$	v_z in $\frac{m}{s}$	R in $\frac{mbar}{m}$
120	0,11	0,1				
130	0,11	0,1				
140	0,12	0,1				
150	0,13	0,2				
160	0,14	0,2				
170	0,15	0,2				
180	0,16	0,2				
190	0,17	0,2				
200	0,18	0,3				
220	0,19	0,3	0,12	0,1		
240	0,21	0,4	0,14	0,1		
260	0,23	0,4	0,15	0,1		
280	0,25	0,5	0,16	0,2		
300	0,27	0,5	0,17	0,2		
320	0,28	0,6	0,18	0,2		
340	0,30	0,6	0,19	0,2		
360	0,32	0,7	0,20	0,2		
380	0,34	0,8	0,22	0,3		
400	0,35	0,9	0,23	0,3		
440	0,39	1,0	0,25	0,4	0,15	0,1
480	0,42	1,2	0,27	0,4	0,17	0,1
520	0,46	1,4	0,29	0,5	0,18	0,1
560	0,50	1,5	0,32	0,5	0,19	0,2
600	0,53	1,7	0,34	0,6	0,21	0,2
640	0,57	2,0	0,36	0,7	0,22	0,2
680	0,60	2,2	0,38	0,8	0,23	0,2
720	0,64	2,4	0,41	0,8	0,25	0,3
760	0,67	2,7	0,43	0,9	0,26	0,3
800	0,71	2,9	0,45	1,0	0,28	0,3
840	0,74	3,2	0,48	1,1	0,29	0,3
880	0,78	3,4	0,50	1,2	0,30	0,4
920	0,81	3,7	0,52	1,3	0,32	0,4
960	0,85	4,0	0,54	1,4	0,33	0,4
1000	0,88	4,3	0,57	1,5	0,35	0,5
1100	0,97	5,1	0,62	1,8	0,38	0,5
1200	1,06	6,0	0,68	2,1	0,41	0,6
1300			0,74	2,4	0,45	0,7
1400			0,79	2,7	0,48	0,8
1500			0,85	3,1	0,52	0,9
1600			0,91	3,4	0,55	1,0
1700			0,96	3,8	0,59	0,2
1800			1,02	4,2	0,62	1,3
1900					0,66	1,4
2000					0,69	1,6
2200					0,76	1,9
2400					0,83	2,2
2600					0,90	2,5
2800					0,97	2,8
3000					1,04	3,2
3200					1,11	3,6
3400					1,17	4,0
3600					1,24	4,5
3800					1,31	4,9
4000					1,38	5,4
4200					1,45	5,9

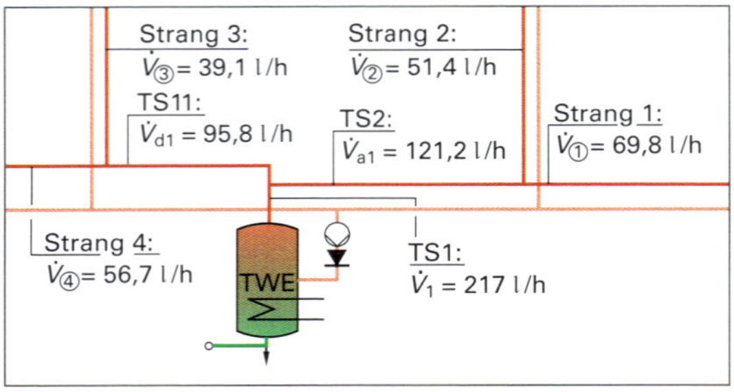

Bild 1: Volumenströme im Beispiel

4. Schritt: **Wahl der Zirkulationsnennweiten**

In **Tabelle 1** werden die Teilstrecken der Zirkulationsleitungen (Spalte 1) mit ihren Längen (Spalte 2) eingetragen. Die Volumenströme werden von den zugehörigen Warmwasserleitungen aus Tabelle 1 (Seite 124) übernommen (Spalte 3).

> Die Nennweite der Teilstrecke wird so gewählt, dass die Fließgeschwindigkeit bei pumpenfernen Teilstrecken zwischen 0,2 m/s und 0,4 m/s liegt, in pumpennahen Teilstrecken darf sie 1,0 m/s nicht überschreiten.

Die gewählte Nennweite wird in Spalte 4 eingetragen, Spalte 5 enthält zur Kontrolle die Fließgeschwindigkeit.

Die Nennweiten und Fließgeschwindigkeit können aus Druckverlusttabellen (Tabelle 1 und 2, Seite 125) entnommen werden. Für den nächsten Schritt werden hieraus auch die Rohrreibungsdruckgefälle abgelesen und in Spalte 6 eingetragen.

5. Schritt: **Pumpenförderdruck**

Der Förderdruck der Zirkulationspumpe muss so groß sein, wie der Druckverlust im ungünstigsten Fließweg. Das Rohrreibungsdruckgefälle aus Spalte 6 wird mit der Länge der Teilstrecke (Spalte 2) multipliziert und in Spalte 7 eingetragen. Dabei werden Druckverluste von Rückflussverhinderern, Regulierventilen und Apparaten erst bei der Ermittlung des Förderdruckes der Pumpe berücksichtigt. Für die übrigen Einzelwiderstände Z wird ein Zuschlag von 20 bis 40 Prozent angenommen.

Beispiel:

Wie hoch ist der gesamte Druckverlust der Teilstrecke Z1 bei 30% Zuschlag für Einzelwiderstände?

Geg.: Dimension der Teilstrecke: DN 10 $l = 2$ m
$R = 7{,}9$ mbar/m (aus Tabelle 1, Seite 125)

Ges.: $R \cdot l + Z$

$R \cdot l = 7{,}9\,\frac{\text{mbar}}{\text{m}} \cdot 2\text{ m}$ $\quad R \cdot l = 15{,}8$ mbar (Spalte 7)

$R \cdot l + Z = 1{,}3 \cdot R \cdot l$ $\quad R \cdot l + Z = 1{,}3 \cdot 15{,}8$ mbar

$\boldsymbol{R \cdot l + Z = 20{,}5}$ **mbar** (Spalte 8)

In Spalte 9 wird für jeden Strag die Summe der Druckverluste im Zirkulations-Fließweg eingetragen.

Die Summe der Druckverluste im ungünstigsten Fließweg (im Beispiel Z1 + Z2 + Z3) ist für die Auswahl der Pumpe maßgebend.

$$\Delta p_p = \Sigma(R \cdot l + Z) + \Delta p_{RV} + \Delta p_{TH} + \Delta p_{AP}$$

Δp_p Förderdruck der Pumpe in mbar
$\Sigma(R \cdot l + Z)$ Summe der Druckverluste im ungünstigsten Fließweg in mbar

Tabelle 1: Zirkulationsnennweiten und Pumpenförderdruck

1	2	3	4	5	6	7	8	9	10	11
	Länge	Volumenstrom	Nennweite	Fließgeschw.	Rohrreibungsdruckgefälle	Druckverlust			Drosselventil	Voreinstellung
TS-Nr.	l in m	$\dot{V}_z$ in l/h	DN	v_z in m/s	R in mbar/m	$l \cdot R$ in mbar	$l \cdot R + Z$ in mbar	$\Sigma\Delta p_z$ in mbar	Δp_D in mbar	VE
Z1	2	217,0	10	0,77	7,9	15,8	20,5			
Z2	5	121,2	10	0,42	2,8	14,0	18,2			
Z11	5	95,8	10	0,35	2,0	10,0	13			
Stränge										
Z3	15,1	69,8	10	0,25	1,1	16,6	21,6	60,3		
Z7	12,1	51,4	10	0,18	0,6	7,3	9,5	48,2	12,1	5,2
Z12	12,4	56,7	10	0,19	0,7	8,7	11,3	41,8	18,5	4,8
Z15	9,4	39,1	10	0,14	0,4	3,8	4,9	35,4	24,9	3,6
Summe der Druckverluste im ungünstigsten Fließweg (Z1 + Z2 + Z3)							**60,3**			

Δp_{RV} Druckverlust des Rückflussverhinderers in mbar

Δp_{TH} Druckverlust des thermostatischen Zirkulationsregulierventiles in mbar

Δp_{AP} Druckverlust in Apparaten (z. B. Wärmetauscher) in mbar

Pauschalwerte:

RV nach der Pumpe	60 mbar
RV mit Strangabsperrventil	100 mbar

Beispiel:

Wie hoch ist der erforderliche Förderdruck der Pumpe mit Rückflussverhinderer (Δp_{RV} = 60 mbar)?

Geg.: $\Sigma\Delta p_{Z3}$ = 60,3 mbar (aus Tabelle 1, Seite 125)
Δp_{RV} = 60 mbar

Ges.: Δp_p

$\Delta p_p = \Sigma\Delta p_{Z3} + \Delta p_{RV}$

Δp_p = 60,3 mbar + 60 mbar **Δp_p = 120,3 mbar**

6. Schritt: **Wahl der Zirkulationspumpe**

Die Zirkulationspumpe wird aus Pumpenkennlinien (nach Herstellerangaben), so ausgewählt, dass der rechnerische Betriebspunkt möglichst nahe und unterhalb der Pumpenkennlinie der gewählten Pumpe liegt **(Bild 1)**. Um die rechnerischen Fließgeschwindigkeiten einzuhalten, wird der überschüssige Druck durch ein Drosselventil nach der Pumpe abgebaut. Pumpen mit Drehzahlregelung werden auf den rechnerischen Betriebspunkt eingestellt.

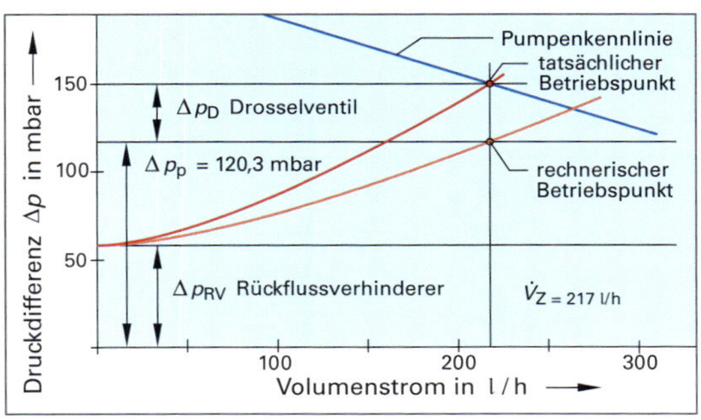

Bild 1: Bestimmung der Betriebspunkte

7. Schritt: **Berechnung der Regulierventil-Voreinstellungen (VE)**

Alle Fließwege müssen den gleichen Druckverlust aufweisen. Die Pumpe liefert den für den ungünstigsten Strang erforderlichen Druck. In den günstigeren Strängen muss der überschüssige Druck durch Zirkulationsregulierventile abgebaut werden. Dazu werden die Druckverluste im zu drosselndem Strang von den Druckverlusten im ungünstigsten Strang abgezogen.

$$\Delta p_{D,x} = \Sigma\Delta p_{z,max} - \Sigma\Delta p_{z,x}$$

So ergibt sich die Druckdifferenz Δp_D, die am Regulierventil voreingestellt werden muss. Dieser Wert wird in Tabelle 1, Seite 126 in Spalte 10 eingetragen.

Beispiel:

Wie groß ist die Druckdifferenz Δp_{D7}, die am Regulierventil von Strang 2 voreingestellt werden muss?

Geg.: $\Sigma\Delta p_{Z3}$ = 60,3 mbar $\Sigma\Delta p_{Z7}$ = 48,2 mbar

Ges.: Δp_{D7}

$\Delta p_{D7} = \Sigma\Delta p_{Z3} - \Sigma\Delta p_{Z7}$ Δp_{D7} = (60,3 – 48,2) mbar

Δp_{D7} = 12,1 mbar

Im Knoten 1 sind die Druckverluste beider abgehenden Stränge somit gleich groß.

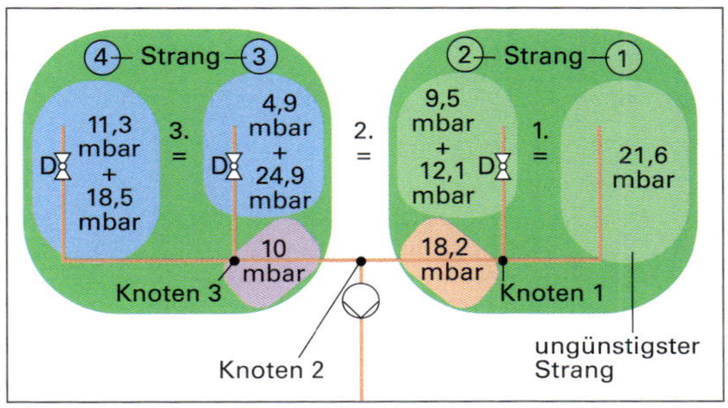

Bild 2: Druckdifferenz der Regulierventile

Der Volumenstrom im Strang 2 (Teilstrecke Z7) beträgt 51,4 l/h, der Druckverlust im Drosselventil 12,1 mbar. Mit diesen Werten kann das Regulierventil eingestellt werden.

Aus dem Diagramm in **Bild 3** lassen sich die Voreinstellwerte für die Zirkulationsregulierventile ablesen, die in Spalte 11 notiert werden können.

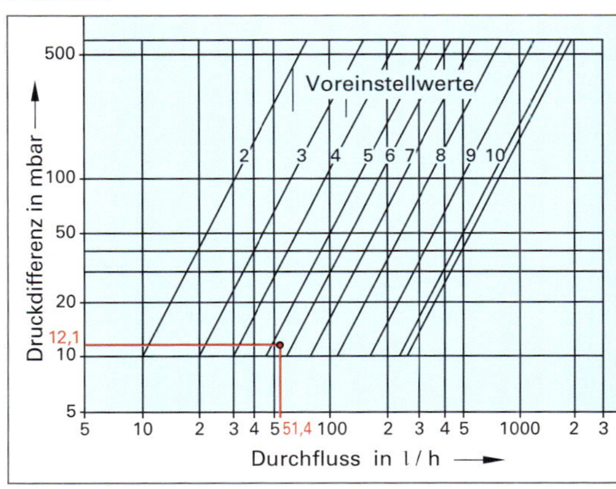

Bild 3: Druckverluste und Voreinstellwerte für Zirkulationsregulierventile

Aufgaben

1 Für die Anlage 3 in Bild 2, Seite 122 werden thermische Strangregulierventile verwendet (Δp_{TH} = 10 bar). Es sind zu ermitteln:

a) die Wärmeverluste der Trinkwasserleitungen,

b) der erforderliche Pumpenförderstrom,

c) die Förderströme der Teilstrecken,

d) die Zirkulationsnennweiten,

e) der Pumpenförderdruck und

f) die Zirkulationspumpe **(Bild 1)**.

2 Die Zirkulationsanlage ist jeweils wie in Aufgabe 1 zu berechnen; zusätzlich sind die Regulierventil-Voreinstellungen zu ermitteln.

a) Für eine Wohnanlage mit drei Gebäuden **(Bild 2)**.

b) Für ein Hotel **(Bild 3)**.

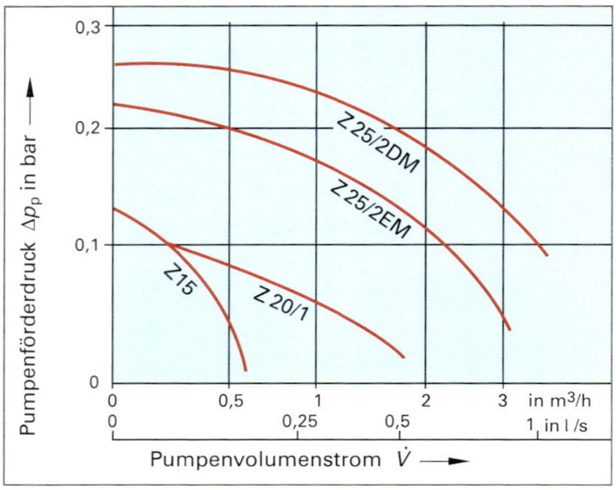

Bild 1: Kennlinien für Zirkulationspumpen

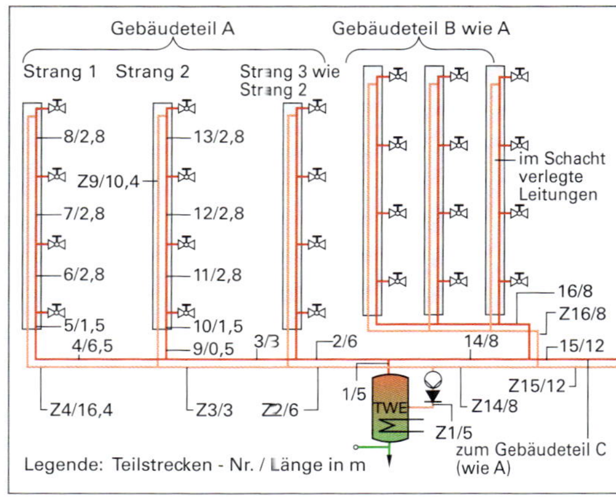

Bild 2: Berechnungsschema Wohnanlage

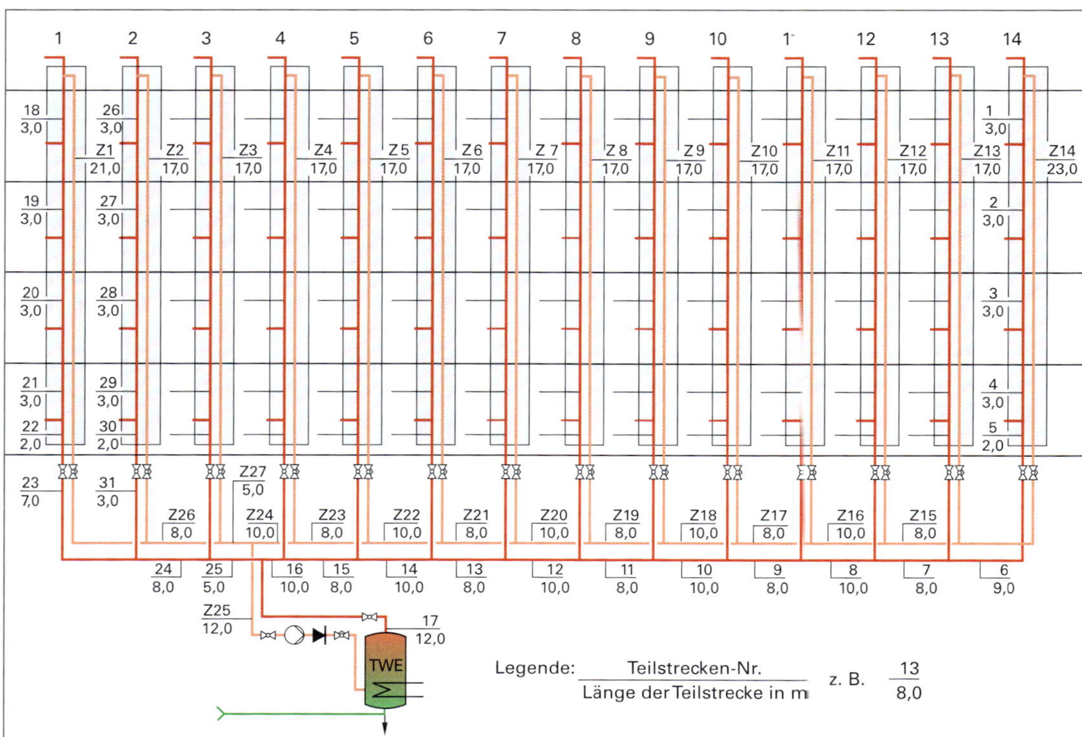

Bild 3: Berechnungsschema Hotel

4.7 Speichergrößen

Die Speichergröße richtet sich in erster Linie nach dem Bedarf an Warmwasser an den zu versorgenden Entnahmestellen. Die Höhe des Warmwasserbedarfes und dessen zeitliche Verteilung sind je nach Anlagenart und -nutzung verschieden. Daher unterscheidet sich die Vorgehensweise zur Bestimmung der Speichergröße bei

- Einzel- oder Gruppenversorgung,
- Nutzung von Niedrigtarifstrom und
- zentraler Trinkwassererwärmung

voneinander.

4.7.1 Speicher für Einzel- und Gruppenversorgung

In diesem Fall ist der Speicher für Entnahmestellen mit bekanntem Bedarf bezüglich Menge und Temperatur des warmen Wassers zu bemessen. Daraus kann die Wärmemenge berechnet werden, welche im Speicher bevorratet werden muss. Ein Zuschlag von 10% ist erforderlich, da wegen der Vermischung mit einströmendem Wasser während der Entnahme nicht der ganze Speicherinhalt mit voller Temperatur genutzt werden kann.

Einzelversorgung

$$Q_{Sp} = 1{,}1 \cdot m_V \cdot c \cdot \Delta\vartheta_V$$

Gruppenversorgung

$$Q_{Sp} = 1{,}1 \cdot \Sigma(m_V \cdot c \cdot \Delta\vartheta_V)$$

Q_{sp} Wärmemenge im Speicher in kWh
m_V Wassermasse je Benutzung in kg
$\Delta\vartheta_V$ Temperaturdifferenz zwischen genutztem Wasser und Kaltwasser in K
c spezifische Wärmekapazität in $\frac{\text{kWh}}{\text{kg} \cdot \text{k}}$

Die Speichergröße wird über die erforderliche Wassermasse berechnet

$$m_{SP} = \frac{Q_{Sp}}{c \cdot \Delta\vartheta_{Sp}} \qquad V_{SP} = \frac{Q_{Sp}}{c \cdot \Delta\vartheta_{Sp} \cdot \varrho}$$

m_{sp} Wassermasse des Speichers in kg
$\Delta\vartheta_{Sp}$ Temperaturdifferenz zwischen Speicherwasser und Kaltwasser in K
V_{Sp} Wasserinhalt des Speichers in l
ϱ Dichte des Wassers in kg/l

Die Trinkwassertemperatur wird mit 10 °C und die Speichertemperatur mit 60 °C angenommen, wenn keine anderen Angaben vorliegen. Ein Liter Wasser wird unabhängig von dessen Temperatur vereinfacht als ein Kilogramm Wasser eingesetzt.

Beispiel:

Welche Speichergröße ist für eine Küchespüle erforderlich, wenn 12 l Wasser mit 50 °C zur Verfügung stehen sollen?

Geg.: $m_V = 12$ kg $\vartheta_V = 50$ °C
Ges.: Q_{Sp}, m_{SP}

$Q_{Sp} = 1{,}1 \cdot m_V \cdot c \cdot \Delta\vartheta_V$
$Q_{Sp} = 1{,}1 \cdot 12\ \text{kg} \cdot 0{,}001163\ \text{kWh/(kg} \cdot \text{K)} \cdot 40\ \text{K}$
$\mathbf{Q_{Sp} = 0{,}614\ kWh}$

$\Delta\vartheta_V = \vartheta_V - \vartheta_K$ $\Delta\vartheta_V = 50\ °C - 10\ °C$
$\Delta\vartheta_V = 40$ K

$m_{Sp} = \frac{Q_{Sp}}{c \cdot \Delta\vartheta_{SP}}$ $m_{Sp} = \frac{0{,}614\ \text{kWh} \cdot \text{kg} \cdot \text{K}}{0{,}001163\ \text{kWh} \cdot 50\ \text{K}}$

$m_{Sp} = 10{,}6$ kg $\mathbf{V_{Sp} = 10{,}6\ l}$

$\Delta\vartheta_{Sp} = \vartheta_V - \vartheta_K$ $\Delta\vartheta_{Sp} = 60°C - 10\ °C$
$\Delta\vartheta_{Sp} = 50$ K

Es wird ein 15-Liter-Speicher benötigt.

Tabelle 1: Zapfstellenbedarf nach DIN 4708, Teil 2

1	2	3	4
Zapfstelle/ Ausstattung	Kurz-zeichen	Entnahme je Benutzung	Wärme-menge je Entnahme
		V in l	q_v in kWh
Badewanne	NB1	140	5,82
Badewanne	NB2	160	6,51
Großraumwanne	GB	200	8,72
Dusche mit Sparbrause	BRS	40[1)]	1,63
Dusche mit Normalbrause	BRN	90[1)]	3,66
Dusche mit Luxusbrause	BRL	180[1)]	7,32
Waschtisch	WT	17	0,70
Handwaschbecken	HT	9	0,35
Bidet	BD	20	0,81
Spülen für Küchen	SP	30	1,16

1) Benutzungszeit 6 Minuten

Sind die Erwartungen des Nutzers nicht bekannt, liefert **Tabelle 1** Richtwerte für die Wärmemenge q_V je Entnahme. Diese Werte werden für zentrale Trinkwassererwärmer verwendet und enthalten, daher einen Zuschlag von 30% für Verteilungsverluste.

Mit $q_V = 1{,}3 \cdot m_V \cdot c \cdot \Delta\vartheta_V$ ergibt sich:

Einzelversorgung	Gruppenversorgung
$Q_{Sp} = (1{,}1 \cdot q_V)/1{,}3$	$Q_{Sp} = (1{,}1 \cdot \Sigma q_V)/1{,}3$

q_V Wärmemenge je Entnahme in kWh

4.7.2 Speicher für Nachtaufheizung

Werden Speicher mit Niedrigtarifstrom (Nachtstrom) nur in den Freigabezeiten kostengünstig geladen, ist es sinnvoll, den Speicher so groß zu wählen, dass der übliche Bedarf aller Nutzer (Belegungszahl) für einen Tag gedeckt ist **(Tabelle 1, Seite 116)**.

Speichergröße bei zentraler Versorgung

$$V_{Sp} = p \cdot V_{60\,°C} \quad \text{oder} \quad V_{Sp} = \frac{Q_{Sp}}{c \cdot \Delta\vartheta_{Sp} \cdot \varrho}$$

V_{Sp} Wasserinhalt des Speichers in l
p Belegungszahl, Anzahl der Personen
$V_{60°\,C}$ täglicher Warmwasserbedarf mit einer Temperatur von 60 °C je Person in l
ϱ Dichte des Wassers in kg/l

Der Bedarf für einen Tag kann auch wie in Abschnitt 4.7.1 ermittelt werden, wenn genaue Nutzererwartungen bekannt sind. Bei Gruppenversorgung soll die Wärmemenge im Speicher aus genauen Angaben berechnet werden. Auftretende Bedarfsspitzen können durch Erwärmung mit Normaltarifstrom abgedeckt werden Diese Speicher werden als Zweikreisspeicher bezeichnet.

Beispiel 1:

Für eine von drei Personen mit gehobenen Ansprüchen genutzte, zentral versorgte Wohnung, soll die Speichergröße für einen Zweikreisspeicher ermittelt werden.

Geg.: $p = 3$ $V_{60\,°C} = 30$ l (Tabelle 1, Seite 116)
Ges.: V_{Sp}

$V_{Sp} = p \cdot V_{60°C}$ $V_{Sp} = 3 \cdot 30$ l $\mathbf{V_{Sp} = 90}$ **l**

Es ist ein Speicher mit mindestens 90 Liter Inhalt erforderlich.

Beispiel 2:

Welchen Inhalt muss ein Zweikreisspeicher haben, wenn ausreichend Wasser für ein Wannenbad mit 140 Litern, eine Benutzung der Dusche mit Normalbrause und drei Waschtischbenutzungen mit je drei Litern von 35 °C zur Verfügung stehen soll?

Geg.: NB1: $q_V = 5{,}82$ kWh
BRN: $q_V = 3{,}66$ kWh (Tabelle 1, Seite 129)
WT: $m_V = 3 \cdot 3$ kg $\vartheta_V = 35$ °C
$\varrho = 1$ kg/l $\Delta\vartheta_{Sp} = 50$ K (Annahme)
Ges.: $\Delta\vartheta_V$, Q_{WT}, Q_{Sp}, $\mathbf{V_{Sp}}$

$\Delta\vartheta_V = \vartheta_V - \Delta\vartheta_K$ $\Delta\vartheta_V = 35\ °C - 10\ °C$
$\mathbf{\Delta\vartheta_V = 25\ K}$

$Q_{NB1} = (1{,}1/1{,}3) \cdot q_{v,\,NB1}$ $Q_{NB1} = 0{,}85 \cdot 5{,}82$ kWh
$Q_{NB1} = 4{,}95$ kWh

$Q_{BRN} = (1{,}1/1{,}3) \cdot q_{v,\,BRN}$ $Q_{BRN} = 0{,}85 \cdot 3{,}66$ kWh
$Q_{BRN} = 3{,}11$ kWh

$Q_{WT} = 1{,}1 \cdot m_V \cdot c \cdot \Delta\vartheta_V$

$$Q_{WT} = 1{,}1 \cdot 3 \cdot 3\ \text{kg} \cdot 0{,}001\,163\ \frac{\text{kWh}}{(\text{kg} \cdot \text{K})} \cdot 25\ \text{K}$$

$\mathbf{Q_{WT} = 0{,}288\ kWh}$

$Q_{Sp} = Q_{NB1} + Q_{BRN} + Q_{WT}$
$Q_{Sp} = 4{,}95\ \text{kWh} + 3{,}11\ \text{kWh} + 0{,}288\ \text{kWh}$
$\mathbf{Q_{Sp} = 8{,}35\ kWh}$

$$V_{Sp} = \frac{Q_{Sp}}{c \cdot \Delta\vartheta_{Sp} \cdot \varrho}$$

$$V_{Sp} = \frac{8{,}35\ \text{kWh} \cdot \text{kg} \cdot \text{K} \cdot \text{l}}{0{,}001163\ \text{kWh} \cdot 50\ \text{K} \cdot 1\ \text{kg}}$$

$\mathbf{V_{Sp} = 143{,}6}$ **l**

Es wird ein Speicher mit 150 Litern gewählt.

Aufgaben

1. An einem Waschtisch werden innerhalb kurzer Zeit 20 Liter Wasser mit 30 °C benötigt. Welchen Inhalt muss der auf 60 °C erwärmte Speicher mindestens haben?
2. Welchen Inhalt benötigt ein Speicher mindestens, wenn damit eine Dusche mit Normalbrause sechs Minuten lang betrieben werden soll?
3. Reicht der Inhalt eines 50-Liter-Speichers aus, um acht Minuten lang 37 °C warmes Wasser für eine Dusche zu liefern? Der Volumenstrom beim Duschen beträgt 9 l/min, die Trinkwassertemperatur 12 °C.
4. Ein Speicher soll die Benutzung einer Küchenspüle, eines Handwaschbeckens und einer Badewanne NB1 ohne Nacherwärmung ermöglichen. Welchen Inhalt muss der Speicher mindestens haben?
5. Wie lange dauert die Erwärmung eines 10-Liter-Speichers, wenn die Wärmeleistung 2 kW beträgt?
6. Welche Speichergröße ist bei einem Zweikreisspeicher für einen Zweipersonenhaushalt mit gehobenen Ansprüchen
   a) mindestens und welche
   b) höchstens erforderlich?
   c) Wie groß muss der Speicher mindestens gewählt werden, wenn eine Badewanne NB2 vorhanden ist?

4.7.3 Speicherauswahl nach der Bedarfskennzahl

In DIN 4708 wird ein Verfahren zur Speicherauswahl für die zentrale Versorgung einer oder mehrerer Wohnungen beschrieben. Dabei wird die erforderliche Wärmemenge als Vielfaches des Bedarfes einer Einheitswohnung angegeben. Als Einheitswohnung ist eine 4-Zimmer-Wohnung mit Normalausstattung festgelegt **(Tabelle 2)**. Die so ermittelte Zahl von Einheitswohnungen wird als **Bedarfskennzahl *N*** bezeichnet.

Vom Hersteller wird für Speicher (Vorrats-Wassererwärmer, VWE) eine **Leistungskennzahl N_L** angegeben, die besagt, wie viele Einheitswohnungen der Speicher versorgen kann. Voraussetzung ist, dass dem Speicher jederzeit eine Wärmequelle zur Verfügung steht. Dies gilt in der Regel nicht für

- Solarspeicher und
- Elektrospeicher (Zweikreisspeicher).

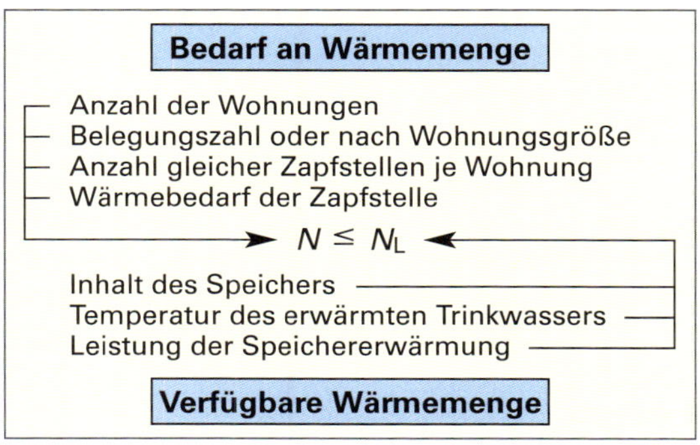

Bild 1: Speicherauswahl nach der Bedarfskennzahl

Die **Bedarfskennzahl *N*** wird in einem Formblatt nach folgender Gleichung ermittelt **(Tabelle 1, Seite 29)**:

$$N = \frac{\Sigma(n \cdot p \cdot v \cdot q_V)}{3{,}5 \cdot 5{,}82 \text{ kWh}}$$

n Anzahl der Wohnungen mit gleicher Ausstattung
p Belegungszahl (falls bekannt), mindestens jedoch Werte in Abhängigkeit der Raumzahl der Wohnung **(Tabelle 1)**
v Anzahl gleicher Zapfstellen je Wohnung
q_V Wärmebedarf der Zapfstelle in kWh **(Tabelle 1, Seite 129)**

Im Nenner der Formel steht mit (3,5 · 5,82 kWh) immer derselbe Wert für die erforderliche Wärmemenge einer Einheitswohnung.

Zu beachten ist, dass je nach Ausstattung der Wohnung nur eine bestimmte Auswahl an Zapfstellen berücksichtigt wird. Die DIN 4708 unterscheidet zwischen Normalausstattung und Komfortausstattung **(Tabelle 2 und 3)**.

Tabelle 1: Belegungszahl von Wohnungen, Mindestwerte nach DIN 4708 (Auszug)

Raumzahl *r*	1	1,5	2	2,5	3	3,5	**4**	4,5	5	5,5
Belegungszahl *p*	2,0*	2,0*	2,0*	2,3	2,7	3,1	**3,5**	3,9	4,3	4,6

* Wenn in einem Gebäude überwiegend 1- bis 2-Zimmerwohnungen vorhanden sind, beträgt die Belegungszahl für diese Wohnungen 2,5

Tabelle 2: Normalausstattung nach DIN 4708, Teil 2

Vorhandene Ausstattung	Anzurechnende Wärmemenge q_V in kWh
Bad:	
Badewanne NB1 **oder** Duschwanne BRN	5,82
Waschtisch WT	0,0
Küche:	
Küchenspüle SP	0,0

Wenn in einer Wohnung eine andere oder umfangreichere Ausstattung vorliegt, als in Tabelle 2 angegeben ist, handelt es sich um eine Komfortausstattung.

Tabelle 3: Komfortausstattung nach DIN 4708

Vorhandene Ausstattung	Anzurechnende Wärmemenge q_V in kWh Werte aus Tabelle 1, Seite 129
Bad:	
Badewanne[1]	NB1, NB2 oder GB
Duschwanne[1]	BRS, BRN oder BRL
Waschtisch WT	0,0
Bidet BD	0,0
Küche:	
Küchenspüle SP	0,0
Gästezimmer (2. Bad):	
Badewanne	**0,5*** (NB1, NB2 oder GB) oder[2]
Duschwanne	BRS, BRN oder BRL
Waschtisch WT	0,0 oder WT[3]
Bidet BD	0,0 oder BD[3]

1) Ist keine Badewanne vorhanden, wird für BRS oder BRN die Wärmemenge von NB1 (5,82 kWh) eingesetzt.
2) Sind im Gästezimmer Bade- und Duschwanne vorhanden, wird nur der höhere Wert eingesetzt. Badewannen zählen im Gästezimmer nur mit 50% ihres Wärmebedarfes.
3) Wird nur eingesetzt, wenn im Gästezimmer keine Badewanne oder Duschwanne vorhanden ist.

Beispiel 1:

Wie groß ist die Bedarfskennzahl für ein Gebäude mit zwei Zweizimmer- und vier Dreizimmerwohnungen, jeweils mit Normalausstattung?

Geg.: 1. Wohnungsart (Wohnungsnummer)

$n = 2 \quad p = 2 \quad v = 1 \quad q_V = 5{,}82\ \text{kWh}$

2. Wohnungsart (Wohnungsnummer)

$n = 4 \quad p = 2{,}7 \quad v = 1 \quad q_V = 5{,}82\ \text{kWh}$

Ges.: N

$$N = \frac{\Sigma(n \cdot p \cdot v \cdot q_V)}{3{,}5 \cdot 5{,}82\ \text{kWh}}$$

$$N = \frac{2 \cdot 2 \cdot 1 \cdot 5{,}82\ \text{kWh} + 4 \cdot 2{,}7 \cdot 1 \cdot 5{,}82\ \text{kWh}}{3{,}5 \cdot 5{,}82\ \text{kWh}}$$

$\boldsymbol{N = 4{,}2}$

Beispiel 2:

Wie groß ist die Bedarfskennzahl für ein Gebäude mit Wohnungen folgender Ausstattung?

Wohnungsnummer	Wohnungszahl n	Raumzahl r	Ausstattung
1	4	2	Bad: NB1, WT, BD Küche: SP
2	2	3	Bad: BRN, WT, BD Küche: SP Gästebad: WT
3	4	4	Bad: NB2, WT, BD Küche: SP Gästebad: BRN, WT
4	2	4	Bad: NB2, WT, BD Küche: SP Gästebad: NB1, BRS, WT

Lösungsschritte mit Tabelle 1:

In Spalte 4 werden die Belegungszahlen nach Tabelle 1, Seite 131 eingetragen, da die tatsächliche Belegungszahlen nicht bekannt sind.

Die Zapfstellenzahl in Spalte 6 gibt die Anzahl gleicher, anrechenbarer Zapfstellen innerhalb einer Wohnung an. Dieser Wert ist in der Regel 1, es sei denn, eine Zapfstelle ist nur zur Hälfte anzurechnen (z. B. die Badewanne im Gästebad). Daher enthalten die Spalten 8 und 9 auch meist identische Zahlenwerte.

Anrechenbare Zapfstellen sind in den

- Wohnungen Nummer 1: die Badewanne NB1. WT, BD und SP sind nicht einzusetzen.
- Wohnungen Nummer 2: An Stelle der Duschwanne BRN im Bad wird der Mindestwert 5,82 kWh eingesetzt (Fußnote[1], Tabelle 3, Seite 131). WT, BD und SP sind nicht einzusetzen. Da im Gästebad weder Bade- noch Duschwanne vorhanden sind, zählt dort der WT (Fußnote[3] in Tabelle 3, Seite 131).
- Wohnungen Nummer 3: Im Bad NB wie vorhanden mit 6,51 kWh, WT, DB und SP sind nicht einzusetzen. Im Gästezimmer zählt der WT nicht, BRN wie vorhanden mit 3 66 kWh.
- Wohnungen Nummer 4: Im Bad NB2 wie vorhanden mit 6,51 kWh, WT, BD und SP sind nicht einzusetzen. Im Gästezimmer wird der größere Wert aus der mit 50% anzurechnenden Badewanne NB1 (2,91 kWh) und der Duschwanne BRS (1,63 kWh) eingesekt (Fußnote[2] in Tabelle 3, Seite 131). Der WT zählt nicht.

In Spalte 10 werden die Wärmemengen der anrechenbaren Zapfstellen eingetragen. Die Summe des Wärmebedarfes wird durch den Wärmebedarf der Einheitswohnung geteilt und ergibt die Bedarfskennzahl.

Nach der Berechnung der **Bedarfskennzahl N** ist der Trinkwassererwärmer anhand seiner **Leistungskennzahl N_L** auszuwählen. Diese erhält man aus Tabellen oder Diagrammen in Herstellerunterlagen. Man unterscheidet dabei die

- direkte Erwärmung und die
- indirekte Erwärmung.

Tabelle 1: Ermittlung der Bedarfskennzahl (Beispiel 2)

1	2	3	4	5	6	7	8	9	10	11
Wohnungsnummer	Raumzahl r	Wohnungszahl n	Belegungszahl p	$n \cdot p$	Zapfstellenzahl v	Kurzzeichen	Wärmebedarf der Zapfstelle q_V in kWh	$v \cdot q_V$ in kWh	$n \cdot p \cdot v \cdot q_V$ in kWh	Bemerkungen
1	2	4	2,0	8,0	1	NB1	5,82	5,82	46,560	
2	3	2	2,7	5,4	1	(NB1)	5,82	5,82	31,428	
				5,4	1	WT	0,70	0,70	3,780	Gäste
3	4	4	3,5	14,0	1	NB2	6,51	6,51	91,140	
				14,0	1	BRN	3,66	3,66	51,240	
4	4	2	3,5	7,0	1	NB2	6,51	6,51	45,570	
				7,0	(0,5)	NB1	5,82	2,91	20,370	50%
	$\Sigma n =$	12		Summe des Wärmebedarfs $\Sigma(n \cdot p \cdot v \cdot q_V) =$					290,088	

$N = \frac{\Sigma(n \cdot p \cdot v \cdot q_V)}{3{,}5 \cdot 5{,}82\ \text{kWh}}$ $\qquad N = \frac{290{,}088\ \text{kWh}}{3{,}5 \cdot 5{,}82\ \text{kWh}}$ $\qquad \boldsymbol{N = 14{,}2}$

Bei **direkter Erwännung** ist die Erwärmungsleistung und damit auch die Leistungskennzahl durch den VWE fest vorgegeben **(Tabelle 1)**.

Beispiel 1:

Welcher direkt beheizte TWE muss gewählt werden, um ein Gebäude mit einer Bedarfskennzahl von 4,2 (Beispiel 1, Seite 132) zu versorgen?

Tabelle 1: Technische Daten direkt beheizter Gas-Vorrats-Trinkwassererwärmer

Nutzinhalt V in l	Leistungskennzahl N_L	Warmwasserdauerleistung $\dot{V}$ in l/h	Nennleistung $\dot{Q}_{NL}$ in kW
130	1,0	155	6,3
160	1,5	178	7,3
190	1,8	202	8,2
220	2,5	210	8,5
2 × 160	← **5,0**	356	14,5
2 × 190	6,5	404	16,4
2 × 220	8,0	423	17,2

Ergebnis: Es wird ein Doppelspeicher mit 2 × 160 Litem Inhalt und einer Nennleistung von 14,5 kW benötigt.

Bei **indirekter Erwärmung** muss die Erwärmungsleistung durch den Heizkessel erbracht und übertragen werden können. Dies bedeutet, dass der Heizkessel mindestens die für die Dauerleistung bei 45 °C erforderliche Leistung erbringen muss. Zwischen den Größen

- Leistungskennzahl N_L,
- Heizungsvorlauftemperatur ϑ_V
- Inhalt des TWE V_{Sp} und
- Kesselleistung $\dot{Q}_{NL}$

besteht eine gegenseitige Abhängigkeit **(Bild 1)**.

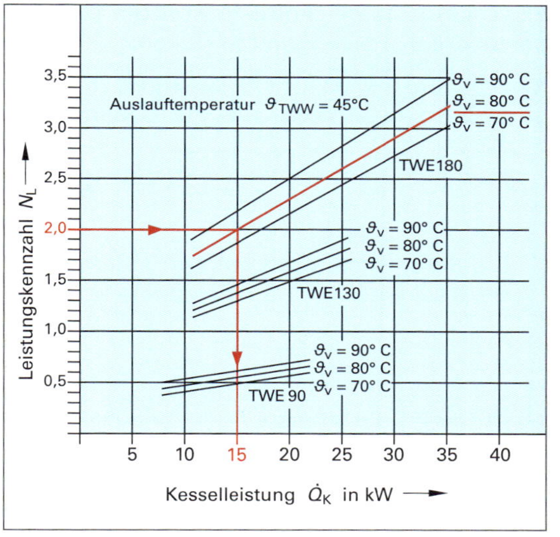

Bild 1: Leistungskennzahl indirekt beheizter TWE

Beispiel 2:

Wie hoch muss die Kesselleistung sein, damit der TWE 180 eine Leistungskennzahl von 2,0 hat. Die Vorlauftemperatur beträgt 80 °C.

Die erforderliche Leistung beträgt 15 kW (Bild 1).

Ob diese Leistung übertragen werden kann, hängt außerdem noch von

- dem Volumenstrom im Ladekreis (und damit dem Druckverlust im Ladekreis) und
- der Temperatur im TWE ab.

Während für die Angabe der Leistungskennzahl eine Speichertemperatur von 60 °C zu Grunde liegt, bezieht sich die Dauerleistung nach DIN 4708 auf eine Auslauftemperatur von 45 °C.

Tabelle 2: Technische Daten indirekt beheizter Vorrats-Trinkwassererwärmer (Herstellerangaben)

Speichergröße	Vorlauftemperatur	Leistungskennzahl	Warmwasserdauerleistung bei ϑ_{TWW} = 45 °C Bemessungswert		Warmwasserdauerleistung bei ϑ_{TWW} = 60 °C		Heizwasserbedarf	Druckverlust
V_{Sp} in l	ϑ_V in °C	N_L	$\dot{Q}_D$ in kW	$\dot{V}$ in l/h	$\dot{Q}_D$ in kW	$\dot{V}$ in l/h	$\dot{V}_H$ in m³/h	Δp_{WT} in mbar
400	70	16,0	69,8	1720	59,3	1020	12,0	350
	80	20,0	90,7	2230	76,8	1320		
	90	24,0	111,6	2740	100,0	1720		
550	70	19,0	69,8	1720	59,3	1020	12,0	350
	80	24,0	90,7	2230	76,8	1320		
	90	28,0	111,6	2740	100,0	1720		
750	70	33,0	103,5	2540	79,1	1360	11,0	350
	80	44,0	134,9	3310	112,8	1940		
	90	54,0	162,8	4000	143,1	2460		
950	70	37,0	103,5	2540	79,1	1360	11,0	350
	80	48,0	134,9	3310	112,8	1940		
	90	60,0	162,8	4000	143,1	2460		
Bei der Parallelschaltung zweier Speicher erreicht die Leistungskennzahl N_L den 2,4-fachen Wert.								

Insgesamt sind bei indirekt beheizten TWE folgende drei Forderungen zu erfüllen:

1. Die Leistungskennzahl N_L muss mindestens so groß sein, wie die Bedarfskennzahl N.

$$N_L \geq N$$

2. Die Kesselleistung $\dot{Q}_K$ muss mindestens so groß sein, wie die Dauerleistung $\dot{Q}_D$.

$$\dot{Q}_K \geq \dot{Q}_D$$

3. Die Kesselleistung $\dot{Q}_K$ muss mindestens so groß sein, wie der Normheizleistung für das Gebäude $\dot{Q}_{N,\,Geb.}$ und der Zuschlag für die Trinkwassererwärmung $\dot{Q}_{Z,\,TWW}$ **(Bild 1)**.

$$\dot{Q}_K \geq \dot{Q}_{N,\,Geb.} + \dot{Q}_{Z,\,TWW}$$

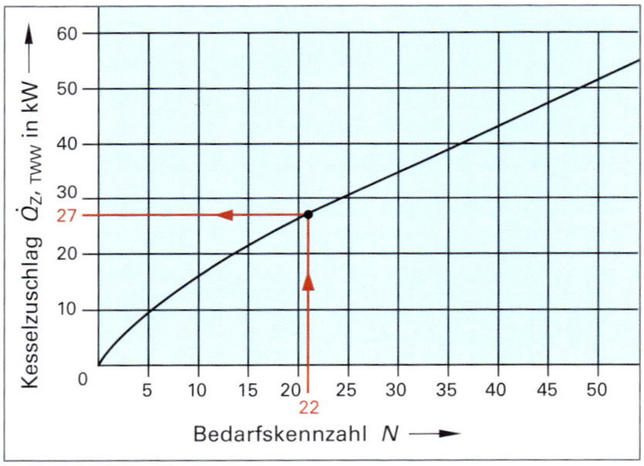

Bild 1: Kessel-Zuschlag für die Trinkwassererwärmung

Beispiel:

Die Normheizleistung für ein Gebäude mit einer Bedarfskennzahl von 22 beträgt 70 kW, die Vorlauftemperatur 80 °C.

a) Welcher indirekt beheizte Speicher wird benötigt?

b) Welche Kesselleistung ist erforderlich?

Geg.: $\dot{Q}_{N,\,Geb.} = 70$ kW $\quad N = 22 \quad \vartheta_V = 80$ °C

Ges.: V_{sp}, $\dot{Q}_K$

a) Es wird ein Speicher mit 550 l Inhalt benötigt, damit die Forderung $N_L \geq N$ erfüllt wird. (Tabelle 2, Seite 133). Ein Speicher mit 400 l Inhalt ist nur bei einer Vorlauftemperatur von 90 °C ausreichend.

b) Die Kesselleistung muss mindestens 90,7 kW betragen, damit die Forderung $\dot{Q}_K \geq \dot{Q}_D$ erfüllt wird (Tabelle 2, Seite 133). Der erforderliche Kesselzuschlag $\dot{Q}_{TWW}$ beträgt 27 kW **(Bild 1)**.

$\dot{Q}_K \geq \dot{Q}_{N,\,Geb.} + \dot{Q}_{Z,\,TWW}$

$\dot{Q}_K \geq 70$ kW + 27 kW

$\dot{Q}_K \geq$ **97 kW**

Die auf Grund der Dauerleistung erforderliche Kesselleistung ist geringer als die Kesselleistung unter Berücksichtigung des Kesselzuschlages. **Der Kessel benötigt eine Leistung von 97 kW.**

Aufgaben

1 Wie groß ist die Bedarfskennzahl für ein Gebäude mit 20 Wohneinheiten mit je 1,5 Zimmern und Normalausstattung?

2 Wie groß ist die Bedarfskennzahl für ein 5,5-Zimmer-Einfamilienhaus mit folgender Ausstattung:

Bad: NB2, BRN, 2 × WT, BD;
Küche: SP; Gästezimmer 1: GB, WT, BD;
Gästezimmer 2: BRN, WT.

3 Eine Wohnanlage mit zusammen 24 Wohnungen hat folgende Ausstattung:

Lfd. Nr. der Wohnungsart	Wohnungszahl n	Raumzahl r	Ausstattung
1	8	3	Bad: BRN, WT; Küche: Sp
2	8	3	Bad: NB1, WT; Küche: Sp
3	8	4	Bad: BRN, WT; Küche: Sp Gästebad: BRL, WT

a) Wie hoch ist die Bedarfskennzahl?

b) Welche Dauerleistung ergibt sich, wenn die Vorlauftemperatur 80 °C beträgt?

c) Wie hoch ist der Kesselzuschlag für die Trinkwassererwärmung?

4 Wie groß ist die Bedarfskennzahl für ein Gebäude mit Wohnungen folgender Ausstattung?

Lfd. Nr. der Wohnungsart	Wohnungszahl n	Raumzahl r	Ausstattung
1	4	1,5	Bad: BRN, WT Küche: Sp
2	10	3	Bad: NB1, WT Küche: Sp
3	2	4	Bad: BRL, BRN, WT Küche: Sp
4	4	4	Bad: NB2, WT, BD Küche: Sp Gästebad: BRL, WT
5	5	5	Bad: NB2, WT, BD Küche: Sp Gästebad: NB1, WT, BD

5 Die Bedarfskennzahl für ein Gebäude wurde mit 45 ermittelt. Es sollen zwei TWE parallel geschaltet werden. Die Vorlauftemperatur soll auch bei Trinkwassererwärmung auf 70 °C begrenzt bleiben. Zu ermitteln sind:

a) der Inhalt der Trinkwassererwärmer,

b) die Dauerleistung,

c) der Kesselzuschlag für Trinkwassererwärmung und

d) die erforderliche Kesselleistung, wenn die Normheizleistung 150 kW beträgt.

4.8 Solaranlagen zur Trinkwassererwärmung

Solaranlagen nehmen mit Kollektoren die Strahlungsenergie der Sonne auf und nutzen sie zur Erwärmung von Wasser.

Kleine Anlagen zur solarunterstützten, bivalenten Trinkwassererwärmung können ausreichend genau mit Nomogrammen ausgelegt werden. Dabei werden

- die Speichergröße und
- die Anzahl der erforderlichen Kollektoren festgelegt.

Angaben, die zur Bemessung benötigt werden, sind:

- die Anzahl der Personen,
- der tägliche Warmwasser-Verbrauch je Person **(Tabelle 1, Seite 14),**
- die Solar-Klimazone **(Bild 1),**
- die Dachneigung,
- die Dachausrichtung,
- der angestrebte solare Deckungsanteil,
- die einfache Rohrleitungslänge zwischen dem Kollektorfeld und dem Speicher und
- die Bauart der verwendeten Kollektoren, um ein vom Hersteller erstelltes Nomogramm zu verwenden **(Bild 2).**

Beispiel:

Ein Einfamilienhaus in Stuttgart wird von fünf Personen bei einem Warmwasser-Verbrauch von 40 Litern je Person und Tag bewohnt. Die Dachneigung beträgt 42°, das Dach ist nach Süden ausgerichtet und es soll ein solarer Deckungsanteil von 50 bis 55% erreicht werden.

Ergebnis:

Der Lösungsweg ist im Nomogramm eingetragen **(Bild 2).**

Es sind **drei Kollektoren** erforderlich, der **Speicherinhalt beträgt 300 Liter** und es sind etwas mehr als 50% solarer Deckungsanteil zu erwarten.

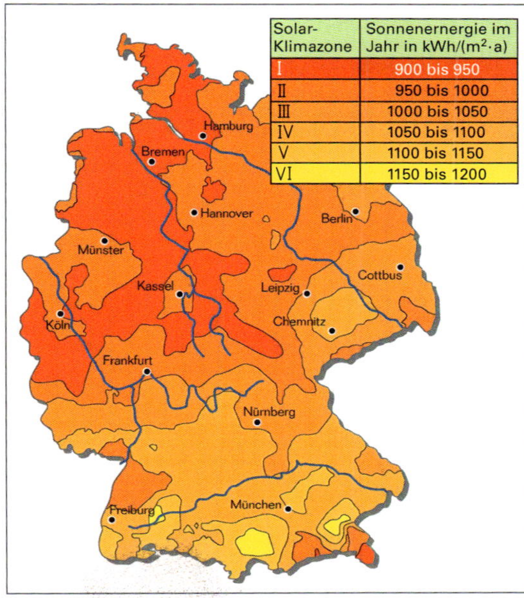

Bild 1: Solar-Klimazonen

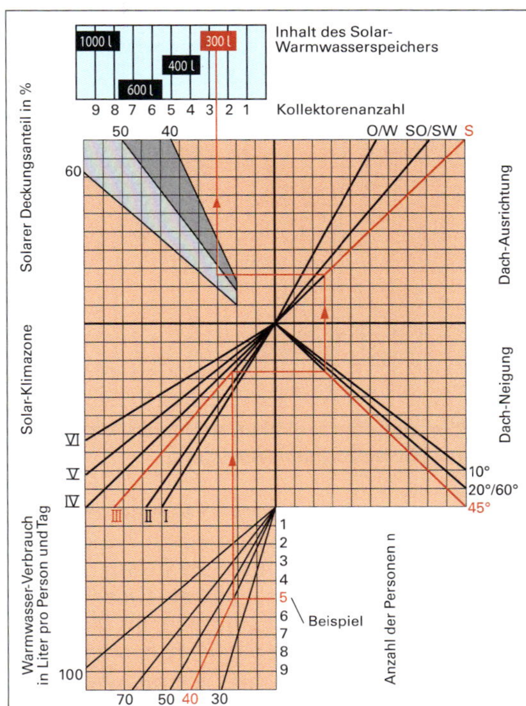

Bild 2: Nomogramm für Flachkollektoren zur überschlägigen Auslegung

In den Nomogrammen sind 10 m einfache Rohrleitungslänge zwischen den Kollektoren und dem Speicher berücksichtigt. Bei größeren Längen sind Zuschlagsfaktoren für die Kollektorzahl vorzusehen. Die Speichergröße wird nicht erhöht.

Tabelle 1: Zuschlagsfaktoren für die Kollektorzahl

Rohrlänge (einfach) in m	20	30	40
Zuschlagsfaktor	1,10	1,15	1,20

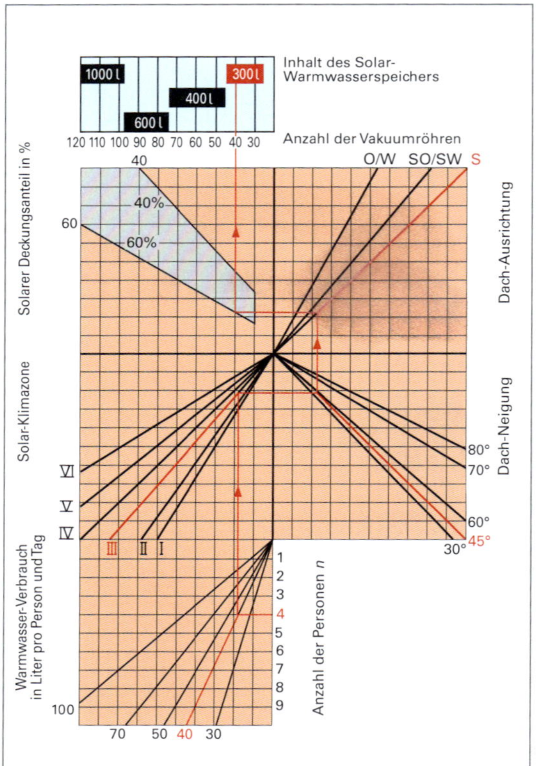

Bild 1: Nomogramm für Vakuumröhrenkollektoren zur überschlägigen Auslegung

Mit Vakuumröhrenkollektoren erreicht man auf Grund der besseren Wärmedämmung auch noch bei tiefen Außentemperaturen höhere Temperaturen im Solarspeicher. Dies bewirkt vor allem in der Übergangszeit im Frühjahr und im Herbst, dass weniger oft nacherwärmt werden muss. Dadurch wird bei gleicher Speichergröße der solare Deckungsanteil größer.

Der optimale Neigungswinkel des Daches beträgt 30° (bei Flachkollektoren 45°).

Aufgaben

1 Welche Kollektorzahl und Speichergröße ist erforderlich, wenn ein Haus in Hamburg von fünf Personen mit einem Warmwasser-Verbrauch von 40 Litern je Person und Tag bewohnt wird. Die Dachneigung beträgt 45°, das Dach ist nach Süden ausgerichtet und es soll ein solarer Deckungsanteil von 50% erreicht werden.

2 Welche Anzahl von Vakuumröhren und welche Speichergröße ist erforderlich, wenn ein Gebäude in Berlin von vier Personen mit einem Warmwasser-Verbrauch von 50 Litern je Person und Tag bewohnt wird. Die Dachneigung beträgt 45°, das Dach ist nach Südosten ausgerichtet und es soll ein solarer Deckungsanteil von 50% erreicht werden. Die einfache Leitungslänge beträgt 30 m.

3 Welche Kollektorzahl und Speichergröße ist für ein Gebäude in Frankfurt erforderlich, dessen sechs Bewohner täglich zusammen 420 Liter Warmwasser brauchen? Die Dachneigung beträgt 20°, das Dach ist nach Süden ausgerichtet und es soll ein solarer Deckungsanteil von 60% erreicht werden.

4 Folgende Solar-Anlage wird in München gebaut: Zwei Flach-Kollektoren, Warmwasserspeicher mit 300 l Inhalt, Dachneigung und Dachausrichtung sind optimal.

a) Wie viel Liter Warmwasser können täglich verbraucht werden, wenn ein solarer Deckungsanteil von 40% angestrebt wird?

b) Wie hoch ist der solare Deckungsanteil, wenn der tägliche Bedarf an Warmwasser auf 100 l zurückgeht?

4.9 Wärmepumpen zur Trinkwassererwärmung

Wärmepumpen entnehmen der Umwelt aus der Luft, dem Wasser oder dem Erdreich Wärme. Sie heben diese Wärmemenge auf ein höheres, nutzbares Temperaturniveau und verwenden sie für Gebäudeheizung oder Trinkwassererwärmung. Die eingesetzte, „teuere" Energie zum Antrieb der Wärmepumpe geht bis auf geringe Verluste ebenfalls in die nutzbare Wärmemenge ein. Ähnlich der Berechnung des Wirkungsgrades setzt man die nutzbare Leistung zur aufgewendeten Leistung ins Verhältnis, zählt jedoch die der Umwelt entnommene Leistung nicht als aufgewendet. Zur Unterscheidung vom Wirkungsgrad nennt man dieses Verhältnis **Leistungszahl ε.**

Leistungszahl = $\dfrac{\text{nutzbare Wärmeleistung}}{\text{aufgewendete Antriebsleistung}}$ $\varepsilon = \dfrac{\dot{Q}_L}{P_{zu}}$	
$P_{zu} = \dfrac{\dot{Q}_L}{\varepsilon}$	$\dot{Q}_L = \varepsilon \cdot P_{zu}$

ε Leistungszahl der Wärmepumpe ohne Einheit
$\dot{Q}_L$ nutzbare Wärmeleistung in kW
P_{zu} Antriebsleistung in kW

Beispiel 1:

Einer Sole-Wasser-Wärmepumpe wird im Teillastbetrieb eine Antriebsleistung von 3,4 kW zugeführt. Die Leistungskennzahl beträgt bei 5 °C Soletemperatur und 35 °C Vorlauftemperatur laut Herstellerangaben 3,9.

Welche Wärmeleistung steht zur Verfügung?

Geg.: $\varepsilon = 3{,}9$ $\quad P_{zu} = 3{,}4\ \text{kW}$

Ges.: $\dot{Q}_L$

$\dot{Q}_L = \varepsilon \cdot P_{zu}$ $\quad \dot{Q}_L = 3{,}9 \cdot 3{,}4\ \text{kW}$ $\quad \mathbf{\dot{Q}_L = 13{,}3\ kW}$

Die Leistungszahl ist um so höher, je geringer die Temperaturerhöhung ist. Für die Erwärmung von Trinkwasser ergibt sich somit keine einheitliche Leistungszahl, da es mit zunehmender Temperatur in einem Vorrats-Trinkwassererwärmer für die Wärmepumpe immer schwieriger wird, weitere Wärme „oben daraufzulegen" **(Bild 1)**.

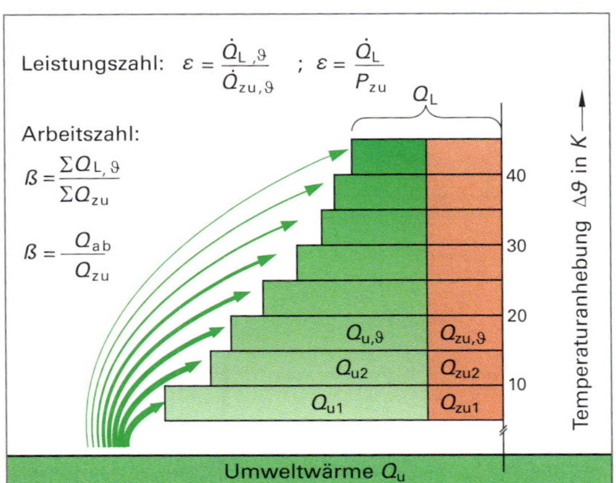

Bild 1: Leistungszahl und Arbeitszahl

Betrachtet man den gesamten Erwärmvorgang eines Speichers und vergleicht analog der Leistungszahl die Energiemengen, erhält man die **Arbeitszahl $\boldsymbol{\beta}$**.

Arbeitszahl = $\dfrac{\text{nutzbare Wärmemenge}}{\text{aufgewendete Antriebsenergie}}$ $\beta = \dfrac{Q_{ab}}{Q_{zu}}$	
$Q_{zu} = \dfrac{Q_{ab}}{\beta}$	$Q_{ab} = \beta \cdot Q_{zu}$

β Arbeitszahl der Wärmepumpe ohne Einheit
Q_{ab} nutzbare Wärmemenge in kWh
Q_{zu} aufgewendete Antriebsenergie in kWh

Beispiel 2:

Wie viel Energie muss einer Wärmepumpe mit einer Arbeitszahl von 3,2 zugeführt werden, um 95 Liter Wasser von 15 °C auf 60 °C zu erwärmen?

Geg.: $\beta = 3{,}2$ $\quad m = 95\ \text{kg}$ $\quad \vartheta_1 = 15\ °\text{C}$ $\quad \vartheta_1 = 60\ °\text{C}$

$c = 0{,}001163\ \dfrac{\text{kWh}}{\text{kg} \cdot \text{K}}$

Ges.: $\Delta\vartheta$, Q_{ab}, Q_{zu}

$\Delta\vartheta = \vartheta_2 - \vartheta_1$ $\quad \Delta\vartheta = 60\ °\text{C} - 15\ °\text{C}$ $\quad \Delta\vartheta = 45\ \text{K}$

$Q_{ab} = m \cdot c \cdot \Delta\vartheta$

$Q_{ab} = 95\ \text{kg} \cdot 0{,}001163\ \dfrac{\text{kWh}}{\text{kg} \cdot \text{K}} \cdot 45\ \text{K}$

$Q_{ab} = 4{,}97\ \text{kWh}$

$Q_{zu} = \dfrac{Q_{ab}}{\beta}$ $\quad Q_{zu} = \dfrac{4{,}97\ \text{kWh}}{3{,}2}$ $\quad \mathbf{Q_{zu} = 1{,}55\ kWh}$

Aufgaben

1 Eine Luft-Wasser-Wärmepumpe zur Erwärmung eines 300-l-Vorratswassererwärmers hat eine Arbeitszahl von 4,1. Die mittlere Antriebsleistung beträgt 0,5 kW. Wie lange dauert die Erwärmung des Inhaltes von 15 °C auf 55 °C?

2 Für eine Wasser-Wasser-Wärmepumpe ist in Herstellerunterlagen angegeben, dass bei einer Vorlauftemperatur von 55 °C folgende Werte erreicht werden:

Temperatur der Wärmequelle 10 °C,
Antriebsleistung 3,9 kW, Leistungszahl 3,1.

a) Wie hoch ist die nutzbare Wärmeleistung?

b) Wie groß muss der Volumenstrom der Wärmequelle sein, wenn diese um 4 K abkühlen darf?

c) Bei einer Temperatur der Wärmequelle von 19 °C steigt die Antriebsleistung auf 4,4 kW, nutzbare Wärmeleistung beträgt 15,4 kW. Welche Leistungszahl hat die Wärmepumpe in diesem Betriebszustand?

d) Welche Temperatur hat der Rücklauf der Wärmequelle (Volumenstrom 2,6 m^3/h) bei Betrieb der Wärmepumpe wie in Aufg. 1c)?

5 Entwässerungsanlagen

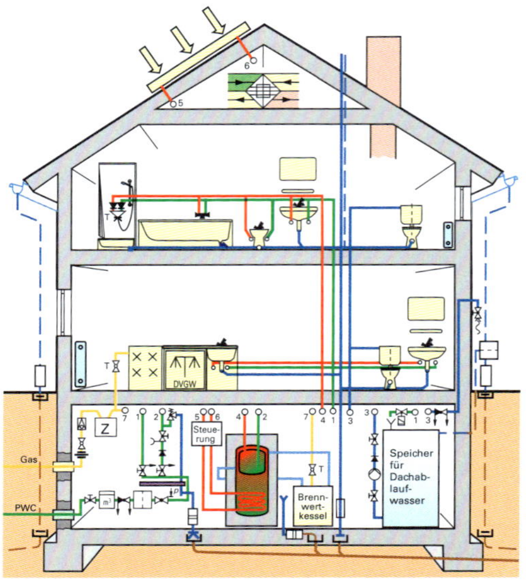

Leitprojekt

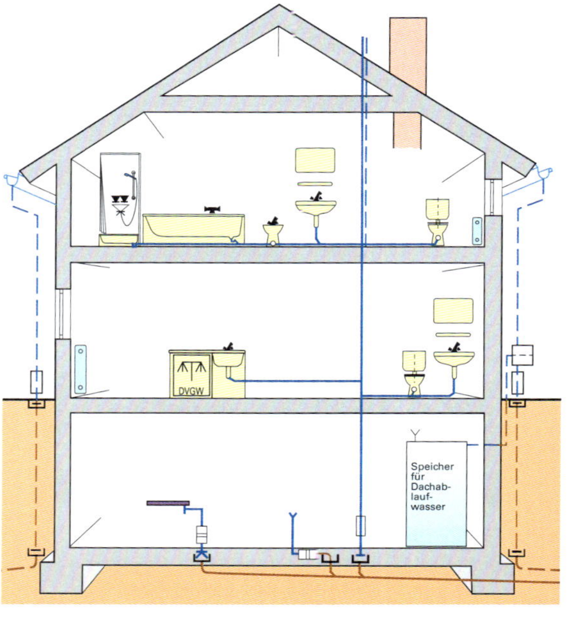

Entwässerungsanlagen

5 Entwässerungsanlagen

Berechnungen der Entwässerungsanlagen betreffen hauptsächlich das Gefälle der Leitungen, den Schmutzwasserabfluss, die Leitungsdurchmesser, die Bemessung von Hebe-, Abscheide- und Neutralisationsanlagen

5.1 Gefälle von Rohrleitungen

Die Ableitung des Schmutz- und Niederschlagswassers erfolgt, wo möglich, aufgrund des natürlichen Gefälles. Um gleichmäßiges und störungsfreies Abfließen zu erreichen, müssen Rohrleitungen und Regenrinnen im richtigen Gefälle verlegt werden.

Als Gefälle bezeichnet man das Verhältnis des Höhenunterschiedes Δh eines Leitungsabschnittes bezogen auf die waagerechte Projektion I seiner Rohrlänge.

Höhenangaben sind im Allgemeinen von der **Rohrsohle RS** aus gemessen und werden als Höhenkoten auf eine Bezugshöhe, meist die Höhe **Normalnull NN** (Meereshöhe), bezogen. Der Höhenunterschied Δh ergibt sich aus der Differenz der Höhenangaben. In Entwässerungsplänen wird Gefälle als Prozentzahl, als Neigungsverhältnis oder Verhältniszahl, seltener als Dezimalzahl angegeben.

Gefälleangaben als Dezimalzahl ergeben sich, wenn man den Höhenunterschied Δh einer Rohrleitungsstrecke durch die waagrechte Projektion der Rohrlänge l teilt. Dabei ergibt sich z. B. aus einer Berechnung $I = \Delta h/l$ = 2 (cm)/100 (cm) ein Gefällewert von 0,02. Diese Angabe ist zwar für das Rechnen sinnvoll, aber wenig anschaulich.

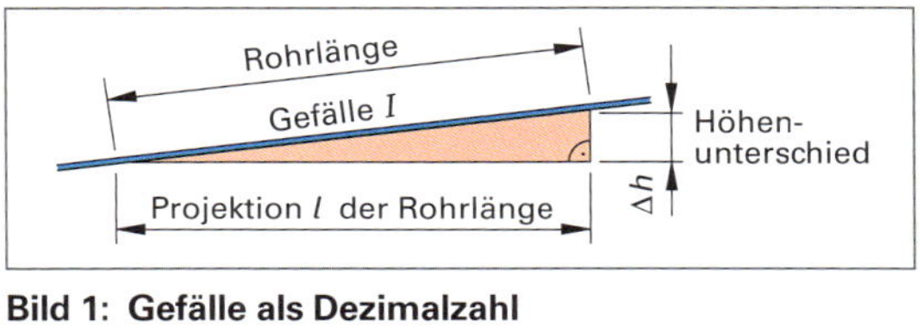

Bild 1: Gefälle als Dezimalzahl

$$\text{Gefälle} = \frac{\text{Höhenunterschied}}{\text{Projektion der Rohrlänge}} \qquad I = \frac{\Delta h}{l}$$

$$\Delta h = I \cdot l \qquad l = \frac{\Delta h}{I}$$

I Gefälle; Δh Höhenunterschied in mm, cm, m;
l Projektion der Rohrlänge in mm, cm, m

Bei **Gefälleangaben in Prozent** wird der Höhenunterschied in Δh (cm, m) auf die waagerechte Projektion der Rohrlänge I = 100 (cm) bezogen. Beispielsweise bedeutet die Gefälleangabe von 2 %, dass der Höhenunterschied auf 100 cm (waagerechte) Länge 2 cm beträgt.

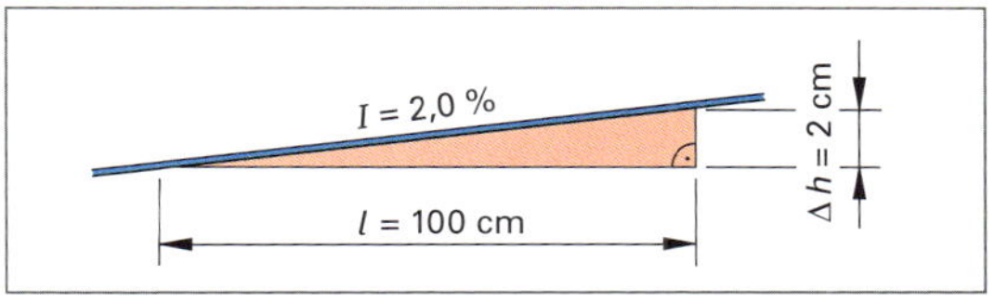

Bild 2: Gefälle als Prozentzahl

$$\text{Gefälle} = \frac{\text{Höhenunterschied}}{\text{Länge}} \qquad I = \frac{\Delta h}{l} \cdot 100\%$$

Die **Gefälleangaben als Neigungsverhältnis** bedeuten, dass auf den Höhenunterschied 1 (cm) die bei dem jeweiligen Gefälle zugehörige (waagerechte) Länge (cm) bezogen wird. Ein Gefälle von 1:50 bedeutet, dass 1 cm Höhenunterschied Δh auf 50 cm Länge l zu rechnen sind.

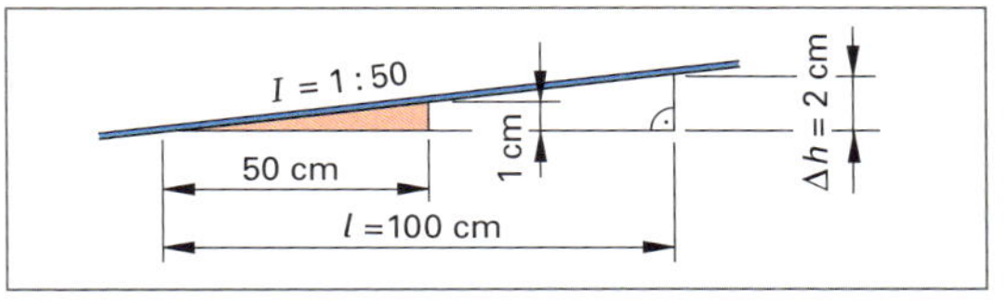

Bild 3: Gefälle als Neigungsverhältnis

$$\text{Gefälle} = 1 : \frac{\text{Länge}}{\text{Höhenunterschied}} \qquad I_N = 1 : \frac{l}{\Delta h}$$

Da bei Abwasserleitungen das Gefälle gering gehalten wird (unter 5 %), kann mit ausreichender Genauigkeit statt der waagerechten Projektion l der Rohrleitung auch ihre Länge verwendet werden.

Tabelle 1: Mindestgefälle von Abwasserleitungen nach DIN EN 12 056 und DIN 1986-100

Leitungsart	Mindestgefälle
Anschlussleitungen unbelüftet	1 %
Anschlussleitungen belüftet	0,5 %
Grund- und Sammelleitungen für WW und RW innerhalb von Gebäuden	0,5 %
Grund- und Sammelleitungen für WW/RW/MW außerhalb von Gebäuden	0,5 % (≤ DN 200) 1 : DN (≥ DN 250)

Beispiel:

Der Einlaufpunkt A einer Abwasserleitung liegt 27 m vom Anschlusspunkt B an den Abwasserkanal entfernt. Der Höhenunterschied der Rohrsohlen zwischen Punkt A und Punkt B beträgt 0,40 m. Berechnen Sie das Gefälle der Rohrleitung als Dezimalzahl, als Prozentzahl und als Neigungsverhältnis.

Geg.: l = 27 m; Δh = 0,40 m

Ges.: I $\quad I_{\%}$ $\quad I_{\text{N}}$

Lösung:

Dezimalzahl	Prozentzahl	Neigungsverhältnis
$I = \frac{\Delta h}{l}$	$I_{\%} = \frac{\Delta h}{l} \cdot 100\%$	$I_{\text{N}} = 1 : \frac{l}{\Delta h}$
$I = \frac{0{,}40\ \text{m}}{27{,}00\ \text{m}}$	$I_{\%} = \frac{0{,}40\ \text{m}}{27{,}00\ \text{m}} \cdot 100\%$	$I_{\text{N}} = 1 : \frac{20\ \text{m}}{0{,}40\ \text{m}}$
I = **0,0148**	$I_{\%}$ = **1,481%**	I_{N} = **1 : 67,5**

Aufgaben

1 Die Rohrsohle einer Grundleitung liegt im Punkt A 1,40 m tief. Welche Tiefe hat die Rohrsohle in Punkt B, der 42 m von Punkt A entfernt liegt, wenn die Rohrleitung 2% Gefälle nach Punkt B hat und das Gelände eben ist?

2 Berechnen Sie die Rohrmaße M1 und M2, wenn der Abzweig in der Schmutzwasser-Fallleitung 200 mm hoch sitzt und die Leitung mit einem Gefälle von I_{N} = 1:50 verlegt werden soll **(Bild 1)**.

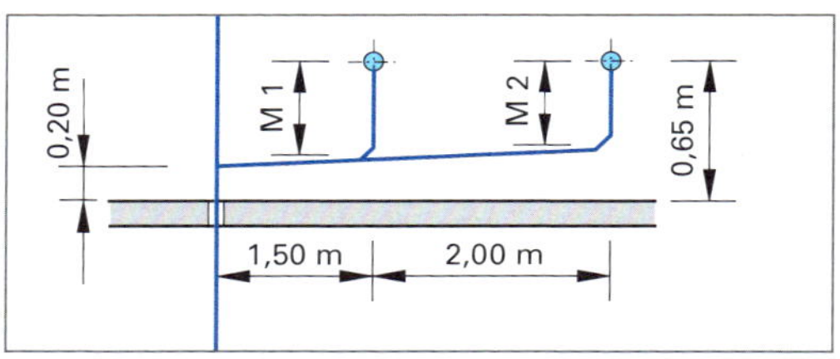

Bild 1: Gefälle von Sammelanschlussleitung

3 Der Höhenunterschied einer 17,50 m langen Rohrleitung beträgt 0,35 m. Berechnen Sie das Gefälle I als Dezimalwert, als Prozentwert und als Neigungsverhältnis.

4 Ermitteln Sie für den abgebildeten Waschtisch das Höhenmaß h der Sturzstrecke der Abwasser-Einzelanschlussleitung DN 50 **(Bild 2)**.

5 Die Duschwanne soll über den Badablauf im Fußboden entwässert werden. In welcher Höhe h_1 muss die Mitte des Abzweiges der Anschlussleitung DN 50 liegen, wenn das Gefälle 4% beträgt? Welche Höhe h_2 ergibt sich bei Verlegung der Verbindungsleitung mit dem angegebenen Gefälle **(Bild 3)**?

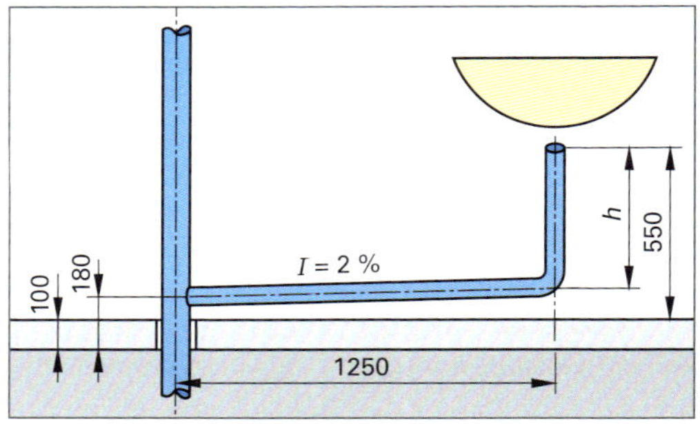

Bild 2: Gefälle von Einzelanschlüssen

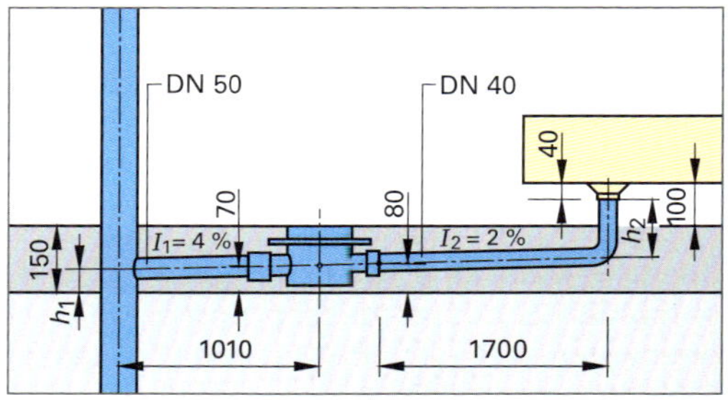

Bild 3: Entwässerung über den Badablauf

6 Die Sammelleitung ist unter der Decke zu verlegen. Berechnen Sie die Höhe h_1 für die Mitte der Wanddurchführung in Punkt A, wenn die abgebildete Sammelleitung mit 2% Gefälle verlegt wird. Für die Aufhängungen in den Punkten B und C sind die Maße von der Unterkante der Decke bis zur jeweiligen Rohrmitte der Sammelleitung zu berechnen **(Bild 4)**.

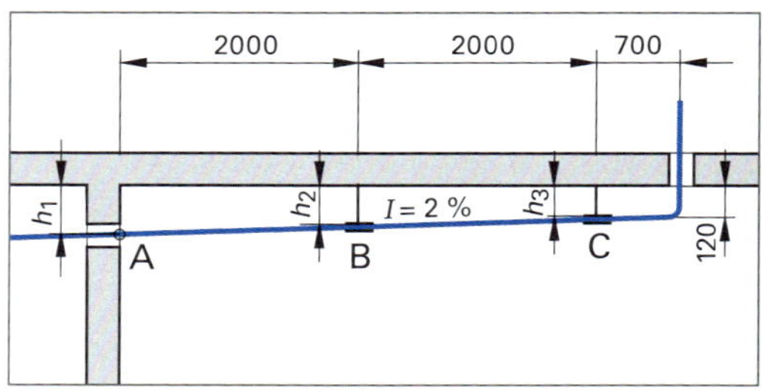

Bild 4: Verlegen der Sammelleitung

7 Ermitteln Sie die fehlenden Größen:

	a	b	c	d
Höhenunterschied Δh	0,40 m	0,12 m		0,44 m
Länge l	8,00 m		27,00 m	
Gefälle I		0,002		
Gefälle $I_{\%}$			3,33%	
Gefälle I_{N}				1:50

8 Rückstauebene, Hausanschlusskanal.
Die Höhe der Rückstauebene ist zu ermitteln. Berechnen Sie das Gefälle, mit dem der Hausanschlusskanal für Schmutzwasser auf der Strecke **A – B** zu verlegen ist **(Bild 1)**.

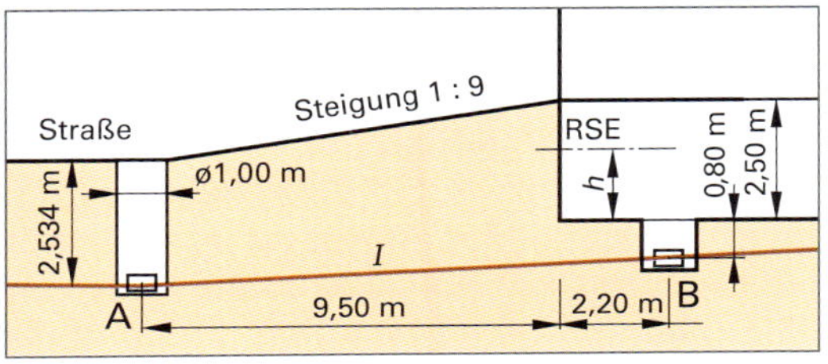

Bild 1: Rückstauebene, Hausanschlusskanal

9 Einzelanschlussleitungen von Badewannen. Wie lang darf die Einzelanschlussleitung für die Badewanne höchstens bei den vorgegebenen Maßen sein, wenn die Anschlussleitung DN 50 mit 2 % Gefälle verlegt wird. Welche Entfernung von der Fallleitung dürfte die Badewanne nach DIN 1986-100 höchstens haben, wenn die Höhenmaße der unbelüfteten Anschlussleitung DN 50 nicht festgelegt wären **(Bild 2)**?

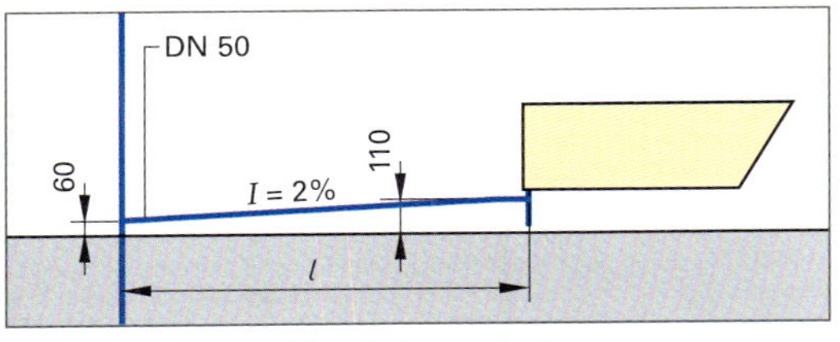

Bild 2: Einzelanschlussleitung Badewanne

10 Verziehung von Abwasserleitungen.
Ermitteln Sie die Höhe der Sturzstrecke in Raum 1 der abgebildeten Sammelleitung. Überprüfen Sie, ob das Gefälle der Rohrleitung in Raum 2 bei den angegebenen Maßen ausreicht **(Bild 3)**.

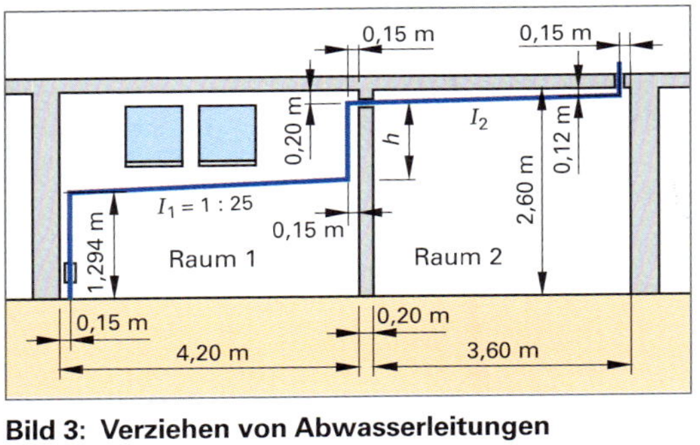

Bild 3: Verziehen von Abwasserleitungen

11 Berechnen Sie die Tiefe des Grabens in Punkt A und geben Sie die Höhenkodierung der Grabensohle in Punkt A an **(Bild 4)**.

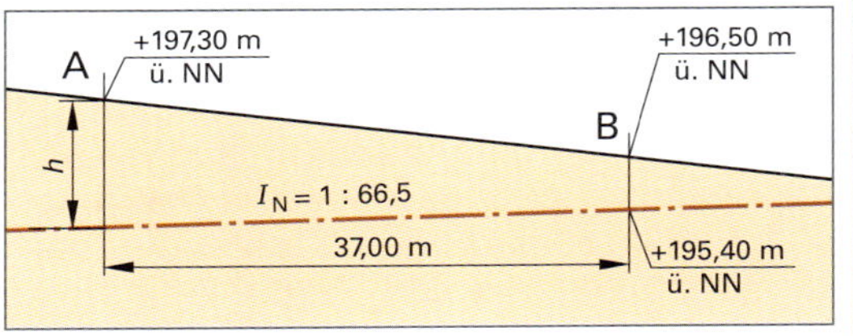

Bild 4: Grabentiefe

12 Berechnen Sie die Tiefe der Grundleitung in Punkt D, wenn die Leitung durchgehend mit 2 % Gefälle verlegt werden soll und das Gelände zwischen B und C im Verhältnis 1:12 ansteigt **(Bild 5)**.

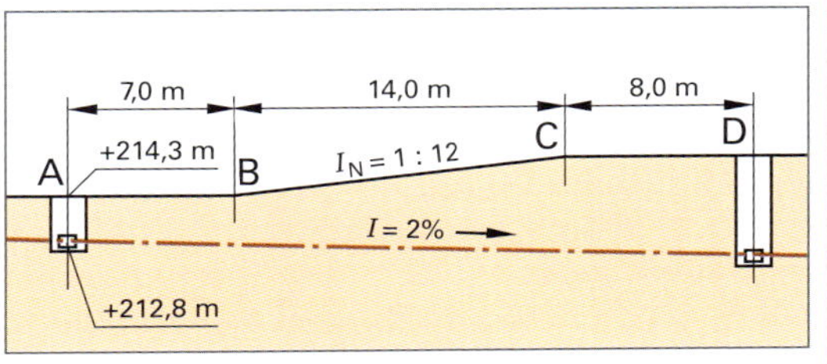

Bild 5: Verlegen von Grundleitungen

13 Für das 14,00 m lange Traufblech sind die Zuschnitte Z_1 und Z_2 zu ermitteln. Das Gefälle der Dachrinne beträgt 0,2 % **(Bild 6)**, **(Kap. 6.1)**.

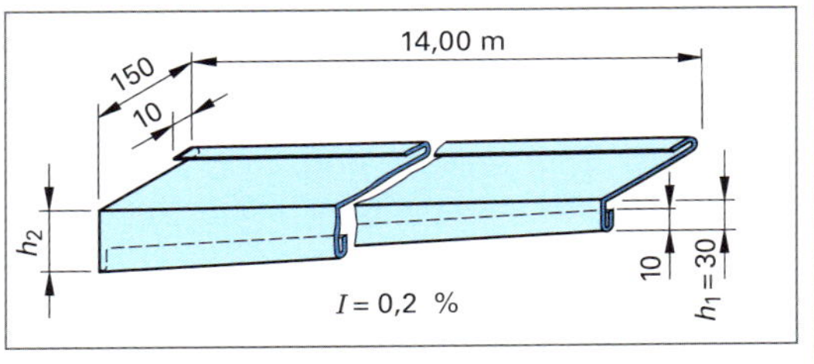

Bild 6: Zuschnitte von Traufblechen

14 Das Niederschlagswasser zweier Dachrinnen von je 6,50 m Länge wird über einen Wasserfangkasten entwässert. Die Dachrinne ist mit 0,3 % Gefälle verlegt. Welchen Abstand *a* muss der Wasserfalz der Dachrinne von der Oberkante des Wasserfangkastens haben, wenn die Oberkante des Rinnenkessels auf gleicher Höhe liegt wie der Wasserfalz der Dachrinne am Hochpunkt **(Bild 7)**.

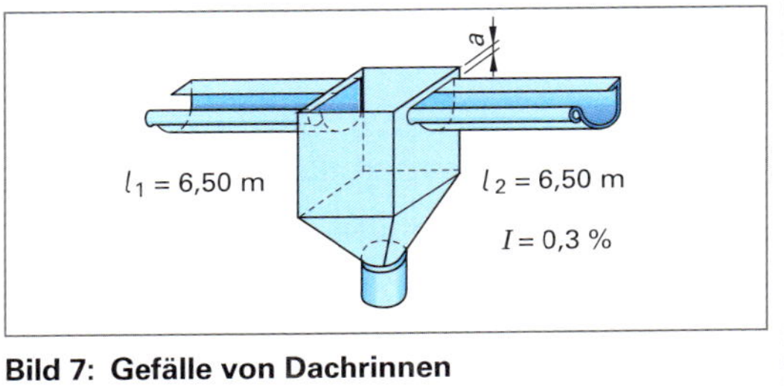

Bild 7: Gefälle von Dachrinnen

5.2 Bemessen von Abwasser- und Lüftungsleitungen

Die Nennweiten der Abwasserleitungen sind so zu wählen, dass das Abwasser störungsfrei abgeleitet wird. Bei Bemessung nach DIN EN 12056 und DIN 1986-100 und vorschriftsgemäßer Verlegung,

- sind die Schwimmtiefen ausreichend,
- wird eine selbstreinigende Wirkung erreicht,
- sind Sperrwasserverluste durch Absaugungen in Geruchverschlüssen unter 25 mm,
- fließt das Abwasser geräuscharm und
- wird Sperrwasser nicht durch Überdrücke in die Entwässerungsgegenstände gepresst.

Für die Bestimmung der Nennweiten von Freispiegelleitungen, d.h. für Abwasserleitungen mit natürlichem Gefälle, ist der maximal zu erwartende **Schmutzwasserabfluss** $\dot{V}_{WW}$ (Q_{WW}), der **Dauerabfluss** $\dot{V}_c$ (Q_c), der **Pumpenförderstrom** $\dot{V}_P$ (Q_P) und der **Regenwasserabfluss** $\dot{V}_r$ (Q_r) maßgebend.

Ferner sind zu berücksichtigen:

- Mindestnennweiten,
- Anwendungsgrenzen
- die Verlegung der Leitungen mit gleichmäßigem Gefälle, sodass die Fließgeschwindigkeit mindestens 0,5 m/s (0,7 m/s bei Mischwasser) und maximal 2,5 m/s beträgt,
- dass der Sperrwasserverlust durch Ablaufvorgänge bei Geruchverschlüssen nicht mehr als 25 mm beträgt,
- die Art der Lüftung und
- der zulässige **Füllungsgrad** $h/d = 0{,}5$ (DIN EN 12056 System I für Deutschland gültig) in Sonderfällen $h/d = 0{,}7$ (System II) oder $h/d = 1{,}0$ d.h. Vollfüllung (System III) **(Bild 1)**.

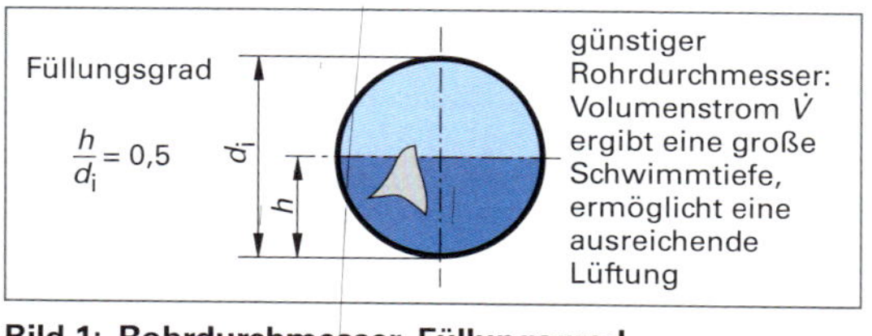

Bild 1: Rohrdurchmesser, Füllungsgrad, Schwimmtiefe

5.2.1 Schmutzwasserabfluss

Der **Schmutzwasserabfluss** $\dot{V}_{WW}$ wird ermittelt, indem man die Wurzel aus der Summe der **Anschlusswerte** DU aller angeschlossenen Entwässerungsgegenstände **(Tabelle 1, Seite 143)** zieht und das Ergebnis mit der Abflusskennzahl K multipliziert **(Tabelle 1)**. Ein Anschlusswert entspricht einer Ablaufmenge von 1 l/s. Jedem Ablaufgegenstand sind Anschlusswerte zuzuordnen. Die Rechnung berücksichtigt, dass nicht alle Entwässerungsgegenstände gleichzeitig in Betrieb sind. Ergibt die Rechnung einen Schmutzwasserabfluss $\dot{V}_{WW}$, der kleiner ist als der größte Anschlusswert eines Einzelanschlusses, ist dieser Anschlusswert für die Bestimmung der Nennweite zu verwenden.

Bei Teilstrecken mit Abwasser aus Abläufen unterschiedlicher Abflusskennzahl sollte bei etwa gleichen Abflüssen mit der größeren K-Zahl gerechnet werden.

$$\dot{V}_{WW} = K \cdot \sqrt{\Sigma\, DU}$$

$\dot{V}_{WW}$ Schmutzwasserabfluss in l/s (**w**aste **w**ater)
K Abflusskennzahl
Σ DU Summe der Anschlusswerte (**d**esign **u**nit)

Tabelle 1: Abflusskennzahlen *K*

Nutzungsart	*K*
unregelmäßige Benutzung, z. B. in Wohnhäusern, Pensionen, Büros, Altersheimen	0,5
regelmäßige Benutzung, z. B. in Krankenhäusern, Schulen, Restaurants, Hotels	0,7
häufige Benutzung in öffentlichen Toiletten und/oder Duschen	1,0

Gesamtschmutzwasserabfluss $\dot{V}_{tot}$

$$\dot{V}_{tot} = \dot{V}_{WW} + \dot{V}_c + \dot{V}_P$$

$\dot{V}_{tot}$ Gesamtschmutzwasserabfluss in l/s
$\dot{V}_{WW}$ Schmutzwasserabfluss in l/s
$\dot{V}_c$ Dauerabfluss in l/s (**q**uantity **c**onstant), ohne Abzug
$\dot{V}_P$ Pumpenförderstrom in l/s, ohne Abzug
(statt des gebräuchlichen $\dot{V}$ wird in der EN das Formelzeichen Q (**Q**uantity) verwendet.

Beispiel:
Der Schmutzwasserabfluss für die Abwasserleitung eines Wohngebäudes ist zu ermitteln. Es sind angeschlossen: 2 WC (Spk 6,0 l), 2 Küchenspülen, 2 Waschtische, 2 Waschbecken, 2 Duschen mit Stöpsel, 2 Geschirrspülmaschinen (separat), 1 Waschmaschine (bis 8 kg).

Geg.: $K = 0{,}5$ l/s aus **Tabelle 1,** Anschlusswerte für
WC: 2,0; Sp.: 0,8; WT: 0,5;
WB 0,5; D: 0,8; GSpM: 0,8; WM: = 0,8
(Tabelle 1, Seite 143)

Ges.: $\dot{V}_{WW}$

$\Sigma\, DU = 2 \cdot 2{,}0 + 2 \cdot 0{,}8 + 2 \cdot 0{,}5 + 2 \cdot 0{,}5 + 2 \cdot 0{,}8 - 2 \cdot 0{,}8 + 0{,}8$

$\Sigma\, DU = 13{,}2$

$\dot{V}_{WW} = K \cdot \sqrt{\Sigma\, DU}$ $\dot{V}_{WW} = 0{,}5 \cdot \sqrt{13{,}2}$

$\mathbf{\dot{V}_{WW} = 1{,}816}$ **l/s** (*WC : DU = 2,0)

Tabelle 1: Anschlusswerte (DU)

Entwässerungsgegenstand	Anschlusswert DU	Einzelanschlussleitung *DN*
Waschbecken, Bidet	0,5	40
Dusche ohne Stöpsel	0,6	50
Dusche mit Stöpsel	0,8	50
Einzelurinal mit Spülkasten	0,8	50
Urinal mit Druckspüler	0,5	50
Standurinal	0,2	50
Urinal ohne Wasserspülung	0,1	50
Badewanne	0,8	50
Küchenspüle und Geschirrspüler mit gemeinsamem Geruchverschluss, Ausgussbecken	0,8	50
Geschirrspüler	0,8	50
Waschmaschine bis 8 kg	0,8	50
Waschmaschine bis 12 kg	1,5	56/60
WC mit 4,0/4,5 l Spülkasten	1,8	80/90
WC mit 6,0 l Spülkasten/ Druckspüler	2,0	80 bis 100
WC mit 7,5 l Spülkasten/ Druckspüler	2,0	nicht gebräuchlich
WC mit 9,0 l Spülkasten/ Druckspüler	2,5	100
Bodenablauf DN 50	0,8	50
Bodenablauf DN 70	1,5	70
Bodenablauf DN 100	2,0	100

Bemessung von Entwässerungsanlagen nach dem Anschluss von Druckleitungen

Bei Freispiegelleitungen hinter der Einleitung einer Abwasserdruckleitung gilt bei:

- Schmutzwasser oder Mischwasser:

$$\dot{V}_{tot} = \dot{V}_{WW} + \dot{V}_{P} \quad \text{oder} \quad \dot{V}_{tot} = \dot{V}_{M} + \dot{V}_{P}$$

Für Sammel- und Grundleitungen innerhalb von Gebäuden darf dabei ein Füllungsgrad von $h/d_i = 0{,}7$, bei Grundleitungen außerhalb von Gebäuden, nach einem Schacht mit offenem Durchfluss $h/d_i = 1{,}0$ zur Bemessung verwendet werden.

Bei der Förderung von Schmutzwasser durch mehrere Abwasserhebeanlagen wird die größte Einzelfördermenge mit 100 % jede weitere Einzelfördermenge mit 40 % in Rechnung gestellt.

$$\dot{V}_{Pges} = \dot{V}_{P1\,max} + 0{,}4 \cdot \Sigma \dot{V}_{Pn-1}$$

- Regenwasser:

$$\dot{V}_{tot} = \dot{V}_{r} + \dot{V}_{P}$$

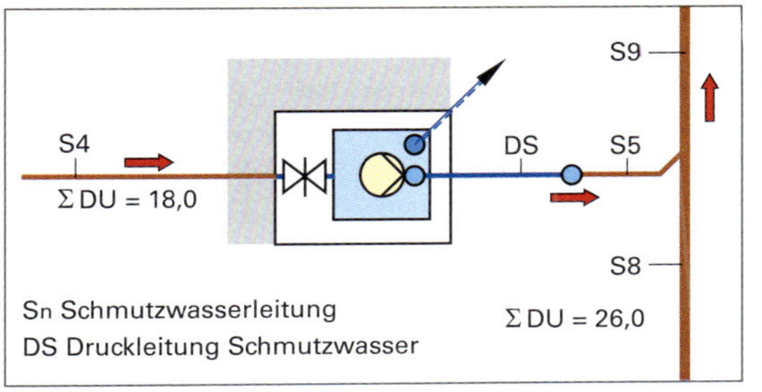

Bild 1: Anschluss von Druckleitungen

Beispiel:

Der Förderstrom $\dot{V}_p$ der Fäkalienhebeanlage eines Wohngebäudes beträgt 6,0 l/s. Ermitteln Sie den Schmutzwasserabfluss der Teilstrecken S_4, S_5, S_8 und S_9 **(Bild 1)**.

Lösung:

$\dot{V}_{WW} = k \cdot \sqrt{\Sigma\,DU}$

$\dot{V}_{WW4} = 0{,}5 \cdot \sqrt{18}$ $\qquad$ $\dot{V}_{WW8} = 0{,}5 \cdot \sqrt{26}$

$\dot{V}_{WW4} = 2{,}1$ l/s $\qquad$ $\dot{V}_{WW8} = 2{,}5$ l/s

$\dot{V}_{tot} = \dot{V}_{P} + \dot{V}_{WW}$

$\dot{V}_{tot} = 6{,}0$ l/s $+ 2{,}5$ l/s

$\dot{V}_{tot} = 8{,}5$ l/s

TS	S_4	S_5	S_8	S_9
$\dot{V}$ in l/s	2,1*	6,0	2,5	8,5

*(WC: DU = 2,0)

5.2.2 Anschlussleitungen

Zulässiger Schmutzwasserabfluss (System I)

Tabelle 2: Zulässiger Schmutzwasserabfluss

$\dot{V}_{max}$ (l/s)	DN	$d_{i\,min}$ (mm)	$\dot{V}_{max}$ (l/s)	DN	$d_{i\,min}$ (mm)
0,50	40	34	2,00	80[1)]	75
0,80	50	44	2,25	90[2)]	79
1,00	60	56	2,50	100	96
1,50	70	68			

1) keine Klosetts
2) nicht mehr als 2 Klosetts und nicht mehr als eine 90° Gesamtrichtungsänderung

Einzelanschlussleitungen

Bei Einzelanschlussleitungen werden die Anschlusswerte DU und die Basisnennweiten der unterschiedlichen Entwässerungsgegenstände aus **Tabelle 1** entnommen. Die Nennweiten der Einzelanschlussleitungen werden unter Berücksichtigung der Abflusskennzahlen, der Anschlusswerte, der Anwendungsgrenzen, des Füllungsgrades (System I/II), der Art der Lüftung und des Mindestgefälles festgelegt **(Tabelle 2)**.

Werden die zulässigen Werte:
- maximale Länge *l*,
- Zahl der Umlenkungen 90° und
- maximale Höhe *H* überschritten, ist mit Hilfe von Umlüftung, indirekter Nebenlüftung oder Belüftern zu lüften **(Tabelle 1)**.

Tabelle 1: Anwendungsgrenzen von Einzelanschlussleitungen

Anwendungsgrenzen (System I)	Einzelanschlussleitung	
	unbelüftet	belüftet
max. Länge *l*	4 m	10 m
max. Umlenkung 90°	3	nicht begrenzt
max. Höhe *H* ($\alpha > 45°$)	1 m	3 m
Mindestgefälle *I*	1 %	0,5 %

Beispiel:
Überprüfen Sie für die Einzelanschlussleitungen der folgenden Entwässerungsgegenstände die Basisnennweite und die Nennweite unter Berücksichtigung der Anwendungsgrenzen, wenn eine Hauptlüftung vorgesehen ist **(Bild 1)**.

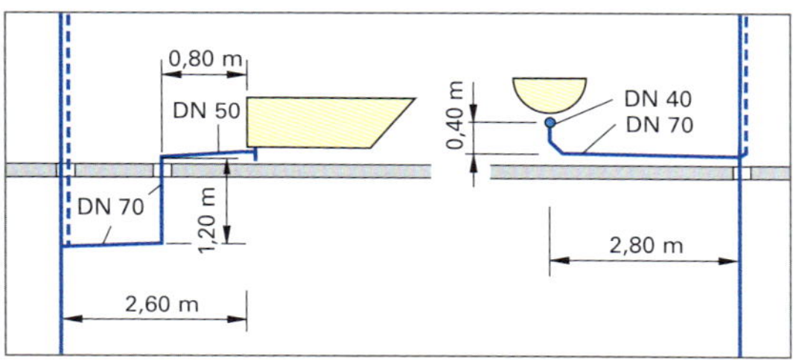

Bild 1: Nennweiten von Einzelanschlussleitungen

Lösung: **(Tabelle 1, Seite 143 und Tabelle 1)**

Sanitär-gegenstand	Teil-strecke	DN	Maßnahme* (Verlegekriterien)
Badewanne Waschtisch	– –	50 40	50* 40

* Die Höhe $H = 1{,}20$ m ($H \geq H_{max}$) erfordert eine Lüftung, z. B. einen Belüfter.

Sammelanschlussleitungen
Für Sammelanschlussleitungen ermittelt man die Summe der Anschlusswerte aus den Einzelanschlüssen und legt die Nennweiten fest. Hierbei sind die Anwendungsgrenzen (Länge *l*, maximale Höhe *H*, Gefälle *I*, Zahl der Bögen *n*), die Abflusskennzahlen *K* und die Art der Lüftung zu berücksichtigen. Die Länge eines Fließweges der Sammelanschlussleitung darf die maximale Länge *l* nicht überschreiten.
Werden die Anwendungsgrenzen überschritten, ist zu lüften.

Die Nennweiten der Anschlussleitungen hängen ab von:
- dem Füllungsgrad *h*/*d* (System I oder II),
- der Summe der DU,
- den Anwendungsgrenzen *l*, *H* und *n**,
- dem Gefälle und
- der Art der Lüftung.

(* Bogenzahl)

– **Unbelüftete Sammelanschlussleitungen**
Zulässige Summe der Anschlusswerte ΣDU bei Nennweite DN (d_i) und Abflusskennzahl *K* (System I) **(Tabelle 2)**,

Tabelle 2: Bemessung von unbelüfteten Sammelanschlussleitungen

K = 0,5 ΣDU	*K* = 0,7 ΣDU	*K* = 1,0 ΣDU	DN	d_i mm
1,0	1,0	0,8	50	44
2,0	2,0	1,0	56/60	49/56
9,0	4,6	2,2	70[1]	68
13,0[2]	8,0[2]	4,0	80	75
13,0[2]	10,0[2]	5,0	90	79
16,0	12,0	6,4	100	96

[1] keine Klosetts [2] maximal 2 Klosetts

Anwendungsgrenzen *l*, *H* und *n* **(Tabelle 3)**.

Tabelle 3: Anwendungsgrenzen für unbelüftete Sammelanschlussleitungen

DN	max. Leitungs-länge m	max. Umlen-kungen[1] 90°	max. Höhen-differenz[2] m	Gefälle min
50	4,0	3	1,0	1 %
56/60	4,0	3	1,0	1 %
70	4,0	3	1,0	1 %
80	10,0	3	1,0	1 %
90	10,0	3	1,0	1 %
100	10,0	3	1,0	1 %

[1] ohne Anschlussbogen
[2] zwischen Anschluss des Entwässerungsgegenstandes und der Rohrsohle im Abzweig der Fallleitung

– **Belüftete Sammelanschlussleitungen**
Die Belüftung kann durch Umlüftung, indirekte Nebenlüftung oder die Verwendung von Belüftungsventilen erfolgen. Grundsätzlich sind Sammelanschlussleitungen, wenn die Anwendungsgrenzen nicht eingehalten werden können, wie Sammelleitungen zu berechnen. Das Gefälle darf auf 0,5% verringert werden. Die max. Leitungslänge und die Zahl der 90°-Umlenkungen ist nicht begrenzt. Führen Sturzstrecken durch mehr als ein Geschoss oder sind sie höher als 3 m, ist die Leitung wie eine Fallleitung zu dimensionieren.

Bei einem Schmutzwasserabfluss unter 2 l/s kann die Tabelle für unbelüftete Anschlussleitungen verwendet werden. Für Wohnhäuser (Abflusskennzahl K = 0,5) bedeutet das, dass eine Summe unter 16 DU angeschlossen sein darf. Bei $K = 0{,}7$ sind 8 DU, bei $K = 1{,}0$ nur 4 DU zulässig. Sind mehr DU-Werte angeschlossen, wird die Dimension in Abhängigkeit von Schmutzwasserabfluss und Gefälle mit Tabellen aus DIN 1986 – Teil 100 bestimmt. (Vergleiche Kapitel 5.2.5)

Tabelle 1: Anwendungsgrenzen für belüftete Sammelanschlussleitungen

Anwendungsgrenzen	System I
maximale Leitungslänge *l*	10 m
maximale Umlenkung	keine Begrenzung
maximale Höhendifferenz *H* (mit 45° oder mehr Neigung)	3,0 m
Mindestgefälle	0,5 %

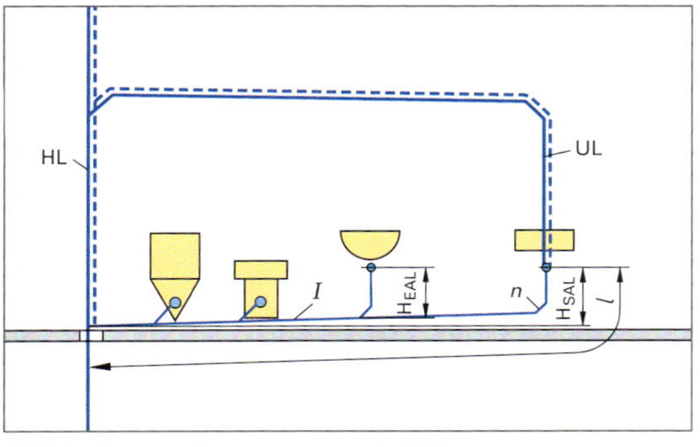

Bild 1: Anwendungsgrenzen belüfteter Sammelanschlussleitungen

Beispiel:

Bestimmen Sie die Nennweiten der Einzelanschlussleitungen. Ermitteln Sie für die Teilstrecke *a*, *b*, *c*, *d* und *e* die Summe der Anschlusswerte und legen Sie die Nennweiten fest. Hinweis: Vorgesehen ist eine Dusche mit Stöpsel, ein WC mit Spk. 6 *l* und der Füllungsgrad $h/d = 0{,}5$ **(Bild 2).**

Lösung: **(Tabelle 1, Seite 143; Tabelle 1, Seite 144; Tabelle 1, Tabelle 2)**

Gegenstand	Sp	Du	WT	WC	
DU	0,8	0,8	0,5	2,0	
DN EAL	50	50	40	80 (100)	
Teilstrecke	a	b	c	d	e
ΣDU	0,8	1,6	2,1	2,6	4,6
DN SAL	50	70	70	70	80

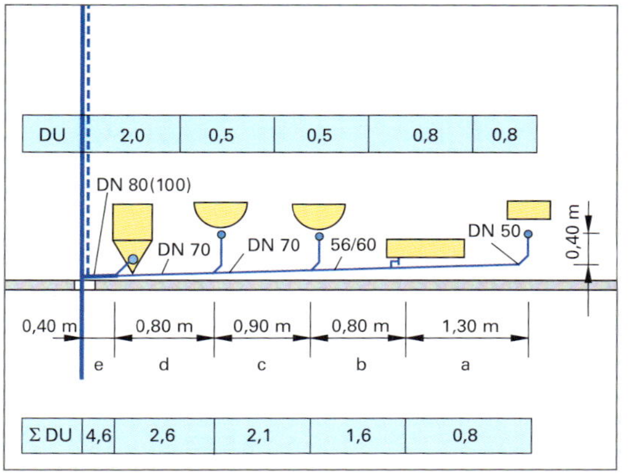

Bild 2: Nennweiten von Sammelanschlussleitungen

5.2.3 Schmutzwasser-Fallleitungen

Die Nennweiten von Schmutzwasser-Fallleitungen werden aus Tabellen entnommen. Sie hängen ab von:

- dem Schmutzwasserabfluss $\dot{V}_{WW}$,
- der Summe angeschlossener Anschlusswerte ΣDU,
- der Art der Gebäudenutzung,
- der Art der Lüftung (Haupt- oder Nebenlüftung) und
- der Bauart der verwendeten Abzweige (mit oder ohne Innenradius)
  (Tabelle 1 und Tabelle 2, Seite 146).

Der Schmutzwasserabfluss wird ermittelt nach der Formel:

$$\dot{V}_{WW} = K \cdot \sqrt{\Sigma DU}$$

$\dot{V}_{WW}$ Schmutzwasserabfluss in l/s
K Abflusskennzahl
ΣDU Summe der Anschlusswerte

Die Nennweiten für **Fallleitungen mit Hauptlüftung** werden für Abzweige mit und ohne Innenradius aus **Tabelle 1, Seite 146** entnommen. Die Mindestnennweite für Schmutzwasser-Fallleitungen ohne WC ist DN 60, mit WC DN 100 (DN 80 für WC mit Spk 4 l bis 6 l bzw. bei Anlagen im System II).

Die Nennweiten für **Fallleitungen mit Haupt- und Nebenlüftung** werden für Abzweige mit und ohne Innenradius aus **Tabelle 2, Seite 164** entnommen. Fallleitungen, deren Abzweige mit Innenradius versehen sind und Fallleitungen mit Nebenlüftung können höher belastet werden.

Tabelle 1: Zulässiger Schmutzwasserabfluss ($\dot{V}_{max}$) bei Hauptlüftung		
Schmutzwasserfallleitung mit Hauptlüftung	System I, II, III, IV $\dot{V}_{max}$ (l/s)	
DN	Abzweige	Abzweige mit Innenradius
60[1)]	0,5	0,7
70	1,5	2,0
80[2)]	2,0	2,6
90	2,7	3,5
100[3)]	4,0	5,2
125	5,8	7,2
150	9,5	12,4

1) DN in Deutschland nicht gebräuchlich,
2) Mindestnennweite bei Anschluss von WC's an System II,
3) Mindestnennweite bei Anschluss an System I, III, IV.

Tabelle 2: Zulässiger Schmutzwasserabfluss ($\dot{V}_{max}$) bei Haupt- und Nebenlüftung			
Schmutzwasser-fallleitung mit Hauptlüftung	Neben-lüftung	System I, II, III, IV $\dot{V}_{max}$ (l/s)	
DN	DN	Abzweige	Abzweige mit Innenradius
60[1)]	50	0,7	0,9
70	50	2,0	2,6
80[2)]	50	2,6	3,4
90	50	3,5	4,6
100[3)]	50	5,6	7,3
125	70	12,4	15,3
150	80	14,1	18,3

1) DN in Deutschland nicht gebräuchlich,
2) Mindestnennweite bei Anschluss von WC's an System II,
3) Mindestnennweite bei Anschluss an System I, III, IV.

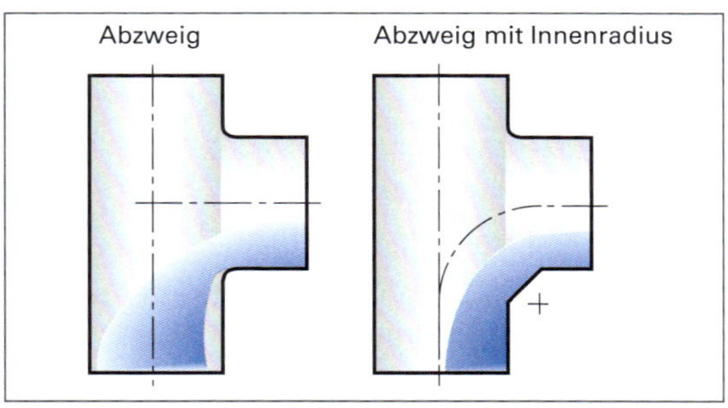

Bild 1: Abzweige für Fallleitungen

Beispiel:

An die Fallleitung DN 100 mit Hauptlüftung eines Mehrfamilien-Wohnhauses sollen angeschlossen werden: 8 WC mit 6 l Spk, 8 Waschtische, 8 Küchenspülen und 8 Badewannen. Die Fallleitungsabzweige sind ohne Innenradius. Die Nennweite ist zu überprüfen.

Geg.: 8 WC (Spk 6 l), 8 WT, 8 Sp, 8 BW.

Ges.: DN

$\Sigma DU = 8 \cdot 2 + 8 \cdot 0{,}5 + 8 \cdot 0{,}8 + 8 \cdot 0{,}8$

$\Sigma DU = 32{,}8$

$\dot{V}_{WW} = K \cdot \sqrt{\Sigma DU}$ $\quad \dot{V}_{WW} = 0{,}5 \cdot \sqrt{32{,}8}$

$\dot{V}_{WW}$ = 2,863 l/s **gewählt DN 100**

$\dot{V}_{WW} \leq 4{,}0$ l/s **(Tabelle 1).**

5.2.4 Regenwasser-Fallleitungen

Bei Regenfallrohren für Entwässerung mit Teilfüllung hängt die Bemessung vom Regenwasserabfluss ab, der rechnerisch ermittelt oder aus Tabellen entnommen werden kann. Auch die Form des Rinnen- oder Dachablaufes und die Stauhöhe am Ablauf ist zu beachten (DIN EN 12 056, DIN 1986-100).

Der Regenwasserabfluss $\dot{V}_r$ (Q_r) hängt ab von:

- der Größe der **wirksamen Dachfläche *A*,** die von der Anzahl der Abläufe, in windreichen Gegenden auch von Windeinflüssen abhängt.
- dem **Abflussbeiwert C_S,** der Ablaufverzögerungen durch die Neigung und die Oberflächenbeschaffenheit des Daches erfasst **(Tabelle 2, Seite 147)** und
- der Bemessungsregenspende $r_{D,T}$. Dabei gibt *D* die Regendauer und *T* die Regenhäufigkeit an einem bestimmten Ort an. Bei $r_{5,5}$ für die Bestimmung des Regenwasserabflusses legt man bei Gebäuden und Flächen unter der RSE eine Regendauer *D* von fünf Minuten und eine Jährlichkeit von $T = 5$ Jahren zugrunde **(Tabelle 1, Seite 174).**

Der Bemessung von Regenfallleitungen liegen meist trichterförmige Rinneneinläufe zugrunde. Für zylindrische Abläufe gibt es wegen des geringeren Ablaufvermögens gesonderte Tabellen **(Tabelle 1 bis 3, Seite 176).**

Der **Regenwasserabfluss $\dot{V}_r$ (Q_r)** wird ermittelt, indem man die angeschlossene Dachfläche *A* (meist Dachgrundfläche) mit der Bemessungsregenspende $r_{(D,T)}$ und dem Abflussbeiwert *C* multipliziert.

$$\dot{V}_r = C_S \cdot A \cdot r_{(D,T)}$$

$\dot{V}_r$	Regenwasserabfluss in l/s
C_S	Abflussbeiwert ohne Einheit
A	wirksame Dachfläche in m^2
$r_{(D,T)}$	Bemessungsspende in $l/(s \cdot 10\,000\ m^2)$ **(Tabelle 1, Seite 174)**

Tabelle 1: Stauhöhen an Dachabläufen, um den Mindestabfluss zu erreichen DIN EN 1253-1 (Freispiegelentwässerung)

Nennweite DN	Mindestabfluss l/s	Stauhöhe Δh mm
50	0,9	35
70	1,7	35
100	4,5	25
125	7,0	45
150	8,1	45

Bedingung für ausreichende DN der Regenwasser-Fallleitung:

$$h_{\mathrm{verf}} \geq h_{\mathrm{erf}}$$

Beispiel:

Das Flachdach eines Gebäudes in Mainz ist 25,20 m lang, 16,40 m breit und hat eine Dachneigung von 3°. Das Dach wird über vier innenliegende Regenfallleitungen so entwässert, dass der Regenwasserabfluss gleich verteilt ist. Zwei ausreichende Notüberläufe sind vorhanden. Bestimmen Sie die Nennweiten der teilbefüllten Regenfallleitungen.

Geg.: $l = 25{,}2$ m, $b = 16{,}4$ m, $\alpha = 3°$,
$C_S = 1{,}0$ **(Tabelle 2),**
$r_{5,5} \leq 322$ l/(s · ha) **(Tabelle 1/Seite 174)**

Ges.: DN

$A = 1/4 \cdot l \cdot b$ (4 Regenfallrohre)

$A = 1/4 \cdot 25{,}20\ \text{m} \cdot 16{,}40\ \text{m}$ $\qquad A = 103{,}32\ \text{m}^2$

$\dot{V}_r = C_S \cdot A \cdot r_{5,5}$

$\dot{V}_r = 1{,}0 \cdot 103{,}32\ \text{m}^2 \cdot 322\ \text{l/(s} \cdot 10\,000\ \text{m}^2)$

$\dot{V}_r = \mathbf{3{,}327\ l/s}$

Gewählt **(Tabelle 3)**:
Regenfallrohre **DN 100** (zulässig $\dot{V}_r \leq 4{,}6$ l/s).

Tabelle 2: Abflussbeiwerte C_S zur Ermittlung des Regenwasserabflusses

Art der Fläche	Abflussbeiwert
Wasserundurchlässige Flächen z. B.:	
– Dachflächen	1,0
– Betonflächen	1,0
– Rampen	1,0
– befestigte Flächen mit Fugendichtung	1,0
– Schwarzdecken	1,0
– Pflaster mit Fugenanteil >15%	0,7
– Kiesdächer	0,8
– begrünte Dachflächen	
– für Intensivbegrünung	0,2
– für Extensivbegrünung	
ab 10 cm Aufbaudicke	0,4
unter 10 cm Aufbaudicke	0,5

Hinweis: Blechrohre dürfen nur außenliegend verwendet werden.

Tabelle 3: Regenwasserabfluss von Regenwasserfallleitungen

d_i mm	Abflussvermögen $\dot{V}_{r,\,max}$ (l/s) $f = 0{,}20$	$f = 0{,}33$
50	0,7	1,7
55	0,9	2,2
60	1,2	2,7
65	1,5	3,4
70	1,8	4,1
75	2,2	5,0
80	2,6	5,9
85	3,0	6,9
90	3,5	8,1
95	4,0	9,3
100	4,6	10,7
110	6,0	13,8
120	7,8	17,4
130	9,4	21,6

f Füllungsgrad

Bei der Planung von Regenfallrohren ist zu beachten, dass:

- bei Flachdächern mit Brüstung mindestens zwei Dachrinneneinläufe oder ein Dacheinlauf gesichert durch einen Notüberlauf vorgesehen werden,
- das maximale Ablaufvermögen in einem nicht kreisrunden Regenfallrohr bei gleicher Querschnittsfläche dem Ablaufvermögen eines kreisrunden Rohres als gleichwertig angenommen werden kann,
- innenliegende Regenwasserleitungen gegen Schwitzwasser zu sichern sind,
- Fallrohr-Verziehungen mit $\alpha \geq 10°$ zur Waagrechten unberücksichtigt bleiben und
- das Abflussvermögen von Abläufen mit Ablaufsieben verringert wird.

Die Ablaufleistung $\dot{V}_L$ von Ablaufstutzen mit Laubfangkörben wird halbiert:

$$\dot{V}_{L\,\mathrm{Korb}} = 0{,}5\,\dot{V}_L$$

Die Bemessung von Regenwasser-Fallleitungen erfolgt unter Berücksichtigung:

- der Rinnenform,
- des Rinnenstutzens und
- der Form des Regenwasser-Fallrohres.

Beispiel:

Ein Wohngebäude mit Pultdach, dessen Dachneigung 36° beträgt, hat im Grundriss eine Länge von 14,20 m und eine Breite von 10,40 m.

a) Welche Nennweite muss das außenliegende Regenfallrohr haben, wenn der Einlauf trichterförmig ist und für den Standort eine Regenspende $r_{5/2}$ = 233 l/(s · ha) angegeben wird?

b) Welche Nennweite muss die Anschlussleitung haben, wenn diese mit 1% Gefälle verlegt wird und der Füllungsgrad 0,7 beträgt?

Geg.: $l = 14{,}20$ m, $b = 10{,}40$ m, $C_S = 1$,
$r_{5/2} = 233$ l/(s · ha), $I = 1$ %, $h/d = 0{,}7$

Ges.: a) DN Regenfallrohr
b) DN Regenwasser-Anschlussleitung

$A = l \cdot b$
$A = 14{,}20\ \text{m} \cdot 10{,}40\ \text{m}$
$A = 147{,}68\ \text{m}^2$

$\dot{V}_r = C_S \cdot A \cdot r_{5/2}$
$\dot{V}_r = 1{,}0 \cdot 147{,}68\ \text{m}^2 \cdot 233\ \text{l/(s} \cdot 10\,000\ \text{m}^2)$
$\dot{V}_r = 3{,}441$ l/s

gewählt:
a) Regenfallrohr DN 100 **(Tabelle 3, Seite 147)**
b) Regenwasser-Anschlussleitung
DN 100 **(Tabelle 4, Seite 176)**

5.2.5 Sammel- und Grundleitungen

Bei der Ermittlung der Nennweiten von Sammel- und Grundleitungen, d.h. von liegenden Abwasserleitungen, ist die Abflussmenge $\dot{V}$ in l/s, der Füllungsgrad h/d und das erforderliche Gefälle I zu beachten. Ferner soll die Mindestfließgeschwindigkeit v nicht unterschritten werden.

Es ist zu unterscheiden zwischen Sammel- und Grundleitungen für Regen- und Schmutzwasser innerhalb von Gebäuden und Grundleitungen für Regen-, Schmutz oder Mischwasser außerhalb von Gebäuden.

Sammel- und Grundleitungen werden unter Berücksichtigung von Füllungsgraden, Gefälle und Fließgeschwindigkeit gemäß **Tabelle 1** und nach **Tabelle 2, Seite 149** bemessen.

Der Schmutzwasserabfluss wird gemäß **Kapitel 5.2.1**, der Regenwasserabfluss wird gemäß **Kapitel 5.2.4** ermittelt. Der Mischwasserabfluss setzt sich aus Schmutz- und Regenwasserabfluss zusammen.

$$\dot{V}_m = \dot{V}_{WW} + \dot{V}_r$$

$\dot{V}_m$ (Q_m) Mischwasserabfluss in l/s
$\dot{V}_{WW}$ (Q_{WW}) Schmutzwasserabfluss in l/s
$\dot{V}_r$ (Q_r) Regenwasserabfluss in l/s

Regen- und Schmutzwasserleitungen dürfen beim Mischsystem nur außerhalb der Gebäude zusammengeführt werden.

Tabelle 1: Bedingungen von Sammel- und Grundleitungen

Leitungsart	Bedingungen h/d	I cm/m	v m/s
innerhalb von Gebäuden:			
Sammel- und Grundleitungen für Schmutzwasser	0,5	≥ 0,5	≥ 0,5
Regenwasser	0,7	≥ 0,5	–
SL, GL nach Einleitung einer Abwasserhebeanlage	0,7	≥ 0,5	≥ 0,5
außerhalb von Gebäuden: GL Schmutz-, *Regen- und *Mischwasser	0,7	≥ 1 : DN	≥ 0,7 ≤2,5
GL nach Einleitung einer Abwasserhebeanlage und nach Schacht mit offenem Durchlauf	1,0	≥ 1 : DN	≥ 0,7 ≤ 2,5

* nach Schacht mit offenem Durchlauf kann h/d_i = 1,0 bei RW und bei DN > 150 für MW,
GL ≥ DN 80 (empfohlen GL ≥ DN 100 → Instandhaltung).

Beispiel:

Eine außenliegende Regenwasser-Grundleitung mit $\dot{V}_r$ = 6,4 l/s und eine innenliegende Schmutzwasser-Grundleitung mit $\dot{V}_{WW}$ = 4,6 l/s werden in einem außerhalb des Gebäudes liegenden Mischwasserkanal zusammengeführt.

Bestimmen Sie die Nennweite der Leitungen, wenn diese mit 2 % Gefälle verlegt werden sollen.

Geg.: $\dot{V}_r = 6{,}4$ l/s, $\dot{V}_{WW} = 4{,}6$ l/s, $I = 2\%$ (a)

Ges.: DN_r, DN_{WW}, DN_M

$\dot{V}_m = \dot{V}_{WW} + \dot{V}_r$
$\dot{V}_m = 6{,}4\ \text{l/s} + 4{,}6\ \text{l/s}$
$\dot{V}_m = 11{,}0$ l/s

h/d	DN		I	Tabelle
0,7	DN_r	125	2 cm/m	2
0,5	DN_{WW}	125	2 cm/m	1
0,7	DN_M	150	2 cm/m	2

Tabelle 1: Abflussvermögen von Entwässerungsleitungen mit Nennweite DN, Gefälle I und Füllungsgrad $h/d_i = 0{,}5$

I	DN 70 d_i = 68 mm		DN 80 d_i = 75 mm		DN 90 d_i = 79 mm		DN 100 d_i = 96 mm		DN 125 d_i = 113 mm		DN 150 d_i = 146 mm	
%	$\dot{V}_r$ l/s	v m/s	$\dot{V}_r$ l/s	v m/s	$\dot{V}_r$ l/s	v m/s	$\dot{V}_r$ l/s	v m/s	$\dot{V}_r$ l/s	v m/s	$\dot{V}_r$ l/s	v m/s
0,4									2,4	0,5	4,8	0,6
0,5							1,8	0,5	2,7	0,5	5,4	0,6
1,0	1,0	0,5	1,3	0,6	1,5	0,6	2,5	0,7	3,9	0,8	7,7	0,9
1,5	1,2	0,7	1,6	0,7	1,8	0,7	3,1	0,8	4,7	0,9	9,4	1,1
2,0	1,4	0,8	1,8	0,8	2,1	0,9	3,5	1,0	5,5	1,1	10,9	1,3
2,5	1,6	0,9	2,0	0,9	2,4	1,0	4,0	1,1	6,1	1,2	12,2	1,5
3,0	1,7	1,0	2,2	1,0	2,6	1,1	4,4	1,2	6,7	1,3	13,3	1,6
3,5	1,9	1,0	2,4	1,1	2,8	1,1	4,7	1,3	7,3	1,5	14,4	1,7
4,0	2,0	1,1	2,6	1,2	3,0	1,2	5,0	1,4	7,8	1,6	15,4	1,8
4,5	2,1	1,2	2,8	1,2	3,2	1,3	5,3	1,5	8,3	1,6	16,3	2,0
5,0	2,2	1,2	2,9	1,3	3,3	1,4	5,6	1,6	8,7	1,7	17,2	2,1

Tabelle 2: Abflussvermögen von Entwässerungsleitungen mit Nennweite DN, Gefälle I und Füllungsgrad $h/d_i = 0{,}7$

I	DN 70 d_i = 68 mm		DN 80 d_i = 75 mm		DN 90 d_i = 79 mm		DN 100 d_i = 96 mm		DN 125 d_i = 113 mm		DN 150 d_i = 146 mm	
%	$\dot{V}_r$ l/s	v m/s	$\dot{V}_r$ l/s	v m/s	$\dot{V}_r$ l/s	v m/s	$\dot{V}_r$ l/s	v m/s	$\dot{V}_r$ l/s	v m/s	$\dot{V}_r$ l/s	v m/s
0,4							2,6	0,5	4,1	0,5	8,1	0,6
0,5			1,5	0,5	1,7	0,5	2,9	0,5	4,6	0,6	9,0	0,7
1,0	1,7	0,6	2,2	0,7	2,5	0,7	4,2	0,8	6,5	0,9	12,8	1,0
1,5	2,0	0,8	2,7	0,8	3,1	0,8	5,1	1,0	7,9	1,1	15,7	1,3
2,0	2,4	0,9	3,1	0,9	3,5	1,0	5,9	1,1	9,2	1,2	18,2	1,5
2,5	2,6	1,0	3,4	1,0	4,0	1,1	6,7	1,2	10,3	1,4	20,3	1,6
3,0	2,9	1,1	3,8	1,1	4,3	1,2	7,3	1,2	11,3	1,5	22,3	1,8
3,5	3,1	1,2	4,1	1,2	4,7	1,3	7,9	1,5	12,2	1,6	24,1	1,9
4,0	3,4	1,2	4,4	1,3	5,0	1,4	8,4	1,6	13,0	1,7	25,8	2,1
4,5	3,6	1,3	4,6	1,4	5,3	1,5	8,9	1,7	13,8	1,8	27,3	2,2
5,0	3,8	1,4	4,9	1,5	5,6	1,5	9,4	1,7	14,6	1,9	28,8	2,3

5.2.6 Lüftungsleitungen

Es ist wichtig, Abwasserleitungen zu lüften, da bei Ablaufvorgängen fallendes Wasser Luft mit sich reißt oder Luft in den Rohrleitungen verdrängt. Dies führt zu Belästigungen wie Absaugungen in Geruchverschlüssen, zu Rückspülungen in Sanitärgegenständen und zu Geräuschbildung.

Bei der meist verwendeten **Einzel-Hauptlüftung EHL** wird die zu lüftende Grund-, Sammel- oder Fallleitung in gleicher Nennweite als Lüftungsleitung über Dach geführt.

Anders werden bei der **Sammel-Hauptlüftung SHL** die einzelnen Hauptlüftungen unter Dach zusammengeführt und in einer gemeinsamen Lüftungsleitung über Dach geführt. Der Querschnitt dieser gemeinsamen SHL muss mindestens so groß sein wie die Hälfte der Querschnitte der angeschlossenen EHL. Die sich daraus ergebende Nennweite muss, ausgenommen bei Einfamilienhäusern, mindestens eine Nennweite größer sein als die größte Nennweite der angeschlossenen EHL **(Bild 1, Seite 150)**.

$$A_{SHL} \geq \frac{A_{EHL1} + A_{EHL2} + \ldots A_{EHLn}}{2}$$

A_{SHL} Querschnitt der SHL in mm^2, cm^2

A_{EHL1} bis A_{EHLn} Querschnitte der EHL in mm^2, cm^2

Beispiel:

Zwei Einzel-Hauptlüftungen DN 100 und eine DN 125 sollen als Sammel-Hauptlüftung über das Dach geführt werden. Ermitteln Sie die Nennweite der Sammel-Hauptlüftung.

Geg.: 2 EHL DN 100,
1 EHL DN 125

Ges.: DN_{SHL}

$$A_{SHL} \geq \frac{2 \cdot A_{EHL1} + A_{EHL2}}{2}$$

$$A_{SHL} \geq \frac{157 cm^2 + 122{,}65\ cm^2}{2}$$

$$A_{SHL} \geq 139{,}82\ cm^2$$

$$A_{EHL1} = d_1^2 \cdot 0{,}785$$
$$A_{EHL1} = 10\ cm \cdot 10\ cm \cdot 0{,}785$$
$$A_{EHL1} = 78{,}5\ cm^2$$
$$2 \cdot A_{EHL1} = 157\ cm^2$$

$$A_{EHL2} = d_2^2 \cdot 0{,}785$$
$$A_{EHL2} = 12{,}5\ cm \cdot 12{,}5\ cm \cdot 0{,}785$$
$$A_{EHL2} = 122{,}65\ cm^2$$

$$d_{SHL} \geq \sqrt{\frac{A_{SHL}}{0{,}785}}$$

$$d_{SHL} \geq \sqrt{\frac{139{,}82\ cm^2}{0{,}785}}$$

$$d_{SHL} \geq 13{,}3\ cm$$

gewählt: DN 150 $\geq DN_{EHLmax}$

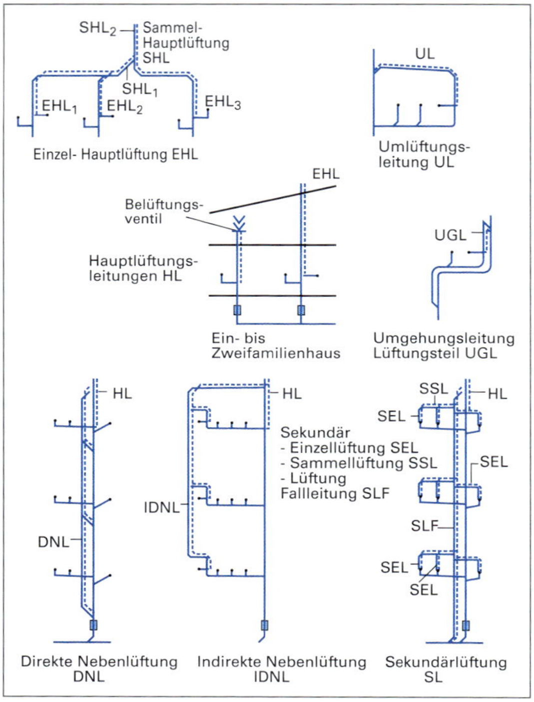

Bild 1: Lüftungsarten

Lüftungsleitungen bei Anschlussleitungen werden nach DIN EN 12 056 in Abhängigkeit von $\dot{V}_{WWmax}$ nach System I (h/d = 0,5) gemäß **Tabelle 1** bemessen.

Tabelle 1: Zulässiger Schmutzwasserabfluss bei belüfteten Anschlussleitungen System I		
$\dot{V}_{WWmax}$	Nennweite DN	
	Schmutzwasser	Lüftung
0,60	1)	1)
0,75	50	40
1,50	60	40
2,25	70	50
3,00	80[2)]	50
3,40	90[3)]	60
3,75	100	60

1) nicht zulässig

2) keine WC

3) max. 2 WC und max. 90° Gesamtrichtungsänderung

Umlüftungen sind in Abhängigkeit vom zulässigen Schmutzwasserabfluss und der Nennweite der belüfteten Anschlussleitung gemäß **Tabelle 1** zu dimensionieren.

Direkte und indirekte Nebenlüftungen (DNL, IDNL) sind nach **Tabelle 2, Seite 146** zu bemessen.

Die Lüftung der Sammelanschlussleitung bei der IDNL ist nach **Tabelle 1** zu bemessen.

Sekundar-Lüftungsstränge parallel zu Fallleitungen werden nach **Tabelle 2, Seite 146** vergleichbar der DNL bemessen.

Sekundär-Einzellüftungen werden nach **Tabelle 1** dimensioniert. **Sekundär-Sammellüftungen** sind eine Dimension größer als die größte Nennweite der angeschlossenen Einzellüftungen zu bemessen.

Belüftungsventile können statt Umlüftungen oder indirekten Nebenlüftungen in Anlagen mit Hauptlüftungen eingesetzt werden. Sie können in Ein- und Zweifamilienhäusern anstelle von Hauptlüftungen verwendet werden, wenn mindestens eine Hauptlüftung über Dach geführt ist. Belüftungsventile können nicht entlüften. Sie dürfen nicht unter der Rückstauebene oder für die Belüftung von Behältern verwendet werden. Bei der Bemessung von Belüftern für **Anschlussleitungen** ist **Tabelle 2** anzuwenden.

Tabelle 2: Minimale Luftmenge für Belüftungsventile in Anschlussleitungen	
System	$\dot{V}_a$ (l/s)
I	$1 \times \dot{V}_{tot}$
II	$2 \times \dot{V}_{tot}$
III	$2 \times \dot{V}_{tot}$
IV	$1 \times \dot{V}_{tot}$

$\dot{V}_a$ Minimale Luftmenge in Litern je Sekunde (l/s)
$\dot{V}_{tot}$ Gesamtschmutzwasserabfluss in Litern je Sekunde (l/s)

Belüfter in **Fallleitungen,** als Ersatz von Hauptlüftungen müssen für eine Luftmenge $\dot{V}_a$ ausgelegt sein, die mindestens dem achtfachen gesamten Schmutzwasserabfluss $\dot{V}_{tot}$ entspricht.

$$\dot{V}_a \geq 8 \times \dot{V}_{tot}$$

Beispiel:

Bestimmen Sie:

a) für eine Schmutzwasser-Fallleitung DN 125 die Nennweite der Hauptlüftung HL und die Nennweite der indirekten Nebenlüftung IDNL,

b) für eine Fallleitung DN 100 die Nennweite des Lüftungsstranges der Sekundärlüftung SL,

c) für eine Sammelanschlussleitung DN 100 (am Fallrohranschluss) die Nennweite der Umlüftung UL

d) und für eine Einzelanschlussleitung DN 50 die Nennweite der Einzellüftung EL.

Lösung:

Leitungsart	DN	Lüftung		Tabelle Nr./Seite
		Art	DN	
a) FWW	125	HL DNL	125 70	– 2/146
b) FWW	100	SL	50	2/146
c) SAL	100	UL	60	1/150
d) EAL	50	EL	40	1/150

5.2.7 Rohrweitenberechnung Abwasser

Die Berechnung erfolgt in Fließrichtung des Abwassers und beginnt mit dem längsten Fließweg.

Dabei sind die Anschluss-, Sammel- und Grundleitungen sowie deren Teilstrecken im Leitungsplan eindeutig zu kennzeichnen:

- Fallleitungen — Regenwasser FR_n; Schmutzwasser FWW_n
- Druckleitungen — Regenwasser DR; Schmutzwasser DWW
- Schmutzwasserleitungen WW_n

und

- Mischwasserleitungen M_n

Neue Teilstrecken ergeben sich, wenn der Durchfluss, die Nennweite, die Leitungsart, der Füllungsgrad oder das Gefälle sich ändert, aber auch beim Wechsel der Leitungsführung von innen nach außen oder umgekehrt.

Beispiel: Dimensionierung einer Abwasseranlage

Ein Mehrfamilienhaus in Köln mit Satteldach, Dachneigung 34°, der Carport mit einem Flachdach von 3° Dachneigung und die Hoffläche sind

a) über einen Mischwasser-Anschlusskanal, und

b) im Trennverfahren zu entwässern.

Bemessen von Abwasser- und Lüftungsleitungen (DIN EN 12056, DIN 1986-100)

Schmutzwasserabfluss $\dot{V}_{WW}$ ermitteln

Einzel- u. Sammelanschlussleitungen bemessen: unbelüftet | belüftet

Fallleitungen bemessen: Hauptlüftung | Nebenlüftung

Liegende Leitungen bemessen: Sammelleitungen | Grundleitungen

Lüftungsleitungen bemessen: Hauptlüftung | Nebenlüftung

Regenwasserabfluss $\dot{V}_r$ berechnen, Regenwasserleitungen bemessen, Kapitel 6.4

Schmutz- und Mischwasserleitungen bemessen außerhalb von Gebäuden

In Streitfällen ist die Prandtl-Colebrook-Gleichung anzuwenden.

Über die Schmutzwasser-Fallleitungen FWW_2 und FWW_4 wird Schmutzwasser von je sechs Mehrzimmerwohnungen abgeleitet. An die Fallleitungen FWW_1 und FWW_3 sind je sechs Einzimmerwohnungen angeschlossen **(Bild 1 und Bild 2, Seite 152)**.

Die Ausstattung erfolgt gemäß Skizze **Bild 1.** Die WC erhalten 6-Liter-Spülkästen, die Duschwannen sind mit Stöpsel, die Fallleitungen mit Abzweigen ohne Innenradius vorzusehen. Die Anlage wird mit Hauptlüftungen versehen. Die gemäß Skizze **Bild 2, Seite 152** ausgestattete Einliegerwohnung im Untergeschoss wird wegen der bestehenden Rückstaugefahr über eine geschlossene Hebeanlage mit einer Fördermenge von 22 m^3/h entwässert. Die Dachgrundrissfläche des Gebäudes hat 320 m^2 und wird zu gleichen Anteilen über vier außenliegende Regenfallrohre entwässert. Das bitumengedeckte Flachdach des Carports hat 60 m^2.

Die Fläche des zu entwässernden Hofes hat 184 m^2 und ist mit Pflaster mit hohem Fugenanteil (>15%) befestigt. Für die jeweiligen Leitungsarten zulässige Gefälle sind zu beachten.

Geg.: $r_{5,2} = 233$ l/(s · ha)
$r_{5,5} = 341$ l/(s · ha) **(Tabelle 1, Seite 174)**
je 6 Mehrzimmerwohnungen F_{WW2} und F_{WW4},
je 6 Einzimmerwohnungen F_{WW1} und F_{WW3}.
$A_{1256} = 80$ m², $A_{34} = 30$ m², $\dot{V}_p = 6{,}1$ l/s.

Ges.: DN für R-, WW-, M- und L-Leitungen

Bewährt hat sich die Dimensionierung unter Verwendung von Formblättern in folgender Reihenfolge:

Formblatt FB 1 für

- Einzel- und Sammelanschlussleitungen,

Formblatt FB 2 für,

- Regenwasserleitungen R
  Fallleitungen FR_1 bis FR_6,
  Grundleitungen R_1 bis R_{10}.

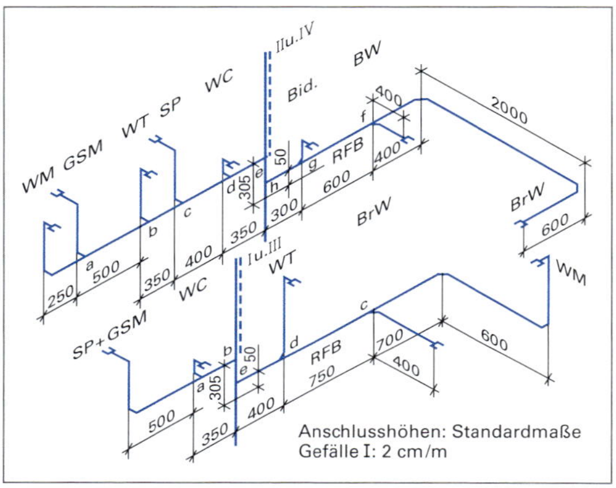

Bild 1: Sammelanschlussleitungen

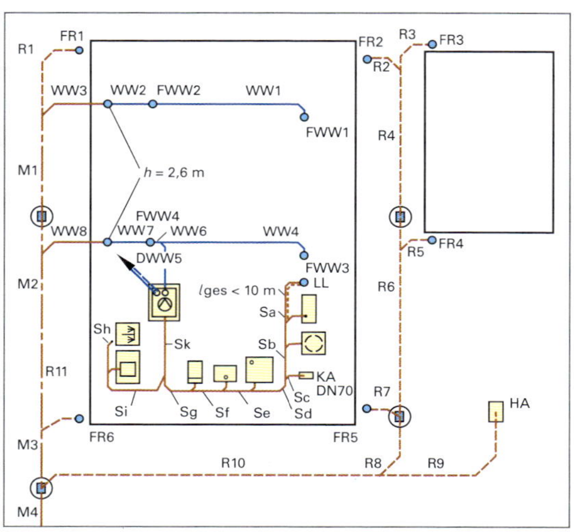

Bild 2: Mehrfamilienhaus, Grundriss KG, Mischsystem

- Schmutzwasserleitungen WW,
  Anschlussleitungen a, b, c, ...
  Fallleitungen FWW_1 bis FWW_4,
  Sammel- und Grundleitungen WW_1 bis WW_9

und die

- Mischwasserleitungen M
  Grundleitungen M_1 bis M_4.

Mindestnennweiten müssen eingehalten werden.

Die Berechnung wird in Fließrichtung des Abwassers durchgeführt und beginnt mit dem längsten Fließweg. Die Leitungen werden in Teilstrecken eingeteilt, Teilstrecken ergeben sich, wenn der Durchfluss, die Leitungsart oder das Gefälle sich ändert, aber auch bei Wechsel der Leitungsführung von innen nach außen oder umgekehrt.

Arbeiten mit dem Formblatt FB 1:

1. In Formblatt FB 1 sind einzutragen:
   - die einzusetzenden Abflusskennzahlen,
   - die Teilstrecken, beginnend mit dem längsten Fließweg,
   - die Anschlusswerte DU der Einzelanschlussleitungen unbelüftet oder belüftet,
   - die Anschlusswerte DU der Sammelanschlussleitungen unbelüftet oder belüftet,
   - den vorgesehenen Füllungsgrad *h*/*d*,
   - das vorgesehene Gefälle *I*,
   - die ermittelte Nennweite DN bzw. d_i und
   - Bemerkungen zu der Teilstrecke wie z. B. Einhaltung der Anwendungsgrenzen, Maßnahmen, ... **(Bild 2 und Bild 1, Seite 153).**

Arbeiten mit dem Formblatt FB 2:

1. In Formblatt FB 2 sind einzutragen:
   - ob Trenn- oder Mischsystem vorliegt,
   - die Art der Lüftung,
   - die Regenspende in l/(s · ha) und
   - die Abflusskennzahlen.

2. Die Teilstrecken sind in der Folge R, WW und M in das Formular einzutragen und die Leitungsart ist anzukreuzen unter:
   - F Fallleitungen,
   - Li Leitungen innerhalb von Gebäuden und
   - La Leitungen außerhalb von Gebäuden.

3. Für die **Regenwasserleitungen** sind einzutragen:
   - die Niederschlagsfläche, wobei zu beachten ist, dass Flächen mit unterschiedlichem Abflussbeiwert *C* nicht addiert werden dürfen, wohl aber die sich ergebenden Regenabflüsse,
   - der zugehörige Abflussbeiwert *C*,
   - der ermittelte Regenabfluss $\dot{V}_r$ (Q_r),

- das Gefälle in cm/m
- die ermittelten Nennweiten DN (d_i) und
- der Füllungsgrad h/d.

4. Für die Abwasserart **Schmutzwasser** WW sind in das Formular einzutragen:
   - die Anzahl der Küchen und WC,
   - die Summe der Anschlusswerte ΣDU,
   - der Schmutzwasserabfluss $\dot{V}_{WW}$,
   - die Belastungen durch den Anschluss von Hebeanlagen $\dot{V}_p$ (Q_p),
   - die gesamte Schmutzwassermenge $\dot{V}_{tot}$ (Q_{tot}),
   - das Gefälle in cm/m
   - die ermittelten Nennweiten DN (d_i) und
   - der Füllungsgrad h/d.

5. Für die Abwasserart **Mischwasser** ergibt sich die Ablaufmenge aus der Summe von ablaufendem Schmutz- und Regenwasser. In das Formblatt sind einzutragen:
   - der Mischwasserabfluss $\dot{V}_m$,
   - das Gefälle in cm/m
   - die ermittelten Nennweiten DN (d_i) und
   - der Füllungsgrad h/d.

Jetzt werden die **Leitungspläne** ergänzt, sodass als vollständige Information für eine Teilstrecke mindestens zu entnehmen ist:

- die Abwasserart,
- die Teilstreckennummer,
- die Nennweite
- das Gefälle und
- die Rohrart.

Eine Teilstreckenbezeichnung lautet beispielsweise vollständig:

WW7 / DN 125 / I = 2 cm/m / SML

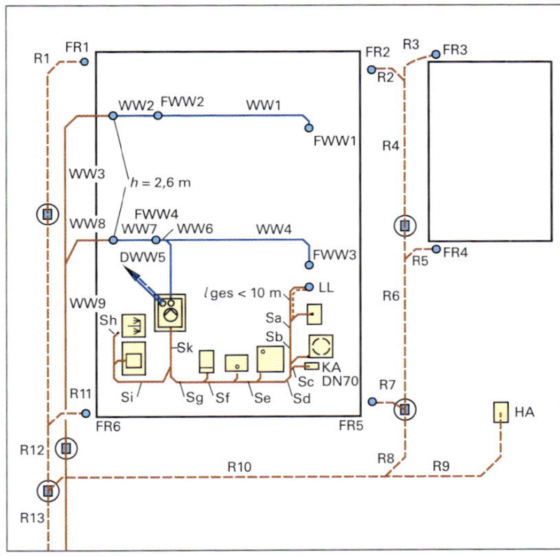

Bild 1: Mehrfamilienhaus Grundriss KG, Trennsystem

zu a) und b)

FB 1 Projekt: *Mehrfamilienhaus Köln* **Bearbeiter:** *Martin Muster* **Datum:** ______ **Blatt:** *1*

Einzel- und Sammelanschlussleitungen — Abflusskennzahl K: *0,5*

Teilstrecke TS	EAL unbel. DU	EAL bel. DU	SAL unbel. ΣDU	SAL bel. ΣDU	h/d	I %	DN	d_i mm	Bemerkungen, Anwendungsgrenzen l, n, h
WM	*0,8*					*2*	*50*		*eingehalten* (Tab. 1, S. 144)
GSM	*0,8*						*50*		" "
WT	*0,5*						*40*		" "
SP	*0,8*				*0,5*	*2*	*50*		" "
WC	*2,0*						*80/100*		" "
Bid	*0,5*						*40*		" "
BW	*0,8*				*0,5*	*2*	*50*		" "
BrW	*0,8*				*0,5*	*2*	*50*		" "
Spt GSM	*0,8*						*50*		" "
I/III a-b			*2,8*		*0,5*	*2*	*80/100*		*eingehalten* (Tab. 3, S. 144)
c-d			*1,6*		*0,5*	*2*	*70 (56/60)*		" "
d-e			*2,1*		*0,5*	*2*	*70*		" "
II/IV a-b			*1,6*		*0,5*	*2*	*70 (56/60)*		" "
b-c			*2,1*		*0,5*	*2*	*70*		" "
c-d			*2,9*		*0,5*	*2*	*70*		" "
d-e			*4,9*		*0,5*	*2*	*80/100*		" "
f-g			*1,6*		*0,5*	*2*	*70 (56/60)*		" "
g-h			*2,1*		*0,5*	*2*	*70*		" "

Bild 2: Formblatt FB 1 Dimensionierung von Abwasserleitungen

	FB 2 Projekt: *Mehrfamilienhaus Köln*				Bearbeiter: *Martin Muster*								Datum:					
													Blatt: *1*					
	Trennsystem ☐				Hauptlüftung ☒						Regenspende $r_{5,2}$ = *233* l/(s * ha), $r_{5,5}$ = *341* l/(s * ha)							
	Mischsystem ☒				Haupt- und Nebenlüftung ☐						Abflusskennzahl K: *0,5*							
	Teilstrecke	Leitungsart F	Li	La	Fläche m²	C_S –	Anzahl Kü	WC	ΣDU –	$\dot{V}_R$ l/s	$\dot{V}_{WW}$ l/s	$\dot{V}_P$ l/s	$\dot{V}_{tot}$ l/s	$\dot{V}_m$ l/s	I cm/m	DN d_i	h/d	Bemerkung
zu au.b	FR1	X			80	1				2,7	①					≥80		
	FR2	X			80	1				2,7						≥80		
	FR3	X			30	1				1,0	②					≥60		
	FR4	X			30	1				1,0						≥60		
	FR5	X			80	1				2,7						≥80		
	FR6	X			80	1				2,7						≥80		
	①	$\dot{V}_r$	=		$\frac{80 m^2 \cdot 341 l \cdot 1}{s \cdot 10000 m^2}$				=	2,7	Nebenrechnungen: Berechnen des Regenwasserabflusses							
	②	$\dot{V}_r$	=		$\frac{30 m^2 \cdot 341 l \cdot 1}{s \cdot 10000 m^2}$				=	1,0								
	③	$\dot{V}_r$	=		$\frac{184 m^2 \cdot 233 l \cdot 0,7}{s \cdot 10000 m^2}$				=	3,0								
	④	$\dot{V}_r$	=		7,4 l/s + 3,0 l/s				=	10,4								
	R1			X	80	1				2,7					1	100	0,7	
	R2			X	80	1				2,7					1	100	0,7	
	R3			X	30	1				1,0					1	100	0,7	
	R4			X	110	1				3,7					2	100	0,7	
	R5			X	30	1				1,0					1	100	0,7	
	R6			X	140	1				4,7					2	100	0,7	
	R7			X	80	1				2,7					2	100	0,7	
	R8			X	220	1				7,4					2	100	0,7	
	R9			X	184	0,7				3,0	③				2	100	0,7	
	R10			X	404	-				10,4	④				2	125	0,7	
	R11			X	80	1				2,7					1	100	0,7	
zu au.b	FWW1/3	X					6	6	29,4		2,7					100 (≥90)		Abzweige ohne IR
	FWW2/4	X					6	6	42,0		3,2					100		Abzweige ohne IR

Hauptlüftung: DN LL entspricht DN FWW

F = Fallleitung, Li = Leitung innerhalb von Gebäuden
La = Leitung außerhalb von Gebäuden ⇒ hier kann für die Dachflächenentwässerung $r_{5,2}$ verwendet werden, wenn die Nennweiten DN in Fließrichtung nicht reduziert werden und bei erdverlegten Leitungen die Nennweite DN 100 nicht unterschritten wird.

	FB 2 Projekt: *Mehrfamilienhaus Köln*				Bearbeiter: *Martin Muster*								Datum:					
													Blatt: *2*					
	Trennsystem ☐				Hauptlüftung ☒						Regenspende $r_{5,2}$ = *233* l/(s * ha), $r_{5,5}$ = *341* l/(s * ha)							
	Mischsystem ☒				Haupt- und Nebenlüftung ☐						Abflusskennzahl K: *0,5*							
	Teilstrecke	Leitungsart F	Li	La	Fläche m²	C_S –	Anzahl Kü	WC	ΣDU –	$\dot{V}_R$ l/s	$\dot{V}_{WW}$ l/s	$\dot{V}_P$ l/s	$\dot{V}_{tot}$ l/s	$\dot{V}_m$ l/s	I cm/m	DN d_i	h/d	Bemerkung
zu au.b	WWa		X						0,8						2	50 *100	0,5	**
	WWb		X						1,6						2	≥56 *100	0,5	**
	WWc		X						1,5						2	≥56 *100	0,5	**
	WWd		X						3,1						2	70 *100	0,5	**
	WWe		X						3,9						2	70 *100	0,5	**
	WWf		X						4,4						2	70 *100	0,5	**
	WWg		X						6,4						≥1	≥80 *100	0,7 *0,5	**
	WWh		X						0,8						2	50 *100	0,5	**
	WWi		X						1,6						2	≥56 *100	0,5	**
	WWk		X						8,0						≥1	≥80 *100	0,7 *0,5	**
	WW1		X						29,4		2,7				2	100	0,5	
	WW2		X						71,4		4,2				≥3	100	0,5	
	WW3			X					71,4		4,2				1,5	100	0,7	
	WW4		X						29,4		2,7				2	100	0,5	
	WW5		X									6,1			≥2,5	100	0,7	
	WW6		X						29,4		2,7	6,1	8,8		2	125	0,7	
	WW7		X						71,4		4,2	6,1	10,3		≥2,5	125	0,7	
	WW8			X					71,4		4,2	6,1	10,3		≥2,5	125	0,7	
zu a	M1			X					71,4	2,7	4,3			7,0	≥1	125	0,7	
	M2			X					142,8	2,7	5,97	6,1	12,0	14,7	≥1,5	150	0,7	
	M3			X					142,8	5,4	5,97	6,1	12,0	17,4	≥2	150	0,7	
	M4			X					142,8	15,8	5,97	6,1	12,0	27,8	≥1,5	200	0,7	
	$\dot{V}_S = K \cdot \sqrt{\Sigma DU}$																	
zu b	Trennverfahren (zusätzliche Teilstrecken)																	
	R12			X						5,4					2	100	0,7	
	R13			X						15,8					≥2	150	0,7	
	WW9			X					142,8		5,97	6,1	12,0		≥1	150	0,7	

* DN ≥ 100 bei Erdverlegung ⟶ Instandhaltung
** SAL unbelüftet, erdverlegt

Bild 1: Formblatt FB 2 Dimensionieren von Abwasserleitungen

Aufgaben

1 Ermitteln Sie bei der gezeigten Leitungsführung die Nennweiten der Einzelanschlussleitungen für:

a) einen Waschtisch mit $L = 3{,}50$ m, $H = 0{,}50$ m, $Z = 2$ Bögen,

b) eine Spüle mit $L = 2{,}70$ m, $H = 0{,}50$ m, $Z = 2$ Bögen,

c) eine Badewanne, direkt angeschlossen, mit $L = 3{,}60$ m, $H = 0{,}15$ m, $Z = 2$ Bögen **(Bild 1).**

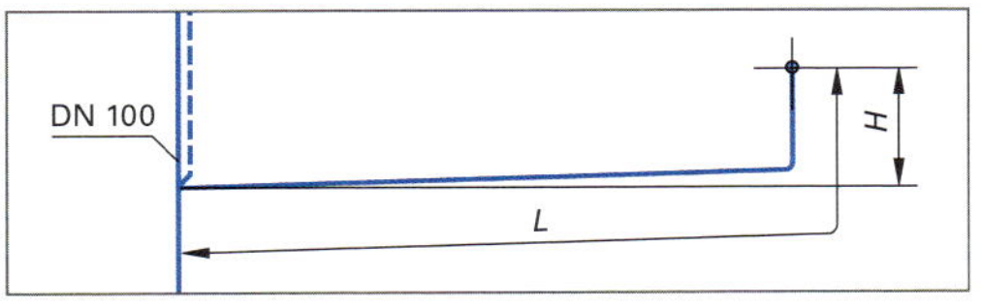

Bild 1: Nennweiten Einzelanschlussleitungen

2 Ermitteln Sie die Nennweiten für die Teilstrecken *a* bis *f* der Sammelanschlussleitung, über die ein WC (Spk. 6 l), ein Bidet, zwei Waschtische, eine Spüle und eine Dusche mit Stöpsel entwässert werden sollen **(Bild 2).**

3 Ermitteln Sie für die Sammelanschlussleitung Bad **(Bild 3):**

a) die Anschlusswerte der Entwässerungsgegenstände,

b) die Summe der Anschlusswerte für die Teilstrecken *a* bis *e* und

c) die Nennweiten der Teilstrecken *a* bis *e*.

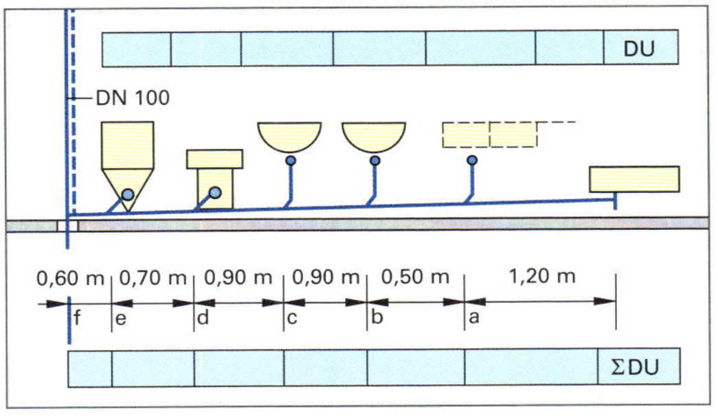

Bild 2: Nennweiten Sammelanschlussleitungen

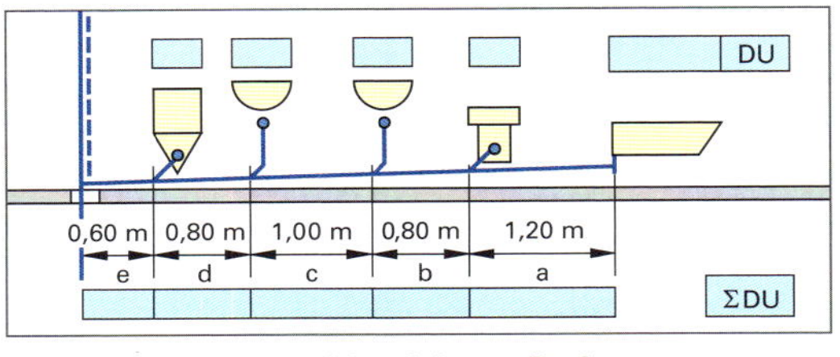

Bild 3: Sammelanschlussleitung Bad

4 Für die Sammelanschlussleitung sind zu ermitteln **(Bild 4):**

a) die Anschlusswerte der Sanitärgegenstände

b) die Summe der Anschlusswerte für die Teilstrecken *a* bis *e* und

c) die Nennweiten der Teilstrecken *a* bis *e*.

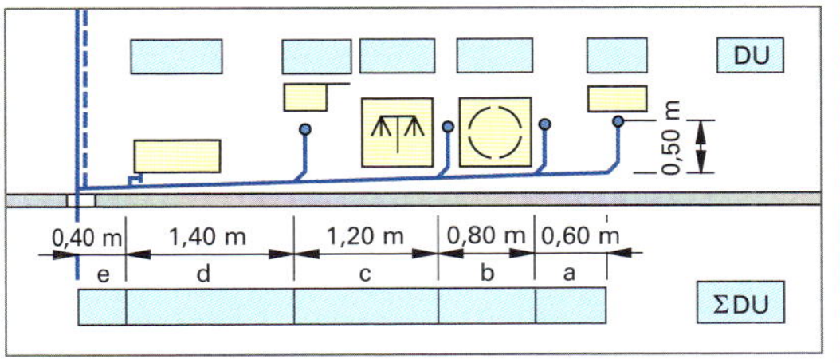

Bild 4: Sammelanschlussleitung

5 An die Fallleitung eines viergeschossigen Wohnhauses werden über 4,70 m lange Sammelanschlussleitungen je Stockwerk folgende Entwässerungsgegenstände in Fließrichtung angeschlossen: ein Urinal, 1 Bidet, 2 Waschtische und 1 WC (6 l Spk.). Ermitteln Sie die Anschlusswerte der Entwässerungsgegenstände, die Summe der Anschlusswerte für die Teilstrecken sowie die Nennweiten der unbelüfteten Sammelanschlussleitung, der Fallleitung und der Hauptlüftung.

6 Für die Wohneinheit eines sechsgeschossigen Wohnhauses sind die Nennweiten der Anschluss- und Sammelanschlussleitungen sowie der Fallleitungen mit Hauptlüftung FWW_1 und FWW_2 zu bestimmen **(Bild 5).**

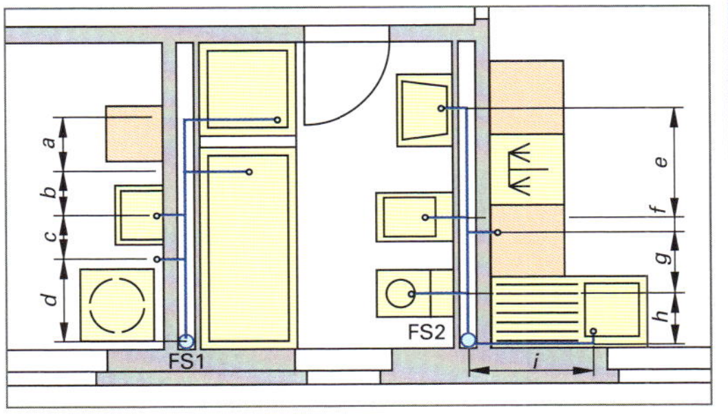

Bild 5: Entwässerung Wohneinheit

7 An der Falleitung eines fünfgeschossigen Wohngebäudes sind je Stockwerk eine Spüle, eine Geschirrspülmaschine, eine Waschmaschine bis 6 kg und ein Ausgussbecken angeschlossen. Ermitteln Sie die Nennweite der Fallleitung (Abzweige mit Innenradius IR), die mit einer Einzel-Hauptlüftung versehen werden soll.

8 Ermitteln Sie die Nennweiten der Sammelanschlussleitungen WW_1 bis WW_3 ($l \leq 5{,}0$ m) und der Fallleitung (Abzweige ohne IR) mit Hauptlüftung für ein sechsgeschossiges Gebäude, wenn je Stockwerk an der Fallleitung anzuschließen sind: an WW_1 vier Urinale, an WW_2 vier WC

(Spk. 6 l) und 2 Waschtische, an WW_3 zwei Doppelspülen, eine Spüle und eine Geschirrspülmaschine, neben WW_1 bis WW_3 in jedem Stockwerk je eine Wohnung mit $\Sigma DU = 8{,}7$.

9 Über die Fallleitung eines Wohngebäudes sollen 24 WC (6 l Spk.), 24 Waschtische, 24 Bidets und 29 Spültische entwässert werden.

a) Bestimmen Sie die Nennweite der Fallleitung (Abzweige mit IR), wenn mit Hauptlüftung belüftet wird.

b) Bestimmen Sie die Nennweiten von Fall- und Lüftungsleitung, wenn mit Haupt- und Nebenlüftung belüftet sind.

10 Ermitteln Sie die Nennweite einer Sammel-Hauptlüftung, die zwei Hauptlüftungen DN 70 und zwei Hauptlüftungen DN 100 aufnimmt.

11 Ermitteln Sie die Nennweiten der Abwasserleitungen für das abgebildete Wohngebäude in Konstanz, wenn a) im Mischsystem, b) im Trennsystem entwässert wird. Folgende Gebäudedaten sind vorgegeben: Satteldach 33° mit 216 m² Dachgrundfläche, Hoffläche mit Schwarzdecke und Hofablauf 85 m² und Hofablauf, Kellerablauf DN 70, Hauptlüftung **(Bild 1)**.
FWW_1 3 Wohnungen mit $\Sigma DU = 8{,}2$,
FWW_2 3 Wohnungen mit $\Sigma DU = 6{,}2$ und
FWW_3 3 Wohnungen mit $\Sigma DU = 8{,}7$,
Gefälle I: R_1 und WW_2 $I = 2$ cm/m. M $I = I_{min}$.

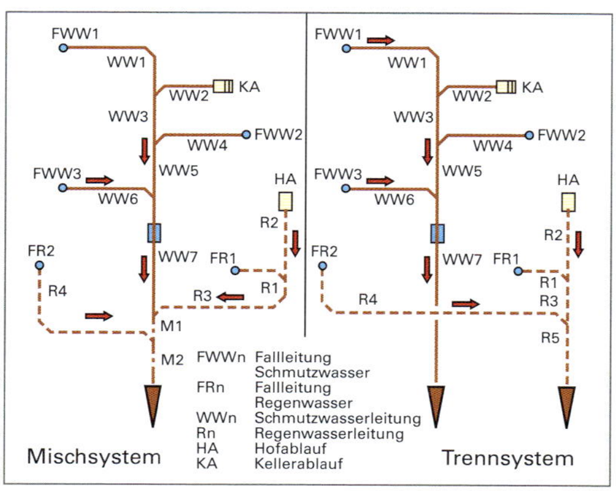

Bild 1: Entwässerung Wohngebäude

12 Für das abgebildete Gebäude eines Hotels in Mainz sind die Regenwasser-Fallleitungen FR_1 bis FR_2, die Schmutzwasser-Fallleitungen FWW_1 bis FWW_3, die Grundleitungen Regenwasser R_1 bis R_4, die Sammel- und Grundleitungen Schmutzwasser WW_1 bis WW_5 und die Mischwasserleitungen M_1 bis M_3 zu dimensionieren.

Gebäudedaten: Pultdach 7,5° mit einer Dachgrundfläche von 224 m², zu entwässernde Hoffläche 116 m² gepflastert (Fugenanteil ca. 20 %), Gefälle der Rohrleitungen: Regenwasser 1 cm/m, Schmutzwasser 2 cm/m, Mischwasser I_{min} **(Bild 2)**.

Entwässert werden über:

FR_1 104 m² und FR_2 120 m² Dachgrundfläche,
FWW_1 1 Wohnung mit $\Sigma DU = 8{,}7$ und
6 Hotelzimmer mit $\Sigma DU = 3{,}8$,
FWW_2 8 Hotelzimmer mit $\Sigma DU = 4{,}3$,
FWW_3 4 Wohnungen mit $\Sigma DU = 6{,}2$.

Die Anlage ist mit Hauptlüftung zu versehen.

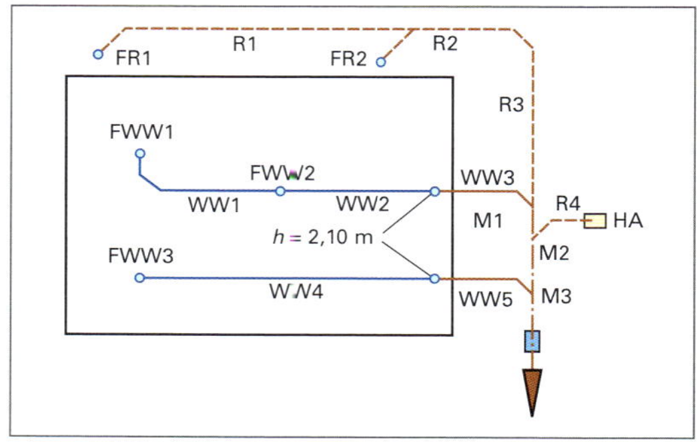

Bild 2: Entwässerung Hotel

13 Für das abgebildete Mehrfamilienwohnhaus sind die Nennweiten der Abwasserleitungen zu bestimmen. Die Fallleitungen FWW_1 und FWW_2 entwässern je sechs Wohnungen mit $\Sigma DU = 8{,}2$. Küche. Die sechs über Fallleitungen FWW_3 entwässerten Wohnungen sind ausgestattet mit je 1 Spüle, 1 Geschirrspüler, 2 WC (6 l Spk.), 2 Waschtischen, 1 Bidet, 1 Urinal, 1 Badewanne, 1 Dusche. Die Leitungen sind mit Hauptlüftung zu versehen. Die Anlage wird in einen Mischwasserkanal entwässert.

Die Dachneigung des symmetrischen Satteldaches beträgt 32°. Die gesamte Dachgrundfläche beträgt 320 m² und wird über die Regenfallrohre FR_1 und FR_2 entwässert. Die Regenspende beträgt 230 l/(s · ha). der Hofablauf entwässert eine gepflasterte Fläche mit Fugenverguss von 160 m².
$I = 1 : 100$ für R, $I = 1 : 50$ für WW und
$I = 1 : 66{,}7$ für M **(Bild 1, Seite 157)**.

14 Für das abgebildete 9-Familien-Wohnhaus in Schwerin sind die Abwasserleitungen zu dimensionieren.

Gebäudedaten: Dachgrundfläche 280 m², davon werden 160 m² über FR_1 entwässert. Asymmetrisches Satteldach, dessen flachste Dachneigung 27° beträgt. 128 m² Hoffläche mit Schwarzdecke. werden über HA entwässert. Der Kellerablauf hat DN 70. FWW_1 bis FWW_4 erhalten Einzel-Hauptlüftung.

Es sind angeschlossen an:

FWW_1 3 Spülen und 3 Geschirrspüler,
FWW_2 3 Wohnungen mit $\Sigma DU = 8{,}2$,

FWW$_3$ 3 Wohnungen mit ΣDU = 8,7,
FWW$_4$ 3 Wohnungen mit ΣDU = 6,7.

Gefälle: I = 1 : 100 für R, I = 1 : 50 für WW und I = 1 : 66,7 für M **(Bild 2)**.

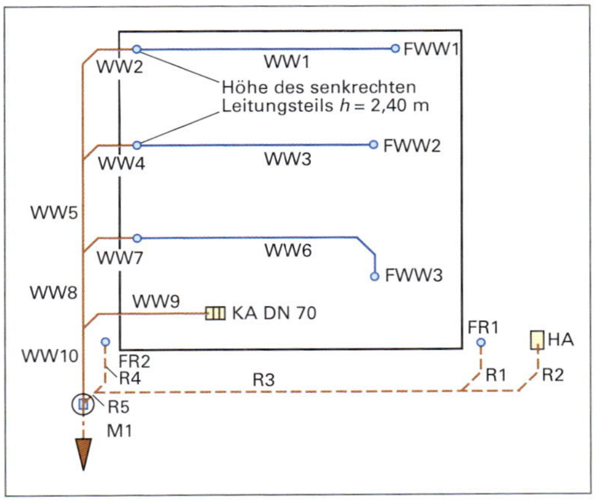

Bild 1: Entwässerung Mehrfamilienhaus

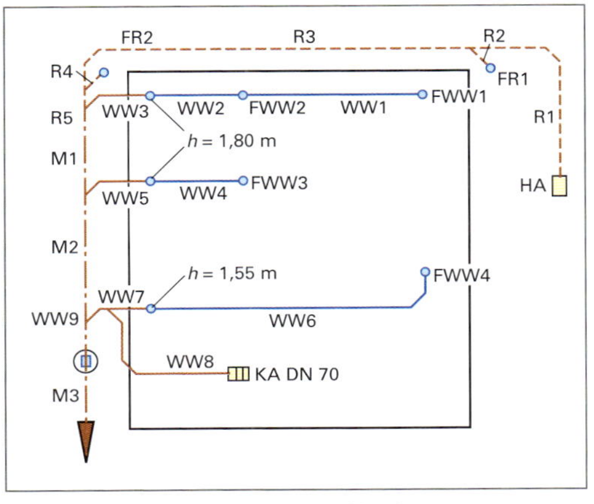

Bild 2: Entwässerung 9 – Familienhaus

5.3 Bemessen von Abwasserhebeanlagen

Abwasser, das nicht mit natürlichem Gefälle abgeleitet werden kann, muss über Hebeanlagen entwässert werden. Gleiches gilt für Abwasser, das aus Ablaufstellen anfällt, deren Ruhewasserspiegel im Geruchverschluss unter der Rückstauebene liegt und, wenn diese Ablaufstellen nicht über Rückstauverschlüsse gesichert werden sollen. Abwasser, das oberhalb der Rückstauebene anfällt und mit natürlichem Gefälle abgeleitet werden kann, darf nicht über Hebeanlagen geführt werden. Bei der Bemessung von Hebeanlagen ist der Abwasserzufluss und der Förderdruck für die Größe der Pumpe sowie das Pumpvolumen und die Schalthäufigkeit der Pumpe für das Volumen des Sammelbehälters oder Pumpensumpfes maßgebend **(Bild 3)**. Werden aus Gründen der Betriebssicherheit Hebeanlagen mit zwei Pumpen verwendet, so muss jede dieser Pumpen in der Lage sein, die maximale Förderleistung zu erbringen.

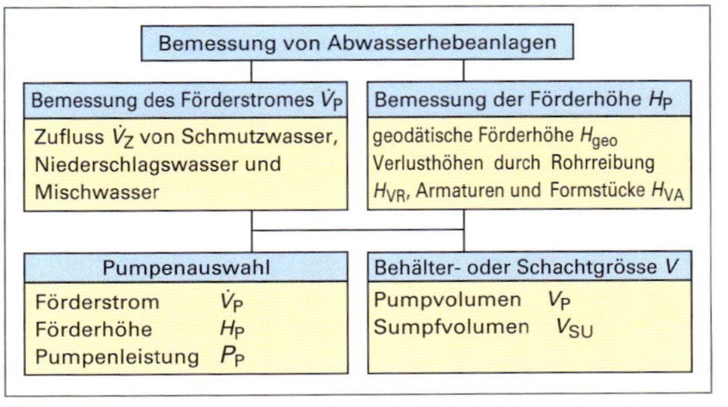

Bild 3: Übersicht Rechengang

Bei der Bemessung von Abwasserhebeanlagen ist ferner zu beachten:

- Die Nennweiten der Lüftungsleitungen sollen mindestens DN 70 betragen.
- Beim Einbau in Schächten und im Grundwasserbereich kann bei geschlossenen Hebeanlagen Auftrieb entstehen.
- Zulaufleitungen sind nach DIN EN 12056 und DIN 1986-100 zu bemessen **(Kapitel 5.2)**.

5.3.1 Bemessen des Förderstromes $\dot{V}_F$

Der Gesamtzufluss $\dot{V}_z$ der Hebeanlage wird je nach Abwasserart ermittelt:

Bei **Schmutzwasser** mit Hilfe der Formel für den maximalen Schmutzwasserzufluss $\dot{V}_{WW}$ **(Kap. 5.2.1)**.

$$\dot{V}_{WW} = K \cdot \sqrt{\Sigma DU} + \dot{V}_c$$

Bei **Niederschlagswasser** wird der maximale Regenwasserzufluss $\dot{V}_r$ mit der Formel ermittelt: **(Kap. 5.2.5)**

$$\dot{V}_r = A \cdot r_{(D,T)} \cdot C_S$$

Für die Bemessung des Pumpenförderstromes $\dot{V}_p$ muss beachtet werden, dass der Förderstrom der Pumpe mindestens so groß ist wie der Gesamtzufluss $\dot{V}_z$.

$$\dot{V}_p \geq \dot{V}_z$$

$\dot{V}_p$ Förderstrom der Pumpe in l/s
$\dot{V}_z$ Gesamtzufluss in l/s

Dabei gilt, dass die Fördermenge einer Förderdauer mindestens genauso groß ist, wie der Gesamtzufluss einer Schaltperiode.

$$\dot{V}_p \cdot t_f \geq \dot{V}_z \cdot t_s$$

t_F Förderzeit in s $\quad$ t_S Schaltperiode in s

Beispiel:

Folgende Sanitärgegenstände im Untergeschoss einer Gaststätte sollen über eine Fäkalienhebeanlage entwässert werden: 10 WC (6-l-Spk.), 6 Urinale (Dsp.), 4 Waschtische und 3 Bodenabläufe DN 70. Als Zufluss aus dem Fettabscheider werden 2,0 l/s angegeben.

Ermitteln Sie den Schmutzwasserzufluss $\dot{V}_{WW}$ und stellen Sie fest, ob die vorgesehene Hebeanlage ausreicht, wenn für diese bei einer erforderlichen Förderhöhe von 7 m ein maximaler Förderstrom $\dot{V}_P$ von 25 m³/h angegeben ist.

Geg.: 10 WC: DU = 20 $\quad$ $K = 0{,}7$ l/s $\quad$ $\dot{V}_c = 2{,}0$ l/s,
6 WT: DU = 3; 6 Urinale: DU = 3,
3 BA DN 70: DU = 4,5 **(Kapitel 5.2.1)**

Ges.: $\dot{V}_{WW}$ $\quad$ $\dot{V}_P$

$\dot{V}_{WW} = K \cdot \sqrt{\Sigma DU} + \dot{V}_c$ $\qquad$ $\dot{V}_{WW} = 0{,}7\ \text{l/s} \cdot \sqrt{30{,}5} + 2{,}0\ \text{l/s}$

$\dot{V}_{WW} = 21{,}117\ \text{m}^3/\text{h}$

$\mathbf{\dot{V}_P = 25\ m^3/h \geq \dot{V}_{WW} = 21{,}117\ m^3/h}$

5.3.2 Bemessen der Förderhöhe H_P

Die Förderhöhe H_P (Förderdruck p_P) muss mindestens so groß sein, wie die Gesamtförderhöhe H_{ges} (Gesamtförderdruck p_{ges}).

$$H_P \geq H_{ges}$$

H_P Förderhöhe in m
H_{ges} Gesamtförderhöhe in m

Die Gesamtförderhöhe H_{ges} setzt sich zusammen aus der geodätischen Förderhöhe H_{geo} und der Gesamtverlusthöhe, die sich aus der Verlusthöhe durch Rohrreibung H_{VR} sowie aus der Verlusthöhe durch Armaturen und Formstücke H_{VA} ergibt **(Bild 1)**.

$H_{ges} = H_{geo} + H_{VR} + H_{VA}$	$H_{ges} \mathrel{\hat{=}} p_{ges}$ 10 m WS $\approx$ 1 bar

H_{ges} Gesamtförderhöhe in m
H_{geo} geodätische Förderhöhe in m **(Bild 1)**
H_{VR} Verlusthöhe durch Rohrreibung in m
H_{VA} Verlusthöhe durch Einzelwiderstände in m

Als **geodätische Förderhöhe** ist der Höhenunterschied zwischen niedrigstem Wasserspiegel (Behälterboden) in der Hebeanlage und dem höchsten Punkt in der Druckleitung (Rückstauschleife) einzusetzen.

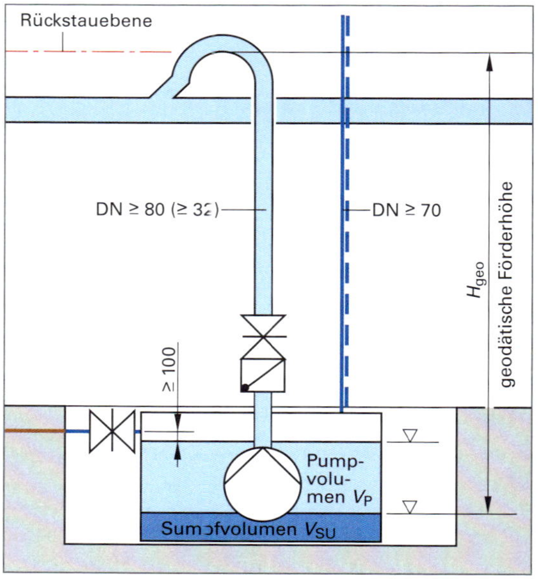

Bild 1: Geschlossene Hebeanlage

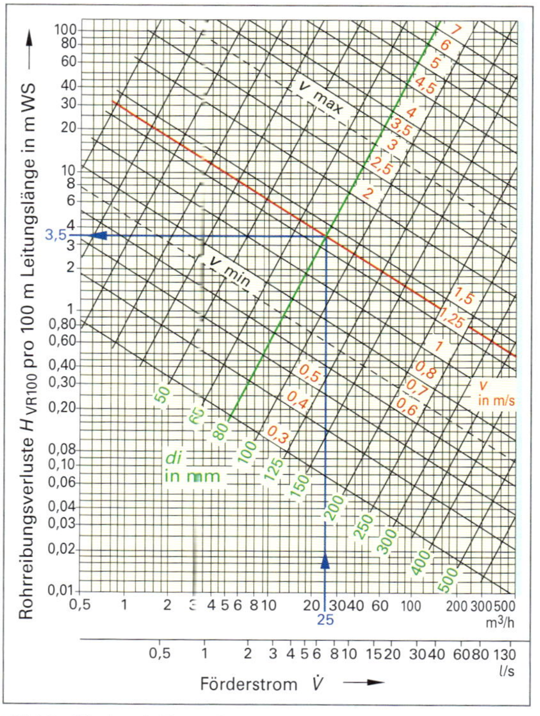

Bild 2: Verlusthöhen durch Rohrreibung

Die **Verlusthöhe durch Rohrreibung** hängt von der Nennweite, der Fließgeschwindigkeit, dem Förderstrom, der Viskosität und der Temperatur der Flüssigkeit sowie von der Oberflächenbeschaffenheit der Rohre ab.

Die Verlusthöhen H_{VR100} lassen sich mit Hilfe des Förderstromes und der gewählten Nennweite in Meter Wassersäule je 100 m Rohrleitung aus **Diagramm Bild 2, Seite 158** ablesen. (Rauigkeit k_B = 0,25 mm)

$$H_{VR} = H_{VR100} \cdot l$$

H_{VR} Verlusthöhe in m
H_{VR100} Verlusthöhe in m/100 m
l gerade Rohrlänge in m

Gleichzeitig kann man aus dem Diagramm die sich ergebende Fließgeschwindigkeit entnehmen. Diese darf wegen der Schmutzfracht 0,7 m/s nicht unterschreiten und soll 2,3 m/s nicht überschreiten, um Druckschläge oder um bei Steinzeug- und Betonrohren Erosion zu vermeiden. Als günstig ist der Bereich von 0,7 m/s bis 1,0 m/s anzusehen. Mit Hilfe der Mindestfließgeschwindigkeit ergeben sich für die jeweiligen Nennweiten der Druckleitungen Mindestvolumenströme $\dot{V}_{min}$, die man näherungsweise mit der Formel berechnet:

$$\dot{V}_{min} = V'' \cdot v_{min}$$

$\dot{V}_{min}$ Mindestvolumenstrom in l/s
v_{min} Mindestfließgeschwindigkeit 0,7 m/s
V'' Rohrinhalte in l/m **(Tabelle 1)**

Für Druckleitungen sind Mindestnennweiten einzuhalten **(Tabelle 2)**.

Tabelle 1: Rohrinhalte (Näherungswerte in l/m)

DN	32	40	50	65	80	100	125	150
V''	0,8	1,3	2,0	3,3	5,0	8,0	12,3	18,0

Tabelle 2: Mindestnennweiten von Druckleitungen

Wasser	Zerkleinerung	
	ohne	mit
fäkalienfrei	≥ DN 32	–
fäkalienhaltig	≥ DN 80	≥ DN 32
fäkalienhaltig*	≥ DN 25	≥ DN 20

* Hebenanlagen zur begrenzten Verwendung (1 WC)

Beispiel:

Ermitteln Sie die Nennweite der Rohrleitung und die zu erwartenden Verlusthöhen H_{VR} durch Rohrreibung mit Hilfe von **Bild 2, Seite 158,** wenn der Förderstrom der Hebeanlage 25 m³/h betragen soll, und die Rohrlänge 22,4 m beträgt.

Geg.: $\dot{V}_p$ = 25 m³, l = 22,4 m

Ges.: DN, H_{VR}

Gewählt aus Bild 2, Seite 158:
DN 80 (v = 1,4 m/s); H_{VR100} = 3,5 m/100 m

$H_{VR} = H_{VR100} \cdot l$ H_{VR} = 3,5 m/100 m · 22,4 m

$\boldsymbol{H_{VR}}$ **= 0,78 m**

Tabelle 3: Widerstandsbeiwerte ζ bei Schiebern und Formstücken (Herstellerangaben)

Bauteil	DN	ζ (Zeta)
Flachschieber	32	0,50
	40	0,46
	50	0,42
	80	0,36
	100	0,34
	150	0,30
Bogen 45° R/D = 2,5	alle	0,20
Winkel 45° R/D = 1,0	alle	0,35
Bogen 90° R/D = 2,5	alle	0,35
Winkel 90° R/D = 1,0	alle	0,50

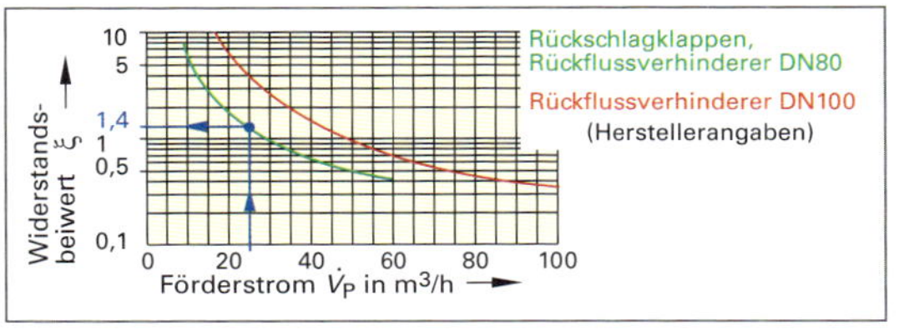

Bild 1: Widerstandsbeiwerte ζ

Die **Verlusthöhen in Armaturen und Formstücken** H_{VA} sind einzeln zu ermitteln. Die Widerstandsbeiwerte ζ (Zeta-Werte) für die Armaturen und Formstücke werden bei Schiebern und Formstücken unter Berücksichtigung der Nennweite aus **Tabelle 3** oder aus Herstellerangaben entnommen. Für Rückschlagklappen sind die Zeta-Werte in Abhängigkeit von Förderstrom und Nennweite aus Herstellerangaben zu entnehmen **(Bild 1)**.

Mit der Summe der Widerstandsbeiwerte Σζ und der Fließgeschwindigkeit lässt sich die Verlusthöhe H_{VA} ablesen **(Bild 1, Seite 160)**.

Beispiel:

In der Druckleitung DN 80 mit 19,60 m gerader Rohrlänge, einer Hebeanlage mit $\dot{V}p$ = 25 m³/h sind folgende Bauteile erforderlich:

1 Flachschieber DN 80, 1 Rückschlagklappe R 80, 2 Winkel 90° DN 80, 1 Winkel 90° DN 80. Die geodätische Förderhöhe beträgt 2,90 m. Welche Gesamtförderhöhe ergibt sich bei der Anlage?

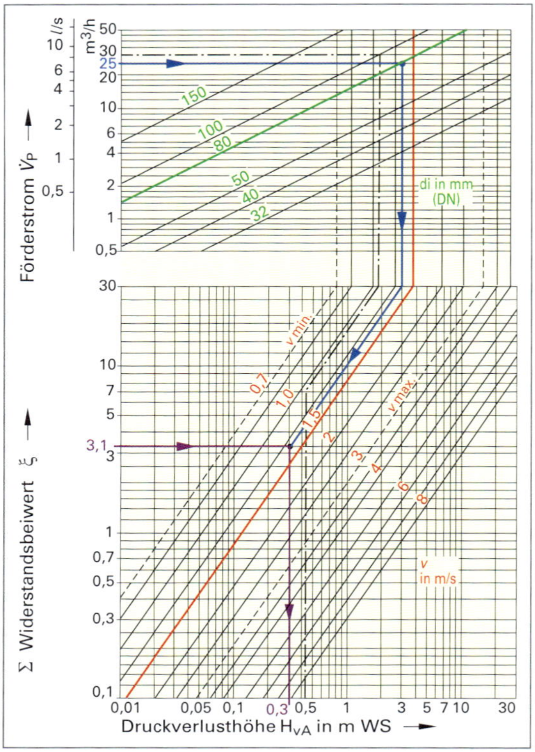

Bild 1: Druckverlusthöhen H_{VA}

Geg.: l = 19,60 m, DN 80, $\dot{V}_P$ = 25 m³/h; 1 FS DN 80, 1 RSK DN 80, 2 Wi 90° DN 80, 1 Wi 45° DN 80

Ges.: H_{ges}

$H_{ges} = H_{geo} + H_{VR} + H_{VA}$

H_{ges} = 2,90 m + 0,68 m + 0,30 m **H_{ges} = 3,88 m**

H_{VR100} = 3,5 m/100 m (v = 1,4 m/s) **(Bild 2, Seite 158)**

$H_{VR} = H_{VR100} \cdot l$ H_{VR} = 3,5 m/100 m · 19,60 m

H_{VR} = 0,68 m

H_{VA} = 0,60 m (für $\dot{V}_P$ = 25 m3/h, $\Sigma\zeta$ = 3,11 und v = 1,4 m/s **(Bild 2)**

DN 80 1 FS, 2 Wi 90°, 1 Wi 45°, 1 RSK **(Tabelle 3, Seite 159) (Bild 1, Seite 159)**

$\Sigma\zeta$ = 0,36 + 1,0 + 0,35 + 1,4 $\Sigma\zeta$ = 3,11

5.3.3 Pumpengröße und Pumpenleistung

Die Größen der Kreiselpumpen in Hebeanlagen werden mit Hilfe des Gesamtzuflusses $\dot{V}_z$ und der Gesamtförderhöhe H_{ges} oder dem Förderdruck p_{ges} aus Diagrammen ermittelt. Der Betriebspunkt $H_P/\dot{V}_P$ der Pumpe auf der Pumpenkennlinie muss möglichst nahe und über $H_{ges}/\dot{V}_z$ liegen **(Bild 2)**.

Beispiel:

Ermitteln Sie aus den Pumpendiagrammen **Bild 2** eine passende Hebeanlage (Kreiselpumpe), wenn der Gesamtzufluss $\dot{V}_z$ = 30 m³/h und die Gesamtförderhöhe H_{ges} = 6,00 m beträgt.

Geg.: $\dot{V}_z$ = 30 m³/h, H_{ges} = 6,00 m, Pumpenkennlinien

Ges.: $H_p/\dot{V}_z$ Hebeanlage (Kreiselpumpe)

Gewählt: TYP 1015 $\dot{V}_p$ = 30 m³/h, H_p = 6,3 m

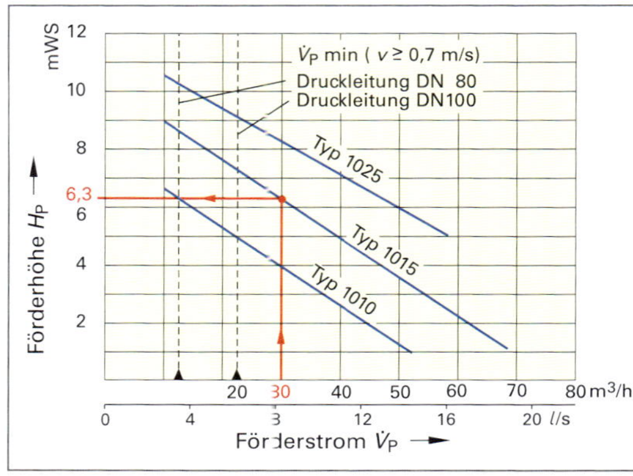

Bild 2: Pumpendiagramme

Die **Pumpenleistung** P_p lässt sich mit Hilfe des Förderstromes $\dot{V}_p$ und des Förderdruckes Δp_{ges} berechnen. Sie wird auch mit der Gewichtskraft F_G des geförderten Mediums, der Gesamtförderhöhe H_{ges} und der Förderzeit t berechnet **(Kapitel 3.3.2)**.

$P_p = \dot{V}_p \cdot \Delta p_{ges}$	$P_p = \frac{F_G \cdot H_{ges}}{t}$

P_p Pumpenleistung in kW
H_{ges} Gesamtförderhöhe in m
$\dot{V}_p$ Förderstrom in l/s
F_G Gewichtskraft in N
Δp_{ges} Förderdruck in bar
t Förderzeit in s

Beispiel:

Welche Leistung muss eine Kreiselpumpe mindestens abgeben, wenn sie stündlich 25 m³ Wasser fördern soll und die Gesamtförderhöhe 3,88 m beträgt?

Geg.: $\dot{V}_{p = 25}$ m³/h, H_{ges} = 3,88 m, $g \approx$ 10 N/kg

Ges.: P_p

$P_p = \frac{F_G \cdot H_{ges}}{t}$ $P_p = \frac{250\,000\ \text{N} \cdot 3{,}88\ \text{m}}{3600\ \text{s}}$

$P_p \geq$ 269,4 W

$F_G = m \cdot g$ F_G = 25 000 kg · 10 N/kg F_G = 250 000 N

5.3.4 Behälter- oder Schachtgröße

Die **Behälter- oder Schachtgrösse** wird unter Berücksichtigung des Sammelvolumens und der Schalthäufigkeit der Pumpe festgelegt. Geschlossene Sammelbehälter für fäkalienhaltiges Abwasser müssen ein Nutzvolumen von mindestens 20 Litern haben.

Bei der Festlegung des Sammelvolumens, das man auch als Schachtgröße V bezeichnet, wird das Pumpvolumen V_p, auch Nutzvolumen genannt, und das Sumpfvolumen V_{su} berücksichtigt. Das Sumpfvolumen bleibt nach einem Pumpvorgang zurück. Man kann die Schachtgröße V auch für eine Schaltperiode t_s unter Berücksichtigung einer Fassungsreserve festlegen **(Bild 1, Seite 158)**.

$$V = V_p + V_{su}$$

V Schachtgröße in l
V_p Pumpvolumen in l
V_{su} Sumpfvolumen in l

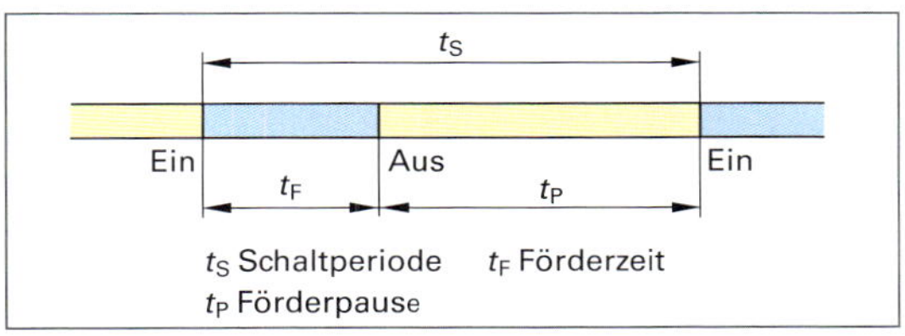

Bild 1: Schaltperiode

Das **Pumpvolumen** V_p (Nutzvolumen) wird näherungsweise mit Hilfe des Förderstromes $\dot{V}_p$ und der Förderdauer t_F berechnet **(Tabelle 1)**.

$$V_p = \dot{V}_p \cdot t_F$$

V Schachtgröße in l, m^3
$\dot{V}_p$ Förderstrom in l/s, m^3/h
t_F Förderdauer in s

Genauer lässt sich das Pumpvolumen V_p unter Berücksichtigung des Zuflusses mit Hilfe der Schaltperiode t_s, des Förderstromes der Pumpe $\dot{V}_p$ und des Gesamtzuflusses $\dot{V}_z$ berechnen **(Bild 1,** Tabelle 2).

$$V_p = \frac{t_s \cdot \dot{V}_z \cdot (\dot{V}_p - \dot{V}_z)}{\dot{V}_p}$$

V_p Pumpvolumen in l
t_s Schaltperiode in s
$\dot{V}_z$ Gesamtzufluss in l/s
$\dot{V}_p$ Förderstrom in m^3/h

Tabelle 1: Förderdauer (Erfahrungswerte)

Motorleistung in kW	Förderdauer t_F in s
≤ 2,5	2,2
2,5 bis 7,5	5,5
≥ 7,5	8,5

Das Pumpvolumen einer Förderzeit soll größer sein als das Volumen der Druckleitung über dem Rückflussverhinderer. Bei kurzen Entfernungen lässt sich das Volumen der Druckleitung mit **Tabelle 1, Seite 159** ermitteln.

Tabelle 2: Schaltperioden, Motorschaltzahlen (Herstellerangaben)

Motorleistung in kW	≤ 4	≤ 7,5	> 7,5
Schaltperioden t_s in s	≥ 120	≥ 144	≥ 180
Schaltungen Z in 1/h	≤ 30	≤ 25	≤ 20

Tabelle 3: Sumpfvolumen V_{su}, Ausschalthöhen h_a (Herstellerangaben)

Schachtgröße, Durchmesser in mm	800	1000	1200	1500
DN Druckleitung	80	80	80	100
h_a in mm	250	250	240	250
V_{su} in l	129	160	515	280

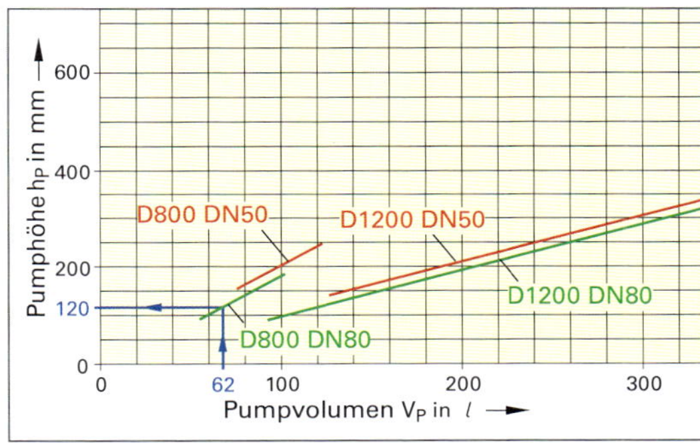

Bild 2: Mindestschaltdifferenz in Schächten

$$V_p \geq V_D$$

V_p Pumpvolumen einer Förderzeit in l
V_D Volumen der Druckleitung in l

Das Sumpfvolumen ist aus Herstellertabellen so zu wählen, dass die Ausschalthöhe (Sumpfhöhe) den störungsfreien Betrieb der Pumpe gewährleistet **(Tabelle 3, Seite 160)**.

Die Einschalthöhe h_e ergibt sich aus der Summe von Pumphöhe h_p und der Ausschalthöhe h_a und sollte mindestens 100 mm unterhalb der Rohrsohle des Zulaufs liegen **(Bild 1, Seite 159)**. Die Pumphöhe h_p (Schaltdifferenz) wird aus Herstellerdiagrammen entnommen **(Bild 2)**.

$$h_e = h_a + h_p$$

h_e Einschalthöhe in mm
h_a Ausschalthöhe in mm
h_p Pumphöhe in mm

Beispiel:

Als Regenwasserabfluss eines Parkplatzes wurden 6,10 l/s ermittelt. Die vorgesehene Pumpe fördert 24 m^3/h bei einer Gesamtförderhöhe von 8,00 m und einer Leistung von 2,1 kW.

a) Ermitteln Sie die Dauer einer Schaltperiode.
b) Ermitteln Sie das Pumpvolumen unter Berücksichtigung des Zuflusses.

c) Wählen Sie einen Schacht aus und geben Sie folgende Größen an:
Pumphöhe, Einschalthöhe und Sumpfvolumen.
d) Ermitteln Sie die Schachtgröße V.
e) Überprüfen Sie, ob das Sumpfvolumen für die 8,4 m lange Druckleitung DN 80 über der Rückschlagklappe ausreicht.

Geg.: $\dot{V}_z = 6{,}10$ l/s, $\dot{V}_p = 24$ m³/h, $H_{ges} = 8{,}00$ m,
$P_p = 2{,}1$ kW, $l = 8{,}4$ m

Ges.: a) t_s, b) V_p, c) h_a, h_p, h_e, V_{su}

a) $t_s = 120$ s für $P_p \geq 4$ kW **(Tabelle 2, Seite 160)**

b) $V_p = \dfrac{t_s \cdot \dot{V}_z \cdot (\dot{V}_p - \dot{V}_z)}{\dot{V}_p}$

$$V_p = \frac{120\text{ s} \cdot 21{,}96\text{ m}^3\text{/h} \cdot (24\text{ m}^3\text{/h} - 21{,}96\text{ m}^3\text{/h})}{24\text{ m}^3\text{/h} \cdot 3600\text{ s/h}}$$

$\mathbf{V_p = 62{,}22}$ **l**

c) Gewählt: Schachtgröße 800 mm **(Bild 2, Seite 161)**
Druckleitung DN 80

$h_p = 120$ mm **(Bild 2, Seite 161),**
$h_a = 250$ mm **(Tabelle 3, Seite 161)**

$V_{su} = 129$ l **(Tabelle 3, Seite 161)**

$h_e = h_a + h_p$ $\quad h_e = 250$ mm + 120 mm
$\mathbf{h_e = 370}$ **mm**

d) $V = V_p + V_{su}$ $\quad V = 62{,}22$ l + 129 l $\quad \mathbf{V = 191{,}22}$ **l**

e) $V'' = 5$ l/m für DN 80 **(Tabelle 1, Seite 159)**

$\mathbf{V_p = 62{,}22}$ **l** $\geq$ $\mathbf{V_D = 42}$ **l**

$V_D = V'' \cdot l$ $\quad V_D = 5$ l/m · 8,4 m $\quad V_D = 42$ l

Aufgaben

1 Über eine geschlossene Hebeanlage sind folgende Sanitär- und Küchenanlagen eines Untergeschosses zu entwässern: vier Waschtische, acht WC (6-l-Spk.), sechs Urinale, zwei Duschen, eine Waschmaschine, zwei Ausgussbecken, zwei Spülen, zwei Geschirrspüler, drei Bodenabläufe DN 70 und ein Fettabscheider mit 2,0 l/s.

a) Ermitteln Sie die Zulaufmenge und die Anschluss-Nennweite der Zulaufleitung.
b) Bestimmen Sie die Gesamtförderhöhe der Hebeanlage, wenn die geodätische Förderhöhe 3,90 m und die Länge der Rohrleitung 8,30 m beträgt. An Einzelwiderständen sind 1 Schieber, 1 Rückschlagklappe DN 80 und 4 Bögen 90° zu berücksichtigen.
c) Wählen Sie die Kreiselpumpe mit Hilfe eines Pumpendiagrammes aus **(Bild 2, Seite 160).**
d) Ermitteln Sie die abgegebene Pumpenleistung P_{ab}.

2 Die Toilettenanlagen im Untergeschoss eines Gaststättenbetriebes, die mit 12 WC (6-l-Spk.), 7 Urinalen (Dsp.), 6 Waschtischen und 4 Bodenabläufen DN 70 ausgestattet sind, sollen rückstausicher über eine Fäkalienhebeanlage entwässert werden.

a) Wie groß ist der Schmutzwasserzufluss $\dot{V}_{WW}$?
b) Bestimmen Sie die Gesamtförderhöhe der Hebeanlage, wenn die geodätische Förderhöhe 4,10 m und die Länge der geraden Rohrleitung 9,20 m beträgt. An Einzelwiderständen sind ein Schieber, eine Rückschlagklappe, fünf Winkel 90° und zwei Winkel 45° zu berücksichtigen.
c) Wählen Sie die Kreiselpumpe mit Hilfe eines Pumpendiagrammes aus **(Bild 2, Seite 160).**
d) Überprüfen Sie die Fließgeschwindigkeit.

3 Ein asphaltierter, tiefliegender KFZ-Parkplatz ist 335 m² groß und soll über eine Hebeanlage für fäkalienfreie Wässer entwässert werden. Die örtliche Regenspende beträgt 315 l/(s · ha). Als Gesamtförderhöhe sind 7,28 m anzunehmen.

a) Berechnen Sie den Regenwasserzufluss.
b) Wählen Sie die Kreiselpumpe mit Hilfe eines Pumpendiagrammes aus **(Bild 2, Seite 160).**
c) Ermitteln Sie die Dauer einer Schaltperiode.
d) Berechnen Sie das Pumpvolumen unter Berücksichtigung des Zuflusses.
e) Überprüfen Sie, ob das Pumpvolumen für die 6,80 m lange Druckleitung über der Rückschlagklappe ausreicht.

5.4 Bemessen von Abscheide- und Neutralisationsanlagen

5.4.1 Fettabscheider

Fette und Öle pflanzlichen oder tierischen Ursprungs sind aus Schmutzwasser von gewerblichen und industriellen Anlagen zurückzuhalten. Die hierzu erforderlichen Fettabscheider sind nach DIN 4040-2 und DIN EN 1825-2 in Nenngrößen unterteilt.

Bei der **Bestimmung der Nenngröße NG** wird der maximale Schmutzwasserabfluss $\dot{V}_S$ und die Art des Abwassers berücksichtigt.

$$NG = \dot{V}_{WW} \cdot f_d \cdot f_T \cdot f_r \cdot f_m$$

NG Nenngröße in l/s (Angabe z.T. ohne Einheit)
$\dot{V}_{WW}$ maximaler Schmutzwasserabfluss in l/s
f_d Erschwernisfaktor für die Dichte der Fette, Öle **(Tabelle 3, Seite 164)**
f_T Erschwernisfaktor für die Zulauftemperatur **(Tabelle 1, Seite 164).**
f_r Erschwernisfaktor für die Reinigungsmittel **(Tabelle 2, Seite 164).**
f_m Erschwernisfaktor für anfallendes Fett und Öl.

Der **maximale Schmutzwasserabfluss $\dot{V}_{WW}$ (Q_{WW})** wird ermittelt durch:

- Messung des Spitzenschmutzwasserabflusses im Betrieb (Ultraschall, Induktion).

Tabelle 1: Abflusswerte $\dot{V}_{WW}$ (Q_{WW}) und Gleichzeitigkeitsfaktoren Z

Kücheneinrichtungsgegenstand	Nr.	$\dot{V}_{WW}$ in l/s	Gleichzeitigkeitsfaktoren Z $n=1$	$n=2$	$n=3$	$n=4$	$n=5$
Kochkessel Auslauf DN 25	1	1	0,45	0,31	0,25	0,21	0,2
Kochkessel Auslauf DN 50	2	2	0,45	0,31	0,25	0,21	0,2
Kippkessel DN 70	3	1	0,45	0,31	0,25	0,21	0,2
Kippkessel DN 100	4	3	0,45	0,31	0,25	0,21	0,2
Spülbecken mit Sifon DN 40	5	0,8	0,45	0,31	0,25	0,21	0,2
Spülbecken mit Sifon DN 50	6	1,5	0,45	0,31	0,25	0,21	0,2
Spülbecken ohne Sifon DN 40	7	2,5	0,45	0,31	0,25	0,21	0,2
Spülbecken ohne Sifon DN 50	8	4,0	0,45	0,31	0,25	0,21	0,2
Geschirrspülmaschine	9	2,0	0,6	0,5	0,4	0,34	0,3
Kippbratpfanne	10	1,0	0,45	0,31	0,25	0,21	0,2
Bratpfanne	11	0,1	0,45	0,31	0,25	0,21	0,2
Hochdruck-Dampfreinigung	12	2,0	0,45	0,31	0,25	0,21	0,2
Schälgerät	13	1,5	0,45	0,31	0,25	0,21	0,2
Gemüsewascheinrichtung	14	2,0	0,45	0,31	0,25	0,21	0,2

- aus der Summe des durch Arbeitsvorgänge verschmutzten Wassers unter Berücksichtigung der Gleichzeitigkeit oder
- Berechnung für die Einzelfälle „gewerbliche Küchen" und „Fleischverarbeitungsbetriebe".

Berechnung aus der Summe des durch Arbeitsvorgänge anfallenden Schmutzwasserabflusses $\dot{V}_{WW}$ (Q_{WW}):

$$\dot{V}_{WW} = \Sigma(n_1 \cdot \dot{V}_{WW1} \cdot Z_1 + n_2 \cdot \dot{V}_{WW2} \cdot Z_2 + \ldots)$$

$\dot{V}_S$ maximaler Schmutzwasserabfluss in l/s
n Anzahl der Gegenstände
$\dot{V}_{S1\ldots}$ maximaler Schmutzwasserabfluss eines Gegenstandes in l/s
Z Gleichzeitigkeitsfaktor **(Tabellen 1 und 2)**.

Berechnung für Einzelfälle (gewerbliche Küchen und Fleischverarbeitungsbetriebe).
Als Wurstwarenproduktion werden bei handwerklichen Betrieben 100 kg Wurst je Großvieheinheit angenommen.

Bei gewerblichen Küchenbetrieben und fleischverarbeitenden Betrieben wird die Abwassermenge ermittelt nach folgenden Formeln:

Gewerbliche Küchen	Fleischverarbeitung
$\dot{V}_{WW} = \frac{V_M \cdot F \cdot M_M}{t}$	$\dot{V}_{WW} = \frac{V_P \cdot F \cdot M_P}{t}$

$\dot{V}_{WW}$ maximaler Schmutzwasserabfluss in l/s
V_M betriebsspezifische Schmutzwassermenge je warmer Essensportion in l **(Tabelle 4)**
F Stoßbelastungsfaktor festgelegt durch Betriebsbedingungen **(Tabelle 3)**
M_M täglich produzierte Essenportionen (monatlicher Mittelwert)
V_P betriebsspezifische Schmutzwassermenge je kg Wurstproduktion in l **(Tabelle 4)**
M_P täglich produzierte Wurstmenge in kg
t durchschnittliche tägliche Zeitdauer in h

Tabelle 2: Schmutzwasserabfluss $\dot{V}_{WW}$ (Q_{WW}) von Auslaufventilen

Auslaufventil	Nr.	$\dot{V}_{WW}$ in l/s	Gleichzeitigkeitsfaktoren Z $n=0$	$n=1$	$n=2$	$n=3$	$n=4$	$n\geq5$
DN 15 R 1/2	15	0,5	0	0,45	0,31	0,25	0,21	0,2
DN 20 R 3/4	16	1,0	0	0,45	0,31	0,25	0,21	0,2
DN 25 R 1	17	1,7	0	0,45	0,31	0,25	0,21	0,2

Tabelle 3: Stoßbelastungsfaktor F

Gewerbliche Küchenbetriebe	F	Fleischverarbeitungsbetrieb		F
Hotelküchen	5	klein	≤ 5 GV[1]/Woche	30
Spezialitätenrestaurant	8,5	mittel	≤ 10 GV[1]/Woche	35
Krankenhaus	13	groß	≤ 40 GV[1]/Woche	40
Werksküche, Mensa	20	GV[1] =	Großvieheinheit, entspricht: 1 Rind bzw. 2,5 Schweinen	
Ganztagesgroßküche	22			

Tabelle 4: Betriebspezifische Schmutzwassermengen V

Gewerbliche Küchenbetriebe	V_M in l	Fleischverarbeitungsbetrieb		V_P in l/kg
Hotelküchen	100	klein	≤ 5 GV[1]/Woche	20
Spezialitätenrestaurant	50	mittel	≤ 10 GV[1]/Woche	15
Krankenhaus	20	groß	≤ 40 GV[1]/Woche	10
Werksküche, Mensa Ganztagesgroßküche	10	GV[1] =	Großvieheinheit, entspricht: 1 Rind bzw. 2,5 Schweinen	

Tabelle 1: Erschwernisfaktor für die Temperatur der Fette, Öle f_T

Temperatur im Zufluss in °C	Temperaturfaktor f_T
bis 60	1,0
über 60	1,3

Tabelle 2: Erschwernisfaktor für die Reinigungsmittel f_r

Spül- und Reinigungsmittel werden verwendet	Reinigungsmittelfaktor f_r
nein	1,0
ja	1,3

In besonderen Fällen, z. B. in Krankenhäusern kann ein Faktor $f_r \geq 1{,}5$ erforderlich sein.

Tabelle 3: Erschwernisfaktor für die Dichte der Fett, Öle f_d

Dichte der maßgeblichen Fettstoffe bei 20 °C in kg/dm³	Dichtefaktor f_d
bis 0,94	1,0[1]
über 0,94	1,5[2]

1 z. B. Küchen, Gaststätten, Fleisch- und Fischverarbeitungsbetriebe
2 z. B. für Rizinusöl, Wollfett, Harzöl, Rindertalg

Das Füllvolumen der Schlammfänge richtet sich nach der Nenngröße des Fettabscheiders. In der Regel beträgt das Füllvolunen das 100-fache des Zahlenwertes der Nenngröße in Liter, bei Schlachthöfen und ähnlichen Betrieben das 200-fache. Bei leicht faulenden Sinkstoffen wie bei der Fischindustrie ist kein Schlammfang vorzuschalten.

Als **Einflussfaktoren f_m** für anfallende Mengen Fett und Öl werden verwendet:

- $f_m = 1$ bei Gastwirtschaften, Verpflegungsbetrieben, Schlacht- und Fleischverwertungsbetrieben und
- $f_m > 1$ bei außergewöhnlichen Feststoffanteilen.

Beispiel:

Eine Großküche soll folgende Ausstattung erhalten: 2 Kochkessel Ablauf DN 25, 2 Kochkessel Ablauf DN 50, 2 Bratpfannen, 1 Kippbratpfanne, 1 Auslaufventil DN 15, 2 Auslaufventile DN 20, 1 Spülbecken ohne Sifon DN 50, 1 Geschirrspülmaschine. Ermitteln Sie den Schmutzwasserabfluss, die Nenngröße des Fettabscheiders und des Schlammfanges.

Geg.: Einrichtungsgegenstände gemäß **Tabelle 1** und **Tabelle 2, Seite 163**:

2 × Nr. 1, 2 × Nr. 2, 2 × Nr. 11,
1 × Nr. 10, 1 × Nr. 15, 2 × Nr. 16,
1 × Nr. 8, 1 × Nr. 9

Ges.: $\dot{V}_{WW}$ *NG* Fettabscheider *NG* Schlammfang

Berechnung von $\dot{V}_{WW}$ aus der Summe der Arbeitsvorgänge:

$\dot{V}_{WW} = \Sigma\,(n \cdot \dot{V}_{WWn} \cdot Z$
$\dot{V}_{WW1} = 2 \cdot 1$ l/s $\cdot$ 0,31 = 0,62 l/s
$\dot{V}_{WW2} = 2 \cdot 2$ l/s $\cdot$ 0,31 = 1,24 l/s
$\dot{V}_{WW11} = 2 \cdot 0{,}1$ l/s $\cdot$ 0,31 = 0,062 l/s
$\dot{V}_{WW10} = 1 \cdot 1$ l/s $\cdot$ 0,6 = 0,6 l/s
$\dot{V}_{WW15} = 1 \cdot 0{,}5$ l/s $\cdot$ 0,45 = 0,225 l/s
$\dot{V}_{WW16} = 2 \cdot 1$ l/s $\cdot$ 0,31 = 0,62 l/s
$\dot{V}_{WW8} = 1 \cdot 4$ l/s $\cdot$ 0,45 = 1,8 l/s
$\dot{V}_{WW9} = 1 \cdot 2$ l/s $\cdot$ 0,6 = 1,2 l/s
$\dot{V}_{WW}$ = **6,36 l/s**

Fettabscheider

Annahmen:	Einflussfaktoren:	
$\varrho = 0{,}94$ kg/dm³	$f_d = 1$	(Tabelle 3)
Reinigungsmittel	$f_r = 1{,}3$	(Tabelle 2)
Temperatur > 60 °C	$f_T = 1{,}3$	(Tabelle 1)
anfallendes Fett, Öl	$f_m = 1$	

$NG = \dot{V}_{WW} \cdot f_d \cdot f_T \cdot f_r \cdot f_m$
$NG = 6{,}36$ l/s $\cdot 1 \cdot 1{,}3 \cdot 1{,}3 \cdot 1$ **NG = 10,75 l/s**

Schlammfang
$NG = 100 \cdot NG_F$
$NG = 100 \cdot 10{,}75$ **NG = 1075 Liter**

Beispiel:

Eine Fleischerei verarbeitet je Woche 8 bis 10 Großvieheinheiten. Die Arbeitszeit beträgt 5 Tage/Woche mit je 8 Stunden/Tag.
Ermitteln Sie den Schmutzwasserabfluss, die Nenngröße des Fettabscheiders und des Schlammfanges.

Geg.: 10 GV/Woche, $t = 5\,d \cdot 8$ h/d,
$V_P = 15$ l/kg **(Tabelle 4, Seite 163),**
$F = 35$ **(Tabelle 3, Seite 163)**
Annahme: Wurstanteil 100 kg/GV

Ges.: $\dot{V}_{WW}$ *NG* Fettabscheider *NG* Schlammfang

Berechnung von $\dot{V}_{WW}$ für Einzelfälle

$\dot{V}_{WW} = \dfrac{V_M \cdot F \cdot M_M}{t}$ $\qquad \dot{V}_{WW} = \dfrac{3000\ \text{l} \cdot 35}{8 \cdot 3600\ \text{s}}$

$\dot{V}_{WW} = 3{,}65$ l/s

$\dot{V}_{WW} = \dfrac{V_P \cdot F \cdot M_P}{t}$ $\qquad \dot{V}_{WW} = \dfrac{200\ \text{kg} \cdot 15\ \text{l}}{\text{d} \cdot \text{kg}}$

$\dot{V}_{WW} = 3000$ l/d

$m_P = \dfrac{10\ \text{GV} \cdot 100\ \text{kg}}{\text{GV} \cdot 5\ \text{d}}$ $\qquad m_P = 200\ \dfrac{\text{kg}}{\text{d}}$

Fettabscheider Annahmen:
$f_d = 1$, $f_r = 1{,}3$, $f_T = 1{,}3$, $f_m = 1$
$NG = \dot{V}_{WW} \cdot f_d \cdot f_T \cdot f_r \cdot f_m$
$NG = 3{,}65$ l/s $\cdot 1 \cdot 1{,}3 \cdot 1{,}3 \cdot 1$ **NG = 6,17 l/s**

Schlammfang:
$NG = 200 \cdot NG_F$ (Fleisch verarbeitende Betriebe)
$NG = 200 \cdot 6{,}17$ **NG = 1234 Liter**

5.4.2 Leichtflüssigkeitsabscheider

Benzin-, Heizöl- und Koaleszenzabscheider werden nach DIN EN 858 bemessen.
Bei der Bemessung der Nenngröße von Leichtflüssigkeitsabscheidern werden berücksichtigt:

- die abfließende Schmutzwassermenge $\dot{V}_{WW}$,
- die abfließende Regenwassermenge $\dot{V}_r$ und
- der Dichtefaktor f_d der Leichtflüssigkeit.

Tabelle 1: Schmutzwasserabfluss $\dot{V}_{WW}$ (Q_{WW}) nach der Anzahl der Auslaufventile

Anzahl der Auslaufventile	Nennweite der Auslaufventile DN 15	DN 20	DN 25
	Schmutzwasserabfluss $\dot{V}_{WW}$ in l/s		
1	0,5	1	1,7
2	1	2	3,5
3	1,5	3	5
4	2	4	7
7	3	6	10
10	4	8	14

Der Schutzwasserabfluss für Fahrzeugstände bei Handwäsche ergibt sich für die jeweilige Anzahl von Auslaufventilen unter der Berücksichtigung der Gleichzeitigkeit aus **Tabelle 1.** Für einen einzelnen **Hochdruckreiniger** sind 2 l/s, für jeden weiteren 1 l/s dazuzurechnen.

Als **Schmutzwasserabfluss für Fahrzeugwaschanlagen** sind für PKW- oder Omnibuswaschanlagen je Waschstand oder Waschbahn 2 l/s anzusetzen. Weitere Schmutzwasserabflüsse, wie z.B. Hochdruckreiniger sind hinzuzuzählen.

Den **Regenwasserabfluss $\dot{V}_r$** berechnet man nach **Kapitel 6,** dabei sollte $r \geq 150$ l/(s · ha) betragen. Für kleinere Flächen kann der Regenwasserabfluss auch mit Hilfe von **Tabelle 2** ermittelt werden.

Tabelle 2: Regenwasserabfluss $\dot{V}_r$

Regenspende r in l/(s · ha) 150	200	300	Regenwasserabfluss $\dot{V}_r$ in l/s
Niederschlagsfläche in m² (C = 1, gerundete Werte)			
70	50	35	1
100	70	50	1,5
140	100	70	2
200	150	100	3
270	200	135	4
340	250	170	5
400	300	200	6
670	500	335	10
1000	750	500	15
1400	1000	700	20
1700	1250	850	25

Die Nenngröße von Leichtflüssigkeitsabscheidern berechnet man mit der Formel

$$NG = (\dot{V}_r + 2\ \dot{V}_{WW}) \cdot f_d$$

NG Nenngröße
$\dot{V}_r$ Regenwassermenge in l/s
$\dot{V}_{WW}$ Schmutzwassermenge in l/s
f_d Dichtefaktor **(Tabelle 3)**

Tabelle 3: Dichtefaktoren f_d

Dichtefaktor f_d	Dichte der maßgebenden Flüssigkeit in kg/dm³
1	bis 0,85
2	über 0,85 bis 0,90
3	über 0,90 bis 0,95

Das Füllvolumen der Schlammfänge richtet sich nach der Nenngröße der Leichtflüssigkeitsabscheider. Schlammfänge bis Nenngröße 10 werden mindestens nach **Tabelle 4** bemessen. Über Nenngröße 10 sind die Abscheider nach **Tabelle 5** festzulegen. Die Schlammfanganlage bei Fahrzeugwaschanlagen oder Waschstraßen muss einen Mindestinhalt von 5000 l haben.

Tabelle 4: Füllvolumen der Schlammfänge bis NG 10

Nenngröße des Abscheiders	Mindestinhalt Schlammfang in l
bis 3	650
über 3 bis 10	2500

Tabelle 5: Füllvolumen der Schlammfänge über NG 10

Schlammanfall Einstufung	Beispiele	Schlammfang Inhalt in l
gering	Prozesswässer mit wenig Schlamm, Regenauffangflächen mit wenig Schmutz	100 · NG NG mit f_d = 1
mittel	Tankstellen, PKW-Wäsche von Hand, Omnibuswaschstände, Abwasser aus Reparaturwerkstätten, Fahrzeugabstellflächen,	200 · NG NG mit f_d = 1
groß	automatische Waschstände, Waschstraßen, Waschstände für LKW, Baustellenfahrzeuge, landwirtschaftliche Maschinen	300 · NG NG mit f_d = 1

Die Nenngröße der **Koaleszenzabscheider** wird nach der Formel für Leichtflüssigkeitsabscheider berechnet. Der einzusetzende Dichtefaktor f_d hängt von der Anordnung der Abscheider ab **(Bild 1, Seite 166).**

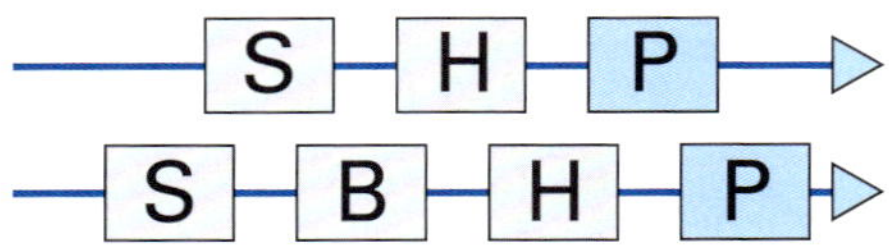

S Schlammfang, B Benzinabscheider,
H Koaleszenzabscheider, P Probenahmeschacht

Bild 1: Anordnung der Koaleszenzabscheider

Für die Anordnung S – H – P ist der Dichtefaktor f_d aus **Tabelle 1** zu entnehmen.

Tabelle 1: Dichtefaktoren f_d für Koaleszenzabscheider (Anordnung S – H – P)	
Dichtefaktor f_d	Dichte der maßgebenden Flüssigkeit in kg/dm³
1,0	bis 0,85
1,5	über 0,85 bis 0,90
2,0	über 0,90 bis 0,95

Bei der Anordnung S – B – H – P ist für Benzin- und Koaleszenzabscheider unabhängig von der Dichte der Dichtefaktor $f_d = 1$ einzusetzen.

Beispiel:

Für eine KFZ-Waschstation sind drei Waschstände für Handwäsche mit je zwei Auslaufventilen DN 15, zwei automatische Fahrzeugwaschanlagen und zwei Hochdruckreiniger eingeplant. Eine Parkplatzfläche von 100 m², bei der Niederschlagswasser gleichzeitig mit Schmutzwasser anfällt, muss über den Leichtflüssigkeits-Abscheider entwässert werden. Die örtliche Regenspende beträgt 200 l/(s · ha).

Bestimmen Sie die Nenngröße der Benzin- und der Schlammabscheideanlagen, wenn:

a) die Anordnung S – B – P und für die maßgebende Leichtflüssigkeit eine Dichte ϱ = 0,85 kg/dm³ ermittelt wurde,

b) die Anordnung S – B – H – P vorgesehen wird und für die maßgebende Leichtflüssigkeit eine Dichte ϱ = 0,95 g/cm³ ermittelt wurde.

Geg.: 3 Waschstände Handwäsche mit je 2 Auslaufventilen DN 15, 2 Hochdruckreiniger,
2 automatische KFZ-Waschanlagen,
ϱ_a = 0,85 kg/dm³, ϱ_b = 0,95 kg/dm³,
A = 100 m², r = 200 l/(s · ha)

Ges.: a) NG Benzinabscheider, NG Schlammfang.
b) NG Benzinabscheider,
NG Koaleszenzabscheider,
NG Schlammfang.

a) 6 Auslaufventile DN 15
$\dot V_{WW1}$ = 3 l/s **(Tabelle 1, Seite 165)**
2 Hochdruckreiniger $\dot V_{WW2}$ = 2 l/s + 1 l/s,
2 automatische Waschanlagen $\dot V_{WW3}$ = 2 · 2 l/s,
f_{da} = 1 **(Tabelle 3, Seite 165)**

$\dot V_{WW} = \dot V_{S1} + \dot V_{S2} + \dot V_{S3}$
$\dot V_{WW}$ = 3 l/s + 3 l/s + 4 l/s $\dot V_{WW}$ = 10 l/s.
$\dot V_r$ = 2 l/s **(Tabelle 2, Seite 165)**

Benzinabscheider:
NG = ($\dot V_r$ + 2 $\dot V_{WW}$) · f_d
NG = (2 l/s + 2 · 10 l/s) · 1 NG = 22 (l/s)

Schlammfang: Große Schlammbelastung,
NG mit f_d = 1 **(Tabelle 5/S. 165)**

NG = 300 · NG NG = 300 · 22
NG = 6600 Liter (NG > 5000 Liter).

b) Für ϱ = 0,95 kg/dm³ bei Anordnung S – B – H – P:
f_{db} = 1 (für Benzin- und Koaleszenzabscheider)

Benzinabscheider und Koaleszenzabscheider:
NG = ($\dot V_r$ + 2 $\dot V_{WW}$) · f_d *NG* = (2 l/s + 2 · 10 l/s) · 1

***NG* = 22** (l/s) jeweils Schlammfang:
***NG* = 6600 Liter** (NG > 5000 Liter) s.o.

5.4.3 Neutralisationsanlagen

Durch die Nutzung der Verdampfungswärme des bei der Verbrennung von Kohlenwasserstoffen entstehenden Wasserdampfes fällt Kondensat an bei Wärmeerzeugern, die wie z. B. Heizkessel, Wassererwärmer oder Sorptionswärmepumpen als Brennwertgeräte ausgelegt sind.

Dieses Kondensat hat, je nach Brennstoff, sehr niedrige pH-Werte und kann deshalb Abwasseranlagen beeinträchtigen. Außerdem ist die Einleitung von Säuren in öffentliche Abwasserkanäle nicht zulässig. Der pH-Wert 6,5 darf deshalb nicht unterschritten werden **(Tabelle 1, Seite 167)**.

Der maximal anfallende Kondensatvolumenstrom $\dot V_K$ hängt ab von der Betriebsdauer oder der Brenndauer t, der Nennbelastung $\dot Q_{NB}$ des Wärmeerzeugers und dem spezifischen maximalen Kondensatanfall v. Gegebenenfalls ist bei $\dot Q_{NB}$ > 25 kW die Abtrennung von Schwermetallen erforderlich.

$$\dot V_K = t \cdot \dot Q_{NB} \cdot v$$

$\dot V_K$ Kondensatvolumenstrom in l/d
t Betriebsdauer in h/d
$\dot Q_{NB}$ Nennbelastung in kW
v spezifischer maximaler Kondensatanfall in l/kWh

Durch die Verwendung des spezifischen maximalen Kondensatanfalles, der für **Heizöl** etwa **0,08 l/kWh** und für **Erdgas** etwa **0,14 l/kWh** beträgt, können Sachverhalte wie z.B. Betriebsweise und Abgastemperatur unberücksichtigt bleiben.

Tabelle 1: Neutralisationspflicht bei Kondensatableitung (ATV – A 251)

$\dot{Q}_{NB}$ [kW]	Gas	Heizöl EL schwefelarm	Heizöl EL Standard
< 25	nein[1) 2)]	nein[1) 2)]	ja
25 bis 200	nein[1) 2) 3)]	nein[1) 2) 3)]	ja
> 200	ja	ja	ja

1) Bei Einleitung in Kläranlagen.
2) Bei nicht säurebeständigen Rohrwerkstoffen.
3) Gebäude ohne ausreichende Vermischung der Abwässer.

Tabelle 2: Neutralisationsanlagen für gasbefeuerte Geräte

(Herstellerangaben)	Neutralisationsgerät			
	25_I	25_{IS}	20_G	120_G
Kondensatablauf in l/h	2,5	2,5	20	120
max. $\dot{Q}_{NB}$ in kW	≤ 25	≤ 25	≤ 170	≤ 1000
mit Schwermetallfilter		x_1		
ohne Schwermetallfilter	x		x_2	x_2

I Neutralisation durch Ionentausch
G Neutralisation durch Granulate
1 mit Aktivkohlefilter
2 Hydroxidschlamm kann Schwermetallionen binden

Beispiel:

Ein Konferenzgebäude wird mit Erdgas beheizt. Die Nennbelastung des Brennwertkessels beträgt 275 kW. Berechnen Sie den durchschnittlichen Kondensatanfall, wenn die Brenndauer durchschnittlich 12 Stunden je Tag beträgt und wählen Sie nach Herstellerangaben eine Neutralisationsanlage aus **(Tabelle 2)**.

Geg.: $t = 12$ h/d, $\dot{Q}_{NB} = 275$ kW, $v = 0{,}14$ l/kWh
Ges.: Gerätegröße ($\dot{V}_k$)

$\dot{V}_k = t \cdot \dot{Q}_{NB} \cdot v$ $\quad \dot{V}_k = \dfrac{12\ \text{h} \cdot 275\ \text{kW} \cdot 0{,}14\ \text{l}}{\text{d} \cdot \text{kWh}}$

$\mathbf{\dot{V}_k = 462\ l/d}$ $\quad \mathbf{\dot{V}_k = 38{,}5\ l/h}$

Gewählt Gerät 120_G ($\dot{V}_k = 38{,}5$ l/h < 120 l/h und $\dot{Q}_{NB}$ 275 kWh < 1000 kW **(Tabelle 2)**.

Aufgaben

1 Für die Küche einer Großgaststätte ist der Fettabscheider und der Sandfang zu bemessen. Die Küche soll ausgestattet werden mit: 2 Kesseln Auslauf DN 25, 2 Kochkesseln Auslauf DN 50, 1 Kippkessel DN 70, 1 Spülbecken ohne Sifon DN 50, 1 Geschirrspülmaschine, 1 Kippbratpfanne, 2 Bratpfannen, 1 Hochdruck-Dampfreiniger, 1 Schälgerät, 1 Gemüsewascheinrichtung, 2 Auslaufventile DN 15, 2 Auslaufventile DN 20. Die Verwendung von Reinigungsmitteln und der Wasserzufluss mit hohen Temperaturen kann nicht ausgeschlossen werden.

2 Die Küche eines Krankenhauses produziert täglich 780 warme Essensportionen. Ermitteln Sie die abfließende Schmutzwassermenge und bemessen Sie die Abscheideanlagen für Fett und Schlamm.

3 Für eine überdachte automatische PKW-Waschanlage ist eine Abscheideanlage mit Benzinabscheider und Schlammfang zu bemessen. Zu berücksichtigen ist ein Waschstand für Handwäsche mit einem Auslaufventil DN 25 und ein Hochdruckreiniger. Die maßgebende Leichtflüssigkeit hat eine Dichte $\varrho = 0{,}85$ kg/dm^3.

4 Eine Tankstelle ist mit zwei offenen PKW-Waschständen, je zwei Auslaufventilen DN 20 und je einem Hochdruckreiniger ausgestattet. Für die 250 m^2 große Freifläche ist eine Regenspende von 200 l/(s · ha) anzunehmen. Bemessen Sie Benzinabscheider und Schlammfang, wenn davon auszugehen ist, dass Regen- und Schmutzwasser nicht gleichzeitig anfallen.

5 Ermitteln Sie die anfallende Kondensatmenge für einen Öl-Brennwertkessel, mit 95 kW Nennbelastung, wenn die durchschnittliche Brenndauer 10 Stunden je Tag beträgt.

5.5 Längenänderung durch Temperaturänderung

Temperaturänderungen können bei Abwasserleitungen erhebliche Längenänderungen verursachen. Die Längenänderung Δl hängt ab von der Ausgangslänge l_1, dem Ausdehnungskoeffizienten α des Werkstoffes **(Tabelle 1, Seite 55)**, der besonders bei Kunststoffen sehr groß ist, und der Temperaturänderung $\Delta\vartheta$.

Um Schäden bei Abwasserleitungen zu vermeiden, müssen die zu erwartenden Längenänderungen rechnerisch ermittelt oder aus Diagrammen abgelesen werden, um die Dehnung beim Bau der Anlage zu berücksichtigen.

Die Längenänderung Δl lässt sich mit Hilfe von Diagrammen **(Bild 1, Seite 168)** ermitteln oder kann mit folgender Formel berechnet werden:

$$\Delta l = l_1 \cdot \alpha \cdot \Delta\vartheta$$

Δl Längenänderung in mm
l_1 Ausgangslänge in m
α Ausdehnungskoeffizient in mm/(m · K)
$\Delta\vartheta$ Temperaturänderung in K

Die Länge der Biegeschenkel lässt sich in Abhängigkeit von Werkstoff, Längenänderung und Nennweite aus Diagrammen **(Bild 2, Seite 168)** oder mit der nachfolgenden Formel ermitteln.

$$L_{BS} = C \cdot \sqrt{\Delta l \cdot D}$$

L_{BS} Länge des Biegeschenkels in cm
C werkstoffabhängiger Faktor (PE-HD: C = 10)
Δl Längenänderung in cm
D Rohr-Außendurchmesser in cm

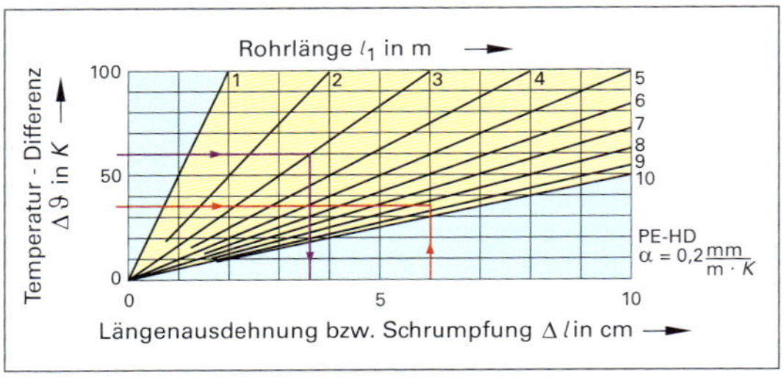

Bild 1: Ermitteln der Längenänderung (PE-HD)

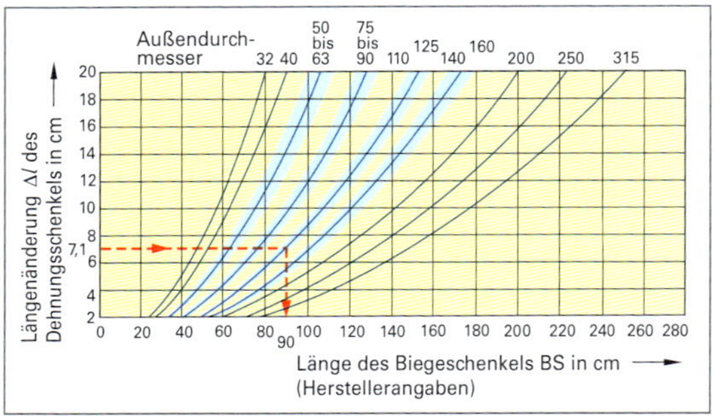

Bild 2: Länge von Biegeschenkeln aus PE-HD

Beispiel

Eine Sammelleitung DN 100 aus PE-HD mit 14,20 m Länge wird unter der Erdgeschossdecke verlegt.

a) Welche Längenänderung muss der Biegeschenkel aufnehmen können, wenn eine Temperaturerhöhung von 25 K zu erwarten ist **(Bild 3)?**

b) Wie viele mm muss sich das Rohr jeweils in den Gleitschellen 1 bis 14 bewegen können, wenn der Rohrschellenabstand bei DN 100 maximal 1,00 m (10 DN) betragen soll?

c) Ermitteln Sie die Länge des Biegeschenkels BS mit Hilfe von Diagramm **Bild 2.**

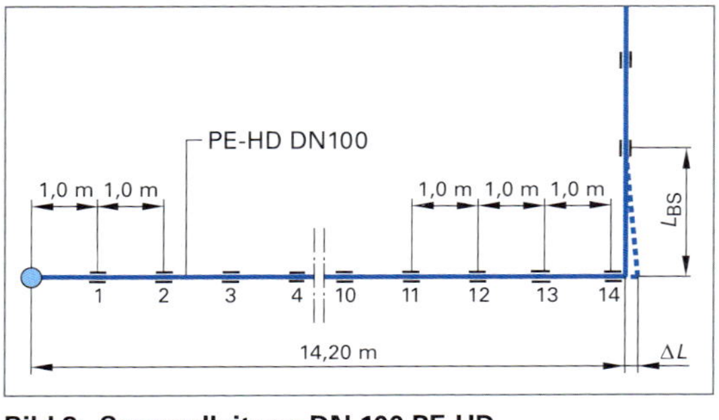

Bild 3: Sammelleitung DN 100 PE-HD

Geg.: l_1 = 14,20 m, α = 2,0 $\frac{mm}{(m \cdot K)}$, $\Delta\vartheta$ = 25 K
l_{A1} = 1,00 m

Ges.: a) Δl b) Δl_n c) L_{BS}

a) $\Delta l = l_1 \cdot \alpha \cdot \Delta\vartheta$

Δl = 14,20 m · 0,2 $\frac{mm}{(m \cdot K)}$ · 25 K

Δl = 71 mm

b) $\Delta l_1 = I_{A1} \cdot \alpha \cdot \Delta\vartheta$

Δl_1 = 14,20 m · 0,2 $\frac{mm}{m \cdot K)}$ · K · 25 K

Δl_1 = 5 mm

Nr.	Δl in mm	Nr.	Δl in mm	Nr.	Δl in mm
1	5	6	30	11	55
2	10	7	35	12	60
3	15	8	40	13	65
4	20	9	45	14	70
5	25	10	50		

c) **L_{BS} = 90 cm (Bild 2)**

Aufgaben

1 Welche Länge kann die Strecke zwischen dem Festpunkt und dem Biegeschenkel einer Sammelleitung DN 100 aus PE-HD höchstens haben, wenn der Biegeschenkel maximal 60 mm Längendehnung aufnehmen kann und die zu erwartende Temperaturdifferenz 35 °C beträgt? **(Bild 1).**

2 Die Einbautemperatur bei der abgebildeten Fallleitung aus PVC-C beträgt 10 °C, die höchste zu erwartende Ablauftemperatur 45 °C.
Welche Längenänderung wäre zu erwarten, wenn die Dehnungsmuffe jeweils 1,80 m unterhalb und oberhalb der Abzweige (Festpunkte) liegen würde **(Bild 4)?**

3 Für die 2,10 m lange Anschlussleitung DN 70 aus PE-HD einer gewerblichen Waschmaschine ist eine maximale Längenänderung von 30 mm vorgesehen.
Welche Temperatur ist höchstens möglich, wenn die Leitung bei 20 °C verlegt wurde?

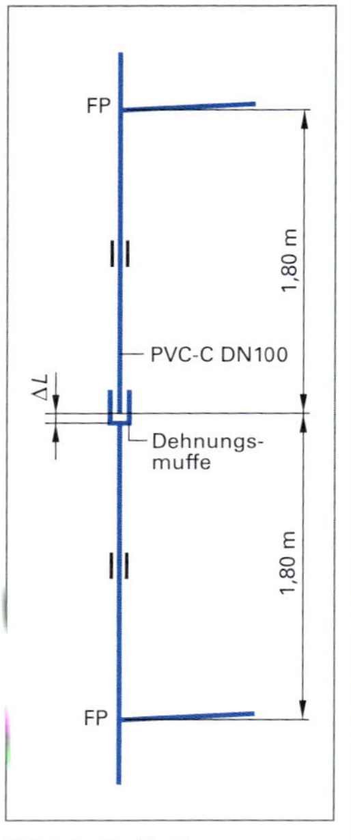

Bild 4: Fallleitung PVC-C

5.6 Projekt

Für ein 10-geschossiges Hochhaus in Dortmund sind die Entwässerungsanlagen zu dimensionieren. Das Flachdach hat eine Dachneigung von 7°. Das Gebäude soll über einen Mischwasserkanal entwässert werden **(Bild 1)**.

Zu ermitteln sind:

a) die Nennweiten der beiden innenliegenden Regenwasser-Fallleitungen 1 und 2, wenn die Dachgrundrissfläche mit 260 m^2 zu gleichen Teilen über die Fallleitungen mit Teilfüllung entwässert wird.

b) die Nennweiten der Regenwasser-, Sammel- und Grundleitungen wenn I = 1 : 50.

c) die Nennweiten der Schmutzwasserfallleitungen I und II, wenn eine Hauptlüftung vorgesehen wird.

d) die Nennweite der Zuleitung der geschlossenen Hebeanlage, wenn die Gesamtlänge der Zuleitung 8,40 m beträgt,

e) die Größe der Hebeanlage mit Angabe des Förderstromes, der Nennweiten von der Druck- und der Lüftungsleitung (Verwendung von Herstellerunterlagen),

f) die Nennweiten der Umgehungsleitungen im Erdgeschoss,

g) die Nennweiten der Schmutzwasser-Sammel- und Grundleitungen,

h) die Nennweiten der Mischwasserleitungen,

i) der Höhenunterschied, der sich durch Gefälle auf der Strecke AB ergibt, wenn die Länge 5,2 m beträgt und die Rohrleitung mit dem Gefälle 1:50 montiert werden soll,

j) die Längenänderung durch Erwärmung, die bei der Montage der Fallleitungen mit SML-Rohr insgesamt berücksichtigt werden muss, wenn die Geschosshöhen jeweils 2,90 m von OKFFB bis OKFFB betragen, die Rohre bei 6 °C montiert werden, wobei durch Abwasser mit einer Erwärmung auf 50 °C gerechnet werden muss und

k) die Nennweiten der Schmutzwasser-Fallleitungen beim Einbau einer direkten Nebenlüftung.

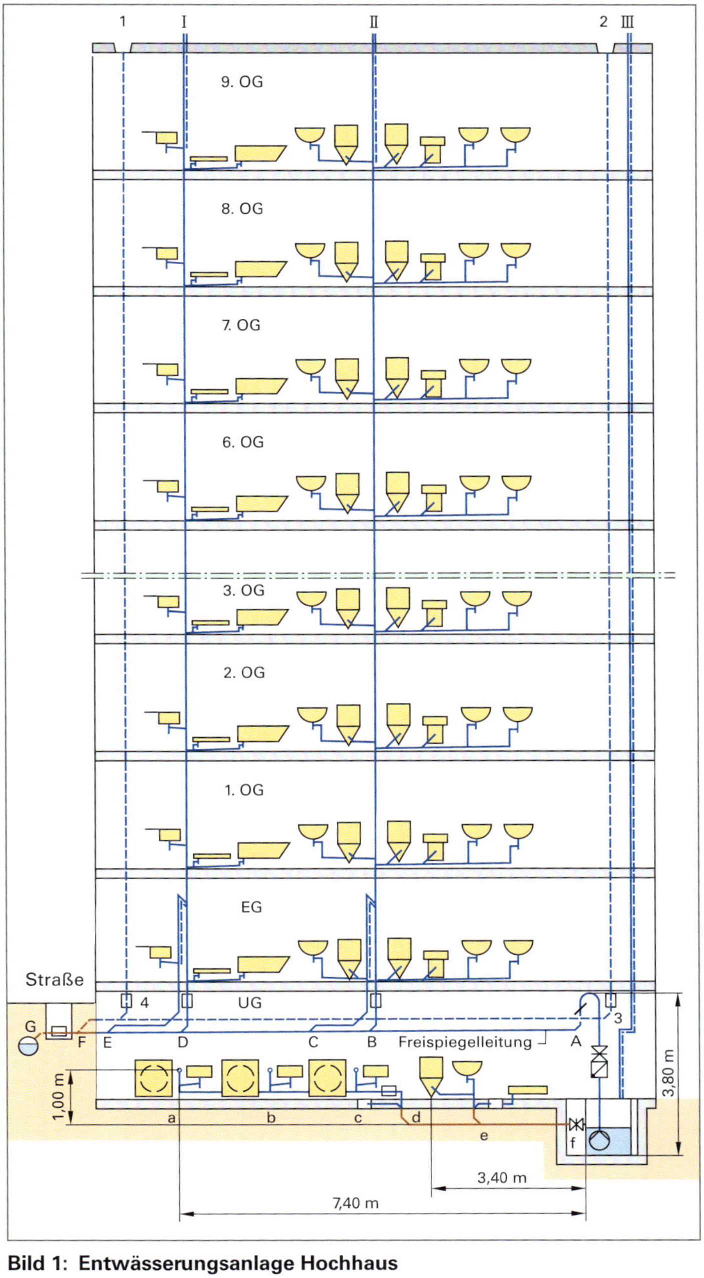

Bild 1: Entwässerungsanlage Hochhaus

6 Ableitung von Niederschlagswasser

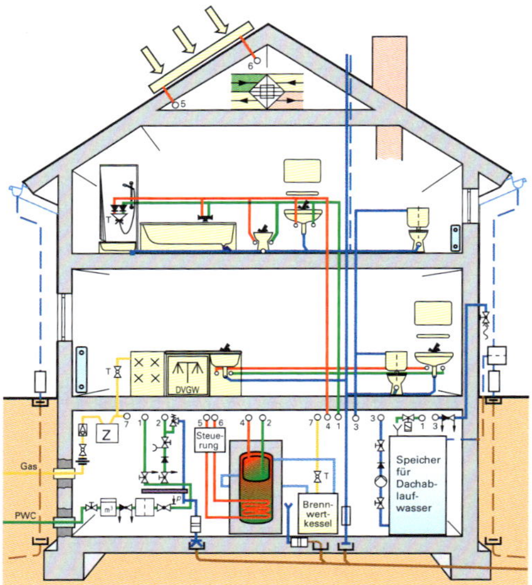

Leitprojekt

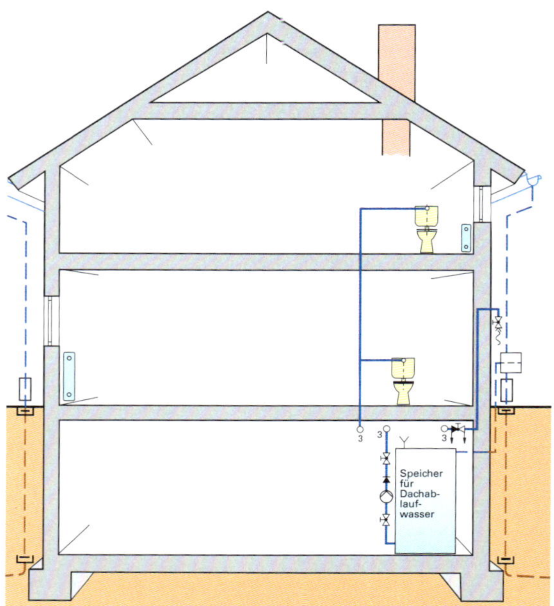

Ableitung von Niederschlagswasser

6 Ableitung von Niederschlagswasser

Wichtige Berechnungen zur Ableitung des Niederschlagswassers sind:

- der Blechbedarf und das Blechgewicht,
- die Bemessung der Dachrinnen und Regenfallrohre,
- die Dimensionierung von Anlagen zur Nutzung von Niederschlagswasser und
- Berechnungen für das Gefälle und zur Längenänderung durch Temperaturänderung.

6.1 Zuschnitte

Verschnittloses Zuschneiden von Bauteilen zur Ableitung von Niederschlagswasser.

Blechtafeln 2 m × 1 m werden so geteilt, dass kein Verschnitt entsteht. Dabei wird die Tafellänge von 2 m gleichmäßig aufgeteilt. Die Teilung der Tafellänge von 2 m in z. B. acht gleiche Teile ergibt ein Zuschnittsmaß von 250 mm. Man nennt diesen Zuschnitt 250 mm deshalb einen 8-teiligen Zuschnitt **(Tabelle 1)**.

Tabelle 1: Verschnittloses Zuschneiden, Nenngrößen, Mindestblechdicken

Teilung	Zuschnitt mm	Nenngröße Rinnen halbrund	Nenngröße Rohre rund	Mindestblechdicken Rinnen mm Zn	Rinnen mm Cu	Rohre mm Zn	Rohre mm Cu
4	500	500	150	0,8	0,7	0,7	0,7
5	400	400	120	0,7	0,7	0,7	0,7
6	333	333	100	0,7	0,6	0,65	0,6
7	285	–	87*	0,7	0,6	0,65	0,6
–	–	280	–	0,7	0,6	0,65	0,6
–	–	–	80	0,7	0,6	0,65	0,6
8	250	250	76*	0,65	0,6	0,65	0,6
10	250	200	60	0,65	0,6	0,65	0,6

* Regional noch übliche Nenngrößen

Berechnen von Zuschnitten

Man ermittelt den Zuschnitt von Blechprofilen, indem man den Umfang berechnet und die Nahtbreite dazuzählt oder die gestreckte Länge bestimmt.

$$Z = U + N$$

Z Zuschnitt in mm,
U Rohrumfang in mm,
N Nahtzugabe in mm.

Für Nähte sind als Nahtzugabe vorgeschrieben:

- Lötnahtüberlappung im waagerechten und leicht geneigten Bereich mindestens 10 mm,
- im senkrechten Bereich mindestens 5 mm breit. Für den Zuschnitt von Rohren mit gefalzten Nähten gilt: Die Falzbreite f soll etwa der zehnfachen Blechdicke entsprechen. Bei Querfalzen beträgt die Falzbreite meist 5 mm, bei Längsfalzen meist 6 mm bis 7 mm.

Bei gefalzten Nähten erhält man den Zuschnitt, indem man sowohl bei Längs- als auch bei Quernähten die dreifache Falzbreite dazuzählt **(Bild 1)**.

$$Z = U + 3\,f$$

Z Zuschnitt in mm,
U Rohrumfang in mm,
f Falzbreite in mm.

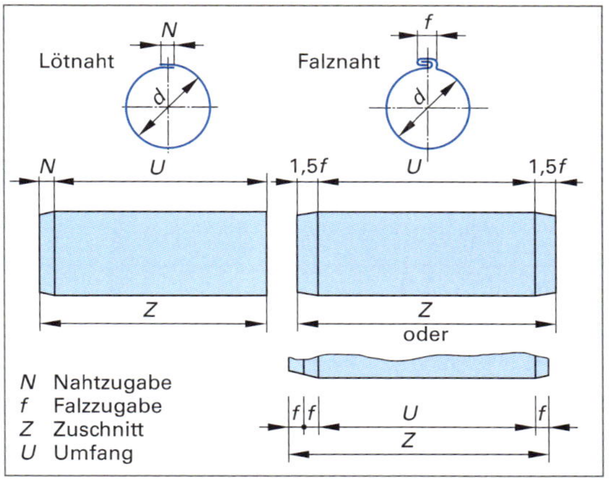

Bild 1: Nahtzugaben

Beispiel

Der Zuschnitt eines Blechrohres DN 100 mit einer Falzbreite von 6 mm ist zu ermitteln.

Geg: $D = 100$ mm, $f = 6$ mm
Ges.: Z

$Z = U + 3\,f$
$Z = 314$ mm + 18 mm
$\mathbf{Z = 332}$ **mm** (6-tlg.: Z = 333 mm)

$U = d \cdot \pi$
$U = 100 \text{ mm} \cdot \pi$
$U = 314$ mm

Für ein 8-teiliges Regenfallrohr ist die Breite der Lötnaht zu ermitteln.

Geg: $Z = 250$ mm, $d = 76$ mm (aus Tabelle 1)
Ges.: N

$N = Z - U$
$N = 250$ mm – 238 mm
$\mathbf{N = 12}$ **mm**

$U = d \cdot \pi$
$U = 76 \text{ mm} \cdot \pi$
$U = 238$ mm

6.2 Blechbedarf, Blechgewicht

Blechbedarf

Die gesamte Blechfläche A wird ermittelt, indem man den Zuschnitt Z des Bleches mit der Blechlänge l_{ges} multipliziert. Die Blechlänge l_{ges} wird berechnet indem man die Länge l und die Nahtzugaben addiert. Zuschläge für Verschnitt werden berücksichtigt.

$$A = Z \cdot l_{ges}$$

A Blechfläche in m^2
Z Zuschnitt in m
l_{ges} Gesamtlänge in m (einschließlich Nahtzugaben)

Blechgewichte

Bleche werden oft unter Angabe der Masse bestellt und abgerechnet. Deshalb wird die Masse der verwendeten Bleche, die auch als „Blechgewicht" bezeichnet wird, ermittelt.

Die Masse der Bleche hängt ab von:

- der Blechdicke,
- den Abmessungen der Bleche und
- der Dichte des Werkstoffes.

$$m = m'' \cdot A$$

m Blechgewicht in kg,
m'' flächenbezogene Masse in kg/m^2
A Gesamtfläche in m^2

Tabelle 1: Flächenbezogene Masse m" von Blechen in kg/m^2

Blechdicke s in mm	Titan-Zink	SF-CuF22 SF-CuF25	Pb99,94 (Cu)	AlMnF12 AlMnF14	Stahlblech DIN 17162
0,3	2,15	2,67	3,42	0,81	–
0,4	2,87	3,56	4,56	1,08	–
0,5	3,59	4,45	5,70	1,35	3,925
0,55	3,95	4,90	–	1,49	–
0,6	4,32	5,34	6,84	1,62	4,710
0,65	4,68	5,78	–	1,76	–
0,70	5,04	6,23	7,98	1,89	5,495
0,75	5,40	6,67	8,60	2,03	–
0,8	5,76	7,12	9,12	2,16	6,280
0,9	6,48	8,01	10,26	2,43	7,065
1,0	7,20	8,90	11,40	2,70	7,850

Beispiel:

Das Blechgewicht einer 12,30 m langen 8-teiligen Dachrinne aus Titanzink 0,7 mm ist zu ermitteln. Es stehen vorgefertigte Rinnenstücke mit je 5,00 m Länge zur Verfügung. Je Naht sind 15 mm Überlappung zuzugeben. Es entsteht kein Verschnitt **(Bild 1)**.

Geg.: $l = 12{,}3$ m, $m'' = 5{,}04\ kg/m^2$ **(Tabelle 1)**
$N = 2 \cdot 1{,}5$ cm, $Z = 0{,}25$ m **(Tabelle 1, Seite 171)**

Ges.: m

12,30 m Dachrinne erfordern 3 vorgefertigte Teilstücke mit je $\leq$ 5 m. Man benötigt zwei Nähte.

$A = (l + N) \cdot Z$ $A = (12{,}30\ m + 0{,}03\ m) \cdot 0{,}25\ m$
$A = 3{,}0825\ m^2$

$m = m'' \cdot A$ $m = 5{,}04\ kg/m^2 \cdot 3{,}0825\ m^2$
$\mathbf{m = 15{,}5358\ kg}$

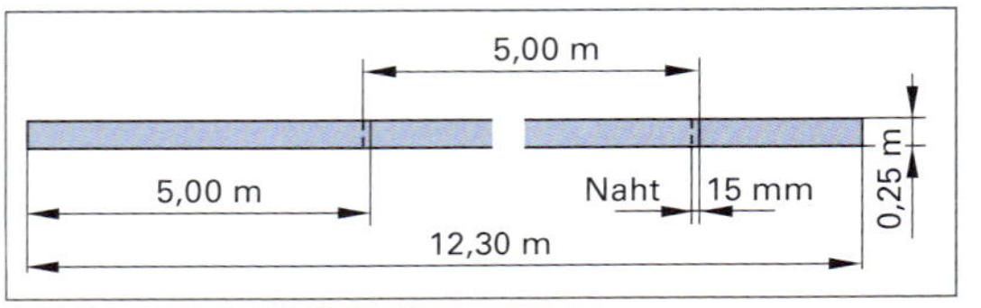

Bild 1: Blechgewicht Dachrinne

Zur Ermittlung des Blechgewichtes von Ortgang- oder Kehlblechen, aber auch bei Metalldachdeckungen benötigt man die **Sparrenlängen** l_S bzw. die **Kehllängen** l_K. Beide Längen lassen sich mit Hilfe des Satzes von Pythagoras ermitteln **(Seite 28)**. Dabei ist es erforderlich, dass man ein rechtwinkliges Dreieck bildet, in dem die gesuchte Länge enthalten ist **(Bild 2)**. Die verwendeten Formeln sind je nach Dachform unterschiedlich.

Berechnung der **Sparrenlängen** l_S beim:

Satteldach	Pultdach
$l_S = \sqrt{h^2 + \frac{b^2}{4}}$	$l_S = \sqrt{h^2 + b^2}$

l_S Sparrenlänge in m,
h Höhe in m,
b Breite in m

Berechnung der **Kehllängen** l_K bei Pult- und Satteldächern:

$$l_K = \sqrt{l_S^2 + a^2}$$

l_K Kehllänge in m
l_S Sparrenlänge in m
a Differenz zwischen Firstlänge l_F und Trauflänge l_T in m

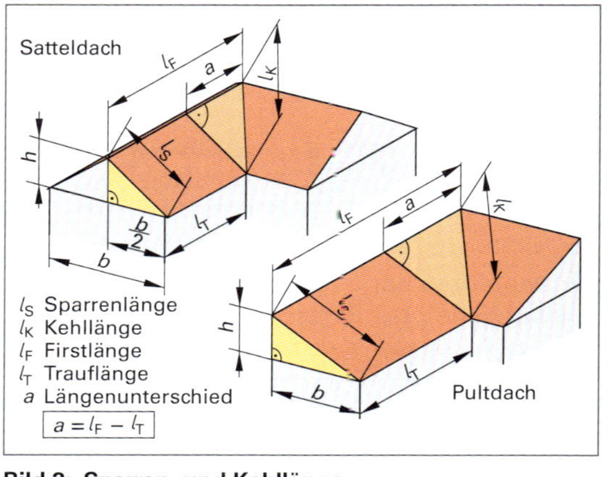

Bild 2: Sparren- und Kehllänge

Beispiel

Berechnen Sie die Ortganglänge (Sparrenlänge) und die Kehllänge eines Winkelbungalows mit Satteldach, wenn die Höhe 2,80 m die Breite 9,80, die Firstlänge 15,20 m und die Trauflänge 11,20 m beträgt.

Geg.: $h = 2{,}80$ m; $b = 9{,}80$ m; $l_F = 15{,}20$; $l_T = 11{,}20$ m

Ges.: l_S, l_K

$$l_S = \sqrt{h^2 + \frac{b^2}{4}}$$

$$l_S = \sqrt{(2{,}8\text{ m})^2 + \frac{(9{,}8\text{ m})^2}{4}} \qquad l_S = \sqrt{31{,}85\text{ m}^2}$$

$$l_S = \sqrt{7{,}84\text{ m}^2 + 24{,}01\text{ m}^2} \qquad \mathbf{l_S = 5{,}643\text{ m}}$$

$$l_K = \sqrt{l_S^2 + a^2} \qquad a = l_F - l_T$$

$$l_K = \sqrt{31{,}85\text{ m}^2 + 16\text{ m}^2} \qquad a = 15{,}20\text{ m} - 11{,}20\text{ m}$$

$$l_K = \sqrt{47{,}85\text{ m}^2} \qquad a = 4{,}00\text{ m}$$

$$\mathbf{l_K = 6{,}917\text{ m}}$$

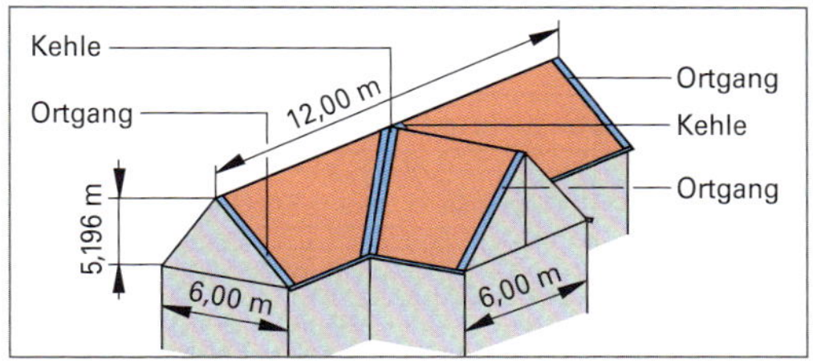

Bild 2: Gebäude mit Satteldach

Aufgaben

1 Die beiden 6-teiligen Ortgangbleche, die auf dem Pultdach angebracht werden sollen, wie auch die erforderlichen 4-teiligen Kehlbleche sind aus Kupferblech 0,7 mm herzustellen. Ermitteln Sie das Blechgewicht, wenn die Arbeitsbreite der Maschinen 2,00 m beträgt und je Lötnaht am Ortgang 15 mm, bei der Kehle je Naht 100 mm Überlappung zu berücksichtigen sind **(Bild 1)**.

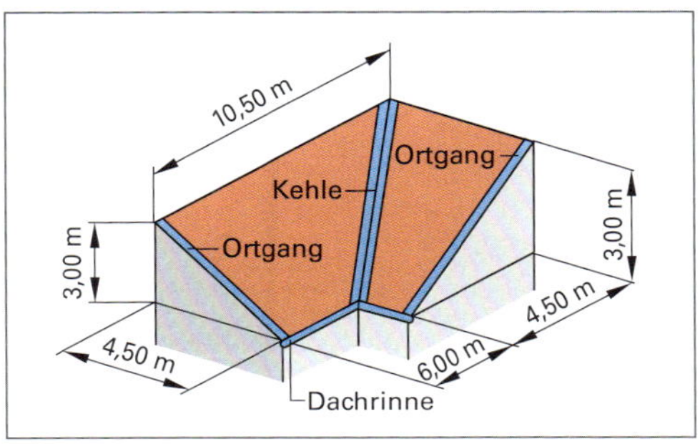

Bild 1: Gebäude mit Pultdach

2 Für ein denkmalgeschütztes Gebäude sollen im Zuge der Dacherneuerung die Ortgänge und die Kehlen mit Kupferblech 0,8 mm neu gedeckt werden. Es ist zu berechnen: Die Länge der Ortgang- und der Kehlbleche, der Blechbedarf in m² und die Anzahl der Blechtafeln 2,00 m · 1,00 m, wenn die Ortgangbleche 7-teilig und die Kehlbleche 4-teilig zugeschnitten werden (Für Nahtzugabe und Verschnitt sind 12% der ermittelten Fläche zu berechnen.) und das Blechgewicht, der Bleche, die an die Baustelle zu liefern sind **(Bild 2)**.

3 Für die in den Aufgaben a bis f abgebildeten Bleche sind die Zuschnitte, der Blechbedarf in m², die Anzahl der erforderlichen Blechtafeln 2,00 m · 1,00 m und das Blechgewicht zu berechnen **(Bild 3)**.

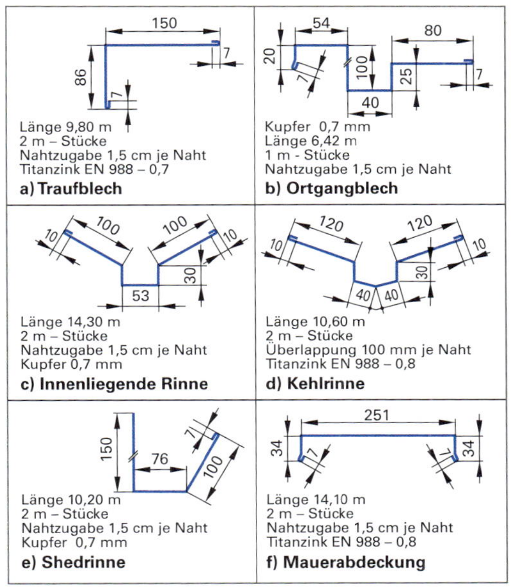

Bild 3: Blechgewichte

6.3 Bemessen von Dachrinnen und Regenwasserleitungen

6.3.1 Entwässerung bei Teilfüllung (Freispiegelentwässerung)

Die Querschnittsflächen der Dachrinne als offenes Profil und des geschlossenen Regenfallrohres, die nach DIN EN 12 056-3 ermittelt werden, sind für die sichere Ableitung des Niederschlagswassers maßgebend. Die Nennmaße der Dachrinnen und der Regenfallrohre ermittelt man mit der angeführten Vorgehensweise.

Bemessen von Dachrinnen und Regenwasserleitungen bei Entwässerung mit Teilfüllung

Entwässerungskonzept erstellen

Regenereignis $r_{5/2}$ ermitteln

Bestimmen der Grundrissfläche A

Berechnen des Regenwasserabflusses $\dot{V}_r$

Anzahl n der Abläufe ermitteln und verteilen (Rinnenlängen beachten)

Rinnenquerschnitte der Teilrinnen (je Ablauf) bemessen

vorgehängt | innenliegend

Ablauftrichter in Verbindung mit dem Regenfallrohr ermitteln

Notüberlauf bemessen mit $r_{5/100} - r_{5/2}$ (bei innenliegenden Rinnen)

Bemessen von Sammel- und Grundleitungen

Beim **Erstellen eines Entwässerungskonzeptes** sind die Rinnenform, die Verlegung und der Abfluss zu berücksichtigen.

Ermitteln maßgebender Regenereignisse

Für Dachrinnen und Regenfallleitungen ist bei Gebäuden als Berechnungsregen am Gebäudestandort der Fünfminutenregen einmal in fünf Jahren $r_{5,5}$, bei Grundstücksflächen und für Sammel- und Grundleitungen auch für den Dachflächenanteil die Jährlichkeit einmal in zwei Jahren $r_{5,2}$, bei Notüberläufen und Überflutungsnachweisen innerhalb von Gebäuden ist der Fünfminutenregen „Jahrhundertereigniss $r_{5,100}$ und bei Überflutungsnachweisen außerhalb von Gebäuden der Fünfmnutenregen mit einer Jährlichkeit von T ≥ 30 Jahre ($r_{5,30}$) anzuwenden.

Ermitteln des Regenwasserabflusses $\dot{V}_r$ (Q_r)

Der Regenwasserabfluss $\dot{V}_r$ (Q_r) wird bis zur Fläche von 200 ha mit der folgenden Gleichung ermittelt:

$$\dot{V}_r = r_{D,T} \cdot C_S \cdot A$$

$\dot{V}_r$ (Q_r) Regenwasserabfluss in l/s

$r_{D,T}$ Berechnungsregenspende mit der Regendauer D und der Jährlichkeit T in l/(s, ha) **(Tabelle 1)**

C_S Abflussbeiwert ohne Einheit **(Tabelle 1, Seite 175)**

A Wirksame Dachfläche in m² **(Bild 1)**

Tabelle 1: Regenspenden $r_{(D,T)}$

Ort	Regenspende r			
	Dachflächen und Flächen unter RSE		Grundstücksflächen	
	E $r_{5,5}$ l/(s · ha)	N $r_{5,100}$ l/(s · ha)	B $r_{5,2}$ l/(s · ha)	Ü $r_{5,30}$ l/(s · ha)
Berlin	331	582	254	481
Bremen	243	434	189	358
Dortmund	339	630	250	513
Dresden	333	630	242	510
Düsseldorf	330	633	237	511
Erfurt	277	463	220	388
Frankfurt/M.	339	630	250	513
Halle/Saale	300	531	230	438
Hamburg	266	463	206	384
Hannover	266	463	206	384
Heidelberg	328	586	249	482
Kiel	243	437	183	359
Köln	341	693	233	551
Konstanz	345	623	260	511
Leipzig	365	682	268	554
Magdeburg	307	581	223	471
Mainz	322	637	225	510
Mannheim	328	586	249	482
München	356	642	268	527
Passau	345	623	260	511
Saarbrücken	280	492	216	407
Schwerin	280	492	216	407
Stuttgart	405	782	289	630

$r_{D,T}$ Regenspende, D Regendauer, T Jährlichkeit.
Die Zahlenwerte werden verwendet für: **B** die Bemessung, **N** die Notwässerung, **Ü** den Überflutungsnachweis.
Genaue lokale Werte $r_{D,T}$ nach **KOSTRA** – DWD 2000 (**Ko**ordinierte **St**arkniederschläge-**R**egionalisierungs-**A**uswertungen)

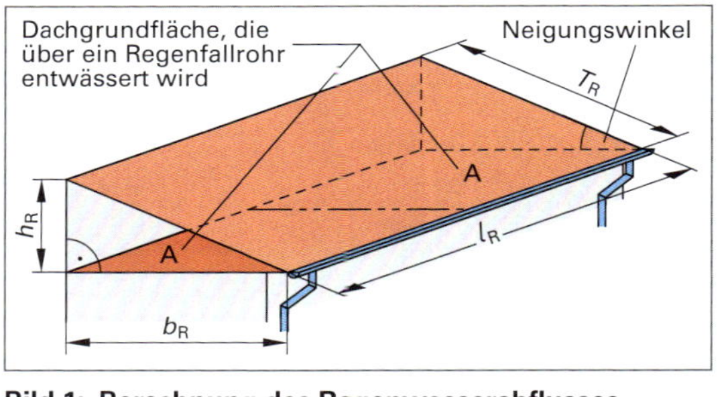

Bild 1: Berechnung des Regenwasserabflusses

Die Größe der wirksamen Dachfläche hängt ab von der Zahl der Abläufe und von der Windeinwirkung bei Regenereignissen.

Berechnen der wirksamen Dachfläche.

- In Gegenden ohne Windeinwirkung wird als wirksame Dachfläche die Grundrissprojektion der Niederschlagsfläche verwendet.

$$A = l_R \cdot b_R \quad \text{(Bild 1)}$$

- In Gegenden mit Windeinwirkung wird die wirksame Dachfläche nach **Tabelle 2** ermittelt (aus DIN EN 12056-3).

Tabelle 1: Abflussbeiwerte C_S zur Ermittlung des Regenwasserabflusses		
Nr.	Art der Flächen	Abflussbeiwert C_S
1	**Wasserundurchlässige Flächen** z. B.	
	Dachflächen	
	– Schrägdach	
	– Metall, Glas, Schiefer, Faserzement	1,0
	– Ziegel, Abdichtungsbahnen	1,0
	– Flachdach (Neigung bis 3° oder etwa 5%)	
	– Metall, Glas, Faserzement	1,0
	– Kiesschüttung	0,8
	– Begrünte Dachflächen	
	– Extensivbegrünung (> 5°)	0,7
	– Intensivbegrünung ab 30 cm Aufbaudicke (≤ 5°)	0,2
	– Extensivbegrünung ab 10 cm Aufbaudicke (≤ 5°)	0,4
	– Extensivbegrünung unter 10 cm Aufbaudicke (≤ 5°)	0,5
	Verkehrsflächen (Straßen, Plätze, Zufahrten, Wege)	
	– Schwarzdecken (Asphalt)	1,0
	– befestigte Flächen mit Fugendichtung z.B. Pflaster mit Fugenverguss	1,0
2	**Teildurchlässige und schwach ableitende Flächen, z. B. Verkehrsflächen (Straßen, Plätze, Zufahrten, Wege)**	
	– Betonsteinpflaster, in Sand oder Schlacke verlegt, Flächen mit Platten	0,9
	– Pflasterflächen mit Fugenanteil > 15%, z. B. 10 cm × 10 cm und kleiner oder fester Kiesbelag	0,7
	– lockerer Kiesbelag, Schotterrasen, z.B. Kinderspielplätze	0,3
	– Rasengittersteine (mit häufigen Verkehrsbelastungen, z.B. Parkplatz)	0,4
	– Rasengittersteine (ohne häufige Verkehrsbelastungen, z.B. Feuerwehrzufahrt)	0,2
	Sportflächen mit Drähnung	
	– Kunststoff-Flächen, Kunststoffrasen	0,6
	– Tennenflächen	0,3
	– Rasenflächen	0,2

Tabelle 2: Wirksame Dachfläche	
Windeinwirkung	Wirksame undurchlässige Dachfläche A (in m²)
Schlagregen 26° zur Senkrechten	$A = l_R \cdot \left(b_R + \frac{h_R}{2}\right)$
Regen senkrecht zur Dachfläche (Oberfläche des Daches verwenden)	$A = l_R \cdot T_R$

Dabei ist: l_R die Trauflänge (m)
b_R die horizontale Projektion der Dachtiefe von der Traufe bis zum First (m)
h_R die vertikale Projektion der Dachfläche von der Traufe bis zum First (m)
T_R die Ortganglänge (m)

Anzahl der Abläufe und Verteilung

Wenn die Anzahl der Dachabläufe nicht vorgegeben ist, wird sie nach folgender Gleichung berechnet:

$$N_{DA} = \frac{\dot{V}_r}{\dot{V}_{DA}}$$

N_{DA} Mindestanzahl der Abläufe
$\dot{V}_r$ Regenwasserabfluss in l/s
$\dot{V}_{DA}$ Abflussvermögen eines gewählten Dachablaufs in l/s

Ermittlung der Fließweglänge in den Rinnen

Man unterscheidet hydraulisch kurze und hydraulisch lange Rinnen.

- hydraulisch kurze Rinnen $l \leq 50\ W$ (W Sollwassertiefe für das Ablaufvermögen eines Dachablaufes in mm)
- hydraulisch lange Rinnen $l > 50\ W$.

Bei Richtungsänderungen mit $\alpha > 10°$ ist das ermittelte Abflussvermögen mit dem Faktor 0,85 zu reduzieren.

Rinnenquerschitte bemessen

- vorgehängte Rinnen, hydraulisch kurz

Mit dem ermittelten Regenwasserabfluss oder der anschließbaren Dachfläche wird unter Berücksichtigung der Rinnenlänge aus **Bild 1** das Nennmaß für halbrunde Dachrinnen, aus **Bild 2** das für Kastenrinnen entnommen. Die Bilder gelten für **hydraulisch kurze, vorgehängte Dachrinnen „ohne Gefälle“**. Dies bedeutet, dass die Rinne mit $I \leq 3$ mm/m montiert wird.

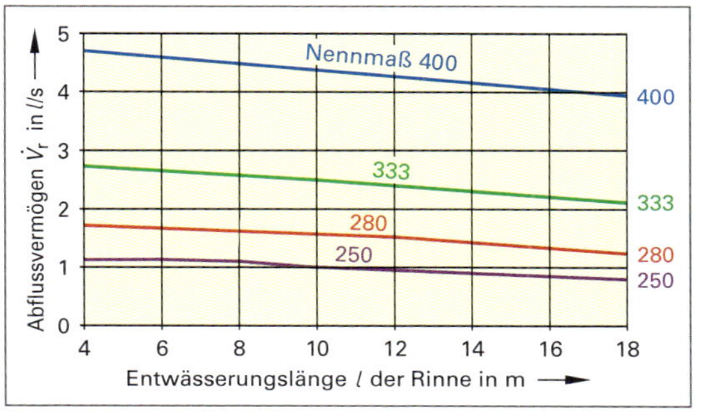

Bild 1: Abflussvermögen halbrunder Rinnen

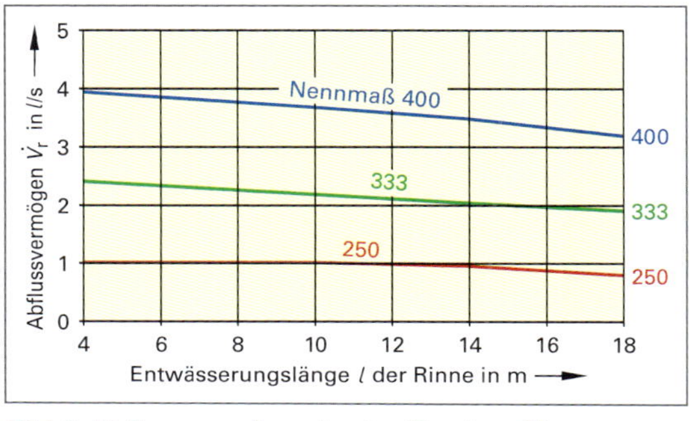

Bild 2: Abflussvermögen kastenförmiger Rinnen

Bemessen der Ablauftrichter in Verbindung mit den Regenfallrohren

Die Nennmaße der Regenfallrohre werden mit Hilfe des Regenwasserabflusses oder der anschließbaren Dachfläche unter Berücksichtigung der Form des Ablaufstutzens aus Tabellen entnommen,

- Rinneneinhangstutzen (trichterförmig) mit runden Fallleitungen **(Tabelle 1).**

Tabelle 1: Abflussvermögen $\dot{V}$ von runden Regenfallleitungen bei freiem Abfluss über Rinneneinhangstutzen

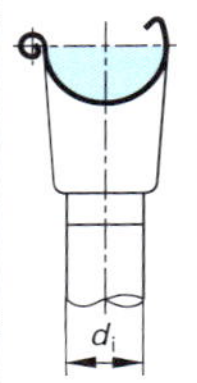

Rinne	Fallleitung mit Rinneneinhangstutzen	$\dot{V}$	anschließbare Dachfläche bei einer Regenspende r in l/(s · ha)			
Nennmaß	d_i		250	300	350	400
	mm	l/s	m²	m²	m²	m²
250	60	1,8	72	60	51	45
250	80	2,2	88	73	63	55
280	80	3,0	120	100	86	75
280	100	3,3	132	110	94	83
333	80	5,0	200	167	143	125
333	100	5,3	212	177	151	133
400	100	9,0	360	300	257	225
400	120	9,3	372	310	266	233

Laubfangkörbe im Ablaufstutzen reduzieren die Ablaufleistung:

$$\dot{V}_{Korb} = 0{,}5 \cdot \dot{V}_L$$

Fallleitungen mit einer Fallleitungsverziehung von $\alpha \leq 10°$ sind wie liegende Abwasserleitungen mit $h/d = 0{,}7$ zu bemessen **(Tabelle 4).**

- Zylindrische Rinnenstutzen mit runden Fallleitungen **(Tabelle 2).**

Tabelle 2: Abflussvermögen $\dot{V}$ von runden Fallleitungen ohne Einlauftrichter, angeschlossen an halbrunde Rinnen

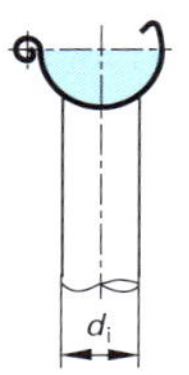

Rinne	Fallleitung ohne Einlauftrichter	$\dot{V}$	anschließbare Dachfläche bei einer Regenspende r in l/(s · ha)			
Nennmaß	d_i		250	300	350	400
	mm	l/s	m²	m²	m²	m²
250	80	2,0	80	67	57	50
280	80	2,6	104	87	74	65
280	100	3,0	120	100	86	75
333	80	4,0	160	133	114	100
333	100	4,5	180	150	129	113
400	100	6,8	272	227	194	170
400	120	7,4	296	247	211	185

- Quadratische Fallleitungen ohne Einlauftrichter **(Tabelle 3).**

Tabelle 3: Abflussvermögen $\dot{V}$ von rechteckigen Regenfallleitungen, angeschlossen an kastenförmige Rinnen

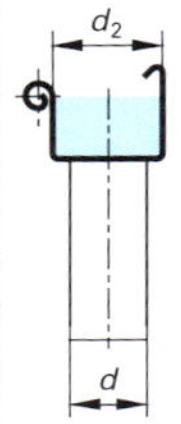

kastenförmige Rinne		quadratische Fallleitung ohne Einlauftrichter		anschließbare Dachfläche bei einer Regenspende r in l/(s · ha)			
Nennmaß	d_2	d	$\dot{V}$	250	300	350	400
	mm	mm	l/s	m²	m²	m²	m²
250	85	60	0,7	26	22	19	16
250	85	80	0,9	35	29	25	22
333	120	80	1,4	56	47	40	35
333	120	100	1,7	70	58	50	44
400	150	100	2,3	92	76	66	57

Bemessen der Sammel- und Grundleitungen

Bei Sammel- und Grundleitungen für Regenwasser gelten folgende Bedingungen **(Tabelle 4 und Tabelle 2, Seite 149).**

Füllungsgrad:	h/d	$= 0{,}7$
Fließgeschwindigkeiten:	v_{min}	$\geq 0{,}7$ m/s
	v_{max}	$\leq 2{,}5$ m/s
Gefälle:	I_{min}	$\geq 0{,}5$ cm/m
	I_{max}	$\leq 2{,}00$ cm/m

Tabelle 4: Abflussvermögen von liegenden Leitungen bei einem Füllungsgrad von $h/d_i = 0{,}7$ bzw. von Fallleitungen mit einer Fallleitungsverziehung $\alpha < 10°$

Gefälle	d_i = 60 mm		d_i = 80 mm		d_i = 100 mm		d_i = 120 mm		d_i = 150 mm	
J	$\dot{V}$	v	$\dot{V}$	v	$\dot{V}$	v	$\dot{V}$	v	$\dot{V}$	v
cm/m	l/s	m/s	l/s	m/s	l/s	m/s	l/s	m/s	l/s	m/s
0,50	–	–	1,8	0,5	3,3	0,6	5,4	0,6	9,7	0,7
0,60	–	–	2,0	0,5	3,6	0,6	5,9	0,7	10,6	0,8
0,70	1,0	0,5	2,1	0,6	3,9	0,7	6,3	0,8	11,5	0,9
0,80	1,1	0,5	2,3	0,6	4,2	0,7	6,8	0,8	12,3	0,9
0,90	1,1	0,5	2,4	0,6	4,4	0,8	7,2	0,9	13,1	1,0
1,00	1,2	0,6	2,6	0,7	4,7	0,8	7,6	0,9	13,8	1,0

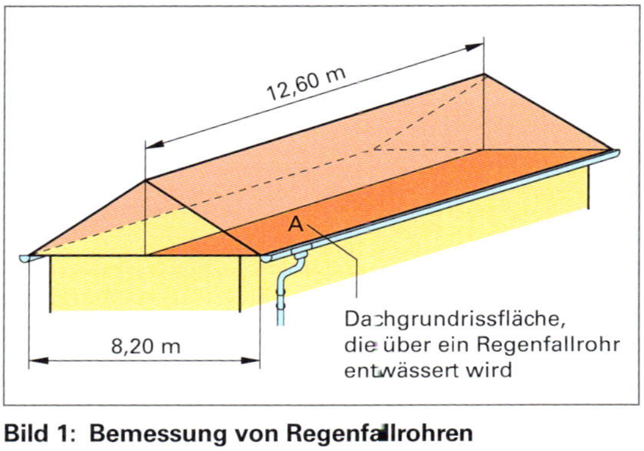

Bild 1: Bemessung von Regenfallrohren

Beispiel:

Ein Gebäude in Stuttgart hat ein 12,60 m langes und 8,20 m breites Satteldach. Die Dachneigung beträgt 30°. Die Nenngrößen der halbrunden Dachrinnen mit Trichterstutzen und der Regenfallrohre sind zu bestimmen **(Bild 1, Seite 176).**

Geg.: $l = 12{,}60$ m, $b = 8{,}20$ m; $\alpha = 30°$; $C_S = 1$
$r_{5,5} = 446$ l/(s · ha),

Ges.: Nenngröße der Dachrinnen
DN der Regenfallrohre,

$A = 1/2 \cdot l \cdot b$ (2 Fallrohre)
$A = 1/2 \cdot 12{,}60\ \text{m} \cdot 8{,}20\ \text{m}$ $\qquad A = 51{,}66\ \text{m}^2$
$\dot{V}_r = A \cdot r_{D,T} \cdot C_S$
$\dot{V}_r = 51{,}66\ \text{m}^2 \cdot 446\ \text{l/(s} \cdot \text{ha)} \cdot 1$
$\dot{V}_r =$ **2,30 l/s**

Gewählt aus **Bild 1, Seite 175:**
Dachrinne Nennmaß 333

Gewählt aus **Tabelle 1, Seite 176:**
Regenfallrohr DN 100 (≥ DN 80).

Aufgaben

1 Das mit 2,5° zu den drei konischen Dachabläufen geneigte Flachdach eines Wohngebäudes in Dortmund hat 18,30 m Länge und 15,70 m Breite. Die Einzugsflächen der drei innenliegenden Regenfallrohre sollen gleich groß sein. Bestimmen Sie die Nennweiten der Regenfallrohre.

2 Ein Wohngebäude in München hat ein mit 30° geneigtes, abgewinkeltes Satteldach und soll über vier Regenfallrohre mit konischen Rinnenstutzen entwässert werden. Aus optischen Gründen sollen die Rohre die gleiche Nennweite erhalten.

a) Welche Nenngröße und welchen Zuschnitt muss die vorgehängte halbrunde Dachrinne mindestens haben **(Bild 1)?**

b) Wie groß muss die Nennweite der Regenfallrohre mindestens sein?

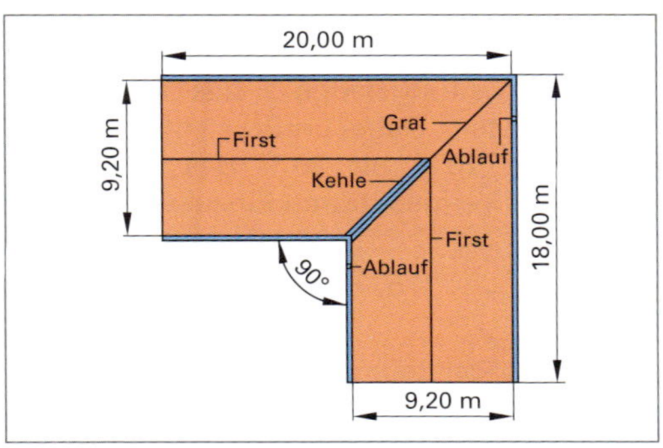

Bild 1: Entwässerung Wohngebäude

3 Das Flachdach einer Werkhalle in Konstanz soll die Abmessungen 49 m × 28 m und eine Dachneigung von 5° erhalten. Es ist über innenliegende Regenfallrohre bei Teilfüllung zu entwässern. Legen Sie die Anzahl der erforderlichen Regenfallrohre fest und bestimmen Sie deren Nennweite.

4 Eine Doppelgarage in Konstanz mit 7,90 m Länge und 6,80 m Breite soll mit einem ziegelgedeckten Pultdach von 30° Dachneigung versehen werden. Ermitteln Sie die Nenngröße der halbrunden vorgehängten Dachrinne mit konischem Ablaufstutzen und die Nenngröße des Regenfallrohres.

5 Ein Doppelhaus in Leipzig ist 16,40 m lang und 7,20 m breit. Es erhält ein ziegelgedecktes Satteldach mit 37° Dachneigung. Ermitteln Sie die Nenngröße der halbrunden vorgehängten Dachrinne mit 4 konischen Ablaufstutzen und die Nenngrößen der außenliegenden Regenfallrohre.

6.3.2 Dachentwässerung mit Druckströmung

Während bei der herkömmlichen Regenwasserableitung innerhalb von Gebäuden die Nennweiten mit dem Füllungsgrad $h/d = 0{,}7$ bemessen werden, um die Be- und Entlüftung sicherzustellen, geht man bei der **Dachentwässerung mit Druckströmung** planmäßig von einem Füllungsgrad $h/d = 1$, d. h. von einem Betrieb mit Vollfüllung aus. Diese erreicht man durch die besondere Beschaffenheit der Dacheinläufe, die das Einsaugen von Luft vermeiden.

Für die Bemessung der Anlage sind folgende Größen zu berücksichtigen:

- der Regenwasserabfluss $\dot{V}_r$ **(Kap. 6.3.1),**
- die Gesamthöhe Δh_{verf}, (Druckhöhe),
- die Druckverluste in der Rohrleitung Δp.

Regenwasserabfluss $\dot{V}_r$ (siehe auch **Kap. 6.3.1)**

Der Regenwasserabfluss $\dot{V}_r$ hängt ab von der Größe der entwässerten Dachgrundfläche A, dem Abflussbeiwert C **(Tabelle 1, Seite 175),** der Bemessungsregenspende $r_{(D,T)}$ wobei man **mindestens den örtlichen „Fünfminuten-Regen"** $r_{5,5}$ zu Grunde legt.

Der **Regenwasserabfluss $\dot{V}_r$** wird mit der nachfolgenden Formel ermittelt. Dachflächen über 5000 m² sind über mindestens zwei unabhängige Druckentwässerungssysteme zu entwässern.

$$\dot{V}_r = r_{D,T} \cdot C \cdot A$$

Den Regenwasserabfluss verteilt man auf die **Anzahl der Regenwasserabläufe** n_{DA}, die man ermittelt, indem man den Regenwasseranfall $\dot{V}_r$ durch das Ablaufvermögen eines Dachablaufes $\dot{V}_{DA}$ teilt.

$$n_{DA} = \frac{\dot{V}_r}{\dot{V}_{DA}}$$

n_{DA} Anzahl der Regenwasserabläufe
$\dot{V}_r$ Regenwasserabfluss in l/s
$\dot{V}_{DA}$ Ablaufleistung je Dachablauf in l/s

Es ist zu beachten, dass das Ablaufvermögen der Dachabläufe $\Sigma\dot{V}_{DA}$ mindestens 95% des Regenwasserabflusses $\dot{V}_r$ beträgt.

Bei kleineren Dächern und geringem Höhenunterschied (Δh_A < 1,00 m) zwischen Dachabdichtung und Sammelanschlussleitung sind die **Anlaufbedingungen** zu **überprüfen** und die zulässigen Nennweiten der Fallleitungen einzuhalten **(Bild 2, Seite 181)**.

$$\dot{V}_{DA} \geq \dot{V}_{Amin} \qquad \dot{V}_A = \dot{V}_r \cdot \sqrt{\frac{\Delta h_A}{\Delta h_{ve}}}$$

$\dot{V}_A$ realer Anlaufvolumenstrom l/s
$\dot{V}_{Amin}$ Mindestvolumenstrom für Druckströmung in l/s
$\dot{V}_r$ Regenwasserabfluss in l/s
Δh_A Höhenunterschied in cm
Δh_{verf} Gesamthöhe Δh_{verf} in cm

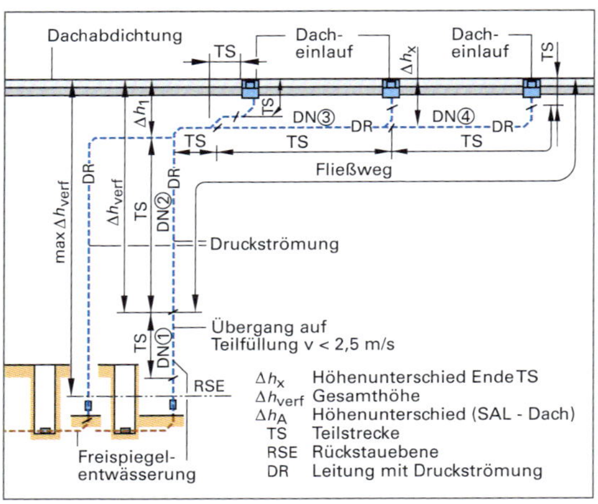

Bild 1: Entwässerung mit Druckströmung

Als nächstes legt man die **Fließwege** der Rohrleitungen fest. Dies sind die Längen von der Wasserlinie der Dachabläufe bis zum Übergang auf Teilfüllung. Die Fließwege werden in **Teilstrecken** unterteilt und gekennzeichnet (Nummer, Volumenstrom, Länge). Teilstrecken sind gegeben durch Änderung:

- des Regenwasserabflusses (Abzweige),
- der Fließgeschwindigkeit (Reduzierung) und
- der Lage der Leitung (Übergang der Anschluss- in die Fallleitung) **(Bild 2, Seite 179)**.

Teilstrecken mit Längen über 10 m sind zum besseren Druckabgleich zu unterteilen.

Gesamthöhe Δh_{verf}, verfügbarer Druck Δp_{verf}

Die Gesamthöhe Δh_{verf} („wirksame Fallhöhe“) ist die geodätische Höhe zwischen Dachabdichtung und Übergang auf Teilfüllung, maximal bis zu der Rückstauebene **(Bild 1)**. Aus der Gesamthöhe lässt sich der verfügbare Druck Δp_{verf} wie folgt ermitteln:

$$\Delta p_{verf} = \Delta h_{verf} \cdot \varrho \cdot g$$

Δp_{verf} verfügbarer Druck in mbar
g Fallbeschleunigung in N/kg
Δh_{verf} Gesamthöhe in cm
ϱ Dichte des Wassers in kg/dm³

Druckverluste in der Rohrleitung Δp

Druckverluste in der Rohrleitung entstehen durch Rohrreibung und durch Einzelwiderstände. Die Druckverlustberechnung beginnt mit dem ungünstigsten Fließweg, der das niedrigste verfügbare vorläufige Rohrreibungsdruckgefälle R_v hat. Auf diesen werden alle anderen Fließwege abgeglichen.

$$\Delta p = \Sigma(l \cdot R + Z)$$

Δp Druckverluste in mbar; l Rohrlänge in m
R Rohrreibungsdruckgefälle in mbar/m
Z Druckverluste durch Einzelwiderstände in mbar

Das vorläufige **verfügbare Rohrreibungsdruckgefälle** R_v ermittelt man, indem man den aus der Wassersäule berechneten Druck Δp_{verf} durch die Leitungslänge l des betrachteten Fließweges teilt. Dabei berücksichtigt man vorläufig etwa 20 % bis 30 % des verfügbaren Druckes für Verluste durch Einzelwiderstände.

$$R_v = \frac{\Delta p_{verf}}{1{,}3 \cdot l}$$

R_v vorläufiger Rohrreibungswiderstand in mbar/m
Δp_{verf} verfügbarer Druck in mbar
l Leitungslänge in m
1,3 vorläufiger Anteil für Einzelwiderstände

Die Dimensionierung der Leitungen wird durch **Formblätter** vereinfacht. Mit Hilfe des Regenwasserabflusses $\dot{V}_r$ und des vorläufigen Rohrreibungedruckgefälles R_v lässt sich jetzt aus **Bild 1** die **vorläufige Nennweite DN,** das zugehörende **Rohrreibungsdruckgefälle *R*** und die zugeordnete **Fließgeschwindigkeit *v*** ermitteln. Als kleinste Nennweite gilt DN 40, (Ausnahme: Einzelanschlussleitungen mit l < 3,00 m auch in DN 32).

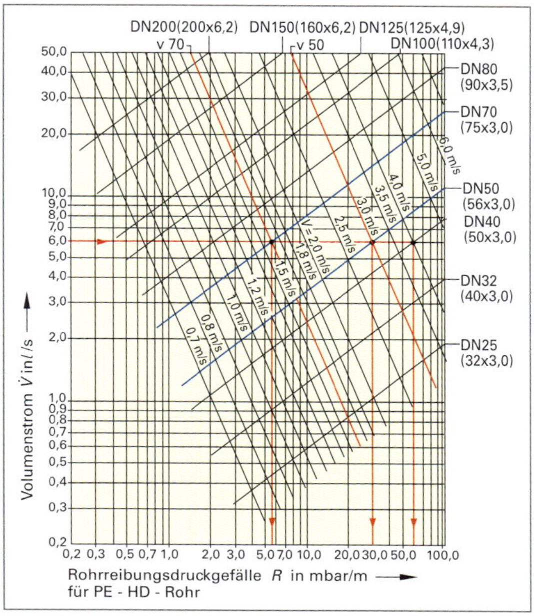

Bild 1: Druckverluste in PE-HD-Rohrleitungen

Wegen der Selbstreinigungsfähigkeit der Anlage sollte die Fließgeschwindigkeit 0,7 m/s nicht unterschreiten. Beim Übergang in die Freispiegelleitung soll die Fließgeschwindigkeit 2,5 m/s nicht überschreiten. Eine Reduzierung der Nennweiten in Fließrichtung ist aus hydraulischen Gründen in der Regel bei senkrechten Leitungen zulässig. Die Erweiterung der Nennweiten in Fließrichtung soll bei liegenden Leitungen erfolgen. Bei senkrechten Leitungen kann ein Abreißen der Druckströmung auftreten.

Den **Druckverlust durch Rohrreibung Δp_{rs}** der Teilstrecken erhält man durch die Multiplikation des vorläufigen Rohrreibungswiderstandes R_v mit der Länge l_T der Teilstrecke.

$$\Delta p_{rs} = R_v \cdot l_T$$

Δp_{rs} Druckverlust durch Rohrreibung einer Teilstrecke in mbar

R_v vorläufiges Rohrreibungsdruckgefälle in mbar/m

l_T Länge einer Teilstrecke in m

Die **Druckverluste durch Einzelwiderstände *Z*** werden mit Hilfe der Einzelwiderstandsbeiwerte ζ einer Teilstrecke **(Tabelle 1** oder Herstellerangaben) nach folgender Formel berechnet.

$$Z = \Sigma\zeta \frac{v^2 \cdot \varrho}{2}$$

Z Druckverluste durch Einzelwiderstände in mbar

$\Sigma\zeta$ Summe der Einzelwiderstandsbeiwerte **(Bild 2)**

v Fließgeschwindigkeit in m/s

ϱ Dichte des Wassers in kg/dm³

Teilstrecke	zugehörige Einzelwiderstände
7	a + b + c + d
8	e + f + g + h + i
9	k + l

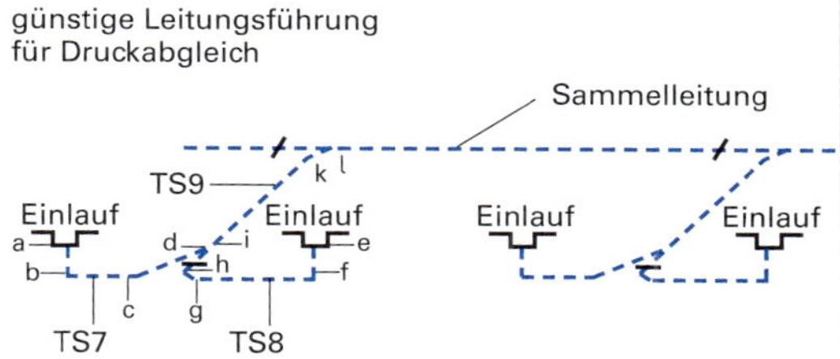

Bild 2: Teilstrecken, Einzelwiderstände

Tabelle 1: Einzelwiderstandsbeiwerte ζ

Bauteil	ζ
Dachablauf	1,5
Bogen 15°	0,1
Bogen 30°	0,3
Bogen 45°	0,4
Bogen 70°	0,6
Bogen 90°	0,8
Abzweig mit Reduktion	
Abgang (Zufluss) a	0,6
Durchgang d	0,6
Reduktion einzeln	0,3
Übergang auf Teilfüllung	1,8

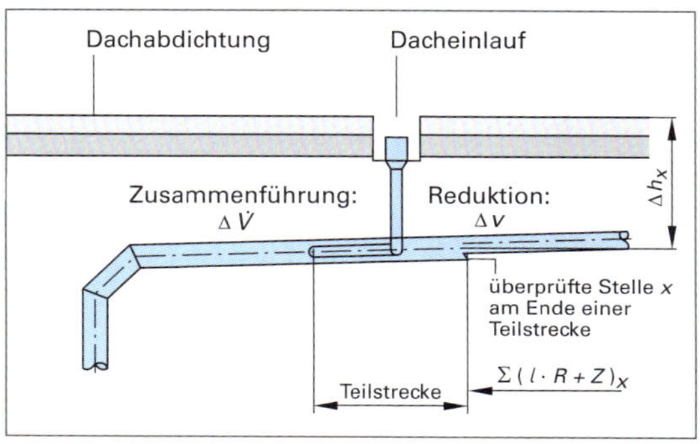

Bild 3: Kontrolle des statischen Druckes p_x

Zur vereinfachten Berechnung verwendet man:

$$Z = \Sigma \varrho \cdot |v^2| \cdot 5$$

Kontrolle des statischen Druckes p_x für die Teilstrecken des ungünstigsten Fließweges

In den Berechnungen darf der Wert des statischen Druckes („Unterdruckes") p_x durch das fallende Wasser an den Endpunkten der Teilstrecken den Dampfdruck des Wassers nicht unterschreiten, um Kavitation und damit Abreißen der Druckströmung zu vermeiden.

Der rechnerische Wert für den Unterdruck p_x soll – 900 mbar nicht unterschreiten ($\Delta h_{erf} \geq 10{,}00$ m) **(Bild 3, Seite 179)**.

$$p_x = \Delta p_{verf} - p_{kin} - p_{IR+z}$$

$$p_x = \Delta h_x \cdot \varrho \cdot g - \frac{v_x^2 \cdot \varrho}{2} - \Sigma (l \cdot R + Z)_x$$

p_x statischer Druck in mbar (– 900 mbar ≤ p_x)
Δh_x wirksame Höhe am Endpunkt Teilstrecke T_x
Δp_{erf} verfügbarer Druck in mbar
Δp_{kin} kinetischer Druck in mbar
Σp_{IR+Z} Druckverluste in mbar
v_x Fließgeschwindigkeit in m/s

Die **Nennweiten der einzelnen Anschlussleitungen** wählt man so, dass sich für den jeweiligen Fließweg ein hydraulischer Abgleich ergibt. Es gilt:

Positive und negative Abweichungen Δp_A über die Fließwege sollten sich in der Summe in etwa gegenseitig ausgleichen. Ergeben sich Abweichungen größer ± 100 mbar, sind Teilstrecken nachzudimensionieren.

Kontrolle der Abweichungen Δp_A in der Druckverlustberechnung für die Fließwege:

Die Nennweiten für einen Fließweg sind richtig gewählt, wenn sich verfügbarer Druck und Druckverluste in der Rohrleitung möglichst genau entsprechen (± 100 mbar ≤ Δp_A). Da die Auswirkung des kinetischen Druckes vernachlässigt werden kann, ergibt sich vereinfacht:

$$\Delta h_{verf} \cdot \varrho \cdot g = \Sigma (l \cdot R + Z)$$

Δh_{verf} Gesamthöhe in m
R Rohrreibungsdruckgefälle in mbar/m
Z Druckverluste durch Einzelwiderstände in mbar

Bemessung der Notüberläufe:

Der Volumenstrom $\dot{V}_ü$ von Notüberläufen ergibt sich aus der Differenz zwischen dem Volumenstrom durch den „Jahrhundertregen" ($r_{(5/100)}$, $C_1 = 1$) und dem Volumenstrom durch die Bemessungsregenspende ($r_{(D,T)}$, C nach Dachfläche).

$$\dot{V}_ü = [r_{(5/100)} \cdot C_1 - r_{(D,T)}] \cdot C \cdot A$$

$\dot{V}_ü$ Regenwasserabfluss der Notüberläufe in l/s
$r_{(5/100)}$ Fünfminutenregenspende, die einmal in 100 Jahren zu erwarten ist in l/(s · ha)
$r_{(D,T)}$ Berechnungsregenspende in l/(s · ha)
C_1, C Abflussbeiwerte
A Dachgrundfläche in m²

Die für den Volumenstrom $\dot{V}_ü$ von rechteckigen Notüberläufen erforderliche Breite b und Überfallhöhe $\Delta h_ü$ lassen sich aus **Bild 1** ablesen.

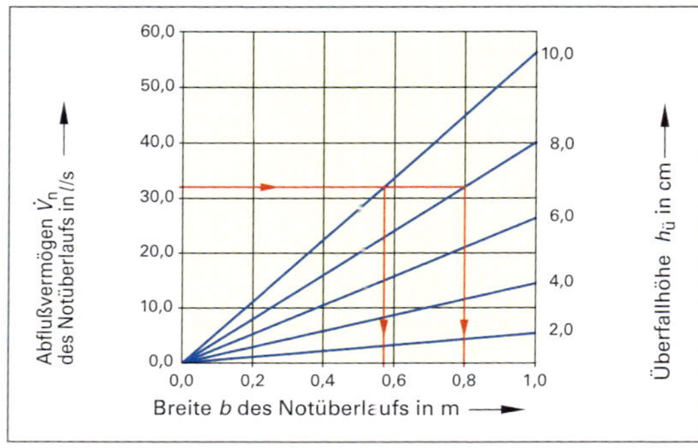

Bild 1: Ablaufvermögen von Notüberläufen

Dabei ist zu beachten, dass die Unterkante des Notüberlaufes mindestens 5 cm über der Oberkante des Dachablaufes liegt und das Dach für diesen Belastungsfall ausgelegt ist **(Bild 1, Seite 181)**.

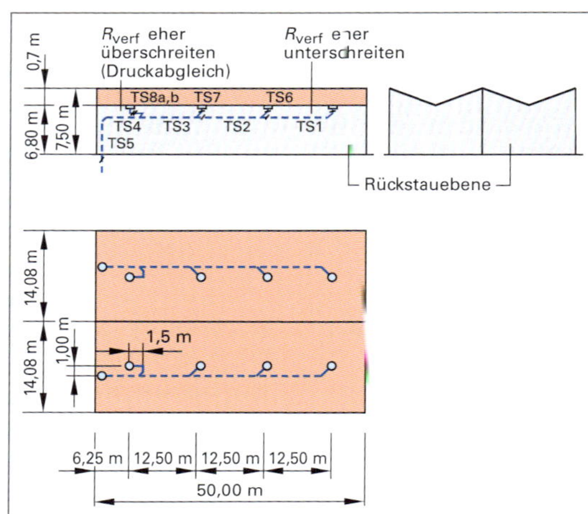

Bild 2: Hallengebäude

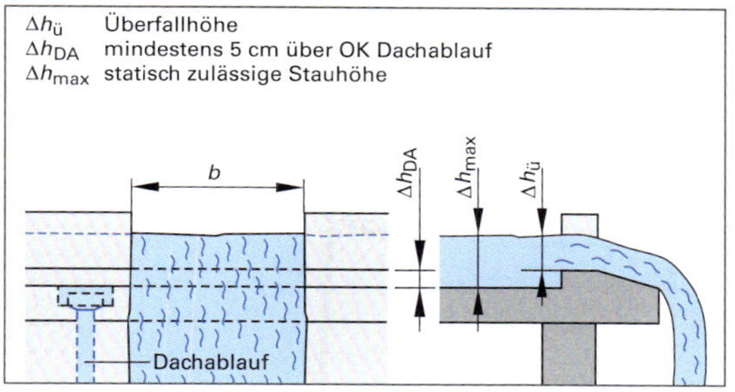

Bild 1: Notüberlauf

Entwässerung mit Druckströmung Berechnungsschema

Berechnen des Regenwasserabflusses $\dot{V}_r$

Festlegen der Leistung und Anzahl der Regenwasserabläufe n_{DA}, Ermitteln des Anlaufvolumenstromes $\dot{V}_A$, wenn $\Delta h_a < 1{,}00$ m

Festlegen der Fließwege und Teilstrecken

Ermitteln des verfügbaren Druckes Δp_{verf} und Festlegen des ungünstigsten Fließweges

Auswahl der Nennweiten, Ermitteln der Druckverluste Δp_{lR+Z} für die Teilstrecken des ungünstigsten Fließweges (Formblatt)

Berechnen des vorläufigen Rohrreibungsdruckgefälles R_v, den vorläufigen Anteil der Einzelwiderstände festlegen

Vorläufige Nennweite DN, Rohrreibungsdruckgefälle R und Fließgeschwindigkeit v aus Diagramm entnehmen. Rohrart beachten.

Berechnen der Druckverluste durch Rohrreibung R_T und den Teilstrecken.

Ermitteln der Einzelwiderstandswerte ζ für die Teilstrecken

Berechnen der Druckverluste Z durch Einzelwiderstände in den Teilstrecken

Kontrolle des statischen Druckes p_x für die Teilstrecken des ungünstigsten Fließweges (-900 mbar $\leq p_x$) — Abweichung: Korrektur der DN

Nennweiten der einzelnen Anschlussleitungen auswählen

Kontrolle der Abweichungen A in der Druckverlustberechnung für die Fließwege (± 100 mbar $< \Delta p$) — Abweichung zu groß: Korrektur der DN

Bemessung der Notüberläufe

Bestimmen des Volumenstromes $\dot{V}_ü$ und Ermitteln der Breite b und der Überfallhöhe $\Delta h_ü$ von rechteckigen Notüberläufen

Kennt man das Berechnungsschema, lässt sich die Dimensionierung der Anlagen leicht mit Hilfe von Berechnungsprogrammen der Hersteller auf dem PC erstellen.

Beispiel:

Für das abgebildete Hallengebäude mit einer Dachneigung von 2,5° sollen zwei unabhängige, innenliegende Entwässerungen mit Druckströmung vorgesehen werden. Die verwendeten Dachabläufe DN 50 haben je Ablauf ein Ablaufvermögen von 6 l/s. Die Rohrleitungen sollen in PE-HD-Rohr verlegt werden. Vom zuständigen Wetteramt werden für die Bemessungsregenspende $r_{5,5} = 340$ l/(s · ha) und für die Regenspende $r_{5/100} = 630$ l/(s · ha) angegeben.

Ermitteln Sie die Anzahl der erforderlichen Abläufe, die Nennweiten der Anschluss-, Sammelanschluss- und Fallleitungen der Anlage sowie die Abmessungen für die erforderlichen rechteckigen Notüberläufe **(Bild 2, Seite 180)**.

Geg.: $l = 50$ m; $b = 28{,}16$ m; Dachneigung 2,5°;
$r_{5,5} = 340$ l/(s · ha); $r_{5/100} = 630$ l/(s · ha);
Ablauf DN 50; $\dot{V}_{DA} = 6{,}0$ l/s; PE-HD-Rohr;
$\Delta h_{verf} = 7{,}5$ m; $\Delta h_A = 0{,}70$ m **(Bild 2, S. 180)**

Ges.: n_{DA}, DN AL, SAL, FL,
Abmessungen der rechteckigen Notüberläufe

Berechnen des Regenwasserabflusses:

$$\dot{V}_r = r_{D,T} \cdot C \cdot A \qquad \dot{V}_r = \frac{704\ \text{m}^2 \cdot 340\ \text{l} \cdot 1{,}0}{\text{s} \cdot 10\,000\ \text{m}^2}$$

$\dot{V}_r = 23{,}93$ l/s $\approx$ 24 l/s je Entwässerung

Ermitteln der Anzahl der Regenwasserabläufe

$$n_{DA} = \frac{\dot{V}_r}{\dot{V}_{DA}} \qquad n_{DA} = \frac{24\ \text{l/s}}{6{,}0\ \text{l/s}} \qquad n_{DA} = 4\ \text{Abläufe}$$

Überprüfen der Anlaufbedingungen $\dot{V}_A \geq \dot{V}_{min}$:

$$\dot{V}_A = \dot{V}_r \sqrt{\frac{\Delta h_A}{\Delta h_{verf}}} \qquad \dot{V}_A = 24\ \text{l/s} \sqrt{\frac{70\ \text{cm}}{750\ \text{cm}}}$$

$\dot{V}_A = 7{,}3$ l/s ergibt aus Bild 2: DN Fallleitung ≤ 100

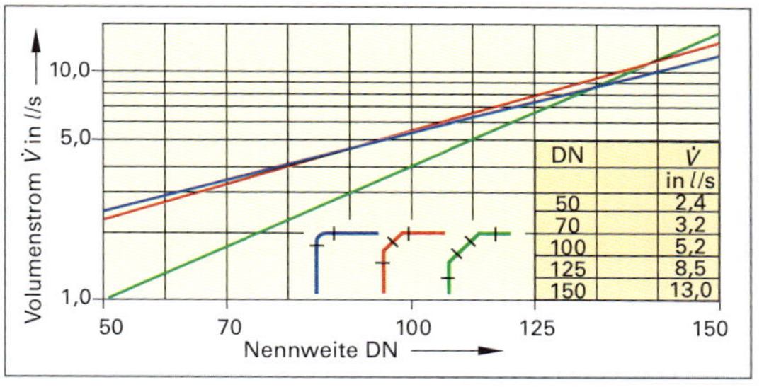

Bild 2: Mindestvolumenstrom

Festlegen der Teilstrecken und Fließwege:
TS 1 bis TS 8b

Fließwege: TS 1 bis TS 5,
TS 6 – TS 2 – TS 3 – TS 4 – TS 5,
TS 7 – TS 3 – TS 4 - TS 5 und
TS 8a – TS 8b – TS 4 – TS 5.

Berechnen des verfügbaren Druckes:

$$\Delta p_{verf} = \Delta h_{verf} \cdot \varrho \cdot g \qquad \Delta p_{verf} = \frac{750\ \text{cm} \cdot 1\ \text{kg} \cdot 9{,}81\ \text{N}}{1000\ \text{cm}^3 \cdot \text{kg}}$$

$\Delta p_{verf} = 735$ N/cm² $= 0{,}735$ bar $= 735$ mbar

Berechnen des vorläufigen verfügbaren Rohrreibungsdruckgefälles:

Längster Fließweg ist TS1 bis TS5.
(Anm.: Anteil der Einzelwiderstände ca. 20% Δp_{verf})

$R_V = \frac{\Delta p_{verf}}{1{,}2 \cdot l}$ $\quad R_V = \frac{735 \text{ mbar}}{1{,}2 \cdot 52{,}25 \text{ m}}$ $\quad R_V = 11{,}722 \frac{\text{mbar}}{\text{m}}$

$l = l_{rs1} + l_{rs2} + l_{rs3} + l_{rs4} + l_{rs4}$
$l = 14{,}2 \text{ m} + 12{,}5 \text{ m} + 12{,}5 \text{ m} + 6{,}25 \text{ m} + 6{,}80 \text{ m}$
$l = 52{,}25 \text{ m}$

Festlegen der vorläufigen Nennweiten unter Verwendung von $\dot{V}_r$ und R_V mit Hilfe des **Formblattes:**

- Eintragen TS, l, $\dot{V}_r$
- Ablesen DN, R, v aus **Bild 1,** Seite 179 (Rohr PE-HD), Eintrag in das Formblatt

Berechnen der Druckverluste durch Rohrreibung:

$R_{TS} = R \cdot l_{TS}$ für TS1 bis TS5:

z. B. für TS1:

$R_{TS} = 5{,}7 \text{ mbar/m} \cdot 14{,}2 \text{ m}$ $\quad R_{TS} = 80{,}94 \text{ mbar}$

Berechnen der Druckverluste durch Einzelwiderstände und Eintrag in das Formblatt:

- Ermitteln der Einzelwiderstandsbeiwerte ζ für die Teilstrecken (**Tabelle 1,** Seite 179)

z. B. für:	Einzelwiderstände	ζ
TS1	1 Ablauf	1,5
	1 Reduktion	0,3
	1 Bogen 90°	0,8
	1 Bogen 95°	0,4
	1 Abzweig Durchg.	+ 0,6
	$\Sigma\zeta$	3,6
TS2	1 Reduktion	0,0
	1 Abzweig Durchg.	+ 0,6
	$\Sigma\zeta$	0,6

- Druckverluste durch Einzelwiderstände Z

$Z = \Sigma\zeta \, \frac{v^2 \cdot p}{2}$ oder vereinfacht

$Z = \Sigma\zeta \cdot |v^2| \cdot 5$ $\quad$ z. B. für TS1:

$Z = 3{,}6 \cdot 1{,}6 \cdot 1{,}6 \cdot 5$

$Z = 46{,}08 \text{ mbar}$

Kontrolle des statischen Druckes p_x für die Teilstrecken des ungünstigsten Fließweges ($-900 \text{ mbar} \le p_x$) (siehe Formblatt):

$p_x = \Delta p_{verf} - \Delta p_{kin} - \Delta p_{lR+Z}$

$p_x = \Delta h_x \cdot p \cdot g - \frac{v_x^2 \cdot p}{2} - \Sigma (l \cdot R + Z)_x$

Δh_x wirksame Höhe am Endpunkt der Teilstrecken T1 bis T4 ist 0,70 m, bei T5 7,50 m.

Formblatt: Dimensionierung von Rohrleitungen

Kontrolle des statischen Druckes: p_x: - 900 mbar < p_x

$\Delta p_x = \Delta h_x \cdot \varrho \cdot g - \frac{v_x^2 \cdot p}{2} - \Sigma (l \cdot R + Z)_x$

Kontrolle der Abweichungen p_A: Δp_A < (± 100 mbar)

$\Delta p_A = \Delta p_{verf} = \Delta h_{verf} \cdot \varphi \cdot g - \Sigma (l \cdot R + Z)$

TS	Länge	$\dot{V}_r$	DN	R	v	$\Delta\zeta$	$\frac{v_x^2 \cdot p}{2}$	$l \cdot R$	Z	$l \cdot R + Z$	$\Sigma(l \cdot R + Z)$	$\Delta p_x \cdot \varrho \cdot g$	Δp_x	Δp_A
–	m	l\s	–	mbar/m	m/s	–	mbar		mar	mbar	mbar	mbar	mbar	mbar
1	2	3	4	5	6	7	8	9	10	11	12	13	14	15
1	14,2	6,0	70	5,7	1,6	3,6	12,8	80,94	46,08	127,02	127,02	68	–72,0	
2	12,5	12,0	80	7,5	2,2	0,6	24,2	93,75	14,52	108,27	TS1-TS2 235,28	68	–191,4	
3	11,0	18,0	100	6,0	2,2	0,6	24,2	66,00	14,52	80,52	TS1-TS3 315,81	68	–277,01	
4	7,75	24,0	100	13,0	3,	0,8	45,0	100,75	36,00	136,75	TS1-TS4 452,56	68	–429,59	
5	6,8	24,0	100	13,0	3,0*	1,8	45,0	88,40	81,00	169,40	TS1-TS5 621,96	735	–68,4	
	52,25				*zusätzliche Erweiterung auf							<–900		
					DN 125 → = 2,2 m/s < 2,5 m/s							<(±100)		
8a	1,6	6	40	60	4,0	2,6	80,0	96	208,0	304,0				
8b	1,6	6	50	30	31	48,05	48	86,4	134,4					
									TS8a + TS8b + TS4 + TS5	744,55	735		– 9,55	
7	1,7	6	40	60	4,0	3,6	80	102	288	390,0				
									+ TS3 + TS4 + TS5	386,65	776,735		– 41,65	
6	1,7	6	50	30	3,1	3,6	48,05	51	172,98	223,98				
									+ TS2 + TS3 + TS4 + TS5	494,94	718,92	735		+ 16,08

Nennweiten der einzelnen Anschlussleitungen auswählen **Bild 1, Seite 179** (Formblatt), R_T und Z berechnen

Kontrolle der Abweichungen A in der Druckverlustberechnung für die Fließwege 8 a,b, 7, 6 (± 100 mbar ≤ A) (Formblatt): $\Delta h_{verf} \cdot p \cdot g = \Sigma (l \cdot R + Z)$

Abmessungen der beiden rechteckigen Notüberläufe ermitteln:

- Bestimmen des Volumenstromes $\dot{V}_ü$

  $\dot{V}_ü = A \cdot (r_{5/100} \cdot C_1 - C \cdot r_{D,T})$

  $\dot{V}_ü = 880\ m^2\ [630\ l/(s \cdot ha) \cdot 1 - 340\ l/(s \cdot ha) \cdot 0{,}8]$

  $\dot{V}_ü = 31{,}50\ l/s$ je Überlauf

- Überfallhöhe $\Delta h_ü$ und erforderliche Breite b

  $\Delta h_ü = 8{,}0\ cm$, $b = 0{,}80\ m$ oder

  $\Delta h_ü = 10{,}0\ cm$, $b = 0{,}58\ m$ **(Bild 1, Seite 180)**.

Aufgaben

1 Das mit 2,5° geneigte Flachdach eines Hallengebäudes hat 780 m^2 Fläche und soll über Dachabläufe DN 50 ($\dot{V}_{DA} = 6\ l/s$) entwässert werden.
Die Regenwasserleitungen mit Druckströmung sind in PE-HD-Rohr auszuführen **(Bild 1)**.

a) Bestimmen Sie:
- den Gesamtabfluss von der Dachfläche, wenn $r_{D,T} = 237\ l/(s \cdot ha)$,
- die Anzahl der Dachabläufe,
- das erforderliche Anlaufvolumen,
- die Teil- und Fließstrecken.

b) Dimensionieren Sie die Fall-, Sammelanschluss- und Anschlussleitungen.

c) Überprüfen Sie den statischen Druck des ungünstigsten Fließweges.

d) Kontrollieren Sie den Druckabgleich der einzelnen Anschlussleitungen.

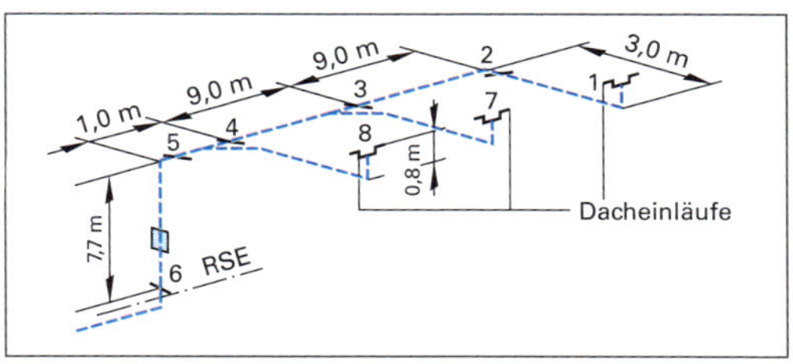

Bild 1: Entwässerung Hallengebäude

e) Ermitteln Sie die Breite des Notüberlaufes, wenn $r_{5,100} = 407\ l/(s \cdot ha)$ beträgt.
Die Unterkante des Notüberlaufes liegt 5 cm über der Oberkante der Dachabläufe. Die Überfallhöhe am Notüberlauf soll 8 cm betragen.

2 Ein mit Bitumenbahnen gedecktes und um 2° geneigtes Flachdach mit 960 m^2 Fläche soll über Dachabläufe DN 50 entwässert werden.
Vom Hersteller ist $\dot{V}_{DA} = 4\ l/s$ je Ablauf als Ablaufvermögen angegeben. Für die Bemessung beträgt die maßgebende Regenspende $r_{D,T}$ 300 l/(s · ha), der für den Notüberlauf anzunehmende Jahrhundertregen $r_{5/100} = 578\ l/(s \cdot ha)$. Die PE-HD-Rohrleitung ist der Skizze entsprechend zu verlegen **(Bild 2)**.

a) Berechnen Sie den Regenwasserabfluss.

b) Überprüfen Sie die Anzahl der Dachabläufe.

c) Bestimmen Sie das Anlaufvolumen.

d) Dimensionieren Sie die Rohrleitung (Teilstrecken 1 bis 18).

e) Überprüfen Sie den statischen Druck des ungünstigsten Fließweges.

f) Kontrollieren Sie den Druckabgleich der einzelnen Anschlussleitungen.

g) Welche Breite muss der Notüberlauf haben, wenn die Unterkante des Notüberlaufes 5 cm über der Oberkante der Dachabläufe liegt und die Überfallhöhe 8 cm beträgt?

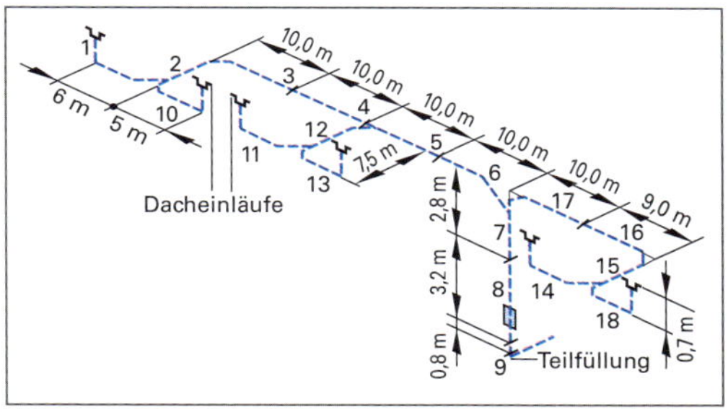

Bild 2: Entwässerung Flachdach

6.4 Bemessung von Anlagen zur Regenwassernutzung DIN 1989-1 (Vereinfachtes Verfahren)

Bei der Bewässerung von Gärten, bei der WC-Spülung, aber auch beim Wäschewaschen verlangen die hygienischen Ansprüche für das Wasser keine Trinkwasserqualität, sodass in diesen Bereichen auch Dachablaufwasser genutzt werden kann, um Trinkwasser zu sparen. Für die Planung von Regenwassernutzungsanlagen nach DIN 1989-1 ist beim vereinfachten Verfahren für Mehrfamilienhäuser, Verwaltungs- und Bürogebäude besonders die Ermittlung des Regenwasserertrages, des Betriebswasserbedarfes und die Größe der Speicherbehälter von Bedeutung. Bei häufiger Anwendung empfiehlt sich der Gebrauch von Formblättern. Entsprechend dem Betriebswasserbedarf sind die Pumpen und die Rohrleitungen zu bemessen **(Kapitel 3.3 und 3.4)**.

Anlagen zur Regenwassernutzung Berechnungsschema

Jährlicher Regenwasserertrag E_R

Betriebswasserjahresbedarf BW_a

personenbezogen BW_{aP} flächenbezogen BW_{aA}

Speichergröße V_n

Auswahl der Pumpe unter Verwendung des Förderstromes $\dot{V}_S$ und der Gesamthöhe H_{ges}

Bemessung der Rohrleitungen gemäß DIN 1988-3

Als **jährlichen Regenwasserertrag** E_R bezeichnet man die jährlich theoretisch speicherbare Wassermenge, die nach folgender Formel ermittelt wird:

$$E_R = A \cdot e \cdot h_N \cdot \eta \qquad 1\ \text{mm/a} = 1\ \text{l/(m}^2 \cdot \text{a)}$$

E_R jährlicher Regenwasserertrag in l/a
A Auffangfläche in m² e Ertragsbeiwert in %
h_N Niederschlagshöhe in l/m²
η hydraulischer Filterwirkungsgrad

Tabelle 1: Ertragsbeiwerte

Beschaffenheit der Fläche A_A	Ertragsbeiwerte e
geneigtes Hartdach [1]	0,8
Flachdach unbekiest	0,8
Flachdach bekiest	0,6
Gründach intensiv	0,3
Gründach extensiv	0,5
Pflaster / Verbundpflaster	0,5
Asphaltbelag	0,8

[1] Abweichungen je nach Saugfähigkeit und Rauheit

Die gültigen Niederschlagshöhen h_N sind bei den zuständigen Wetterämtern zu erfragen oder der gültigen Wetterkarte zu entnehmen **(Bild 1)**.

Der **Betriebswasserjahresbedarf** BW_a besteht aus dem personenbezogenen Tagesbedarf BW_{aP} im Wohnbereich und dem flächenbezogenen Bedarf BW_{aA} für Gartenbewässerung.

$$BW_a = BW_{aP} + BW_{aA}$$

BW_a Betriebswasserjahresbedarf in l/a
BW_{aP} personenbezogener Tagesbedarf in l/(P · a)
BW_{aA} flächenbezogener Bedarf in l/m²

$$BW_{aP} = P_d \cdot n \cdot 365\ \text{d/a}$$

P_d personenbezogener Betriebswassertagesbedarf in l/d **(Tabelle 2)**
n Anzahl der Personen

$$BW_{aA} = A_{Bew.} \cdot BS_a$$

$A_{Bew.}$ zu bewässernde Fläche in m²
BS_a spezifischer flächenbezogener Betriebswasserjahresbedarf in l/(m² · 0,5 a) **(Tabelle 2)**

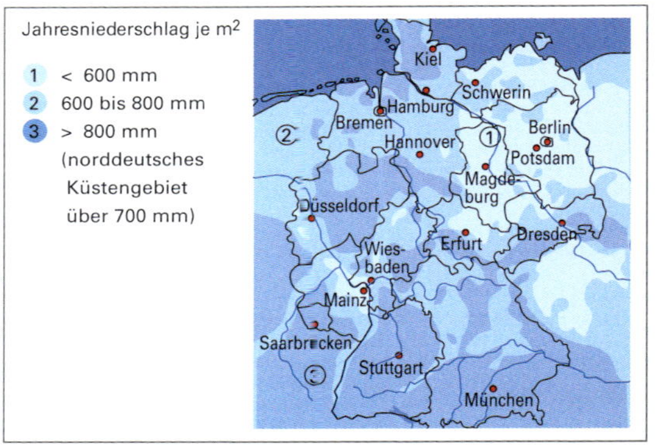

Bild 1: Regenkarte der Bundesrepublik Deutschland

Tabelle 2: Bedarfswerte für die Nutzung von Regenwasser

Nutzung / Bedarf	personenbezogen l/(d · Person)	flächenbezogen in l/m²
Toiletten		
– im Haushalt	24	
– im Bürobereich	12	
– in Schulen	6	
Waschmaschinen im Haushalt	10	
Putzwasser im Haushalt	2	
Bewässerung, Beregnung v. Nutzgärten, Grünanlagen während der Vegetationszeit (April bis September)		60/a
– bei Sportanlagen		200/6 Monate
– für Grünland bei leichtem Boden		100 bis 200/6 Monate
– für Grünland bei schwerem Boden		80 bis 100/6 Monate

Die **Speichergröße V_n** wird so bemessen, dass bei vollem Speicher Betriebswasser für etwa drei Wochen (0,06 · a) vorrätig ist. Dies hat den Vorteil, dass das Wasser nicht stagniert, die Nachspeisung von Trinkwasser minimal bleibt und die Anlagenkosten niedrig sind.

Die Speichergröße entspricht dabei erfahrungsgemäß etwa 6% des kleineren der ermittelten Werte für den Betriebswasserjahresbedarf oder dem jährlichen Regenwasserertrag (BW_a oder E_R).

$V_n = BW_a \cdot 0{,}06 \cdot a$	$V_n = E_R \cdot 0{,}06 \cdot a$
wenn $BW_a < E_R$	wenn $E_R < BW_a$

V_n Speichergröße, Nutzvolumen in l
BW_a Betriebswasserjahresbedarf in l/a
E_R jährlicher Regenwasserertrag in l/a
$0{,}06 \cdot a$ (6 % der jeweiligen Größe BW_a oder E_R)

Die **Pumpen** werden entsprechend dem Betriebswasserbedarf $\dot{V}$ und der erforderlichen Gesamtförderhöhe ausgewählt H_{ges} **(Kapitel 3.3.1)**.

Rohrleitungen werden nach dem jeweiligen Betriebswasserbedarf, dem verfügbaren Druck und der zulässigen Fließgeschwindigkeit analog DIN 1988-3 bemessen **(Kapitel 3.4)**.

Beispiel:

Für ein Zweifamilien-Wohnhaus soll eine Regenwassernutzungsanlage erstellt werden. Sie dient der Versorgung der Toiletten, der Waschmaschinen und zur Bewässerung der Grünanlagen, deren Fläche 200 m² beträgt.
Das Wohngebäude mit einer Dachneigung von 30° ist 15,00 m lang und 7,00 m breit.
Der Carport ist 10,00 m lang, 4,5 m breit und mit einem flachen Bitumendach (2° Dachschräge) versehen. In dem Haus wohnen acht Personen.
Der Jahresniederschlag beträgt laut Wetteramt 860 l/(m² · a) (Niederschlagshöhe 860 mm/a). Der Filterwirkungsgrad der Anlage beträgt 90%.
Berechnen Sie den jährlichen Regenwasserertrag, den Betriebswasserjahresbedarf und die Speichergröße.

Geg.: $l_1 = 15{,}00$ m, $b_1 = 7{,}00$ m, $l_2 = 10{,}00$ m,
$b_2 = 4{,}50$ m, $A_G = 200$ m², $n = 8$ Personen,
$h_N = 860$ l/(m² · a), $\eta = 0{,}9$,
$e_1 = e_2 = 0{,}8$ **(Tabelle 1,** Seite 184)

Ges.: E_R BW_a V_n

Berechnung des jährlichen Regenwasserertrages
$E_R = (A_1 + A_2) \cdot e \cdot h_N \cdot \eta$
$E_R = (105\ \text{m}^2 + 45\ \text{m}^2) \cdot 0{,}8 \cdot 860\ \text{l/(m}^2 \cdot \text{a)} \cdot 0{,}9$
$E_R = 150\ \text{m}^2 \cdot 0{,}8 \cdot 860\ \text{l/(m}^2 \cdot \text{a)}$
$\mathbf{E_R = 92\,880\ l/a}$

$A_1 = l_1 \cdot b_1$ $A_2 = l_2 \cdot b_2$
$A_1 = 15{,}00\ \text{m} \cdot 7{,}00\ \text{m}$ $A_2 = 10{,}00\ \text{m} \cdot 4{,}50\ \text{m}$
$A_1 = 105\ \text{m}^2$ $A_2 = 45\ \text{m}^2$

Berechnung des Betriebswasserbedarfes:
$BW_a = BW_{aP} + BW_{aA}$ **aus Tabelle 2, Seite 184**
$BW_a = 99\,280\ \text{l/a} + 12\,000\ \text{l/a}$ WC 24 l/d
$BW_a =$ **111 280 l/a** + WM 10 l/d
$BW_{aP} = P_d \cdot n \cdot 365\ \text{d/a}$ $P_d =$ 34 l/d
$BW_{aP} = 34\ \text{l/d} \cdot 8 \cdot 365\ \text{d/a}$
$BW_{aP} = 99\,280\ \text{l/a}$

$BW_{aA} = A_G \cdot BS_a$
$BW_{aA} = 200\ \text{m}^2 \cdot 60\ \text{l/(m}^2 \cdot \text{a)}$
$BW_{aA} = 12\,000\ \text{l/a}$

Berechnung der Speichergröße:
$V_n = E_R \cdot 0{,}06\ (\cdot\ \text{a})$
$V_n = 92\,880\ \text{l/a} \cdot 0{,}06\ (\cdot\ \text{a})$
$\mathbf{V_n = 5572{,}8\ l}$ gewählt z.B.: Regenspeicher Nutzvolumen 6,0 m³ (Herstellerangaben)

Aufgaben

1 Für ein Einfamilienhaus mit Garage in Suhl, angegebene mittlere jährliche Niederschlagshöhe 909 mm/a, soll eine Regenwasser-Nutzungsanlage erstellt werden. In dem 5-Personen-Haushalt ist die Verwendung von Regenwasser vorgesehen für Toilettenspülung, Putzwasser, Waschmaschine und Bewässerung des 240 m² großen Nutzgartens. Das Satteldach ist 18,50 m lang, 8,85 m breit und hat eine Neigung von 27°. Das mit geschweißten Bitumenbahnen gedeckte Flachdach der Garage hat 2,5° Neigung, ist 6,20 m lang und 4,10 breit. Der Filterwirkungsgrad beträgt 90%.
Ermitteln Sie den jährlichen Regenwasserertrag, den personen- und den flächenbezogenen Betriebswasser-Jahresbedarf sowie die Größe des Regenwasser-Erdspeichers.

2 Ein Einfamilienhaus mit ziegelgedecktem Satteldach (Dachneigung 30°) hat 145 m² Dachgrundfläche und steht in einem Gebiet mit 810 l/(m² · a) durchschnittlichem Niederschlag. In dem 4-Personen-Haushalt soll Regenwasser für Toilettenspülung, Waschmaschine und die Grünanlage mit 110 m² Fläche genutzt werden.
a) Berechnen Sie den jährlichen Regenwasserertrag (Filterwirkungsgrad 90 %).
b) Wie groß ist der Betriebswasser-Jahresbedarf.
c) Berechnen Sie die Speichergröße.

3 Für ein Bürogebäude bei Chemnitz, mittlere Niederschlagsmenge 701 l/(m² · a), in dem ca. 30 Angestellte tätig sein sollen, ist die Toilettenspülung und die Bewässerung der 280 m² messenden Grünanlagen mit Regenwasser zu betreiben. Das als Auffangfläche dienende 20° geneigte Dach ist 24 m lang und 18 m breit.
a) Ermitteln Sie den jährlichen Regenwasserertrag bei 10 % Minderung durch den Filter.
b) Berechnen Sie die Bedarfswerte.
c) Legen Sie die Speichergröße fest.

6.5 Längenänderung durch Temperaturänderung

Temperaturänderungen können bei Bauteilen, die der Ableitung des Niederschlagwassers dienen, erhebliche Längenänderungen verursachen. Die Längenänderung Δl hängt ab von der Ausgangslänge l_0, dem Ausdehnungskoeffizienten α des Werkstoffes und der auftretenden Temperaturänderung $\Delta\vartheta$ **(Seite 55)**. Um Störungen beim Abfließen und Beeinträchtigungen des Aussehens durch Verformung, wie z. B. bei Dachrinnen oder Abdeckungen zu vermeiden, müssen die Längenänderungen wie folgt rechnerisch ermittelt und beim Bau der Anlagen berücksichtigt werden.

$$\Delta l = l_1 \cdot \alpha \cdot \Delta\vartheta$$

Δl Längenänderung in mm
l_1 Ausgangslänge in m
$\Delta\vartheta$ Temperaturänderung in K
α Ausdehnungskoeffizient in mm/(m · K)

Beispiel:

Eine 18,15 m langes Dach soll über eine vorgehängte Dachrinne aus Kupfer entwässert werden. Das Wasser wird über den mittig angeordneten Wasserfangkasten an das Regenfallrohr angeschlossen **(Bild 1)**.

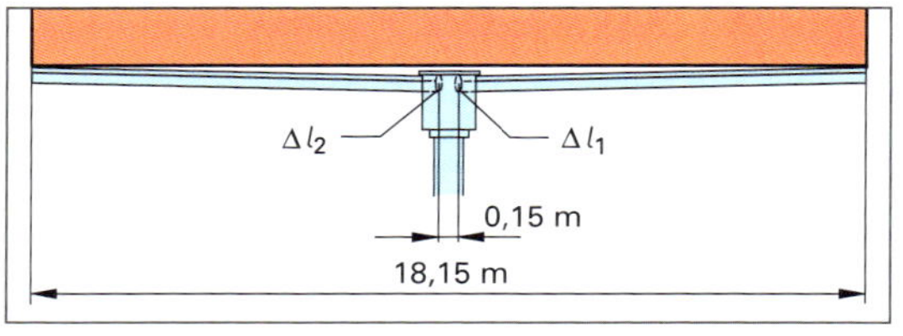

Bild 1: Dehnung von Dachrinnen am Ablaufpunkt

a) Welche Dehnung Δl_1 muss berücksichtigt werden, wenn die Rinne bei 15 °C montiert wird und im Sommer Temperaturen bis 80 °C erreicht?

b) Welche Verkürzung Δl_2 der Rinne tritt ein, wenn die Temperatur im Winter auf –20 °C absinkt?

Geg.: $l_{ges} = 18{,}15$ m, $l_a = 0{,}15$ m,
$\Delta\vartheta_1 = 65$ K, $\Delta\vartheta_2 = 35$ K,
$\alpha_{Cu} = 0{,}017$ mm/(m · K) (Kap. 2, Seite 55, Tabelle 1).

Ges.: Δl_1 Δl_2

$\Delta l_2 = l_1 \cdot \alpha_{Cu} \cdot \Delta\vartheta_1$
$\Delta l_1 = 18{,}00 \text{ m} \cdot 0{,}017 \text{ mm/(m} \cdot \text{K)} \cdot 65 \text{ K} = \mathbf{19{,}89 \text{ mm}}$
$l_1 = l_{ges} - l_a$
$l_1 = 18{,}15 \text{ m} - 0{,}15 \text{ m} = 18{,}00 \text{ m}$

$\Delta l_2 = l_1 \cdot \alpha_{Cu} \cdot \Delta\vartheta_2$
$\Delta l_2 = 18{,}00 \text{ m} \cdot 0{,}017 \text{ mm/(m} \cdot \text{K)} \cdot 35 \text{ K} = \mathbf{10{,}71 \text{ mm}}$

Aufgaben

1 Eine 8,40 m lange Mauer soll mit Kupferblech abgedeckt werden **(Bild 2)**.
a) Wie groß ist die Dehnung der Abdeckung, wenn das Blech bei 20 °C angebracht wird und die Temperatur 80 °C erreicht?
b) Welche Länge hat das Blech bei 80 °C?

2 Die abgebildete Dachrinne aus Titanzink misst zwischen den Regenfallrohren als Festpunkte 20,40 m. Die auftretenden Längenänderungen sollen durch Neopren-Dehnungsausgleicher kompensiert werden. Welche Dehnung muss aufgenommen werden, wenn die bei 8 °C verlegte Dachrinne im Sommer Temperaturen bis 80 °C erreicht? Welche Verkürzung muss ausgeglichen werden, wenn im Winter die Temperatur auf 20 °C absinkt **(Bild 3)**?

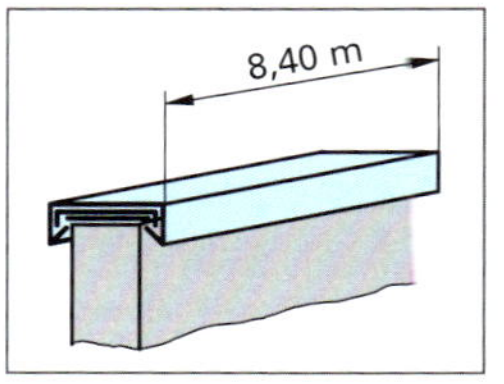

Bild 2: Dehnung bei Abdeckblechen

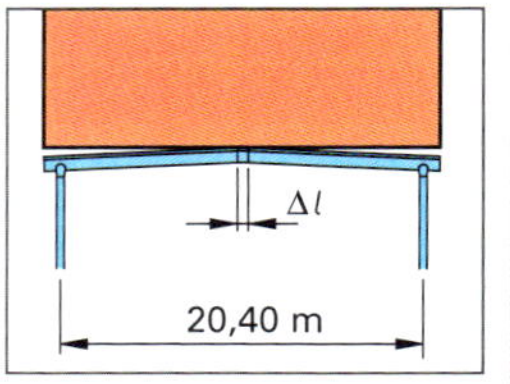

Bild 3: Dehnung von Dachrinnen am Hochpunkt

3 Für PVC-U Dachrinnen empfehlen die Hersteller nach maximal 16 m Länge Fixpunkte vorzusehen.
a) Mit welcher Wärmedehnung ist zu rechnen, wenn die Dachrinne bei 2 °C montiert wird und eine maximale Temperatur von 70 °C erreicht wird?
b) Wie weit müssen die 4,00 m langen Rinnenstücke in den Verbindungsklammern voneinander entfernt sein, damit die Wärmedehnung störungsfrei möglich ist?

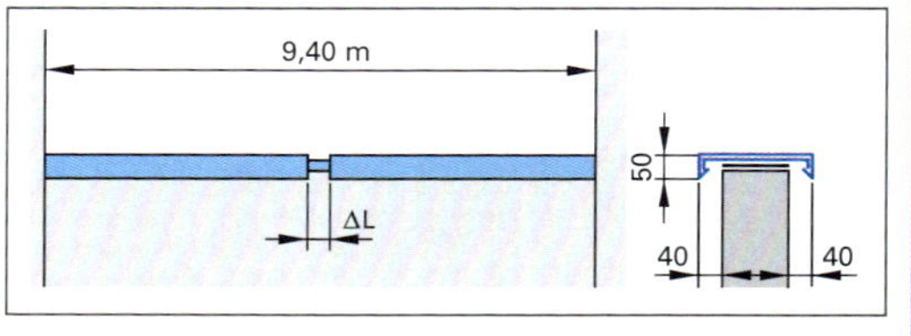

Bild 4: Mauerabdeckung

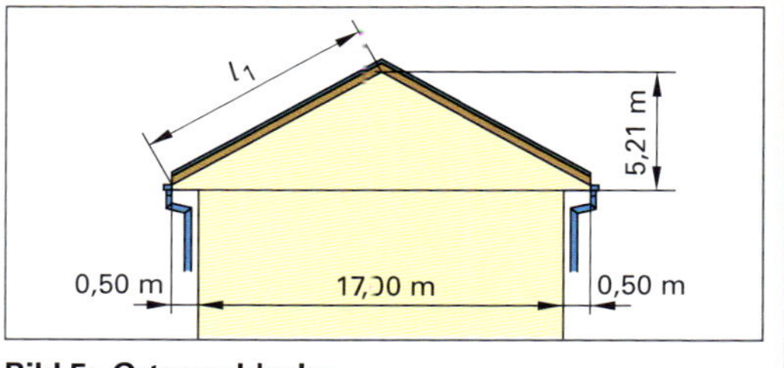

Bild 5: Ortgangbleche

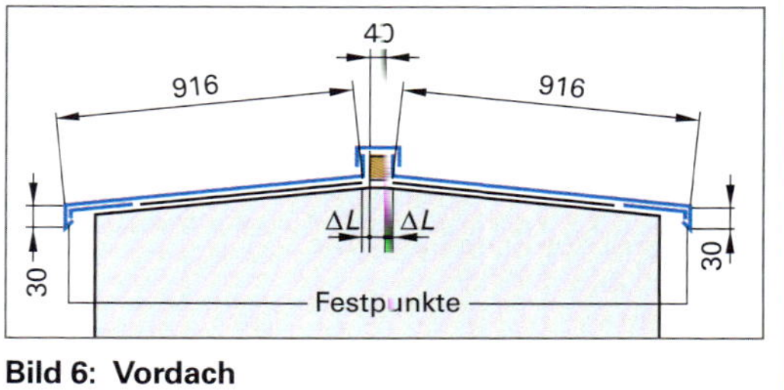

Bild 6: Vordach

4 In der Verlegeanleitung für PVC-U-Regenrohre wird empfohlen, durch Herausziehen der Rohre um 5 mm von der Einstecktiefe der Muffe, die Wärmedehnung zu ermöglichen. Wie lang dürfen die Rohrstücke höchstens sein, wenn die Temperaturdifferenz 27 °C beträgt?

5 Die abgebildete Mauerabdeckung aus Kupfer ist 9,40 m lang. Welche Wärmedehnung ist zu berücksichtigen, wenn die maximal zu erwartende Temperatur 65 K über der Montagetemperatur liegt **(Bild 4, Seite 186)**?

6 Welche Längenänderung ist bei den abgebildeten Ortgangblechen aus Titanzink zu erwarten, wenn die Montage bei 11 °C erfolgt und die maximale Temperatur 72 °C beträgt **(Bild 5, Seite 186)**?

7 Ermitteln Sie für die abgebildete Kupferabdeckung eines Vordaches die Länge der erforderlichen Dehnungsmöglichkeiten Δl, wenn die zu erwartende Temperaturdifferenz 65 K beträgt **(Bild 6, Seite 186)**?

6.6 Projekt

1 Für das in Grundriss und Vorderansicht abgebildete Wohngebäude mit zugehörendem Carport sind folgende Arbeiten zur Ableitung und Nutzung des Niederschlagswassers auszuführen **(Bild 1)**:

a) Die Bemessung der vorgehängten, halbrunden Kupferdachrinne für das Zweifamilien-Wohnhaus und den Carport, wenn die Bemessungsregenspende $r_{(D,T)}$ = 301 l/(s · ha) beträgt. Wohnhaus und Carport erhalten eine Biberschwanzdeckung,

b) die Bemessung der außenliegenden Regenfallrohre aus Kupfer,

c) die Ermittlung der Länge der Traufbleche und den Blechbedarf, wenn die Zuschnittbreite durchschnittlich 250 mm beträgt. Nahtzugabe und Verschnitt betragen etwa 5 %,

d) die Ermittlung der Länge des Kehlbleches und den Blechbedarf, wenn die Zuschnittbreite 500 mm betragen soll. Für Nahtzugabe und Verschnitt werden 10 % angenommen,

e) die Berechnung der Längen der Ortgangbleche und des Blechbedarfes für das Wohngbäude, wenn diese einen achtteiligen Zuschnitt erhalten. Als Nahtzugabe und Verschnitt werden 5 % angesetzt,

f) die Ermittlung der Nennweiten der erforderlichen Regenwasser-Grundleitungen **(Kapitel 5)** und

g) die Bemessung der Anlage zur Regenwassernutzung, dabei sind folgende Größen zu berücksichtigen:
- die jährliche, theoretisch speicherbare Regenwassermenge,
- der Betriebswasserjahresbedarf und
- die Größe des Regenwasserspeichers.

Als mittlere jährliche Niederschlagshöhe werden 940 mm angegeben. Der Filterwirkungsgrad beträgt 90 %. Das Gebäude soll durchschnittlich von sechs Personen bewohnt werden.

Mit der Regenwassernutzungsanlage können WCs, Waschmaschinen sowie die Grünanlagen mit einer Fläche von 180 m² versorgt werden.

2 Ermitteln Sie für a), b), e), f) und g) die jeweiligen Werte mit den für Ihren Wohnort gültigen Regenspenden und Niederschlagshöhen.

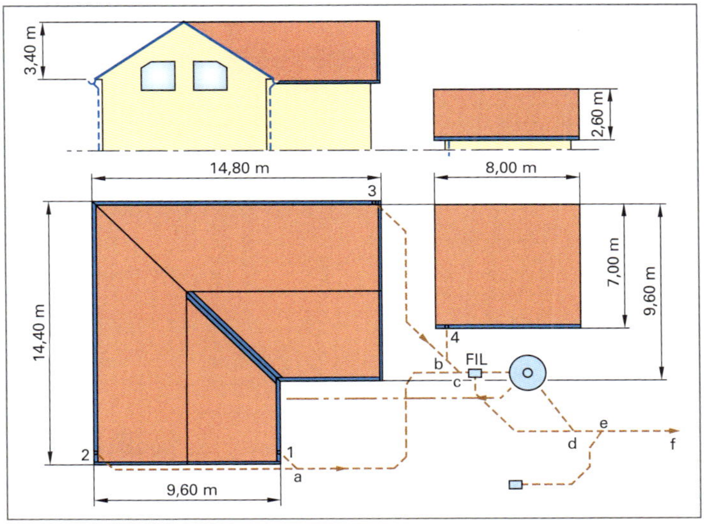

Bild 1: Wohngebäude mit Carport

7 Gasanlagen

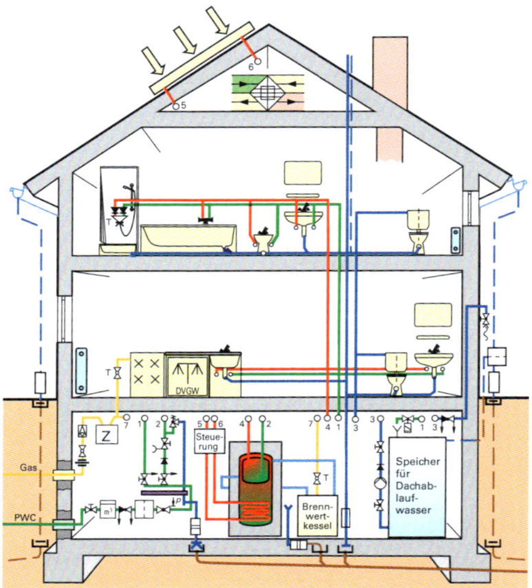

Leitprojekt

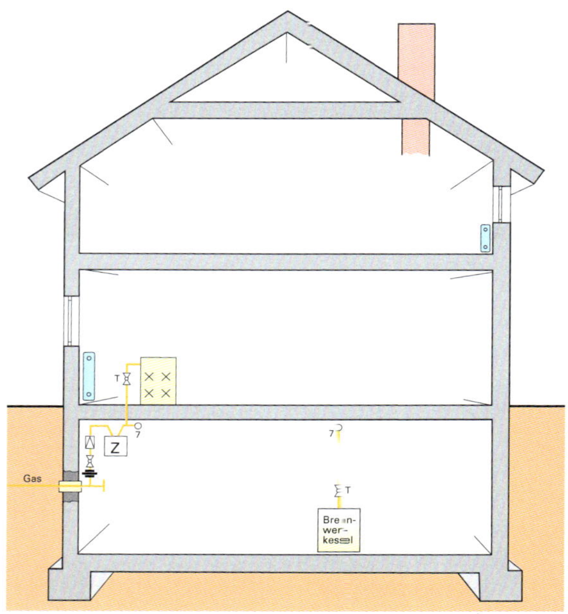

Gasanlagen

7 Gasanlagen

Um bei den Gasgeräten optimale Wirkungsgrade zu erreichen und einen gefahrlosen Betrieb zu garantieren, sind die Gasanlagen in verschiedenen Teilbereichen zu berechnen. Hierfür sind mathematische Kenntnisse erforderlich. Im Wesentlichen gehören dazu

- die Grundlagen der Gasgesetze
- der Gasverbrauch bei Schweißarbeiten
- der Gasverbrauch zur Stofferwärmung,
- die Geräteleistungen und deren Wirkungsgrade
- die Einstell- und Anschlusswerte für Gasgeräte
- die Kostenermittlung für den Energieverbrauch
- der Raum- und Verbrennungsluft-Verbund für raumluftabhängige Gasgeräte und
- die Dimensionierung von Gasleitungen.

7.1 Gasgesetze

Der Zustand der Gase ist abhängig von der Temperatur, dem Druck und dem Volumen. Mit den Gasgesetzen werden die Volumenänderungen berechnet, die durch unterschiedliche Drücke oder Temperaturen hervorgerufen werden.

7.1.1 Volumenänderung durch Druckunterschiede

Der Gasinhalt in einem Behälter ist bei konstanter Temperatur abhängig vom Druck und vom Volumen **(Bild 1)**.

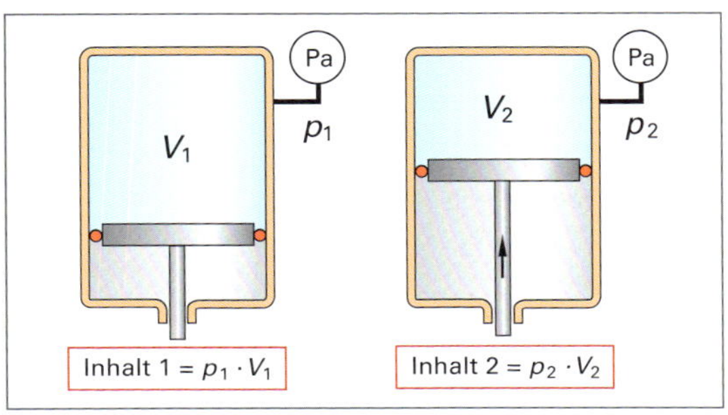

Bild 1: Volumen- und Druckänderung

Inhalt 1 = $p_1 \cdot V_1$

Wird der Stempel im Behälter nach oben geschoben, verkleinert sich das Volumen und der Druck steigt an.

Inhalt 2 = $p_2 \cdot V_2$

Da während der Bewegung des Stempels aber kein Gas entnommen wird, ist

Inhalt 1 = Inhalt 2

Daraus folgt:

Druck 1 · Volumen 1 = Druck 2 · Volumen 2

$$p_1 \cdot V_1 = p_2 \cdot V_2$$

(Gesetz von Boyle-Mariotte)

$$p_1 = \frac{p_2 \cdot V_2}{V_1} \qquad V_1 = \frac{p_2 \cdot V_2}{p_1}$$

$$p_2 = \frac{p_1 \cdot V_1}{V_2} \qquad V_2 = \frac{p_1 \cdot V_1}{p_2}$$

p_1 Anfangsdruck in bar
V_1 Anfangsvolumen in m^3
p_2 Enddruck in bar
V_2 Endvolumen in m^3

Bei Anwendung der Gasgesetze muss immer mit absoluten Drücken (p_{abs})und mit absoluten Temperaturen (T)gerechnet werden (Seite 103).

Beispiel:

In einem Behälter befinden sich 28 m^3 Gas bei einem Überdruck von 4,5 bar. Wie viel bar zeigt der Manometer an, wenn das Gasvolumen auf 10 m^3 zusammengedrückt wird?

Geg.: $p_{e1} = 4{,}5$ bar, $V_1 = 28\ m^3$, $V_2 = 10\ m^3$

Ges.: p_{e2}

$p_{abs2} = \frac{V_1 \cdot p_{abs1}}{V_2}$ $\qquad p_{abs2} = \frac{28\ m^3 \cdot 5{,}5\ bar}{10\ m^3}$

$p_{abs2} = 15{,}4$ bar

$p_{abs1} = p_{e1} + p_{amb}$ $\qquad p_{abs1} = 4{,}5$ bar + 1,0 bar

$p_{abs1} = 5{,}5$ bar

$p_{e2} = p_{abs2} - p_{amb}$ $\qquad p_{e2} = 15{,}4$ bar – 1,0 bar

$\mathbf{p_{e2} = 14{,}4}$ **bar**

7.1.2 Volumenänderung durch Temperaturunterschiede

In einem Behälter befindet sich ein bestimmter Gasinhalt. Wird dem Gas Wärme zugeführt, steigt die Temperatur. Da sich der Stempel bewegen kann, bleibt der Druck konstant und das Volumen vergrößert sich **(Bild 1)**.

Bei Wärmezufuhr erhöht sich also sowohl das Volumen, als auch die Temperatur des Gases. Dies bedeutet, dass sich bei Erwärmung oder bei Wärmeentzug beide Werte gleich verhalten.

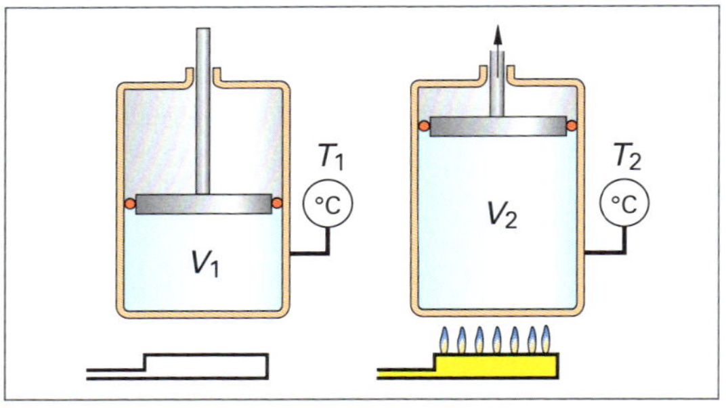

Bild 1: Volumen- und Temperaturänderung

$$\frac{\text{Volumen 1}}{\text{Volumen 2}} = \frac{\text{Temperatur 1}}{\text{Temperatur 2}}$$

$$\frac{V_1}{V_2} = \frac{T_1}{T_2}$$

(Gesetz von Gay-Lussac)

$$V_1 = \frac{T_1 \cdot V_2}{T_2} \qquad V_2 = \frac{V_1 \cdot T_2}{T_1}$$

$$T_1 = \frac{V_1 \cdot T_2}{V_2} \qquad T_2 = \frac{T_1 \cdot V_2}{V_1}$$

Beispiel:

In einem Glockengasbehälter befinden sich 35 000 m³ Erdgas. Durch Sonnenbestrahlung erwärmt sich der Behälterinhalt von –9 °C auf +11 °C. Wie viel m³ zeigt der Inhaltsmesser nach der Temperaturerhöhung an, wenn in der Zwischenzeit kein Gas entnommen wurde?

Geg.: $V_1 = 35\,000 \text{ m}^3$; $\vartheta_1 = -9\text{ °C}$, $\vartheta_2 = 11\text{ °C}$

Ges.: V_2

$T_1 = \vartheta_1 + 273 \text{ K}$ $\qquad T_1 = -9\text{ °C} + 273 \text{ K}$

$T_1 = \mathbf{264 \text{ K}}$

$T_2 = \vartheta_2 + 273 \text{ K}$ $\qquad T_2 = 11\text{ °C} + 273 \text{ K}$

$T_2 = \mathbf{284 \text{ K}}$

$V_2 = \frac{V_1 \cdot T_2}{T_1}$ $\qquad V_2 = \frac{35\,000 \text{ m}^3 \cdot 284 \text{ K}}{264 \text{ K}}$

$V_2 = \mathbf{37\,651{,}5 \text{ m}^3}$

7.1.3 Volumenänderung durch Druck- und Temperaturunterschiede

In einem Behälter mit einem beweglichen Stempel befindet sich ein bestimmter Gasinhalt. Wird bei einer Gasmenge Volumen, Druck und Temperatur geändert, beschreibt die allgemeine Gasgleichung den Zustand dieser Größen **(Bild 2)**.

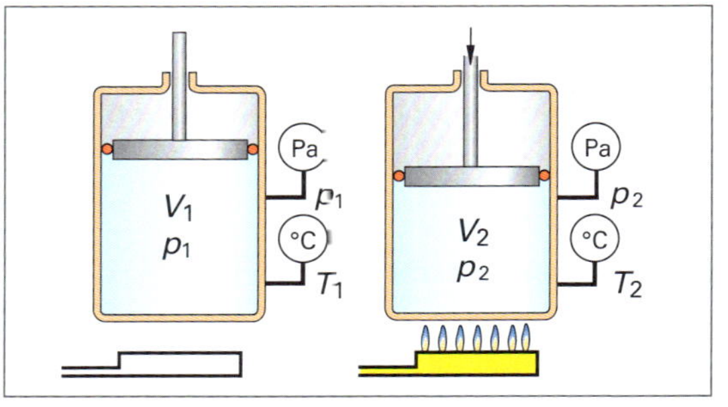

Bild 2: Volumen-, Druck- und Temperaturänderung

$$\frac{\text{Druck 1} \cdot \text{Volumen 1}}{\text{Temperatur 1}} = \frac{\text{Druck 2} \cdot \text{Volumen 2}}{\text{Temperatur 2}}$$

$$\frac{p_1 \cdot V_1}{T_1} = \frac{p_2 \cdot V_2}{T_2}$$

p_1 Anfangsdruck in bar
V_1 Anfangsvolumen in m³
T_1 Anfangstemperatur in K
p_2 Enddruck in bar
V_2 Endvolumen in m³
T_2 Endtemperatur in K

$$p_1 = \frac{p_2 \cdot V_2 \cdot T_1}{T_2 \cdot V_1} \qquad p_2 = \frac{p_1 \cdot V_1 \cdot T_2}{T_1 \cdot V_2}$$

$$T_1 = \frac{V_1 \cdot p_1 \cdot T_2}{p_2 \cdot V_2} \qquad T_2 = \frac{p_2 \cdot V_2 \cdot T_1}{p_1 \cdot V_1}$$

$$V_1 = \frac{p_2 \cdot V_2 \cdot T_1}{T_2 \cdot p_1} \qquad V_2 = \frac{p_1 \cdot V_1 \cdot T_2}{T_1 \cdot p_2}$$

Beispiel:

Der Inhaltsmesser eines Glockengasbehälters zeigt bei einer Temperatur von –12 °C ein Gasvolumen von 42 000 m³ an, bei einem Druck von 60 mbar. Welcher Gasinhalt wird angezeigt, wenn die Temperatur auf – 1 °C ansteigt und sich durch Schneefall der Druck im Behälter auf 70 mbar erhöht'?

Geg.: $V_1 = 42\,000\ m^3$, $\vartheta_1 = -12\ °C$, $pe_1 = 60\ mbar$, $\vartheta_2 = -1\ °C$, $pe_2 = 70\ mbar$

Ges.: V_2

$$V_2 = \frac{p_{abs1} \cdot V_1 \cdot T_2}{T_1 \cdot p_{abs2}}$$

$$V_2 = \frac{1{,}06\ bar \cdot 42\,000 m^3 \cdot 272\ K}{261\ K \cdot 1{,}07\ bar}$$

$$\mathbf{V_2 = 43\,361{,}05\ m^3}$$

$p_{abs1} = pe_1 + 1{,}0\ bar$

$p_{abs1} = 60\ mbar + 1{,}0\ bar$ $\quad$ $\mathbf{p_{abs1} = 1{,}06\ bar}$

$p_{abs2} = pe_2 + 1{,}0\ bar$

$p_{abs2} = 70\ mbar + 1{,}0\ bar$ $\quad$ $\mathbf{p_{abs2} = 1{,}07\ bar}$

$T_1 = \vartheta_1 + 273\ K$

$T_1 = -12\ °C + 273\ K$ $\quad$ $\mathbf{T_1 = 261\ K}$

$T_2 = \vartheta_2 + 273\ K$

$T_2 = -1\ °C + 273\ K$ $\quad$ $\mathbf{T_2 = 272\ K}$

Aufgaben:

1 Ein Membran-Ausdehnungsgefäß von 50 l ist bei einem Vordruck von 0,5 bar ganz mit Stickstoff gefüllt. Wie groß wird der Druck, wenn das Gaspolster bei Inbetriebnahme der Heizungsgsanlage auf 25 l zusammengedrückt wird **(Bild 1)**?

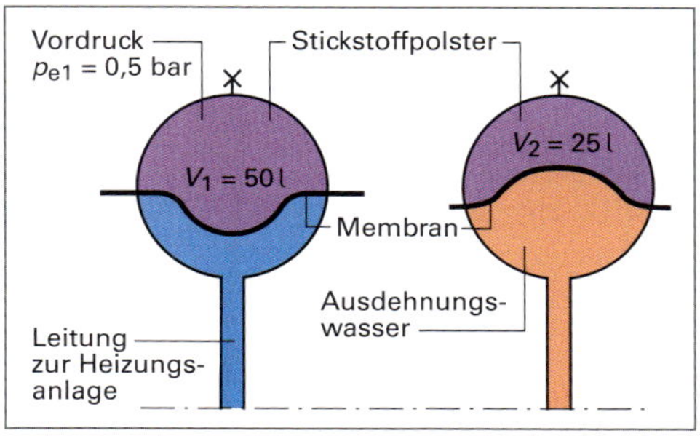

Bild 1: Druckausdehnungsgefäß

2 Ein Druck-Ausdehnungsgefäß hat ein Gasvolumen von 80 l und ist bei einem Vordruck von 1,0 bar ganz mit Stickstoff gefüllt. Wie groß ist der Überdruck, wenn 35 l Wasser in das MAG einströmen?

3 In einem Kugelgasbehälter wird bei einer Außentemperatur von 14 °C ein Druck von 14,2 bar gemessen. Durch Erwärmung erhöht sich die Temperatur im Behälter auf 25 °C. Berechnen Sie den Druckanstieg im Behälter.

4 In einer Dampfheizungsanlage befindet sich bei 105 °C eine Dampfmenge von 2,3 m³. Welches Dampfvolumen ist in der Anlage, wenn sich bei konstantem Druck die Temperatur auf 130 °C erhöht?

5 Die Raumluft eines Wohnraums mit den Abmessungen $l = 5{,}25$ m, b = 4,36 m und $h = 2{,}5$ m hat eine Temperatur von 14 °C. Wie viel m³ Luft müssen aus dem Raum entweichen, wenn durch das Einschalten der Heizungsanlage die Raumlufttemperatur auf 24 °C ansteigt und der Luftdruck konstant bleibt?

6 Um 1,0 m³ Erdgas E vollständig zu verbrennen, sind 13,5 m³ Raumluft erforderlich. Berechnen Sie das Abgasvolumen an der Strömungssicherung bei einer Temperatur von 140 °C und am Schornsteinkopf, wenn sich die Abgastemperatur auf 65 °C abgekühlt hat. Die Raumtemperatur beträgt 20 °C.

7 In einer Ferngasleitung herrscht ein Überdruck von 42 bar bei einer Temperatur von 16 °C. Welches Volumen nehmen an einer Abgabestation 56 m³ Gas aus der Ferngasleitung ein, wenn der Überdruck auf 2,5 bar reduziert wurde und sich die Temperatur auf 28 °C erhöht hat **(Bild 2)**?

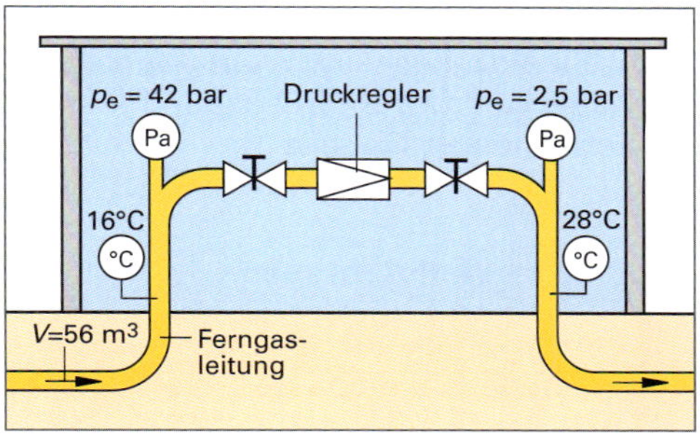

Bild 2: Gas-Abgabestation

8. In einer Dampfleitung wird bei einem Überdruck von 0,18 bar eine Temperatur von 100 °C angezeigt. Welche Temperatur wird gemessen, wenn der Dampfdruck auf einen Überdruck von 0,25 bar erhöht wird?

9. Der Inhaltsmesser eines Gasbehälters zeigt bei 32 °C ein Volumen von 62 300 m³ an. Um wie viele m³ hat sich das Volumen verändert, wenn die Temperatur auf 16 °C abgesunken ist und keine Gasentnahme erfolgte?

10 Berechnen Sie das Volumen von 1,7 m³ Erdgas unter Normbedingungen, wenn im Betriebszustand ein Luftdruck von 965 mbar, ein Leitungsdruck von 19 mbar und eine Temperatur von 15 °C herrschen.

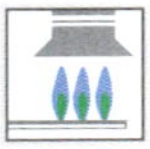

7.2 Gasverbrauch beim Schweißen

Zum Gasschmelzschweißen und zum thermischen Trennen von Stahlrohren oder Stahlblechen werden in der Regel Sauerstoff und Acetylengas verwendet **(Bild 1)**.

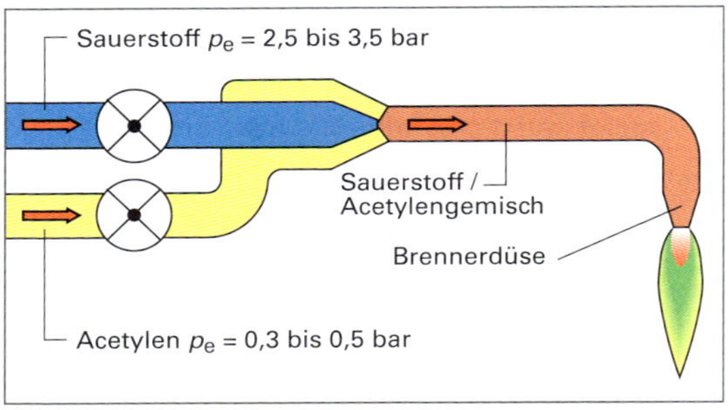

Bild 1: Schweißbrenner

Die Kosten für die Schweißnaht oder das Brennschneiden richten sich im Wesentlichen nach den verbrauchten Gasmengen, der Arbeitszeit und den erforderlichen Zusatzstoffen.

Der Gasverbrauch, die Schweißzeiten oder die Brennschneidzeiten sind vom Werkstoff, der Materialdicke und vom Düsendurchmesser am Brenner abhängig **(Tabelle 1)**.

7.2.1 Sauerstoffverbrauch

Wird aus einer Sauerstoffflasche Gas entnommen, bleibt das Volumen der Flasche konstant, aber der Druck und der Inhalt ändern sich **(Bild 2)**.

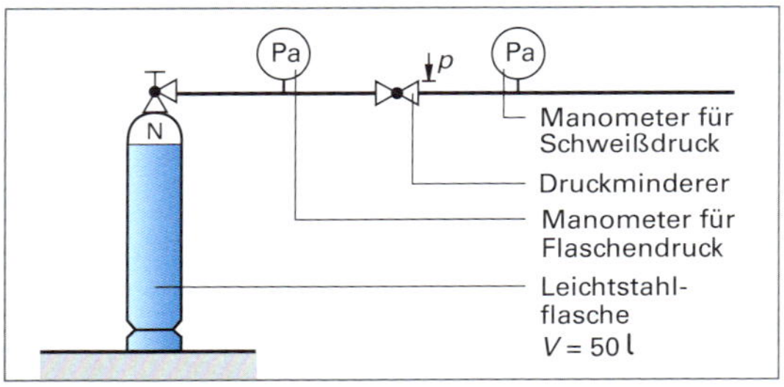

Bild 2: Sauerstoffflasche

Der Gasverbrauch errechnet sich aus dem Druckunterschied beim Beginn der Schweißarbeiten und am Ende. Da das entnommene Gas nur gegen den bestehenden Luftdruck (p_{amb}) ausströmen kann, ergibt sich:

Gasverbrauch = Inhalt 1 – Inhalt 2

$$V_{Entn} \cdot p_{amb} = p_1 \cdot V_{Fl} - p_2 \cdot V_{Fl}$$

$$V_{Entn} \cdot p_{amb} = V_{Fl} \cdot (p_1 - p_2)$$

$$V_{Entn} \cdot p_{amb} = V_{Fl} \cdot \Delta p$$

$$V_{Entn} = \frac{V_{Fl} \cdot \Delta p}{p_{amb}} \qquad V_{Fl} = \frac{V_{Entn} \cdot p_{amb}}{\Delta p}$$

$$\Delta p = \frac{V_{Entn} \cdot p_{amb}}{V_{Fl}} \qquad \Delta p = p_1 - p_2$$

V_{Entn} Gasverbrauch in l
V_{Fl} Flaschenvolumen in l
p_{amb} Luftdruck in bar
p_1 Anfangsdruck in bar
p_2 Enddruck in bar

Beispiel:

Bei Schweißarbeiten sinkt der Druck am Manometer einer Sauerstoffflasche von 165 bar auf 102 bar. Wie viel Liter Sauerstoff wurden aus der 50-l-Leichtstahlflasche entnommen?

Geg.: V_{Fl} = 50 l, p_{e1} = 165 bar, p_{e2} = 102 bar

Ges.: V_{Entn}

$$V_{Entn} = \frac{V_{Fl} \cdot (p_{abs1} - p_{abs2})}{p_{amb}}$$

$$V_{Entn} = \frac{50\ l \cdot (166\ bar - 103\ bar)}{1{,}0\ bar}$$

$$V_{Entn} = \frac{50\ l \cdot 63\ bar}{1{,}0\ bar}$$

$\mathbf{V_{Entn} = 3150\ l}$

Tabelle 1: Richtwerte für Gasverbrauch

Brennergröße Düsen ∅ mm	Gasverbrauch beim Schweißen von Stahl: Acetylen l/h	Sauerstoff l/h
0,5 bis 1,0	75	83
1,0 bis 2,0	130	145
2,0 bis 4,0	150	170
4,0 bis 6,0	385	425
6,0 bis 9,0	650	720
9,0 bis 14,0	1000	1100

p_{amb} Luftdruck
p_e Überdruck
p_{abs} absoluter Druck

7.2.2 Acetylengasverbrauch

Bei Acetylengas kann nicht mit der gleichen Formel wie bei der Sauerstoffentnahme gearbeitet werden, da das Acetylen im Aceton gelöst ist. Die in Aceton gelöste Gasmenge ist zudem vom Druck und der Temperatur abhängig.

Das aus der Acetylenflasche entnommene Gasvolumen wird nach der Formel berechnet:

$$\text{Acetylenverbrauch} = \frac{\text{Füllmenge} \cdot \text{Druckdifferenz}}{\text{Fülldruck}}$$

$$\Delta V = \frac{V_{\text{Inh}} \cdot \Delta p}{p_{e1}}$$

$$p_{e1} = \frac{V_{\text{Inh}} \cdot \Delta p}{\Delta V} \qquad \Delta p = \frac{\Delta V \cdot p_{e1}}{V_{\text{Inh}}}$$

$$V_{\text{Inh}} = \frac{\Delta V \cdot p_{e1}}{\Delta p}$$

ΔV	entnommenes Acetylengas in l
V_{Inh}	Füllmenge der Flasche in l
Δp	Druckdifferenz in bar
p_{e1}	Fülldruck der Flasche in bar
p_{e2}	Ablesedruck am Manometer nach der Schweißarbeit in bar

Beispiel:

Eine Acetylenflasche ist bei einem Flaschendruck von 19 bar mit 7600 l Acetylen gefüllt worden. Wie viel m^3 Acetylen wurden aus der Flasche entnommen, wenn das Manometer noch einen Druck von 8,5 bar anzeigt?

Geg.: $V_{\text{Inh}} = 7600$ l, $p_{e1} = 19$ bar, $p_{e2} = 8{,}5$ bar

Ges.: ΔV

$$\Delta V = \frac{V_{\text{Inh}} \cdot \Delta p}{p_{e1}} \qquad \Delta V = \frac{7600\ \text{l} \cdot 10{,}5\ \text{bar}}{19\ \text{bar}}$$

$$\mathbf{\Delta V = 4200\ l}$$

$$\Delta p = p_{e1} - p_{e2} \qquad \Delta p = 19\ \text{bar} - 8{,}5\ \text{bar}$$

$$\Delta p = 10{,}5\ \text{bar}$$

Bei Druckdifferenzen (Δp) kann mit absoluten Drücken (p) oder mit Überdrücken (p_e) gerechnet werden.

Aufgaben

1 Aus einer Sauerstoffflasche werden 3250 l Gas entnommen. Wie groß war der Anfangsdruck, wenn das Manometer an der 50-l-Flasche jetzt noch 32 bar anzeigt?

2 Bei Schweißarbeiten sinkt der Manometerdruck bei einer 50-l-Sauerstoffflasche von 140 bar auf 113 bar.

Wie viel Liter O_2 wurden entnommen?

3 Das Manometer einer 50-l-Sauerstoffflasche zeigt einen Druck von 118 bar an.

Wie viel Liter Sauerstoff können der Flasche noch entnommen werden, wenn der Druckminderer auf 2,7 bar eingestellt ist?

4 Aus einer 40-Liter-Sauerstoffflasche werden 2900 l Gas entnommen. Um wie viel bar sinkt der Flaschendruck?

5 Bei Schweißarbeiten wird ein Brenner mit einem Düsendurchmesser 4,0 bis 6,0 mm verwendet.

Welchen Flaschendruck zeigt das O_2-Manometer nach 2 1/2 Arbeitsstunden an, wenn in der 50-l-Flasche vor Beginn der Arbeiten der Flaschendruck mit 172 bar abgelesen wurde?

6 In einer Acetylenflasche befinden sich 7400 l Acetylen bei einem Fülldruck von 18 bar.

Wie viel Liter Gas wurden entnommen, wenn das Manometer noch 6,5 bar anzeigt?

7 Eine Acetylenflasche ist bei einem Flaschendruck von 19 bar mit 7800 l Acetylen gefüllt worden.

Welchen Druck zeigt das Manometer an, wenn 3,5 m^3 Gas entnommen wurden?

8 Bei Biegearbeiten wird 2 3/4 Stunden mit einer Brennergröße von 6,0 bis 9,0 mm gearbeitet.

a) Wie viel Liter Sauerstoff und Acetylengas wurden verbraucht?

b) Welcher Enddruck wird an der 40-l-Sauerstoffflasche abgelesen, wenn bei Beginn der Arbeiten der Flaschendruck 130 bar betrug?

c) Wie groß ist der Enddruck an der Acetylengasflasche, wenn der Inhalt 7400 Liter und der Fülldruck 18 bar betrug?

9 Für Schweißarbeiten wird ein Brenner mit einem Düsendurchmesser von 4,0 bis 6,0 mm verwendet. Die Arbeitszeit beträgt 1 h 25 min.

a) Wie viel Liter Sauerstoff und Acetylengas wurden verbraucht?

b) Welcher Druck herrscht nach der Schweißarbeit in der 50-l-Sauerstoffflasche, wenn vorher 108 bar abgelesen wurden?

c) Wie hoch ist jetzt noch der Flaschendruck beim Acetylengas, wenn der Inhalt 7700 l und der Fülldruck 19 bar betragen haben?

7.3 Gasverbrauch zur Stofferwärmung

Für die Erwärmung eines Stoffes ist eine bestimmte Wärmemenge erforderlich. Diese ist abhängig von der Masse, der spezifischen Wärmekapazität und der Temperaturerhöhung des Stoffes.

Wärmemenge = Masse · spez. Wärmekap · Temp.-diff.

$$Q = m \cdot c \cdot \Delta\vartheta$$

$$m = \frac{Q}{c \cdot \Delta\vartheta} \qquad \Delta\vartheta = \frac{Q}{m \cdot c} \qquad \Delta\vartheta = \vartheta_1 - \vartheta_2$$

Q Wärmemenge in Wh
m Stoffmasse in kg
c spez. Warmekapazität in Wh/(kg · K)
$\Delta\vartheta$ Temperaturdifferenz in K
ϑ_1 Anfangstemperatur in °C
ϑ_2 Endtemperatur in °C

Beispiel:

Welche Wärmemenge ist erforderlich, um für ein Vollbad 160 l Wasser von 8 °C auf 40 °C zu erhöhen?

Geg.: m = 160 kg, c = 1,163 Wh/(kg · K), ϑ_1 = 8 °C, ϑ_2 = 40 °C

Ges.: Q

$Q = m \cdot c \cdot \Delta\vartheta$
$\Delta\vartheta = \vartheta_2 - \vartheta_1$
$\Delta\vartheta$ = 40 °C – 8 °C
$\Delta\vartheta$ = 32 K

$$Q = \frac{160\ \text{kg} \cdot 1{,}163\ \text{Wh} \cdot 32\ \text{K}}{\text{kg} \cdot \text{K}}$$

Q = 5954,6 Wh
Q = **5,95 kWh**

Bei der Verbrennung eines Brennstoffes entsteht Wärmeenergie, die von der Brennstoffmenge und von der Art des Brennstoffes abhängig ist. Die bei einer vollständigen Verbrennung entstehende Wärmeenergie wird als Wärmemenge bezeichnet und hängt vom Wärmewert (H) des Brennstoffes ab. Da in der Regel nicht der gesamte Wärmewert genutzt werden kann, unterscheidet man bei der Verbrennung von Gasen den Brennwert (H_S), den Heizwert (H_I) und den Betriebsheizwert ($H_{I,B}$) **(Bild 1).**

Für feste und flüssige Brennstoffe gilt:

Wärmemenge = Brennstoffmenge · Heizwert

$$Q = m_{Br} \cdot H_I$$

m_{Br} Brennstoffmenge in kg
H_I Heizwert in kWh/kg

$$m_{Br} = \frac{Q}{H_I}$$

Für gasförmige Brennstoffe gilt:

Wärmemenge = Gasvol. · Betriebsheizwert

$$Q = V_G \cdot H_{I,B}$$

V_G Gasvolumen in m³
$H_{I,B}$ Betriebsheizwert in kWh/kg

$$V_G = \frac{Q}{H_{I,B}}$$

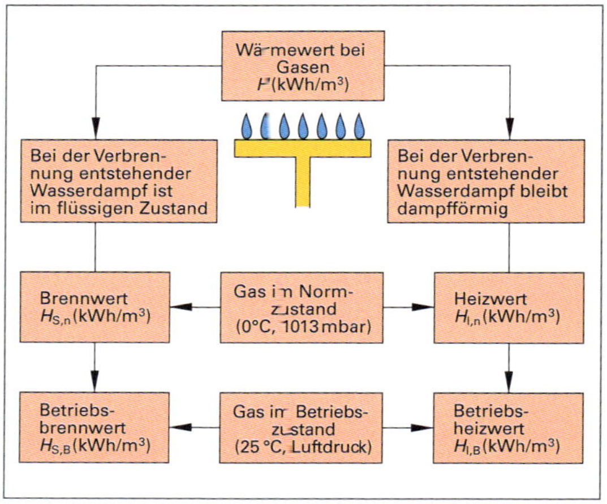

Bild 1: Wärmewert bei Gasen

Werden für die Erwärmung des Trinkwassers oder bei Heizungsanlagen Gas-Brennwert-Geräte eingesetzt, werden durch nachgeschaltete Heizflächen die heißen Abgase abgekühlt. Hierdurch wird die Kondensationswärme, die in dem bei der Verbrennung entstehenden Wasserdampf enthalten ist, teilweise zurückgewonnen. In der Berechnung wird dann der Betriebsbrennwert ($H_{S,B}$) eingesetzt. Durch den Einsatz von Brennwert-Geräten wird der Gasverbrauch reduziert, der Wirkungsgrad verbessert und der Schadstoffausstoß verringert.

Wärmemenge = Gasvolumen · Betriebsbrennwert

$$Q = V_G \cdot H_{S,B}$$

$H_{S,B}$ Betriebsbrennwert in kWh/m³
V_G Gasvolumen in m³

$$V_G = \frac{Q}{H_{S,B}}$$

Für die Umrechnung auf den Betriebsbrennwert oder den Betriebsheizwert gelten die Angaben der NB oder die Formeln

$$H_{I,B} = H_{I,n} \cdot 0{,}965 \quad \text{oder} \quad H_{S,B} = H_{S,n} \cdot 0{,}965$$

$H_{I,n}$ Heizwert des Gases im Normzustand (0 °C, 1013 mbar) in kWh/m³
$H_{S,n}$ Brennwert des Gases im Normzustand (0 °C, 1013 mbar) in kWh/m³

Die spezifischen Wärmekapazitäten und die Wärmewerte für Gase sind in Tabellen zusammengefasst **(Tabelle 1 und 2)**.

Tabelle 1: Spezifische Wärmekapazität c verschiedener Stoffe

Werkstoff	c in Wh/(kg · K)	Werkstoff	c in Wh/(kg · K)
Wasser	1,163	Kupfer	0,108
W.-dampf	0,560	Messing	0,108
Eis	0,580	Stahl	0,105
Heizöl EL	0,523	Grauguss	0,151
Heizöl S	0,585	Aluminium	0,281

Tabelle 2: Wärmewerte für Gase

Gasart	$H_{S,n}$	$H_{I,n}$
Ferngas	5,8 kWh/m³	4,9 kWh/m³
Erdgas LL	9,8 kWh/m³	8,8 kWh/m³
Erdgas E	11,6 kWh/m³	10,4 kWh/m³
Propan	28,3 kWh/m³	26,0 kWh/m³
Butan	37,2 kWh/m³	34,4 kWh/m³
Propan/Butan	32,8 kWh/m³	30,2 kWh/m³
Acetylen	17,3 kWh/m³	15,8 kWh/m³

Beispiel:

Wie viel m³ Erdgas H mit einem Betriebsheizwert von 9,9 kWh/m³ sind erforderlich, um in einem Gasgerät 5,95 kWh Wärme zu erzeugen? Welche Gasmenge wird eingespart, wenn für die Erwärmung ein Brennwertgerät eingesetzt wird?

Geg.: $Q = 5{,}95$ kWh, $H_{I,B} = 9{,}9$ kWh/m³,

Ges.: V_{G1}, V_{G2}, ΔV

$$V_{G1} = \frac{Q}{H_{I,B}} \qquad V_{G2} = \frac{Q}{H_{SB}}$$

$$V_{G1} = \frac{5{,}95\ \text{kWh}}{9{,}9\ \text{kWh/m}^3} \qquad V_{G2} = \frac{5{,}95\ \text{kWh}}{11{,}19\ \text{kWh/m}^3}$$

$$\mathbf{V_{G1} = 0{,}60\ m^3} \qquad \mathbf{V_{G2} = 0{,}53\ m^3}$$

$$H_{S,B} = H_{S,n} \cdot 0{,}965$$

$$H_{S,B} = 11{,}6\ \text{kWh/m}^3 \cdot 0{,}965 \qquad H_{S,B} = 11{,}19\ \text{kWh/m}^3$$

$$\Delta V = V_{G1} - V_{G2}$$

$$\Delta V = 0{,}60\ \text{m}^3 - 0{,}53\ \text{m}^3 \qquad \mathbf{\Delta V = 0{,}07\ m^3}$$

Aufgrund der EU-Norm ändern sich die Kurzzeichen für Wärmewerte
Brennwert $\mathbf{H_o}$ in $\mathbf{H_S}$, Heizwert $\mathbf{H_u}$ in $\mathbf{H_I}$
Betriebsheizwert $\mathbf{H_{uB}}$ in $\mathbf{H_{I,B}}$,
Betriebsbrennwert $\mathbf{H_{oB}}$ in $\mathbf{H_{S,B}}$,
Erdgas **L** in **LL** und Erdgas **H** in **E**

Aufgaben

1 Welche Wärmemenge ist erforderlich, um in einem Vorrats-Wasserheizer 210 l Wasser von 8 °C auf 65 °C zu erwärmen.

Berechnen Sie den Gasverbrauch, wenn Erdgas E verwendet wird

2 In einem Durchfluss-Wasserheizer werden 1,25 m³ Erdgas E verbrannt.

Wie viel l Wasser können damit erwärmt werden, wenn die Temperaturerhöhung von 9 °C auf 38 °C erfolgt ist.

3 Berechnen Sie die frei werdende Wärmemenge in einem Brennwertkessel, wenn 22,5 m³ Erdgas E verbraucht werden.

4 Berechnen Sie die Wärmemenge, die bei der Verbrennung von 76,0 m³ Erdgas LL frei werden.

Wie viel m³ Gas kann eingespart werden, wenn die gleiche Wärmemenge in einem Brennwertgerät erzeugt wird?

5 In einem Heizkessel werden stündlich 2,8 m³ Erdgas E verbrannt.

Welche Wärmemenge kann in einem Brennwertgerät damit gewonnen werden?

Wie groß ist die nutzbare Wärmemenge in einem Heizkessel ohne nachgeschaltete Heizflächen?

6 Ein Lötkolben aus Kupfer hat die Masse von 320 g und wird von –3 °C auf 340 °C erwärmt.

Wie viel Liter Propan-Butan-Gemisch sind erforderlich, wenn nur 25 % der Wärme ausgenutzt werden können?

Hinweis:
Fehlende Werte sind den Tabellen zu entnehmen oder zu berechnen.

7.4 Geräteleistung und Wirkungsgrad

Erfolgt die Erwärmung eines Stoffes in einer bestimmten Zeit, spricht man von einer Wärmeleistung oder dem Wärmestrom. Je geringer die Zeit ist, in der ein Stoff erwärmt wird, um so größer wird die Wärmeleistung, aber um so größer ist auch die Brennstoffmenge, die verbrannt werden muss.

Bei der Leistungsberechnung von Gasgeräten werden unterschieden

- die Nennleistung auf der Wasserseite,
- die Nennbelastung auf der Gasseite und
- der Wirkungsgrad, der sich aus dem Verhältnis von der Nennleistung zur Nennbelastung ergibt **(Bild 1)**.

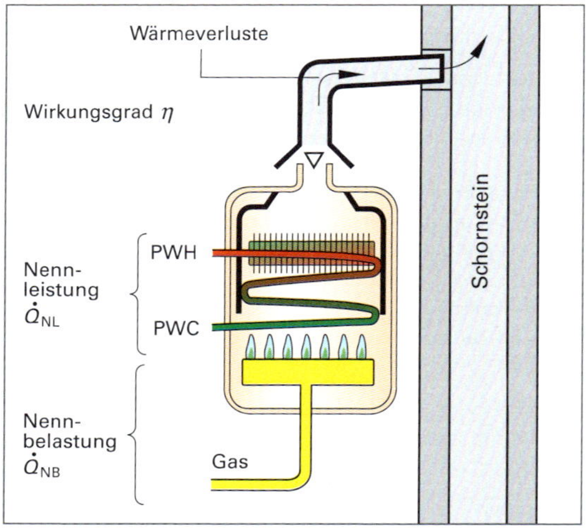

Bild 1: Geräteleistungen und Wirkungsgrad beim DWH

7.4.1 Nennleistung

Mit der Nennleistung bezeichnet man die dem Wasser oder der Luft in einer bestimmten Zeit zugeführte Wärmemenge. Die Nennleistung ist abhängig von

- der Masse des zu erwärmenden Stoffes,
- der spezifischen Wärmekapazität des Stoffes,
- der Temperaturdifferenz und
- der Zeit, die für die Erwärmung erforderlich ist.

Nennleistung = $\dfrac{\text{Masse} \cdot \text{spez. Wärmekap.} \cdot \text{Temp.-diff.}}{\text{Zeit}}$

$$\dot{Q}_{NL} = \frac{m \cdot c \cdot \Delta\vartheta}{t}$$

$$m = \frac{\dot{Q}_{NL} \cdot t}{c \cdot \Delta\vartheta} \qquad \Delta\vartheta = \frac{\dot{Q}_{NL} \cdot t}{m \cdot c} \qquad t = \frac{m \cdot c \cdot \Delta\vartheta}{\dot{Q}_{NL}}$$

$\dot{Q}_{NL}$ Nennleistung in W
m Masse in kg
c spez. Wärmekapazität in Wh/(kg · K)
t Zeit in h

Beispiel:

Welche Wärmeleistung hat ein Vorrats-Wasserheizer mit dem in 30 min 160 l Kaltwasser von 8 °C auf 50 °C erhöht werden sollen?

Geg.: m = 160 kg, ϑ_1 = 8 °C, ϑ_2 = 50 °C, t = 30 min
Ges.: $\dot{Q}_{NL}$

$\Delta\vartheta = \vartheta_2 - \vartheta_1 \qquad \Delta\vartheta = 50\ °C - 8\ °C \qquad \Delta\vartheta = 42\ K$

$$\dot{Q}_{NL} = \frac{m \cdot c \cdot \Delta\vartheta}{t}$$

$$\dot{Q}_{NL} = \frac{160\ kg \cdot 1{,}163\ Wh \cdot 42\ K}{kg \cdot K \cdot 0{,}5\ h}$$

$\dot{Q}_{NL}$ = 15 630,7 W $\qquad \dot{Q}_{NL}$ = **15,6 kW**

7.4.2 Nennbelastung

Mit der Nennbelastung bezeichnet man bei Gasgeräten den Wärmestrom der im Gas enthalten ist und bei der Verbrennung des Gases frei wird. Die Nennbelastung ist abhängig von

- der verbrannten Gasmenge,
- dem Betriebsheizwert oder dem Betriebsbrennwert des Gases und
- der Zeit, in der das Gas ausgeströmt ist.

Nennbelastung = $\dfrac{\text{Gasmenge} \cdot \text{Betriebsheizwert}}{\text{Zeit}}$

$$\dot{Q}_{NB} = \frac{V_G \cdot H_{I,B}}{t}$$

$$V_G = \frac{\dot{Q}_{NB} \cdot t}{H_{I,B}} \qquad t = \frac{V_G \cdot H_{I,B}}{\dot{Q}_{NB}}$$

$\dot{Q}_{NB}$ Nennbelastung in kW
V_G Gasmenge in m^3
$H_{I,B}$ Betriebsheizwert in kWh/m^3
t Zeit in h

Beispiel:

Welche Nennbelastung hat ein Durchfluss-Wasserheizer, mit dem in 15 min 0,96 m^3 Erdgas mit einem Betriebsheizwert von 9,7 kWh/m^3 verbrannt werden?

Geg.: V_G = 0,96 m^3, t = 15 min, $H_{I,B}$ = 9,7 kWh/m^3
Ges.: $\dot{Q}_{NB}$

$$\dot{Q}_{NB} = \frac{V_G \cdot H_{I,B}}{t}$$

$$\dot{Q}_{NB} = \frac{0{,}96\ m^3 \cdot 9{,}7\ kWh}{0{,}25\ h \cdot m^3 \cdot K}$$

$\dot{Q}_{NB}$ = **37,25 kW**

7.4.3 Wirkungsgrad

Durch die bei der Verbrennung auftretenden Verluste muss bei allen Wärmeerzeugern ein größerer Wärmestrom zugeführt werden, als nutzbar an das Wasser oder die Luft abgegeben wird. Das Verhältnis aus der Nennleistung zur Nennbelastung wird als Wirkungsgrad bezeichnet. Er wird als Dezimalzahl oder in Prozent angegeben. In der Regel liegt der Wirkungsgrad bei Durchfluss-Wasserheizern zwischen 81 % und 87 %.
Bei Brennwertgeräten werden, durch die Ausnutzung der Kondensationswärme bei der Abkühlung der Abgase, wesentlich höhere Wirkungsgrade erreicht. Sie liegen z. B. bei Gasgeräten meist 10% über den herkömmlichen Wirkungsgraden.

$$\text{Wirkungsgrad} = \frac{\text{Nennleistung}}{\text{Nennbelastung}}$$

$$\eta = \frac{\dot{Q}_{NL}}{\dot{Q}_{NB}}$$

$$\eta = \frac{\dot{Q}_{NL}}{\dot{Q}_{NB}} \cdot 100\% \qquad \dot{Q}_{NL} = \frac{\dot{Q}_{NB} \cdot \eta}{100\ \%}$$

$$\dot{Q}_{NB} = \frac{\dot{Q}_{NL}}{\eta} \cdot 100\%$$

$\dot{Q}_{NL}$ Nennleistung in W oder kW
$\dot{Q}_{NB}$ Nennbelastung in W oder kW
η Wirkungsgrad

Beispiel:

Auf dem Typenschild eines Durchfluss-Wasserheizers ist die Nennleistung mit 22,7 kW und die Nennbelastung mit 27,3 kW angegeben. Berechnen Sie den Wirkungsgrad in Prozent.

Geg.: $\dot{Q}_{NL} = 22{,}7$ kW, $\dot{Q}_{NB} = 27{,}3$ kW

Ges.: η

$$\eta = \frac{\dot{Q}_{NL}}{\dot{Q}_{NB}} \cdot 100\% \qquad \eta = \frac{22{,}7\ \text{kW}}{27{,}3\ \text{kW}} \cdot 100\%$$

η = **83%**

Aufgaben

1 Ein Durchfluss-Wasserheizer erwärmt in 17 min 165 l Wasser von 10 °C auf 43 °C. Berechnen Sie die Nennleistung.

2 Wie groß ist die Nennbelastung eines Raumheizers, wenn in 2,5 h 1,85 m³ Erdgas LL mit einem $H_{I,B}$ von 8,4 kW/m³ verbrannt werden?

3 Berechnen Sie die Auslauftemperatur bei einem DWH mit einer Nennleistung von 27,5 kW, wenn in 5,5 min 48 l Wasser erwärmt werden. Die Kaltwassertemperatur wird mit 8 °C gemessen.

4 Ein DWH erwärmt in 25 min 175 l Wasser von 10 °C auf 46 °C. Der Wirkungsgrad beträgt 82%. Berechnen Sie die Nennleistung und die Nennbelastung.

5 Ein VWH ist mit 310 l Wasser von 10 °C gefüllt. Dieses Wasser soll in 70 min auf 80 °C erwärmt werden. Der Gasbrenner benötigt dafür in 45 min 2,2 m³ Erdgas E mit einem $H_{I,B}$ von 9,8 kWh/m³. Berechnen Sie die Nennleistung, die Nennbelastung und den Wirkungsgrad.

6 Eine Heizungsanlage besteht aus einem Gussheizkessel mit 125 kg, dem Stahlrohrsystem mit 160 kg, den Stahlheizkörpern mit 104 kg und dem Wasserinhalt mit 182 kg. Berechnen Sie die Nennleistung des Kessels, wenn die gesamte Heizungsanlage in 25 min von 12 °C auf 75 °C aufgeheizt werden soll. Welche Gasmenge ist dafür notwendig, bei einem Betriebsheizwert von 9,5 kWh/m³ und einem Kesselwirkungsgrad von 87%?

7 Ein Umlauf-Wasserheizer hat eine Nennleistung von 18,0 kW. Welche Gasmenge ist erforderlich, wenn das Gasgerät pro Jahr 3250 Stunden in Betrieb ist, der Betriebsheizwert 9,6 kWh/m³ beträgt und der Kesselwirkungsgrad mit 88 % festliegt?

8 Ein Gasheizkessel hat einen Kesselwirkungsgrad von 85 %, eine Nennleistung von 28,0 kW und ist jährlich 2980 Stunden in Betrieb. Wie viel m³ Erdgas E werden mit einem Brennwertgerät eingespart, wenn vom NB der Betriebsheizwert mit 9,93 kWh/m³ und der Betriebsbrennwert mit 11,0 kWh/m³ angegeben werden?

9 Vor Beginn der Wartungsarbeiten wurden an einem DWH mit $\dot{Q}_{NL} = 27{,}9$ kW folgende Werte gemessen:

$\vartheta_{TW} = 9$ °C; $\vartheta_{TWW} = 50$ °C, Volumenstrom = 8,5 l/min, Gasdurchsatz = 54,5 l/min

Der Betriebsheizwert wird vom GVU mit 9,9 kWh/m³ angegeben.

a) Überprüfen Sie rechnerisch, ob das Gasgerät richtig eingestellt war.

b) Welche Wartungsarbeiten müssen an dem Gasgerät aufgrund Ihrer Überprüfung durchgeführt werden?

7.5 Anschluss- und Einstellwerte

Damit die Gasgeräte mit genügend Gas versorgt werden können, müssen die Gasleitungen die richtige Nennweite haben. Diese richtet sich nach dem zulässigen Druckverlust und nach dem Volumenstrom des Gases, der durch die Leitungen zum Gasgerät transportiert werden muss. Der Volumenstrom wird als Anschlusswert bezeichnet und ist von der Nennbelastung und der Gasart abhängig.

$$\text{Anschlusswert} = \frac{\text{Nennbelastung}}{\text{Betriebsheizwert}}$$

$$\dot{V}_A = \frac{\dot{Q}_{NB}}{H_{I,B}}$$

$$H_{I,B} = \frac{\dot{Q}_{NB}}{\dot{V}_A} \qquad \dot{Q}_{NB} = \dot{V}_A \cdot H_{I,B}$$

$\dot{V}_A$ = Anschlusswert in m^3/h
$\dot{Q}_{NB}$ = Nennbelastung in kW
$H_{I,B}$ = Betriebsheizwert in kWh/m^3

Beispiel:

Die Nennbelastung eines Gasherdes beträgt 11,0 kW und der Betriebsheizwert 9,3 kWh/m^3. Wie groß ist der Anschlusswert des Gasherdes?

Geg.: $\dot{Q}_{NB} = 11{,}0\ kW$, $H_{I,B} = 9{,}3\ kWh/m^3$

Ges.: $\dot{V}_A$

$$\dot{V}_A = \frac{\dot{Q}_{NB}}{H_{I,B}} \qquad \dot{V}_A = \frac{11{,}0\ kW \cdot m^3}{9{,}3\ kWh}$$

$\dot{V}_A$ = **1,18 m^3/h**

Um bei Gasgeräten einen optimalen Wirkungsgrad zu erreichen, müssen in der Regel alle Geräte am Montageort eingestellt werden. Dies ist mit der Düsendruck- oder der volumetrischen Methode möglich. Bei der volumetrischen Methode muss der Volumenstrom am Brenner berechnet werden und anschließend wird das Gasgerät über eine Einstellschraube auf diesen Gasdurchsatz eingestellt **(Bild 1, Tabelle 1)**.

Der Volumenstrom am Brenner wird als Einstellwert bezeichnet und ist, wie der Anschlusswert, von der Nennbelastung und der Gasart abhängig. Der Einstellwert wird in Liter pro Minute berechnet, damit die Geräteeinstellung in kurzer Zeit durchgeführt werden kann.

$$\text{Einstellwert} = \frac{\text{Nennbelastung} \cdot \text{Volumenumrechnung}}{\text{Betriebsheizwert} \cdot \text{Zeitumrechnung}}$$

$$\dot{V}_E = \frac{\dot{Q}_{NB} \cdot 1000\ l/m^3}{H_{I,B} \cdot 60\ min/h}$$

$$\dot{Q}_{NB} = \frac{\dot{V}_E \cdot H_{I,B} \cdot 60\ min \cdot m^3}{1000\ l \cdot 1\ h}$$

$\dot{V}_E$ = Einstellwert in l/min
$\dot{Q}_{NB}$ = Nennbelastung in kW
$H_{I,B}$ = Betriebsheizwert in kWh/m^3

Tabelle 1: Einstellung volumetrisch (Herstellerangabe)

Gasart	$H_{I,B}$ Betriebsheizwert kWh/m³	H_I Heizwert kWh/m³	H_S Brennwert kWh/m³	Gesamtdurchfluss bei Nennbelastung $\dot{V}_E$ in l/min MAG 250	MAG 325	MAG 400
2. Gasfamilie	7,6	8,0	8,9	43,9	57,2	72,6
	8,0	8,4	9,3	41,7	54,4	69,0
	8,4	8,9	9,9	39,7	51,8	65,7
Erdgasgruppe LL und E	8,8	9,3	10,3	37,9	49,4	62,7
	9,2	9,7	10,8	36,2	47,3	60,0
	9,6	10,1	11,2	34,7	45,3	57,5
	10,0	10,5	11,7	33,3	43,5	55,2
	10,4	11,0	12,2	32,1	41,8	53,0
	10,8	11,4	12,7	30,9	40,3	51,1
	11,2	11,8	13,1	29,8	38,8	49,3

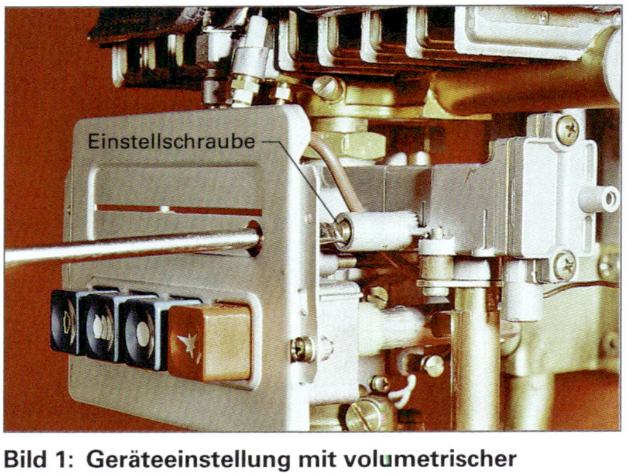

Bild 1: Geräteeinstellung mit volumetrischer Methode

Um zu genauen Ergebnissen zu kommen, wird der Gasdurchsatz in Vollbrandstellung über eine Zeit von 2 Minuten gemessen.

Beispiel:

Ein Gasheizkessel hat eine Nennbelastung von 31,6 kW. Wie groß ist der Einstellwert, wenn der Betriebsheizwert 9,36 kWh/m³ beträgt?

Geg.: $\dot{Q}_{NB} = 31{,}6\ \text{kW}$, $H_{I,B} = 9{,}36\ \text{kWh/m}^3$

Ges.: $\dot{V}_E$

$$\dot{V}_E = \frac{\dot{Q}_{NB} \cdot 1000\ \text{l/m}^3}{H_{I,B} \cdot 60\ \text{min/h}}$$

$$\dot{V}_E = \frac{31{,}6\ \text{kW} \cdot 1000\ \text{l/m}^3}{9{,}36\ \text{kWh/m}^3 \cdot 60\ \text{min}}$$

$\dot{V}_E = \mathbf{56{,}27\ l/min}$

Sind ausreichende Herstellerangaben vorhanden, werden die Gasgeräte nach der Düsendruckmethode eingestellt **(Bild 1, Tabelle 1)**. Hierfür ist vom GVU oder NB der Wobbeindex (Wo) für das Versorgungsgebiet zu erfragen.

Tabelle 1: Einstellung nach dem Düsendruck (Herstellerangabe)

Gasart	Wobbe-Index (kWh/m³)	Düsendruck bei Nennbelastung in mbar Klammern = 85% Nennbelastung		
	Wo	**MAG 275**	**MAG 350**	**MAG 400**
2. Gas-familie	11,65	7,3 (5,2)	8,7 (6,3)	6,7 (4,9)
	11,90	7,0 (5,0)	8,3 (6,0)	6,5 (4,7)
Erdgase Gruppe LL	12,15	6,7 (4,8)	8,0 (5,8)	6,2 (4,5)
	12,40	6,4 (4,6)	7,7 (5,5)	5,9 (4,3
	12,65	6,2 (4,5)	7,4 (5,3)	5,7 (4,1)
	12,90	5,9 (4,3)	7,1 (5,1)	5,5 (4,0)
	13,25	5,6 (4,1)	6,7 (4,9)	5,2 (3,8)
2. Gas-familie	13,25	9,3 (6,7)	11,1 (8,0)	8,7 (6,3)
	13,50	8,9 (6,4)	10,7 (7,7)	8,4 (6,1)
	13,75	8,6 (6,2)	10,3 (7,4)	8,1 (5,8)
Erdgase Gruppe E	14,00	8,3 (6,0)	9,9 (7,2)	7,8 (5,6)
	14,25	8,0 (5,8)	9,6 (6,9)	7,5 (5,4)
	14,50	7,7 (5,6)	9,2 (6,7)	7,3 (5,2)
	14,75	7,5 (5,4)	8,9 (6,4)	7,0 (5,1)

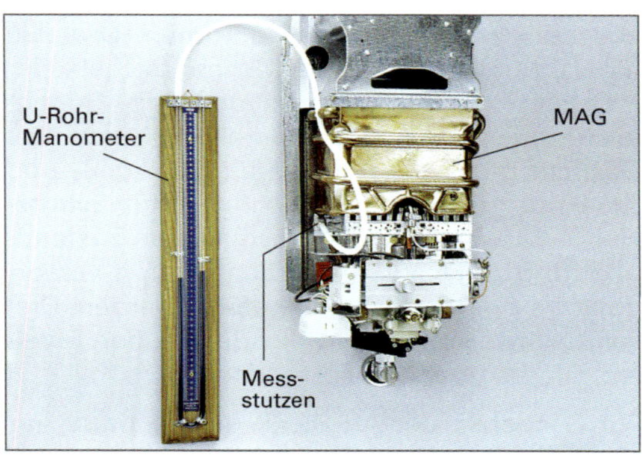

Bild 1: Geräteeinstellung über Düsendruck-Methode

Aufgaben

1 Ein Gasheizkessel hat eine Nennbelastung von 41,0 kW. Berechnen Sie den Einstellwert und den Anschlusswert, wenn der Betriebsheizwert 9,2 kWh/m³ beträgt.

2 Ein DWH hat eine Nennleistung von 20,9 kW und einen Wirkungsgrad von 83 %. Berechnen Sie den Anschlusswert und den Einstellwert bei einem Betriebsheizwert von 9,8 kWh/m³.

3 Der Anschlusswert eines Raumheizers beträgt 1,35 m³/h bei einem Betriebsheizwert von 8,9 kWh/m³. Berechnen Sie den Einstellwert des Gasgerätes. Welche Nennleistung hat der Raumheizer bei einem Wirkungsgrad von 79 %?

4 Ein Durchfluss-Wasserheizer MAG 325 soll bei einem Betriebsheizwert von 9,6 kWh/m³ eingestellt werden. Berechnen Sie mit Tabelle 1, Seite 198 die Nennbelastung und die Nennleistung, wenn der Wirkungsgrad 83 % beträgt.

5 Auf welchen Düsendruck muss ein MAG 400 eingestellt werden, wenn der Wobbeindex im Versorgungsgebiet mit Wo = 14,25 kWh/m³ angegeben wird?

6 Die Brenner an einem Gasherd werden mit Flüssiggas betrieben und haben folgende Nennbelastungen: 2 Normalbrenner je 1,7 kW, 1 Starkbrenner 2,7 kW, 1 Garbrenner 1,0 kW, 1 Backofenbrenner 3,5 kW. Der Betriebsheizwert beträgt 25,1 kWh/m³. Berechnen Sie die Einstellwerte für jeden Brenner, den Anschlusswert für den Gasherd und die Nennleistung des Backofenbrenners bei einem Wirkungsgrad von 65 %.

7 Die Nennleistung eines Umlauf-Wasserheizers ist mit 22,7 kW und die Nennbelastung mit 27,0 kW auf dem Typenschild angegeben. Bei der Wartung haben Sie einen Gasverbrauch von 59,5 l/min gemessen. Der Betriebsheizwert wird vom NB mit 9,1 kWh/m³ angegeben. Überprüfen Sie die Brennereinstellung, berechnen Sie den Wirkungsgrad und den Anschlusswert des UWH.

8 Der Geräteanschlussdruck an einem MAG 350 beträgt nur 16,5 mbar. Auf welchen Düsendruck muss das Gasgerät eingestellt werden, wenn der örtliche Wobbeindex 13,75 kWh/m³ beträgt?

7.6 Kostenermittlung für Gasverbrauch

Die Kosten für die Erwärmung des Trinkwassers, für die Raumheizung oder zum Kochen und Backen richten sich nach dem Gasverbrauch und dem Energiepreis, der von den Gas-Versorgungs-Unternehmen festgelegt wird. Zum Energiepreis gehören nicht nur die reinen Kosten für das Gas, sondern auch die Gebühren für den Gaszähler und ob das Gas nur zum Kochen, Heizen oder Kochen und Heizen verwendet wird.

> Brennstoffkosten = Gasverbrauch · Energiepreis
>
> $K = V_G \cdot EP$

K Brennstoffkosten in €
V_G Gasverbrauch in m³
EP Energiepreis in €/m³

Beispiel:

Wie hoch sind die Brennstoffkosten für ein Vollbad, wenn 160 l Wasser von 10 °C auf 41 °C in 15 min erwärmt werden sollen?
Der Wirkungsgrad des Gasgerätes beträgt 84%, der Betriebsheizwert 9,4 kWh/m³ und der Energiepreis 0,56 €/m³.

Geg.: $m = 160\text{ kg}$, $\vartheta_1 = 10\text{ °C}$, $\vartheta_2 = 41\text{ °C}$, $t = 15\text{ min}$, $\eta = 0{,}84$, $H_{I,B} = 9{,}4\text{ kWh/m}^3$, $EP = 0{,}56\text{ €/m}^3$

Ges.: $\dot{Q}_{NL}$, $\dot{Q}_{NB}$, V_G, K

$$\dot{Q}_{NL} = \frac{m \cdot c \cdot \Delta\vartheta}{t}$$

$$\dot{Q}_{NL} = \frac{160\text{ kg} \cdot 1{,}163\text{ Wh} \cdot 31\text{ K}}{\text{kg} \cdot \text{K} \cdot 0{,}25\text{ h}}$$

$$\dot{Q}_{NL} = \mathbf{23\,074\ W} \qquad \mathbf{\dot{Q}_{NL} = 23{,}07\ kW}$$

$$\dot{Q}_{NB} = \frac{\dot{Q}_{NL}}{\eta}$$

$$\dot{Q}_{NB} = \frac{23{,}07\text{ kW}}{0{,}84}$$

$$\dot{Q}_{NB} = \mathbf{27{,}47\ kW}$$

$$V_G = \frac{\dot{Q}_{NB} \cdot t}{H_{I,B}}$$

$$V_G = \frac{27{,}47\text{ kW} \cdot 0{,}25\text{ h}}{9{,}4\text{ kWh/m}^3}$$

$$V_G = \mathbf{0{,}731\ m^3}$$

$$K = V_G \cdot EP$$

$$K = 0{,}731\text{ m}^3 \cdot 0{,}56\text{ €/m}^3 \qquad K = \mathbf{0{,}41\ €}$$

Aufgaben

1 Ein Vorratswasser-Heizer (VWH) erwärmt 190 Liter Wasser in 45 Minuten von 10 °C auf 55 °C. Der Wirkungsgrad beträgt 87 %. Berechnen Sie den Einstell- und Anschlusswert bei einem Betriebsheizwert von 10,2 kWh/m³. Ermitteln Sie die Brennstoffkosten für fünf VWH-Füllungen bei einem Energiepreis von 0,59 €/m³.

2 Der Gasheizkessel in einem Dreifamilien-Wohnhaus hat eine Nennleistung von 25,6 kW, einen Wirkungsgrad von 83% und ist jährlich 1750 Stunden in Betrieb. Welche Energiekosten müssen bezahlt werden, wenn der Betriebsheizwert 9,6 kWh/m³ beträgt und der Energiepreis mit 0,61 €/m³ berechnet wird? Welche Kosten können jährlich eingespart werden, wenn ein Brennwertkessel eingesetzt wird?
Der Betriebsbrennwert beträgt 10,7 kWh/m³.

3 Der Warmwasserverbrauch für einen Vier-Personen-Haushalt beträgt jährlich 58,4 m³. Das Trinkwasser wird in einem VWH von 8 °C auf 50 °C erwärmt, als Brennstoff kommt Erdgas E zum Einsatz. Der Wirkungsgrad beträgt 86%. Berechnen Sie die Betriebskosten, wenn der Energiepreis mit 0,62 €/m³ festgelegt ist. Welche Kosten könnten eingespart werden, wenn ein Brennwertgerät zum Einsatz kommen würde? Berechnen Sie den Betriebsbrennwert über **Tabelle 1, Seite 194**.

7.7 Raum- und Verbrennungsluft-Verbund

Beim Einsatz von raumluftabhängigen Gasgeräten der Art B wird die Verbrennungsluft aus dem Aufstellraum entnommen. Um den einwandfreien und gefahrlosen Betrieb der Gasgeräte zu garantieren, muss die Geräteleistung auf die Raumgröße abgestimmt sein. Deshalb muss bei Gasgeräten der Art B_1 und Art B_4 der rechnerische Nachweis für **Schutzziel 1** (Abgasverdünnung im Anfahrzustand) und für **Schutzziel 2** (Verbrennungsluft-Versorgung im Betriebszustand) geführt werden. Dieser Nachweis erfolgt in der Regel über Tabellen, Diagramme und Formblätter.

Für Gasgeräte der Art B_2, B_3 und B_5 muss nur die Erfüllung von Schutzziel 2 nachgewiesen werden.

Schutzziel 1:

Gasgeräte der Art B_1 und B_4 besitzen am Abgasaustritt eine Strömungssicherung. Für die Aufstellung dieser Geräte muss zuerst überprüft werden, ob das Raumvolumen des Aufstellraumes für eventuell austretende Abgase bei Schornsteinstörungen ausreicht. Diesen Nachweis nennt man Schutzziel 1.

Für die Installation von 1 kW Nennleistung ist ein Raumvolumen von mindestens 1 m^3 erforderlich. Das Raum-Leistungs-Verhältnis (RLV) ist damit mindestens 1 : 1.

Reicht das RLV von 1 : 1 nicht aus, kann ein Raumverbund geschaffen werden. Hierfür sind aber nur unmittelbar benachbarte Räume zugelassen. Damit der Luftaustausch erfolgen kann, müssen in die Tür zwei Gitter mit je 150 cm^2 freiem Querschnitt eingebaut werden.

Beispiel:

In einer Etagenwohnung soll im Bad ein Gas-Durchfluss-Wasserheizer (DWH) mit einer Nennleistung von 22,7 kW installiert werden. Die Innentüren sind mit 3-seitig umlaufender Dichtung ausgestattet. Überprüfen Sie den Verbrennungsluft-Verbund und unter welchen Bedingungen der DWH Art B_{11} aufgestellt werden darf.

Geg.: Grundriss **(Bild 1)**.

Ges.: Schutzziel 1

Lösung:

Das Raum-Leistungs-Verhältnis RLV muss $\geq$ 1 m^3/kW sein.

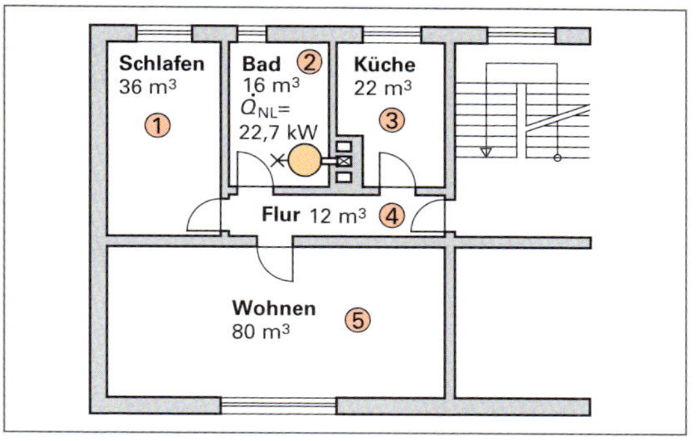

Bild 1: Etagenwohnung

Das Volumen des Aufstellungsraumes mit 16 m^3 reicht allein nicht aus, um das Gasgerät mit 22,7 kW Nennleistung zu installieren. Deshalb muss ein Raumverbund zum direkt benachbarten Flur hergestellt werden, indem in die Tür 2 Gitter mit je 150 cm^2 freiem Querschnitt einzubauen sind.

$RLV_{Bad} = V_R : \dot{Q}_{NL} = 16\ m^3 : 22{,}7\ kW = 0{,}7\ m^3/kW$

$RLV_{Flur} = V_R : \dot{Q}_{NL} = 12\ m^3 : 22{,}7\ kW = 0{,}5\ m^3/kW$

$RLV_{Ges} = RLV_{Bad} + RLV_{Flur}$

$RLV_{Ges} = 0{,}7\ m^3/kW + 0{,}5\ m^3/kW$

$\boldsymbol{RLV_{Ges} = 1{,}2\ m^3/kW} > 1{,}0\ m^3/kW$ (ausreichend)

Schutzziel 2:

Für alle Gasgeräte der Art B_1 bis Art B_5 muss eine ausreichende Verbrennungsluft-Versorgung im Betriebszustand nachgewiesen werden. Diesen rechnerischen Nachweis nennt man Schutzziel 2.

Die Verbrennungsluft kann aber nur über Räume, die Fenster oder Türen zum Öffnen ins Freie besitzen, in den Aufstellraum gelangen. Damit eine ausreichende Verbrennungsluft-Versorgung erreicht wird und die Luft ungehindert zum Gasgerät gelangt, können Öffnungen ins Freie, Türblätter gekürzt oder Türgitter eingeplant werden.

Bei der Berechnung der Verbrennngsluft-Versorgung muss aber außer den Gasgeräten der Art B auch darauf geachtet werden, ob in der Wohnung zusätzliche Feuerstätten installiert sind, wie z.B.
- dekorative Gasfeuer im Kamin,
- offene Kamine oder Kaminöfen und
- Kachel-/Speicheröfen.

Auch für diese Wärmeerzeuger ist Verbrennungsluft erforderlich, die aus dem Freien angesaugt werden muss. Deshalb ist auf ausreichend große Öffnungen mit ALD's zu achten oder die Feuerstätten müssen elektrisch verriegelt werden, so dass nur jeweils ein Teil der Geräte gleichzeitig in Betrieb gehen kann.

Verbrennungsluftbedarf q_{Bed}

Eine ausreichende Verbrennungsluft-Versorgung wird erreicht, wenn dem Aufstellungsraum für eine Nennwärmeleistung von 1,0 kW ein Volumenstrom von $q_{VL} \geq 1{,}6\ m^3/h$ zur Verfügung steht.

Daraus folgt: $q_{Bed} = \Sigma \dot{Q}_{NL} \cdot 1{,}6\ m^3/h \cdot kW$

$q_{Bed} \leq q_{VL,\ anr}$

q_{Bed}	Verbrennungsluftbedarf in m^3/h
$\Sigma \dot{Q}_{NL}$	Gesamtnennwärmeleistung in kW
$q_{VL,\ anr}$	anrechenbarer Verbrennungsluft-Volumenstrom in m^3/h

Verbrennungsluft-Versorgung $q_{VL,\ anr}$

Der für die Gasgeräte erforderliche Verbrennungluft-Volumenstrom ist abhängig von der Art des Gebäudes. Dabei werden berücksichtigt ob es sich um eine ein- oder mehrgeschossige Wohnung in einem Ein- oder Mehrfamilienhaus handelt, das Baujahr des Gebäudes, die Luftdurchlässigkeit der Gebäudehülle und ob Renovierungen vorgenomen wurden. Alle diese gebäudespezifischen Daten werden in den Haustypen 1 – 7 zusammengefasst **(Tab. 1, Seite 203)**.

$$q_{VL,\,anr} = V_R \cdot n$$

$$n = f_{wirk} \cdot n_{50} \cdot 0{,}1857$$

$q_{VL,\,anr}$	anrechenbarer Verbrennungsluft-Volumenstrom in m^3/h
V_R	Raumvolumen in m^3
n	berechn. Luftwechselrate nach Haustyp in 1/h
f_{wirk}	Korrekturfaktor je nach Gebäudeart
n_{50}	Auslegungswert der Luftwechselrate in 1/h

$f_{wirk} = 0{,}7$ für eingeschossige Wohnung

$f_{wirk} = 0{,}8$ für mehrgeschossige Wohnung

Beispiel 1:

Bestimmen Sie die Luftwechselrate n, f_{wirk}, Haustyp und n_{50} für eine eingeschossige Wohnung in einem Mehrfamilienhaus mit freier Lüftung, Baujahr 2005.

Ges.: n

Lösung: $f_{wirk} = 0{,}7$m, Haustyp 3, $n_{50} = 1{,}5$ 1/h (alle Werte aus Tab. 1, Seite 203)

$n = f_{wirk} \cdot n_{50} \cdot 0{,}1857$

$n = 0{,}7 \cdot 1{,}5\ 1/h \cdot 0{,}1857 = 1{,}94\ 1/h$

$\boldsymbol{n = 0{,}19}$ (oder Auswahl nach Tab. 1, Seite 203)

Beispiel 2:

In einer Etagenwohnung (Bild 1, Seite 201) soll im Bad ein DWH Art B_{11} mit einer Nennleistung von 22,7 kW installiert werden. Die Innentüren sind mit 3-seitig umlaufender Dichtung ausgestattet.

Bestimmen Sie den Verbrennungsluftbedarf q_{Bed} und die Verbrennungs-Luftversorgung q_{VL} für die Etagenwohnung in einem Mehrfamilien-Wohnhaus. Das Wohngebäude wurde vor dem Jahr 2002 erbaut und es wurden zwischenzeitlich keine Änderungen an der Gebäudehülle durchgeführt.

Geg.: Grundriss (Bild 1, Seite 201)

Ges.: Schutzziel 2, Verbrennungsluft-Volumenstrom

Lösung: $q_{Bed} = \dot{Q}_{NL} \cdot 1{,}6\ m^3/h \cdot kW$

$q_{Bed} = 22{,}7\ kW \cdot 1{,}6\ m^3/h \cdot kW$

$\boldsymbol{q_{Bed} = 36{,}3\ m^3/h}$ **(Verbrennungs-Luftbedarf)**

Festlegung für Verbrennungs-Luftversorgung q_{VL}

$f = 0{,}7$ (eingeschossige Wohnung)

Luftwechselrate $n = 0{,}40$ 1/h

Haustyp 7 (Baujahr vor 2002)

Lösung: Tabelle 1, Seite 203 und Tabelle 1, Seite 204

Tabelle 1: Nachweis von Schutzziel 2, Lösung

Wohnungs-/Gebäudedaten			Verbrennungsluft-Versorgung q_{VL}					
				Innentüren mit 3-seitiger Dichtung				
Raumart/ Raum-Nr.	Raumvolumen V in m^3	Referenzwert je nach Haustyp	Aufstellungsraum/ Volumenstrom m^3/h	Kurve 1 in m^3/h	Kurve 2 in m^3/h	Kurve 3 in m^3/h	zusätzliche Öffnung z.B. ALD in m^3/h	Σ Volumenstrom $\Sigma\ q_{VL}$ in m^3/h
Bad	16	16,0	6,4	–	–	–	–	6,4
Flur	12	–	–	–	–	–	–	–
Schlafen	36	36,0	14,4	–	12,3	–	–	12,3
Küche	22	22,0	8,8	–	8,0	–	3,0	11,0
Wohnen	80	80,0	32	8,5	–	–	–	8,5
Verbrennungsluft-Versorgung							$\Sigma\ q_{VL}$	**38,2**

$\boldsymbol{q_{VL} = 38{,}2\ m^3/h \geq q_{Bed} = 36{,}3\ m^3/h}$ **(ausreichend)**

Tabelle 1: Haustyp je nach Gebäudealter und Gebäudebauart

Wohngebäude nach Herstellungsjahr und Ausstattung mit oder ohne Wohnraumlüftung WRL	Auslegungswert des Luftwechsels n_{50}	**eingeschossige Wohnung** Korrekturfaktor $f = 0{,}7$		**mehrgeschossige Wohnung** Korrekturfaktor $f = 0{,}8$	
		Haustyp	**Luftwechselrate**	**Haustyp**	**Luftwechselrate**
Wohngebäude ab 2002 mit kontrollierter WRL für Ein- und Mehrfamilienhäuser	1,0 l/h	1	0,13 l/h	2	0,15 l/h
Wohngebäude ab 2002 mit freier Lüftung für Ein- und Mehrfamilienhäuser	1,5 l/h	3	0,19 l/h	4	0,22 l/h
Wohngebäude vor 2002 aber mit Verbesserung an der Gebäudehülle nach 2002 für Mehrfamilienhaus					
Wohngebäude wie vor, jedoch als Einfamilienhaus	2,0 l/h	5	0,26 l/h	6	0,30 l/h
Wohngebäude vor 2002 errichtet als Ein- und Mehrfamilienhäuser ohne Änderung der Luftdurchlässigkeit **(Entspricht der bisherigen 4 m³/kW-Regel)**	3,0 l/h	7	0,40 l/h	7	0,40 l/h

Aufgaben

1 In der Etagenwohnung soll im Bad ein DWH installiert werden **(Bild 1).**

Alle Innentüren sind ohne Dichtungen. Unter welchen baulichen Bedingungen darf das Gasgerät Art B_{11} betrieben werden?

Führen Sie den Nachweis für Schutziel 1 und Schutzziel 2, wenn das Wohngebäude nach dem Jahr 2002 erbaut wurde.

2 In der Wohnung eines Mehrfamilienhauses haben alle Türen 3-seitig umlaufende Dichtungen **(Bild 2).**

Bestimmen Sie die Art des Verbrennungsluft-Verbundes und unter welchen Bedingungen kann Schutzziel 1 und Schutzziel 2 für das eingeplante Gasgerät erfüllt werden?

Das Gebäude wurde vor dem Jahr 2002 erbaut, aber im Jahr 2015 ist die gesamte Gebäudehülle wärmetechnisch saniert worden.

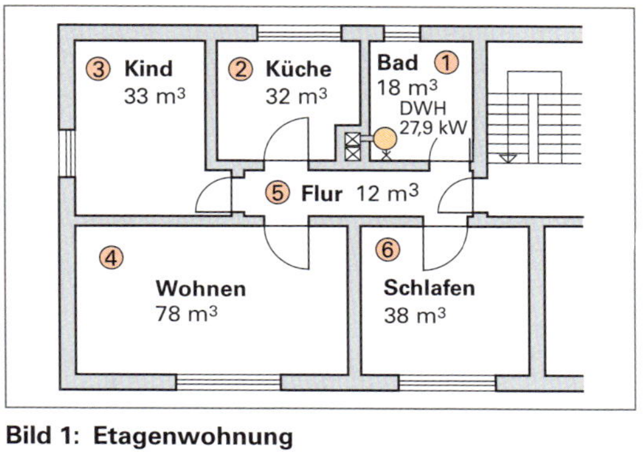

Bild 1: Etagenwohnung

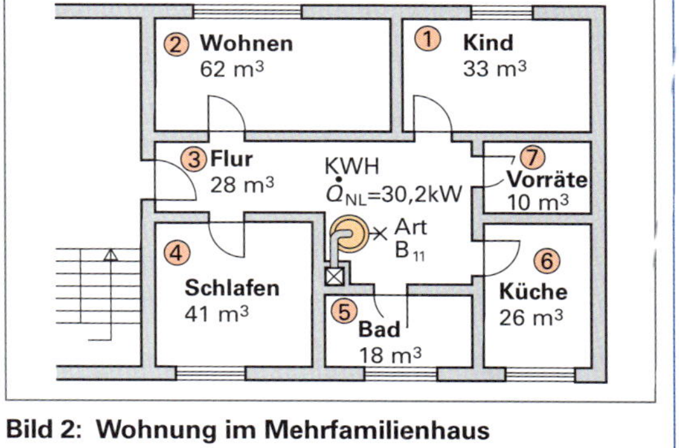

Bild 2: Wohnung im Mehrfamilienhaus

Tabelle 1: Auslegungswerte und anrechenbarer Verbrennungsluftverbund q_{VL} in m^3/h

Eingeschossige Wohnung			Mehrgeschossige Wohnung			Referenzwert nach TRGI 2008	Verbrennungsluft-Volumenstrom durch Infiltration q_{VL} in m^3/h					
Korrekturfaktor für Infiltrationsanteile f: $f = 0{,}7$			$f = 0{,}8$			$f = 0{,}7$	Aufstellraum mit Tür oder Fenster zum Öffnen ins Freie sowie Innentür mit Verbrennungsluftöffnung von mindestens 150 cm^2 freiem Querschnitt	Innentür ohne umlaufende Dichtung		Innentür mit 3-seitig umlaufender Dichtung		
Auslegungswert n_{50} 1,0 1/h	1,5 1/h	2,0 1/h	Auslegungswert n_{50} 1,0 1/h	1,5 1/h	2,0 1/h	Auslegungswert n_{50} 0,40 1/h		Kurve 2	Kurve 3	Kurve 1	Kurve 2	Kurve 3
errechneter Luftwechsel n 0,13 1/h	0,19 1/h	0,26 1/h	errechneter Luftwechsel n 0,15 1/h	0,22 1/h	0,30 1/h	errechn. Luftwechsel n 0,40 1/h		Türblatt ungekürzt	Türblatt 1,0 cm gekürzt	Türblatt ungekürzt	Türblatt 1,0 cm gekürzt	Türblatt 1,5 cm gekürzt
Raumvolumen V in m^3 HT 1	HT 3	HT 5	Raumvolumen V in m^3 HT 2	HT 4	HT 6	Raumvolumen V in m^3 Haustyp 7	Kurve 4 m^3/h	m^3/h	m^3/h	m^3/h	m^3/h	m^3/h
25	17	12	21	15	11	8	3,2	3,0	3,0	2,7	3,0	3,0
31	21	15	27	18	13	10	4,0	3,8	3,8	3,4	3,8	3,8
37	25	18	32	22	16	12	4,8	4,5	4,6	3,7	4,5	4,6
43	29	22	37	25	19	14	5,6	5,1	5,3	4,2	5,1	5,3
49	34	25	43	29	21	16	6,4	5,9	6,1	4,5	5,9	6,1
55	38	28	48	33	24	18	7,2	6,6	6,9	5,0	6,6	6,9
62	42	31	53	36	27	20	8,0	7,4	7,5	5,3	7,4	7,5
68	46	34	59	40	29	22	8,8	8,0	8,3	5,6	8,0	8,3
74	51	37	64	44	32	24	9,6	8,6	9,1	5,8	8,6	9,1
80	55	40	69	47	35	26	10,4	9,3	9,8	6,1	9,3	9,8
86	59	43	75	51	37	28	11,2	9,9	10,6	6,2	9,9	10,6
92	63	46	80	55	40	30	12,0	10,6	11,4	6,6	10,6	11,4
98	67	49	85	58	43	32	12,8	11,2	12,0	6,7	11,2	12,0
105	72	52	91	62	45	34	13,6	11,7	12,6	6,9	11,7	12,6
111	76	55	96	65	48	36	14,4	12,3	13,4	7,0	12,3	13,4
117	80	58	101	69	51	38	15,2	13,0	14,1	7,0	13,0	14,1
123	84	62	107	73	53	40	16,0	13,6	14,9	7,2	13,6	14,9
129	88	65	112	76	56	42	16,9	14,1	15,5	7,4	14,1	15,5
135	93	68	117	80	59	44	17,6	14,6	16,2	7,5	14,6	16,2
142	97	71	123	84	61	46	18,4	15,0	17,0	7,5	15,0	17,0
148	101	74	128	87	64	48	19,2	15,7	17,6	7,7	15,7	17,6
154	105	77	133	91	67	50	20,0	16,2	18,2	7,7	16,2	18,2
160	109	80	139	95	69	52	20,8	16,6	18,9	7,8	16,6	18,9
166	114	83	144	98	72	54	21,6	17,1	19,5	7,8	17,1	19,5
172	118	86	149	102	75	56	22,4	17,6	20,0	8,0	17,6	20,0
178	122	89	155	105	77	58	23,2	18,1	20,8	8,0	18,1	20,8
185	126	92	160	109	80	60	24,0	18,6	21,4	8,2	18,6	21,4
191	131	95	165	113	83	62	24,8	19,0	22,1	8,2	19,0	22,1
197	135	98	171	116	85	64	25,6	19,4	22,7	8,2	19,4	22,7
203	139	102	176	120	88	66	26,4	19,8	23,4	8,2	19,8	23,4
209	143	105	181	124	91	68	27,2	20,3	23,8	8,3	20,3	23,8
215	147	108	187	127	93	70	28,0	20,6	24,5	8,3	20,6	24,5
222	152	111	192	131	96	72	28,8	21,1	25,1	8,3	21,1	25,1
228	156	114	197	135	99	74	29,6	21,4	25,6	8,5	21,4	25,6
234	160	117	203	138	101	76	30,4	21,8	26,2	8,5	21,8	26,2
240	164	120	208	142	104	78	31,2	22,2	26,7	8,5	22,2	26,7
246	168	123	213	145	107	80	32,0	22,6	27,4	8,5	22,6	27,4
252	173	126	219	149	109	82	32,8	22,9	27,8	8,5	22,9	27,8
258	177	129	224	153	112	84	33,6	23,2	28,3	8,6	23,2	28,3
265	181	132	229	156	115	86	34,4	23,5	29,0	8,6	23,5	29,0

7.8 Dimensionierung von Niederdruckgasleitungen

Damit die einzelnen Gasgeräte mit einer ausreichenden Gasmenge versorgt werden können, muss die Nennweite der Gasleitungen berechnet werden. Diese ist im Wesentlichen abhängig vom Volumenstrom, der Leiungslänge, den Einzelwiderständen, dem Rohrwerkstoff, dem Höhenunterschied und den Absperreinrichtungen.

Außerdem ist durch die Bemessung der Gasleitungen die Wirksamkeit der Gasströmungswächter **(GS)** sicherzustellen.

Es wird unterschieden zwischen dem **Diagrammverfahren** und dem **Tabellenverfahren**.

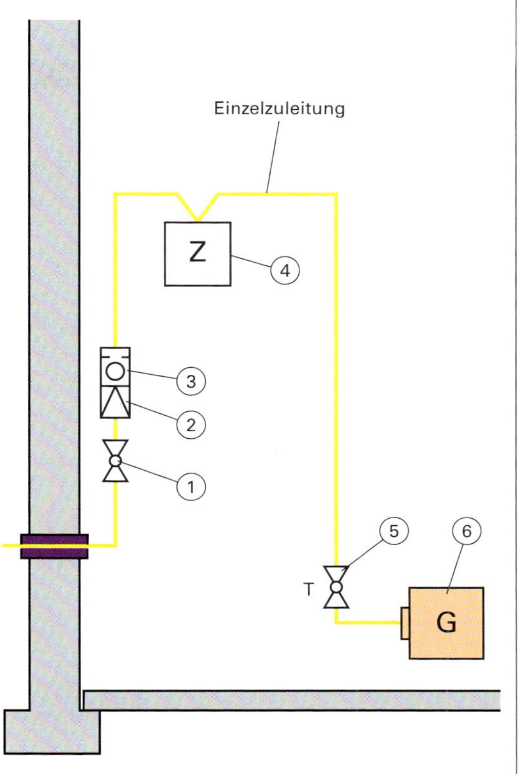

1 Hauptabsperreinrichtung HAE
2 Druckregelgerät GR
3 Strömungswächter GS
4 Gaszähler (Einstutzen) Z
5 Absperreinrichtung mit TAE
6 Heizkessel HK

Bild 1: Prinzipschaltbild für Einzelzuleitung

7.8.1 Diagrammverfahren

Das Diagrammverfahren ist für eine vereinfachte Bestimmung der Rohrweite. Es kann angewendet werden, wenn im Gebäude nur eine Einzelzuleitung benötigt wird, wie z. B. zum Anschluss für einen Gaskessel, Kombiwasser oder Raumheizer **(Bild 1)**.

Geräteanschluss mit Einzelzuleitung

Das Diagrammverfahren ist so aufgebaut, dass grundsätzlich über vorgegebene Bauteilkombinationen die maximal zulässige Leitungslänge ermittelt wird. Je nach Rohrwerkstoff stehen verschiedene Diagramme zur Verfügung **(Diagramme Seite 207 bis 209)**. In diesen Diagrammen sind die Druckverluste für Gaszähler **(Z)** und Gasströmungswächter **(GS)** bereits mit eingearbeitet. Bei anderen Werkstoffen können aber auch die Herstellerdiagramme verwendet werden.

Bei der Rohrdimensionierung wird grundsätzlich von einem Druckverlust in der gesamten Leitung von 300 Pa (3,0 mbar) ausgegangen. Dabei wird an der Hauptabsperreinrichtung **(HAE)** oder nach dem Gasdruckregelgerät **(GR)** begonnen.

Alle Formteile gehen dabei als 90°-Winkel in die Leitungslänge mit ein.

Der Nachteil beim Diagrammverfahren ist der, dass eingesparte Druckverluste durch den Einbau eines größeren Gaszählers nicht zur Verkleinerung der Rohrweite genutzt werden können.

Die Rohrweitenbestimmung beginnt in der Regel mit der Erstellung eines räumlichen Leitungsschemas, aus dem Armaturen, Gaszähler, Formstücke und Leitungslängen ersichtlich sind.

Hinzu kommt die Angabe der Nennbelastung, die dem Typenschild oder der Gerätebeschreibung zu entnehmen ist. Es ist zu beachten, dass $\dot{Q}_{NB}$ ganzzahlig zu runden ist, wie z. B. 9,3 kW zu 9,0 kW oder 17,5 kW zu 18,0 kW.

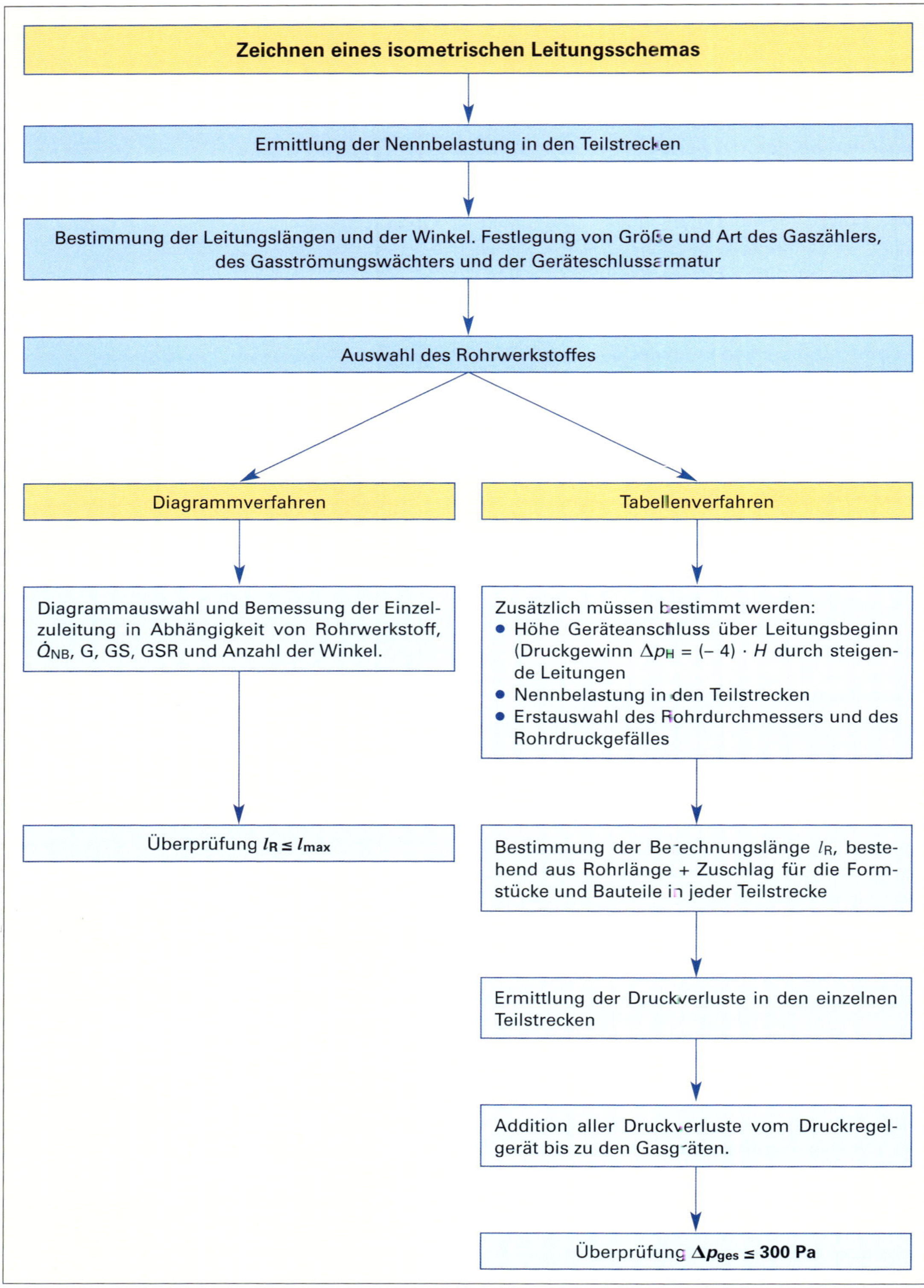

Bild 1: Rohrweitenbestimmung, schematisch

Beispiel:

Bestimmen Sie die Nennweite für eine Einzelzuleitung an einen Gasheizkessel für ein Mehrfamilien-Wohnhaus. Als Rohrwerkstoff kommt Stahl DIN EN 10 255 mittlere Reihe zum Einsatz.

Alle weiteren Angaben sind dem Leitungsschema zu entnehmen **(Bild 1)**.

Überprüfen Sie außerdem, ob eine geringere Rohrdimension möglich ist, wenn die Gasleitung aus Kupfer DIN EN 1057 zum Einbau kommt.

Geg.: Rohrlänge 9,3 m, 5 Winkel,
Anschlussarmatur DN 15 Durchgang,
Nennbelastung 24,0 kW,
Einstutzengaszähler G 2,5,
Gasströmungswächter GS 4 M.

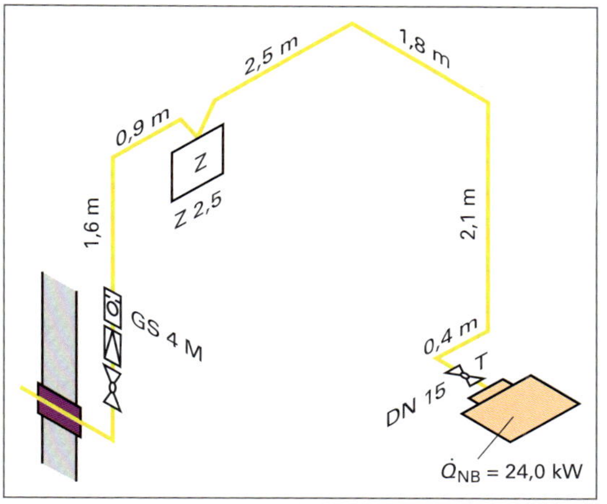

Bild 1: Raumschema für Heizkesselanschluss

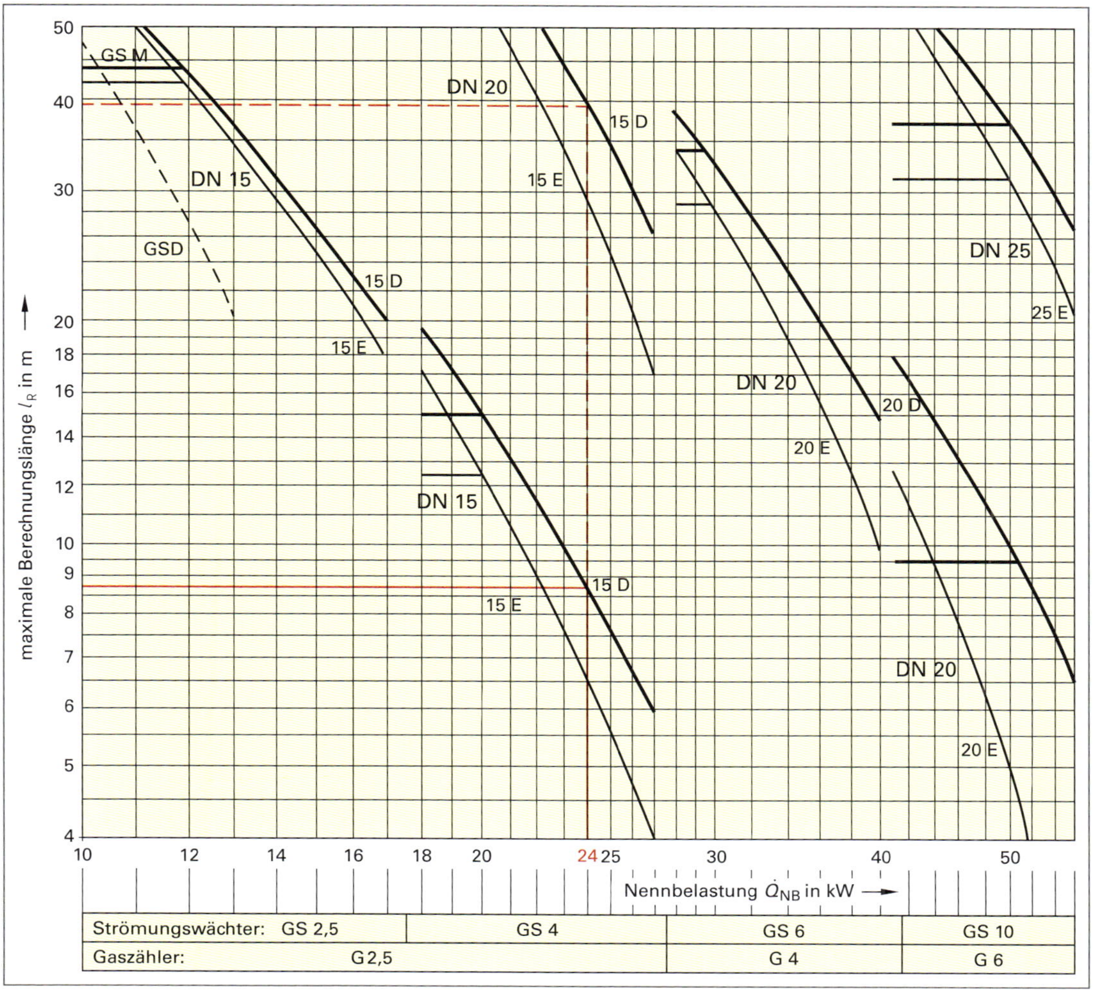

Diagramm 1: Bemessung von Einzelzuleitungen aus Stahl, DIN EN 10255 mittl. Reihe

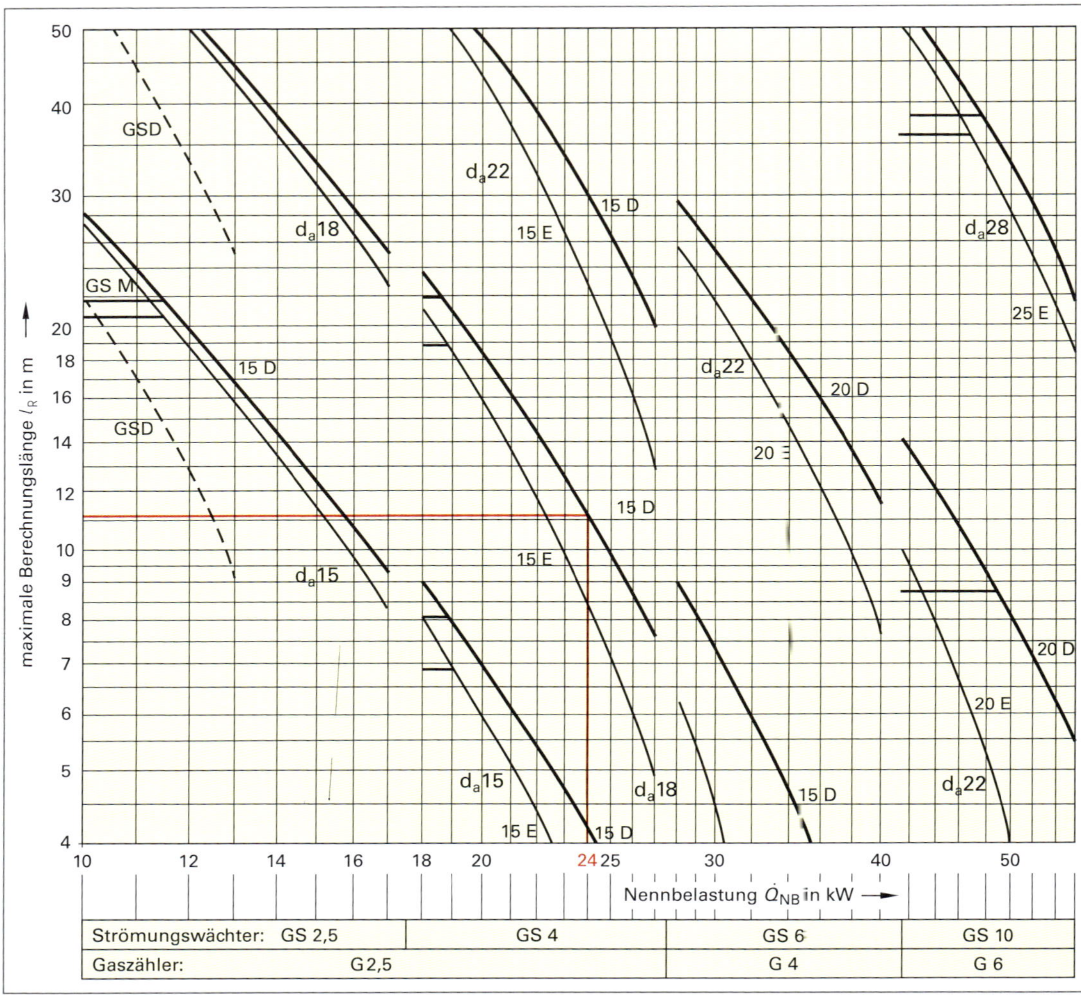

Diagramm 1: Bemessung von Einzelzuleitungen aus Kupfer, DIN EN 1057 oder Edelstahl

Lösung:

a) l_R = Rohrlänge + Zuschlag für Fittings
l_R = 9,3 m + 5 × l_W = 9,3 m + 5 × 0,3 m
l_R = 9,3 m + 1,5 m
l_R = 10,8 m

Bedingt durch die neuen Rohleitungsdiagramme werden die eingeplanten Formteile, wie z. B. Winkel, Bogen und T-Stücke, in Längenzuschläge umgerechnet und zur Leitunglänge addiert **(Tabelle 1)**.

b) Diagramm 1, Stahlrohr DIN EN 10 255, mittlere Reihe, Seite 207
Bei $\dot{Q}_{NB}$ = 24,0 kW nach oben bis zur Kurve DN 15, dann waagerecht nach links, ergibt die maximale Rohrlänge **l = 8,6 m, Nennweite DN 15.**
Nicht ausreichend!

Im gleichen Diagramm, bei gleicher Ausgangssituation weiter nach oben fahren bis Rohrweite DN 20, Anschlussarmatur DN 15, waagerecht nach links ⇒
maximale Rohrlänge 38,0 m ⇒ **zulässig!**

c) Diagramm 1, Kupferrohr DIN EN 1057.
Vorgehendweise wie bei Stahlrohr.
Ablesung: Kupferrohr **da = 18 mm,**
maximale Rohrlänge 11,0 m ⇒ **zulässig!**

Tabelle 1: Leitungslängenzuschlag l_W

Nennweite				
Nennweite	da	≤ ∅ 28	∅ 35	∅ 42
	DN	≤ 25	32	40
90° Winkel/Bogen		0,3 m	0,5 m	0,7 m

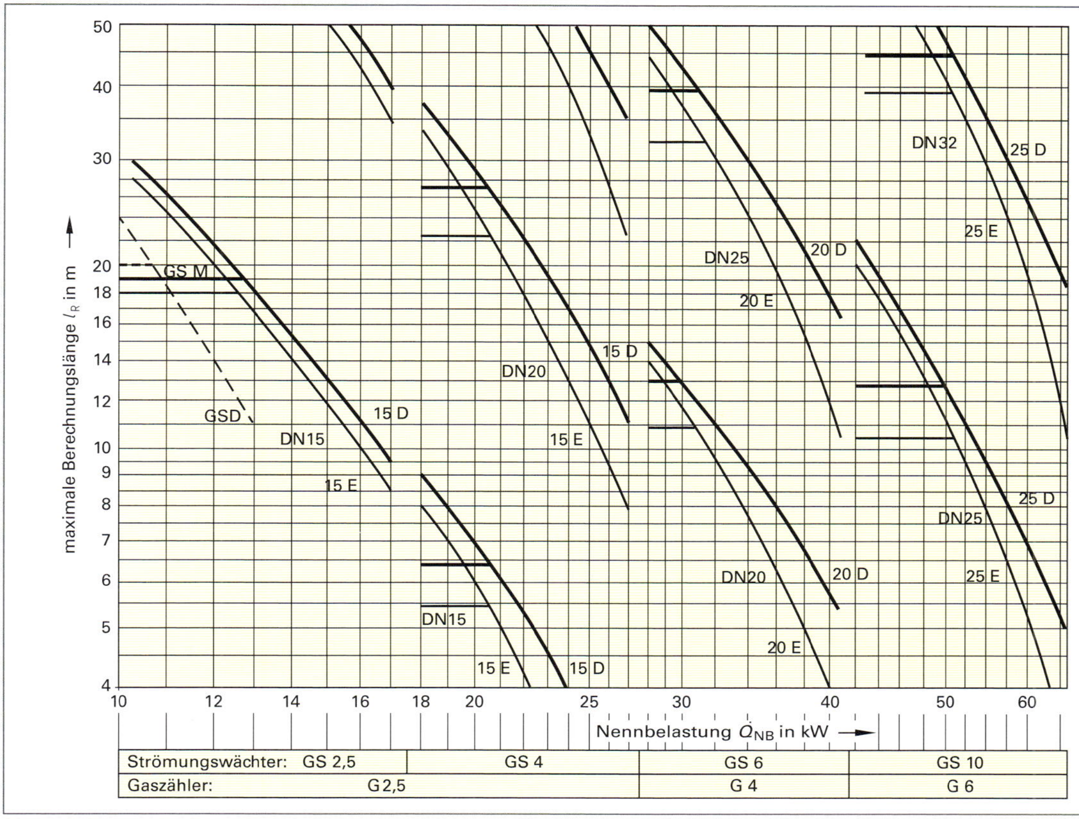

Diagramm 1: Bemessung von Einzelzuleitungan aus Wellrohr DIN EN 15266

Aufgaben:

1 a) Bestimmen Sie die Nennweite einer Einzelzuleitung vom Gasdruckregler bis zu einem Gasheizkessel mit $\dot{Q}_{NB}$ = 24,5 kW. Die Rohrleitung soll aus Kupfer DIN EN 1057 hergestellt werden. Die Länge beträgt l = 11,4 m mit 7 Winkeln. Als Anschlussarmatur wird DN 15 Durchgang vorgesehen.

b) Wie groß ist die maximal zulässige Rohrlänge?

c) Welche Größe hat der Gaszähler?

d) Bestimmen Sie Art und Größe des Gasströmungswächters.

2 In einem Zweifamilien-Wohnhaus ist ein Gaskessel zu installieren.

Die Einzelzuleitung vom Gasdruckregler bis zum Heizkessel soll aus Wellrohr DIN EN 15266 verlegt werden.

Bestimmen Sie die Nennweite der Rohrleitung, die Größe des Gasmessers sowie Art und Größe des Gasströmungswächters. Alle weiteren Angaben sind dem Leitungsschema zu entnehmen **(Bild 2)**.

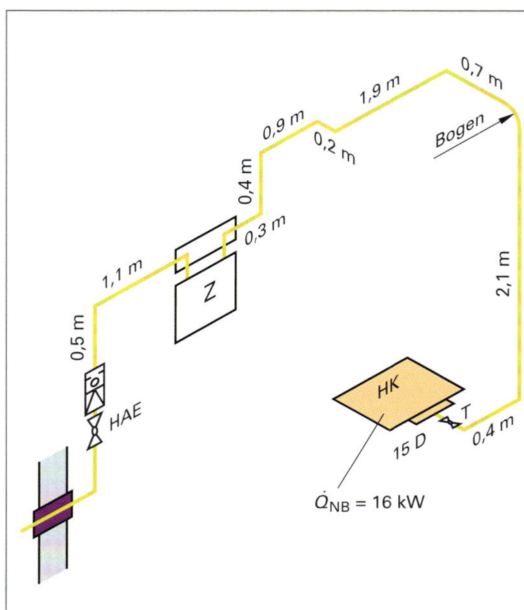

Bild 2: Heizkesselanschluss (zu Aufgabe 2)

7.8.2 Tabellenverfahren

Ist in einem Wohngebäude mehr als ein Gasgerät mit Gas zu versorgen, werden die Gasleitungen in der Regel mit dem Tabellenverfahren bestimmt.

Auch bei diesem Verfahren stehen für den Druckverlust im gesamten Rohrnetz ab dem Gasdruckregler 300 Pa zur Verfügung.

Das Besondere beim Tabellenverfahren ist, dass für Formstücke und Bauteile keine Einzelwiderstände ermittelt werden, sondern Längenzuschläge, die zur Leitungslänge addiert werden.

In Abhängigkeit von der Nennbelastung, der Art der Bauteile und des Rohrwerkstoffs sind, je nach Leitungsabschnitt, die verschiedenen Tabellen auszuwählen.

Bei der Auswahl der Tabellen muss beachtet werden, ob es sich um eine Einzel-, Verteilungs-, Verbrauchs- oder Abzweigleitung handelt (Tabellen Seite 212).

Bei der Bestimmung der Rohrweite wird mit der Erstellung eines Leitungsschemas begonnen. Aus diesem muss ersichlich sein:

- Art der Gasgeräte mit $\dot{Q}_{NB}$,
- Art und Größe der Geräteanschlussarmaturen,
- Höhe der Geräteanschlüsse über dem Leitungsanfang, in der Regel über dem Gasdruckregler,
- Streckenbelastung $\dot{Q}_{SB}$ bei mehreren Gasgeräten und
- Berechnungslängen der Teilstrecken.

Um die Ermittlung der Rohrweiten übersichtlich zu gestalten, werden dafür Formblätter verwendet.

Tabelle 1: Gasströmungswächter GS

Δp (Pa)	GS 2,5 $\dot{Q}_{SB}$ (kW)	GS 4 $\dot{Q}_{SB}$ (kW)	GS 6 $\dot{Q}_{SB}$ (kW)	GS 10 $\dot{Q}_{SB}$ (kW)
10	10	17	25	43
15	12	20	30	50
20	14	23	34	57
25	15	25	38	63
30	17	27	41	69
35	18	29	44	74
40	19	31	47	79
45	20	33	50	83
50	21	34	51	86

Beispiel:

In einem Einfamilien-Wohnhaus werden ein Kombi-Wasser-Heizer und ein Gasherd installiert. Die Gasgeräte sollen mit einer Rohrleitung aus Stahl DIN EN 10 255 mittlere Reihe, angeschlossen werden.

Bestimmen Sie im Tabellenverfahren:

a) Größe und Druckverlust des Gasströmungswächters,

b) Größe und Druckverlust des Gaszählers und

c) die Nennweiten der einzelnen Leitungabschnitte.

Rohrführung und Leistungdaten sind dem Strangschema zu entnehmen **(Bild 1)**.

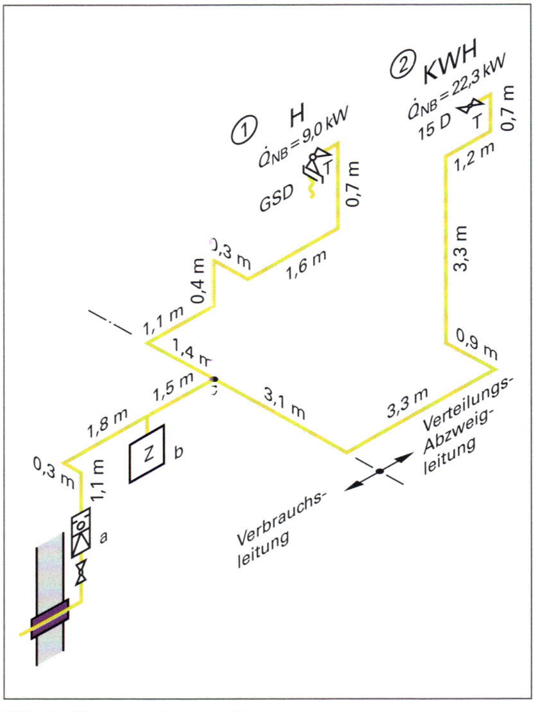

Bild 1: Strangschema, Gasversorgung

Tabelle 2: Zählergruppe (Balgengaszähler)

Δp (Pa)	G 2,5 $\dot{Q}_{SB}$ (kW)	G 4 $\dot{Q}_{SB}$ (kW)	G 6 $\dot{Q}_{SB}$ (kW)	G 10 $\dot{Q}_{SB}$ (kW)
30	5	8	10	17
35	10	14	18	30
40	13	18	23	39
45	15	21	28	47
50	17	24	32	53
55	19	27	35	59
60	21	29	38	64
65	22	31	41	69
70	24	33	44	73
75	25	35	46	77
80	26	37	49	81
85	28	39	51	85
90	29	40	53	89

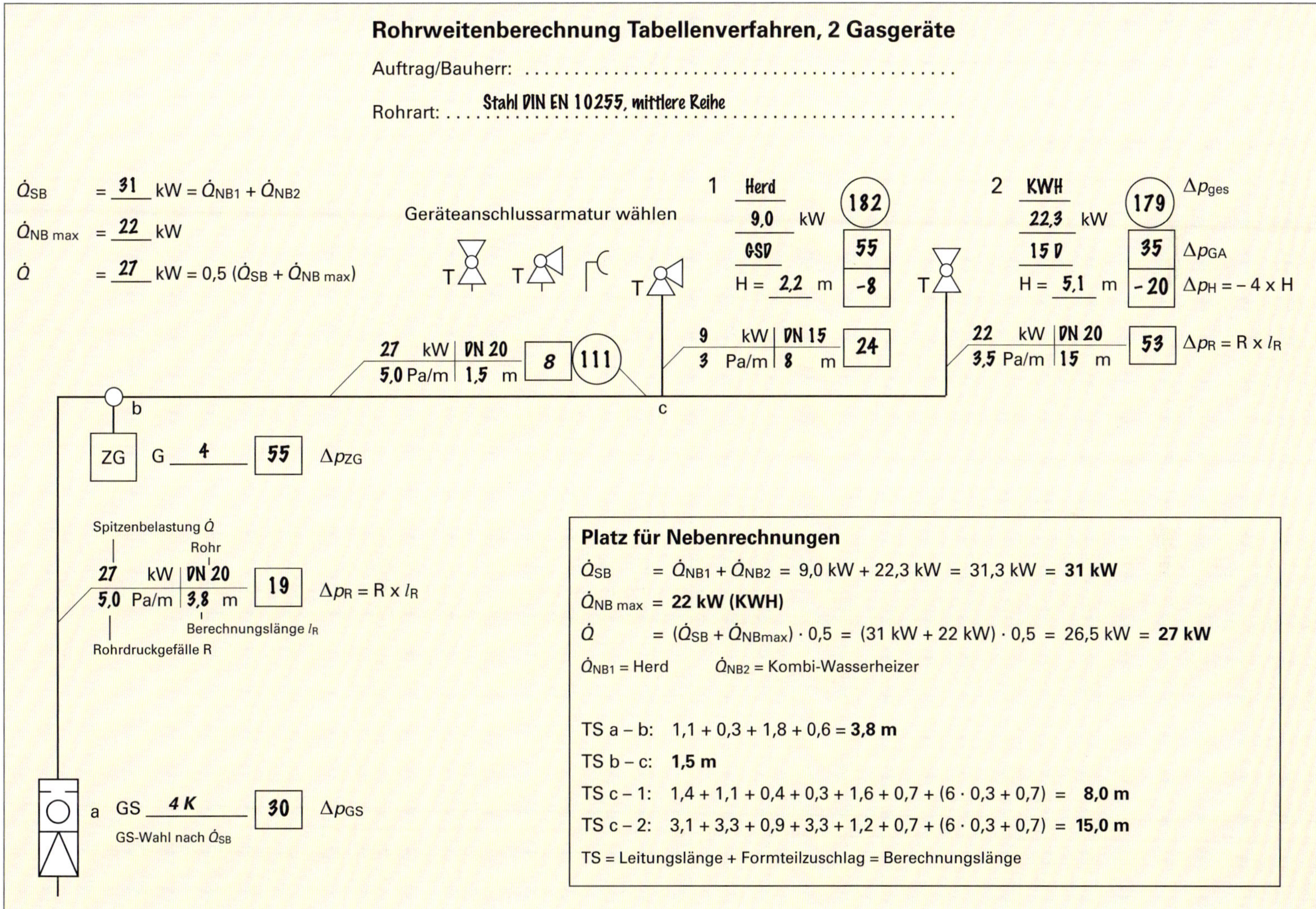

Bild 1: Lösung mittels Formblatt

Tabelle 1: Geräteanschlussarmaturen GSD mit integrierter TAE

Durchgangsform (D) (gilt auch für einzelne TAE)							
Δp_{GA}	DN 15	DN 20	DN 25	DN 32	DN 40	DN 50	DN 65
Pa	$\dot{Q}_{NB}$ (kW)						
5	10	21	33	56	83	135	237
10	13	27	43	73	108	175	306
15	16	32	51	86	127	207	362
20	18	36	58	97	144	235	410
25	20	40	64	108	160	259	454
30	21	44	69	117	173	282	493
35	23	47	74	126	186	303	530
40	25	50	79	134	198	322	564
45	26	53	84	142	210	341	596
50	27	55	88	149	220	358	627
55	29	58	92	156	231	375	656
60	30	60	96	162	240	391	684
65	31	63	100	169	250	406	711
70	32	65	103	175	259	421	737
75	33	67	107	181	268	435	762
80	34	69	110	186	276	449	786

Eckform (E), Gassteckdose (GSD)						
Δp_{GA}	DN 12	DN 15	DN 20	DN 25	DN 32	DN 40
Pa	$\dot{Q}_{NB}$ (kW)					
5	3	7	12	20	37	58
10	4	9	15	26	48	75
15	5	11	18	31	57	89
20	–	12	21	36	64	100
25	6	14	23	40	71	111
30	–	15	25	43	77	121
35	7	16	27	46	83	130
40	–	17	29	49	89	138
45	8	18	31	52	94	146
50	–	19	32	55	98	154
55	9	20	34	57	103	161
60	–	21	35	60	107	168
65	–	22	37	62	112	174
70	10	–	38	64	116	181
75	–	23	39	67	120	187

* Gassteckdose DN 12 ≙ R $^{1}/_{2}$

Tabelle 2: Längenzuschlag für Formteile (metallene Leitungen)

d_a (mm) DN	bis 28 bis 25	35 32	42 40	54 50	64 65
l_{TA} (m)	0,7	1,0	1,5	2,0	2,5
l_W (m)	0,3	0,5	0,7	1,0	1,2

l_{TA}: T-Stück 90°Abzweig, l_W: 90°-Winkel

Tabelle 3: Rohrdruckgefälle für Stahlrohr
DIN EN 10 255 mittlere Reihe
(Einzelzu- und Abzweigleitung)

R	DN 15	DN 20	DN 25	DN 32	DN 40	DN 50
Pa/m	$\dot{Q}$ (kW)					
0,4	–	6	12	27	41	80
0,6	–	8	15	34	52	100
0,8	3	9	18	40	61	118
1,0	4	11	21	46	70	134
1,2	5	12	23	50	76	147
1,4	–	13	25	54	83	159
1,6	6	14	27	58	89	171
1,8	–	15	29	62	95	182
2,0	7	16	31	68	103	197
2,5	8	18	35	77	116	220
3,0	9	20	39	84	128	240
3,5	–	22	42	91	138	260
4,0	10	24	46	100	151	285
5	**11**	**28**	**52**	**112**	**170**	**325**

Tabelle 4: Rohrdruckgefälle für Kupfer- und Edelstahlrohr
Einzelzuleitung und Abzweigleitung

R	d_a 15	18	22	28	35	42	54	64
Pa/m	$\dot{Q}_{NB}$ (kW)							
0,4			4	11	20	36	75	118
0,6			6	14	26	45	96	150
0,8		3	8	16	31	54	113	177
1,0		4	9	19	35	61	129	200
1,2		5	10	21	39	68	142	220
1,4		6		23	42	74	154	240
1,6	3		11	24	46	79	166	255
1,8		7	12	26	49	85	177	275
2,0	4		13	29	53	92	193	300
2,5	5	8	15	33	61	105	215	340
3,0		9	17	36	67	116	240	375
3,5	6	10	18	39	73	126	260	405
4,0		11	20	43	80	138	285	445
5	**7**	**13**	**23**	**49**	**91**	**157**	**325**	**505**
6	8	14	26	54	100	173	355	555
7	9	16	28	59	109	188	385	600
8		17	30	64	117	200	415	645
9	10	18	32	68	125	215	445	690
10	**11**	**20**	**35**	**74**	**136**	**230**	**480**	**750**

Aufgaben

1 Für das Einfamilien-Wohnhaus sollen statt der Stahlrohrinstallation Kupferrohre verlegt werden. Bestimmen Sie im Tabellenverfahren die Nennweiten der einzelnen Leitungsabschnitte **(Bild 1, Seite 210)**.

2 In einem Wohngebäude werden ein Gasheizkessel und ein Gasherd installiert. Die Gasgeräte sollen mit Edelstahlrohr angeschlossen werden. Bestimmen Sie im Tabellenverfahren

a) Größe und Druckverlust des Gaszählers

b) Größe und Druckverlust des Gasströmungswächters und

c) die Nennweiten der einzelnen Leitungsabschnitte.

Rohrführung und Leistungsdaten sind dem Raumschema zu entnehmen **(Bild 1, Seite 213)**.

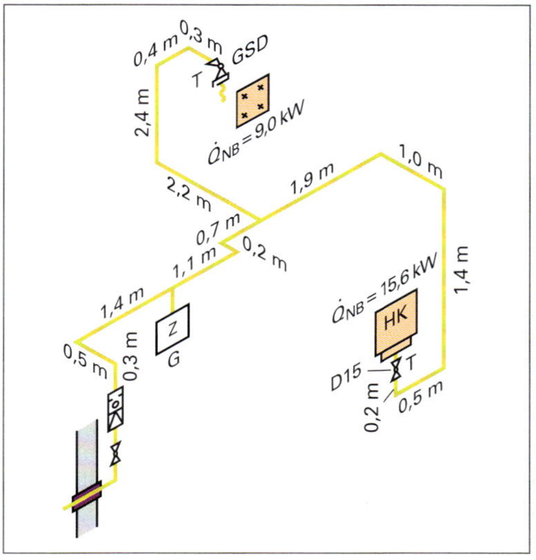

Bild 1: Gasleitung, schematisch

3 Ein Wohnhaus wird mit Erdgas E versorgt. Die Rohrinstallation von der HAE bis zu den Gasgeräten erfolgt mit Wellrohr **(Bild 2)**.
Tabellen Seite 377. Bestimmen Sie:

a) Größe und Druckverlust des Gaszählers,
b) die erforderlichen Gasströmungswächter,
c) die Nennweiten der einzelnen Leitungsabschnitte und
d) den Gesamtdruckverlust in den einzelnen Strängen.

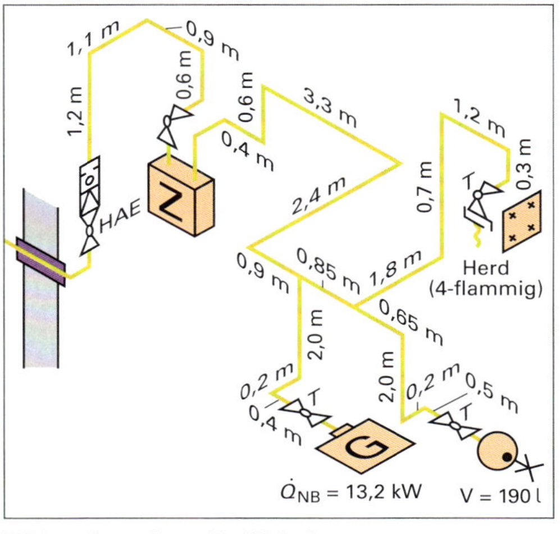

Bild 2: Gasanlage für Wohnhaus

4 In einem Mehrfamilien-Wohnhaus sollen die im Strangschema dargestellten Gasgeräte installiert werden **(Bild 3)**. Als Rohrwerkstoff wurde Stahlrohr DIN EN 10 255 mittlere Reihe festgelegt.

a) Führen Sie die komplette Geräte- und Leitungsdimensionierung durch.
b) Bestimmen Sie den Geamtdruckverlust für den ungünstigsten Leitungsweg.

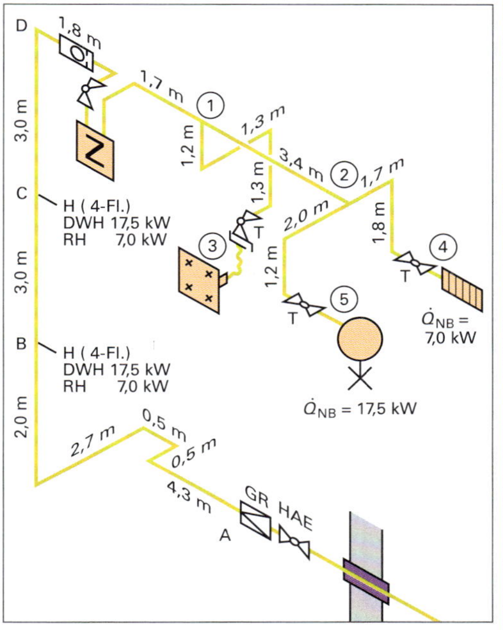

Bild 3: Isometrie für Mehrfamilien-Wohnhaus

5 Für die im Strangschema dargestellte Gasanlage eines Wohngebäudes sind im Einzelnen zu bestimmen:

a) Größe und Druckverlust des Gaszählers,
b) die erforderlichen Gasströmungswächter und
c) die Nennweite der einzelnen Leitungsabschnitte, wenn als Rohrwerkstoff Kupfer DIN EN 1057 verwendet werden soll **(Bild 4)**.

Formblätter für die Berechnungen Seite 380

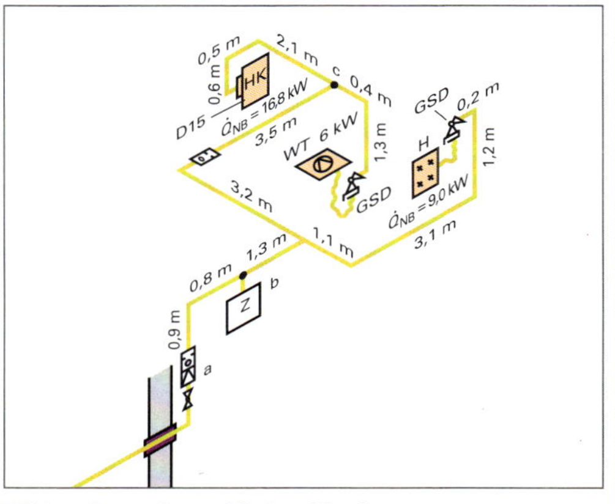

Bild 4: Gasanlage, Einfamilienhaus

7.8.3 Berechnung von Flüssiggasleitungen

Propan, Butan und Propan-Butan-Gemisch sind kohlenwasserstoffreiche Gase. Sie gehören zur Gasfamilie 3 und werden als Flüssiggase bezeichnet. Diese Gase befinden sich bei normaler Temperatur und geringen Überdrücken bereits im flüssigen Zustand. In dieser Form werden sie zum Verbraucher befördert und in Stahlbehältern vor Ort gelagert. Zu den Gasgeräten wird das Flüssiggas durch die Leitungen im gasförmigen Zustand transportiert.

Bei der Berechnung von Flüssiggasleitungen wird unterschieden in Niederdruckleitungen mit $\Delta p < 0{,}1$ bar (100 mbar) und Mitteldurckleitungen mit $\Delta p > 0{,}1$ bar (100 mbar).

Für Niederdruckleitungen steht ein Versorgungsdruck nach dem Druckregler von p_e = 50 mbar ≙ 500 Pa zur Verfügung. Für den Druckverlust in der Rohrleitung, einschließlich Fittiges und Geräteanschlussarmatur (GA), dürfen davon 5 mbar verbraucht werden. Da Flüssiggase schwerer sind als Luft und sie somit nicht durch den Auftrieb nach oben steigen, entsteht bei Steigleitungen kein Druckgewinn wie bei Erdgas, sondern ein zusätzlicher Druckverlust.

Zur Dimensionierung der Leitunganlage stehen das **Diagrammverfahren** oder das **Tabellenverfahren** zur Verfügung.

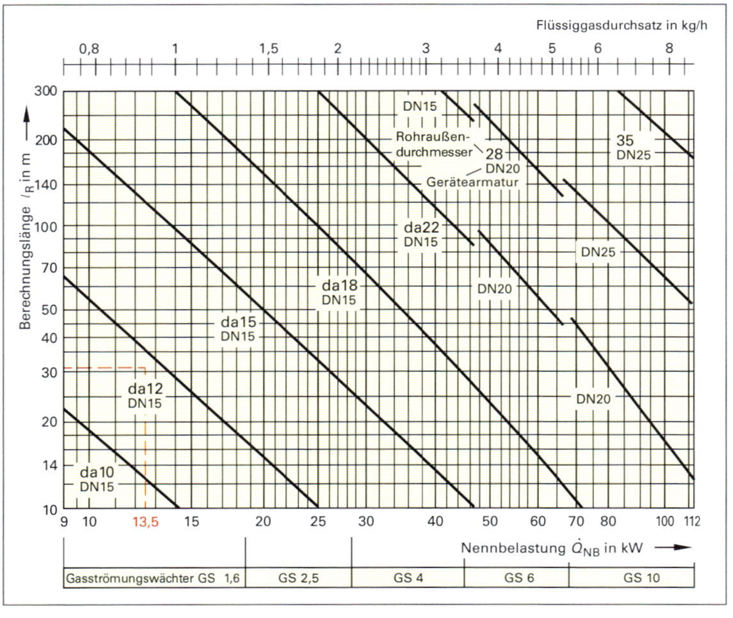

Diagramm 1 – Rohrauswahl für Niederdruck, Kupfer- oder Edelstahlrohr, Einzelzuleitung ohne Gaszähler

Das **Diagrammverfahren** wird eingesetzt bei:

- Niederdruckleitungen (Δp < 100 mbar), wenn nach dem Niederdruckregler nur ein Gasgerät mit einer Kupfer- oder Edelstahlleitung angeschlossen wird **(Tabelle 1)** und grundsätzlich bei
- Mitteldruckleitungen (Δp > 100 mbar, **Tabelle 2**). Hierzu gehören die Leitungen zwischen dem Mitteldruckregeler und einem oder mehreren Niederdruckreglern.

Tabelle 1: Niederdruckbereich (Δp < 100 mbar)
• Flüssiggasanlage ohne Gaszähler • es wird nur ein Gasgerät installiert • Gerätehöhe < 10 m über dem Niederdruckregler • Rohrwerkstoff: Kupfer oder Edelstahl • Geräteleistung $\dot{Q}_{N3} \leq$ 128 kW

Tabelle 2: Mitteldruckbereich (Δp > 100 mbar)
• Flüssiggasanlage mit oder ohne Gaszähler • Je nach Rohrwerkstoff stehen Diagramme für Kupfer, Edelstahl, Stahl, Präzisionsstahl, PE-Rohr SDR 11 zur Verfügung. • Geräteleistung $\dot{Q}_{NB} \leq$ 128 kW

Rohrweitenbestimmung für Niederdruckleitungen mittels Diagramm

1. Bestimmung der Nennbelastung $\dot{Q}_{NB}$
2. Ermittlung der Berechnungslänge l_R
3. Auswahl der Rohrnennweite

Bestimmung der Berechnungslänge

Die Berechnungslänge setzt sich zusammen aus den Längen der Teilstrecken und den Zuschlägen für Formteile, wie z.B. Bogen, Winkel oder T-Stücke **(Tabelle 1, Seite 215)**.

$$l_R = l_{ges} + l_W$$

l_R Berechnungslänge in m
l_{ges} gemessene Rohrlänge in m
l_W Formteilzuschlag in m

Beispiel:

In einer Wohnung soll ein mit Flüssiggas betriebener Heizkessel installiert werden **(Bild 1)**. Dimensionieren Sie die Verbrauchsleitung aus Kupfer.

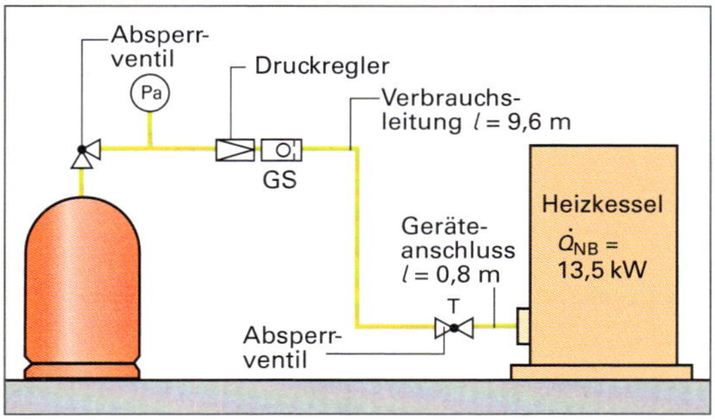

Bild 1: Heizkesselanschluss

Tabelle 1: Formteilzuschlag l_W				
Nennweite Außen-∅ in mm	**Form-stück**	**DN ≤ 25 da ≤ 28**	**DN 32 da 35**	**Hinweise**
T-Stück Abzweig	l_{TA}	0,7 m	1,0 m	T-Stück, Durchgang $l_{TD} = 0$
Bogen 90°	l_W	0,3 m	0,5 m	Kupfer-, Stahl- u. Edelstahlrohr
Winkel 90°	l_W	0,7 m	1,0 m	Präzisionsstahl- u. Edelstahlrohr

Lösung:

$\dot{Q}_{NB} = 13{,}5$ kW

$l_{ges} = l_1 + l_2$ $\quad l_{ges} = 9{,}6\ \text{m} + 0{,}8\ \text{m}$

$\mathbf{l_{ges} = 10{,}4\ m}$

$l_R = l_{ges} + l_W$ $\quad l_R = 10{,}4\ \text{m} + 1{,}4\ \text{m}$

$\mathbf{l_R = 11{,}8\ m}$

$l_W = 2 \times 0{,}7\ \text{m}$ $\quad \mathbf{l_W = 1{,}4\ m}$

Rohrauswahl aus Diagramm 1, Seite 214

Einzelzuleitung ohne Gaszähler

$\dot{Q}_{NB} = 13{,}5$ kW, $l_R = 11{,}8$ m

Aus Diagramm 1, Seite 214:

GS 1,6 K, Rohr-∅ = da 12, GA DN 15

Druckverlust durch steigende Leitungen

$$\Delta p_H = 10 \times H$$

Δp_H Druckverlust durch Höhenunterschied in Pa

H Höhenunterschied in m

10 Auftriebsfaktor in Pa/m

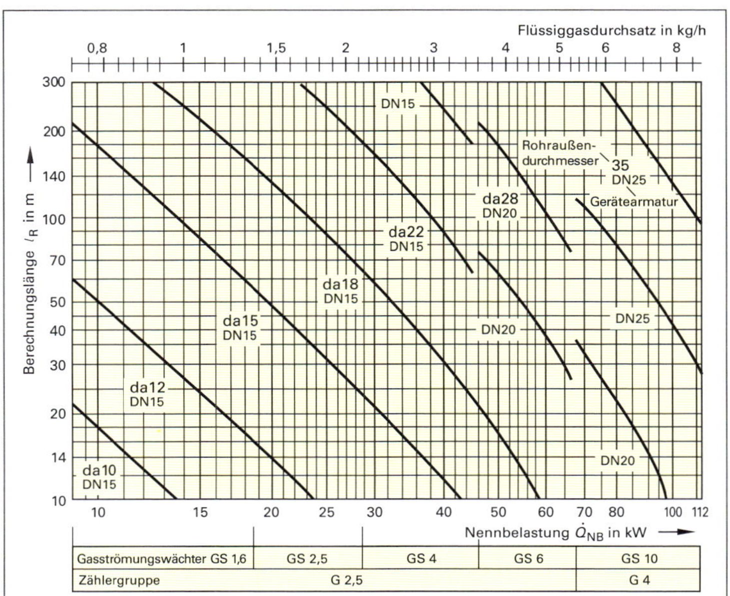

Diagramm 1 – Rohrauswahl für Niederdruck, Kupfer- oder Edelstahlrohr, Einzelzuleitung mit Gaszähler

Bezeichnungen

GS	Gasströmungswächter
G	Gaszähler
GR	Gasdruckregler
GSD	Gassteckdose
GA	Geräteanschlussarmatur
TAE	Thermisch auslösende Absperreinrichtung
T (Symbol)	Absperreinrichtung mit kombinierter TAE
AE (Symbol)	Absperreinrichtung Eckform

Das **Tabellenverfahren** wird eingesetzt, wenn mehrere Gasgeräte innerhalb einer Wohnung installiert werden **(Bild 1)**. Außerdem werden Leitungen mit dem Tabellenverfahren dimensioniert, wenn in Wohngebäuden mehrere Etagen mit Flüssiggasgeräten ausgestattet sind und die Abrechnung über Gaszähler erfolgt.

Die Berechnung beginnt mit der Erstellung eines isometrischen Leitungsschemas.

Darin einzutragen sind:

- die Gasgeräte mit der Nennbelastung $\dot{Q}_{NB}$,
- die Art und die Nennweite der Geräteanschlussarmaturen,
- die Höhenmaße
- die Lage des Druckreglers, der HAE und des Gasmessers.

Aus dem Leitungsschema ist außerdem zu entnehmen:

- die Streckenbelastung $\dot{Q}_{SB}$ in den Teilstrecken und
- die Berechnungslänge l_R der Teilstrecken bestehend aus den geraden Rohren l und dem Formteilzuschlag l_W für Bogen, Winkel oder T-Stücke **(Tabelle 1, Seite 215)**.

Beispiel:

In einer Ferienwohnung werden ein Herd, ein Durchfluss-Wasserheizer und ein Raumheizer installiert. Die Energie-Versorgung erfolgt mit Flüssiggas **(Bild 1)**. Führen Sie die Rohrdimensionierung für Kupferrohr durch.

Lösung:

1. Erstellung eines isometrischen Strangschemas mit Eintragung der Teilstrecken, Leitungslängen, Gasgeräte und Leistungsdaten **(Bild 2)**.
2. Berechnung der Streckenbelastungen und der Teilstrecken

Teilstrecke 1

$\dot{Q}_{SB1} = \dot{Q}_{NB,\,Herd} + \dot{Q}_{NB,\,DWH} + \dot{Q}_{NB,\,RH}$

$\dot{Q}_{SB1} = 9{,}0\ kW + 17{,}5\ kW + 3{,}5\ kW$

$\mathbf{\dot{Q}_{SB1} = 30{,}0\ kW}$

$l_{R1} = l + l_W$ $\qquad l_{R1} = 5{,}4\ m + 2 \times 0{,}3\ m$

$\mathbf{l_{R1} = 6{,}0\ m}$

Teilstrecke 2

$\dot{Q}_{SB2} = \dot{Q}_{NB,\,DWH} + \dot{Q}_{NB,\,RH}$

$\dot{Q}_{SB2} = 17{,}5\ kW + 3{,}5\ kW$

$\mathbf{\dot{Q}_{SB2} = 21{,}0\ kW}$

$l_{R2} = l_{ges} + l_W$ $\qquad l_{R2} = 3{,}5\ m + 1 \times 0{,}3\ m$

$\mathbf{l_{R2} = 3{,}8\ m}$

Teilstrecke 3

$\mathbf{\dot{Q}_{NB,\,RH} = 3{,}5\ kW}$

$l_{R3} = l + l_W$ $\qquad l_{R3} = 7{,}5\ m + 3 \times 0{,}3\ m$

$\mathbf{l_{R3} = 8{,}4\ m}$

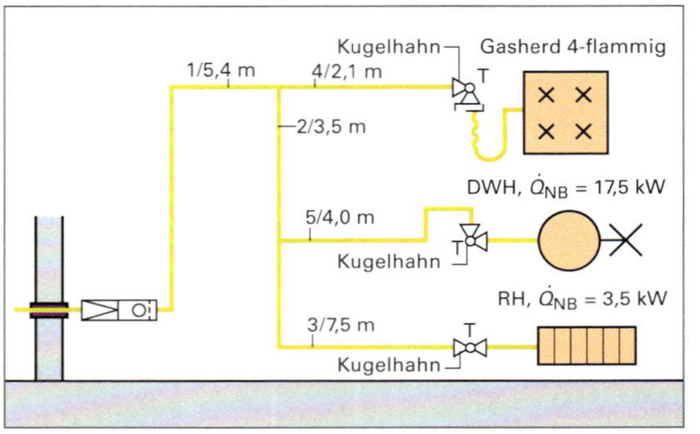

Bild 1: Flüssiggasanlage für Ferienwohnung

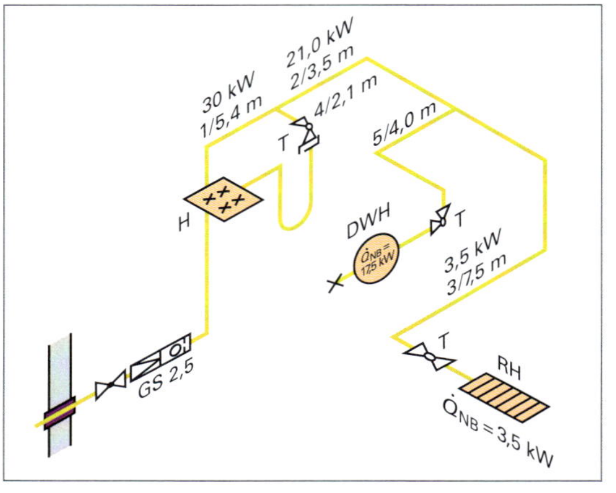

Bild 2: Strangschema für Flüssiggasanlage

Gesamtrohrlänge

$l_{ges} = l_{R1} + l_{R2} + l_{R3}$ $\qquad l_{ges} = 6{,}0\ m + 3{,}8\ m + 8{,}4\ m$

$\mathbf{l_{ges} = 18{,}2\ m}$

Dimensionierung

Gasströmungswächter, Tabelle 1, Seite 217, mehrere Gasgeräte, $\Sigma\dot{Q}_{NB} = 30{,}0\ kW \Rightarrow$ **GS 2,5**
Mindestnennweite für Kupferrohr **da 15**

Teilstrecke 1: Tabelle 3, Seite 217
$\dot{Q}_{SB1} = 30\ kW$, $l_{ges} = 18{,}2\ m$,
ablesen bei $l = 19\ m$ ergibt **da 15,**
$R = 18\ Pa/m$, $\dot{Q}_{NB} = 34\ kW$

Annahme:

Es wird davon ausgegangen, dass nicht alle Geräte gleichzeitig in Vollbrandstellung im Betrieb sind. Bei einem Gleichzeitigkeitsfaktor $f_g < 1{,}0$ ergibt sich nach Tabelle 1, Seite 219 eine Rohrweite von da 15, bei $R = 18\ Pa/m$
gewählt: da 15, R 18 Pa/m, $\mathbf{\dot{Q}_{NB} = 38\ kW}$

Teilstrecke 2: Tabelle 1, Seite 219
$\dot{Q}_{SB2} = 21\ kW$, $l_{ges} = 18{,}2\ m \Rightarrow$ **da 15,**
$R = 18\ Pa/m$

Teilstrecke 3: Tabelle 1, Seite 219
$\dot{Q}_{SB3} = 3{,}5\ kW$, $l_{ges} = 18{,}2\ m \Rightarrow$ **da 10,**
$R = 18\ Pa/m$

Da am Beginn der Leitung ein GS 2,5 eingebaut wurde, muss die Teilstrecke 3 mit ⇒ **da 15** (Tabelle 1) dimensioniert werden.

Teilstrecke 4: Tabelle 1, Seite 219

$\dot{Q}_{SB4}$ = 9,0 kW (Gasherd)

$l_{R4} = l_4 + l_{TA}$	l_{R4} = 2,1 m + 0,7 m	$\mathbf{l_{R4}}$ **= 2,8 m**
$l_{ges} = l_{R1} + l_{R4}$	l_{ges} = 6,0 m + 2,8 m	$\mathbf{l_{ges}}$ **= 8,8 m**

Rohrweite: ⇒ **da 10**

Da am Beginn der Leitung ein GS 2,5 eingebaut wurde, muss die Teilstrecke 4 mit ⇒ **da 15** (Tabelle 1) dimensioniert werden.

Teilstrecke 5: Tabelle 1, Seite 219

$\dot{Q}_{SB5}$ = 17,5 kW (DWH)

$l_{R5} = l_5 + l_{TA}$

l_{R5} = 4,0 m + 1 × 0,7 m+ 2 × 0,3 m

$\mathbf{l_{R5}}$ **= 5,3 m**

$l_{ges} = l_{R1} + l_{R2} + l_{R5}$

l_{ges} = 6,0 m + 3,8 m + 5,3 m

$\mathbf{l_{ges}}$ **= 15,1 m**

$\dot{Q}_{SB5}$ = 17,5 kW ⇒ **da 15,** R = 14 Pa/m

Tabelle 1: Gasströmungswächter, Auswahl und Mindestnennweite

Typ/ Größe	ein Gasgerät	mehrere Gasgeräte	Mindestnennweite der Gasleitung		
GS K	Nenn-belastung $\dot{Q}_{NB}$ in kW	Nenn-belastung $\Sigma\dot{Q}_{NB}$ in kW	Cu-Rohr, Edelstahl	Präzisions-Stahlrohr	Stahl-rohr
GS 1,6	bis18	bis 25	da 12	12 × 1,0	DN 10
GS 2,5	19 bis 28	26 bis 40	da 15	15 × 1,5	DN 10
GS 4	29 bis 45	41 bis 64	da 15	18 × 1,5	DN 15
GS 6	46 bis 67	65 bis 96	da 18	22 × 1,5	DN 20
GS 10	68 bis 112	97 bis 160	da 22	28 × 2,0	DN 25

Tabelle 2: Gasströmungswächter GS ($f_G = 1$)

Druck-verlust Δp in Pa	Größe Nennbelastung $\dot{Q}_{NB}$ in kW GS 1,6	GS 2,5	GS 4	GS 6
10	12	–	–	–
15	15	21	33	52
20	17	26	42	64
25	18	29	47	71
30	20	32	51	76
35	22	34	55	83
40	23	36	58	88
45	24	38	62	93

Rohrdruckgefälle bei Gleichzeitigkeitsfaktor f_G = 1

Tabelle 3: Kupfer- und Edelstahlrohr

R in Pa/m	l_F in m	da 8	10	12	15	18	22	28
		Nennbelastung $\dot{Q}_{NB}$ in kW						
0,6	–		0,7	1,8	4,6	8,3	16	29
0,8	–		1,0	2,4	5,5	9,9	18	34
1,0	350	0,4	1,2	3,0	6,3	11	21	39
1,2	290		1,4	3,5	6,9	12	23	43
1,4	250	0,5	1,7	3,6	7,6	14	25	46
1,6	220		1,9	3,9	8,2	15	27	50
1,8	195	0,6	2,1	4,2	9,0	16	29	53
2,0	175	0,7	2,5	4,6	9,5	17	32	58
2,5	140	0,9	2,8	5,2	11	19	36	66
3,0	116	1,1	3,1	5,8	12	21	39	73
3,5	100	1,3	3,3	6,3	13	23	43	79
4,0	87	1,5	3,6	6,8	14	25	46	85
4,5	77	1,7	3,9	7,2	15	27	49	90
5,0	70	1,9	4,2	7,9	16	29	53	98
6	58	2,1	4,7	9,0	18	32	59	108
7	50	2,2	5,1	9,5	20	35	64	117
8	43	2,4	5,5	10	21	37	69	126
9	38	2,6	5,9	11	23	40	73	134
10	35	2,8	6,4	12	25	43	80	146
12	29	3,1	7,1	13	27	48	88	161
14	25	3,4	7,7	14	29	52	95	174
16	21	3,7	8,3	15	32	56	102	187
18	19	4,0	9,0	16	34	59	109	199
20	17	4,3	9,6	18	37	65	118	215
25	14	4,9	11	20	42	73	134	245
30	11	5,5	12	22	46	81	148	270
35	10	5,9	13	24	50	88	160	290

Tabelle 4: Präzisionsstahlrohr

R in Pa/m	l_F in m	8×1	10×1	12×1	15×1,5	18×1,5	22×1,5
		Nennbelastung $\dot{Q}_{NB}$ in kW					
0,6	–		0,7	1,8	3,8	6,5	13
0,8	–		1,0	2,4	4,2	7,7	15
1,0	350	0,4	1,2	3,0	4,7	9,0	17
1,2	290		1,4	3,5	5,2	10	19
1,4	250	0,5	1,7	3,5	5,6	11	20
1,6	220		1,9	3,6	6,1		22
1,8	195	0,6	2,1	3,9	6,5	12	23
2,0	175	0,7	2,5	4,2	7,0	13	25
2,5	140	0,9	2,8	4,8	8,0	15	29
3,0	116	1,1	2,8	5,3	9,0	16	31
3,5	100	1,3	3,1	5,7	9,5	18	34
4,0	87	1,5	3,3	6,2	10	19	36
4,5	77	1,7	3,5	6,6	11	20	39
5,0	70	1,9	3,8	7,1	12	22	42
6	58	2,1	4,2	7,8	13	24	46
7	50	2,1	4,6	8,5	14	26	49
8	43	2,2	4,9	9,0	15	28	53
9	38	2,3	5,2	10	16	30	56
10	35	2,5	5,7	11	17	32	61
12	29	2,8	6,2	12	19	35	67
14	25	3,0	6,7	13	21	38	72
16	21	3,2	7,2	13	22	40	77
18	19	3,4	7,7	14	23	43	83
20	17	3,7	8,3	15	25	46	88
25	14	4,2	9,0	17	29	52	99
30	11	4,6	10	19	31	57	108
35	10	5,0	11	21	34	62	117

Rohrdruckgefälle bei Gleichzeitigkeitsfaktor $f_G = 1$

Tabelle 1: Balgengaszähler G

Druckverlust Δp in Pa	Größe – Nennbelastung $\dot{Q}_{NB}$ in kW			
	G 2,5	G 4	G 6	G 10
30	9	15	22	37
35	16	26	39	65
40	21	33	50	84
45	25	40	60	100
50	28	45	68	113
60	35	56	85	141
70	40	64	96	160
80	44	71	106	177
90	48	77	115	193
100	51	83	124	205

Tabelle 2: Geräteanschlussarmaturen mit TAE DIN 3586

Druckverlust Δp_{GA} in Pa	Steckdose GSD	Eckhahn DN				Durchgangshahn, DN				
		10	15	20	25	10	15	20	25	32
		Nennbelastung $\dot{Q}_{NB}$ in kW								
5	7,0	7,0	13	22	38	11	19	38	61	104
10	9,0	9,0	17	29	50	14	24	50	79	134
15	10	11	20	35	59	17	29	59	94	159
20	12	13	23	39	67	19	33	67	107	180
25	13	14	26	43	74	21	36	74	118	200
30	14	15	28	47	80	23	39	80	128	217
35	15	17	30	51	86	25	42	86	138	233
40	16	18	32	54	92	27	45	92	147	248
45	17	19	34	57	97	28	48	97	155	262
50	19	20	37	62	105	31	51	105	167	282
60	20	22	40	67	114	33	56	114	181	307
70	–	24	43	72	122	36	60	122	195	330

Tabelle 3: Absperrarmaturen ohne TAE DIN EN 331

Druckverlust Δp_{GA} in Pa	Eckhahn, DN					Durchgangshahn, DN						Magnetventil, DN			
	10	15	20	25	32	8	10	15	20	25	3	6	12	20	25
	Nennbelastung $\dot{Q}_{NB}$ in kW					Nennbelastung $\dot{Q}_{NB}$ in kW						Nennbelastung $\dot{Q}_{NB}$ in kW			
5	10	19	32	54	98	10	16	27	54	87	147	3,0	8,0	24	49
10	14	24	42	70	127	14	21	35	70	112	190	4,0	11	31	63
15	16	29	50	83	150	16	25	41	83	133	225	5,0	13	37	75
20	18	33	56	94	170	18	28	47	94	151	255	–	15	42	85
25	20	36	62	104	188	20	31	52	104	167	282	6,0	17	47	94
30	22	39	68	113	204	22	34	56	113	182	307	7,0	18	51	102
35	24	42	73	122	220	24	36	61	122	195	330	–	19	55	110
40	26	45	78	130	234	26	39	65	130	208	351	8,0	21	58	117
45	27	48	82	137	247	27	41	68	137	220	371	–	22	61	123
50	29	51	88	148	266	29	44	74	148	236	399	9,0	24	66	133
60	32	56	96	161	289	32	48	80	161	257	434	10	26	72	144
70	34	60	103	172	311	34	51	86	172	276	466	–	28	77	155

Rohrdruckgefälle bei Gleichzeitigkeitsfaktor $f_G < 1$

Tabelle 4: Balgengaszähler G

Druckverlust Δp_G in Pa	Größe – Nennbelastung $\dot{Q}_{NB}$ in kW			
	G 2,5	G 4	G 6	G 10
30	10	16	25	42
35	18	29	43	104
40	23	37	67	151
45	27	44	90	190
50	31	53	110	220
60	39	81	152	290
70	44	100	181	340

Tabelle 5: Gasströmungswächter GS

Druckverlust Δp_{GS} in Pa	Größe – Nennbelastung $\dot{Q}_{NB}$ in kW			
	GS 1,6	GS 2,5	GS 4	GS 6
10	14	–	–	–
15	16	26	41	65
20	19	29	47	96
25	21	32	58	—
30	22	35	64	–
35	24	38	–	–
40	25	40	–	–

Tabelle 6: Absperrarmaturen ohne TAE DIN EN 331

Druckverlust Δp_{AE} in Pa	Eckhahn, DN					Durchgangshahn, DN						Magnetventil, DN			
	10	15	20	25	32	8	10	15	20	25	32	6	12	20	25
	Nennbelastung $\dot{Q}_{NB}$ in kW					Nennbelastung $\dot{Q}_{NB}$ in kW						Nennbelastung $\dot{Q}_{NB}$ in kW			
5	12	21	36	76	186	12	18	30	76	158	309	3,0	9,0	27	63
10	15	27	47	116	257	15	23	39	116	222	416	4,0	12	35	99
15	18	32	65	148	315	18	27	46	148	274	500	5,0	15	41	127
20	21	36	82	176	366	21	31	58	176	318	575	6,0	17	47	153
25	23	40	97	201	411	23	34	70	201	358	645	7,0	18	57	175
30	25	44	110	224	452	25	37	82	224	395	705	–	20	68	196
35	27	47	123	245	490	27	40	92	245	429	765	8,0	22	77	215

Rohrdruckgefälle bei Gleichzeitigkeitsfaktor $f_G < 1$

Tabelle 1: Kupfer- und Edelstahlrohr

R in Pa/m	l_F in m	da 8	10	12	15	18	22	28
		Nennbelastung $\dot{Q}_{NB}$ in kW						
0,6	–	–	0,8	2,0	5,1	9,2	17	32
0,8	–	0,4,	1,1	2,7	6,1	11	20	38
1,0	350	–	1,3	3,3	7,0	13	23	43
1,2	290	0,5	1,6	3,9	7,7	14	26	47
1,4	250	–	1,8	4,0	8,4	15	28	56
1,6	220	0,6	2,1	4,3	9,1	16	30	65
1,8	195	0,7	2,3	4,6	9,7	17	32	73
2,0	175	0,8	2,7	5,1	11	19	35	85
2,5	140	1,0	3,1	5,8	12	22	40	105
3,0	116	1,2	3,4	6,4	13	24	44	122
3,5	100	1,4	3,7	7,0	15	26	48	138
4,0	87	1,6	4,0	7,5	16	28	55	152
4,5	77	1,8	4,3	8,0	17	30	63	166
5,0	70	2,1	4,7	8,8	18	32	74	186
6,0	58	2,3	5,2	9,7	20	36	87	210
7,0	50	2,5	5,7	11	22	39	100	230
8,0	43	2,7	6,1	–	24	42	112	255
9,0	38	2,9	6,5	12	25	44	123	275
10	35	3,2	7,1	13	27	48	139	305
12	29	3,5	7,9	15	30	59	159	340
14	25	3,8	8,6	16	33	70	178	375
16	21	4,1	9,2	17	35	79	196	405
18	19	4,4	9,8	18	38	89	210	435
20	17	4,8	11	20	41	102	235	480

Tabelle 2: Präzisionsstahlrohr

R in Pa/m	l_F in m	8×1	10×1	12×1	15× 1,5	18× 1,5	22× 1,5	28× 2
		Nennbelastung $\dot{Q}_{NB}$ in kW						
0,6	–	–	0,8	2,0	4,2	7,3	14	27
0,8	–	0,4	1,1	2,7	4,6	8,6	17	32
1,0	350	–	1,3	3,3	5,2	9,8	19	36
1,2	290	0,5	1,6	3,9	5,8	11	21	39
1,4	250	–	1,8	3,9	6,3	12	23	43
1,6	220	0,6	2,1	4,0	6,7	13	24	46
1,8	195	0,7	2,3	4,3	7,2	13	26	50
2,0	175	0,8	2,7	4,7	7,8	15	28	59
2,5	140	1,0	3,1	5,3	8,9	17	32	75
3,0	116	1,2	3,1	5,9	9,8	18	35	88
3,5	100	1,4	3,4	6,4	11	20	38	100
4,0	87	1,6	3,7	6,9	—	21	40	111
4,5	77	1,8	3,9	7,3	12	22	43	122
5,0	70	2,1	4,2	7,9	13	24	46	137
6,0	58	2,3	4,7	8,7	14	27	54	156
7,0	50	2,3	5,1	9,4	16	29	64	173
8,0	43	2,4	5,4	10	17	31	72	189
9,0	38	2,6	5,8	11	18	33	81	205
10	35	2,8	6,3	12	19	36	92	225
12	29	3,1	6,9	13	21	39	106	250
14	25	3,3	7,5	14	23	42	120	275
16	21	3,6	8,0	15	25	45	132	300
18	19	3,8	8,5	16	26	48	144	320
20	17	4,2	9,3	17	28	56	161	350

Aufgaben

1 a) Ermitteln Sie die Mindestnennweite des Gasströmungswächters, wenn ein Gasherd und ein DWH mit $\dot{Q}_{NB}$ = 22,7 kW mit Flüssiggas versorgt werden sollen.

b) Bestimmen Sie die Berechnungslänge l_R der 7,5 m langen Gasleitung, wenn zusätzlich 4 Bogen und 1 T-Stück eingebaut werden.

c) Legen Sie die Nennweite für Präzisionsstahlrohr fest.

2 Bestimmen Sie die Dimension der 11,6 m langen Verbrauchsleitung aus Edelstahlrohr, an die ein Kombi-Wasserheizer angeschlossen wird **(Bild 1)**.

3 In einem Baucontainer werden zwei Raumheizer mit Flüssiggas betrieben **(Bild 2)**. Bestimmen Sie die Größe des GS und ermitteln Sie den Rohrdurchmesser für Cu-Rohr.

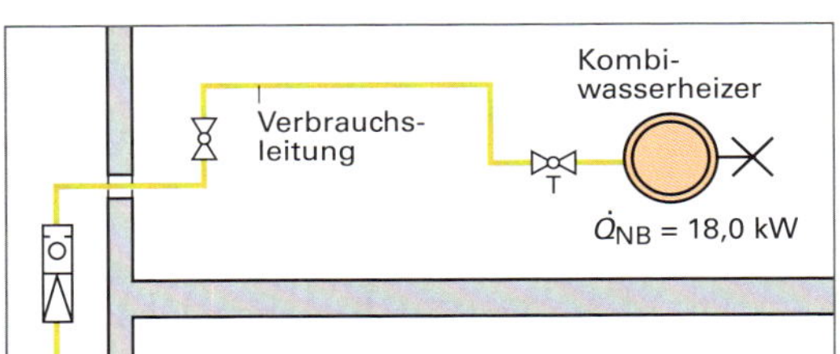

Bild 1: Anschluss Kombi-Wasserheizer

4 Eine Ferienwohnung wird mit Flüssiggas versorgt **(Bild 3)**. Erstellen Sie ein Raumschema und führen Sie die Rohrweitenberechnung für die verschiedenen Verbrauchsleitungen aus Präzisionsstahlrohr durch.

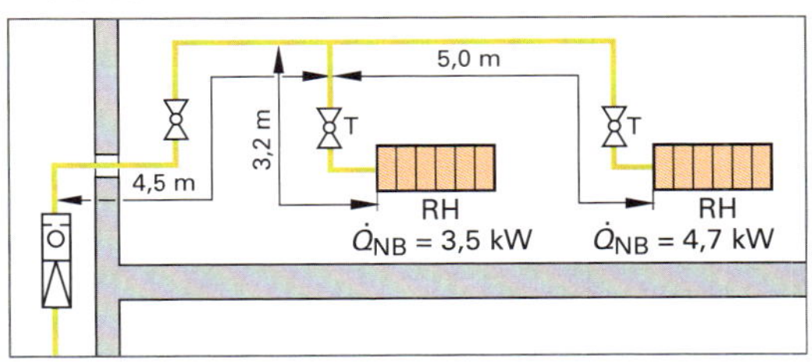

Bild 2: Anschluss Raumheizer

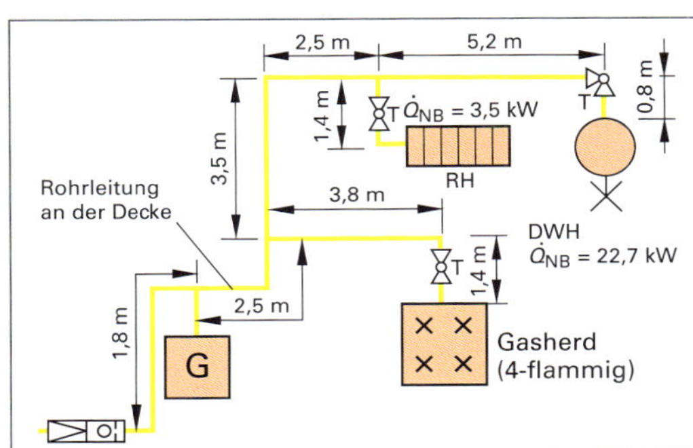

Bild 3: Anschluss Ferienwohnung

7.9 Projekte

Aufgabe 1:

In einem Einfamilien-Wohnhaus Baujahr 2001 mit Verbesserungen an der Gebäudehülle im Jahr 2015 werden im Untergeschoss ein Heizkessel und ein Vorrats-Wasserheizer erneuert, die beide zur Bauart B_{11} gehören **(Bild 1)**. In der Küche des Erdgeschosses ist ein 4-flammiger Gasherd vorgesehen, der über einen Gasschlauch und eine Gassteckdose angeschlossen wird. Die Versorgung der Gasgeräte erfolgt durch Erdgas (E) mit einem Betriebsheizwert von 10,42 kWh/m³.

1. Berechnen Sie den Einstellwert des Heizkessels bei einem Wirkungsgrad von 92% und beim VWH mit einem Wirkungsgrad von 87%.
2. Überprüfen Sie rechnerisch, durch welche baulichen Maßnahmen Schutzziel 1 und Schutzziel 2 erfüllt werden können. Die Verbrennungsluft-Versorgung geschieht über Fensterfugen. Türen und Fenster sind mit garantierter Dichtung.
3. Berechnen Sie den jährlichen Gasverbrauch für den Heizkessel, wenn 2140 Betriebsstunden angenommen werden.
4. Welche Kosten würden durch den Einbau eines Brennwertkessels jährlich eingespart, bei einem Gaspreis von 0,52 €/m³ und einem Betriebsbrennwert von 11,96 kWh/m³?

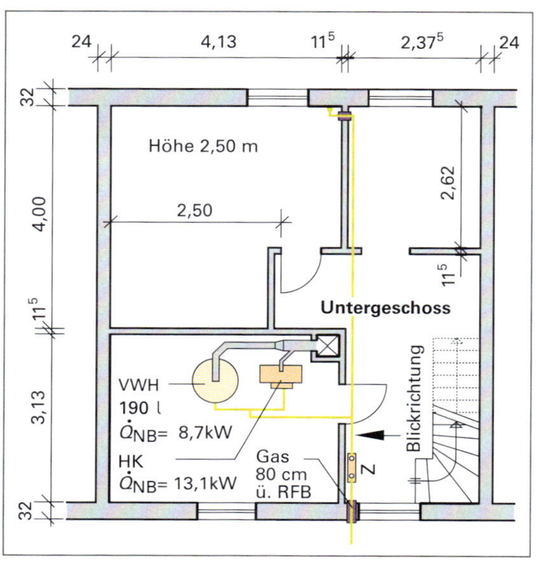

Bild 1: Gasanlage für Einfamilien-Wohnhaus

5. Führen Sie eine Rohrweitenberechnung im Tabellen-Verfahren für die im Raumschema dargestellte Kupferleitung durch **(Bild 2)**.
6. Fertigen Sie eine Materialzusammenstellung für die gesamte Gasanlage an.

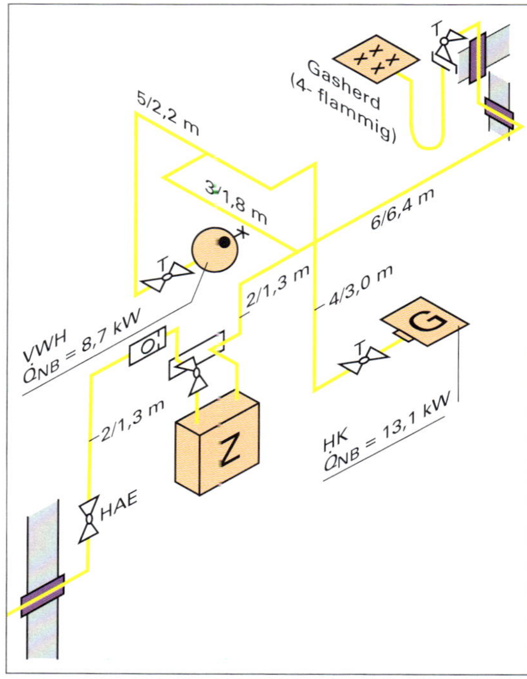

Bild 2: Raumschema der Gasanlage

Aufgabe 2:

Ein Dreifamilien-Wohnhaus Baujahr 2017 mit freier Lüftung wird vom Kellergeschoss aus zentral mit einem Gaskessel der Art B_{11} beheizt **(Bild 1, Untergeschoss, Seite 221)**. In den drei darüber liegenden Etagen EG, 1. OG und DG wird jeweils in der Diele ein Durchfluss-Wasserheizer (DWH) der Art B_{11} und in der Küche ein 4-flammiger Gasherd installiert **(Bild 2, Erdgeschoss, Seite 221)**.

Jede Wohnung erhält im Raum „Haustechnik" einen eigenen Gaszähler. Der Gasverbrauch für den Heizkessel wird ebenfalls mit einem eigenen Gaszähler gemessen.

Die Versorgung des Wohnhauses erfolgt mit Erdgas LL mit einem Betriebsheizwert von 8,6 kWh/m³. Die Verbrennungsluft-Versorgung erfolgt über Fensterfugen. Die Verlegung der Gasleitungen in den Wohnungen wird im Rohfußboden vorgesehen.

Alle drei Wohnungen haben den gleichen Grundriss und eine lichte Raumhöhe von 2,5 m.

1. Berechnen Sie den Einstellwert des Gasheizkessels bei einem Wirkungsgrad von 93% und den Einstellwert des DWH bei einem Wirkungsgrad von 84 %.
2. Welche baulichen Maßnahmen müssen durchgeführt werden, um im Kellergeschoss den dargestellten Heizkessel aufzustellen.
3. Welche baulichen Maßnahmen sind erforderlich, um in den Wohnungen jeweils Schutzziel 1 und Schutzziel 2 zu erfüllen? Die Türen haben alle dreiseitig umlaufende Dichtungen.
4. Überprüfen Sie, ob unter den gegebenen Voraussetzungen in der Küche der Gasherd aufgestellt werden darf.
5. Berechnen Sie den jährlichen Gasverbrauch für den Heizkessel, wenn 1980 Betriebsstunden angenommen werden.
6. Berechnen Sie die Kostenersparnis beim Einsatz eines Brennwertkessels, wenn der Betriebsbrennwert 9,75 kWh/m³ beträgt und der Energiepreis mit 0,54 €/m³ angesetzt wird.
7. Erstellen Sie für das Dreifamilien-Wohnhaus ein 30° Raumschema von den Gasleitungen.
8. Führen Sie eine Rohrweitenberechnung nach dem Tabellen-Verfahren durch, bei Verwendung von Stahlrohren DIN EN 10 255.

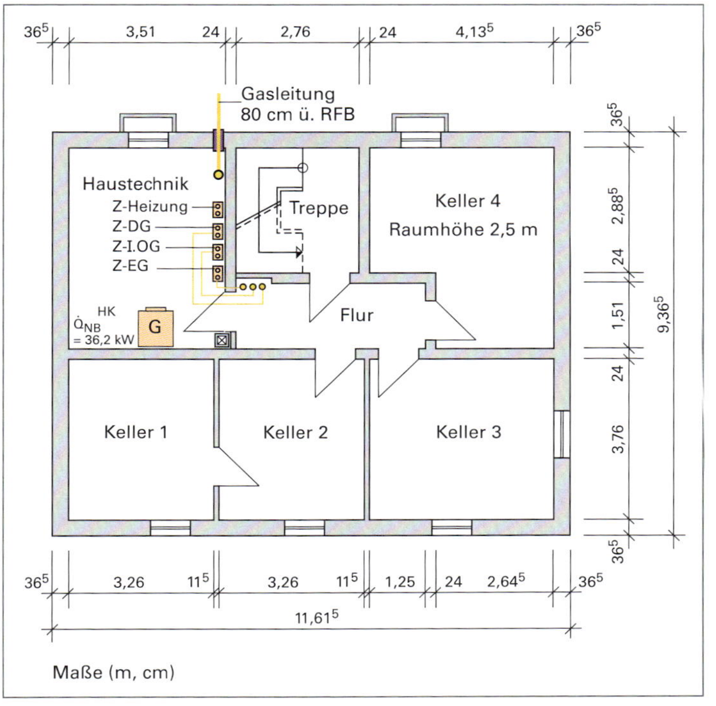

Bild 1: Grundriss Untergeschoss

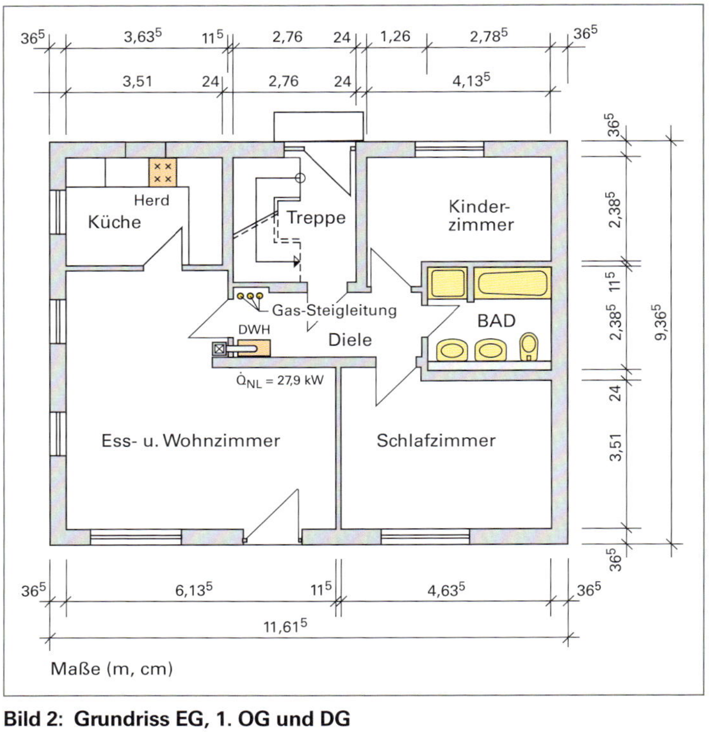

Bild 2: Grundriss EG, 1. OG und DG

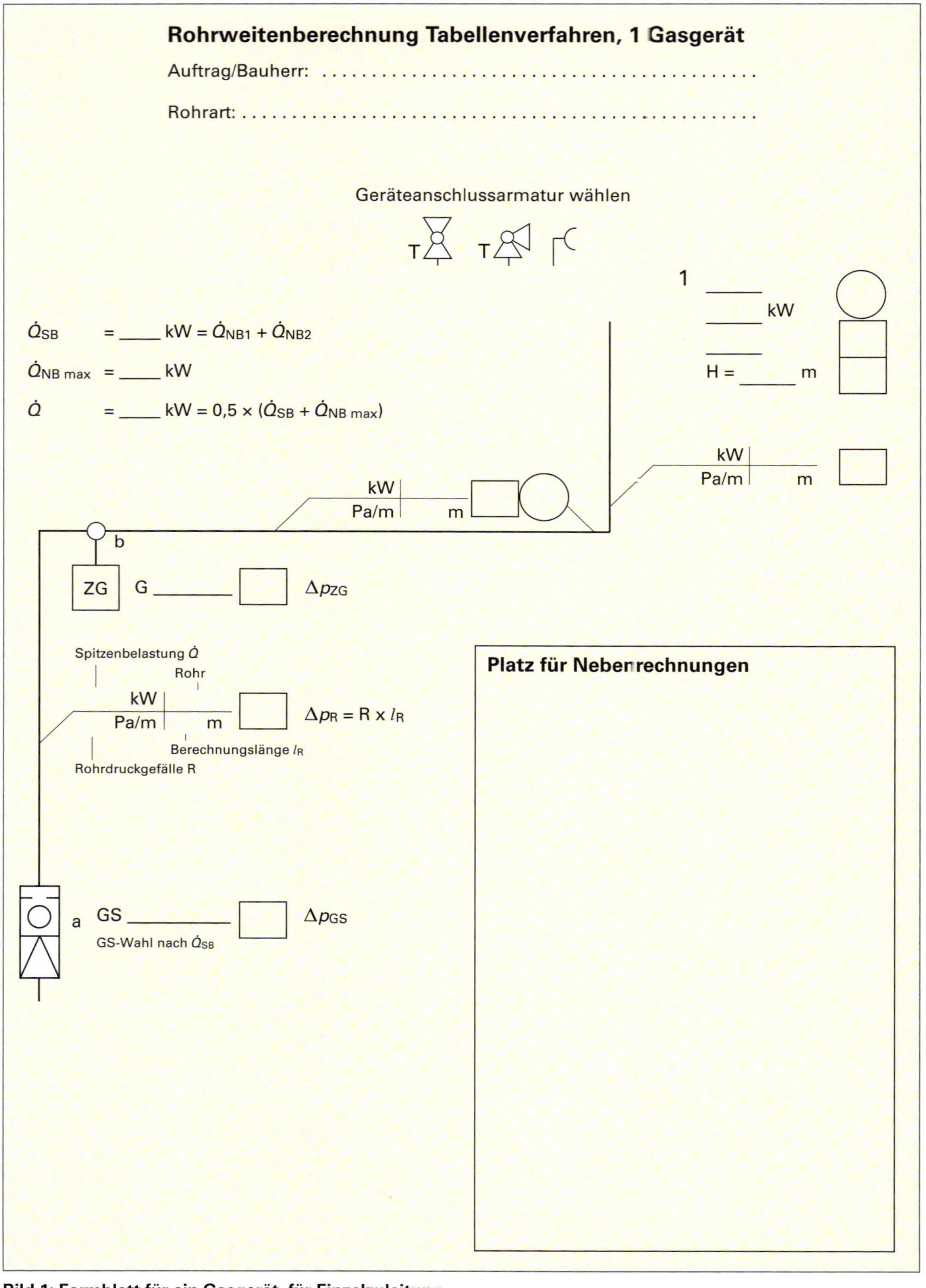

Bild 1: Formblatt für <u>ein</u> Gasgerät, für Einzelzuleitung

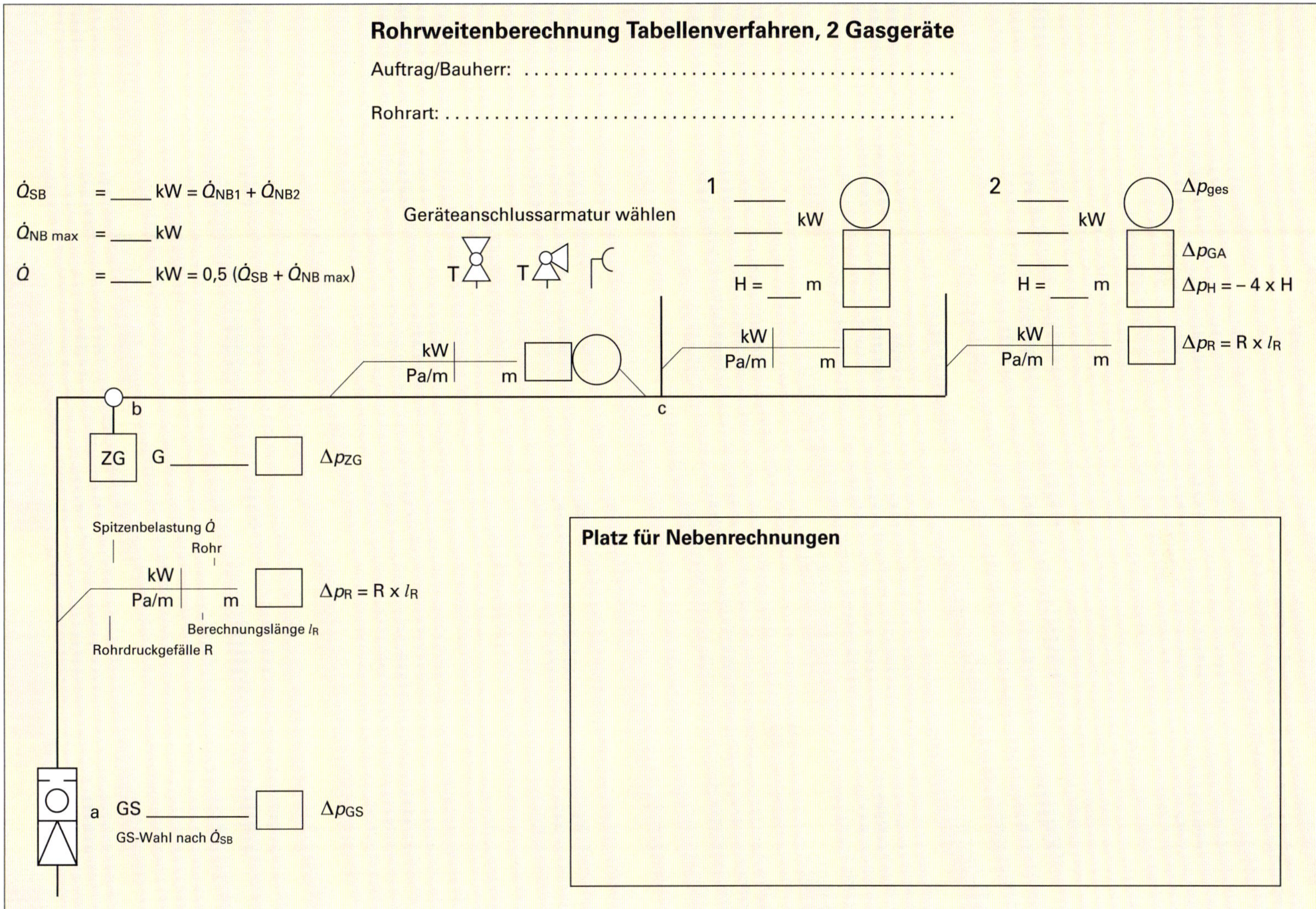

Bild 1: Lösung mittels Formblatt

8 Heizungsanlagen

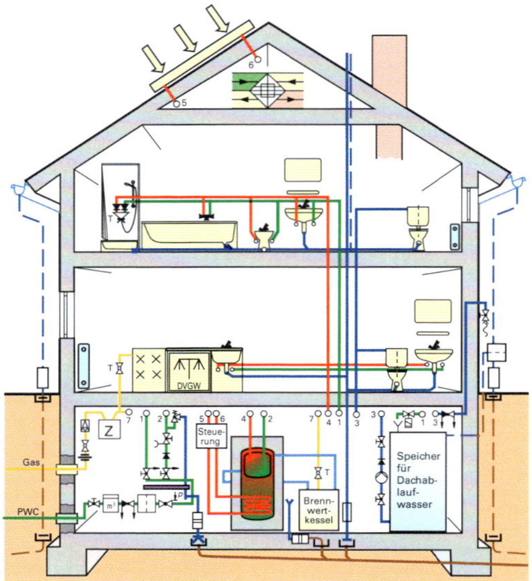

Leitprojekt

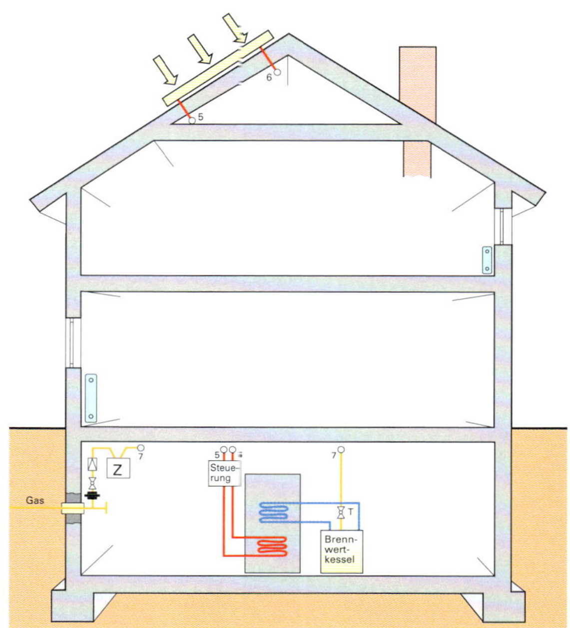

Heizungsanlagen

8 Heizungsanlagen

Zentralheizungsanlagen haben sicher, wirtschaftlich und vollautomatisch zu funktionieren. Dies erfordert eine detaillierte Planung mit den notwendigen Berechnungen. Dazu gehören:

- die Wärmeübertragung,
- die Berechnung der Norm-Heizlast,
- die Heizflächenbestimmung,
- der Wärmestrom, die Durchflussmenge und den Druckverlust in Pumpenwarmwasserheizungen,
- die Rohrnetzberechnung und Pumpenauswahl,
- die Größenbestimmung des Membrandruckausdehnungsgefäßes,
- der Öldurchsatz, der Brennstoffbedarf, die Brennstoffkosten bei Ölfeuerungen und
- der Energiekostenvergleich.

8.1 Wärmeübertragung nach DIN EN ISO 6946

Wärme ist eine Energieform. Sie geht immer vom warmen zum kalten Zustand über. Zum Beispiel bei Gebäuden strömt Wärme von Räumen mit höherer Temperatur durch die Raumumfassungsflächen zu Räumen mit tieferer Temperatur oder an die kältere Außenluft. Diese Umfassungsflächen setzen dem Wärmestrom verschiedene Widerstände entgegen, die im einzelnen zu bestimmen sind:

- der innere Wärmeübergang mit dem Wärmeübergangswiderstand innerer Oberflächen R_{si},
- der Wärmedurchgang mit dem Wärmedurchlasswiderstand R,
- der äußere Wärmeübergang mit dem Wärmeübergangswiderstand äußerer Oberflächen R_{se} **(Bild 1)**.

8.1.1 Wärmeübergangswiderstände

Bei der Wärmeübertragung der Bauteile, wie z.B. Wände, Decken, Fußböden, Fenster, Türen, geht Wärme von der Raumluft an die Wandinnenoberfläche über. Dabei ist an der Luftgrenzschicht der **Wärmeübergangswiderstand innerer Oberflächen R_{si}** in **m² · K/W** zu überwinden. Bei einer Außenwand geht die Wärme nach der Wärmeleitung von der Wandaußenoberfläche an die Außenluft über, wobei der **Wärmeübergangswiderstand äußerer Oberflächen R_{se}** in **m² · K/W** überwunden wird **(Tabelle 1)**.

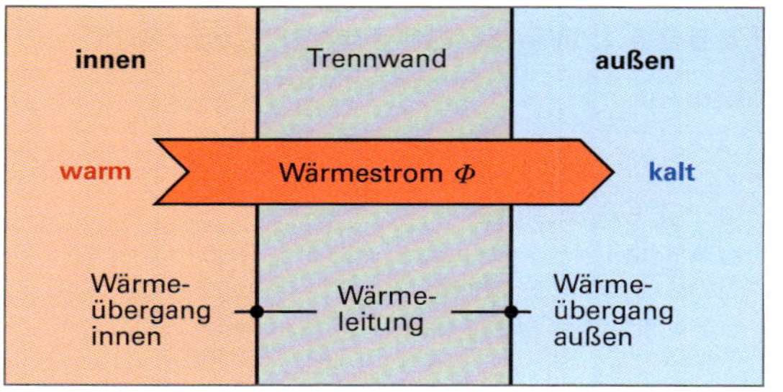

Bild 1: Wärmeübertragung

Tabelle 1: Wärmeübergangswiderstände R_s			
Wärmestromrichtung	**aufwärts**	**horizontal**	**abwärts**
Innen R_{si} in m²K/W	0,10	**0,13**	0,17
Außen R_{se} in m²K/W	0,04	**0,04**	0,04

8.1.2 Wärmedurchlasswiderstand

Die Wärme geht durch den Baustoff von der wärmeren zur kälteren Wandoberfläche. Dem setzt die Wandschicht den **Wärmedurchlasswiderstand R** in **m² · K/W** entgegen. Dieser ist abhängig von:

- der **Wärmeleitfähigkeit λ** in **W/(m · K)** und
- der **Schichtdicke d** in **m** des Baustoffes.

Er wird wie folgt berechnet:

$$R = \frac{d}{\lambda} \qquad d = R \cdot \lambda$$

R Wärmedurchlasswiderstand in m² · K/W
d Baustoffdicke in m
λ Wärmeleitfähigkeit in W/(m · K)

Beispiel:

Eine Außenwand aus Lochziegeln (ϱ = 1200 kg/m³) ist 30 cm dick. Berechnen Sie den Wärmeduchlasswiderstand R.

Geg.: ϱ_{Ziegel} = 1200 kg/m³ $\quad d$ = 0,3 m
Ges.: R
λ = 0,50 W/(m · K) **(aus Tabelle 1, Seite 226)**

$R = \frac{d}{\lambda} \qquad R = \frac{0{,}3\ \text{m}}{0{,}5\ \text{W/(m} \cdot \text{K)}} \qquad \mathbf{R = 0{,}6\ m^2 \cdot K/W}$

Eine **ruhende Luftschicht** ist ein von der Umgebung abgeschlossener Luftraum. Werte des **Wärmedurchlasswiderstandes R** der Luftschichten sind in **Tabelle 2** angegeben.

Tabelle 2: Wärmedurchlasswiderstände R ruhender Luftschichten in m² · K/W, Dicke d in mm							
Wärmestrom	**d**	**5**	**7**	**10**	**15**	**25**	**50**
aufwärts ↑		0,11	0,13	0,15	0,16	0,16	0,16
horiontal ↔		0,11	0,13	0,15	0,17	0,18	0,18
abwärts ↓		0,11	0,13	0,15	0,17	0,19	0,21

Tabelle 1: Wärmeleitfähigkeit λ von Stoffen

Baustoff	ϱ in $\frac{kg}{m^3}$	λ in $\frac{W}{(m \cdot K)}$
Mörtel, Estrich, Putze		
Kalkmörtel, Kalkzementmörtel	1800	0,87
Zementestrich, Zementputz	2000	1,40
Kalkgipsmörtel, Gipsmörtel	1400	0,70
Gipsputz	1200	0,35
Gussasphaltestrich, $d \geq 15$ mm	2300	0,90
Beton, Bauplatten		
Normalbeton	2400	2,10
Leichtbeton (porige Zuschläge)	1200	0,59
Wandbauplatten aus Gips	1000	0,47
Gipskartonplatten	900	0,21
Mauerwerk einschl. Fugen		
Vollklinker	2000	0,96
Vollziegel, Lochziegel	1800	0,81
Vollziegel, Lochziegel,	1600	0,68
Lochziegel	1200	0,50
Kalksandstein	1600	0,79
Gasbetonblockstein	700	0,27
Hohlblockstein aus Leichtbeton	1000	0,49
Holzwerkstoffe		
Fichte, Kiefer, Tanne	600	0,13
Buche, Eiche	800	0,20
Spanpressplatten	700	0,17
Poröse Holzfaserplatten	400	0,07
Bodenbeläge, sonstige Stoffe		
PVC-, Kunststoffbeläge	1500	0,23
Teppichboden	–	0,08
Fliesen (max.)	2000	1,00
Glas	2500	0,80
Granit, Marmor	2800	3,50
Kies, Sand, Split	1800	0,70
Bitumen	1100	0,17
Kupfer	–	380
Baustahl, legiert	–	15
Aluminium	–	200
Dämmstoffe (Beispiele für Wärmeleitfähigkeitsgruppen)		
Polyurethan(PUR)-Hartschaum	020	0,020
Polystyrol(PS)-Hartschaum	030	0,030
Mineralische Faserdämmstoffe	035	0,035
Korkdämmstoffe, Korkplatten	055	0,055

Unbeheizte Dachräume werden als wärmetechnisch homogene Schicht mit einem Wärmedurchlasswiderstand nach **Tabelle 2** betrachtet.

Tabelle 2: Wärmedurchlasswiderstände R_u von Dachräumen (u = unbeheizte Räume)

Beschreibung des Daches	R_u m² · K/W
Ziegeldach ohne Schalung	0,06
Platten- oder Ziegeldach mit Schalung	0,2
Dach mit Schalung oder Pappe, auch mit Aluminiumfläche	0,3

8.1.3 Wärmedurchgangskoeffizient, Wärmedurchgangswiderstand

Der Wärmedurchgang durch eine Wand hängt vom **Wärmedurchgangskoeffizient, *U*-Wert** in **W/(m² · K)** ab. Dieser ist gleich dem Kehrwert des **Wärmedurchgangswiderstandes R_T.**

$$U = \frac{1}{R_T}$$

Der **Wärmedurchgangswiderstand R_T** ist die Summe aus den Wärmeübergangs- und der Wärmedurchlasswiderstände aller Schichten des Bauteiles. Er wird wie folgt ermittelt:

Einschichtige Außenwand:
$$R_T = R_{si} + R_1 + R_{se}$$

Einschichtige Innenwand:
$$R_T = R_{si} + R_1 + R_{si}$$

Mehrschichtige Außenwand:
$$R_T = R_{si} + R_1 + R_2 + \ldots + R_n + R_{se}$$

Mehrschichtige Innenwand:
$$R_T = R_{si} + R_1 + R_2 + \ldots + R_n + R_{si}$$

- U Wärmedurchgangskoeffizient eines Bauteiles in W/(m² · K)
- R_T Wärmedurchgangswiderstand eines Bauteiles in m² · K/W
- R_{si} innerer Wärmeübergangswiderstand in m² · K/W
- R_{se} äußerer Wärmeübergangswiderstand in m² · K/W
- $R_{1,2,n}$ Wärmedurchlasswiderstand verschiedener Baustoffschichten in m² · K/W

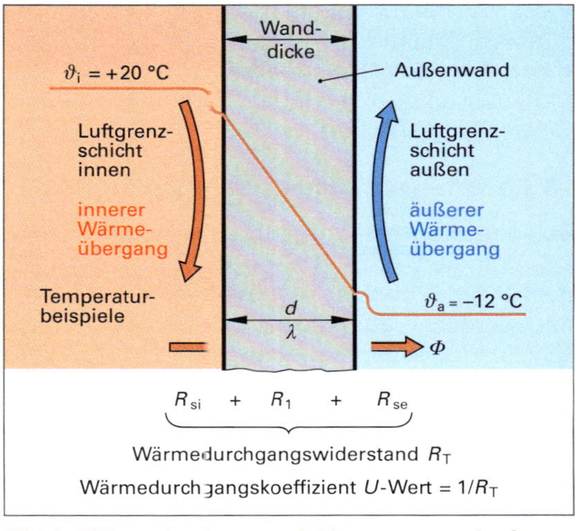

Bild 1: Wärmedurchgang mit Temperaturverlauf

Die Wärmedurchgangskoeffizienten der unterschiedlichen Bauteile, z.B.: Wände, Decken, Fußböden sowie Fenster und Türen, werden wie vorstehend berechnet oder Tabellen entnommen **(Tabelle 1)**.

Tabelle 1: *U-Werte* für Fenster und Türen

Bauteil (Erfahrungswerte)	*U* in $\frac{W}{m^2 \cdot K}$
Fenster aus Normalglas, Rahmen aus Holz oder Kunststoff	
Einfachverglasung	5,2
Isolierglas mit 8 mm bis 10 mm Luftzwischenraum	2,8
Isolierglas mit 10 mm bis 16 mm Luftzwischenraum	2,6
Doppelverglasung mit 20 mm bis 100 mm Scheibenabstand	2,5
Türen	
Außentüren aus Holz, Kunststoff	3,5
Außentüren aus Metall, wärmegedämmt	4,0
Außentüren aus Metall, ungedämmt	5,5
Innentüren	2,0
Bei AT mit einem Glasanteil > 50% gelten die Fensterwerte	

Beispiel:

Der *U-Wert* einer 30 cm dicken Außenwand aus Normalbeton (ϱ = 2400 kg/m³) mit 1,5 cm Innenputz aus Kalkmörtel (ϱ = 1800 kg/m³) und 2,5 cm Außenputz aus Zementmörtel (ϱ = 2000 kg/m³) ist zu bestimmen.

Geg.: $\varrho_{Kalkmörtel}$ = 1800 kg/m³, d = 0,015 m
ϱ_{Beton} = 2400 kg/m³, d = 0,300 m
$\varrho_{Zementmörtel}$ = 2000 kg/m³, d = 0,025 m

Ges.: $\lambda_{1,2,3}$, ΣR_i, *U*-Wert **(Tabelle 1, Seite 228)**

$$R_{si} = 0{,}130\ \frac{m^2 \cdot K}{W}$$

$$R_1 = \frac{d_1}{\lambda_1} \quad R_1 = \frac{0{,}015\ m \cdot m \cdot K}{0{,}87\ W} \quad R_1 = 0{,}017\ \frac{m^2 \cdot K}{W}$$

$$R_2 = \frac{d_2}{\lambda_2} \quad R_2 = \frac{0{,}3\ m \cdot m \cdot K}{2{,}1\ W} \quad R_2 = 0{,}143\ \frac{m^2 \cdot K}{W}$$

$$R_3 = \frac{d_3}{\lambda_3} \quad R_3 = \frac{0{,}025\ m \cdot m \cdot K}{1{,}40\ W} \quad R_3 = 0{,}018\ \frac{m^2 \cdot K}{W}$$

$$R_{se} = 0{,}040\ \frac{m^2 \cdot K}{W}$$

$$R_T = R_{si} + R_{1,2,3} + R_{se}$$

$$R_T = (0{,}130 + 0{,}143 + 0{,}017 + 0{,}018 + 0{,}040)\ \frac{m^2 \cdot K}{W}$$

$$R_T = 0{,}348\ \frac{m^2 \cdot K}{W}$$

$$U = \frac{1}{R_T} \quad U = \frac{1\ W}{0{,}348\ m^2 \cdot K} \quad \mathbf{U = 2{,}87\ \frac{W}{m^2 \cdot K}}$$

Es werden die Wärmeübergangs- und Wärmedurchgangswiderstände mit 3, die *U*-Werte mit 2 Stellen nach dem Komma berechnet. Feuchtigkeitssperren bleiben bei der Berechnung der *U-Werte* unberücksichtigt.

Aufgaben

1 Berechnen Sie den Wärmedurchgangskoeffizienten einer unverputzten 11,5 cm dicken Innenwand aus Kalksandstein (ϱ = 1600 kg/m³).

2 Bestimmen Sie den *U*-Wert einer 6 mm dicken, einfachverglasten Schaufensterscheibe.

3 Eine Außenwand ist 36,5 cm dick und besteht aus Lochziegel (ϱ = 1600 kg/m³).

a) Wie groß ist der *U*-Wert der Wand?

b) Wie ist der *U*-Wert nach dem innen 15 mm Gipsputz (ϱ = 1200 kg/m³) und außen 25 mm mit Kalkzementmörtel (ϱ = 1800 kg/m³) aufgebracht wurde?

4 Wie groß ist der Wärmedurchgangskoeffizient der dargestellten Außenwand **(Bild 1)?**

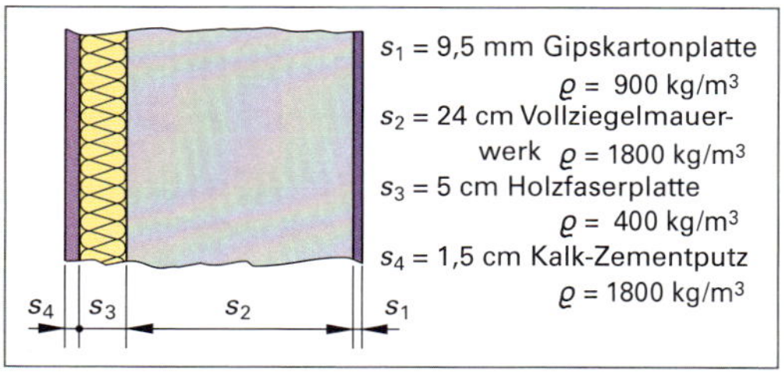

Bild 1: Außenwand

5 Skizzieren Sie den folgenden Außenwandaufbau und berechnen Sie den *U*-Wert:
1,5 cm Innenputz aus Kalkmörtel,
30 cm Kalksandstein (ϱ = 1600 kg/m³),
3 cm Mineralfaserplatte, Wärmeleitf.gr. 040,
2 cm Luftschicht, ruhend
11,5 cm Vollklinker (ϱ = 2000 kg/m³).

6 Ermitteln Sie die Wärmedurchgangskoeffizienten folgender Decken-Bauteile **(Bild 2)**.

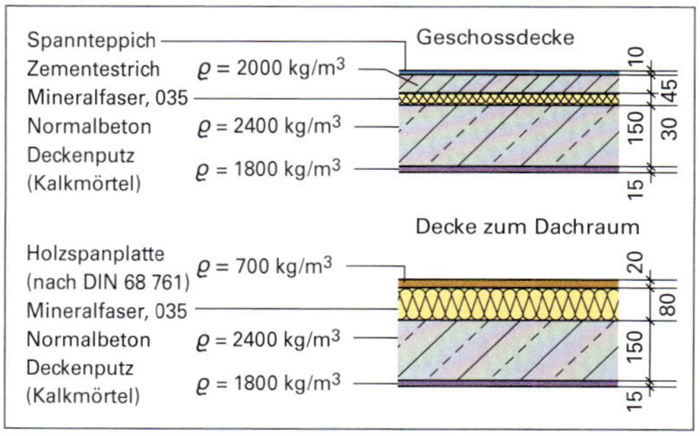

Bild 2: Deckenbauteile

Zur Berechnung des *U*-Wertes für jedes Bauteil eines beheizten Raumes steht eine Tabelle zur Verfügung **(Tabelle 1)**, Indizes: k Bauteil; i beheizter Raum; 1, 2, …n verschiedene Baustoffschichten.

Tabelle 1: Berechnung des *U*-Wertes von Bauteilen

Nummer		Beschreibung	d	λ	R	U
Bauteil	Baustoff		m	W/(m · K)	m^2 · K/W	W/(m^2 · K)
Nummer des Bauteils	**Bezeichnung des Bauteils**					
	Nr.	Bezeichnung der inneren laminaren Schicht			R_{si}	
	Nr.	Baustoffbezeichnung	d_1	λ_1	$R_1 = d_1/\lambda_1$	
	Nr.	Baustoffbezeichnung usw. bis:	d_2	λ_2	$R_2 = d_2/\lambda_2$	
	Nr.	Baustoffbezeichnung	d_n	λ_n	$R_n = d_n/\lambda_n$	
	Nr.	Bezeichnung der inneren äußeren Schicht			R_{se}	
	Gesamtdicke und *U*-Wert		Σd_i		R_T	$1/R_T$
Beispiel	**Außenwand**					
	61	Wärmedurchgangswiderstand, innen (horizont. Wärmestrom)			0,130	
	01	Innenputz, Kalkmörtel	0,015	0,87	0,017	
	02	Normalbeton	0,300	2,10	0,143	
	03	Außenputz, Zementmörtel	0,025	1,40	0,018	
	62	Wärmedurchgangswiderstand, innen (horizont. Wärmestrom)			0,040	
	Gesamtdicke und *U*-Wert		**0,340**		**0,348**	**2,87**

8.2 Berechnung der Norm-Heizlast (nach DIN EN 12831)

Die Norm **„Verfahren zur Berechnung der Norm-Heizlast"** ist die Grundlage um die Leistungen der Heizflächen in den beheizten Räumen und somit die Leistung des Wärmeerzeugers des Gebäudes auszulegen.

Die Norm-Heizlast ist die Wärmezufuhr, die unter Norm-Auslegungsbedingungen benötigt wird, um sicherzustellen, dass die erforderliche Norm-Innentemperatur in den Nutzräumen der Gebäude erreicht wird.

Die Norm-Heizlast eines Raumes wird durch dessen Norm-Wärmeverluste bestimmt. Diese entstehen durch:

- die Wärmeleitung der Umschließungsflächen und
- den Lüftungswärmefluss durch die Gebäudehülle.

Für diese Rechenregeln werden konstante Temperatur- und Witterungsbedingungen sowie gleichmäßige Temperaturverteilung im Raum angenommen. Sie gelten für Gebäude deren Raumhöhe 5 m nicht überschreitet.

8.2.1 Norm-Außentemperatur

Die Norm-Außentemperatur Θ_e dient zur Berechnung der Wärmeverluste an die äußere Umgebung. Das Jahresmittel der Außentempertur $\Theta'_{m,e}$ wird für die Berechnung der Wärmeverluste an das Erdreich verwendet. Es stehen Tabellen der Außentemperaturen und eine Isothermenkarte, die Gegenden mit gleichen Außentemperaturen zeigt, zur Verfügung **(Bild 1, Tabelle 3, Seite 229)**.

Bei guter Wärmedämmung und hoher Wärmespeicherfähigkeit der Gebäudehülle kann die Außentempertur ϑ'_e in Abhängigkeit der thermischen Zeitkonstante T um bis zu 4 K angehoben werden. Es gilt die Formel:

$$\Theta_e = \Theta'_e + \Delta\Theta_e$$

Θ_e Norm-Außentemperatur in °C
Θ'_e Außentemperatur in °C
$\Delta\Theta_e$ Außentemperaturkorrekturfaktor in K

Tabelle 2: Außentemperaturkorrektur

Thermische Gebäudezeitkonstante T	Außentemperaturkorrekturfaktor $\Delta\Theta_e$
< 100 h	0 K
100 h bis 140 h	+ 1 K
141 h bis 210 h	+ 2 K
211 h bis 280 h	+ 3 K
> 280 h	+ 4 K

Die thermische Zeitkonstante T kann nach der Norm DIN V 4108-6 bestimmt werden.

8.2.2 Norm-Innentemperatur

Die Norm-Innentemperaturen Θ_{int} sind für die einzelnen Räume je nach Raumart und Nutzung festgelegt **(Tabelle 1, Seite 229)**.

Tabelle 1: Norminnentemperaturen Θ_{int} für beheizte Räume

Raumart	Θ_{int} in °C
Bäder, Duschen, Umkleideräume, Untersuchungszimmer (unbekleideter Bereich)	+ 24
Wohn-, Schlafräume, Küchen, WC, Haupttreppenräume. Büroräume, Sitzungszimmer, Hotelzimmer, Läden, Unterrichts-, Theater-, Konzerträume	+ 20
Beheizte Nebenräume, Vorräume, Flure	+ 15
Unbeheizte Nebenräume (Keller, Abstellräume, Treppenhäuser)	+ 10

8.2.3 Bauteilkennzeichnung

Zur Bezeichnung der einzelnen Raumumfassungsflächen und Bauteile sind nachstehende Abkürzungen zu verwenden **(Tabelle 1)**.

Tabelle 2: Kurzzeichen für Bauteile

Zeichen	Bauteil	Zeichen	Bauteil	Zeichen	Bauteil
AF	Außenfenster	DF	Dachfenster	FB	Fußboden
AT	Außentüre	DA	Dach	IT	Innentüre
AW	Außenwand	DE	Decke	IW	Innenwand

Bild 1: Isothermenkarte

Tabelle 2: Außentemperatur

Ort	Θ'_e in °C	$\Theta'_{m,e}$ in °C
Aachen	– 12	8,1
Augsburg	– 14	7,9
Berlin	– 14	9,5
Bonn	– 10	8,1
Bremen	– 12	8,5
Bremerhaven	– 10	9,0
Crailsheim	– 16	7,9
Dortmund	– 12	8,1
Dresden	– 14	9,5
Düsseldorf	– 10	8,1
Essen	– 10	8,1
Esslingen a. Neckar	– 14	7,9
Feldberg, Schw.	– 18	3,0
Flensburg	– 10	8,5
Frankfurt/Main	– 12	10,2
Freiburg i. Br.	– 12	10,2
Garmisch-Part.	– 18	6,8
Göppingen	– 14	7,9
Hamburg	– 12	8,5
Hannover	– 14	8,5
Heidelberg	– 10	10,2
Höchenschwand	– 16	6,8
Ingolstadt, Donau	– 16	7,9
Karlsruhe	– 12	10,2
Kassel	– 12	8,8
Kiel	– 10	8,4
Köln	– 10	8,1
Konstanz	– 12	7,9
Landau, Pfalz	– 12	6,8
Lörrach	– 12	10,2
Lübeck	– 10	8,4
Mainz	– 12	10,2
Mannheim	– 12	10,2
Meißen	– 14	9,5
Mittenwald	– 16	6,8
München	– 16	7,9
Norderney	– 10	9,0
Nürnberg	– 16	7,9
Oberrotweil	– 12	10,2
Oberstdorf	– 20	6,8
Offenburg	– 12	10,2
Oldenburg	– 10	8,5
Osnabrück	– 12	8,1
Rastatt	– 12	10,2
Regensburg	– 16	7,9
Saarbrücken	– 12	6,8
Singen	– 14	7,9
St. Blasien	– 16	6,8
Stuttgart	– 12	10,2
Ulm, Donau	– 14	7,9
Villingen, Schw.	– 16	6,0
Wiesbaden	– 10	10,2
Wuppertal	– 12	6,8
Zwickau	– 14	7,9

8.2.4 Gesamt-Normwärmeverluste Θ_i eines beheizten Raumes (i)

Der gesamte Wärmeverlust eines beheizten Raumes (i) wird durch Addition der Transmissions- und Lüftungswärmeverluste berechnet:

$$\Phi_i = \Phi_{T,i} + \Phi_{V,i}$$

Φ_i Gesamt-Normwärmeverlust in W
$\Phi_{T,i}$ Norm-Transmissionswärmeverlust in W
$\Phi_{V,i}$ Norm-Lüftungswärmeverlust in W

8.2.5 Norm-Transmissionswärmeverluste $\Phi_{T,i}$

Zur Berechnung der Transmissionswärmeverluste werden **vier Situationen** unterschieden, die als Summanden in der Formel erscheinen:

$$\Phi_{T,i} = (H_{T,ie} + H_{T,iue} + H_{T,ig} + H_{T,ij}) \cdot (\Theta_{int,i} - \Theta_e)$$

$H_{T,ie}$ Transmissions-Wärmeverlust-Koeffizient an die äußere Umgebung (e) in W/K
$H_{T,iue}$ Transmissions-Wärmeverlust-Koeffizient an unbeheizte Nachbarräume (u,e) in W/K
$H_{T,ig}$ Transmissions-Wärmeverlust-Koeffizient an das Erdreich (g) in W/K
$H_{T,ij}$ Transmissions-Wärmeverlust-Koeffizient an beheizte Nachbarräume (j) in W/K
$\Theta_{int,i}$ Norm-Innentemperatur des beheizten Raumes (i) in °C
Θ_e Norm-Außentemperatur in °C

Bei der Berechnung der einzelnen Transmissions-Wärmeverlust-Koeffizienten müssen Verluste durch Wärmebrücken berücksichtigt werden, deren Erfassung schwierig ist. Mit dem Wärmebrückenzuschlag ΔU_{WB} **(Tabelle 1)** ergibt für den $H_{T,ie}$ die Gebrauchsformel:

$$H_{T,ie} = \Sigma_k A_k \cdot (U_k + \Delta U_{WB}) \cdot e$$

$H_{T,ie}$ Transmissions-Wärmeverlust-Koeffizient an die äußere Umgebung (e) in W/K
Σ_k Summe aller Bauteile k
A_k Fläche eines Bauteiles k in m²
U_k Wärmedurchgangskoeffizient des Bauteiles k in W/(m² · K)
ΔU_{WB} Wärmebrückenzuschlag in W/(m² · K)
e Witterungskorrekturfaktor = 1(–)

Tabelle 2: Wärmebrückenzuschlag ΔU_{WB}

Wärmebrücken, bauseits	ΔU_{WB} in W/(m² · K)
ohne Berücksichtigung	0,10
mit Berücksichtigung	0,05
mit bauseitiger Ausführung nach DIN 4108 Beiblatt 2	0,05

Beim Berechnen des $H_{T,iue}$ ist der Temperatur-Reduktionsfaktor b_u einzusetzen. Er berücksichtigt den Temperaturunterschied des unbeheizten Nachbarraumes zur Norm-Außentemperatur und wird einer Tabelle entnommen **(Tabelle 2)**. Damit ergibt sich:

$$H_{T,iue} = \Sigma_k A_k \cdot (U_k + \Delta U_{WB}) \cdot b_u$$

$H_{T,iue}$ Transmissions-Wärmeverlust-Koeffizient an unbeheizte Nachbarräume (u,e) in W/K
Σ_k Summe aller Bauteile k
A_k Fläche eines Bauteiles k in m²
U_k Wärmedurchgangskoeffizient des Bauteiles k in W/(m² · K)
ΔU_{WB} Wärmebrückenzuschlag in W/(m² · K)
b_u Temperatur-Reduktionsfaktor, dimensionslos

Tabelle 2: Temperatur-Reduktionsfaktor b_u

Art des unbeheizten Nachbaraumes			b_u
Räume ohne Außenwände (Flure)			0,1
mit einer Außenwand ohne AT			0,4
mit einer Außenwand mit AT			0,5
mit zwei Außenwänden, ohne AT			0,5
mit zwei AW, mit AT (Garagen, Hallen)			0,6
mit drei AW (außenliegende Treppenräume)			0,8
Heizungsaufstellungsraum (Heizraum)			0,2
Treppenräume	EG und KG		0,45
innenliegend	1. OG		0,30
Gebäudehöhe ≤ 20 m	über 1. OG		0,25
Kellerräume ohne AF/AT; mit AF/AT			0,4; 0,5
aufgeständerter Boden			0,8
Dachräume geschlossen	Wärmedurchgangskoeffizient U in W/(m² · K)		
Dachaußenfläche	nach außen U_{ue}	zu unbeheizten Räumen U_{iu}	
undicht ($n = 2{,}5\ h^{-1}$)	5,0	1,25	0,85
		0,60	0,90
	2,5	1,25	0,80
		0,60	0,90
dicht ($n = 0{,}5\ h^{-1}$)	5,0	1,25	0,85
		0,60	0,90
	2,5	1,25	0,75
		0,60	0,85
	1,0	1,25	0,55
		0,60	0,70
	0,50	1,25	0,50
		0,60	0,65
	0,25	1,25	0,40
		0,60	0,60

Der Wert des Wärmeverlust-Koeffizienten an das Erdreich wird wie folgt berechnet:

$$H_{T,ig} = f_{g1} \cdot f_{g2} \cdot (\Sigma_k A_k \cdot U_{equiv,k}) \cdot G_W$$

$H_{T,ig}$ Transmissions-Wärmeverlust-Koeffizient an das Erdreich (g) in W/K

f_{g1} Korrekturfaktor für die jährliche Schwankung der Außentemperatur, nach Norm $f_{g1} = 1,45$

f_{g2} Reduktionsfaktor für die Temperaturdifferenz zwischen Norm-Außentemperatur Θ_e und dem Jahresmittel der Außentemperatur $\Theta'_{m,e}$. Es gilt:

$$f_{g2} = \frac{\Theta_{int,i} - \Theta'_{m,e}}{\Theta_{int,i} - \Theta_e}$$

Σ_k Summe aller Bauteile k

A_k Fläche eines Bauteiles k, erdberührt, in m^2

$U_{equiv,k}$ äquivalenter Wärmedurchgangskoeffizient des Bauteiles k in $W/(m^2 \cdot K)$ wird entsprechend der Kellerbodensituationje nach der Tiefe der Bodenplatte unter dem Erdbodenniveau $z = 0$ m, $z = 1,5$ m, $z = 3$ m **(Bild 2)**, aus **Tabellen 2 und 3** entnommen.

G_W Korrekturfaktor zur Berücksichtigung des Grundwassereinflusses entsprechend dem Abstand der Fundamentplatte zum Grundwasserspiegel: Abstand < 3 m $G_W = 1,15$; Abstand > 3 m $G_W = 1,00$

Zur Ermittlung des $U_{equiv,k}$ ist der Parameter B' erforderlich. B' beinhaltet das erdreichberührte Flächenumfangsverhältnis nach der Formel:

$$B' = \frac{A_g}{0,5 \cdot P}$$

B' Parameter (für das ganze Gebäude gültig) in m

A_g Fläche der Bodenplatte in m^2

P Länge der erdreichberührten Wände in m **(Bild 1)**

Der Wert des Transmissions-Wärmeverlust-Koeffizienten an beheizte Nachbarräume mit unterschiedlicher Temperatur wird berechnet zu:

$$H_{T,ij} = \Sigma_k A_k \cdot U_k \cdot f_{ij}$$

$H_{T,ij}$ Transmissions-Wärmeverlust-Koeffizienten an beheizte Nachbarräume (j) in W/K

Σ_k Summe aller Bauteile k

A_k Fläche des Bauteiles k in m^2

U_k Wärmedurchgangskoeffizient des Bauteiles k ohne Wärmebrückenzuschlag in $W/(m^2 \cdot K)$

f_{ij} Temperatur-Reduktionsfaktor (–)

Tabelle 1: Temperaturbestimmung des beheizten Nachbarraumes

Raumart	$\Theta_{int,j}$
Angrenzender Raum einer anderen Gebäudeeinheit (z.B. Apartement)	$\frac{\Theta_{int,i} + \Theta'_{m,e}}{2}$
Angrenzender Raum eines separaten Gebäudes	$\Theta'_{m,e}$

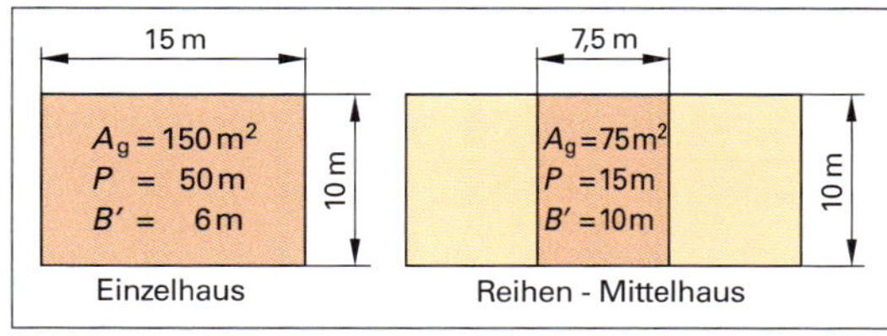

Bild 1: Bestimmung des Parameters B'

Tabelle 2: äquivalent. Wärmedurchgangskoeffizient für Kellerwand (b_W)

U_{bw} in $W/(m^2 \cdot K)$	$U_{equiv,bw}$ in $W(m^2 \cdot K)$			
	$z = 0$ m	$z = 1$ m	$z = 2$ m	$z = 3$ m
0,50	0,44	0,39	0,35	0,32
0,75	0,63	0,54	0,48	0,43
1,00	0,81	0,68	0,59	0,53
1,25	0,98	0,81	0,69	0,61
1,50	1,14	0,92	0,78	0,68
1,75	1,28	1,02	0,85	0,74
2,00	1,42	1,11	0,92	0,79

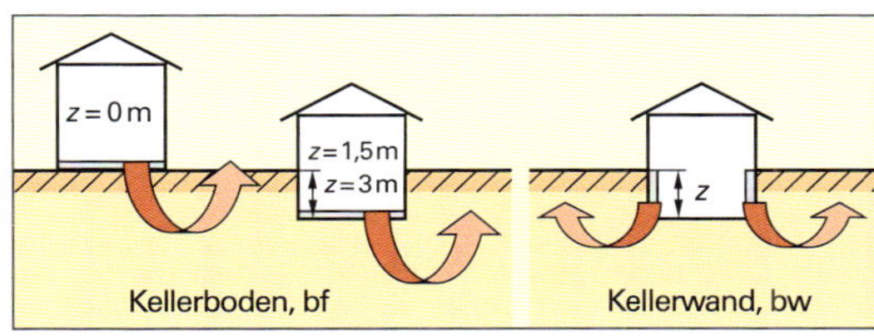

Bild 2: Tiefe z unter Erdgleiche

Tabelle 3: äquivalent. Wärmedurchgangskoeffizient für Kellerboden (b_f)

B'-Wert in m	$U_{equiv,bf}$ in $W(m^2 \cdot K)$				
	Keine Dämmung	U_{bf} in $W/(m^2 \cdot K)$			
		2,0	1,0	0,5	0,25
	$z = 0$ m				
4	0,88	0,59	0,45	0,30	0,17
6	0,68	0,48	0,38	0,27	0,17
8	0,55	0,41	0,33	0,25	0,16
10	0,47	0,36	0,30	0,23	0,15
	$z = 1,5$ m				
4	0,64	0,48	0,38	0,26	0,16
6	0,52	0,40	0,33	0,25	0,15
8	0,44	0,35	0,29	0,23	0,15
10	0,38	0,31	0,26	0,21	0,14
	$z = 3,0$ m				
4	0,51	0,40	0,33	0,24	0,14
6	0,43	0,35	0,29	0,22	0,14
8	0,37	0,31	0,26	0,21	0,14
10	0,32	0,27	0,24	0,19	0,13

Die U-Werte des Kellerfußbodens (U_{bf}) sowie der erdreichberührten Wandelemente (U_{bw}) werden einschließlich des Wärmebrückenzuschlages ΔU_{WB} eingesetzt.

Die Temperaturdifferenz zwischen der Norm-Außentemperatur und der Temperatur des beheizten Nachbarraumes wird korrigiert. Es gilt:

$$f_{ij} = \frac{\Theta_{int,\,i} - \Theta_{int,\,j}}{\Theta_{int,\,i} - \Theta_e}$$

f_{ij} Temperatur-Reduktionsfaktor (–)
$\Theta_{int,\,i}$ Norm-Innentemperatur in °C **(Tabelle 1, Seite 229)**
Θ_e Norm-Außentemperatur in °C **(Tabelle 3, Seite 229)**
$\Theta_{int,\,j}$ Innentemperatur des beheizten Nachbarraumes in °C. Bestimmung nach **Tabelle 1, Seite 231**.

8.2.6 Norm-Lüftungswärmeverluste

Der Lüftungswärmeverlust beschreibt den Wärmefluss der zum Aufheizen der in das Gebäude eindringenden Außenluft benötigt wird.

$$\Phi_{V,\,i} = H_{v,\,i} \cdot (\Theta_{int,j} - \Theta_e)$$

$\Phi_{V,\,i}$ Norm-Lüftungswärmeverlust in W
$H_{v,\,i}$ Norm-Lüftungswärmeverlust-Koeffizient in W/K

Die Berechnung von $H_{v,\,i}$ erfolgt nach der Formel:

$$H_{v,\,i} = 0{,}34 \cdot \dot{V}_i$$

0,34 Konstante in Wh/(m³ K)
$\dot{V}_i$ Luftvolumenstrom des Raumes in m³/h ($\dot{V}_i = \dot{V}_{therm}$)

8.2.7 Lüftungswärmeverluste bei freier Lüftung

Bei **natürlicher Belüftung** gilt das Maximum vom Infiltrations-Luftvolumenstrom durch Gebäudefugen oder dem hygienisch minimalen Luftvolumenstrom:

$$\dot{V}_i = \text{max.}\ (\dot{V}_{inf,\,i};\ \dot{V}_{min,\,i})$$

$\dot{V}_{inf,\,i}$ Luftvolumenstrom des beheizten Raumes aufgrund von Infiltration durch Gebäudefugen in m³/h
$\dot{V}_{min,\,i}$ Mindestluftvolumenstrom des beheizten Raumes aus hygienischen Gründen in m³/h. Er wird bestimmt aus dem stündlichen Mindestluftwechsel n_{min} und dem Raumvolumen des beheizten Raumes V_i (Tabelle 1):

$$\dot{V}_{min,\,i} = n_{min} \cdot V_i$$

V_i Raumvolumen in m³
n_{min} stündl. Mindestluftwechsel in h^{-1}

Der Luftvolumenstrom $\dot{V}_{inf,i}$ entsteht durch Windanströmung, Sogwirkung und Auftriebsdrücken an der Gebäudehülle **(Bild 1)**. Er wird berechnet:

$$\dot{V}_{inf,\,i} = 2 \cdot V_i \cdot n_{50} \cdot e_i \cdot \varepsilon_i$$

n_{50} stündl. Luftwechsel bei einer Druckdifferenz von 50 Pa zwischen Innen und Außen in h^{-1} **(Tabelle 2)**
e_i Abschirmungskoeffizient zu Hausstandort **(Tabelle 3)**
ε_i Höhenkorrekturfaktor, von Raummitte bis Erdreichniveau: 0 – 10 m (4 Geschosse) $\varepsilon_i = 1{,}0$ (–)

Tabelle 1: Mindestluftwechselzahlen verschiedener Räume

Raumart (Raumhöhe max. 3 m)	**n_{min} in h^{-1}**
Wohn-, Schlafräume, Büros (Standardfall) Küche > 20 m³, WC oder Bad mit Fenster	0,5
Küche ≤ 20 m³	1,0
Nebenräume, innenliegende Räume	0,0
Innenliegende Daueraufenthaltsräume, Bäder und WC sind mit Lüftungsanlagen zu rechnen.	

Tabelle 2: Luftwechselrate bei 50 Pa Druckdifferenz

Kategorie	**Richtwerte für Luftdichtheit**	**Bemessungswerte n_{50} in h^{-1}**
Ia	Nach EnEV errichtete Gebäude mit einer RLT-Anlage	1,5
Ib	Nach EnEV errichtete Gebäude ohne RLT-Anlage	3
II	Nicht nach EnEV erreichtete Gebäude mittlerer Dichtheit	4
III	Andere Fälle (weniger dicht) z. B.: Bestandswohngebäude	6

Tabelle 3: Abschirmungskoeffizient für verschiedene Orte

Abschirmungsklasse	***e* (–)**	
Keine dem Wind ausausgesetzte Fläche bzw. Fassade: $e = 0$	beheizter Raum mit	
	einer dem Wind ausgesetzten Fläche bzw. Fassade	mit mehr als einer dem Wind ausgesetzten Fläche
keine Abschirmung, windreiche Gegend	0,03	0,05
moderate Abschirmung, Vorstädte	0,02	0,03
gute Abschirmung, Stadtzentren, bewaldete Regionen	0,01	0,02

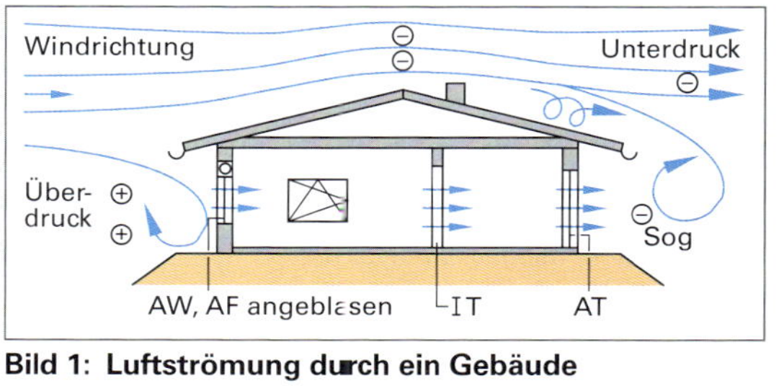

Bild 1: Luftströmung durch ein Gebäude

8.2.8 Lüftungswärmeverluste bei maschineller Lüftung

Beim Vorhandensein lufttechnischer Anlagen wird der Luftvolumenstrom des beheizten Raumes $\dot{V}_i$ aus vier Teilen bestimmt und ergibt nachstehende Formel:

$$\dot{V}_i = \dot{V}_{inf,\,i} + \dot{V}_{su,\,i} \cdot f_{Vsu,\,i} + \dot{V}_{mech.inf,\,ie} + \dot{V}_{mech.inf,\,ij} \cdot f_{mech.inf,\,ij}$$

$\dot{V}_{su,\,i}$ Zuluftvolumenstrom nach Lüftungsanlagendaten in m³/h

$\dot{V}_{mech,\,inf,\,ie}$ Außenluftvoluenstrom aufgrund eins Abluftvolumenstromüberschusses in m³/h

$\dot{V}_{mech,\,inf,\,ij}$ überströmende Luft aus Nachbarräumen aufgrund eines Abluftvolumenstromüberschusses in m³/h

$f_{mech,\,inf,\,ij}$ Korrekturfaktor für die überstr. Luft

Die Temperaturreduktionsfaktoren $f_{Vsu,\,i}$ bzw. $f_{mech,inf,\,ij}$ berücksichtigen die Temperaturdifferen der Norm-Außentemperatur zur jeweiligen Zuluft- bzw. Überström-Lufttemperatur. Sie werden bestimmt nach:

$$f_{V,\,su,\,i} = \frac{\Theta_{int,\,i} - \Theta_{su,\,i}}{\Theta_{int,\,i} - \Theta_e}$$

$$f_{v,\,mech,\,inf,\,ij} = \frac{\Theta_{int} - \Theta_{mech,\,inf,\,ij}}{\Theta_{int} - \Theta_e}$$

$f_{V,\,su,\,i}$ Temperaturkorrekturfaktor der Zuluft

$\Theta_{su,\,i}$ Zulufttemperatur in den beheizten Raum

$f_{V,\,mech,\,inf,\,ij}$ Temperaturkorrekturfaktor der Überströmluft

$\Theta_{v,\,mech,\,inf,\,ij}$ Temperatur der Überströmluft in °C

Die Zulufttemperatur kann bei Wohnungslüftungsanlagen mit gleichen Zu- und Abluftströmen bestimmt werden:

$$\Theta_{su,\,i} = \eta_{WRG} \cdot (\Theta_{ex} - \theta_e) + \Theta_e$$

$\Theta_{su,\,i}$ Zulufttemperatr in den beheizten Raum

η_{WR} Wärmebereitstellungsgrad des Wärmeübertragers (meistens auf 80 % begrenzt)

θ_{ex} Ablufttemperatur in °C

Der Abluftvolumenstromüberschuss wird zuerst für das gesamte Gebäude und dann auf den zu beheizenden Raum umgerechnet:

$$\dot{V}_{mech,\,inf} = \dot{V}_{ex} - \dot{V}_{su}$$

$$\dot{V}_{mech,\,inf,\,i} = \dot{V}_{mech,\,inf} \cdot \frac{V_i}{\sum V_i}$$

$\dot{V}_{mech,\,inf}$ Abluftvolumenstromüberschuss des Gebäudes in m³/h

$\dot{V}_{mech,\,inf,\,i}$ Abluftvolumenstromüberschuss des Raumes in m³/h

$\dot{V}_{ex}$ Abluftvolumenstrom für das Gebäude

$\dot{V}_{su}$ Zuluftvolumenstrom für das Gebäude in m³/h (bei Wohngebäuden meistens gleich 0)

8.2.9 Räume mit unterbrochenem Heizbetrieb

Selten benutzte Räume sowie Anlagen, die eine Nachtabsenkung vorsehen, benötigen, um die geforderte Norm-Innentemperatur innerhalb einer bestimmten Zeit zu erreichen, eine zusätzliche Aufheizleistung. Diese ist abhängig von:

- der Absenkzeit,
- der Wiederaufheizzeit zur Norm-Raumtemperatur
- dem Innentemperaturabfall $\Delta\Theta_{RH}$,
- vom Luftwechsel n während der Aufheizung,
- der wirksamen Gebäudemasse $c_{wirk.}$

Die Gebäudemassen sind in zwei Gruppen eingeteilt:

- **l**eicht: abgehängte Decke, Leichtbauwände,
- **m**ittelschwer bzw. **s**chwer: Betondecken, Leichtbauwände, bzw. Wände aus Mauerwerk oder Beton.

Für die Luftwechselrate während der Aufheizphase gilt $n = 0{,}1\ h^{-1}$: sehr geringer Luftwechsel (Fugenlüftung bei geschlossenen Fenstern und Türen), $n = 0{,}5\ h^{-1}$: geringe, zeitlich eingeschränkte Fensterlüftung oder Luftansaugung einer RLT-Anlage **(Tabelle 1).**

Tabelle 1: Wiederaufheizfaktor f_{RH} in W/m²

Temp.-abfall $\Delta\Theta_{RH}$	Geb.-masse $c_{wirk.}$	f_{RH} für $n = 0{,}1\ h^{-1}$, für $\mathbf{n = 0{,}5\ h^{-1}}$							
		Wiederaufheizzeit in h							
		0,5		1		2		3	
1 K	l	12	**10**	8	**10**	5	**7**	3	**5**
	s	12	**18**	8	**14**	5	**11**	3	**10**
2 K	l	27	**29**	18	**21**	10	**13**	7	**10**
	s	28	**35**	21	**28**	15	**22**	12	**19**
3 K	l	39	**44**	26	**32**	15	**21**	9	**15**
	s	44	**53**	34	**43**	25	**33**	20	**27**
4 K	l	50	**58**	33	**41**	20	**28**	14	**21**
	s	60	**69**	48	**56**	35	**43**	29	**37**

Der Innentemperaturabfall $\Delta\Theta_{RH}$ bei einem gut gedämmten Wohngebäude kann am Ende einer achtstündigen Nachtabsenkung 1 bis 2 K, bei einer Wochenendabschaltung 3 bis 7 K betragen.

Ist der Innentemperaturabfall $\Delta\Theta_{RH}$ nicht bekannt, wird der Wiederaufheizfaktor f_{RH} über die Absenk- und die Wiederaufheizzeit gleich Nichtnutzungszeit (beispielsweise 8 Std. für Wohngebäude) ermittelt.

Dieses Verfahren ist möglich, wenn

- das Gebäude mind. entsprechend der Wärmeschutzverordnung 1995 errichtet wurde,
- die mittlere Raumhöhe unter 3,5 m liegt,
- der Außenluftwechsel während der Aufheizphase $n \leq 0{,}3\ h^{-1}$ ist sowie
- die Mindestraumtemperatur in der Absenkphase 15 °C beträgt **(Tabelle 1)**.

Tabelle 1: Wiederaufheizfaktor f_{RH} in W/m²

Nichtnutzungszeit 8 h (Wohnen)		Gebäudemasse $c_{wirk.}$	Luftwechsel n_{Abs} während der Absenkzeit	
Absenkzeit t_{Abs} in h	Wiederaufheizzeit t_{RH} in h		$0{,}1\ h^{-1}$	$0{,}5\ h^{-1}$
7,5	0,5	l	63	74
		s	16	26
7	1	l	34	43
		s	10	16
6	2	l	14	21
		s	3	8
5	3	l	5	10
		s	0	2

Die Wiederaufheizleistung wird berechnet:

$$\Phi_{RH,i} = A_i \cdot f_{RH}$$

$\Phi_{RH,i}$ zusätzliche Wiederaufheizleistung in W
A_i Nettogrundfläche des Raumes in m²
f_{RH} Wiederaufheizfaktor in W/m² **(Tabelle 1, Seite 233 oder Tabelle 1)**

8.2.10 Norm-Heizlast eines Raumes

Die Norm-Heizlast eines beheizten Raumes (*i*) berechnet sich aus den Transmissions- und den Lüftungswärmeverlusten des Raumes. Sie ist die Grundlage zur Heizflächenbestimmung, wenn keine Zusatzaufheizleistung vorgesehen ist:

$$\Phi_{HL,i} = \Phi_{T,i} + \Phi_{V,i}$$

$\Phi_{HL,i}$ Norm-Heizlast des beheizten Raumes in W
$\Phi_{T,i}$ Transmissionswärmeverluste d. Raumes in W
$\Phi_{V,i}$ Lüftungswärmeverluste des Raumes in W

8.2.11 Norm-Heizlast eines Gebäudes

Die Norm-Heizlast des Gebäudes wird für die Auslegung des Wärmeerzeugers benötigt. Sie setzt sich aus der Norm-Heizlast aller beheizten Räume zusammen, wobei der Wärmefluss durch Transmission und Lüftung zwischen beheizten Räumen nicht berücksichtigt wird.

$$\Phi_{HL,Geb} = \Sigma\Phi_{T,i} + \Sigma\Phi_{V,i}$$

Φ_{HL} Heizlast für ein Gebäude in W
$\Sigma\Phi_{T,i}$ Summe der Transmissionswärmeverluste in W
$\Sigma\Phi_{V,i}$ Summe der Lüftungswärmeverluste in W

Bei der Berechnung von $\Sigma\Phi_{V,i}$ wird zwischen natürlich und mechanisch belüfteten Räumen unterschieden.

Bei **natürlich belüfteten** Räumen wird das Maximum zwischen dem Wärmebedarf aus dem Luftvolumenstrom aufgrund Infiltration und dem hygienisch notwendigen Mindest-Luftvolumenstrom gebildet.

Die Infiltration hat den Gleichheitsfaktor ζ **= 0,5**, der auch für den Mindestluftwechselstrom gilt.

$$\Sigma\Phi_{V,i} = \max. (0{,}5 \cdot \Sigma\Phi_{V,inf,i};\quad 0{,}5 \cdot \Sigma\Phi_{V,min,i})$$

Bei der Summe der Lüftungswärmeverluste **mechanisch belüfteter** Räume gilt der Gleichzeitigkeitsfaktor ζ **= 0,5** und der Faktor $\Sigma\Phi_{mech,inf,i}$ beinhaltet die Anteile aus einem Abluftvolumenstromüberschuss von außen und einer Überströmung aus Nachbarräumen:

$$\Sigma\Phi_{V,i} = 0{,}5 \cdot \Sigma\Phi_{V,inf,i} + \Sigma\Phi_{V,SU,i} + \Sigma\Phi_{mech,inf,i}$$

8.2.12 Auslegungsheizlast eines Raumes

Die zusätzliche Aufheizleistung Φ_{RH} wird getrennt von der Normheizlast Φ_{HL} ausgewiesen und muss speziell, meist raumweise, vereinbart und berücksichtigt werden. Die Auslegungsheizlast $\Phi_{HL,Auslg.}$ wird für einen beheizten Raum (*i*) durch die Summe aus dessen Normheizlast und Aufheizleistung berechnet und dient zur Auslegung der Heizflächen dieses Raumes:

$$\Phi_{HL,Auslg.i} = \Phi_{HL,i} + \Phi_{RH,i}$$

$\Phi_{HL,Auslg.i}$ Auslegungsheizlast des Raumes in W
$\Phi_{HL,i}$ Norm-Heizlast des Raumes in W
$\Phi_{RH,i}$ Zusatzaufheizleistung des Raumes in W

8.2.13 Auslegungsheizlast eines Gebäudes

Auslegungsheizlast eines Gebäudes (Geb) wird durch Addition der Norm-Heizlasten und der Zusatzaufheizleistungen der beheizten Räume berechnet und dient zur Auslegung des Wärmeerzeugers des Gebäudes:

$$\Phi_{HL,\,Auslg.\,Geb} = \Sigma\Phi_{HL,i} + \Sigma\Phi_{RH,i}$$

$\Phi_{HL,\,Auslg.\,Geb}$ Auslegungsheizlast des Gebäudes in W
$\Sigma\Phi_{T,i}$ Summe der Norm-Heizlasten aller beheizten Räume in W
$\Sigma\Phi_{RH,i}$ Summe der Zusatzaufheizleistungen aller beheizten Räume in W

8.2.14 Bestimmung der Raumaußenmaße

Für die Berechnung der Wandflächen gilt:

- Höhenmaße als Geschosshöhe von der Ok FFB zu Ok FFB, wobei der Kellerboden vernachlässigt wird.
- Längenmaße von Außenkante zur Wandmitte bzw. der Abstand von Wandmitte zu Wandmitte **(Bild 1)**.

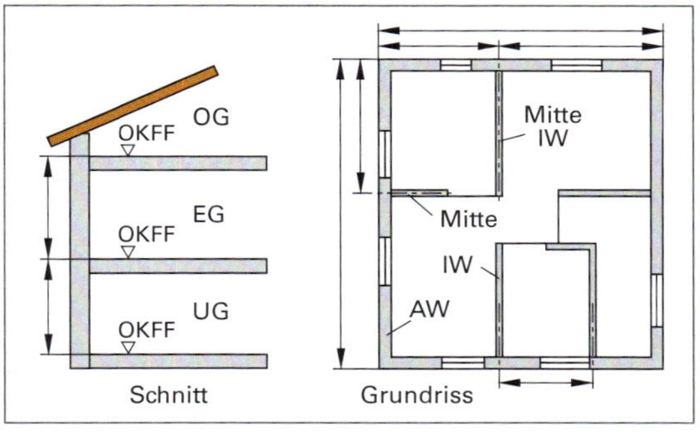

Bild 1: Bestimmung der Außenmaße

8.2.15 Beispielrechnung

Es wird die Heizlast des Raumes **„Bad"** eines nicht unterkellerten Hauses berechnet **(Bild 1, Seite 237)**. **Allgemeine Angaben:**

Gebäude: Typ: Einfamilienhaus; Lage: moderate Abschirmung; Ausführung der Gebäudehülle: nach EnEV, ohne Lüftungsanlage,
Gebäudemasse: schwer, Thermische Gebäudekonstante T = 138 h (angenommen nach DIN V 4108-6), ergibt eine Außentemperaturkorrektur $\Delta\Theta_e$ = + 1 K **(Tabelle 2, Seite 228);**

Bauort und Temperaturen: Hannover, Außentemperatur Θ'_e = – 14 °C Jahresmittel der Außentemperatur $\Theta'_{m,e}$ = 9 °C gerundet **(Tabelle 1, Seite 229);** Norm-Außentemperatur: $\Theta_e = \Theta'_e + \Delta\Theta_e$
Θ_e = – 14 °C + 1 K $\quad \Theta_e$ = – 13 °C
Norm-Innentemperatur: Θ_{int} = 24 °C **(Tabelle 1, Seite 229);**

Gebäudeabmessungen: Breite b_{Geb} = 10 m, Länge l_{Geb} = 13,5 m, Höhe h_{Geb} = 7,6 m, 2-geschossig; Wärmebrücken werden bauseits nach DIN 4108 berücksichtigt, Wärmebrückenzuschlag ΔU_{WB} = 0,05 W/(m² · K) **(T. 1, S. 230);**

Berechnungen zu den Wärmeverlusten:
Korrekturfaktoren:

$f_{ij} = \Theta_{int,\,i} - \Theta_{int,\,j}/\Theta_{int,\,i} - \Theta_e$
f_{ij} = 24 °C – 20 °C/24 °C – (– 13 °) = 0,11
f_{ij} = 24 °C – 15 °C/24 °C – (– 13 °C) = 0,24 **(S. 232)**
$f_{g2} = \Theta_{int,\,i} - \Theta'_{m,\,e}/\Theta_{int,\,i} - \Theta_e$
f_{g2} = 24 °C – 9 °C/24 °C – (– 13 °C) = 0,35 **(S. 231)**

Wärmeverluste ans Erdreich:
B' wird raumweise bestimmt, da
U_{Boden} = 0,58 + 0,05 = 0,63 > 0,50 W/(m² · K)
$B' = A_g/(0{,}5 \cdot P)$
B' = 6,94 m²/(0,5 · 2,64 m) = 5,26 m
$A_g = P \cdot b$ = 2,64 m · 2,63 m = 6,94 m²
P = 2,52 m + 0,12/2 m + 0,12/2 m = 2,64 m
b = 2,16 m + 0,41 m + 0,12/2 m = 2,63 m

$U_{bf} = U_{FB} + \Delta U_{WB}$
U_{bf} = 0,58 W/(m²K) + 0,05 W/(m²K)
U_{bf} = 0,63 W/(m²K); Tiefe z = 0 m,
$\boldsymbol{U_{equiv}}$ = 0,31 W/(m²K), interpoliert **(T. 2, S. 231)**

Tiefe der Bodenplatten z = 0 m, Grundwassertiefe T = 5 m ergibt den Faktor für den Grundwassereinfluss G_W = 1,0 und den Faktor für Außentemperaturschwankungen f_{g1} = 1,45 **(Seite 231);**

$H_{T,\,ig} = f_{g1} \cdot f_{g2} \cdot (\Sigma_k A_k \cdot U_{equiv,\,k}) \cdot G_W$
$H_{T,\,ig}$ = 1,45 · 0,35 · 6,9 m² · 0,31 W/(m²K) · 1
$H_{T,\,ig}$ = 1,09 W/K

$\Theta_{T,\,ig} = H_{T,\,ig} \cdot (\Theta_{int,\,i} - \Theta_e)$
$\Theta_{T,\,ig}$ = 1,09 W/(K · (24 °C – (– 13 °C)) = 40 W

Norm-Lüftungswärmeverlust:
Keine Lüftungsanlage
Luftdichtheitswert Kategorie I b: n_{50} = 3 h⁻¹ **(Tabelle 2, Seite 232)**
Abschirmkoeffizient bei moderater Abschirmung und einer dem Wind ausgesetzten Fläche $\boldsymbol{e}$ = 0,02 (–) **(Tabelle 3, Seite 232);**
Höhenkorrekturfaktor für Höhe unter 10 m ε = 1,0 (–)
Mindestluftwechselzahl $\boldsymbol{n_{min}}$ = 1,5 h^{-1} **(Tabelle 1, Seite 232)**
Luftwechselrate (EFH, sehr dicht): n_{50} = 3 h^{-1} **(Tabelle 2, Seite 232)**

$V_i = l \cdot b \cdot h$
V_i = 2,52 m · 2,16 m · 2,60 m = 14,15 m³
$\dot V_{min,\,i} = n_{min} \cdot V_i$
$\dot V_{min,\,i}$ = 0,5 h^{-1} · 14,15 m³ = 7,1 m³/h
$\dot V_{inf,\,i} = 2 \cdot V_i \cdot n_{50} \cdot e_i \cdot \varepsilon_i$
$\dot V_{inf,\,i}$ = 2 · 14,15 m³ · 3 h^{-1} · 0,02 · 1 = 1,7 m³/h
$\dot V_i = V_{therm} = \max(\dot V_{inf,\,i}, \dot V_{min,\,i})$
V_{therm} = 7,1 m³/h

Lösung: Bild 1, Seite 236; Bilder 2 und 3, Seite 237; 2 Bilder im Anhang

Wohneinheit	Geschoss: 0			Raum-Nr./-Name	2/Bad		
Innentemperatur	θ_{int}	24	°C	**Infiltration**			
Mindest-Luftwechsel	n_{min}	0,5	h^{-1}	Luftdichtheit	n_{50}	3,0	h^{-1}
Abmessungen				Koeffizient Abschirmklasse	e	0,02	-
Raumbreite	b_R	2,16	m	Höhe über Erdreich	h	1,43	m
Raumlänge	l_R	2,52	m	Höhen-Korrekturfaktor	ε	1,0	-
Raumfläche	A_R	5,44	m^2	**Mechanische Belüftung**			
Geschosshöhe	h_G	2,86	m	Zuluft-Volumenstrom	$\dot{V}_{su}$		m^3/h
Deckendicke	d	0,26	m	-Temperatur	θ_{su}		°C
Raumhöhe	h_R	2,60	m	-Korrekturfaktor	$f_{V,su}$		-
Raumvolumen	$V_i = V_R$	14,15	m^3	Abluft-Volumenstrom	$\dot{V}_{ex}$		m^3/h
Erdreich				Überströmung Nachbarräume	$\dot{V}_{mech,inf,ij}$		m^3/h
Tiefe unter Erdreich	z	0	m	-Temperatur	$\theta_{mech,inf,ij}$		°C
Erdreich berührter Umfang	P	2,64	m	-Korrekturfaktor	$f_{V,mech,inf,ij}$		-
B'-Wert ☒ raumweise	B'	5,26	m	mech. Infiltration von außen	$\dot{V}_{mech,inf,e}$		m^3/h

1	2	3	4	5	6	7	8	9	10	11	12	13	14	15	16
Orientierung	Bauteil	Anzahl	Breite	Länge/Höhe	Bruttofläche	Abzugsfläche	Nettofläche	grenzt an *	angrenzende Temperatur	Korrektur-Faktoren	U-Wert	Korrekturwert Wärmebrücke	Korrigierter U-Wert	Wärmeverlust-Koeffizient	Transmissions-Wärmeverlust
		n	b	l/h	A_{Brutto}	A_{Abzug}	A_{Netto}	e/u	θ_u/θ_{ij}	e/b$_u$	U	ΔU_{WB}	$U_{c/equiv}$	H_T	Φ_T
			m		m^2			g/ij	°C	f_{g2}/f_{ij}	W/(m²K)			W/K	W
N	AF	1	0,76	1,17	0,9		0,9	e		1,00	1,40	0,05	1,45	1,29	48
N	AW	1	2,64	2,86	7,6	0,9	6,7	e		1,00	0,34	0,05	0,39	2,61	97
O	IW	1	2,63	2,86	7,5		7,5	ij	20	0,11	1,88		1,88	1,55	57
S	IT	1	0,90	2,01	1,8		1,8	ij	20	0,11	2,00		2,00	0,40	15
S	IW	1	2,64	2,86	7,6	1,8	5,8	ij	20	0,11	1,88		1,88	1,20	44
W	IW	1	0,40	2,86	1,1		1,1	ij	15	0,24	1,88		1,88	0,50	18
W	IW	1	2,23	2,86	6,4		6,4	ij	20	0,11	1,88		1,88	1,32	49
H	FB	1	2,64	2,63	6,9		6,9	g		0,35	0,58	0,05	0,31	1,09	40
TRANSMISSIONSWÄRMEVERLUST							**H_T/Φ_T**							**9,96**	**368**

Mindest-Luftvolumenstrom	$\dot{V}_{min}$	$\dot{V}_{min} = n_{min} \cdot V_{i(R)}$	7,1	m^3/h		
aus natürliche Infiltration	$\dot{V}_{inf}$	$2 \cdot V_i \cdot n_{50} \cdot e_i \cdot \varepsilon_i$	1,7	m^3/h		
aus mechanischem Zuluftvolumenstrom	$\dot{V}_{su} \cdot f_{V,su}$			m^3/h		
aus mech. infiltriertem Volumenstrom	$\dot{V}_{mech,inf,e} + \dot{V}_{mech,inf,ij} \cdot f_{V,mech,inf,ij}$			m^3/h		
thermisch wirksamer Luftvolumenstrom	$\dot{V}_{therm}$		**7,1**	**m^3/h**		
LÜFTUNGSWÄRMEVERLUST H_V/Φ_V		$H_V = 0{,}34 \cdot \dot{V}_{therm}$			**2,41**	**89**
NORM-HEIZLAST Φ_{HL}		84 W/m²	32,3	W/m³		**457**
ZUSATZ-AUFHEIZLEISTUNG Φ_{RH} (nach Nutzungsprofil)		f_{RH} =	3	W/m²		**16**
AUSLEGUNGS-HEIZLEISTUNG $\Phi_{HL,Auslg}$						**473**

* Kennzeichnung: e Außenluft, u unbeheizter Nachbarraum, g Erdreich, ij beheizter Nachbarraum

Bild 1: Raum-Heizlast DIN EN 12831 (Formblatt R)

Zusatzaufheizleistung

Zur interpolierenden Bestimmung des Wiederaufheizfaktors f_{RH} stehen zwei Tabellen zu Verfügung. Zur Benutzung der **Tabelle 1, Seite 233** muss der Temperaturabfall $\Delta\Theta_{RH}$ während der Absenkphase bekannt sein bzw. nach Norm gerechnet werden oder aufgrund des Nutzungsprofils wird **Tabelle 1, Seite 234** gewählt.

Annahmen zum Nutzungsprofil:
Absenkzeit t_{Abs} = 6 h, Wiederaufheizzeit t_{RH} = 2 h, Luftwechselrate während der Absenkzeit $n = 0{,}1\ h^{-1}$;
wirksame Gebäudemasse c_{wirk} = schwer,
Wiederaufheizfaktor f_{RH} = 3,0 W/m².

$\Phi_{RH} = A \cdot f_{RH}$

$\Phi_{RH} = 5{,}44\ m^2 \cdot 3{,}0\ W/m^2$ $\Phi_{RH} = 16\ W$

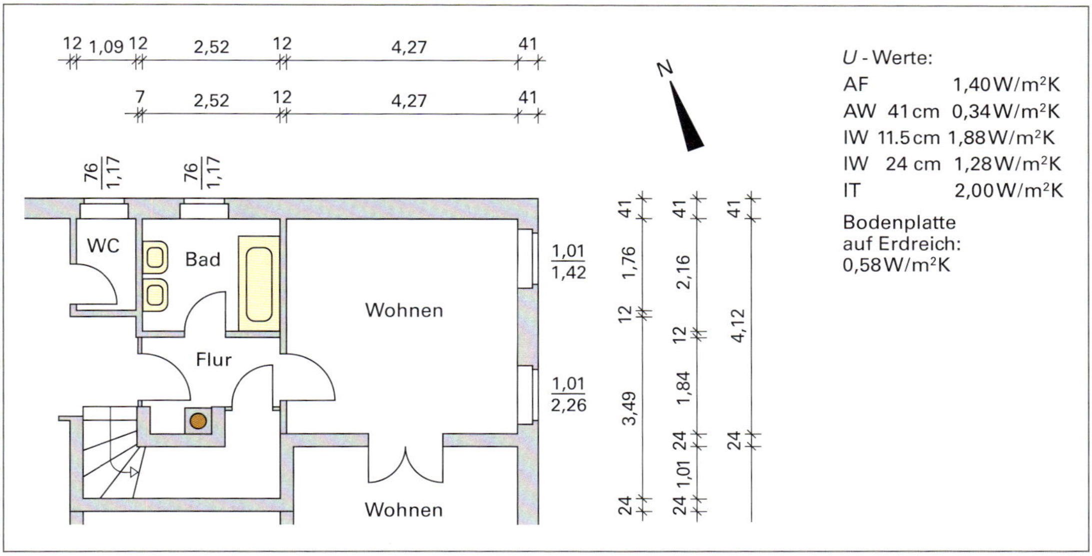

Bild 1: Grundriss Badezimmer

Um die jeweiligen Raumheizlasten eines Projektes festzulegen, sind Vereinbarungen zwischen den vertragsschließenden Parteien zu treffen. Für die Norm-Heizlast sind es die Rauminnentemperaturen und die Mindestluftwechselraten. Diese Werte können nach Norm oder frei gewählt werden. Werden Zusatz-Aufheizleistungen vereinbart, sind die jeweiligen Absenk- und Wiederaufheizzeiten in Stunden zu bestimmen **(Bild 2)**.

VEREINBARUNGEN		Sortierung nach	☒ Geschoss		☐ Wohneinheit
GS/WE	Raum-Nr./-Name	Innen-temperatur	Mindest-Luftwechsel	nur ausfüllen, wenn Zusatz-Aufheizleistungen vereinbart wurden	
				Absenkzeit	Wiederaufheizzeit
		θ_{int}	n_{min}	t_{Abs}	t_{RH}
		°C	h^{-1}	h	h
0	1/Wohnen	20	0,5	-	-
0	2/Bad	24	0,5	6	2
0	3/Flur	20	-	-	-
0	4/WC	20	0,5	-	-

Bild 2: Vereinbarungen der Raumtemperaturen, Luftwechsel und Nichtnutzungszeiten (Formblatt VI)

In der Raumliste werden die Transmissionswärmeverluste nach außen, ans Erdreich und an unbeheizte Nachbarräume zu $\Theta_{T,e}$ addiert, da nur diese in die Gebäude-Norm-Heizlast eingehen. Ferner werden der Transmissionswärmeverlust und die einzelnen Anteile des Lüftungswärmeverlustes notiert und entsprechend zur Gebäude-Norm-Heizlast summiert **(Bild 3)**.

RAUMLISTE						Sortierung nach		☒ Geschoss			☐ Wohneinheit
Raum-Nr./-Name	A_i	V_i	$\Phi_{T,e}$ W	Φ_T W	$\Phi_{V,min}$ W	$\Phi_{V,inf}$ W	$\Phi_{V,su}$ W	$\Phi_{V,m,inf}$ W	Φ_{HL} W	Φ_{RH} W	$\Phi_{HL,Ausl}$ W
1/Wohnen											
2/Bad	5,4 m²	14,2 m³	185	368	89	21	-	-	457	16	473
3/Flur											
4/WC											
Summen für Gebäude											

Bild 3: Zusammenfassung der berechneten Räume (Formblatt G2)

Aufgaben

1 Ein Gebäude, schwerer Bauart, in Berlin hat eine 36,5 cm dicke, mit Kalkzementmörtel, (ϱ = 1800 kg/m^3), beidseitig verputzte, Außenwand aus Lochziegel, (ϱ = 1600 kg/m^3). Die Putzschicht ist innen 15 mm und aussen 25 mm dick. Die Wand ist 6,3 m lang. Die Geschosshöhe beträgt 3,25 m. Wärmebrücken sind nicht berücksichtigt. Das Holzfenster ist 3,15 m lang, 1,35 m hoch und ist mit Isolierglas bei 12 mm Luftzwischenraum gefertigt.
Berechnen Sie den Transmissionswärmeverlust der Wohnzimmerwand.

2 Der Wohnraum eines Einzelhauses, gute Abschirmung, normale Lage in Düsseldorf, ist 5,25 m lang, 4,10 m breit und 2,55 m hoch. Ein Flügel des dreiflügeligen dichten Außenfensters, mit zwei Mittelpfosten, ist 1,05 m lang und 1,27 m hoch. Die Rollladenmechanik ist von innen zugänglich. Der Raum hat zwei normale Innentüren. Bestimmen Sie die Norm-Außen-, und Innentemperaturen, die Fugenlänge des AF und den Norm-Lüftungswärmeverlust des Raumes **(Bild 1)**.

3 Das innenliegende WC des Hauses aus Aufg. 2 ist 2,10 m lang und 1,30 m breit. Es wird mittels einer Schachtlüftung entlüftet, die einer natürlichen Belüftung entspricht. Die Luft strömt unter der normalen Innentüre aus dem unbeheizten Windfang nach. Berechnen Sie den Normlüftungewärmeverlust des WC **(Bild 1)**.

4 Die Küche des obengenannten Hauses hat die Abmessungen 3,6 m · 2,9 m. Das zweiflügelige Außenfenster, ohne Mittelpfosten, ist 1,8 m lang und 0,95 m hoch und hat einen von innen zugänglichen Rollladen. Eine Ablufthaube entlüftet die Küche zusätzlich mit 200 m^3/h Abluft. Die Zuluft strömt unter der normalen Innentüre aus dem Flur nach **(Bild 1)**. Der Lüftungswärmeverlust ist zu berechnen.

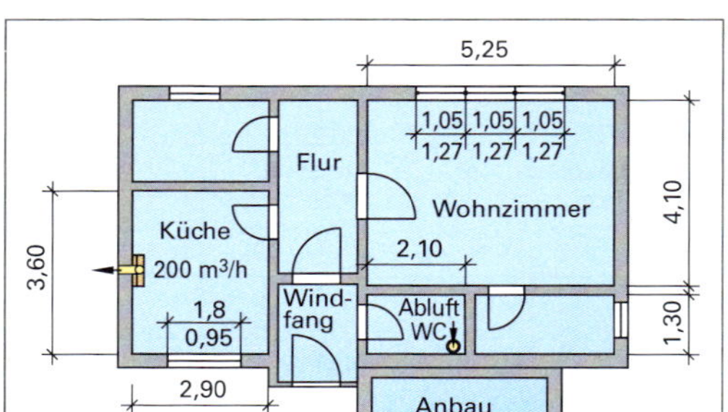

Bild 1: Hausgrundriss

5 Der Normwärmebedarf der im Grundriss gekennzeichneten Etagenwohnung soll berechnet werden. Die Wohnung liegt im EG über einem unbeheizten UG. Daneben und darüber befinden sich Wohnräume.

Bauangaben: Normale Lage in Lörrach, gute Abschirmung, Mehrfamilienhaus, schwere Bauart, dichte Gebäudehülle, keine maschinelle Lüftung, Heizbetrieb mit Nachtabsenkung – dabei Temperaturabfall 2 K und 2 Stunden Wiederaufheizzeit bei eingeschränkter Fensterlüftung, **AW** und **IW** auch Lochziegel (ϱ = 1600 kg/m^3), Innenputz aus 15 mm Gipsputz (ϱ = 1200 kg/m^3), Außenputz aus 20 mm Kalkzementmörtel (ϱ = 1800 kg/m^3).

FB aus 18 cm Normalbeton (ϱ = 2400 kg/m^3), unverputze Unterseite, 3 cm Wärmedämmung 040, 5 cm Zementestrich (ϱ = 2000 kg/m^3), 1 cm Teppichboden.

DE gleich FB-Aufbau, jedoch Unterseite mit Deckenputz wie Innenputz ausgeführt. Wärmebrücken sind bei der Bauausführung berücksichtigt.

AF aus Holz mit Isolierglas, dicht, Beanspruchungsgruppe A, Luftspalt 10 mm, zweiflügelig ohne Pfosten. Rollladen mit innerer Mechanik, **IT** normal aus Holz, ohne Schwelle.

Küche: FB-Belag aus PVC, ϱ = 1500 kg/m^3;

Dusche: Innen- wie Außenputz, 15 mm dick, Fliesen auf IW und FB (ϱ = 2000 kg/m^3) einflügeliges AF; Gasgerät raumluftunabhängig;

Flur: Wohnungstüre wie AT aus Holz **(Bild 2)**.

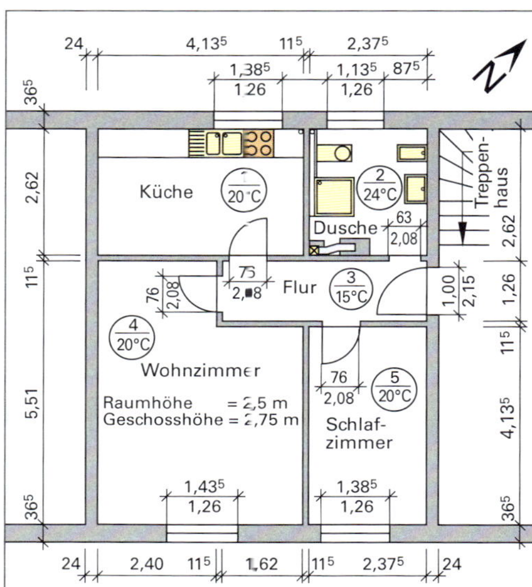

Bild 2: Etagenwohnung

8.3 Heizflächen und Kesselgrößen bei Zweirohrheizungen

Heizflächen funktionieren als Wärmetauscher zwischen dem Wärmeträger (Heizmedium) und der Raumluft und müssen den Normwärmebedarf des zu beheizenden Raumes aufbringen. Die Heizleistung ist abhängig von:

- der Bauart des Heizkörpers,
- der Raumlufttemperatur,
- der Vor- und Rücklauftemperatur,
- dem Anschluss an das Rohrnetz und
- der Aufstellung des Heizkörpers.

8.3.1 Auslegungszuschlag

Um die gewünschte Raumtemperatur auch bei geringen Abweichungen zwischen Planung und Bauausführung zu gewährleisten, wird nach DIN 4701 Teil 3 ein Auslegungszuschlag von 15% auf den Normwärmebedarf des Raumes berücksichtigt. Dieser Zuschlag ist auch bei teilweise eingeschränkter Beheizung des Raumes einzurechnen.

Dieser Auslegungszuschlag kann verringert werden oder entfällt ganz, wenn mit der Wärmeerzeugungsanlage eine zeitweilige Anhebung der Heizwassertemperatur um bis 15% möglich ist.

$$\dot{Q}_H = f_x \cdot \dot{Q}_N$$

$\dot{Q}_H$ Heizkörperleistung in W
$\dot{Q}_N$ Norm-Wärmebedarf in W
f_x Auslegungszuschlag 1,15

Beispiel:

Der Norm-Wärmebedarf eines Raumes beträgt 1237 W. Berechnen Sie die erforderliche Heizkörperleistung (ohne Vorlauftemperaturerhöhung).

Geg.: $\dot{Q}_N = 1237$ W, $f_x = 1{,}15$

Ges.: $\dot{Q}_H$

$\dot{Q}_H = \dot{Q}_N \cdot f_x$ $\quad \dot{Q}_H = 1237 \text{ W} \cdot 1{,}15$ $\quad \boldsymbol{\dot{Q}_H = 1423 \text{ W}}$

8.3.2 Norm-Heizleistung

Die Norm-Heizleistung der Heizkörper wird nur bei Normbedingungen erbracht. Diese beziehen sich hauptsächlich auf die Auslegungstemperaturen. Dabei ist die mittlere Heizkörpertemperatur und die Übertemperatur des Heizkörpers zur Raumlufttemperatur zu berechnen **(Tabelle 1)**.

$$\vartheta_m = \frac{\vartheta_V + \vartheta_R}{2}$$

$$\Delta\vartheta_ü = \vartheta_m - \vartheta_i$$

ϑ_V Vorlauftemperatur in °C
ϑ_R Rücklauftemperatur in °C
ϑ_i Raumtemperatur, meist Norm-Innentemp. in °C
ϑ_m mittlere Heizkörpertemperatur in °C
$\Delta\vartheta_ü$ Übertemperatur in K

Tabelle 1: Auslegungstemperaturen

ϑ_V °C	ϑ_R °C	ϑ_m °C	ϑ_i °C	$\Delta\vartheta_ü$ K	Bemerkung
90	70	80	20	60	DIN 4703
75	**65**	**70**	**20**	**50**	**EN 442**
55	45	50	20	30	NTR

NTR bedeutet Niedertemperatur-Radiatorenheizung

Beispiel:

Berechnen Sie die Übertemperatur bei einer Vorlauftemperatur von 75 °C, einer Rücklauftemperatur von 65 °C und einer Raumlufttemperatur von 20 °C.

Geg.: $\vartheta_V = 75$ °C $\quad \vartheta_R = 65$ °C $\quad \vartheta_i = 20$ °C

Ges.: ϑ_m, $\Delta\vartheta_ü$

$\vartheta_m = \frac{\vartheta_V + \vartheta_R}{2}$ $\quad \vartheta_m = \frac{75\text{ °C} + 65\text{ °C}}{2}$ $\quad \vartheta_m = 70$ °C

$\Delta\vartheta_ü = \vartheta_m - \vartheta_i$ $\quad \Delta\vartheta_ü = 70\text{ °C} - 20\text{ °C}$ $\quad \boldsymbol{\Delta\vartheta_ü = 50 \text{ K}}$

Die spezifischen Heizkörperleistungen werden Herstellertabellen entnommen und sind angegeben als

- Leistung pro Heizkörperglied $\dot{q}_n$ in W/Glied oder
- Leistung pro Meter Heizkörperlänge $\dot{q}_n$ in W/m, **(Tabellen 1 bis 5, Bilder 1 bis 3, Seite 240).**

Die Norm-Heizkörperleistungen errechnen sich nach folgenden Formeln für:

Radiatoren	Platten-oder Kompaktheizkörper
$\dot{Q}_n = n \cdot \dot{q}_n$	$\dot{Q}_n = l \cdot \dot{q}_n$

$\dot{Q}_n$ Normwärmeleistung des Heizkörpers in W
$\dot{q}_n$ Normwärmeleistung in W/Glied oder W/m
n Anzahl der Glieder des Radiators
l Baulänge des Platten- oder Kompaktheizkörpers in m

Aufgabe

Eine NTR-Heizung wird mit folgenden Temperaturen betrieben: $\vartheta_V = 50$ °C, $\vartheta_R = 40$ °C, $\vartheta_i = 22$°C. Bestimmen Sie die Übertemperatur.

Tabelle 1: Wärmeleistung von Stahlradiatoren

Baulänge: 50 mm/Glied $\vartheta_V/\vartheta_R/\vartheta_i$

Bauhöhe *H* in mm	Bautiefe *T* in mm	Leistung $\dot{q}_n$ in W/Glied 90/70/20	**75/65/20**	55/45/20
300	250	70	**58**	30
450	160	74	**56**	29
	220	99	**75**	39
600	110	73	**55**	28
	160	99	**75**	39
	220	128	**96**	49
1000	110	122	**92**	47
	160	157	**118**	61
	220	204	**154**	79

Tabelle 2: Wärmeleistung von Graugussradiatoren

Baulänge: 60 mm/Glied $\vartheta_V/\vartheta_R/\vartheta_i$

Bauhöhe *H* in mm	Bautiefe *T* in mm	Leistung $\dot{q}_n$ in W/Glied 90/70/20	**75/65/20**	55/45/20
280	250	92	**69**	37
430	70	55	**41**	22
	110	70	**53**	28
	160	93	**70**	38
	220	122	**92**	50
580	70	68	**51**	28
	110	92	**69**	37
	160	126	**95**	51
	220	162	**122**	66
680	160	147	**111**	60
980	70	111	**84**	45
	160	204	**154**	83
	220	260	**196**	106

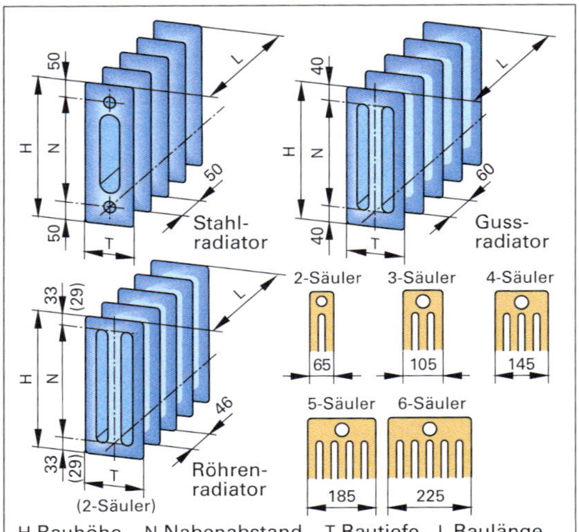

H Bauhöhe, N Nabenabstand, T Bautiefe, L Baulänge

Bild 1: Gliederradiatoren

Tabelle 3: Leistung von Stahlrohrradiatoren

Leistung $\dot{q}_n$ in W/Glied, $\vartheta_V/\vartheta_R/\vartheta_i$ 75/65/20; 55/45/20

H in mm / *T*	2-Säuler 65 mm		3-Säuler 105 mm		4-Säuler 145 mm		5-Säuler 185 mm		6-Säuler 225 mm	
190	**14**	7	**20**	10	**26**	13	**29**	15	**32**	16
300	**22**	11	**31**	16	**40**	21	**48**	25	**57**	29
350	**25**	13	**36**	19	**47**	24	**56**	29	**66**	34
400	**28**	14	**41**	21	**52**	27	**64**	33	**75**	39
500	**37**	19	**51**	26	**65**	33	**80**	41	**94**	48
600	**44**	23	**60**	31	**77**	40	**95**	49	**113**	58
750	**55**	28	**75**	39	**95**	49	**117**	60	**137**	71
900	**67**	34	**89**	46	**112**	58	**138**	71	**163**	84
1000	**73**	38	**98**	50	**124**	64	**151**	78	**180**	93
2000	**140**	72	**189**	97	**237**	122	**282**	144	**330**	169

Tabelle 4: Leistung von Kompaktheizkörpern

Leistung $\dot{q}_n$ in W/m, $\vartheta_V/\vartheta_R/\vartheta_i$ 75/65/20; 55/45/20

Typ	***T***	*H* 350		*H* 500		*H* 600		*H* 900	
10	46	**436**	230	**586**	309	**683**	357	**978**	506
11	59	**605**	319	**808**	422	**943**	490	**1345**	692
21	100	**915**	478	**1212**	624	**1406**	724	**1961**	1009
22	100	**1102**	573	**1461**	756	**1694**	872	**2355**	1200
33	155	**1566**	806	**2124**	1088	**2461**	1260	**3315**	1689

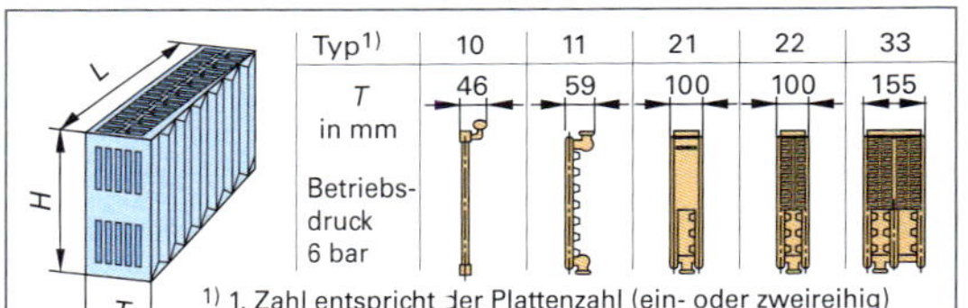

1) 1. Zahl entspricht der Plattenzahl (ein- oder zweireihig)
2. Zahl entspricht der Anzahl der Lamellen (Konvektoren)

Bild 2: Kompaktheizkörper

Tabelle 5: Wärmeleistung von Plattenheizkörpern in W/m

75/65/20; glattwandig; senkrecht profiliert, *H* in mm

Reihen	*H* 200		*H* 300		*H* 400		*H* 500	
1	**211**	232	**316**	336	**415**	439	**514**	540
2	**359**	395	**532**	574	**696**	747	**852**	914
3	**506**	558	**747**	814	**977**	1054	**1190**	1288
Reihen	*H* 600		*H* 700		*H* 800		*H* 900	
1	**611**	640	**705**	739	**798**	836	**889**	932
2	**998**	1074	**1134**	1229	**1263**	1378	**1383**	1520
3	**1385**	1509	**1563**	1720	**1729**	1920	**1863**	2108

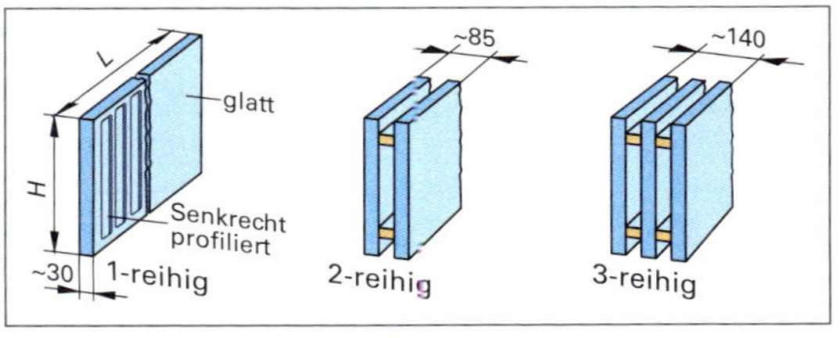

Bild 3: Plattenheizkörper

Beispiel 1:

Welche Norm-Wärmeleistung liefert ein Radiator mit der Bezeichnung 25/580/110 bei den Systembedingungen 75/65/20?

Geg.: n = 25 Glieder, H = 580 mm, T = 110 mm

Ges.: Radiatorenwerkstoff, $\dot{q}_n$, $\dot{Q}_n$

Grauguss, $\dot{q}_n$ = 69 W/Glied **(Tabelle 2, Seite 240)**

$\dot{Q}_n = n \cdot \dot{q}_n$ $\quad$ $\dot{Q}_n$ = 25 Glieder · 69 W/Glied

$\boldsymbol{\dot{Q}_n}$ **= 1725 W**

Beispiel 2:

Ein glattwandiger, zweireihiger Plattenheizkörper ist 800 mm hoch und 1100 mm lang. Wie groß ist seine Norm-Wärmeleistung bei einer Übertemperatur von 50 K?

Geg.: H = 800 mm, l = 1100 mm

Ges.: $\dot{q}_n$, $\dot{Q}_n$

$\dot{q}_n$ = 1263 W/m **(Tabelle 5, Seite 240)**

$\dot{Q}_n = l \cdot \dot{q}_n$ $\quad$ $\dot{Q}_n$ = 1,10 m · 1263 W/m

$\boldsymbol{\dot{Q}_n}$ **= 1389 W**

8.3.3 Temperatur-Umrechnungsfaktor

Weichen die gewählten Betriebstemperaturen von den Normtemperaturen **(Tab. 1, Seite 239)** ab, ergibt sich auch eine andere Übertemperatur $\Delta\vartheta_ü$. Dann muss die aus der Tabelle abgelesene Leistung $\dot{q}_n$ und die damit berechnete Heizkörperleistung mit dem Umrechnungsfaktor f_u neu berechnet werden **(Tabelle 1)**.

neue HK-Leistung =
HK-Normleistung · Umrechnungsfaktor

$$\dot{Q}_u = \dot{Q}_n \cdot f_u$$

$\dot{Q}_u$ Heizkörperleistung bei Betriebsbedingungen in W
$\dot{Q}_n$ Heizkörperleistung bei Normbedingungen in W
f_u Umrechnungsfaktor, dimensionslos **(Tabelle 1)**.

$\boldsymbol{f_u < 1}$ bei $\Delta\vartheta_ü < 50$ K ergibt eine niedrigere Heizkörperleistung. Die Normwärmeleistung ist in der Tabelle entsprechend größer auszuwählen.

$\boldsymbol{f_u > 1}$ bei $\Delta\vartheta_ü \geq 50$ K ergibt eine höhere Heizkörperleistung. Die Normwärmeleistung ist entsprechend kleiner auszuwählen.

Zur Heizkörperauswahl wird die Normwärmeleistung folgendermaßen berichtigt:

$$\dot{Q}_{Auswahl} = \dot{Q}_n \cdot 1/f_u$$

$\dot{Q}_{Auswahl}$ Leistung zur Auswahl des Heizkörpers in W
$\dot{Q}_n$ Heizkörperleistung bei Normbedingungen in W
$1/f_u$ Kehrwert des Umrechnungsfaktors f_u

Tabelle 1: Umrechnungsfaktoren f_u EN 442 ($\Delta\vartheta_ü$ = 50 K)

$\Delta\vartheta$	10 K	20 K	30 K	40 K	50 K	60 K	70 K
0 K	0,11	0,30	0,51	0,75	**1,00**	1,28	1,56
1 K	0,13	0,32	0,54	0,77	1,03	1,30	1,59
2 K	0,15	0,34	0,56	0,80	1,05	1,32	1,61
3 K	0,16	0,36	0,58	0,82	1,08	1,35	1,64
4 K	0,18	0,39	0,61	0,85	1,11	1,39	1,67
5 K	0,20	0,41	0,63	0,87	1,14	1,41	1,69
6 K	0,22	0,43	0,65	0,90	1,16	1,43	1,72
7 K	0,24	0,45	0,68	0.93	1,19	1,47	1,75
8 K	0,26	0,47	0,70	0,95	1,22	1,49	1,79
9 K	0,28	0,49	0,72	0,97	1,25	1,52	1,82

Beispiel:

Ein Stahlrohrradiator 15/1000/65 ist in einer PWW 75/65 montiert und soll nach einem Kesselaustausch mit einer Heizwassertemperatur 60/50 bei einer Raumtemperatur von 20 °C betrieben werden.

Bestimmen Sie:

a) Die Heizkörperleistung bei Normbedingungen,
b) die Leistung des Heizkörpers bei den neuen Betriebsbedingungen,
c) die Wärmeleistung zur korrigierenden Heizkörperauswahl,
d) ein korrigierter Heizkörper, wenn nur die Bautiefe geändert werden kann.

Geg.: n = 15 Glieder, H = 1000 mm, T = 65 mm
ϑ_V = 60 °C, ϑ_R = 50 °C, ϑ_i = 20 °C

Ges.: $\dot{Q}_n$, $\dot{Q}_u$, $\dot{Q}_{Auswahl}$, korrigierter Radiator

a) $\dot{q}_n$ = 73 W/Glied **(Tabelle 3, Seite 240)**

$\dot{Q}_n = n \cdot \dot{q}_n$ $\quad$ $\dot{Q}_n$ = 15 Gl. · 73 W/Gl.

$\boldsymbol{\dot{Q}_n}$ **= 1095W**

b) $\Delta\vartheta_ü = \dfrac{\vartheta_V + \vartheta_R}{2} - \vartheta_i$ $\quad$ $\Delta\vartheta_ü = \dfrac{60\ °C + 50\ °C}{2} - 20\ °C$

$\Delta\vartheta_ü$ = 35 K daraus f_u = 0,63 **(Tabelle 1)**

$\dot{Q}_u = \dot{Q}_n \cdot f_u$ $\quad$ $\dot{Q}_u$ = 1095 W · 0,63 $\quad$ $\boldsymbol{\dot{Q}_u}$ **= 690 W**

c) $\dot{Q}_{Auswahl} = \dot{Q}_n \cdot 1/f_u$ $\quad$ $\dot{Q}_{Auswahl}$ = 1095 W · 1/0,63

$\boldsymbol{\dot{Q}_{Auswahl}}$ **= 1738 W**

d) Schätzung: 4-Säuler mit $\dot{q}_n$ = 124 W/Gl.

$n = \dfrac{\dot{Q}_{Auswahl}}{\dot{q}_n}$ $\quad$ $n = \dfrac{1738\ W}{124\ W/Gl}$ $\quad$ $n = 15$

Gewählter Rohrradiator: 15/1000/145

$\dot{Q}_H = n \cdot \dot{q}_n \cdot f_u$ $\quad$ $\dot{Q}_H$ = 15 Gl. · 124 W/Gl · 0,63

$\boldsymbol{\dot{Q}_H}$ **= 1171 W** > 1095 W

Baulänge l und Bauhöhe H bleiben unverändert.

8.3.4 Leistungsminderungen

Die Norm-Wärmeleistung erreicht ein Heizkörper, wenn er frei und unverkleidet vor der glatten Wand angeordnet ist. Dies ist oftmals nicht der Fall. So ergeben sich Minderleistungen, die als Minderungsfaktoren f_1 bis f_5 in Erscheinung treten. Zu den leistungsmindernden Verhältnissen zählen:

- Einbau in Heizkörpernischen,
- Verkleidungen der Heizkörper,
- spezielle Heizkörperlackierungen,
- längere Heizkörper,
- größere Temperaturspreizung und bei
- Heizkörpern in erdreichberührten Räumen.

Die einzelnen Minderungsfaktoren werden berechnet nach der Formel:

$$f = 1 - \frac{m}{100\%}$$

f Minderungsfaktor, dimensionslos
m Minderleistung in %

Alle jeweils auftretenden Minderungsfaktoren $f_{1\text{-}5}$ werden zu einem Gesamtminderungsfaktor f_m zusammengefasst:

$$f_m = f_1 \cdot f_2 \cdot f_3 \cdot f_4 \cdot f_5$$

Die geminderte, spezifische Heizkörperleistung berechnet sich aus:

$$\dot{q}_m = \dot{q}_n \cdot f_m$$

$\dot{q}_m$ geminderte HK-Leistung in W/Glied oder W/m
$\dot{q}_n$ Norm-Heizleistung in W/Glied oder W/m
f_m Gesamtminderungsfaktor

f_1 Nischeneinbau: Eine Leistungsminderung ist zu berücksichtigen, wenn der Abstand von der HK-Oberkante zur Nischenunterkante $\Delta h <$ 100 mm ist. Dabei sollen die Mindestabstände von der HK-Unterkante bis zum FFB 70 mm und zur Rückwand 40 mm betragen **(Bilder 1 und 2)**.

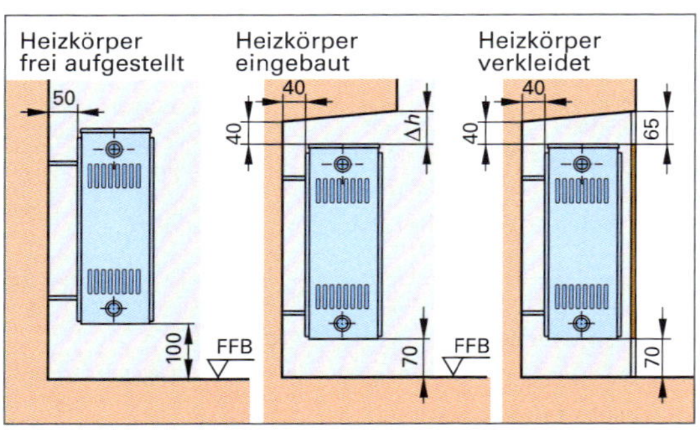

Bild 1: Mindestmaße beim Heizkörpereinbau

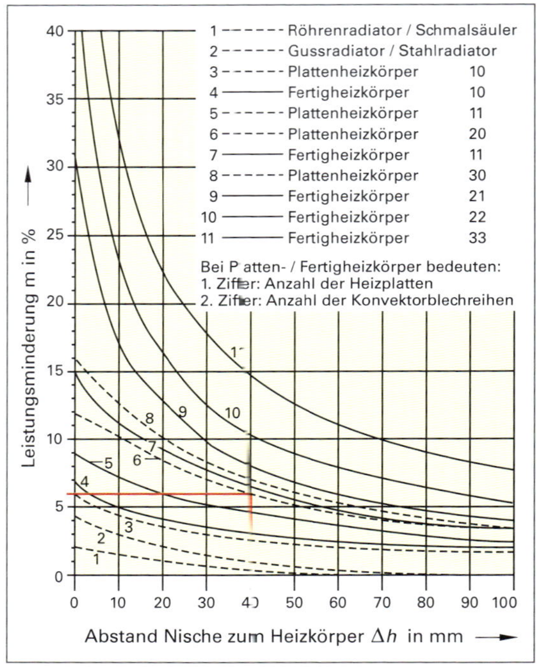

Bild 2: Minderleistung beim Nischeneinbau

f_2 Verkleidungen: Die Minderleistung kann je nach Hersteller bis 10% betragen **(Tabelle 1)**.

Tabelle 1: Minderleistung bei Verkleidungen

Heizkörperart	Leistungsminderung in %
Gliederheizkörper	4 bis 8
Plattenheizkörper, einreihig, ohne Konvektorbl.	5 bis 10
Plattenheizkörper, einreihig, mit Konvektorblech	4 bis 8
Plattenheizkörper, mehrreihig	3 bis 5

f_3 Lackierungen: Heizkörperbeschichtungen aus Metallicfarben, Bronzeanstriche und blanke Metalloberflächen rufen eine Minderleistung bis 30% hervor, (Herstellerangaben beachten).

f_4 Heizkörperbaulänger: Bei Baulängen über 500 mm muss mit einer Minderleistung gerechnet werden, **(Tabelle 2,** entfällt bei wechselseitigem Anschluss).

Tabelle 2: Minderleistung durch große Baulängen

Baulänge in mm	Leistungsminderung in %
500 bis 1000	1,0
1000 bis 1500	1,5
1500 bis 2000	2,5
2000 bis 2500	3,5

f_5 **Temperaturspreizung:** Beträgt die Temperaturdifferenz zwischen dem Heizkörpervorlauf und dem Rücklauf mehr als 20 K, ergibt sich eine Minderleistung. Dies gilt besonders bei „reitendem" Heizkörperanschluss, (**Tabelle 1**).

Tabelle 1: Minderleistung durch große Temperaturspreizung und Anschlussart in %

Temperatur-spreizung	Vorlauf oben Rücklauf unten	Vorlauf unten Rücklauf unten
10 K	0	4
20 K	0	12
30 K	3	18
50 K	5	25

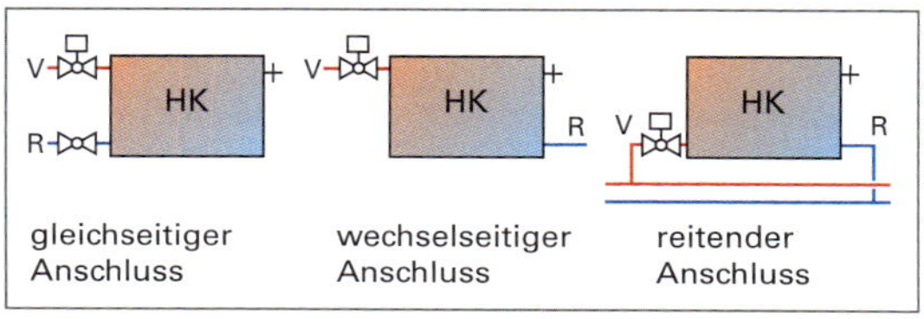

Bild 1: Heizkörperanschlüsse

Heizkörper in erdreichberührten Räumen werden ebenfalls nach dem Norm-Wärmebedarf (DIN 4701) ausgelegt. In der Übergangszeit nimmt bei steigender Außentemperatur der Wärmestrom über Außenwand- Erdreich-Außenluft ab, der Wärmestrom an das Grundwasser bleibt konstant. Dadurch wird die geforderte Raumtemperatur bei einer witterungsgeführten Vorlauftemperaturregelung oft nicht mehr erreicht. Abhilfe schaffen **Heizflächenvergrößerungen**:

- Um **25%** bei erdreichberührtem **FB**,
- Um **50%**, bei erdreichberührten **FB** und **AW**.

Bei **Heizkörpern vor Fensterflächen** verlangt die Wärmeschutzverordnung einen *k-Wert* des Fensters $k_{AF} \leq 1{,}5$ W/(m² · K) und eine Abdeckung an der Heizkörperrückseite mit dem *k-Wert* $k \leq 0{,}9$ W/(m² · K). Bei größeren *k-Werten* tritt ein erhöhter Wärmebedarf auf, der nach der DIN 4701 zu berechnen ist.

Beispiel:

An eine PWW 90/70 °C wird eine glattwandige, zweireihige Heizplatte mit der Bauhöhe von 600 mm und einer Wärmeleistung von 1800 W reitend angeschlossen. Die Nischenhöhe beträgt 800 mm. Es wird eine Bodenfreiheit von 160 mm verlangt. Die Heizplatte erhält eine Verkleidung.

Berechnen Sie die Minderleistungen und die Mindest-Baulänge des Heizkörpers.

Geg.: $\dot{Q}_H = 1800$ W, $H = 600$ mm,
Leistungsminderungsfaktoren durch: *Nischeneinbau, Verkleidung, Baulänge, reitender Anschluss.*

Ges.: $\dot{q}_n$, f_1, f_2, f_4, f_5, f_m, L

Heizplatte Typ 20, $\dot{q}_n = 1263$ W/m
(Tabelle 5, Seite 240)

Δh = Brüstungshöhe – Bauhöhe – Bodenfreiheit

$\Delta h = 800\text{ mm} - 600\text{ mm} - 160\text{ mm}$ $\quad$ $\mathbf{\Delta h = 40\text{ mm}}$

Nischeneinbau $m_1 = 6\%$ **(Bild 2, Seite 242)**

$f_1 = 1 - \frac{m_1}{100}$ $\quad$ $f_1 = 1 - \frac{6\%}{100\%}$ $\quad$ $\mathbf{f_1 = 0{,}94}$

Verkleidung $m_2 = 4\%$ **(Tabelle 1, Seite 242)**

$f_2 = 1 - \frac{m_2}{100}$ $\quad$ $f_2 = 1 - \frac{4\%}{100\%}$ $\quad$ $\mathbf{f_2 = 0{,}96}$

$L_{vorläufig} = \frac{\dot{Q}}{\dot{q}_n}$ $\quad$ $L_{vorl.} = \frac{1800\text{ W}}{1263\text{ W/m}}$ $\quad$ $L_{vorläufig} = 1{,}43$ m

Baulänge $m_4 = 1{,}5\%$, **(Tabelle 2, Seite 242)**

$f_4 = 1 - \frac{m_4}{100}$ $\quad$ $f_4 = 1 - \frac{1{,}5\%}{100\%}$ $\quad$ $\mathbf{f_4 = 0{,}985}$

reitender Anschluss $m_5 = 12\%$, **(Tabelle 1)**

$f_5 = 1 - \frac{m_5}{100}$ $\quad$ $f_5 = 1 - \frac{12\%}{100\%}$ $\quad$ $\mathbf{f_5 = 0{,}88}$

$f_m = f_1 \cdot f_2 \cdot f_4 \cdot f_5$ $\quad$ $f_m = 0{,}94 \cdot 0{,}96 \cdot 0{,}985 \cdot 0{,}88$

$\mathbf{f_m = 0{,}782}$

$\dot{q}_m = \dot{q}_n \cdot f_m$ $\quad$ $\dot{q}_m = 1263\text{ W/m} \cdot 0{,}782$

$\mathbf{\dot{q}_m = 987\text{ W/m}}$

$L = \frac{\dot{Q}}{\dot{q}_n}$ $\quad$ $L = \frac{1800\text{ W}}{987\text{ W/m}}$ $\quad$ $\mathbf{L_{min} = 1{,}83\text{ m}}$

8.3.5 Bestimmung der Heizkörpergröße

Die **tatsächliche Heizkörperleistung $\dot{Q}_H$** soll nur geringfügig größer sein als die geforderte Wärmeleistung und wird bestimmt für:

Radiatoren	Platten- oder Kompaktheizkörper
$\dot{Q}_H = n \cdot \dot{q}_n \cdot f_u \cdot f_m$	$\dot{Q}_H = l \cdot \dot{q}_n \cdot f_u \cdot f_m$

$\dot{Q}_H$ Heizkörperleistung in W
$\dot{q}_n$ Normwärmeleistung in W/Glied oder W/m
n Anzahl der Glieder des Radiators
l Baulänge des Platten- o. Kompaktheizkörpers in m
f_u Umrechnungsfaktor für Nichtnormtemperaturen
f_m Gesamtminderungsfaktor

Es ergeben sich **Richtmaße** aus den Mindestabständen beim Nischeneinbau von Heizkörpern. Man legt zuerst die Heizkörperlänge L vor der Bauhöhe H und dann die Bautiefe T fest, **(Bild 1, Seite 242, Bild 1, Seite 244)**.

L_{max} = Nischenbreite – 2 · 125 mm,
H_{max} = Nischenhöhe – (70 + 100) mm,
T_{max} = Nischentiefe - 40 mm.

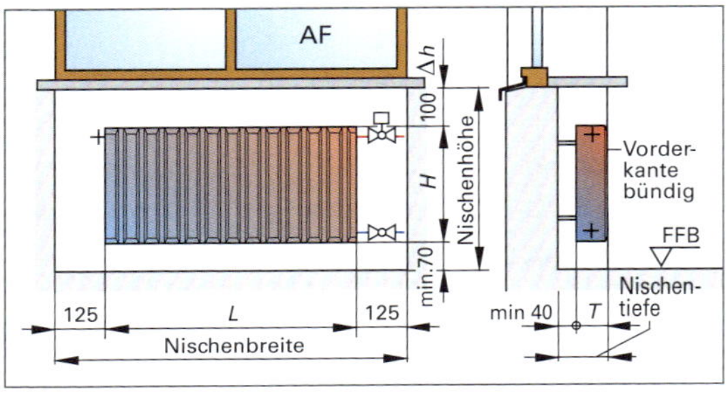

Bild 1: Heizkörpernische

Beispiel:

Eine Heizkörpernische hat die Fertigmaße mit der Breite von 2,25 m, der Höhe von 86 cm und der Tiefe von 15 cm. Der Wärmebedarf des Raumes beträgt 1200 W.

Die Systemtemperaturen betragen ϑ_V = 70 °C, ϑ_R = 55 °C, ϑ_i = 22 °C. Welcher Stahlrohrradiator ist einzuplanen, wenn er bei gleichseitigem Anschluss mit 100 mm Bodenfreiheit montiert wird?

Geg.: Baumaße, $\dot{Q}_N$ = 1200 W, PWW 70/55/22, HK-Anschluss

Ges.: $\dot{Q}_{H\ erforderlich}$, HK-Abmessungen, $\dot{Q}_{H\ tatsächlich}$

$f_x = 1{,}15$ **(Seite 239)**

$\dot{Q}_{H\ erf.} = \dot{Q}_N \cdot f_x$ $\quad$ $\dot{Q}_H = 1200\ W \cdot 1{,}15$

$\boldsymbol{\dot{Q}_H = 1380\ W}$

$L_{max} = B_N - 250\ mm$ $\quad$ $L_{max} = 2250\ mm - 250\ mm$

$\boldsymbol{L_{max} = 2000\ mm}$

$$n_{max} = \frac{L_{max}}{l/Glied} \qquad n_{max} = \frac{2000\ mm}{46\ mm/Glied}$$

$\boldsymbol{n_{max} = 43\ Glieder}$

$H_{max} = H_N - 170\ mm$ $\quad$ $H_{max} = 860\ mm - 170\ mm$

$\boldsymbol{H_{max} = 690\ mm}$ $\quad$ gewählt: $\boldsymbol{H = 600\ mm}$

$T_{max} = T_N - 40\ mm$ $\quad$ $T_{max} = 150\ mm - 40mm$

$\boldsymbol{T_{max} = 110\ mm}$

$\Delta h = 860\ mm - 600\ mm - 100\ mm$ $\quad$ $\Delta h = 160\ mm$

es entfällt f_1; ebenso f_2, f_3, f_5

Baulänge m_4 = 2,5% **(Tabelle 2, Seite 242)**

$$f_4 = 1 - \frac{m_4}{100} \qquad f_4 = 1 - \frac{2{,}5\%}{100\%} \qquad f_4 = \boldsymbol{f_m = 0{,}975}$$

$$\Delta\vartheta_ü = \frac{\vartheta_V + \vartheta_R}{2} - \vartheta_i \qquad \Delta\vartheta_ü = \frac{70\ °C + 55\ °C}{2} - 22°C$$

$\Delta\vartheta_ü$ = 40,5 °C $\quad$ $\boldsymbol{f_u = 0{,}76}$ **(Tab. 1, Seite 241)**

$$\dot{Q}_{Auswahl} = \dot{Q}_H \cdot \frac{1}{f_u} \cdot \frac{1}{f_m}$$

$$\dot{Q}_{Auswahl} = 1380W \cdot \frac{1}{0{,}76} \cdot \frac{1}{0{,}975} \qquad \boldsymbol{\dot{Q}_{Auswahl} = 1863\ W}$$

$$\dot{q}_{nerf.} = \frac{\dot{Q}_{Ausw}}{n_{max}} \qquad \dot{q}_{nerf} = \frac{1863\ W}{43\ Gl.} \qquad \dot{q}_{nerf.} = 43{,}3\ W$$

gewählt: 600/65 (2-Säuler) $\quad$ $\dot{q}_n$ = 44 W/Glied
(Tabelle 3, Seite 240)

$$n = \frac{\dot{Q}_{Ausw}}{\dot{q}_n} \qquad n = \frac{1863\ W}{44\ W/Gl.} \qquad \boldsymbol{n = 43\ Glieder}$$

$\dot{Q}_H = n \cdot \dot{q}_n \cdot f_u \cdot f_m$

$\dot{Q}_H = 43\ Gl. \cdot 44\ W/Gl. \cdot 0{,}76 \cdot 0{,}975$

$\boldsymbol{\dot{Q}_H = 1401\ W} > 1380\ W$

gewählter Radiator: **43/600/65**

8.3.6 Konvektoren

Diese Heizkörper geben die Wärme nur durch Konvektion an die Raumluft ab. Die Verkleidung schirmt die Strahlungswärme ab, bildet den Konvektorschacht und erzeugt durch Kaminwirkung eine starke Luftströmung. Die Wärmeleistung der Konvektoren ist abhängig von

- der Schachthöhe,
- der Bautiefe,
- der Baulänge des Heizkörpers und
- den Systemtemperaturen **(Tabelle 1, Bild 2)**.

Tabelle 1: Wärmeleistung von Konvektoren
$\dot{q}_n$ in W/m, 75/65/20°C, Bauhöhe, einlagig = 70 mm

Bautiefe	Nischenhöhe oder Kanaltiefe h_1 in mm					
T in mm	**400**	**500**	**600**	**700**	**800**	**900**
50	332	383	427	462	487	506
100	612	717	811	883	935	973
150	923	1113	1278	1407	1508	1580
200	1204	1435	1642	1803	1922	2010
250	1434	1715	1955	2148	2276	2398

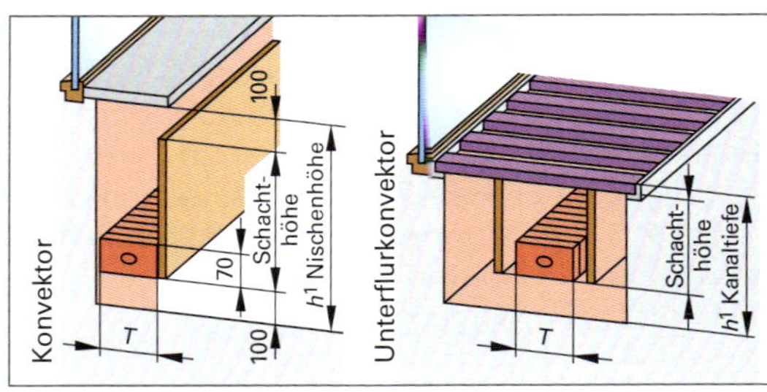

Bild 2: Konvektoren

Wird der Konvektor in einem **geregelten Radiatorenheizkreis** betrieben ist zu dem Auslegungszuschlag f_x eine **weitere Leistungsminderung** *m* von 15% zu berücksichtigen, da bei niedrigeren Vorlauftemperaturen die Wärmeleistung der Konvektoren stärker abnimmt, als die der Radiatoren.

Bei **Unterflurkonvektoren** ist durch die mehrfache Luftumlenkung und dem Abdeckgitter eine zusätzliche Leistungsminderung von 20% einzurechnen, **(Bild 2, Seite 244).**

Beispiel 1:

Ein Esszimmer mit dem Wärmebedarf von 1430 W wird mit einem hinter der Eckbank eingebauten Konvektor der temperaturgeregelten Radiatorenheizung, 75/65/20, beheizt. Der einlagige Konvektor ist 100 mm tief. Die Nischenhöhe beträgt 900 mm.
Die Baulänge des Konvektors ist zu berechnen.

Geg.: $\dot{Q}_N = 1430$ W, $\Delta\vartheta_ü = 50$ K
$T = 100$mm, $h_1 = 900$ mm, f_x, $m_{Rad.} = 15\%$

Ges.: Baulänge L, $\dot{Q}_{H,\text{ tatsächlich}}$

Auslegungszuschlag 15%, $f_x = 1{,}15$

$\dot{Q}_H = \dot{Q}_N \cdot f_x$ $\quad\quad$ $\dot{Q}_H = 1430\text{ W} \cdot 1{,}15$

$\mathbf{\dot{Q}_H = 1645\ W}$

$f_{Rad.} = 1 - \dfrac{m}{100}$ $\quad$ $f_{Rad} = 1 - \dfrac{15\%}{100\%}$ $\quad$ $\mathbf{f_{Rad.} = 0{,}85}$

$\dot{Q}_{Auswahl} = \dot{Q}_H \cdot \dfrac{1}{f_{Rad.}}$ $\quad$ $\dot{Q}_{Ausw} = 1645\text{ W} \cdot \dfrac{1}{0{,}85}$

$\mathbf{\dot{Q}_{Auswahl} = 1935\ W}$

$\dot{q}_n = 973$ W/m **(Tabelle 1, Seite 244)**

$n = \dfrac{\dot{Q}_{Auw}}{\dot{q}_n}$ $\quad\quad$ $n = \dfrac{1935\text{ W}}{973\text{ W/m}}$

$n = 1{,}99$ m $\quad\quad$ **gewählt:** $\mathbf{L = 2\ m}$

$\dot{Q}_{H,\text{ tats.}} = n \cdot \dot{Q}_n \cdot f_{Rad.}$ $\quad\quad$ $\dot{Q}_H = 2\text{ m} \cdot 973\text{W/m} \cdot 0{,}85$

$\mathbf{\dot{Q}_{H,\text{ tatsächlich}} = 1654\ W} > 1645$ W

Beispiel 2:

Vor einer Terassentüre ist ein einlagiger Unterflurkonvektor eingebaut. Die Abmessungen sind mit einer Bautiefe von 150 mm, einer Kanaltiefe von 400 mm und einer Baulänge von 2,5 m festgestellt. Er wird gemeinsam mit Radiatoren einer geregelten PWW 75/65/20 betrieben. Welche Wärmeleistung hat der Konvektor?

Geg.: $T = 150$ mm, $h_1 = 400$mm, $L = 2{,}5$ m
$m_{Radiator} = 15\%$ $\quad$ $m_{Unterflurkonvektor} = 20\%$ $\quad$ $\Delta\vartheta_ü = 50$ K

Ges.: $\dot{Q}_H$

$f_{Rad.} = 1 - \dfrac{m}{100}$ $\quad$ $f_{Rad.} = 1 - \dfrac{15\%}{100\%}$ $\quad$ $\mathbf{f_{Rad.} = 0{,}85}$

$f_{U\text{-}K.} = 1 - \dfrac{m}{100}$ $\quad$ $f_{U\text{-}K.} = 1 - \dfrac{20\%}{100\%}$ $\quad$ $\mathbf{f_{U\text{-}K.} = 0{,}80}$

$f_m = f_{Radiator} \cdot f_{Unterflurkonvektor}$

$f_m = 0{,}85 \cdot 0{,}80$ $\quad\quad$ $\mathbf{f_m = 0{,}68}$

$\dot{q}_n = 923$ W/m **(Tabelle 1, Seite 244)**

$\dot{Q}_H = L \cdot q_n \cdot f_m$

$\dot{Q}_H = 2{,}5\text{ m} \cdot 923\text{ W/m} \cdot 0{,}68$

$\mathbf{\dot{Q}_H = 1569\ W}$

8.3.7 Heizkesselgröße

Für **Standardkessel** ($\vartheta_V = 90$ °C, $\vartheta_R = 70$°C) gilt:

> Kesselleistung =
> Norm-Gebäudeheizlast des Hauses
> $\dot{Q}_{NL} = \Phi_{HL\text{ Gebäude}}$ ($\dot{Q}_{N\text{ Gebäude}}$)

$\dot{Q}_{NL}$	Nennleistung des Kessels in kW
$\Phi_{HL\text{ Gebäude}}$	Norm-Gebäudeheizlast in kW
$\dot{Q}_{N\text{ Gebäude}}$	Normwärmebedarf des Gebäudes in kW

Bei **Niedertemperatur- und Brennwertkesseln** kann nach der Heizungsanlagenverordnung die Wärmeleistung des Heizkessels über der Gebäudeheizlast liegen.

$$\dot{Q}_{NL} > \dot{Q}_{N\text{ Gebäude}}\ (\Phi_{HL\text{ Gebäude}})$$

Beim Parallelbetrieb von Heizung und Trinkwassererwärmung hat die TWW-Bereitung Vorrang. Dadurch ergibt sich eine Heizpause, die um so länger dauert, je mehr TWW aufgeheizt werden muß und je geringer die Wärmeleistung des Heizkessels ist. In dieser Heizpause kühlt das Gebäude ab. Diese Temperaturabsenkung muss nach der Speicherladung wieder ausgeglichen werden. Ob diese Abkühlung spürbar wird, hängt u.a. von der Leistungsreserve des Heizkessels gegenüber der Gebäudeheizlast ab, da der momentane Wärmebedarf abgedeckt und gleichzeitig das Gebäude wieder aufgeheizt werden muss.

Hierdurch ergibt sich eine Kesselleistung, die etwa einer Verdoppelung der Normheizlast entspricht, was folgende Formel besagt:

$$\dot{Q}_{NL} = \Phi_{HL\text{ Gebäude}} \cdot \left(\frac{t_S}{t_G} + 1\right)$$

$\dot{Q}_{NL}$	Nennleistung des Heizkessels in kW
$\Phi_{HL\text{ Gebäude}}$	Norm-Gebäudeheizlast in kW
t_S	Speicherladezeit in Stunden
t_G	Gebäude-Wiederaufheizzeit in Stunden

Beispiel:

Für ein Gebäude mit der Heizlast von 7 KW ist die Kesselleistung zu bestimmen, wenn die Speicherladezeit 1,2 Stunden und die Wiederaufheizzeit des Gebäudes 1 Stunde betragen soll.

Geg.: $\Phi_{HL\text{ Gebäude}} = 7$ KW $\quad$ $t_S = 1{,}2$ h $\quad$ $t_G = 1$ h

Ges.: $\dot{Q}_{NL}$

$\dot{Q}_{NL} = \Phi_{HL\text{ Gebäude}} \cdot \left(\dfrac{t_S}{t_G} + 1\right)$ $\quad$ $\dot{Q}_{NL} = 7\text{ KW} \cdot \left(\dfrac{1{,}2\text{ h}}{1\text{ h}} + 1\right)$

$\dot{Q}_{NL} = 7\text{ KW} \cdot 2{,}2$ $\quad\quad$ $\mathbf{\dot{Q}_{NL} = 15{,}4\ KW}$

8.3.8 Wärmetauscher

Bei Wärmetauschern geht die Wärme von einem wärmeren Heizmedium zu einem kälteren Medium über. Die beiden Medien sind durch Metallrohre oder Platten getrennt und verändern ihre Temperatur bei dem Wärmeaustausch. Das Heizmedium kühlt sich ab, während sich das aufzuheizende Medium erwärmt. Die übertragbare Wärmeleistung hängt ab von

- den Temperaturen der Medien,
- deren mittleren Temperaturdifferenzen,
- der Größe der Wärmetauscherfläche,
- der Bauart des Wärmetauschers, meist Gegenstromprinzip, und
- dem *U-Wert* des Wärmetauscherelementes (**siehe Kapitel 8.1.3, Seite 226**).

Die mittlere Temperaturdifferenz $\Delta\vartheta_m$ wird bei größeren Temperaturänderungen logarithmisch gebildet. Bei **kleineren** Temperaturänderungen der Medien ermittelt man sie **arithmetisch**, was nachfolgend dargestellt wird. Dies gilt für das Verhältnis:

$\Delta\vartheta_{klein}$ zu $\Delta\vartheta_{groß} \geq 0{,}5$, wobei
$\Delta\vartheta_{klein} = \vartheta_V$ minus ϑ_{PWH} sowie
$\Delta\vartheta_{groß} = \vartheta_R$ minus ϑ_{PWC} ist **(Bild 1)**.

Die mittlere Temperaturdifferenz ermittelt sich aus der mittleren Heizwassertemperatur minus der mittleren Trinkwarmwassertemperatur.

$$\Delta\vartheta_m = \vartheta_{mHeizwasser} - \vartheta_{mPWH}$$

$$\Delta\vartheta_m = \frac{\vartheta_V + \vartheta_R}{2} - \frac{\vartheta_{PWC} + \vartheta_{PWH}}{2}$$

ϑ_V Heizwasser-Vorlauftemperatur in °C
ϑ_R Heizwasser-Rücklauftemperatur in °C
ϑ_{PWC} Trink-Kaltwassertemperatur in °C
ϑ_{PWH} Trink-Warmwassertemperatur in °C

Tabelle 1: *U-Werte* für Wärmetauscher in W/(m² · K)
Erfahrungswerte für Wärmeaustausch Heizungswasser an Brauchwasser (werkstoffunabhängig)

Wassergeschw. in m/s	0,1	0,2	0,4	0,6	0,8	1,0
Rohrdurchm. d_i = 10 mm	**450**	**560**	**710**	**780**	**820**	**850**
Rohrdurchm. d_i = 20 mm	**380**	**500**	**620**	**680**	**710**	**740**

Die Wärmeleistung eines Wärmetauschers errechnet sich aus der Wärmetauscherfläche mal dem Wärmedurchgangskoeffizienten und mal der mittleren Temperaturdifferenz.

$$\dot{Q} = A \cdot U \cdot \Delta\vartheta_m \qquad A = \frac{\dot{Q}}{U \cdot \Delta\vartheta_m} \qquad \Delta\vartheta_m = \frac{\dot{Q}}{A \cdot U}$$

$\dot{Q}$ Wärmetauscherleistung in W
A Wärmetauscherfläche in m²
U Wärmedurchgangskoeffizient in W/(m² · K)
$\Delta\vartheta_m$ mittlere Temperaturdifferenz in K

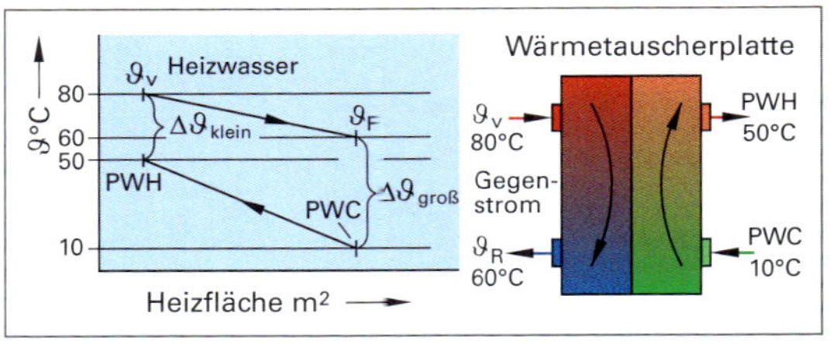

Bild 1: Gegenstrom

Beispiel:

In einem Vorratswassererwärmer wird das Trinkwasser von 10 °C auf 50 °C erwärmt. Das Heizwasser kühlt sich von 80 °C auf 60 °C ab und fließt mit einer Geschwindigkeit von 0,6 m/s durch ein Cu-Rohr 22 × 1. Berechnen Sie die Rohrlänge des Wärmetauschers bei einer Leistung von 24 KW **(Bild 1)**.

Geg.: $\dot{Q}$ = 24 KW ϑ_V = 80 °C ϑ_R = 60 °C
ϑ_{PWC} = 10 °C ϑ_{PWH} = 50 °C
v = 0,6 m/s Cu-Rohr 22 × 1

Ges.: $\Delta\vartheta_m$ $A_{Wärmetauscher}$ $l_{Cu\text{-}Rohr}$

$\Delta\vartheta_{klein} = \vartheta_V - \vartheta_{TWW}$ $\Delta\vartheta_{kl.} = 80\ °C - 50\ °C$
$\Delta\vartheta_{kl.ein} = 30\ K$

$\Delta\vartheta_{groß} = \vartheta_R - \vartheta_{TW}$ $\Delta\vartheta_{groß} = 60\ °C - 10\ °C$
$\Delta\vartheta_{groß} = 50\ K$

$\Delta\vartheta_{klein} : \Delta\vartheta_{groß} \rightarrow 30\ K : 50\ K = 0{,}6 \rightarrow$ aritmetisches Mittel

$$\Delta\vartheta_m = \frac{\vartheta_V + \vartheta_R}{2} - \frac{\vartheta_{TW} + \vartheta_{TWW}}{2}$$

$$\Delta\vartheta_m = \frac{80\ °C + 60\ °C}{2} - \frac{10\ °C + 50\ °C}{2} \qquad \boldsymbol{\Delta\vartheta_m = 40\ K}$$

U = 680 W/(m² · K) (**Tabelle 1**)

$$A = \frac{\dot{Q}}{U \cdot \Delta\vartheta_m} \qquad A = \frac{24\ 000\ W}{680\ W/(m^2 \cdot K) \cdot 40\ K}$$

$\boldsymbol{A_{Wärmetauscher} = 0{,}882\ m^2}$

A_{Rohr} = 0,069 m²/m (Tabellenbuch)

$$l_{Rohr} = \frac{A_{Wärmetauscher}}{A_{Rohr}} \qquad l_{Rohr} = \frac{0{,}882\ m^2}{0{,}069\ m^2/m}$$

$\boldsymbol{l_{Rohr} = 12{,}8\ m}$

Aufgaben

1 Der Heizkörper einer NTR-Heizung wird mit folgenden Temperaturen betrieben:

ϑ_V = 55 °C, ϑ_R = 45 °C, ϑ_I = 15 °C,

Bestimmen Sie die Übertemperatur

2 Welche Norm-Wärmeleistungen haben jeweils die Heizkörper 22/450/160, 18/1000/110 und 28/680/160 sowie 28/500/145 bei $\Delta\vartheta_ü$ = 50 K?

3 Ermitteln Sie die Norm-Heizlast die durch einen 1,2 m langen Kompaktheizkörper Typ 21, Bauhöhe 500 mm, abgedeckt wird, wenn der HK in einer PWW 75/65/20, ohne Vorlauftemperaturanhebung, eingebaut ist.

4 Berechnen Sie die Norm-Wärmeleistung eines 1150 mm langen, 3-säuligen Stahlrohrradiators mit der Bauhöhe 750 mm, der in einer PWW 90/70/20 betrieben wird.

5 In einer HK-Nische mit den Fertigmaßen Breite 1,6 m, Brüstungshöhe 73 cm, Tiefe 15 cm ist ein verkleideter Radiator 22/580/110 eingebaut.

a) Berechnen Sie seine Leistung bei $\Delta\vartheta_ü$ = 60 K.

b) Welche Leistung ergibt sich, wenn die Anlage auf die Temperaturen 70/55/20 umgestellt wird?

6 Die Norm-Heizlast eines im UG liegenden Wohnzimmers beträgt 1375 W. Der Raum berührt mit dem FB und einer AW das Erdreich und wird mittels einer vorlauftemperaturgeregelten PWW 75/65/20 beheizt. Der 600 mm hohe Kompaktheizkörper wird mit Mindestabständen vor der glatten Wand unter dem 1,8 m breiten Fenster angeordnet, gleichseitig angeschlossen und silbermetallic lackiert (mittlere Leistungsminderung). Bestimmen Sie die anderen HK-Größen, wobei die geringste Bautiefe und die maximale Baulänge entsprechend der Fensterbreite anzustreben ist.

7 In einem Kinderzimmer mit der Heizlast von 825 W hat die HK-Nische die Abmessungen: Breite = 175 cm, Höhe = 78 cm, Tiefe = 16 cm. Welcher Stahlrohrradiator, bei den Systembedingungen 55/45/20, ist einzuplanen, damit die Mindestabstände eingehalten werden und der HK an der Nischenvorderkante nicht übersteht?

8 Ein Gaststättenanbau hat einen Norm-Heizlast von 1730 W. Berechnen Sie die notwendige Baulänge einer Heizplatte, die 400 mm hoch,zweilagig und senkrecht profiliert ist. Die Platte wird frei vor der Wand montiert und an eine PWW 75/65 bei ϑ_i = 20 °C angeschlossen.

9 Ein Badezimmer hat eine Norm-Heizlast von 940 W. Es soll mit einem zweisäuligen Stahlrohrradiator mit der Bauhöhe von 2000 mm, der frei vor einer Innenwand montiert und an die NTR-Heizung angeschlossen wird, beheizt werden.

Bestimmen Sie die Gliederanzahl, die Baulänge und geben Sie die HK-Bezeichnung des Radiators an.

10 Berechnen Sie:

a) Die Wärmeleistung eines 1,2 m langen, einlagigen Konvektors mit der Bautiefe 150 mm, der in einer 600 mm hohen Nische eingebaut ist und mit der geregelten PWW 75/65/20 beheizt wird.

b) Welche Norm-Heizlast kann damit abgedeckt werden?

11 Welche Baulänge erhält ein einlagiger Unterflurkonvektor, der bei 200 mm Bautiefe 1835 W leisten muss? Die Kanaltiefe beträgt 400 mm. Der HK ist an einen ungeregelten Strang der PWW 75/65/20 angeschlossen.

12 Ein Heizkessel mit Speichervorrangregelung hat eine Nennleistung von 18 kW. Er heizt den TWW-Speicher mit einem Inhalt von 220 l von 25 °C auf 55 °C auf.

Berechnen Sie die Speicherladezeit in Std.

13 Ein Niedrigenergiehaus hat eine Norm-Heizlast von 6,5 kW. Der TWW-Speicher wird in 1,5 Std. geladen und das Gebäude soll danach in 1,2 Std. wieder aufgeheizt sein.

Bestimmen Sie die notwendige Kesselleistung.

14 Welche Wärmeleistung kann ein Gegenstrom-Wärmetauscher aus 25 m Cu-Rohr 12 × 1 bei einer Fließgeschwindigkeit von 0,4 m/s und einer mittleren Temperaturdifferenz von 45 K übertragen?

15 Die Rohrlänge einer Heizschlange aus Cu-Rohr 22 × 1 für den Sicherheitswärmetauscher eines Holzkessels mit einer Wärmeleistung von 25 kW ist zu berechnen.

Die Abkühlung des Kesselwassers wird von 95 auf 85 °C und die Erwärmung des Kühlwassers von 10 auf 40 °C angenommen.

Der *U-Wert* ist mittels der Fließgeschwindigkeit im Cu-Rohr zu bestimmen **(Tabelle1, Seite 246)**.

8.4 Rohrnetzberechnung und Pumpenauswahl

Voraussetzung für die Dimensionierung einer Pumpen-Warmwasserheizung (PWW) ist ein Grundrissplan, in dem die Heizungsanlage eingezeichnet ist oder ein Strangschema.

Die Dimensionierung der Rohrleitungen erfolgt im Wesentlichen nach dem Massenstrom $\dot{m}$ und dem Druckverlust Δp, wobei bestimmte Richtgeschwindigkeiten und Rohrreibungsdruckverluste berücksichtigt werden sollen **(Tabelle 1, Seite 252).** Damit alle Heizkörper die durch die Heizlastberechnung ermittelte vorgesehene Wärmeleistung an die Räume abgeben, muss das Heizungswasser in der Regel mit einer Pumpe durch die Rohrleitungen zu den Heizkörpern transportiert werden.

8.4.1 Massenstrom

Der Massenstrom, der durch die Rohrleitungen transportiert werden muss, wird aus der Wärmeleistung des Heizkreises oder des Heizkörpers und aus der Temperaturdifferenz zwischen Vor- und Rücklauf errechnet **(Kapitel 4.2).**

$$\dot{m} = \frac{\dot{Q}_H}{c \cdot \Delta\vartheta}$$

$$\dot{Q}_H = \dot{m} \cdot c \cdot \Delta\vartheta \qquad \Delta\vartheta = \vartheta_V - \vartheta_R$$

$\dot{Q}_H$ Wärmeleistung in W
$\Delta\vartheta$ Temperaturdifferenz in K
$\dot{m}$ Massenstrom in kg/h
c spez. Wärmekapazität in Wh/(kg · K)
ϑ_V Vorlauftemperatur in °C
ϑ_R Rücklauftemperatur in °C

Beispiel:

Die Wärmeleistung eines Heizkörpers beträgt 1460 W. Berechnen Sie den Massenstrom, wenn die Heizungsanlage mit 65/50 °C betrieben wird.

Geg.: $\dot{Q}_H = 1460$ W, $\vartheta_V = 65$ °C, $\vartheta_R = 50$ °C, $c = 1{,}163$ Wh/(kg · K)

Ges.: $\dot{m}$

$$\dot{m} = \frac{\dot{Q}_H}{c \cdot \Delta\vartheta} \qquad \dot{m} = \frac{1460\ \text{W}}{1{,}163\ \text{Wh/(kg} \cdot \text{K)} \cdot 15\ \text{K}}$$

$\dot{m}$ **= 83,7 kg/h**

8.4.2 Druckverluste bei Zweirohrheizungen

Die Druckverluste bei Zweirohrheizungen setzen sich zusammen aus Druckverlusten in

- geraden Rohren und
- aus Einzelwiderständen,

wie z.B. Fittings und Armaturen **(Tabelle 1, Seite 70).** Daraus ergibt sich die Formel

$$\Delta p = \Sigma\,(R \cdot l + Z)$$

Druckverluste in der geraden Rohrleitung werden beeinflusst durch

- die Fließgeschwindigkeit,
- die Rauhigkeit innerhalb des Rohres,
- die Temperatur des Mediums und
- den Rohrdurchmesser.

Diese einzelnen Faktoren werden im R-Wert zusammengefasst und je nach Rohrwerkstoff verschiedenen Tabellen entnommen **(Tabelle 1 und 2, Seite 256).** Mit den gleichen Tabellen können auch die Rohrdurchmesser und die Fließgeschwindigkeiten bestimmt werden. Da die R-Werte auf eine Rohrlänge von 1,0 m bezogen sind, kann damit der Druckverlust für jede beliebig lange Teilstrecke des geraden Rohres berechnet werden.

$$\Delta p_R = R \cdot l$$

Δp_R Druckverlust im geraden Rohr in Pa oder mbar
R Rohrreibungs-Druckgefälle in Pa/m o. mbar/m
l Rohrlänge in m

Beispiel:

In einer Heizungsanlage PWW 60/50 °C hat der letzte Heizkörper eine Wärmeleistung von 3200 W. Berechnen Sie den Druckverlust und die Nennweite für eine 7,8 m lange gerade Vor- und Rücklaufleitung aus Gewinderohr DIN 2440. Die Fließgeschwindigkeit soll 0,3 m/s nicht überschreiten.

Geg.: $\dot{Q} = 3200$ W, $\vartheta_V = 60$ °C, $\vartheta_R = 50$ °C, $l = 7{,}8$ m

Ges.: $\dot{m}$, DN, Δp_R

$$\dot{m} = \frac{\dot{Q}_H}{c \cdot \Delta\vartheta} \qquad \dot{m} = \frac{3200\ \text{W}}{1{,}163\ \text{Wh/(kg} \cdot \text{K)} \cdot 10\ \text{K}}$$

$\dot{m}$ **= 275,2 kg/h**

DN 20, v **= 0,22 m/s,** R **= 0,36 mbar/m** (Tabelle 1, Seite 256).

$\Delta p_R = R \cdot l \qquad \Delta p_R = 0{,}36$ mbar/m · 7,8 m

Δp_R **= 2,81 mbar**

8.4.3 Einzelwiderstände

Einzelwiderstände (**Z**) entstehen in den Rohrleitungen durch Richtungsänderungen, Abzweige oder Zusammenführungen, aber auch durch Armaturen, Heizkörper und Heizkessel. Die dadurch entstehenden Druckverluste hängen von der Dichte des Heizmediums, von der Strömungsgeschwindigkeit und einem speziellen Widerstandsbeiwert ab, der von den Herstellern durch Versuche ermittelt wird. Diese Widerstandsbeiwerte (ζ) werden Tabellen entnommen **(Tabelle 1, Seite 255)**.

Die Druckverluste für Einzelwiderstände werden nach folgender Formel berechnet:

$$Z = \Sigma\zeta \cdot \frac{\varrho \cdot v^2}{2}$$

Z Druckverlust durch Einzelwiderstände in Pa oder mbar
ζ Widerstandsbeiwert ohne Einheit
v Fließgeschwindigkeit in m/s
ϱ Dichte des Heizmediums in kg/m³

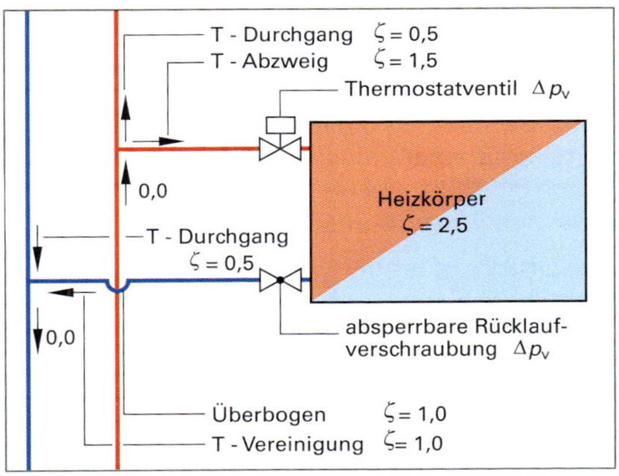

Bild 1: Einzelwiderstände Heizkörperanschluss

Zur Vereinfachung werden in der Praxis die Druckverluste nicht über die Fließgeschwindigkeit berechnet, sondern einer Tabelle mit dem Druckverlust $\zeta = 1$ und der Fließgeschwindigkeit v entnommen und mit der Summe der Einzelwiderstände multipliziert **(Tabelle 1, Seite 71)**.

$$Z = \Sigma\zeta \cdot Z_1$$

Z Druckverlust durch Einzelwiderstände in mbar
ζ Widerstandsbeiwert ohne Einheit
Z_1 Druckverlust für $\zeta = 1$ in mbar

Beispiel:

Bestimmen Sie die Nennweite und die Einzelwiderstände für den Heizkesselanschluss aus Stahlrohr DIN 2440, wenn die Fließgeschwindigkeit von 0,6 m/s nicht überschritten werden soll **(Bild 1)**.

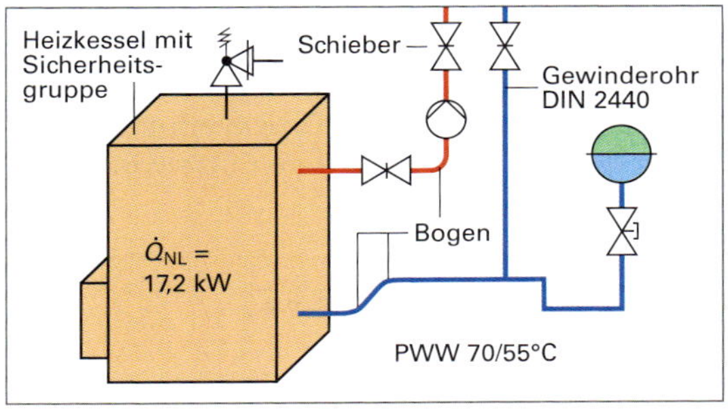

Bild 2: Heizkesselanschluss

Geg.: $\dot{Q} = 17{,}2$ kW, $\vartheta_V = 70$ °C, $\vartheta_R = 55$ °C
Ges.: $\dot{m}$, DN, ϱ, Z

$$\dot{m} = \frac{\dot{Q}_H}{c \cdot \Delta\vartheta} \qquad \dot{m} = \frac{17\,200 \text{ W}}{1{,}163 \text{ Wh/(kg} \cdot \text{K)} \cdot 15 \text{ K}}$$

$\dot{m}$ = 986 kg/h

DN 25, v = 0,5 m/s (Tabelle 1, Seite 256)

Tabelle 1: Zusammenfassung der Einzelwiderstände

Einzelwiderstand	Anzahl	ζ	$\Sigma\zeta$
Schieber	3	0,5	1,5
Bogen	3	0,5	1,5
T-Abzweig	1	1,5	1,5
Heizkessel	1	2,5	2,5
			7,0

$$\varrho = \frac{\varrho_{70} + \varrho_{55}}{2} \qquad \varrho = \frac{977{,}7 \text{ kg/m}^3 + 985{,}7 \text{ kg/m}^3}{2}$$

ϱ = 981,7 kg/m³

$$Z = \Sigma\zeta \cdot \frac{\varrho \cdot v^2}{2} \qquad Z = \frac{7{,}0 \cdot 981{,}7 \text{ kg/m}^3 \cdot (0{,}5 \text{ m/s})^2}{2}$$

Z = 859 kg/(m · s²) Z = 859 Pa **Z = 8,59 mbar**

Die Berechnung mit **Tabelle 1, Seite 71** ergibt

$Z = \Sigma\zeta \cdot Z_1$ $Z = 7{,}0 \cdot 1{,}22$ mbar **Z = 8,54 mbar**

8.4.4 Druckverluste in Teilstrecken

Da in einer Heizungsanlage unterschiedliche Massenströme und Fließgeschwindigkeiten vorherrschen, muss für die Rohrnetzberechnung mit Teilstrecken gearbeitet werden.

Eine Teilstrecke beginnt immer dann, wenn sich der Massenstrom ändert, wie z. B. an einem Abzweig (vergleiche **Kapitel 3.2.3, Seite 68 ff.**). Die Druckverlustberechnung fängt mit dem Einzelwiderstand des Abzweiges oder T-Stückes an und endet mit dem geraden Rohr.

Die Druckverluste in einer Teilstrecke setzen sich zusammen aus dem Druckverlust des geraden Rohres und aus den Einzelwiderständen.

$$\Delta p_T = l \cdot R + Z$$

Δp_T Druckverlust in der Teilstrecke in mbar
l Leitungslänge der Teilstrecke in m
R Rohrreibungsgefälle in mbar/m
Z Einzelwiderstände der Teilstrecke in mbar

Da in der Regel der Vor- und Rücklauf gleiche Nennweiten haben, werden die Rohrleitungslängen und die Einzelwiderstände aus beiden Leitungen addiert.

Beispiel:

Berechnen Sie die Druckverluste in den Teilstrecken 1, 3 und 4, wenn für das Heizungssystem Gewinderohre nach DIN 2440 vorgesehen sind **(Bild 1)**.

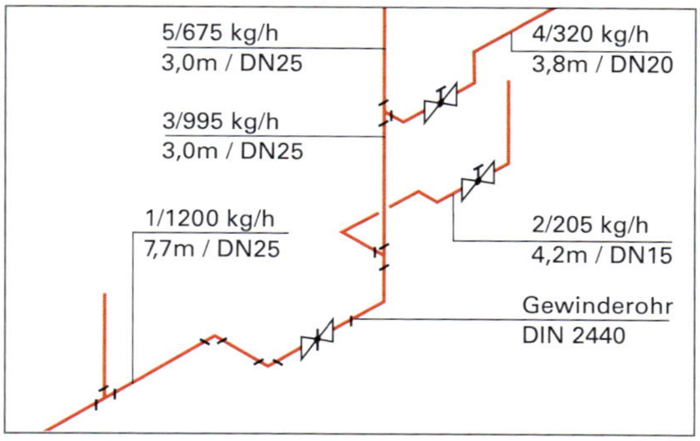

Bild 1: Heizungsverteilung

Lösung in Tabellenform:

Tabelle 1: Druckverluste in den Teilstrecken

TS	m $\frac{kg}{h}$	l m	DN	v $\frac{m}{s}$	R $\frac{mbar}{m}$	$l \cdot R$ mbar	$\Delta\zeta$	Z_1 mbar	Z mbar
1	1200	7,7	25	0,6	1,80	13,86	2,5	1,75	4,38
3	995	3,0	25	0,5	1,20	3,60	0,5	1,22	0,61
4	320	3,8	20	0,24	0,45	1,71	6,0	0,28	1,68

$\Delta p_T = \Sigma\,(l \cdot R + Z)$ Δp_T = 19,17 mbar + 6,67 mbar

Δp_T = **25,84 mbar**

Tabelle 2: Zusammenfassung der Einzelwiderstände

TS	Einzelwiderstand	Anzahl	ζ	$\Sigma\zeta$
1	T-Durchgang	1	0,5	0,5
	Bogen	3	0,5	1,5
	Schieber	1	0,5	0,5
				2,5
3	T-Durchgang	1	0,5	0,5
4	T-Abzweig	1	1,5	1,5
	Bogen	3	0,5	1,5
	Ventil	1	3,0	3,0
				6,0

8.4.5 Druckverluste in Thermostatventilen und Mischern

Im Gegensatz zu den Absperrarmaturen werden bei Regelarmaturen, wie z.B. bei Heizkörperventilen, Mischern oder Strangregulierventilen keine Druckverlustbeiwerte verwendet, sondern der Druckabfall in der Armatur wird über den k_V-Wert ermittelt.

Der k_V-Wert gibt den Nenndurchfluss bei voll geöffnetem Ventil und einer Druckdifferenz von 1,0 bar an. In der Regel wird dabei eine Proportionalabweichung von 2 K angenommen. Je nach Hersteller werden Thermostatventile mit einem einstellbaren oder mit einem festen k_V-Wert geliefert. Die kv-Werte liegen zwischen 0,1 m³/h und 1,0 m³/h.

Der Druckverlust bei voll geöffneten Ventil errechnet sich aus

$$\Delta p_V = \left(\frac{\dot{V}}{k_V}\right)^2 \cdot p_{amb}$$

Da moderne Heizungsanlagen im Niedertemperaturbereich betrieben werden, kann auch beim Druckverlust in den Regelarmaturen mit dem Massenstrom gerechnet werden. Auch stehen für die Bestimmung der Druckverluste Herstellertabellen zur Verfügung **(Tabelle 1 und Bild 1, Seite 251)**.

$$k_V = \frac{\dot{V}}{\sqrt{\frac{\Delta p_V}{p_{amb}}}} \qquad k_V = \frac{\dot{m}}{\sqrt{\frac{\Delta p_V}{p_{amb}}}}$$

Δp_V Druckverlust in der Armatur in bar
k_V Kennwert der Armatur in m³/h
$\dot{m}$ Massenstrom in kg/h
p_{amb} atmosphärischer Druck 1,0 bar

Damit das Regelventil als Stellglied im Heizkreis ein gutes Regelverhalten erreicht, muss der Druckverlust im Ventil in einem bestimmten Verhältnis zum Gesamtdruckverlust des Regelkreises stehen. Dieses Verhältnis nennt man Ventilautorität **(a)**.

Ventilautorität a = 0,3 bis 0,7

$a = \frac{\Delta p_V}{\Delta p_A}$	$\Delta p_V = a \cdot \Delta p_A$	$\Delta p_A = \frac{\Delta p_V}{a}$

Δp_V Druckverlust im Ventil in bar

Δp_A Druckverlust im Regelkreis in bar

a Ventilautorität ohne Einheit

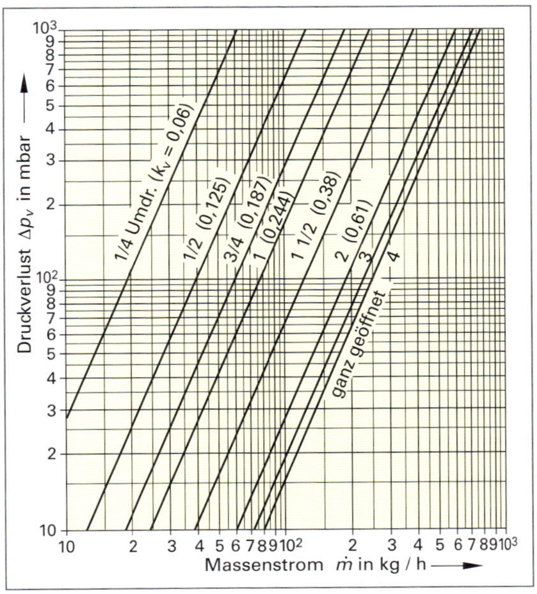

Bild 1: Druckverlust für Thermostatventile und Rücklaufverschraubungen DN 10 und DN 15

Beispiel:

In einer Heizungsanlage PWW 70/55 °C beträgt die Wärmeleistung eines Heizkörpers 1410 W.

a) Berechnen Sie den Druckverlust im Thermostatventil bei einem kv-Wert von 0,32 m³/h.

b) Überprüfen Sie die Ventilautorität, wenn im Regelkreis ein Druckverlust von 107 mbar herrscht.

Geg.: $\dot{Q}_H = 1410$ W, $\vartheta_V = 70$ °C, $\vartheta_R = 55$ °C, $\Delta p_A = 107$ mbar

Ges.: $\dot{m}$, Δp_V, a

$$\dot{m} = \frac{\dot{Q}_H}{c \cdot \Delta\vartheta} \qquad \dot{m} = \frac{1410\ \text{W}}{1{,}163\ \text{Wh/(kg} \cdot \text{K)} \cdot 15\ \text{K}}$$

$\boldsymbol{\dot{m} = 80{,}8}$ **kg/h** $\boldsymbol{\hat{=}\ \dot{V} = 0{,}081}$ **m³/h**

$$\Delta p_V = \left(\frac{\dot{V}}{k_V}\right)^2 \cdot p_{amb} \qquad \Delta p_V = \left(\frac{0{,}081\ \text{m}^3/\text{h}}{0{,}32\ \text{m}^3/\text{h}}\right)^2 \cdot 1{,}0\ \text{bar}$$

$\Delta p_V = 0{,}064$ bar $\qquad$ $\boldsymbol{\Delta p_V = 64}$ **mbar**

$$a = \frac{\Delta p_V}{\Delta p_A} \qquad a = \frac{64\ \text{mbar}}{107\ \text{mbar}} \qquad \boldsymbol{a = 0{,}6}$$

Wird die Regelung der Vorlauftemperatur einer Heizungsanlage zentral vorgenommen, kommen Mischhähne, -Klappen oder Drei- bzw. Vierwegmischer zum Einsatz.

Die Druckverluste für diese „Mischer" können entweder den Herstellertabellen entnommen werden oder sie werden ebenfalls über die k_V-Werte berechnet **(Bild 2)**.

Damit die Mischer über ein gutes Regelverhalten innerhalb der Heizungsanlage verfügen, muss wie bei Thermostatventilen, eine bestimmte Ventil- oder Klappenautorität **(a)** eingehalten werden.

Mischventile a = 0,2 bis 0,5 Mischklappen a = 0,1 bis 0,3

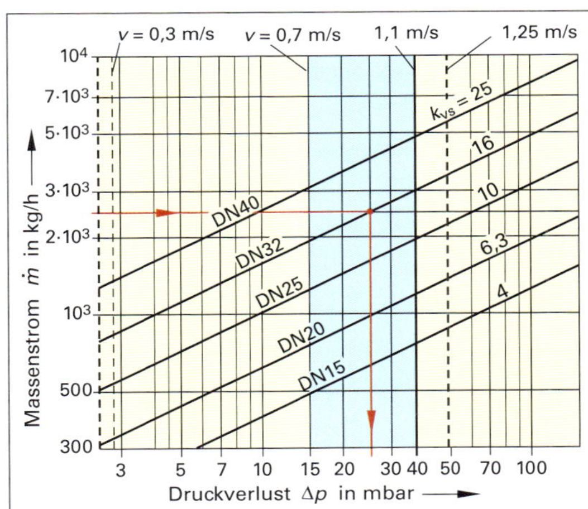

Bild 2: Auswahl für 3-Wege-Mischventile und Mischklappen

Tabelle 1: k_{Vs}-Werte bei Mischer

Nennweite DN	Dreiwegemischer k_{Vs} in m³/h	Vierwegemischer k_{Vs} in m³/h
15	4,0	–
20	6,3	5,6
25	10,0	8,5
32	16,0	14,0
40	25,0	22,0

Beispiel:

Der Volumenstrom in einer Heizungsanlage beträgt 2,55 m³/h, der Pumpendruck 105 mbar.

Das Dreiwege-Mischventil soll einen Druckverlust von höchstens 30 mbar haben.

Bestimmen Sie die Nennweite, den tatsächlichen Druckverlust und die Ventilautorität des Mischers.

Geg.: $\dot{V} = 2{,}55\ m^3/h$, $\Delta p_{Vmin} = 30\ mbar$

Ges.: DN, Δp_{Vtats}, a

$$k_{Vs} = \frac{\dot{V}}{\sqrt{\frac{\Delta p_V}{p_{amb}}}} \qquad k_{Vs} = \frac{2{,}55\ m^3/h}{\sqrt{\frac{0{,}03\ bar}{1{,}0\ bar}}}$$

$\boldsymbol{k_{Vs} = 14{,}72\ m^3/h}$

gewählt Mischer DN 32, k_V-Wert 16,0 m³/h (Tabelle 1 oder Bild 2, Seite 251)

8.4.6 Rohrnetzauslegung und Pumpendruck

Voraussetzung für die Dimensionierung einer Heizungsanlage ist das Erstellen eines Rohrnetzplanes.

Aus diesem Plan oder Strangschema müssen ersichtlich sein:

- Lage des Heizkessels mit Leistungsangabe sowie Vor- und Rücklauftemperaturen,
- Anordnung der Heizkörper mit Leistungsangabe und Raumnummer,
- Rohrleitungen mit Längenangabe und
- vorgesehene Armaturen in den Leitungen und an den Heizkörpern.

Für die Bestimmung der Rohrweiten stehen Richtwerte für das Druckgefälle oder die Fließgeschwindigkeit zur Verfügung **(Tabelle 1)**. Je nach dem gewählten Rohrwerkstoff, müssen unterschiedliche Diagramme oder Tabellen verwendet werden **(Bild 1, Tabelle 1 und 2, Seite 256)**.

Am Heizkessel beginnend werden die Teilstrecken des Vor- und Rücklaufes bis zum Heizkörper durchgehend nummeriert. Zur besseren Übersicht werden die Massenströme und die Rohrlängen mit eingetragen. Dabei können die Teilstreckenlängen für die Vor- und Rückläufe zusammengefasst werden, sofern sie den gleichen Massenstrom haben.

Da bei einer Zweirohrheizung die einzelnen Heizkreise (Stromkreise) parallel geschaltet sind, wird der Pumpendruck nach dem Heizkreis mit den höchsten Druckverlusten festgelegt. In den Heizkreisen, in denen geringere Druckverluste herrschen, müssen für den hydraulischen Abgleich Drosselventile oder Strangregulierventile eingebaut werden.

Um die Rohrnetzberechnung übersichtlich zu gestalten, werden die einzelnen Lösungsschritte in Formblätter übertragen.

Tabelle 1: Richtwerte für Druckgefälle und Fließgeschwindigkeiten

Rohrleitungen	Druckgefälle R in mbar/m	Fließgeschwindigkeit v in m/s
innerhalb von Wohnungen und in Steigsträngen	0,4 bis 1,0	0,4 bis 0,7
Heizkörperanschlüsse	0,25 bis 0,9	0,1 bis 0,3
Verteilungsleitungen in Kellern	1,0 bis 2,0	0,7 bis 1,5
Verteilungsleitungen in Bürogebäuden, Gewerberäumen, Schulen	1,24 bis 2,5	1,0 bis 2,0

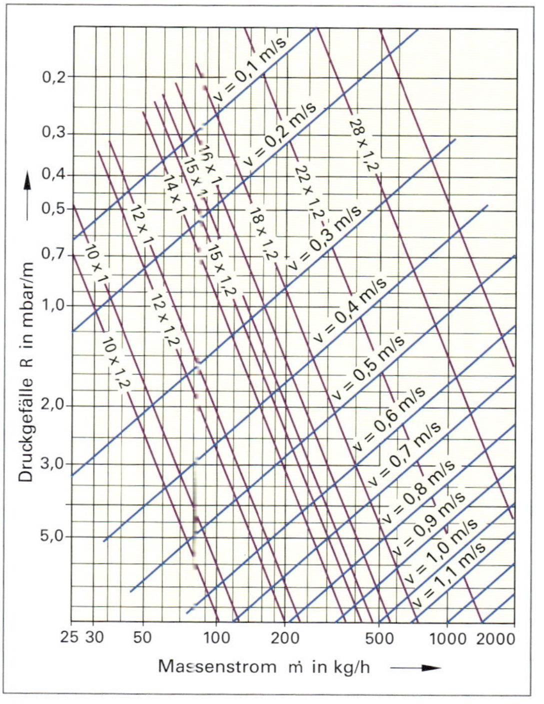

Bild 1: Rohrweiten für Präzisionsstahlrohr

Beispiel:

Führen Sie bei der gezeichneten Heizungsanlage für Strang I und Strang II eine Rohrnetzberechnung durch **(Bild 1).** Es werden Gewinderohre nach DIN 2440 verwendet. Jeder Heizkörper erhält ein Thermostatventil k_V = 0,32 m³/h und eine absperrbare Rücklaufverschraubung

Stellen Sie fest, für welchen Heizkörper der größte Druckverlust entsteht und mit welcher Voreinstellung die Heizkörper 2 und 3 zu drosseln sind.

Lösung:

1. In das Formblatt **(Tabelle 1, Seite 254)** werden alle Teilstrecken für die Heizkörper im Strang I eingetragen, die hintereinander, d.h. in Reihe angeschlossen sind, da sich deren Druckverluste addieren.
2. Aus dem Strangschema in der Reihenfolge der Teilstrecken die Wärmeleistungen bestimmen, daraus die Heizwasser-Massenströme berechnen und in die Spalten 2 und 3 eintragen.
3. Längen der Teilstrecken für Vor- und Rücklauf addieren und in Spalte 4 übernehmen.
4. Rohrdurchmesser aus **Tabelle 1, Seite 256** festlegen, sowie die dazugehörenden Fließgeschwindigkeiten und Rohrreibungsdruckgefälle ablesen und in den Spalten 5, 6 und 7 eintragen.
5. Druckverluste für die geraden Rohre durch Multiplikation der Werte aus den Spalten 4 und 7 bestimmen und in Spalte 8 eintragen.
6. Bestimmung der Einzelwiderstände für jede Teilstrecke über Formblatt, **Tabelle 1, Seite 255** und die Summe in Spalte 9 übernehmen.
7. Druckverluste für Einzelwiderstände ζ = 1,0 entsprechend der Fließgeschwindigkeit aus **Tabelle 1, Seite 71** ablesen und in Spalte 10 eintragen.

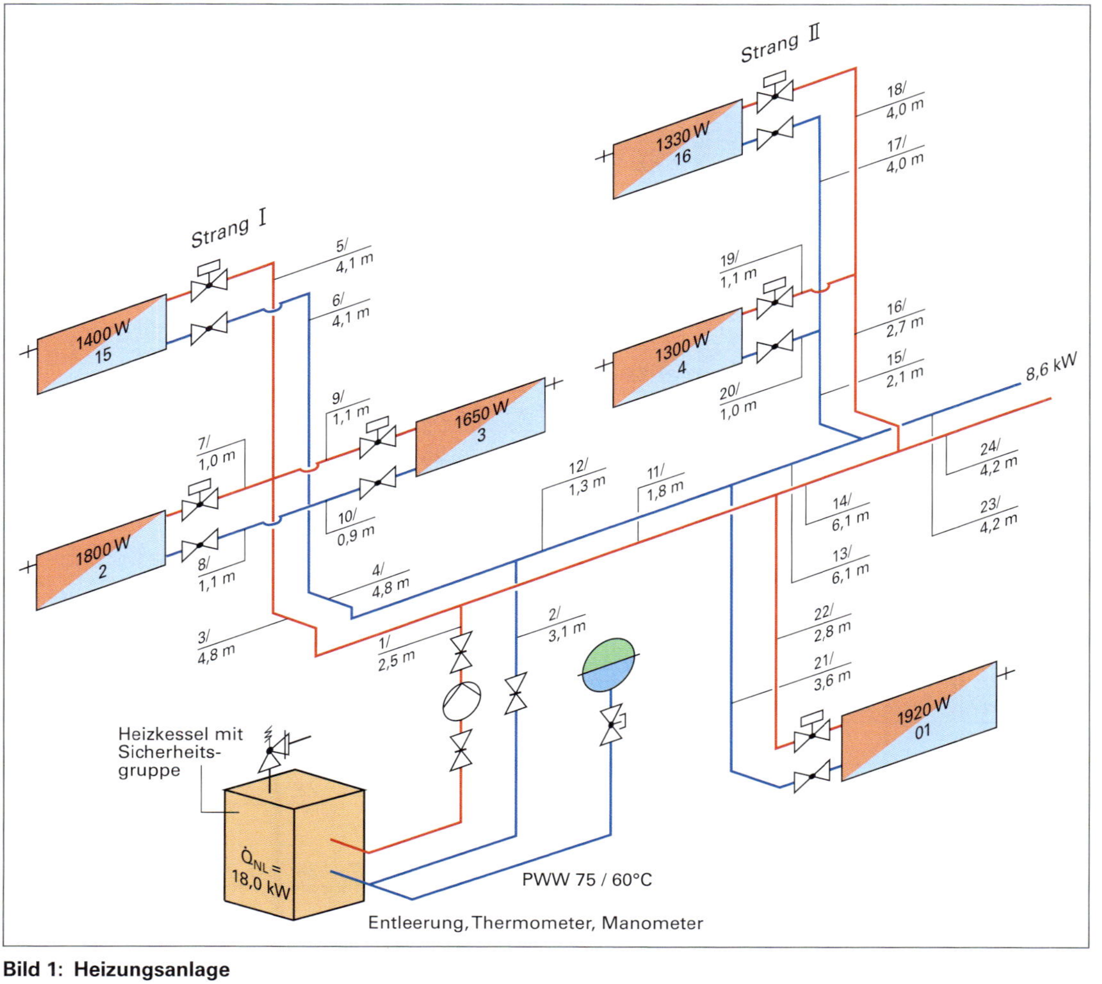

Bild 1: Heizungsanlage

8. Druckverluste aller Einzelwiderstände durch Multiplikation von Spalte 9 und 10 ermitteln und übernehmen in Spalte 11.

9. Druckverluste durch Thermostatventil und Rücklaufverschraubung aus **Bild 1, Seite 251** ablesen und in Spalte 12 übertragen.

10. Gesamtdruckverlust ermitteln durch Addition der Werte aus den Spalten 8, 11 und 12.

11. Druckverluste in Strang II analog dem Lösungsweg für Strang I ermitteln.

12. Differenzdruck zum ungünstigsten Strang bestimmen, die Ventilvoreinstellung aus **Bild 1, Seite 251** ablesen und in die Spalten 15 und 16 eintragen.

13. Differenzdrücke für Heizkörper 2 und 3 zum ungünstigsten Strang berechnen, Ventilvoreinstellung aus **Bild 1, Seite 251** ablesen und in die Spalten 15 und 16 eintragen.

Tabelle 1: Druckverlustberechnung für Zweirohrheizung

1	2	3	4	5	6	7	8	9	10	11	12	13	14	15	16
Teilstrecke	Wärmeleistung	Heizwasser-Massenstrom	Länge der Teilstrecke	Rohrnennweite	Fließgeschwindigkeit	Rohrreibungs-Druckgefälle	Druckverluste in geraden Rohren	Widerstands-beiwerte	Druckverlust durch Einzelwiderstände $\zeta = 1{,}0$	Summe Druckverluste Einzelwiderstände	Druckverluste durch Regelventile	Gesamtdruckverlust	maximaler Druck-verlust im Rohrnetz	zu drosselnder Druck	Ventilvoreinstellung
Nr.	$\dot{Q}$	$\dot{m}$	l	DN	v	R	$l \cdot R$	$\Sigma\zeta$	Z_1	Z	Δp_V	Δp	Δp_{max}	Δp_D	–
–	W	$\frac{kg}{h}$	m	–	$\frac{m}{s}$	$\frac{mbar}{m}$	mbar	–	mbar	mbar	mbar	mbar	mbar	mbar	Umdr.
1/2	18000	1032	5,6	25	0,55	1,4	7,84	7,0	1,47	10,29					
3/4	4850	278	9,6	15	0,4	1,6	15,36	9,0	0,78	7,02					
5/6	1400	80,3	8,2	10	0,2	0,6	4,92	5,5	0,19	1,05					
Druckverlust für Strang 1							28,12			18,36	20	66,48	74,09	7,61	3
11/12	13150	754	3,1	25	0,38	0,75	2,33	6,0	0,70	4,20					
13/14	11230	644	12,2	20	0,5	1,65	20,13	1,0	1,22	1,22					
15/16	2630	151	4,8	15	0,22	0,50	2,40	4,0	0,24	0,96					
17/18	1330	76,2	8,0	10	0,18	0,50	4,00	4,5	0,16	0,72					
1/2							7,84			10,29					
Druckverlust für Strang 2							36,70			17,39	20	74,09		–	4
7/8	1800	103,2	2,1	10	0,24	0,9	1,89	6,0	0,28	1,68	32				
+ Druckverluste für TS 1/2 + 3/4							23,2			17,31					
							25,09			18,99	30	74,08		–	4
9/10	1650	94,6	2,0	10	0,23	0,75	1,50	6,0	0,26	1,56	28				
+ Druckverlust für TS 1/2 + 3/4							23,2			17,31					
							24,7			18,87	28	71,57	74,09	2,5	4

Tabelle 1: Zusammenstellung der Widerstandsbeiwerte ζ

Nr.	Einzelwiderstände		Symbole	Widerstands-beiwert ζ	Teilstrecken-Nr. 1/2	3/4	5/6	11/12	13/14	15/16	17/18	7/8	9/10
1	Etagenbogen, Ausbiegestück			0,5									
2	Richtungs-änderung			0,5	3	6	2			3	2		
3	T-Abzweig Trennung			1,5	1					1		1	1
4	T-Abzweig Durchgang		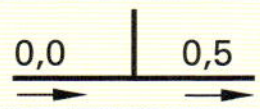	0,5			1		1		1		
5	T-Vereinigung Trennung		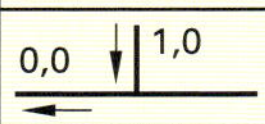	1,0						1		1	1
6	T-Vereinigung Durchgang		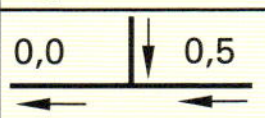	0,5			1		1		1		
7	T-Gegenlauf Trennung		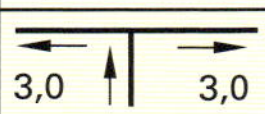	3,0		1		1					
8	T-Gegenlauf Vereinigung			3,0		1		1					
9	Verteiler/		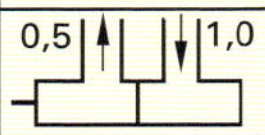	0,5									
	Sammler			1,0									
10	Schmutz-	DN 10/15	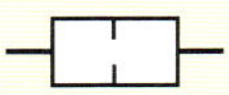	6,0									
	fänger	DN 20/25		5,0									
		DN 32/40		4,0									
11	Absperr-	DN 10/15		1,0									
	schieber	DN 20/25		0,5	3								
		DN 32/40		0,3									
12	**Ventil**	DN 10/15		10,0									
	– Grad-	DN 20/25		7,0									
	sitz	DN 32/40		5,0									
13	**Ventil**	DN 10/15	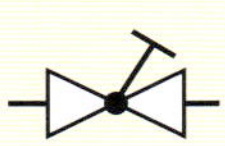	3,5									
	– Schräg-	DN 20/25		3,0									
	sitz	DN 32/40		2,5									
14	Hahn	DN 10/15		1,0									
		DN 20/25		0,5									
		≥ DN 32		0,3									
15	Rück-	DN 10/15	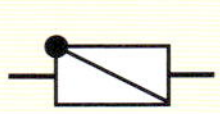	7,5									
	schlag-	DN 20/25		7,0									
	klappe	DN 32/40		6,5									
16	Heizkörper		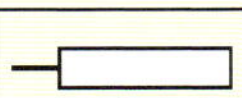	2,5			1				1	1	1
17	Rücklauf-	DN 10/15	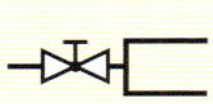	4,0									
	Verschr.	DN 20/25		2,0									
	absperrbar												
18	Heizkessel		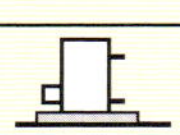	2,5	1								
19	Überbogen		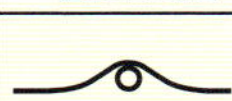	1,0			1					1	1
	Σ ζ in den Teilstrecken				**7,0**	**9,0**	**5,5**	**6,0**	**1,0**	**4,0**	**4,5**	**6,0**	**6,0**

Tabelle 1: Rohrweiten für Warmwasser-Heizungen, ϑ_m = 80 °C, Stahlrohre

	Mittelschwere Gewinderohre DIN 2440					nahtlose Stahlrohre DIN 2448		
Nennw. DN	10	15	20	25	32	40	50	65
R-Wert mbar/m	Heizwasser-Massenstrom $\dot{m}$ in kg/h Strömungsgeschwindigkeit v in m/s							
0,16	40,1 0,09	78,8 0,11	179 0,14	336 0,17	720 0,20	920 0,22	1890 0,26	4340 0,32
0,18	43,0 0,10	84,1 0,12	190 0,15	359 0,18	760 0,22	980 0,24	2010 0,28	4620 0,34
0,20	45,6 0,11	88,9 0,13	201 0,16	380 0,19	810 0,22	1040 0,24	2130 0,30	4870 0,36
0,22	48,0 0,11	93,4 0,13	213 0,17	399 0,20	850 0,24	1090 0,26	2230 0,30	5140 0,38
0,24	50,4 0,12	97,9 0,14	224 0,18	419 0,20	890 0,26	1150 0,28	2330 0,32	5380 0,40
0,26	52,8 0,12	102 0,15	233 0,18	439 0,22	930 0,26	1200 0,28	2440 0,34	5600 0,42
0,28	55,5 0,13	107 0,15	244 0,19	458 0,22	960 0,28	1240 0,30	2540 0,36	5840 0,44
0,30	57,2 0,13	111 0,16	252 0,20	476 0,24	1000 0,28	1300 0,30	2630 0,36	6070 0,44
0,33	58,0 0,14	118 0,17	269 0,22	502 0,24	1060 0,30	1370 0,32	2780 0,38	6370 0,46
0,36	63,2 0,15	124 0,18	282 0,22	527 0,26	1110 0,32	1440 0,34	2910 0,40	6670 0,50
0,40	67,1 0,16	131 0,19	298 0,24	553 0,28	1170 0,34	1520 0,36	3070 0,42	7060 0,50
0,45	71,6 0,17	140 0,20	319 0,24	592 0,30	1250 0,36	1610 0,38	3260 0,46	7500 0,55
0,50	76,0 0,18	149 0,22	335 0,26	624 0,30	1320 0,38	1700 0,40	3450 0,48	7940 0,60
0,60	84,6 0,20	164 0,24	372 0,30	689 0,34	1460 0,42	1880 0,44	3790 0,55	8770 0,65
0,70	91,4 0,22	179 0,26	404 0,32	749 0,36	1590 0,44	2040 0,48	4100 0,55	9520 0,70
0,80	98,7 0,24	192 0,28	432 0,34	810 0,40	1700 0,48	2200 0,50	4420 0,60	10200 0,75
0,90	105 0,24	205 0,30	461 0,36	863 0,42	1820 0,50	2330 0,55	4720 0,65	10900 0,80
1,00	111 0,26	218 0,32	489 0,38	913 0,44	1920 0,55	2460 0,60	4990 0,70	11500 0,85
1,20	123 0,28	240 0,34	/541 0,452	1007 0,50	2110 0,60	2710 0,65	5490 0,75	12600 0,95
1,40	133 0,32	260 0,38	588 0,46	1086 0,55	2290 0,65	2940 0,70	5950 0,85	13600 1,0
1,60	142 0,34	280 0,40	631 0,50	1167 0,60	2450 0,70	3160 0,75	6380 0,90	14600 1,1
1,80	152 0,36	298 0,42	669 0,50	1238 0,60	2620 0,75	3360 0,80	6770 0,95	15500 1,1
2,00	161 0,38	317 0,46	709 0,55	1309 0,65	2770 0,80	3550 0,85	7160 1,0	16400 1,2

Tabelle 2: Rohrweiten für Heizungsanlagen; ϑ_m = 80 °C, Kupferrohre EN 1057

Cu in mm	12 × 1	15 × 1	18 × 1	22 × 1	28 × 1,5	35 × 1,5
R-Wert mbar/m	Heizwasser-Massenstrom $\dot{m}$ in kg/h Strömungsgeschwindigkeit v in m/s					
0,22	28 0,10	57 0,12	100 0,14	184 0,17	338 0,20	660 0,24
0,24	29 0,11	60 0,13	105 0,15	194 0,18	355 0,21	700 0,25
0,26	30 0,11	63 0,13	110 0,16	203 0,18	371 0,22	730 0,26
0,28	31 0,11	66 0,14	115 0,16	212 0,19	390 0,23	760 0,27
0,30	33 0,12	68 0,15	120 0,17	220 0,20	404 0,24	790 0,28
0,33	25 0,13	72 0,15	127 0,18	233 0,21	427 0,25	830 0,30
0,36	37 0,13	76 0,16	133 0,18	244 0,22	450 0,26	870 0,31
0,40	39 0,14	80 0,17	141 0,20	259 0,24	476 0,27	930 0,33
0,45	42 0,15	86 0,18	151 0,21	277 0,25	508 0,30	990 0,35
0,50	44 0,16	92 0,20	161 0,23	294 0,27	540 0,31	1050 0,37
0,60	49 0,18	102 0,22	179 0,25	328 0,30	600 0,35	1170 0,41
0,70	54 0,20	111 0,24	195 0,28	357 0,33	652 0,38	1270 0,45
0,80	58 0,21	120 0,26	211 0,30	385 0,35	703 0,41	1370 0,49
0,90	62 0,23	129 0,27	225 0,32	412 0,38	753 0,44	1460 0,52
1,00	66 0,24	137 0,29	239 0,34	437 0,40	800 0,47	1550 0,55
1,20	74 0,27	151 0,32	266 0,38	485 0,44	885 0,52	1720 0,61
1,40	80 0,29	166 0,35	290 0,41	529 0,48	966 0,56	1880 0,67
1,60	87 0,32	179 0,38	312 0,44	571 0,52	1040 0,61	2020 0,71
1,80	93 0,34	191 0,41	334 0,48	610 0,56	1110 0,65	2160 0,77
2,00	99 0,36	203 0,43	355 0,50	647 0,59	1180 0,69	2290 0,81

Aufgaben

1 Die Vor- und Rücklaufleitung einer Heizungsanlage besteht aus Stahlrohr DIN 2440, DN 25 und ist 28,6 m lang. Bestimmen Sie die Druckverluste und die Fließgeschwindigkeiten bei den Massenströmen: a) 440 kg/h, b) 600 kg/h, c) 860 kg/h, d) 1240 kg/h.

2 Die Fließgeschwindigkeit in der Kellerverteilung einer PWW-Heizung aus Cu-Rohr soll maximal 0,40 m/s betragen. Bestimmen Sie die Rohrdurchmesser, *R*-Werte und Fließgeschwindigkeiten bei den Massenströmen:

a) 130 kg/h, b) 180 kg/h, c) 280 kg/h,
d) 650 kg/h, e) 1000 kg/h

3 Für die Teilstrecke eines 43,6 m langen Stahlrohres DIN 2448 in einer PWW-Heizung steht ein Druckverlust von 50 mbar zur Verfügung.

a) Berechnen Sie den *R*-Wert, wenn 30 % für Einzelwiderstände benötigt werden.

b) Bestimmen Sie Nennweite, Fließgeschwindigkeit und tatsächlichen *R*-Wert bei einem Massenstrom von 4400 kg/h.

8.4.7 Pumpenauswahl und Rohrnetzkennlinien

Bei der Pumpen-Warmwasserheizung (PWW) wird die Umwälzung des Heizungswassers in der Regel durch Rohreinbaupumpen (Inlinepumpen) vorgenommen.

Die Auswahl der Pumpe richtet sich nach dem berechneten Gesamtdruckverlust des Rohrnetzes, dem Volumenstrom der Heizungsanlage und den Herstellerdiagrammen (**Bild 1 und vgl. Seite 73 ff.**).

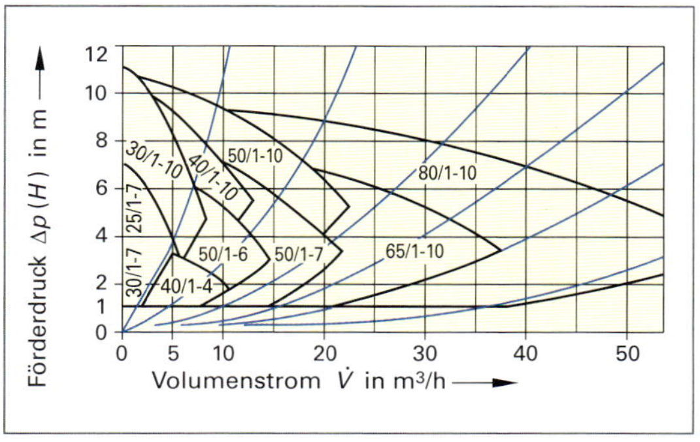

Bild 1: Pumpenauswahlübersicht

> Berechnungen zur Rohrnetzkennlinie, Pumpenkennlinie und zur Pumpenleistung wurden auf Seite 72 abgehandelt.

Der Betriebspunkt der Pumpe wird aus dem Schnittpunkt der Rohrnetzkennlinie und der Pumpenkennlinie bestimmt. Um einen guten Wirkungsgrad zu erhalten, sollte bei Pumpen mit Drehzahlverstellung die Pumpe so ausgewählt werden, dass der Auslegungspunkt auf der Kennlinie mit der höchsten Drehzahl liegt (**Bild 2**).

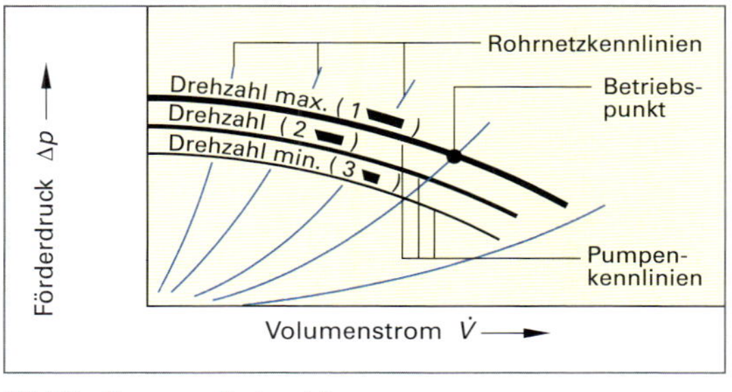

Bild 2: Pumpendrehzahlen

Liegt der vorgesehene Betriebspunkt zwischen den maximalen Kennlinien zweier Pumpen, ist aber immer die kleinere Pumpe zu wählen (**Bild 3**).

Die sich daraus ergebende Reduzierung des Volumenstromes ist so gering, dass sie in der Praxis vernachlässigt wird.

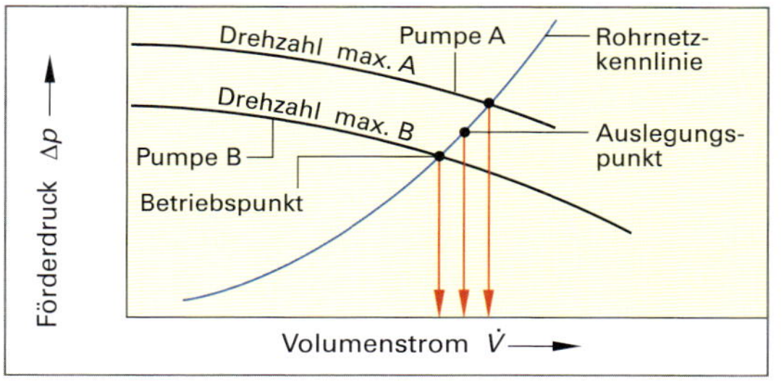

Bild 3: Pumpen-Betriebspunkt

Beispiel:

Für die Heizungsanlage in einem Mehrfamilien-Wohnhaus wurde ein Volumenstrom von 5,2 m³/h und ein Gesamtdruckverlust von 0,4 bar berechnet. Bestimmen Sie aus dem **Bild 4**

a) die Drehzahlstufe der Pumpe,

b) den tatsächlichen Förderdruck und Volumenstrom der ausgewählten Pumpe,

c) die Pumpenleistung und

d) die Fließgeschwindigkeit bei einer Rohreinbaupumpe DN 32.

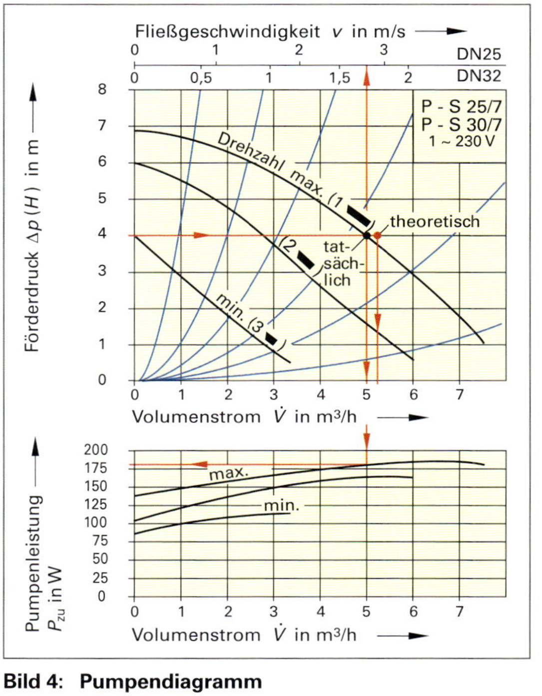

Bild 4: Pumpendiagramm

Lösung:

a) Drehzahlstufe 1 (max)

b) Δp = 0,4 bar; $\dot{V}$ = 5,0 m³/h

c) P_{zu} = 180 W;

d) v = 1,7 m/s

Heizungsanlagen für Wohngebäude werden für die ungünstigsten Witterungsverhältnisse berechnet und ausgelegt. Während einer Heizperiode werden sie aber durch ständige Wetteränderungen im typischen Teillastbereich betrieben. Um die sich daraus ergebenden hydraulischen Probleme zu minimieren, werden in der Regel Rohreinbaupumpen mit elektronischer Leistungsregelung eingebaut. Diese Elektronik bewirkt eine selbsttätige Pumpenleistungsregelung, die bei abnehmender Fördermenge auch gleichzeitig eine Reduzierung des Förderdruckes sicherstellt. Dadurch werden z. B. bei schließenden Thermostatventilen die Fließgeräusche vermieden. Weiterhin wird durch die selbsttätige Leistungsregelung der Stromverbrauch gesenkt.

Die Pumpen-Leistungsregelung ersetzt aber nicht die korrekte Dimensionierung des Rohrnetzes und die richtige Auswahl der Pumpe.

Diese elektronisch geregelten Pumpen werden nicht nach der Pumpenkennlinie ausgewählt sondern nach einem Kennfeld, wobei die berechnete Förderhöhe einprogrammiert wird **(Bild 1 und 2)**.

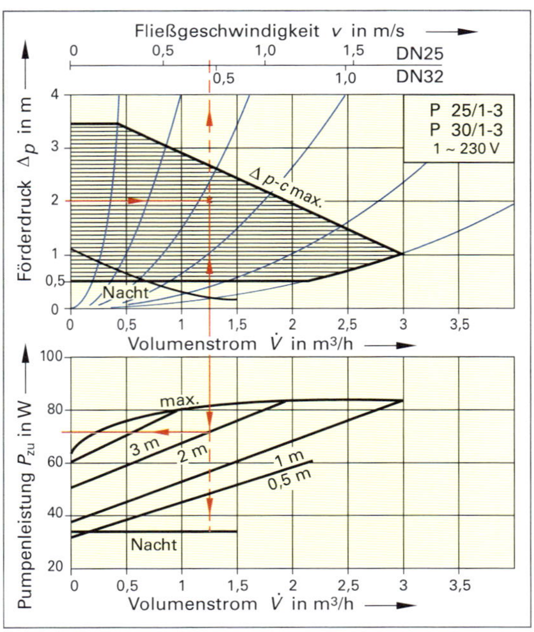

Bild 1: Pumpen-Kennfeld

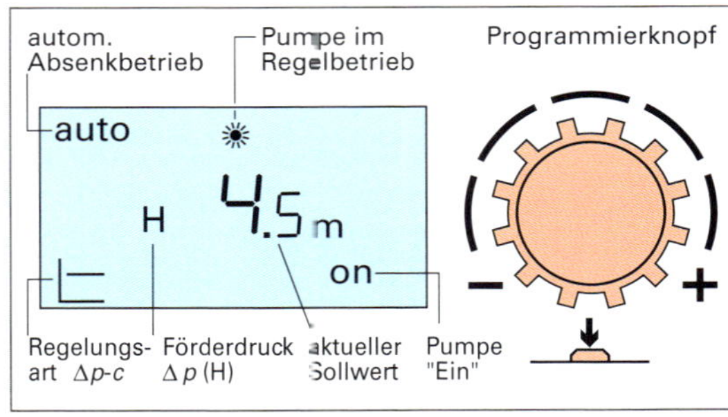

Bild 2: Pumpendisplay

Beispiel:

Der Heizkessel für ein Zweifamilien-Wohnhaus hat eine Wärmeleistung von 21,2 kW, die Heizwassertemperatur beträgt 65/50 °C. Der Gesamtdruckverlust wurde mit 210 mbar berechnet.

a) Zeichnen Sie den Betriebspunkt in das Pumpendiagramm ein **(Bild 1)**.

b) Wie hoch ist der Förderdruck der Pumpe während der Nachtabsenkung?

c) Wie groß ist die Pumpenleistung während der Aufheizphase und während der Nachtabsenkung?

d) Wie hoch ist die Strömungsgeschwindigkeit in der elektronischen Rohreinbaupumpe DN 25?

Lösung:

a) $\dot{m} = \frac{\dot{Q}}{c \cdot \Delta\vartheta}$

$\dot{m} = \frac{21\,200 \text{ W}}{1{,}163 \text{ Wh/(kg} \cdot \text{K)} \cdot 15 \text{ K}}$

$\dot{m}$ = 1215 kg/h

$\dot{V}$ **= 1,22 m³/h**

b) H **= 0,5 m;** Δp **= 50 mbar**

c) P_{zu} **= 70 W;** P_{zu} **= 35 W**

d) v **= 0,75 m/s**

Aufgaben

1 Ergänzen Sie die fehlenden Werte für die Leitungen einer PWW-Heizung:

a) für Stahlrohr DIN EN 10 255 m.R.

b) für Kupferrohr DIN EN 1057

Nr.	$\dot{m}$ in $\frac{kg}{h}$	l in m	DN	v in $\frac{m}{s}$	R $\frac{mbar}{m}$	$l \cdot R$ in mbar
1	102	6,7	15			
2		4,2	25	0,4		
3		14,6		0,3	0,6	
4		9,8	32	0,55		
5	404	18,2	20			

Aufgaben

2 Bestimmen Sie den Druckverlust für die Einzelwiderstände der Strangabsperrung, wenn als Armaturen

a) Schrägsitzventile und

b) Absperrschieber

eingebaut werden **(Bild 1)**.

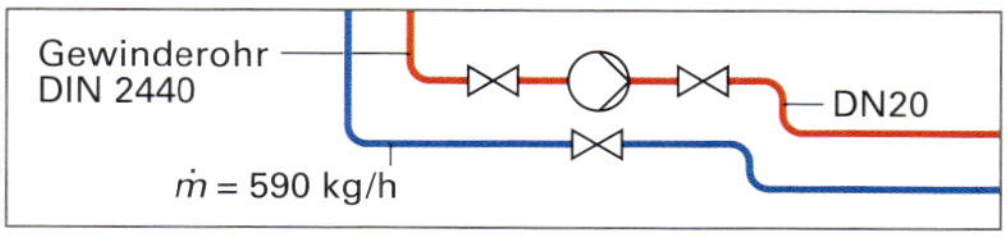

Bild 1: Strangabsperrung

3 In einer Heizungsanlage PWW 65/55 °C beträgt die Wärmeleistung eines Heizkörpers 1380 W.

a) Berechnen Sie den Druckverlust im Thermostatventil bei einem k_V-Wert von 0,5 m^3/h.

b) Überprüfen Sie die Ventilautorität, wenn im Regelkreis ein Druckverlust von 120 mbar herrscht.

4 Eine PWW-Heizung 70/55 °C hat eine Nennleistung von 21,3 kW, der Pumpendruck beträgt 115 mbar und der Druckverlust im Dreiwege-Mischer maximal 40 mbar.

Bestimmen Sie die Nennweite, den tatsächlichen Druckverlust und die Ventilautorität des Mischers.

5 Berechnen Sie vom Steigstrang aus den Gesamtdruckverlust für den Heizkörperanschluss **(Bild 2)**. Das Thermostatventil und die Rücklaufverschraubung haben einen k_V-Wert von 0,4 m^3/h, bei

a) Kupferrohr DIN EN 1057

b) Gewinderohr DIN EN 10 255 m.R.

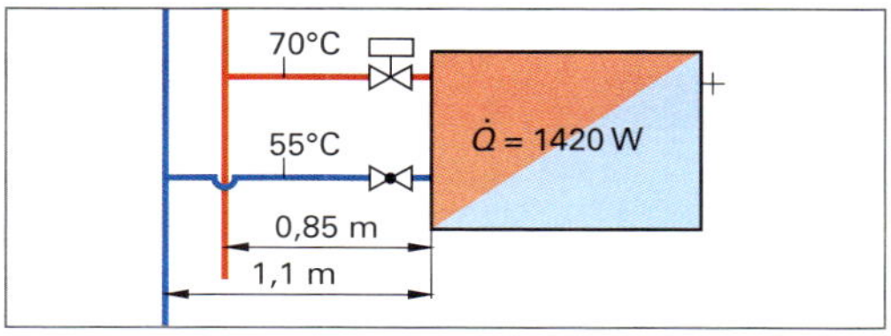

Bild 2: Heizkörperanschluss

6 Für das Beispiel Seite 253 sind die fehlenden Voreinstellungen am Heizkörper 01 und am Heizkörper 4 zu ermitteln **(Bild 1, Seite 253)**.

7 Die PWW-Heizung 65/55 °C in einem Einfamilien-Wohnhaus wurde mit Cu-Rohren EN 1057 installiert. An den Heizkörpern wurden Thermostatventile und Rücklaufverschraubungen mit einem k_V-Wert von 0,8 m^3/h montiert. Der ungünstigste Heizkörper besteht aus den Teilstrecken

TS	$\dot{Q}$ in W	l in m	$\Sigma\zeta$
1/2	13 580	9,4	9,5
3/4	10 900	3,7	6,0
5/6	4 180	6,9	1,5
7/8	1 200	2,15	10,5

a) Führen Sie eine Rohrnetzberechnung durch, wenn der R-Wert 0,7 mbar/m nicht überschreiten soll.

b) Überprüfen Sie die Ventilautorität des Thermostatventiles.

8 Eine PWW-Heizung 70/55 °C aus Stahlrohr DIN EN 10 255 m.R. wurde im Strangschema dargestellt **(Bild 3)**.

Die Heizkörper erhalten Thermostatventile mit einem k_V-Wert von 0,5 m^3/h und absperrbare Rücklaufverschraubungen. Berechnen oder bestimmen Sie:

a) die Nennweiten und Druckverluste im Rohrnetz, wenn der R-Wert von 1,0 mbar/m nicht überschritten werden soll,

b) die zu drosselnden Drücke und die Voreinstellung an den Heizkörpern,

c) die Förderhöhe und den Volumenstrom der Pumpe und

d) die Größe, Drehzahl, Leistung und Fließgeschwindigkeit der von Ihnen ausgewählten Pumpe.

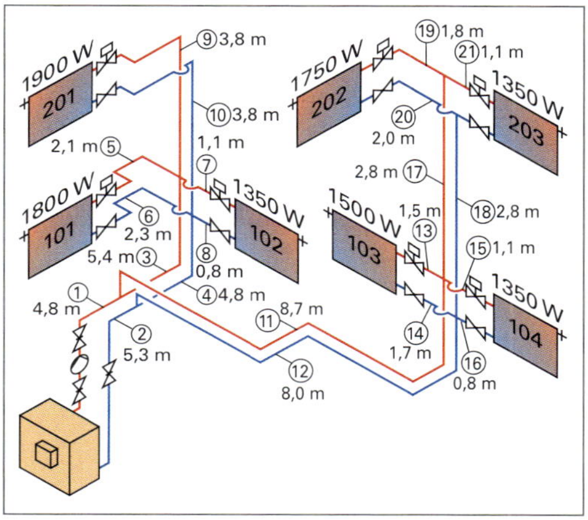

Bild 3: Heizungs-Strangschema

9 Die Rohrleitungen für die in **Bild 3** dargestellte Heizungsanlage werden aus Kupferrohren DIN EN 1057 installiert. Führen Sie die Berechnungen, wie in Aufgabe 8, mit dem geänderten Rohrwerkstoff durch.

8.5 Einrohrheizungen

Zur einfachen und korrekten Abrechnung der Heizkosten sowie bei der Altbausanierung, werden in Mehrfamilienhäusern in den einzelnen Etagen häufig Einrohrheizungen eingebaut. Als Rohrwerkstoffe kommen in der Regel metallene Rohre aus Kupfer oder Edelstahl und Kunststoffrohre aus PE-X zur Verwendung.

Bei der Einrohrheizung werden die einzelnen Heizkörper in Reihe, d.h. hintereinander angeordnet und mit speziellen Einrohrarmaturen angeschlossen **(Bild 1)**. Durch diese Reihenschaltung ändert sich an jedem Heizkörper die Vor- und Rücklauftemperatur und damit auch die mittlere Heizkörpertemperatur. Dadurch ergeben sich in Fließrichtung immer größere Heizflächen.

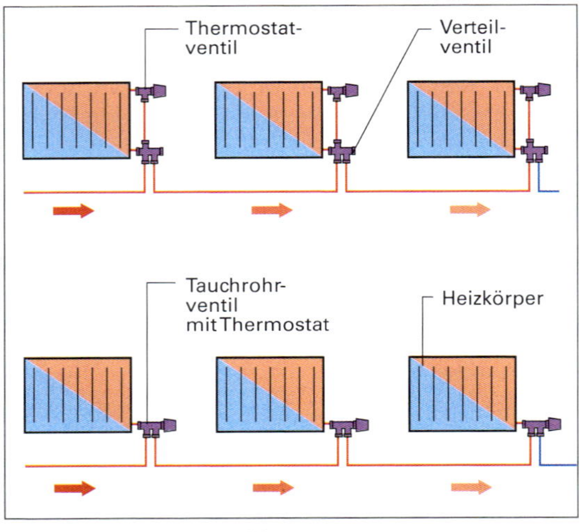

Bild 1: Heizkörperanschlüsse

8.5.1 Massenstrom im Heizkreis

Der durch einen Heizkreis strömende Massenstrom **($\dot{m}$)** ist abhängig von der Summe der Wärmeleistungen **($\Sigma\ \dot{Q}_H$)** aller Heizkörper und der Temperaturdifferenz **($\Delta\vartheta$)** zwischen Vor- und Rücklauf.

$$\dot{m} = \frac{\Sigma\dot{Q}}{c \cdot \Delta\vartheta} \qquad \Delta\vartheta = \vartheta_V - \vartheta_R$$

$\Sigma\dot{Q}$ Wärmeleistung aller Heizkörper in W
$\dot{m}$ Massenstrom im Heizkreis in kg/h
c spez. Wärmekapazität in Wh/(kg*K)
$\Delta\vartheta$ Temperaturdifferenz in K
ϑ_V Vorlauftemperatur im Heizkreis in °C
ϑ_R Rücklauftemperatur im Heizkreis in °C

Beispiel:

Der Heizkreis einer Einrohrheizung wird mit einem Umlauf-Wasserheizer (UWH) betrieben und besteht aus fünf Heizkörpern **(Bild 2)**. Berechnen Sie den Massenstrom im Heizkreis, wenn die Vorlauftemperatur 65 °C und die Rücklauftemperatur 50 °C beträgt.

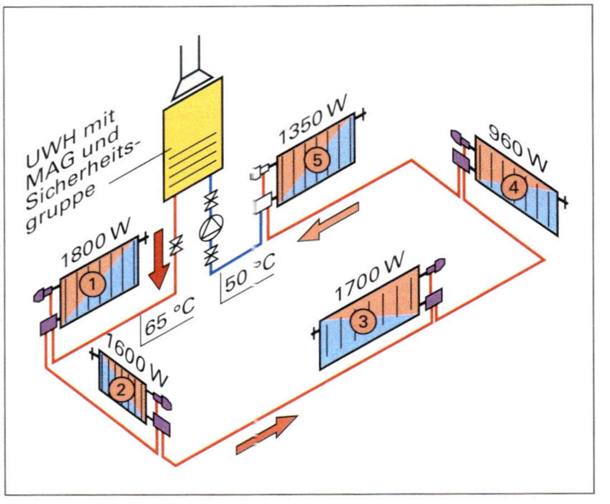

Bild 2: Einrohrheizung

Geg: $\dot{Q}_{H1} = 1800$ W, $\dot{Q}_{H2} = 1600$ W, $\dot{Q}_{H3} = 1700$ W, $\dot{Q}_{H4} = 960$ W, $\dot{Q}_{H5} = 1350$ W, $\vartheta_V = 65$ °C, $\vartheta_R = 50$ °C

Ges: $\dot{m}$

$\Sigma\dot{Q} = \dot{Q}_{H1} + \dot{Q}_{H2} + \dot{Q}_{H3} + \dot{Q}_{H4} + \dot{Q}_{H5}$

$\Sigma\dot{Q} = 1800\ \text{W} + 1600\ \text{W} + 1700\ \text{W} + 960\ \text{W} + 1350\ \text{W}$

$\Sigma\dot{Q} = 7410\ \text{W}$

$\Delta\vartheta = \vartheta_V - \vartheta_R \qquad \Delta\vartheta = 65\ °\text{C} - 50\ °\text{C}$

$\Delta\vartheta = 15\ \text{K}$

$$\dot{m} = \frac{\Sigma\dot{Q}}{c \cdot \Delta\vartheta} \qquad \dot{m} = \frac{7410\ \text{W}}{1{,}163\ \text{Wh/(kg} \cdot \text{K)} \cdot 15\ \text{K}}$$

$\dot{m} = 424{,}76$ kg/h

Für die weitere Berechnung bei der Einrohrheizung arbeitet man entweder mit gleichen Temperaturdifferenzen oder mit einheitlichen Massenströmen je Heizkörper.

8.5.2 Gleiche Temperaturdifferenzen

Durch die Spezial-Armaturen am Heizkörper können die Massenströme so eingestellt werden, dass an jedem Heizkörper die gleiche Temperaturdifferenz herrscht **(Bild 1, Seite 261)**. In der Regel wird eine Temperaturdifferenz zwischen 8 °C und 15 °C gewählt und daraus der Massenstrom je Heizkörper berechnet.

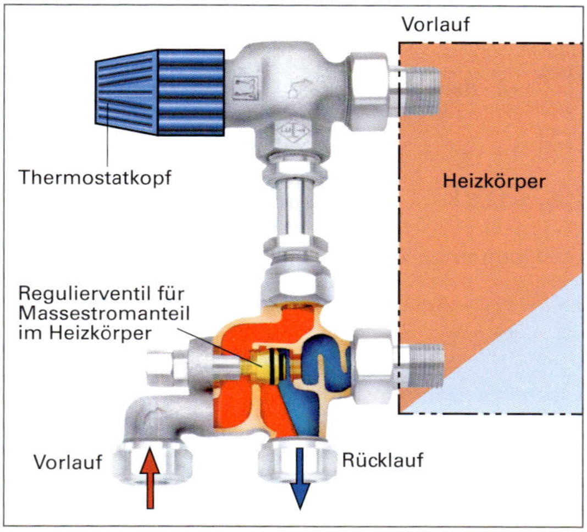

Bild 1: Heizkörperarmatur für Einrohrheizung

$$\dot{m}_H = \frac{\dot{Q}_H}{c \cdot \Delta\vartheta_H}$$

$\dot{Q}_H$ Heizleistung des Heizkörpers in W
$\dot{m}_H$ Massenstrom je Heizkörper in kg/h
$\Delta\vartheta_H$ Temperaturdifferenz im Heizkörper in K

Beispiel:

Eine Einrohrheizung besteht aus drei Heizkörpern mit den Wärmeleistungen $\dot{Q}_{H1}$ = 1800 W, $\dot{Q}_{H2}$ = 1350 W und $\dot{Q}_{H3}$ = 980 W. Berechnen Sie die verschiedenen Massenströme bei einer konstanten Temperaturdifferenz von 11 K je Heizkörper.

Geg: $\dot{Q}_{H1}$ = 1800 W, $\dot{Q}_{H2}$ = 1350 W, $\dot{Q}_{H3}$ = 980 W, $\Delta\vartheta$ = 11 K

Ges: $\dot{m}_{H1}$, $\dot{m}_{H2}$, $\dot{m}_{H3}$

$$\dot{m}_{H1} = \frac{\dot{Q}_{H1}}{c \cdot \Delta\vartheta_H} \qquad \dot{m}_{H1} = \frac{1800\ \text{W}}{1{,}163\ \text{Wh/(kg} \cdot \text{K)} \cdot 11\ \text{K}}$$

$\boldsymbol{\dot{m}_{H1}}$ **= 140,7 kg/h**

$$\dot{m}_{H2} = \frac{\dot{Q}_{H2}}{c \cdot \Delta\vartheta_H} \qquad \dot{m}_{H2} = \frac{1350\ \text{W}}{1{,}163\ \text{Wh/(kg} \cdot \text{K)} \cdot 11\ \text{K}}$$

$\boldsymbol{\dot{m}_{H2}}$ **= 105,5 kg/h**

$$\dot{m}_{H3} = \frac{\dot{Q}_{H3}}{c \cdot \Delta\vartheta_H} \qquad \dot{m}_{H3} = \frac{980\ \text{W}}{1{,}163\ \text{Wh/(kg} \cdot \text{K)} \cdot 11\ \text{K}}$$

$\boldsymbol{\dot{m}_{H3}}$ **= 76,6 kg/h**

8.5.3 Gleiche Massenströme

Werden in einer Einrohrheizung die Massenströme für jeden Heizkörper mit dem gleichen prozentualen Anteil eingestellt, ergeben sich daraus unterschiedliche Temperaturdifferenzen. Für die Spezial-Armaturen am Heizkörper wird in der Regel ein konstanter Anteil von 20 % bis 60 % gewählt.

$\dot{m} = \frac{\Sigma \dot{Q}}{c \cdot \Delta\vartheta}$	$\dot{m}_H = \dot{m} \cdot p$	$\Delta\vartheta_H = \frac{\dot{Q}_H}{c \cdot \dot{m}_H}$

$\dot{m}_H$ Massenstrom je Heizkörper in kg/h
$\dot{m}$ Massenstrom im Heizkreis in kg/h
p prozentualer Anteil als Dezimalzahl
$\Delta\vartheta_H$ Temperaturdifferenz am Heizkörper in K

Beispiel:

Berechnen Sie die Temperaturdifferenz für die Heizkörper 1 bis 3 der Aufgabe **(Bild 2, Seite 260)**, wenn der Massenstrom pro Heizkörper auf einen konstanten Anteil von 30% des Gesamt-Massenstromes der Einrohrheizung eingestellt werden soll.

Geg: $\dot{Q}_{H1}$ = 1800 W, $\dot{Q}_{H2}$ = 1600 W, $\dot{Q}_{H3}$ = 1700 W, p = 0,3, $\dot{m}$ = 424,76 kg/h **(Seite 260)**

Ges: $\dot{m}_H$, $\Delta\vartheta_{H1}$, $\Delta\vartheta_{H2}$, $\Delta\vartheta_{H3}$

$\dot{m}_H = \dot{m} \cdot p$
$\dot{m}_H$ = 424,76 kg/h · 0,3
$\boldsymbol{\dot{m}_H}$ **= 127,43 kg/h**

$$\Delta\vartheta_{H1} = \frac{\dot{Q}_{H1}}{c \cdot \dot{m}_H}$$

$$\Delta\vartheta_{H1} = \frac{1800\ \text{W}}{1{,}163\ \text{Wh/(kg} \cdot \text{K)} \cdot 127{,}43\ \text{kg/h}}$$

$\boldsymbol{\Delta\vartheta_{H1}}$ **= 12,1 K**

$$\Delta\vartheta_{H2} = \frac{\dot{Q}_{H2}}{c \cdot \dot{m}_H}$$

$$\Delta\vartheta_{H2} = \frac{1600\ \text{W}}{1{,}163\ \text{Wh/(kg} \cdot \text{K)} \cdot 127{,}43\ \text{kg/h}}$$

$\boldsymbol{\Delta\vartheta_{H2}}$ **= 10,8 K**

$$\Delta\vartheta_{H3} = \frac{\dot{Q}_{H3}}{c \cdot \dot{m}_H}$$

$$\Delta\vartheta_{H3} = \frac{1700\ \text{W}}{1{,}163\ \text{Wh/(kg} \cdot \text{K)} \cdot 127{,}43\ \text{kg/h}}$$

$\boldsymbol{\Delta\vartheta_{H3}}$ **= 11,5 K**

Die Heizkörper bei Einrohrheizungen können entweder über gleiche Temperatur-Differenzen oder über gleiche Massenströme ermittelt werden.

8.5.4 Bestimmung der Heizflächen

Für die Auslegung der Heizkörper muss der Massenstrom, die mittlere Heizflächentemperatur und die Raumtemperatur berücksichtigt werden. Da das Rücklaufwasser des Heizkörpers mit dem Vorlaufwasser wieder gemischt wird, wird bei der Einrohrheizung die mittlere Heizflächentemperatur in Fließrichtung immer niedriger und damit die Heizfläche immer größer. Die Vergrößerung der Heizflächen wird nach der Berechnung der Temperaturen über den Korrekturfaktor **(*f*)** berücksichtigt. Der Korrekturfaktor wird Tabelle 1, Seite 241 entnommen.

$$\Delta\vartheta_H = \frac{\dot{Q}_H}{c \cdot \dot{m}_H}$$

$$\Delta\vartheta_H = \vartheta_{VH} - \vartheta_{RH} \qquad \vartheta_{RH} = \vartheta_{VH} - \Delta\vartheta_H$$

$$\Delta\vartheta_ü = \frac{\vartheta_{VH} + \vartheta_{RH}}{2} - \vartheta_i$$

$\dot{Q}_H$ Wärmeleistung des Heizkörpers in W
$\Delta\vartheta_H$ Temperaturdifferenz im Heizkörper in K
ϑ_{VH} Vorlauftemperatur am Heizkörper in °C
ϑ_{RH} Rücklauftemperatur am Heizkörper in °C
ϑ_i Raumtemperatur in °C
$\Delta\vartheta_ü$ Heizkörperübertemperatur in K

Beispiel:

Der Heizkreis einer Einrohrheizung 70/55 °C hat eine Gesamtwärmeleistung von 7200 W. Der erste Heizkörper hat eine Wärmeleistung von 1550 W bei einem Anteil von 30 % vom Gesamtmassenstrom. Die Raumtemperatur beträgt 20 °C. Berechnen Sie die Heizkörperübertemperatur und den Umrechnungsfaktor des ersten Heizkörpers sowie die Vorlauftemperatur für den zweiten Heizkörper.

Geg: $\Sigma\dot{Q} = 7200$ W, $\dot{Q}_H = 1550$ W, $\vartheta_V = 70$ °C, $\vartheta_R = 55$ °C, $\vartheta_i = 20$ °C, $p = 0{,}3$

Ges: ϑ_H, $\Delta\vartheta_ü$, f, ϑ_{V2}

Heizkreismassenstrom

$$\dot{m} = \frac{\Sigma\dot{Q}}{c \cdot \Delta\vartheta} \qquad \dot{m} = \frac{7200\ \text{W}}{1{,}163\ \text{Wh/(kg}\cdot\text{K)} \cdot 15\ \text{K}}$$

$\boldsymbol{\dot{m} = 412{,}73}$ **kg/h**

$$\dot{m}_H = \dot{m} \cdot p \qquad \dot{m}_H = 412{,}73\ \text{kg/h} \cdot 0{,}3$$

$\boldsymbol{\dot{m}_H = 123{,}8}$ **kg/h**

Temperaturdifferenz im Heizkörper

$$\Delta\vartheta_H = \frac{\dot{Q}_H}{c \cdot \dot{m}_H}$$

$$\Delta\vartheta_H = \frac{1550\ \text{W}}{1{,}163\ \text{Wh/(kg}\cdot\text{K)} \cdot 123{,}8\ \text{kg/h}}$$

$\boldsymbol{\Delta\vartheta_H = 10{,}8}$ **K**

Rücklauftemperatur am 1. Heizkörper

$$\vartheta_{RH} = \vartheta_{VH} - \Delta\vartheta_H \qquad \vartheta_{RH} = 70\ °\text{C} - 10{,}8\ \text{K}$$

$\boldsymbol{\vartheta_{RH} = 59{,}2}$ **°C**

Heizkörperübertemperatur

$$\Delta\vartheta_ü = \frac{\vartheta_{VH} + \vartheta_{RH}}{2} - \vartheta_i \qquad \Delta\vartheta_ü = \frac{70\ °\text{C} + 59{,}2\ °\text{C}}{2} - 20\ °\text{C}$$

$\boldsymbol{\Delta\vartheta_ü = 44{,}6}$ **°C**

Umrechnungsfaktor

$\boldsymbol{f_1 = 0{,}87}$ **(Tabelle 1, Seite 241)**

Vorlauftemperatur für den 2. Heizkörper

$$\Delta\vartheta = \frac{\dot{Q}_H}{c \cdot \dot{m}}$$

$$\Delta\vartheta = \frac{1550\ \text{W}}{1{,}163\ \text{Wh/(kg}\cdot\text{K)} \cdot 412{,}73\ \text{kg/h}}$$

$\boldsymbol{\Delta\vartheta = 3{,}2}$ **K**

$$\vartheta_{V2} = \vartheta_{V1} - \Delta\vartheta \qquad \vartheta_{V2} = 70\ °\text{C} - 3{,}2\ \text{K}$$

$\boldsymbol{\vartheta_{V2} = 66{,}8}$ **°C**

Für die Bestimmung der Heizkörperdaten eines ganzen Heizkreises, ist es für die Übersichtlichkeit besser mit einem Formblatt zu arbeiten **(Formblatt 1, Seite 265)**.

Aufgaben

1 Der Heizkreis einer Einrohrheizung 65/50 °C hat eine Gesamtnennleistung von 7410 W **(Bild 2, Seite 260)**. Jeder Heizkörper erhält einen konstanten Massenstrom von 35 %. Die Raumtemperatur beträgt bei allen Heizkörpern 20 °C.

Bestimmen Sie für die einzelnen Heizkörper die Masseströme, Temperaturdifferenzen, Heizkörperübertemperatur, Umrechnungsfaktor sowie Vor- und Rücklauftemperaturen.

2 Bestimmen Sie die geänderten Heizkörperdaten, wenn bei Heizkörper 4 die Raumtemperatur 24 °C beträgt **(Bild 2, Seite 260)**.

3 Bestimmen Sie die geänderten Heizkörperdaten, wenn jeder Heizkörper einen konstanten Massenstrom von 40 % erhält **(Bild 2, Seite 260)**.

8.5.5 Druckverluste und Pumpenauslegung

Durch die Reihenschaltung der einzelnen Heizkörper treten bei Einrohrheizungen höhere Druckverluste im Rohrnetz auf als bei Zweirohrheizungen. Der Grund sind die Spezial-Armaturen, die vom gesamten Massenstrom jeweils hintereinander durchströmt werden müssen.

Um die Größe der Umwälz-Pumpe zu bestimmen, muss eine Druckverlustberechnung durchgeführt werden.

Auch bei der Einrohrheizung gilt:

$$\Delta p_P \geq \Sigma R \cdot l + \Sigma Z$$

Da alle Heizkörper mit dem gleichen Rohrdurchmesser angeschlossen werden und für Bogen, Winkel und Abzweige statt der Zeta-Werte (ζ) gleichwertige Rohrlängen in die Berechnung eingesetzt werden, vereinfacht sich die Druckverlustberechnung wesentlich **(Tabelle 1)**. Für die Heizkörper-Armaturen werden die Druckverluste den Tabellen der Hersteller entnommen oder es wird ebenfalls mit gleichwertigen Rohrlängen gerechnet **(Bild 2)**. Die Widerstandsbeiwerte für die Rohrleitungen sind Diagrammen zu entnehmen **(Bild 1)**. Zur übersichtlichen Darstellung erfolgt die Pumpenauslegung mittels Formblatt **(Tabelle 1, Seite 264)**.

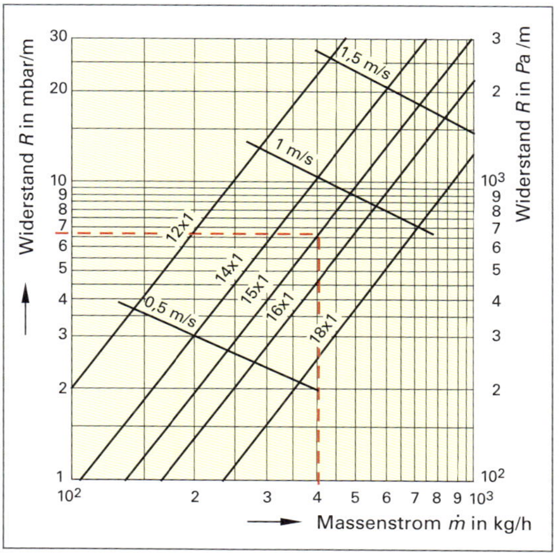

Bild 1: Druckverluste für Kupferrohr

Tabelle 1: Gleichwertige Rohrlängen l_{glw}

Bogen: l = 0,5 m		Winkel: l = 1,5 m		Abzweig: l = 0,8 m
Tauchrohr- oder Bypass-Combi-Ventil DN 15				
Heiz-körper-anteil	k_V-Wert	Kupferrohr DIN EN 1057		
		12 × 1	15 × 1	18 × 1
40%	2,03	1,4 m	5,4 m	13,2 m
35%	2,27	1,2 m	4,2 m	11,1 m
30%	2,57	0,9 m	3,4 m	8,8 m
25%	2,93	0,7 m	2,5 m	6,7 m
Heiz-körper-anteil	k_V-Wert	Weichstahlrohr DIN 2462		
		12 × 1,2	15 × 1,2	18 × 1,2
40%	2,03	1,2 m	4,7 m	12,9 m
35%	2,27	1,0 m	3,7 m	10,2 m
30%	2,57	0,8 m	3,0 m	8,1 m
25%	2,93	0,6 m	2,2 m	6,2 m

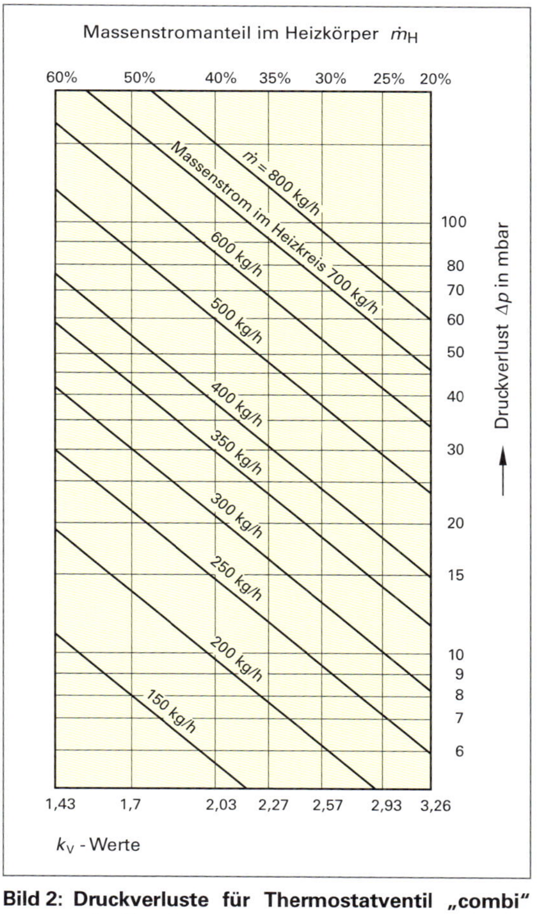

Bild 2: Druckverluste für Thermostatventil „combi" oder Tauchrohr, nach Herstellerangabe

Beispiel:

In eine Etagenwohnung wird eine Einrohrheizung 70/55 °C eingebaut **(Bild 1)**. Alle Heizkörper erhalten Bypass-Combi-Ventile DN 15 mit einem Heizkörperanteil von 35 %. Es werden Kupferrohre verwendet.

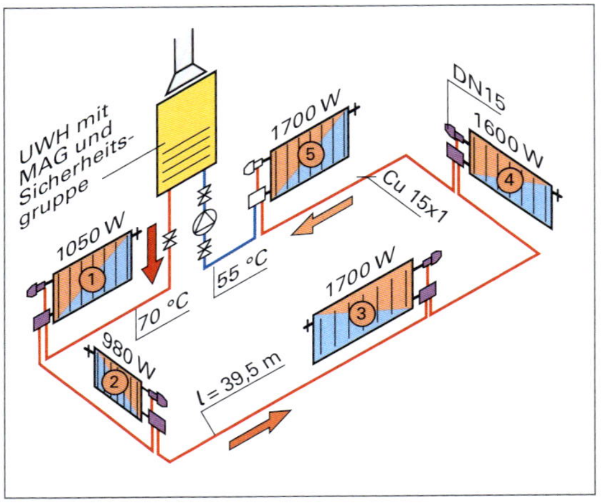

Bild 1: Einrohrheizung

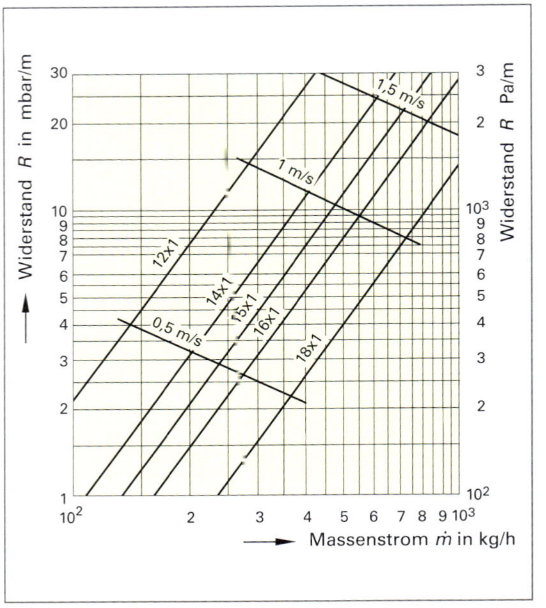

Bild 2: Druckverluste für Weichstahlrohr

Führen Sie eine Druckverlustberechnung durch und bestimmen Sie die Förderhöhe der Umwälzpumpe.

Lösung:

1. Anzahl der Ventile, Bogen und Winkel aus Bild 1 entnehmen, gleichwertige Rohrlängen aus **Tab. 1, Seite 263** ermitteln und miteinander multiplizieren.
2. Rohrlänge des Heizkreises eintragen und mit den gleichwertigen Längen addieren.
3. Massenstrom im Heizkreis berechnen, Rohrart und Rohrdurchmesser festlegen und den R-Wert mit **Bild 1, Seite 263** bestimmen.
4. Gesamte Rohrlänge mit dem R-Wert multiplizieren.
5. Sonstige Verluste ermitteln, wie z.B. Schieber und in Tabelle eintragen.
6. Alle Verluste addieren und den Pumpendruck festlegen.
7. Umwälzpumpe über den Förderstrom und die Förderhöhe aus dem Pumpendiagramm auswählen.

Tabelle 1: Ermittlung der Druckverluste bei Einrohrheizungen

Projekt Nr.: *Übungsbeispiel 1*		Bearbeiter: *Ulrich Uhr*	
Anlage/Stockwerk: *EG*		Heizkreis Nr.: *1*	
Druckverluste im Heizkreis:			
	Anzahl (n)	gleichw. Rohrl. (l_{glw})	$n \cdot l_{glw}$
Heizkörper-ventile DN 15	*5*	*4,2*	*21,0*
Bogen			
Winkel	*15*	*1,5*	*22,5*
Abzweige	–		
Diverses	–		
Rohrlänge des Heizkreises l in m			*39,5*
Σ Rohrlängen l in m			*83,0*
Massenstrom im Heizkreis $\dot{m}$ = *403* kg/h		Rohrart/Nennweite Cu 15 × 1	
Widerstandsbeiwert R = *6,7* mbar/m		Fließgeschw. v = *0,8* m/s	
Druckverluste in der Anlage			
	Σ Rohrlängen l in m	R in mbar/m	$l \cdot R$ in mbar
Verluste im Heizkreis	*83,0*	*6,7*	*556,1*
Verluste im Steigstrang			–
sonstige Verluste 3 Schieber DN 15 (ζ = 0,3)			*3,2*
Σ Verluste im Heizkreis			*559,3*
Verlust im Kreisregulierventil			–
Mindestdruck der Pumpe $\Delta p_P \geq$ *560* mbar			ΔH = *5,6* m

Aufgaben

1 Eine Einrohrheizung besteht aus vier Heizkörpern **(Bild 1)**. Berechnen Sie den Massenstrom im Heizkreis, bei einer Vor- und Rücklauftemperatur 70/60 °C.

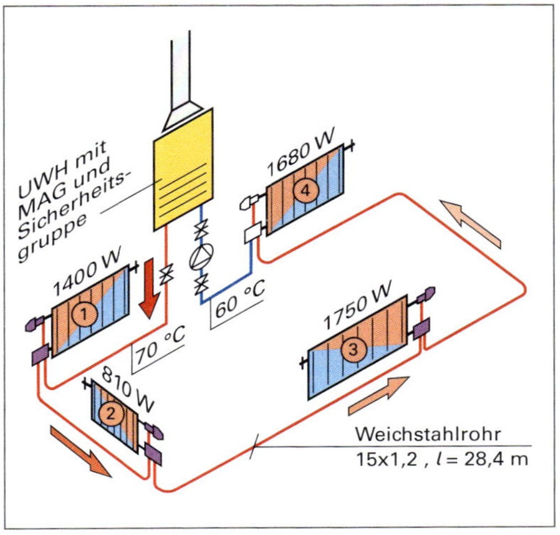

Bild 1: Einrohrheizung

2 Berechnen Sie die Temperaturdifferenz für alle Heizkörper, wenn der Massenstrom je Heizkörper auf einen konstanten Anteil von 35 % eingestellt werden soll **(Bild 1)**.

3 Führen Sie eine Druckverlustberechnung für **Beispiel 1, Seite 264** durch, wenn statt Kupferrohr Cu 15 × 1 Weichstahlrohr 18 × 1,2 verwendet wird.

4 Bestimmen Sie die Umrechnungsfaktoren zur Auslegung der Heizflächen für Beispiel 1, Seite 264.

5 Der Heizkreis einer Einrohrheizung 65/55 °C besteht aus vier Heizkörpern **(Bild 2)**. Der Heizkörperanteil beträgt 30 %. Die Raumtemperaturen betragen beim Heizkörper 1, 3 und 4 jeweils 20 °C, bei Heizkörper 2 sind es 24 °C.

a) Ermitteln Sie die Umrechnungsfaktoren für die einzelnen Heizkörper mittels Formblatt 1.

b) Berechnen Sie die Druckverluste und bestimmen Sie die Förderhöhe für die Heizungs-Umwälzpumpe.

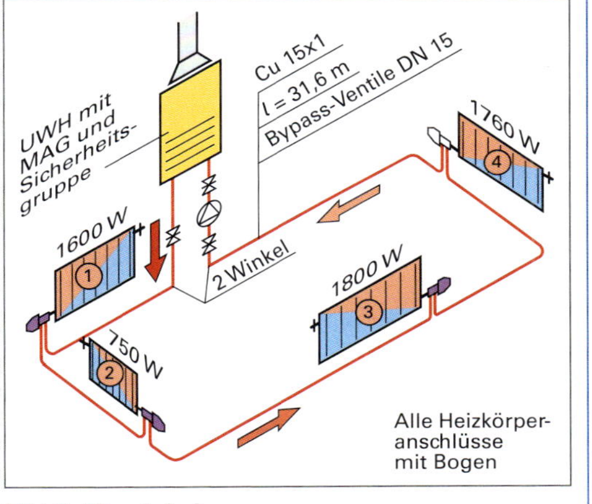

Bild 2: Einrohrheizung

Formblatt 1: Heizkörperauslegung für Einrohrheizung

1	2	3	4	5	6	7	8	9	10	11	12	13	14
Heizkörper Nr.	Wärmeleistung des Heizkörpers $\dot{Q}_H$	Massenstrom des Heizkörpers $\dot{m}_K$	Heizkörperanteil p	Masssenstrom im Heizkörper $\dot{m}_H$	Temperaturdifferenz im Heizkörper $\Delta\vartheta_H$	Heizkörper-Vorlauftemperatur ϑ_{VH}	Heizkörper-Rücklauftemperatur ϑ_{RH}	Mittlere Heizkörper-temperatur ϑ_{mH}	Raumtemperatur ϑ_i	wirksame Heizkörper-Übertemperatur $\Delta\vartheta_ü$	Umrechnungsfaktor f_1	Temperaturdifferenz im Heizkreis $\Delta\vartheta_K$	Heizkreistemperatur nach Heizkörper ϑ_{VH2}
–	W	kg/h	%	kg/h	K	°C	°C	°C	°C	K	–	K	°C

8.6 Fußbodenheizung

Bei der Fußbodenheizung wird die Oberfläche des Fußbodens eines Raumes als „Heizfläche“ verwendet. Dafür werden in der Regel Rohre aus Metallen oder Kunststoffen auf Spezialdämmplatten unterhalb des Estrichs oder im Estrich verlegt **(Bild 1)**.

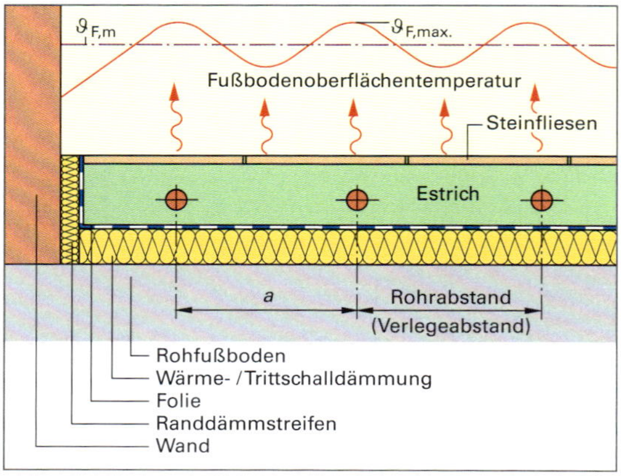

Die Verlegung der Heizungsrohre erfolgt in Abständen von a = 5,0 cm bis a = 35,0 cm und kann schlangen- oder spiralförmig ausgeführt werden **(Bild 2)**.

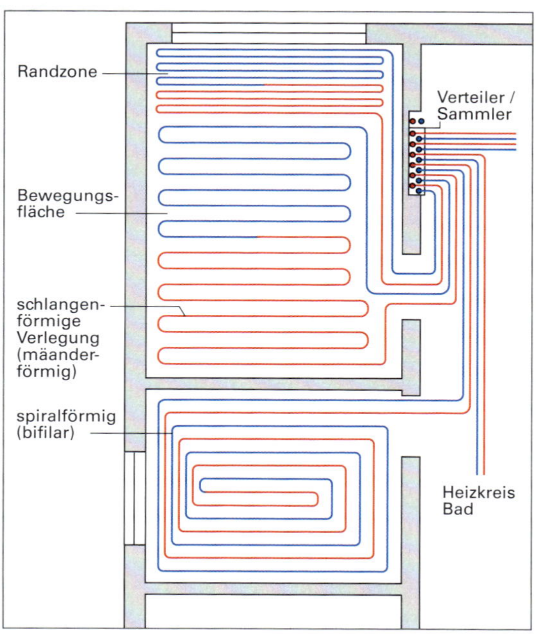

Bild 2: Verlegung von Heizungsrohren

Die Wärmeleistung und die Behaglichkeit einer Fußbodenheizung ist im Wesentlichen abhängig

- vom Wärmebedarf des Raumes,
- der Wärmestromdichte,
- der Fußboden-Oberflächentemperatur,
- dem Rohrabstand (Verlegeabstand) und
- den Heizwassertemperaturen.

8.6.1 Wärmeleistung

Für die Auslegung der Fußbodenheizung wird für die einzelnen Räume zuerst der Norm-Wärmebedarf ($\dot{Q}_N$) nach DIN 4701 berechnet **(Seite 228)**. Wurde dabei ein Transmissions-Wärmebedarf durch den Fußboden ($\dot{Q}_{FB}$), wie z.B. bei Keller- oder Erdgeschossräumen berücksichtigt, muss dieser vom Norm-Wärmebedarf abgezogen werden. Man nennt dies dann den bereinigten Wärmebedarf ($\dot{Q}_N'$). Die im Fußboden verlegten Rohre strahlen nämlich die Wärme nicht nur nach oben ab, sondern auch teilweise nach unten. Meist kommt nach DIN 4701, T3 noch ein Auslegungszuschlag von 15% hinzu.

$$\dot{Q}_N' = \dot{Q}_N - \dot{Q}_{FB}$$

$$\dot{Q}_F = f \cdot \dot{Q}_N'$$

$\dot{Q}_F$ Wärmeleistung des Fußbodens in W
$\dot{Q}_N$ Norm-Wärmebedarf in W
$\dot{Q}_{FB}$ Transmissionswärmebedarf d. Fußbodens in W
$\dot{Q}_N'$ bereinigter Wärmebedarf in W
f Auslegungszuschlag als Dezimalzahl

8.6.2 Wärmestromdichte

Wird die Wärmeleistung des Fußbodens auf die Fußbodenoberfläche des Raumes bezogen, spricht man von der Wärmestromdichte **($\dot{q}_F$)**.

$$\dot{q}_F = \frac{\dot{Q}_F}{A_F}$$

$$\dot{Q}_F = A_F \cdot \dot{q}_F \qquad A_F = \frac{\dot{Q}_F}{\dot{q}_F}$$

$\dot{q}_F$ Wärmestromdichte in W/m²
$\dot{Q}_F$ Wärmeleistung des Fußbodens in W
A_F Fußbodenoberfläche in m²

Beispiel:

Der Norm-Wärmebedarf eines Raumes beträgt 1120 W. Dabei wurde für den Fußboden ein Transmissions-Wärmebedarf von 85 W berücksichtigt.

Berechnen Sie die Wärmeleistung der Fußbodenheizung bei einem Auslegungszuschlag von 15 % und die Wärmestromdichte bei einer Fußbodenfläche von 16,3 m².

Geg: $\dot{Q}_N = 1120\ W$, $\dot{Q}_{FB} = 85\ W$, $f = 1{,}15$, $A_F = 16{,}3\ m^2$

Ges: $\dot{Q}_N'$, $\dot{Q}_F$, $\dot{q}_F$

$\dot{Q}_N' = \dot{Q}_N - \dot{Q}_{FB}$ $\quad$ $\dot{Q}_N' = 1120\ W - 85\ W$

$\boldsymbol{\dot{Q}_N' = 1035\ W}$

$\dot{Q}_F = f \cdot \dot{Q}_N'$ $\quad$ $\dot{Q}_F = 1{,}15 \cdot 1035 W$

$\boldsymbol{\dot{Q}_F = 1190\ W}$

$\dot{q}_F = \dfrac{\dot{Q}_F}{A_F}$ $\quad$ $\dot{q}_F = \dfrac{1190\ W}{16{,}3\ m^2}$

$\boldsymbol{\dot{q}_F = 73{,}0\ W/m^2}$

Die Wärmestromdichte ist abhängig von einem Wärmeübergangskoeffizienten **(α)** und der Temperaturdifferenz **($\Delta\vartheta$)**, die sich aus der mittleren Fußboden-Oberflächentemperatur **(ϑ_{Fm})** und der Innentemperatur des Raumes **(ϑ_i)** ergibt.

$$\dot{q}_F = 8{,}92\ (\vartheta_{Fm} - \vartheta_i)^{1,1}$$

In der Praxis wird der Wärmeübergangskoeffizient α vereinfacht mit 11,0 W/(m² · K) angenommen. Daraus folgt

$$\dot{q}_F = \alpha \cdot (\vartheta_{Fm} - \vartheta_i) \qquad \dot{q}_F = \alpha \cdot \Delta\vartheta_{Fm}$$

$$\Delta\vartheta = (\vartheta_{Fm} - \vartheta_i)$$

$\dot{q}_F$ Wärmestromdichte in W/m²
α Wärmeübergangskoeffizient in W/(m² · K)
ϑ_{Fm} mittlere Fußboden-Oberflächentemperatur in °C
ϑ_i Raumtemperatur in °C
$\Delta\vartheta$ Temperaturdifferenz in K

Beispiel:

Berechnen Sie für eine Fußbodenheizung die Wärmestromdichte, wenn die Raumtemperatur 20 °C und die mittlere Fußboden-Oberflächentemperatur 26,5 °C beträgt.

Geg: $\vartheta_i = 20\ °C$, $\vartheta_{Fm} = 26{,}5\ °C$, $\alpha = 11\ (W/m^2 \cdot K)$

Ges: $\dot{q}_F$

$\dot{q}_F = \alpha \cdot (\vartheta_{Fm} - \vartheta_i)$ $\quad$ $\dot{q}_F = 11\ \dfrac{W}{(m^2 \cdot K)} \cdot (26{,}5\ °C - 20\ °C)$

$\boldsymbol{\dot{q}_F = 71{,}5\ W/m^2}$

8.6.3 Fußboden-Oberflächentemperatur

Aus gesundheitlichen Gründen und um Behaglichkeit im Raum zu erhalten, dürfen folgende maximale Fußboden-Oberflächentemperaturen ($\vartheta_{F,max}$) nicht überschritten werden.

Aufenthaltsbereich (Bewegungsflächen)	$\vartheta_{F,max}$	≤ 29 °C
Bäder, Duschen	$\vartheta_{F,max}$	≤ 33 °C
Randzonen	$\vartheta_{F,max}$	≤ 35 °C

Um zu hohe Fußboden-Oberflächentemperaturen zu vermeiden, liegt die mittlere Fußboden-Oberflächentemperatur (ϑ_{Fm}) in der Regel 2 K unter $\vartheta_{F,max}$ **(Bild 1, Seite 268)**.

Beispiel:

Wie hoch ist die mittlere Fußboden-Oberflächentemperatur bei einer Wärmestromdichte von 75,2 W/m² und einer Raumtemperatur von 20 °C?

Geg: $\dot{q}_F = 75{,}2\ W/m^2$, $\vartheta_i = 20\ °C$, $\alpha = 11\ W/(m^2 \cdot K)$

Ges: $\Delta\vartheta$, ϑ_{Fm}

$\Delta\vartheta = \dfrac{\dot{q}_F}{\alpha}$ $\quad$ $\Delta\vartheta = \dfrac{75{,}2\ \frac{W}{m^2}}{11{,}0\ \frac{W}{(m^2 \cdot K)}}$

$\boldsymbol{\Delta\vartheta = 6{,}84\ K}$

$\vartheta_{Fm} = \Delta\vartheta + \vartheta_i$ $\quad$ $\vartheta_{Fm} = 6{,}84\ K + 20\ °C$

$\vartheta_{Fm} = 26{,}84\ °C$

$\vartheta_{F,max} = \vartheta_{Fm} + 2\ K$ $\quad$ $\vartheta_{F,max} = 26{,}84\ °C + 2\ K$

$\boldsymbol{\vartheta_{F,max} = 28{,}84\ °C \leq 29\ °C}$ **(zulässig)**

Aufgaben

1 Berechnen Sie die Wärmeleistung und die Wärmestromdichte für eine Fußbodenheizung bei folgenden Daten:
Norm-Wärmebedarf 1430 W, kein Transmissions-Wärmebedarf durch den Fußboden, Auslegungszuschlag 15 %, Fußbodenfläche 27,1 m².

2 Berechnen Sie die Wärmeleistung, die Wärmestromdichte und die Fußboden-Oberflächentemperatur einer Fußbodenheizung, wenn folgende Daten bekannt sind:
Norm-Wärmebedarf 1520 W, Transmissions-Wärmebedarf für den Fußboden 95 W, Auslegungszuschlag 10 %, Fußbodenfläche 23,7 m² und Raumtemperatur 20 °C.

3 Wie hoch ist die mittlere Fußboden-Oberflächentemperatur bei einer Wärmestromdichte von 71,5 W/m² und einer Raumtemperatur von 20 °C?

Die mittlere Fußbodenoberflächentemperatur lässt sich auch über Diagramme der Hersteller ermitteln **(Bild 1)**.

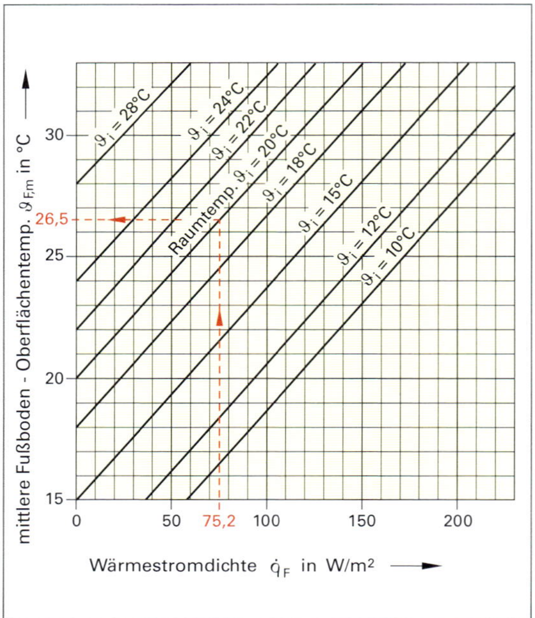

8.6.4 Rohrabstand und Heizwassertemperatur

Der Rohrabstand ist abhängig von der Wärmestromdichte, der mittleren Heizwassertemperatur und dem Fußbodenbelag. Je nach Rohrwerkstoff und Herstellersystem werden die Rohrabstände **(RA)** von 5,0 cm bis 35,0 cm gewählt und damit die mittlere Heizwasserübertemperatur **($\Delta\vartheta_{üm}$)** bestimmt **(Bild 2, 3 und 4)**. Die mittlere Heizwassertemperatur errechnet sich aus der Raumtemperatur und der mittleren Heizwasserübertemperatur.

$$\vartheta_m = \vartheta_i + \Delta\vartheta_{üm}$$

ϑ_m mittlere Heizwassertemperatur in °C
ϑ_i Raumtemperatur in °C
$\Delta\vartheta_{üm}$ mittlere Heizwasserübertemperatur in K

In der Praxis werden für die mittlere Heizwassertemperatur 35 °C bis 45 °C angenommen. Für die Temperaturdifferenz zwischen der Vor- und Rücklauftemperatur des Heizwassers **($\Delta\vartheta_H$)** werden im Aufenthaltsbereich 5 K und für die Randzonen 3 K festgelegt.

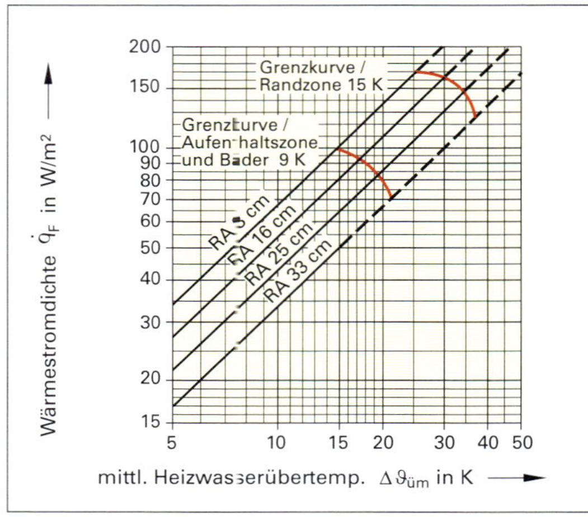

Bild 2: Heizwasserübertemp. bei $R_{\lambda,B}$ = 0,0 m² · K/W

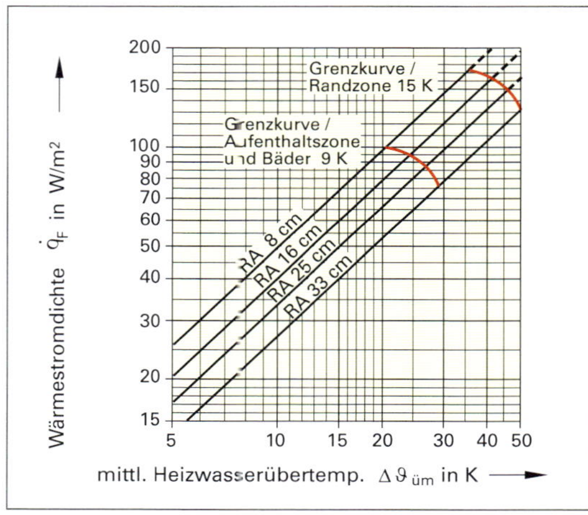

Bild 3: Heizwasserübertemp. bei $R_{\lambda,B}$ = 0,05 m² · K/W

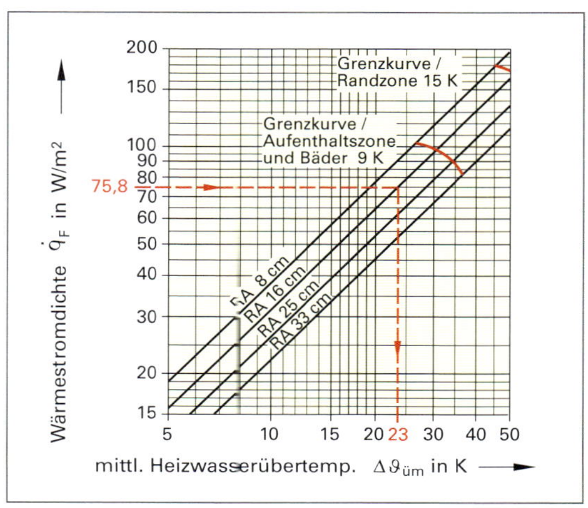

Bild 4: Heizwasserübertemp. bei $R_{\lambda,B}$ = 0,1 m² · K/W

Als Fußbodenbelag kommen in der Regel Steinfliesen, Holzparkett oder Teppichware zur Verwendung, wodurch die Wärmeleitwiderstände $R_{\lambda B}$ verschieden sind **(Tabelle 1)**.

Tabelle 1: Wärmeleitwiderstände je nach Fußbodenbelag

Raumart	Fußbodenaufbau oberhalb der Heizungsrohre	Wärmeleitwiderstand $R_{\lambda,B}$ in $m^2 \cdot K/W$
Bad, Küche, Flur	4,5 cm Estrich + bis 15 mm Steinfliesen	0,00
Wohnzimmer	4,5 cm Estrich + 10 mm Eichenparkett	0,05
Kinder-, Schlaf- und Arbeitszimmer	4,5 cm Estrich + 7 mm Teppich	0,10

Je nach dem gewählten Rohrabstand und dem Fußbodenbelag, wird die zu verlegende Rohrlänge ermittelt **(Tabelle 2)**.

Tabelle 2: Rohrabstand und Rohrlängen bei Fußbodenheizungen

Rohrabstand a in cm	Flächenbezogene Rohrlänge l' in m/m^2	Beheizbare Fußbodenfläche bei l_{max} in m^2
5,0	20,0	6,75
8,0	12,0	11,25
10,0	10,0	13,5
16,0	6,0	22,5
20,0	5,0	27,0
25,0	4,0	33,75
30,0	3,3	40,9
33,0	3,0	45,0

* Wegen der hohen Druckverluste soll l_{max} 120 m bis 135 m nicht übersteigen.

Beispiel:

Ein Wohnraum mit Teppichboden hat eine Fläche von 21,5 m^2 und einen bereinigten Wärmebedarf von 1630 W. Die Innentemperatur soll 20 °C betragen.

Ermitteln Sie den Rohrabstand, die Rohrlänge, die mittlere Fußbodenoberflächentemperatur, die mittlere Heizwassertemperatur sowie die Vor- und Rücklauftemperatur bei einer Temperaturdifferenz von 5 K.

Geg: $A = 21{,}5\ m^2$, $\dot{Q}_F = 1630\ W$, $\vartheta_i = 20\ °C$, $\Delta\vartheta_H = 5\ K$

Ges: $\dot{q}_F$, RA, l, ϑ_m, ϑ_{Fm}, $\Delta\vartheta_{üm}$, ϑ_V, ϑ_R

$\dot{q}_F = \frac{\dot{Q}_F}{A}$ $\qquad$ $\dot{q}_F = \frac{1630\ W}{21{,}4\ m^2}$

$\mathbf{\dot{q}_F = 75{,}8\ W/m^2}$

$\Delta\vartheta = \frac{\dot{q}_F}{\alpha}$ $\qquad$ $\Delta\vartheta = \frac{75{,}8\ \frac{W}{m^2}}{11{,}0\ \frac{W}{(m^2 \cdot K)}}$

$\mathbf{\Delta\vartheta = 6{,}9\ K}$

$\vartheta_{Fm} = \Delta\vartheta + \vartheta_i$ $\qquad$ $\vartheta_{Fm} = 6{,}9\ K + 20\ °C$

$\mathbf{\vartheta_{Fm} = 26{,}9\ °C}$

aus Bild 4, $R_{\lambda B} = 0{,}1\ (m^2 \cdot K)/W$, Seite 268

$\mathbf{\Delta\vartheta_{üm} = 23\ °C}$ $\qquad$ $\mathbf{RA = 16\ cm}$

$\vartheta_m = \vartheta_i + \Delta\vartheta_{üm}$ $\qquad$ $\vartheta_m = 20\ °C + 23\ °C$

$\mathbf{\vartheta_m = 43\ °C}$

$\vartheta_V = \vartheta_m + \frac{\Delta\vartheta_H}{2}$ $\qquad$ $\vartheta_V = 43\ °C + 2{,}5\ K$

$\mathbf{\vartheta_V = 45{,}5\ °C}$

$\vartheta_R = \vartheta_m - \frac{\Delta\vartheta_H}{2}$ $\qquad$ $\vartheta_R = 43\ °C - 2{,}5\ K$

$\mathbf{\vartheta_R = 40{,}5\ °C}$

$l = l' \cdot A$ $\qquad$ $l = 6{,}0\ \frac{m}{m^2} \cdot 21{,}5\ m^2$

$\mathbf{l = 129\ m}$

8.6.5 Druckverlust und Pumpenauslegung

Die Druckverlustberechnung bei der Fußbodenheizung erfolgt ebenso wie bei den anderen Heizungssystemen.

$$\Delta p = \Sigma(R \cdot l + Z)$$

Wegen der Rohrverlegung in Schlangen- oder Spiralform, werden die Druckverluste für Bogen aber nicht über Einzelwiderstände ermittelt, sondern sind in den Diagrammen der Rohrhersteller enthalten **(Bild 1, Seite 270)**. Einzelwiderstände werden in den Heizkreisverteilern, den Regelarmaturen im Vor- und Rücklauf und in den Wärmemengenzählern berücksichtigt. Auch hierfür stehen Unterlagen der Hersteller zur Verfügung **(Bild 2 und Tabelle 1, Seite 270)**.

Die Pumpenauslegung erfolgt für den Heizkreis mit dem größten Gesamtdruckverlust, einschließlich aller Armaturen, der Anbindeleitung und dem Wärmeerzeuger. Alle übrigen Heizkreise müssen durch entsprechende Armaturen gedrosselt werden.

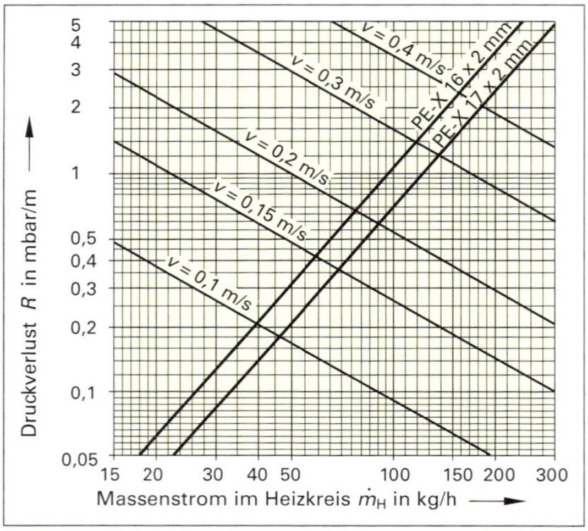

Bild 1: Druckverluste für Rohre

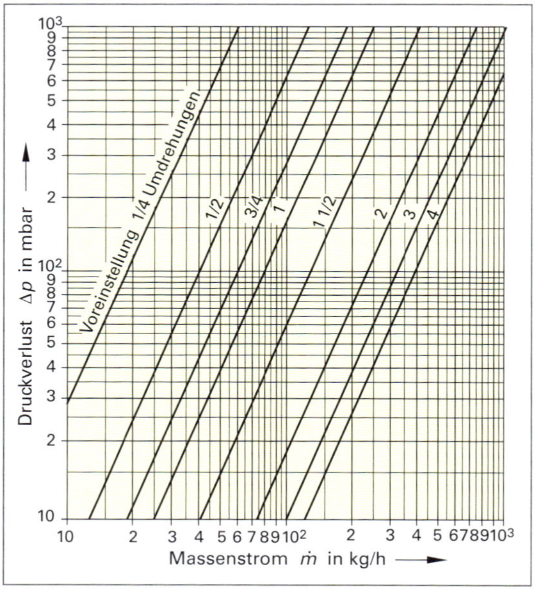

Bild 2: Voreinstellung für Ventile DN 15 und für Rücklaufverschraubungen zum Drosseln

Beispiel:

Die Fußbodenheizung einer Etagenwohnung besteht aus fünf Heizkreisen. Es werden PE-X-Rohre 16 × 2 mm verwendet. In jedem Heizkreis ist im Verteiler ein Vor- und Rücklaufventil eingebaut. Zum Drosseln werden zusätzliche Ventile oder Rücklaufverschraubungen montiert.

Heizkreis 1: $\dot{m}_H$ = 115 kg/h, l = 103 m
Heizkreis 2: $\dot{m}_H$ = 92 kg/h, l = 87 m
Heizkreis 3: $\dot{m}_H$ = 70 kg/h, l = 95 m
Heizkreis 4: $\dot{m}_H$ = 85 kg/h, l = 108 m
Heizkreis 5: $\dot{m}_H$ = 106 kg/h, l = 93 m

Tabelle 1: Druckverluste für Heizkreisverteiler und Wärmemengenzähler

Massenstrom $\dot{m}$ in kg/h	Heizkreisverteiler mit offenem Vor- u. Rücklaufventil Δp in mbar	Wärmemengenzähler $\dot{V}_{max}$ = 1,5 m³/h Δp in mbar
50	0,7	0,08
70	1,6	0,3
100	3,2	0,8
120	4,5	1,7
150	7,0	2,5
170	10,0	3,3
200	13,0	4,6
250	20,0	7,2
300	30,0	10,0
350	40,0	14,0
400	53,0	18,0

a) Errechnen Sie die Druckverluste in den einzelnen Heizkreisen,

b) Bestimmen Sie die Voreinstellungen in den zu drosselnden Heizkreisen.

Lösungsschritte:

1. Die Werte aus der Aufgabenstellung werden im Formblatt in die Spalten 1 bis 5 übertragen.
2. Aus **Bild 1,** die Werte für die Fließgeschwindigkeit und das dazugehörende Druckgefälle ablesen und in die Spalten 6 und 7 eintragen.
3. Multiplikation der Werte aus Spalte 4 und 7 und das Ergebnis in Spalte 8 eintragen.
4. Druckverluste für Ventile und Verschraubungen im Heizkreisverteiler aus **Tabelle 1** ablesen und in Spalte 9 übernehmen.
5. Die Addition der Werte aus den Spalten 8 und 9 ergibt die Werte in Spalte 10.
6. Den ungünstigsten Heizkreis ermitteln, die Differenz zu den anderen Heizkreisen berechnen und als zu drosselnden Druck in Spalte 11 eintragen.
7. Die Voreinstellung in den Ventilen oder Rücklauf-Verschraubungen der einzelnen Heizkreise wird über den Heizmittelstrom und den zu drosselnden Druck, mit **Bild 2,** bestimmt.

Nach den Herstellerangaben sind die Ventile und Rücklaufverschraubungen bei 4 Umdrehungen ganz geöffnet.

Dies gilt für Bild 1, Seite 251 und für Bild 2, Seite 270.

Formblatt 1: Fußbodenheizung

1	2	3	4	5	6	7	8	9	10	11	12	13	14	15	16
Heizkreis	Wärmeleistung je Heizkreis	Heizwasser-Massenstrom	Rohrlänge des Heizkessels	Rohrdurchmesser/ Rohrnennweite	Fließgeschwindigkeit	Druckgefälle	Druckverlust in der Rohrlänge des Heizkessels	Druckverlust durch Ventile am Verteiler	gesamter Druckverlust im Heizkreis	zu drosselnder Druck im Heizkreis	Einzelwiderstände bis zum Verteiler	Druckverluste durch Einzelwiderstände	Druckverluste im Wärmemengenzähler	Pumpendruck	Ventil-Voreinstellung
Nr.	$\dot{Q}$	$\dot{m}$	l	d	v	R	$l \cdot R$	Δp_V	$\Sigma\Delta p$	Δp_d	$\Sigma\zeta$	Z	Δp_W	Δp_P	
–	W	$\frac{kg}{h}$	m	mm	$\frac{m}{s}$	$\frac{mbar}{m}$	mbar	mbar	mbar	mbar	–	mbar	mbar	mbar	Umdr.
1		115	103	16 x 2	0,3	1,2	123,6	4,5	128,1	–					–
2		92	87	16 x 2	0,24	0,9	78,3	3,0	81,3	46,8					1 1/2
3		70	95	16 x 2	0,18	0,55	52,3	1,6	53,9	74,2					1
4		85	108	16 x 2	0,22	0,8	86,4	2,6	89,0	39,1					1 1/2
5		106	93	16 x 2	0,28	1,1	102,3	4,0	106,3	21,8					2

Aufgaben

1 In einem Appartement wird eine Fußbodenheizung eingebaut, bei der nachfolgende Daten bekannt sind:

Raum	$\dot{Q}_N$ in W	$\dot{Q}_{FB}$ in W	ϑ_i in °C	A in m²
Wohn-/Schlafz.	1540	130	20	22,0
Küche	670	80	20	9,5
Bad	475	65	24	6,3
Flur	170	30	18	2,8

Berechnen Sie:
a) die Wärmeleistung des Fußbodens, bei einem Auslegungszuschlag von 15 %, b) die Wärmestromdichte und c) die mittlere Fußboden-Oberflächentemperatur.

2 Ein Wohnzimmer mit Eichenparkett hat eine Fläche von 35 m² und einen Norm-Wärmebedarf von 2450 W. Der Wärmeverlust durch den Fußboden beträgt 210 W, als Auslegungszuschlag werden 10 % vorgesehen.

Berechnen Sie
a) die Wärmeleistung des Fußbodens, b) die Wärmestromdichte, c) die mittlere Fußboden-Oberflächentemperatur, d) den Rohrabstand, e) die Rohrlänge und f) die mittlere Heizwasser-Temperatur.

3 Ein Badezimmer hat eine beheizbare Fußbodenfläche mit Fliesenbelag von 8,6 m². Die Wärmeleistung des Fußbodens beträgt 680 W, die Temperaturspreizung des Heizwassers 5 K, die Raumtemperatur 24 °C.

Berechnen Sie
a) die Wärmestromdichte, b) die mittlere Fußboden-Oberflächentemperatur, c) den Rohrabstand, d) die Rohrlänge, e) die Vor- und Rücklauftemperatur des Heizwassers und f) den Druckverlust im Heizkreis bei Rohren aus PE-X 17 × 2 mm.

4 Für eine Etagen-Wohnung ist eine Fußbodenheizung mit nachfolgenden Daten zu berechnen. Es werden PE-X-Rohre 16 × 2 mm verwendet.

Raum	$\dot{Q}_N$ in W	$\dot{Q}_{FB}$ in W	ϑ_i in °C	A in m²	Fußbodenbelag	Anbindung in m
Wohnz.	1950	190	20	28,5	Eichenpark.	4,7
Kinderz.	870	80	20	12,6	Teppich	8,2
Schlafz.	855	95	20	14,0	Teppich	7,8
Küche	550	50	20	9,0	Fliesen	4,2
Bad	580	55	24	7,8	Fliesen	6,8
Flur	340	30	18	6,2	Fliesen	–

Ermitteln Sie:

a) die Wärmestromdichte, b) die mittlere Fußboden-Oberflächentemperatur, c) den Rohrabstand und die Rohrlänge, d) die Vor- und Rücklauftemperaturen bei einem $\Delta\vartheta$ von 5 K, e) die Druckverluste in jedem Heizkreis mit der Anbindeleitungen, f) die Drosselung der verschiedenen Heizkreise und g) die Förderhöhe und den Förderstrom der Pumpe bei 9,5 m Leitungslänge aus Cu 28 × 1,5 für den Vor- und Rücklauf zum Verteiler und ζ = 18,0 vor dem Verteiler.

8.7 Druckausdehnungsgefäß und Sicherheitsventil

Das **M**embran-Druck-**A**usdehnungs**g**efäß **(MAG)** und das **S**icherheits**v**entil **(SV)** gehören zu den Sicherheitseinrichtungen jeder geschlossenen Wasserheizungsanlage. Das Sicherheitsventil schützt vor unzulässigem Überdruck und wird nach Tabellen bestimmt. Das MAG ist durch eine Sicherheitsleitung mit dem Wärmeerzeuger verbunden. Es besteht aus einem Wasser- und einem Gasraum, die durch eine elastische Membrane getrennt sind. Der Wasserraum nimmt die Wasservorlage beim Füllen sowie das Ausdehnungswasser beim Aufheizen der Anlage auf. Dabei wird das unter dem Vordruck stehende Gaspolster zusammengedrückt. Kühlt das Heizungswasser ab schwindet es und das Gaspolster drückt das Wasser in die Anlage zurück. Die Größe des Ausdehnungsgefäßes, als Nennvolumen V_n bezeichnet, ist abhängig von

- dem Wasserinhalt der Heizungsanlage V_A,
- der Ausdehnung des Heizungswassers V_e,
- der Wasservorlage im MAG V_V,
- dem Vordruck des MAG p_o,
- dem Anfangsdruck des MAG p_a und
- dem Enddruck des MAG p_e , **(Bild 1).**

8.7.1 Wasserinhalt der Heizungsanlage V_A

Der Wasserinhalt einer Heizungsanlage setzt sich aus dem Inhalt aller wasserführenden Bauteile, wie z.B.: Wärmeerzeuger, Rohrleitungen und Heizflächen zusammen. Er wird mit Hilfe des Massenauszuges berechnet oder mittels nachstehender Formel aus dem spezifischen Wasservolumen und der Wärmeleistung aller Heizflächen ermittelt. Ein Pufferspeicher ist hierbei nicht eingerechnet. Dessen Inhalt ist zusätzlich zu berücksichtigen (**Tabelle 1**).

$$V_A = \dot{Q} \cdot V_A'$$

V_A Gesamtwasserinhalt der Anlage in l
V_A' spezifischer Wasserinhalt in l/kW
$\dot{Q}$ installierte Heizkörperleistung in kW

Beispiel:

Wie groß ist der Wasserinhalt einer Radiatorenheizung, die eine Leistung von 35 kW hat ?

Geg.: $\dot{Q}_{Radiatoren}$ = 35 kW

Ges.: V_A' , V_A

V_A' = 15 l/kW (**Tabelle 1**)

$V_A = \dot{Q} \cdot V_A'$ $\quad V_A$ = 35 kW · 15 l/kW $\quad$ **V_A = 525 l**

Tabelle 1: Spezifisches Wasservolumen von Heizungsanlagen, bezogen auf die Wärmeleistung

Heizflächenart	V_A' in l/kW
Radiatoren	15
Kompaktheizkörper	9
Konvektoren	7
Fußbodenheizungen	20

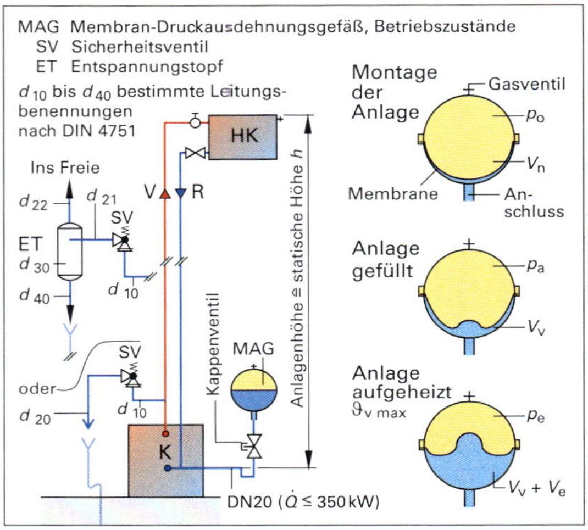

Bild 1: Sicherheitseinrichtungen

8.7.2 Heizwasserausdehnung V_e

Das Ausdehnungsvolumen des Heizungswassers hängt vom Wasserinhalt der Anlage und von der geplanten Vorlauftemperatur ϑ_V ab. Es wird mit einem Ausdehnungsfaktor n berechnet. Beim Füllen der Anlage wird die Wassertemperatur mit 10 °C angenommen **(Tabelle 2).**

Tabelle 2: Ausdehnungsfaktoren *n*

ϑ_{Vmax} in °C	n	ϑ_{Vmax} in °C	n
40	0,0075	75	0,0256
50	0,0118	80	0,0289
55	0,0142	90	0,0358
60	0,0168	110	0,0516
70	0,0225	120	0,0603

$$V_e = n \cdot V_A$$

V_e Ausdehnungsvolumen in l
V_A Wasserinhalt der Heizungsanlage in l
n Ausdehnungsfaktor (dimensionslos)

Beispiel:

Wie groß ist das Ausdehnungsvolumen einer Heizungsanlage mit 525 l Wasserinhalt, die mit einer Vorlauftemperatur von 75°C betrieben wird?

Geg.: $V_A = 525$ l, $\vartheta_V = 75$ °C

Ges.: n, V_e

$V_e = n \cdot V_A$ $\quad V_e = 0{,}0256 \cdot 525$ l $\quad$ **$V_e = 13{,}44$ l**

8.7.3 Wasservorlage im MAG

Als Wasservorlage bezeichnet man die Wassermenge, die sich nach dem Füllen der Anlage, die aber noch nicht aufgeheizt ist, im Ausdehnungsgefäß befindet. Sie bewirkt den Ausgleich kleinerer Wasserverluste und sorgt dafür, dass nach dem Abkühlen der Anlage noch ausreichend Wasser im Gefäß ist. Damit wird ein Unterdruck in der Heizung und somit ein Ansaugen von Luft vermieden. Die Wasservorlage beträgt bei Ausdehnungsgefäßen bis 15 l Nennvolumen 20% dieses Inhaltes und bei mehr als 15 l Nennvolumen 0,5 % des Anlagevolumens, mindestens jedoch 3 l.

$$V_V = V_n \cdot 20/100 \quad \text{wenn } V_n \leq 15 \text{ l}$$

$$V_V = V_A \cdot 0{,}5/100 \text{ wenn } V_n > 15 \text{ l } (V_{V\,min} = 3 \text{ l})$$

V_V Wasservorlage in l
V_A Wasservolumen der Anlage in l
V_n Gesamtvolumen des Ausdehnungsgefäßes in l

Beispiel:

Wie groß ist die Wasservorlage bei einem MAG

a) mit 12 l Gesamtinhalt des Gefäßes,

b) für eine Warmwasserheizung mit 780 l Inhalt ?

Geg.: a) $V_n = 12$ l
b) $V_A = 780$ l ($V_{n\,geschätzt} > 15$ l)

Ges.: V_V

a) $V_V = V_n \cdot 20/100$ $\quad V_V = 12 \text{ l} \cdot 0{,}2$ $\quad$ **$V_V = 2{,}4$ l**

b) $V_V = V_A \cdot 0{,}5/100$ $\quad V_V = 780 \text{ l} \cdot 0.005$
$V_V = 3{,}9$ l > 3 l

8.7.4 Vordruck und Fülldruck im MAG

Der Gasraum des MAG wird vom Hersteller mittels Stickstoff auf einen **Vordruck p_0** gefüllt. Der Vordruck verhindert, dass bereits beim Füllen der Anlage Wasser in das MAG einströmt. Die Höhe des Vordruckes richtet sich bei Anlagen mit einer **Vorlauftemperatur bis 100°C** nur nach dem **hydrostatischen Druck p_{st}** entsprechend der Anlagenhöhe h über dem Gefäßanschluss. **(Bild 1, Seite 272), (Tabelle 1).**

Tabelle 1: Vordruck $p_0 = p_{st}$ bei $\vartheta_V \leq 100$°C

Anlagenhöhe h in m	Vordruck p_0 in bar
bis 5	0,5
von 5 bis 10	1,0
von 10 bis 15	1,5

Bei Vorlauftemperaturen über 100°C muss zum statischen Druck der entstehende Dampfdruck addiert werden **(Tabelle 2)**. Es gilt die Formel:

$$p_0 = p_{st} + p_D$$

p_0 Vordruck in bar
p_{st} statischer Druck in bar
p_D Dampfdruck in bar

Tabelle 2: Dampfdruck p_D bei $\vartheta_V > 100$°C

Vorlauftemp. ϑ_V in °C	Dampfdruck p_D in bar
bis 100	0
von 100 bis 110	0,5
von 110 bis 120	1,0

Beispiel:

Eine geschlossene Wasserheizungsanlage hat eine Bauhöhe von 15 m. Berechnen Sie den Vordruck im MAG, wenn eine maximale Vorlauftemperatur geplant ist von a) 75°C, b) 110°C.

Geg.: $p_{st} = 1{,}5$ bar, a) $\vartheta_V = 75$°C, b) $\vartheta_V = 110$°C

Ges.: p_D, p_0

a) $p_0 = p_{st} + p_D$ $\quad p_0 = 1{,}5 \text{ bar} + 0 \text{ bar}$
$p_0 = 1{,}5$ bar

b) $p_D = 0{,}5$ bar **(Tabelle 2)** $\quad p_0 = p_{st} + p_D$
$p_0 = 1{,}5 \text{ bar} + 0{,}5 \text{ bar}$
$p_0 = 2{,}0$ bar

Beim Füllen der Anlage ist auf den richtigen **Fülldruck p_a** (Anfangsdruck) zu achten, damit die ausreichende Wassermenge der Wasservorlage in das MAG strömt. Er ist höher als der Vordruck und wird Herstellertabellen entnommen oder wie folgt berechnet **(Tabelle 1, Seite 274)**.

$$p_a = \frac{V_n \cdot (p_0 + p_{amb})}{V_n - V_{\nu}} - p_{amb}$$

p_a Fülldruck der Anlage in bar
p_0 Vordruck im MAG in bar
p_{amb} Luftdruck in bar (1 bar)
V_n Nennvolumen des MAG in l
V_V Wasservorlage im MAG in l

Beispiel:

Für eine geschlossene PWW mit der Bauhöhe von 9 m wurde ein MAG mit dem Nennvolumen von 35 l ermittelt. Bestimmen Sie den Anlagenfülldruck, damit das Gefäß eine Wasservorlage von 3 l aufnimmt.

Geg.. $V_n = 35$ l, $V_V = 3$ l, $h = 9$ m

Ges.: p_{st}, p_0, p_a

$p_{st} = 0{,}9$ bar gewählt: $p_0 = 1{,}0$ bar

$$p_a = \frac{V_n \cdot (p_0 + p_{amb})}{V_n - V_\nu} - p_{amb}$$

$$p_a = \frac{35\ \text{l} \cdot (1\ \text{bar} + 1\ \text{bar})}{35\ \text{l} - 3\ \text{l}} - 1\ \text{bar} \qquad \mathbf{p_a = 1{,}19\ bar}$$

8.7.5 Enddruck im MAG

Durch die Aufnahme allen Ausdehnungswassers wird das Gaspolster auf sein Minimum zusammengedrückt und erreicht seinen **Enddruck p_e.** Damit das Sicherheitsventil nicht öffnet wird der Enddruck im MAG um 0,5 bar niedriger als der Ansprechdruck des Sicherheitsventils p_{SV} angesetzt.

$$p_e = p_{SV} - 0{,}5\ \text{bar}$$

p_e Enddruck im MAG in bar
p_{SV} Ansprechdruck des Sicherheitsventils in bar

Beispiel:

Wie groß ist der Enddruck im MAG anzusetzen, wenn der Ansprechdruck des Sicherheitsventiles 3,0 bar beträgt?

Geg.: $p_{SV} = 3{,}0$ bar Ges.: p_e

$p_e = p_{SV} - 0{,}5$ bar $p_e = 3{,}0$ bar $- 0{,}5$ bar

$\mathbf{p_e = 2{,}5}$ **bar**

8.7.6 Größenbestimmung des MAG

Die Größe des MAG kann aus Herstellertabellen nach dem Gesamtwasserinhalt der Anlage oder nach der Wärmeleistung der Heizung überschlägig bestimmt werden **(Tabelle 1).**
Eine Berechnung des **Mindest-Nennvolumens V_n** erfolgt nach der Formel:

$$V_n = (V_e + V_V) \cdot \frac{p_e + p_{amb}}{p_e - p_0}$$

V_n Mindestnennvolumen des MAG in l
V_e Ausdehnungsvolumen in l
V_V Wasservorlage in l
p_0 Vordruck in bar
p_e Enddruck in bar
p_{amb} Luftdruck in bar (1 bar)

Die Größenbezeichnung des MAG erfolgt durch die Angabe des Nennvolumens und des Vordruckes.

Beispiel: MAG- Größe: 25/1

Nennvolumen $V_n = 25$ l / Vordruck $p_0 = 1$ bar

Tabelle 1: Membran-Druckausdehnungsgefäße bei $p_{SV} = 3$ bar, $\vartheta_V = 90$°C (Auswahl)

V_n in l/ p_0 in bar		12/ 0,5	12/ 1	25/ 1	25/ 1,5	35/ 1	35/ 1,5	50/ 1
p_a in bar		0,88	1,5	1,27	1,84	1,19	1,73	1,13
V_V in l		2,4	2,4	3,0	3,0	3,0	3,0	3,0
V_{Amax} in l		126	78	219	117	338	197	519
$\dot{Q}_{max}$ in kW	Rad	8,6	5,2	14,6	7,8	22,5	13,1	34,6
	Hzp	14	8,7	24,3	13	37,5	21,8	57,7
	Fbh	6,3	3,9	11	5,9	16,9	9,9	26,0

Bei Vorlauftemperaturen unter 90°C nimmt das spezifische Wasservolumen zu. Da gleichzeitig die prozentuale Wasserausdehnung sinkt, erübrigt sich eine Umrechnung.

Beispiel:

Eine geschlossene PWW 90/70 °C hat eine Leistung von 50 kW und ist mit Heizplatten ausgerüstet. Die Bauhöhe der Anlage beträgt 9 m. Das Sicherheitsventil hat einen Ansprechdruck von 3 bar. Berechnen Sie:

a) das Nennvolumen des Ausdehnungsgefäßes und geben Sie die Größe des MAG an,
b) den Anlagenfülldruck.

Geg.: $\dot{Q}_{Hzp.} = 50$ kW, $\vartheta_V = 90$°C, $h = 9$ m, $p_{SV} = 3$ bar
Ges.: V_A, V_e, V_V, p_{st}, p_0, p_e, V_n, Größe des MAG, p_a

a) $V_A = \dot{Q} \cdot V_A$ $V_A = 50$ kW $\cdot$ 9 l/kW
$\mathbf{V_A = 450}$ **l** **(Tabelle 1, Seite 272)**

$V_e = n \cdot V_A$ $V_e = 0{,}0358 \cdot 450$ l
$\mathbf{V_e = 16{,}1}$ **l** **(Tabelle 2, Seite 272)**

$V_V = V_A \cdot 0{,}5/100$ $V_V = 450$ l $\cdot$ 0,005
$\mathbf{V_V = 2{,}3}$ **l jedoch mindestens 3 l (Seite 273)**

$p_0 = p_{st} + p_D$ $p_0 = 1{,}0$ bar + 0 bar
$\mathbf{p_0 = 1{,}0}$ **bar**

$p_e = p_{SV} - 0{,}5$ bar $p_e = 3$ bar $- 0{,}5$ bar
$\mathbf{p_e = 2{,}5}$ **bar**

$$V_n = (V_e + V_V) \cdot \frac{p_e + p_{amb}}{p_e - p_0}$$

$$V_n = (16{,}1\ l + 3\ l) \cdot \frac{2{,}5\ bar + 1\ bar}{2{,}5\ bar - 1\ bar}$$

$$V_n = 19{,}1\ l \cdot \frac{3{,}5\ bar}{1{,}5\ bar}$$

$$\boldsymbol{V_n = 44{,}6\ l}$$

$MAG_{gewählt}$: **50/1** Kontrolle: **(Tabelle 1, Seite 274)**
$\dot{Q}_{max} = 57{,}7$ kW, $V_{A\,max} = 519\ l$

b) $$p_a = \frac{V_n \cdot (p_0 + p_{amb})}{V_n - V_V} - p_{amb}$$

$$p_a = \frac{50\ l \cdot (1\ bar + 1\ bar)}{50\ l - 3\ l} - 1\ bar$$

$$\boldsymbol{p_a = 1{,}13\ bar}$$

8.7.7 Membran-Sicherheitsventil

Membran-**S**icherheits**v**entile, SV, sind auf den Ansprechdruck p_{SV} von 2,5 bar oder 3 bar eingestellt. Überschreitet der Anlagendruck diesen Wert wird der Ventilteller gegen die Federkraft angehoben und Heizungswasser fließt ab. Nach Verminderung des Druckes schließt das Ventil selbsttätig **(Bild 1)**.

Der Einbau des SV erfolgt am höchsten Punkt des Wärmeerzeugers oder direkt daneben am Vorlauf. Die Wärmeleistung des Wärmeerzeugers bestimmt die Nennweiten des SV, sowie dessen Anschluss,- und Ausblaseleitungen **(Tabelle 1)**.

Beträgt die Kesselleistung mehr als 350 kW oder ist die Vorlauftemperatur höher als 100°C ist ein Entspannungstopf in die Ausblaseleitung des SV zu installieren. Die Abmessungen des Topfes und der angeschlossenen Leitungen sind der **Tabelle 1,** die Leitungsarten dem **Bild 1, Seite 272** zu entnehmen.

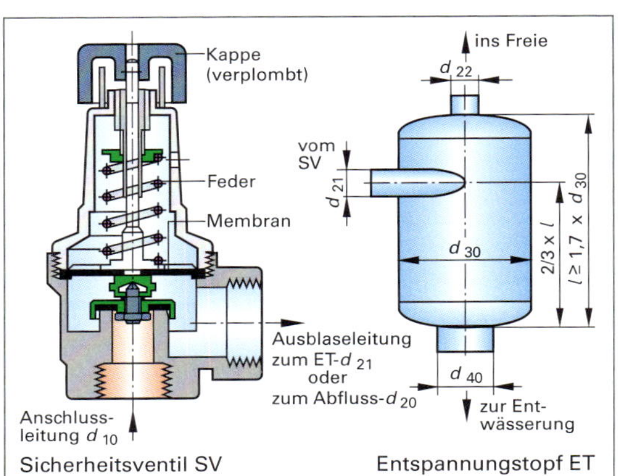

Bild 1: Sicherheitsventil, Entspannungstopf

Tabelle 1: Membran-Sicherheitsventil SV und Entspannungstopf ET (Auswahl)

SV	$\dot{Q}$ in kW bis		**50**	**100**	**200**	**350**
	DN		**15**	**20**	**25**	**32**
Gewinde der	Anschlussleitg.		R 1/2	R 3/4	R 1	R11/4
	Ausblaseleitg.		R 3/4	R 1	R11/4	R11/2
Leitungsart, **ET**	Länge in m	Bögen-Anz.	Mindestnennweiten **DN**, Mindestdurchmesser in mm			
d_{10}	≤ 1	≤ 1	**15**	**20**	**25**	**32**
d_{20}	≤ 2 ≤ 4	≤ 2 ≤ 3	20 25	25 32	32 40	40 50
d_{21}	≤ 5	≤ 2	32	40	50	65
d_{22}	≤ 15	≤ 3	40	50	65	80
d_{30}	$\leq 1{,}7 \cdot d_{30}$	–	125	150	200	250
d_{40}	–	–	32	40	50	65

Aufgaben

1 Eine mit Kompaktheizkörpern ausgerüstete PWW, 75/65°C, hat eine Leistung von 24 kW. Die Anlagenhöhe beträgt 7 m. Das Sicherheitsventil öffnet bei einem Überdruck von 3 bar. Berechnen Sie die Größe des MAG, den Fülldruck der Anlage und geben Sie die Nennweite des Sicherheitsventils sowie dessen Anschlüsse an.

2 Eine Fußboden-Etagenheizung mit einer Nennleistung von 12,5 kW wird bei einer Vorlauftemperatur von 60°C betrieben. Der Vordruck im MAG beträgt 0,5 bar. Das SV hat einen Ansprechdruck von 3 bar. Bestimmen Sie das Nennvolumen und den Fülldruck des MAG.

3 Die Beheizung eines Wohnhauses mit dem Normwärmebedarf von 43 kW erfolgt zu 30% über die Fußbodenheizung und zu 70% mittels Radiatoren bei einer Vorlauftemperatur von 70 °C. Diese kann zeitweilig auf 80 °C angehoben werden. Es beträgt die statische Höhe der Anlage 10 m, der Ansprechdruck des SV 3 bar. Legen Sie die Größe des MAG und den Anlagenfülldruck fest.

4 Die Wasserheizung einer Halle hat die Nennleistung von 85 kW, ist mit Konvektoren ausgerüstet und wird mit einer Vorlauftemperatur von 110°C betrieben. Die Bauhöhe der Anlage beträgt 8 m., sowie der Ansprechdruck des SV 3 bar.

a) Wie groß ist das Nennvolumen des MAG und der Fülldruck der Anlage?

b) Skizzieren und dimensionieren Sie das SV, den Entspannungstopf und die Anschlussleitungen.

8.8 Öldurchsatz und Auswahl von Brennerdüsen

Damit bei Ölheizkesseln hohe Wirkungsgrade erreicht werden können, hat die Berechnung und Auswahl der Brennerdüsen große Bedeutung. Ölbrennerdüsen haben die Aufgabe

- das Heizöl so fein zu zerstäuben, dass ein optimales Verbrennungsgemisch entsteht,
- die Flamme in Verbindung mit der Mischeinrichtung zu formen und
- den Öldurchsatz auf die Brennerleistung abzustimmen.

8.8.1 Öldurchsatz bei Brennerdüsen

Der Öldurchsatz $\dot{V}_E$ einer Ölbrennerdüse ist abhängig von der Nennbelastung $\dot{Q}_{NB}$ des Kessels und vom Heizwert H_i des Brennstoffes.

Für die Ermittlung des Öldurchsatzes gilt:

$$\dot{V}_E = \frac{\dot{Q}_{NB}}{H_i} \qquad \dot{V}_E = \frac{\dot{Q}_{NL}}{\eta_K \cdot H_i}$$

$$\dot{Q}_{NB} = \dot{V}_E \cdot H_i \qquad \dot{Q}_{NL} = \dot{V}_E \cdot \eta_K \cdot H_i$$

$\dot{V}_E$ Öldurchsatz in l/h
$\dot{Q}_{NB}$ Nennbelastung in kW
H_i Heizwert in kWh/l
$\dot{Q}_{NL}$ Nennleistung in kW
η_K Kesselwirkungsgrad als Dezimalzahl

Der Öldurchsatz kann auch als Massenstrom $\dot{m}_E$ in kg/h angegeben werden. Hierbei muss dann darauf geachtet werden, dass der Heizwert H_i in kWh/kg eingesetzt wird **(Tabelle 1)**.

$$\dot{m}_E = \frac{\dot{Q}_{nB}}{H_i}$$

$\dot{m}_E$ Öldurchsatz in kg/h
H_i Heizwert in kWh/kg

Tabelle 1: Heizwerte H_i von festen und flüssigen Brennstoffen

Brennstoff	Heizwert H_i kWh/kg	Heizwert H_i kWh/l
Brennholz	4,3	–
Steinkohle	9,4	–
Zechenkoks	8,2	–
Heizöl S	11,1	10,7
Heizöl EL	11,8	10,0

Beispiel:

Ein Ölheizkessel hat eine Nennleistung von 52,0 kW und einen Kesselwirkungsgrad von 91%. Berechnen Sie den Öldurchsatz in l/h für Heizöl EL.

Geg.: $\dot{Q}_{NL} = 52{,}0$ kW, $\vartheta_K = 0{,}91$, $H_i = 10{,}0$ kWh/l **(Tab. 1)**

Ges.: $\dot{V}_E$

$$\dot{V}_E = \frac{\dot{Q}_{NL}}{\eta K \cdot H_i} \qquad \dot{V}_E = \frac{52{,}0\text{ kW}}{0{,}91 \cdot 10{,}0\text{ kWh/l}} \qquad \mathbf{\dot{V}_E = 5{,}7\ l/h}$$

8.8.2 Bestimmung der Düsengröße

Nach der Berechnung des Öldurchsatzes erfolgt die Auswahl der Düsengröße. Diese ist abhängig

- vom Öldruck der Pumpe,
- der Viskosität des Heizöles,
- dem Sprühwinkel und
- der Sprühkegelform.

Außerdem sind bei der Bestimmung der Düsengröße immer die Herstellerangaben zu beachten.

Der Ölpumpendruck wird in der Regel zwischen 10,0 bar und 16,0 bar gewählt.

Bei der Wartung von älteren Kesselanlagen und beim Austausch von Heizöldüsen erfolgt die Auswahl über Diagramme **(Bild 1)**. Hierbei wird der Öldurchsatz auch noch in US-Gallonen je Stunde (**g**allons **p**er **h**our = **gph** oder gal/h) angegeben.

1 US Gallone = 3,785 Liter

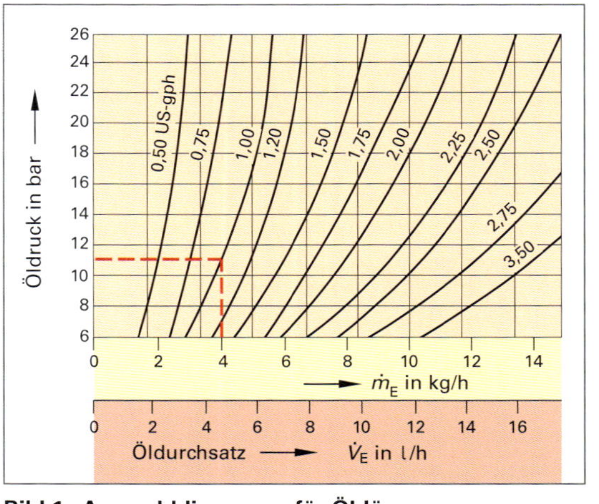

Bild 1: Auswahldiagramm für Öldüsen

Beispiel:

Ein Heizkessel für Heizöl EL, hat eine Nennbelastung von 47,2 kW. Wie groß ist der Ölmassenstrom und welche Düse ist zu wählen?

Geg.: $\dot{Q}_{NB} = 47{,}2$ kW, $H_i = 11{,}8$ kWh/kg **(Tab. 1)**

Ges.: $\dot{m}_E$

Lösung:

$\dot{m}_E = \frac{\dot{Q}_{NB}}{H_i}$ $\dot{m}_E = \frac{47{,}2\ \text{kW}}{11{,}8\ \text{Wh/kg}}$ $\mathbf{\dot{m}_E = 4{,}0\ kg/h}$

Nach Bild 1: **Düse 1,0 gph bei p_e = 11,5 bar**

Nach DIN EN 293 erfolgt die Düsenauswahl nach dem Nenndurchsatz in kg/h oder in l/h, der auf einen Öldruck von p_e = 10,0 bar bezogen wird. Der Nenndurchsatz wird entweder den Tabellen der Hersteller entnommen oder berechnet **(Tabelle 1).**

$$\dot{V}_E = \dot{V}_1 \cdot \sqrt{\frac{p_{e2}}{p_{e1}}} \qquad \dot{V}_1 = \dot{V}_E \cdot \sqrt{\frac{p_{e1}}{p_{e2}}}$$

$$p_{e2} = p_{e1} \cdot \frac{\dot{V}_E^2}{\dot{V}_1^2}$$

$\dot{V}_E$ Öldurchsatz in kg/h oder l/h
$\dot{V}_1$ Nenndurchsatz bei 10,0 bar in kg/h oder l/h
p_{e1} Düsendruck bei Nenndurchsatz (10,0 bar)
p_{e2} Düsendruck in bar

Tabelle 1: Nenndurchsatz bei Öldüsen (Herstellerangabe) DIN EN 293

US gph	Nenndurchsatz $\dot{m}_E$ in kg/h					
p_e = 7,0 bar	8,0 bar	9,0 bar	10,0 bar	11,0 bar	12,0 bar	14,0 bar
0,40	1,30	1,39	1,46	1,53	1,59	1,73
0,45	1,48	1,57	1,66	1,74	1,81	1,96
0,50	1,67	1,77	1,87	1,96	2,04	2,21
0,60	2,11	2,25	2,37	2,49	2,59	2,80
0,65	2,38	2,53	2,67	2,80	2,92	3,15
0,75	2,62	2,79	2,94	3,08	3,22	3,47
0,85	2,96	3,14	3,31	3,47	3,62	3,91
1,00	3,32	3,35	3,72	3,90	4,07	4,40
1,10	3,79	4,02	4,24	4,45	4,64	5,01
1,20	3,98	4,22	4,45	4,67	4,87	5,26
1,35	4,62	4,90	5,17	5,42	5,66	6,11
1,50	5,22	5,54	5,84	6,13	6,39	6,90
1,65	5,43	5,77	6,08	6,38	6,66	7,19

Beispiel:

Berechnen Sie den Öldurchsatz und den Düsendruck für eine Öldüse, wenn der Heizkessel eine Nennbelastung von 39,4 kW hat und Heizöl EL verwendet wird.

Geg.: $\dot{Q}_{NB}$ = 39,4 kW, Heizöl EL

Ges.: $\dot{m}_E$, p_e

$\dot{m}_E = \frac{\dot{Q}_{NB}}{H_i}$ $\dot{m}_E = \frac{39{,}4\ \text{kW}}{11{,}8\ \text{kWh/kg}}$ $\mathbf{\dot{m}_E = 3{,}34\ kg/h}$

$p_{e2} = p_{e1} \cdot \frac{\dot{V}_E^2}{\dot{V}_1^2}$ $p_{e2} = 10{,}0\ \text{bar} \cdot \frac{(3{,}34\ \text{kg/h})^2}{(3{,}72\ \text{kg/h})^2}$

$\mathbf{p_{e2} = 8{,}06\ bar}$

$p_{e2} = p_{e1} \cdot \frac{\dot{V}_E^2}{\dot{V}_1^2}$ $p_{e2} = 10{,}0\ \text{bar} \cdot \frac{(3{,}34\ \text{kg/h})^2}{(3{,}31\ \text{kg/h})^2}$

$\mathbf{p_{e2} = 10{,}2\ bar}$

Düse: $\dot{m}_E$ = 3,72 kg/h p_e = 8,06 bar oder
$\dot{m}_E$ = 3,31 kg/h p_e = 10,2 bar

Für den Kundendienst und für Wartungsarbeiten werden von den Herstellern auch Düsenauswahl-Schieber zur Verfügung gestellt **(Bild 1).**

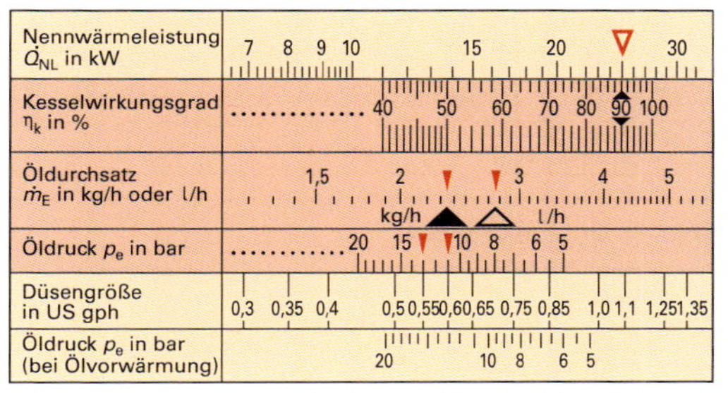

Bild 1: Öldüsen-Auswahlschieber

Beispiel:

Die Nennleistung eines Ölheizkessels für Heizöl EL beträgt 25,0 kW. Der Kesselwirkungsgrad wurde mit 90 % bestimmt. Wählen Sie die Öldüse mit dem Düsen-Auswahlschieber aus.

Lösung:

1. $\dot{Q}_{NL}$ = 25 kW über η_K = 90 % schieben,
2. Öldurchsatz $\dot{m}_E$ = 2,33 kg/h oder $\dot{V}_E$ = 2,78 l/h ablesen
3. Öldruck $p_e \geq$ 10,0 bar wählen
4. **Düsenauswahl:** 0,6 gph bei p_e = 11 bar oder 0,55 gph bei p_e = 13,0 bar.

Aufgaben

1 Berechnen Sie den Öldurchsatz einer Ölbrennerdüse für Heizöl EL, wenn die Nennleistung 22,5 kW und der Kesselwirkungsgrad 89 % betragen.

2 Bestimmen Sie die Ölbrennerdüsen für Heizöl EL bei einem Wirkungsgrad von 91 %, für

a) $\dot{Q}_{NL}$ 64,0 kW, Öldruck etwa 11,0 bar,

b) $\dot{Q}_{NL}$ 87,0 kW, Öldruck etwa 13,0 bar.

3 In einem Heizkessel für Heizöl EL ist ein zweistufiger Brenner mit einer Nennleistung von 176 kW eingebaut. Der Kesselwirkungsgrad beträgt 92 %. Bestimmen Sie die Ölbrennerdüsen, wenn die 1. Stufe 60 % und die 2. Stufe 40 % der Wärmeleistung übernehmen und der Öldruck etwa 14,0 bar beträgt.

4 Bestimmen Sie die Nennleistung, den Öldurchsatz und die möglichen Ölbrennerdüsen anhand des eingestellten Düsenauswahlschiebers **(Bild 1)**. Der Kesselwirkungsgrad beträgt 90 %.

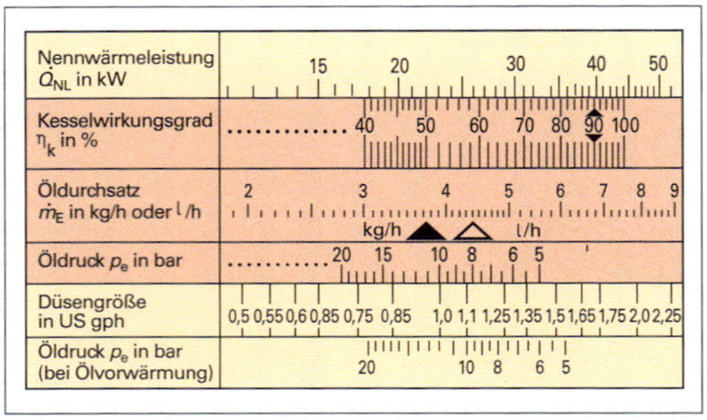

Bild 1: Düsenauswahl

8.9 Brennstoffbedarf und Brennstoffkosten

Der Brennstoffbedarf und die Brennstoffkosten für ein Wohngebäude sind im Wesentlichen vom Norm-Wärmebedarf, der Art der Trinkwassererwärmung, den Kesselwirkungsgraden, den Brennerlaufzeiten und den gültigen Öl- oder Gaspreisen abhängig.

8.9.1 Brennstoffbedarf für die Gebäudeheizung

Der Brennstoff- oder Energiebedarf eines Gebäudes kann immer nur überschlägig ermittelt werden, da für die Berechnung keine exakten Werte zugrunde gelegt werden können. Damit Ungenauigkeiten gering bleiben, wird der Brennstoffbedarf auf ein ganzes Jahr bezogen. Auch die Wärmeausnutzung des Brennstoffes, die über die verschiedenen Wirkungsgrade ermittelt wird, ist für den Jahresbrennstoffbedarf **(B_a)** von großer Bedeutung **(Kapitel 9.2, Seite 291)**.

$$B_a = \frac{\dot{Q}_N \cdot b_{VH}}{H_i \cdot \eta_a} \qquad \dot{Q}_N = \frac{B_a \cdot H_i \cdot \eta_a}{b_{VH}}$$

B_a Jahresbrennstoffbedarf in kg/a (l/a)
$\dot{Q}_N$ Norm-Wärmebedarf in kW
b_{VH} Brennerlaufzeit in h/a
H_i Heizwert des Brennstoffes in kWh/kg (kWh/l)
η_a Jahresnutzungsgrad der Anlage in %

Beispiel:

Für ein Dreifamilien-Wohnhaus wurde ein Norm-Wärmebedarf von 42,0 kW ermittelt. Berechnen Sie den Jahresbrennstoffbedarf für Heizöl EL, wenn der Jahresnutzungsgrad bei 82 % liegt.

Geg.: $\dot{Q}_N = 42{,}0$ kW, $\eta_a = 82$ %,
$b_{VH} = 1600$ h/a **(Tab. 1, Seite 290)**,
$H_i = 10{,}0$ kWh/l **(Tab. 1, Seite 276)**

Ges.: B_a

$$B_a = \frac{\dot{Q}_N \cdot b_{VH}}{H_i \cdot \eta_a} \quad B_a = \frac{42{,}0\ \text{kW} \cdot 1600\ \text{h/a}}{10{,}0\ \text{kWh/l} \cdot 0{,}82} \quad \mathbf{B_a = 8195{,}1\ l/a}$$

8.9.2 Brennstoffbedarf für die Trinkwassererwärmung

Bei der zentralen Trinkwassererwärmung wird häufig das Trinkwasser vom Heizkessel mit erwärmt. Da der Kessel dann im Sommer und im Winter betriebsbereit sein muss, ergeben sich hohe Bereitschaftsverluste, die den Gesamtwirkungsgrad oder den Jahresnutzungsgrad herabsetzen.

Der jährliche Warmwasserverbrauch eines 4-Personenhaushaltes liegt etwa bei 50,0 m³ bis 70,0 m³. Der Jahresnutzungsgrad **(η_a)** beträgt bei der zentralen Trinkwassererwärmung 55 % bis 75 %.

$$B_a = \frac{\dot{Q}_{TWW}}{H_i \cdot \eta_a} \qquad \dot{Q}_{TWW} = \dot{m}_a \cdot c \cdot \Delta\vartheta$$

$\dot{Q}_{TWW}$ Wärmebedarf für die Trinkwassererwärmung in kWh/a
$\dot{m}_a$ Warmwasserverbrauch in kg/a, (m³/a)
c spezifische Wärmekapazität in Wh/(kg · K), kWh/(kg · K)
$\Delta\vartheta$ Temperaturdifferenz für TWW in K

Beispiel:

Ein Dreifamilien-Wohnhaus hat eine zentrale Trinkwassererwärmung. Das Trinkwasser wird dabei von 8 °C auf 55 °C erwärmt. Der Warmwasserverbrauch je Familie wurde mit 55,0 m³ pro Jahr gemessen. Berechnen Sie den Jahresbrennstoffbedarf bei einem Nutzungsgrad von 60 %.

Geg.: $\dot{m}_a = 55000$ kg/a, $\vartheta_1 = 8$ °C, $\vartheta_2 = 55$ °C,
$\eta_a = 60$ %, $c = 1{,}163$ Wh/(kg · K),
$H_i = 10{,}0$ kWh/l **(Tab. 1, Seite 276)**

Ges.: B_a

$\dot{Q}_{TWW} = \dot{m}_a \cdot c \cdot \Delta\vartheta$

$\dot{Q}_{TWW} = 3 \cdot 55\,000$ kg/a $\cdot$ 1,163 Wh/(kg · K) $\cdot$ 47 K

$\dot{Q}_{TWW} = 9019$ kWh/a

$$B_a = \frac{\dot{Q}_{TWW}}{H_i \cdot \eta_a} \quad B_a = \frac{9019\ \text{kWh/a}}{10{,}0\ \text{kWh/l} \cdot 0{,}6} \quad \mathbf{B_a = 1503{,}2\ l/a}$$

8.9.3 Jahresbrennstoffbedarf

Der Jahresbrennstoffbedarf ergibt sich aus dem Brennstoffbedarf für die Gebäudeheizung und für die Trinkwassererwärmung.

$$B_a = B_{a,H} + B_{a,TWW}$$

B_a Jahresbrennstoffbedarf in kg/a (*l*/a)
$B_{a,H}$ Jahresbrennstoffbedarf, Heizung in kg/a (*l*/a)
$B_{a,TWW}$ Jahresbrennstoffbedarf, Trinkwassererwärmung in kg/a (*l*/a)

Beispiel:

Berechnen Sie den Jahresbrennstoffbedarf für ein Zweifamilienhaus mit zentraler Trinkwassererwärmung. Der Norm-Wärmebedarf wurde mit 26,5 kW berechnet bei einem Nutzungsgrad von 87%. Der nebenstehende VWH hat einen Nutzungsgrad von 58%, die Temperaturerhöhung erfolgt von 10 °C auf 55 °C, der jährliche Warmwasserverbrauch beträgt je Familie 50 m³. Berechnen Sie den Gasverbrauch für ein Jahr, bei einem $H_{I,B}$ = 9,9 kWh/m³.

Geg.: $\dot{Q}_N = 26{,}5$ kW, $\eta_a = 87\%$, $b_{VH} = 1500$ h/a **(Tab. 1, Seite 290)**, $H_{I,B} = 9{,}9$ kWh/m³, $\dot{m}_a = 50\,000$ kg/a, $\vartheta_1 = 10$ °C, $\vartheta_2 = 55$ °C, $\eta = 58\%$

Ges.: B_a

$$B_{a,\,H} = \frac{\dot{Q}_N \cdot b_{VH}}{H_{I,B} \cdot \eta_a} \qquad B_{a,\,H} = \frac{26{,}5\text{ kW} \cdot 1500\text{ h/a}}{9{,}9\text{ kWh/m}^3 \cdot 0{,}87}$$

$$B_{a,\,H} = 4615{,}1\text{ m}^3\text{/a}$$

$$B_{a,\,TWW} = \frac{\dot{m}_a \cdot c \cdot \Delta\vartheta}{H_{I,B} \cdot \eta_a}$$

$$B_{a,\,TWW} = \frac{2 \cdot 50\,000\text{ kg/a} \cdot 1{,}163\text{ Wh/kg} \cdot \text{K} \cdot 45\text{ K}}{9\,900\text{ Wh/m}^3 \cdot 0{,}58}$$

$$B_{a,\,TWW} = 911{,}4\text{ m}^3\text{/a}$$

$$B_a = B_{a,\,H} = B_{a,\,TWW}$$

$$B_a = 4615{,}1\text{ m}^3\text{/a} + 911{,}4\text{ m}^3\text{/a}$$

$$\mathbf{B_a = 5526{,}5\text{ m}^3\text{/a}}$$

8.9.4 Brennstofflagerung und Lagervolumen bei Ölheizung

Die Öllagerung bei Ein- und Mehrfamilienhäusern erfolgt in der Regel innerhalb der Gebäude. Je nach den örtlichen Gegebenheiten dürfen bis zu 100 000 Liter Heizöl gelagert werden. Es werden kellergeschweißte Stahltanks oder Batterietanks aus Kunststoff eingesetzt.

Die Tankgröße richtet sich in etwa nach dem Brennstoffbedarf des Gebäudes für ein Jahr **(Tabelle 1)**.

Tabelle 1: Einbaumaße für Kunststoff-Sicherheitstanks

Abmessungen in mm	Anzahl	Inhalt in in Liter	Anordnung
780 x 780 x 1710	1	750	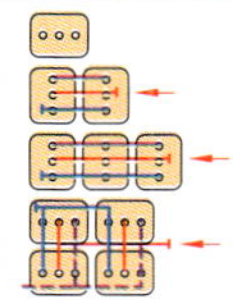
780 x 1620 x 1710	2	1500	
780 x 2460 x 1710	3	2250	
1670 x 1670 x 1710	4	3000	
800 x 800 x 1900	1	1000	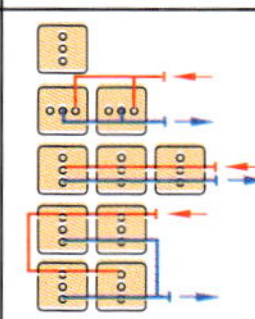
800 x 1670 x 1990	2	2000	
800 x 2540 x 1990	3	3000	
1670 x 1670 x 1990	4	4000	

Beispiel:

Ein 2-Familienwohnhaus hat einen Ölheizkessel mit zentraler Trinkwassererwärmung. Die Normheizlast wurde mit 28,0 kW berechnet. Der Nutzungsgrad beträgt 87%. Der nebenstehende, indirekt beheizte VWH hat einen Nutzungsgrad von 58%. Der jährliche Warmwasserverbrauch je Familie beträgt 55 m³, bei einer Temperaturerhöhung von 12 °C auf 55 °C. Berechnen Sie das Tankvolumen für einen Speichervorrat von einem Jahr.

Geg.: $\dot{Q}_N = 28{,}0$ kW, $\eta_a = 0{,}87$, $H_I = 10$ kWh/l, $\dot{m}_a = 55\,000$ kg/a, $\eta_a = 0{,}58$, $\vartheta_1 = 12$ °C, $\vartheta_2 = 55$ °C

Ges.: Tankvolumen V

$$B_{a,\,H} = \frac{\dot{Q}_N \cdot b_{VH}}{H_I \cdot \eta_a} \qquad B_{a,\,H} = \frac{28\text{ kW} \cdot 1500\text{ h/a}}{10\text{ kWh/l} \cdot 0{,}87}$$

$$B_{a,\,H} = 4828\text{ l/a}$$

$$B_{a,\,TWW} = \frac{\dot{m}_a \cdot c \cdot \Delta\vartheta}{H_{I,B} \cdot \eta_a}$$

$$B_{a,\,TWW} = \frac{2 \cdot 55\,000\text{ kg/a} \cdot 1{,}163\text{ Wh/(kg} \cdot \text{K)} \cdot 43\text{ K}}{10\,000\text{ Wh/l} \cdot 0{,}58}$$

$$B_{a,\,TWW} = 948\text{ l/a}$$

$$B_a = B_{a,\,H} + B_{a,\,TWW}$$

$$B_a = 4828\text{ l/a} + 948\text{ l/a} \qquad B_a = 5776\text{ l/a}$$

Tankvolumen für 1 Jahr: $\mathbf{V = 6000}$ **Liter**

gewählt:
6 Stück Kunststoff-Sicherheitstanks,
800 x 800 x 1900 mm,
bestehend aus 4 Tanks mit 4000 Litern, Abmessung 1670 x 1670 x 1990 mm und 2 Tanks mit 2000 Litern Inhalt, Abmessung 800 x 1670 x 1990 mm, einschließlich der Verrohrung der Tanks untereinander.

8.9.5 Brennstoffbedarf und Lagervolumen bei Holzheizung

Wird die Heizlast eines Gebäudes durch Verbrennen von Scheitholz oder Pellets gedeckt, muss auch für ein entsprechendes Lagervolumen gesorgt werden. Da der Heizwert nicht nur von der Art des Holzes, sondern auch von dem Feuchtegehalt abhängig ist, sind Holz- oder Pelletslagerräume großzügig zu bemessen **(Tabelle 1)**.

Generell ist bei Laubholz für

1,0 kW Heizlast = 1,0 m³ Lageraum

erforderlich.

Die Lagerung von Pellets erfolgt in trockenen Lagerräumen, in Gewebesäcken oder in Silos. Hackschnitzel werden in Lagerboxen oder in Silos aufbewahrt. Scheitholz im Freien oder in trockenen Kellerräumen.

Tabelle 1: Lagervolumen bei Holzheizung

Kessel-leistung	Jahres-betriebs-stunden	Energie-bedarf	Holzbedarf Laub-holz	Holzbedarf Pellets	Lagervolumen Laub-holz	Lagervolumen Pellets
kW	h/a	kWh/a	m³/a	m³/a	m³	m³
Einfamilien-Wohnhaus						
12,0	1450	17 400	8,3	5,5	12,0	9,0
Mehrfamilien-Wohnhaus						
17,5	1600	28 000	13,3	8,8	19,0	13,0
25,0	1600	40 000	19,4	12,6	28,0	18,0
30,0	1600	48 000	22,9	15,1	32,0	23,0

Beispiel:

Berechnen Sie den Jahres-Brennstoffbedarf und die Größe des Lagerraumes für ein Einfamilien-Wohnhaus mit Scheitholzheizung. Die Normheizlast beträgt 13,5 kW, der Jahresnutzungsgrad 84%. Das Warmwasser wird zentral von 12 °C auf 60 °C erwärmt, bei einem Bedarf von 51 m³/a. Der Jahresnutzungsgrad liegt bei 58%.

Geg.: $\dot{Q}_N = 13{,}5$ kW, $\eta_a = 84\%$, $b_{VH} = 1450$ h/a
$H_{I,B} = 4{,}1$ kWh/kg
$\dot{m}_a = 51\,000$ kg/a, $\vartheta_1 = 12$ °C, $\vartheta_2 = 60$ °C
$\eta_a = 58\%$

Ges.: Holzvorrat für 1 Jahr, Kiefer (Tab. 2)

$$B_{a,\,H} = \frac{\dot{Q}_N \cdot b_{VH}}{H_{I,B} \cdot \eta_a} \qquad B_{a,\,H} = \frac{13{,}5\ \text{kW} \cdot 1450\ \text{h/a}}{4{,}1\ \text{kWh/kg} \cdot 0{,}84}$$

$B_{a,\,H} = 5684$ kg/a

$$B_{a,\,TWW} = \frac{\dot{m}_a \cdot c \cdot \Delta\vartheta}{H_{I,B} \cdot \eta_a}$$

$$B_{a,\,TWW} = \frac{51\,000\ \text{kg/a} \cdot 1{,}163\ \text{Wh/kg} \cdot \text{K} \cdot 48\ \text{K}}{4\,100\ \text{Wh/kg} \cdot 0{,}58}$$

$B_{a,\,TWW} = 1197$ kg/a

$B_a = B_{a,\,H} + B_{a,\,TWW}$

$B_a = 5684$ kg/a + 1197 kg/a

$\mathbf{B_a = 6881}$ **kg/a**

Lagerraum:

Umrechnung Ba = 6881 kg/a ⇒ 18,3 rm/a

gewählt:

$\mathbf{V_R = 25\ m^3}$, zusätzlicher Platz im Freien unter Dach für 2 Jahre ⇒ 50 m³.

Tabelle 2: Heizwerte bei Holzfeuerungen

Holzart	Brennwert kWh/rm1)	Heizwert kWh/rm	Heizwert kWh/kg
Birke	1900	1799	4,0
Buche	2100	1945	3,7
Eiche	2100	1945	3,9
Kiefer	1700	1547	4,1
Robinie	2100	1945	3,8
Tanne	1900	1389	4,1

1) rm ist ein Raummeter, der beim Stapeln von 1 m langen, runden Holzknüppeln in einer Breite von 1 m und einer Höhe von 1 m entsteht.

8.9.6 Brennstoffkosten

Die Brennstoff- oder Energiekosten richten sich nach dem Brennstoffverbrauch und den Öl-, Gas- oder Holzpreisen **(Kap. 7.6, Seite 200)**.

Diese unterliegen ständigen Schwankungen, sodass bei den Aufgaben immer mit aktuellen Preisen gerechnet werden sollte. Hinzu kommt für den Endverbraucher immer noch die gesetzliche Mehrwertsteuer.

Brennstoff-kosten	=	Brennstoff verbrauch	·	Energie-preis
K	=	B_a	·	EP

K Brennstoffkosten in €/a
B_a Brennstoffverbrauch in l/a, m³/a
EP Energiepreis in €/l, €/m³

Beispiel:

Wie hoch sind die jährlichen Brennstoffkosten für die zentrale Trinkwassererwärmung in einem Vier-Familienwohnhaus, wenn je Familie 53,0 m³ Warmwasser von 12 °C auf 55 °C aufgeheizt werden müssen und der Jahresnutzungsgrad bei 58 % liegt.

Es wurde Heizöl EL verwendet.

Der Einkaufspreis betrug 0,71 €/l einschließlich MWSt.

Geg.: $\dot{m}_a = 53\,000$ kg/a, $\vartheta_1 = 12$ °C, $\vartheta_2 = 55$ °C, $\eta_a = 58$ %, $H_i = 10{,}0$ kWh/l **(Tab. 1, Seite 276)**, $EP = 0{,}71$ €/l

Ges.: K

$$\dot{Q}_{TWW} = \dot{m}_a \cdot c \cdot \Delta\vartheta$$

$$\dot{Q}_{TWW} = 4 \cdot 53\,000 \text{ kg/a} \cdot 1{,}163 \text{ Wh/(kg} \cdot \text{K)} \cdot 43 \text{ K}$$

$$\dot{Q}_{TWW} = 10\,602 \text{ kWh/a}$$

$$B_a = \frac{\dot{Q}_{TWW}}{H_i \cdot \eta_a} \qquad B_a = \frac{10\,602 \text{ kWh/a}}{10{,}0 \text{ kWh/l} \cdot 0{,}58}$$

$\mathbf{B_a = 1828{,}0}$ **l/a**

$$K = B_a \cdot EP \qquad K = 1828 \text{ l/a} \cdot 0{,}71 \text{ €/l}$$

$\mathbf{K = 1297{,}88}$ **€/a**

Aufgaben

1 Berechnen Sie den jährlichen Brennstoffbedarf für ein Einfamilienwohnhaus bei einem Norm-Wärmebedarf von 15,5 kW und einem Jahresnutzungsgrad von 84 %. Es kommt Heizöl EL zur Verwendung.

2 Ein Dreifamilienwohnhaus hat einen Ölheizkessel mit zentraler Trinkwassererwärmung. Der Norm-Wärmebedarf wurde mit 29,0 kW berechnet. Der Nutzungsgrad beträgt 85 %. Der nebenstehende Vorrats-Wasserheizer hat einen Nutzungsgrad von 56 %. Der jährliche Warmwasserverbrauch je Familie beträgt 61 m³, bei einer Temperaturerhöhung von 12 °C auf 55 °C. Berechnen Sie den gesamten Brennstoffverbrauch für ein Jahr.

3 In einem Sechsfamilienwohnhaus ist ein Ölheizkessel für Heizöl EL mit zentraler Trinkwassererwärmung eingebaut. Der Norm-Wärmebedarf für das Gebäude beträgt 64,0 kW, der Jahresnutzungsgrad 82 %. Der Warmwasserverbrauch liegt bei 52,5 m³ je Familie. Das Trinkwasser muss von 11 °C auf 60 °C erwärmt werden, bei einem Nutzungsgrad von 61 %. Berechnen Sie:

a) den Jahresbrennstoffbedarf für die Gebäudeheizung,
b) den Jahresbrennstoffbedarf für die Trinkwassererwärmung,
c) das Volumen des Öltanks, das 30 % größer sein soll, als der gesamte Jahresbrennstoffbedarf und
d) die Brennstoffkosten für ein Jahr, bei einem Ölpreis von 0,68 €/l ohne MWSt.

4 In einem Zweifamilien-Wohnhaus ist ein Holzheizkessel für Pellets mit zentraler Trinkwassererwärmung eingebaut.

Der Norm-Wärmebedarf für das Gebäude beträgt 24,5 kW, der Jahresnutzungsgrad 84 %.

Der Warmwasserverbrauch liegt bei 52 m³ je Familie.

Das Trinkwasser muss von 8 °C auf 55 °C erwärmt werden, bei einem Nutzungsgrad von 60 %.

Berechnen Sie:

a) den Jahresbrennstoffbedarf für die Gebäudeheizung,
b) den Jahresbrennstoffbedarf für die Trinkwassererwärmung,
c) die Größe des Silos für die Lagerung der Pellets und
d) die Brenstoffkosten für ein Jahr mit den derzeit aktuellen Pelletpreisen inkl. Mehrwertsteuer.

8.10 Energiekostenvergleich

Bei einem Energiekostenvergleich, wie z. B. bei der Gegenüberstellung von den Brennstoffen Öl und Gas, darf nicht nur der reine Öl- oder Gaspreis verglichen werden. Es müssen vielmehr

- der Gasanschluss, die Zählergebühr, der Haustarif und der teurere Brenner für Gasfeuerung einerseits und
- der Öltank, der zusätzliche Platzbedarf und der Kapitaldienst für die Bevorratung andererseits

in Anrechnung gebracht werden.

Bei dem Energiekostenvergleich werden im Einzelnen berücksichtigt

- Herstellungskosten der gesamten Heizungsanlage mit Rohrleitungen, Heizflächen und Regelanlage,
- Hausanschluss bei Gasanlagen oder
- Tankraum und Heizölbehälter bei Ölheizungsanlagen.

Diese Kosten werden gleichmäßig auf 15 Jahre verteilt.

Die jährlich wiederkehrenden Kosten, z. B. Wartung, Versicherung und Zählergebühr werden separat berücksichtigt und dann mit den Herstellungskosten zusammengefasst oder auf einen m² Wohnfläche umgerechnet **(Tabelle 1, Seite 282)**.

Tabelle 1: Kapitalgebundene und verbrauchsunabhängige Kosten für Heizungsanlagen in €

Kostenarten	Reihenendhaus		1- bis 2-Familienhaus		4-Familienhaus		6-Familienhaus	
	Gas	Öl	Gas	Öl	Gas	Öl	Gas	Öl
Herstellungskosten mit Gasanschluss/ Öltank	631,96	799,15	638,60	803,24	1041,50	1278,24	1444,92	1753,74
Zählergebühr	122,71	–	122,71	–	184,06	–	184,06	–
Hilfsenergie	30,68	52,15	30,68	52,15	76,76	90,00	76,76	100,00
Zinskosten für Ölvorrat	–	7,16	–	10,23	–	20,46	–	27,10
Versicherung für Öltank	–	61,35	–	61,35	–	71,58	–	81,81
Wartung	117,60	163,61	117,60	163,61	117,60	163,61	117,60	163,61
jährl. Gesamtkosten	902,95	1083,42	909,59	1090,58	1419,92	1623,89	1823,34	2126,26
Wohnfläche m²	120,0	120,0	180,0	180,0	320,0	320,0	480,0	480,0
jährliche Kosten in €/m²	7,52	9,03	5,05	6,06	4,44	5,07	3,80	4,43

Beispiel:

Ein Zwei-Familienwohnhaus mit 180 m² Wohnfläche wird zentral beheizt und hat einen Normwärmebedarf von 28,5 kW. Der Jahresnutzungsgrad der Anlage liegt bei 83 %, die Brennerlaufzeit beträgt 1500 h/a. Erstellen Sie einen Energiekostenvergleich für eine Öl- oder Gasheizung. Die Energiepreise inklusive Mehrwertsteuer betragen

- bei Heizöl EL 0,61 €/l
- bei Erdgas E 0,65 €/m³.

Geg.: $\dot{Q}_N = 28{,}5\ \text{kW}$, $\eta_a = 0{,}83$, $b_{VH} = 1500\ \text{h/a}$, $H_{IB} = 10{,}2\ \text{kWh/m}^3$, $H_i = 10{,}0\ \text{kWh/l}$, $EP_{Öl} = 0{,}61\ \text{€/l}$, $EP_{Gas} = 0{,}65\ \text{€/m}^3$

Ges.: $EK_{Öl}$, EK_{Gas}

Ölheizung:

$$B_a = \frac{\dot{Q}_N \cdot b_{VH}}{H_i \cdot \eta_a} \qquad B_a = \frac{28{,}5\ \text{kW} \cdot 1500\ \text{h/a}}{10{,}0\ \text{kWh/l} \cdot 0{,}83}$$

$B_a = 5150{,}6\ \text{l/a}$

$K = B_a \cdot EP \qquad K = 5150{,}6\ \text{l/a} \cdot 0{,}61\ \text{€/l}$

$K = 3141{,}87\ \text{€/l}$

jährl. Kosten (verbrauchsabhängig- u. kapitalgebunden) = 1090,59 €/a (Tab. 1)

$EK_{Öl} = 3141{,}87\ \text{€/a} + 1090{,}59\ \text{€/a}$

$\mathbf{EK_{Öl} = 4232{,}46\ €/a}$

Gasheizung:

$$B_a = \frac{\dot{Q}_N \cdot b_{VH}}{H_{IB} \cdot \eta_a} \qquad B_a = \frac{28{,}5\ \text{kW} \cdot 1500\ \text{h/a}}{10{,}2\ \text{kWh/m}^3 \cdot 0{,}83}$$

$B_a = 5049{,}6\ \text{m}^3\text{/a}$

$K = B_a \cdot EP \qquad K = 5049{,}6\ \text{m}^3\text{/a} \cdot 0{,}65\ \text{€/m}^3$

$K = 3282{,}24\ \text{€/a}$

jährliche Kosten (verbrauchsabhängig u. kapitalgebunden) = 909,59 €/a **(Tab. 1)**

$EK_{Gas} = 3282{,}24\ \text{€/a} + 909{,}59\ \text{€/a}$

$\mathbf{EK_{Gas} = 4191{,}83\ €/a}$

Aufgaben

1 Ein zentralbeheiztes Vierfamilien-Wohnhaus mit einer Wohnfläche von 320 m² hat einen Normwärmebedarf von 44,8 kW. Der Jahresnutzungsgrad liegt bei 81 %. Erstellen Sie einen Energiekostenvergleich für eine Öl- oder Gasheizung. Bei den Energiepreisen soll für Heizöl EL der niedrigste Wert innerhalb des letzten Halbjahres, bei einem Jahreseinkauf mit MWst., berücksichtigt werden. Bei Erdgas E soll der derzeit aktuelle Endverbraucherpreis eingesetzt werden.

2 Ein Sechsfamilien-Wohnhaus hat eine Wohnfläche von 520 m² bei einem Normwärmebedarf von 72,3 kW. Der Jahresnutzungsgrad liegt bei 82 %. Der Bauherr wünscht einen Energiekostenvergleich für eine zentrale Öl- oder Gasheizung. Die Bevorratung beim Heizöl beträgt ein Jahr. Bei dem Energiepreis für Heizöl ist der günstigste Endverbraucherpreis innerhalb der letzten fünf Monate zu berücksichtigen. Bei Erdgas E wird der aktuelle Preis inkl. MWst. eingesetzt.

a) Fertigen Sie eine Energiekosten-Gegenüberstellung.

b) Berechnen Sie die jährlichen Energiekosten für einen m² Wohnfläche.

8.11 Projekte

Projekt 1:

Für das Mehrfamilien-Wohnhaus in Ingolstadt ist im Erdgeschoss eine Fußbodenheizung zu planen **(Bild 1)**. Für die Berechnung und Projektierung sind folgende Angaben zu beachten:

In dem viergeschossigen Gebäude (KG bis 2. OG) sind insgesamt sechs Etagen-Wohnungen vorgesehen. Die Geschosshöhe beträgt jeweils 2,75 m. Im Untergeschoss sind die Kellerräume, Abstellräume und die Waschküche untergebracht, die alle nicht beheizt sind.

Heizungsanlage: Jede Wohnung erhält im Bad/WC für die Fußbodenheizung einen Gas-Kombi-Wasserheizer mit Abgasanschluss und witterungsgeführter Regelung. Der Verteiler mit Thermostatventilen wird im Flur vorgesehen.

Es werden Kunsttoffrohre PE-X 16 × 2 mm verwendet.

Für die Wärmeversorgung in der Übergangszeit erhalten die Kinderzimmer und das Bad zusätzliche Plattenheizkörper mit einem separaten Heizkreis aus Kunststoffrohren.

Außenwand: Gasbeton-Blocksteine (ϱ = 700 kg/m^3) beidseitig mit Kalkzement-Mörtel verputzt (außen 25 mm, innen 15 mm).

Innenwände: Lochziegel KS (ϱ = 1200 kg/m^3) beidseitig verputzt.

Fußboden/Decke: Massivdecke 16 cm Kiesbeton; 40 mm Wärmedämmung 040; 4,0 cm schwimmender Zementestrich; Küche, Bad und Flur mit Fliesenbelag; alle übrigen Räume mit Eichenparkett.

Fenster/Außentüren: Holzrahmen mit Isolierglas mit 8 mm Luftraum; Wohn-, Schlaf- und Kinderzimmer zweiflüglig; alle Fenster und Türen mit Rolläden und Mechanik von innen.

Gasanlage: Im KG (Hausanschlussraum) ist für alle Wohnungen je ein Zweistutzengaszähler vorgesehen. Das Gebäude wird mit Erdgas E versorgt. Rohrleitung aus Stahl DIN EN 10 255.

Allgemein: Fehlende Angaben sind den Tabellen zu entnehmen oder sinnvoll auszuwählen.

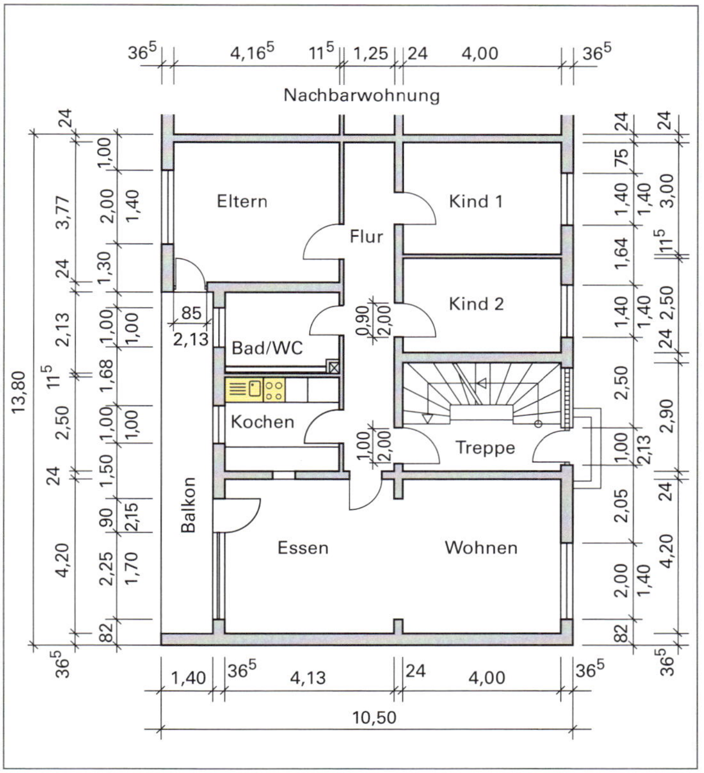

Bild 1: Etagenwohnung

Aufgaben

1. Berechnen Sie die Norm-Heizlast für die Etagenwohnung im EG.
2. Bestimmen Sie die Plattenheizkörper für 50% des Raumwärmebedarfs und die Leitungslängen der einzelnen Heizkreise für die Fußbodenheizung ($\Delta\vartheta$ = 5 K).
3. Legen Sie die Größe und die Art des KWH fest.
4. Überprüfen Sie den Raum- und Verbrennungsluftverbund für das Gasgerät.
5. Erstellen Sie eine Druckverlustberechnung und überprüfen Sie, ob die im Gerät eingebaute Umwälzpumpe und das Druck-Ausdehnungsgefäß ausreichend dimensioniert sind.
6. Berechnen Sie den Anschluss- und Einstellwert für das Gasgerät bei H_{IB} = 9,9 kWh/m^3.
7. Zeichnen Sie ein Strangschema für die Etagenheizung.
8. Zeichnen Sie ein Strangschema vom Gaszählerraum im KG, mit GDR nach der HAE, den Gaszählern, Strömungssicherungen und den Gasleitungen bis zu Kellerdecke.
9. Bestimmen Sie die Größe der Gaszähler, der Strömungssicherungen und die Nennweiten der Gasleitungen, wenn im KG für Δp_{max} ≤ 150 Pa zur Verfügung stehen.

Projekt 2:

Für eine Doppelhaushälfte in Oldenburg ist eine Pumpen-Warmwasserheizung 70/55 °C zu projektieren **(Bild 1)**. Wegen der Grundwassertiefe T < 2,0 m hat das Gebäude keinen Keller **(Bild 2, Seite 285)**. Die Beheizung erfolgt mit einem Gas-Kombi-Wasserheizer (KWH), der im Abstellraum des Obergeschosses montiert werden soll **(Bild 1, Seite 285)**.

Das Gebäude wird mit Erdgas E mit einem $H_{I,B}$ = 9,8 kWh/m³ versorgt. Der Gaszähler ist im Hauswirtschaftsraum untergebracht. Für die Berechnung und Planung sind nachfolgende Angaben zu beachten:

Außenwände: Hohlschicht-Mauerwerk, Außenschale aus 6,0 cm Vormauerklinker, verfugt; 6 cm Luftschicht, 50 mm Dämmplatte 035; Innenschale 17,5 cm Gasbeton-Blocksteine (ϱ = 700 kg/m³); Innenputz aus 1,5 cm Kalkzement-Mörtel.

Haustrennwand: 2 × 17,5 cm Kalksandstein (ϱ = 1200 kg/m³); 40 mm Schall-/ Wärmedämmplatte 040; beidseitig mit 1,5 cm Kalkzement-Mörtel verputzt.

Innenwände: Kalksandstein (ϱ = 1200 kg/m³), beidseitig mit 1,5 cm Kalkzement-Mörtel verputzt.

Fußboden: 20 cm Kieslage; 16 cm Bodenplatte aus Kiesbeton; 50 mm Schall-/Wärmedämmplatte 040; 4,0 cm schwimmender Zement-Estrich. WC, Küche, Flur und Hauswirtschaft mit Fliesen, alle übrigen Räume erhalten Holzparkett.

Decke über EG: 14,0 cm Massivdecke aus Kiesbeton; 40 mm Schall-/Wärmedämmschicht 040; 4,0 cm schwimmender Estrich; Bad und Flur mit Fliesen, alle übrigen Zimmer mit Teppichboden.

Decke über OG: 12,0 cm Holzbalken mit dazwischenliegender Wärmedämmung 040; unten Sichtfalzbretter 12,0 mm; oben 24,0 mm Schalbretter.

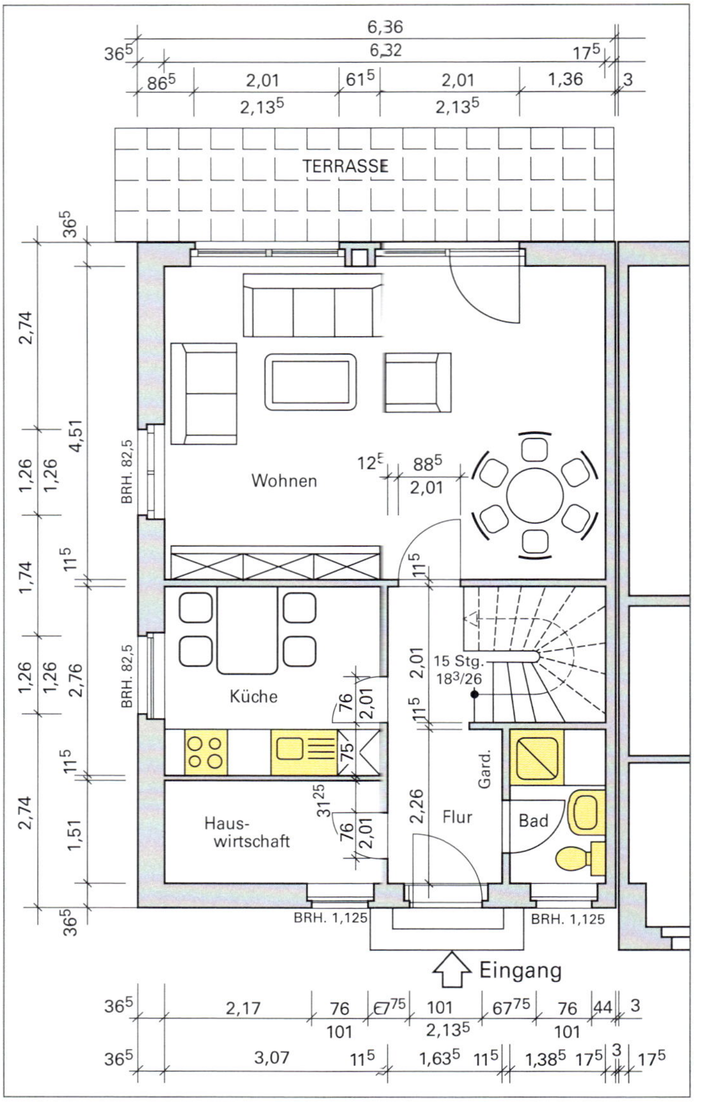

Bild 1: Grundriss Erdgeschoss

Dach: Dacheindeckung mit Betonfalzziegel; Dampfsperrfolie; vollflächig mit 19 mm dicken Spanplatten belegt; zwischen den Sparren 12 cm Wärmedämmung 035; Unterseite 12 mm Sichtfalzbretter aus Kieferholz.

Fenster/AT-Türen: Kunststoff; Isolierverglasung mit 12 mm Luftzwischenraum. Alle Fenster und Türen erhalten Rolläden mit Mechanik von innen. Ab 1,3 m Breite sind alle Fenster zweiflüglig.

Innentüren: Holz

Grundwassserspiegel: T ≤ 2,0 m.

Heizungsanlage: Kunststoffrohrleitungen im Zweirohrsystem vom Etagenverteiler zu jedem Plattenheizkörper; Rohrleitungen bis zum Etagenverteiler aus Cu DIN EN 1057 mit Wärmedämmung. Etagenverteiler jeweils in der Wand im Flur. Alle Heizkörper einzeln absperrbar.

Regelung: Witterungsgeführte Kesselwassertemperatur; Heizkörper mit Thermostatventil.

Raumtemperaturen: DIN EN 12 831.

Allgemein: Alle fehlenden Werte sind den Tabellen zu entnehmen oder nach den örtlichen Gegebenheiten sinnvoll festzulegen.

Aufgaben

1. Berechnen Sie die Norm-Heizlast für das Gebäude.
2. Bestimmen Sie die Abmessungen der Plattenheizkörper.
3. Legen Sie die Größe und die Art des Kombi-Wasserheizers fest.
4. Überprüfen Sie den Raum- und Verbrennungsluftverbund für das Gasgerät.
5. Erstellen Sie ein Strangschema für die Heizungsanlage.
6. Berechnen Sie die Rohrweiten für die Heizungsanlage und bestimmen Sie die Thermostatventile.
7. Führen Sie eine Druckverlustberechnung durch und überprüfen Sie, ob die im Gasgerät eingebaute Pumpe und das Ausdehnungsgefäß ausreichend dimensioniert sind.
8. Berechnen Sie den Anschluss- und den Einstellwert für das Gasgerät.
9. Berechnen Sie die Rohrweite für die Gasleitung, Stahlrohr DIN EN 10 255 mittlere Reihe, im Diagrammverfahren.
10. Fertigen Sie eine Materialzusammenstellung an.

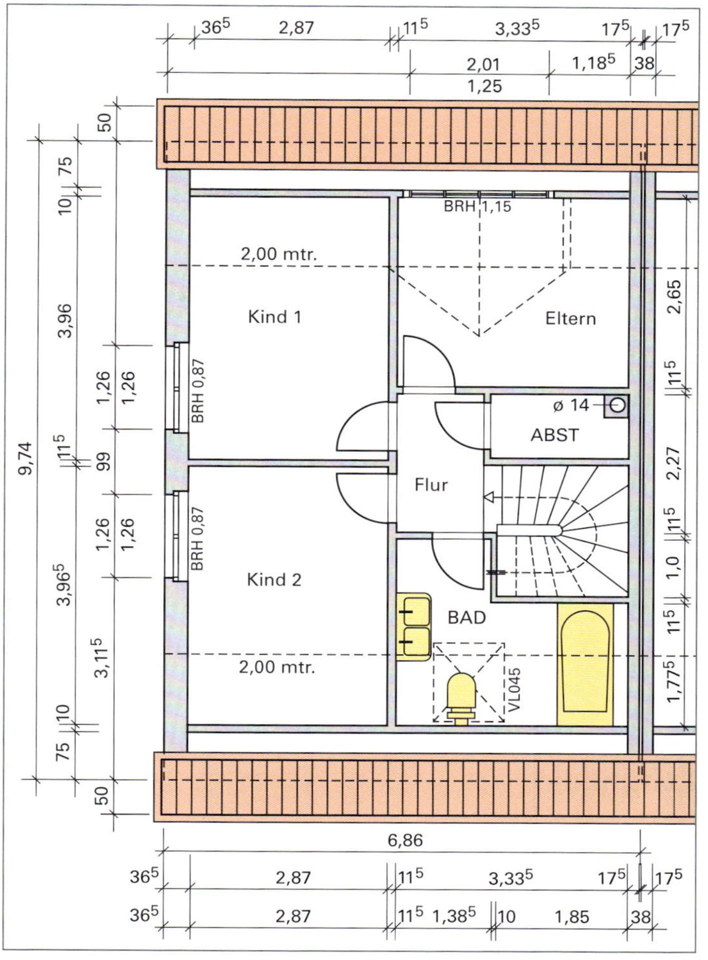

Bild 1: Grundriss Obergeschoss

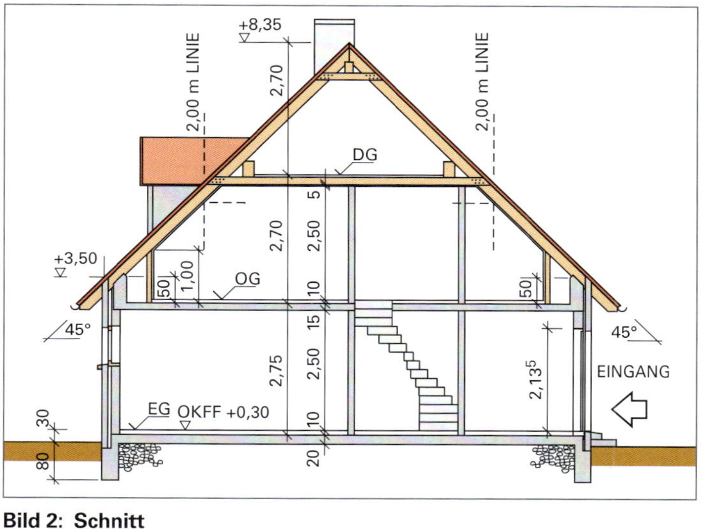

Bild 2: Schnitt

9 Abgasanlagen

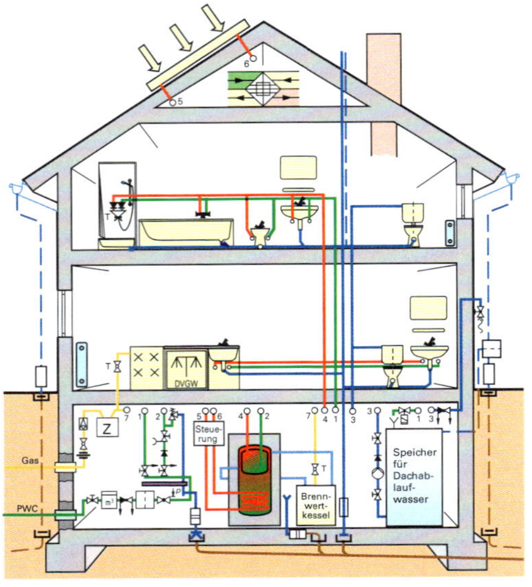

Leitprojekt

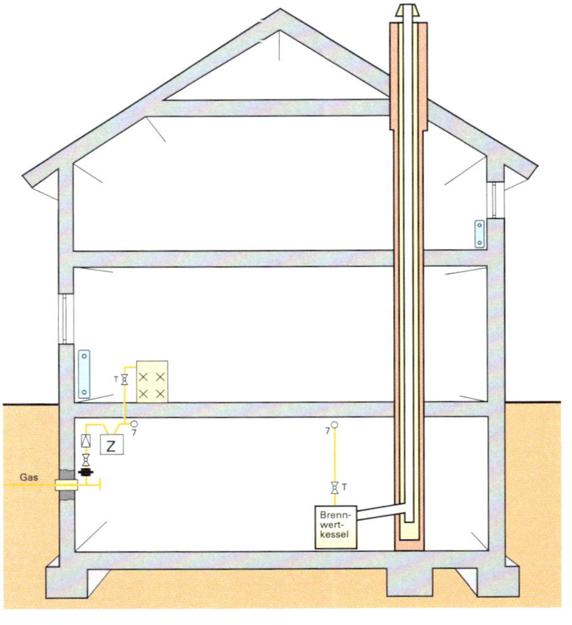

Abgasanlagen

9 Abgasanlagen

Zur Überprüfung einer vollständigen Verbrennung und zur optimalen Einstellung von Wärmeerzeugern sind umfangreiche Berechnungen und Messungen bei Abgasanlagen erforderlich. Im Wesentlichen gehören dazu die Bestimmung

- des Luftbedarfs für die Verbrennung,
- der Abgasverluste,
- des feuerungstechnischen Wirkungsgrades,
- des Kesselwirkungsgrades und des Nutzungsgrades,
- des Abgasvolumens und der Abgasrohre sowie
- der Schornsteinquerschnitte.

9.1 Luftbedarf bei der Verbrennung

Jeder Brennstoff benötigt zur vollständigen Verbrennung Sauerstoff **(O_2)**, der aus unserer Umgebungsluft entnommen wird. Da in der Luft nur etwa 21% Sauerstoff enthalten sind, müssen große Luftmengen dem Brennstoff zugeführt werden. Hinzu kommt, dass der Sauerstoff in der Luft mit etwa 78% Stickstoff **(N_2)** vermischt ist. Durch diese Vermischung des Sauerstoffs mit dem Stickstoff ist es für die Brennstoffmoleküle schwierig in der kurzen Reaktionszeit die entsprechenden Sauerstoffmoleküle zu finden. Um in der Praxis trotzdem eine vollständige Verbrennung zu erreichen, werden die Brenner mit einem Luftüberschuss von 10% bis 40% betrieben, der je nach Brennstoffart verschieden ist **(Tabelle 1)**.

Dabei wird der theoretische Verbrennungs-Luftbedarf **(L_{min})** zum praktischen Luftbedarf **(L_{tats})** als Luftverhältniszahl **(λ)** ausgedrückt **(Tabelle 2, Seite 288)**.

$$\text{Luftverhältniszahl} = \frac{\text{tats. Luftbedarf}}{\text{theor. Luftbedarf}}$$

$$\lambda = \frac{L_{tats}}{L_{min}}$$

$$L_{tats} = \lambda \cdot L_{min} \qquad L_{min} = \frac{L_{tats}}{\lambda}$$

λ Luftverhältniszahl ohne Einheit
L_{min} theoretischer Luftbedarf in m^3/m^3 bei Gasen, in m^3/kg bei festen oder flüssigen Brennstoffen
L_{tats} tatsächlicher Luftbedarf in m^3/m^3 (m^3/kg)

Beispiel:

Berechnen Sie die Luftverhältniszahl, wenn für die Verbrennung von 1,0 kg Heizöl EL tatsächlich 13,1 m^3 Luft erforderlich sind.

Geg.: $L_{tats} = 13{,}1\ m^3/kg$, $L_{min} = 10{,}6\ m^3/kg$ (Tabelle 1)
Ges.: λ

$$\lambda = \frac{L_{tats}}{L_{min}} \qquad \lambda = \frac{13{,}1\ m^3/kg}{10{,}6\ m^3/kg} \qquad \mathbf{\lambda = 1{,}24}$$

Dadurch, dass alle Brenner mit Luftüberschuss betrieben werden müssen, lässt sich die Luftverhältniszahl λ auch über die Zusammensetzung der Abgase berechnen.

$$\lambda = 1 + \frac{O_2}{21\% - O_2} \qquad \lambda = \frac{CO_{2\,max}}{CO_2}$$

O_2 gemessener Rest-Sauerstoffgehalt im Abgas in %
CO_2 gemessener Kohlenstoffdioxid-Gehalt im Abgas in %
CO_{2max} rechnerisch maximal möglicher Kohlenstoffdioxid-Gehalt in % **(Tabelle 1, Seite 286)**

Beispiel:

An einem Ölheizkessel wird im Abgas ein Rest-Sauerstoffgehalt von 3,6% gemessen. Wie groß ist der Luftüberschuss oder die Luftverhältniszahl? Wieviel Verbrennungsluft wurde 1,0 kg Heizöl EL tatsächlich zugeführt?

Geg.: $O_2 = 3{,}6\%$, $L_{min} = 10{,}6\ m^3/kg$ (aus Tab.1)
Ges.: λ, L_{tats}

$$\lambda = 1 + \frac{O_2}{21\% - O_2} \qquad L_{tats} = \lambda \cdot L_{min}$$

$$\lambda = 1 + \frac{3{,}6\%}{21\% - 3{,}6\%} \qquad L_{tats} = 1{,}207 \cdot 10{,}6\ m^3/kg$$

$$\lambda = 1 + 0{,}207 \qquad \mathbf{L_{tats} = 12{,}79\ m^3/kg}$$

$$\lambda = 1{,}207 \qquad \textbf{Luftüberschuss = 20,7 \%}$$

Tabelle 1: Verbrennungsluftbedarf verschiedener Brennstoffe

Brennstoff	theoret. Luftbedarf L_{min} in m^3/kg	Brennstoff	theoret. Luftbedarf L_{min} in m^3/m^3
Holz	4,2	Ergdas LL	8,6
Koks	7,6	Erdgas E	10,6
Heizöl EL	10,6	Propan	23,8
Heizöl S	10,2	Butan	31,0

Tabelle 1: Rest-Sauerstoffgehalt O_2 und Kohlenstoffdioxid-Gehalt CO_2 im Abgas

Brennstoff	Sauerstoffgehalt (gemessen) O_2 in %	Kohlenstoffdioxid (gemessen) CO_2 in %	Kohlenstoffdioxid (maximal möglich) CO_{2max} in %
Koks	2,0 bis 6,0	14,0 bis 16,0	20,6
Heizöl EL	2,0 bis 6,0	12,0 bis 14,0	15,4
Erdgas LL	2,0 bis 6,0	8,0 bis 10,0	11,5
Erdgas E	2,0 bis 6,0	8,0 bis 10,0	11,9
Propan	2,0 bis 6,0	10,0 bis 12,0	13,8
Butan	2,0 bis 6,0	10,0 bis 12,0	14,0

Tabelle 2: Luftverhältniszahl λ

Ölfeuerung	λ	Gasfeuerung	λ
Verdampfungsbrenner	1,3 bis 1,4	atmosphärische Brenner	1,1 bis 1,3
Gebläsebrenner, gelb	1,15 bis 1,3		
Gebläsebrenner, blau	1,1 bis 1,4	Gebläsebrenner	1,1 bis 1,4

9.2 Abgasverluste und Wirkungsgrade

Zur Einsparung von kostspieliger Energie sowie zur Verringerung der Schadstoff-Emissionen und damit zur Entlastung der Umwelt, ist es von entscheidender Bedeutung, die Verluste bei den Wärmeerzeugern gering zu halten und die Wirkungsgrade zu optimieren.

Die Verluste setzen sich zusammen aus dem **Abgasverlust (q_A)**, dem **Wärmeverlust des Kessels (q_K)** und dem **Auskühlungsverlust (q_{St})** in den Rohrleitungen **(Bild 1)**.

Als Wirkungsgrade ergeben sich aus diesen Verlusten der **feuerungstechnische Wirkungsgrad (η_F)**, der **Kesselwirkungsgrad (η_K)** und der Anlagenwirkungsgrad oder der **Nutzungsgrad (η_a)**.

Die Einhaltung der Grenzwerte und die Durchführung der Messungen werden durch die **B**undes-**Im**missions**sch**utz-**V**erordnung **(BImSchV)** zwingend vorgeschrieben **(Tabelle 3)**.

Tabelle 3: Maximale Abgasverluste q_A in % für öl- und gasförmige Brennstoffe

Nennleistung $\dot{Q}_{NL}$	Für Anlagen mit Einbaudatum bis 31.12.82	bis 30.09.88	ab 01.10.88	ab 01.01.98
> 4,0 kW ≤ 25,0 kW	15%	14%	12%	11%
> 25,0 kW ≤ 50,0 kW	14%	13%	11%	10%
> 50,0 kW	13%	12%	10%	9%

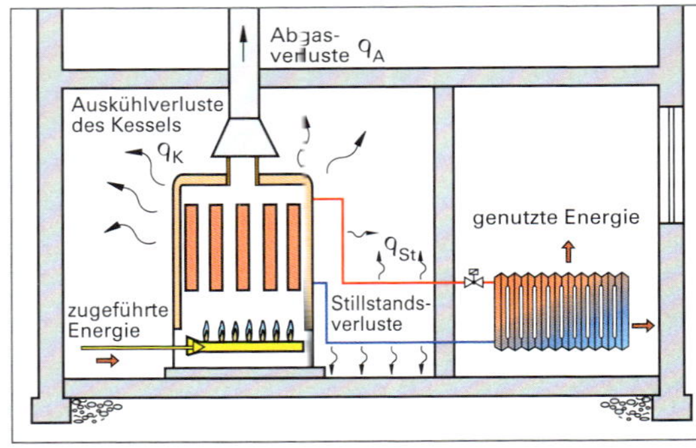

Bild 1: Verluste bei Heizungsanlagen

9.2.1 Abgasverluste und feuerungstechnischer Wirkungsgrad

Zur Berechnung der Abgasverluste und des feuerungstechnischen Wirkungsgrades müssen zuerst folgende Messungen durchgeführt werden:

- Abgastemperatur im senkrechten Abgasrohr oder sofort nach der Strömungssicherung,
- Verbrennungslufttemperatur im Aufstellraum,
- Kohlenstoffdioxid-Gehalt im Kernstrom des Abgasrohres und
- Sauerstoffgehalt im Kernstrom des Abgasrohres.

Nach den Messungen können die Abgasverluste nach dem Kohlenstoffdioxid-Gehalt (CO_2)

$$q_A = (\vartheta_A - \vartheta_L) \cdot \left(\frac{A_1}{CO_2} + B\right)$$

oder nach dem Sauerstoff-Gehalt (O_2) berechnet werden.

$$q_A = (\vartheta_A - \vartheta_L) \cdot \left(\frac{A_2}{21 - O_2} + B\right)$$

Bei der Berechnung von q_A ist zu beachten, dass sich die Maßeinheiten nicht kürzen lassen, da die Formel durch Versuche (empirisch) entwickelt wurde.

ϑ_A	Abgastemperatur in °C
ϑ_L	Verbrennungslufttemperatur in °C
CO_2	Kohlenstoffdioxid-Gehalt in %
O_2	Sauerstoff-Gehalt in %
A_1, A_2, B	Beiwerte ohne Maßeinheit, je nach der Art des Brennstoffes (Tabelle 1, Seite 287)
q_A	Abgasverluste in %
η_F	feuerungstechnischer Wirkungsgrad in %

Der feuerungstechnische Wirkungsgrad wird berechnet, indem von 100 % die Abgasverluste abgezogen werden.

$$\eta_F = 100\% - q_A$$

Tabelle 1: Brennstoffabhängige Beiwerte

Beiwerte	Brennstoffart: Heizöl	Erdgas	Stadtgas	Flüssiggas und Flüssiggas-Luftgemische
A_1	0,50	0,37	0,35	0,42
A_2	0,68	0,66	0,63	0,63
B	0,007	0,009	0,011	0,008

Beispiel:

Berechnen Sie die Abgasverluste und den feuerungstechnischen Wirkungsgrad für einen Gas-Heizkessel mit Gebläsebrenner bei einer Nennleistung von 32 kW, der mit Erdgas E betrieben wird. Gemessen wurden die Abgastemperatur mit 190 °C, die Raumtemperatur mit 18 °C und der Kohlenstoffdioxid-Gehalt mit 8,2 %.

Geg.: $\dot{Q}_{NL} = 32$ kW, Erdgas E, $\vartheta_A = 190$ °C, A_1, B (Tabelle 1), $\vartheta_L = 18$ °C, $CO_2 = 8{,}2$ %

Ges.: q_A, η_F

$$q_A = (\vartheta_A - \vartheta_L) \cdot \left(\frac{A_1}{CO_2} + B\right)$$

$$q_A = (190\ °C - 18\ °C) \cdot \left(\frac{0{,}37}{8{,}2} + 0{,}009\right)$$

$$q_A = 172\ K \cdot (0{,}045 + 0{,}009) \qquad \mathbf{q_A = 9{,}3\%}$$

$$\eta_F = 100\ \% - q_A$$

$$\eta_F = 100\% - 9{,}3\%$$

$$\mathbf{\eta_F = 90{,}7\%}$$

Die Forderungen der BImSchV werden n. **Tabelle 3, Seite 286** eingehalten.

Aus den Formeln und Tabellen ergibt sich folgender Zusammenhang:

Je höher der CO_2-Gehalt, desto kleiner ist der Abgasverlust und umso besser oder größer ist der feuerungstechnische Wirkungsgrad. Allerdings muss dabei beachtet werden, dass bei zu hohem oder zu niedrigem CO_2-Gehalt eine unvollständige Verbrennung stattfindet. Bei Gasheizungen bildet sich das giftige CO **(Bild 1).** Bei Ölheizungen entsteht Ruß, der sich in den Rauchgaszügen ablagert **(Bild 2).** Auch zu hohe Abgastemperaturen verringern den feuerungstechnischen Wirkungsgrad.

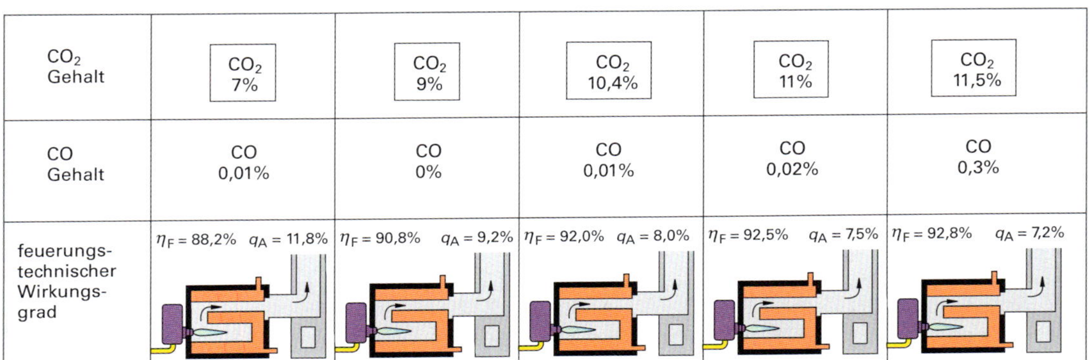

Bild 1: Zusammenhang von CO_2-Gehalt und Wirkungsgrad η_F bei Gasheizungen

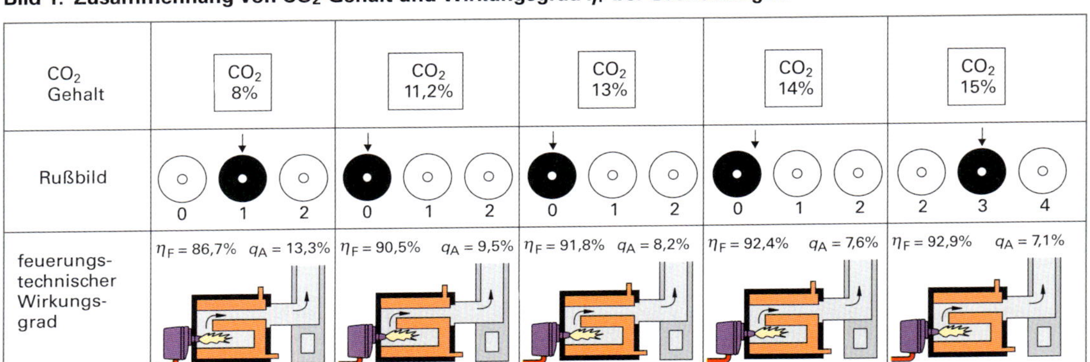

Bild 2: Zusammenhang von CO_2-Gehalt und Wirkungsgrad η_F bei Ölheizungen

9.2.2 Auskühlungsverluste und Kesselwirkungsgrad

Auskühlungsverluste entstehen durch die warme Kesseloberfläche an den Aufstellraum. Diese Verluste entstehen sowohl während des Betriebszustandes als auch während des Stillstandes des Brenners.

Die Wärme- oder Auskühlungsverluste **(q_K)** hängen von der Konstruktion des Kessels, der Wärmedämmung, der Heizwassertemperaturen, der Dichtheit des Abgasweges und der Betriebsweise ab.

In der Regel betragen diese Verluste bei modernen Kesseln 0,5% bis 3,0%. Sie werden in der Praxis über den Öl- oder Gasverbrauch bei Stillstand der Anlage während eines festgelegten Zeitraumes ermittelt. Der Kesselwirkungsgrad **(η_K)** ist um diese Auskühlverluste niedriger als der feuerungstechnische Wirkungsgrad.

$$\eta_K = \eta_F - q_K \quad \text{oder} \quad \eta_K = 100\% - q_A - q_K$$

η_K Kesselwirkungsgrad in %
q_A Abgasverlust in %
q_K Auskühlverlust in %
η_F feuerungstechnischer Wirkungsgrad in %

Beispiel:

Berechnen Sie den Kesselwirkungsgrad eines Ölheizkessels mit 28,0 kW Nennleistung. Als Messdaten liegen vor: Die Abgastemperatur von 200°C, die Raumtemperatur mit 22°C und der Kohlenstoffdioxid-Gehalt mit 12,2%. Die Stillstandsverluste wurden mit 2,5 % ermittelt.

Geg.: $\vartheta_A = 200\ °C$, $\vartheta_L = 22°C$, $CO_2 = 12{,}2\%$, $q_K = 2{,}5\%$

Ges.: q_A, η_K, A_1, B (aus Tabelle 1, Seite 287)

$$q_A = (\vartheta_A - \vartheta_L) \cdot \left(\frac{A_1}{CO_2} + B\right)$$

$$q_A = (200\ °C - 22\ °C) \cdot \left(\frac{0{,}50}{12{,}2} + 0{,}007\right)$$

$$q_A = 178\ K \cdot (0{,}041 + 0{,}007)$$

$$q_A = 178\ K \cdot 0{,}048$$

$$\mathbf{q_A = 8{,}54\%}$$

$$\eta_K = 100\% - q_A - q_K$$

$$\eta_K = 100\% - 8{,}54\% - 2{,}5\%$$

$$\mathbf{\eta_K = 88{,}96\%}$$

9.2.3 Anlagenverluste und Anlagenwirkungsgrad

Anlagenverluste ergeben sich aus Verlusten durch den Wärmeerzeuger, den Auskühl- oder Stillstandsverlusten der Rohrleitungen, den Regelverlusten und durch die Betriebsweise der Heizungsanlage. Wenn eine zentrale Trinkwassererwärmung im Gebäude vorhanden ist, müssen bei den Anlagenverlusten auch die Speicherverluste berücksichtigt werden.

Die Auskühlungs- und Stillstandsverluste **(q_{St})** der Anlage können in der Praxis nur durch Messungen vor Ort ermittelt werden. Hierzu bleibt der Kessel betriebsbereit, es wird aber keine Wärme für die Heizkörper oder die Trinkwassererwärmung abgenommen, d.h. die Verbraucherventile bleiben geschlossen. Schaltet der Brenner über den Thermostaten wieder ein, lässt sich der Öl- oder Gasverbrauch durch „Auslitern" oder über den Gaszähler feststellen. Da alle Wärmetauscher geschlossen waren, wurde diese Energie nur für die Betriebsbereitschaft oder für den Stillstand der Anlage verbraucht. Wird dieser Versuch über einen festgelegten Zeitraum durchgeführt, kann der Nutzungsgrad der gesamten Anlage ermittelt werden.

$$\eta_{ges} = 100\% - q_A - q_K - q_{St}$$

η_{ges} Anlagenwirkungsgrad (Nutzungsgrad) in %
q_A Abgasverluste in %
q_K Auskühlverluste am Kessel in %
q_{St} Stillstandsverluste (Auskühlverluste) der Rohrleitungen in %

Moderne Wärmezentralen erreichen bei guter Wärmedämmung aller Anlagenteile, ordnungsgemäßer Wartung und einer optimierten Systemabstimmung Gesamtwirkungsgrade von etwa 86% **(Bild 1)**.

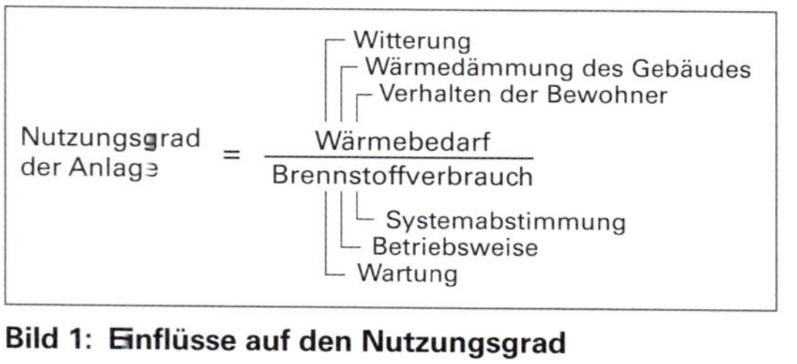

Bild 1: Einflüsse auf den Nutzungsgrad

Der Nutzungsgrad der Anlage ist das Verhältnis von abgegebener Wärme an das Gebäude zum Brennstoffverbrauch während eines festgelegten Zeitraumes.

$$\text{Nutzungsgrad des Kessels} = \frac{\text{nutzbar abgegebene Wärme an das Heizungs- und/oder Trinkwasser}}{\text{Brennstoffverbrauch in einer bestimmten Zeit}}$$

Wird der Betriebszeitraum auf ein Jahr festgelegt oder hochgerechnet, ergibt sich der Jahresnutzungsgrad, über den dann auch der Jahres-Brennstoffbedarf ermittelt werden kann. Hierbei muss aber noch unterschieden werden, ob der Jahresnutzungsgrad nur für den Wärmeerzeuger (Heizkessel) oder für die gesamte Heizungsanlage ermittelt werden soll.

Der Jahresnutzungsgrad von Wärmeerzeugern nach der Kleinfeuerungs-Anlagenverordnung VDI 2067 berechnet sich

$$\eta_a = \frac{f_S \cdot \eta_K}{1{,}0 + \left(\frac{b_a}{b_{VH}} - 1{,}0\right) \cdot q_K}$$

η_a Jahresnutzungsgrad des Kessels in %
η_K Kesselwirkungsgrad in %
q_K Betriebsbereitschaftsverlust (Herstellerangabe) ohne Einheit
b_a Betriebsbereitschaftszeit in h/a
b_{VH} Vollbenutzungsstunden des Brenners in h/a
f_S mittl. Verschmutzungsfaktor des Kessels

Alle Werte mit Prozentangabe müssen in die Formel als Dezimalzahl eingesetzt werden.

Zu beachten ist, dass sich beim Einsatz von Ölheizkesseln in den Rauchgaszügen Ablagerungen durch Verbrennungsrückstände ergeben, die als Verschmutzungsfaktor f_S berücksichtigt werden sollen **(Tabelle 1)**.

Tabelle 1: Verschmutzungsfaktor f_s

Gas	Öl
1,0	0,98

Beispiel:

Ein Ölheizkessel in einem Mehrfamilien-Wohnhaus hat eine Betriebsbereitschaftszeit von neun Monaten mit je 30 Tagen. Die Brennerlaufzeit beträgt dabei 1400 Stunden. Berechnen Sie den Jahresnutzungsgrad des Heizkessels, wenn der Kesselwirkungsgrad 89% und der Betriebsbereitschaftsverlust 2,5% beträgt.

Geg.: $b_a = 6480\text{h}$, $b_{VH} = 1400\text{h}$, $q_K = 2{,}5\%$, $q_A = 89\%$

Ges.: η_a

$$\eta_a = \frac{f_S \cdot \eta_K}{1 + \left(\frac{b_a}{b_{VH}} - 1\right) \cdot q_K}$$

$$\eta_a = \frac{0{,}98 \cdot 0{,}89}{1 + \left(\frac{6480\text{ h}}{1400\text{ h}} - 1\right) \cdot 0{,}025}$$

$$\eta_a = \frac{0{,}872}{1 + (4{,}629 - 1{,}0) \cdot 0{,}025}$$

$$\eta_a = \frac{0{,}872}{1{,}091}$$

$\boldsymbol{\eta_a = 0{,}799}$

$\boldsymbol{\eta_a = 79{,}9\,\%}$

Der Jahresnutzungsgrad für die gesamte Heizungsanlage lässt sich überschläglich nach der Formel berechnen:

$$\eta_a = \frac{\dot{Q}_N \cdot b_{VH}}{H_i \cdot B_a}$$

Für die Ermittlung des Jahres-Brennstoffbedarfes gilt:

$$B_a = \frac{\dot{Q}_N \cdot b_{VH}}{H_i \cdot \eta_a}$$

$\dot{Q}_N$ Norm-Wärmebedarf in kW
b_{VH} Vollbenutzungsstunden des Brenners in h/a
H_i Heizwert der Brennstoffe in kWh/kg (kWh/m^3)
B_a Jahresbrennstoffverbrauch in kg/a (m^3/a)
η_a Jahresnutzungsgrad der Anlage in %

Bei der Berechnung des Anlagen-Nutzungsgrades muss noch darauf hingewiesen werden, dass sich alle Formeln auf den Heizwert H_i bei Öl und den Betriebsheizwert H_{iB} bei Gas beziehen. Dies ist falsch, da dabei nicht die im Abgas enthaltene Wärme des Wasserdampfes, die bei jeder Verbrennung entsteht, berücksichtigt wurde.

Richtig ist, dass bei der Energienutzung vom Brennwert H_s ausgegangen werden muss, damit bei Brennwertgeräten bzw. der Brennwertnutzung keine Wirkungsgrade über 100% erzielt werden.

Tabelle 1: Vollnutzungsstunden (b_{VH}) für Heizungsanlagen und Trinkwassererwärmung

Gebäudeart	Heizung ohne TWE	Trinkwasser-erwärmung
Etagenwohnung	1400 h/a	65 h/a
Einfamilien-Wohnhaus	1450 h/a	70 h/a
Mehrfamilien-Wohnhaus	1600 h/a	80 h/a
Bürogebäude	1450 h/a	75 h/a
Krankenhaus	2200 h/a	140 h/a
Schulgebäude	1150 h/a	50 h/a

Beispiel:

In der Heizungsanlage eines Zweifamilien-Wohnhauses wurden in einem Jahr 3590 l Heizöl EL verbrannt. Berechnen Sie den Jahresnutzungsgrad der Heizungsanlage, wenn der Brenner 1480 Stunden in Betrieb war und der Norm-Wärmebedarf mit 17,5 kW berechnet wurde.

Geg.: $B_a = 3590$ l/a, $\dot{Q}_N = 17{,}5$ kW, $H_i = 9{,}8$ kWh/l, $b_{VH} = 1480$ h/a

Ges.: η_a

$$\eta_a = \frac{\dot{Q}_N \cdot b_{VH}}{H_i \cdot B_a}$$

$$\eta_a = \frac{17{,}5 \text{ kW} \cdot 1480 \text{ h} \cdot \text{l} \cdot a}{9{,}8 \text{ kWh} \cdot a \cdot 3590 \text{ l}}$$

$\eta_a = 0{,}736$ **$\eta_a = 73{,}6\%$**

Aufgaben

1 Ein Umlauf-Wasserheizer hat einen Propangasverbrauch von 0,8 m³/h. Der CO_2-Gehalt im Abgas beträgt 11,5 %. Berechnen Sie die tatsächliche Verbrennungs-Luftmenge.

2 Im Abgasrohr eines Öl-Heizkessels werden 5,6 % Restsauerstoff und eine Abgastemperatur von 220 °C gemessen. Die Verbrennungsluft-Temperatur beträgt 20 °C.
Berechnen Sie den feuerungstechnischen Wirkungsgrad, die Luftverhältniszahl und den tatsächlichen Luftbedarf.

3 An einem Öl-Heizkessel werden die Abgastemperatur mit 190 °C, der CO_2-Gehalt mit 12 % und die Temperatur im Aufstellraum mit 18 °C gemessen, Die Wärmeverluste des Heizkessels werden mit 2,5 % angegeben.
Berechnen Sie den Luftüberschuss in %, den feuerungstechnischen Wirkungsgrad und den Kesselwirkungsgrad.

4 Im Abgasrohr an einem Heizkessel für Erdgas E werden 9 % Kohlenstoffdioxid und eine Temperatur von 180 °C gemessen. Die Verbrennungsluft-Temperatur beträgt 18 °C.
Bestimmen Sie die Luftverhältniszahl, den tatsächlichen Luftbedarf und den feuerungstechnischen Wirkungsgrad.

5 An einem Heizkessel mit Gas-Gebläsebrenner für Erdgas E werden zur Optimierung der Einstellung vier Messungen durchgeführt. Die Raumtemperatur beträgt 18 °C.
Beurteilen Sie anhand der Messergebnisse die Luftverhältniszahl und den feuerungstechnischen Wirkungsgrad

Messung	1	2	3	4
O_2	10,2 %	7,0 %	3,4 %	3,4 %
ϑ_A	250 °C	220 °C	200 °C	170 °C

6 In einem Mehrfamilien-Wohnhaus werden an einem Gas-Heizkesel die Wartungsarbeiten durchgeführt. Dabei wird am Kessel eine Betriebsbereitschaftszeit von neun Monaten und 15 Tagen festgestellt. Der Betriebsstundenzähler zeigt 1480 Stunden an. Die Auskühlungsverluste des Kessels werden vom Hersteller mit 2 % angegeben. Bei der Kesseleinstellung werden 4,5 % Restsauerstoff, 160 °C Abgastemperatur und 18 °C Verbrennungsluft-Temperatur gemessen. Berechnen Sie den Jahresnutzungsgrad des Heizkessels bei 30 Betriebstagen je Monat.

7 Berechnen Sie den jährlichen Brennstoffbedarf und die Energiekosten für ein Einfamilien-Wohnhaus mit einem Norm-Wärmebedarf von 17,5 kW ohne Trinkwassererwärmung. Als Energieträger steht Erdgas E mit einem Betriebsheizwert von 9,8 kWh/m³ zur Verfügung. Der Energiepreis beträgt 0,29 €/m³. Der Gesamtwirkungsgrad der Heizungsanlage liegt bei 81 %.

8 Berechnen Sie den jährlichen Brennstoffbedarf für ein Mehrfamilien-Wohnhaus mit einem Norm-Wärmebedarf von 34,3 kW mit zentraler Trinkwassererwärmung. Als Energieträger steht Heizöl EL mit einem Heizwert von 10,1 kWh/l zur Verfügung. Der Gesamtwirkungsgrad der Heizungsanlage beträgt 78,5 %.

9 An einem Heizkessel mit Öl-Gebläsebrenner werden zur Optimierung des Wirkungsgrades vier Messungen durchgeführt. Die Raumtemperatur beträgt 22 °C. Beurteilen sie anhand der Messergebnisse die Luftverhältniszahl und den feuerungstechnischen Wirkungsgrad.

Messung	1	2	3	4
CO_2	6,5 %	10,5 %	13,0 %	15,0 %
ϑ_A	260 °C	230 °C	210 °C	180 °C

9.3 Abgasvolumen und Verbindungsstücke

Bei Gasgeräten mit Schornsteinanschluss werden die Abgase über das Verbindungsstück (Abgasrohr) dem Schornstein oder der Abgasleitung zugeführt und ins Freie abgeleitet **(Bild 1)**. Der Querschnitt der Verbindungsstücke richtet sich nach dem Abgasvolumen. Dieses setzt sich zusammen aus

- der verbrannten Gasmenge zur Stofferwärmung,
- dem praktischen Luftbedarf, der für die Verbrennung des Gases erforderlich ist und
- der Volumenausdehnung des Abgases durch die Temperaturerhöhung **(Seite 190)**.

$$\text{Abgasvolumen} = \text{Gasmenge} + \text{prakt. Luftbed.} + \text{Volumenausdehn.}$$

$$V_A = V_G + V_{Lprakt} + \Delta V$$

$$V_G = \frac{\dot{Q}_{NB} \cdot t}{H_{uB}}$$

V_{Lprakt} = nach **Tabelle 1**

$$\Delta V = (V_G + V_{Lprakt}) \cdot \frac{\Delta\vartheta}{273\ \text{K}}$$

V_A Abgasvolumen in m^3
V_G Gasmenge in m^3
V_{Lprakt} praktischer Luftbedarf in m^3
ΔV Volumenausdehnung in m^3

Tabelle 1: Verbrennungsluftbedarf bei Gasen

Gasart	Luftbedarf m^3/m^3	
	V_{theor} in m^3	V_{prakt} in m^3
Stadtgas	3,8	5,0 bis 6,0
Erdgas LL (L)	8,2	10,5 bis 12,0
Erdgas E (H)	9,9	12,5 bis 15,0
Propan	23,8	32,0 bis 35,0
Butan	31,0	41,0 bis 45,0

Beispiel:

Bestimmen Sie das Abgasvolumen für einen Gas-Durchfluss-Wassererwärmer mit einer Nennbelastung von 26,8 kW, der 15 min in Betrieb ist. Der Betriebsheizwert beträgt 9,33 kWh/m³, die Raumtemperatur ist 22 °C und die Abgastemperatur wird mit 165 °C gemessen.

Geg.: $\dot{Q}_{NB} = 26{,}8$ kW, $t = 15$ min, $H_{iB} = 9{,}33$ kWh/m³, $\vartheta_R = 22$ °C, $\vartheta_A = 165$ °C, Erdgas E

Ges.: V_G, V_{Lprakt}, ΔV, V_A

Lösung:

$$V_G = \frac{\dot{Q}_{NB} \cdot t}{H_{iB}} \qquad V_G = \frac{26{,}8\ \text{kW} \cdot 0{,}25\ \text{h}}{9{,}33\ \text{kWh/m}^3}$$

$$\mathbf{V_G = 0{,}72\ m^3}$$

$$V_{Lprakt} = 0{,}72\ \text{m}^3\ \text{Gas} \cdot 12{,}5\ \text{m}^3\ \text{Luft/m}^3\ \text{Gas}$$

$$\mathbf{V_{Lprakt} = 9{,}0\ m^3}$$

$$\Delta\vartheta = \vartheta_A - \vartheta_R \qquad \Delta\vartheta = 165\ °\text{C} - 22\ °\text{C}$$

$$\mathbf{\Delta\vartheta = 143\ K}$$

$$\Delta V = (V_G + V_{Lprakt}) \cdot \frac{\Delta\vartheta}{273\ \text{K}}$$

$$\Delta V = (0{,}72\ \text{m}^3 + 9{,}0\ \text{m}^3) \cdot \frac{143\ \text{K}}{273\ \text{K}}$$

$$\mathbf{\Delta V = 5{,}09\ m^3}$$

$$V_A = V_G + V_{Lprakt} + \Delta V$$

$$V_A = 0{,}72\ \text{m}^3 + 9{,}0\ \text{m}^3 + 5{,}09\ \text{m}^3$$

$$\mathbf{V_A = 14{,}81\ m^3}$$

Damit das Abgasvolumen störungsfrei abgeführt werden kann, sind bei der Querschnittsberechnung der Abgasrohre folgende Punkte zu beachten:

- Der Durchmesser der Abgasrohre muss den gleichen Durchmesser wie der Anschlussstutzen am Gasgerät haben.
- Der Querschnitt darf nicht verringert werden, auch wenn sich die Querschnittsform ändert, wie z. B. von rund auf eckig.
- An ein gemeinsames Abgasrohr dürfen höchstens zwei Gasgeräte angeschlossen werden.
- Die Größe des gemeinsamen Verbindungsstückes (A_{ges}) beträgt 80 % von der Summe der Einzelquerschnitte (A_1, A_2).

$$A_{ges} = 0{,}8 \cdot (A_1 + A_2)$$

- Die Bemessung der Verbindungsstücke erfolgt nach TRGI **(Tabelle 1, Seite 294)**.

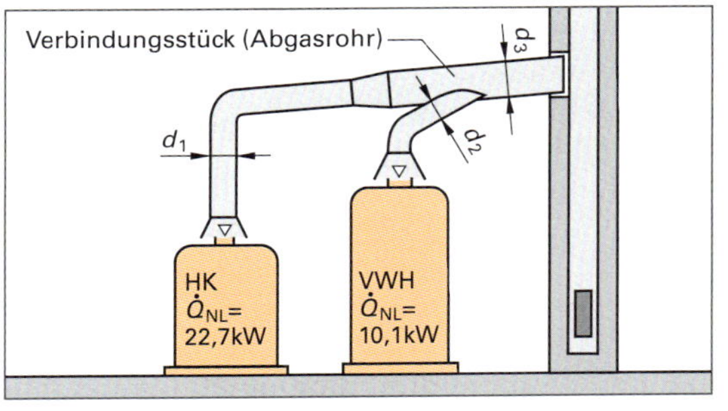

Bild 1: Gemeinsames Verbindungsstück

Beispiel:

Bestimmen Sie den Durchmesser und die Querschnittsflächen der Verbindungsstücke für einen HK mit 22,7 kW Nennleistung und einen VWE mit 10,1 kW Nennleistung, die über ein gemeinsames Verbindungsstück an den Schornstein angeschlossen werden (**Bild 1, Seite 291**).

Geg.: $\dot{Q}_{NL1} = 22{,}7$ kW, $\dot{Q}_{NL2} = 10{,}1$ kW

Ges.: A_3, d_3

HK: $\dot{Q}_{NL} = 22{,}7$ kW, rundes Verbindungsstück
$A_1 = 115\ \text{cm}^2$ $d_1 = 12$ cm **(Tabelle 1)**

VWE: $\dot{Q}_{NL} = 10{,}1$ kW, rundes Verbindungsstück
$A_2 = 62\ \text{cm}^2$ $d_2 = 9$ cm **(Tabelle 1)**

$A_{ges} = A_1 + A_2$
$A_{ges} = 115\ \text{cm}^2 + 62\ \text{cm}^2$
$\mathbf{A_{ges} = 177\ cm^2}$

$A_3 = 80\ \%$ von A_{ges}
$A_3 = 0{,}8 \cdot 177\ \text{cm}^2$
$\mathbf{A_3 = 141{,}6\ cm^2}$

gewählter Querschnitt nach Tabelle 1
$A_3 = 150\ \text{cm}^2$ Mindestdurchmesser $\mathbf{d_3 = 14\ cm}$

Aufgaben

1 Ein DWE hat eine Nennleistung von 27,9 kW, der Betriebsheizwert beträgt 8,7 kWh/m³. Die Abgastemperatur wird mit 140 °C und die Raumtemperatur mit 24 °C gemessen. Berechnen Sie das Abgasvolumen nach einer Betriebsdauer von 20 min, wenn $\eta = 85\ \%$.

2 Ein Gas-Heizkessel mit atmosphärischem Brenner hat eine Nennleistung von 16,5 kW und ein VWE mit 8,5 kW Nennleistung werden über ein gemeinsames Verbindungsstück an den Schornstein angeschlossen (**Bild 1, Seite 291**). Bestimmen Sie die Einzeldurchmesser und den gemeinsamen Durchmesser der Verbindungsstücke. Fertigen Sie eine Montageskizze.

3 Zwei Durchfluss-Wasserheizer mit je 20,9 kW Nennleistung werden an ein gemeinsames rechteckiges Verbindungsstück angeschlossen. Berechnen Sie die Durchmesser der einzelnen Verbindungsstücke und die Abmessungen des gemeinsamen rechteckigen Verbindungsstückes.

9.4 Schornsteine (Abgasleitungen)

Schornsteine oder Abgasleitungen haben die Aufgabe, die Abgase von Feuerstätten auch bei ungünstigen Witterungsverhältnissen direkt ins Freie abzuleiten.

Die Abgase von festen Brennstoffen werden in Schornsteinen und die von gasförmigen und flüssigen Brennstoffen in Abgasleitungen über Dach geführt. Man unterscheidet einfach-, mehrfach- und gemischtbelegte Schornsteine.

Tabelle 1: Bestimmung von Verbindungsstücken

Nennleistung $\dot{Q}_{NL}$	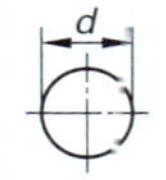		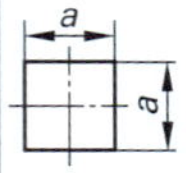		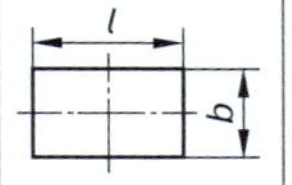		
kW	A cm²	d cm	A cm²	a cm	A cm²	l cm	b cm
bis 2,8	20	5	25	5	24	6	4
über 2,8 bis 4,2	28	6	36	6	35	7	5
über 4,2 bis 5,9	38	7	49	7	48	8	6
über 5,9 bis 9,1	50	8	64	8	70	10	7
über 9,1 bis 13,2	62	9	81	9	77	11	7
über 13,2 bis 17,4	80	10	100	10	104	13	8
über 17,4 bis 21,6	95	11	121	11	126	14	9
über 21,6 bis 27,2	115	12	144	12	150	15	10
über 27,2 bis 34,9	135	13	169	13	176	16	11
über 34,9 bis 43,9	150	14	196	14	204	17	12
über 43,9 bis 52,3	180	15	225	15	247	19	13

9.4.1 Einfachbelegung

Um eine einwandfreie Funktion und einen energiesparenden Betrieb einer Anlage zu erreichen, muss der Schornstein oder die Abgasleitung auf den Kessel abgestimmt werden. Bei der Berechnung der Schornsteine sind die DIN 4705, DIN 18160 und die **Feuerungsverordnungen (FeuVo)** der einzelnen Bundesländer zu beachten. Da die Abnahme der gesamten Abgasanlage durch den Bezirks-Schornsteinfegermeister erfolgt, ist er bei allen Entscheidungen hinsichtlich der Abgasführung rechtzeitig vor Beginn der Arbeiten zu unterrichten.

Der Abgastransport ins Freie ist abhängig von

- der wirksamen Schornsteinhöhe,
- der Abgastemperatur nach dem Kessel,
- der Außenlufttemperatur am Schornsteinkopf,
- der Schornsteinausmündung über Dach,
- dem witterungsbedingten Luftdruck und
- dem Schornsteinquerschnitt.

Als **wirksame Schornsteinhöhe** wird das Maß von der Mitte des Abgasstutzens am Kessel bis zur Schornsteinausmündung bezeichnet (**Bild 1, Seite 295**). Die Höhe muss mindestens 4,0 m betragen.

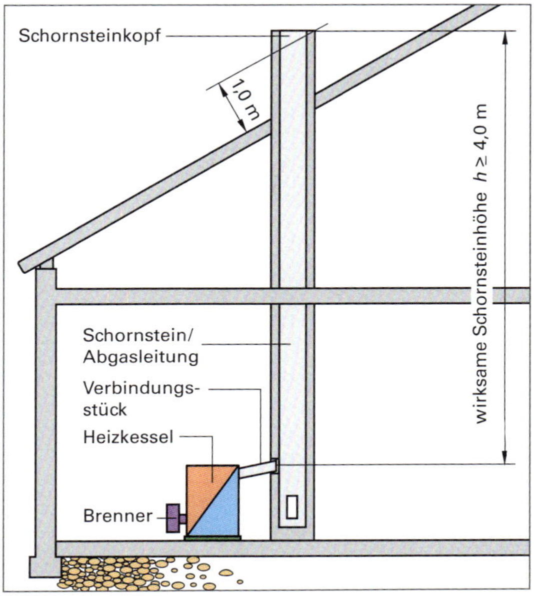

Bild 1: Wirksame Schornsteinhöhe

Ausgangsdaten für die Berechnung von Schornsteinquerschnitten sind die

- Brennstoffart, wie z. B. Holz, Öl oder Gas,
- Nennleistung der Feuerstätte,
- Abgastemperatur am Abgasstutzen,
- Wärmedämmgruppe des Schornsteines und
- wirksame Schornsteinhöhe.

Anstatt der Berechnung mit aufwendigen Formeln, werden die Querschnitte mit Computer-Programmen oder mit Diagrammen der Hersteller ermittelt **(Bild 2 und 3, Bild 1, Seite 294)**.

Beispiel:

Berechnen Sie für ein Dreifamilien-Wohnhaus die Kantenlänge eines quadratischen Schornsteines, an dem ein Gasheizkessel mit atmosphärischem Brenner angeschlossen wird.

Die Nennleistung ist mit 32 kW angegeben, die wirksame Schornsteinhöhe beträgt 9,0 m und die Abgastemperatur wird auf 120 °C begrenzt.

Geg.: $\dot{Q}_{NL}$ = 32 kW, h = 9,0 m, ϑ_A = 120 °C

Ges.: a

Lösung:

Nach Tabelle 1, Seite 295 ergeben sich die Schornsteinabmessungen mit $\boldsymbol{a}$ **= 14 cm**

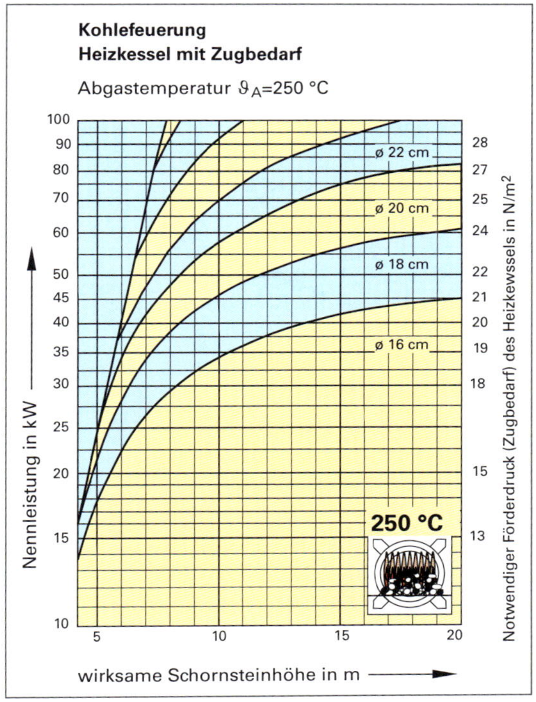

Bild 2: Schornsteinquerschnitte bei Einfachbelegung

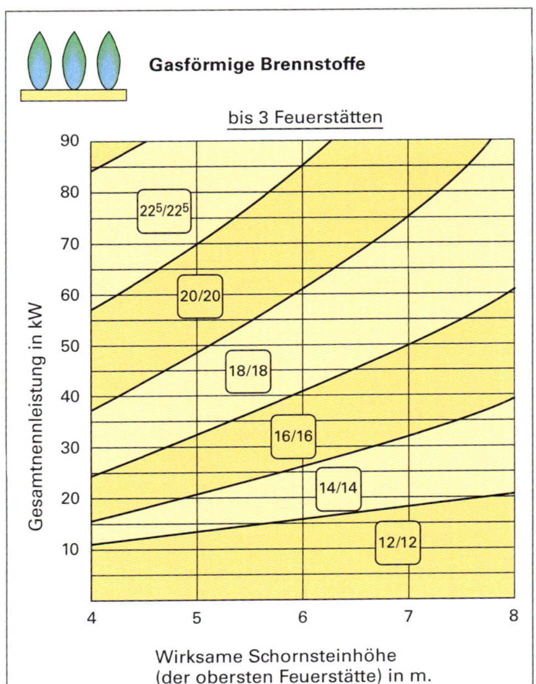

Bild 3: Schornsteinquerschnitte bei Mehrfachbelegung

9.4.2 Mehrfachbelegung

Sind mehrere Feuerstätten an einer Abgasleitung (Schornstein) angeschlossen, spricht man von einem gemeinsamen Schornstein. Bei der Bestimmung der Abmessungen ist zu beachten, dass

- maximal drei Feuerstätten an einer Abgasleitung angeschlossen werden dürfen,
- jede Feuerstätte ein eigenes Verbindungsstück hat,
- die wirksame Schornsteinhöhe bei festen oder flüssigen Brennstoffen ≥ 5,0 m und bei gasförmigen Brennstoffen ≥ 4,0 m beträgt,
- die Nennleistung für feste und flüssige Brennstoffe je Gerät auf $\dot{Q}_{NL} \leq 20{,}0$ kW begrenzt ist und
- bei Gasfeuerstätten mit atmosphärischem Brenner $\dot{Q}_{NL} \leq 30{,}0$ kW sein darf.

Die Dimensionierung erfogt über Herstellerunterlagen **(Bild 3, Seite 295 und Bild 1).**

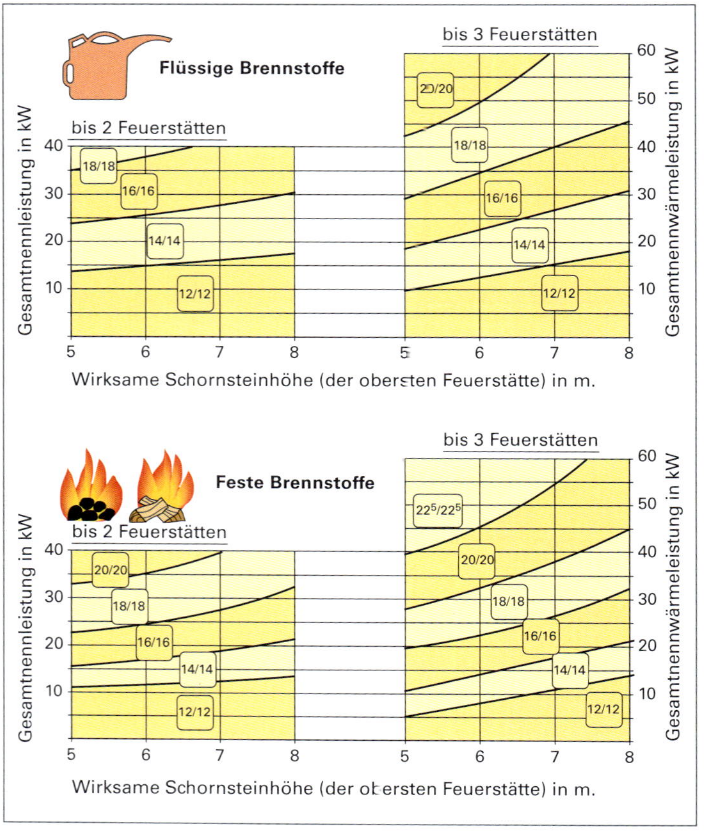

Bild 1: Schornsteinquerschnitte für Mehrfachbelegung

Aufgaben

1 Der Gas-Heizkessel mit atmosphärischem Brenner eines Mehrfamilien-Wohnhauses wird an einen Schornstein mit rundem Querschnitt angeschlossen. Die Nennleistung ist mit 48,0 kW angegeben, die wirksame Schornsteinhöhe beträgt 12 m und die Abgastemperatur wird auf 140 °C begrenzt. Berechnen Sie den Durchmesser des Schornsteines.

2 Ein Öl-Heizkessel mit Gebläsebrenner in einem Gewerbebetrieb, hat eine Nennleistung von 65,0 kW. Er wird an einen Schornstein mit rundem Querschnitt angeschlossen. Die wirksame Schornsteinhöhe beträgt 9,0 m, die Abgastemperatur ist auf 140 °C begrenzt. Bestimmen Sie den Durchmesser des Schornsteines.

3 In einem Zweifamilien-Wohnhaus wird mit Kohle und Holz geheizt. Der Heizkessel hat eine Wärmeleistung von 35,0 kW, die Abgastemperatur beträgt 250 °C und die wirksame Schornsteinhöhe ist 8,0 m. Bestimmen Sie den Durchmesser des Schornsteines und den erforderlichen Zugbedarf.

4 In einem Mehrfamilien-Wohnhaus sind 3 Kombi-Thermen (Nennleistung je 29,3 kW) an eine gemeinsame Abgasleitung angeschlossen. Die wirksame Schornsteinhöhe der obersten Feuerstätte beträgt 5,5 m. Bestimmen Sie den Querschnitt der gemeinsamen Abgasleitung.

5 Ein Mehrfamilien-Wohnhaus hat in 2 verschiedenen Geschossen in einem Aufstellraum jeweils ein Vorrats-Wasserheizer und ein Heizkessel. Sie erhalten in jeder Etage ein gemeinsames Verbindungsstück und danach einen gemeinsamen Schornstein (Abgasleitung). Die Gasfeuerstätten sind mit atmosphärischen Brennern ausgerüstet. Die Geräte-Nennleistungen betragen HK 1: $\dot{Q}_{NL} = 17{,}0$ kW, VWE 1: $\dot{Q}_{NL} = 8{,}2$ kW, HK 2: $\dot{Q}_{NL} = 38{,}5$ kW und VWE 2: $\dot{Q}_{NL} = 8{,}5$ kW.

a) Fertigen Sie eine Übersichtsskizze für die gesamte Abgasanlage.

b) Berechnen Sie die ∅ der einzelnen Verbindungsstücke und die Abmessungen des gemeinsamen quadratischen Abgasrohres.

c) Bestimmen Sie die Abmessungen des quadrat. Schornsteins bzw. der Abgasleitung.

Tabelle 1: Schornsteinquerschnitte für Gasgeräte mit atmosphärischem Brenner

runde Schornsteinquerschnitte

Abgastemperatur ϑ_A=100 °C

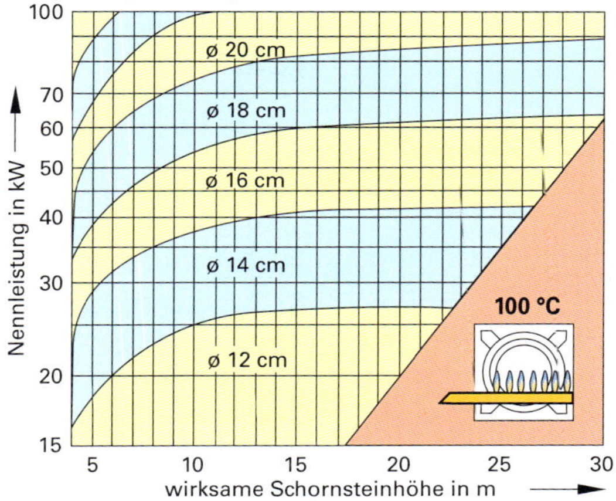

Abgastemperatur ϑ_A = 140 °C

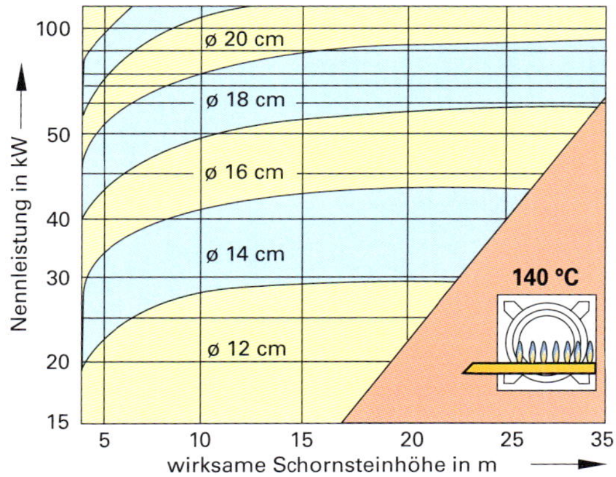

quadratische Schornsteinquerschnitte

Abgastemperatur ϑ_A = 80 °C (Zugbedarf 5 N/m²)

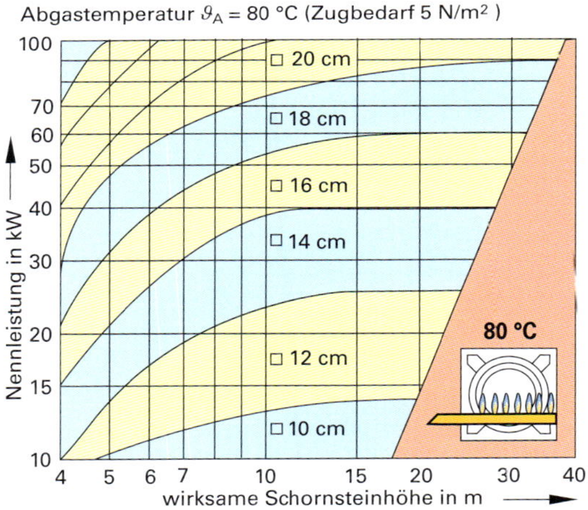

Abgastemperatur ϑ_A = 120 °C (Zugbedarf 5 N/m²)

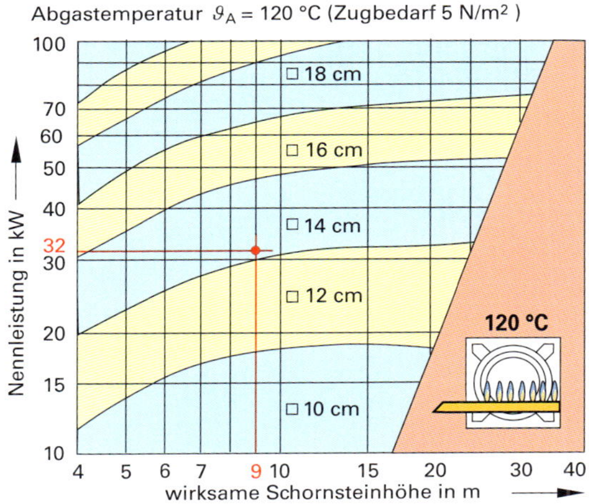

Tabelle 2: Schornsteinquerschnitte für Gebläsebrenner

Abgastemperatur ϑ_A≥100 °C und <140 °C

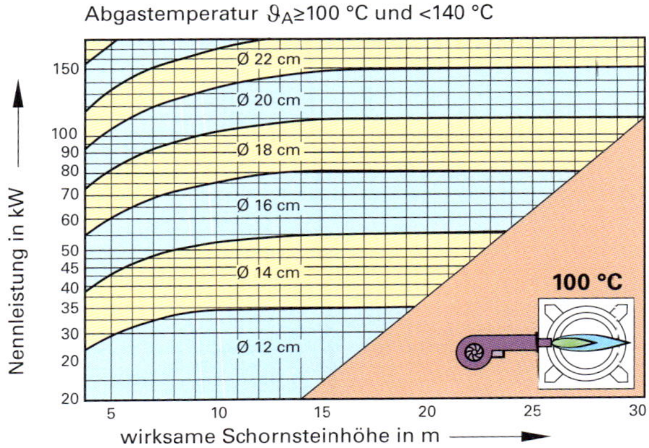

Abgastemperatur ϑ_A≥140 °C und <190 °C

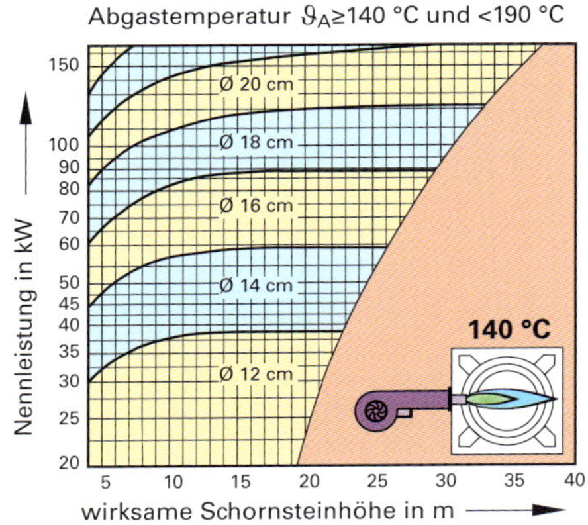

10 Raumlufttechnische Anlagen

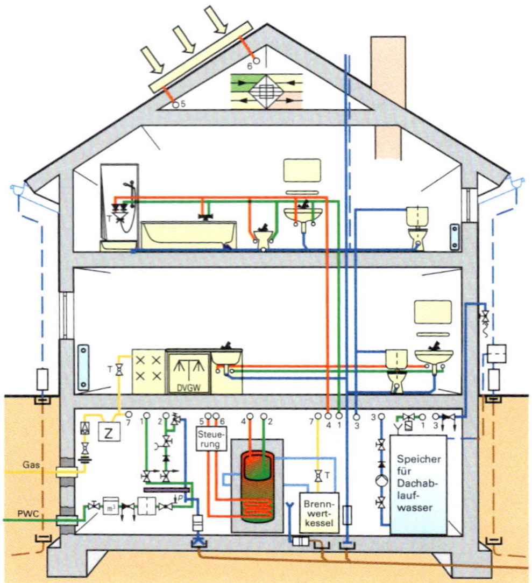

Leitprojekt

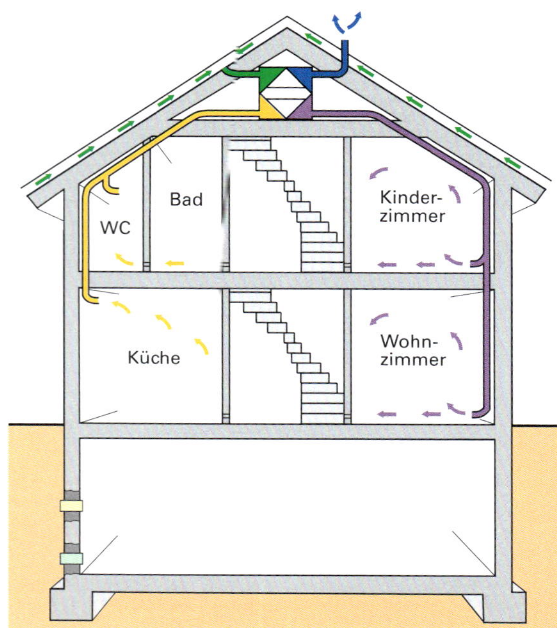

Raumlufttechnische Anlagen

10 Raumlufttechnische Anlagen

Raum**l**uf**t**technische Anlagen (RLT) sind ein beachtliches Betätigungsfeld für den Installateur und Heizungsbauer. Deshalb ist es von besonderer Bedeutung, sich Kenntnisse zu verschaffen, über:

- Behaglichkeitskriterien,
- Berechnungsgrundlagen von RLT-Anlagen,
- Außenluftströme,
- Luftwechsel,
- Dimensionierung von Luftkanälen,
- Zustandsänderungen der Luft,
- Ventilatorleistungen,
- Wärmeleistung von Klimageräten und
- Kühlleistung von Klimageräten.

10.1 Behaglichkeitskriterien

Wesentliche Voraussetzung, dass Raumluft- und Klimageräte eingesetzt werden, ist das Bestreben, möglichst größte thermische Behaglichkeit zu erzielen **(Bild 1)**.

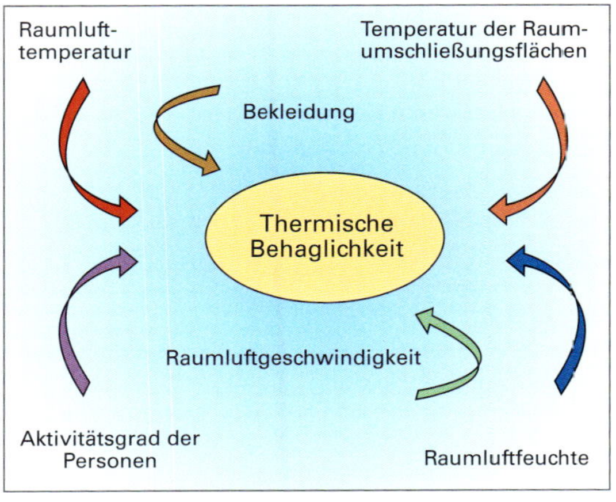

Bild 1: Behaglichkeitskriterien

10.1.1 Raumlufttemperatur

Im Aufenthaltsbereich von Personen ist das Zusammenwirken von Raumlufttemperatur ϑ_R, der Temperatur der Raumumschließungsflächen ϑ_{UR} und die Wärmeabgabe sonstiger Wärmequellen zu beachten. Temperaturabweichungen bis **3 K** zwischen ϑ_R und ϑ_{UR} können unberücksichtigt bleiben. Zu berücksichtigen ist, dass die Einhaltung nur möglich ist, wenn

- die RLT-Anlage Luftbehandlungsfunktion besitzt,
- bei besonderen Anforderungen Abweichungen möglich werden und
- der Behaglichkeitsbereich nicht durch Regelabweichungen überschritten werden darf.

Die behagliche Raumtemperatur ist abhängig von der Außen- und der Raumlufttemperatur **(Bild 2)**.

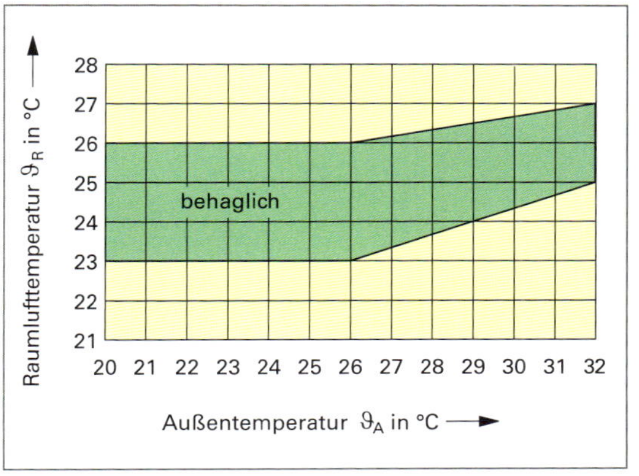

Bild 2: Bereich behaglicher Raumlufttemperatur

10.1.2 Raumluftgeschwindigkeit

Die Grenze für die vom Menschen noch als angenehm empfundene Raumluftgeschwindigkeit ist nicht konstant. So kann die Luftgeschwindigkeit bei

- Erhöhung des Aktivitätsgrades,
- Änderung des Wärmeleitwiderstands und/oder
- Abweichung der Lufttemperatur von der Raumumschließungstemperatur um jeweils 4 K ($\Delta\vartheta = \vartheta_R - \vartheta_{UR}$) um 0,04 m/s verändert werden **(Tabelle 1)**.

Tabelle 1: Korrektur der Raumluftgeschwindigkeit

Einflussgrössen		Korrektur der max. Luftgeschwindigkeit
Wärmeleitwiderstand R der Bekleidung (Tabelle 2, Seite 300)	je 80 $m^2 \cdot K/kW$	+/– 0,04 m/s
Wärmeabgabe durch Aktivität (Tabelle 1, Seite 300)	je 50 W	+ 0,04 m/s
Temperaturdifferenz	je 4 K	+/– 0,04 m/s

Dabei ist zu beachten, dass es nicht nur eine Beeinflussung geben kann, sondern auch mehrere Änderungen, die eine Erhöhung, oder Senkung der maximalen Luftgeschwindigkeit bewirken.

Die Abhängigkeit der maximale Luftgeschwindigkeit von der Raumlufttemperatur kann in Kurven dargestellt werden **(Bild 1)**.

Kurve 1 zeigt den Zusammenhang bei
- Aktivitätsgrad I,
- mittlerer Bekleidung und
- der Lufttemperatur annähernd gleich der Oberflächentemperatur der Raumumschließungsflächen ($\vartheta_R - \vartheta_{UR} < 4K$).

Kurve 2 zeigt die Grenzkurve für
- den Aktivitätsgrad II (+ 0,04 m/s) und
- warme Kleidung (+ 0,04 m/s)

Bei Kurve 3 wurde
- der Aktivitätsgrad III (+ 0,08 m/s),
- leichte Sommerkleidung (– 0,04 m/s) und
- die Lufttemperatur 5 K über der Temperatur der Raumumschließungsflächen (+ 0,04 m/s)

angenommen.

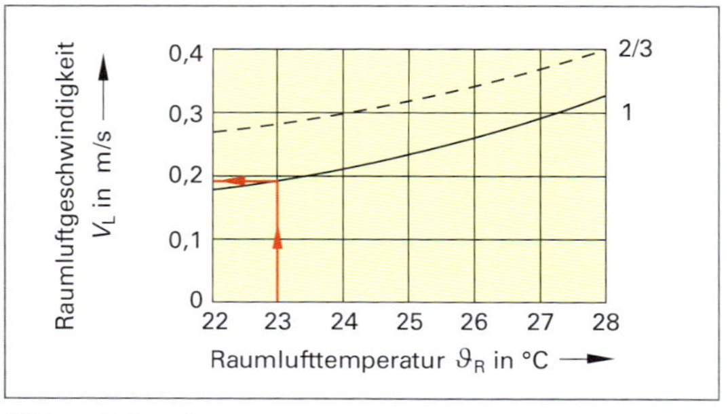

Bild 1: Zulässigkeitskurve für behagliche Raumluftgeschwindigkeit

10.1.3 Aktivitätsgrad

Die Art der Tätigkeit einer Person, als auch der psychische und physische Zustand beeinflussen die Wärmeabgabe des Menschen **(Tabelle 1)**.

Dabei wird die Abgabe latenter (feuchter) und sensibler (trockener) Wärme durch die Art der Bekleidung beeinflusst. Die Werte sind demzufolge nur Anhaltswerte, denn je nach Struktur und Art der Textilie verändern sich die Wärmeleitwiderstände, die Behaglichkeit wird beeinträchtigt **(Tabelle 2)**.

Tabelle 1: Gesamtwärmeabgabe (Lufttemperatur 24 °C)

Aktivitätsgrad	Tätigkeit	Wärmeabgabe $\dot{Q}_{ges}$ in W/Person
I	sitzende Tätigkeit (z. B Lesen und Schreiben)	100
II	leichte Tätigkeit im Stehen (z. B. Labor)	170
III	mäßig schwere körperliche Arbeit	210
IV	schwere körperliche Arbeit	250

Tabelle 2: Wärmeleitwiderstand der Bekleidung

Kleidungsart	R in m² · K/kW
ohne Kleidung	0
leichte Sommerkleidung	80
mittlere Kleidung	160
warme Kleidung	240

Beispiel 1:

Bestimmen Sie die zulässige Luftgeschwindigkeit, wenn die Raumlufttemperatur im Sommer 23 °C betragen soll. In dem Büro wird bei sitzender Tätigkeit in mittlerer Bekleidung gearbeitet.

Geg.: Aktivitätsgrad I $\dot{Q}$ = 100 W
Bekleidung R = 160 m² · K/kW
gewünschte Raumtemperatur ϑ_R = 23 °C

Ges.: Raumluftgeschwindigkeit v

Keine Korrektur erforderlich (Kurve 1 gilt).
Bei 23 °C im Diagramm **v = 0,19 m/s**
(Bild 1 entnommen)

Beispiel 2:

Bei mäßig schwerer Arbeit in einer Fabrikhalle kann leichte Sommerkleidung getragen werden. Die Außenwände haben sich auf 28 °C erwärmt, die Lufttemperatur beträgt 24 °C. Welche Luftgeschwindigkeit darf der Ventilator erzeugen?

Geg.: Aktivitätsgrad III $\dot{Q}$ = 210 W
Bekleidung R = 80 m² · K/kW
Raumtemperatur ϑ_R = 24 °C
Umgebungstemperatur ϑ_{UR} = 28 °C

Ges.: Zulässige Luftgeschwindigkeit v_{Lzul}
Raumluftgeschwindigkeit v_L = 0,215 m/s
(Bild 1 entnommen)

Korrektur wegen
- höherer Aktivität + 0,08 m/s
- Temperaturunterschied von 4K + 0,04 m/s
- Leichte Bekleidung – 0,04 m/s

Zulässige Luftgeschwindigkeit

v_{Lzul} = 0,215 m/s + 0,08 m/s

v_{Lzul} = 0,295 m/s

Aufgaben

1 Bei der Herstellung von Gesenkschmiedeteilen soll durch Frischluftzufuhr eine Raumtemperatur von 24 °C herrschen. Welche Geschwindigkeit darf die von einem Ventilator erzeugte Luftbewegung im Raum haben, wenn die Umgebungstemperatur 30 °C beträgt und die Schutzkleidung einen Wärmeleitwiderstand von 240 $m^2 \cdot K/kW$ aufweist?

2 Zur Auslegung des Abluftventilators einer Großküche ist auch die Luftbewegung zu berücksichtigen. Bestimmen Sie die maximal zulässige Luftgeschwindigkeit unter der Annahme, dass der Temperaturunterschied zwischen der Norminnentemperatur und der Umgebungstemperatur 8 K betragen darf. Die Art der Kleidung legen Sie selbst fest.

3 Die Austrittsgeschwindigkeit der Luft an einem Lüftungselement in einem voll klimatisierten Raum beträgt 0,3 m/s. Welcher Aktivitätsgrad wurde bei der Auslegung des Gebläses angenommen, wenn die Raum- und Umgebungstemperatur 22 °C beträgt?

10.1.4 Luftfeuchte

Die thermische Behaglichkeit hängt nicht nur von der Raumlufttemperatur, sondern auch von der relativen Luftfeuchte im Raum ab. Innerhalb des Temepraturbereiches von 20 °C bis 26 °C soll die relative Feuchte bei **30 %** bis **70 %** liegen.

Wird die relative Feuchte von 30 % vor allem im Winter unterschritten, führt dies zu trockenen Augen und Schleimhautreizungen. Bei einer Luftfeuchtigkeit von mehr als 70 % werden z. B. die Schimmelbildung in Wohnungen und das Wachstum von Hausstaubmilben begünstigt.

10.2 Lüftung von Nichtwohngebäuden nach DIN EN 13779

Vor der Berechnung von Lüftungs- und Klimaanlagen müssen alle Auslegungs- und Betriebsdaten zwischen Bauherr, Planer und Auftraggeber festgelegt und dokumentiert werden. Diese Daten sind die Grundlage für die spätere störungsfreie Funktion der Anlage.

10.2.1 Festlegung der Luftarten

Die Festlegung der Luftarten, Abkürzungen und Farbkennzeichnung erfolgt nach **Tabelle 1**.

Tabelle 1: Festlegung der Luftarten

Nr.	Luftart	Abkürz.	Farbe
1	Außenluft	AUL	grün
2	Zuluft	ZUL	unterschiedlich (je nach therm. Behandlung)
3	Raumluft	RAL	grau
4	Überströmluft	ÜSL	grau
5	Abluft	ABL	gelb
6	Umluft	UML	orange
7	Fortluft	FOL	braun
8	Mischluft	MIL	unterschiedlich (je nach therm. Behandlung)

10.2.2 Einteilung der Anlagentypen

Die Einteilung der RLT-Anlagen und die Farbkennzeichnung der Zuluft hängen von den regelbaren Funktionen der verschiedenen Anlagentypen ab **(Tabelle 2)**.

Tabelle 2: Einteilung der RLT-Anlagen

Kategorie	geregelte Funktionen					Bezeichnung	Farbe der Zuluft
	Lüften	Heizen	Kühlen	Befeu.	Entfeu.		
THM-C0	X	–	–	–	–	einfache Lüftungsanlage	grün
THM-C1	X	X	–	–	–	Lüftungsanlage oder Lüftungsanlage mit Heizfunktion	rot
THM-C2	X	X	–	X	–	Lüftungsanlage mit den Funktionen heizen und befeuchten	blau
THM-C3	X	X	X	–	(X)	einfache Klimaanlage	blau
THM-C4	X	X	X	X	(X)	einfache Klimaanlage mit den Funktionen kühlen und befeuchten	blau
THM-C5	X	X	X	X	X	Klimaanlage mit den Funktionen kühlen, be- und entfeuchten	violett

10.2.3 Bestimmung des Außenluft-Volumenstroms

Der Bedarf an Außenluft, auch Frischluft genannt, ist personenabhängig und richtet sich nach der vereinbarten Raumluftqualität **(RAL)** **(Tabellen 1 und 2)**.

Diese Klassifizierung muss ebenfalls zwischen Auftraggeber und Planer vorher festgelegt werden, da die Leistung der Anlage primär von diesen Daten abhängt.

Tabelle 1: Klassifizierung der Raumluftqualität (RAL)

Kategorie	Beschreibung
RAL 1	spezielle Raumluftqualität (Operationssaal, Chipherstellung)
RAL 2	hohe Raumluftqualität (Krankenhaus, Labor)
RAL 3	mittlere Raumluftqualität (Büros, Schulen, Konferenzräume, Kaufhäuser)
RAL 4	niedrige Raumluftqualität (Sporthallen, Messehallen, Kino)

Tabelle 2: Außenluftvolumenstrom je Person DIN EN 13 799

Kategorie	Außenluftvolumenstrom, Nichtraucher, $\dot{V}_{AUL}$ in [m³/(h · Pers)]	
	normaler Bereich	Standartwert
RAL 1	> 54	72
RAL 2	> 36 ≤ 54	45
RAL 3	> 23 ≤ 36	29
RAL 4	< 22	18

Für speziell eingerichtete Raucherbereiche gelten grundsätzlich die doppelten Außenluftwerte wie die von Tabelle 2.

Außenluftstrom = Mindestaußenluftstrom × Personenzahl

$$\dot{V}_{AUL} = \dot{V}_{AULmin} \cdot n$$

$$\dot{V}_{AULmin} = \frac{\dot{V}_{AUL}}{n} \qquad n = \frac{\dot{V}_{AUL}}{\dot{V}_{AULmin}}$$

$\dot{V}_{AUL}$	Außenluftstrom	in m³/h
$\dot{V}_{AULmin}$	Mindestaußenluftstrom	in m³/(h · P)
n	Personenzahl	in P

Beispiel 1:

In einem Konzertsaal mit einem Raumvolumen von 2800 m³ befinden sich 720 Personen. Wie viel Außenluft muss stündlich über die Lüftungsanlage dem Raum zugeführt werden?

Geg.: $\dot{V}_{AULmin}$ = 18 m³/(h · P)
n = 720 Personen

Ges.: $\dot{V}_{AUL}$

$\dot{V}_{AUL} = \dot{V}_{AULmin} \cdot n$

$\dot{V}_{AUL} = 18\ \text{m}^3/(\text{h} \cdot \text{P}) \cdot 720\ \text{P}$

$\mathbf{\dot{V}_{AUL} = 12\,960\ m^3/h}$

Beispiel 2:

In einen Vortragssaal werden von einer Klimaanlage THM-C4 der Kategorie RAL 3 insgesamt 2400 m³/h Zuluft, bei einem Frischluftanteil von 37 % eingeblasen. Für welche Personenzahl ist dieser Außenluftstrom ausreichend?

Geg.: $\dot{V}_{AULmin}$ = 29 m³/(h · P)
$\dot{V}_{ZUL}$ = 2400 m³/h
f = 0,37

Ges.: n

$n = \frac{\dot{V}_{AUL}}{\dot{V}_{AULmin}}$

$\dot{V}_{AUL} = \dot{V}_{ZUL} \cdot f$

$\dot{V}_{AUL} = \dot{V}_{ZUL} \cdot 0{,}37$

$n = \frac{888\ \text{m}^3/\text{h}}{29\ \text{m}^3/(\text{h} \cdot \text{P})}$

$\dot{V}_{AUL} = 2400\ \text{m}^3/\text{h} \cdot 0{,}37$

$\dot{V}_{AUL} = 888\ \text{m}^3/\text{h}$

$\mathbf{n = 30{,}6\ P}$

Der Außenluftstrom ist für **30 Personen** ausreichend.

Aufgaben

1 Welches Frischluftvolumen muss in einer Mischkammer einer Teilklimaanlage dem Zuluftstrom beigemischt werden, damit sich in der Messehalle 1482 Personen aufhalten können?

2 Darf in einem klimatisierten Konferenzsaal geraucht werden, wenn sich 22 Personen in dem Raum aufhalten und der Außenluftanteil 37 % der Zuluftmenge beträgt. Der Zuluftstrom für den Raum soll 1750 m³ in der Stunde nicht übersteigen.

3 Mit welcher Personenzahl darf der Vorführraum eines Kinos belegt werden, wenn durch die Lüftungsanlage sichergestellt ist, dass stündlich 1870 m³ Außenluft in den Raum strömen?

4 Eine Gaststätte ist mit 55 Personen belegt. Überprüfen Sie, ob die Lüftungsanlage Kat. RAL 3 mit einem Außenvolumen von 1340 m³/h dafür ausreichend ist.

10.2.4 Außenluftbedarf nach der Maximalen Arbeitsplatz-Konzentration (MAK)

Diese meist für gewerbliche Räume angewandte Methode berücksichtigt die maximal zulässige Konzentration gesundheitsschädlicher Luftbeimengungen. Die MAK-Werte begrenzen die Schadstoffanreicherung der Luft für einen achtstündigen Arbeitstag **(Tabelle 1)**.

Tabelle 1: MAK-Werte (Auszug aus den Technischen Regeln für gefährliche Arbeitsstoffe TRgS 900)

Stoff	MAK	
	ppm	mg/m³
Aceton	500	1200
Ethanol	1000	1900
Ammoniak	50	35
Benzol*	1	3,2
Butan	1000	2350
Chlor	0,5	1,5
Kohlendioxid	5000	9000
Kohlenmonoxid	30	33
Methanol	200	260
Nikotin	0,07	0,5
Ozon	0,1	0,2
Propan	1000	1800
Schwefeldioxid	2	5
Zinkoxid (Rauch)	–	5

* Krebserregend, daher besondere Maßnahmen erforderlich
1 ppm = 1 **p**art **p**er **m**illion

Bei gasförmigen Stoffen entspricht 1 ppm einem cm³ des Gases je m³ Luft.

Der notwendige Außenluftstrom $\dot{V}_{AUL}$ zur Verdünnung der Schadstoffkonzentration, hängt ab

- vom MAK-Wert K_R,
- von der Art und Menge des Schadstoffes $\dot{K}$ und
- der Schadstoffbelastung der Außenluft K_{AUL}

$$\dot{V}_{AUL} = \frac{\dot{K}}{K_R - K_{AUL}}$$

$$\dot{K} = \dot{V}_{AUL} \cdot (K_R - K_{AUL})$$

$$K_R = \frac{\dot{K}}{\dot{V}_{AUL}} + K_{AUL} \qquad K_{AUL} = \frac{\dot{K}}{\dot{V}_{AUL}} + K_R$$

$\dot{V}_{AUL}$	notwendiger Außenluftstrom	in m³/h
$\dot{K}$	Schadstoffstrom	in cm³/h, mg/h
K_R	zulässige Schadstoffkonzentration (1ppm = cm³/m³)	in cm³/m³, mg/m³
K_{AUL}	Konzentration in der Außenluft	in cm³/m³, mg/m³

Beispiel:

Bei der Verarbeitung von Fußbodenbelägen entstehen stündlich 6 m³ acetonhaltige Dämpfe.
Welcher Außenluftstrom ist nach der MAK-Wert-Methode erforderlich, wenn die Frischluft schadstofffrei ist?

Geg.: $\dot{K} = 6\ m^3/h = 6\,000\,000\ cm^3/h$
$K_R = 1\,000\ cm^3/m^3$
$K_{AUL} = 0\ cm^3/m^3$

Ges.: $\dot{V}_{AUL}$

$$\dot{V}_{AUL} = \frac{\dot{K}}{K_R - K_{AUL}}$$

$$\dot{V}_{AUL} = \frac{6\,000\,000\ cm^3/h}{1\,000\ cm^3/m^3 - 0\ cm^3/m^3}$$

$$\mathbf{\dot{V}_{AUL} = 6\,000\ \frac{m^3}{h}}$$

Aufgaben

1 Bei der Verlegung von Parkettböden entweichen aus dem Klebstoff stündlich 17 g Aceton. Welcher Außenluftstrom ist zur Einhaltung der MAK-Werte erforderlich?

2 Trotz Absauganlage entweichen in einer Schweißerei bei der Verarbeitung von verzinkten Blechen stündlich 30 g Zinkrauch an die Raumluft der Werkstatt. Welcher Außenluftstrom muss die Unterdrucklüftung der RLT-Anlage fördern, damit die maximal zulässige Schadstoffkonzentration eingehalten wird?

3 In einen Raum strömen stündlich 120 m³ Außenluft

a) Welche Nikotinkonzentration stellt sich ein, wenn ihm stündlich 1000 mg Nikotin zugeführt werden?

b) Welche Frischluftzufuhr ist erforderlich, damit die MAK-Werte eingehalten werden?

4 Bei der Aufbereitung von Badewasser eines städtischen Bades entweichen in einen Raum von 135 m³ Raumvolumen einmalig 250 mg Chlor. Wie viel unbelastete Frischluft muss dem Raum zugeführt werden, damit die maximale Arbeitsplatzkonzentration nach einer Stunde nicht mehr überschritten wird?

10.2.5 Außenluftbedarf nach der Luftwechselzahl

Da Luftwechselzahlen Erfahrungswerte sind und keine direkte Beziehung zu der Verunreinigung besteht, sollte diese Methode nur als **Überschlagsrechnung** angewendet werden, wenn die Belastungssituationen der Räume unkritisch sind. Die Luftwechselzahl gibt an, wie oft das Raumvolumen stündlich erneuert werden muss. Diese Erfahrungswerte weisen eine große Bandbreite auf **(Tabelle 1)**.

$$\text{Luftwechselzahl} = \frac{\text{Außenluftstrom}}{\text{Raumvolumen}}$$

$$LW = \frac{\dot{V}_{AUL}}{V_R}$$

$$\dot{V}_{AUL} = LW \cdot V_R \qquad V_R = \frac{\dot{V}_{AUL}}{LW}$$

LW Luftwechselzahl in 1/h
$\dot{V}_{AUL}$ Außenluftstrom in m^3/h
V_R Raumvolumen in m^3

Tabelle 1: Luftwechselzahl *LW*

Art des Raumes	*LW* in 1/h	Art des Raumes	*LW* in 1/h
Arbeitsräume	3 bis 7	Hörsäle	6 bis 8
Büro, privat	3 bis 7	Krankenhaus	2 bis 5
Fabriken, klein	2 bis 4	(Bettenstation)	
Geschäftsräume	5 bis 7	Warenhäuser	4 bis 7

Beispiel 1:

In einem Hörsaal (28 m × 14 m × 4 m) soll durch Frischluftzufuhr stündlich ein siebenfacher Luftwechsel gewährleistet sein.

Welcher Außenluftstrom muss dem Hörsaal zugeführt werden?

Geg.: $l = 28\ m$ $\quad b = 14\ m$
$h = 4\ m$ $\quad LW = 7\ 1/h$

Ges.: $\dot{V}_{AUL}$

$V_R = l \cdot b \cdot h;$ $\quad V_R = 1568\ m^3$

$V_R = 28\ m \cdot 14\ m \cdot 4\ m$

$\dot{V}_{AUL} = LW \cdot V_R$ $\quad \dot{V}_{AUL} = 7\ 1/h \cdot 1568\ m^3$

$\mathbf{\dot{V}_{AUL} = 10976\ m^3/h}$

Beispiel 2:

Einem Büroraum mit einem Raumvolumen von 172,8 m^3 werden in zwei Stunden 470 m^3 Außenluft zugeführt.

Welche Luftwechselzahl stellt sich dabei ein?

Beurteilen Sie das Ergebnis.

Geg.: $V_R = 172{,}8\ m^3$ $\quad \dot{V}_{AUL} = 470\ m^3/2\ h$

Ges.: LW

$$LW = \frac{\dot{V}_{AUL}}{V_R}$$

$$LW = \frac{470\ m^3}{2\ h \cdot 172{,}8\ m^3} \qquad LW = 1{,}359\ \frac{1}{h}$$

$$\mathbf{LW = 1{,}36\ \frac{1}{h}}$$

Diese Luftwechselzahl entspricht nicht dem in der Tabelle 1 genannten Wert.

Dies würde aber immer noch so viel Außenluft liefern, wie bei der Wärmebedarfsberechnung als Mindestlüftung berücksichtigt wird.

Aufgaben

1 Einer Fabrikhalle mit 14000 m^3 Raumvolumen werden stündlich 28700 m^3 frische Außenluft zugeführt. Welche Luftwechselzahl ergibt sich bei diesem Volumenstrom?

2 Bei einer Luftwechselzahl von 3 1/h wird einem Vortragssaal stündlich 15470 m^3 Frischluft zugeführt. Welches Raumvolumen hat der Raum?

3 Auf einer Bettenstation in einem Krankenhaus fällt ein Teil der Lüftungsanlage aus. Damit die Mindestluftwechselzahl von 2 1/h eingehalten werden kann, sind 1700 m^3 erforderlich.

a) Welchem Raumvolumen entspricht dies für die Bettenstation?

b) Welche Luftwechselzahl stellt sich dadurch ein, dass durch das Öffnen von Fenstern stündlich 2500 m^3 Frischluft zuströmen?

4 Die Schweißerei einer Firma hat die Abmessungen 18 m × 8 m × 4 m.

a) Welcher Außenluftstrom muss diesem Raum zugeführt werden, damit stündlich ein fünffacher Luftwechsel gewährleistet ist?

b) Welcher MAK-Wert würde entstehen, wenn stündlich 30 g Zinkrauch in die Raumluft gelangten?

10.2.6 Luftumwälzung

Werden RLT-Anlagen im Umluftbetrieb gefahren, findet kein Luftwechsel statt. Da jedoch der umgewälzten Luft Frischluft beigemischt werden muss, ist das zugeführte Luftvolumen so groß, dass mit dem Frischluftanteil die erforderliche Außenluft in den Raum gelangt. Die Luftumwälzzahl ist also größer als die Luftwechselzahl.

$$\text{Luftumwälzzahl} = \frac{\text{Zuluftstrom}}{\text{Raumvolumen}}$$

$$LU = \frac{\dot{V}_{ZUL}}{V_R}$$

$\dot{V}_{ZUL} = LU \cdot V_R$	$V_R = \frac{\dot{V}_{ZUL}}{LU}$

LU	Luftumwälzzahl	in 1/h
$\dot{V}_{ZUL}$	Zuluftstrom	in m^3/h
$\dot{V}_{AUL}$	Außenluftstrom	in m^3/h
$\dot{V}_{UML}$	Umluftstrom	in m^3/h
V_R	Raumvolumen	in m^3

Beispiel:

Ein Gastraum für Nichtraucher eines Restaurants mit einem Raumvolumen von 240 m^3 bietet 32 Personen Platz.

a) Wie viel Frischluft muss nach der Außenluftrate stündlich zugeführt werden bei RAL 2?

b) Welche Luftumwälzzahl ist erforderlich, wenn die Lüftungsanlage im Mischluftbetrieb arbeitet und der Zuluftstrom zu 60 % aus Umluft besteht?

Geg.: $V_R = 240\ m^3$ $\quad n = 32$ Personen

$\dot{V}_{AULmin} = 45\ m^3/(h \cdot P)$
(aus Tabelle 2, Seite 300)

Ges.: $\dot{V}_{AUL}$; LU

a) $\dot{V}_{AUL} = \dot{V}_{AULmin} \cdot n \qquad \dot{V}_{AUL} = 45\ m^3/(h \cdot P) \cdot 32\ P$

$\mathbf{\dot{V}_{AUL} = 1440\ m^3/h}$

b) $\dot{V}_{AUL} = 0{,}4 \cdot \dot{V}_{ZUL}$

$\dot{V}_{ZUL} = \frac{\dot{V}_{AUL}}{0{,}4} \qquad \dot{V}_{ZUL} = \frac{1440\ m^3/h}{0{,}4}$

$\mathbf{\dot{V}_{ZUL} = 3600\ m^3/h}$

$LU = \frac{\dot{V}_{ZUL}}{V_R} \qquad LU = \frac{3600\ m^3}{h \cdot 240\ m^3}$

$\mathbf{LU = 15\ 1/h}$

Aufgaben

1 Die Luft wird in einem Kongresszentrum 12 mal in der Stunde umgewälzt. Wie viel m^3 Außenluft werden dem Saal zugeführt, wenn der Anteil der umgewälzten Luft 40 % der Zuluft beträgt? Die Abmessungen des Raumes betragen 28 m × 34 m bei einer Höhe von 7 m an der niedrigsten und 12 m an der höchsten Stelle.

2 Im Sommer wird eine Gaststätte mit reiner Außenluft bei einer Luftwechselzahl von 10 1/h belüftet.

a) Wie groß ist das Raumvolumen, wenn das Lüftungsgerät 4000 m^3/h Zuluft fördert?

b) Wie groß muss die Luftumwälzzahl gewählt werden, wenn im Mischluftbetrieb nur 80 % Außenluft der warmen Umluft beigemischt werden? In dem Raum finden 120 Personen Platz.

3 Ein Hörsaal wird im Sommer im Frischluftbetrieb belüftet. Welche Luftumwälzzahl ist erforderlich, damit stündlich ein 7-facher Luftwechsel, auch im Winter bei Umluftbetrieb gewährleistet ist? Der Frischluftanteil der Zuluft beträgt dabei 60 %.

10.3 Berechnungen an Luftkanälen

Damit in der Klima- und Lüftungstechnik die Luftkanäle richtig dimensioniert werden können, muss das Zusammenwirken von Kanalquerschnitt, der Strömungsgeschwindigkeit und dem notwendigen Volumenstrom berücksichtigt werden.

10.3.1 Volumenstrom

Der in einem Kanal geförderte Volumenstrom erfährt an der Kanalwandung Reibung und entwickelt damit auch Geräusche. Es ist deshalb darauf zu achten, dass die Strömungsgeschwindigkeit in den verschiedenen Leitungsabschnitten nicht zu groß wird. Der erforderliche Volumenstrom kann nur mit entsprechend großem Querschnitt des Luftkanales erreicht werden. Richtwerte für die Strömungsgeschwindigkeit, die mit zunehmender Entfernung abnehmen soll, werden Tabellen entnommen **(Tabelle 1, Seite 306)**.

Tabelle 1: Strömungsgeschwindigkeit in Luftkanälen

Streckenabschnitt	Luftgeschwindigkeit v in m/s Industrieanlagen	Komfortanlagen
Außenluftgitterdurchlässe	4 bis 6	3 bis 4
Hauptkanäle	8 bis 12	4 bis 8
Abzweig- und Nebenkanäle	5 bis 8	3 bis 5
Ein- und Austrittsgitterdurchlässe für Räume	3 bis 4	2 bis 3

Volumenstrom = Kanalquerschnitt · Strömungsgeschwindigkeit

$$\dot{V} = A \cdot v$$

$$v = \frac{\dot{V}}{A} \qquad A = \frac{\dot{V}}{v}$$

$\dot{V}$ Volumenstrom in m³/h
A Kanalquerschnitt in m²
v Strömungsgeschwindigkeit in m/h

Beispiel:

In einem Hauptkanal einer RLT-Anlage mit den Abmessungen 800 mm × 600 mm strömt Mischluft mit einer Geschwindigkeit von 10 m/s. Welches Luftvolumen wird dem zu belüfteten Raum zugeführt?

Geg.: $v = 10$ m/s; $l = 0{,}8$ m; $b = 0{,}6$ m

Ges.: $\dot{V}$

$\dot{V} = A \cdot v$ $\qquad A = l \cdot b$

$\dot{V} = 0{,}48\ \text{m}^2 \cdot 10\ \frac{\text{m}}{\text{s}} \cdot 3600\ \frac{\text{s}}{\text{h}}$ $\qquad A = 0{,}8\ \text{m} \cdot 0{,}6\ \text{m}$

$\boldsymbol{\dot{V} = 17\,280\ \text{m}^3/\text{h}}$ $\qquad A = 0{,}48\ \text{m}^2$

Aufgaben

1 Mit welcher Geschwindigkeit strömt die Luft durch das Eintrittsgitter eines an der Außenwand befestigten Ventilators, wenn dieser stündlich 2700 m³ durch eine Einblasöffnung mit 720 mm Durchmesser fördert.

2 Wird die Geschwindigkeitsgrenze in dem Nebenkanal einer Komfortanlage eingehalten, wenn die Abmessungen 280 mm × 320 mm betragen und pro Minute 7 m³ Luft transportiert werden?

3 Welcher Durchmesser muss für ein Wickelfalzrohr für den Hauptkanal eines Einkaufszentrums gewählt werden, damit die Förderung von stündlich 3000 m³ Umluft nicht zu große Geräusche entwickelt?

4 Welchen Durchmesser muss der Hauptkanal für die kontrollierte Wohnraumlüftung haben, wenn in der Gesamtanlage 27 Lüftungsdüsen mit einem freien Querschnitt von 12 cm² eingebaut werden?

5 Mit welchem Durchmesser muss ein Kanal ausgeführt werden, damit in ihm ein Luftvolumen von 800 m³/h gleich schnell strömt, wie in einem quadratischen Kanal ($a = 400$ mm)?

10.3.2 Kontinuitätsgesetz

Große Gebäudekomplexe in denen eine RLT-Anlage für die erforderliche Luftqualität sorgt, haben verzweigte Kanalnetze. Wie in dem vorangegangenen Kapitel aufgezeigt, muss der benötigte Gesamtvolumenstrom im Hauptkanal gefördert, auf viele Nebenkanäle verteilt werden.

Die Summe der Volumenströme in den jeweilig abzweigenden Teilstrecken ist so groß wie der zuvor geförderte Volumenstrom **(Bild 1)**.

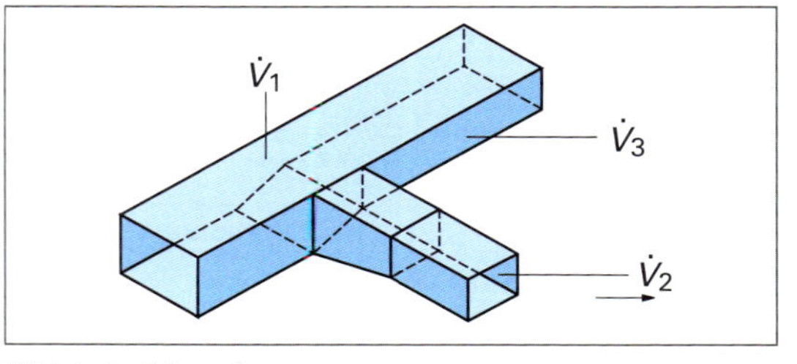

Bild 1: Luftkanal

Volumenstrom₁ = Volumenstrom₂ + Volumenstrom₃

$$\dot{V}_1 = \dot{V}_2 + \dot{V}_3$$

$$A_1 \cdot v_1 = A_2 \cdot v_2 + A_3 \cdot v_3$$

$\dot{V}$ Volumenstrom in m³/h
A Kanalquerschnitt in m²
v Strömungsgeschwindigkeit in m/h

Beispiel:

Ein moderner Konzertsaal bietet 800 Personen Platz **(Bild 1)**. Nebenräume sowie Foyer, Küche und Gaststätte werden ebenfalls be- und entlüftet.

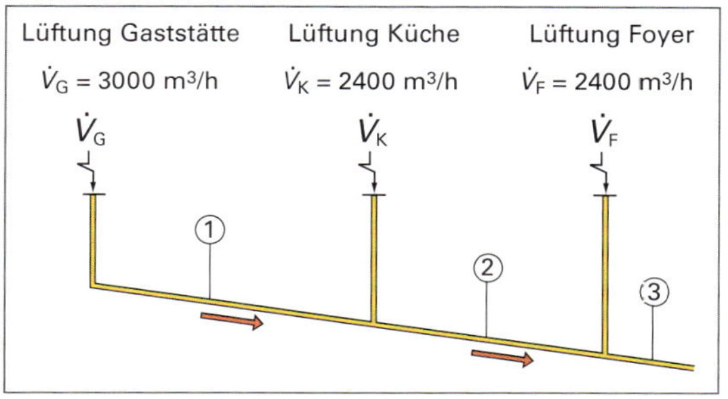

Bild 1: Konzertsaal (Lüftungsschema)

a) Welche Volumenströme werden in den jeweiligen Leitungsabschnitten gefördert?

b) Welcher Kanalquerschnitt ist jeweils erforderlich, damit die maximale Luftgeschwindigkeit von 6 m/s nicht überschritten wird?

c) Wie breit werden die Kanäle, wenn als maximale Einbauhöhe 400 mm eingeplant werden?

Geg.: $\dot{V}_G = 3000\ \text{m}^3/\text{h}$; $\dot{V}_K = 2400\ \text{m}^3/\text{h}$;
$\dot{V}_F = 2400\ \text{m}^3/\text{h}$
$v = 6\ \text{m/s}$; $h = 400\ \text{mm}$

Ges.: a) $\dot{V}_1$ bis $\dot{V}_3$
b) A_1 bis A_3
c) b_1 bis b_3

a) $\dot{V}_1 = \dot{V}_G$

$\boldsymbol{\dot{V}_1 = 3000\ \text{m}^3/\text{h}}$

$\dot{V}_2 = \dot{V}_G + \dot{V}_K$

$\dot{V}_2 = 3000\ \text{m}^3/\text{h} + 2400\ \text{m}^3/\text{h}$

$\boldsymbol{\dot{V}_2 = 5400\ \text{m}^3/\text{h}}$

$\dot{V}_3 = \dot{V}_G + \dot{V}_K + \dot{V}_F$

$\dot{V}_3 = 3000\ \text{m}^3/\text{h} + 2400\ \text{m}^3/\text{h} + 2400\ \text{m}^3/\text{h}$

$\boldsymbol{\dot{V}_3 = 7800\ \text{m}^3/\text{h}}$

b) $A_1 = \dot{V}_1/(v \cdot 3600\ \text{s/h})$ $\qquad A_1 = \dfrac{3000\ \text{m}^3/\text{h} \cdot 1}{6\ \text{m/s} \cdot 3600\ \text{s/h}}$

$A_1 = 0{,}139\ \text{m}^2$ $\qquad \boldsymbol{A_1 = 0{,}14\ \text{m}^2}$

$A_2 = \dot{V}_2/(v \cdot 3600\ \text{s/h})$ $\qquad \boldsymbol{A_2 = 0{,}25\ \text{m}^2}$

$A_3 = \dot{V}_3/(v \cdot 3600\ \text{s/h})$ $\qquad \boldsymbol{A_3 = 0{,}36\ \text{m}^2}$

c) $A = h \cdot b$ $\qquad b = A/h$

$b_1 = A_1/h$ $\qquad b_1 = 0{,}14\ \text{m}^2/0{,}4\ \text{m}$

$b_1 = 0{,}35\ \text{m}$

$\boldsymbol{b_1 = 350\ \text{mm}}$ $\qquad \boldsymbol{b_2 = 625\ \text{mm}}$

$\boldsymbol{b_3 = 900\ \text{mm}}$

Aufgaben

1 In einem hohen Bürogebäude, mit Atrium im Innern, sind für 2500 Personen Büroräume **(Bild 2)**. Die Zuluft wird symmetrisch geführt.

a) Bestimmen Sie die Volumenströme ① bis ⑤ in den Teilstrecken und den Gesamtvolumenstrom ⑥ der Abluftanlage.

b) Welche Querschnitte müssen die Nebenkanäle in den Verteilebenen haben, damit die maximal zulässige Strömungsgeschwindigkeit eingehalten wird?

c) Wird in der o.g. RLT-Anlage in den Abluftkanälen aus Wickelfalzrohr (∅ 500 mm) die Luftgeschwindigkeit von 10 m/s eingehalten, wenn über 5 Abluftventilatoren entlüftet wird?

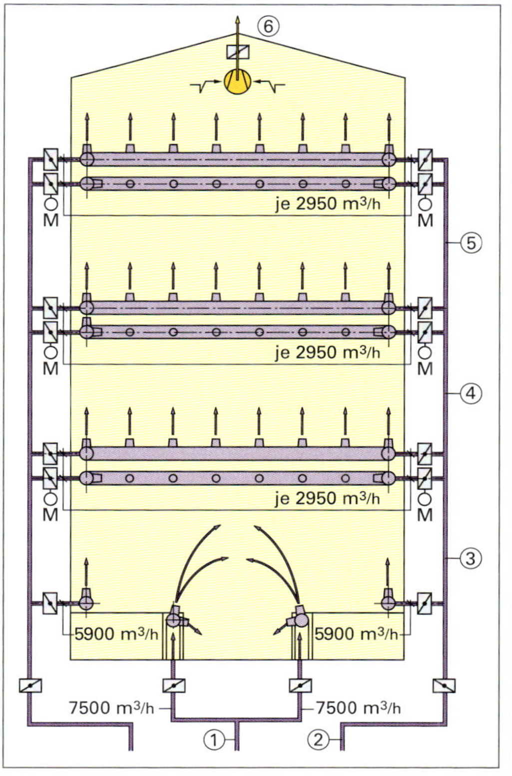

Bild 2: Bürogebäude

2 Mit welcher Geschwindigkeit strömt der Umluftanteil von 80 % der Zuluft in dem Kanalstück zur Mischkammer, wenn der Abluftkanal 800 mm × 600 mm, der Mischluftkanal 600 mm × 400 mm misst und der Abluftvolumenstrom 8000 m³/h beträgt.

3 Der Querschnitt des Zuluftkanals für die Umkleideräume beträgt 0,07 m² **(Bild 1)**.

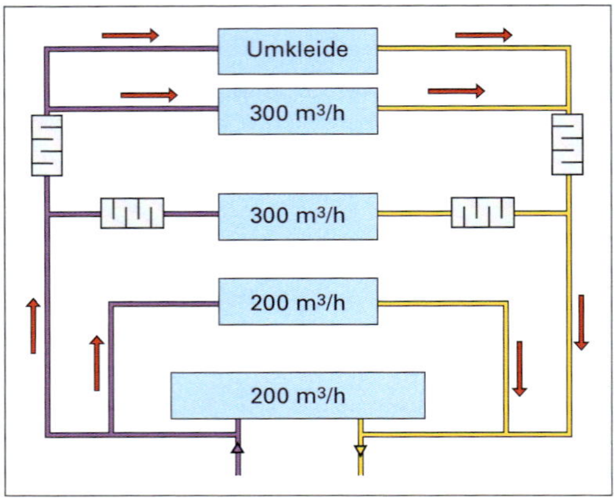

Bild 1: Umkleiderräume

a) Berechnen Sie den Volumenstrom der zugeführt werden kann, wenn die maximale Luftgeschwindigkeit für Industrieanlagen akzeptiert wird.

b) Kann für diesen Nebenluftkanal ein runder Querschnitt mit einem lichten Durchmesser von 250 mm gewählt werden? Begründen Sie Ihre Entscheidung.

4 Welche Breite nimmt ein zuvor quadratischer Kanal bei v = const. an, wenn dieser wegen planerischer Erfordernisse einen anderen Kanal kreuzt und deshalb nur noch 1/3 der seitherigen Höhe haben darf?

5 Wie verhalten sich die Strömungsgeschwindigkeiten in einem Abluftkanal, wenn von einem rechteckigen Kanal (400 mm × 224 mm) auf ein rundes Anschlussstück DN 200 für den Ventilator gewechselt werden muss? Der Ventilator fördert stündlich 2700 m³ Luft.

6 Zwei Kanalteile (400 mm × 200 mm) in denen Abluft mit 6 m/s strömt, münden in einem Hauptkanal.

a) Mit welcher Geschwindigkeit strömt die Abluft in dem Hauptkanal (400 mm × 280 mm)?

b) Welches Abluftvolumen wird bei einer Strömungsgeschwindigkeit von 8 m/s im Hauptkanal gefördert?

b) Auf welche Kanalhöhe kann der Hauptkanal bei einer maximalen Strömungsgeschwindigkeit von 12 m/s begrenzt werden?

10.3.3 Gleichung von Bernoulli

Damit wie bei der Rohrnetzberechnung die Druckverlustberechnung durchgeführt werden kann, wird zuerst auf die Gesetzmäßigkeiten in Strömungskanälen eingegangen.

Der **statische Druck p_{st}** in einem Lüftungskanal, ist der Druck, den das strömende Medium (Luft) auf die Rohrwandung ausübt. Dabei sind zu unterscheiden

- der Ruhedruck, dies ist der statische Druck, den das nicht strömende Medium ausübt und
- der Fließdruck des strömenden Mediums.

Bei einer Druckmessung bei strömendem Medium wird festgestellt, dass der Fließdruck kleiner ist, als der Ruhedruck **(Bild 2)**.

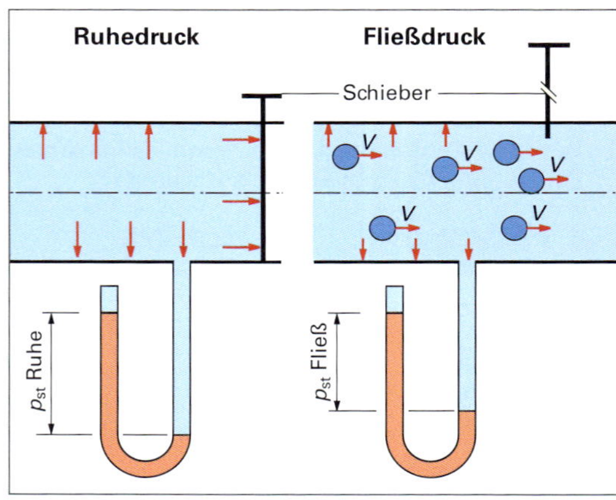

Bild 2: Statischer Druck

Die Differenz zwischen statischem Ruhedruck und statischem Fließdruck, ist der **dynamische Druck p_{dyn} (Bild 1, Seite 309)**.

Dieser hängt ab

- von der Dichte des Mediums und
- der Strömungsgeschwindigkeit.

$$p_{dyn} = \frac{\varrho}{2} \cdot v^2 \qquad v = \sqrt{\frac{p_{dyn} \cdot 2}{\varrho}}$$

p_{dyn}	dynamischer Druck	in N/m² (Pa)
ϱ	Dichte des Mediums	in kg/m³
v	Strömungsgeschwindigkeit	in m/s

$$1\,\text{N} = 1\,\frac{\text{kgm}}{\text{s}^2} \qquad 1\,\text{Pa} = 1\,\frac{\text{N}}{\text{m}^2} \qquad 1\,\frac{\text{N}}{\text{m}^2} = 1\,\frac{\text{kg}}{\text{m}\cdot\text{s}^2}$$

Der **Gesamtdruck** setzt sich zusammen aus dem statischen und dynamischen Druck **(Bild 2)**.

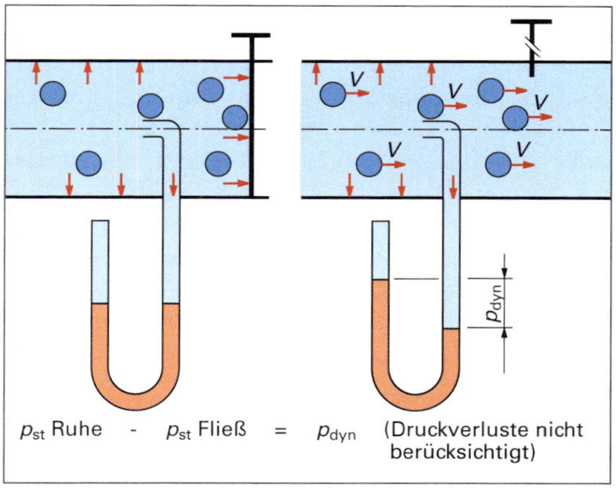

Bild 1: Dynamischer Druck

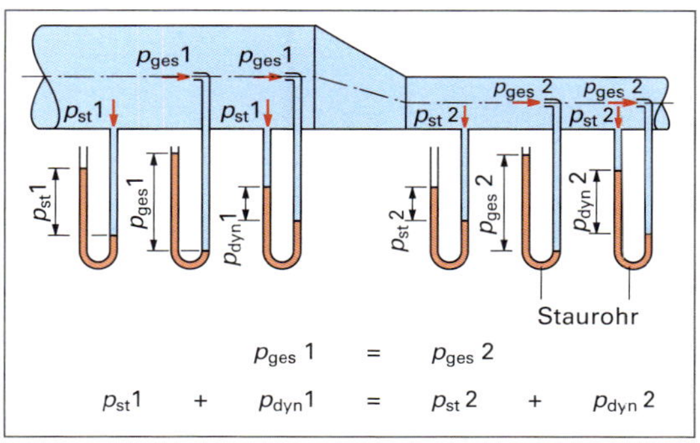

Bild 2: Gesamtdruck

$$p_{ges} = p_{st} + p_{dyn}$$

p_{ges} Gesamtdruck in mbar, Pa
p_{st} statischer Druck in mbar, Pa
p_{dyn} dynamischer Druck in mbar, Pa

Bei der Änderung der Strömungsgeschwindigkeit, z.B. infolge von Querschnittsänderungen, bleibt die Summe aus statischem und dynamischen Druck konstant.

$$p_{st} + p_{dyn} = \text{konstant}$$

Wenn der Druckgewinn oder -verlust durch Höhendifferenzen nicht berücksichtigt wird, reduziert sich die **Gleichung von Bernoulli** auf:

$$p_{st1} + p_{dyn1} = p_{st2} + p_{dyn2}$$

Beispiel 1:

In einem Luftkanal wurde mit einem Staurohr der dynamische Druck mit 30 Pa ermittelt.
Mit welcher Geschwindigkeit strömt Luft der Dichte 1,25 kg/m³?

Geg.: $p_{dyn} = 30$ Pa
$\varrho = 1{,}25$ kg/m³

Ges.: v

$30 \text{ Pa} = 30 \text{ N/m}^2 \qquad 30 \text{ N/m}^2 = 30 \text{ kg/(m} \cdot \text{s}^2)$

$$v = \sqrt{\frac{p_{dyn} \cdot 2}{\varrho}} \qquad v = \sqrt{\frac{30 \text{ kg/(m} \cdot \text{s}^2) \cdot 2}{1{,}25 \text{ kg/m}^3}}$$

$\boldsymbol{v = 6{,}83}$ **m/s**

Beispiel 2:

Bei der in einem Hauptkanal mit 8 m/s strömenden Abluft (ϱ = 1,24 kg/m³) wurde ein statischer Druck von 161 Pa gemessen. Aus baulichen Gründen muss der Kanalquerschnitt reduziert werden, so dass sich die Strömungsgeschwindigkeit auf die maximal zulässige Geschwindigkeit von 12 m/s erhöht.

a) Wie groß sind die dynamischen Drücke vor und nach der Querschnittsänderung.

b) Welchen Wert nimmt der statische Druck an der verengten Stelle an?

Geg.: $p_{st1} = 161$ Pa $\qquad \varrho = 1{,}24$ kg/m³
$v_1 = 8$ m/s $\qquad v_2 = 12$ m/s

Ges.: a) p_{dyn1}, p_{dyn2}
b) p_{st2}

a) $p_{dyn1} = \frac{\varrho}{2} \cdot v_1^2 \qquad p_{dyn1} = \frac{1{,}24 \text{ kg/m}^3}{2} \cdot (8 \text{ m/s})^2$

$p_{dyn1} = 39{,}68 \text{ kg/(m} \cdot \text{s}^2)$

$p_{dyn1} = 39{,}68 \text{ N/m}^2$

$\boldsymbol{p_{dyn1} = 40}$ **Pa**

$p_{dyn2} = \frac{\varrho}{2} \cdot v_2^2 \qquad p_{dyn2} = \frac{1{,}24 \text{ kg/m}^3}{2} \cdot (12 \text{ m/s})^2$

$p_{dyn2} = 89{,}28 \text{ kg/(m} \cdot \text{s}^2)$

$p_{dyn2} = 89{,}28 \text{ N/m}^2$

$\boldsymbol{p_{dyn2} = 89}$ **Pa**

b) $p_{st2} = p_{st1} + p_{dyn1} - p_{dyn2}$

$p_{st2} = 161 \text{ Pa} + 40 \text{ Pa} - 89 \text{ Pa}$

$\boldsymbol{p_{st2} = 112}$ **Pa**

Aufgaben

1 In einem Abluftkanal wurde mit einem Staurohr der dynamische Druck von 120 Pa ermittelt.

a) Wie groß ist die Geschwindigkeit des Mediums, wenn die Dichte der Luft 1,28 kg/m³ beträgt?

b) Berechnen Sie den Gesamtdruck, wenn der statische Druck mit 60 Pa ermittelt wurde.

Aufgaben

2 Der Zuluftventilator nach einem Kreuzstromwärmetauscher liefert einen Gesamtdruck von 200 Pa **(Bild 1)**.

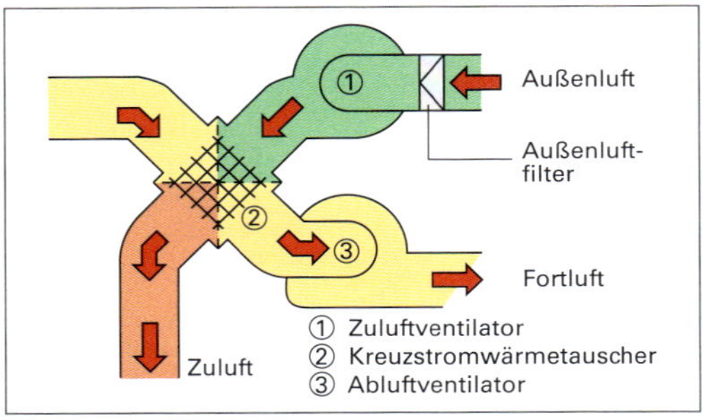

Bild 1: Kreuzstromwärmetauscher

Welcher statische Druck für die Überwindung der Reibungsverluste im Kanal und den Einzelwiderständen steht noch zur Verfügung, wenn der Zuluftstrom von 150 m³/h mit 8 m/s bei einer Dichte von 1,15 kg/m³ im Hauptkanal strömt?

3 Welcher Gesamtdruck ist zur Förderung von einem Abluftvolumenstrom von 158 m³/h einer zentralen Absauganlage erforderlich, wenn der statische Druck 0,07 mbar beträgt. Die einzelnen Räume werden mit HT Rohren DN 100 angefahren. Die Dichte der Abluft beträgt 1,2 kg/m³.

4 In der Lüftungsanlage eines Hotels werden 5600 m³/h (Dichte 1,18 kg/m³) in einem runden Kanal mit 500 mm Durchmesser gefördert.

a) Welche Geschwindigkeit nimmt der Luftstrom an, wenn der Durchmesser auf 800 mm vergrößert wird?

b) Entspricht dies der maximalen Geschwindigkeit im Hauptkanal von Komfortanlagen?

c) Bestimmen Sie den sich ergebenden statischen und dynamischen Druck, wenn vor der Querschnittsvergrößerung der statische Druck 4 mbar beträgt.

5 Der Gesamtdruck in einem Außenluftkanal wurde durch Messung mit 150 Pa bestimmt.

a) Mit welcher Geschwindigkeit strömt Luft der Dichte von 1,18 kg/m³, wenn der statische Druck 87 Pa beträgt?

b) Wie ändert sich die Geschwindigkeit, wenn die Dichte auf 1,2 kg/m³ steigt, der Gesamtdruck jedoch auf 120 Pa bei gleichem statischem Druck sinkt?

10.3.4 Hydraulischer Durchmesser (gleichwertiger Durchmesser)

Beim Durchströmen der Luft durch die Kanäle entstehen Widerstände. Da in der Lüftungstechnik, im Unterschied zur Sanitär- und der Heiztechnik, Kanäle mit runden, rechteckigen oder quadratischen Querschnitten verwendet werden, sind diese auf einen gleichwertigen runden Querschnitt umzuwandeln. Bei gleichem Umfang besitzen diese verschiedenen Formen unterschiedliche Flächen und Abmessungen **(Bild 2)**.

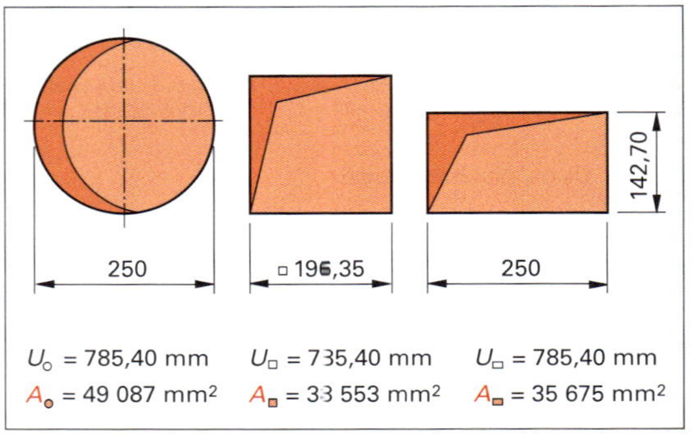

Bild 2: Umfangslänge bei gleichem Querschnitt

Da die R-Werte, die aus Diagrammen entnommen werden können, nur für runde Kanalquerschnitte ausgewiesen werden, muss für quadratische und rechteckige Kanäle ein gleichwertiger hydraulischer Durchmesser $\boldsymbol{d_g}$ bestimmt werden, damit mit dem Diagramm gearbeitet werden kann **(Bild 1, Seite 311)**.

Für Rechteckform gilt:

$$d_g = \frac{2 \cdot a \cdot b}{a + b}$$

d_g gleichwertiger Durchmesser in mm
a, b Kanalabmessungen in mm

Für beliebige Querschnittsform gilt:

$$d_g = \frac{4 \cdot A}{U}$$

A freie Querschnittsfläche in mm²
U benetzter Umfang der Leitung in mm

Beispiel:

Für einen rechteckigen Kanal mit 800 mm Breite und 450 mm Höhe ist der hydraulisch gleichwertige Durchmesser zu bestimmen.

Geg.: $a = 800$ mm
$b = 450$ mm

Ges.: d_g

$$d_g = \frac{2 \cdot a \cdot b}{a + b}$$

$$d_g = \frac{2 \cdot 800 \text{ mm} \cdot 450 \text{ mm}}{800 \text{ mm} + 450 \text{ mm}}$$

$$d_g = \frac{720\,000 \text{ mm}^2}{1250 \text{ mm}}$$

$$\mathbf{d_g = 576 \text{ mm}}$$

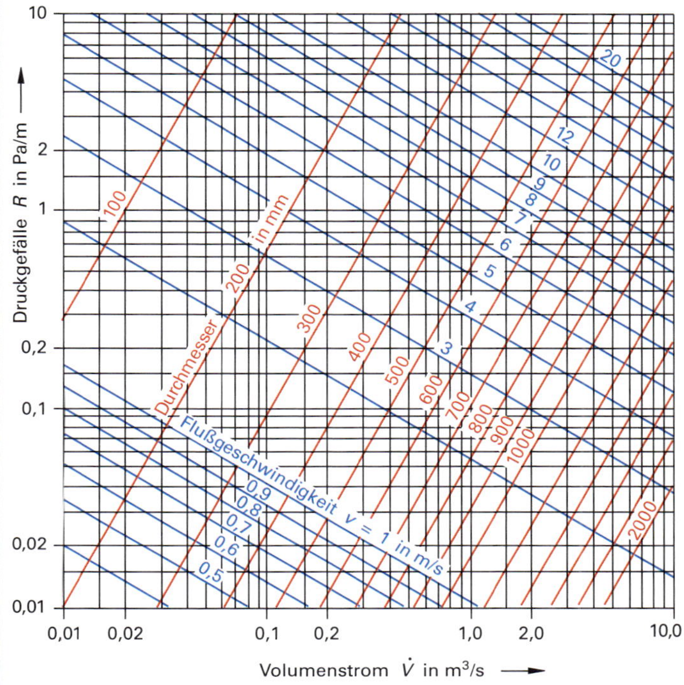

Bild 1: Druckgefälle für runde Rohre bei absolut glatter Innenwand

Aufgaben

1 Berechnen Sie für einen quadratischen Luftkanal mit einer Kantenlänge von 250 mm den gleichen hydraulischen Durchmesser.

2 Ein runder Ablaufkanal aus Wickelfalzrohr mit 300 mm Innendurchmesser soll durch einen rechteckigen Kanal ersetzt werden. Welche Abmessungen muss der Kanal haben, damit bei einem Seitenverhältnis von 2 : 1 dieser den selben hydraulischen Durchschnitt besitzt?

3 Welchen Querschnitt muss ein rechteckig geformter Kanalquerschnitt (Seitenverhältnis 1 : 2) aufweisen, damit er den selben hydraulischen Durchmesser besitzt, wie ein runder Kanal mit einer Fläche von 7,07 dm²?

10.3.5 Druckverlustberechnung in Luftkanälen

Wenn der endgültige Verlauf des Kanalsystems festliegt, kann mit der Dimensionierung begonnen werden. Dabei wird zunächst über die gewählte Strömungsgeschwindigkeit der Kanalquerschnitt ermittelt und die Kanalabmessungen je nach Querschnittsform festgelegt. Danach erfolgt die Umrechnung in den gleichwertigen Durchmesser. Auch hierbei ist eine vorläufige und endgültige Berechnung wie bei der Rohrnetzberechnung erforderlich. Für jeden Ventilator wird der dazugehörige Druckverlust für die ungünstigste Leitungsstrecke berechnet, wie z.B. Zuluft-, Abluft- oder Fortluftventilator.

Der Druckverlust für die Lüftungskanäle setzt sich aus Verlusten in geraden Kanalteilen und den Verlusten in den Einzelwiderständen zusammen.

Druckverlust	=	Reibungsverlust in geraden Kanälen	+	Verlust in Einzelwiderständen
Δp	=	p_{Rohr}	+	p_{Einzel}
Δp	=	$\Sigma(R \cdot l)$	+	Z

R	Druckgefälle	in Pa/m
l	Rohrlänge	in m
Z	Druckverlust durch Einzelwiderstände	in Pa

$$Z = \Sigma \zeta \cdot \frac{\varrho}{2} \cdot v^2$$

$\Sigma \zeta$	Summe aller Widerstandsbeiwerte (dimensionslos)	
v	Strömungsgeschwindigkeit	in m/s
ϱ	Dichte des Mediums	in kg/m³

Das Druckgefälle aus dem Diagramm gilt nur für Kanäle mit absolut glatter Innenwand. Bei entsprechender Rauheit der Oberfläche muss dieser Wert korrigiert werden **(Bild 1, Seite 311)**. Die **Widerstandsbeiwerte** ζ werden für die verschiedenen Formstücke der Luftkanäle aus Tabellen entnommen **(Tabelle 1, Seite 314)**. Dabei sind die Werte in Versuchen ermittelt worden. Da diese häufig unter verschiedenen Versuchsbedingungen erfolgen, sind unterschiedliche Angaben durchaus möglich. Für die Lösung der Aufgaben können diese jedoch zugrunde gelegt werden. Bei der Berechnung der gesamten Druckverluste im Kanalnetz ist von der ungünstigsten, meist längsten Teilstrecke auszugehen. Die so gefundene Gesamtdruckdifferenz wird durch Addition aller Widerstandswerte ermittelt. Kürzere Teilstrecken müssen nachher auf diesen Gesamtdruck gedrosselt werden, dies kann geschehen, durch

- Querschnittsminderung
- Drosselklappen oder
- Lochbleche.

Der vom Ventilator aufzubringende Gesamtdruck hat auch noch die Druckdifferenzen für die Luftbehandlung durch Filter, Wärmetauscher und Luftbe- und Entfeuchter zu überwinden. Die Werte für diese Bauteile sind den Herstellerunterlagen zu entnehmen. Für die Berechnung ist es hilfreich, ein Formblatt zu verwenden in dem die jeweilige Teilstrecken mit den zugehörigen Einzelwiderständen aufgeführt werden **(Tabelle 1, Seite 313)**.

Beispiel:

Mit dem dargestellten Kanalnetz werden 5000 m³/h Frischluft gleichmäßig an fünf Stellen verteilt **(Bild 1)**.

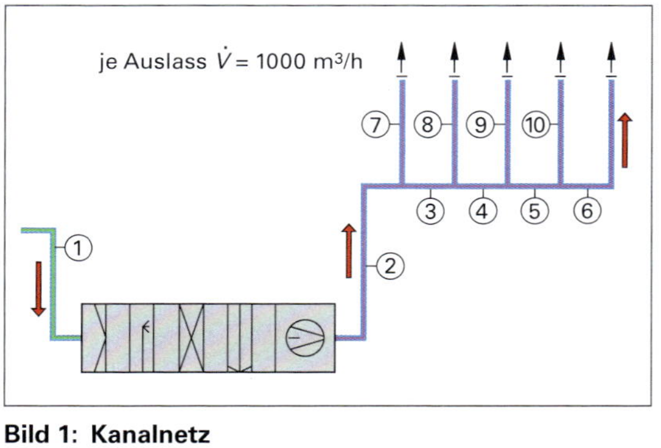

Bild 1: Kanalnetz

Für die Teilstrecken liegen folgende Werte vor **(Tabelle 1)**.

Tabelle 1: Werte der Teilstrecken

TS	Bauteil	*a*	*b*	*d*	*l*
		mm	mm	mm	m
–	Außenluftgitter	600	600		–
1	Außenluftkanal	600	400		3
2	Zuluftkanal	600	400		8
3	Zuluftkanal	500	400		4
4	Zuluftkanal	400	400		4
5	Zuluftkanal	400	250		4
6	Zuluftkanal			250	7
–	Einlassgitter	800	150		–

Die Kanalreduzierungen liefern einen ζ-Wert von 0,05. Es werden Krümmer in Querform mit einem Seitenverhältnis *a*/*b* von 1, sowie einem Verhältnis Biegeradius/Kanalbreite von 1 eingebaut. Die Einbauten im Zuluftgerät, wie Filter, Heizregister, Befeuchter und Tropfenabscheider verursachen einen internen Druckverlust von 420 Pa. Wie groß muss der Förderdruck des Ventilators sein?

Geg.: Werte aus Bild 1 und Tabelle 1

Ges.: Δp

Bei der Lösung mittels Formblatt ist wie folgt vorzugehen:

- Übernahme der Teilstrecken (Spalte 1),
- Volumenströme den Teilstrecken zuordnen (Spalte 2),
- Volumenströme umrechnen (Spalte 3),
- vorläufige Geschwindigkeit festlegen (Spalte 4),
- hierfür erforderlichen Kanalquerschnitt berechnen (Spalte 5),
- tatsächlichen Kanalquerschnitt übernehmen (Spalte 6),
- gleichwertiger Kanaldurchmesser berechnen und in Spalte 7 eintragen,
- Längen der Teilstrecken dem Plan entnehmen (Spalte 8),
- Druckgefälle (aus Bild 1, Seite 309), unter Verwendung des gleichwertigen runden Querschnitts und der tatsächlichen Geschwindigkeit, in Spalte 9 übernehmen,
- in Spalte 10 wird das Produkt aus den Zeilen der Spalten 6 mal 7 eingetragen,
- die tatsächliche Geschwindigkeit errechnet sich als Quotient aus den jeweiligen Zeilen der Spalte 3 und Spalte 6,
- der dynamische Druckverlust errechnet sich nach

  $p_{dyn} = \frac{\varrho}{2} \cdot v_1^2$

  wobei für die Dichte der Luft **1,2 kg/m³** angenommen wird,
- In Spalte 13 werden die Widerstandsbeiwerte der jeweiligen Teilstrecke erfasst.
  Die **ζ-Werte** sind **(Tabelle 1, Seite 312)** zu entnehmen,

- Spalte 14 erfasst das Produkt aus Spalte 12 mal 13,
- die Summe der Zeilenwerte Spalte 10 plus 14 liefert die Werte für Spalte 15,
- in Spalte 15 wird die Summe aller Teilstrecken gebildet und
- und um die internen Druckverluste des Luftbehandlungsgerätes erhöht.

Der Gesamtdruck des Netzes muss vom Ventilator überwunden werden.

Tabelle 1: Kanalnetzberechnung

1	2	3	4	5	6	7	8	9	10	11	12	13	14	15	16
Teilstrecke	Volumenstrom	Volumenstrom	vorläufige Luftgeschwindigkeit	erforderlicher Kanalquerschnitt	tatsächlicher Kanalquerschnitt	gleichwertiger Kanaldurchmesser	Länge der Teilstrecke	Druckgefälle	Druckverlust	tatsächliche Geschwindigkeit	dynamischer Druck	Summe aller Widerstandsbeiwerte dieser Teilstrecke	Druckverlust durch Einzelwiderstände	Gesamter Druckverlust der Teilstrecke	Bemerkungen
Nr.	$\dot{V}$ m³/h	$\dot{V}$ m³/s	v m/s	A m²	A m²	d_{gl} mm	l m	R Pa/m	$R \cdot l$ Pa	v m/s	p_d Pa		Z Pa	$R \cdot l + Z$ Pa	
–	5000	1,39	8	0,17	0,36	600	–	–	–	3,9	9,1	1,00	9,1	9,10	Außenluftgitter
1	5000	1,39	8	0,17	0,24	480	3	1,8	5,4	5,8	20,1	0,45	9,04	14,44	2 90°-Krümmer Querform + Reduzierung
2	5000	1,39	8	0,17	0,24	480	8	1,8	14,4	5,8	20,1	0,45	9,04	23,44	2 90°-Krümmer Querform + Reduzierung
3	4000	1,11	6	0,19	0,2	444	4	1,8	7,2	4,6	18,8	0,05	0,94	8,14	Querschnittsreduzierung
4	3000	0,83	6	0,14	0,16	400	4	1,9	7,6	5,2	16,2	0,05	0,81	8,41	Querschnittsreduzierung
5	2000	0,56	6	0,09	0,1	308	4	1,9	7,6	2,6	18,8	0,05	0,94	8,54	Querschnittsreduzierung
6	1000	0,28	5	0,05	0,05	250	7	1,5	10,5	5,6	18,8	0,33	6,2	16,70	1 90°-Bogen
–	1000	0,28	2			252	–	–	–	2,3	3,2	1,00	3,2	3,20	Einlassgitter
														92,00	
														420,00	Interne Druckverluste
														512	Gesamtdruckverlust

Aufgaben

1 Die isometrische Darstellung einer Belüftungsanlage zeigt die Leitungslängen und Volumenströme im jeweiligen Leitungsabschnitt **(Bild 1)**.

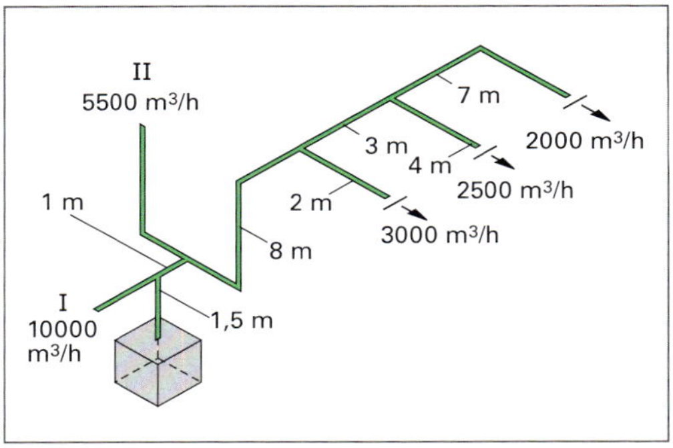

Bild 1: Belüftungsanlage

Berechnen Sie für den längsten Leitungsabschnitt den auftretenden Druckverlust durch den Kanal, wenn in keinem Abschnitt die maximale Luftgeschwindigkeit von 6 m/s überschritten werden darf und alle Kanalteile runden Querschnitt besitzen. Wählen Sie für die jeweiligen Formstücke die strömungstechnisch günstigste Kanalform.

2 Die Abluftanlage eines Großraumbüros saugt über Deckeneinlässe die Luft aus den jeweiligen Räumen **(Bild 2)**.

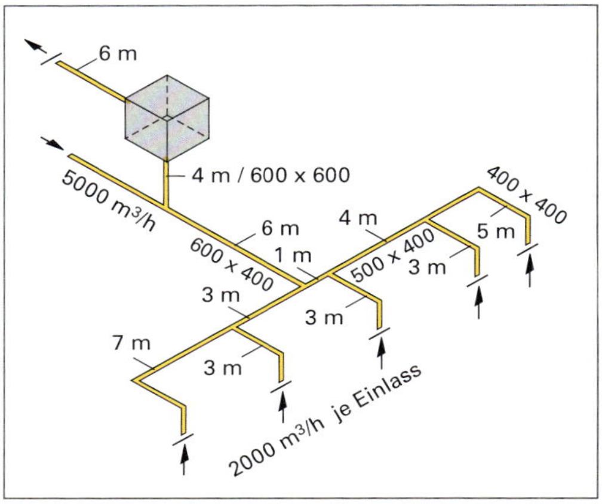

Bild 2: Abluftanlage

Laut Hersteller verursacht ein Einlassgitter einen Druckverlust von 25 Pa. Das Auslassgitter mit Wetterschutz hat einen Druckbedarf von 30 Pa.

Als Formstücke werden Krümmer in Querform a/b = 1, r/d = 1,0 verwendet. Die Reduzierungen erfolgen allmählich, die Biegeradien sind doppelt so gross wie die Kanalbreite.

Berechnen Sie für strömungstechnisch ungünstige ζ-Werte den Druckverlust den der Abluftventilator überwinden muss, damit auch der ungünstigste Leitungsabschnitt noch einen restlichen Saugdruck von 120 Pa vor der Öffnung des Abluftgitters entwickelt.

3 In einem 25 m langen runden Zuluftkanal werden stündlich 720 m³ Luft mit der Dichte von 1,18 kg/m³ gefördert. Berechnen Sie den Druckverlust, verursacht durch den geraden Kanal und den Einzelwiderständen. Die Formstücke besitzen ζ-Werte von 3,2. Die Strömungsgeschwindigkeit soll 7 m/s nicht überschreiten. Das Wickelfalzrohr hat aufgrund der Rauhigkeit ein um ein 2,2-fach höheres Druckgefälle, als in dem Diagramm für glatte Innenwand.

4 Überprüfen Sie, ob ein Ventilator mit 700 Pa Förderdruck für die Zuluftanlage der Aufgabe 3 verwendet werden kann, wenn zusätzliche innere Widerstände im Lüftungsgerät von 380 Pa zu überwinden sind.

Tabelle 1: ζ-Werte (Widerstandsbeiwerte)

Strömungsbild	Benennung	Bemerkungen und ζ-Werte								
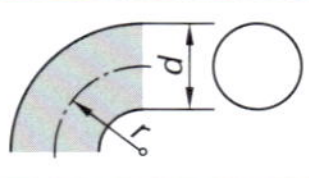	90° Bogen	**r = d**					0,3			
		r ≥ 2 d					0,15			
		r ≥ 6 d					0,01			
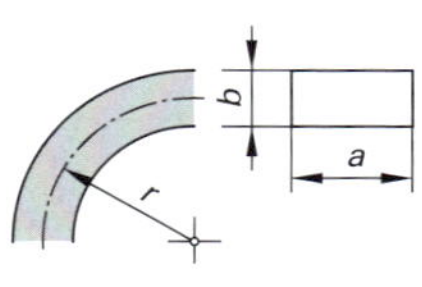	Krümmer 90° in Querform	**a/b**	**1**				**2**			
		r/d	0,75	1,0	1,5	2,0	0,75	1,0	1,5	2,0
		ζ	0,4	0,2	0,15	0,1	0,45	0,3	0,2	0,15
		a/b	**3**				**4**			
		r/d	0,75	1,0	1,5	2,0	0,75	1,0	1,5	2,0
		ζ	0,5	0,4	0,25	0,2	0,55	0,45	0,3	0,2
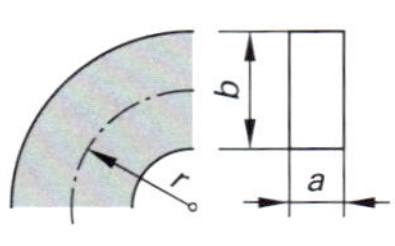	Krümmer 90° in Hochform	**a/b**	**0,25**				**0,5**			
		r/d	0,75	1,0	1,5	2,0	0,75	1,0	1,5	2,0
		ζ	0,55	0,45	0,3	0,2	0,45	0,3	0,2	0,15
		a/b	**0,75**				**1,0**			
		r/d	0,75	1,0	1,5	2,0	0,75	1,0	1,5	2 … 3
		ζ	0,4	0,2	0,15	0,1	0,4	0,2	0,15	0,1
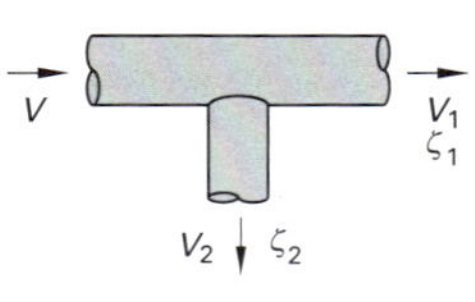	90°-Abzweig entkantet	**v/v_1 > 1 ist $\zeta_1 \approx 0$**								
		v/v_2					**ζ_2**			
		0,4					5,0			
		0,6					2,2			
		0,8					1,2			
		1,0					0,9			
		1,5					0,5			
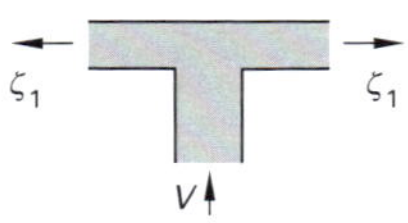	90°-Trennung	ζ_1					**1,4**			
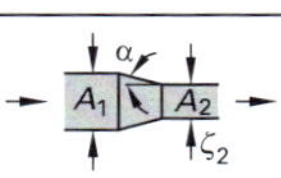	allmähliche Verengung	für α = 5° bis 30°								
		A_2/A_1	0,2	0,4	0,6	0,8				
		ζ_2	0,2	0,15	0,10	0,08				
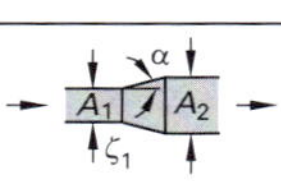	allmähliche Erweiterung	**A_1/A_2**	> 0	2	4	6	8	10		
		α ≤ 8°	0,15	0,14	0,13	0,10	0,05	0,01		
		α > 8°	1,0	0,64	0,36	0,16	0,06	0,01		

10.4 Ventilatorleistung und Ventilatorauswahl

Wenn der zu überwindende Druckverlust des ungünstigsten Leitungsabschnittes des Luftkanales bestimmt wurde, kann der Ventilator ausgewählt werden. Nachfolgend soll nur der Zuluftventilator behandelt werden, für den Abluftventilator gilt jedoch selbiges.

Ausschlaggebend für die Wahl des Ventilators sind

- der erforderliche Volumenstrom und
- der erforderliche Gesamtdruck

der zur Überwindung aller Widerstände erforderlich ist und genügend Luftgeschwindigkeit an den Einlassgittern liefert.

abgegebene Ventilator-Leistung	=	zu fördernder Volumenstrom	×	erforderliche Druckerhöhung
P_{ab}	=	$\dot{V}$	·	p_{ges}

P_{ab}	abgegebene Leistung	in W
$\dot{V}$	Volumenstrom	in m³/s
p_{ges}	Gesamtdruckerhöhung	in Pa (N/m²)

Berücksichtigt man die Verluste des Motors und des Ventilators, die durch den Gesamtwirkungsgrad erfasst werden, so ergibt sich die dem Ventilatormotor zugeführte Leistung.

$$P_{zu} = \frac{\dot{V} \cdot p_{ges}}{\eta_{ges}}$$

P_{zu}	zugeführte Leistung	in W
$\dot{V}$	Volumenstrom	in m³/s
p_{ges}	Gesamtdruckerhöhung	in Pa (N/m²)
η_{ges}	Gesamtwirkungsgrad	dimensionslos

Beispiel 1:

Ein Ventilator fördert stündlich 3600 m³ Luft bei einem Gesamtdruck von 980 Pa. Welche Leistung nimmt der Motor auf, wenn der Gesamtwirkungsgrad 63% beträgt?

Geg.: $\dot{V} = 3600\ \text{m}^3/\text{h}$, $p_{ges} = 980\ \text{Pa}$, $\eta_{ges} = 63\%$

Ges.: P_{zu}

$$P_{zu} = \frac{\dot{V} \cdot p_{ges}}{\eta_{ges}} \qquad P_{zu} = \frac{3600\ \text{m}^3/\text{h} \cdot 980\ \text{N/m}^2}{0{,}63 \cdot 3600\ \text{s/1 h}}$$

$$P_{zu} = 1555{,}55\ \frac{\text{Nm}}{\text{s}} \qquad \mathbf{P_{zu} = 1556\ W}$$

Beispiel 2:

Ein Zuluftventilator der in der abgehängten Decke eines Raumes montiert ist, soll die Druckverluste des Zuluftkanalnetzes von 512 Pa überwinden. Die 5000 m³ Luft mit der Dichte von 1,2 kg/m³ sollen stündlich mit einer Geschwindigkeit von 5,5 m/s in den Raum eintreten.

a) Welche Gesamtdruckerhöhung muss der Ventilator liefern?

b) Welche Leistungsaufnahme hat der Ventilatormotor bei einem Gesamtwirkungsgrad von 58%?

Geg.: $\dot{V} = 5000\ \text{m}^3/\text{h}$, $\varrho = 1{,}2\ \text{kg/m}^3$, $v = 5{,}5\ \text{m/s}$, $\Delta p = 512\ \text{Pa}$

Ges.: a) p_{dyn}, p_{ges}
b) P_{zu}

a) $p_{ges} = p_{dyn} + \Delta p$

$$p_{dyn} = \frac{\varrho}{2} \cdot v^2 \qquad p_{dyn} = \frac{1{,}2\ \text{kg/m}^3}{2} \cdot \left(5{,}5\ \text{m/s}\right)^2$$

$$p_{dyn} = 0{,}6\ \text{kg/m}^3 \cdot 30{,}25\ \text{m}^2/\text{s}^2$$

$$p_{dyn} = 18{,}15\ \text{N/m}^2$$

$$p_{ges} = 512\ \text{Pa} + 18{,}15\ \text{Pa}$$

$$p_{ges} = 530{,}15\ \text{Pa}$$

$$\mathbf{p_{ges} = 531\ Pa}$$

b) $$P_{zu} = \frac{\dot{V} \cdot p_{ges}}{\eta_{ges}} \qquad P_{zu} = \frac{5000\ \text{m}^3/\text{h} \cdot 531\ \text{N/m}^2}{0{,}58 \cdot 3600\ \text{s/1 h}}$$

$$P_{zu} = 1271{,}55\ \text{Nm/s}$$

$$\mathbf{P_{zu} = 1272\ W}$$

10.4.1 Ventilatorkennlinien

Wie die Pumpenkennlinien bei Warmwasser-Heizungen werden Kennlinien für Ventilatoren vom Hersteller durch Versuche ermittelt **(Bild 1)**.

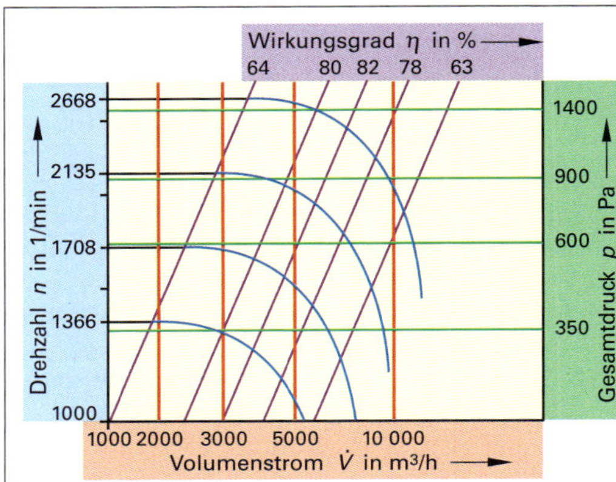

Bild 1: Ventilatorkennlinien

10.4.2 Anlagenkennlinie

Die Anlagenkennlinie verläuft parabelförmig und kann, wenn der Druck bei **einem** Fördervolumen bekannt ist, für weitere Volumenverhältnisse berechnet werden.

$$\frac{p_1}{p_2} = \left(\frac{\dot{V}_1}{\dot{V}_2}\right)^2 \qquad p_2 = p_1 \cdot \left(\frac{\dot{V}_2}{\dot{V}_1}\right)^2$$

10.4.3 Gesetzmäßigkeiten

Bei Ventilatoren werden die unterschiedlichen Fördervolumina und/oder Förderdrücke über unterschiedliche Drehzahlen erreicht. Häufig wird dabei eine Drehzahländerung über Riemenscheiben vorgenommen. Es ergeben sich aus diesen Drehzahlverhältnissen verschiedene Gesetzmäßigkeiten. So ändert sich die Drehzahl in Bezug auf:

- den **Volumenstrom direkt** proportional,

$$\frac{\dot{V}_1}{\dot{V}_2} = \frac{n_1}{n_2}$$

- den **Ventilatordruck** zur **zweiten** Potenz

$$\frac{p_1}{p_2} = \left(\frac{n_1}{n_2}\right)^2$$

und

- die **zuzuführende Leistung** zur **dritten** Potenz

$$\frac{P_{zu1}}{P_{zu2}} = \left(\frac{n_1}{n_2}\right)^3$$

Dabei sind die Indizes 1 und 2 für die Zustände vor und nach der Drehzahländerung anzusetzen.

Beispiel:

Ein Radialventilator fördert bei einer Grunddrehzahl von 1000 1/min ein Volumen von 18 m³/s bei einem Gesamtdruck von 1580 Pa. Der Gesamtwirkungsgrad beträgt 83%. Die Drehzahl wird auf 1500 1/min erhöht. Berechnen Sie:

a) Die Leistungsaufnahme bei der Grunddrehzahl.

b) Den sich einstellenden Volumenstrom bei erhöhter Drehzahl.

c) Den neuen Ventilatordruck.

d) Die hierfür erforderliche Leistungsaufnahme.

Geg.: $\dot{V} = 18\ m^3/s$
$n_1 = 1000\ 1/min$, $n_2 = 1500\ 1/min$
$p_1 = 1580\ Pa$, $\eta_{ges} = 83\%$

Ges.: a) P_{zu1}, b) $\dot{V}_2$, c) p_2, d) P_{zu2}

a) $P_{zu1} = \frac{\dot{V}_1 \cdot p_1}{\eta_{ges}}$ $\qquad P_{zu1} = \frac{18\ m^3/s \cdot 1580\ N/m^2}{0{,}83}$

$P_{zu1} = 34\,265{,}05\ Nm/s$

$\mathbf{P_{zu1} = 34{,}265\ kW}$

b) $\frac{\dot{V}_1}{\dot{V}_2} = \frac{n_1}{n_2}$ $\qquad \dot{V}_2 = \dot{V}_1 \cdot \frac{n_2}{n_1}$

$\dot{V}_2 = 18\ m/s \cdot \frac{1500\ min}{1000\ min}$ $\qquad \mathbf{\dot{V}_2 = 27\ m^3/s}$

c) $\frac{p_1}{p_2} = \left(\frac{n_1}{n_2}\right)^2$ $\qquad p_2 = p_1 \cdot \left(\frac{n_1}{n_2}\right)^2$

$p_2 = 1500\ Pa \cdot \left(\frac{1500\ min}{1000\ min}\right)^2$ $\qquad \mathbf{p_2 = 2250\ Pa}$

d) $\frac{P_{zu1}}{P_{zu2}} = \left(\frac{n_1}{n_2}\right)^3$ $\qquad P_{zu2} = P_{zu1} \cdot \left(\frac{n_1}{n_2}\right)$

$P_{zu2} = 34{,}265\ kW \cdot \left(\frac{1500\ min}{1000\ min}\right)^3$ $\qquad \mathbf{P_{zu2} = 115{,}644\ kW}$

Aufgaben

1 Wie groß ist der Wirkungsgrad eines Radialventilators, wenn die zugeführte Leistung mit 2,7 kW angegeben wird und dabei 7800 m³/h Luft mit einem Gesamtdruck von 9,2 mbar gefördert werden?

2 Ein Ventilator fördert stündlich 10800 m³ Luft bei einer Drehzahl von 750 1/min und überwindet dabei einen Gesamtdruck von 580 Pa.

a) Welcher Volumenstrom wird bei der Drehzahlreduzierung auf 600 1/min gefördert?

b) Welcher Gesamtdruck wird dabei überwunden?

3 Ein Elektromotor hat laut Hersteller eine Nennleistung von 4270 W.

a) Kann dieser Motor für einen Ventilatorantrieb eingesetzt werden, wenn bei einem Gesamtwirkungsgrad von 72% der Ventilator stündlich 8700 m³ Luft gegen einen Gesamtdruck von 5 hPa fördern muss?

b) Welchen maximalen Gesamtdruck kann der Ventilator bei einem Höchstfördevolumen von 4 m³/s überwinden?

10.4.4 Auswahldiagramme

Häufig werden solche Daten in den technischen Unterlagen der Hersteller in Diagrammform angeboten **(Bild 1)**. Auslegungsprogramme der Hersteller erlauben es ein Kanalnetz zu dimensionieren und die zugehörigen Ventilatoren zuzuordnen.

Beispiel:

In einer Lüftungsanlage sollen stündlich 9000 m³ Luft einem Raum zugeführt werden. Der Zuluftventilator muss dabei einen Gesamtdruckverlust von 8 hPa überwinden. Bestimmen Sie anhand der Herstellerunterlagen die erforderliche Baugröße des Ventilators.

Geg.: $\dot{V}$ = 9000 m³/h, p_{ges} = 800 Pa

Ges.: Baugröße des Ventilators

Vorgehensweise:

- Gesamtdruck in dem oberen Diagramm einzeichnen ① (waagrechte Linie),
- Volumenstrom im unteren Diagramm eintragen ② und Vorauswahl treffen (hier Typ 450) ③
- Schnittpunkt Typ 450 mit dem Volumenstrom aus unterem Diagramm in das obere Diagramm projezieren ④ und mit der Gesamtdrucklinie zum Schnitt bringen,
- der Wirkungsgrad kann abgelesen werden ⑤ und
- durch senkrechte Projektion der Ventilatorkennlinie in das untere Diagramm ⑥, kann die hierfür erforderliche Drehzahl ⑦ abgelesen werden.

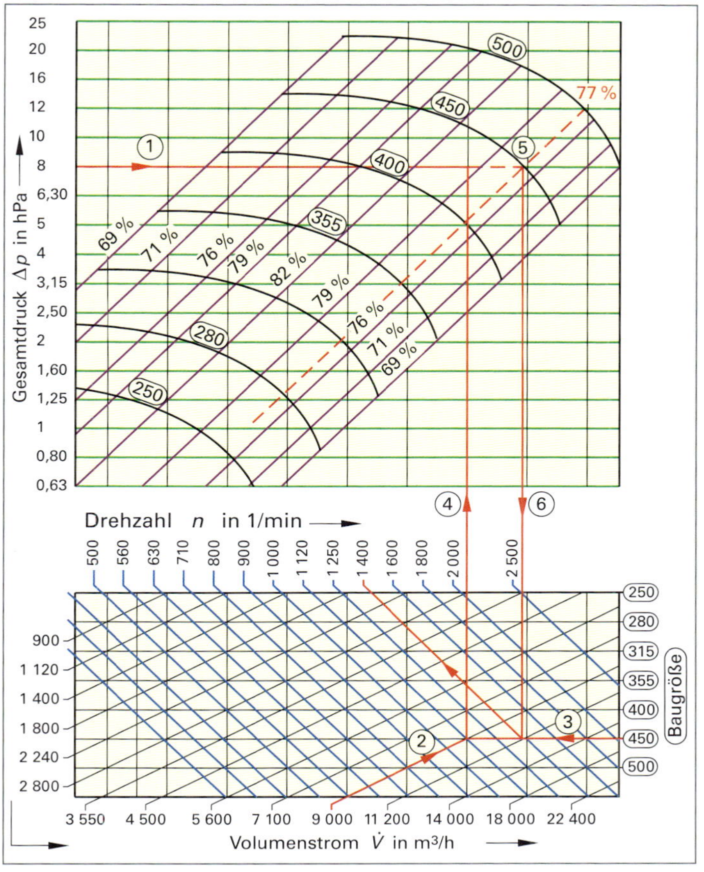

Bild 1: Auswahldiagramm für Ventilatoren

10.5 Zustandsänderung der Luft

Die Behandlung der Luft erfolgt in den entsprechenden Bauteilen einer Klimaanlage. Damit die Leistung des Lufterhitzers, Luftkühlers, Luftbefeuchters und Luftentfeuchters bei der Änderung des Luftzustandes bestimmt werden kann, nimmt man das *h*-*x*-Diagramm (Mollier-Diagramm) als Hilfsmittel **(Bild 1, Seite 319)**. Dies veranschaulicht den Wärmeinhalt der Luft bei unterschiedlicher Temperatur und Feuchte. Da sich der Wärmeinhalt der feuchten Luft aus zwei Anteilen zusammensetzt, der fühlbaren oder sensiblen (trockene) Wärme und der nicht fühlbaren oder latenten (feuchte) Wärme, gibt man diese als spezifische **Enthalpie *h*** an. Die latente Wärme ist die Verdampfungswärme des Wassers und ist im Wasserdampf enthalten.

Die **absolute Feuchte *x*** gibt die Wassermenge in Gramm an, die in einem kg Luft enthalten ist.

Die **maximale Feuchte x_s** gibt die bei einer entsprechneden Temperatur maximal aufnehmbaren Wassermasse je kg Luft an.

Die **relative Feuchte φ** in Prozent gibt an, wie viel Wasser von der bei dieser Temperatur maximal aufnehmbaren Masse in der Luft enthalten ist.

Die **Sättigungslinie** (φ = 100%) zeigt die Taupunkts-Temperaturlinie an. Wird die Luft abgekühlt, dieser Prozess verläuft senkrecht in dem Diagramm, d.h. der Wasserdampfgehalt wird nicht verändert, kondensiert dieser bei erreichen der Sättigungslinie und fällt als Wasser aus.

$$\text{relative Feuchte} = \frac{\text{absolute Feuchte}}{\text{maximale Feuchte}} \cdot 100\%$$

$$\varphi = \frac{x}{x_S} \cdot 100\%$$

$$x = \frac{\varphi \cdot x_S}{100\%} \qquad x_S = \frac{x}{\varphi} \cdot 100\%$$

φ	relative Luftfeuchte	in %
x	absolute Feuchte	in g/kg
x_S	maximale Feuchte	in g/kg

Beispiel 1:

Luft enthält tatsächlich 14,2 g Wasser je kg Luft. Wie hoch ist die relative Feuchte, wenn bei dieser Temperatur maximal 18,7 g Wasser von einem kg Luft aufgenommen werden können?

Geg.: $x = 14{,}2$ g/kg, $x_S = 18{,}7$ g/kg

Ges.: φ

$$\varphi = \frac{x}{x_S} \cdot 100\% \qquad \varphi = \frac{14{,}2\ \text{g/kg}}{18{,}7\ \text{g/kg}} \cdot 100\%$$

$$\varphi = 0{,}7594 \cdot 100\% \qquad \boldsymbol{\varphi = 75{,}94\%}$$

Beispiel 2:

Die absolute Feuchte der Luft ist zu bestimmen, wenn an einem Hygrometer eine relative Feuchte von 65% abgelesen werden und die Luft je Kilogramm maximal 15 g/kg bei 20 °C aufnehmen kann.

Geg.: φ, $x_S = 15$ g/kg

Ges.: x

$$x = \frac{\varphi \cdot x_S}{100\%} \qquad x = \frac{65\% \cdot 15\ \text{g/kg}}{100\%}$$

$$\boldsymbol{x = 9{,}75\ \text{g/kg}}$$

Beispiel 3:

Welche maximale Feuchte kann die Luft aufnehmen, wenn 8,8 g Wasser je kg Luft eine relativen Feuchte von 40% hervorrufen?

Geg.: $\varphi = 40\%$, $x = 8{,}8$ g/kg

Ges.: x_S

$$x_S = \frac{x}{\varphi} \cdot 100\% \qquad x_S = \frac{8{,}8\ \text{g/kg}}{40\%} \cdot 100\%$$

$$\boldsymbol{x_S = 22\ \text{g/kg}}$$

Aufgaben

1 Durch einen Sprühbefeuchter wird ein Umluftstrom auf 9,8 g/kg befeuchtet. Welche realative Feuchte stellt sich dabei ein, wenn bei dieser Lufttemperatur maximal 15,2 g je kg Luft enthalten sein könnten?

2 Der Zuluft wird in einen Sprühbefeuchter Wasser zugeführt. Dabei erhöht sich die relative Feuchte auf 47%, wobei die Luft dann 10 g Wasser je kg Luft enthält. Welche maximale Wassermasse kann die Luft aufnehmen?

3 Welche relative Feuchte besitzt die Raumluft, wenn diese 12,7 g Wasser je kg Luft enthält, die bei dieser Temperatur maximal aufnehmbare Wassermasse jedoch 17,3 g sein könnte?

4 Welche relative Feuchte hat Luft wenn die absolute Feuchte 10 g/kg, die maximal mögliche Wasserdampfmasse 14,6 g/kg beträgt?

5 Luft hat eine relative Feuchte von 45% und dabei eine absolute Wasserdampfmasse von 8 g/kg. Welche zusätziche Wasserdampfmenge können 2500 kg Luft bis zur Sättigung noch aufnehmen?

6 Berechnen Sie die Wassermasse die 3200 kg Luft entzogen werden müssen, wenn die absolute Feuchte 11,8 g/kg bei einer relativen Feuchte von 80% beträgt und die relative Feuchte auf 64% gesenkt werden soll.

7 Die Raumluft eines Umkleideraumes enthält bereits 8 g Wasser je kg Luft, bei einer relativen Feuchte von 50%.

Welche Wasserdampfmasse kann durch austretende feuchte Luft aus der Dusche noch aufgenommen werden, wenn das Luftvolumen des Umkleideraumes 146 m³ beträgt und die anfängliche Luftdichte 1,18 kg/m³ beträgt. Die Erwärmung der Luft bleibt dabei unberücksichtigt.

8 Dem Tropfenabscheider einer Klimaanlage werden stündlich 1230 kg Luft einer relativen Feuchte von 60% und der absoluten Feuchte von 14,2 g/kg zur Entfeuchtung zugeführt.

a) Welche maximale Feuchte enthält die Luft bei Sättigung?

b) Berechnen Sie die ausfallende Wassermasse, wenn die Luft auf eine relative Feuchte von 45% gebracht wird und die Anlage während 3,5 Stunden diesen Luftzustand sicherstellen soll. Die dabei eintretende Luftkühlung wird nicht berücksichtigt.

10.5.1 Mollier-Diagramm (h-x) für feuchte Luft (auf Meereshöhe)

Damit ein Zurechtfinden in dem Diagramm rasch möglich ist, sollte man sich zuerst damit vertraut machen. Die verschiedenen Linien, die Größen darstellen, die den Luftzustand beschreiben, sind im Diagramm farblich abgegrenzt (Legende).

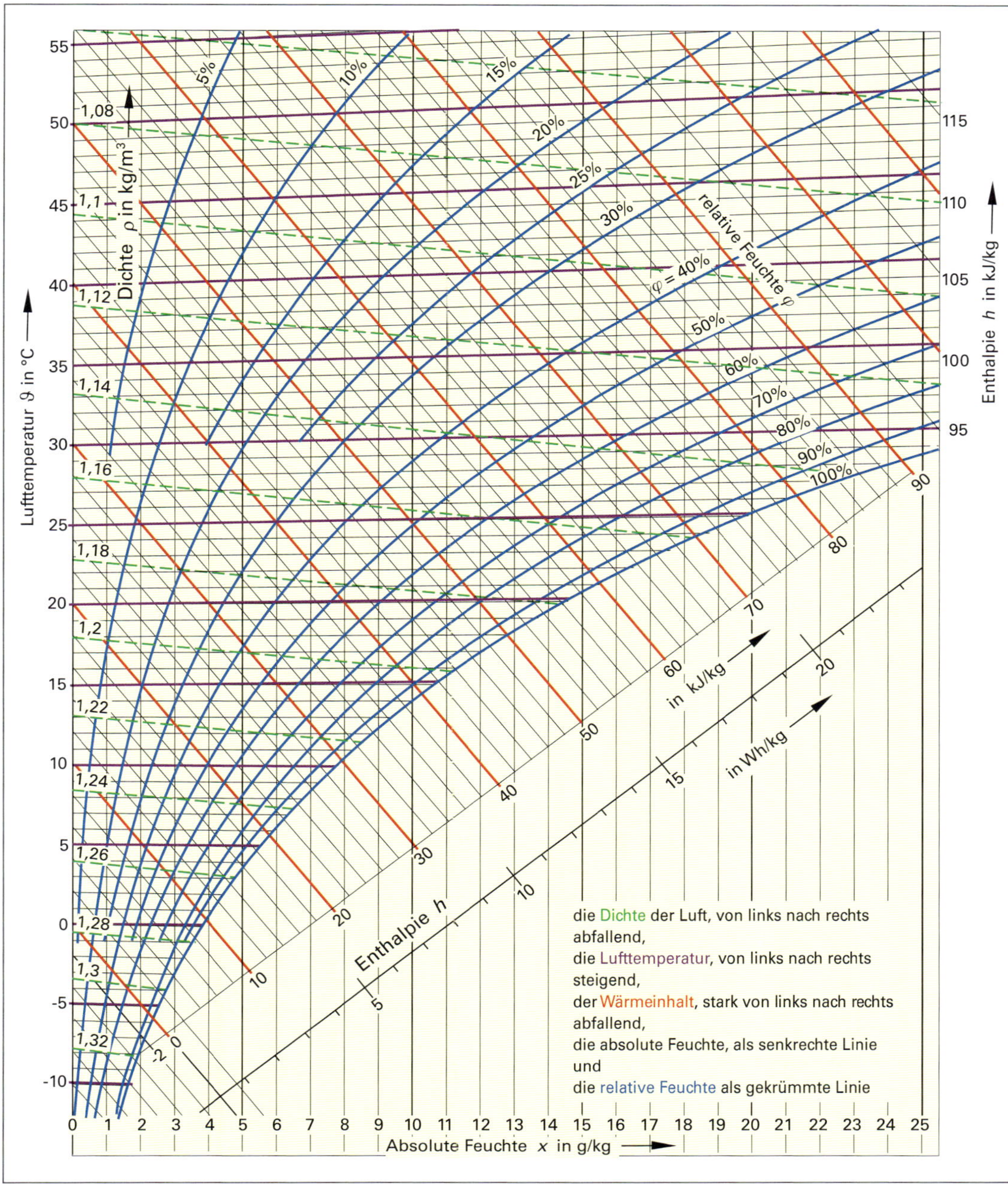

Bild 1: Mollier-Diagramm

Beispiel:

Für Raumluft mit der Temperatur von 20 °C und einer relativen Feuchte von 50% sollen die tatsächliche Wasserdampfmenge, die maximal mögliche Wasserdampfmenge, sowie der Wärmeinhalt der feuchten Luft aus dem Diagramm ermittelt werden.

Geg.: $\vartheta_L = 20°C$, $\varphi = 50\%$

Ges.: x, x_s

Lösung dem Diagramm **(Bild 1, Seite 319)** entnommen.

$x = 7{,}4$ g/kg

$x_s = 14{,}6$ g/kg

$h = 39$ kJ/kg

Ergänzung: Die Temperatur, bei der der enthaltene Wasserdampf zu kondensieren beginnt, beträgt 9 °C.

Aufgaben

1 Bestimmen Sie mit dem *h*-*x*-Diagramm die relative Luftfeuchte für nachfolgende Lufttemperaturen, wenn die absolute Feuchte $x = 8$ g/kg beträgt.

a) 30 °C, b) 18 °C, c) 15 °C

2 Geben Sie die zugehörenden Temperaturen an, bei denen die relative Feuchte 50% beträgt und die absolute Feuchte erreicht ist, für:

a) $x_1 = 7$ g/kg c) $x_3 = 16$ g/kg

b) $x_2 = 11$ g/kg d) $x_4 = 20$ g/kg

3 Entnehmen Sie dem Mollier-Diagramm die beim jeweiligen Zustand von der Luft aufgenommene Wasserdampfmasse und die zugehörige Taupunkttemperatur.

a) $\vartheta_1 = 40$ °C, $\varphi_1 = 50\%$

b) $\vartheta_2 = 10$ °C, $\varphi_2 = 40\%$

c) $\vartheta_3 = 25$ °C, $\varphi_3 = 70\%$

d) $\vartheta_4 = 30$ °C, $\varphi_4 = 60\%$

4 In einem Hallenbad herrscht eine relative Luftfeuchte von 68%. Bei welcher Oberflächentemperatur der Umschließungsflächen bildet sich dort Kondenswasser, wenn die Raumlufttemperatur 27 °C beträgt?

5 Die Fensterflächen eines Wintergartens sind bei einer gemessenen Lufttemperatur von 20 °C und einer relativen Feuchte von 55% manchmal beschlagen.

a) Welche absolute Feuchte herrscht bei diesem Zustand?

b) Begründen Sie mit Werten des *h*-*x*-Diagramms, weshalb es zu dieser Erscheinung kommt.

Damit bei der jeweiligen Luftbehandlung das Mollier-Diagramm verwendet werden kann, sind die Volumenströme in m³/h auf Masseströme in kg/h umzurechnen.

Die hierfür erforderliche Dichte der Luft kann aus Tabellen oder dem Diagramm entnommen werden.

$$\dot{m} = \dot{V} \cdot \varrho$$

$$\dot{V} = \frac{\dot{m}}{\varrho} \qquad \varrho = \frac{\dot{m}}{\dot{V}}$$

$\dot{m}$	Luftmassenstrom	in kg/h
$\dot{V}$	Luftvolumenstrom	in m³/h
ϱ	Dichte der Luft	in kg/m³

Beispiel:

Welcher Luftmassenstrom wird einem Raum zugeführt, wenn stündlich 6000 m³ Luft mit einer Temperatur von 24 °C und einer relativen Luftfeuchte von 67% eingeblasen werden?

Geg.: $\dot{V} = 6000$ m³/h, $\varphi = 67\%$, $\vartheta_L = 24$ °C

Ges.: $\dot{m}$

$\varrho = 1{,}18$ kg/m³ aus Diagramm (Bild 1, Seite 317).

$\dot{m} = \dot{V} \cdot \varrho$

$\dot{m} = 6000$ m³/h · 1,18 kg/m³

$\mathbf{\dot{m} = 7080}$ **kg/m³**

6 Eine Lüftungsanlage fördert 2400 m³/h Luft. Welchem Massenstrom entspricht dies bei einer Dichte von 1,25 kg/m³?

7 Welche Luftmasse wird gefördert, wenn von einer Klimaanlage einem Raum stündlich ein Volumen von 10 000 m³ zugeführt und dabei die Temperatur auf 27 °C bei einer relativen Luftfeuchte von 60% gehalten werden soll?

8 Trockene Luft hat bei 30 °C und einem Druck von 1000 hPa die Dichte von 1,1658 kg/m³. Welchem Massenstrom entspricht der Zuluftvolumenstrom von 2750 m³/h einer Trocknungsanlage, wenn die relative Luftfeuchte 26% und die Zulufttemperatur 40 °C betragen?

9 Nach der Mischkammer einer RLT-Ankage strömen stündlich 7800 m³ Luft der Dichte 1,19 kg/m³. Welchem Volumenstrom entspricht dies nach der Erwärmung, wenn die Dichte nach dem Erhitzer 1,12 kg/m³ beträgt?

10.5.2 Lufterwärmung

Wird Luft in einem Lufterwärmer erhitzt, ändert sich die absolute Luftfeuchte x nicht, d.h. die Zustandsänderung verläuft im Mollier-Diagramm senkrecht **(Bild 1)**. Die hierfür erforderliche Wärmeleistung kann mit dem Luftmassenstrom und dem Wärmeinhalt h_1 und h_2 der Luft bei den unterschiedlichen Zuständen 1 und 2 dem Diagramm entnommen werden

$$1\,\text{kWh} = 3600\,\text{kJ}$$

(siehe Kapitel 4, Seite 105)

Wärme-leistung	=	Luftmassen-strom	×	Differenz des Wärme-inhaltes
$\dot{Q}$	=	$\dot{m}$	·	Δh

$$\dot{m} = \frac{\dot{Q}}{\Delta h} \qquad \Delta h = \frac{\dot{Q}}{\dot{m}}$$

$\dot{Q}$ Wärmeleistung in W (kJ/h)
$\dot{m}$ Luftmassenstrom in kg/h
Δh Differenz des Wärmeinhalts vom Zustand 1 und 2 in Wh/kg (kJ/kg)

$$\Delta h = h_2 - h_1$$

Beispiel 1:

In einem Lufterhitzer werden stündlich 7080 kg Luft erhitzt. Dabei wird Außenluft mit einer relativen Feuchtigkeit von 60% und einer Temperatur von 15 °C auf eine Einblastemperatur von 24 °C erwärmt.

a) Welche relative Feuchte nimmt die Luft dabei an?

b) Welche Wärmeleistung muss das Heizregister der Luft zuführen?

c) Welches Luftvolumen wird dem Raum stündlich zugeführt?

Geg.: $\varphi = 60\%$, $\vartheta_{AU} = 15$ °C, $\vartheta_R = 24$ °C
Ges.: φ, $\dot{Q}$, $\dot{V}$

Lösung **(Bild 1)** aus Diagramm **(Bild 1, Seite 319)**.

a) $\boldsymbol{\varphi = 34\%}$

b) $\dot{Q} = \dot{m} \cdot \Delta h$

$\dot{Q} = 7080\text{ kg/h} \cdot 12{,}2\text{ kJ/kg}$ $\qquad \Delta h = h_2 - h_1$

$\dot{Q} = 86376\text{ kJ/h}$ $\qquad \Delta h = 43\,\frac{\text{kJ}}{\text{kg}} - 30{,}8\,\frac{\text{kJ}}{\text{kg}}$

$\boldsymbol{\dot{Q} = 23{,}99\text{ kW}}$ $\qquad \Delta h = 12{,}2\text{ kJ/kg}$

c) $\dot{V} = \frac{\dot{m}}{\varrho}$ $\qquad \dot{V} = \frac{7080\text{ kg/h}}{1{,}19\text{ kg/m}^3}$

$\boldsymbol{\dot{V} = 5949{,}57\,\frac{\text{m}^3}{\text{h}}}$

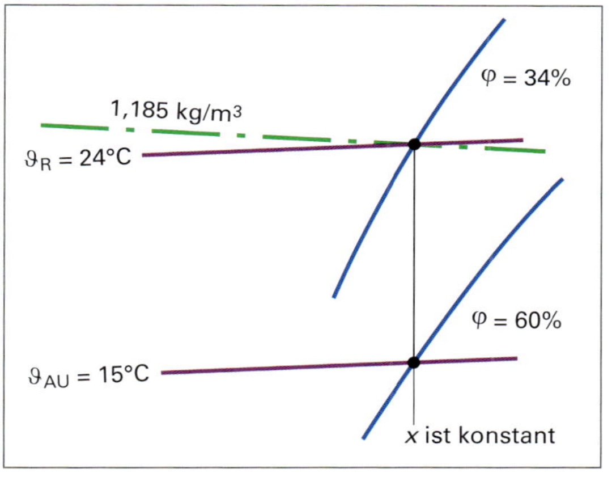

Bild 1: Lufterwärmung

Aufgaben

1 Im Nacherhitzer einer RLT-Anlage werden stündlich 10 000 m³ Luft aus dem Befeuchter von 10 °C und $\varphi = 75\%$ auf die Zulufttemperatur von 35 °C erwärmt.

a) Welcher Massenstrom wird gefördert?

b) Welche relative Luftfeuchte nimmt die erwärmte Luft an?

c) Wie groß ist der Wärmeinhalt vor und nach dem Nacherhitzen?

d) Welche Wärmeleistung ist für die Erwärmung der Luft erforderlich?

2 Ein Erwärmer erhöht die Temperatur der Luft von 10 °C auf 25 °C. Der Volumenstrom beträgt 6500 m³ /h.

a) Welche relative Feuchte nimmt die Luft durch das Erwärmen an, wenn diese vor der Luftbehandlung die absolute Feuchte von 4 g/kg besaß?

b) Welche Heizleistung ist erforderlich, um die Luft auf 25 °C zu erwärmen?

c) Welche Lufttemperatur ist mit einer Heizleistung von 15 kW zu erreichen?

d) Berechnen Sie den Massenstrom, der mit der Heizleistung von 15 kW auf eine Temperatur von 25 °C erwärmt werden kann.

10.5.3 Luftkühlung und Luftentfeuchtung

Die Luftkühlung in Klimageräten erfolgt an kalten Oberflächen der Kühler. Die Oberflächentemperaturen der Geräte liegen dabei im Bereich von 8 °C (± 4 K, je nach Hersteller). Die Zustandsänderung verläuft von dem Zustand 1 der Luft in Richtung der mittleren Oberflächentemperatur des Luftkühlers auf der Sättigungslinie (φ = 100% , Zustand 2) zur gewünschten Lufttemperatur (Zustand 2). Dabei kondensiert Wasser (Δx) und es erhöht sich die relative Luftfeuchtigkeit, wenn keine Luftentfeuchtung erfolgt **(Bild 1)**.

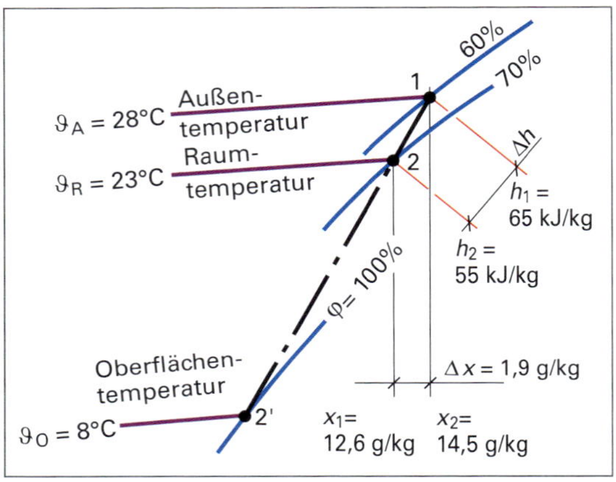

Bild 1: Luftkühlung

Man bezeichnet dies auch als nasse Kühlung. Die von der Luft dabei abgegebene Wasserdampfmasse berechnet sich aus dem Luftmassenstrom und dem Unterschied der im jeweiligen Zustand maximal möglichen absoluten Luftfeuchte.

Wasser-dampf-strom	=	Luft-massen-strom	×	Differenz der Luftfeuchte
$\dot{m}_D$	=	$\dot{m}$	·	Δx

$$\dot{m} = \frac{\dot{m}_D}{\Delta x} \qquad \Delta x = \frac{\dot{m}_D}{\dot{m}}$$

$$\Delta x = x_2 - x_1$$

$\dot{m}_D$	Wasserdampfmassenstrom	in g/h
$\dot{m}$	Luft-Massenstrom	in kg/h
Δx	Differenz der abs. Luftfeuchte (dabei wird der jeweils kleinere Wert vom größeren subtrahiert)	in g/kg
x_1	Wasserdampfgehalt Zustand 1	in g/kg
x_2	Wasserdampfgehalt Zustand 2	in g/kg

Beispiel:

Einem Raum wird im Sommer stündlich eine Luftmasse von 4000 kg mit einer Temperatur von 28 °C und einer relativen Luftfeuchte von 60% zugeführt. Die Außenluft soll dabei im Luftkühler an einer Oberflächentemperatur von 8 °C auf eine Raumtemperatur von 23 °C abgekühlt werden. Ermitteln Sie die enstehende relative Luftfeuchte, die dabei ausfallende Wassermasse am Luftkühler und die hierfür erforderliche Kühlleistung des Aggregates.

Geg.: φ_1 = 60%, ϑ_O =8 °C, ϑ_A = 28 °C, ϑ_R =23 °C, $\dot{m}$ = 4000 kg/h

Ges.: φ_2, $\dot{m}_D$, $\dot{Q}$

Lösung **(Bild 1)**: aus Diagramm **(Bild 1, Seite 319)**.

φ_2 ~ 68%

$\dot{m}_D = \dot{m} \cdot \Delta x$

$\dot{m}_D$ = 4000 kg/h · 1,9 g/kg

$\dot{m}_D$ = 7600 g/h

$\dot{m}_D$ = 7,6 kg/h

$\Delta x = x_2 - x_1$

Δx = (14,5 – 12,6) g/kg

Δx = 1,9 g/kg

$\dot{Q} = \dot{m} \cdot \Delta h$

$\dot{Q}$ = 4000 kg/h · 10 kJ/kg

$\dot{Q}$ = 40 000 kJ/h

$\dot{Q}$ = 11,11 kW

$\Delta h = h_1 - h_2$

Δh = 65 kJ/kg – 55 kJ/kg

Δh = 10 kJ/kg

Aufgaben

1 Im Sommer werden stündlich 12 000 m^3 Mischluft an 10 °C kalten Oberflächen des Luftkühlers von 26 °C und der Feuchte von 45% auf eine Zulufttemperatur von 18 °C herabgekühlt.

a) Ermitteln Sie die spezifische Enthalpie bei den verschiedenen Temperaturen.

b) Welche absoluten Feuchten liegen in den Zuständen 1 und 2 vor?

c) Welche Wassermasse fällt aus?

d) Welche Leistung bringt das Kühlaggregat auf?

2 In einer RLT-Anlage werden 15 000 m^3 Luft aufbereitet. Dabei soll die Außentemperatur von 30 °C und einer relativen Feuchte von 50% auf 18 °C gesenkt werden.

a) Ermitteln Sie die für diese Abkühlung notwendige Oberflächentemperatur des Kühlers, wenn nach dem Vorgang die Zuluft eine Feuchte von x = 10 g/kg besitzt.

b) Welche relative Feuchte liegt vor?

c) Welche Wasserdampfmasse fällt an den Kühlerflächen aus?

10.5.4 Luftbefeuchtung

Bei der Luftbefeuchtung wird die Wasserzugabe entweder über Sprüh- oder Dampfbefeuchter vorgenommen. Bei der Befeuchtung über das Einsprühen von Wasser, erfolgt die Luftbehandlung bei konstanter Enthalpie **(Bild 1)**. Dabei nimmt die Temperatur der Luft ab.

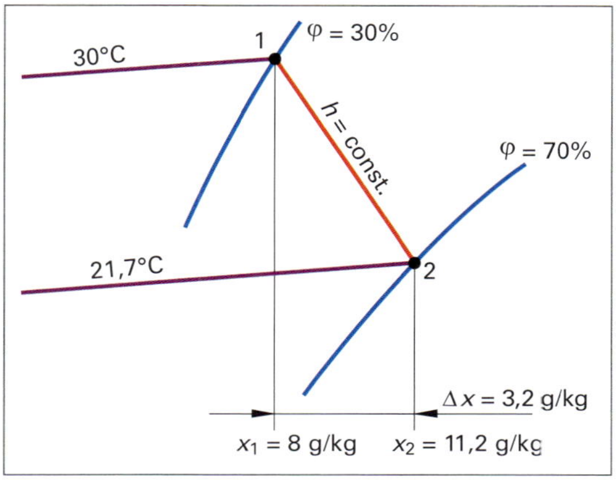

Bild 1: Luftbefeuchtung mit Wasser

Wird Sattdampf für die Luftbefeuchtung eingesetzt, verläuft die Zustandsänderung bei konstanter Temperatur **(Bild 2)**.

Beispiel 1:

Ein Luftmassenstrom von 4000 kg/h, der relativen Feuchte von 30% und der Lufttemperatur von 30 °C wird im Umlaufsprühbefeuchter befeuchtet, dass sich 70% relative Feuchte einstellen.

Welche Wasserdampfmasse ist hierfür erforderlich und welche Temperatur nimmt die Luft bei konstanter Enthalpie an?

Geg.: $\varphi_1 = 30\%$, $\varphi_2 = 70\%$, $\vartheta_1 = 30\ °C$, $\dot{m} = 4000$ kg/h

Ges.: ϑ_2, $\dot{m}_D$

Lösung **(Bild 1)**: aus Diagramm **(Bild 1, Seite 319)**.

$\dot{m}_D = \dot{m} \cdot \Delta x$	$\Delta x = x_2 - x_1$
$\dot{m}_D = 4000$ kg/h $\cdot$ 3,2 g/kg	$\Delta x = (11{,}2 - 8)$ g/kg
$\dot{m}_D = 12\,800$ g/h	$\Delta x = 3{,}2$ g/kg
$\boldsymbol{\dot{m}_D = 12{,}8}$ **kg/h**	
$\boldsymbol{\vartheta_2 = 21{,}7}$ **°C**	

Beispiel 2:

Für ein Gewächshaus wird die Luft bei einer Temperatur von 23 °C und der Feuchte 50% durch Sattdampfzufuhr bei konstanter Temperatur auf die relative Feuchte von 83% gebracht.

Welche Wasserdampfmasse ist zur Befeuchtung eines Luftmassenstromes von 40 000 kg/h erforderlich? Welche Verdampfungswärme wird aufgewandt?

Geg.: $\varphi_1 = 30\ \%$, $\vartheta_1 = 23\ °C$, $\dot{m} = 40\,000$ kg/h

Ges.: $\dot{m}_D$, $\dot{Q}$

Lösung **(Bild 2)**: aus Diagramm **(Bild 1, Seite 319)**.

$\dot{m}_D = \dot{m} \cdot \Delta x$	$\Delta x = x_2 - x_1$
$\dot{m}_D = 40\,000$ kg/h $\cdot$ 5,9 g/kg	$\Delta x = (14{,}6 - 8{,}7)$ g/kg
$\dot{m}_D = 236\,000$ g/h	$\Delta x = 5{,}9$ g/kg
$\boldsymbol{\dot{m}_D = 236}$ **kg/h**	

$\dot{Q} = \dot{m} \cdot \Delta h$	$\Delta h = h_2 - h_1$
$\dot{Q} = 40\,000$ kg/h $\cdot$ 15 kJ/kg	$\Delta h = (60 - 45)$ kJ/kg
$\dot{Q} = 60\,000$ kJ/h	$\Delta h = 15$ kJ/kg
$\dot{Q} = 6000$ kJ/h $\cdot$ 1 kWh/3600 kJ	
$\boldsymbol{\dot{Q} = 16{,}67}$ **kW**	

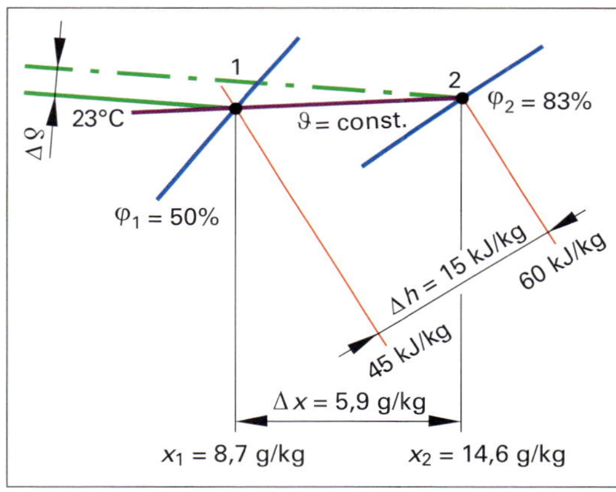

Bild 2: Luftbefeuchtung mit Dampf

Aufgaben

1 In einem Umluftsprühbefeuchter werden 3500 kg Zuluft der absoluten Feuchte von 4,9 g/kg und der Temperatur von 21,8 °C auf 68% relative Feuchte befeuchtet.

a) Welche relative Feuchte liegt vor der Befeuchtung vor?

b) Welche Enthalpie besitzt die Luft dabei?

c) Welche Wassermasse ist zur Befeuchtung notwendig?

2 Durch Sattdampf sollen 5700 kg Mischluft von 22 °C und der relativen Feuchte von 30% auf die relative Feuchte von 45% gebracht werden?

a) Welche Tenperatur besitzt die Luft nach der Befeuchtung?

b) Welche Sattdampfmasse wird bei einer Betriebszeit von 1,5 Stunden benötigt?

Aufgabe

3 Im Vorerhitzer einer Klimaanlage werden stündlich 6000 kg Luft von 10 °C und der relativen Feuchte von 40% auf 26 °C erwärmt. Anschließend wird mit Sattdampf die relative Feuchte von 50% erreicht.

a) Welche absolute Feuchte besitzt die Luft vor der Aufheizung?

b) Welche relative Feuchte stellt sich ein?

c) Ermitteln Sie die für die Befeuchtung erforderliche Sattdampfmasse je kg.

d) Welche Verdampfungswärme muss stündlich aufgewendet werden?

10.5.5 Luftmischung

Werden zwei Luftmassenströme mit unterschiedlichem Zustand (φ_1, ϑ_1, φ_2, ϑ_2) gemischt, so liegt der sich einstellende Zustand der Mischluft auf der Verbindungslinie der einzelnen Zustände. Die Mischungstemperatur ϑ_m kann nach der Mischungsformel berechnet werden.

$$\vartheta_m = \frac{\dot{m}_1 \cdot \vartheta_1 + \dot{m}_2 \cdot \vartheta_2}{\dot{m}_1 + \dot{m}_2}$$

$\dot{m}_1$, $\dot{m}_2$	Massenströme	Zustand 1 und 2 in kg/h
ϑ_1, ϑ_2	Temperaturen	Zustand 1 und 2 in °C
ϑ_m	Mischtemperatur	in °C

Beispiel:

In der Mischkammer einer Lüftungsanlage werden stündlich 2000 kg Umluft von 23 °C und der relativen Feuchte *von* 60%, mit 2500 kg Außenluft von 10 °C und der relativen Feuchte von 40% gemischt. Welche Temperatur und relative Luftfeuchte stellt sich beim Mischvorgang ein?

Geg.: $\dot{m}_1 = 2000$ kg/h, $\dot{m}_2 = 2500$ kg/h, $\varphi_1 = 60\%$, $\varphi_2 = 40\%$, $\vartheta_1 = 23$ °C, $\vartheta_2 = 10$ °C

Ges.: φ_m, ϑ_m

Lösung **(Bild 1)** aus Diagramm **(Bild 1, Seite 319)**.

$$\vartheta_m = \frac{\dot{m}_1 \cdot \vartheta_1 + \dot{m}_2 \cdot \vartheta_2}{\dot{m}_1 + \dot{m}_2}$$

$$\vartheta_m = \frac{2000\ \text{kg/h} \cdot 23\ °\text{C} + 2500\ \text{kg/h} \cdot 10\ °\text{C}}{2000\ \text{kg/h} + 2500\ \text{kg/h}}$$

$\boldsymbol{\vartheta_m = 15{,}77}$ **°C**

$\boldsymbol{\varphi_m = 57\%}$ auf Verbindungslinie Zustand 12

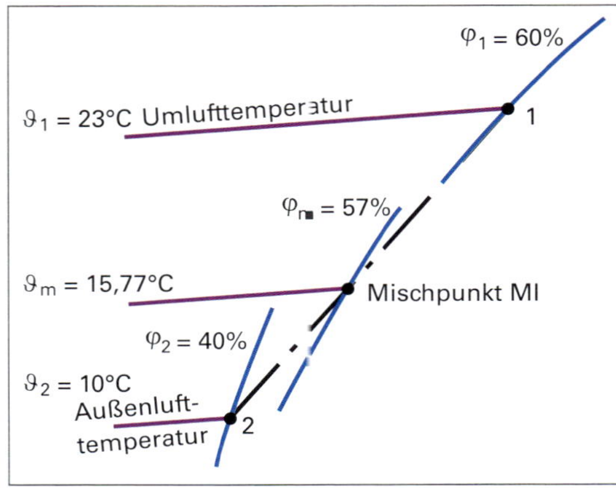

Bild 1: Mischluft

Eine andere Möglichkeit den Zustand der Mischung zu bestimmen, ist das in der Praxis angewandte Verfahren dem sogenannten Hebelgesetz und der inversen Teilung **(Bild 1, Seite 325)**.

Die Ermittlung erfolgt in folgenden Schritten:

- Zustände der Luftarten 1 und 2 in das *h-x*-Diagramm eintragen.
- Punkte 1 und 2 verbinden,
- Abstand der Punkte abmessen,
- Anteil der Luftmengen beim Mischen berechnen und als Anteilslängen ermitteln und
- festlegen des Mischpunktes anhand der Luftmengenanteile im inversen Verhältnis.

Der Zustand der Mischluft wird dann im Diagramm abgelesen.

Abstand-Misch-Punkt = Mischgeradenlänge × Anteil des zugehörigen Luftanteiles

$\overline{1\,\text{MI}} = \overline{12} \cdot t_2$ oder $\overline{2\,\text{MI}} = \overline{12} \cdot t_1$

$\overline{12}$	Mischgeradenlänge	in mm
$\overline{1\,\text{MI}}$	Abstand Mischpunkt von Zustand 1	in mm
$\overline{2\,\text{MI}}$	Abstand Mischpunkt von Zustand 2	in mm
t_1, t_2	Anteil der Luftart	

Für obiges **Beispiel** gilt:

Mischgeradenlänge $\overline{12} = 45$ mm

Anteil der Außenluft an der Mischluft

$$t_2 = \frac{\dot{m}_{AU}}{\dot{m}_{AU} + \dot{m}_{UM}} \qquad t_2 = \frac{2500\ \text{kg/h}}{2500\ \text{kg/h} + 2000\ \text{kg/h}}$$

$t_2 = 0{,}555$

$\overline{1\,\text{MI}} = 45\ \text{mm} \cdot 0{,}5555$ $\qquad$ $\boldsymbol{\overline{1\,\text{MI}} = 25}$ **mm**

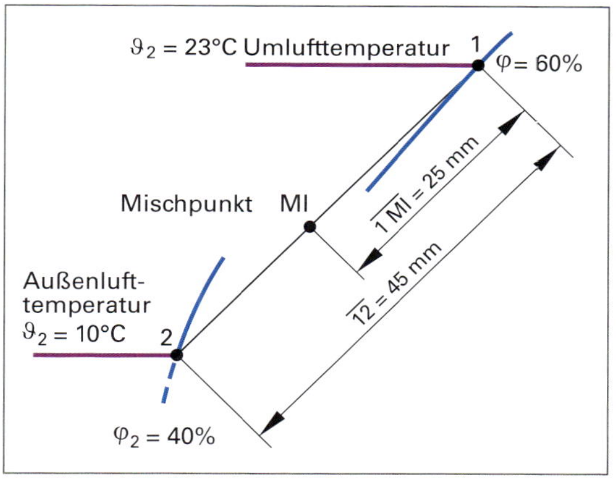

Bild 1: Hebelgesetz, inverse Teilung

Aufgaben

1 In einer RLT-Anlage werden 3000 kg Umluft von 24 °C und der relativen Feuchte von 75% mit 2500 kg Außenluft 18 °C kalt und 40%-iger Feuchte in der Mischkammer gemischt.

a) Tragen Sie die Luftzustände der Um- und Außenluft (1 und 2) in das *h-x*-Diagramm ein.

b) Messen Sie den Abstand der markierten Punkte.

c) Bilden Sie das Verhältnis Außenluftmasse zu Mischluftmasse.

d) Den Faktor aus Aufgabe c) multiplizieren Sie mit der Länge aus Aufgabe b) und tragen dieses Maß vom Zustand der Umluft auf der Verbindungslinie zur Außenluft ab.

e) Welcher Luftzustand stellt sich dabei ein?

2 Einem Vortragsaal werden stündlich 2070 kg 24 °C warme Abluft und einer absoluten Feuchte von 13,5 g/kg entzogen. 1200 kg Außenluft von 10 °C und 50% relativer Feuchte werden mit 2/3 der Abluftmasse gemischt. Welcher Mischzustand stellt sich ein?

3 Nach der Mischkammer strömt Luft mit 20 °C und 50% relativer Feuchte zum Vorerhitzer.

a) Welchen Luftzustand hatte die Umluft, wenn die Außenluft mit 5 °C und 30% relativer Feuchte beigemischt wird. Der Anteil der Umluft am Mischluftstrom beträgt 0,529.

b) Welcher Außenluftanteil ist zur Mischung von 3200 kg Umluft erforderlich?

10.6 Wärmeleistung, Kühlleistung von Klimageräten

Die den Räumen zu entziehende Wärme, die von innen und außen die Raumtemperatur erhöht, setzt sich aus den inneren und äußeren Kühllasten zusammen. Sie wird nach VDI 2078 berechnet und erfasst die gesamte Kühllast.

$$\dot{Q}_K = \dot{Q}_i + \dot{Q}_ä$$

$\dot{Q}_K$	gesamte Kühllast	in W
$\dot{Q}_i$	innere Kühllast	in W
$\dot{Q}_ä$	äußere Kühllast	in W

10.6.1 Äußere Wärmequellen

Zu den äußeren Wärmequellen (äußere Kühllasten) gehören die durch

- Außenfenster, Außenwände, Innenwände, sowie Fußböden und Decken übertragene Wärme und durch
- Fenster und Türen einströmende Warmluft.

Da die Berechnung der äußeren Kühllasten sehr umfangreich ist, wird häufig ein Berechnungsprogramm verwendet. Im Folgenden wird deshalb darauf nicht eingegangen.

10.6.2 Innere Wärmequellen

Zu den inneren Kühllasten zählen

- die durch Personen durch Strahlung und Konvektion abgegebene **trockene**, also nur temperaturerhöhende und die **feuchte** Wärmeabgabe durch Verdunstung **(Tabelle 1, Seite 326)**,
- von elektrischen Geräten abgegebene Wärme und
- die Kühllasten von Beleuchtungskörpern, sowie
- Kühllasten, die von Stoffen abgegeben werden, die in dem Raum lagern.

Innere Wärmequellen die nur zur Temperaturerhöhung beitragen, werden in der gesamten trocken Kühllast zusammengefasst.

$$\dot{Q}_{Ktr} = \dot{Q}_M + \dot{Q}_B + \dot{Q}_N + \dot{Q}_G$$

$\dot{Q}_{Ktr}$	gesamte trockene Kühllast	in W
$\dot{Q}_M$	Wärmeabgabe des Menschen	in W
$\dot{Q}_B$	Beleuchtungswärme	in W
$\dot{Q}_N$	Maschinen- und Gerätewärme	in W
$\dot{Q}_G$	Wärmeaufnahme oder -abgabe beim Stoffdurchsatz	in W

Die feuchte Kühllast erhöht nur die Feuchtigkeit, nicht die Temperatur im Raum. Hierzu zählt auch die Wärmeabgabe des Menschen durch Verdunstung **(Tabelle 1)**.

Tabelle 1: Wärmeabgabe von Personen in W

	Aktivitätsgrad				
	sitzende Tätigkeit			mittelschwere Tätigkeit	
Raumluft-temperatur	$\dot{Q}_{Mtr}$ (trocken)	$\dot{Q}_{Mf}$ (feucht)	$\dot{Q}_{Mges}$ (gesamt)	$\dot{Q}_{Mtr}$ (trocken)	$\dot{Q}_{Mges}$ (gesamt)
18 °C	100	25	125	155	210
20 °C	95	25	120	140	210
22 °C	90	30	120	120	210
23 °C	85	35	120	115	210
24 °C	75	40	115	110	210
25 °C	75	40	115	105	210

Beispiel:

Im Sommer ist ein Klassenzimmer mit 6,5 kW äußeren Kühllasten zu bewerten. Bei 22 °C Raumtemperatur arbeiten 24 Schüler an 12 PC-Arbeitsplätzen, die jeweils eine Gerätewärmeleistung von 60 W abgeben. Die Beleuchtung nimmt 1800 Watt auf.

a) Welche innere trockene Kühllast muss abgeführt werden?

b) Wie groß ist die gesamte trockene Kühllast?

Geg.: 24 Personen, $\dot{Q}_{Mtr} = 90$ W/Person (Tab.1)
$\dot{Q}_B = 1800$ W, $\dot{Q}_N = 12 \cdot 60$ W, $\dot{Q}_ä = 6{,}5$ kW

Ges.: $\dot{Q}_{Ktr}$, $\dot{Q}_K$

$\dot{Q}_{Ktr} = \dot{Q}_M + \dot{Q}_B + \dot{Q}_N + \dot{Q}_G$

$\dot{Q}_M = 24 \text{Personen} \cdot 90$ W/Person — $\dot{Q}_M = 2160$ W

$\dot{Q}_B = 1800$ W

$\dot{Q}_N = 12$ Geräte $\cdot$ 60 W/Gerät — $\dot{Q}_N = 720$ W

$\dot{Q}_{Ktr} = 2160 \text{ W} + 1800 \text{ W} + 720 \text{ W}$ — $\mathbf{\dot{Q}_{Ktr} = 4{,}68}$ **kW**

$\dot{Q}_i = \dot{Q}_{Ktr}$, da keine feuchte Wärme berücksichtigt wird

$\dot{Q}_K = 4{,}68 \text{ kW} + 6{,}5 \text{ kW}$ — $\mathbf{\dot{Q}_K = 11{,}18}$ **kW**

Aufgaben

1 Welchen Gesamtwärmestrom geben 32 Schüler in einem Klassenzimmer bei 20 °C Raumtemperatur ab?

2 In einer Messehalle bewegen sich 350 Personen.

a) Welche trockene Wärme geben diese bei 20 °C Lufttemperatur ab?

b) Mit wie viel Personen könnte die Halle bei gleich großer Gesamtkühllast wie in Aufgabe a) und 18 °C Hallentemperatur belegt werden?

c) Auf welche Personenzahl muss bei einer äußeren Kühllast von 17 kW die Belegung reduziert werden?

10.6.3 Kühllast im Sommer

Damit im Sommer bei der Abführung der trockenen Kühllast durch die Luftbewegung keine Zugerscheinung auftritt, soll die Zuluft nur mit einer Temperaturabweichung von 6 K (± 2 K) unter der Raumlufttemperatur eingeblasen werden. Der Zuluftstrom hängt ab,

- von der abzuführenden Kühllast
- der Differenz der Raumluft- und Zulufttemperatur, sowie
- der spezifischen Wärmekapazität der Luft.

Diese muss in Abhängigkeit von Luftdruck und Temperatur Tabellen entnommen werden. Für überschlägige Rechnungen gilt der Wert c_p = 1,0 kJ/ (kg · K).

Trockene Kühllast = Volumenstrom × spezifische Wärmekapazität × Temperaturdifferenz

$$\dot{Q}_{Ktr} = \dot{V}_{ZUL} \cdot c_p \cdot (\vartheta_i - \vartheta_{ZUL})$$

$$\dot{V}_{ZUL} = \frac{\dot{Q}_{Ktr}}{c_p \cdot (\vartheta_i - \vartheta_{ZUL})} \qquad \vartheta_{ZUL} = \vartheta_i - \frac{\dot{Q}_{Ktr}}{c_p \cdot \dot{V}_{ZUL}}$$

$\dot{Q}_{Ktr}$	trockene Gesamtkühllast	in W
$\dot{V}_{ZUL}$	Zuluftvolumenstrom	in m³/h
c_p	spezifische Wärmekapazität der Luft (konstanter Druck)	in Wh/m³ · K
ϑ_i	Innentemperatur	in °C
ϑ_{ZUL}	Zulufttemperatur	in °C

Zur Lösung der Aufgaben wird der Wert*

$c_p = 0{,}34$ Wh/(m³ · K)

* (p_n = 1013 mbar, ϑ_L = 15 °C bis 20 °C)

verwendet.

Beispiel:

Einem Raum müssen stündlich 4000 m³ frische Außenluft zugeführt werden. Die innere trockene Kühllast von 27 kW erwärmt die Raumluft auf $\vartheta_i = 24{,}5$ °C.

a) Welcher Zuluftvolumenstrom von 18 °C ist dem Raum zuzuführen, damit die Kühllast erbracht wird?

b) Welcher Umluftstrom wird hierfür benötigt?

Geg.: $\dot{V}_{AUL} = 4000$ m³/h, $\vartheta_i = 24{,}5$ °C, $\vartheta_{ZUL} = 18$ °C,
$\dot{Q}_{Ktr} = 27$ kW, $c_p = 0{,}34$ Wh/(m³ · K)

Ges.: $\dot{V}_{ZUL}$, $\dot{V}_U$

a) $\dot{V}_{ZUL} = \frac{\dot{Q}_{Ktr}}{c_p \cdot (\vartheta_i - \vartheta_{ZU})}$

$$\dot{V}_{ZUL} = \frac{27\,000 \text{ W} \cdot (\text{m}^3 \cdot \text{K})}{0{,}34 \text{ Wh} \cdot (24{,}5 - 18) \text{ K}}$$

$\boldsymbol{\dot{V}_{ZUL} = 12\,217{,}2\ \text{m}^3/\text{h}}$

b) $\dot{V}_{UML} = \dot{V}_{ZU} - \dot{V}_{AU}$

$\dot{V}_{UML} = 12\,217{,}2 \text{ m}^3/\text{h} - 4\,000 \text{ m}^3/\text{h}$

$\boldsymbol{\dot{V}_{UML} = 8217{,}2\ \text{m}^3/\text{h}}$

Aufgaben

1 In ein Besprechungszimmer, in dem 24 °C herrschen, werden stündlich 1700 m³ Luft mit einer Temperatur von 18 °C eingeblasen. Welche Kühllast wird damit erreicht?

2 Welche Innentemperatur liegt vor, wenn einem Raum stündlich 1280 m³ Luft der Temperatur von 16 °C zugeführt wird und dabei eine Kühllast von 3 kW verrichtet werden?

3 Mit welcher Temperatur muss die Luft in einen Raum eingeblasen werden, wenn mit einem stündlichen Luftstrom von 13 500 m³ eine Kühllast von 24 kW geleistet werden soll. Die Innentemperatur soll 22 °C nicht übersteigen.

4 Welcher Volumenstrom ist für die Kühlung auf 20 °C Raumtemperatur erforderlich, wenn die innere trockene Kühllast von 10,8 kW in einem Büro zu einer Erwärmung auf 25 °C Raumtemperatur führt?

5 Eine Werkstatt wird bei einer herrschenden Innentemperatur von 27 °C mit 4400 m³ kalter Zuluft gekühlt. Dabei werden 14 kW trockene Kühllast erzeugt.

a) Mit welcher Zulufttemperatur ist dies möglich?

b) Bewerten Sie das Ergebnis.

c) Mit welchem Zuluftstrom ist eine Temperaturdifferenz von 6 K zwischen Innen- und Zulufttemperatur zu erreichen?

6 Einem Ausstellungsraum werden stündlich 3000 kg Luft mit 24 °C bei einer relativen Feuchte von 65 % entzogen und einer Mischkammer zugeführt. In der Mischkammer werden im Sommer 2500 kg Außenluft von 27 °C und 75 % relativer Feuchte beigemischt.

a) Welcher Luftzustand entsteht in der Mischkammer?

b) Welche Kühlleistung muss im Kühler aufgebracht werden, damit die Zuluft mit 18 °C eingeblasen werden kann?

10.6.4 Heizlast im Winterbetrieb

Wird im Winterbetrieb ein Teil oder der gesamte Wärmebedarf durch eine RLT-Anlage gedeckt, spricht man von der **Heizlast**. Auch hier setzt die Behaglichkeit Grenzen für die Zulufttemperatur. In Aufenthaltsräumen soll die eingeblasene Temperatur 50 °C nicht überschreiten.

Heizlast	=	Volumenstrom	×	spez. Wärmekapazität	×	Temp.-differenz
$\dot{Q}_H$	=	$\dot{V}_{ZUL}$	·	c_p	·	$(\vartheta_{ZUL} - \vartheta_i)$

$\vartheta_{ZUL} = \frac{\dot{Q}_H}{\dot{V}_{ZUL} \cdot c_p + \vartheta_i}$	$\dot{V}_{ZUL} = \frac{\dot{Q}_H}{c_p \cdot (\vartheta_{ZUL} - \vartheta_i)}$

Beispiel:

In einem Einfamilienhaus in Niedrigernergiebauweise werden durch den Einbau einer Wärmerückgewinnungsanlage 2 kW der Heizlast durch die kontrollierte Wohnraumlüftung abgedeckt. Welche Zulufttemperatur ist erforderlich, damit in den belüfteten Räumen, in die stündlich 470 m³ Warmluft eingeblasen werden, eine mittlere Raumtemperatur von 20 °C durch die Lüftungsanlage erreicht wird?

Geg.: $\dot{Q}_{Geb}$, $\dot{Q}_H$, ϑ_i, c_p

Ges.: ϑ_{ZUL}

$$\vartheta_{ZUL} = \frac{\dot{Q}_H}{\dot{V}_{ZUL} \cdot c_p + \vartheta_i}$$

$$\vartheta_{ZUL} = \frac{2000 \text{ Wh}}{470 \text{ m}^3 \cdot 0{,}34 \text{ Wh}} + 15\ °\text{C}$$

$\vartheta_{ZUL} = 12{,}52\ °\text{C} + 15\ °\text{C}$ $\boldsymbol{\vartheta_{ZUL} = 27{,}52\ °\text{C}}$

Aufgaben

1 Eine Lüftungszentrale soll stündlich 8000 m³ Außenluft von –10 °C auf 34 °C erwärmen. Die Temperatur der Sporthalle soll 19 °C erreichen.

a) Welche Leistung ist für die Lüftung erforderlich?

b) Wie groß ist der Wärmebedarf im Heizbetrieb?

2 Eine im Umluftbetrieb gefahrene RLT-Anlage soll den Wärmebedarf von 34 kW abdecken. Mit welcher Zulufttemperatur kann erreicht werden, dass die Raumtemperatur nicht unter 20 °C sinkt, wenn dem Raum stündlich 12 000 m³ Warmluft zugeführt werden?

10.7 Kontrollierte Wohnraumlüftung

Durch die Energie-Einsparverordnung (EnEV) müssen bei neu zu erstellenden Wohngebäuden die Fenster und Außentüren mit fugendichtem Wärme- und Schallschutz ausgestattet werden.

Der Wärmeschutz verhindert unnötigen Energieverlust während der Heizperiode. Unter den fugendichten Fenstern und Türen leidet aber die Raumluftqualität und die Wohnhygiene.

Um in einer Wohnung eine gute Luftqualität zu erreichen und keine Wärmeenergie zu verschwenden, wird nach EnEV die kontrollierte Wohnungslüftung vorgeschrieben.

Dabei sind zu beachten:

DIN 4108 Wärmeschutz im Hochbau,
DIN 1946-6 Lüftung von Wohnungen und
DIN 18017-3 Lüftung von innenliegenden Bädern und Toiletten.

Für die Wohnraumlüftung stehen dafür zur Verfügung:

- Abluftanlagen mit einzelnen Abluftventilatoren,
- zentrale Abluftanlagen ohne Wärmerückgewinnung **(WRG)**
- Einzelraumlüftungsgeräte mit **WRG** und
- Zu- und Abluftanlagen mit **WRG**.

10.7.1 Abluftanlagen mit Abluftventilatoren

Um in Wohnungen eine gute Luftqualität zu erreichen, ist durch ausreichende Be- und Entlüftung ein etwa 0,4-facher – 1,0-facher Luftaustausch erforderlich. Hierdurch werden die in einer Wohnung entstehenden Luftschadstoffe, wie z.B. CO_2 in Schlafzimmern, vermieden. Weiterhin sollen durch die Wohnungslüftung Geruchs-, Feuchtigkeits- und Schimmelbildung in Küche, Bad und WC vermieden werden **(Bild 1)**.

Die kontrollierte Wohnungslüftung führt zu einer konstanten Grundlüftung, die durch einen oder mehrere Abluftventilatoren im Unterdruckverfahren erzielt wird. Die Frischluft strömt dabei über **A**ußenwand-**L**uft**d**urchlässe **(ALD)** in die Wohnräume, gelangt durch Überströmgitter in die Flure und wird mit den Abluftventilatoren im Bad, WC und Küche ins Freie geblasen.

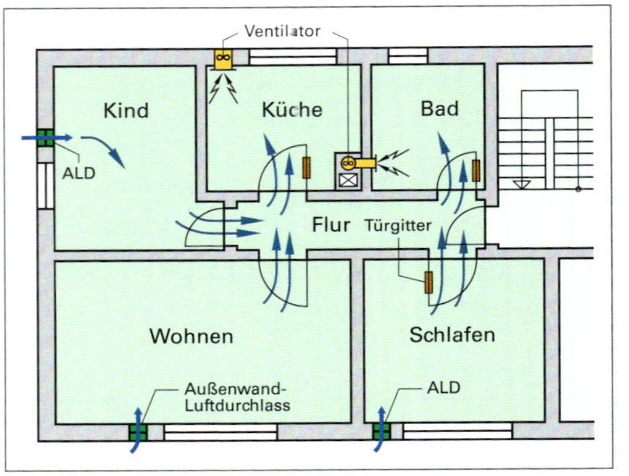

Bild 1: Luftführung

Tabelle 1: Kontrollierte Wohnungslüftung, Auslegungsdaten

Art der Wohnung	Außenwand-Luftdurchlass Anzahl	Ventilatoren Anzahl
1-Zimmer-Appartment	1	1
Kleinwohnung mit Kochnische $A \leq 50$ m²	2	2
Zwei-/Dreizimmer-Wohnung $A \leq 80$ m²	3	2
Vierzimmer-Wohnung $A > 80$ m²	4	3
Einfamilien-Wohnhaus $A = 110$ m² bis 120 m²	4 bis 5	3

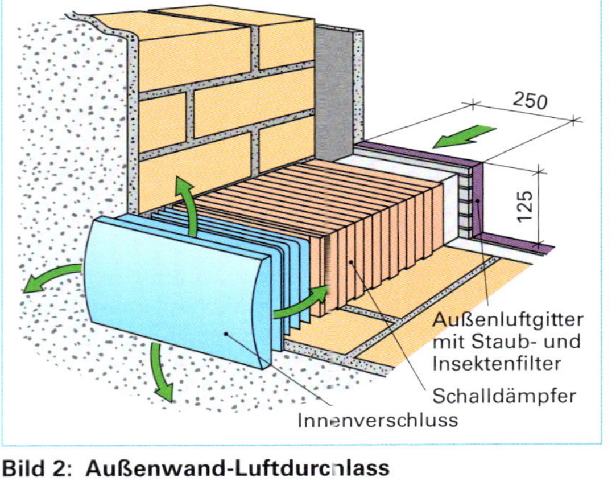

Bild 2: Außenwand-Luftdurchlass

Der für die Raumluftqualität erforderliche Volumenstrom richtet sich nach der Größe der Wohnfläche oder nach der Personenzahl **(Tabelle 1)**.

Die Außenwand-Luftdurchlässe sind rund oder rechteckig. Sie werden, je nach Anzahl, im Schlaf-, Kinder- oder Arbeitszimmer eingebaut. Auch Zuluftgitter im Fensterrahmen sind erhältlich.

Die Abluftventilatoren befinden sich in der Küche, im Badezimmer und im WC **(Tabelle 1)**.

Die Regelung der Luftmenge erfolgt über

- Dauerlüftung,
- manuelles Ein-und Ausschalten,
- Ein- und Ausschalten über die Raumbeleuchtung mit Verzögerung oder
- feuchtegeführte Drehzahlregelung.

10.7.2 Zentrale Abluftanlagen ohne WRG

Bei zentralen Abluftanlagen wird die Be- und Entlüftung der Wohnungen oder der Einfamilien-Wohnhäuser ähnlich durchgeführt wie unter **10.7.1** beschrieben. Der Unterschied besteht darin, dass zentral nur mit einem Abluftgerät oder einem Abluftventilator gearbeitet wird **(Bild 1)**.

Der zentrale Ventilator mit Gleichstrommotor saugt über die Abluftelemente in der Küche, im Bad und im WC verbrauchte, geruchsbelastete und feuchte Luft ab.

Die Außenluft strömt zugfrei über die Luftdurchlasselemente in die verschiedenen Wohnräume und von dort über Türgitter in die Räume mit Abluftöffnungen.

Die Regelung des Abluftventilators erfolgt bedarfsgerecht über mehrere Drehzahlstufen **(Diagramm 1)**. Dabei bedeutet:

- **Stufe 1**: Intensivbetrieb, höchste Lüftungsstufe z.B. bei Familienfeier,
- **Stufe 2**: Normalbetrieb,
- **Stufe 3**: Nachtbetrieb, reduzierte Luftmenge,
- **Stufe 4**: Minimalbetrieb, Intervallschaltung zum Feuchteschutz oder zur Durchlüftung, während des Urlaubs oder längerer Abwesenheit.

Tabelle 1: Einbau und Betriebsweise der Ventilatoren

Art der Wohnung	Einbauort	Volumenstrom	Betriebsweise
1-Zimmer-Appartement	WC	30 m³/h	Dauerlüftung
Kleinwohnung mit Kochnische $A \leq 50$ m²	WC Küche	30 m³/h 60 m³/h	Dauerlüftung Bedarfslüftung, mehrstufig
Zwei-/Dreizimmer-Wohnung $A \leq 80$ m²	Bad Küche	90 m³/h 60 m³/h	Raumfeuchte Bedarfslüftung, mehrstufig
Vierzimmer-Wohnung $A > 80$ m²	Bad WC Küche	90 m³/h 60 m³/h 60 m³/h	Raumfeuchte Beleuchtung Bedarfslüftung
Einfamilien-Wohnhaus $A = 110$ m² bis 120 m²	Bad WC Küche	90 m³/h 60 m³/h 60 m³/h	Raumfeuchte Beleuchtung Bedarfslüftung

10.7.3 Einzelraumlüftungsgeräte für Wandeinbau mit Wärmerückgewinung

Das Einzelraumlüftungsgerät sorgt für die kontrollierte Be- und Entlüftung von Aufenthaltsräumen, wie z.B. Wohn-, Arbeits-, Kinder- und Schlafzimmer. Die frische Außenluft wird gefiltert, strömt zugfrei in den Raum, während die verbrauchte Luft und die Feuchtigkeit nach außen abtransportiert wird. Durch den eingebauten Kreuzstrom-Wärmetauscher wird der Abluft die Wärme entzogen und der kalten Frischluft wieder zugeführt **(Bild 1, Seite 330)**. Diese Lüftungsgeräte mit WRG sind bestens geeignet für die Sanierung von Gebäuden, da kein Rohrsystem erforderlich ist. Der Einsatz der Geräte ist auch in Etagenwohnungen oder Einfamilienhäusern möglich. der Einbau erfolgt in die Außenwand mit einer Kernlochbohrung.

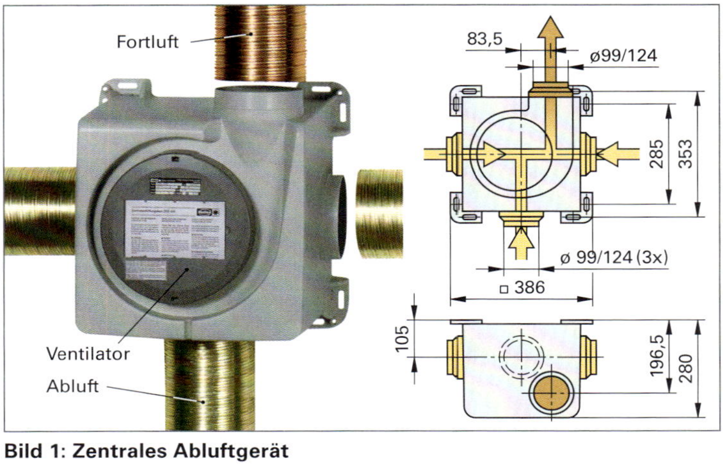

Bild 1: Zentrales Abluftgerät

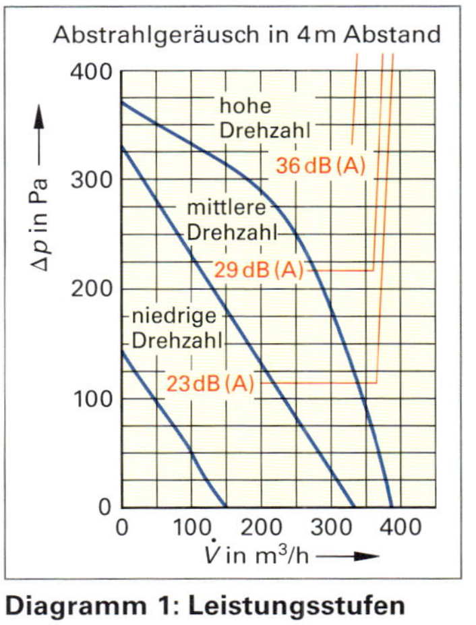

Diagramm 1: Leistungsstufen

10.7.4 Zu- und Abluftanlagen mit Wärmerückgewinnung

Herzstück der kontrollierten Wohnungslüftung mit WRG ist ein Zentralgerät in dem die Ventilatoren, Luftfilter und Wärmetauscher eingebaut sind.

Für Etagenwohnungen stehen Flachgeräte für den Deckeneinbau oder Standgeräte zum Einbau in Abstellräumen oder Bädern zur Verfügung **(Bild 2 und Bild 3)**.

In Ein- oder Zweifamilienhäusern werden liegende oder stehende Geräte in der Regel im Dachgiebel oder im Kellergeschoss aufgestellt **(Bild 1, Seite 331)**.

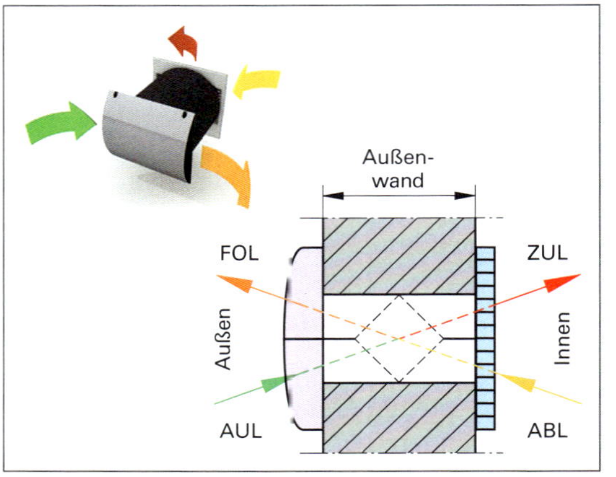

Bild 1: Einzelraumlüftungsgerät mit WRG

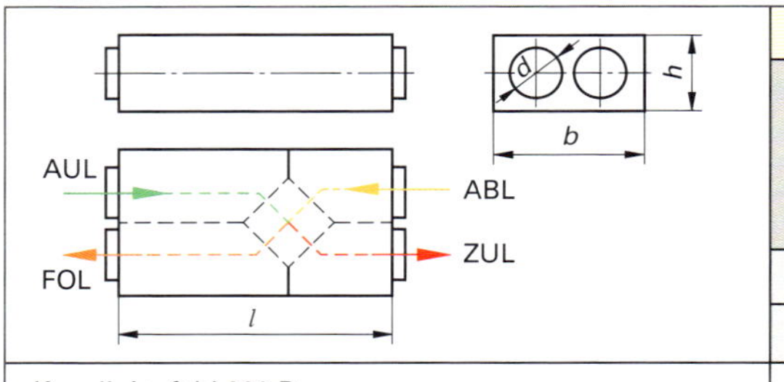

Abmessungen für Deckengeräte mit WRG

Typ	Volumenstrom $\dot{V}$ in m³/h	Länge l in mm	Breite b in mm	Höhe h in mm	Durchmesser d in mm
220 D	220	1140	548	236	125
340 D	340	1185	626	94	160

Kennlinienfeld 220 D

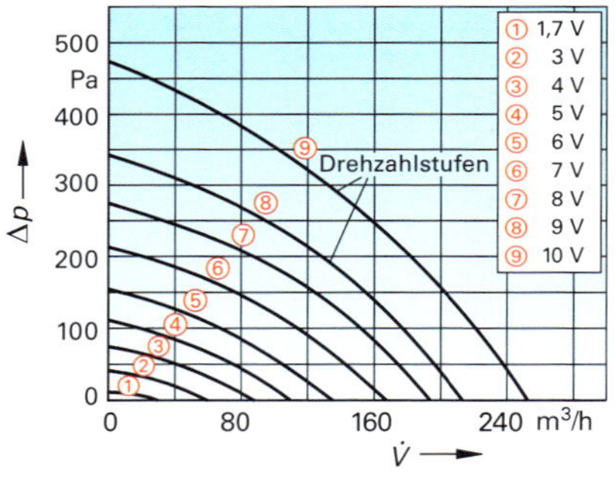

Kennlinienfeld 340 D

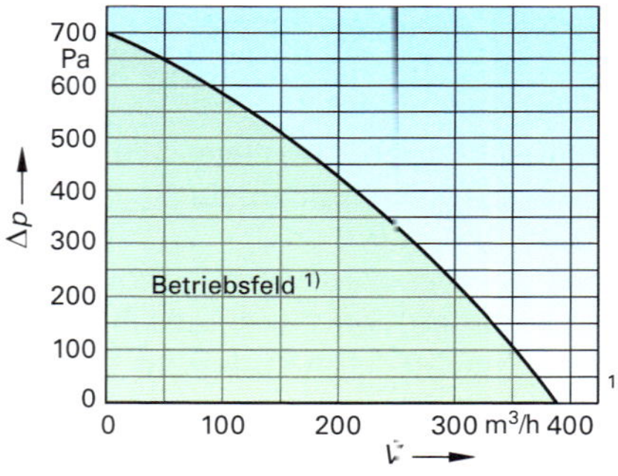

1) Betriebsstufen frei definierbar innerhalb des Betriebsfeldes

Bild 2: Deckengeräte mit WRG

Geräteabmessungen EC 500

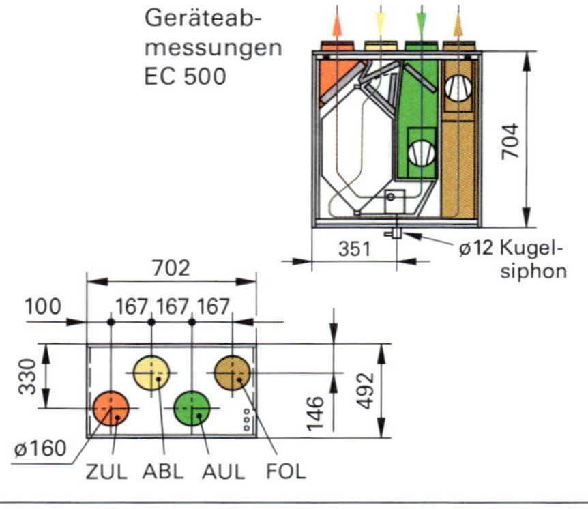

Kennlinienfeld EC 500

Frequenz		Hz	Ges.	125	250	500	1k	2k	4k	4k
L_{WA}	Abluft	dB (A)	54	44	45	39	41	40	33	33
L_{WA}	Zuluft	dB (A)	56	49	44	46	40	43	33	33
L_{PA}	Abstrahlung	dB (A)	47	40	47	44	43	41	37	37

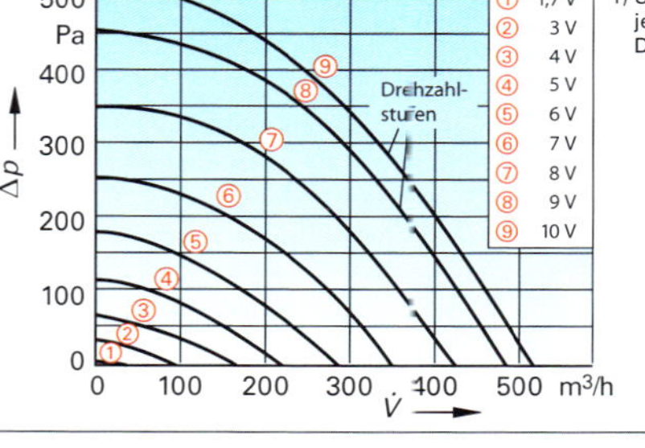

1) Steuerspannung je nach Drehzahlstufe

Bild 3: Standgeräte mit WRG

Standgerät

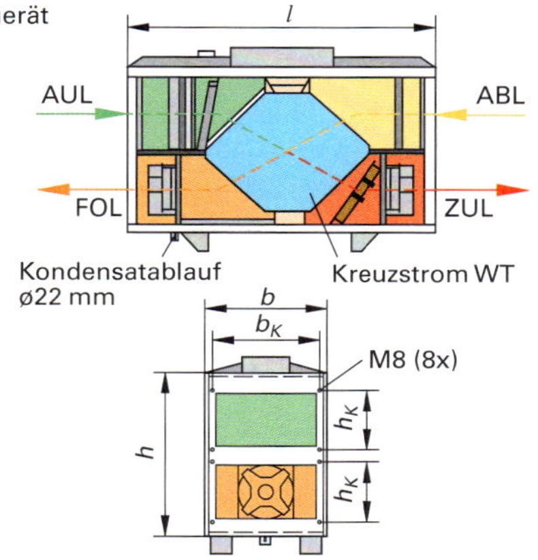

Abmessungen für Standgeräte mit WRG					
Typ	Volumenstrom $\dot{V}$ in m^3/h	Länge l in mm	Breite b in mm	Höhe h in mm	Kanalanschluss $b_K \times h_K$ in mm
800 S	800 S	1480 S	630 S	920 S	424 x 274
1800 S	1800 S	1754 S	790 S	1213 S	624 x 474
2600 S	2600 S	2192 S	986 S	1449 S	724 x 574

Kennlinienfeld 800 S

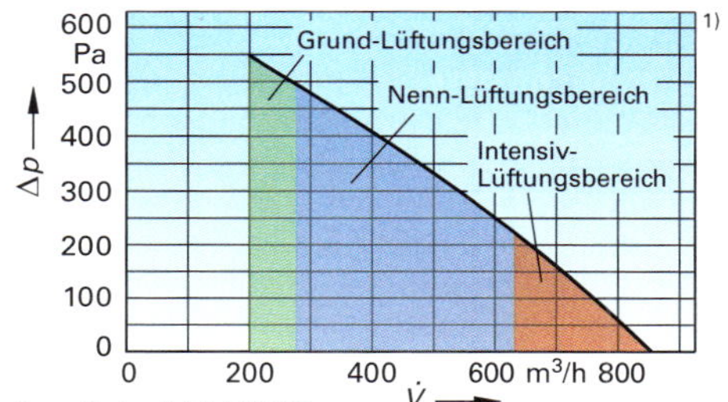

Kennlinienfeld 1800 S

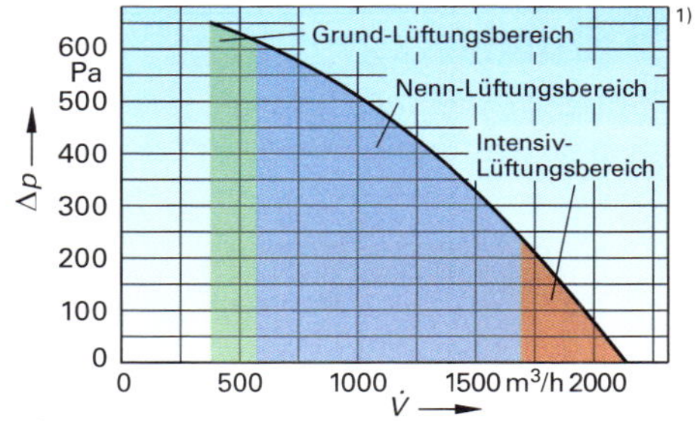

[1)] Betriebsstufen frei definierbar innerhalb des Betriebsfeldes

Bild 1: Standgeräte mit Wärmerückgewinnung

Die Aufstellung im KG bietet sich an, wenn die Wärme-Rückgewinnung im Sommer und im Winter zusätzlich über Erdwärmetauscher erfolgen soll.

Mit einem Flachkanalsystem wird die Zuluft in die Aufenthaltsräume transportiert und über Zuluftgitter in die Zimmer eingeblasen.

Die Absaugung erfolgt durch Überströmgitter in den Türen und Abluftgittern in Küche, Bad und WC.

Durch das in den Wänden und im Fußboden verlegte Kanalsystem wird die Abluft zu einem Kastengerät im Dachgeschoss transportiert, durch den Kreuzstrom-Wärmetauscher geleitet und über Dach ins Freie geblasen **(Bild 2)**.

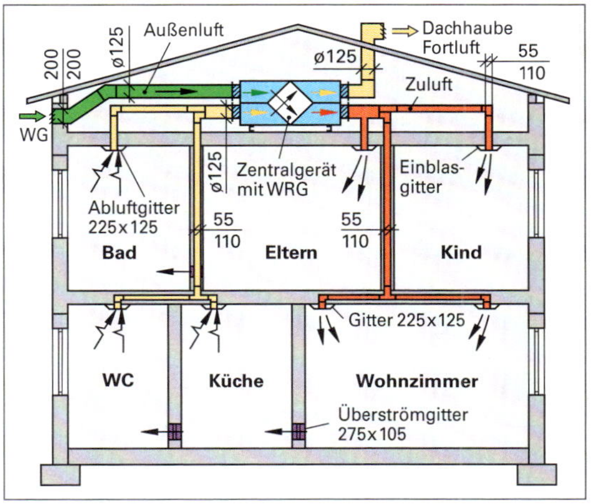

Bild 2: Kontrollierte Wohnungslüftung mit WRG

Aufgaben

1 Ein Deckenlüftungsgerät mit WRG Typ 220 D ist in einer Etagenwohnung installiert.

a) Bestimmen Sie die Abmessungen des Gerätes für Länge, Breite und Höhe in mm.
b) Wie groß sind die Durchmesser der Luftanschlussstutzen am Gerät?
c) Bestimmen Sie für Drehzahlstufe 8 den Volumenstrom bei einem Δp von 150 Pa.

2 Ein Standlüftungsgerät mit WRG Typ EC 500 wird im Bad einer Etagenwohnung aufgestellt.

a) Bestimmen Sie die Geräteabmessungen für Länge, Tiefe und Höhe in mm.
b) Wie groß sind die Durchmesser der Luftanschlussstutzen für diesen Gerätetyp?
c) Bestimmen Sie für Drehzahlstufe 7 den Volumenstrom bei einem Δp von 150 Pa.
d) Ermitteln Sie bei dieser Luftmenge die Strömungsgeschwindigkeit in den Anschlussstutzen des Gerätes.

3 Ein zweigeschossiges Einfamilien-Wohnhaus soll mit einer kontrollierten Wohnungslüftung mit WRG ausgestattet werden, ähnlich **Bild 2, Seite 331. –** Das Wohngebäude besteht im EG aus WC, Küche, Wohn- und Arbeitszimmer. Im OG sind Bad, Schlafzimmer sowie die Kinderzimmer I und II untergebracht.
Die Raumgrößen betragen: Wohnzimmer = 34 m², Arbeitszimmer = 22 m², Schlafzimmer = 20,5 m², Kinderzimmer I = 16 m², Kinderzimmer II = 18,5 m². Die Raumhöhe RH beträgt bei allen Zimmern = 2,4 m.

a) Berechnen Sie den Volumenstrom des stehenden Zentrallüftungsgerätes bei einem 1,5-fachen Luftwechsel in den Wohn- und Arbeitsräumen.

b) Bestimmen Sie die Abmessungen und den Typ des von Ihnen ausgewählten Zentralgerätes.

c) Ermitteln Sie aus dem Kennlinienfeld des gewählten Gerätes:
   - den Volumenstrom für den Nennlüftungsbereich in m³/h,
   - den zur Verfügung stehenden Druckverlust Δp für das Kanalnetz und
   - die Abmessungen der einzelnen Kanl-Anschlussstutzen.

10.8 Projekt

Der Umbau eines Vortragssaales sieht den Einbau eines Klimagerätes vor **(Bild 1)**. Ermitteln Sie schrittweise die für die Auslegung der Anlage notwendigen Daten unter nachfolgenden Angaben:

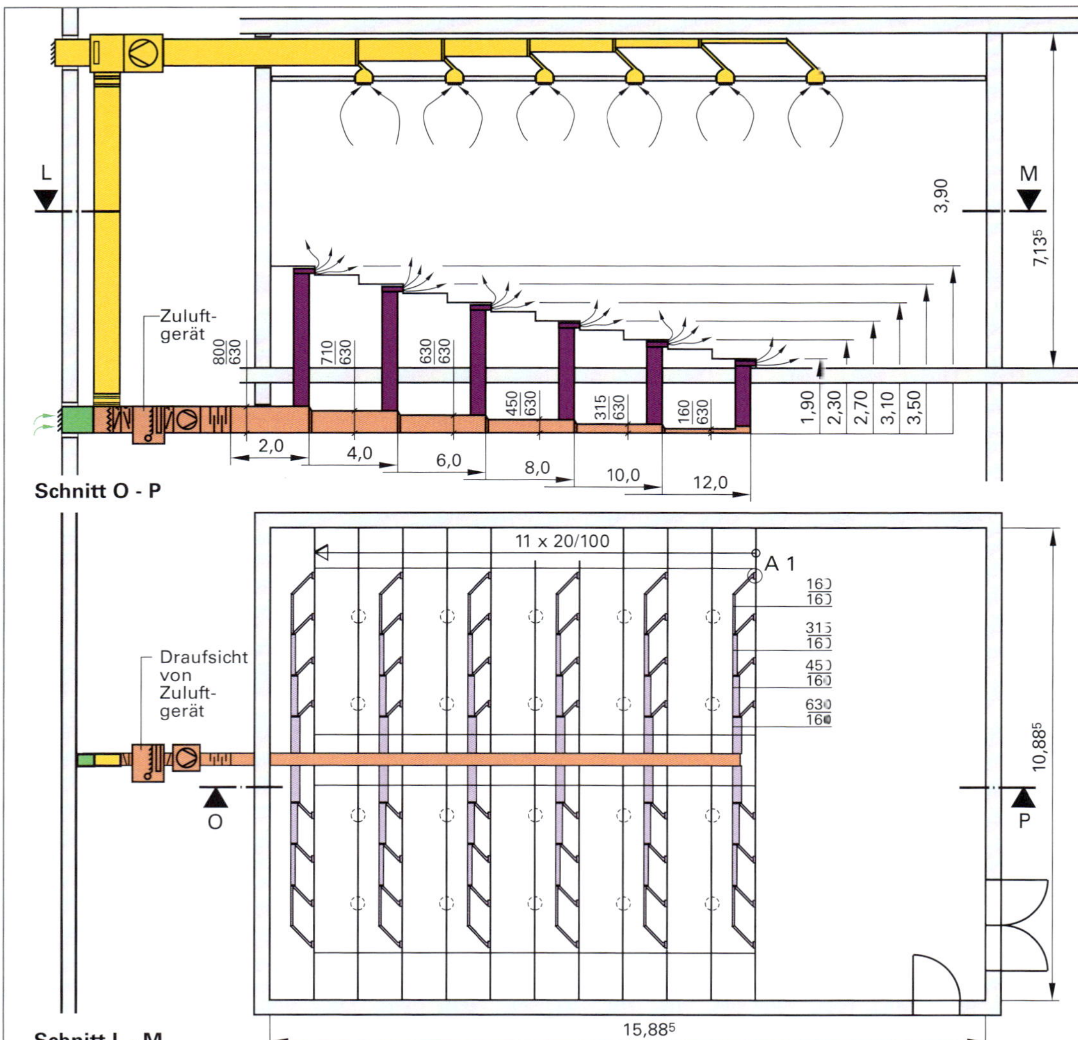

Bild 1: Vortragssaal

Aufgaben

1 Entnehmen Sie der Skizze die Maße und berechnen Sie das Raumvolumen, sowie den für einen 6-fachen Luftwechsel erforderlichen Außenluftvolumenstrom. Die Einbauten nehmen 22 % des Raumvolumens ein.

2 Welcher Zuluftvolumenstrom muss im Umluftbetrieb zur Erneuerung der Raumluft zugeführt werden, wenn bei o.g. Außenluftstrom der Umluftanteil 40 % der Zuluft ausmacht?

3 Geben Sie für diese Situation die erforderliche Luftumwälzzahl an.

4 In einer Stunde atmet eine Person etwa 15 l CO_2 aus. Welche CO_2-Konzentration stellt sich in dem Vortragssaal ein, wenn die Lüftungsanlage für fünf Stunden ausfällt, der Raum also unbelüftet ist und sich darin in dieser Zeit 128 Personen aufhalten?

5 Welcher stündlicher Außenluftstrom ist erforderlich, um die MAK-Werte einzuhalten, wenn die Außenluft eine CO_2-Konzentration von 200 ppm aufweist?

6 Berechnen Sie den Mindestquerschnitt des Anschlusskanales zur Luftverteilung nach dem Ventilator, damit vor dem Schalldämpfer die geförderte Zuluft von 10 785 m³/h mit maximal 7 m/s strömt.

7 Welche Geschwindigkeitsänderung entsteht, wenn der Hauptkanal nach dem Schalldämpfer mit den angegebenen Maßen ausgeführt wird?

8 Das Zuluftgerät hat interne Verluste von 820 Pa. Ermitteln Sie für den strömungstechnisch ungünstigsten Auslass A_1 die Druckverluste unter der Annahme, dass

- der seitliche Abstand der Nebenkanäle 2 m beträgt,
- die Ausblasegitter einen Abstand von 1 m haben,
- die allmähliche Erweiterung vom Anschlusskanal zu den Ausblasegittern ein Flächenverhältnis A_2/A_1 von 2, $\alpha = 10°$ besitzt,
- die Trennung der Nebenkanäle zu den Ausblasegittern mit einem maximalen Geschwindigkeitsverhältnis v/v_2 von 0,6 betrieben wird, wobei Widerstandsbeiwerte wie bei einem 90°-Bogen, r = d entstehen,
- die Anbindeleitung vom Nebenkanal zum Ausblasegitter A_1 1,2 m lang ist und das Ausblasegitter einen Widerstandsbeiwert von $\zeta = 1{,}0$
- Dichte der Zuluft $\varrho = 1{,}18$ kg/m³
- im Durchgang ist der ζ-Wert = 0

9 Welchen Gesamtdruck muss der Zuluftventilator liefern?

10 Der vom Hersteller gelieferte Ventilator hat eine Gesamtpressung von 10 hPa bei einer Grunddrehfrequenz von 1250 1/min. Welche Drehfrequenz muss durch die Riemenscheiben erfolgen, damit der maximal erforderliche Druck nicht überschritten wird?

11 Ist der hierbei geförderte Volumenstrom ausreichend, wenn bei der Grunddrehfrequenz von 1250 1/min ein Volumenstrom von 11 000 m³/h gefördert wird?

12 Damit rasch eine Erwärmung des Raumes möglich ist, wird die RLT-Anlage im reinen Umluftbetrieb gefahren. Die im Raum befindliche Luft von 20 °C und einer relativen Feuchte von 58 % wird auf 32 °C erwärmt. Welche relative Feuchte stellt sich dabei ein, wenn die Luft nicht zusätzlich befeuchtet wird?

13 m Sommer soll die Raumlufttemperatur von 24 °C nicht überschritten werden. Dafür ist erforderlich, dass neben der äußeren trockenen Kühllast von 6 kW die Wärmeabgabe von 128 Personen abgeführt wird. Mit welcher Zulufttemperatur bei dreifacher stündlicher Luftumwälzung kann dies erreicht werden, wenn nur die trockene Wärmeabgabe der Menschen berücksichtigt wird? Die für die Kühhlung der warmen Frischluft auf 24 °C erforderliche Kühllast beträgt 1,8 kW.

14 Wenn alle Funktionen der RLT-Anlage eingesetzt werden, ist folgende Situation rechnerisch, aber auch zeichnerisch lösbar:

Im Sommer wird stündlich bei einer vierfachen Luftumwälzung mit einem einfachen Luftwechsel gefahren. Die Außenluft hat dabei 24 °C bei einer relativen Feuchte von 70 % .Die Abluft aus dem Raum hat bei 22 °C eine relative Feuchte von 67 %.

Bestimmen Sie den Zustand der Mischluft.

11 Elektroanschlüsse bei SHK-Anlagen

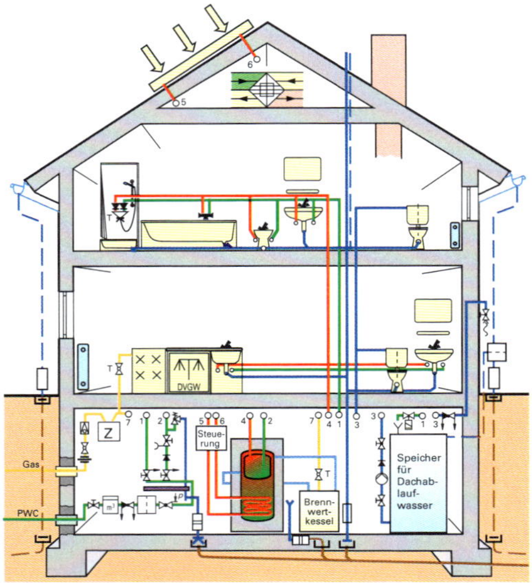

Leitprojekt

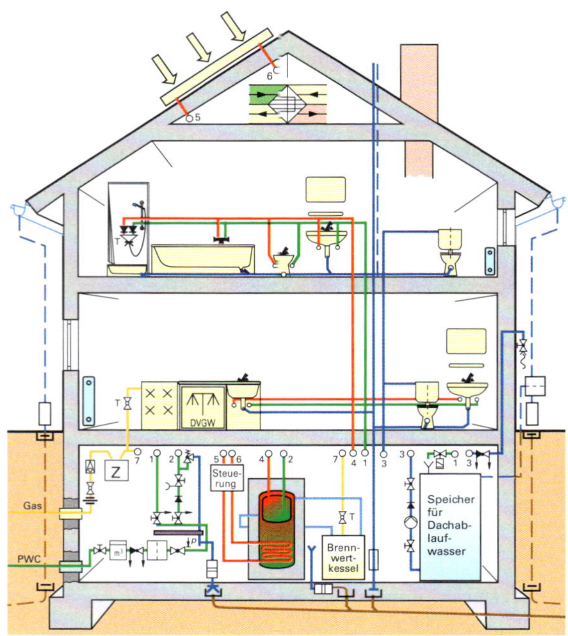

Elektroanschlüsse bei SHK-Anlagen

11 Elektroanschlüsse bei SHK-Anlagen

Für die Berechnungen bei Sanitär- und Heizungsanlagen benötigt man

- das ohmsche Gesetz,
- Formeln für die elektrische Leistung bei Wechselspannung, Dreiphasenwechselspannung und Phasenverschiebung,
- für die Absicherung und
- für die elektrische Arbeit.

Mit Hilfe der elektrischen Arbeit lassen sich z.B.

- die Stromkosten für elektrische Wassererwärmer und Heizgeräte berechnen.

Mit der Anschlussleistung können

- die Erwärmzeit wie auch
- der Massenstrom elektrischer Wassererwärmer bestimmt werden.

11.1 Ohmsches Gesetz

Das ohmsche Gesetz ist ein Grundgesetz der Elektrotechnik. Es drückt den Zusammenhang von Spannung U, Strom I und Widerstand R aus. Der durch einen Leiter oder ein Betriebsmittel fließende elektrische Strom ist umso größer, je größer die Spannung und je kleiner der Widerstand ist.

$$\text{Strom} = \frac{\text{Spannung}}{\text{Widerstand}} \qquad I = \frac{U}{R}$$

$$U = I \cdot R \qquad R = \frac{U}{I}$$

I Strom in A $\quad$ U Spannung in V
R Widerstand in Ω

Beispiel:

Durch den Rohrheizkörper eines Wassererwärmers fließt ein Strom von 6,5 A bei einer Spannung von 230 V. Welchen Widerstandswert hat der Rohrheizkörper?

Geg.: $U = 230$ V, $I = 6{,}5$ A

Ges.: R

$R = \frac{U}{I} \qquad R = \frac{230\ \text{V}}{6{,}5\ \text{A}} \qquad \mathbf{R = 35{,}4\ \Omega}$

Heizwiderstände sind Bauteile, die elektrische Energie in Wärmeenergie umwandeln. Die Heizwiderstände enthalten z.B. Drähte, die sich beim Durchfließen von elektrischem Strom erhitzen.

Die Widerstandsdrähte können beim Stromdurchfluss sogar glühen wie z.B. bei Infrarotstrahler, Haarfön und Glaskochfeld.

Für den Betrieb der Heizwiderstände stehen im öffentlichen Stromnetz zwei Spannungsbereiche zur Verfügung, 230 V und 400 V. Durch die Kombination verschiedener Heizwiderstände in Parallel- und Reihenschaltung werden mehrere Leistungsstufen ermöglicht. Die Geräteleistungen können dadurch in den vorgegebenen Schaltungen geändert werden.

Bei der **Reihenschaltung** von Heizwiderständen ist der Gesamtwiderstand stets die Summe der Einzelwiderstände. Bei dieser Schaltungsart nehmen der Gesamtstrom und die Geräteleistung mit jedem weiteren Widerstand ab **(Bild 1)**.

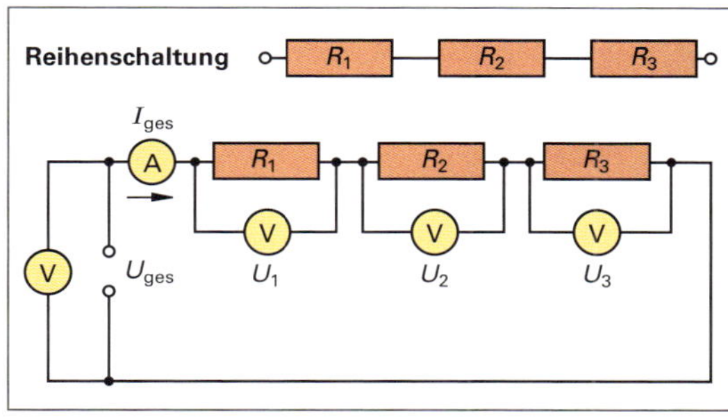

Bild 1: Reihenschaltung

Der Gesamtstrom ist in allen Widerständen gleich.

$$I_{ges} = I_1 = I_2 = I_3 = \ldots$$

Die Gesamtspannung entspricht der Summe der Teilspannungen.

$$U_{ges} = U_1 + U_2 + U_3 + \ldots$$

Der Gesamtwiderstand ist gleich der Summe der Einzelwiderstände.

$$R_{ges} = R_1 + R_2 + R_3 + \ldots$$

Beispiel:

Drei Rohrheizkörper sind an 230-V-Wechselspannung in Reihe geschaltet. Die Widerstandswerte der Rohrheizkörper sind 53 Ω, 26,5 Ω und 8,8 Ω.

a) Welchen Gesamtwiderstand haben die drei Rohrheizkörper?
b) Welcher Strom fließt durch die Rohrheizkörper?
c) Welche Teilspannungen liegen an den Rohrheizkörpern an?

Geg.: $U = 230\ \text{V}$,
$R_1 = 53\ \Omega$, $R_2 = 26{,}5\ \Omega$, $R_3 = 8{,}8\ \Omega$

Ges.: R_{ges}, I, U_{ges}

a) Gesamtwiderstand

$R_{ges} = R_1 + R_2 + R_3$

$R_{ges} = 53\ \Omega + 26{,}5\ \Omega + 8{,}8\ \Omega$

$\boldsymbol{R_{ges} = 88{,}3\ \Omega}$

b) Strom

$I_{ges} = \dfrac{U}{R_{ges}}$ $\qquad I_{ges} = \dfrac{230\ \text{V}}{88{,}3\ \Omega}$

$\boldsymbol{I_{ges} = 2{,}6\ \text{A}}$

c) Teilspannungen

$U_1 = I_{ges} \cdot R_1$ $\qquad U_1 = 2{,}6\ \text{A} \cdot 53\ \Omega$

$\boldsymbol{U_1 = 137{,}8\ \text{V}}$

$U_2 = I_{ges} \cdot R_2$ $\qquad U_2 = 2{,}6\ \text{A} \cdot 26{,}5\ \Omega$

$\boldsymbol{U_2 = 68{,}9\ \text{V}}$

$U_3 = I_{ges} \cdot R_3$ $\qquad U_3 = 2{,}6\ \text{A} \cdot 8{,}8\ \Omega$

$\boldsymbol{U_3 = 22{,}88\ \text{V}}$

Bei der **Parallelschaltung** von Heizwiderständen ist der Gesamtwiderstand stets kleiner als der kleinste Einzelwiderstand. Es fließt ein größerer Strom, wobei die Geräteleistung zunimmt **(Bild 1)**.

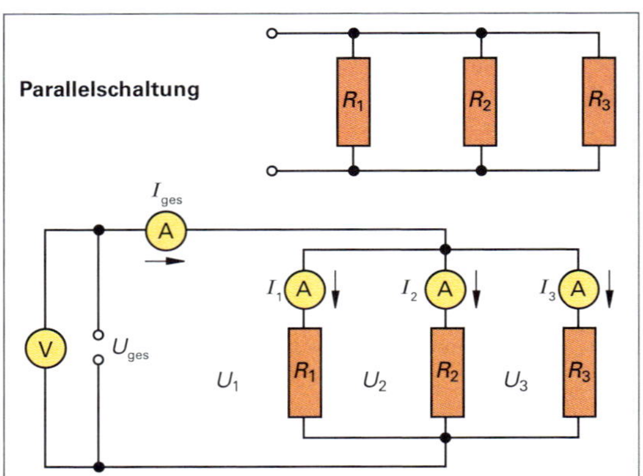

Bild 1: Parallelschaltung

Der Gesamtstrom ist gleich der Summe der Ströme in den Einzelwiderständen.

$$I_{ges} = I_1 + I_2 + I_3 + \dots$$

Die Gesamtspannung ist an den parallel geschalteten Widerständen gleich.

$$U_{ges} = U_1 = U_2 = U_3 = \dots$$

Der Kehrwert des Gesamtwiderstandes ist gleich der Summe der Kehrwerte der Einzelwiderstände.

$$\frac{1}{R_{ges}} = \frac{1}{R_1} + \frac{1}{R_2} + \frac{1}{R_3} + \dots$$

Beispiel:

Drei Rohrheizkörper sind parallel an 230 V Wechselspannung geschaltet. Die Widerstandswerte der Rohrheizkörper sind 53 Ω, 26,5 Ω und 8,8 Ω.

a) Welche Teilströme fließen durch die Rohrheizkörper?
b) Welcher Gesamtstrom fließt durch die Rohrheizkörper?
c) Welchen Gesamtwiderstand haben die drei Rohrheizkörper?

Geg.: $U = 230\ \text{V}$,
$R_1 = 53\ \Omega$, $R_2 = 26{,}5\ \Omega$, $R_3 = 8{,}8\ \Omega$

Ges.: I_1, I_2, I_3, I_{ges}, R_{ges}

a) Teilströme

$I_1 = \dfrac{U}{R_1}$ $\qquad I_1 = \dfrac{230\ \text{V}}{53\ \Omega}$ $\qquad \boldsymbol{I_1 = 4{,}34\ \text{A}}$

$I_2 = \dfrac{U}{R_2}$ $\qquad I_2 = \dfrac{230\ \text{V}}{26{,}5\ \Omega}$ $\qquad \boldsymbol{I_2 = 8{,}68\ \text{A}}$

$I_3 = \dfrac{U}{R_3}$ $\qquad I_3 = \dfrac{230\ \text{V}}{8{,}8\ \Omega}$ $\qquad \boldsymbol{I_3 = 26{,}14\ \text{A}}$

b) Gesamtstrom

$I_{ges} = I_1 + I_2 + I_3$

$I_{ges} = 4{,}34\ \text{A} + 8{,}68\ \text{A} + 26{,}14\ \text{A}$

$\boldsymbol{I_{ges} = 39{,}16\ \text{A}}$

c) Gesamtwiderstand

$\dfrac{1}{R_{ges}} = \dfrac{1}{R_1} + \dfrac{1}{R_2} + \dfrac{1}{R_3}$

$\dfrac{1}{R_{ges}} = \dfrac{1}{53\ \Omega} + \dfrac{1}{26{,}5\ \Omega} + \dfrac{1}{8{,}8\ \Omega}$

$\dfrac{1}{R_{ges}} = \dfrac{0{,}0189}{\Omega} + \dfrac{0{,}0377}{\Omega} + \dfrac{0{,}1136}{\Omega}$

$\dfrac{1}{R_{ges}} = \dfrac{0{,}1702}{\Omega}$

$\boldsymbol{R_{ges} = 5{,}875\ \Omega}$

Aufgaben

1 Ein elektrisches Heizkabel wird an 230-V-Wechselspannung betrieben. Der Strom ist 10,5 A.
Wie groß ist der elektrische Widerstand?

2 Ein Schweißumformer liefert eine Gleichspannung von 30 V. Wie groß ist der Widerstand im Stromkreis bei einem Strom von 80 A?

3 Der Heizwiderstand eines Elektro-Speicherwassererwärmers ist an 230-V-Wechselspannung angeschlossen. Das Strommessgerät zeigt 6,5 A an.
Welchen Widerstandswert hat der Heizwiderstand?

4 Welchen Widerstandswert hat einer der Heizwiderstände eines Durchflusswassererwärmers, der an 400-V-Dreiphasenwechselspannung betrieben wird. Der gemessene Strom beträgt 15,4 A.

5 Der elektrische Widerstand beim Lichtbogenschweißen kann mit 0,3 Ω angenommen werden.
Welcher Strom fließt bei einer Spannung von 27 V?

6 In einem Elektro-Speicherwassererwärmer hat der Heizwiderstand einen Wert von 25 Ω. Das Gerät wird an 230-V-Wechselspannung betrieben.
Welcher Strom fließt durch den Heizwiderstand?

7 Einer der Heizwiderstände eines Durchflusswassererwärmers hat einen Widerstandswert von 28 Ω. Der Heizwiderstand wird mit 400-V-Dreiphasenwechselspannung betrieben. Wie groß ist der Strom?

8 Ein Rohrheizkörper hat einen Widerstandswert von 35,4 Ω. Der Strom darf 6,5 A nicht überschreiten. Für welche Spannung ist der Rohrheizkörper geeignet?

9 Beim Lichtbogenschweissen wird an einem Schweissumformer ein Strom von 98,5 A gemessen. Der elektrische Widerstand wird mit 0,3 Ω angenommen. Welche Ausgangsspannung liefert der Schweissumformer?

10 Ein Heizwiderstand hat einen Widerstandswert von 80 Ω. Der gemessene Strom liegt bei 5 A. Wie groß ist die Spannung bei der Messung?

11.2 Leiterwiderstand

Elektrische Leiter übertragen die elektrische Energie nicht verlustfrei. Der Widerstandswert eines elektrischen Leiters hängt ab

- von der Leiterlänge l,
- vom Querschnitt A des Leiters und
- vom spezifischen Widerstand ϱ des Leiterwerkstoffes.

$$\text{Widerstandswert} = \frac{\text{spez. Widerstand} \cdot \text{Leiterlänge}}{\text{Querschnitt}}$$

$$R = \frac{\varrho \cdot l}{A}$$

$$\varrho = \frac{R \cdot A}{l} \qquad l = \frac{R \cdot A}{\varrho} \qquad A = \frac{\varrho \cdot l}{R}$$

R Widerstandswert in Ω
ϱ spezifischer Widerstand in $(\Omega \cdot mm^2)/m$
l Leiterlänge in m
A Querschnitt in mm^2

Der spezifische Widerstand ϱ gibt den Widerstandswert eines Leiters mit 1 m Länge und 1 mm^2 Querschnitt an **(Tabelle 1)**.

Tabelle 1: Spezifischer Widerstand ϱ bei 20 °C

Werkstoff	$(\Omega \cdot mm^2)/m$
Silber	0,015
Kupfer	0,0179
Gold	0,022
Aluminium	0,028
Zink	0,06
CuZn-Legierungen	0,05 bis 0,07
Chrom	0,13
Nickel	0,095
Stahl unlegiert	0,14 bis 0,18
Mangan	0,39
CuNi 30 Mn	0,40
CuMn 12 Ni	0,43
CuNi 44 Konstantan	0,49
CrAl 20 5	1,37

Beispiel:

Für ein Messgerät soll eine Spule gewickelt werden. Es werden 154,5 m Kupferdraht mit einem Drahtdurchmesser von 1 mm verwendet. Welchen Widerstandswert hat die Spule?

Geg.: $l = 154{,}5$ m, $d = 1{,}0$ mm

Ges.: R

$$R = \frac{\varrho \cdot l}{A} \qquad R = \frac{0{,}0179\ (\Omega \cdot mm^2)/m \cdot 154{,}5\ m}{1\ mm \cdot 1\ mm \cdot 0{,}785}$$

$\mathbf{R = 3{,}5\ \Omega}$

Aufgaben

1 Welchen Widerstandswert hat ein 15 m langes Kupferkabel mit einem Drahtquerschnitt von 2,5 mm².

2 Berechnen Sie den Widerstandswert eines 20 m langen Aluminiumkabels mit einem Drahtquerschnitt von 4,0 mm².

3 Welchen Leiterwiderstand hat ein 7,2 m langes Aluminiumkabel mit einer Querschnittsfläche von 16 mm²?

4 Ein Kupferkabel zum Elektrolichtbogenschweissen hat einen Durchmesser von 10 mm und ist insgesamt 5 m lang. Welchen Widerstandswert hat das Kupferkabel?

5 Welche Länge hat ein Aluminiumkabel mit einem Querschnitt von 2,5 mm², wenn der Leiterwiderstand maximal 0,36 Ω betragen darf?

6 Aus Kupferdraht soll für ein Messgerät eine Spule mit einem Widerstandswert von 2,5 Ω gewickelt werden. Der Drahtdurchmesser beträgt 0,8 mm. Welche Länge muss der Kupferdraht haben?

7 Ein 21,0 cm lange Widerstandswendel hat einen Drahtquerschnitt von 4,0 mm² und einen Widerstandswert von 0,0255 Ω. Wie groß ist der spezifische Widerstand des verwendeten Werkstoffes?

8 Aus welchem Werkstoff besteht ein 50 cm langer Metallstab, wenn bei einem Durchmesser von 4,0 mm ein Widerstandswert von 0,006 Ω gemessen wird?

9 Welchen Querschnitt hat eine 205 m lange Aluminiumleitung, wenn ein Widerstandswert von 1,435 Ω gemessen wurde?

10 Eine Kupferschiene hat eine Länge von 3,5 m, eine Breite von 50 mm und eine Dicke von 10 mm.

a) Welchen Widerstandswert hat die Kupferschiene?

b) Welche Dicke müsste eine Aluminiumschiene bei gleicher Länge und Breite haben?

11 Eine 2,0 m lange Aluminiumschiene mit den Abmessungen 30 mm × 10 mm soll durch eine Kupferstange ersetzt werden. Welchen Durchmesser muss die Kupferstange bei gleichem Widerstandswert haben?

11.3 Elektrische Leistung

Elektrische Wassererwärmer können durch die verschiedenen Schaltungsarten der Heizwiderstände unterschiedlichen Leistungsstufen angepasst werden.

Die **Heizleistung** des Gerätes kann in der Regel dem Typenschild entnommen werden. Fehlt diese Angabe, so kann diese mit den Angaben über Spannung und Strom berechnet werden. Bei Wechselstrom braucht man für den Anschluss eines Heizwiderstandes einen Außenleiter L und den Neutralleiter N **(Bild 1)**.

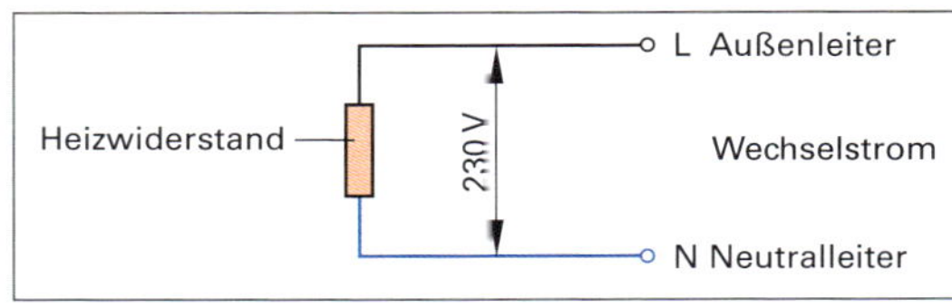

Bild 1: Anschlussschaltung

Die Heizleistung eines Heizwiderstandes bei Wechselstrom ist das Produkt von Spannung und Strom. Diese Berechnungsformel ist die Grundformel für die elektrische Leistung.

11.3.1 Elektrische Leistung bei Wechselspannung

elektrische Leistung = Spannung · Strom

$$P = U \cdot I$$

$$U = \frac{P}{I} \qquad I = \frac{P}{U}$$

P elektrische Leistung in W
U Spannung in V
I Strom in A

Beispiel:

Ein Heizwiderstand wird mit Wechselstrom bei einer Spannung von 230 V betrieben. Der Strom beträgt 4,5 A. Welche elektrische Leistung gibt der Heizwiderstand ab?

Geg.: $U = 230$ V; $I = 4{,}5$ A

Ges.: P

$P = U \cdot I$ $\quad$ $P = 230\text{ V} \cdot 4{,}5\text{ A}$

$\mathbf{P = 1035\ W}$

Durch die Kombination des ohmschen Gesetzes

Strom = $\frac{\text{Spannung}}{\text{Widerstand}}$	$I = \frac{U}{R}$

mit der Formel zur Berechnung der elektrischen Leistung

elektrische Leistung = Spannung · Strom
$P = U \cdot I$

ergeben sich zwei Berechnungsformeln:

elektrische Leistung = $\frac{(\text{Spannung})^2}{\text{Widerstand}}$
$P = \frac{U^2}{R}$

$U = \sqrt{P \cdot R}$	$R = \frac{U^2}{P}$

P elektrische Leistung in W
U Spannung in V
R Widerstand in Ω

Beispiel:

Ein Heizwiderstand wird an einer Wechselspannung von 230 V betrieben. Sein Widerstandswert beträgt 50 Ω. Welche elektrische Leistung gibt der Heizwiderstand ab?

Geg.: $U = 230$ V; $R = 50\ \Omega$

Ges.: P

$P = \frac{U^2}{R}$ $P = \frac{(230\ \text{V})^2}{50\ \Omega}$

$\boldsymbol{P = 1058\ \text{W}}$

elektrische Leistung = (Strom)² · Widerstand
$P = I^2 \cdot R$

$I = \sqrt{\frac{P}{R}}$	$R = \frac{P}{I^2}$

P elektrische Leistung in W
I Strom in V
R Widerstand in Ω

Beispiel:

Ein Heizwiderstand hat einen Widerstandswert von 100 Ω. Es fließt ein Strom von 9,5 A. Welche elektrische Leistung gibt der Heizwiderstand ab?

Geg.: $I = 9{,}5$ A; $R = 100\ \Omega$

Ges.: P

$P = I^2 \cdot R$ $P = (9{,}5\ \text{A})^2 \cdot 100\ \Omega$ $\boldsymbol{P = 9025\ \text{W}}$

Aufgaben

1 Welche elektrische Leistung hat der Elektro-Speicherwassererwärmer bei 230 V, wenn der gemessene Strom 8,7 A beträgt **(Bild 1)?**

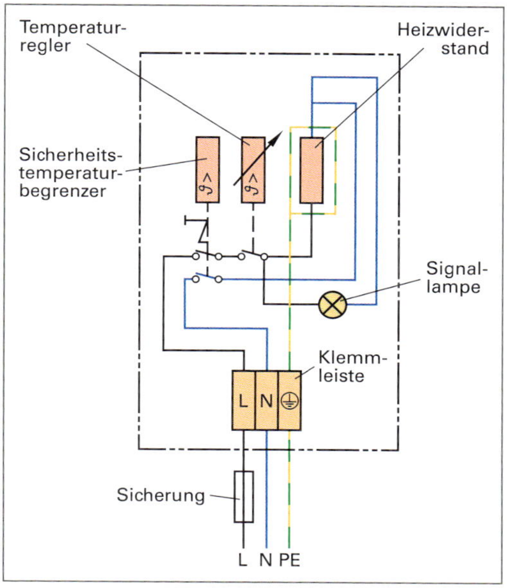

Bild 1: Elektro-Speicherwassererwärmer

2 Welcher Strom fließt in einem Elektro-Speicherwassererwärmer mit 3,3 kW Leistung bei 230 V Wechselstromanschluss?

3 Ein Heizwiderstand hat 3,5 kW elektrische Leistung. Der Nennstrom des Heizwiderstandes wird mit 8,75 A angegeben. Mit welcher Spannung darf der Heizwiderstand maximal betrieben werden?

4 Die Leistung eines Heizwiderstandes beträgt bei 230 V 1 kW (3 kW). Bestimmen Sie den Strom und den Widerstandswert des Heizwiderstandes.

5 Zwei Heizwiderstände für 230 V haben eine Leistung von 1,5 kW und 3,2 kW. Die Heizwiderstände werden in Reihe geschaltet.

a) Welcher Gesamtwiderstand ergibt sich?

b) Welcher Strom fließt bei 230 V?

c) Welche Teilspannungen liegen an den Heizwiderständen an?

d) Welche Leistung ergibt sich aus der Reihenschaltung?

6 Wie groß ist die elektrische Leistung der Heizdrahtspirale eines elektrischen Heizkörpers, wenn der Widerstandswert 35 Ω beträgt und der Heizkörper an 230-V-Wechselspannung angeschlossen ist?

7 Ein offener Elektro-Warmwasserspeicher für 230-V-Wechselstromanschluss hat zwei Heizwiderstände mit der Leistung 1,5 kW und 2,0 kW. Die Leistungsstufen werden durch Umklemmen an der Klemmleiste erreicht **(Bild 1)**.

a) Welchen Widerstandswerte haben die beiden Heizwiderstände?

b) Welchen Gesamtwiderstandswert haben sie bei Parallelschaltung?

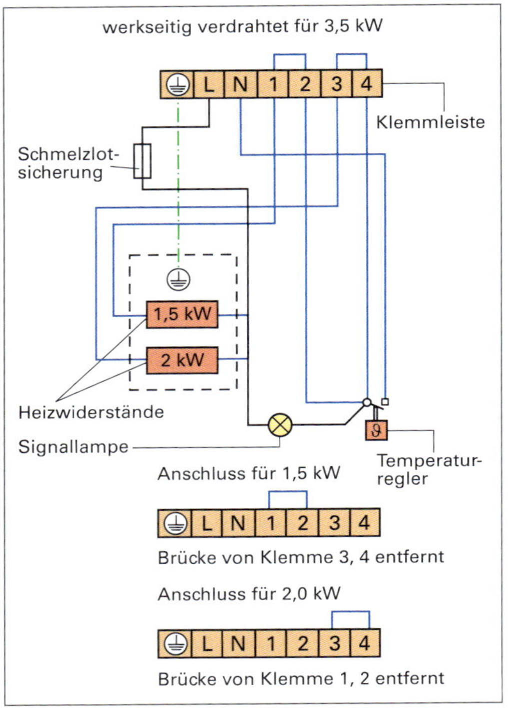

Bild 1: Anschlussmöglichkeiten eines Elektro-Warmwasserspeichers

Schaltungsarten

Beim Anschluss der Heizwiderstände eines Wassererwärmers an die Dreiphasenwechselspannung ist die Schaltungsart der Heizwiderstände an das Stromnetz zu berücksichtigen. Es gibt die Möglichkeit, die Heizwiderstände in der Stern- oder Dreieckschaltung anzuschließen.

Bei der **Sternschaltung** werden die drei Heizwiderstände an die Außenleiter geschaltet und ihre Enden in einem Punkt, dem Sternpunkt zusammengeschlossen. Die Spannung zwischen den Außenleitern und dem Neutralleiter wird Strangspannung genannt und beträgt jeweils 230 V **(Bild 2)**.

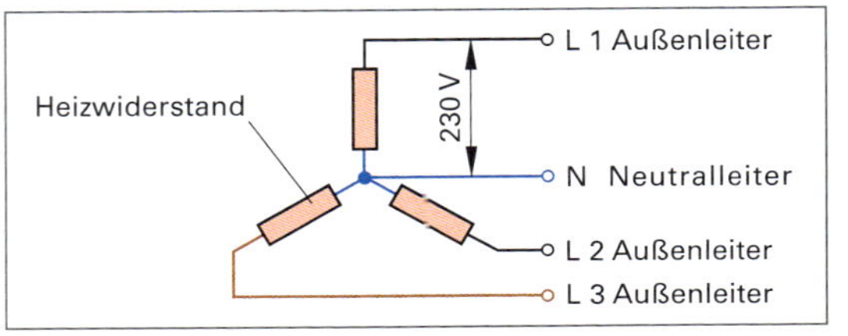

Bild 2: Sternschaltung

Bei der Sternschaltung liegt an jedem Heizwiderstand eine Spannung von 230 V an.

Bei der **Dreieckschaltung** werden die Heizwiderstände an die drei Außenleiter L1, L2 und L3 geschaltet, sodass ein Dreieck entsteht. Die Außenleiterspannung oder kurz Leiterspannung genannt ist die Spannung zwischen den Außenleitern und beträgt jeweils 400 V **(Bild 3)**.

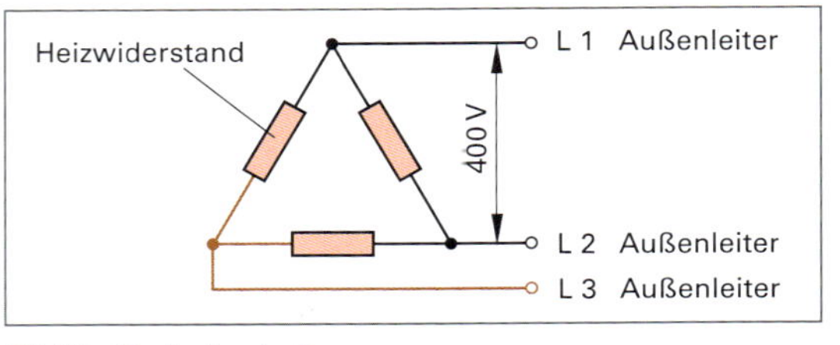

Bild 3: Dreieckschaltung

Bei der Dreieckschaltung liegt an jedem Heizwiderstand eine Spannung von 400 V an.

Bei der Dreiphasenwechselspannung ist das Verhältnis der Außenleiterspannung zur Strangspannung 1,73 und wird auch als Verkettungsfaktor bezeichnet. Bei gleichmäßiger Belastung der Außenleiter errechnet sich die Heizleistung der Dreiphasenwechselspannung bei jeder Schaltungsart nach der Grundformel für die elektrische Leistung mal Verkettungsfaktor.

11.3.2 Elektrische Leistung bei Dreiphasenwechselspannung

elektrische Leistung = Spannung · Strom · Verkettungsfaktor

$$P = U \cdot I \cdot 1{,}73$$

$U = \dfrac{P}{I \cdot 1{,}73}$	$I = \dfrac{P}{U \cdot 1{,}73}$

P elektrische Leistung in W
U Spannung in V
I Strom in A

Beispiel:

Ein Durchflusswassererwärmer ist an das 400-V-Dreiphasenwechselspannungsnetz angeschlossen. Es fließt in jedem Außenleiter ein Strom von 26 A.

Welche elektrische Leistung hat der Wassererwärmer?

Geg.: $U = 400$ V; $I = 26$ A
Ges.: P

$P = U \cdot I \cdot 1{,}73$ $\qquad P = 400\ \text{V} \cdot 26\ \text{A} \cdot 1{,}73$

$\boldsymbol{P = 17992\ \text{W}}$

Der Anschluss elektrischer Wassererwärmer kann mit unterschiedlichen Leistungen, z. B. in der Stern- oder Dreieckschaltung, erfolgen.

Die in den Betriebsanleitungen enthaltenen Stromlaufpläne geben Aufschluss über die Schaltungsmöglichkeiten. Mehrere Heizwiderstände können auch hintereinander, parallel oder gemischt geschaltet werden **(Bild 1)**.

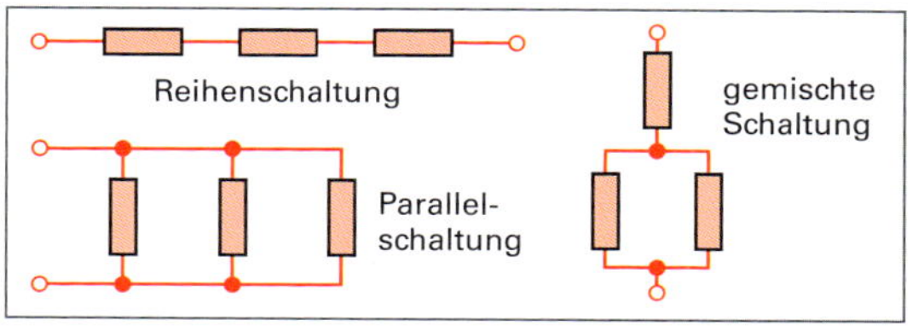

Bild 1: Schaltungsmöglichkeiten

Aufgaben

1 Welche Leistung erreicht ein Wassererwärmer bei 400-V-Dreiphasenwechselspannungsanschluss, wenn durch alle drei Außenleiter jeweils ein Strom von 30,3 A fließt?

2 Welcher Strom fließt in den Außenleitern eines Durchflusswassererwärmers mit drei gleichen Heizwiderständen bei 27 kW Leistung und 400-V-Dreiphasenwechselspannung?

3 Ein Durchflusswassererwärmer wird an Dreiphasenwechselspannung von 400 V betrieben. In jedem Außenleiter fließt bei Dreieckschaltung ein Strom von 26 A.

a) Welche Leistung erreicht der Durchflusswassererwärmer?

b) Welchen Widerstandswert haben die Heizwiderstände?

c) Welche Leistung hat der Durchflusswassererwärmer, wenn er mit denselben Heizwiderständen in Sternschaltung betrieben wird?

d) Welchen Widerstandswert müssten die Heizwiderstände haben, um in der Sternschaltung dieselbe Leistung wie in der Dreieckschaltung zu erreichen?

4 In einer elektrischen Speicherheizung befinden sich drei gleiche parallelgeschaltete Heizwiderstände. Jeder Widerstand hat bei 400 V eine elektrische Leistung von 5 kW.

a) Berechnen Sie die Einzelströme und den Gesamtstrom.

b) Welchen Widerstandswert haben die Heizwiderstände?

c) Welchen Widerstandswert hat ein Ersatzwiderstand aus den drei Widerständen?

5 Eine elektrische Speicherheizung an 400 V hat zwei parallel geschaltete Heizwiderstände. Die Widerstände haben die Widerstandswerte 25,5 Ω und 39,5 Ω.

a) Berechnen Sie die Einzelströme und den Gesamtstrom.

b) Welche Teil- und Gesamtleistung haben die Heizwiderstände?

c) Welchen Widerstandswert hat ein Ersatzwiderstand aus den zwei Widerständen?

6 Ein Heizgerät hat eine dreistufige Schaltung. Der Widerstandswert des Ersatzwiderstandes ist bei Schaltstufe I 51,28 Ω, bei Schaltstufe II 34,78 Ω und bei Schaltstufe III 25,81 Ω.

a) Welcher Strom fließt jeweils bei 400-V-Dreiphasenwechselspannung?

b) Welche elektrische Leistung hat das Heizgerät in den Schaltstufen I bis III?

7 Ein Elektrospeicher hat durch Umklemmen an der Klemmleiste und Umschalten des Wahlschalters der Grundheizung 4h/8h sieben verschiedene Leistungsstufen **(Bild 1 und Bild 2)**.

a) Mit welcher Spannung werden die Heizwiderstände betrieben?

b) Welche Ströme fließen durch die Heizwiderstände mit 1 kW und 2 kW?

c) Welche Ströme fließen bei den sieben Leistungsstufen in den Außenleitern L1, L2 und L3?

d) Welche Widerstandswerte haben die Heizwiderstände?

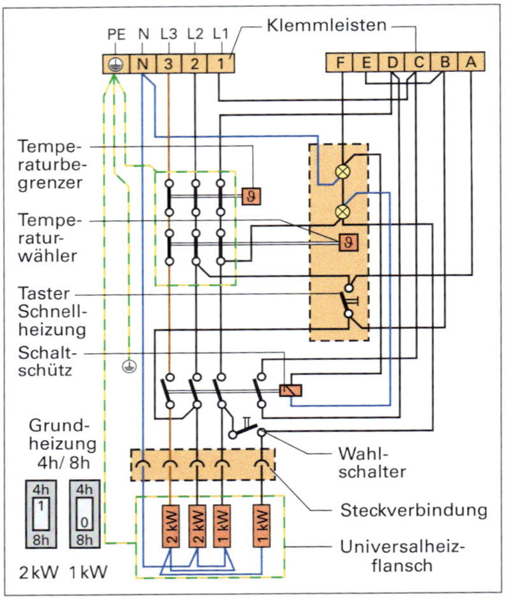

Bild 1: Elektrospeicher

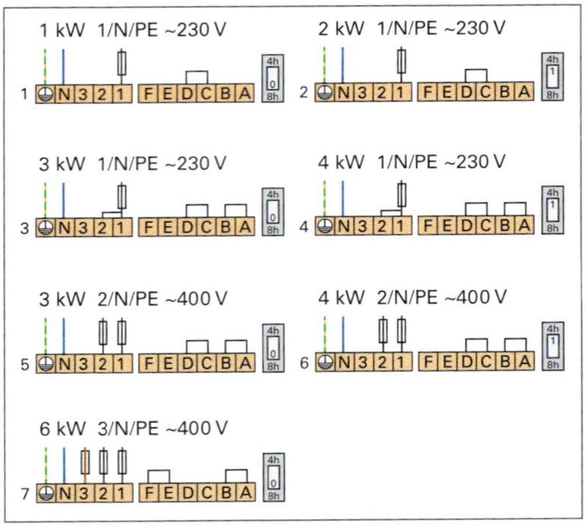

Bild 2: Anschlussmöglichkeiten eines Elektrospeichers

11.3.3 Phasenverschiebung

Beim Anschluss von Motoren an Wechselspannung ergibt sich durch die Induktivität der Spulenwicklung eine zeitliche Verschiebung zwischen Strom und Spannung. Die Größe der zeitlichen Verschiebung nennt man Phasenverschiebung. Sie wird durch den Phasenverschiebungswinkel φ angegeben **(Bild 3)**.

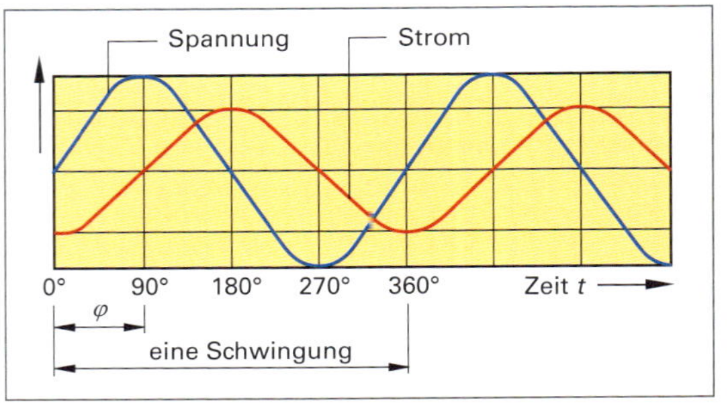

Bild 1: Phasenverschiebung

Die Phasenverschiebung wird über den Leistungsfaktor **cos φ** berücksichtigt. Der Leistungsfaktor wird auch als Wirkfaktor bezeichnet.

Wirkleistung bei Wechselspannung mit induktivem Lastanteil

Zur Berechnung der **Wirkleistung** eines Wechselstrommotors wird das Produkt von Spannung, Strom und Leistungsfaktor cos φ gebildet.

Wirkleistung = Spannung · Strom · Leistungsfaktor

$$P = U \cdot I \cdot \cos\varphi$$

$$U = \frac{P}{I \cdot \cos\varphi} \qquad I = \frac{P}{U \cdot \cos\varphi} \qquad \cos\varphi = \frac{P}{U \cdot I}$$

P Wirkleistung in W
U Spannung in V
I Strom in A
$\cos\varphi$ Leistungsfaktor

Beispiel:

Eine Bohrmaschine wird an 230-V-Wechselspannung betrieben. Der Strom beträgt 0,5 A und der Leistungsfaktor cos φ ist 0,85.
Welche Wirkleistung hat die Bohrmaschine?

Geg.: $U = 230$ V; $I = 0{,}5$ A; $\cos\varphi = 0{,}85$

Ges.: P

$P = U \cdot I \cdot \cos\varphi$ $\qquad P = 230\text{ V} \cdot 0{,}5\text{ A} \cdot 0{,}85$

$\boldsymbol{P = 97{,}75}$ **W**

Aufgaben

1 An einer 230-V-Zirkulationpumpe wird ein Strom von 0,36 A gemessen. Der Leistungsfaktor wird mit 0,9 angegeben.

Wie groß ist die Wirkleistung der Zirkulationspumpe?

2 Welche Wirkleistung hat eine Gewindeschneidmaschine, wenn diese bei einer Wechselspannung von 230 V und einem Leistungsfaktor von 0,9 einen Strom von 14 A aufnimmt?

3 Eine Zirkulationspumpe wird an 230-V-Wechselspannung betrieben. Die Angaben auf dem Typenschild sind 0,35 A und 75 W. Der Wirkungsgrad wird vernachlässigt. Wie groß ist der Leistungsfaktor $\cos \varphi$?

4 Eine zweistufige Umwälzpumpe für 230 V hat die Leistungsstufen 40 W und 80 W. Laut Herstellerangaben fließt dabei ein Strom von 0,24 A und 0,36 A. Der Wirkungsgrad wird vernachlässigt. Prüfen Sie nach, wie groß der Leistungsfaktor $\cos \varphi$ bei minimaler und maximaler Leistung ist.

5 Welche Nennleistung hat ein Wechselstrommotor für 230 V bei einer Stromaufnahme von 13,2 A mit einem Leistungsfaktor von 0,79 und einem Wirkungsgrad von 85%?

6 Von einem Wechselstrommotor sind folgende Werte bekannt:

Spannung 230 V,
Strom 6,7 A,
Leistungsfaktor 0,78 und
Wirkungsgrad 82%.

Berechnen Sie die Nennleistung des Wechselstrommotors.

7 Berechnen Sie für einen Wechselstrommotor den Wirkungsgrad aus folgenden Werten:

Spannung 230 V,
Nennleistung 1,25 kW,
Strom 9,8 A und
Leistungsfaktor 0,78.

Bei Wechselstrommotoren ist die **Nennleistung** von der Spannung, dem Strom, dem Leistungsfaktor und dem Wirkungsgrad abhängig.

Nennleistung = Spannung · Strom · Leistungsfaktor · Wirkungsgrad

$$P = U \cdot I \cdot \cos \varphi \cdot \eta$$

$$U = \frac{P}{I \cdot \cos \varphi \cdot \eta} \qquad I = \frac{P}{U \cdot \cos \varphi \cdot \eta}$$

$$\cos \varphi = \frac{P}{U \cdot I \cdot \eta} \qquad \eta = \frac{P}{U \cdot I \cdot \cos \varphi}$$

P	Nennleistung in W
U	Spannung in V
I	Strom in A
$\cos \varphi$	Leistungsfaktor
η	Wirkungsgrad

Beispiel:

Eine Trennschleifmaschine wird an 230-V-Wechselspannung betrieben. Der Strom beträgt 2,5 A, der Leistungsfaktor $\cos \varphi$ ist 0,80 und der Wirkungsgrad liegt bei 0,85. Welche Nennleistung hat die Trennschleifmaschine?

Geg.: $U = 230$ V; $I = 2{,}5$ A; $\cos \varphi = 0{,}80$; $\eta = 0{,}85$

Ges.: P

$P = U \cdot I \cdot \cos \varphi \cdot \eta$ $\qquad P = 230\text{ V} \cdot 2{,}5\text{ A} \cdot 0{,}80 \cdot 0{,}85$

$\mathbf{P = 391\ W}$

Wirkleistung bei Dreiphasenwechselspannung mit induktivem Lastanteil

Zur Berechnung der **Wirkleistung** bei Dreiphasenwechselspannung wird das Produkt aus der Spannung, dem Strom, dem Verkettungsfaktor und dem Leistungsfaktor gebildet.

Wirkleistung = Spannung · Strom · Verkettungsfaktor · Leistungsfaktor

$$P = U \cdot I \cdot 1{,}73 \cdot \cos \varphi$$

$$U = \frac{P}{I \cdot 1{,}73 \cdot \cos \varphi} \qquad I = \frac{P}{U \cdot 1{,}73 \cdot \cos \varphi}$$

$$\cos \varphi = \frac{P}{U \cdot I \cdot 1{,}73}$$

P	Wirkleistung in W
U	Spannung in V
I	Strom in A
$\cos \varphi$	Leistungsfaktor

Beispiel:

Ein Drehstrommotor für 400 V hat einen Leistungsfaktor $\cos \varphi$ von 0,85. In jedem Außenleiter fließt ein Strom von 2 A.
Welche Wirkleistung hat der Drehstrommotor?

Geg.: $U = 400$ V; $I = 2$ A; $\cos \varphi = 0{,}85$

Ges.: P

$P = U \cdot I \cdot 1{,}73 \cdot 0{,}85$ $\qquad P = 400\text{ V} \cdot 2\text{ A} \cdot 1{,}73 \cdot 0{,}85$

$\mathbf{P = 1176{,}4\ W}$

Aufgaben

1 Welche Wirkleistung erreicht ein Drehstrommotor bei 400-V-Anschluss, wenn durch alle drei Außenleiter jeweils ein Strom von 3,3 A fließt? Der Leistungsfaktor beträgt 0,85.

2 Ein Drehstrommotor nimmt bei einer Spannung von 400 V und einem Leistungsfaktor von 0,83 einen Strom von 8,7 A je Außenleiter auf. Berechnen Sie die aufgenommene Wirkleistung.

3 Der 400-V-Drehstrommotor einer Fäkalienhebeanlage hat nach den Herstellerangaben eine Stromaufnahme von 3,1 A je Außenleiter und eine Leistung von 1,5 kW. Wie groß ist der Leistungsfaktor $\cos \varphi$?

4 Der Drehstrommotor einer Druckerhöhungsanlage für 400-V-Anschluss hat eine Leistung von 1,25 kW. Der Leistungsfaktor $\cos \varphi$ wird mit 0,84 angegeben. Welcher Strom fließt in den drei Außenleitern?

5 Eine Wärmepumpenanlage ist an das 400-V-Drehstromnetz angeschlossen. Der Drehstrommotor hat einen Nennstrom von 4,6 A. Der Leistungsfaktor des Antriebsmotors wird mit 0,85 angegeben. Welche Leistung entnimmt die Anlage dem Stromnetz?

Nennleistung bei Dreiphasenwechselspannung mit induktivem Lastanteil

Bei Drehstrommotoren ist die Nennleistung von der Spannung, dem Strom, dem Verkettungsfaktor, dem Leistungsfaktor und dem Wirkungsgrad abhängig.

Nennleistung = Spannung · Strom · Verkettungsfaktor · Leistungsfaktor · Wirkungsgrad

$$P = U \cdot I \cdot 1{,}73 \cdot \cos \varphi \cdot \eta$$

$$U = \frac{P}{I \cdot 1{,}73 \cdot \cos \varphi \cdot \eta} \qquad I = \frac{P}{U \cdot 1{,}73 \cdot \cos \varphi \cdot \eta}$$

$$\cos \varphi = \frac{P}{U \cdot I \cdot 1{,}73 \cdot \eta} \qquad \eta = \frac{P}{U \cdot I \cdot 1{,}73 \cdot \cos \varphi}$$

P	Nennleistung in W
U	Spannung in V
I	Strom in A
$\cos \varphi$	Leistungsfaktor
η	Wirkungsgrad

Beispiel:

Ein Drehstrommotor für 400 V hat einen Leistungsfaktor von 0,79 und einen Wirkungsgrad von 83%. In jedem Außenleiter fließt ein Strom von 7,5 A.

Welche Nennleistung hat der Drehstrommotor?

Geg.: $U = 400$ V; $I = 7{,}5$ A; $\cos \varphi = 0{,}79$; $\eta = 0{,}83$

Ges.: P

$P = U \cdot I \cdot 1{,}73 \cdot \cos \varphi \cdot \eta$

$P = 400 \text{ V} \cdot 7{,}5 \text{ A} \cdot 1{,}73 \cdot 0{,}79 \cdot 0{,}83$

$\mathbf{P = 3403{,}1\ W}$

6 Ein Drehstrommotor für 400 V nimmt einen Strom von 9,16 A je Außenleiter auf. Der Leistungsfaktor ist 0,77 und der Wirkungsgrad 82%.
Berechnen Sie die Nennleistung.

7 Welchen Strom nimmt ein Drehstrommotor je Außenleiter bei folgenden Werten auf:
Spannung 400 V,
Nennleistung 1,5 kW,
Leistungsfaktor 0,78 und
Wirkungsgrad 82%?

8 Der Drehstrom-Antriebsmotor einer Wärmepumpenanlage hat einen Leistungsfaktor von 0,85. In den Außenleitern wird ein Strom von 5,2 A gemessenk, Wirkungsgrad 83 %.
Welche Wirk- und Nennleistung hat der Antriebsmotor?

9 Eine Pumpenanlage fördert 48,0 m^3 Wasser pro Stunde 16 m hoch. Die Kreiselpumpe hat einen Wirkungsgrad von 68%. Der Drehstrom-Kurzschlussläufermotor hat einen Leistungsfaktor mit 0,77 und einen Wirkungsgrad von 82% **(Bild 1)**.

a) Welche Leistung entnimmt die Anlage dem Stromnetz?

b) Welcher Strom fließt in den drei Außenleitern?

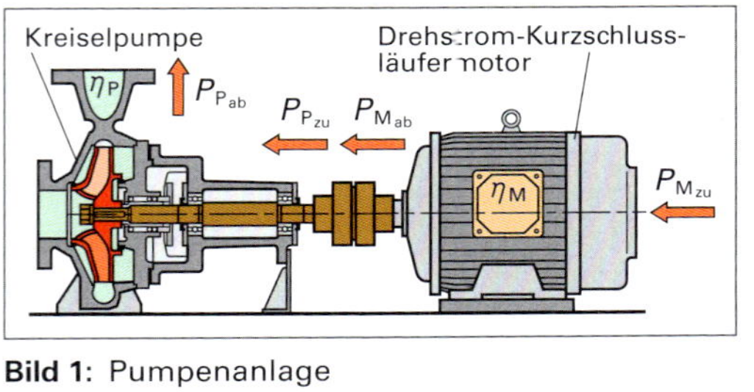

Bild 1: Pumpenanlage

11.4 Anschlussleistung und Absicherung

Die Anschlussleistung oder der Anschlusswert eines elektrischen Wassererwärmers entspricht der Leistungsaufnahme mit der das Stromnetz belastet wird. Die Absicherung richtet sich damit nach der Anschlussleistung. Um Überlastungen der Leitungen zu vermeiden, darf der zugelassene Höchststrom nicht überschritten werden. Aufschluss über diese Daten geben in der Regel das Typenschild und die technischen Daten des Gerätes. Daraus kann man mit Hilfe der Grundformel für die elektrische Leistung den Strom berechnen.

Absicherung

$$\text{Strom} = \frac{\text{Anschlussleistung}}{\text{Spannung}} \qquad I = \frac{P}{U}$$

$$P = U \cdot I \qquad U = \frac{P}{I}$$

I Strom in A
P Anschlussleistung in W
U Spannung in V

Beispiel:

Ein Elektro-Speicherwassererwärmer hat eine Anschlussleistung von 2,0 kW. Er wird an dem 230-V-Wechselstromnetz betrieben.
Welche Sicherung ist mindestens erforderlich (Sicherungen: 10 A, 16 A, 20 A und 25 A)?

Geg.: $P = 2000$ W $\quad U = 230$ V

Ges.: I

$$I = \frac{P}{U} \qquad I = \frac{2000\ \text{W}}{230\ \text{V}} \qquad \boldsymbol{I = 8{,}7\ \text{A}}$$

Es ist eine Sicherung mit **10 A** notwendig.

Aufgaben

1 Welche Sicherung ist für einen 3-kW-Speicherwassererwärmer an 230-V-Wechselspannung notwendig (Sicherungen: 10 A, 16 A, 20 A und 25 A)?

2 Eine 230-V-Steckdose für einen Elektro-Speicherwassererwärmer ist mit 16 A abgesichert. Welche Anschlussleistung darf das Gerät höchstens haben?

3 Zwei Heizwiderstände für 230 V haben eine Leistung von 1 kW und 2 kW. Die Heizwiderstände werden parallel geschaltet.
a) Welcher Strom fließt bei 230 V?
b) Für welchen Nennstrom muss die Sicherung ausgelegt sein?

4 Ein elektrischer Wassererwärmer hat eine Anschlussleistung von 8 kW.
a) Welcher Strom fließt beim Anschluss an 230-V-Wechselspannung?
b) Für welchen Nennstrom muss die Sicherung ausgelegt sein?
c) Welcher Strom fließt in den Außenleitern, wenn der elektrische Wassererwärmer in Sternschaltung dreiphasig an 400-V-Dreiphasenwechselspannung angeschlossen wird?
d) Welche Nennströme müssen die drei Sicherungen haben?

5 Ein elektronischer Durchflusswassererwärmer wird dreiphasig an 400-V-Dreiphasenwechselspannung angeschlossen. Der Hersteller gibt als schaltbare Leistungsstufen 18 kW, 21 kW und 24 kW an **(Bild 1)**.
a) Welche Ströme fließen bei gleichmäßiger Verteilung der Anschlussleistung in jedem Außenleiter?
b) Für welche Nennströme müssen die drei Sicherungen ausgelegt werden?

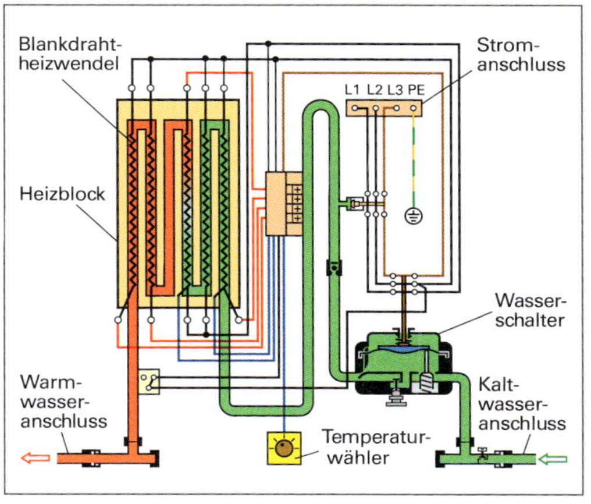

Bild 1: Elektro-Durchflusswassererwärmer

6 Ein 80-l-Elektrospeicher hat durch Umklemmen der Klemmleiste und Umschalten des Wahlschalters der Grundheizung 4h/8h sieben verschiedene Leistungsstufen **(Bild 1 und Bild 2, Seite 342)**. Für welche Nennströme müssen die Sicherungen ausgelegt sein?

7 Eine Wärmepumpenanlage ist an das 400-V-Drehstromnetz angeschlossen. Der Drehstrommotor hat eine Leistung von 2,7 kW. Der Leistungsfaktor des Antriebsmotors wird mit 0,84 angegeben. Welche Absicherung ist für die Anlage erforderlich?

Aufgaben

8 Das Typenschild eines Elektrospeichers enthält verschiedene technische Angaben **(Bild 1)**.

a) Welche Werte und Angaben können dem Typenschild entnommen werden?

b) Welche Absicherung ist für das Gerät erforderlich?

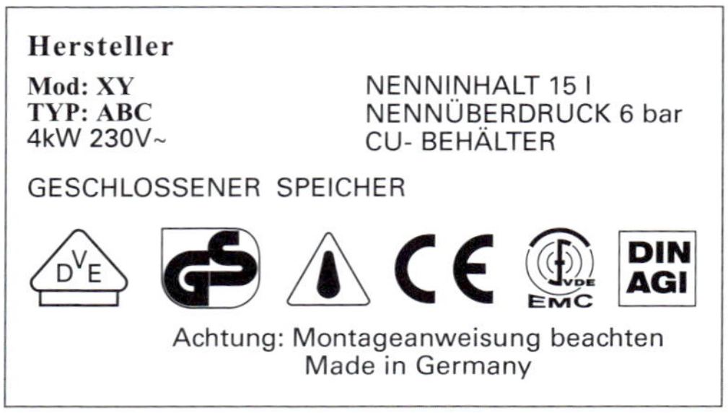

Bild 1: Typenschild Elektrospeicher

9 An einem Durchflusswassererwärmer befindet sich ein Typenschild **(Bild 2)**.

a) Welche Werte und Angaben sind für die Absicherung erforderlich?

b) Welche Nennströme müssen die drei Sicherungen haben?

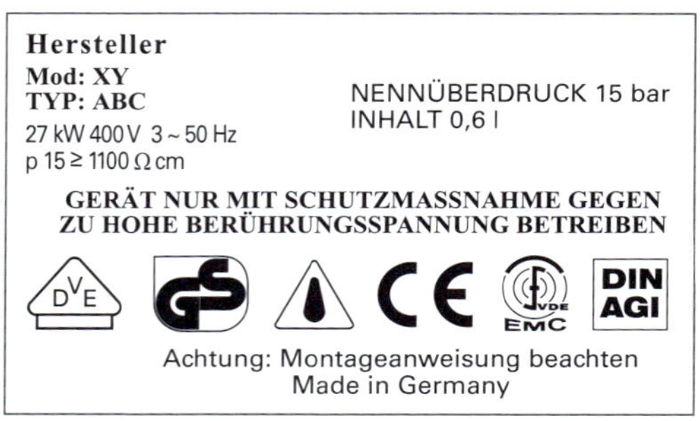

Bild 2: Typenschild Durchflusswassererwärmer

10 Eine Pumpenanlage fördert 36,0 m^3 Wasser pro Stunde 24 m hoch. Die Kreiselpumpe hat einen Wirkungsgrad von 68 %. Der Drehstrom-Kurzschlussläufermotor hat einen Leistungsfaktor mit 0,77 und einen Wirkungsgrad von 82 % **(Bild 1, Seite 344)**.

a) Welche Leistung entnimmt die Anlage dem Stromnetz?

b) Welcher Strom fließt in den drei Außenleitern?

c) Welche Absicherung ist für die Anlage erforderlich?

11.5 Elektrische Energie

Beim Betrieb elektrischer Geräte verrichtet der elektrische Strom Arbeit. Die verrichtete Arbeit bzw. die elektrische Energie ist das Produkt aus Leistung und Zeit, man spricht dabei vereinfacht auch von „Stromverbrauch“.

Die elektrische Energie hängt von der aufgenommenen elektrischen Leistung und der Zeit der Leistungsaufnahme ab. Die verbrauchte elektrische Energie ist um so größer, je größer die aufgenommene elektrische Leistung ist und je länger die Leistungsaufnahme dauert.

Der Verbrauch an elektrischer Energie wird mit dem Elekrizitätszähler festgestellt und in Kilowattstunden (kWh) gemessen.

Elektrische Arbeit

$$\text{elektrische Energie} = \text{elektrische Leistung} \cdot \text{Zeit}$$

$$W = P \cdot t$$

$$P = \frac{W}{t} \qquad t = \frac{W}{P}$$

W elektrische Energie in kWh
P elektrische Leistung in kW
t Zeit in h

Beispiel:

Ein Durchflusswassererwärmer mit einer Anschlussleistung von 18 kW ist 15 Minuten in Betrieb. Wie viel elektrische Energie wird dabei benötigt?

Geg.: $P = 18$ kW $t = 15$ min

Ges.: W

$W = P \cdot t$ $W = 18 \text{ kW} \cdot 0{,}25 \text{ h}$ $\mathbf{W = 4{,}5 \text{ kWh}}$

Aufgaben

1 Ein 2-kW-Speicherwassererwärmer ist täglich 3,5 Stunden in Betrieb.

Wie viel elektrische Energie wird in einer Woche verbraucht?

2 Ein Durchflusswassererwärmer ist durchschnittlich täglich 40 min in Betrieb. Seine Anschlussleistung wird mit 27 kW angegeben.

Wie groß ist die benötigte elektrische Energie in einem Jahr?

3 Eine Zirkulationspumpe für 230 V mit einer Wirkleistung von 75 W ist täglich 6 Stunden in Betrieb.
Wie viel elektrische Energie ist in einem Jahr erforderlich?

4 Ein Durchflusswassererwärmer benötigt 84 kWh in 3,5 Stunden. Welche Anschlussleistung hat er?

5 Wie lange kann ein 1,5-kW-Speicherwassererwärmer mit einer 1 kWh betrieben werden?

6 Der Jahresstrombedarf eines 3-kW-Speicherwassererwärmers wird mit 1096 kWh ermittelt.
Wie lange war er durchschnittlich täglich in Betrieb?

7 Ein elektrisches Heizband (Rohrbegleitheizung) mit einer Leistung von 10 W/m ist an einer Stichleitung von 4 m Länge angebracht **(Bild 1).**
Wie viel elektrische Energie wird in einem Monat benötigt?

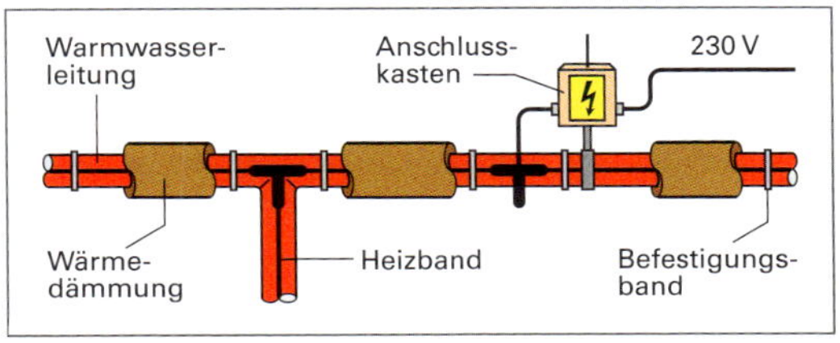

Bild 1: Elektrisches Heizband

8 Eine Dachrinnenheizung hat eine Leistung von 36 W/m. Die Rinnenlänge ist 8 m. Sie ist jährlich an 50 Frosttagen in Betrieb.
Welche elektrische Energie ist dafür erforderlich?

9 Ein offener Elektro-Warmwasserspeicher für 230-V-Wechselstromanschluss hat zwei Heizwiderstände mit der Leistung 1,5 kW und 2,0 kW. Die große Leistungsstufe wird durch Parallelschaltung an der Klemmleiste erreicht. Der Speicher ist täglich 6 Stunden in Betrieb.
Wie viel elektrische Energie ist in einem Jahr erforderlich?

10 In einer Heizungsanlage ist eine zweistufige Umwälzpumpe mit den Leistungsstufen 40 W und 80 W eingebaut. Die Pumpe schaltet nach Bedarf von kleiner auf große Leistung. Sie ist täglich auf kleiner Leistung 15,5 Stunden und auf großer Leistung 8,5 Stunden in Betrieb. Die Heizperiode dauert 220 Tage.
Welche elektrische Energie ist in einer Heizperiode erforderlich?

11 Eine Elektro-Speicherheizung hat eine Anschlussleistung von 24 kW. Sie heizt von 21.30 Uhr bis 4.00 Uhr morgens auf.
Wie viel elektrische Energie wird beim einmaligen Aufheizen benötigt?

12 Ein Umwälzpumpenmotor nimmt eine Leistung von 80 W auf. Die Umwälzpumpe ist während der Heizperiode 235 Tage in Betrieb.
Wie groß ist der Energiebedarf der Umwälzpumpe in dieser Zeit?

13 Eine Wärmepumpenanlage ist an das 400-V-Drehstromnetz angeschlossen. Der Drehstrommotor hat eine Anschlussleistung von 3,8 kW. Sie ist täglich 5 Stunden in Betrieb. Die Heizperiode dauert 238 Tage.
Wie viel elektrische Energie ist in einer Heizperiode erforderlich?

14 Ein elektrischer Heizofen war 1 Stunde und 45 Minuten in Betrieb. In dieser Zeit entnahm er dem 230-V-Wechselstromnetz 3,6 kWh elektrische Energie.
Welche Anschlussleistung hat das Gerät?

15 Welcher Strom fließt in einer 230-V-Heizungsanlage, wenn der Elektrizitätszähler in 3,5 Stunden 36,2 kWh elektrische Energie anzeigt?

16 In einer Heizungsanlage sind jeweils zwei Umwälzpumpen mit 120 W und 180 W und zwei Ölbrenner von jeweils 250 W eingebaut. Die Umwälzpumpen sind während der Heizperiode 240 Tage in Betrieb.
Die Betriebsstundenzähler der Ölbrenner zeigen in dieser Heizperiode jeweils 1350 Stunden an. Wie groß ist der Bedarf an elektrischer Energie in einer Heizperiode?

17 Die Wärmepumpenanlage eines Einfamilienhauses ist an das 400-V-Drehstromnetz angeschlossen. Der Drehstrommotor entnimmt dem Stromnetz eine Leistung von 2,9 kW. Sie ist täglich durchschnittlich 8 Stunden in Betrieb.
Wie viel elektrische Energie ist in einem Schaltjahr vom 1. Oktober bis 1. Mai erforderlich?

18 Eine Pumpenanlage fördert 36 m^3 Wasser pro Stunde 12 m hoch. Die Kreiselpumpe hat einen Wirkungsgrad von 67 %. Der Drehstrom-Kurzschlussläufermotor hat einen Wirkungsgrad von 82 % **(Bild 1, Seite 344).**
Die Pumpenanlage ist täglich 9 Stunden in Betrieb. Wie viel elektrische Energie ist dafür in einer Woche erforderlich?

11.6 Energiekosten

Die benötigte elektrische Energie muss man dem **E**nergie-**V**ersorgungs-**U**nternehmen **(EVU)** bezahlen. Die Kosten errechnen sich z. B. aus einem Grundpreis je Monat und dem Energiepreis je Kilowattstunde. Bei der Gesamtsumme wird noch die gesetzliche Mehrwertsteuer hinzugerechnet.

$$\text{Energiekosten} = \text{elektrische Energie} \cdot \text{Energiepreis}$$

$$K = W \cdot EP$$

$$W = \frac{K}{EP} \qquad EP = \frac{K}{W}$$

K Energiekosten
W elektrische Energie in kWh
EP Energiepreis in $\frac{€}{\text{kWh}}$

Beispiel:

Ein Speicherwassererwärmer mit einer Anschlussleistung von 2 kW ist 15 Minuten in Betrieb.
Wie viel elektrische Energie wird dabei benötigt?
Welche Energiekosten entstehen, wenn der Energiepreis 0,30 €/kWh beträgt.

Geg.: $P = 2$ kW $\quad t = 15$ min
$EP = 0{,}30$ €/kWh

Ges.: W, K

$W = P \cdot t \qquad W = 2\ \text{kW} \cdot 0{,}25\ \text{h}$

$\mathbf{W = 0{,}5\ kWh}$

$K = W \cdot EP \qquad K = 0{,}5\ \text{kWh} \cdot 0{,}30\ \frac{€}{\text{kWh}}$

$\mathbf{K = 0{,}15\ €}$

Aufgaben

1 Der Jahresstrombedarf eines 3-kW-Speicherwassererwärmers wird mit 1096 kWh ermittelt. Wie groß sind die Energiekosten bei einem Energiepreis von 0,30 €/kWh?

2 Eine Zirkulationspumpe für 230 V mit einer Wirkleistung von 75 W ist täglich 8 Stunden in Betrieb.
Wie groß sind die täglichen Energiekosten bei einem Energiepreis von 0,30 €/kWh?

3 Ein 3,3-kW-Speicherwassererwärmer ist täglich 35 min in Betrieb. Welche Energiekosten entstehen jeden Tag bei einem Energiepreis von 0,30 €/kWh?

4 Ein Elektro-Raumheizer 2000W/230V ist täglich 2 Stunden 35 Minuten eingeschaltet. Berechnen Sie die täglichen Energiekosten bei einem Energiepreis von 0,30 €/kWh?

5 Eine Elektro-Speicherheizung hat eine Anschlussleistung von 4,9 kW. Sie heizt von 21.30 Uhr bis 5.00 Uhr morgens auf.
a) Wie viel elektrische Energie ist beim einmaligen Aufheizen erforderlich?
b) Mit welchen Energiekosten ist täglich bei einem Energiepreis von 0,30 €/kWh zu rechnen?

6 Die Anschlussleistung eines Durchflusswassererwärmer wird mit 27 kW angegeben. Er ist durchschnittlich täglich 40 min in Betrieb. Der Energiepreis beträgt 0,30 €/kWh. Wie groß sind die Energiekosten in einem Jahr?

7 Eine elektrische Rohrbegleitheizung hat eine Leistung von 10 W/m. Sie wird an einer Stichleitung von 6 m Länge angebracht. Welche Energiekosten entstehen jährlich bei einem Energiepreis von 0,30 €/kWh?

8 Eine Dachrinnenheizung mit einer Leistung von 36 W/m ist in einer 20 m langen Dachrinne verlegt. Sie ist jährlich an 25 Frosttagen in Betrieb. Mit welchen Energiekosten ist bei einem Energiepreis von 0,30 €/kWh zu rechnen?

9 Gegen das Versulzen einer Heizölleitung wird eine Rohrbegleitheizung mit 15 W/m benötigt. Die Leitungslänge wurde mit 3,75 m ermittelt. Mit welchen Energiekosten ist bei 25 Frosttagen jährlich zu rechnen, wenn der Energiepreis 0,30 €/kWh beträgt?

10 Die Wärmepumpenanlage eines Einfamilienhauses ist an das 400-V-Drehstromnetz angeschlossen. Der Drehstrommotor entnimmt dem Stromnetz eine Leistung von 2,9 kW. Sie ist in einem Schaltjahr vom 1. Oktober bis 1. Mai täglich durchschnittlich 6,5 Stunden in Betrieb. Wie groß sind die Energiekosten während der Heizperiode bei einem Energiepreis von 0,27 €/kWh?

11 In einer Heizungsanlage sind jeweils zwei Umwälzpumpen mit 90 W und 120 W und zwei Ölbrenner von jeweils 250 W eingebaut. Die Umwälzpumpen sind während der Heizperiode 220 Tage in Betrieb. Die Betriebsstundenzähler der Ölbrenner zeigen in dieser Heizperiode jeweils 1 250 Stunden an. Wie groß sind die Energiekosten bei einem Energiepreis von 0,30 €/kWh?

12 Wie lange kann ein 2-kW-Speicherwassererwärmer bei einem Energiepreis von 0,30 €/kWh mit einem € Energiekosten betrieben werden?

11.7 Erwärmzeit und Massenstrom elektrischer Wassererwärmer

Bei elektrischen Wassererwärmern ist die Erwärmzeit und der Massenstrom von Bedeutung.

11.7.1 Erwärmzeit

Die Erwärmzeit ist bei Speicherwassererwärmern eine wichtige Größe. Es besteht die Möglichkeit, elektrische Speicherwassererwärmer kostengünstig, z.B. über Nacht in der Schwachlastzeit des Elektrizitätswerkes, aufzuheizen. Diese Schwachlastzeit beträgt in der Regel acht Stunden pro Tag.

Die Erwärmzeit ist abhängig

- vom Wasserinhalt des Speicherwassererwärmers,
- von der gewünschten Warmwassertemperatur,
- vom Wirkungsgrad des Speicherwassererwärmers und
- von der zugeführten Wärmeleistung bzw. der Anschlussleistung.

Die Erwärmzeit t_E errechnet sich somit aus dem Speicherinhalt m_W, der spezifischen Wärmekapazität des Wassers c, der Temperaturdifferenz $\Delta\vartheta$, der elektrischen Anschlussleistung P_{zu} und dem Wirkungsgrad η.

$$\text{Erwärmzeit} = \frac{\text{Wasserinhalt} \cdot \text{spez. Wärmekapazität} \cdot \text{Temp.differenz}}{\text{Anschlussleistung} \cdot \text{Wirkungsgrad}}$$

$$t_E = \frac{m_W \cdot c \cdot \Delta\vartheta}{P_{zu} \cdot \eta}$$

Temperaturdifferenz $\Delta\vartheta$ in K = gewünschte Warmwassertemperatur ϑ_2 – Kaltwassertemperatur ϑ_1

t_E	Erwärmzeit in h und min
m_W	Wasserinhalt in kg
c	spezifische Wärmekapazität in Wh/(kg · K)
$\Delta\vartheta$	$= \vartheta_2 - \vartheta_1$
P_{zu}	Anschlussleistung in kW, W
η	Wirkungsgrad

Beispiel:

Ein Speicherwassererwärmer mit 100-l-Wasserinhalt hat eine Anschlussleistung von 4 kW. Das Wasser wird von 8 °C auf 56 °C erwärmt. Der Wirkungsgrad beträgt 87%.
Wie lange dauert die Erwärmung des Wassers?

Geg.: $m_W = 100$ kg, $P_{zu} = 4$ kW, $\Delta\vartheta = 48$ K, $\eta = 0{,}87$

Ges.: t_E

$$t_E = \frac{m_W \cdot c \cdot \Delta\vartheta}{P_{zu} \cdot \eta}$$

$$\Delta\vartheta = \vartheta_2 - \vartheta_1$$
$$\Delta\vartheta = 56\,°C - 8\,°C$$
$$\Delta\vartheta = 48\,°C$$
$$\Delta\vartheta = 48\,K$$

$$t_E = \frac{100\,\text{kg} \cdot 1{,}163\,\frac{\text{Wh}}{(\text{kg} \cdot \text{K})} \cdot 48\,\text{K}}{4000\,\text{W} \cdot 0{,}87}$$

$t_E = 1{,}6$ h

t_E = 1 h 36 min

Aufgaben

1 150 l Wasser werden in einem Elektro-Speicherwassererwärmer von 8 °C auf 55 °C erwärmt. Der Wirkungsgrad beträgt 87%.
Wie viel Minuten dauert das Erwärmen bei einer Anschlussleistung von 6 kW?

2 Wie lange dauert die Erwärmung eines 15-l-Elektro-Speicherwassererwärmers mit 2 kW Anschlussleistung, wenn das Wasser von 8 °C auf 60 °C aufgeheizt wird?
Der Wirkungsgrad wird mit 87% angegeben.

3 Aus dem Typenschild eines Elektrospeichers sind verschiedene technische Angaben zu entnehmen **(Bild 1, Seite 346)**.
Berechnen Sie die Erwärmzeit bei 39 K Temperaturdifferenz.
Der Wirkungsgrad wird mit 87% angenommen.

4 Ein Elektrospeicher mit 80-l-Inhalt kann durch Umklemmen an der Klemmleiste mit verschiedenen Anschlussleistungen betrieben werden **(Bild 2, Seite 336)**.
Vergleichen Sie die Erwärmzeiten bei einem Wirkungsgrad von 88% und einer Temperaturdifferenz von 50 K.

5 Ein 300-l-Elektro-Standspeicher hat eine Anschlussleistung von 4,0 kW. Das Wasser kann während der Niedertarif-Freigabedauer bis zu 8 Stunden erwärmt werden.
Der Wirkungsgrad beträgt 88%. Prüfen Sie nach, welche Temperaturerhöhung damit möglich ist.

6 In einem 30-l-Speicherwassererwärmer wird Kaltwasser von 10 °C erwärmt. Die Anschlussleistung beträgt 2 kW. Der Wirkungsgrad wird mit 88% angegeben.
Welche Temperatur erreicht das Wasser nach 40 Minuten?

7 Welche Warmwassertemperatur erreicht das Wasser in einem 100-l-Speicherwassererwärmer nach 68 Minuten, der eine Anschlussleistung von 6 kW hat? Sein Wirkungsgrad beträgt 85%. Das Kaltwasser hat eine Temperatur von 8 °C.

8 Ein 100-l-Elektrospeicher hat einen Wirkungsgrad von 87% **(Bild 1)**. Das Kaltwasser hat eine Temperatur von 8 °C. Wie lange dauert die Erwärmung bei den verschiedenen Anschlussleistungen, wenn eine Warmwassertemperatur von 55 °C erreicht werden soll **(Bild 2)?**

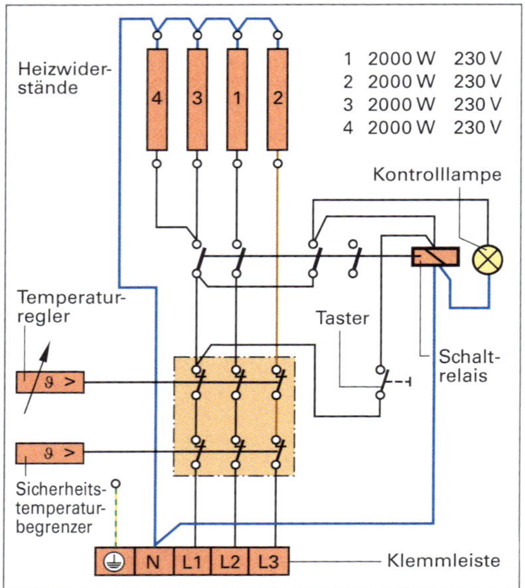

Bild 1: Elektrospeicher

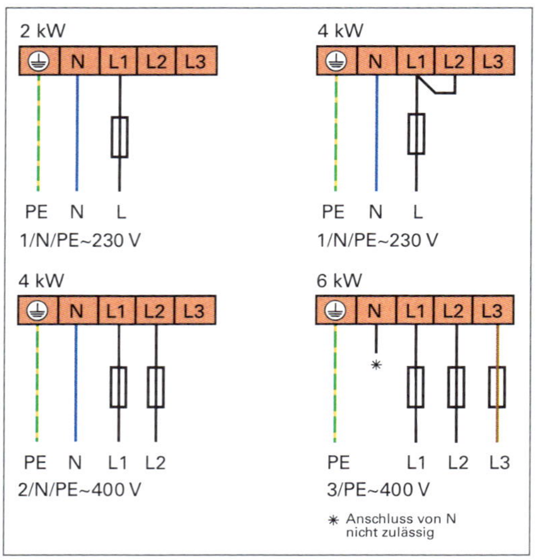

Bild 2: Anschlussmöglichkeiten

11.7.2 Massenstrom

Beim Füllen von Badewannen ist z.B. der Massenstrom des Wassererwärmers von Bedeutung.

Die Durchflusswassererwärmer liefern einen bestimmten Warmwasserstrom. Dieser wird bestimmt durch

- die Anschlussleistung des Durchflusswassererwärmers,
- der Temperaturdifferenz und
- dem Wirkungsgrad des Durchflusswassererwärmers.

Der Massenstrom $\dot{m}_W$ errechnet sich damit aus der elektrischen Anschlussleistung P_{zu}, dem Wirkungsgrad η, der spezifischen Wärmekapazität des Wassers c und der Temperaturdifferenz $\Delta\vartheta$.

$$\text{Massenstrom} = \frac{\text{Anschlussleistung} \cdot \text{Wirkungsgrad}}{\text{spezifische Wärmekapazität} \cdot \text{Temperaturdifferenz}}$$

$$\dot{m}_W = \frac{P_{zu} \cdot \eta}{c \cdot \Delta\vartheta}$$

Temperaturdifferenz $\Delta\vartheta$ in K = gewünschte Warmwassertemperatur ϑ_2 – Kaltwassertemperatur ϑ_1

$\dot{m}_W$ Massenstrom in kg/min
P_{zu} Anschlussleistung in kW, W
η Wirkungsgrad
c spezifische Wärmekapazität in Wh/(kg · K)
$\Delta\vartheta = \vartheta_2 - \vartheta_1$

Beispiel:

Ein Durchflusswassererwärmer hat eine Anschlussleistung von 24 kW. Das durchfließende Wasser wird von 10 °C auf 39 °C erwärmt. Der Wirkungsgrad wird mit 97% angegeben.
Wie groß ist der Massenstrom in kg/min?

Geg.: $P_{zu} = 24$ kW, $\Delta\vartheta = 29$ K, $\eta = 0{,}97$
Ges.: $\dot{m}_W$

$$\dot{m}_W = \frac{P_{zu} \cdot \eta}{c \cdot \Delta\vartheta}$$

$\Delta\vartheta = \vartheta_2 - \vartheta_1$
$\Delta\vartheta = 39\ °C - 10\ °C$
$\Delta\vartheta = 29\ °C$
$\Delta\vartheta = 29$ K

$$\dot{m}_W = \frac{24\,000\ \text{W} \cdot 0{,}97}{1{,}163\ \text{Wh/(kg} \cdot \text{K)} \cdot 29\ \text{K}}$$

$\dot{m}_W = 690{,}25$ kg/h

$\mathbf{\dot{m}_W = 11{,}5}$ **kg/min**

Aufgaben

1 Ein Elektro-Durchflusswassererwärmer mit einer Anschlussleistung von 21 kW erwärmt das durchströmende Wasser um 42 K bei einem Wirkungsgrad von 95 %. Wie groß ist der Massenstrom in kg/min?

2 Wie viele l Badewasser von 40 °C liefert ein Elektro-Durchflusswassererwärmer mit 24-kW-Anschlussleistung in jeder Minute, wenn die Kaltwassertemperatur 10 °C und der Wirkungsgrad 96 % beträgt?

3 Berechnen Sie den Massenstrom eines Durchflusswassererwärmers in kg/min mit 21-kW-Anschlussleistung, der das Wasser von 10 °C auf 56 °C erwärmt. Der Wirkungsgrad liegt bei 95 %.

4 Welche Anschlussleistung in kW muss ein Durchflusswassererwärmer haben, wenn er in $^1/_4$ h 175 l von 10 °C auf 37 °C erwärmen soll? Der Wirkungsgrad wird mit 96 % angegeben.

5 Für eine Duschanlage werden 9,5 l pro Minute Warmwasser benötigt. Es soll dazu ein Durchflusswassererwärmer mit einem Wirkungsgrad von 97 % verwendet werden.
An dem Durchflusswassererwärmer befindet sich ein Typenschild **(Bild 2, Seite 340)**.
Prüfen Sie nach, ob der Durchflusswassererwärmer dafür geeignet ist.

6 Mit welcher Warmwassertemperatur fließt das Wasser eines Durchflusswassererwärmers mit 24-kW-Anschlussleistung und 97 % Wirkungsgrad in eine Badewanne? Der Massenstrom wird mit 10,5 kg/min und die Kaltwassertemperatur mit 10 °C gemessen.

7 Elektro-Durchflusswassererwärmer mit den Leistungsgrößen 12 kW, 18 kW, 21 kW, 24 kW und 27 kW sind durch den Leistungsschalter von Teillast auf Volllast schaltbar **(Bild 1)**. Die Umschaltung von Stufe I auf Stufe II erfolgt zapfmengenabhängig. Dadurch ergeben sich:

Stufe I:	Teillast	33 %	der Nennleistung
Stufe I:	Volllast	66 %	der Nennleistung
Stufe II:	Teillast	50 %	der Nennleistung
Stufe II:	Volllast	100 %	der Nennleistung

Die Elektro-Durchflusswassererwärmer erhöhen die Temperatur des durchfließenden Wassers um 30 K bei einem Wirkungsgrad von 97 %.

Wie groß ist jeweils der Massenstrom in kg/min bei den Teillasten und Volllasten der Stufen I und Stufen II abhängig von den fünf Leistungsgrößen?

11.8 Projekt

Aufgabe

1 Ein Elektro-Durchflusswassererwärmer wird in den Leistungsgrößen
12 kW,
18 kW,
21 kW,
24 kW und
27 kW angeboten.

Die Elektro-Durchflusswassererwärmer werden mit 400-V-Dreiphasenwechselspannung betrieben.

Durch den Leistungsschalter können diese von Teillast auf Volllast geschaltet werden. Die Umschaltung von Stufe I auf Stufe II erfolgt abhängig von der Zapfmenge durch den Strömungsschalter.

Die Teillaststeuerung funktioniert zapfmengenabhängig.

Stufe I:	Teillast	33 %	der Nennleistung
Stufe I:	Volllast	66 %	der Nennleistung
Stufe II:	Teillast	50 %	der Nennleistung
Stufe II:	Volllast	100 %	der Nennleistung

Wie groß sind die Ströme durch die Heizwiderstände R1, R2, R3 und R4 bei den Teillasten und Volllasten der Stufen I und Stufen II abhängig von den fünf Leistungsgrößen?

Wie groß sind die Widerstandswerte der Heizwiderstände R1, R2, R3 und R4 bei den fünf Leistungsgrößen?

Hinweis: R1 beträgt bei der 12-kW-Leistungsgröße 10 Ω **(Bild 1)**.

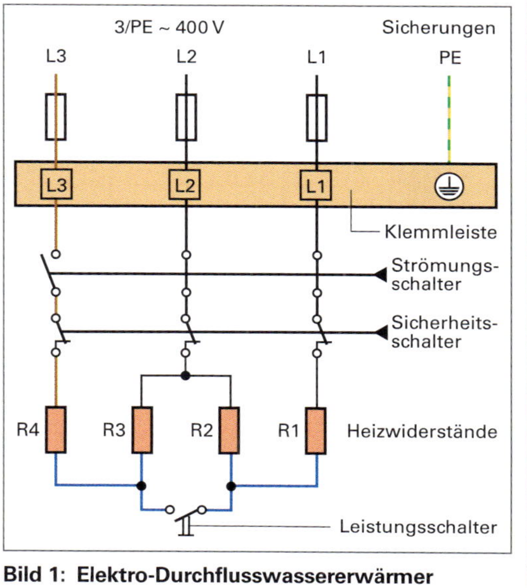

Bild 1: Elektro-Durchflusswassererwärmer

12 Kostenrechnung

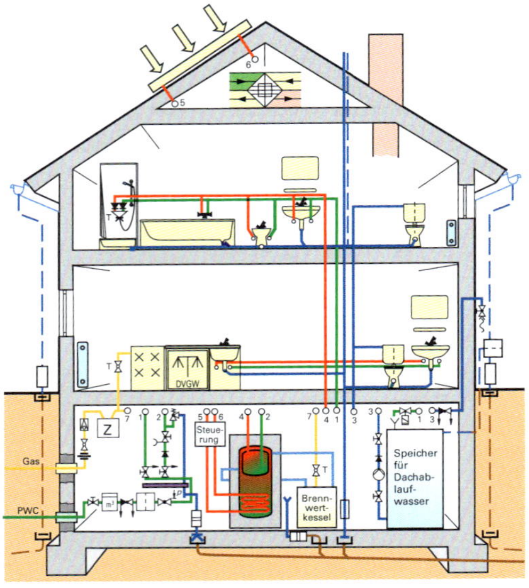

Leitprojekt

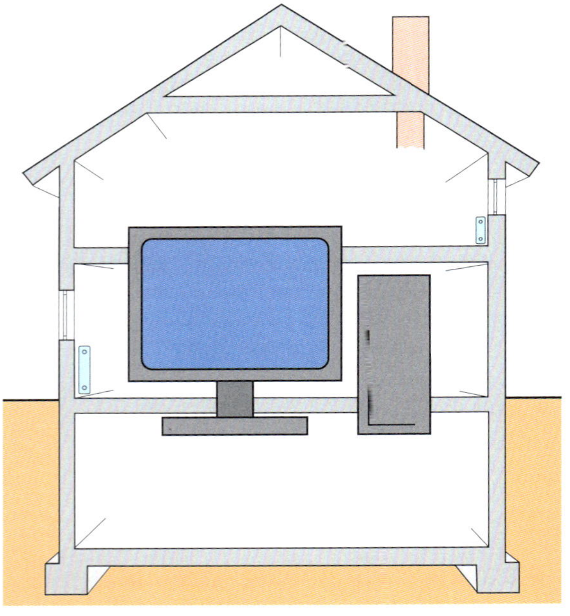

Kostenrechnung

12 Kostenrechnung

Die Kostenrechnung ist Bestandteil des betrieblichen Rechnungswesens **(Bild 1)**.

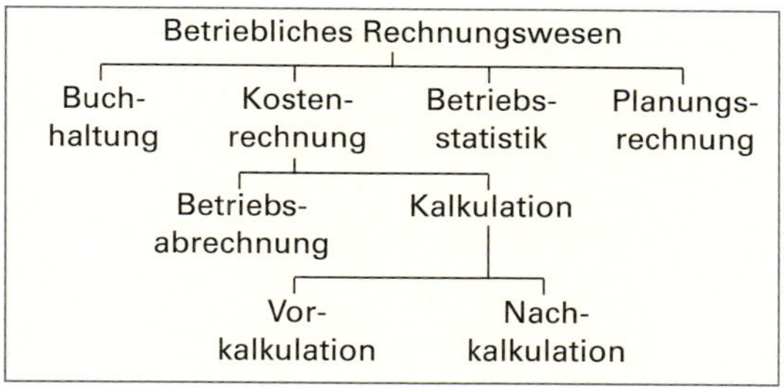

Bild 1: Betriebliches Rechnungswesen

Sie ist die Grundlage für die Kalkulation des Angebotspreises und hat die Aufgabe die Wirtschaftlichkeit der Durchführung eines Auftrages zu kontrollieren. Dies geschieht durch das

- Erfassen,
- Verteilen und
- Zurechnen

der Kosten.

Als Kosten bezeichnet man den wertmäßigen Verbrauch an Gütern und Leistungen zum Zweck der Erstellung eines Produktes oder der Durchführung eines Auftrages.

12.1 Kostenarten

Kosten werden nach der Zurechenbarkeit auf einen Kostenträger, wie z. B. auf einen Kundenauftrag in Einzelkosten und Gemeinkosten unterschieden. Je nach der Reaktion auf den Beschäftigungsgrad können die Kosten in fixe und in variable Kosten eingeteilt werden.

12.1.1 Einzel- und Gemeinkosten.

Die Gesamtkosten für die Erstellung eines Produktes oder eines Auftrages werden in Einzelkosten und in Gemeinkosten unterschieden **(Bild 2)**.

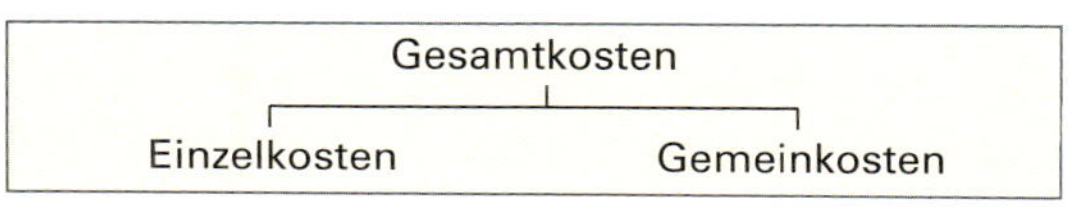

Bild 2: Einzel- und Gemeinkosten

Einzelkosten sind alle Kosten, die einem Kostenträger direkt zugerechnet werden können. Dies sind vor allem die Kosten für das Fertigungsmaterial und die Fertigungslöhne.

Gemeinkosten sind alle Kosten, die gemeinsam für mehrere Kostenträger anfallen und auf diese mittels eines Zuschlagsatzes umgelegt werden. Dies sind z. B. Verwaltungskosten, Geräte- und Werkzeugkosten, Gebäudekosten, Gehälter und Lohnnebenkosten.

Die Gemeinkosten können untergliedert werden in

- Materialgemeinkosten, wie z. B. Betriebsstoffe, Hilfsstoffe, Lagerhaltung, Strom und Heizung,
- Lohngemeinkosten, wie z. B. Gehälter, Lohnnebenkosten, Zulagen und Hilfslöhne,
- Kapitalgemeinkosten, wie z. B. Grundstücke, Gebäude und Einrichtungen und
- kalkulatorische Kosten, wie z. B. kalkulatorische Abschreibungen.

12.1.2 Fixe und variable Kosten

Soll der Beschäftigungsgrad berücksichtigt werden, unterteilt man die Gesamtkosten in fixe und in variable Kosten **(Bild 3)**.

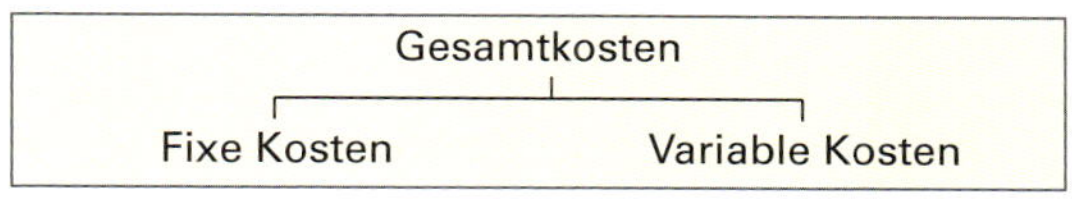

Bild 3: Fixe und variable Kosten

Fixe Kosten FK sind zeitabhängige Kosten, die für einen bestimmten Zeitraum immer in gleicher Höhe anfallen, unabhängig von der Beschäftigungslage. Dies sind vor allem Kosten für

- Gebäude,
- Versicherungen,
- Geräte,
- Werkzeuge und
- Löhne und Gehälter innerhalb der Kündigungsfrist.

Variable Kosten VK sind mengenabhängige Kosten, die sich proportional mit der Beschäftigungslage ändern. Dies sind vor allem Kosten für

- Fertigungsmaterial,
- Energieverbrauch,
- Betriebsstoffe und
- Akkordlöhne.

$$\text{Beschäftigungsgrad BG} = \frac{\text{Ist-Arbeitszeit}}{\text{Soll-Arbeitszeit}}$$

In Abhängigkeit vom Beschäftigungsgrad (Auslastung des Betriebes) bleiben die fixen Kosten über eine Periode betrachtet gleich groß, während die variablen Kosten proportional ansteigen **(Bild 1).**

Auf die Anzahl der Aufträge oder Stückzahl bezogen bleiben die variablen Kosten gleich groß, während die fixen Kosten abnehmen **(Bild 2).**

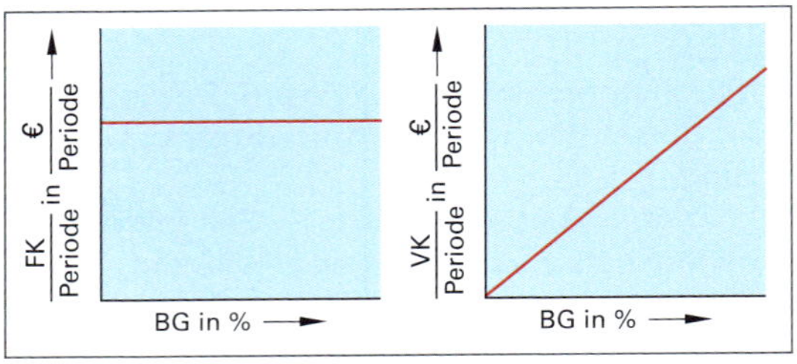

Bild 1: Fixe und variable Kosten pro Periode

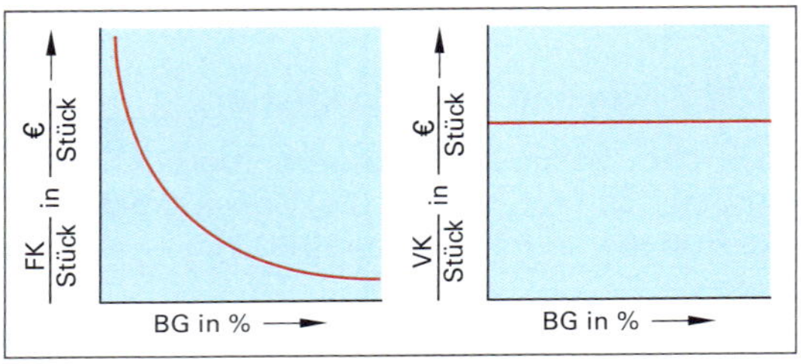

Bild 2: Fixe und variable Kosten pro Stück

12.2 Zuschlagskalkulation

Der Angebotspreis einer betrieblichen Leistung wird bestimmt durch die Selbstkosten und die Konkurrenzlage auf dem Markt. Das Ziel der Kalulation ist die Ermittlung der Selbstkosten.

Es wird die Vorkalkulation und die Nachkalkulation unterschieden.

In der **Vorkalkulation** werden die Selbstkosten für den Angebotspreis ermittelt.

In der **Nachkalkulation** werden die wirklich entstandenen Selbstkosten nach der Durchführung des Auftrages ermittelt und daraus der erzielte Gewinn oder Verlust bestimmt.

12.2.1 Entstehung des Angebotspreises

Der Angebotspreis entsteht bei der Zuschlagskalkulation, indem die Gemeinkosten den Einzelkosten zugeschlagen werden. Dies kann nach folgendem Berechnungsschema erfolgen **(Bild 3 und Bild 1, Seiten 355).**

	Materialeinzelkosten
+	Materialgemeinkosten
+	Lohneinzelkosten
+	Lohngemeinkosten
+	Sonderkosten der Fertigung
=	Herstellkosten
+	Verwaltungsgemeinkosten
+	Vertriebsgemeinkosten
+	Sonderkosten des Vertriebs
=	Selbstkosten
+	Wagnis- und Gewinnzuschlag
+	Provisionen, Skonti, Rabatte
=	Kalkulierter Netto-Angebotspreis
+	Mehrwertsteuer
=	Kalkulierter Brutto-Angebotspreis

Bild 3: Zuschlagskalkulation

12.2.2 Materialkosten

Materialkosten entstehen durch

- Werkstoffe, wie z. B. Einrichtungsgegenstände, Apparate, Armaturen, Rohre, Verbindungsmaterial, Befestigungsmaterial, Formstücke und Fittings,
- Verschnitt und andere Verluste,
- Hilfs- und Betriebsstoffe, wie z. B. Dichtungsmaterial, Befestigungsmaterial, Öl, Sauerstoff, Acetylen, Lot und Flussmittel und
- Gemeinkosten, wie z. B. Lagerhaltung, Transport und Lagerverluste.

Die Materialmenge ergibt sich aus dem Materialauszug bzw. dem Leistungsverzeichnis.

Die Materialeinkaufspreise gewinnt man aus

- Großhändlerunterlagen, wie z. B. Preislisten, Katalogen, Datenträgern und Online-Verbindungen und
- Lieferantenrechnungen.

Dabei sind vereinbarte Staffelrabatte und Skonti zu berücksichtigen. Skonto darf grundsätzlich nur vom Nettobetrag abgezogen werden. Staffelrabatt, auch als Bonus bezeichnet, bedeutet, dass die bestellende Firma einen Grundrabatt für Wiederverkäufer und einen firmenspezifischen Mengenrabatt erhält.

Bei kleineren Aufträgen werden Kosten für Verschnitt, Verluste, Hilfsstoffe, Verbindungs- und Befestigungsmaterial, Formstücke < DN 50, Fittings < DN 50 und Gemeinkosten prozentual zugeschlagen.

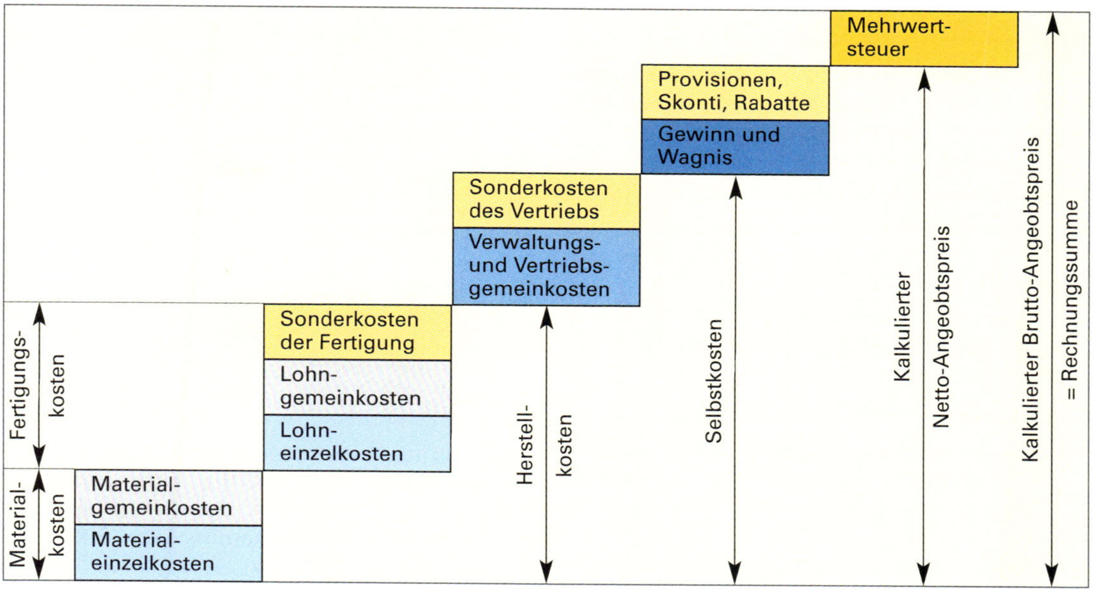

Bild 1: Zuschlagskalkulation

Beispiel 1

Eine Installationsfirma bestellt bei ihrem Großhändler 5 Waschtische zum Listenpreis von je 136,50 €. Es sind ein Grundrabatt von 25%, ein Mengenrabatt von 4% und bei Bezahlung innerhalb 14 Tagen 2% Skonto vereinbart. Wie groß ist der Rechnungsbetrag?

Lösung:

Listenpreis	5 · 136,50 €	=	682,50 €
– 25% Grundrabatt		=	170,63 €
			511,87 €
– 4% Mengenrabatt		=	20,47 €
Netto-Betrag		=	491,40 €
– 2% Skonto		=	9,83 €
Netto-Rechnungsbetrag		=	481,57 €
+ 19% MWSt von 491,40 €		=	93,37 €
Brutto-Rechnungsbetrag		=	**574,94 €**

Der Netto-Rechnungsbetrag einschließlich Bezugskosten wird als Einstandspreis bezeichnet. Skonto wird nur bei Vereinbarung berücksichtigt.

Beispiel 2:

Bestimmen Sie den Netto-Materialverkaufspreis für 1 lfm Kupfer-Halbrundrinne H 333 bei einem Listenpreis von 9,45 €/lfm einschließlich 1,5 Rinnenhalter je Meter bei einem Listenpreis von 4,30 € pro Stück. Es sind 25% Rabatt und 3% Skonto vereinbart. Der Materialzuschlagsatz für Verbindungs- und Befestigungsmaterial, Verschnitt, Verluste und Gemeinkosten beträgt 28%, für Wagnis und Gewinn 10%.

Lösung:

Listenpreis	9,45 € + 1,5 · 4,30 €	=	15,90 €
– 25% Rabatt		=	3,98 €
		=	11,92 €
– 3% Skonto		=	0,36 €
Einstandspreis		=	11,56 €
+ 28% Materialzuschlag			3,24 €
Material-Selbstkosten		=	14,80 €
+ 10% Wagnis und Gewinn		=	1,48 €
Netto-Materialverkaufspreis		=	**16,28 €**

Aufgaben

1 Eine Thermostatbatterie kostet laut Großhandelspreisliste 297,50 €. Der Großhändler gewährt einen Grundrabatt von 15% und einen Mengenrabatt von 6%, bei Barzahlung 2% Skonto.

Welchen Nettopreis müssen Sie bezahlen?

Weisen Sie die Mehrwertsteuer von 19% beim Bruttopreis aus.

2 Ein Heizkörper kostet einschließlich 19% Mehrwertsteuer 240,50 €. Bei Zahlung innerhalb 14 Tagen erhalten Sie 2% Skonto. Der Gemeinkostensatz am Einstandspreis beträgt 20%, der Verwaltungs- und Gewinnzuschlag 25%.

a) Bestimmen Sie den Netto-Verkaufspreis des Heizkörpers.

b) Errechnen Sie den gesamten Gemeinkostenzuschlagssatz in %.

12.2.3 Lohnkosten

Lohnkosten werden unterschieden in direkt verrechenbare Löhne als Lohneinzelkosten und in nicht direkt verrechenbare Löhne als Lohngemeinkosten.

Direkt verrechenbare Löhne sind

- **Fertigungslöhne,** die unmittelbar bei der Ausführung eines Auftrages entstehen und damit direkt verrechenbar sind und
- **Zulagen und Zuschläge,** wie z.B. Auslösungen, Zeitzuschläge, Erschwerniszuschläge und Montagezuschläge.

Nicht direkt verrechenbare Löhne sind

- **Gehälter und unproduktive Löhne,** wie z.B. für Planung, Überwachung, Abnahme, Schreibhilfen, Reinigung und Instandhaltung und
- **Lohnnebenkosten** bedingt durch Urlaubsgeld, bezahlte Feiertage, Lohnfortzahlung im Krankheitsfall, Arbeitgeberanteil an Sozialversicherungen, freiwillige Sozialleistungen und Betriebsausflug.

Basis für Lohnkosten sind die ausbezahlten Stundenlöhne, Auslösungen und Zulagen **Tabelle 1, Tabelle 2 und Bild 1).**

Tabelle 1: Tariflöhne im SHK-Handwerk (Beispiel)

Lohngruppe	Stundenlohn
Montageleiter	22,21 €
Obermonteur	20,57 €
Selbst. Monteur	18,90 €
Monteur ab 4. Berufsjahr	18,03 €
Monteur ab 1. Berufsjahr (Ecklohn)	14,92 €
Hilfsmonteur	14,39 €
Helfer	13,58 €
Auszubildender 3. Lehrjahr	7,75 €
Meister M2	19,08 €
Meister M4	26,70 €

38,5 Std	pro Woche im Durchschnitt
7,7 Std	pro Tag im Durchschnitt
34,5 Std. bis 42,5 Std	pro Woche flexible Arbeitszeit, Ausgleich innerhalb eines Jahres
167,5 Std.	pro Monat Abrechnungszeit
2010 Std.	Jahresarbeitszeit

Bild 1: Arbeitszeit eines Monteurs (Beispiel)

Tabelle 2: Auslösungen (Beispiel)

Zone	Entfernung in km	Betrag je Arbeitstag ohne Fahrgeld
1	0 bis 5	–
2	5 bis 16	10,51 €
3	16 bis 30	15,70 €
4	Fernmontage > 30 km mit tägl. Heimfahrt	20,91 €
5	Fernmontage mit Übernachtung	41,82 €

Für schmutzig oder gefährlich eingestufte Arbeiten müssen Erschwernis- oder Gefahrenzulagen bezahlt werden. Bei Mehrarbeit, wie z.B. über 42,5 Std wöchentlich oder 2010 Std. jährlich und bei Arbeiten an Sonn- und Feiertagen müssen Zeitzuschläge gewährt werden.

Die Lohnnebenkosten, auch als lohngebundene Kosten bezeichnet, bestehen aus

- **tariflichen Sozialaufwendungen,** wie z.B. für Feiertage, Urlaubstage und Krankentage,
- **betriebliche Sozialaufwendungen,** wie z.B. für Arbeitskleidung, Essenszulage und Betriebsfeiern und
- **gesetzliche Sozialaufwendungen,** wie z.B. für Arbeitgeberanteile zur Krankenversicherung, Rentenversicherung, Arbeitslosenversicherung und Pflegeversicherung, Lohnfortzahlung im Krankheitsfall, Berufsgenossenschaft und Haftpflichtversicherung.

Diese Lohnnebenkosten bewirken einen Gemeinkostenzuschlag von 80 % bis 90 % auf den Stundenlohn eines Monteurs.

Beispiel:

Wie groß sind die Lohnkosten je Arbeitsstunde für einen Monteur, der als selbstständiger Monteur eingestuft ist, Auslösung Zone 4 erhält und für den 84% Lohnnebenkosten zu berücksichtigen sind?

Lösung:

Stundenlohn	18,90 € (aus Tabelle 1)
Auslösung (20,91 €/7,7 Std.)	2,72 € (aus Tabelle 2)
Lohnnebenkosten (84% von 18,90 €)	15,88 €
Lohnkosten pro Std.	**37,50 €**

12.2.4 Gemeinkosten

Gemeinkosten sind alle Kosten, die nicht für jeden einzelnen Auftrag erfasst werden können.

Sie müssen deshalb pauschaliert im Verhältnis den direkt verrechenbaren Kosten zugeschlagen werden. Sie entstehen durch

- **Löhne,** wie z. B. Gehälter und Lohnnebenkosten (vgl. 12.2.3),
- **Material,** wie z. B. Hilfs- und Betriebsstoffe, Lagerkosten, Transport und Verluste (vgl. 12.2.2),
- **Verwaltung,** wie z. B. Büromaterial, Telefongebühren, Porti, Datenverarbeitung und Werbekosten,
- **Steuern, Beiträge, Versicherungen,** wie z. B. Gewerbesteuer, Grundsteuer, Beiträge an Berufsverbände,
- **Kfz-Kosten, Gerätekosten,** wie z. B. Kraftstoff, Reifen, Reparaturen, Instandhaltung und Abschreibung und
- **Verschiedene Kosten,** wie z. B. Miete, Pacht, Strom und Reinigung.

Neben den durch die Buchhaltung erfassten Gemeinkosten sind noch kalkulatorische Kosten zu berücksichtigen.

Kalkulatorische Kosten sind Kosten für Eigenleistungen und tatsächlichem Verbrauch, die nicht zu einem Geldabfluss führen. Es werden unterschieden

- der kalkulatorische Unternehmerlohn,
- die kalkulatorische Zinsen,
- die kalkulatorischen Abschreibungen,
- die kalkulatorischen Mieten und
- die kalkulatorischen Wagnisse.

Der kalkulatorische Unternehmerlohn in Höhe eines Geschäftsführergehalts wird für Eigentümer von Einzelfirmen und Personengesellschaften, die kein Gehaft beziehen, angerechnet.

Kalkulatorische Zinsen vergüten mit einem angenommenen marktüblichen Zinssatz, entsprechend für eine Ersthypothek, das eingesetzte Eigenkapital.

Mit der **kalkulatorischen Abschreibung** wird die tatsächliche Abnutzung von Maschinen, Geräten und Gebäuden berücksichtigt, im Gegensatz zur steuerlichen Abschreibung.

Kalkulatorische Mieten vergüten firmeneigene Räume mit einem angenommenen ortsüblichen Mietpreis.

Kalkulatorische Wagnisse berücksichtigen die nicht versicherungsfähigen Verlustgefahren bei der Ausführung eines Auftrages.

Die **Betriebsabrechnung** hat die Aufgabe, die in der Buchhaltung ermittelten Kosten in Einzelkosten und Gemeinkosten aufzuteilen und diese den einzelnen Kostenstellen zuzuordnen. Dazu wird ein **B**etriebs**a**brechnungs**b**ogen **BAB** verwendet.

Daraus können dann die Gemeinkosten-Zuschlagssätze auf die Einzelkosten ermittelt werden.

Beispiel:

Aus der Buchhaltung ist eine einfache Betriebsabrechnung gegeben **(Tabelle 1, Seite 358).** Ermitteln Sie die Gemeinkosten-Zuschlagssätze und die Stundenverrechnungssätze.

Es wird angenommen, dass im nächsten Geschäftsjahr die Struktur des Betriebes gleich bleibt, die produktiven Löhne und die Personalkosten sich um 2% verteuern, das Fertigungsmaterial und die sachlichen Gemeinkosten sich um 3% verteuern und die kalkulatorischen Kosten unverändert bleiben. Der Materialgemeinkosten-Zuschlagssatz soll 22% betragen.

Lösung:

Die Gemeinkosten-Zuschlagssätze werden auf der Basis des Fertigungsmaterials und der produktiven Löhne ermittelt. Da alle Gemeinkosten zusammengerechnet sind, wird der Materialgemeinkosten-Zuschlagssatz festgelegt und der Lohngemeinkosten-Zuschlagssatz berechnet. Die Werte sind dem Betriebsabrechnungsbogen entnommen (Tabelle 1, Seite 352, Spalte 4).

- Summe des Fertigungsmaterials: 784 580 €
- Summe der produktiven Löhne: 148 764 €
- Summe der Gemeinkosten: 413 445 €
- Zuschlag auf Material:
  22% von 784 580 € = 172 608 €
- restliche Gemeinkosten, die über Lohn zu verrechnen sind:
  413 445 € – 172 608 € = 240 837 €
- Zuschlag auf Lohn ohne Gewinn.
  148 764 € ≙ 100 %

$$240\,837\ € \triangleq \frac{100\% \cdot 240\,837\ €}{148\,764\ €} = \mathbf{161{,}9\%}$$

Der SHK-Branchendurchschnitt laut Betriebsvergleich des Fachverbandes Baden-Württemberg beträgt derzeit für den Materialgemeinkosten-Zuschlagssatz 24,8 % und für den Lohngemeinkosten-Zuschlagssatz 146,9 %.

Tabelle 1: Betriebsabrechnungsbogen

Kostenarten	Werte lt. Buchhaltung im letzten Geschäftsjahr in €	Veränderungen im neuen Geschäftsjahr in %	Korrigierte Werte für die Kalkulation
Einzelkosten			
1. Fertigungsmaterial	761 728	+ 3	**784 580**
2. Produktive Löhne	145 847	+ 2	**148 764**
Gemeinkosten			
3. Personalkosten			
– Gehälter	75 570	+ 2	77 081
– unproduktive Löhne	51 790	+ 2	52 826
– Arbeitgeberanteil zur Sozialversicherung	53 549	+ 2	54 620
– freiwillige und tarifliche soziale Aufwendungen	13 200	+ 2	13 464
– sonstige Personalnebenkosten	5104	+ 2	5206
– Berufsgenossenschaft	10 927	+ 2	11 146
4. Sachliche Gemeinkosten			
– Betriebs-, Geschäftsräume	9350	+ 3	9631
– Steuern, Versicherungen, Beiträge	11 220	+ 3	11 557
– Gerätekosten	2365	+ 3	2436
– Kfz-Kosten	9596	+ 3	9884
– Werbe-, Reisekosten	7022	+ 3	7233
– Reparaturen, Instandhaltung	1388	+ 3	1430
– Verwaltungs-, Bürokosten	20 629	+ 3	21 248
– sonst. Gemeinkosten	5562	+ 3	5729
5. Kalkulatorische Kosten			
– kalk. Unternehmerlohn	88 000	–	88 000
– kalk. Zinsen	10 560	–	10 560
– kalk. Abschreibungen	21 604	–	21 604
– kalk. Miete	2640	–	2640
– kalk. Wagnis	7150	–	7150
6. Summe der Gemeinkosten	407 226		**413 445**

Für Arbeiten mit geringem oder keinem Materialeinsatz, wie z. B. bei Kundendienstarbeiten müssen alle Gemeinkosten über den Lohn verrechnet werden.

– Lohngemeinkosten-Zuschlagssatz für Kundendienstarbeiten:

$148\,764\ € \mathrel{\hat{=}} 100\%$

$$413\,455\ € \mathrel{\hat{=}} \frac{100\% \cdot 413\,455\ €}{148\,764\ €} = \mathbf{277{,}9\%}$$

> Bei lohnintensiven Kundendienstarbeiten ist ein höherer Lohngemeinkosten-Zuschlagssatz zu verwenden als bei materialintensiven Arbeiten.

Die betriebsnotwendigen Stundenverrechnungssätze sollen für einen Meister, einen Obermonteur, einen Monteur mit 5 Gesellenjahren, einen Helfer und einen Kundendienst-Monteur, der als selbstständiger Monteur eingestuft ist, ermittelt werden.

Die Stundenlöhne sind Tabelle 1, Seite 350 entnommen.

- Betrieblicher Materialzuschlag: 22%
- Ermittelter Zuschlag auf Lohn: 161,9%
- Ermittelter Zuschlag auf Lohn bei Kundendienstarbeiten: 277,9%

Tabelle 1: Stunden- und Minutenverrechnungssätze

	Meister	Obermonteur	Monteur mit 5 Gesellenjahren	Helfer	KD-Monteur
Stundenlohn in €	26,70	20,57	18,03	13,58	18,90
+ Lohnzuschlag 161,9 % bzw. 277,9 %	43,13	33,30	29,19	21,99	52,52
= Stundenverrechnungssatz ohne Gewinn	69,93	53,87	47,22	35,57	71,42
* 6 % Wagnis und Gewinn	4,20	3,23	2,83	2,13	4,29
= Stundenverrechnungssatz	**74,13**	**57,10**	**50,05**	**37,70**	**75,71**
1/60 = Minutenverrechnungssatz	**1,24**	**0,95**	**0,83**	**0,63**	**1,26**

Durchschnittlicher Stundenverrechnungssatz ohne KD-Monteur für die Vorkalkulation:
(74,13 € + 57,10 € + 50,05 € + 37,70 €) : 4 = **54,75 €**
Durchschnittlicher Minutenverrechnungssatz: 54,75 €/60 = **0,91 €**

12.2.5 Sonderkosten, Gewinn, Mehrwertsteuer

Sonderkosten sind Kosten, die wegen ihrer Art oder Bedeutung in der Kalkulation gesondert ausgewiesen werden. Dazu gehören z. B.

- Leistungen von Nachunternehmern,
- Lizenzgebühren,
- Prämien für Bauversicherungen,
- besondere Entwicklungs- und Entwurfskosten und
- Gerätekosten als Einzelkosten.

Sie werden mit dem Gewinn- und Wagniszuschlag versehen.

Der **Gewinn- und Wagniszuschlag** auf Material-, Lohn- und Sonderkosten ist von der Art des Auftrags und der Wettbewerbssituation abhängig. Er bewegt sich üblicherweise zwischen 4 % und 10 %.

Die **Mehrwertsteuer** ist eine besondere Form der Umsatzsteuer. Ihr unterliegen alle Lieferungen und Leistungen gegen Entgelt. Die Höhe wird durch den Bundestag festgelegt, zur Zeit beträgt sie 19 % vom Netto-Verkaufspreis. Auf Rechnungen ist die Mehrwertsteuer bei Rechnungsbeträgen über 100,00 € gesondert aufzuführen.

Aufgaben

1 In einem SHK-Betrieb fallen bei der Herstellung eines Blechteiles folgende Kosten an:
Fertigungsmaterial 100,00 € und
Fertigungslöhne 150,00 €.
Die Gemeinkosten-Zuschlagssätze betragen auf Material 45 %, auf Fertigungslöhne 90 % und auf die Verwaltungs- und Vertriebsgemeinkosten 50 %.

a) Ermitteln Sie die Herstellkosten.

b) Wie hoch sind die Selbstkosten?

c) Wie hoch ist der Gewinn in € und in Prozent, wenn das Blechteil einschließlich Mehrwertsteuer für 823,60 € verkauft wird?

2 Der Betriebsabrechnungsbogen eines Handwerksbetriebes enthält für das vergangene Geschäftsjahr folgende Angaben:

Materialgemeinkosten:	36 850 €
Lohngemeinkosten:	716 880 €
Verwaltungs- und Vertriebsgemeinkosten:	281 573 €
An Einzelkosten fielen an:	
Fertigungsmaterial:	670 000 €
Fertigungslöhne:	477 920 €

a) Berechnen Sie die Zuschlagssätze.

b) Ermitteln Sie den Netto-Angebotspreis eines Auftrages, für den folgende Einzelkosten veranschlagt werden:
Fertigungsmaterial: 325,00 €
Fertigungslöhne 42 Std. zu 18,03 €/Std
Gewinn- und Wagniszuschlag: 6 %.

3 Gegeben ist der folgende Betriebsabrechnungsbogen:

Kostenart	Werte aus der Buchhaltung
Einzelkosten	
– Materialkosten	1 250 000 €
– Fertigungslöhne	400 000 €
Gemeinkosten	
– Gehaltskosten	200 000 €
– Abschreibungen	150 000 €
– Instandhaltung	100 000 €
Summe	450 000 €

Die Gemeinkosten werden auf die Kostenstellen Material M, Fertigung F, Verwaltung V und Vertrieb VR mit folgendem Verteilungsschlüssel umgerechnet:

	Kostenstellen			
Gemeinkosten	M	F	V	VR
Gehaltskosten	1	3	3	1
Abschreibungen	1	3	1	1
Instandhaltung	1	4	2	1

a) Berechnen Sie die Zuschlagssätze für
   - Materialgemeinkosten,
   - Lohngemeinkosten,
   - Verwaltungsgemeinkosten und
   - Vertriebsgemeinkosten.

b) Berechnen Sie die Selbstkosten einer Installation bei folgenden Einzelkosten:
   - Materialeinzelkosten: 800 € und
   - Fertigungslöhne 3 000 €.

4 Ein SHK-Betrieb hat folgende Personalstruktur:

1 Meister – Betriebsinhaber (50% produktiv arbeitend)
1 Meister angestellt
3 Obermonteure
4 Monteure mit 5 Berufsjahren
4 Monteure
3 Helfer

An Bruttolöhnen werden ausbezahlt:

Betriebsinhaber	26,07 €
Meister angestellt	22,10 €
Obermonteur	20,57 €
Monteur mit 5 Berufsjahren	18,03 €
Monteur	14,92 €
Helfer	13,58 €

Der Gemeinkostenzuschlag auf die produktiven Löhne beträgt 160%. Als Gewinnzuschlag werden 4% angesetzt.

Ermitteln Sie den durchschnittlichen Stundenverrechnungssatz und den Minutenverrechnungssaztz des Betriebes für die Vorkalkulation.

5 Ermitteln Sie den Lohngemeinkosten-Zuschlagssatz für einen SHK-Betrieb, wenn die Gemeinkosten insgesamt 279 800,00 €, die Materialeinzelkosten 124 640,00 € und die Lohneinzelkosten 148 000,00 € betragen. Der Materialgemeinkosten-Zuschlagssatz beträgt 25%.

6 Ein gewerblicher Kunde bezahlt ihre Rechnung über 7 850,50 € einschließlich 19% Mehrwertsteuer. Er zieht 3% Skonto ab.

a) Wie hoch ist der Überweisungsbetrag?

b) Wie groß ist die Minderung ihrer Umsatzsteuerschuld?

c) Wie groß ist die Erlösschmälerung?

12.3 Angebotsbearbeitung

Ein Angebot wird auf der Grundlage des Bauvertragrechts, in der Regel der Vergabe- und Vertragsordnung für Bauleistungen (VOB) oder des Werkvertragrechts des Bürgerlichen Gesetzbuches (BGB), der Baubeschreibung und des Leistungsverzeichnisses erstellt.

12.3.1 Bauvertragsrecht

Der Bauvertrag zwischen einem Bauherrn und einem Bauunternehmen unterliegt gesetzlichen und vertraglichen Regelungen. Werden keine besonderen Abmachungen getroffen, gilt das Werkvertragsrecht des **B**ürgerlichen **G**esetz**b**uches **BGB.** Für Bauverträge werden häufig die **V**ergabe- und Vertrags**o**rdnung für **B**auleistungen **VOB** vereinbart. Die Regelungen der VOB gelten dann vor denen des BGB. Danach muss der Bauunternehmer eine fehlerfreie Bauleistung seinem Kunden übergeben.

Die Vergabe- und Vertragsordnung für Bauleistungen VOB gliedert sich in

- Allgemeine Bestimmungen für die Vergabe von Bauleistungen VOB Teile A, DIN 1960,
- Allgemeine Vertragsbedingungen für die Ausführung von Bauleistungen VOB Teil B, DIN 1961 und in
- **A**llgemeine **t**echnische **V**ertragsbedingungen für Bauleistungen VOB Teil C, **ATV,** DIN 18299 bis DIN 18459.

Als Vertragsarten werden Leistungsverträge und Nachweisverträge unterschieden **(Bild 1 und Bild 1, Seite 355).**

Leistungsverträge	
Pauschalvertrag	Einheitspreisvertrag
Vertragsgrundlage: Baubeschreibung und Leistungsprogramm Abrechnung: Pauschalsumme für die gesamte Bauleistung	Vertragsgrundlage: Baubeschreibung und Leistungsverzeichnis Abrechnung: Einheitspreis × ausgeführte Menge

Bild 1: Leistungsverträge

Der Einheitspreisvertrag ist die häufigste Vertragsart im SHK-Gewerk.

Die Ausführung der Bauleistung ist vom Bauunternehmer nach den allgemeinen technischen Vertragsbedingungen, den anerkannten Regeln der Technik sowie den gesetzlichen

Nachweisverträge	
Stundenlohnvertrag	Selbstkosten-erstattungsvertrag
Für Bauleistungen geringeren Umfanges mit vorwiegendem Lohnkostenanteil.	Für Bauleistungen, die vor der Vergabe nicht eindeutig bestimmt werden können.

Bild 1: Nachweisverträge

und behördlichen Bestimmungen in eigener Verantwortung durchzuführen. Der Kunde kann vom Bauunternehmer eine **Sicherheitsleistung** für die vertragsgemäße Bauausführung und die Gewährleistung verlangen in Form von

- Hinterlegung von Geld oder Wertpapieren,
- Bürgschaft eines Kreditinstituts und
- Bestellung von Hypotheken an inländischen Grundstücken.

Umgekehrt kann der Bauunternehmer von seinem Kunden eine Sicherungshypothek oder eine Sicherheitsleistung verlangen zur Sicherung seiner Forderungen aus den Bauleistungen.

Mit der **Abnahme** nimmt der Bauherr die fertige Bauleistung entgegen. Nach der Abnahme hat der Kunde **Mängelansprüche,** wenn diese zur Zeit der Abnahme nicht fehlerfrei war.

Die Mängelansprüche verjähren nach

- 2 Jahren bei beweglichen Sachen,
- 2 Jahren bei Arbeiten an Grundstücken und von Feuer berührten Teilen bei Feuerungsanlagen,
- 4 Jahren nach VOB und 5 Jahren nach BGB bei Arbeiten an Bauwerken und Holzerkrankungen und
- 10 Jahren bei arglistiger Täuschung.

Für die **Abrechnung** und Zahlung der Bauleistung können Abschlags-, Teilschluss- und Schlusszahlungen vereinbart werden.

Die **Verjährungsfrist** für den Vergütungsanspruch beträgt 2 Jahre, bei Leistungen für ein Gewerbe 4 Jahre. Sie beginnt am Ende des Jahres, in dem die Abnahme erfolgt ist.

12.3.2 Vorkalkulation

Für die Vorkalkulation werden benötigt

- der Materialeinkaufspreis (Einstandspreis),
- der Materialzuschlag,
- der durchnittliche Minutenwert,
- die Montagezeit,
- der Gewinn- und Wagniszuschlag,
- die Mengen und die Vertragsart.

Im Aufbau der Vorkalkulation wird die Vergabe- und Vertragsordnung für Bauleistungen und im Besonderen der Einheitspreisvertrag zugrunde gelegt.

Die Ermittlung des Einheitspreises wird tabellenförmig durchgeführt **(Tabelle 1, Seite 362 und Bild 2).**

Vertragsbedingungen				
Pos.	Menge	Leistung	Einheitspreis	Gesamtpreis
Netto-Angebotspreis				
+ Mehrwertsteuer				
= Brutto-Angebotspreis				
Ditzingen, den Bieter:				

Bild 2: Struktur des Angebots

Beispiel 1:

Erstellen Sie für einen Kunden ein Angebot für die Modernisierung seines Bades. Die nachstehende Aufstellung enthält die benötigten Materialien, Montageminuten und Listenpreise **(Tabelle 2, Seite 362).**

Der Unternehmer erhält auf die Listenpreise folgende Rabatte:

– Rohrmaterial	32%
– Spiegelschrank	15%
– Andere Materialien	24%

und bei termingerechter Bezahlung 3 % Skonto.

Als Materialzuschlagssatz rechnet der Betrieb 26%, sowie einen Gewinn- und Wagniszuschlag von 4%.

Lohnkosten:

Monteur:	18,03 €/Std.
Helfer:	13,58 €/Std.
Lohngemeinkosten:	175 %
Gewinn- und Wagniszuschlag:	8 %

Für Projektierung wird als Sonderkosten ein Pauschalbetrag von 200,00 € vereinbart.

a) Erstellen Sie ein Angebot einschließlich Mehrwertsteuer.

b) Ermitteln Sie den Materialangebotspreis.

c) Ermitteln Sie die Montagekosten.

d) Welchen Gewinn erzielt der Betrieb, wenn die Arbeiten wie geplant ausgeführt werden?

Tabelle 1: Ermittlung des Einheitspreises

Position	
Menge	Nach Leistungsverzeichnis oder Materialauszug
Listenpreis	Preis laut Preisliste des Großhändlers ohne Mehrwertsteuer für eine Einheit
Rabatt in %	Laut Liefervereinbarung des Großhändlers mit dem Fachbetrieb
Skonto in %	Eingeräumter Skontoabzug bei Einhaltung der Zahlungsfrist
Multiplikator für Einkauf	Dezimalzahl Rabatt multipliziert mit Dezimalzahl Skonto
Materialeinkaufspreis (Einstandspreis)	Multiplikator für Einkauf multipliziert mit dem Listenpreis
Materialzuschlag in %	Enthält Materialnebenkosten, Materialgemeinkosten und Fittingszuschlag
Gewinn und Wagnis in %	Gewinn- und Unternehmerrisikozuschlag
Multiplikator für Verkauf	Dezimalzahl Materialzuschlag multipliziert mit Dezimalzahl Gewinn und Wagnis
Materialverkaufspreis	Multiplikator für Verkauf multipliziert mit dem Materialeinkaufspreis = Materialanteil am Einheitspreis
Montagezeit in min.	Herstell- und Montagezeit
Minutenwert in €/min	Minutenverrechnungssatz für Lohneinzelkosten, Lohngemeinkosten, Gewinn und Wagnis
Lohnkosten	Montagezeit multipliziert mit dem Minutenwert = Lohnanteil am Einheitspreis
Einheitspreis	Materialverkaufspreis addiert mit den Lohnkosten pro Einheit
Bemerkungen	

Tabelle 2: Kalkulationsdaten zum Beispiel

Pos.	Menge	Leistung	Montagezeit in min je Einheit	Listenpreis in Euro
01	1 Stck.	Badewanne weiß	215	248,00
02	1 Paar	Wannenfüße	15	32,00
03	1 Stck.	Wannenfüll- und Brausebatterie mit Brausegarnitur	40	208,00
04	1 Stck.	Ab- und Überlaufgarnitur	45	25,00
05	1 Stck.	Wannengriff verchromt	20	37,50
06	1 Stck.	Seifenkorb verchromt	20	15,00
07	1 Stck.	Badetuchhalter verchromt	20	57,50
08	1 Stck.	Waschtisch 60 cm mit Befestigung	40	105,00
09	1 Stck.	Einloch-Hebelmischer mit Zugknopfgarnitur	35	129,50
10	2 Stck.	Eckventil DN 15	10	3,50
11	1 Stck.	Röhrensifon	20	8,50
12	1 Stck.	Handtuchhalter verchromt	20	50,00
13	1 Stck	Seifenhalter verchromt	15	42,50
14	1 Stck.	Spiegelschrank 70 cm	60	445,00
15	1 Stck.	HT-Abflussmaterial	300	110,00
16	1 Stck.	Rohrleitungen für Kalt- und Warmwasser	420	240,00

Tabelle 1: Ermittlung der Einheitspreise des Beispiels

Pos.	1	2	3	4	5	6	7	8	9	10	11	12	13	14	15	16
Menge	1	1	1	1	1	1	1	1	1	2	1	1	1	1	1	1
Listenpreis in €	248,00	32	208	25	37,50	15	57,50	105	129,50	3,50	8,50	50	42,50	445	110	240
Rabatt in %	24	24	24	24	24	24	24	24	24	24	24	24	27	15	32	32
Skonto in %	3	3	3	3	3	3	3	3	3	3	3	3	3	3	3	3
Multiplikator für Einkauf	je 0,7372													0,8245	0,6596	0,6596
Materialeinkaufspreis (Einstandspreis)	182,83	23,59	153,34	18,43	27,65	11,06	42,39	77,41	95,77	2,58	6,27	36,86	31,33	366,90	72,56	158,30
Materialzuschlag in %	je 26															
Gewinn und Wagnis in %	je 4															
Multiplikator für Verkauf	je 1,3104															
Materialverkaufspreis	239,58	30,91	200,94	24,15	36,23	14,49	55,55	101,44	125,10	3,38	8,22	48,30	41,05	480,79	95,08	207,44
Montagezeit in min	215	15	40	45	20	20	20	40	35	10	20	20	15	60	300	420
Minutensatz in €/min	je 0,78															
Lohnkosten	167,70	11,70	31,20	35,10	15,60	15,60	15,60	31,20	27,30	7,80	15,60	15,60	11,70	46,80	234,00	327,60
Einheitspreis	407,28	42,61	232,14	59,25	51,83	30,09	71,15	132,64	152,40	11,18	23,82	63,90	52,75	527,59	329,08	535,04
Bemerkungen	*Sonderkosten:* 200,00 € · 1,08 = 216,00 €															

Lösung zu a) Angebot:

Pos.	Menge	Leistung	Einheitspreis in Euro	Gesamtpreis in Euro
01	1 Stck.	Badewanne weiß	407,28	407,28
02	1 Paar	Wannenfüße	42,61	42,61
03	1 Stck.	Wannenfüll- und Brausebatterie mit Brausegarnitur	232,14	232,14
04	1 Stck.	Ab- und Überlaufgarnitur	59,25	59,25
05	1 Stck.	Wannengriff verchromt	51,83	51,83
06	1 Stck.	Seifenkorb verchromt	30,09	30,09
07	1 Stck.	Badetuchhalter verchromt	71,15	71,15
08	1 Stck.	Waschtisch 60 cm mit Befestigung	132,64	132,64
09	1 Stck.	Einloch-Hebelmischer mit Zugknopfgarnitur	152,40	152,40
10	2 Stck.	Eckventil DN 15	11,18	22,36
11	1 Stck.	Röhrensifon	23,83	23,83
12	1 Stck.	Handtuchhalter verchromt	63,90	63,90
13	1 Stck	Seifenhalter verchromt	52,75	52,75
14	1 Stck.	Spiegelschrank 70 cm	527,59	527,59
15	1 Stck.	HT-Abflussmaterial	329,08	329,08
16	1 Stck.	Rohrleitungen für Kalt- und Warmwasser	535,04	535,04
17		Pauschale für Projektierung		216,00

Gesamtbetrag	2949,93
19% Mehrwertsteuer	560,49
Angebotsbetrag	3510,42

Ditzingen, den 16.8.20..

Bieter: SHK Härterich GmbH

Das Angebot hat 3 Monate Gültigkeit.

Lösung:

zu a)

Monteur	18,03 €
Helfer	13,58 €
durchschnittlicher Stundenlohn	15,81 €
+ 175% GK	27,67 €
	43,84 €
+ 8% Gewinn	3,48 €
= Stundenverrechnungssatz	46,96 €
Minutensatz	0,78 €

Brutto-Angebotspreis: **3515,18 €**

(= Summe der Zeile „Einheitspreis“ mit Berücksichtigung der Menge bei Pos. 10)

zu b) **Netto-Materialangebotspreis:** **1716,03 €**

(= Summe der Zeile „Materialverkaufspreis“ mit Berücksichtigung der Menge bei Pos. 10)

zu c) **Netto-Montagekosten:** **1017,90 €**

(= Summe der Zeile „Lohnkosten“ mit Berücksichtigung der Menge bei Pos. 10)

Projektierung: **216,00 €**

(= Summe der Zeile „Bemerkungen“)

zu d) Materialgewinn:

104% ≙ 1716,03 €

$$4\% \mathrel{\hat{=}} \frac{1716{,}03\ € \cdot 4\%}{104\%}$$

4% = 66,00 €

Lohngewinn:

108% ≙ 1233,90 €

$$8\% \mathrel{\hat{=}} \frac{1233{,}90\ € \cdot 8\%}{108\%}$$

8% ≙ 91,40 €

Gewinn: **157,40 €**

Aufgaben

1 Erstellen Sie ein Angebot für eine Küchenrenovierung. Es sollen der Gasherd ausgetauscht und die damit verbundenen Installationsarbeiten an Gasleitungen durchgeführt werden.

Die nachstehende Aufstellung erhält die benötigten Materialien, Montageminuten und Listenpreise (**Tabelle 1**).

Der Großhändler gewährt auf den Gasherd 28 % und auf das Installationsmaterial 32 % Rabatt sowie 2 % Skonto bei Zahlung innerhalb 14 Tagen.

Die Gemeinkostensätze der Firma betragen auf das Material 24 % und 6 % Gewinn- und Wagniszuschlag, auf den Lohn 165 % und 10 % Gewinn- und Wagniszuschlag.

Der Stundenlohn des ausführenden Monteurs beträgt 18,90 €.

a) Erstellen Sie das Angebot einschließlich Mehrwertsteuer (**Tabelle 2**).

b) Ermitteln Sie den Materialangebotspreis und die Montagekosten.

c) Wie groß ist der voraussichtliche Gewinn?

Tabelle 1: Kalkulationsdaten

Pos.	Menge	Leistung	Montageminuten je Einheit in min	Listenpreis in Euro
01	1 Stck.	Gasherd mit 4 Brennstellen, Backofen beleuchtet, Grill liefern, montieren und in Betrieb nehmen	110	740,00
02	1 Stck.	Gassicherheitssteckdose mit Rosette DN 15 nach DIN 3383 liefern und montieren	12	18,35
03	1 Stck.	Sicherheitsgasschlauch nach DIN 3383, DN 15 mit Normstecker 800 mm lang, Innen- und Außenschlauch aus Edelstahl liefern und montieren	12	36,60
04	1,2 lfm	Verzinktes Stahlrohr nach EN 10 255, nahtlos, DN 20 liefern und montieren	32	2,58
05	2,5 lfm	Verzinktes Stahlrohr nach EN 10 255, nahtlos, DN 15 liefern und montieren	34	2,20
06	140 %	Zuschlag für Form- und Verbindungsstücke, Dichtungs- und Befestigungsmaterial		
07		Demontage des alten Gasherdes sowie der alten Rohrleitungen, Bohr- und Stemmarbeiten	120	
08		Prüfen der Gasanlage und Inbetriebnahme	60	

Tabelle 2: Angebot

Pos.	Menge	Leistung	Einheitspreis in Euro	Gesamtpreis in Euro
01	1 Stck.	Gasherd mit 4 Brennstellen, Backofen beleuchtet, Grill liefern, montieren und in Betrieb nehmen		
02	1 Stck.	Gassicherheitssteckdose mit Rosette DN 15 nach DIN 3383 liefern und montieren		
03	1 Stck.	Sicherheitsgasschlauch nach DIN 3383, DN 15 mit Normstecker 800 mm lang, Innen- und Außenschlauch aus Edelstahl liefern und montieren		
04	1,2 lfm	Verzinktes Stahlrohr nach EN 10 255, nahtlos, DN 20 liefern und montieren		
05	2,5 lfm	Verzinktes Stahlrohr nach EN 10 255, nahtlos, DN 15 liefern und montieren		
06	140 %	Zuschlag für Form- und Verbindungsstücke, Dichtungs- und Befestigungsmaterial		
07		Demontage des alten Gasherdes sowie der alten Rohrleitungen, Bohr- und Stemmarbeiten		
08		Prüfen der Gasanlage und Inbetriebnahme		

Ditzingen, den

Bieter:

Gesamtbetrag ________

19 % Mehrwertsteuer ________

Angebotsbetrag ________

2 Ein Erker mit 3 Ecken soll mit einer Kupferdachrinne und Kupferblechteilen neu eingedeckt werden. Das Arbeitsgerüst ist bauseits vorhanden. Durch den Zimmermann wurde die Unterkonstruktion erneuert und mit besandeter Dachpappe belegt.

Ermitteln Sie die Kosten für die Klempnerarbeiten nach den folgenden Angaben und erstellen Sie nach dem Aufmaß die Rechnung an den Kunden.

Angaben:

Minutensatz des Betriebes:	0,84 €
Materialzuschlagssatz:	28%
Gewinn- und Wagniszuschlag	8%

Aufmaß, Montagezeiten, Einstandspreis, Kupferblech-Gewicht in kg/m } **Tabelle 1 und Tabelle 2**

Tabelle 1: Kalkulationsdaten

Pos.	Menge	Leistung	Montageminuten je Einheit in min	Einstandspreis in Euro
01	6 lfm	Halbrunde vorgehängte Kupferdachrinne, Nenngröße 285 liefern und montieren einschl. 1,5 Stck. Kupferrinnenträger je lfm	35	7,25
02	9 Stck.	Zulage zu Pos. 1: Rinnenträger		2,35
03	2 Stck.	Zulage zu Pos. 1: Kupferendboden liefern und montieren	8	1,60
04	2 Stck.	Zulage zu Pos. 1: Wasserspeier liefern und montieren	30	17,60
05	3 Stck.	Zulage zu Pos. 1: Rinnenwinkelausbildung	30% des Rinneneinheitspreises	
06	5,8 lfm	Traufbleche aus Cu 0,6 mm, Zuschnitt 285 mm liefern und montieren	30	2,98 €/kg
07	6,5 m²	Metalldach aus Kupferblech 0,6 mm in Doppelstehfalztechnik anfertigen, liefern und eindecken	220	
08	4 lfm	Seitenbleche aus Kupferblech 0,6 mm, Zuschnitt 333 mm, anfertigen, liefern und montieren	30	(Kupferblech 0,6 mm in Tafeln und Bändern)
09	4,4 lfm	Kappstreifen aus Kupferblech 0,6 mm, Zuschnitt 125 mm, anfertigen, liefern und montieren	25	

Tabelle 2: Kupferblech-Massen *m′* in kg/m

Dicke in mm \ Zuschnitt in mm	1000	800	666	600	500	400	333	285	250	200	166	125
0,6	5,40	4,32	3,60	3,24	2,70	2,16	1,80	1,54	1,35	1,08	0,90	0,68
0,65	5,85	4,68	3,90	3,51	2,93	2,34	1,95	1,67	1,47	1,17	0,98	0,74
0,7	6,30	5,04	4,20	3,78	3,15	2,52	2,10	1,80	1,58	1,26	1,05	0,79
0,8	7,20	5,76	4,80	4,32	3,60	2,88	2,40	2,05	1,80	1,44	1,20	0,90

3 Erstellen Sie für das vorgegebene Leistungsverzeichnis Ihr Angebot auf der Basis der VOB.

Angaben:

Minutensatz des Betriebes	0,91 €

Mit dem Großhändler sind 30% Rabatt und 3% Skonto vereinbart

Materialzuschlagsatz	22%
Gewinn- und Wagniszuschlag	4%

Leistungsverzeichnis, Montagezeit, Listenpreis } Tabelle 1, Seite 361

Tabelle 1: Kalkulationsdaten				
Pos.	Menge	Leistung	Montageminuten je Einheit in min	Listenpreis in Euro
01	1 Stck.	Ölgebläsebrenner 27 kW liefern und montieren	560	2300,00
02	1 Stck.	Speicher- und Wassererwärmer 150 l liefern und montieren	330	800,00
03	1 Stck.	Heizungsregelung witterungsgeführt mit Speichervorrangschaltung		600,00
04	1 Stck.	Speicherladeset		337,00
05	1 Stck.	Membranausdehnungsgefäß 50 l liefern und montieren	50	54,00
06	12 Stck.	Heizköper liefern und montieren	130	356,00
07	12 Stck.	Thermostatventile mt Fühler liefern und montieren	20	18,30
08	12 Stck.	Rücklaufverschraubungen, abstellbar liefern und montieren	10	5,50
09	32 lfm	Rohrleitunqen liefern und montieren	18	4,20
10	85%	Zuschlag für Form- und Verbindungsstücke auf Pos. 09 bezogen auf den Einheitspreis		
11		Einstellung der Heizungsanlage und Inbetriebnahme	120	

12.3.3 Nachkalkulation

Die Nachkalkulation ermittelt die tatsächlich anfallenden Kosten nach der Auftragsdurchführung und den erzielten Gewinn oder Verlust auf der Grundlage des Aufmaßes und der Rapportzettel.

Beispiel:

Eine Heizungsinstallation wurde dem Kunden zum Festpreis von 8276,50 € zuzüglich gesetzlicher Mehrwertsteuer angeboten und auch so abgerechnet. Die Nachkalkulation ergab folgende Werte:

– Materialverbrauch zum Einstandspreis von	4682,00 €
– 46 geleistete Montagestunden zu je	18,10 €
– Materialgemeinkostensatz	22%
– Lohngemeinkostensatz	150%

Wie groß ist der Gewinn in Euro und in Prozent?

Lösung:

Entstandene Kosten:

Materialkosten		
Einstandspreis	4682,00 €	
+ 22% MGK	1030,04 €	
		5712,04 €
Lohnkosten		
46 Std. zu 18,10 €/h	832,60 €	
+ 150% LGK	1248,90 €	
		2081,50 €

Selbstkosten	7793,54 €
Erzielter Preis	8276,50 €
Gewinn	**482,96 €**

7793,54 € ≙ 100%

$$482{,}96\ € \mathrel{\hat=} \frac{100\% \cdot 482{,}96\ €}{7793{,}54\ €}$$

482,96 € ≙ **6,2%**

Der erzielte Gewinn oder Verlust wird auf der Basis der tatsächlichen Selbstkosten ermittelt.

Aufgaben

1 a) Ermitteln Sie den Nettoangebotspreis bei folgenden Angaben:
Fertigungsmaterial zum
Listenpreis von 506,50 €, Mengenrabatt 5%,
Materialgemeinkosten 18%,
Arbeitszeit geschätzt auf 72 Einzelstunden zu einem Mittellohn von 17,40 €,
Lohngemeinkosten 145% und
Gewinn- und Wagniszuschlag 6%.

b) Ermitteln Sie durch Nachkalkulation den wirklich erzielten Gewinn in € und in % bei folgenden Angaben:
Tatsächlicher Fertigungsmaterialverbrauch zum Einstandspreis von 496,00 €,
Arbeitszeit 75 Einzelstunden zu 14,92 €,
davon 10 Stunden mit 25% Mehrarbeitszuschlag und
die Gemeinkostensätze sind unverändert.

2 Für die Erstellung einer Gaubenabdeckung fallen folgende Kosten an:

Fertigungsmaterial	205,00 €
Fertigungslöhne	300,00 €
Materialgemeinkosten	55 %
Lohngemeinkosten	95 %
Verwaltungs- und Vertriebsgemeinkosten	45 %

a) Ermitteln Sie die Herstellkosten.

b) Wie groß sind die Selbstkosten?

c) Wie groß ist der Gewinn in € und in %, wenn für die Gaubenabdeckung einschließlich Mehrwertsteuer 1675,00 € abgerechnet wird?

3 Eine Installationsarbeit ist zum Festpreis von 3100,00 € inklusive Mehrwertsteuer von Ihnen angeboten und ausgeführt worden. In der Vorkalkulation hatten Sie folgende Werte ermittelt:

Fertigungsmaterial	792,00 €
Materialgemeinkosten 18 %	142,56 €
Materialkosten	934,56 €
Fertigungslöhne	669,50 €
Fertigungsgemeinkosten 142 %	950,69 €
Fertigungskosten	1620,19 €
Auslösung einschl. 6 % Gewinn	110,00 €

In den Gemeinkosten sind jeweils 6 % Gewinn- und Wagniszuschlag enthalten.

Nach Fertigstellung der Arbeit wurden folgende Kosten ermittelt:

Fertigungsmaterial nach Aufmaß 742,50 €
Arbeitszeit: 59 Std. zum Mittellohn von 17,40 €
Ausbezahlte Auslösung 82,50 €
Die Gemeinkostensätze bleiben unverändert.

a) Ermitteln Sie durch eine Nachkalkulation den tatsächlichen Gewinn in € und in %.

b) Welche Schlüsse ziehen Sie aus den ermittelten Zahlen und wie verhalten Sie sich in Zukunft bei ähnlichen Werten?

12.4 Gerätekosten als Sonderkosten

Für eine genauere Kostenbetrachtung können die Gerätekosten, wie z. B. Maschinenkosten und Fahrzeugkosten als Einzelkosten verrechnet werden.

12.4.1 Maschinenkosten

In den Maschinenkosten sind die Kostenarten

- kalkulatorische Abschreibung,
- kalkulatorische Zinsen,
- Raumkosten,
- Energiekosten und
- Instandhaltungskosten

zusammengefasst.

Die kalkulatorischen Zinsen werden zur Vereinfachung aus dem halben Kapitalbedarf ermittelt.

Beispiel:

Ermitteln Sie den Maschinenstundensatz. Für die Maschine sind folgende Daten gegeben:

Beschaffungspreis einschl. Montage	45 000,00 €
Nutzungsdauer	10 Jahre
Soll-Einsatz	1400 h/a
Zinssatz	9 %
Flächenbedarf	6 m²
Kalkulatorischer Mietpreis	17,50 €/(m²a)
Motorleistung	5 kW
Strompreis	0,27 €/kWh
Instandhaltungskosten (auf Beschaffungspreis)	8 %

Lösung:

Kostenart	Berechnung	Kosten
kalkulatorische Abschreibung	$\frac{\text{Beschaffungspreis}}{\text{Nutzungsdauer} \cdot \text{Einsatzzeit}}$ $= \frac{45\,000\ €}{10\ a \cdot 1400\ h/a}$	= 3,22 €/h
kalkulatorische Zinsen	$\frac{\text{Beschaffungspreis} \cdot \text{Zinssatz}}{2 \cdot \text{Einsatzzeit}}$ $= \frac{45\,000\ € \cdot 9/a}{2 \cdot 100 \cdot 1400\ h/a}$	= 1,45 €/h
Raumkosten	$\frac{\text{Flächenbedarf} \cdot \text{Mietpreis}}{\text{Einsatzzeit}}$ $= \frac{6\ m^2 \cdot 17{,}50\ €/(m^2 \cdot a)}{1400\ h/a}$	= 0,08 €/h
Energiekosten	Motorleistung · Strompreis $= 5\ kW \cdot 0{,}27\ €/kWh$	= 1,35 €/h
Instandhaltungskosten	$\frac{\text{Beschaffungspreis} \cdot \text{\%-Satz}}{\text{Einsatzzeit}}$ $= \frac{45\,000\ € \cdot 8/a}{1400\ h/a \cdot 100}$	= 2,57 €/h
Maschinenstundensatz	Summe der Kosten	**= 8,67 €/h**

Aufgaben

1 Ermitteln Sie den Maschinenstundensatz bei folgenden Daten:

Beschaffungswert	60 000,00 €
Nutzungsdauer	8 Jahre
Stellfläche und Arbeitsraum	20 m²
Installierte Leistung	10 kW
Auslastung des Antriebes	50 %
kalkulatorische Zinsen	8 %
Instandhaltungskosten (auf Beschaffungswert)	4 %
Raumkosten	36,00 €/(m² · a)
Werkzeugkosten	2050 €/a
Energiekosten	0,27 €/kWh
Nutzungszeit	1400 Std./a

2 Ein Heizungsbetrieb kauft ein Messgerät zum Nettopreis von 2250,00 €. Es wird geschätzt dass im Jahr 50 Messungen vorgenommen werden. Für das Gerät fällt eine Eich- und Prüfungsgebühr von 250,00 €/a an.

Die kalkulatorische Abschreibung beträgt 25%, die kalkulatorischen Zinsen 8% und die Gemeinkosten bezogen auf den Nettopreis 20%.

a) Welche Kosten entstehen für eine Messung?

b) Welcher Verrechnungssatz ergibt sich, wenn als kalkulatorischer Gewinn und Mehrkosten zur Wiederbeschaffung 15% berücksichtigt werden.

3 Ein SHK-Betrieb beschafft eine hydraulische Abkantmaschine zum Preis von 12 500,00 €. Die Finanzierung erfolgt über die Bank zu einem Zinssatz von 8,5%. Die kalkulatorische Abschreibung wird mit 6% angesetzt, der beabsichtigte Gewinn sei 5%. Der Stundenlohn des Monteurs beträgt 16,26 €, die lohngebundenen Gemeinkosten betragen einschl. 4% Gewinn 175%. Die Abkantmaschine wird 900 Stunden im Jahr genutzt.

a) Welchen Stundenverrechnungssatz muss der Betrieb ansetzen?

b) Wie groß ist der Gewinn aus diesem Arbeitsbereich?

12.4.2 Kraftfahrzeugkosten

Verrechnungsätze für Kraftfahrzeugkosten werden vor allem für Kundendienstfahrzeuge ermittelt. Dadurch können die Gesamtkosten dem Kunden besser aufgeschlüsselt werden.

Als Kosten werden die Fixkosten pro Jahr und die variablen Kosten pro 100 km erfasst.

Fixkosten pro Jahr sind

- kalkulatorische Abschreibung,
- kalkulatorische Zinsen,
- Kfz-Steuer,
- Versicherungen,
- Garage/Abstellplatz und
- Pflege.

Variable Kosten pro 100 km sind die Betriebskosten

- Kraftstoff,
- Öl,
- Bereifung,
- Wartung/Instandhaltung und
- Unfallrisiko.

Die gesamten Kraftfahrzeugkosten können auf die gefahrenen Kilometer, auf die Einsatzzeit oder auf die Anzahl der Einsätze umgerechnet werden.

Beispiel:

Ein Kastenwagen kostet ohne Mehrwertsteuer 18 500 €. Die kalkulatorische Abschreibung beträgt 20%, die kalkulatorischen Zinsen 8%, die Kfz-Steuer 400,00 €, die Versicherung 980,00 €, der Stellplatz 480,00 € und die Pflege 250,00 € im Jahr. Für Betriebskosten pro 100 km fallen an für Kraftstoff 11,00 €, Öl 1,00 €, Bereifung 2,50 €, Wartung/Instandhaltung 11,00 € und für das Unfallrisiko 3,00 €.

Ermitteln Sie die Fahrzeugkosten

a) pro gefahrenem Kilometer, bei einer Fahrleistung von 20 000 km/a,

b) pro Stunde, bei 211 Einsatztagen mit je 7,7 Arbeitsstunden und

c) pro Einsatz, bei 211 Einsatztagen mit je 4 Einsätzen.

Lösung:

a) Fixe Kosten pro Jahr:

– kalkulatorische Abschreibung 20% von 18 500,00 €	=	3 700, 00 €
– kalkulatorische Zinsen 8% aus 9 250,00 €	=	740,00 €
– Kfz-Steuer	=	400,00 €
– Versicherung	=	980,00 €
– Stellplatz	=	480,00 €
– Pflege	=	250,00 €
		6 550,00 €

Variable Kosten pro 100 km:

– Kraftstoff	=	11,00 €
– Öl	=	1,00 €
– Bereifung	=	2,50 €
– Wartung/Instandhaltung	=	11,00 €
– Unfallrisiko	=	3,00 €
		28,50 €
Bei 20 000 km/a	=	5 700,00 €
Gesamtkosten 6 550,00 € + 5700,00 €	=	12 250,00 €
Kosten pro Kilometer 12 250, 00 € : 20 000 km	=	**0,61 €/km**

b)

211 Einsatztage mit je 7,7 h	=	1625 h
Kosten pro Stunde 12 250,00 € : 1625 h	=	**7,54 €/h**

c)

211 Einsatztage mit je 4 Einsätze	=	844 Einsätze
Kosten je Einsatz 12 250 € : 844 Einsätze	=	**14,51 €/Einsatz**

Aufgaben

1 Ermitteln Sie den Stundenverrechnungssatz für einen Kundendienstmonteur mit Fahrzeug unter den angegebenen Bedingungen.

Es werden verrechnet für den

- Monteur ein Stundenlohn von 18,90 € und 150% Lohngemeinkosten, für das
- Fahrzeug 3000,00 €/a Abschreibung, 600,00 €/a Zinsen, 1250,00 €/a Fahrzeugnebenkosten, 10 000 km/a gefahrene Kilometer, 1400 h/a Stundeneinsatz, Betriebskosten pro 100 km 9,00 € Kraftstoff und 7,50 € Nebenkosten und für den kalkulatorischen Gewinn und Wagnis 8%.

2 Ein SHK-Betrieb hat 2 Kundendienstmonteure. Jeder Monteur hat ein komplett ausgestattetes Kundendienstfahrzeug. Die Abrechnung wird mit folgenden Daten durchgeführt: Stundenverrechnungssatz einschl. 5% Gewinn 75,71 €, Kfz-Verrechnungssatz einschl. 10 % Gewinn 7,00 €/h, Arbeitszeit je Monteur und Tag 7,7 h, 200 Arbeitstage pro Jahr, Kosten einer unproduktiven Stunde 33,50 € und die Fahrzeiten werden als Arbeitsstunden verrechnet. Die Gesamtabrechnung für die Monteure ergibt 2250 h abgerechnete Rapporte, 440 h abgerechnete Fahrzeiten und 1175,00 € Gewinn aus Materiallieferungen.

a) Wie viel Fehlstunden sind entstanden?

b) Welchen Gewinn hat das Unternehmen aus dem Kundendienst erzielt?

c) Welche Maßnahmen muss der Unternehmer das nächste Jahr ergreifen?

3 Ermitteln Sie den Stundenverrechnungssatz einschließlich Kfz-Kosten und der gesetzlichen Mehrwertsteuer je Einsatz. Für den Kundendienst außerhalb der normalen Arbeitszeit fallen folgende Kosten an:

Stundenlohn des Monteurs 18,90 €,
Überstundenzuschlag 75%,
Bereitschaftsdienstpauschale 132,50 €/Woche,
Lohngemeinkosten 172%,
Gewinn- und Wagniszuschlag 5% und
Fahrzeugkosten 0,60 €/km.

Der Betrieb rechnet mit 10 Einsatzstunden pro Woche. Jeder Einsatz dauert im Durchschnitt eine Stunde einschl. Fahrzeit und hat 8 km Fahrstrecke.

12.4.3 Schweißkosten

Die Schweißkosten werden auf der Grundlage des Maschinenstundensatzes ermittelt, wobei als variable Kosten zusätzlich der Gasverbrauch berücksichtigt wird.

Beispiel:

Ermitteln Sie die Schweißkosten für eine Schweißminute bei einer jährlicher Einsatzzeit von 100 h, 300 h und 600 h bei folgenden Angaben.

Anschaffungspreis WIG-Schutzgasgerät	2400 €,
Nutzungsdauer	8 Jahre,
kalkulatorische Verzinsung	7%,
Instandhaltung	155,00 €/a,
Stromkosten pro Stunde	1, 35 €,
Gasverbrauch pro Minute 6 l und	
Füllkosten für eine 50 l Flasche	
mit 10 000 l Gas von	59,25 €.

Lösung:

Kostenin Euro	100 h	300 h	600 h
Fixe Kosten pro Jahr – kalk. Abschreibung 2400 € : 8 a	300,00	300,00	300,00
– kalk. Zinsen (7% von 2400 € : 2	84,00	84,00	84,00
– Instandhaltung	155,00	155,00	155,00
Variable Kosten pro Jahr – Stromkosten 1,35 €/h · Einsatzzeit	135,00	405,00	810,00
– Gasverbrauch 6 l/min · 60 min · Einsatzzeit · 59,25 €/10 000 l	213,30	639,90	1229,80
Gesamtkosten	887,30	1583,90	2578,80
Kosten pro Stunde	8,87	5,28	4,30
Kosten pro Minute	**0,15**	**0,09**	**0,07**

Aufgaben

1 Zum Schweißen von Dünnblechen beschafft der Betrieb ein Schutzgasschweißgerät zum Netto-Preis von 5000 €. Wie groß sind die Kosten für eine Schweißstunde einschließlich Personalkosten, wenn von folgenden Annahmen ausgegangen wird:

- das Kapital wird bei der Hausbank zu einem Zinssatz von 9% aufgenommen,
- die kalkulatorische Abschreibung wird mit 10% angesetzt
- der Mietanteil für die Lagerung beträgt 125,00 € pro Jahr,
- der beabsichtigte Gewinn sei 6%,
- der Stundenlohn für einen Monteur beträgt 18,10 €,
- der lohnbedingte Gemeinkostensatz ohne Gewinn beträgt 82%,
- für Gas und Zusatzwerkstoff fallen pro Schweißstunde 12,50 € an und
- das Schweißgerät soll im Jahr 1100 h eingesetzt werden.

13 Projekte und Aufgaben

Die zusammenfassenden Aufgaben in diesem Abschnitt sind zur Vorbereitung auf die Berufsschulabschlussprüfung und für die theoretische Gesellenprüfung gedacht.

13.1 Projekte und Aufgaben im Handlungsfeld Wassertechnik

13.1.1 Projekt 1: Einfamilienhaus

Bild 1: Einfamilienhaus

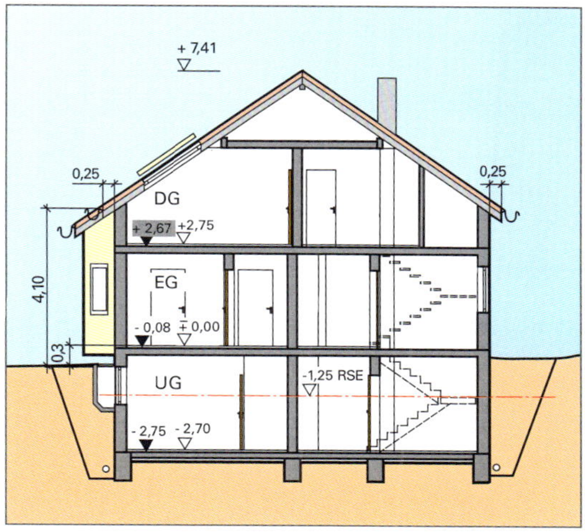

Bild 2: Schnitt A-A

Auszüge aus der Baubeschreibung

Das Einfamilienhaus ist mit einer Solaranlage zur Trinkwassererwärmung und einer Anlage zur Regenwassernutzung für Toilettenspülung und Gartenbewässerung ausgestattet. Die Dachentwässerung aus Kupferblech DIN EN 1172 erfolgt über vorgehängte, halbrunde Dachrinnen.

Dachentwässerung

1 Wie groß sind die beiden Dachgrundflächen des Satteldaches einschließlich Dachüberstand? (Der Erker soll vernachlässigt werden.)

2 Welcher Rinnenzuschnitt ist für die Dachrinnen erforderlich?

3 Welcher Fallrohrdurchmesser ist für das in Stuttgart geplante Haus vorzusehen?

4 Mit welchen thermischen Längenänderungen ist bei der Dachrinne an der Nordseite zu rechnen? Montage bei 15 °C, tiefste Temperatur –15 °C, höchste Temperatur 75 °C.

5 Wie groß ist der Höhenunterschied der Dachrinne an der Nordseite zwischen dem entferntesten Rinnenboden und dem Einhängestutzen? Das Gefälle soll 2 mm/m betragen.

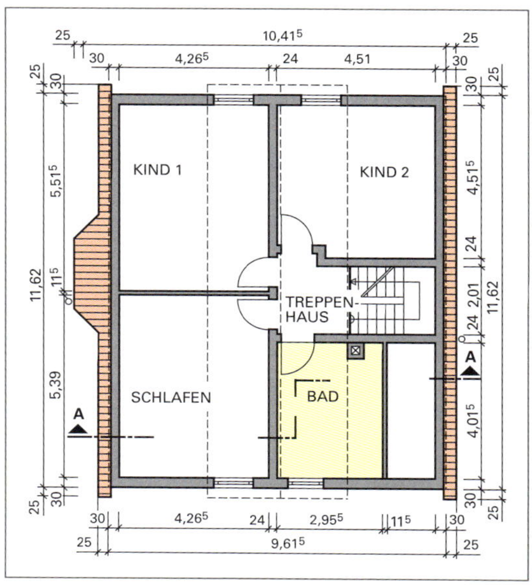

Bild 3: Grundriss Dachgeschoss

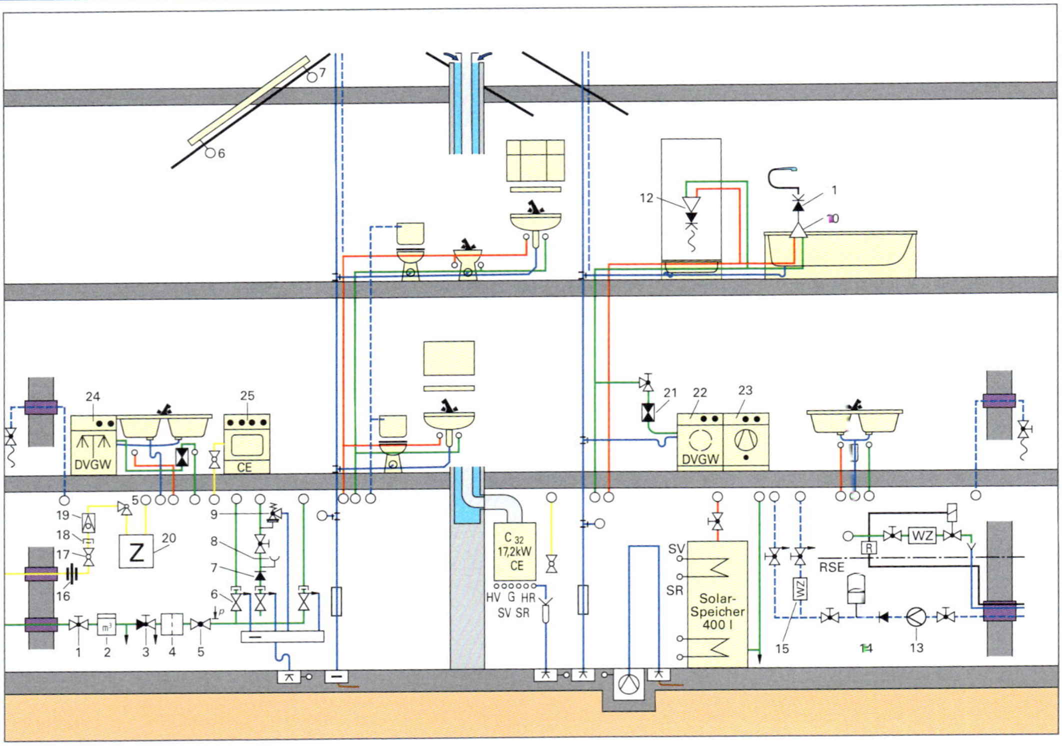

Bild 1: Strangschema Einfamilienhaus

6 a) Welche Länge haben die Ortgänge?

b) Wie viele 2-Meter-Stücke aus Kupferblech werden je Ortgang benötigt? (Es werden je Naht 100 mm Überlappung und als Zuschnitt 333 mm angenommen.)

c) Wie viele Blechtafeln (2000 mm × 1000 mm) sind für die Ortgänge erforderlich?

d) Wie groß ist der Verschnitt in m² und in kg? (Blechdicke 0,8 mm)

Entwässerungsanlage

7 Wie hoch über dem Rohfußboden darf der Fallleitungsabzweig für die Badewanne höchstens sein, wenn die Höhe der Anschlussleitung am Ablauf der Badewanne 100 mm ü. FFB und der Fußbodenaufbau 160 mm betragen?

8 Welche Nennweiten sind für die Abwasseranschlussleitungen im Dachgeschoss zu wählen?

Trinkwasseranlage

9 Wie viel Liter Wasser enthält die PWH-Leitung vom Speicher bis zur Spüle in der Küche **(Bild 1 und Tabelle 1, Seite 373)**?

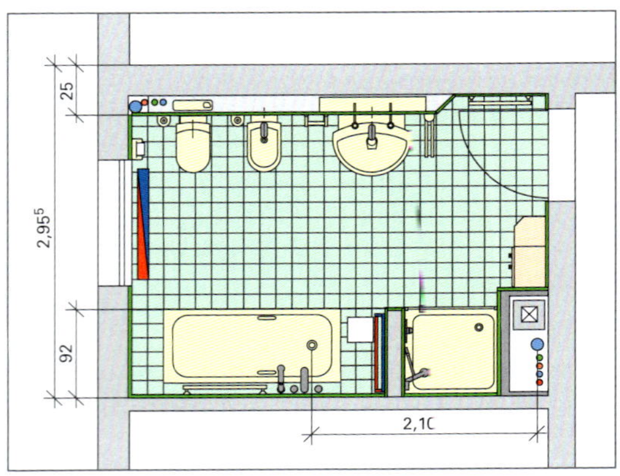

Bild 2: Grundriss Badezimmer

10 Wie lange dauert es, bis an der Küchenspüle warmes Wasser aus dem Speicher ankommt? Der Warmwasservolumenstrom beträgt 12 l/min.

11 Welche Längenänderung ist bei dem längsten geraden Teilstück der PWH-Leitung vom Speicher zur Küche zu erwarten? Die Temperatur im UG beträgt 15 °C, die PWH-Temperatur maximal 85 °C.

12 Welche Fließgeschwindigkeiten ergeben sich in den PWH-Teilstrecken Nr. 3, Nr. 6 und Nr. 9 im Raumschema **(Bild 1)**, wenn gleichzeitig an der Badewanne 0,15 l/s und an der Küchenspüle 0,1 l/s Warmwasser entnommen werden?

Gasanlage

13 Das Gasbrennwertgerät wird mit Erdgas betrieben, dessen Betriebsbrennwert bei 11,6 kWh/m³ liegt.

Wie groß sind der Anschlusswert und der Einstellwert?

14 Wie lange dauert das Nacherwärmen von 150 Liter Wasser im Solarspeicher von 35 °C auf 60 °C, wenn ein Wirkungsgrad von 88% angenommen wird?

Solaranlage

15 Das Einfamilienhaus wird von 5 Personen bewohnt, die täglich je 50 Liter Warmwasser mit 45 °C brauchen.

a) Wie viele Flachkollektoren (Diagramm Seite 135) sind erforderlich, wenn ein solarer Deckungsteil von 50% angestrebt wird?

b) Wie groß ist der Inhalt des Solarspeichers zu wählen?

c) Wie viel m³ Erdgas können eingespart werden, wenn die Trinkwassererwärmung mit einem durchschnittlichen Gesamtwirkungsgrad von 78% arbeitet?

d) Welcher solare Deckungsanteil ergibt sich, wenn ein zusätzlicher Kollektor montiert wird?

Tabelle 1: Rohrlängen PWH-Leitung Speicher-Küche

☒ Kupferrohr DIN EN 1057

Rohrlänge $l = M - \Sigma z$

Bez.	*M* in mm	Σz in mm	*l* in mm	DN
1	625			20
2	230			20
3	1265			20
4	85			20
5	1980			20
6	470			20
7	2535			20
8	4380			15
9	400			15
10	115			15
11	500			15
12	200			15
13	450			15

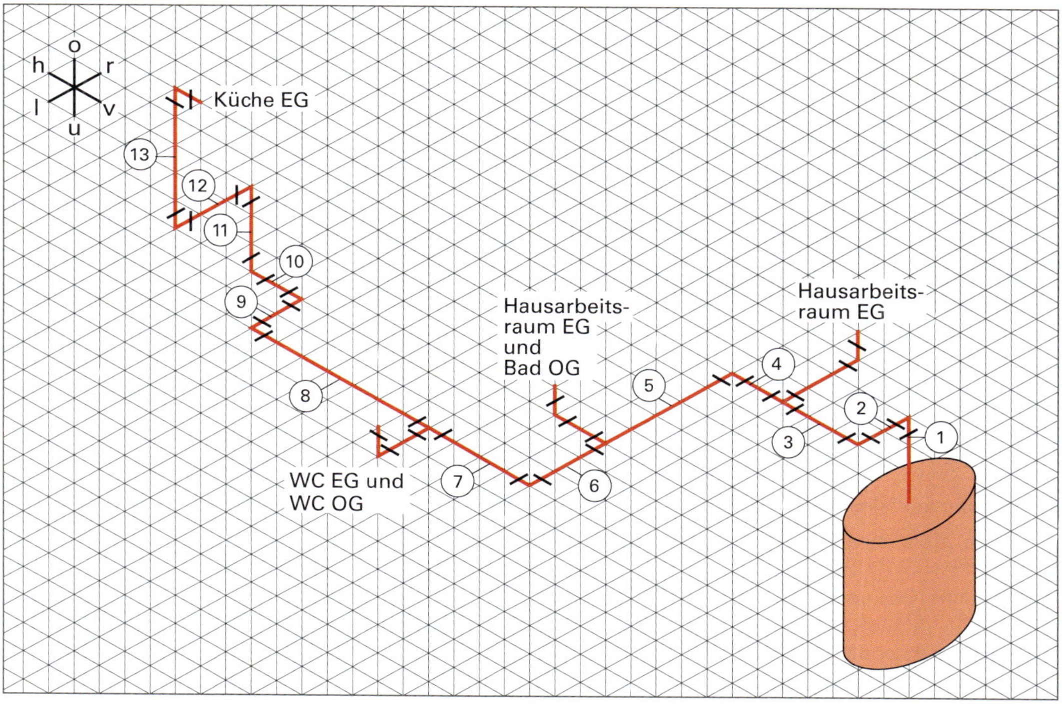

Bild 1: PWH-Leitungen im 30°-Raumschema

13.1.2 Projekt 2: Mehrfamilienhaus

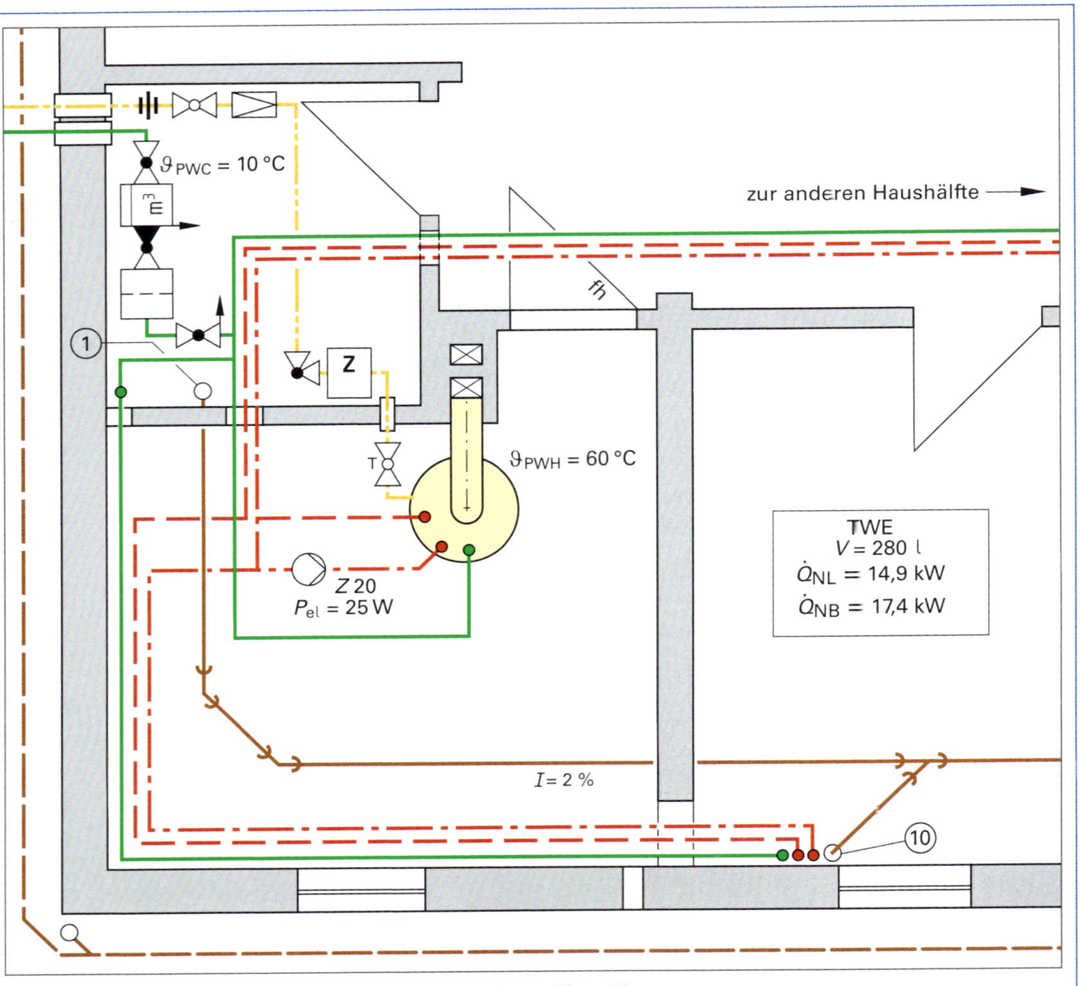

Bild 1: Mehrfamilienhaus, Teilgrundriss Untergeschoss, M 1 : 50

Gefälleberechnung

1 Im Teilgrundriss ist die Grundleitung für das Schmutzwasser eingezeichnet. Wie groß ist der Höhenunterschied der Grundleitung zwischen Fallstrang 1 und dem Abzweig zum Fallstrang 10?

Einstellung am Trinkwassererwärmer

2 a) Wie groß ist der Einstellwert bei einem H_{iB} von 9,4 kWh/m³?

b) Welche Gasmenge wird in der Prüfzeit von sechs Minuten verbrannt?

c) Wie hoch ist der Wirkungsgrad?

d) Erdgas H(E) benötigt bei der Verbrennung 12 m³ Luft je m³ Gas. Wie viel m³ Luft werden während der Prüfdauer benötigt?

Aufheizzeit

3 Wie viel Minuten dauert das Erwärmen des Trinkwassererwärmers bei Inbetriebnahme?

Mischwasserberechnung

4 Wie viele Familien können gleichzeitg ein Vollbad mit 140 Liter 38 °C warmem Wasser einlassen?

Betriebskosten

5 Die Zirkulationspumpe (Typ Z20) wird mit Strom zum Haushaltstarif für 0,28 €/KWh betrieben.

a) Wie hoch sind die jährlichen Energiekosten bei durchlaufender Pumpe?

b) Welche Energiekosten ergeben sich bei täglicher Unterbrechung der Zirkulation von 22 Uhr bis 6 Uhr?

c) Wie hoch ist die Einsparung in Prozent?

13.1.3 Aufgaben

1 Wasserkosten, Einsparung von Trinkwasser
Die durchschnittlichen jährlichen Wasserkosten betrugen für einen Vier-Personen-Haushalt bisher 623,00 €. Der Preis für einen Kubikmeter Trinkwasser liegt bei 3,50 €.
a) Wie viel m^3 Trinkwasser verbrauchen die vier Personen im Jahr?
b) Wie viel m^3 Trinkwasser wurden eingespart, wenn durch konsequentes Wassersparen sich im darauffolgenden Jahr die Wasserrechnung um 109,40 € ermäßigte.
c) Berechnen Sie die Einsparung in Prozent.

2 Fläche und Druckkraft
Der maximale Prüfdruck für einen Warmwasserspeicher beträgt 10 bar. Der Behälter hat einen Innendurchmesser von 50 cm und innen eine Höhe von 90 cm.
a) Berechnen Sie die innere Behälterfläche (Mantelfläche, Oberboden- und Unterbodenfläche) in cm^2.
b) Welche Kraft wirkt beim Abpressen auf den Stopfen der verschlossenen Anschlussleitung DN 20 DIN 2440?

3 Volumenstrom, Durchmesser, Bodenkraft
Ein Wasserbehälter mit 2,5 m^2 Grundfläche soll in 20 min 1,2 m hoch mit Wasser gefüllt werden.
a) Wie groß ist der erforderliche Volumenstrom in m^3/min?
b) Welchen Durchmesser in mm muss die Zuleitung mindestens haben, wenn die Fließgeschwindigkeit 1,8 m/s beträgt?
c) Wie groß ist die Bodenkraft in kN, nachdem der Wasserbehälter gefüllt ist?

4 Einstellen eines Druckminderers
Die höchste Entnahmestelle ist der Brausekopf an einer Badewannen-Mischbatterie, der 9,5 m über dem Druckminderer des Kaltwasseranschlusses für einen TWE eingebaut ist. Am Brausekopf ist ein Fließdruck von mindestens 1,0 bar erforderlich.
Der Druckverlust im Wohnungswasserzähler für das TWW beträgt 180 mbar. Der Druckverlust in den Rohrleitungen wird mit 720 mbar angenommen.
a) Auf welchen Druck in bar ist der Druckminderer im UG mindestens einzustellen?
b) Welchen Druck darf am Druckminderer höchstens eingestellt werden?

5 Füllzeit
Ein Behälter hat ein Fassungsvermögen von 200 Liter und wird über zwei mittelschwere Gewinderohre nach DIN 2440 gefüllt.
Im ersten Rohr (DN 15) fließt das Wasser mit 0,8 m/s. Im zweiten Rohr (DN 20) fließt das Wasser mit 1,2 m/s. Berechnen Sie die Dauer des Füllvorgangs in Minuten.

6 Füllzeit und Nennweite
Für ein Gästebad soll zwischen einem Spülkasten oder einem Druckspüler entschieden werden.
Die Spülmenge für die Toilette beträgt 6 l. Die Fließgeschwindigkeit in der Anschlussleitung darf 2,0 m/s nicht überschreiten.
a) Wie lange dauert es, bis der Spülkasten voll ist? Der Innendurchmesser der Anschlussleitung für den Spülkasten soll 10 mm betragen.
b) Welchen Durchmesser müsste die Anschlussleitung des Druckspülers mindestens haben, wenn die Fließgeschwindigkeit genau so groß wie in der Anschlussleitung des Spülkastens sein soll und ein Spülvorgang vier Sekunden dauert?

7 Neigung und Gefälle
An der Einlaufstelle einer im Erdreich verlegten Abwasserleitung ist die Geländeoberkante bei + 265,45 m ü. NN, die Rohrsohle liegt 1,25 m tiefer und die Auslaufstelle ist 30,0 m entfernt. Das Gelände steigt zur Auslaufstelle um 0,09 m/m an.
Die Abwasserleitung soll ein Gefälle von 1,3% erhalten. Wie tief wird der Rohrgraben an der Auslaufstelle?
Skizze anfertigen.

8 Regenwasserabfluss und Füllzeit
Ein Bauherr macht sich Gedanken zu einer Regenwassernutzungsanlage.
Das Haus hat eine Dachgrundfläche von 220 m^2.
a) Berechnen Sie den Regenwasserabfluss in l/s bei einer Regenspende (Spitzenbelastung) von 532 l/s pro ha.
b) Ermitteln Sie die Füllzeit in min, die ein Regenwasserbehälter zur Füllung benötigt, wenn ihm bei einem Gewitterregen 5 l/s zufließen.
Der Behälter hat einen Durchmesser von 2 m und eine Höhe bis zum Überlauf von 2,6 m.

9 Fallrohrdurchmesser und Dachrinnenzuschnitt
Ein Gebäude mit einem Grundriss von 13 m × 11,7 m hat ein Satteldach mit allseitigem Dachüberstand von 60 cm und eine Dachneigung von 20°. Die örtliche Regenspende wird mit 532 l/(s · ha) angegeben.
a) Rechnen Sie nach, ob auf jeder Seite ein Fallrohr mit 80 mm Durchmesser ausreicht.
b) Ordnen Sie dem verwendeten Fallrohr eine halbrunde Dachrinne zu.

10 Warmwassermenge und Mischwassermenge

Für ein Wannenbad werden 160 l Mischwasser von 40 °C benötigt. Die Kaltwassertemperatur beträgt 10 °C und die Warmwassertemperatur 50 °C.

a) Wie viel Liter Warmwasser sind zur Bereitung des Wannenbades erforderlich?

b) Wie viel Liter Badewasser von 40 °C entstehen, wenn die gleiche Warmwassermenge wie in a) verwendet wird, das Warmwasser jedoch eine Temperatur von 60 °C hat.

11 Mischtemperatur und Wärmemenge

Ein Elektro-Druckspeicher enthält 200 l Warmwasser mit einer Temperatur von 55 °C.

a) Wie viel Liter Badewasser mit einer Temperatur von 39 °C können damit bereitet werden, wenn die Kaltwassertemperatur 12 °C beträgt?

b) Welche Wärmemenge muss für eine einmalige Beheizung an das Wasser im Druckspeicher abgegeben werden?

12 Mischwasser und Durchfluss

Ein Gas-Kombi-Wasser-Erwärmer kann bei Volllast 7,2 Liter Wasser je Minute auf 60 °C erwärmen.

Überprüfen Sie, ob mit diesem Gas-Kombi-Wasser-Erwärmer ein Waschtisch und eine Dusche gleichzeitig mit Trinkwarmwasser versorgt werden können. Für den Waschtisch wird ein Durchfluss mit 0,07 l/s und für die Dusche ein Durchfluss mit 0,1 l/s gefordert. Die Kaltwassertemperatur beträgt 10 °C und die Auslauftemperatur soll bei den Entnahmearmaturen 43 °C erreichen.

13 Wasserdurchfluss und Erwärmzeit

Eine Solaranlage hat ein 6 m² großes Kollektorfeld. An einem Sommertag ist die Einstrahlung der Sonne bis zu 800 W/m². Der Wirkungsgrad beträgt dabei 56 %. Der Solarspeicher für die Warmwasserversorgung hat 400 l Inhalt und einen Wirkungsgrad von 92 %.

a) Wie groß muss der Wasserdurchfluss in l/min durch das Kollektorfeld an einem Sommertag mindestens sein, wenn ein Temperaturunterschied von 70 K zwischen Vorlauf- und Rücklauftemperatur nicht überschritten werden darf?

b) Wie lange dauert das Aufheizen des Solarspeichers an einem Sommertag auf 50 °C, wenn die Kaltwassertemperatur 12 °C beträgt?

14 Wärmeverlust

Eine WW-Leitung DN 25 gibt ohne Wärmedämmung 46 W/m an die Umgebung ab. Mit Wärmedämmung vermindert sich die Wärmeabgabe auf 12 W/m.

a) Welche Wärmemenge wird pro Meter und Tag durch die Wärmedämmung eingespart?

b) Welche Kosten werden pro Tag eingespart, wenn die Energiekosten mit 0,13 €/kWh angenommen werden?

c) Nach welcher Zeit macht sich die Wärmedämmung bezahlt, wenn 1 m Wärmedämmung 7,00 € kostet?

15 Einstellwert

Auf dem Typenschild eines Gas-Umlaufwasserheizers, der auf Erdgas mit einem Betriebsheizwert von 9,5 kW/m³ eingestellt ist, steht:

Nennbelastung 24 kW

Nennleistung 20 kW

Bei der Prüfung des Gerätes wurde ein Einstellwert von 45 l/min gemessen.

Stellen Sie fest, ob diese Einstellung zulässig ist.

16 Nennbelastung, Nennleistung und Wirkungsgrad

Ein Brennwertgerät verbraucht bei einer Brennerlaufzeit von 5 Minuten 60 l Flüssiggas. Es erwärmt dabei 200 l Wasser von 35 °C auf 42 °C.

a) Berechnen Sie die Nennbelastung des Gasgerätes bei einem H_{sB} von 28,63 kWh/m³.

b) Berechnen Sie die Nennleistung.

c) Berechnen Sie den Wirkungsgrad.

17 Heizkörper

Ein Heizkörper hat nach 55 min Dauerbetrieb 3,6 kWh verbraucht. Der Heizkörper ist an 230 V Wechselstrom angeschlossen.

a) Wie groß ist seine Leistung in kW?

b) Wie groß ist der Strom in A?

c) Welchen elektrischen Widerstandswert hat der Heizkörper?

d) Welche Stromkosten entstehen, wenn 1 kWh 0,13 € kostet?

18 Elektro-Wasser-Speicher

Ein Elektro-Wasser-Speicher mit 350 l Inhalt wird aus Gründen der Energieeinsparung auf 55 °C aufgeheizt. Die Kaltwassertemperatur beträgt 8 °C.

a) Welche Wärmemenge in kWh ist für eine Aufheizung erforderlich?

b) Welchen Wirkungsgrad hat der Elektro-Wasser-Speicher, wenn dem Rohrheizkörper bei einer Aufheizung 20 kWh zugeführt werden?

c) Der Elektro-W-Speicher hat eine elektrische Leistung (Anschlusswert) von 3,5 kW.
Wie viel Stunden war der Speicher bei einem Stromverbrauch von 127,5 kWh in Betrieb?

d) Welcher Strom fließt in den Rohrheizkörper bei einem Anschlusswert von 3,5 kW und 230 V Wechselspannung?

13.2 Projekte und Aufgaben für die Handlungsfelder Wärme- und Lufttechnik

13.2.1 Projekt 1: Marbacher Weg

Für das Reiheneckhaus sind grundlegende Berechnungen durchzuführen. Die erforderlichen Informationen entnehmen Sie bitte den technischen Angaben **(Tabelle 1 und Bild 1, Seite 378)**.

1 Wärmedurchgang

Die Außenwand im Projekt Marbacher Weg hat folgenden Aufbau:

Außenputz $d_1 = 2$ cm, $\lambda = 0{,}87$ W/(m · K)
Wärmedämmstoff $d_2 = 5$ cm, $\lambda = 0{,}03$ W/(m · K)
Lochziegel $d_3 = 30$ cm, $\lambda = 0{,}58$ W/(m · K)
Innenputz $d_4 = 2$ cm, $\lambda = 0{,}70$ W/(m · K)

a) Bestimmen Sie die Wärmeübergangswiderstände der einzelnen Schichten.

b) Wie groß ist der gesamte Wärmeübergangswiderstand ΣR_i?

c) Welchen rechnerischen Wärmeübergangskoeffizienten U_k besitzt die Wand?

2 Massenstrom

Berechnen Sie für den HK 02 im Abstellraum:

a) den Massenstrom in kg/h und

b) die Strömungsgeschwindigkeit in der Anschlussleitung in m/s.

3 Mischtemperatur

Die Umwälzpumpe im Projekt fördert für die Heizkörper stündlich einen Volumenstrom von 540 l. Am Regelventil (Drei-Wege-Mischer) messen Sie an einem Frühlingstag folgende Daten:

- Rücklauftemperatur 32 °C
- Beimischmassenstrom 150 l/h und
- Vorlauftemperatur vom Kessel 47 °C.

Berechnen Sie die Vorlauftemperatur nach dem Regelventil.

4 Wärmemenge/Jahresbrennstoffbedarf

Im Projekt ist ein Brennwertkessel eingebaut.

a) Berechnen Sie den Wasserinhalt der gesamten Heizungsanlage, wenn zu den Heizkörpern, und dem Kessel noch
- 27 m Cu 18 × 1
- 25 m Cu 15 × 1
- 16,5 m Cu 12 × 1

hinzukommen.

b) Berechnen Sie die Wärmemenge die zugeführt werden muss, um den Wasserinhalt und das Material der Heizungsanlage nach der Erstbefüllung von 12 °C auf die maximale Vorlauftemperatur zu erwärmen.

c) Der Firmen-Lkw soll für die Baustelle beladen werden. Berechnen Sie, ob das Zuladegewicht von 2,7 t ausreicht, wenn zu dem Installationsmaterial noch eine Masse von 420 kg für Gasflaschen, Werkzeugkiste, Schraubstock und Kleinteile hinzukommen.

d) Zur Abschätzung der Jahresheizkosten benötigen Sie den Jahresbrennstoffbedarf. Daten der Anlage
- Jahresvollbenutzungsstunden 1800 h/a
- Norm-Gebäude-Wärmebedarf 12,6 kW
- Betriebsbrennwert von Erdgas H_{sB} (H_{sB}) = 12,18 kWh/m³

Berechnen Sie die jährliche Brennstoffmenge in m³/a unter der Vernachlässigung des Brennstoffbedarfs für die Trinkwassererwärmung.

5 Zustandsänderung der Luft

Die Wohnzimmer im EG und OG sollen im Sommer mit Luft gekühlt werden.

a) Berechnen Sie den erforderlichen Außenluftvolumenstrom bei einem 6-fachen Luftwechsel.

b) Berechnen Sie die Kühlleistung, wenn die Kühllast im
- EG 2100 W
- OG 2500 W beträgt und

die Außenluft 32 °C und 40 % relative Feuchte besitzt. Die Raumtemperatur soll max. 6 K unter der Außenlufttemperatur liegen.

c) Berechnen Sie die Einblasetemperatur.

Tabelle 1: Zusammenstellung der Heizkörper

Raum	Stück	Hk-Typ	Wasserinhalt in l	Masse in g
			je Glied (je m)	
Abstellraum 1	1		1,18 l	2320
Abstellraum 2	1	Stahlradiator nach DIN 4703	1,18 l	2320
Küche	2		0,88 l	1370
Esszimmer	4		0,68 l	1050
Wohnzimmer	2		0,97 l	1520
Schlafzimmer	2		0,88 l	1370
Kinderzimmer	2		0,88 l	1370
WC	2	Kompakt-heizkörper	3,15 l/m	12050
Bad	2		4,5 l/m	17870

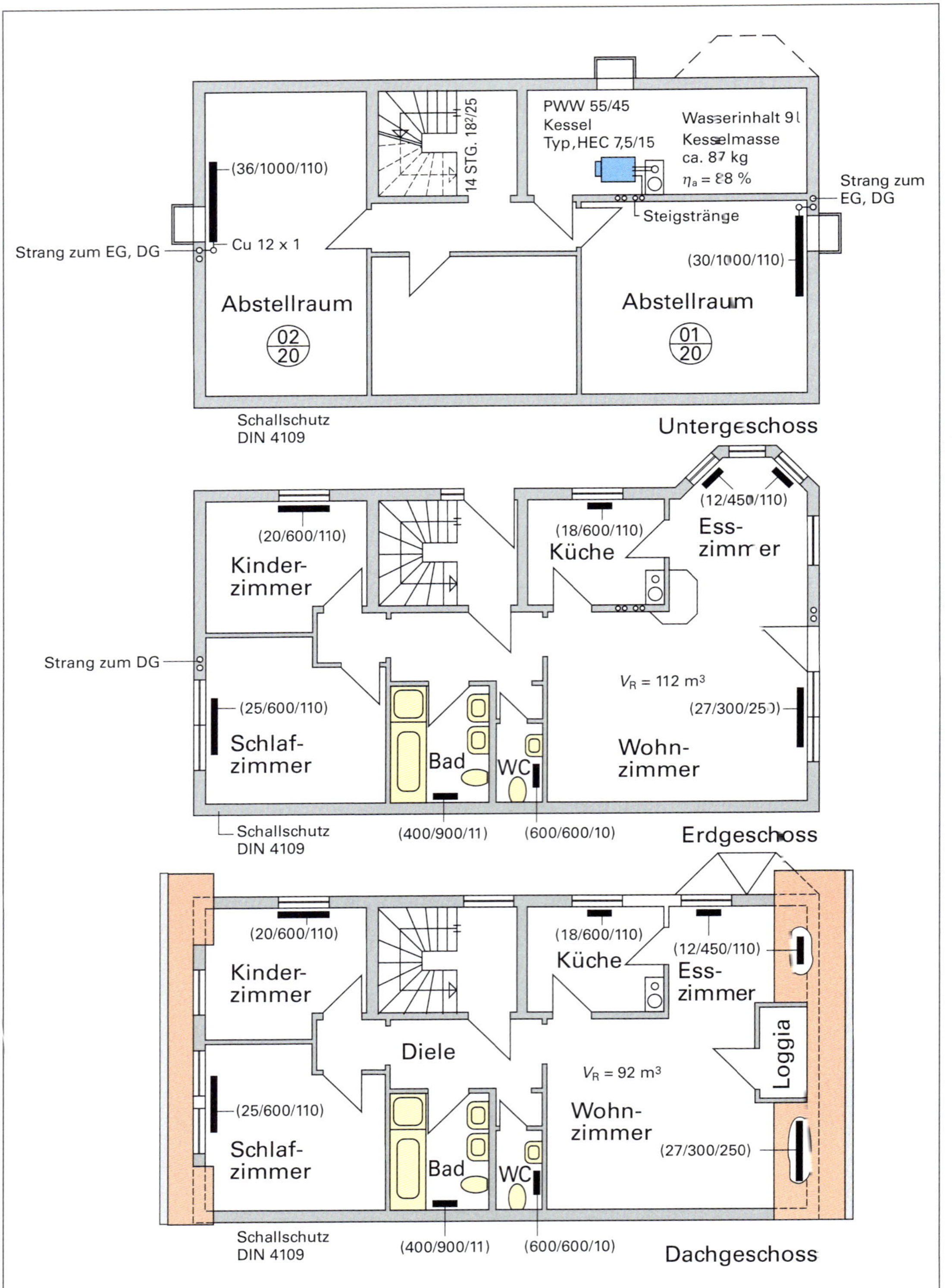

Bild 1: Marbacher Weg

13.2.2 Projekt 2: Etagenwohnung – Ulm

1 Wärmedurchgang

Die Außenwand der Etagenwohnung in Ulm hat den im Plan dargestellten Wandaufbau. Die Wärmedämmung ist innen aufgebracht.

a) Ermitteln Sie den gesamten Wärmedurchgangswiderstand R_k **(Bild 1).**

b) Ermitteln Sie daraus den Wärmedurchgangskoeffizienten (*U*-Wert).

2 Heizlast

Für den Raum 02 (Schlafen) ist der Norm-Transmissionswärmeverlust zu ermitteln.

Geschosshöhe $h = 2{,}75$ m
Deckendicke $d = 0{,}25$ m

Normwärmedurchgangskoeffizienten

- Außenwand $U = 0{,}46$ W/(m² · K)
- Innenwand $U = 1{,}29$ W/(m² · K) ($d = 24$ cm)
- Innenwand $U = 1{,}91$ W/(m² · K) ($d = 11{,}5$ cm)
- Fenster $U = 2{,}5$ W/(m² · K)

Der Wärmeverlust an den darunter liegenden Raum entspricht dem Wärmegewinn aus dem Raum darüber (Bad).

3 Heizkörper, Längenausdehnung

a) Bestimmen Sie den Heizkörper für die vorgesehenen Heizkörpernische im Schlafzimmer.

b) Bestimmen Sie die Wärmeleistung die der Hk bei diesen Abmessungen an den Raum abgibt.

c) Ermitteln Sie den Massenstrom zum Heizkörper bei diesen Systembedingungen.

d) Die Anbindung der Heizkörper wird aus PE-X-Rohren ausgeführt. Um wieviel mm dehnt sich die 7,5 m lange Vorlaufleitung für Raum 01 aus, wenn beim Einbau der Leitung – 5 °C geherrscht haben?

4 Nennbelastung, Einstellwert

Berechnen Sie für den eingebauten Kombiwassererheizer

a) die Nennbelastung und

b) den erforderlichen Einstellwert und den Anschlusswert, wenn der $H_{I,B} = 9{,}86$ kWh/m³ beträgt.

5 Verbrennungsluft

Überprüfen Sie rechnerisch, ob die Schutzziele 1 und 2 für die Kombitherme der Art B 1.1 erfüllt sind und geben Sie die eventuell notwendigen baulichen Maßnahmen an.

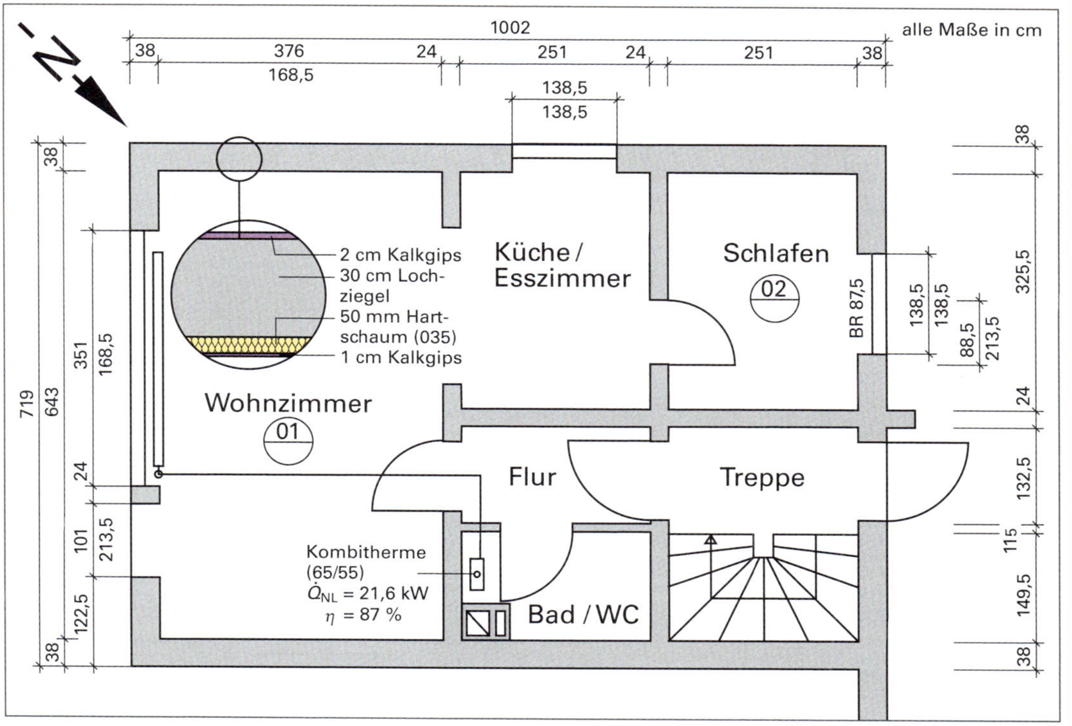

Bild 1: Etagenwohnung - Ulm

13.2.3 Projekt „Tennishalle"

1 Wärmemenge

Welche Wärmemenge ist für das erste Aufheizen der Luft in der Halle erforderlich, wenn durch Auskühlung die Lufttemperatur nur noch 3 °C beträgt, diese jedoch auf 18 °C erwärmt werden soll.

2 Rohrdimension

Legen Sie für die Luftheizgeräte LHG 1 und 2 die erforderlichen Rohrquerschnitte fest unter der Vorgabe, dass die maximale Strömungsgeschwindigkeit von 0,8 m/s nicht überschritten werden darf.

3 Druckverluste

Ermitteln Sie die Druckverluste für den vorgegebenen Heizstrang zum LHG ①, wenn am Verteiler neben der Pumpe im Vorlauf zwei und im Rücklauf ein Schieber und ein Schmutzfänger eingebaut sind.

4 Längenausdehnung

Welche Anzahl von Kompensatoren ist für die Aufnahme der Längenänderung zwischen den Punkten A und B erforderlich, wenn nach der Auskühlung auf 3 °C die Vorlauftemperatur für die Luftheizgeräte 70 °C beträgt, und ein Kompensator nach der Auskühlung 32 mm Längenausdehnung aufnehmen kann?

5 Lüftung

Die Sozialräume sollen eine Abluftanlage mit 12fachem Luftwechsel erhalten.

Berechnen Sie:

a) den Volumenstrom des Abluftventilators.

b) den Kanalquerschnitt für den Nebenkanal zum Umkleideraum ①, bei einer maximalen Kanalhöhe von 200 mm.

c) Den Kanalquerschnitt für den quadratischen Dachventilator. ②

(Hinweis: Die Zwischenwände sind zu vernachlässigen.)

6 Ölfeuerung

Für die Ölfeuerung sind einige Werte rechnerisch zu ermitteln.

a) Ermitteln Sie den Öldurchsatz und den Düsendruck für den zweistufigen Brenner, wenn die Leistungsaufteilung 2/3 zu 1/3 festliegt.

b) Bei der Abgasmessung wurde
- die Abgastemperatur von 170 °C und
- der CO_2-Wert von 11,6 % ermittelt

Bestimmen Sie den feuerungstechnischen Wirkungsgrad.

7 Brennstoffbedarf

a) Welcher Jahresbrennstoffbedarf ist für 1950 Betriebsstunden im Jahr erforderlich, wenn der Heizwert H_i = 10 kWh/l beträgt?

b) Bestimmen Sie das Tankvolumen bei 2maliger Füllung im Jahr und 20%-iger Sicherheitsreserve.

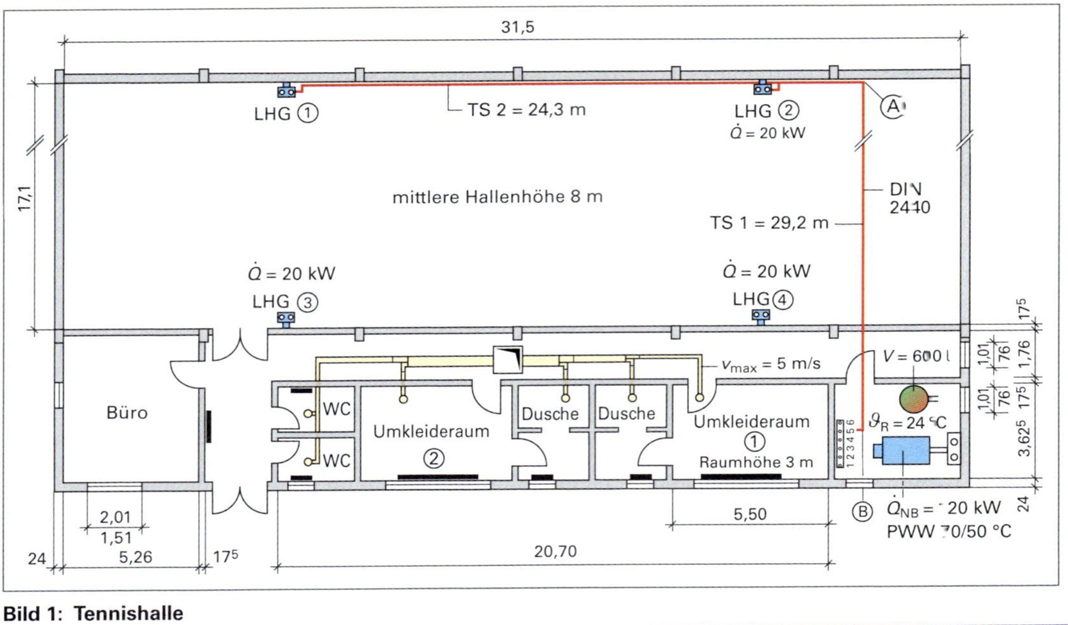

Bild 1: Tennishalle

13.2.4 Aufgaben

Wärmedurchgang

1 Zur Energieeinsparung soll eine Außenwand mit einem *U*-Wert von 0,87 W/(m² · K), eine zusätzliche Wärmedämmung aus Hartschaum 040 und 6,0 cm Dicke erhalten. Berechnen Sie

a) den Wärmedurchgangswiderstand der ungedämmten Außenwand,

b) den Wärmedurchgangswiderstand der gedämmten Außenwand,

c) den *U*-Wert der gedämmten Außenwand und

d) die Verbesserung des *U*-Wertes in Prozent.

Heizkörperauslegung

2 Für ein Wohnzimmer beträgt die Normheizlast 2300 W. Die Heizungsanlage wird mit 65/55 °C betrieben. Bestimmen Sie

a) den Korrekturfaktor und die entsprechende Wärmeleistung,

b) die Größe eines Kompaktheizkörpers bei einer Brüstungshöhe von 75 cm und einer Fensterbreite von 2,0 m und

c) den Massenstrom für den Heizkörper.

3 Die Normheizlast für ein Gästezimmer beträgt 938 W (Betriebsweise beachten). Die Heizungsanlage wird mit 55/45 °C betrieben. Bestimmen Sie

a) den Korrekturfaktor *f*,

b) die Wärmeleistung des Heizkörpers und

c) die Abmessungen des Kompakt-Heizkörpers, bei einer Brüstungshöhe von 87,5 cm und einer Fensterbreite von 1,36 m.

Längenausdehnung

4 Ein Kupferrohr und ein PE-X Rohr für einen Heizkörper haben jeweils eine Länge von 12,65 m. Die Rohre werden bei 15 °C montiert, die höchste Betriebstemperatur beträgt 75 °C. Berechnen Sie

a) die Längenausdehnung des Kupferrohres,

b) die maximale Längenausdehnung des PE-X Rohres in mm und

c) die größere Längenausdehnung des PE-X Rohres in Prozent.

5 Der Abstand zwischen zwei Fixpunkten einer Rohrleitung aus Stahl beträgt 118 m. Die Rohrleitung wurde bei 12 °C montiert. Die Längenausdehnung wurde mit 153,2 mm gemessen.
Wie hoch ist die Betriebstemperatur?

Fließgeschwindigkeit

6 Nach der Reduzierung eines Stahlrohres DN 25, DIN EN 10 255 m.R. auf DN 20, beträgt die Fließgeschwindigkeit 0,8 m/s. Wie groß war die Strömungsgeschwindigkeit vorher?

7 Ein Heizkörper hat eine Wärmeleistung von 1650 W und wird mit PWW 65/50 °C betrieben. Berechnen Sie die Strömungsgeschwindigkeit im Vorlauf, wenn der Heizkörper mit einem Kupferrohr 12 × 1 angeschlossen wird.

Sicherheitsventil/Druck

8 Der Öffnungsdruck eines Sicherheitsventiles beträgt 3,0 bar.

a) Welche Kraft wirkt auf den Ventilteller, wenn sein Durchmesser 12,0 mm beträgt?

b) Um wie viel Prozent nimmt die Kraft zu, wenn der Durchmesser des Ventiltellers 24,0 mm beträgt?

9 In einer Ferngasleitung DN 400 herrscht ein Druck von 68 bar.

Mit welcher Kraft wird der Endflansch der Gasleitung beansprucht und jede der zur Befestigung erforderlichen 12 Schrauben?

Mischwasser

10 Eine Umwälzpumpe fördert einen Volumenstrom von 640 l/min. Am 3-Wege-Mischer messen Sie folgende Daten: Rücklauftemperatur 30 °C, Vorlauftemperatur ab Kessel 47 °C und Beimisch-Massenstrom 150 l/h. Berechnen Sie die Vorlauftemperatur nach dem Mischer.

11 In einer Einrohrheizung mit Kurzschlussstrecke messen Sie verschiedene Wassertemperaturen **(Bild 1)**. Wie viel Heizwasser durchströmt den Heizkörper?

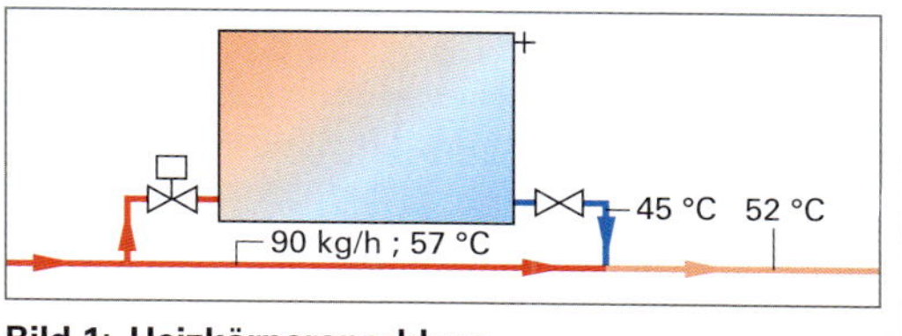

Bild 1: Heizkörperanschluss

Sauerstoffverbrauch

12 Im Rahmen der Arbeitsvorbereitung soll durch Berechnung geprüft werden, ob eine auf der Baustelle vorhandene Sauerstoffflasche (50 l) mit einem angezeigten Flaschendruck von 16 bar für eine geplante Schweißarbeit ausreicht.

a) Berechnen Sie den vorhandenen Sauerstoffinhalt in Liter.

b) Wie viel Liter können der Flasche entnommen werden, wenn der Arbeitsdruck 2,0 bar beträgt?

c) Wie groß ist der Sauerstoffverbrauch, wenn 2,5 Stunden mit einem Gasdurchsatz von 300 Liter pro Stunde geschweißt wird?

Vorrats-Wasserheizer

13 Ein Vorrats-Wasserheizer hat ein Wasservolumen von 350 Liter.

a) Welche Leistung muss der Wärmetauscher haben, wenn der Speicher in 45 min von 10 °C auf 60 °C aufgeheizt werden soll?

b) Wie viel m² muss die Wärmetauscherfläche betragen (Wärmedurchgang Wasser - Stahl - Wasser), wenn von einer durchschnittlichen Temperaturdifferenz von 30 K ausgegangen wird?

14 Ein Speicher-Wasserheizer hat einen Innendurchmesser von 520 mm und eine Höhe von 1800 mm (ohne Aufbaufüße).

a) Berechnen Sie das Speichervolumen in Liter.

b) Bestimmen Sie die Heizleistung, wenn der Inhalt in 40 min von 11 °C auf 55 °C erwärmt werden soll.

c) Berechnen Sie das Verhältnis von Speicheroberfläche zu Speichervolumen (Wanddicke ist zu vernachlässigen).

d) Welchen Umfang hat der Speicher, nachdem eine 15 cm dicke Wärmedämmung aufgebracht wurde?

Gasverbrauch

15 In einem Gas-Vorrats-Wasserheizer werden täglich 200 Liter Wasser von 12 °C auf 63 °C erwärmt. Die Aufheizzeit beträgt 30 Minuten, der Wirkungsgrad 87 %.

a) Wieviel m³ Erdgas werden für einen Erwärmvorgang benötigt, wenn der H_{IB} 9,8 kWh/m³ beträgt?

b) Wie groß ist der jährliche Gasverbrauch für die Trinkwassererwärmung (365 Tage)?

c) Wie viel € werden jährlich durch die Installation einer Solaranlage eingespart, wenn die Hälfte der benötigten Energie von ihr bereitgestellt wird und der Gaspreis 0,53 €/m³ beträgt?

Kostenrechnung

16 Ein Heizkörper hat eine Wärmeleistung von 1400 W. Der Wirkungsgrad der Heizungsanlage beträgt 86 %.
Welche monatlichen (30 Tage) Heizkosten fallen an, wenn täglich acht Stunden geheizt wird und für Heizöl EL 0,43 €/l bezahlt werden müssen?

17 Nach der Heiz.Anl.VO sind Umwälpumpen in Brauchwasser-Zirkulations-Leitungen zeitabhängig zu betreiben.
Berechnen Sie die jährlichen Kosteneinsparungen in €, wenn die Pumpe bei einer Leistungsaufnahme von 78 W statt 24 h nur noch 6 Stunden täglich betrieben wird. Der Strompreis beträgt 0,24 €/kWh.

Solaranlagen

18 Für eine Solaranlage in einem Sechspersonen-Haushalt wird eine Kollektorfläche von 2,0 m²/Person eingeplant. Der Massenstrom in der Solaranlage soll 0,2 kg/(min · m²) betragen. Die Flüssigkeit im Solarkreislauf erwärmt sich dabei von 24 °C auf 79 °C.

a) Berechnen Sie die Fläche der Kollektoren.

b) Wie groß ist der Volumenstrom des Solarkreislaufes?

c) Wie groß ist die maximale Wärmeleistung der Solaranlage, wenn $c = 0{,}994$ Wh/(kg · K)?

19 Der Warmwasser-Verbrauch eines Zweifamilien-Wohnhauses, in dem sich zusätzlich ein Friseursalon befindet, ist überschlägig mit 900 l/Tag anzunehmen.

a) Welche Wärmemenge ist täglich erforderlich, um das Wasser von 9 °C auf 47 °C zu erwärmen?

b) Wie viele Flachkollektoren mit je 2,0 m² Fläche sind für das Aufheizen des Wassers notwendig, bei einer Sonneneinstrahlungsdauer von 6 Stunden, der durchschnittlichen Wärmestromdichte von 550 W/m² und dem Kollektorwirkungsgrad von 0,55?

Lüftungsanlagen

20 In einem Fabrikgebäude strömt Luft durch einen Lüftungskanal von 700 mm Durchmesser mit einer Geschwindigkeit von 6,5 m/s.

a) Wie groß ist die Strömungsgeschwindigkeit der Luft nach einem Übergang auf einen rechteckigen Kanal 800 mm × 600 mm?

b) Wie groß ist der Volumenstrom im Kanal?

c) Berechnen Sie die Luftwechselzahl, wenn das Fabrikgebäude 40,0 m lang, 14,5 m breit und 4,3 m hoch ist.

21 Ein rechteckiger Lüftungskanal hat ein Übergangsstück mit einer Länge von 650 mm und soll von 300 mm × 100 mm auf 200 mm × 100 mm reduziert werden. Berechnen Sie

a) den Blechbedarf des Übergangsstückes bei 18% Verschnitt,

b) die Masse des Übergangsstückes für verzinktes Stahlblech,

c) die Fließgeschwindigkeit vor und nach dem Übergangsstück, wenn im Kanal 550 m³/h strömen.

22 Eine Gaststätte mit Raucherlaubnis hat 54 Sitzplätze.
Wie viele m³ Außenluft müssen dem Gastraum zugeführt werden, wenn $\vartheta_a = 0$ °C beträgt?

Anhang: Tabellen und Formulare

Tabelle 1: Gasströmungswächter GS K in Kombination mit TAE
Einzelzuleitung und Abzweigleitung

Δp_{GS+TAE}	GS K 1,6	2,5	4	6	10
Pa	$\dot{Q}_{NB}$ **[kW]**				
10	6				
15	7	12	18	28	42
20	8	13	20	30	51
25	9	14	23	34	57
30	10	16	25	37	62
35	11	17	27	41	68
45	12*				
50	13*				

* nur bei Verwendung einer GSD

Tabelle 2: Gasströmungswächter GS K in Kombination mit TAE
Verbrauchs- und Verteilungsleitung

Δp_{GS+TAE}	GS K 1,6	2,5	4	6	10
Pa	$\dot{Q}_{SB}$ **[kW]**				
10	7				
15	8				52
20	9	14	23	35	67
25	10	16	25	38	82
30	11	17	28	41	86
35	12	19	30	45	
40	13	20	32	51	
45		21	34		
50		22			

Tabelle 3: Rohrdruckgefälle PE-X-Rohr
Einzelzuleitung und Abzweigleitung

R	d_a 16	20	25	32	40	50
Pa/m	$\dot{Q}_{NB}$ **[kW]**					
0,4			3	8	15	29
0,6			4	10	20	37
0,8			6	12	23	44
1,0		3	7	14	27	50
1,2				16	30	55
1,4		4	8	17	32	60
1,6			9	18	35	64
1,8		5		20	37	69
2,0		6	10	22	41	75
2,5	3		12	25	46	85
3,0		7	13	27	51	94
3,5	4	8	14	30	56	102
4,0	5		16	33	61	110
5		10	18	37	69	
6	6	11	20	41	77	
7		12	22	45	83	
8	**7**	**13**	**24**	**48**	**90**	

Rohrdruckgefälle PE-X-Rohr für Verbrauchs- und Verteilungsleitungen siehe Tabellenbuch.

Tabelle 5: Maximale Rohrlänge l_{GSmax} des GS K für PE-X-Rohr

GS K	Rohr d_a	l_{GSmax} m
1,6	16	23
	20	64
2,5	16	10
	20	28
	25	80
4	16	4
	20	10
	25	30
	32	> 100
6	20	5
	25	15
	32	50
10,0	25	6
	32	20
	40	57

Tabelle 6: Gassteckdose nach VP 635-1 ohne GS

$\dot{Q}_{NB}$	**[kW]**	5	6	7	8	9	10	11	12	13
Δp_{GA}	**[Pa]**	7	10	13	17	22	28	32	38	45

Tabelle 7: Längenzuschlag für Formteile
Kunststoffleitung (Beispieltabellen)

d_a	16 bis 25	32	40	50	63
l_{TA}, l_W [m]	0,7	1	1,2	1,5	2,0
$l_Ü$ [m]	0,5				
l_{TD}, l_K [m]	0,3				

l_{TA}, T-Stück 90°Abzweig
l_W 90°-Winkel
$l_Ü$ Übergangsverbinder Metall-Kunststoff
l_{TD} T-Stück Durchgang
l_K Kupplung Kunststoff-Kunststoff

Tabelle 8: Äquivalente Nennweiten bei Mischinstallation
Metallene Leitungen/
Kunststoffleitungen (PE-X-Rohr)

Kupfer d_a	15	18	22	28	35	42	54
Stahl* DN	10	15	20	25	32	40	50
PE-X da (äq)	16	20	25	32	40	50	63

* mittel und schwer

Für die Zählergruppe und die Geräteanschlussarmaturen gelten die gleichen Tabellen wie für metallene Leitungen.

Für Verbundrohre sind die entsprechenden Tabellen der Hersteller zu verwenden.

Rohrart: ....

Benennung Gasgerät ....

Gesamtdruckverlust bis zum Gasgerät

Nennbelastung $\dot{Q}_{NB}$ .... kW

Druckverlust Geräteanschlussarmatur

Geräteanschlussarmatur ....

Druckgewinn durch Höhe (-4) · H

Höhe Gerät über Leitungsanfang ....

Rohr (d_a oder DN) ____________________

Rohrdruckverlust $R \cdot l_R$

R nach Tabelle .... Pa/m

.... + ... = ... m

Länge

Formteilzuschlag

Berechnungslänge l_R

reduzierte Länge l_{GS} .... m < .... m maximale Länge l_{GSmax}

(nur bei GS M oder Kunststoff)

Druckverlust der Zählergruppe nach Tab. 14.1

G ....

Rohr (d_a oder DN) ____________________

Rohr vor dem Zähler (falls anders als danach)

R nach Tabelle .... Pa/m

.... + ... = ... m

Druckverlust des GS

GS ....

.... :

Übertragung Druckverlust aus Verteilungsleitung oder = 0

Bild 1: Formblatt für ein Gasgerät, für Einzelzuleitung

Rohrart : ....

Abzweigleitung

....
.... kW | Benennung Gasgerät ....
Nennbelastung $\dot{Q}_{NB}$ .... kW | Gesamtdruckverlust bis zum Gasgerät

.... | Geräteanschlussarmatur .... | Druckverlust Geräteanschlussarmatur

.... m | Höhe Gerät über Leitungsanfang .... m | Druckgewinn durch Höhe (-4) · H

Rohr (d_a oder DN)

.... Pa/m | R nach Tabelle .... Pa/m | Rohrdruckverlust $R \cdot l_R$

.... + ... = ... m

.... + ... = ... m

Länge der Abzweigleitung

Formteilzuschlag

Berechnungslänge l_R

.... m < .... m | reduzierte Länge l_{GS} .... m < .... m | maximale Länge l_{GSmax}

(nur bei GS M oder Kunststoff)

Verbrauchsleitung

.... kW | Gesamtdruckverlust Zählerleitung

.... Pa/m | Rohr nach dem Zähler

.... + ... = ... m

G .... | Druckverlust der Zählergruppe

.... Pa/m | Rohr vor dem Zähler (falls anders als danach)

.... + ... = ... m

GS .... | Druckverlust des GS

.... : | Übertrag Druckverlust aus Verteilungsleitung oder = 0

Platz für Nachrechnung

.... kW

.... Pa/m

m .... = ... + ...

G ....

.... Pa/m

m .... = ... + ...

GS ....

Bild 1: Formblatt für 2 Gasgeräte

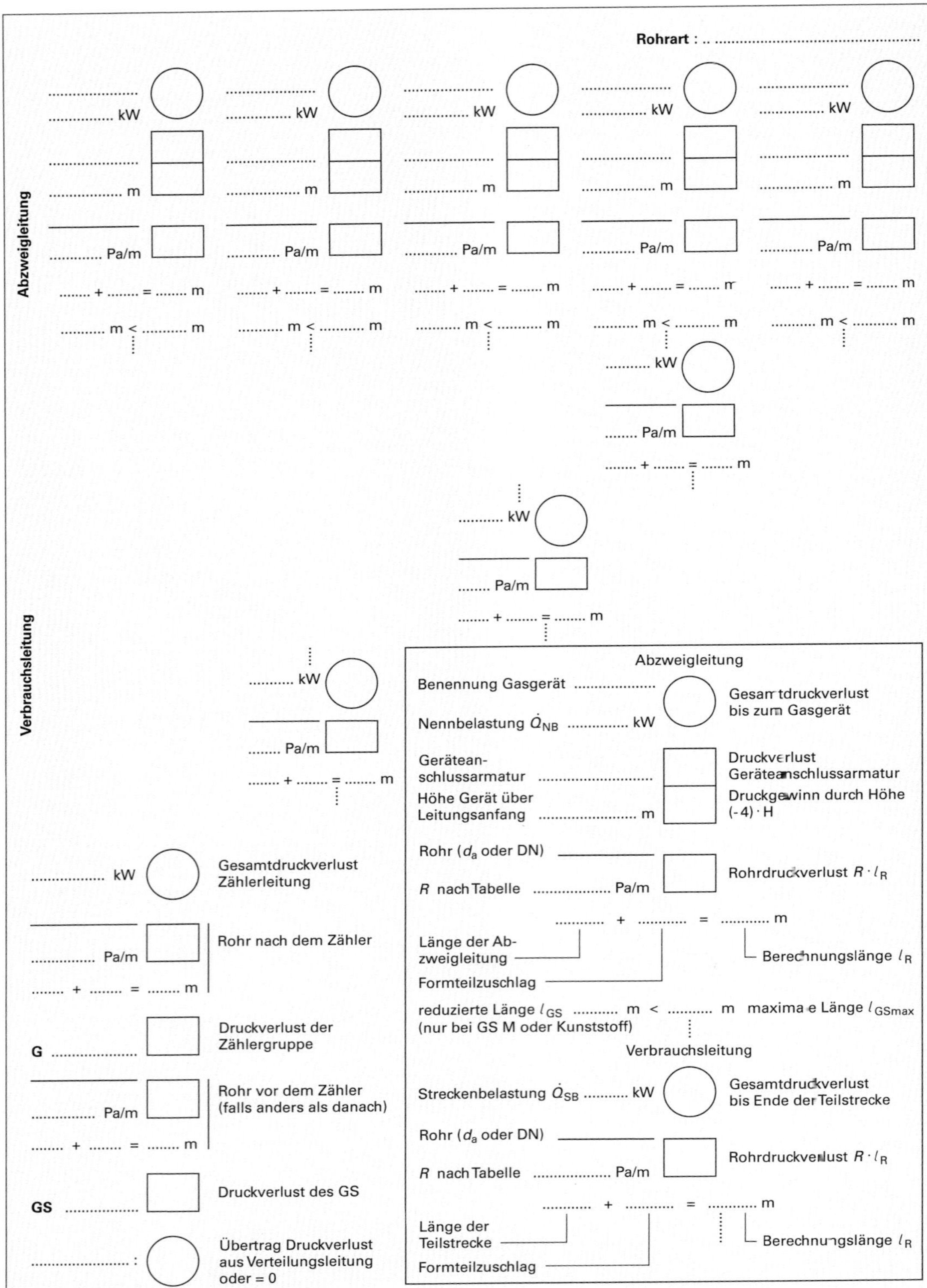

Bild 1: Formblatt für 3 bis 5 Gasgeräte

GEBÄUDEDATEN

KENNGRÖSSEN

Gebäude/Luftdichtheit der Gebäudehülle

- ☐ Kategorie Ia (nach EnEV mit raumlufttechnischer Anlage)
- ☒ Kategorie Ib (nach EnEV ohne raumlufttechnischer Anlage)
- ☐ Kategorie 2 (mit mittlerer Dichtigkeit)
- ☐ Kategorie 3 (mit wenig Dichtigkeit)
- ☐ Kategorie 4 (mit hoher Undichtigkeit)

Gebäudelage

- ☐ gute Abschirmung
- ☒ moderate Abschirmung
- ☐ keine Abschirmung

Wirksame Gebäudemasse

- ☐ leicht
- ☒ mittelschwer/schwer

Nur ausfüllen, wenn eine Außentemperaturkorrektur vorgenommen werden soll und/oder Wiederaufheizleistungen vorgesehen sind. Pauschal nach 3.6.4 Beiblatt oder Wert aus Rechenverfahren nach EnEV(WSchV) oder genauer Berechnung.

Bezogene Werte (gemäß: Beispiel DIN V4108-6.F.8)

c_{wirk} 42 Wh/m^3·K) oder C_{wirk} 31835 Wh/(K)

H_{Abs} 230 W/K τ 138 h (umgerechnet)

TEMPERATUREN

Außentemperatur	θ'_e	–14	°C
Außentemperaturkorrektur	$\Delta\theta_e$	+ 1	K
Norm-Außentemperatur	θ_e	–13	°C
Jahresmittel der Außentemperatur	$\theta'_{m,e}$	8,5	°C

Innentemperaturen nach

☒ Norm ☐ Vereinbarung s. Formblatt V

ABMESSUNGEN

Breite	b_{Geb}	10,00	m
Länge	l_{Geb}	13,50	m
Grundfläche	A_{Geb}	135	m^2
Geschossanzahl	N	2	-
Gebäudehöhe	h_{Geb}	7,52	m
(Annahmen)			

ERDREICH

Tiefe der Bodenplatte *	z	0,0	m
Erdreich berührter Umfang *	P		m
Parameter *	B'		m
Grundwassertiefe	T	5,0	m
Faktor Einfluss Grundwasser	G_W	1,0	-
Faktor periodische Schwankung	f_{g1}	1,45	-

* Werte können raumweise abweichen (raumweise berechnen)

LÜFTUNG

Luftdichtheit der Gebäudehülle	n_{50}	3,0	h^{-1}
Gleichzeitig wirksamer Lüftungswärmeanteil	ζ_V	0,5	-
Wärmebereitstellungsgrad (WRG-System Herstellerangabe oder Grenzwert)	η_{WRG}	-	-

ZUSATZ-AUFHEIZLEISTUNG

☐ keine Berechnung

☒ Berechnung aufgrund Nutzungsprofil (Beiblatt, 3.6.3)

Absenkzeit	t_{Abs}	6	h
Wiederaufheizzeit	t_{RH}	2	h
Luftwechsel (in Absenkzeit)	n_{Abs}	0,1	h^{-1}

☐ Berechnung aufgrund Temperaturabfall (Beiblatt, 3.6.4)

Innentemperaturabfall	$\Delta\theta_{RH}$		K
Wiederaufheizzeit	t_{RH}		h
Luftwechsel (in Absenkzeit)	n_{Abs}		h^{-1}
Wiederaufheizfaktor	f_{RH}	3	W/m^2

Bild 1: Allgemeine Gebäudedaten zum Berechnungsbeispiel (Formblatt G1)

GEBÄUDEZUSAMMENSTELLUNG		

WÄRMEVERLUST-KOEFFIZIENTEN		W/K
Transmissionswärmeverlust-Koeffizient	$\Sigma H_{T,e}$	209
Lüftungswärmeverlust-Koeffizient	ΣH_V	73
Gebäude-Wärmeverlust-Koeffizient	H_{Geb}	**282**

WÄRMEVERLUSTE		W
Transmissionswärmeverluste (nach außen)	$\Phi_{T,Geb}$	**7148**
Lüftungswärmeverluste		
Mindest-Luftvolumenstrom	$\Phi_{V,min,Geb} = 0{,}5 \cdot \Sigma \Phi_{V,min} = 0{,}5 \cdot 2470 =$	1235
aus natürlicher Infiltration	$\Phi_{V,inf,Geb} = \zeta \cdot \Sigma \Phi_{V,inf} = 0{,}5 \cdot 767 =$	384
aus mechanischem Zuluftvolumenstrom	$\Phi_{V,su,Geb}$	——
aus mech. infiltriertem Volumenstrom	$\Phi_{V,mech,inf,Geb}$	——
Lüftungswärmeverluste	$\Phi_{V,Geb}$	**1235**

NORM-GEBÄUDEHEIZLAST	$\Phi_{HL,Geb}$	8383 W

ZUSATZ-AUFHEIZLEISTUNG	$\Phi_{RH,Geb}$	711 W

AUSLEGUNGS-HEIZLEISTUNG	$\Phi_{Ausleg,Geb}$	9094 W

BEZOGENE WERTE				
Heizlast/beheizte Gebäudefläche	$A_{N,Geb}$	206 m^2	$\Phi_{HL,Geb}/A_{N,Geb}$	40,7 W/m^2
Heizlast/beheiztes Gebäudevolumen	$V_{N,Geb}$	533 m^3	$\Phi_{HL,Geb}/V_{N,Geb}$	15,7 W/m^3
wärmeübertragende Umfassungsfläche	A	532 m^2		
spez. Transmissionswärmeverlust-Koeffizient	$H_T = 7148\ W/(532\ m^2 \cdot 34 K) =$			**0,39** $W/(m^2 \cdot K)$

Bild 1: Musterlösung der Norm-Heizlast des Gebäudes (Formblatt G3)

Formblatt G1 - Allgemeine Gebäudedaten

Projekt-Nr./Bezeichnung	
GEBÄUDEDATEN	Datum Seite G1
KENNGRÖSSEN	

Gebäude/Luftdichtheit der Gebäudehülle

- ☐ Kategorie Ia (nach EnEV mit raumlufttechnischer Anlage)
- ☐ Kategorie Ib (nach EnEV ohne raumlufttechnischer Anlage)
- ☐ Kategorie 2 (mit mittlerer Dichtigkeit)
- ☐ Kategorie 3 (mit wenig Dichtigkeit)
- ☐ Kategorie 4 (mit hoher Undichtigkeit)

Gebäudelage

- ☐ gute Abschirmung
- ☐ moderate Abschirmung
- ☐ keine Abschirmung

Wirksame Gebäudemasse

- ☐ leicht
- ☐ mittelschwer/schwer

Bezogene Werte (gemäß: ________)

c_{wirk} ____ Wh/m³·K) oder C_{wirk} ______ Wh/(K)

H_{Abs} ____ W/K τ ______ h

Nur ausfüllen, wenn eine Außentemperaturkorrektur vorgenommen werden soll und/oder Wiederaufheizleistungen vorgesehen sind. Pauschal nach 3.6.4 Beiblatt oder Wert aus Rechenverfahren nach EnEV(WSchV) oder genauer Berechnung.

TEMPERATUREN

Außentemperatur	θ'_e	______	°C
Außentemperaturkorrektur	$\Delta\theta_e$	______	K
Norm-Außentemperatur	θ_e	______	°C
Jahresmittel der Außentemperatur	$\theta'_{m,e}$	______	°C

Innentemperaturen nach

☐ Norm   ☐ Vereinbarung s. Formblatt V

ABMESSUNGEN

Breite	b_{Geb}	______	m
Länge	l_{Geb}	______	m
Grundfläche	A_{Geb}	______	m²
Geschossanzahl	N	______	-
Gebäudehöhe	h_{Geb}	______	m

ERDREICH

Tiefe der Bodenplatte *	z	______	m
Erdreich berührter Umfang *	P	______	m
Parameter *	B'	______	m
Grundwassertiefe	T	______	m
Faktor Einfluss Grundwasser	G_W	______	-
Faktor periodische Schwankung	f_{g1}	______	-

* Werte können raumweise abweichen

LÜFTUNG

Luftdichtheit der Gebäudehülle	n_{50}	______	h^{-1}
Gleichzeitig wirksamer Lüftungswärmeanteil	ζ_v	______	-
Wärmebereitstellungsgrad (WRG-System Herstellerangabe oder Grenzwert)	η_{WRG}	______	-

ZUSATZ-AUFHEIZLEISTUNG

☐ keine Berechnung

☐ Berechnung aufgrund Nutzungsprofil (Beiblatt, 3.6.3)

Absenkzeit	t_{Abs}	______	h
Wiederaufheizzeit	t_{RH}	______	h
Luftwechsel (in Absenkzeit)	n_{Abs}	______	h^{-1}

☐ Berechnung aufgrund Temperaturabfall (Beiblatt, 3.6.4)

Innentemperaturabfall	$\Delta\theta_{RH}$	______	K
Wiederaufheizzeit	t_{RH}	______	h
Luftwechsel (in Absenkzeit)	n_{Abs}	______	h^{-1}
Wiederaufheizfaktor	f_{RH}	______	**W/m²**

Bild 1: Allgemeine Gebäudedaten (Formblatt G1)

Formblatt R-Raumweise Berechnung der Norm-Heizlast und Auslegungs-Heizleistung

Projekt-Nr./Bezeichnung	
RAUM-HEIZLAST	Datum Seite R

Wohneinheit	**Geschoss:**			**Raum-Nr./-Name**			
Innentemperatur	θ_{int}	______	°C	**Infiltration**			
Mindest-Luftwechsel	n_{min}	______	h^{-1}	Luftdichtheit	n_{50}	______	h^{-1}
Abmessungen				Koeffizient Abschirmklasse	e	______	-
Raumbreite	b_R	______	m	Höhe über Erdreich	h	______	m
Raumlänge	l_R	______	m	Höhen-Korrekturfaktor	ε	______	-
Raumfläche	A_R	______	m^2	**Mechanische Belüftung**			
Geschosshöhe	h_G	______	m	Zuluft-Volumenstrom	$\dot{V}_{su}$	______	m^3/h
Deckendicke	d	______	m	-Temperatur	θ_{su}	______	°C
Raumhöhe	h_R	______	m	-Korrekturfaktor	$f_{V,su}$	______	-
Raumvolumen	V_R	______	m^3	Abluft-Volumenstrom	$\dot{V}_{ex}$	______	m^3/h
Erdreich				Überströmung Nachbarräume	$\dot{V}_{mech,inf,ij}$	______	m^3/h
Tiefe unter Erdreich	z	______	m	-Temperatur	$\theta_{mech,inf,ij}$	______	°C
Erdreich berührter Umfang	P	______	m	-Korrekturfaktor	$f_{V,mech,inf,ij}$	______	-
B'-Wert ☐ raumweise	B'	______	m	mech. Infiltration von außen	$\dot{V}_{mech,inf,e}$	______	m^3/h

1	2	3	4	5	6	7	8	9	10	11	12	13	14	15	16
Orientierung	Bauteil	Anzahl	Breite	Länge/Höhe	Bruttofläche	Abzugsfläche	Nettofläche	grenzt an	angrenzende Temperatur	Korrektur-Faktoren	U-Wert	Korrekturwert Wärmebrücke	Korrigierter U-Wert	Wärmeverlust-Koeffizient	Transmissions-Wärmeverlust
		n	b	l/h	A_{Brutto}	A_{Abzug}	A_{Netto}	e/u	θ_u/θ_{ij}	e/b_u	U	ΔU_{WB}	$U_{c/equiv}$	H_T	Φ_T
			m		m²			g/ij	°C	f_{g2}/f_{ij}	W/(m²K)			W/K	W
TRANSMISSIONSWÄRMEVERLUST						H_T/Φ_T									

Mindest-Luftvolumenstrom	$\dot{V}_{min}$	______	m^3/h	______
aus natürliche Infiltration	$\dot{V}_{inf}$	______	m^3/h	______
aus mechanischem Zuluftvolumenstrom	$\dot{V}_{su} \cdot f_{V,su}$	______	m^3/h	______
aus mech. infiltriertem Volumenstrom	$\dot{V}_{mech,inf,e} + \dot{V}_{mech,inf,ij} \cdot f_{V,mech,inf,ij}$	______	m^3/h	______
thermisch wirksamer Luftvolumenstrom	$\dot{V}_{therm}$	______	m^3/h	
LÜFTUNGSWÄRMEVERLUST	H_V/Φ_V			
NORM-HEIZLAST	Φ_{HL}	W/m²	W/m³	
ZUSATZ-AUFHEIZLEISTUNG	Φ_{HL}	f_{RH} =	W/m²	
AUSLEGUNGS-HEIZLEISTUNG	$\Phi_{HL,Auslg}$			

Bild 1: Raumweise Berechnung der Norm-Heizlast und der Auslegungsheizlast (Formblatt R)

Formblatt G2 - Zusammenfassung der berechneten Räume									
Projekt-Nr./Bezeichnung									
RAUMLISTE				Datum					Seite G2
			Sortierung nach		☐ Geschoss			☐ Wohneinheit	
Raum-Nr./-Name	$\Phi_{T,e}$	Φ_T	$\Phi_{V,min}$	$\Phi_{V,inf}$	$\Phi_{V,su}$	$\Phi_{V,m,inf}$	Φ_{HL}	Φ_{RH}	$\Phi_{HL,Ausl}$
Summen für Gebäude									

Bild 1: Zusammenfassung der berechneten Räume (Formblatt G2)

Formblatt G3 - Ermittlung der Norm - Heizlast des Gebäudes		
Projekt-Nr./Bezeichnung		
GEBÄUDEZUSAMMENSTELLUNG	Datum	Seite G3
WÄRMEVERLUST-KOEFFIZIENTEN		**W/K**
Transmissionswärmeverlust-Koeffizient	$\Sigma H_{T,\,e}$	______
Lüftungswärmeverlust-Koeffizient	ΣH_V	______
Gebäude-Wärmeverlust-Koeffizient	$\boldsymbol{H_{Geb}}$	______
WÄRMEVERLUSTE		**W**
Transmissionswärmeverluste (nach außen)	$\boldsymbol{\Phi_{T,\,Geb}}$	______
Lüftungswärmeverluste		
Mindest-Luftvolumenstrom	$\Phi_{V,\,min,\,Geb} = 0{,}5 \cdot \Sigma \Phi_{V,\,min}$	______
aus natürlicher Infiltration	$\Phi_{V,\,inf,\,Geb} = \zeta \cdot \Sigma \Phi_{V,\,inf}$	______
aus mechanischem Zuluftvolumenstrom	$\Phi_{V,\,su,\,Geb}$	______
aus mech. infiltriertem Volumenstrom	$\Phi_{V,\,mech,\,inf,\,Geb}$	______
Lüftungswärmeverluste	$\boldsymbol{\Phi_{V,\,Geb}}$	______
NORM-GEBÄUDEHEIZLAST	$\boldsymbol{\Phi_{HL,\,Geb}}$	**W**
ZUSATZ-AUFHEIZLEISTUNG	$\boldsymbol{\Phi_{RH,\,Geb}}$	**W**
AUSLEGUNGS-HEIZLEISTUNG	$\boldsymbol{\Phi_{Ausleg,\,Geb}}$	**W**
BEZOGENE WERTE		
Heizlast/beheizte Gebäudefläche	$A_{N,\,Geb}$ ______ m^2	$\Phi_{HL,Geb}/A_{N,\,Geb}$ ______ W/m^2
Heizlast/beheiztes Gebäudevolumen	$V_{N,\,Geb}$ ______ m^3	$\Phi_{HL,Geb}/V_{N,\,Geb}$ ______ W/m^3
wärmeübertragende Umfassungsfläche	A ______ m^2	
spez. Transmissionswärmeverlust-Koeffizient	$\boldsymbol{H_T}$	______ **W/(m² · K)**

Bild 1: Ermittlung der Norm-Heizlast des Gebäudes (Formblatt G3)

Formblatt V1 - Vereinbarungen der Raumtemperaturen, Luftwechsel und Wiederaufheizzeiten					
Projekt-Nr./Bezeichnung					
VEREINBARUNGEN		Datum			Seite V1
		Sortierung nach	☐ Geschoss		☐ Wohneinheit
GS/WE	Raum-Nr./-Name	Innen-temperatur θ_{int}	Mindest-Luftwechsel n_{min}	nur ausfüllen, wenn Zusatz-Aufheizleistungen vereinbart wurden	
				Absenkzeit t_{Abs}	Wiederaufheiz-zeit t_{RH}
		°C	h^{-1}	h	h

Bild 1: Vereinbarung der Raumtemperaturen, Luftwechsel und Wiederaufheizzeit (Formblatt V1)

Berechnung der *U*-Werte

Nummer		Beschreibung	d	λ	R	U
Bauteil	Baustoff		m	W/(m · K)	$m^2 \cdot K/W$	$W/(m^2 \cdot K)$

Sachwortverzeichnis

A

B

C

D

E

F

G

M

N

O

P

Q